JN215160

INSECT EMBRYOLOGY

昆虫発生学

［下］

日本節足動物発生学会 編

安藤裕・小林幸正・町田龍一郎 監修

培風館

執筆者一覧（五十音順，＊印は監修者）

（　）内は分担の章を示す。

安藤　裕＊（各論 15,18, 20〜22, 24〜27, 29〜31, 33章，第3部1, 2章）
1956年　東京文理科大学理学研究科（動物学専攻）修了
筑波大学名誉教授　理学博士　［2010年死去］

内舩俊樹（各論 13,14,18,19章）
2005年　筑波大学生命環境科学研究科博士課程修了
横須賀市自然・人文博物館学芸員　博士（理学）

内舩（神通）芳江（各論 13,14章）
2010年　筑波大学生命環境科学研究科博士課程修了
元海洋研究開発機構研究技術専任スタッフ　博士（理学）

大石陸生（各論 33章）
1970年　Yale University 大学院博士課程修了
神戸大学名誉教授　Ph.D.

岡田益吉（各論 31章）
1960年　東京教育大学大学院博士課程修了
筑波大学名誉教授　理学博士　［2021年死去］

神谷晃正（各論 26, 27章）
1977年　東京教育大学理学部生物学科卒業
元愛知県立高校教諭

岸本　亨（各論 17章）
1986年　筑波大学生物科学研究科博士課程修了
つくば国際大学医療保健学部教授　理学博士

小林幸正＊（各論 16, 27, 29, 32章，第3部1章）
1971年　東京教育大学理学部生物学科卒業
東京都立大学名誉教授　理学博士

澤　正実（各論 33章）
1989年　神戸大学自然科学研究科資源生物科学専攻
単位取得退学
愛知教育大学理科教育講座教授　理学修士

清水将太（各論 20章）
2013年　筑波大学生命環境科学研究科博士課程修了
筑波大学附属高等学校教諭　博士（理学）

鈴木信夫（各論 27章）
1983年　筑波大学生物科学研究科博士課程修了
日本女子体育大学名誉教授　理学博士

関谷　薫（各論 35章）
2012年　筑波大学生命環境科学研究科博士課程修了
筑波大学計算科学研究センター主任研究員　博士（理学）

田中正弘（各論 15, 24, 33章）
1964年　富山大学教育学部卒業
元岐阜県立高校教諭　農学博士

塘　研（各論 28章）
2008年　筑波大学生命環境科学研究科博士課程修了
いであ株式会社　博士（理学）

塘　忠顕（各論 19, 25章）
1995年　筑波大学生物科学研究科博士課程修了
福島大学共生システム理工学類教授　博士（理学）

東城幸治（各論 19章）
1999年　筑波大学生物科学研究科博士課程修了
信州大学理学部生物学科教授　博士（理学）

畠山正統（各論 33章）
1995年　神戸大学自然科学研究科資源生物科学専攻修了
農業・食品産業技術総合研究機構上級研究員　博士（理学）

福井眞生子（各論 16, 34章）
2010年　筑波大学生命環境科学研究科博士課程修了
愛媛大学理工学研究科特任講師　博士（理学）

藤田麻里（各論 15章）
2016年　筑波大学生命環境科学研究科博士課程修了
筑波大学山岳科学センター菅平高原実験所特任助教
博士（理学）

真下雄太（各論 21, 22, 23章）
2014年　筑波大学生命環境科学研究科博士課程修了
北里大学研究支援センター URA　博士（理学）

町田龍一郎＊（各論 19, 30, 34章，第3部1, 3章）
1982年　筑波大学生物科学研究科博士課程修了
元筑波大学生命環境系教授　理学博士

宮慶一郎（各論 29章，第3部3章）
1949年　北海道大学農学研究科中退
岩手大学名誉教授　農学博士　［2015年死去］

矢島英雄（各論 31章）
1961年　東京都立大学大学院理学研究科生物科学専攻修了
茨城大学名誉教授　理学博士　［2011年死去］

序　文

　本書は，1996 年に培風館から刊行された「昆虫発生学（上）」の下巻に相当する。上巻は第 1 部「昆虫発生学総論」と第 2 部「昆虫発生学各論」からなる。総論は「精子形成」「卵形成」「胚発生の概要」「胚発生の超微形態」の章からなり，雌雄の配偶子形成から胚発生全般について理解しうるよう配慮している。各論では，五つの無翅昆虫類（トビムシ目，カマアシムシ目，コムシ目，イシノミ目，シミ目）と七つの有翅昆虫類（カゲロウ目，トンボ目，カワゲラ目，直翅目，シリアゲムシ目，トビケラ目，鱗翅目）について，目ごとの章を設け，卵形態，胚の外部形態の変化，器官形成などについて精述した。

　本書（下巻）は，上巻第 2 部最終章（各論 12 章）に続く各論 13 章ナナフシ目から始まり，上巻で扱われなかった 21 目の有翅昆虫類の胚発生について精述した。また，上巻にも掲載のカマアシムシとコムシの 2 目については，最新の知見を盛り込んだ補遺の章を設けた。これにより，昆虫の全目の正常発生を網羅する，という当初の目的を一応達成できたことになる。

　大半の章は，当該の分類群の発生について世界的に認められた業績を有する研究者によって執筆されている。とくに，カマアシムシ目，コムシ目，ガロアムシ目，カカトアルキ目，ジュズヒゲムシ目，ヘビトンボ目，ラクダムシ目は，これまで発生学的知見がまったくないか，きわめて乏しい昆虫類であったが，本書に示されたそれらの胚発生の総説は世界にも類例がなく，本書の大きな特徴となっている。なかでも，カマアシムシ目の卵割様式がトビムシ目と同様に全割であることの発見は，昆虫発生学史上，特筆すべき重要な業績であり，本書でも詳しく紹介されている。

　本書のもう一つの特徴は，全昆虫目の発生過程の精述に加えて，発生と系統との関係，すなわち比較発生学的観点からの解説が随所でなされていることである。これにより，各目の発生過程に認められる発生上の特徴に関する進化学的洞察が可能になる。たとえば，ジュズヒゲムシ目は，長年その分類学的位置が不明確であったが，発生上の特徴から，バッタやナナフシなどが属する多新翅類に含まれることが明らかになった。

　さらに，第 3 部 1 章「胚発生と昆虫の系統」では，各章で記載された発生上の特徴を再度取り上げて，目などの上位分類群の系統関係を総合的に論じるとともに，発生学の観点から昆虫の系統関係を提唱した。また，同じ第 3 部には，斯学の研究者や後進への参考になるよう，「昆虫発生学略史」と昆虫発生学の詳しい「研究法」の章を設けている。

　ところで，下巻編纂中に筆頭監修者の安藤裕先生が逝去された。先生による上巻の序文にも述べられているように，本書の企画は，1975 年，先生が昆虫発生学の名著 "Embryology of Insects and Myriapods"（1941）の著者の一人の Ferdinand H. Butt 博士に，同書の内容を大幅に補充する成書の出版を申し出たことに始まる。それから長い年月を要し，約 20 年後の 1996 年に，Butt 博士による "Preface" 入りの上巻を上梓することができた。しかし，下巻の完成にはそれからさらに 20 年以上の長い年月を要してしまった。先生が下巻の完成を見ずに先立たれたことは，われわれ執筆者一同にとって慙愧に堪えない。

　安藤先生が決意された「内容を大幅に補充する」こととは，昆虫発生学の最新の成果を盛り込むのはもちろんであるが，30 以上ある昆虫の全目（order）について，その胚発生を忠実に記述することである。この内容を上下 2 巻に収めることにより，現在まで世界で刊行された昆虫発生学書中，最も整ったものになることをめざした。しかし，上巻発刊以降，新目カカトアルキ目の

発見（2002 年）などもあり，すべての目の発生を網羅するという遠大な計画の前には大きな壁が立ちはだかった。幸いこの 10 年ほどの間に，日本節足動物発生学会の若手メンバーが，これまで発生のほとんど知られていないグループの胚発生を明らかにし，多くの研究成果を公表した。本書ではそれらの方々が新たに執筆陣に加わることにより，一時不可能にも思えた当初の目的を達成することができた。じつは，新たな執筆者の方々は皆，安藤先生のいわば孫弟子に相当する。その意味で，安藤先生は，ご自身の研究の後継者を大切に育てることにより，死してもなお当初の「決意」を実現されたことになる。また，昆虫全目の発生を網羅した成書は世界に前例がないため，海外からの要望もあり，安藤先生は本書の英訳版の出版も切望されていた。その実現がわれわれ後続世代に託された大きな課題と認識している。

　本書の完成までには，日本節足動物学会の会員諸氏から多くの励ましと助言を得たが，就中，新たに監修者に加わった町田龍一郎博士による終始変わらぬ協力なしには本書の完成は不可能であったであろう。また，鈴木信夫博士には最終段階での全体の校正をお引き受け頂いたことに感謝申し上げる。学会名誉会員の中村光一郎博士からは本書の刊行に際し特段のご支援をいただいた。培風館の後藤昌之氏（元編集部長）および岩田誠司課長からは，原稿の編集に関しさまざまな専門的助言を賜るとともに，校正や図版の仕上げの作業などで献身的なご助力をいただいたことを明記しておく。また，同社の斉藤淳元編集部長には，長らく滞っていた下巻の発刊に際し，特段のご配慮を賜ったことに対し厚くお礼申し上げる。なお，各章冒頭ページの昆虫の挿絵は，昆虫画家として著名な川島逸郎氏の作品である。形態学的正確さのなかに芸術を感じさせるそれらの線画は，刮目に価する力作ぞろいである。記して厚く感謝申し上げる。

令和 6 年 3 月　埼玉県狭山市にて

小　林　幸　正

凡　　例

1. 昆虫の目の和名は，馴染みのあるカタカナ表記を採用したが，従来の教科書などで用いられているものを踏襲したものもある。
2. 和名のある昆虫の種名は，原則として各章の初出箇所に和名と学名を併記し，それ以降は和名のみとした。
3. 和名のない昆虫は，その種がどの昆虫群のものであるかがわかるように配慮した。
4. 発生学上および形態学上重要な学術用語は，各章の初出箇所に原則として英語（単数形）を併記した。
5. 従来，二つ以上の呼称のある学術用語は，次のように統一した。
   (1) 腮は“顎”とした（たとえば，大顎，小顎，内顎）。
   (2) 胚膜と胚子膜は“胚膜”とした。
   (3) 卵門と精孔は“卵門”とした。
   (4) segment は単に“節”とした（たとえば，mandibular segment は大顎節）。
   (5) （下唇）前基節 prementum，（下唇）後基節 postmentum，（下唇）亜基節 submentum，（下唇）基節 mentum は，それぞれ（下唇）前基板，（下唇）後基板，（下唇）亜基板，（下唇）基板とした。
   (6) ventral nerve cord は腹髄とした。
   (7) splanchnic mesoderm と somatic mesoderm は，それぞれ内臓中胚葉および体壁中胚葉とした。
   (8) periplasm は周縁細胞質とした。
   (9) syncytial blastoderm は多核細胞性胚盤葉とした。
   (10) neuroblast と cardioblast はそれぞれ神経芽細胞と心臓芽細胞とした。
   (11) definitive dorsal closure は最終的背閉鎖とした。
6. 一時背閉鎖 provisional dorsal closure に関しては，その異名である一次背閉鎖 primary dorsal closure も使用した。
7. 引用文献表は各章末におき，配列は著者名のアルファベット順，同一著者の場合は発表年順とした。さらに，著者が 3 名以上の場合は年代順に配列した。
8. 本文，図説明，および表に著者が 3 名以上の文献を引用した場合，欧文文献では第一著者名に「*et al.*」を加えて示し（たとえば，Kobayashi *et al.*），和文文献では「〜ら」とした（たとえば，小林ら）。
9. 付図の略号（略記号）に統一を欠くところがある。

カバー写真：孵化直後のサイコクカマアシムシの前幼虫（提供：福井眞生子）
カット：川島逸郎

目　　次

上巻目次

第2部

昆虫発生学各論

■昆虫の分類（補遺）

「昆虫発生学（上）」第1部1章「昆虫の分類」では，同書で胚発生を扱う32の目orderについて分類表を示した。しかし，その後，分子系統解析の飛躍的進歩やマイクロCT（μ-CT）の導入による新たな形態学の進展などにより，各目の系統上の位置や単系統性について多くの検討がなされた。さらに2002年，カカトアルキ目という新分類群の発見も加わり，昆虫の新たな分類体系が提唱されるようになった。右の分類表は，近年の多くの文献等で採用されている体系を参考にまとめたものである。上巻ではHexapodaを六脚上綱としたが，ここではさらに上の階層の六脚亜門とした。本書の記述で単に「昆虫類」とあるのはHexapoda，すなわち，広義の昆虫類を指すものと理解していただきたい。本書（上巻と下巻）では，この表に示した33の目すべてについて胚発生を記述した。ここでは，昆虫の胚発生と新たな系統分類に関連した注目すべき点について簡単にふれる。

トビムシ目，カマアシムシ目，コムシ目からなる内顎綱は，内顎式の口器，マルピーギ管の欠如，複眼の退化などの共有派生形質により一般に単系統群とされる。しかし，本書でもふれたように（第2部各論34，35章および第3部1章参照），胚期における内顎式口器の形成様式や漿膜の発生運命などの違いから，内顎綱は単系統群ではなく，昆虫綱に対し側系統群になる可能性が指摘されている。内顎綱の単系統性に関する分子系統解析からの支持はもともと弱いものであったが，最近のファイロゲノミクスによる結果（Misof *et al.*, 2014）はこの分類群の側系統性を示しており，発生学からの推定と一致する。

上巻の分類表ではイシノミ目とシミ目を同一亜綱の無翅昆虫亜綱にまとめたが，この分類表では，それぞれ別の亜綱，すなわち，単関節丘亜綱（単丘亜綱）と双関節丘亜綱（双丘亜綱）に分けた。この分類体系は，大顎と頭蓋の関節数（単関節と双関節）に基づくもので，多くの教科書等で採用されている。上巻の第2部各論4，5章でも精述したように，この区分は発生上の特徴からもおおいに根拠のあるもので，上記のファイロゲノミクスの結果とも一致す

昆虫の分類

六脚亜門　Hexapoda
　内顎綱　Entognatha
　　　　1. トビムシ目（粘管目）Collembola
　　　　2. カマアシムシ目（原尾目）Protura
　　　　3. コムシ目（双尾目）Diplura
　昆虫綱　Insecta（外顎綱　Ectognatha）
　　単関節丘亜綱　Monocondylia
　　　　4. イシノミ目　Archaeognatha
　　双関節丘亜綱　Dicondylia
　　　無翅下綱（結虫下綱）Apterata
　　　　5. シミ目　Zygentoma
　　　有翅下綱（有翅昆虫類）Pterygota
　　　　旧翅節（旧翅群）Palaeoptera
　　　　　6. カゲロウ目（蜉蝣目）Ephemeroptera
　　　　　7. トンボ目（蜻蛉目）Odonata
　　　　新翅節（新翅類）Neoptera
　　　　　多新翅亜節（多新翅類）Polyneoptera
　　　　　　8. カワゲラ目（襀翅目）Plecoptera
　　　　　　9. ハサミムシ目（革翅目）Dermaptera
　　　　　　10. バッタ目（直翅目）Orthoptera
　　　　　　11. ガロアムシ目（欠翅目）Grylloblattodea
　　　　　　12. カカトアルキ目　Mantophasmatodea
　　　　　　13. ナナフシ目（竹節虫目）Phasmatodea
　　　　　　14. シロアリモドキ目（紡脚目）Embioptera
　　　　　　15. ジュズヒゲムシ目（絶翅目）Zoraptera
　　　　　　16. カマキリ目　Mantodea
　　　　　　17. ゴキブリ目 *1 Blattaria
　　　　　　18. シロアリ目　Isoptera
　　　　　準新翅亜節（準新翅類）Paraneoptera
　　　　　　19. チャタテムシ目（噛虫目）*2 Psocoptera
　　　　　　20. シラミ目（虱目）*3 Phthiraptera
　　　　　　21. 半翅目　Hemiptera
　　　　　　22. アザミウマ目（総翅目）Thysanoptera
　　　　　完全変態亜節（完全変態類）Holometabola
　　　　　　23. アミメカゲロウ目（脈翅目）Neuroptera
　　　　　　24. ヘビトンボ目（広翅目）Megaloptera
　　　　　　25. ラクダムシ目　Raphidioptera
　　　　　　26. 甲虫目（鞘翅目）Coleoptera
　　　　　　27. ネジレバネ目（撚翅目）Strepsiptera
　　　　　　28. シリアゲムシ目（長翅目）Mecoptera
　　　　　　29. ノミ目（隠翅目）Siphonaptera
　　　　　　30. ハエ目（双翅目）Diptera
　　　　　　31. トビケラ目（毛翅目）Trichoptera
　　　　　　32. 鱗翅目　Lepidoptera
　　　　　　33. ハチ目（膜翅目）Hymenoptera

*1　シロアリ目に対する側系統群で，近年はシロアリ目を含めてゴキブリ目 Blattodea とする傾向にある。
*2　シラミを内包する側系統群。
*3　ハジラミ目を内包する。

2

る。しかし，最近，イシノミの大顎にも双関節的特徴があることが報告されたことから（Blanke *et al.*, 2015），単関節丘亜綱の有効性が再検討される可能性がある。

　上巻の分類表ではジュズヒゲムシ目（絶翅目）を準新翅群（類）に含めたが，多新翅類に属するという説もあり，所属が不明確であった。最近，この目の発生過程がやっと明らかになり，多新翅類の発生の特徴をもつことが判明した（各論21章参照）。

　本書では，ゴキブリ目とシロアリ目を従来どおり別の目として発生を記述したが，近年の分子系統解析のデータは，シロアリ目がゴキブリ目のキゴキブリ科Cryptocercidaeと近縁であることを示している。つまり，ゴキブリ目はシロアリ目を内包していることから側系統群であり，シロアリ目は将来，目より下の階層に移される可能性がある。両目の胚発生の比較は各論15章を参照されたい。

　カカトアルキ目は2002年に南アフリカで発見された新しい目で，当然その胚発生はまったく未知であった。しかし，それからわずか数年後に，本書の執筆者のグループによりその胚発生の一端が明らかになり，発生上の特徴からガロアムシ目に近いことが指摘された（各論19章参照）。この指摘も前出のファイロゲノミクスによる系統解析の結果と一致しており，比較発生学が系統の推定にきわめて有効であることの一例である。

　上巻の分類表では，ハジラミ目Mallophagaとシラミ目Anopluraを別目として扱い，それぞれの胚発生を下巻で記述する予定であった。しかし，最近の研究から，この2目に含まれる昆虫はチャタテムシ目コナチャタテ亜目Troctomorpha内の1グループ（単系統群）であることが判明した。したがって，従来のチャタテムシ目は側系統群であり，ハジラミ目とシラミ目には目より下の階層が設定されるべきであるが，階級付けの議論は進んでいない（吉澤，2016）。一方，シラミ類（ハジラミを含む）の発生学的研究は比較的多く，チャタテムシ目とは別目として記載されてきたため，本書でも両グループを別目として扱い，それぞれの発生の特徴を解説している（各論22，23章参照）。

（小林幸正　記）

■ 引用文献

Blanke, A., R. Machida, N. U. Szucsich, F. Wilde & B. Misof, 2015：Mandibles with two joints evolved much earlier in the history of insects：dicondyly is a synapomorphy of bristletails, silverfish and winged insects. *Syst. Entomol.*, **40**, 357–364.

Misof, B., 他100名, 2014：Phylogenomics resolves the timing and pattern of insect evolution. *Science*, **346**, 763–767.

吉澤和徳, 2016：昆虫学概論・各目解説（1）咀顎目（カジリムシ目）の系統的位置と高次体系. 昆虫（ニューシリーズ），**19**，112–120.

13章

ナナフシ目
Phasmatodea

13-1　はじめに

　ナナフシ目は熱帯および亜熱帯地域を中心にこれまで 3,000 種以上が知られている多新翅類である（Bradler, 2009）。体長は他の昆虫類に比べて中〜大型で，megastick とよばれる最大級の *Phobaeticus chani* Bragg では体長 35 cm に達する。体型は枝を模したように棒状で細長いものが多いが，葉に擬態した扁平なもの（コノハムシ類）もいる。体色は緑色や褐色など隠蔽色となるものが多いが，鮮やかで奇抜な色彩をもつ種もおり，バッタ目やカマキリ目と同様に，同種内で色彩に多型がみられるものがいる。Linné や Fabricius などの研究史の初期の時代には，本目はバッタ目の一群とされたり，カマキリ目との類縁が指摘されたこともあるが，前口式の頭部，小さいままで特殊化のみられない前胸，三対ともほぼ同形の長い肢など，独立目として十分な特徴をもつ。他にも，第一腹節背板が後胸背板と融合して中節 segmentum medianum を形成すること，無翅種がかなり存在し，有翅種では前翅が小型化すること，前胸に分泌腺をもつこと，雄が腹端に鋤先状器 vomer とよばれる特殊化した交尾補助構造をもつことなども本目の重要な特徴である。卵は植物の種子に似た多種多様な形をしており，しばしば種や属などの分類形質としても用いられる。食植性で，大部分は夜行性や樹上性である。単為生殖種が多く知られているのも本目の特徴の一つである。卵はバラバラに産下され一般的に卵塊を作らない。産卵方法もいろいろで，樹上からの単純な落下産卵や，トンボの打空産卵のごとく腹部を振って卵を飛ばすもの，土中や岩などの割れ目に産み付けるもの，ごく

一部であるが葉内に産卵したり粘着物質で他物に付着させたりするものなどが知られている。

　ナナフシ目の目内高次系統については，Günther（1953）の二科説，すなわち「コノハムシ科 Phyliidae（コノハムシ類 Phyliinae のほか，コブナナフシが属する Heteropteryginae などを含む）」と「ナナフシ科 Phasmatidae（ナナフシ亜科 Phasmatinae, トビナナフシ亜科 Necrosciinae，エダナナフシや *Carausius morosus*（Sinéty）を含むヒゲナガナナフシ亜科 Lonchodinae などからなる）」とする体系がこれまで広く用いられてきた。これは脛節先端における端三角室 area apicalis（＝ areole）の有無によって区別され，前者の「コノハムシ科」が端三角室を有する［この「ナナフシ-コノハムシ体系」は現在，狭義のナナフシ亜目 Verophasmatodea（後述）を二分する有室上科 Areolatae と欠室上科 Anareolatae として採用されている］。しかし，現在一般的なのは，北米西部に分布するチビナナフシ科 Timematidae チビナナフシ属 *Timema* のみで構成されるチビナナフシ亜目 Timematodea と，その他すべてで構成されるナナフシ亜目（広義）Euphasmatodea からなる体系である。チビナナフシ類は胸部 3 節がほぼ同大で，前述した中節が形成されないことから，本目の最原始系統群とみられる一方，時に他の近縁な昆虫目と姉妹群を構成するとされる特異な存在である。さらに，南米に分布する *Agathemera* 属のみで構成されるアシブトナナフシ類 Agathemerodea もナナフシ亜目（狭義）Verophasmatodea から独立させ，しばしばチビナナフシ亜目とともに亜目として扱われることがある。

表 13-1　発生学的研究に用いられた主なナナフシ類

対象分類群	研究	文献
ナナフシ亜目		
Anchiale maculate	卵期	Bedford, 1978
Bacillus libanicus	卵構造	Moscona, 1950b
	胚発生の概略（胚運動）	Moscona, 1950a
Bacillus rossius	単眼発生	Pijnacker, 1969; Scali, 1969, 1970
Carausius morosus	胚発生の概略	Leuzinger *et al.*, 1926; Thomas, 1936; Fournier, 1967;
	中胚葉形成	Louvet, 1964
	側脚	Louvet, 1973, 1976, 1977
	単為発生	Pijnacker, 1966
	卵構造	van de Kamp & Greven, 2007
Clitarchus hookeri	胚発生の概略（胚運動）	Stringer, 1969
Clitumnus extradentatus	単為発生	Bergerard, 1958
Clonopsis gallica	胚発生	Voy, 1952
	卵および産卵	Voy, 1954
Ctenomorphodes tessulatus	卵休眠，単為生殖	Hadlington & Shipp, 1961
Didymuria viollescens	胚発生の概略（卵休眠）	Bedford, 1967, 1970
	卵休眠，単為生殖	Hadlington & Shipp, 1961
Eurycantha calcarata	卵期	Bedford, 1978
Malacomorpha cyllarum	卵構造	van de Kamp & Greven, 2008
Podacanthus wilkinsoni	卵休眠，単為生殖	Hadlington & Shipp, 1961
チビナナフシ亜目		
Timema monikensis	卵構造	Jintsu *et al.*, 2010
Timema poppensis	精子	Gottardo *et al.*, 2012
目内比較	生理・行動	Bedford, 1978
	単為生殖	Bergerard, 1962
	系統関係	Whiting *et al.*, 2003
	卵構造	Hinton, 1981; Sellick, 1997, 1998; Zompro, 2004

　ナナフシ目に関する主な発生学的研究とそれに用いられた種を表 13-1 に示す。本目の発生学的研究では，単為発生に関する研究や卵の外部形態をもとにした分類学的検討など，本目に特有な研究もある。Leuzinger *et al.*（1926）や Thomas（1936）による初期の研究以降，多くの研究においてインドなどを本来の産地とする *Carausius morosus*（Sinéty）が用いられている。本種は完全単為生殖種で飼育も容易なことから，愛玩動物や実験材料として，欧米をはじめ本来の生息地以外で累代飼育されているナナフシである。一方，前述した特異な最原始系統群であるチビナナフシ類についての研究もようやくその緒についたところであり，卵構造を中心に胚運動に関する一部の発生学的知見もあわせて紹介する。

13-2　卵

　昆虫卵の背腹は孵化直前の胚の向きをもとに決められる。しかし，通常のナナフシ類（狭義のナナフシ亜目）の胚は，後述するように発生の途中で卵の前後軸を中心に 180°の回転運動 rotation を行う（図 13-3，b～e 参照）。したがって，上記の卵オリエンテーション（前後背腹方向の決定）法に従うと，ナナフシ類の卵では「胚は卵背面寄りに」あるいは「胚の前方を卵背面に向けて」形成されることになる。他の昆虫類と比較するうえで支障となるので，ナナフシ亜目の卵オリエンテーションでは，卵蓋がある方向を前方，その反対側を後方，さらに卵門のある側を腹方，反対側を背方とする（図 13-1，e）。

(1)　ナナフシ亜目（狭義）

　卵のサイズ，形態（形状・表面構造）はいろいろである（図 13-1，a～d）。卵は昆虫類としては大きめで，長径で 1.5～8.0 mm，形状は球形，卵形のものから，上下がやや扁平な円柱状，さらに左右に扁平なもの，卵殻に翼状突起のあるものなどさまざまである。卵蓋（後述）があるため，概して前極側は扁平である。卵殻は堅牢で不透明なため外部より胚発生の様子をうかがい知ることができない。卵殻表面はなめらかで光沢のあるもの，細かな凹凸に富むもの，無数の突起を有するものなどさまざまである。

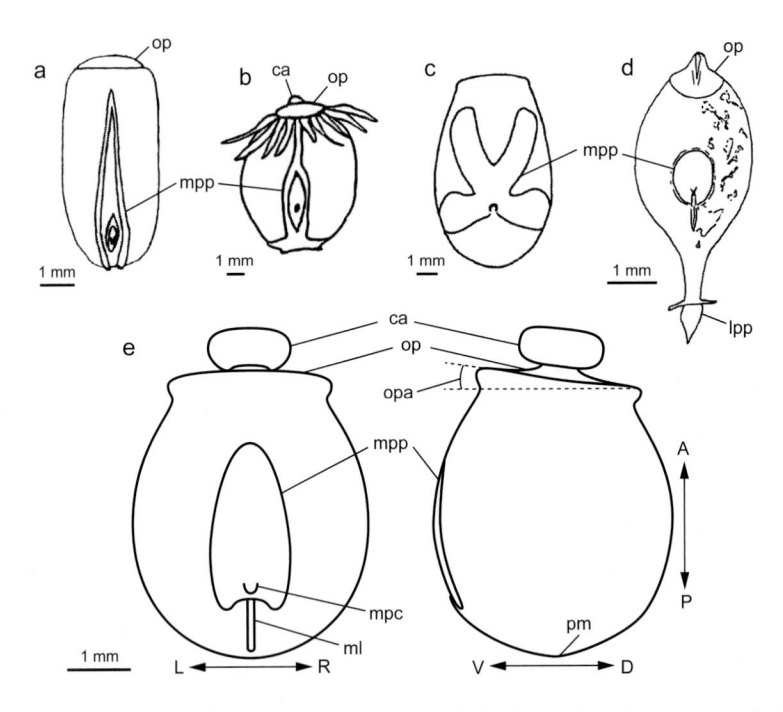

図 13-1　ナナフシ類の卵と外部形態（a. Zompro，2004 より改変；b, c, d. Sellick，1997 より改変；e. van de Kamp & Greven，2007 より改変）
　a.　アシブトナナフシ類の一種 *Agathemera crassa* の卵，b.　Diaphanomeridae 科の一種 *Tranchythorax* sp. の卵，c.　コノハムシの一種 *Heteropteryx dilatata* の卵，d.　Diaphanomeridae 科の一種 *Asceles margaritatus* の卵，e.　ヒゲナガナナフシ亜科の一種 *Carausius morosus* の卵（A-P：前後，L-R：左右，D-V：背腹）
ca：小頭部，lpp：葉内挿入突起，ml：中央線，mpc：卵門杯，mpp：卵門板，op：卵蓋，opa：卵蓋傾斜角，pm：極丘

a.　卵蓋と卵本体

　卵の前極側に卵蓋 operculum があり，便宜的にその他の部分を卵本体とよぶ（図 13-1，e）。卵蓋と卵本体の境界部では，双方の縁が肥厚して卵蓋襟 opercular collar とよばれる隆起縁を形成することがある。孵化時に卵蓋が容易に開くように，隆起縁の卵蓋側と卵本体側の間に切離線がある。卵蓋は円形で，通常，赤道面に対して平行であるが，しばしば卵の腹面あるいは背面方向に傾く（卵蓋傾斜角 opercular angle）こともある。また，卵蓋には鍋蓋の取っ手のような小頭部 capitulum がある場合もあり，さらに，卵蓋との間に小頭柄 capitular stalk が見られることもある。

b.　卵門と卵門板

　卵門 micropyle は卵本体の腹面中央からやや後極寄りの正中に位置するが，その開口部はときに単一の卵門杯 micropylar cup によって覆われる（図 13-1，e）。さらに，卵門周辺には表面構造が特殊化している領域が認められ，卵門板 micropylar plate とよばれる。卵門板はたいてい円形もしくは前後に伸びた楕円形であるが，側方に翼手を伸ばすものや，X 字状を呈するもの（同図，c）など特異なものもある（Sellick，1998）。卵門杯が一つであることや卵門開口部から卵殻の内側へと貫通する柄状構造 stalk が一本であることから，卵門は単一の構造と考えられてきたが，van de Kamp & Greven（2007，2008）は，有室上科，欠室上科とも卵門管は 2 本の対構造であることを明らかにした。後述するチビナナフシ亜目の卵門が卵門板の左右に存在する対構造であることから，ナナフシ目の卵門にかかわる単一の構造は，対状態から派生したと考えるのが妥当であろう。

c.　極　丘

　多くの種で卵後極の頂部に極丘 polar mound とよばれる隆起もしくは突起が認められる（図 13-1, e）。後極の扁平化が顕著な種では，逆に底面周縁が高台状に突出することで卵後極に窪み polar hollow が現れることもある。

　冒頭でも述べたとおり，産卵方法には産み落とし，振り投げ，土への埋め込みや隙間への挿入などがあ

る。Sellick（1997）はトビナナフシ類の多様な卵形態を産卵様式と関連づけて解析しており、前述の産卵方法に加えて葉内への挿し込み、粘着による他物への卵の付着、卵どうしの接着を行う種を報告している。さらに、土への埋め込みをする種では卵蓋襟に沿って突起を発達させ、葉内への挿し込みを行う種では極丘が鋭い突起状になるという（図13-1, d）。

(2) チビナナフシ亜目

　チビナナフシ亜目の卵は、ここまで述べたナナフシ亜目の卵と異なる特徴をもっている。本亜目がナナフシ目の原始的な系統群であることから、本亜目の卵の理解はナナフシ目卵のグラウンドプランを考察するうえで重要である。

　チビナナフシ亜目には21種が記載されており（Sandoval & Crespi, 2008）、これまでに報告のある *Timema cristinae*, *T. douglasi*, *T. chumash*, *T. podura*（Sandoval & Vickery, 1996；Sellick, 1997；Clark Sellick, 1997, 1998；Zompro, 2004, 2005）や *T. monikensis*（Jintsu *et al.*, 2010）についての観察からは、本亜目内の卵形態の多様性はナナフシ亜目に比べてきわめて低い。ここでは Jintsu *et al.*（2010）をもとに *T. monikensis* の卵構造について解説する。

　卵は長径約2 mm、短径約1 mm の回転楕円体である（図13-2, a）。ナナフシ亜目の卵と異なり卵膜は薄く半透明で、卵内が透けて見える。卵膜が脆弱であることから、母虫は卵を乾燥や外敵から保護するため、卵を1個ずつ唾液とともに土で覆い固める。

　卵前極には円形の低いドーム状の卵蓋があり、その周縁部は卵本体の卵殻とともに卵蓋襟を形成する（同図, a〜c）。卵蓋は卵本体に対して水平で、卵蓋表面は平滑で小頭部もない。卵腹面の卵蓋の直後には、卵蓋襟とつながる白く不透明な逆三角形の構造が認められる（同図, a〜d）。これは卵門板で、光学顕微鏡下では確認できるものの卵表面に特化構造をもたないため、走査型電子顕微鏡では確認できない。卵門板の左右には1個の卵門がそれぞれ開口する（同図, d）。卵門開口部は単純な漏斗状で、卵門杯などの付属構造をもたない（同図, e）。卵後極には直径およそ100 µm の瘤状の極丘がある（同図, a, b）。

　卵殻は外卵殻と内卵殻で構成される。卵本体における卵殻の厚さは8〜10 µm であり、外卵殻がその約7割を占める。卵黄膜は観察されていないが非常に薄いと考えられる。卵蓋、卵門板、極丘の領域で、外卵殻と内卵殻は厚さや断面構造でそれぞれ特殊化し、さらに極丘に接する漿膜クチクラは肥厚する。

13-3　胚発生

　本目の胚発生を、*C. morosus*（Sinéty）を例にして、Fournier（1967）ならびに Leuzinger *et al.*（1926）、Thomas（1936）などの知見を解説する。本種の卵は

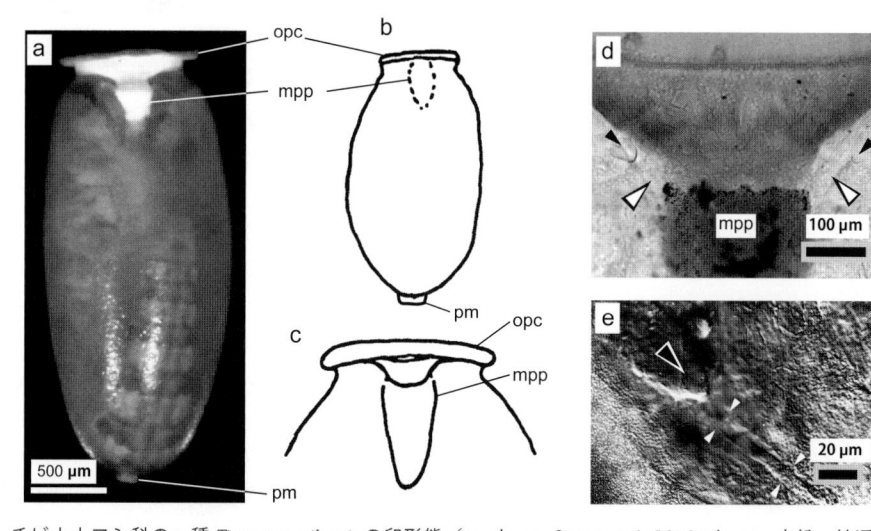

図13-2　チビナナフシ科の一種 *Timema monikensis* の卵形態（a, d, e. Jintsu *et al.*, 2010；b, c. 内舩・神通 原図）
a. 卵腹面。卵膜を透かして孵化直前の胚が見える。卵と胚の背腹が一致していることから、胚は回転運動を行っていないことがわかる、b, c. 卵の概略図、d. 卵門周辺領域の拡大、e. 卵門および卵門管の拡大。
mpp：卵門板, opc：卵蓋襟, pm：極丘, 黒矢尻：卵門, 白矢尻：卵門管

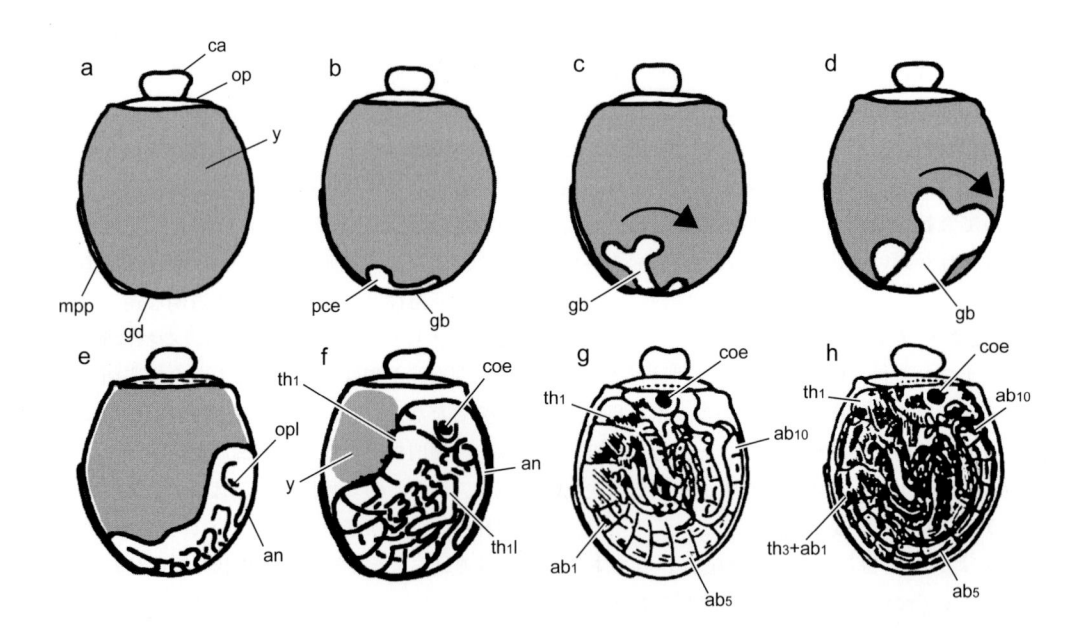

図 13-3　ヒゲナガナナフシ亜科の一種 *Carausius morosus* の胚発生（卵側面，模式図）（Fournier, 1967 より改変）
a．ステージ I，b．ステージ II，c．ステージ IV，d．ステージ V 後期，e．ステージ VI 前期，f．ステージ VI 後期，
g．ステージ VII 前期，h．ステージ VII 後期
$ab_{1, 5, 10}$：第一，五，十腹節，an：触角，ca：小頭部，coe：複眼，gb：胚帯，gd：胚盤，mpp：卵門板，op：卵蓋，
opl：視板，pce：原頭域，$th_{1, 3}$：前，後胸，th_1l：前脚，y：卵黄，矢印：胚の回転運動

長径約 5 mm，短径約 3 mm の壺型で，産下される
とすぐに単為発生を開始する。卵期は 22℃で約 85
日である。

(1)　胚形成（ステージ I）

　卵割は表割型で，卵割核は分裂しながら卵表へ移
動して胚盤葉を形成する。産下後 5 日目になると卵
後極腹側寄りから卵門板にかけての領域に一対の高
細胞密度領域を含む胚盤が現れる。10 日目を過ぎる
ころ，一対の高細胞密度領域が正中方向に移動しつ
つ後端部が融合して，小さな心形の胚盤が卵後極付
近に形成されるが（図 13-3，a；13-4，a），高細胞
密度領域の間にあった細胞領域は胚盤の背側に位置
することとなり，これが中胚葉となる。次のステー
ジで胚盤は伸長を開始して胚帯となるが，胚盤の大
部分の領域は胚帯の原頭葉に対応する。

(2)　胚伸長開始（ステージ II）

　胚は後方に伸長しながら卵腹面を前方に向かっ
て移動し始め，原頭域 protocephalon と原胴域
protocorm が区別されるようになる（図 13-3，b）。
また，胚陥入 anatrepsis も開始するが，羊漿膜褶が
形成されることにより胚の輪郭が明瞭になる。15 日
目頃になると体節形成が始まり，中胚葉分節を反映
した対構造も認められるようになる（図 13-4，b）。

原頭葉では左右で触角原基が膨らみ始め，口陥はそ
の中央に現れる。胚後方域には中胚葉が厚く存在す
る。

(3)　体節形成開始（ステージ III）

　上唇 labrum が現れ，顎部 3 節，胸部 3 節には付
属肢が明瞭となる。20 日目には第一〜三腹節が形
成される。原頭域の側方が膨らんで視板 optic plate
が分化する（図 13-4，c）。

(4)　胚の回転運動開始（ステージ IV）

　第五腹節が形成されるころ，腹屈曲が起こり，
腹端は腹方に折れ曲がって前方へ向く（図 13-4，
d）。上唇は口陥をほぼ覆い，腹部付属肢には体腔嚢
coelomic sac が明瞭になる。第六腹節が形成される
ころ，胚は卵の前後軸を中心に回転運動を開始し（図
13-3，c），インタートレプシス期（ステージ V）を
通じて 180°回転する。左右の胸肢は太さを増しな
がら正中後方へ伸長して正中で互いに接する。触角
は大顎の近くまで伸長する。第七腹節が形成される
ころ，頭胸部は幅を増す。

(5)　胚の回転運動進行（ステージ V）

　25 日目には第八，九腹節が形成され，肛門陥
proctodaeum が認められる（図 13-4，e）。胸肢に
は脛跗節 tibio-tarsus と前跗節 pretarsus が認めら

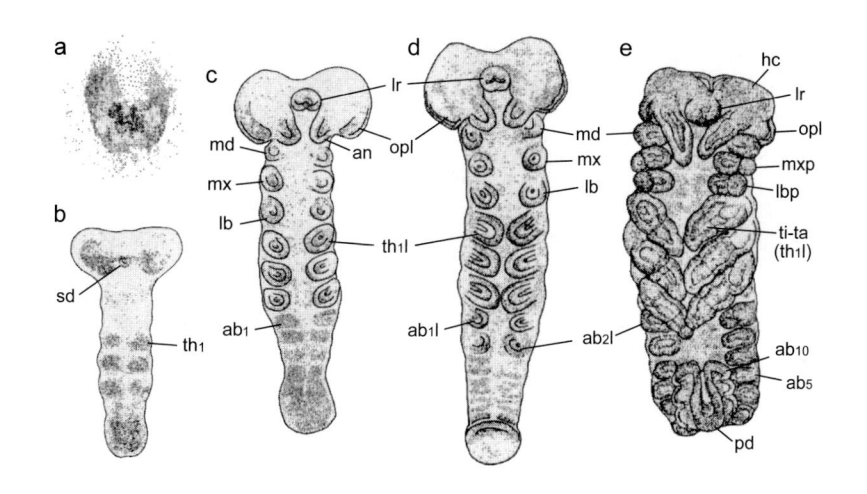

図13-4　ヒゲナガナナフシ亜科の一種 *Carausius morosus* の胚の外部形態の変化（腹面図）（Fournier, 1967）
a. ステージI, b. ステージII, c. ステージIII, d. ステージIV前期, e. ステージV前期
ab1, 5, 10：第一，五，十腹節，ab1, 2l：第一，二腹節付属肢，an：触角，hc：頭蓋，lb：下唇，lbp：下唇鬚，lr：上唇，md：大顎，mx：小顎，mxp：小顎鬚，opl：視板，pd：肛門陥，sd：口陥，ta：跗節，th1：前胸，th1l：前肢，ti：脛節

れる。触角は伸長し，長さは幅の2倍となる。小顎，下唇からは側方の鬚 palp が分化する。第一腹節では付属肢である側脚 pleuropodium [*1] が形成される。

　胚の回転運動が行程の半分（90°）に達するころには，胸肢には腿節 femur が分化する。触角は3分節する。体節形成は第十腹節まで進行し完了する。胚は卵黄上を拡がりながら厚みを増す。

　胚の回転運動が120°に達するころ（図13-3, d；図13-5, a）には，頭部が幅広くなって視板は側方へ拡張する。胸肢の脛跗節は4分節し，後肢先端は第四腹節あたりに達する。下唇に達した触角は6〜7に分節する。胸部および第一腹節には気門が現れる。やがて背閉鎖 dorsal closure が後方より第六〜七腹節まで完了する。

(6)　胚反転および背閉鎖（ステージVI）

　頭部では視板が球状に突出し複眼の形状となる。小顎では内葉 lacinia と外葉 galea が，下唇では中舌 glossa と副舌 paraglossa が分化する。胸肢では基節 coxa と転節 trochanter，さらに跗節の第一節が認められる。背閉鎖が第五腹節に達するころ，胚は回転運動を完了し，腹部は卵門板のあたりに位置する（図13-3, e）。複眼の色素沈着が始まる（図13-5, b）。尾毛 cercus の原基が現れる。

　胚反転 katatrepsis が起こり，胚の腹側では羊膜

＊1　本種の側脚の微細構造は，上巻の第1部総論4章の図4-21が参考になる。

と漿膜が裂けて胚の背側へ向かって退縮しながら二次背器を形成する。背閉鎖が第一腹節に達すると，触角は9分節し，発達した大顎は楕円体を呈する（図13-5, b）。胸肢は基節と腿節，脛節と跗節の間で屈曲しS字状となる。40日目頃になると，頭部は卵門域裏面に沿って卵蓋に近づく（図13-3, f）。背閉鎖が中胸に達し，腹端は前胸の高さに位置する。腿節と脛節はそれぞれ幅の2.5倍の長さになる。第五跗節，前跗節に爪が分化する。複眼は大きくなり着色が進行する。大顎に明瞭な溝が現れる。

(7)　胚発生終期（ステージVII）

　45日目を過ぎて背閉鎖が完了すると，頭部は卵蓋に達し，卵黄はほとんど中腸へ取り込まれる（図13-3, g）。体表には無数の白い顆粒とともに棘毛が現れる。頭蓋後方が膨らみ，大きな複眼は色濃くなる（図13-5, c）。触角では基部3節が短く，その先の5節はより長く，第九節は太くなる。小顎鬚には5分節，下唇鬚には3分節が認められ，左右の下唇は融合し，顎部付属肢はほぼ最終形態を示す。胸部は膨らみ，腿節，脛節，跗節はそれぞれ幅の6倍程度まで伸長する。腹部も伸長し，腹端は顎部にまで達し，尾毛が発達する。腹部背方正中には色素沈着した心臓窩 cardiac sinus が認められ，一定間隔で拍動する。胚は卵容積のほとんどを占める。

　50〜60日目に胚はさらに成長し，色素沈着が進行する（図13-5, d）。オレンジ色の卵黄が体表越

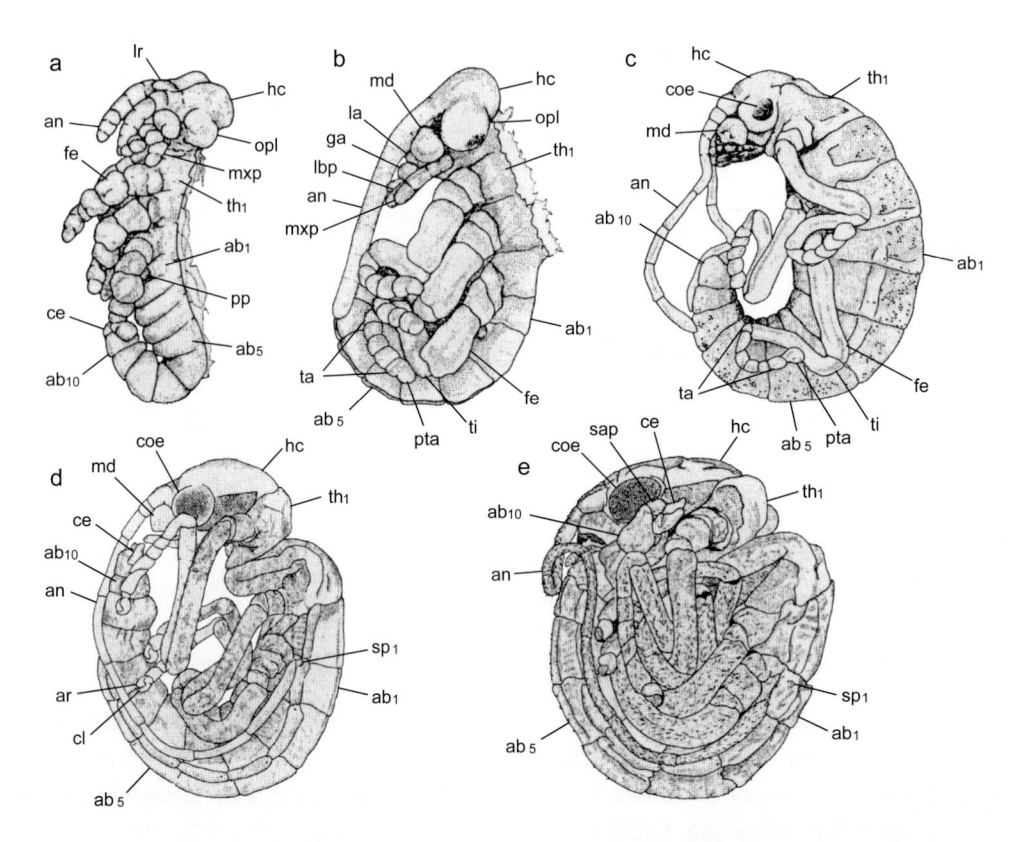

図 13-5　ヒゲナガナナフシ亜科の一種 *Carausius morosus* の胚の外部形態の変化（側面図）（Fournier, 1967）
a. ステージ V 後期，b. ステージ VI 後期，c. ステージ VII 前期，d. ステージ VII 中期，e. ステージ VII 後期
ab1,5,10：第一，五，十腹節，an：触角，ar：爪間盤，ce：尾毛，cl：爪，coe：複眼，fe：腿節，ga：小顎外葉，hc：頭蓋，la：小顎内葉，lbp：下唇鬚，lr：上唇，md：大顎，mxp：小顎鬚，opl：視板，pp：側脚，pta：前跗節，sap：肛上板，sp1：第一腹節気門，ta：跗節，th1：前胸，ti：脛節

しに透けて見える。胸部 3 体節それぞれが特徴を示すようになり，中胸と後胸は前胸より長くなり，後胸と第一腹節は卵門域付近で融合する。側脚は第一腹節に沈み込み，気門は色素沈着する。尾毛は幅の 2 倍の長さになる。

　75 日目までに胚は最終形態を獲得し（図 13-3，h；13-5，e），体を規則的に動かすようになる。側脚は消失する。胸肢先端には爪のほかに爪間盤 arolium が認められる。

(8)　孵　化

　85 日目頃に，頭部の押し上げによって卵蓋が開き，1 令幼虫が孵化する。肢はおおいに伸長し，腿節は幅の 10 倍，脛節と跗節は幅の 12 〜 14 倍になる。

13-4　おわりに

　ナナフシ目の卵構造およびナナフシ亜目の胚発生を概説した。Mashimo *et al.*（2014）が行った多新翅類の発生学的特徴の検討に基づくと，本目の発生

学的特徴のうち多新翅類の固有派生形質と考えられるものとして，1）胚域の高細胞密度領域が融合して胚盤を形成する点（ステージ I）と，2）胚帯が胚陥入後も卵表層で伸長を行う点（ステージ II 〜 V）をあげることができる。

　チビナナフシ亜目の胚発生のほとんどは解明されていないが，Jintsu *et al.*（2010）は，*T. monikensis* の胚盤葉期と孵化直前の二つのステージの卵を記載した際，その胚発生に関して興味深い情報を報告した。すなわち，胚盤は卵門のある卵腹面に形成されるが，孵化直前の胚もまた腹面を卵の腹面側に向けているのである（図 13-2，a）。これの意味するところは重要で，本種は他のナナフシ目で起こる胚の回転運動を欠いているということになる。チビナナフシ亜目がナナフシ目の最原始系統群であることを考えあわせると，回転運動を欠いている状態が本目の初原状態で，回転運動はナナフシ亜目でその固有派生形質として獲得されたと考えることもできる

のである。

　従来，本目の卵構造は，シロアリモドキ目のそ
れと類似することが指摘されていた。2000 年代
後半の卵構造に関する一連の研究も両目の類縁性
（Euchinolabia）を強く支持している（Jintsu et al.,
2007, 2010；Jintsu & Machida, 2009）。しかし，
本章でも述べたとおり，ナナフシ目の卵門は対構造
を基本とし，シロアリモドキ目の卵門に見られる単
一構造ではない。これに対して，Euchinolabia と最
も近縁であるとみられるジュズヒゲムシ目では卵門
が対構造であることから（Mashimo et al., 2014），
シロアリモドキ目にみられる「極端に太い」卵門管
断面は対構造の卵門管の融合によるものと解釈する
ことができる。

　近年明らかになってきた発生学的特徴もまた，本
目とシロアリモドキ目の類縁を支持している。卵
歯 egg tooth は，ナナフシ亜目では報告されていな
いが，チビナナフシ亜目の Timema monikensis で
は，痕跡的ではあるものの前額 frons の正中線上に
並ぶ小突起が認められている（Jintsu et al., 投稿準
備中）。これらの小突起が，シロアリモドキ目やジュ
ズヒゲムシ目でほぼ同位置に直線的な隆起として認
められる卵歯（Mashimo et al., 2014）と相同な構
造であるかどうか，検討が待たれる。ナナフシ目の
側脚は，C. morosus における詳細な観察（Louvet,
1976, 1977）によると膨出型であり（上巻の第 1
部 4 章，図 4–21 参照），端肢節は球状構造 dôme
で内部は液胞で満たされ，放射状に配列した細胞
の基部が基肢節内に陥入して球根状の構造 région
basale を形成する。一方，次章でもふれるように，
シロアリモドキ目のコケシロアリモドキ Aposthonia
japonica でもよく似た側脚の特徴が確認されたこと
から（Jintsu et al., 準備中），側脚もまた両目の類
縁関係を検討するうえで今後慎重に検討すべき構造
である。

■ 13 章の引用文献

Ando, H. & K. Haga, 1974：Studies on the pleuropodia of Embioptera, Thysanoptera and Mecoptera. *Bull. Sugadaira Biol. Lab. Tokyo Kyoiku Univ.*, **6**, 1–8.

Bedford, G. O., 1967：*The Development of the Egg of Didymuria violescens (Leach) in Relation to Diapause*. Master thesis. University of Sydney, Sydney.

——, 1970：The development of the egg of *Didymuria violescens* (Phasmatodea：Phasmatidae：Podacanthinae) – Embryology and determination of the stage at which first diapause occurs. *Aust. J. Zool.*, **18**, 155–169.

——, 1978：Biology and ecology of the Phasmatodea. *Annu. Rev. Entomol.*, **23**, 125–149.

Bergerard, J., 1958：Etude de la parthénogenèse facultative de *Clitumnus extradentatus* Br. *Bull. Sci. Fr. Belg.*, **92**, 87–182.

——, 1962：Parthenogenesis in the Phasmidae. *Endeavour*, **21**, 137–143.

Bradler, S., 2009：Die Phylogenie der Stab- und Gespenstschrecken (Insecta：Phasmatodea). *Spec. Phylog. Evol.*, **2**, 3–139.

Fournier, B., 1967：Échelle résumée des stade du developpement embryonnaire du phasme *Carausius morosus* Br. *Actes Soc. Linn. Bordeaux, Ser. A*, **104**, 1–30.

Gottardo, M., D. Mercati & R. Dallai, 2012：The spermatogenesis and sperm structure of *Timema poppensis* (Insecta：Phasmatodea). *Zoomorphology*, **131**, 209–223.

Günther, K., 1953：Über die taxonomische Gliederung und geographische Verbreitung der Insecktenordnung der Phasmatodea. *Beitr. Entomol.*, **3**, 541–563.

Hadlington, O. & R. Shipp, 1961：Diapause and parthenogenesis in the eggs of three species of Phasmatodea. *Proc. Linn. Soc. N. S. W.*, **86**, 268–279.

Hinton, H. E., 1981：*Biology of Insect Eggs*. Pergamon Press, Oxford.

Jintsu, Y. & R. Machida, 2009：TEM observation of the egg membranes of a webspinner, *Aposthonia japonica* (Okajima) (Insecta：Embioptera). *Proc. Arthropod. Embryol. Soc. Jpn.*, **44**, 19–24.

——, T., Uchifune & R. Machida, 2007：Egg membranes of a web-spinner, *Aposthonia japonica* (Okajima) (Insecta：Embioptera). *Ibid.*, **42**, 1–5.

——,——&——, 2010：Structural features of eggs of the basal phasmatodean *Timema monikensis* Vickery & Sandoval, 1998 (Insecta：Phasmatodea：Timematodea). *Arthropod Syst. Phylog.*, **68**, 71–78.

Leuzinger, H., R. Wiesmann & F. E. Lehmann, 1926：*Zur Kenntnis der Anatomie und Entwicklungsgeschichte der Stabheuschrecke* Carausius morosus Br. G. Fischer, Jena.

Louvet, J.-P., 1964：La ségrégation du mésoderme chez l'embryon du phasme *Carausius morosus* Br. *Bull. Soc. Zool. Fr.*, **89**, 688–701.

——, 1973：L'ultrastructure du pleuropode et son ontogenèse chez l'embryon du phasme *Carausius morosus* Br. I. Etude du pleuropode de l'embryon âgé. *Ann. Sci. Nat. Zool. Biol. Anim.*, **15**, 525–594.

——, 1976：Morphogenese du pleuropode chez l'embryon de *Carausius morosus* Br (Phasmida：Lonchodidae)：Etude au microscope electronique a balayage. *Int. J. Insect Morphol. Embryol.*, **5**, 35–49.

——, 1977：L'ultrastructure du pleuropode et son ontogenese, chez l'embryon du phasme *Carausius morosus* Br. II.–Morphogenese de l'organe et differenciation des structures cellulaires. *Ann. Sci. Nat. Zool.*, **19**, 3–61.

Mashimo, Y., R. G. Beutel, R. Dallai, C.-Y. Lee & R. Machida, 2014：Embryonic development of Zoraptera with special reference to external morphology, and its phylogenetic implications (Insecta). *J. Morphol.*, **275**, 295–312.

Moscona, A., 1950a : Blastokinesis and embryonic development in a phasmid. *Experientia*, 6, 425-426.

——, 1950b : Studies of the eggs of *Bacillus libanicus* (Orthoptera, Phasmidae). I. The egg envelopes. *Q. J. Microsc. Sci.*, 91, 183-193.

Pijnacker, L. P., 1966 : The maturation divisions of the parthenogenetic stick insect *Carausius morosus* Br. (Orthoptera, Phasmidae). *Chromosoma*, 19, 99-112.

——, 1969 : Automictic parthenogenesis in the stick insect *Bacillus rossius* Rossi. *Genetica*, 40, 393-399.

Sandoval, C. P. & B. J. Crespi, 2008 : Adaptive evolution of cryptic coloration : the shape of host plants and dorsal stripes in *Timema* walking-sticks. *Biol. J. Linn. Soc.*, 94, 1-5.

——& V. R. Vickery, 1996 : *Timema douglasi* (Phasmatoptera : Timematodea), a new parthenogenetic species from Southwestern Oregon and Northern Calofornia, with notes on other species. *Can. Entomol.*, 128, 79-84.

Scali, V., 1969 : Osservazioni citilogiche sullo sviluppo embrionale di *Bacillus rossius*. *Atti Accad. Nazl. Lincei, Cl. Sci. Fisiche, Mat. Nat., Rendiconti*, 46, 486-492.

——, 1970 : Obligatory parthenogenesis in the stick insect *Bacillus rossius* (Rossi). *Ibid.* 49, 307-314.

Sellick, J. T., 1997 : The range of egg capsule morphology within the Phasmatodea and its relevance to the taxonomy of the order. *Ital. J. Zool.*, 64, 97-104.

——, 1998 : The micropylar plate of the eggs of Phasmida, with a survey of the range of plate from within the order. *Syst. Entomol.*, 23, 203-228.

Stringer, I. A. N., 1969 : Blastokinesis and embryology of the phasmid *Clitarchus hookeri*. *Tane*, 15, 41-52.

Thomas, A., 1936 : The embryonic development of the stick insect *Carausius morosus*. *Q. J. Microsc. Sci.*, 78, 487-511.

van de Kamp, T. & H. Greven, 2007 : Die Struktur des Chorions von *Carausius morosus* (Sinéty, 1901) (Phasmatodea) mit besonderer Berücksichtigung der Mikropylenplatte. (The structure of the chorion of *Carausius morosus* (Sinéty, 1901) (Phasmatodea) with special regard to the micropylar plate). *Entomol. Heute*, 19, 99-113.

——&——, 2008 : Structure of the specialised and unspecialised chorion of the egg in the stick insect *Malacomorpha cyllarum* (Phasmatodea). *Entomol. Gen.*, 31, 63-74.

Voy, A., 1952 : Le developpement embryonnaire, larvaire et la croissance ponderale du phasme (*Clonopsis gallica* Charp.). *Compt. Rend. Acad. Sci. Paris*, 235, 1338-1340.

——, 1954 : Sur l'existence de deux categories d'oeuf dans la ponte globale du phasme (*Clonopsis gallica* Gharp.). *Ibid.*, 238, 625-627.

Whiting, M. F., S. Bradler & T. Maxwell, 2003 : Loss and recovery of wings in stick insects. *Nature*, 421, 264-267.

Zompro, O., 2004 : Revision of the Areolatae, including the status of *Timema* and *Agathemera* (Insecta : Phasmatodea). *Abh. Naturwiss. Ver. Hamburg (NF)*, 37, 1-327.

——, 2005 : Inter- and intra-ordinal relationships of the Mantophasmatodea, with comments on the phylogeny of polyneopteran orders (Insecta : Polyneoptera). *Mitt. Geol.-Paläontol. Inst. Univ. Hamburg*, 89, 85-116.

14章

シロアリモドキ目
Embioptera

14-1 はじめに

シロアリモドキ目（紡脚目）は，前肢跗節から絹糸を出して営巣するという習性をもつ小型の昆虫群で，世界の温暖な地域に広く分布する。本目は 11 科に分けられ，これまでに約 400 種が記載されている（Miller *et al.*, 2009, 2012）。日本には九州以南にシロアリモドキ科 Oligotomidae の 2 属 3 種（シロアリモドキ *Oligotoma saundersii*, タイワンシロアリモドキ *O. humbertiana*, コケシロアリモドキ *Aposthonia japonica*）が生息する。小型で柔らかい体をしていることから化石記録が乏しく，これまでに見つかっている最古の化石はミャンマーの白亜紀中期の琥珀から発見された *Sorellembia estherae* Engel *et* Grimaldi, 2006 の有翅雄であるが，本目の起源はもっと古く三畳紀にまで遡ると考えられている（Engel & Grimaldi, 2006）。

目内高次系統については，雄の生殖器が左右対称であることや翅脈が複雑であるなどの特徴から Clothodidae 科を他のシロアリモドキの姉妹群とする説が一般的とされてきたが（たとえば，Ross, 1987；Szumik, 1996；Szumik *et al.*, 2008），近年，雌の後腹部の特徴や分子と形態を用いた系統解析から Australembiidae 科を他のシロアリモドキの姉妹群とする説も提出されている（Klass & Ulbricht, 2009；Miller *et al.*, 2012）。

シロアリモドキ目の多新翅類における系統学的位置はいまだ定まっておらず，多新翅類の系統学的理解を困難にしている分類群の一つである。これまでにシロアリモドキ目の姉妹群としてカワゲラ目（Boudreaux, 1979；Wheeler *et al.*, 2001），ジュ

ズヒゲムシ目（Kukalová-Peck, 1991；Grimaldi & Engel, 2005；Engel & Grimaldi, 2006；Yoshizawa, 2007, 2011），カワゲラ目を除く新翅類（Hennig, 1969, 1981；Beutel & Gorb, 2006）などが提案され，近年ではナナフシ目との姉妹群関係がよくコンセンサスを得ている（Rähle, 1970；Whiting *et al.*, 2003；Terry & Whiting, 2005；Kjer *et al.*, 2006；Ishiwata *et al.*, 2011；Wipfler *et al.*, 2011）。本目の発生学的研究は，多新翅類の系統関係を議論するうえでも重要である。

シロアリモドキ目の発生学的研究については，最も古いもので Melander（1903）による *Anisembia texana*（= *Embia texana*）（Embiidae 科）および Kershaw（1914）による *Antipaluria urichi*（= *E. urichi*）（Clothodidae 科）の胚発生の概略の記載

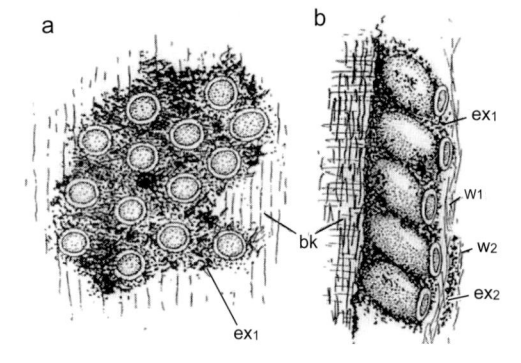

図 14-1 Clothodidae 科の一種 *Antipaluria urichi* の卵塊（Kershaw, 1914）
a. 上から見た図。絹糸および排泄物の層は除いてある，b. 断面
bk：樹皮，ex_1：卵の間を埋める排泄物，ex_2：卵を覆う排泄物の層，w_1：最初の絹糸層，w_2：2 番目の絹糸層

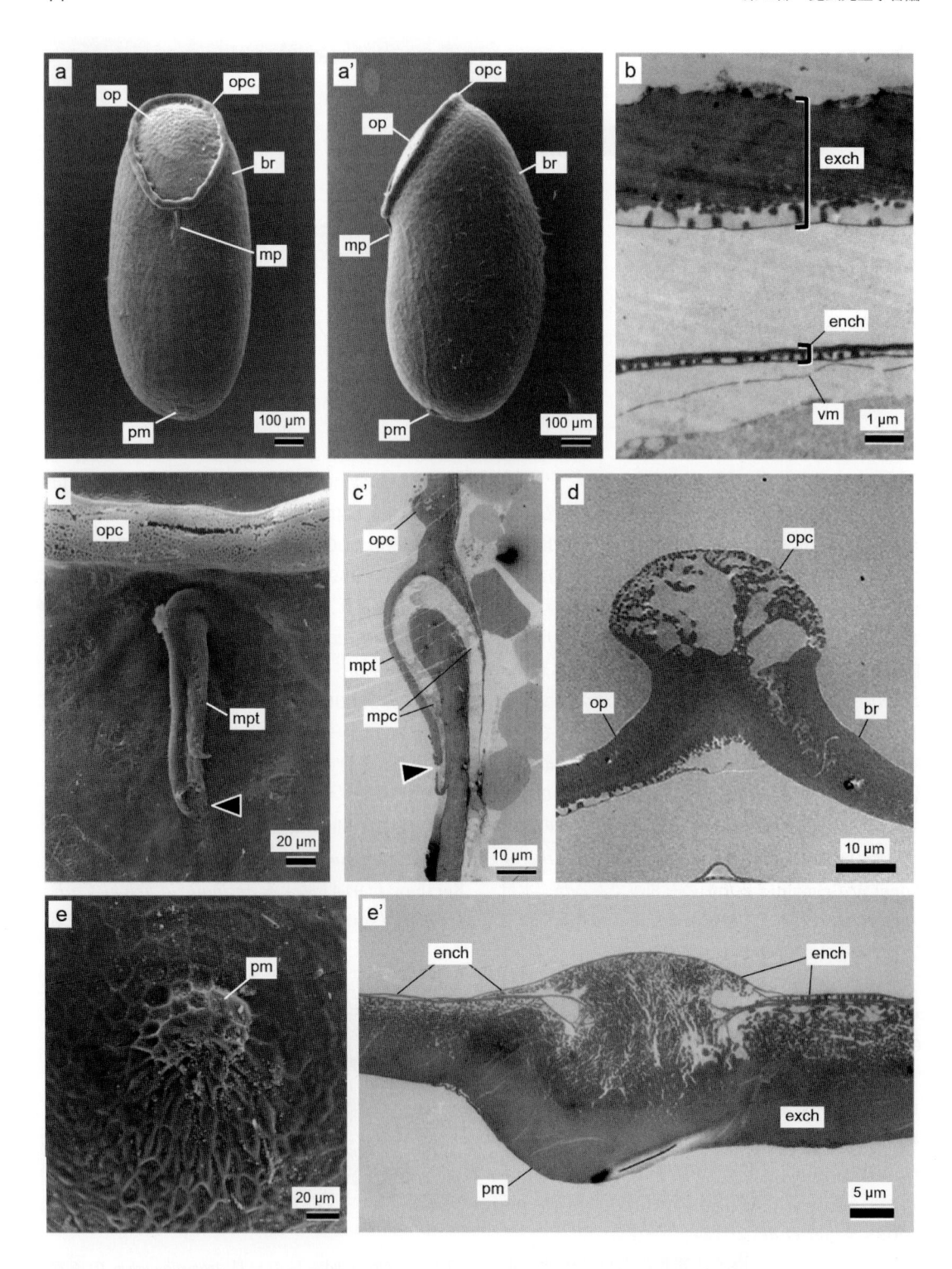

図 14-2　コケシロアリモドキ *Aposthonia japonica* の卵外部形態 (SEM) および卵膜内部構造 (TEM) (a, a′, c, e.　Jintsu *et al.,* 2007 ; b, c′, d, e′.　Jintsu & Machida, 2009)
a, a′.　卵の腹面および側面，b.　卵膜の断面，c.　卵門，c′.　卵門導管の矢状断面，d.　襟状隆起の矢状断面，e.　極丘，e′.　極丘の矢状断面
br：卵本体部，ench：内卵殻，exch：外卵殻，mp：卵門，mpc：卵門管，mpt：卵門導管，op：卵蓋，opc：襟状隆起，pm：極丘，vm：卵黄膜，矢尻：卵門

がある。続いて，1950 〜 1960 年代には地中海沿岸地域原産の地理的単為生殖種である *Haploembia solieri*（シロアリモドキ科）を材料とした Stefani による一連の研究がある。単為生殖のメカニズムに着目した初期発生（卵割〜胚盤形成）の観察（1956, 1959, 1960）のほか，卵形成（1955），卵巣（1956），胚発生の概略および内層形成，中腸上皮形成（1961）などの重要なテーマについて報告がなされている。近年では，日本産のコケシロアリモドキを材料とした側脚（Ando & Haga, 1974），卵巣（Niwa *et al.*, 1993），精子（Dallai *et al.*, 2007），卵構造（Jintsu *et al.*, 2007；Jintsu & Machida, 2009），胚発生の詳細な記載（Jintsu, 2010）などの研究がなされている。

14-2　産　卵

　コケシロアリモドキの産卵期は鹿児島市で 5 月から 7 月である。本種はおもに樹木表面の溝や樹皮の裏などに絹糸でトンネル状の巣を作るが，繁殖期になると雌は巣の一角に少し広いスペースを設け，基質を嚙み砕いて卵を産み付ける。産卵場所はわりと柔軟で，トンネルの壁に産み付けることも珍しくない。*A. urichi* では卵はすべて後極を基質に向けて整然と並べられ，卵の表面および卵と卵の間は排泄物を嚙み砕いて唾液と混ぜ合わせたものなどで覆われ，さらに絹糸と排泄物の層で覆われる（図 14-1, a, b）（Kershaw, 1914）。このような習性は寄生虫や乾燥から卵を守るためであると考えられている（Ross, 2000）。一方，コケシロアリモドキでは卵の向きはバラバラであり，卵の周囲は絹糸や排泄物で覆われるものの，*A. urichi* ほど入念ではない。一度の産卵数は，*A. urichi* では 40 〜 80 個（Kershaw, 1914），*H. solieri* では平均 30 個（Stefani, 1956），コケシロアリモドキでは 5 〜 9 個である（横山，1952）。

14-3　卵

(1)　卵　巣

　コケシロアリモドキの卵巣は左右一対であり，それぞれ 5 本の無栄養質型の卵巣小管からなる。各卵巣小管は側方に伸びた側輸卵管にそれぞれが独立に開口しており，そのため卵巣小管は櫛状に配列する。

(2)　卵　構　造

　卵の外部形態については，Melander（1903），横山（1952），Stefani（1956），Niwa *et al.*（1993），Jintsu *et al.*（2007）などの観察がある。卵膜の微細構造については Jintsu & Machida（2009）が報告している。ここでは Jintsu *et al.*（2007），Jintsu & Machida（2009）をもとにコケシロアリモドキの卵構造を解説する。

　卵は長径約 1 mm，短径約 0.5 mm の回転楕円体をしており，表面には濾胞細胞の跡である不規則な網目模様がある（図 14-2, a, a′, e）。卵膜は白色，半透明で柔軟性がある。卵前極には，腹側に傾斜した卵蓋 operculum があり，その周囲は襟状隆起 opercular collar により縁取られる。卵蓋以外の領域は便宜的に卵本体とよばれ，その腹面正中線上には卵門導管 micropylar tube をともなう単一の卵門 micropyle がある（同図, a, a′, c）。卵後極のやや腹側寄りの位置には，直径約 60 μm の円盤状の隆

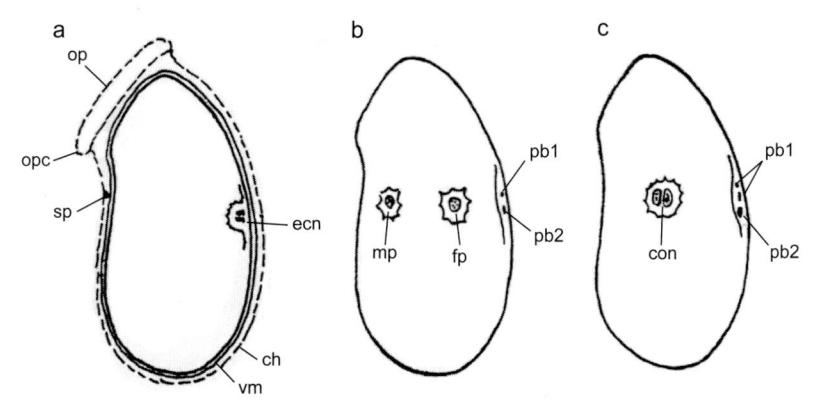

図 14-3　シロアリモドキ科の一種 *Haploembia solieri* の受精（Stefani, 1956 より改変）
　a. 精子侵入時の卵細胞核（第一成熟分裂後期）の位置, b. 雌雄前核の移動期, c. 雌雄前核の合一期
　ch：卵殻, con：合一中の雌雄前核, ecn：卵細胞核, fp：雌性前核, mp：雄性前核, op：卵蓋, opc：襟状隆起,
　pb1：第一極体, pb2：第二極体, sp：精子, vm：卵黄膜

起，すなわち，極丘 polar mound がある（同図, a, a′, e）。

　卵膜は卵殻と卵黄膜からなる（同図, b）。卵殻は約 5 μm の外卵殻と約 0.6 μm の内卵殻からなり，外卵殻は均質な構造であるが，内側へいくにつれてスポンジ構造となり内表面は柱状構造となる。内卵殻は複数の薄層が重なり合う層と一層の最内層の間に柱状構造が並ぶ層が挟まれる構造をしている。卵

黄膜は一層で，非常に薄い。このような卵膜の基本構造は，卵蓋，卵門，極丘において特殊化する。卵蓋は約 50 × 30 μm の楕円形である（同図, a）。孵化時に幼虫は卵蓋を押し開けて卵外に出てくるが，その際，卵蓋は襟状隆起において開裂する。襟状隆起では，卵殻の卵表に近い部分はスポンジ構造となり，卵内に近い部分は均質的であるが，卵蓋と本体との境界が存在するようである（同図, d）。卵門は

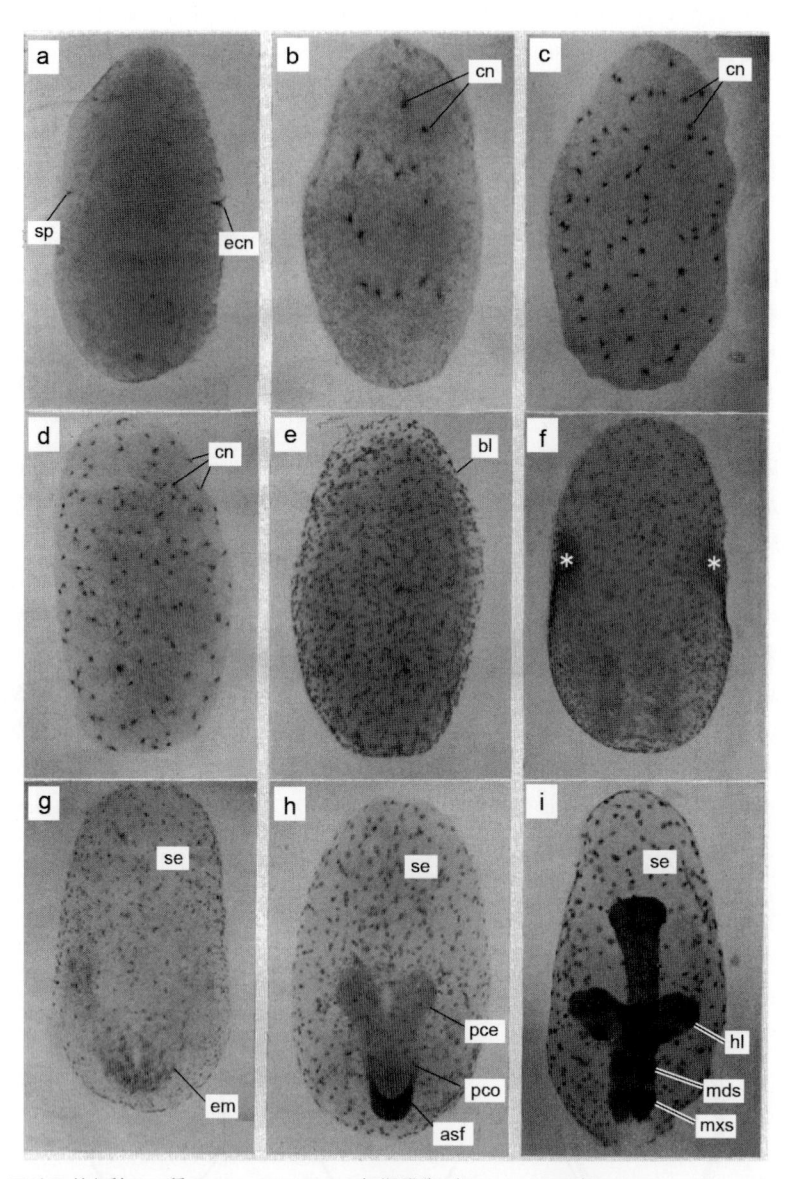

図 14–4　シロアリモドキ科の一種 *Haploembia solieri* の初期発生（Stefani, 1959）
　a. 受精卵。背側では卵細胞核の成熟分裂が起こり，腹側では精子が周辺細胞質に侵入している，b. 16 卵割核期，c. 64 卵割核期，d. 128 卵割核期，e. 胚盤葉期，f. 胚域形成期。卵腹面側方に高細胞密度領域（＊）が形成される，g. 胚盤形成期，h. 胚の後端に羊漿膜褶の形成が始まり，胚外域が漿膜に分化する，i. 発生の進んだステージ，a〜e は側面図，f〜i は腹面図。
asf：羊漿膜褶，bl：胚盤葉，cn：卵割核，ecn：卵細胞核，em：胚，hl：頭葉，mds：大顎節，mxs：小顎節，pce：原頭域，pco：原胴域，se：漿膜，sp：精子

直径約 7 μm で，長さ 60 ～ 75 μm の卵門導管の後端に開口する（図 14-2，c, c'）。卵門の周囲では，内卵殻が厚く，スポンジ構造の目が詰まり，卵殻と卵黄膜が融合する。極丘は卵殻の肥厚構造で，内卵殻が多孔質化し，内側で卵黄膜と融合する（同図，e, e'）。極丘には卵殻を縦断する多数の条が存在し，水孔 hydropyle との関連が示唆される。

(3)　単 為 生 殖

単為生殖はシロアリモドキ目内で広く偶発的に起きると考えられている（Ross，2000）。Stefani（1956）は，地理的単為生殖をする H. solieri を材料に，単為生殖のメカニズムに着目した多くの研究を行った。Stefani は，有性生殖型の染色体数が雄 19，雌 20（♂ 2n = 2A + XO，♀ 2n = 2A + XX，♂ 19 = 18 + X，♀ 20 = 18 + XX）であるのに対し，地理的単為生殖型では 22（♀ 2n = 2A + XXXX，♀ 22 = 18 + XXXX）であることを明らかにし，未受精卵における性染色体の不分離が地理的単為生殖の起源であると推測した。また，未受精卵が生じる要因として放散虫の一種 Diplocystis clerci の寄生により雄が衰弱し交尾できなくなることをあげている。

14-4　胚 発 生

本目の胚発生について，A. urichi（Kershaw，1914），H. solieri（Stefani，1956，1959，1961），コケシロアリモドキ（Jintsu，2010）の知見をもとに解説する。

室温における卵期は，A. urichi で約 40 日（Kershaw，1914），H. solieri で平均 37 日（Stefani，1956），コケシロアリモドキで約 35 日（横山，1952）である。

(1)　初 期 発 生

a.　成熟分裂および受精

産下時の卵は第一成熟分裂の中期の状態にある（図 14-3，a）。卵細胞核は卵背面表層にあり，腹面にある卵門から精子が侵入するころ，極体を出して第一成熟分裂が完了する（図 14-3，a；14-4，a）。続いて卵細胞核は第二成熟分裂をへて雌性前核となり，一方，精子は雄性前核となる。雌雄の前核は卵内へ移動を開始し（図 14-3，b），卵前半部の中央やや腹側寄りの位置で産下から 4 ～ 5 時間後に合一する（同図，c）。

b.　卵割および胚盤葉形成

受精後 7 時間ほどで最初の卵割が起こる。以降ほぼ同期的に卵割を繰り返し，24 ～ 48 時間（室温により変化する）までに 64 核となる（図 14-4，b，c）。次の卵割では同期性は失われるものの，128 核に近い数である（同図，d）。このステージに卵割核はいっせいに卵表へ移動し，胚盤葉を形成する（同図，e）。卵割核のうちいくつかは卵黄内にとどまり，一次卵黄細胞となる。卵表層に均一な胚盤葉が形成されると，そのうちいくつかの細胞は卵内にもどり二次卵黄細胞に分化する。これらの卵黄食細胞 vitellophage，すなわち一次卵黄細胞と二次卵黄細胞はアメーバ状を呈し，体積を増し，有糸分裂で増殖する。

そして，卵腹面後極寄りの左右対称な領域に細胞のさかんな分裂が起こり，これらの領域の細胞が腹側正中方向へ集中することにより，胚盤が形成される（図 14-4，f ～ h）。

(2)　中 期 発 生

a.　胚域および胚盤の形成

産下後 5 日頃，卵腹面から後極にかけての広い領域で胚盤葉細胞の密度が高くなる（図 14-5，a）。この領域は将来の胚となる胚域である。胚域の細胞はさらに分裂を繰り返し，胚腹面後極寄りの左右対称な領域で，とくに細胞密度が高くなる（同図，b）。一方，胚外域の核は漿膜に分化する。

産下後 7 日頃，上記の一対の高細胞密度領域が正中方向に移動，融合することで，長さ約 600 μm，幅約 350 μm の胚盤が形成される（図 14-6，a；14-7，a，a'）。この一対の高細胞密度領域は側板 lateral plate，その間の細胞密度の低い領域は中板 median plate，すなわち，それぞれ予定外胚葉，予定中胚葉と理解することもできる（図 14-5，b）。胚盤は前方が左右に広い原頭域 protocephalon，後方が幅の狭い原胴域 protocorm に区別されるようになり，逆西洋梨形を呈する。原胴域には原溝が形成され，すでに前方数体節も認められる。胚盤と卵黄の間には，パラサイト paracyte とよばれる胚盤に由来する細胞が現れる（図 14-9 参照）。

b.　胚 伸 長

産下後 8 日頃，胚盤は幅が狭くなると同時に後方へ伸長を始め，胚帯とよばれるようになる（図 14-5，c；14-6，b；14-7，b，b'）。前ステージにおいて原胴域に形成された中胚葉は原頭域へも拡張

する。

　胚の伸長にともない，胚後端に羊漿膜褶が形成され（図14-5，c；14-6，b），遅れて原頭域でも羊漿膜褶形成が始まる。産下後9日頃，胚の長さは胚盤期の倍ほどになり，頭部および前胸節が分化する（図14-6，c）。この時期に前後の羊漿膜褶は口陥予定域のあたりで融合し，胚の腹面は完全に羊漿膜褶で覆われる。羊膜と漿膜は後述の胚反転 katatrepsis

期まで，この羊漿膜褶の融合部位において互いに接したままである（図14-5，d～g；14-7，c～e）。体節形成にともない中胚葉も分節を開始する。

　産下後10日頃，原頭域の幅が約500 μmと広くなり，左右の頭葉の後縁に触角原基の小さな膨らみが現れる（図14-5，d）。大顎から前胸までの各体節には一対の付属肢原基が分化し，口陥予定域が陥入を開始し口陥 stomodaeum が形成され，神経溝も

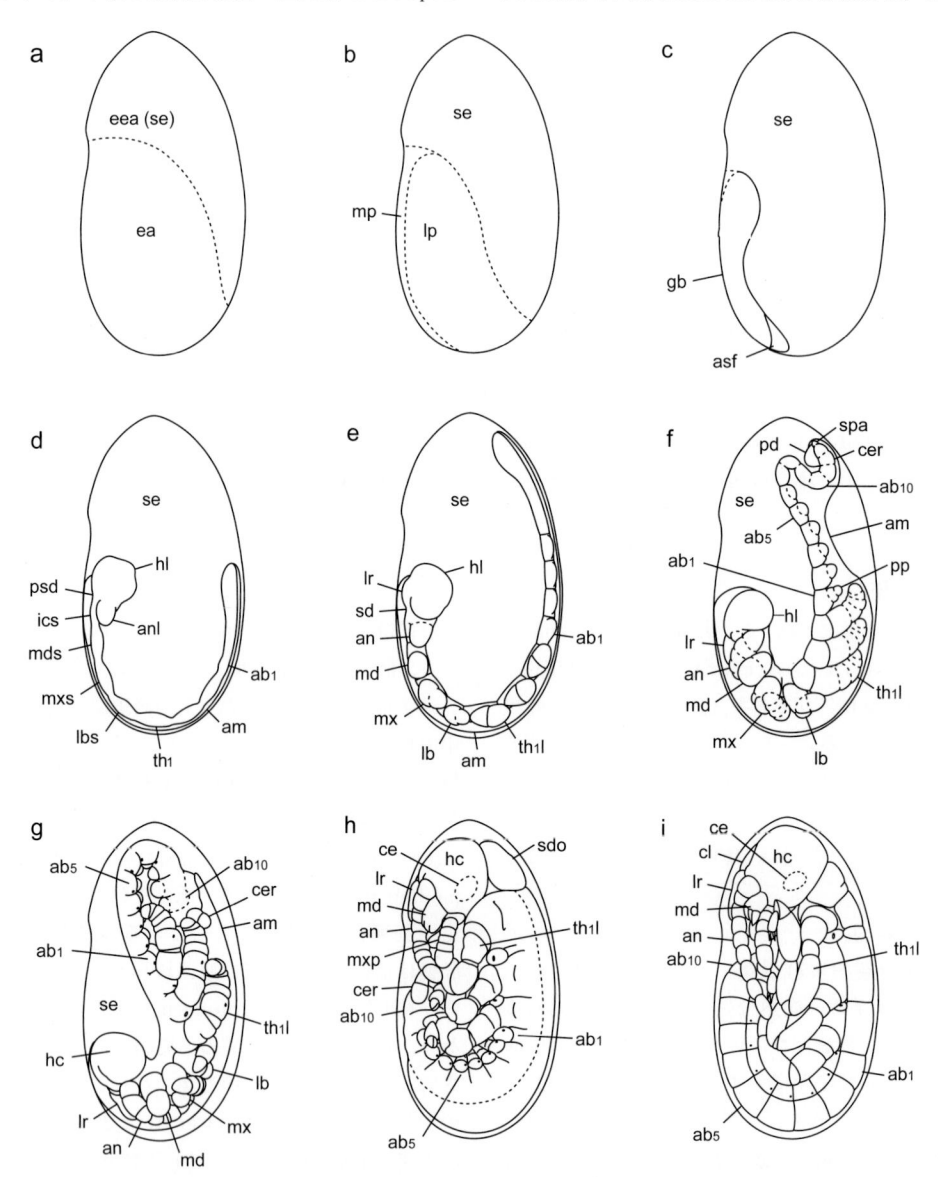

図14-5　コケシロアリモドキ *Aposthonia japonica* の胚発生の概略（側面図）（Jintsu, 2010）
　a. 胚域の分化，b. 胚盤形成期，c. 初期胚帯期，d. 胚伸長期（中期），e. 胚伸長期（後期），f. 沈み込み期，g. インタートレプシス期，h. 背閉鎖期，i. 背閉鎖完了期
ab1, 5, 10：第一，五，十腹節，am：羊膜，an：触角，anl：触角葉，asf：羊漿膜褶，ce：複眼，cer：尾毛，cl：頭楯，ea：胚域，eea：胚外域，gb：胚帯，hc：頭蓋，hl：頭葉，ics：間挿節，lb：下唇，lbs：下唇節，lp：側板，lr：上唇，md：大顎，mds：大顎節，mp：中板，mx：小顎，mxp：小顎鬚，mxs：小顎節，pd：肛門陥，pp：側脚，psd：予定口陥域，sd：口陥，sdo：二次背器，se：漿膜，spa：肛上板，th1：前胸節，th1l：前肢

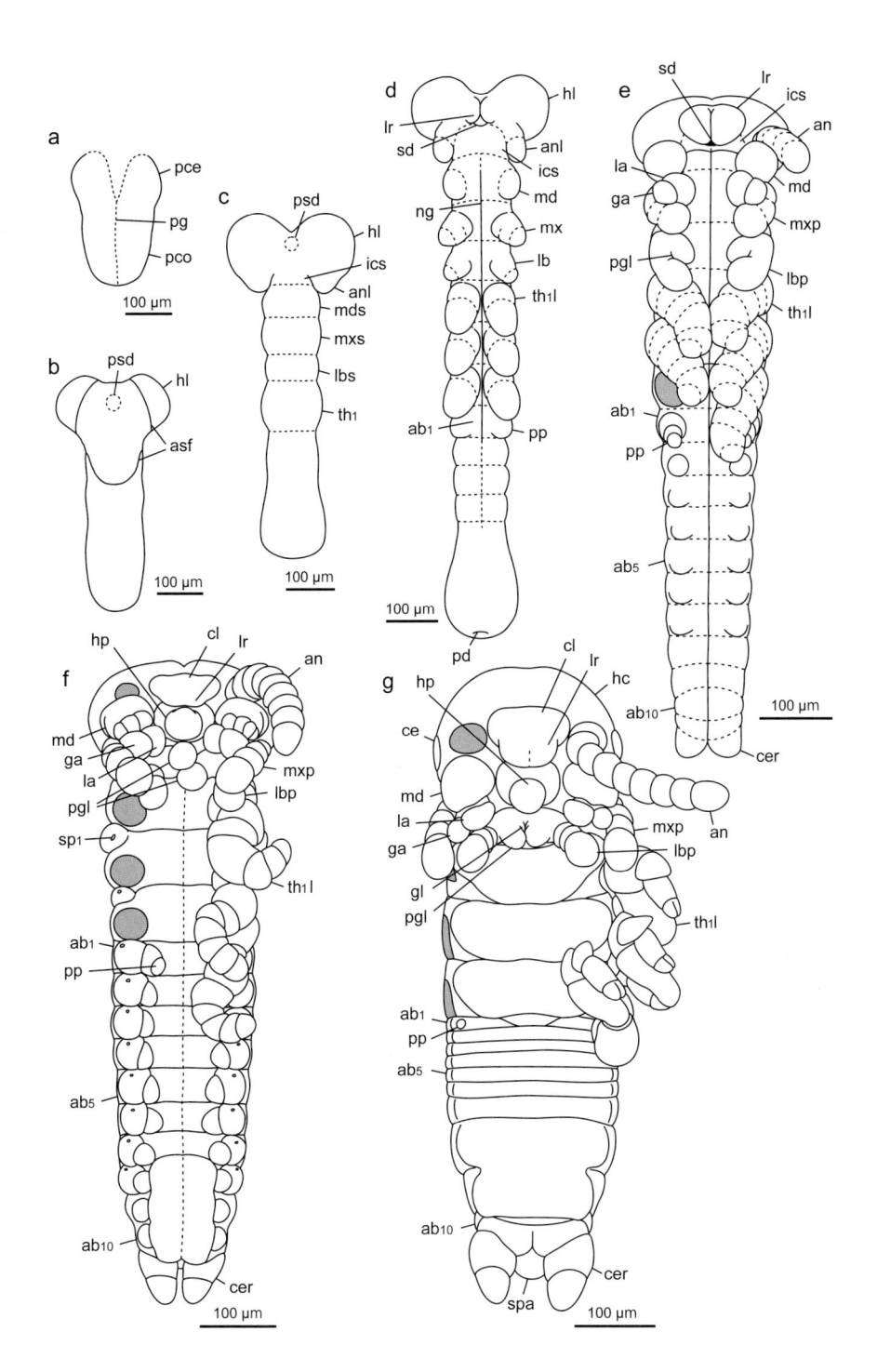

図 14–6　コケシロアリモドキ *Aposthonia japonica* の胚（腹面図）（Jintsu, 2010）
　　a. 胚盤, b. 胚伸長期（初期）, c. 胚伸長期（中期）, d. 胚伸長期（後期）, e. 沈み込み期, f. インタートレプシス期,
　g. 背閉鎖完了期

ab1,5,10：第一，五，十腹節, an：触角, anl：触角葉, asf：羊漿膜褶, ce：複眼, cer：尾毛, cl：頭楯, ga：小顎外葉,
gl：中舌, hc：頭蓋, hl：頭葉, hp：下咽頭, ics：間挿節, la：小顎内葉, lb：下唇, lbp：下唇鬚, lbs：下唇節,
lr：上唇, md：大顎, mds：大顎節, mx：小顎, mxp：小顎鬚, mxs：小顎節, ng：神経溝, pce：原頭葉, pco：原
胴域, pd：肛門陥, pg：原溝, pgl：側舌, pp：側脚, psd：予定口陥域, sd：口陥, sp1：中胸気門, spa：肛上板,
th1：前胸節, th1l：前肢

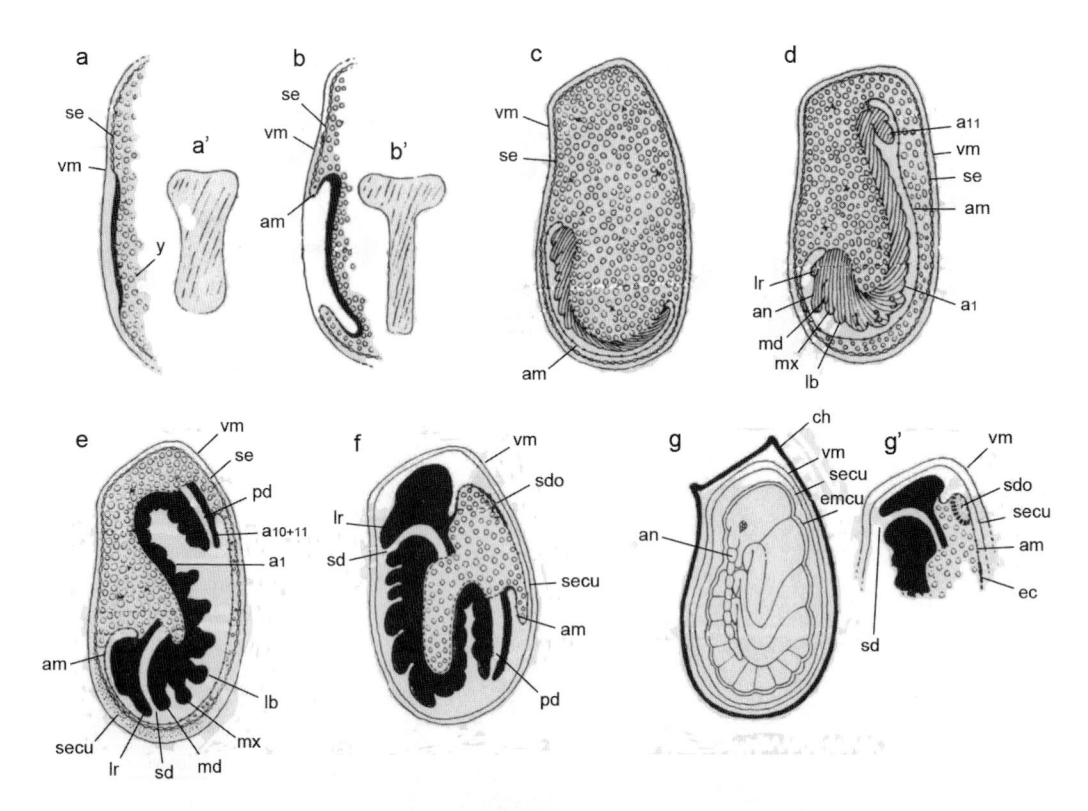

図 14-7　Clothodidae 科の一種 *Antipaluria urichi* の胚発生の概略（Kershaw，1914 より改変）
a. 胚盤の矢状断面，a′. a の胚盤の正面図，b. 伸長を始めた胚の矢状断面。卵黄への沈み込みと羊漿膜褶の形成が始まっている，b′. b の胚の正面図，c. 胚伸長期の矢状断面。付属肢の分化が開始している，d. さらに伸長した胚の矢状断面。尾部が屈曲している，e. インタートレプシス期胚の矢状断面，f. 反転中の胚の矢状断面，g. 孵化間近の胚，g′. 最終的背閉鎖終期の胚頭部付近の矢状断面。
a1,10,11：第一，十，十一腹節，am：羊膜，an：触角，ch：卵殻，ec：外胚葉，emcu：胚クチクラ，lb：下唇，lr：上唇，md：大顎，mx：小顎，pd：肛門陥，sd：口陥，sdo：二次背器，se：漿膜，secu：漿膜クチクラ，vm：卵黄膜，y：卵黄

形成される（図 14-6，d）。

　産下後約 12 日頃，胚の後端は卵前極付近にまで達する（図 14-5，e）。体節形成は第六腹節くらいまで進行しているが，それより後方は体節未分化の幅広い尾葉 tail lobe となっている（図 14-6，d）。口陥の前方には上唇が一対の隆起として現れる。小顎および下唇の内側基部には，付属肢内葉 endite が分化を始める。胸部付属肢は 2 分節する。

c.　卵黄への胚の沈み込み

　産下後 13 日頃，腹部が第八腹節の直後で腹側へ屈曲し，胚はこの屈曲部から卵黄へ沈み込み始める（図 14-5，f）。胚は，腹部，胸部，頭部の順に卵黄へ沈み込む。

　頭部では左右の頭葉の縁が背側へ反り返り，頭蓋形成が始まる。上唇は対構造のまま，その基部に頭楯が形成される。付属肢の伸長と分節が進む（図 14-6，e）。顎部付属肢は少し大きくなり，小顎と下唇の内葉も膨らむ。胸部付属肢は 3 分節する。やがて，尾葉からは第九，十，十一腹節が分化し，胚の後端には肛門陥 proctodaeum が陥入し始める（図 14-5，f）。

　本ステージ後期には，大顎から前方の領域を残して胚は卵黄中へ沈み込む。胚は S 字状を呈し，胚の前後軸は卵のものと逆転している。頭部では，触角，小顎鬚 maxillary palp，下唇鬚 labial palp が伸長，分節し，小顎の内葉は二葉に分かれる。大顎は低い円柱状である。上唇は左右が融合して単一の構造となる。胸部付属肢でも伸長と分節が進み，腿節 femur，脛節 tibia，跗節 tarsus の各環節が分化する。腹部の付属肢原基は少なくとも第一〜六腹節および第十一腹節（尾毛 cercus）に形成され，第一腹節付属肢，すなわち側脚 pleuropodium は第二〜六腹節のものに比べて明らかに大きく発達し，3 分節が認められる（図 14-5，f；14-6，e）。

d．インタートレプシス intertrepsis

産下後 17 日頃，胚はほぼ完全に卵黄中へ沈み込み，額部のみが卵表に接している（図 14-5, g；14-7, e）。伸長中の肛門陥を覆うように，腹部後方から背板の形成が始まる（最終的背閉鎖）。神経細胞や中胸葉性組織の発達により胚は厚みを増す。中胸から第八腹節までに各々一対の気門が陥入する（図14-5, g；14-6, f）。

付属肢の発達が進み，胚期に生じる付属肢環節がすべて分化する（図 14-6, f）。頭部では，触角は 9 分節し，大顎の先端は球状を呈する。小顎鬚は 5 分節，下唇鬚は 3 分節し，小顎と下唇ではそれぞれ二対の内葉が発達するが，下唇の中舌 glossa の原基はまだ小さな膨らみである。左右の下唇は互いに接近する。胸部の各肢は 7 分節し（基部から順に亜基節 subcoxa，基節 coxa，転節 trochanter，腿節，脛節，跗節，前跗節 pretarsus），跗節はさらに三つに亜分節する。絹糸腺 silk gland が形成される前肢第一跗節は中肢，後肢のものに比べ大きくなる。腹部では 11 の体節すべてに付属肢が分化し，第一～九腹節の付属肢は最大となる。第二～十腹節付属肢，および第十一腹節付属肢である尾毛はそれぞれ 2 分節する。

本ステージの終わりには胚前方では頭蓋が形成され，胚後方では背閉鎖が第七腹節まで進行している。胚幅が大きくなり，これまで胚後方を向いていた胸部付属肢および第一～十腹節付属肢はやや胚正中方向を向く。頭部が再び卵表に出てくる。

e．胚反転 katatrepsis

産下後 22 日頃，羊膜と漿膜が触角節付近でふたたび接着し，羊漿膜褶は開裂，解消される。漿膜は卵前極に向かって集中し二次背器 secondary dorsal organ を形成し，これにともない羊膜と胚は卵表へ引き出される（図 14-7, f）。胚は頭部から順に卵表面に現れ，卵腹面に沿って前極へ移動して最終的な位置となる。これにより，胚の前後軸が卵のそれとふたたび一致する。羊膜は漿膜の退いた後の卵黄表面を広く覆う（一時背閉鎖）。

(3) 後期発生

a．背閉鎖

胚反転直後，前胸から第六腹節までの背側は羊膜に覆われているが，前後左右から伸長する体壁によって置換されていく（最終的背閉鎖）。頭部では，触角の基部三環節，すなわち柄節 scapus，梗節 pedicel，鞭節 flagellum の形状に差が現れ

る。大顎の先端は左右に幅広くなり，切歯と臼歯の形成が始まる。大顎節の腹面には円錐状の下咽頭 hypopharynx が形成される。小顎節と下唇節は前後に狭まり，左右の小顎の間に一対の下唇が収まる配置になる。胸部付属肢では，基節の基部前方が大きくくびれ，前肢第一跗節と各肢腿節が大きくなり，前跗節は爪への分化を始める。腹部では，側脚の基部節は目立たなくなるが，先端の節は球状のままで，この時期に最大サイズ（直径約 30 μm）となる。第二～十腹節の付属肢は前ステージから退化を始めているが，一部の胚において第十腹節付属肢が本ステージ前半まで発達を続けた後に一度退化するものの，ふたたびその内側に一対の小さな膨らみを生じる。胸部および腹部では側板 pleuron が発達し，第九～十一腹節の腹面は神経節の発達などにより隆起する。

産下後 28 日頃には，第九～十一腹節腹側の隆起は小さくなり，第十腹節背板は前後に狭くなる。胚背側を覆っていた羊膜は体壁に置換され，二次背器は前胸の背側から体内（中腸内）へ取り込まれ（図 14-5, h；14-7, g, g'），背閉鎖が完了する。

b．背閉鎖完了

背閉鎖の完了後，胚は急速に 1 令幼虫の形態へと変化する（図 14-5, i；14-6, g）。

胚クチクラの分泌が始まり，頭部には，頭楯の基部から頭蓋の 2/3 にまで達する約 200 μm の長大な卵歯 egg tooth が形成される。左右の触角の後方には複眼の赤い斑が現れ，次第に濃くなり，孵化時には暗褐色となる。顎部付属肢は集中しコンパクトな口を形成する。大顎内葉は伸長し鋭い切歯と臼歯を形成する。左右の下唇付属肢は基部で融合する。前ステージで小さな隆起であった中舌は細長く伸長する。触角および胸部付属肢は前ステージに比べ大幅に伸長し，前跗節は二爪となる。胸部付属肢の基節基部のくびれは目立たなくなる。胸部および腹部の各体節は前後に伸長する。第二～九腹節付属肢はもはや確認できなくなる。側脚の先端節は前ステージよりも小さくなる。前ステージで一部の胚の第十腹節に現れた一対の突起は，本ステージ前期に明瞭になった後，前後の体節の間に挟まれて第十腹節腹板とともに消失する。体表は薄茶色に着色し，剛毛（太毛）が形成される。

(4) 孵化および 1 令幼虫

幼虫は卵蓋を押し開き，卵外へ出る。このとき胚

クチクラも脱ぎ捨てられる。生まれたばかりの幼虫は薄褐色で，体長は約2mm，成虫とほぼ同じ形態をしている。触角は9節，複眼を構成する個眼は10個程度である。

14-5　器官形成

(1)　外胚葉性器官

a.　絹糸腺

　本目最大の特徴である絹糸腺をそなえる前肢第一跗節は，コケシロアリモドキでは胚反転後，急速に太くなる。これと同時に絹糸腺細胞も発達すると考えられる。孵化の近い胚の第一跗節内には多数の大型の絹糸腺が認められ（安藤，1970），1令幼虫は孵化後まもなく絹糸を放出することができる。

b.　側　脚

　コケシロアリモドキの側脚すなわち第一腹節付属肢は，沈み込み期に3環節，すなわち亜基節，基節，端肢節に分かれる（図14-5，f；14-6，e）。先端の端肢節は球状で，十数個の細胞が放射状に配列する（図14-8，b）。インタートレプシス期には，端肢節の細胞が基肢節内深くに伸長し，球状の構造を形成する。端肢節とこの球状構造をつなぐ柄の部分はくびれ，全体としてアレイ状を呈する。多量のクロマチン顆粒を含んだ大きな核（同図，c）が，くびれを

挟んで細胞基部へ移動し，端肢節には多数の液胞が形成され，羊膜腔内へ分泌液を放出する。この分泌は胚反転後まもなく止む。端肢節は胚反転期に最大サイズに達した後（同図，d），発生後期に急速に退化し（同図，e），孵化までに消失する。

　コケシロアリモドキの側脚は膨出型であり，端肢節細胞が基肢節内へ伸長して球状構造を形成し，細胞核が端肢節からくびれを挟んで基肢節内の球状構造へ移動し，端肢節内に多数の液胞が形成される，という点でナナフシ亜目 Euphasmatodea の一種 *Carausius morosus* のもの（Louvet，1973）とよく似る。

　コケシロアリモドキの側脚の発達は Ando & Haga（1974）によっても詳細に報告されているが，インタートレプシス期における端肢節細胞の基肢節内への伸長と核の移動という大切な現象は見落とされている。

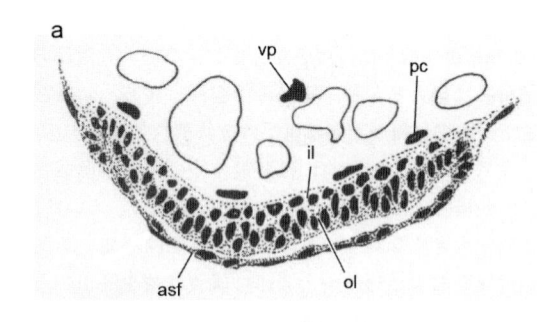

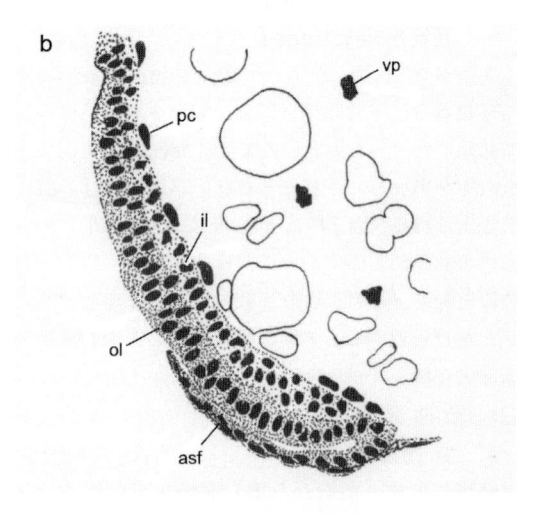

図14-8　コケシロアリモドキ *Aposthonia japonica* の側脚の発生過程（Ando & Haga, 1974）
　a. 沈み込み期の側脚原基，b. インタートレプシス期の側脚とその横断面，c. 胚反転直前の側脚，d. 胚反転終了期の側脚，e. 発生後期の退化した側脚
　dp：退化した側脚，ec：外胚葉細胞，mc：中胚葉細胞，pp：側脚，ppa：側脚原基，pps：側脚分泌物，th3l：後肢

図14-9　シロアリモドキ科の一種 *Haploembia solieri* の内層形成中の6日目胚の断面図（Stefani, 1961 より改変）
　a. 横断面，b. 矢状断面
　asf：羊漿膜褶，il：内層（中胚葉），ol：外層（外胚葉），pc：パラサイト，vp：卵黄食細胞

(2)　中胚葉性器官（内層形成）

コケシロアリモドキの内層形成は多新翅類に一般的な陥没型である。内層形成は胚盤形成と同時期に起こり，まず胚域の側方に細胞密度の高い側板領域が，胚域の中央に細胞密度の低い中板領域ができる（図14-5，b）。胚域の後方2/3では左右の側板領域が正中方向へ接近し，合一して原胴域を形成する（図14-6，a）。この過程で，中板領域は側板領域から分離し，その背側に落ち込んで内層すなわち中胚葉を形成し，腹側では原溝を形成する。胚域前方1/3の原頭域では高細胞密度領域の正中方向への接近は起こらず，原溝も形成されない。これに対し，コケシロアリモドキと同科の *H. solieri* では増殖型の内層形成が報告されている（Stefani, 1961）。すなわち，胚盤が完成し羊漿膜褶の形成が始まる時期に，胚盤の全体に由来する細胞が背側に落ち込み，均等に移動することで内層が形成され（図14-9，a，b），原溝は形成されないという。

(3)　消化管（中腸上皮形成）

Stefani（1961）は *H. solieri* の中腸上皮形成を観察し，他の昆虫類で一般的な口陥および肛門陥の外胚葉に由来する二極起源であるとしたうえで，次のような特徴をあげている。1）口陥よりも肛門陥からの細胞の供給が多く，形成中の中腸上皮においては後半部で細胞密度が高い。2）外胚葉の移動がほぼ終わると，卵黄細胞が一部を残して中腸上皮へ移動し中腸上皮の細胞間に入り込む。卵黄細胞の移動は中腸の前方1/4の領域に集中する。3）卵黄細胞の核は無糸分裂により小さな娘細胞となる。Stefani は観察が孵化直後のステージまでにとどまっていることから，卵黄細胞が最終的に中腸壁の構成要素となるか否かについては結論づけず，後胚発生期における追跡が必要であるとしている。

14-6　比較発生学的検討

シロアリモドキ目の発生学的特徴をまとめると以下のようになる。

胚帯型：　初期胚帯は卵の腹面後極寄りに形成され，その大きさは卵の長径の1/2から2/3におよぶ。コケシロアリモドキでは胚盤形成直後から数本の体節境界が認められることから，シロアリモドキ目の胚帯型は半長胚型と理解され，短胚型が一般的とされる多新翅類においては特徴的である。

胚形成：　胚の形成過程においてまず一対の高細胞密度領域が現れ，その集中によりコンパクトな胚盤が形成される。この特徴は Mashimo *et al.*（2014）によって多新翅類の固有派生形質であるとされたものであり，シロアリモドキ目はよくその特徴を示しているといえるであろう。

胚運動：　胚運動は他の多新翅類のものとよく似る。すなわち，卵腹面後極寄りに形成された胚盤が羊漿膜褶を形成しながら後方から卵背面に向けて伸長し，卵表でほぼ最大長にまで達した後に，卵黄中に沈み込む。この時点で卵軸と胚軸は逆転しているが，続く胚反転で卵軸と胚軸はふたたび一致する。胚帯の伸長が卵表層で起きるという特徴は多新翅類の固有派生形質であるとされている（Mashimo *et al.*, 2014）。沈み込み型の胚定位は旧翅類と共通し，多新翅類にも一般的であることから多新翅類各目の共有祖先形質と理解できる。

卵構造：　卵は，卵前極の卵蓋，卵腹面の単一の卵門，卵後極の極丘をもつ。これら卵構造の特徴は多新翅類において特徴的であり，シロアリモドキ目とナナフシ目だけがすべて兼ね備えることから，両目の類縁性が示唆されている（Zompro, 2004；Jintsu *et al.*, 2007, 2010）。しかし卵構造の類似とは対照的に，シロアリモドキ目とナナフシ目は系統を反映しうるとして重要視されてきた胚帯型と胚運動で異なる特徴を示すため，比較発生学的解釈が困難であった。ここにおいて近年，ナナフシ目の最原始系統群であるチビナナフシ亜目 Timematodea の一種 *Timema monikensis* において，多新翅類に一般的な「回転運動 rotation を行わない胚運動」を示唆する像や（Jintsu *et al.*, 2010），コケシロアリモドキと同様の長い卵歯を頭楯に形成する像などが得られている（神通ら，未発表）。また，14-5節(1) b で述べたように，コケシロアリモドキとナナフシ亜目の *C. morosus* の側脚の特徴が酷似することも明らかになってきている。これらの形質は両目を類縁づける発生形質として注目される。

Mashimo *et al.*（2014）は，卵腹面の一対の卵門および長大な卵歯という共通点から，ジュズヒゲムシ目と Eukinolabia 敏唇類（＝シロアリモドキ目＋ナナフシ目）の類縁性を提案している。

14-7　おわりに

シロアリモドキ目の多新翅類内での位置づけに関しては議論が定まらないが，卵構造から本目とナナ

フシ目の類縁が強く示唆された。紹介したように，シロアリモドキ目の胚発生学的研究は断片的であり，不十分な観察に基づく記録もある。本目の多新翅類内での位置づけのさらなる理解，グラウンドプラン構築のために，今後の胚発生全般にわたる詳細な検討が望まれる。

■ 14 章の引用文献

安藤　裕，1970：胚子発生．"動物系統分類学（内田　亨編），7（下 A）節足動物 IIIa，昆虫類（上）"，pp. 37-130. 中山書店，東京.

Ando, H. & K. Haga, 1974：Studies on the pleuropodia of Embioptera, Thysanoptera and Mecoptera. *Bull. Sugadaira Biol. Lab. Tokyo Kyoiku Univ.*, 6, 1-8.

Beutel, R. G. & S. N. Gorb, 2006：A revised interpretation of the evolution of attachment structures in Hexapoda with special emphasis on Mantophasmatodea. *Arthropod Syst. Phylog.*, 64, 3-25.

Boudreaux, H. B., 1979：*Arthropod Phylogeny with Special Reference to the Insects*. John Wiley, New York.

Dallai, R., R. Machida, Y. Jintsu, F. Frati & P. Lupetti, 2007：The sperm structure of Embioptera (webspinners) (Insecta) and phylogenetic considerations. *Zoomorphology*, 126, 53-59.

Engel, M. S. & D. A. Grimaldi, 2006：The earliest webspinners (Insecta：Embiodea). *Am. Mus. Novit.*, 3514, 1-15.

Grimaldi, D. A. & M. S. Engel, 2005：*Evolution of the Insects*. Cambridge University Press, New York.

Hennig, W., 1969：*Die Stammesgeschichte der Insekten*. Waldemar Kramer, Frankfurt am Main.

――, 1981：*Insect Phylogeny*. John Wiley & Sons, Chichester.

Ishiwata, K., G. Sasaki, J. Ogawa, T. Miyata & Z.-H. Su, 2011：Phylogenetic relationships among insect orders based on three nuclear protein-coding gene sequences. *Mol. Phylogenet. Evol.*, 58, 169-180.

Jintsu, Y., 2010：*Embryological Studies on* Aposthonia japonica *(Okajima) (Insecta：Embioptera)*. Doctoral thesis, University of Tsukuba, Tsukuba.

――& R. Machida, 2009：TEM observations of the egg membranes of a webspinner, *Aposthonia japonica* (Okajima) (Insecta：Embioptera). *Proc. Arthropod. Embryol. Soc. Jpn.*, 44, 19-24.

――, T. Uchifune & R. Machida, 2007：Egg membranes of a web-spinner, *Aposthonia japonica* (Okajima) (Insecta：Embioptera). *Ibid.*, 42, 1-5.

――,――&――, 2010：Structural features of eggs of the primitive phasmatodean *Timema monikensis* Vickery & Sandoval, 1998 (Insecta：Phasmatodea, Timematidae). *Arthropod Syst. Phylog.*, 68, 125-132.

Kershaw, J. C., 1914：Development of an embiid. *J. R. Microsc. Soc.*, 34, 24-27.

Kjer, K. M., F. L. Carlie, J. Litman & J. Ware, 2006：A molecular phylogeny of hexapoda. *Arthropod Syst. Phylog.*, 64, 35-44.

Klass, K.-D. & J. Ulbricht, 2009：The female genitalic region and gonoducts of Embioptera (Insecta), with general discussions on female genitalia in insects. *Org. Divers. Evol.*, 9, 115-154.

Kukalová-Peck, J., 1991：Fossil history and the evolution of hexapod structures. In：*The Insects of Australia* (CSIRO, ed.), Vol. 1, 2nd ed., pp. 141-179. Melbourne University Press, Carlton.

Louvet, J.-P., 1973：L'ultrastructure du pleuropode et son ontogenèse chez l'embryon du phasme *Carausius morosus* Br. I. Etude du pleuropode de l'embryon âgé. *Ann. Sci. Nat. Zool. Biol. Anim.*, 15, 525-594.

Mashimo, Y., R. G. Beutel, R. Dallai, C.-Y. Lee & R. Machida, 2014：Embryonic Development of Zoraptera with special reference to external morphology, and its phylogenetic implications (Insecta). *J. Morphol.*, 275, 295-312.

Melander, A. L., 1903：Notes on the structure and development of *Embia texana*. *Biol. Bull.*, 4, 99-118.

Miller, K. B., 2009：Genus- and family-group names in the order Embioptera (Insecta). *Zootaxa*, 2055, 1-34.

――, C. Hayashi, M. F. Whiting, G. J. Svenson & J. S. Edgerly, 2012：The phylogeny and classification of Embioptera (Insecta). *Syst. Entomol.*, 37, 550-570.

Niwa, N., T. Nagashima & M. Matsuzaki, 1993：Ovarian structure and oogenesis of the webspinner *Oligotoma japonica* (Embioptera, Oligotomidae). *Jpn. J. Entomol.*, 61, 605-612.

Rähle, W., 1970：Untersuchungen an Kopf und Prothorax von *Embia ramburi* Rimsky-Korsakow 1906 (Embioptera, Embiidae). *Zool. Jb. Anat. Ontog.*, 87, 248-330.

Ross, E. S., 1987：Studies in the insect order Embiidina：a revision of the family Clothodidae. *Proc. Calif. Acad. Sci.*, 45, 9-34.

――, 2000：EMBIA. Contributions to the biosystematics of the insect order Embiidina. II. A review of the biology of Embiidina. *Occ. Pap. Calif. Acad. Sci.*, 149, 1-36.

Stefani, R., 1955：Divisioni amitotiche e modificazioni durante l'oogenesi nell'ovario degli Embiotteri. *Boll. Zool.*, 22, 79-91.

――, 1956：Il problema della partenogenesi in *Haploembia solieri* Ramb. *Atti Accad. Nazionale, Lincei, Mem. Sci, Ser.* 8, 5, 127-201.

――, 1959：I fenomeni cariologici nella segmentazione dell'uovo ed i loro rapporti con la partenogenesi rudimentale ed accidentale negli embiotteri. *Caryologia*, 12, 1-70, pls. 1-9.

――, 1960：I rapporte tra parassitosi sterilita maschile partenogenesi accidentale in popolazio naturali di *Haploembia solieri* Ramb. anfigonica. *Riv. Parassitol.*, 21, 277-287.

――, 1961：La formazione dei foglietti embrionali, l'origine dell'epitelio intestinale e la determinazione della linea germinale femminile nell'*Haploembia solieri*. *Caryologia*, 14, 1-30.

Szumik, C. A., 1996：The higher classification of the order Embioptera：a cladistic analysis. *Cladistics*, 12, 41-64.

――, J. S. Edgerly & C. Y. Hayashi, 2008：Phylogeny of embiopterans (Insecta). *Ibid.*, 24, 993-1005.

Terry, M. D. & M. F. Whiting, 2005：Mantophasmatodea and phylogeny of the lower neopterous insects. *Cladistics*, 21, 240-257.

Wheeler, W. C., M. Whiting, Q. D. Wheeler & J. M. Carpenter, 2001：The phylogeny of the extant hexapod orders. *Ibid.*, **17**, 113-169.

Whiting, M. F., S. Bradler & T. Maxwell, 2003：Loss and recovery of wings in stick insects. *Nature*, **421**, 264-267.

Wipfler, B., R. Machida, B. Müller & R. G. Beutel, 2011：On the head morphology of Grylloblattodea (Insecta) and the systematic position of the order, with a new nomenclature for the head muscles of Dicondylia. *Syst. Entomol.*, **36**, 241-266.

横山淳夫，1952：シロアリモドキの生態的研究について（I）．鹿児島大教育学部研究紀要，**4**，88-97.

Yoshizawa, K., 2007：The Zoraptera problem：evidence for Zoraptera ＋ Embiodea from the wing base. *Syst. Entomol.*, **32**, 197-204.

——, 2011：Monophyletic Polyneoptera recovered by wing base structure. *Ibid.*, **36**, 377-394.

Zompro, O., 2004：Revision of the genera of the Areolatae, including the status of *Timema* and *Agathemera* (Insecta：Phasmatodea). *Abh. Naturwiss. Ver. Hamburg (NF)*, **37**, 1-327.

15章

ゴキブリ目
Blattaria

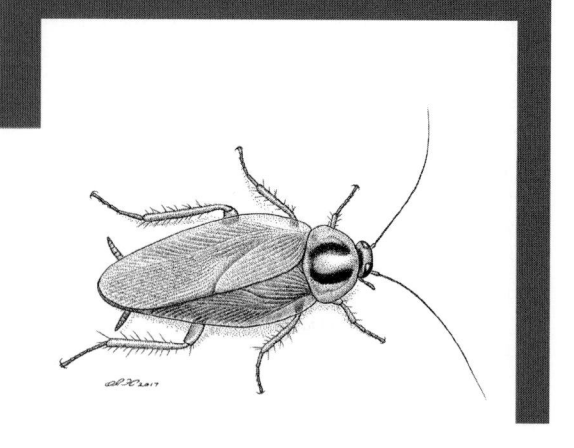

15-1　はじめに

　ゴキブリ目 Blattaria は多新翅類の一群で，シロアリ目 Isoptera とカマキリ目 Mantodea とともに，現在，単系統性が広く認められている網翅類にまとめられる昆虫群である（たとえば，Kristensen, 1991）。 ゴキブリ類はクロゴキブリやチャバネゴキブリを代表に家屋害虫として知られるが，本来は熱帯・亜熱帯地方を主生息地とする野外昆虫である。ゴキブリ類の最古の化石記録は，今から1億年以上遡る中生代の白亜紀初期のものであり（Vrśanský et al., 2002；Grimaldi & Engel, 2005），起源は，最近の大規模トランスクリプトーム解析による系統構築と化石情報に基づく分岐年代推定から，約2億年前の中生代三畳紀に遡るとされる（Evangelista et al., 2019）。Princis（1960）の分類体系によれば，ゴキブリ目はムカシゴキブリ亜目 Polyphagoidea，オオゴキブリ亜目 Blaberoidea，ゴキブリ亜目 Blattoidea，マダラゴキブリ亜目 Epilamproidea の4亜目で構成され，世界各地から28科，約450属，3,500〜4,000種が知られる。日本からは11科59種が記録されており（森本，1989b），その大部分が南西諸島に生息するものである。昆虫学，とくに昆虫生理学の分野では，この昆虫類が原始的で保守的な特徴をとどめていること，飼育が容易で取り扱いやすいことなどにより，古くから重要な研究・実験材料として利用されてきた。 また，1940年代以降は衛生害虫・病原媒介昆虫としても重要視されるようになり，昆虫生理学・衛生昆虫学のみならず，広範な研究分野での不可欠な実験動物となっている。

　ゴキブリ目内の系統については，McKittrick（1964）が，雌雄生殖器の詳細な構造，前胃構造，産卵習性を基礎とした総合的な比較研究によって，2亜目5科21亜科からなる分類体系を提出するなど，これまでに15以上の異なる系統仮説が提出されている。1990年代初頭から精力的に形態学や分子系統学からの研究が進められているものの，目内の系統関係の議論はいまだ終結していない（たとえば，Deitz et al., 2003；Klass & Meier, 2006；Ware et al., 2008；Djernæs et al., 2012, 2015）。このようななか，Cleveland et al.（1934）が食材性，社会性，後腸内共生微生物といった特徴の共有をもとに示唆したキゴキブリ科 Cryptocercidae とシロアリ目との類縁は，近年，分子系統解析や全証拠解析から強く支持されるようになった（たとえば，Inward et al., 2007；Djernæs et al., 2015）。これにより，ゴキブリ目は側系統群となり，シロアリ目をゴキブリ目の内群とし，両グループは合わせてゴキブリ目（広義）Blattodea と扱うのが主流になりつつある。なお，わが国では通常 Princis（1960）の分類体系が採用されてきたので（朝比奈，1971；森本，1989a，b），本章では Princis の体系に則り記述していくこととする。

　ゴキブリ類の生殖法は基本的には両性生殖 bisexual reproduction で，それは卵生 oviparity，卵胎生 ovoviviparity（卵鞘が一時体外に出るので厳密な意味では偽卵胎生 pseudo-ovoviviparity とよぶべきかもしれない），偽胎盤胎生 pseudoplacental viviparity に大別されるが，単為生殖（処女生殖）parthenogenesis も知られている。1950年代中頃

表 15-1　ゴキブリ目昆虫卵の記載発生学的研究

種	文　献
ムカシゴキブリ亜目 Polyphagoidea 　ムカシゴキブリ科 Polyphagidae 　　ルリゴキブリ 　　　*Eucorydia yasumatsui*	Fujita *et al.*, 2011; Fujita & Machida, 2014, 2017a, b
オオゴキブリ亜目 Blaberoidea 　Blaberidae 　　*Blaberus craniifer*	Larsen, 1963; Bullière, 1969, 1970, 1973
ハイイロゴキブリ科 Oxyhaloidae 　　マディラゴキブリ 　　　*Leucophaea maderae*	Engelmann, 1957
Diplopteridae 　　*Diploptera punctata*	Hagan, 1939, 1951; Roth & Willis, 1955b; Stay, 1971, 1977; Stay & Coop, 1973, 1974
ゴキブリ亜目 Blattoidea 　ゴキブリ科 Blattidae 　　トウヨウゴキブリ 　　　*Blatta orientalis* 　　*Blatta* sp. 　　ワモンゴキブリ 　　　*Periplaneta americana*	*Hallez, 1885, 1886; *Miall & Denny, 1886; Nusbaum, 1886; Wheeler, 1890; Heymons, 1895 Wheeler, 1891, 1893 Gier, 1936; Khan & Fraser, 1962; Storch & Chadwick, 1967; Marzacher, 1968; Rohrschneider, 196
マダラゴキブリ亜目 Epilamproidea 　マダラゴキブリ科 Epilampridae 　　サツマゴキブリ 　　　*Opisthoplatia orientalis*	Ando, 1971
チャバネゴキブリ科 Blattellidae 　　チャバネゴキブリ 　　　*Blattella germanica* 　　*Parcoblatta pennsylvanica*	*Hummel, 1835; Nusbaum, 1883; Patten, 1884; Blochmann, 1887; *Cholodkovsky, 1888 ～ 1891; Wheeler, 1889, 1890; Heymons, 1891, 1895; Riley, 1904; Nusbaum & Fuliński, 1906; Faussek, 1911; Johannsen & Butt, 1941; Tanaka, 1976 Gier, 1936

*Johannsen & Butt（1941）による。

から 1980 年代に，Roth とその共同研究者の Willis や Stay などがゴキブリ類各種の生殖に関する精力的な研究を行い，生殖法（Roth & Willis, 1954），胎生卵の栄養摂取（Roth & Willis, 1955b），卵鞘 ootheca の形成・回転・構造（Roth & Willis, 1954, 1955a；Roth, 1967c, 1968, 1970），単為生殖・発生（Roth & Willis, 1954, 1956, 1958；Roth, 1967a），卵生・卵胎生・胎生（Roth & Willis, 1958；Roth, 1967b, 1970, 1982），卵母細胞の発達（Roth & Stay, 1961, 1962）などについての多くの業績を残している。

　胚発生に関しては，19 世紀末頃から 20 世紀中頃にかけてマダラゴキブリ亜目チャバネゴキブリ科 Blattellidae のチャバネゴキブリ *Blattella germanica* やゴキブリ亜目ゴキブリ科 Blattidae のトウヨウゴキブリ *Blatta orientalis*（= *Periplaneta orientalis*）などを材料とした多くの研究がなされ，その後（1960 年以後）は，オオゴキブリ亜目 Blaberidae 科 の *Blaberus craniifer*（Larsen, 1963；Bullière, 1969, 1970, 1973）と Diplopteridae 科の *Diploptera punctata*（Stay, 1971, 1977；Stay & Coop, 1973, 1974），ゴキブリ科のワモンゴキブリ *Periplaneta americana*（Khan & Fraser, 1962；Storch & Chadwick, 1967；Malzacher, 1968；Rohrschneider, 1968；Lenoir-Rousseaux & Lender, 1970）などを研究材料として光学顕微鏡あるいは電子顕微鏡による詳細な研究が行われた。また，日本における記載発生学的研究としては，マダラゴキブリ亜目マダラゴキブリ科 Epilampridae のサツマゴキブリ *Opisthoplatia orientalis* 胚の側脚（Ando, 1971）とチャバネゴキブリの卵と胚の発生段階（Tanaka, 1976）についての報告などがある（表 15-1）。なお，近年の分類体系では前出のチャバネゴキブリ科 Blattellidae のほとんどの種群をチャバネゴキブリ亜科 Blattellinae としてチャバネゴキブリ科 Ectobiidae に帰属させることがある。

15-2　生殖と産卵

(1)　生　殖

　雌成虫は多くの場合，交尾後 1 ～ 2 週間で産卵を開始する。成熟卵は左右の卵巣から交互に輸卵管内へ押し出され，生殖室 genital chamber 内の受精嚢 receptaculum seminis の開口部を通過するとき，精子を受け入れて受精する。その後，卵は生殖室の一部を占める卵鞘室 vestibule (vestibulum) に移され，形成中の卵鞘 ootheca の中に入る。卵鞘は生殖器の先端近くの分泌腺から出されるタンパク質や酵素などによってつくられるもので，その形成が進むにつれて，背面を上方に向けた状態で先端部から雌の体外へ突出してくる。そして一定数の卵を含む卵塊が卵鞘によって完全に覆われる (Roth & Willis, 1954；素木, 1968；Tanaka, 1976 など)。野生のゴキブリ類の産卵では，卵塊を内蔵した卵鞘が産下されるが，飼育による場合には，卵が卵鞘で覆われることなく産下されたり，卵をまったく含まない卵鞘だけが産下されることもある (素木, 1968；Ando, 1971)。

　ゴキブリ類は通常両性生殖により繁殖するが，一部には未交尾の雌のみによる単為生殖がみられる。オオゴキブリ亜目オガサワラゴキブリ科 Pycnoscelidae のオガサワラゴキブリ Pycnoscelus surinamensis はインドやマレー地域では通常両性生殖であるが，北米，オーストラリア，インドネシア，欧州産などのものでは雌性産生単為生殖 thelytoky parthenogenesis により繁殖する系統も知られている (Matthey, 1948；Roth, 1967a)。ゴキブリ科のワモンゴキブリ，トウヨウゴキブリ，トビイロゴキブリ Periplaneta brunnea，オオゴキブリ亜目ハイイロゴキブリ科 Oxyhaloidae のハイイロゴキブリ Nauphoeta cinerea などでは，未交尾の雌が産む卵のうちの少数のものは孵化し，完全な雌成虫にまで発育するものがある (Griffiths & Tauber, 1942；Roth & Willis, 1954, 1956；Willis et al., 1958)。なお，単為生殖として知られているものは，その程度においていろいろな段階があり，ゴキブリ科のコワモンゴキブリ Periplaneta australasiae は幼虫期まで，Eurycotis floridana は孵化時まで，チャバネゴキブリは孵化前まで，チャバネゴキブリ科のチャオビゴキブリ Supella longipalpa や Blattella vaga は胚発生の途中段階までしか発育しないという (Willis et al., 1958；朝比奈, 1971)。

その他，ゴキブリ科のヤマトゴキブリ Periplaneta japonica やチャバネゴキブリ科のウスジマゴキブリ Supella supellectilium の未交尾の雌によって産下された卵鞘では，卵の一部が孵化することが知られている (素木, 1968；高橋, 1991)。

(2)　産　卵

　産卵様式は卵生，卵胎生，偽胎盤胎生に大別され，このなかのどの様式をとるかは種によって異なるが，これについては Roth & Willis (1955a, 1958)，素木 (1968)，Roth (1970) などが詳述しているので，これらを参考にしてその概要を以下に述べる。

　卵生はムカシゴキブリ亜目，ゴキブリ亜目，マダラゴキブリ亜目，オオゴキブリ亜目の一部にみられるもので，卵生種が産出する卵鞘の多くは硬く濃褐色を呈し，完成後に産下される。同じ卵生でも産下状態は一様ではなく，種あるいは卵鞘の状態などによって相違がある。卵鞘中に水分が十分ある場合(ゴキブリ科の Blatta や Periplaneta，チャバネゴキブリ科の Supella などに属する各種の卵鞘)は，卵鞘が縦に立てられた状態で物陰などに産下されるが，水分が十分でない場合 (Ectobiidae 科の Ectobius，チャバネゴキブリ科の Cariblatta, Parcoblatta などに属する各種の卵鞘)は，不足する水分を補うために卵鞘が湿った場所に横たえられる。オオゴキブリ亜目のキゴキブリ科とチビゴキブリ科 Anaplectidae，およびゴキブリ亜目のゴキブリ科では，卵鞘は垂直 (背面，すなわち接合部が上方向) 状態で産出され産下時までその状態を保って雌の尾端に保持されるが，ムカシゴキブリ亜目ムカシゴキブリ科 Polyphagidae (最近ではしばしば Corydiidae が用いられる) の一部 (Arenivaga, Therea, ルリゴキブリ Eucorydia yasumatsui)，マダラゴキブリ亜目の Nyctiboridae 科と Ectobiidae 科およびチャバネゴキブリ科では，卵鞘は 90°回転して横位の状態で突出縁を把握されて保持される (Roth, 1967c；Fujita & Machida, 2014)。チャバネゴキブリ科のチャバネゴキブリ属 Blattella では，その卵鞘壁は比較的薄く，母虫の尾端で水分の補給を受けながら保持され，孵化直前になって産下される。たとえば，チャバネゴキブリが 25 ± 1℃におかれた場合には，卵鞘が尾端から突出し始めてから完成までに要する時間は 15 時間で，その後 2 ～ 3 時間で右方向へ 90°回転して横位となり，孵化までのおよそ 25 日間

この状態で保持される（Tanaka，1976）。チャバネゴキブリ属で見られるような卵鞘の回転や母虫による卵の長時間保持は，卵生から卵胎生への途上を示すものと考えられ，興味深い。

卵胎生では，卵鞘は，その形成が進むにつれていったん体外に出されるが，その後90°回転して，ふたたび体内に引き込まれて保育嚢 brood sack に入り，そこで母体からの水分補給を受けながら保持される。そして，母体内での胚発生が完了すると，卵鞘の産下後ただちに孵化が起こったり，あるいは体内で卵が孵化して幼虫が直接産下されたりする。このタイプはオオゴキブリ亜目の多くの属や種でみられるものであるが，チャバネゴキブリ科の *Stayella*（= *Symploce*）*bimaculata* もこのタイプの卵胎生種であることが確認されている（Roth，1982，1984）。

偽胎盤胎生は *Diploptera punctata*（= *Diploptera dytiscoides*）が唯一の例として知られている。この昆虫では各卵巣の6本の卵巣小管から1卵鞘あたり通常およそ12個の卵が産出される（図15-1）。卵は体外に現れることなく，輸卵管から卵鞘室に移され，垂直に配列して卵鞘に包まれる。その後，卵鞘は左へ90°回転して保育嚢に収められ，そこで母体からの水分と栄養の供給を受けながら胚発生の全過程を進行させる。そして胚発生が完了すると，幼虫が母体内で対になって孵化し，頭部から先に連続して産み出される（Hagan，1939，1951；Roth & Willis，1955b）。産下時の卵は非常に小さく（長

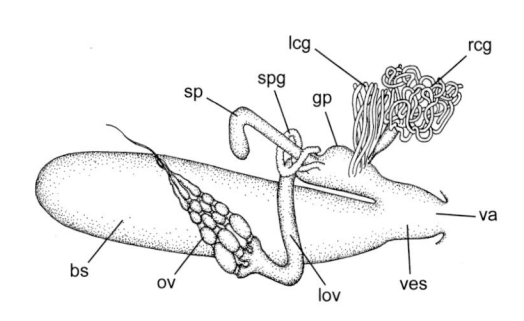

図 15-1　*Diploptera punctata* の雌性生殖器官（側面）（Hagan，1951 より改写）
　bs：保育嚢，gp：生殖嚢，lcg：左の膠質腺，lov：左の輸卵管，ov：卵巣，rcg：右の膠質腺，sp：受精嚢，spg：受精嚢腺，va：把握弁，ves：卵鞘室

径 1.2 〜 1.5 mm，幅 0.43 mm），不十分な卵黄しか含まれていないが，懐胎時期における胚の重量の増加は保育嚢内のタンパク質，炭水化物，脂肪，尿酸の増加と併行し，孵化時の幼虫は産下時の卵のおよそ 50 倍の重さになる（Stay & Coop，1973）。この場合，懐胎中の保育嚢自身が典型的な上皮腺としての機能をもち，タンパク質や炭水化物を含有する"ミルク"を分泌して胚への栄養供給を行うという（Stay & Coop，1974）。

1匹の雌が一生のうちに産出する卵鞘数は種や個体によって異なっている（表15-2）。ワモンゴキブリは他の種に比べて小さな卵鞘をつくるが，暖かい時期には 2 〜 7 日ごとに 1 卵鞘を，寒い時期には 1 〜 3 週間で 1 卵鞘を産下する。1 雌が生存中に産

表 15-2　ゴキブリ目昆虫数種の 1 雌が生存中に産出する卵鞘の総数

種	文　献
ムカシゴキブリ亜目 Polyphagoidea	
ムカシゴキブリ科 Polyphagidae	
ルリゴキブリ *Eucorydia yasumatsui*	5 〜 15（Fujita & Machida，未発表）
オオゴキブリ亜目 Blaberoidea	
オガサワラゴキブリ科 Pycnoscelidae	
オガサワラゴキブリ *Pycnoscelus surinamensis*	1 〜 3（素木，1968）
ゴキブリ亜目 Blattoidea	
ゴキブリ科 Blattidae	
ワモンゴキブリ *Periplaneta americana*	16 〜 84（石井，1976） 平均 28.9（Griffiths & Tauber，1942）
コワモンゴキブリ *Periplaneta australasiae*	20 〜 30（石井，1976）
クロゴキブリ *Periplaneta fuliginosa*	20（三原，1991）
ヤマトゴキブリ *Periplaneta japonica*	20 以上（三原，1991）
トウヨウゴキブリ *Blatta orientalis*	9 〜 25（素木，1968） 平均 11.5（Roth & Willis，1954）
マダラゴキブリ亜目 Epilamproidea	
チャバネゴキブリ科 Blattellidae	
チャバネゴキブリ *Blattella germanica*	4 〜 8（石井，1976） 平均 4.5（Roth & Willis，1954）

出する卵鞘の総数は一定しないが，最多で 75 個以上，平均 50 個前後となる（素木，1968）。また，本種の雌の卵鞘産出能力は成虫期における雄との共存状況にも関連することが知られている（Griffiths & Tauber，1942）。チャバネゴキブリの場合は，一つの卵鞘が産下されてから約 1 週間後に次の卵鞘が産出され，1 雌が産出する総数は最多でも 7，8 個ほどで比較的少ない。

15-3　卵鞘とその構造

　前述のように，ゴキブリ類の卵は卵塊状態で卵鞘に包まれているが，この卵鞘は一対の分泌腺から出される構造タンパクを主成分として形成され，卵生種の卵鞘には蓚酸カルシウムの結晶が多く含まれている（Stay et al., 1960；Roth，1968）。卵鞘形成は生化学的により詳しく調べられているが，ここでは概要を述べるにとどめる。

　トウヨウゴキブリやワモンゴキブリでは，卵鞘形成に関係する一対の膠質腺 colleterial gland があり，その左の大きな腺からは卵鞘成分となる水溶性タンパク質（構造タンパク質），プロトカテク酸–（3,4 ジヒドロキシ安息香酸）–グルコシド，ポリフェノールオキシダーゼが，右の小さな腺からは β–グルコシダーゼがそれぞれ分泌され，これらが混合す

ると，プロトカテク酸–グルコシドが解離してキノンを生じ，このキノンが水溶性タンパク質に反応することによって硬化した卵鞘が形成される（Pryor，1940；Pryor et al., 1946；Brunet，1952；Brunet & Kent，1955）。左の腺から分泌される物質は，Blatta や Periplaneta などのゴキブリ科の Blattinae ではプロトカテク酸とグルコシドの一種（おそらく，ベンジルアルコール）であるが（Kent & Brunet，1959），Blaberidae 科の Blaberinae，マダラゴキブリ科の Epilamprinae，チャバネゴキブリ科の Pseudomorphinae，Ectobiidae 科の Ectobiinae および Diropteridae 科の Diropterinae ではグルコシドの一種のみである（Stay & Roth，1962）。したがって，このグルコシドの一種がキノンの前駆物質であると考えられるが，Blaberidae 科の一種 Blaberus discoidalis では，左の腺から分泌される物質はベンジルアルコールの一種 3–hydroxy–4–O–β–D–glucosidobenzyl alcohol と同定されているので（Pau & Acheson，1968），キノンはこの物質から生成されることになる。なお，左の膠質腺からは上述の卵生種の卵鞘に含まれる蓚酸カルシウムが生産，分泌されることが報告されている（Brunet，1952；Stay et al., 1960）。

　卵鞘の大きさ（表 15–3），形，色などは産卵様

表 15–3　ゴキブリ類の卵鞘の大きさと 1 卵鞘中の卵数

種	卵鞘の大きさ（mm）	1 卵鞘中の卵数（個）	文　献
ムカシゴキブリ亜目 Polyphagoidea			
ムカシゴキブリ科 Polyphagidae			
Arenivaga cerverae	（約 7.7 × 3.6）	平均 5.6	Roth, 1968
Eucorydia yasumatsui	（約 4.7 × 2.3）	5 〜 10	Fujita & Machida, 2014
Polyphaga aegyptiaca	（約 11 × 5.3）	7 〜 13，平均 10.7	Roth, 1968
オオゴキブリ亜目 Blaberoidea			
Blaberidae			
Blaberus craniifer	（約 30 × 6.4）	（約 50）	Roth, 1968
オガサワラゴキブリ科 Pycnoscelidae			
オガサワラゴキブリ	8 × 2.8 × 1.8	平均 18 〜 26，最多 48	素木，1968
Pycnoscelus surinamensis			
ゴキブリ亜目 Blattoidea			
ゴキブリ科 Blattidae			
ワモンゴキブリ	7 〜 9.2 × 5 〜 5.5	14 〜 28	素木，1968
Periplaneta americana			
コワモンゴキブリ	約 11 × 5.3	24 〜 28，平均 26	素木，1968
Periplaneta australasiae			
トウヨウゴキブリ Blatta orientalis	12 × 6	16	素木，1968
マダラゴキブリ亜目 Epilamproidea			
チャバネゴキブリ科 Blattellidae			
チャバネゴキブリ Blattella germanica	平均 8 × 3 × 2	25 〜 56，平均 45	Tanaka, 1976
B. humbertiana	（約 6 × 3）	（約 42）	Roth, 1968

括弧内の数値は，原図の卵鞘の大きさから推定した値。

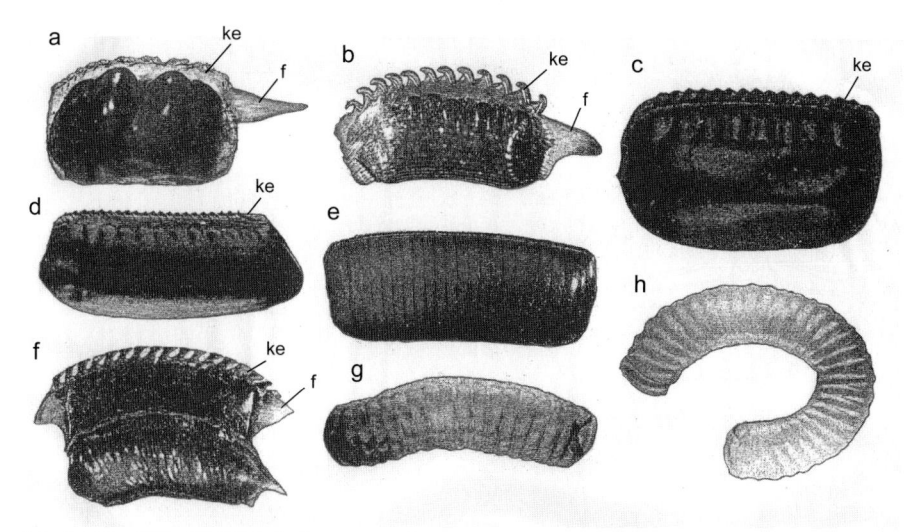

図 15-2　ゴキブリ類の卵鞘（縮尺不同）（Roth，1968）
　a．ムカシゴキブリ科の一種 *Arenivaga*（*Psammoblatta*）*cerverae*，b．同 *Polyphaga aegyptiaca*，c．ヤマトゴキブリ
Periplaneta japonica，d．クロゴキブリ *Periplaneta fuliginosa*，e．チャバネゴキブリ *Blattella germanica*，f．チャバネ
ゴキブリ科の一種 *Euthlastoblatta compsa*，g．Blaberidae 科の一種 *Blaberus discoidalis*，h．同 *Panchlora nivea*
　f：突出縁，ke：縦隆起縁

式あるいは分類群によって相当異なっている。ま
た，卵鞘上皮が薄くて柔かい場合には，発生の進行
にともなって水分が吸収され，それによる形の変化
も起こる（Roth & Willis，1957；Roth，1967b，
1968）。ゴキブリ類の卵鞘の形態，構造，物理・化
学的性質は産卵様式とも密接に関連しており，堅固
な卵鞘から柔軟な卵鞘への変化が卵生から卵胎生，
さらには偽胎盤胎生への移行を可能にしたものと考
えられる。

　一般的な卵鞘は両側が扁平となった円筒状で，背
面中央線に沿って接合部（継ぎ目）がはしっている。
孵化時にはこの接合部が離れて卵鞘が開き，幼虫が
脱出するときの出口となる。Roth（1968）は，ゴ
キブリ類の卵生，卵胎生，偽胎盤胎生の多くの種で
卵鞘を観察している。それによると，卵生種の卵鞘
は，硬くて濃褐色～淡黄色を呈し，全体が"ガマ口"
のような形をしている。背中央部の接合部は縦隆起
縁 keel（crista）を形成し（図 15-2，a～d），こ
の縦隆起縁に沿って多数の小突起（小歯）denticle
や呼吸管 respiratory tubule あるいは呼吸孔 respi-
ratory opening が見られる。呼吸管は卵鞘上皮を
貫く細管で，外気と卵鞘の内部とを連絡している
（Lawson，1951）。

　ゴキブリ亜目のすべての種では，卵鞘は堅固で，
よく発達した縦隆起縁を備え，呼吸管も発達してい
る。ゴキブリ科の Blattinae と Polyzosteriinae の卵

鞘はノコギリ歯状の縦隆起縁をもち，各卵室に連絡
する明瞭な呼吸管が形成されている。縦隆起縁上の
ノコギリ歯の数は通常卵鞘内の卵数（対）と一致す
る。

　ムカシゴキブリ科の多くの卵鞘は，背部に比較的
よく発達した小突起と呼吸管を有する縦隆起縁を，
前端には突出縁 flange（母虫はこの部分で卵鞘を保
持する）を備えているが，これらの発達の程度は一
様ではない。この科の *Polyphaga* などの卵鞘では縦
隆起縁や突出縁がよく発達しているが（図 15-2，a，
b），*Homoeogamia*，*Arenivaga* の一部，*Therea* な
どでは縦隆起縁上の小歯や呼吸管は見られず，突出
縁も著しく小さくなっている。なお，前二者では卵
鞘の腹側正中線に沿った溝 ventral groove が形成さ
れている。

　マダラゴキブリ亜目のなかでは，Nyctiborinae の
卵鞘はよく発達した縦隆起縁を備えるが，チャバネ
ゴキブリ亜科 Blattellinae と Plectopterinae および
Ectobiinae の卵鞘では縦隆起縁の発達は悪く，突出
縁は前二者の一部の種の卵鞘で痕跡的に認められる
にすぎない。しかし，例外として Plectopterinae の
Euthlastoblatta compsa の卵鞘のようにきわめて
特異なものもある（図 15-2，f）。なお，チャバネゴ
キブリの卵鞘では，縦隆起縁の内部には空室が形成
されており，この空室内へは卵前極の卵殻の一部で
ある突起状の構造物が突き出し（図 15-3），空室の

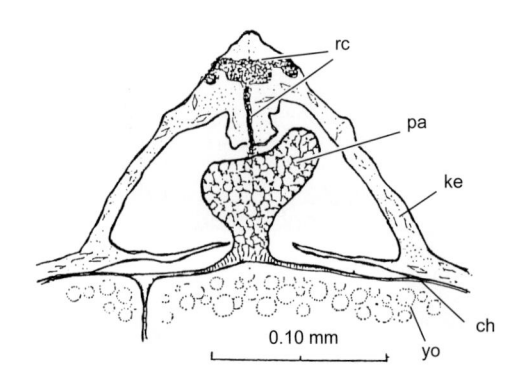

図 15-3　チャバネゴキブリ *Blattella germanica* の卵鞘背部の横断面（Wigglesworth & Beament, 1950 より改写）
ch：卵殻，ke：縦隆起縁，pa：卵前極部の突起状付着物，rc：呼吸管，yo：卵黄

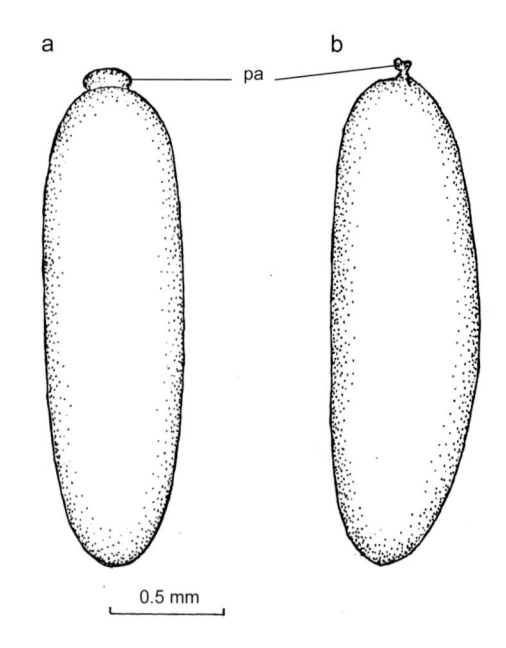

図 15-4　ゴキブリの卵（Wigglesworth & Beament, 1950 より改写）
a．チャバネゴキブリ *Blattella germanica* の卵の背面（卵の上方が前極），b．同側面
pa：突起状付着物

背壁は呼吸管によって貫かれている。呼吸管は空室から背方へ伸びて二つに分岐し，各分岐の先端が縦隆起縁上背部の両側で開口して外気と連絡している（Wigglesworth & Beament, 1950）。

　卵胎生のオオゴキブリ亜目の卵鞘は卵生種のものよりも細長くて柔軟であり，また，縦隆起縁や呼吸管の形成は見られず，蓚酸カルシウムの結晶を含むこともない。卵鞘は，Blaberidae 科の *Blaberus*，*Eublaberus*，*Byrsotria* などでは暗色で比較的厚いが，他の多くの種では無色あるいは淡色の薄膜状である。種によっては卵鞘背中央部の接合部は 1 本の狭い縦裂溝をともなう厚化した縁を形成することもあり，この場合でも縦隆起縁や呼吸管は存在しない。

　偽胎盤胎生の *Diploptera punctata* の卵鞘は薄く，卵鞘はその後端部では卵全体を覆うが，前方にいくに従い発達が悪く，前端部では卵の後極側の半分しか覆わない。

15-4　卵とその構造

　卵胎生種の卵鞘は淡色で薄膜状のものが多いので，卵鞘内の卵の状態が外部からよく観察できるが，ふつう卵生種の卵鞘は厚く，濃色，不透明であるため，卵を外部から直接見ることはできない。しかし，チャバネゴキブリ科の卵鞘のように褐色であっても半透明である場合には，卵鞘壁の内側に密着している卵が卵鞘を通して観察できる。

　卵鞘内部は左右の 2 室に区画され，卵は各室内でその前極を卵鞘の背方向（接合部方向）に，彎曲面（卵の背側）を卵鞘の側壁に向けて規則的に配列している。1 卵鞘中に含まれる卵の総数は数個〜数十個

で，その数は種によって異なっている（表 15-3）。ムカシゴキブリ亜目では数個〜十数個と少なく，ゴキブリ亜目とマダラゴキブリ亜目では十数個〜数十個と比較的多い。また，オオゴキブリ亜目の多くの種では，1 卵鞘中には数十個の卵が含まれ，Panchloridae 科の卵鞘中には 65 個以上の卵が内蔵されることもある。

　成熟卵は卵鞘に包まれるまではソーセージ形で，チャバネゴキブリの卵では，その前極に空胞の多い突起状の付着物がある（Wigglesworth & Beament, 1950；Hinton, 1981）（図 15-3；15-4, a, b）。卵は卵鞘内に密に詰め込まれているので，背側面は凸状であるものの卵腹側面と両側面は扁平となっている（参照：図 15-8, a, b；15-9, a；15-13；15-14）。

　卵の大きさは種によって異なり，サツマゴキブリでは長さが 5.0 〜 5.9 mm で幅が 2.7 mm（Ando, 1971），*Blaberus craniifer* では長さ 6 mm，幅約 1 mm（Larsen, 1963），ワモンゴキブリでは長さ 3 mm，幅 1 mm（Gier, 1936），チャバネゴキブリでは長さ 3 mm，幅 1 mm，厚さ 0.3 mm（Wheeler, 1889；Tanaka, 1976）である。ルリゴキブリ *Eucorydia yasumatsui* では，長さ 2.1 mm，幅

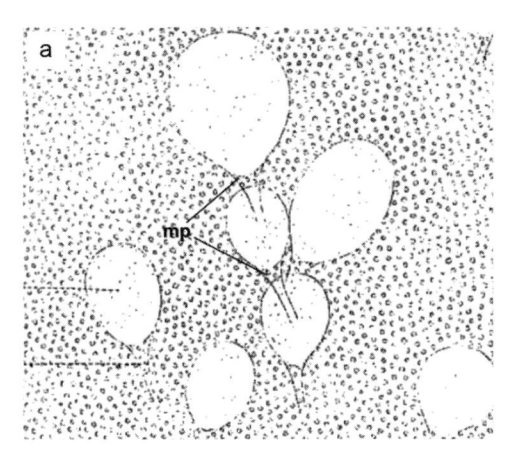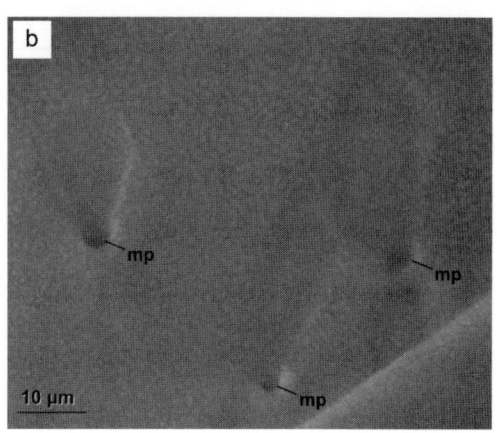

図 15–5　ゴキブリ類の卵門（a. Wheeler, 1889 より改変；b. Fujita & Machida, 2017b より改変）
a. チャバネゴキブリ *Blattella germanica* の卵門，b. ルリゴキブリ *Eucorydia yasumatsui* の卵門
mp：卵門

0.8 mm である（Fujita & Machida, 2017b）。

　卵胎生種の一部や偽胎盤胎生種では，哺育嚢内の卵は発生の進行にともなって大きさを増すことが知られている。たとえば，オガサワラゴキブリ卵の長径は産卵時に 2.62 mm であるが，孵化時には 3.92 mm にまで増加するという（Roth & Willis, 1955a）。また，*Diploptera punctata* の卵では，産卵時の長径がおよそ 1.5 mm であるが，胚発生が完了するころには約 6 mm にまで増加する（Stay & Coop, 1973）。

　卵殻は内層と外層の二層構造で，その厚さはサツマゴキブリでは約 4 μm（Ando, 1971），チャバネゴキブリでは 1.5 ～ 2.0 μm（Wigglesworth & Beament, 1950）である。卵殻表面には六角形の刻紋が見られる。

　卵門 micropyle は漏斗型で，卵門管 micropylar canal は卵殻を斜めに貫いて卵の長軸方向に走行する（Wheeler, 1889；Fujita & Machida, 2017a）（図 15–5, a）。チャバネゴキブリ科のチャバネゴキブリの卵では 20 ～ 30 個の卵門が卵腹側前方部に（Wheeler, 1889），ムカシゴキブリ科のルリゴキブリでは 10 ～ 15 個の卵門が卵腹面後方部にあり（Fujita & Machida, 2017a）（同図, b），前後方向の位置は異なるものの，他のゴキブリでも同様に複数の卵門が卵腹面に局在する（Fujita & Machida, 2017b）。シロアリ目ではレイビシロアリ科とオオシロアリ科で卵門の研究が行われており，複数の卵門が卵背面に局在するとされている（Mukerji, 1970）。しかしながら，シロアリ目の胚は 180°の回転運動 rotation を行うことから（Striebel, 1960），シロアリ目の本来の卵門の位置は「卵腹面」である（Fujita & Machida, 2017a）。カマキリ目の卵門の知見はきわめて不十分であったが，同目においても同様の卵門の分布が明らかになりつつある（Fujita & Machida, 2017b；Fukui *et al.*, 2018）。これらのことから，「複数の卵門の卵腹面での局在」は，網翅類のグラウンドプランとして理解できる可能性が高い。

　卵の内部構造をチャバネゴキブリの成熟卵でみると（Wheeler, 1889），多量の卵黄と微量の細胞質が卵黄膜 vitelline membrane で包まれ，大小さまざまなタンパク粒と脂肪粒が観察される。卵内での卵黄粒の形状や細胞質の分布状態は均一ではなく，腹側には小型の卵黄粒と多くの細胞質を含む粒状卵黄域が形成されており，中央部と背側の大部分は均一な卵黄域で占められている（参照：図 15–14, a）。周縁細胞質 periplasm はきわめて少ないが，前極域と背側中央域には細胞質の肥厚部が見られ，これらが前極細胞質 anterior polar plasm と周縁細胞質島 periplasmic island をそれぞれ形成している。雌性前核 female pronucleus は卵背側中央部の周縁細胞質島内にあり，第一成熟分裂 first maturation division 中期である。

　産下された卵の前後極の卵黄内には，脂肪体内共生細菌の集合塊であるマイセトム mycetome が認められる（参照：図 15–10, c；15–11, a）。これら両極のマイセトムは，発生中期に卵中央部で合一（参照：図 15–11, b ～ d），胚反転後には合一したマ

表 15-4　ゴキブリ類の卵期

種	卵　期
ムカシゴキブリ亜目 Polyphagoidea	
ムカシゴキブリ科 Polyphagidae	
ルリゴキブリ	64 ± 12 日（18 ～ 24℃）（Fujita *et al.*, 2011）
Eucorydia yasumatsui	
オオゴキブリ亜目 Blaberoidea	
Blaberidae	
Blaberus craniifer	平均 90 日（約 22℃）（Larsen, 1963）
オガサワラゴキブリ科 Pycnoscelidae	
オガサワラゴキブリ	31 ～ 35 日（27 ～ 28℃）（Roth & Willis, 1955a）
Pycnoscelus surinamensis	
ハイイロゴキブリ科 Oxyhaloidae	
マディラゴキブリ	62 日（27 ～ 28℃）（Roth & Willis, 1955a）
Leucophaea maderae	
Diplopteridae	
Diploptera punctata	*約 63 日（27 ± 1℃）（Stay & Coop, 1973）
ゴキブリ亜目 Blattoidea	
ゴキブリ科 Blattidae	
ワモンゴキブリ	32 ～ 41 日（28℃，70 ～ 80% R.H.）（安富・梅谷，1983）
Periplaneta americana	
クロゴキブリ	31 ～ 47 日（28℃，70 ～ 80% R.H.）（安富・梅谷，1983）
Periplaneta fuliginosa	
ヤマトゴキブリ	27 ～ 42 日（28℃，70 ～ 80% R.H.）（安富・梅谷，1983）
Periplaneta japonica	平均 31.6（25℃）（小宮山・緒方，1980）
トビイロゴキブリ	31 ～ 53 日（28℃，70 ～ 80% R.H.）（安富・梅谷，1983）
Periplaneta brunnea	
マダラゴキブリ亜目 Epilamproidea	
マダラゴキブリ科 Epilampridae	
サツマゴキブリ	53 ～ 56 日（24 ～ 28℃）（Ando, 1971）
Opisthoplatia orientalis	
チャバネゴキブリ科 Blattellidae	
チャバネゴキブリ	20 日（28℃，70 ～ 80% R.H.）（安富・梅谷，1983）
Blattella germanica	平均 24 日（25 ± 1℃）（Tanaka, 1976）

* 懐胎期間

イセトムは崩壊し，細菌は中胚葉組織（脂肪体）へと移動する。マイセトムの存在と発生過程における挙動については，これまでにチャバネゴキブリ科，ゴキブリ科，そして，ムカシゴキブリ科において確認されている（たとえば，Gier, 1936；Fujita & Machida, 2017b）。さらにムカシシロアリ科 Mastotermitidae にも脂肪体内共生細菌が知られているので，マイセトムはゴキブリ類の特徴であるにとどまらず，ゴキブリ目（広義）Blattodea のグラウンドプランである可能性がある。

15-5　卵　期

　卵期（卵鞘の産下から幼虫が孵化，脱出するまでに要する日数）は種によって異なり，飼育条件，とくに温度によって大きく変化する。たとえば，トウヨウゴキブリの卵期についての数々の報告を整理した素木（1968）によると，卵期が最短の場合は数日，最長が 12 ヶ月で，およそ 29.5℃ の卵期は

42 日，気温が約 23℃ を下回らない場合は 2 ～ 3 ヶ月，約 21℃ の平均温度では 81 日となり，時には卵のままで越冬することもある。また，ヤマトゴキブリが 5 月中下旬～ 7 月下旬に屋外で産下した卵鞘では，5 月中下旬，6 月下旬，7 月中旬，7 月下旬の平均的卵期間はそれぞれ 34.0 日，31.9 日，27.8日，24.2 日であると報告されている（小宮山・緒方，1980）。表 15-4 にゴキブリ類数種の恒温条件下における卵期を示した。

15-6　初 期 発 生

　ゴキブリ卵の初期発生（卵の成熟から胚帯形成まで）については Wheeler（1889）がチャバネゴキブリで詳しく観察しているので，これに若干の補足をし，その概要を述べる。各発生段階までに要する時間あるいは発生速度は報告によりかなり異なるが，これは温度が卵の発生速度に強く影響することによるものであろう。

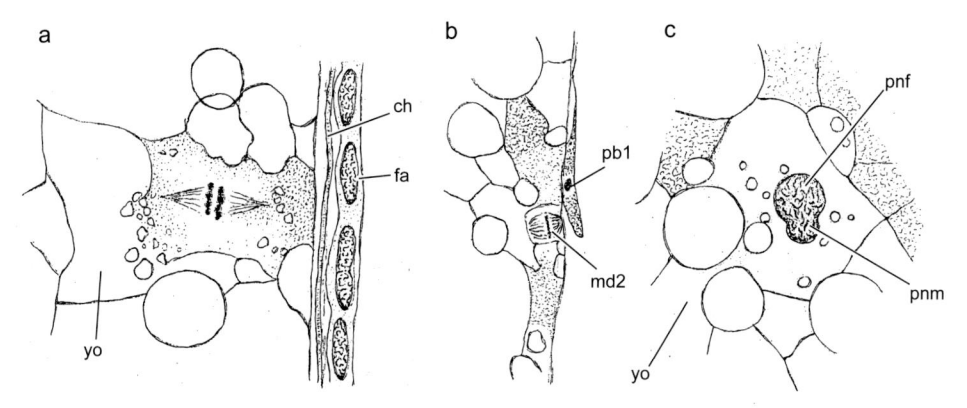

図 15-6　チャバネゴキブリ *Blattella germanica* の第一成熟分裂と受精（Wheeler, 1889 より改写）
　a．第一成熟分裂後期，b．　第二成熟分裂中期，c．　雌雄前核の合一
　ch：卵殻，fa：濾胞上皮，md2：第二成熟分裂中期像，pb1：第一極体，pnf：雌性前核，pnm：雄性前核，yo：卵黄

(1) 卵の成熟と受精

　両性生殖種の卵母細胞 oocyte の発達，成熟には，交尾刺激あるいは受精刺激の有無が関係することが知られており，卵胎生種の多くの種や偽胎盤胎生種の未交尾雌では，卵母細胞の発達が遅れたり，阻害されたり，あるいは退化したりする（Roth & Stay, 1961, 1962）。

　チャバネゴキブリのほぼ成熟した卵（卵母細胞）は，まだ卵巣内で濾胞細胞 follicular cell に覆われているが，前述したとおり，その核は第一成熟分裂の中期の状態で，卵背側の周縁細胞質島内の紡錘糸は卵表に対して垂直である。卵の成熟が進むにつれて，紡錘体の赤道面上の染色質は二分し（図 15-6，

a），核染色質は紡錘体の両極へ移動する。やがて紡錘糸が消失すると，卵の内側に位置する染色質は球状となり，外側のものは収縮して第一極体 first polar body となる。

　産卵期に入ると，卵内では第二成熟分裂 second maturation division の中期像と第一極体が見られるようになる（図 15-6，b）。卵が卵鞘に包まれてから 4 ～ 6 時間が経過すると，第二成熟分裂が完了し，卵内の染色質は球状の雌性前核 female pronucleus，卵の外側の染色質は第二極体 second polar body になる。

　産卵後 6 ～ 12 時間を経過した卵の背側中央域には 2 個の収縮した極体が残存するが，これらは分裂

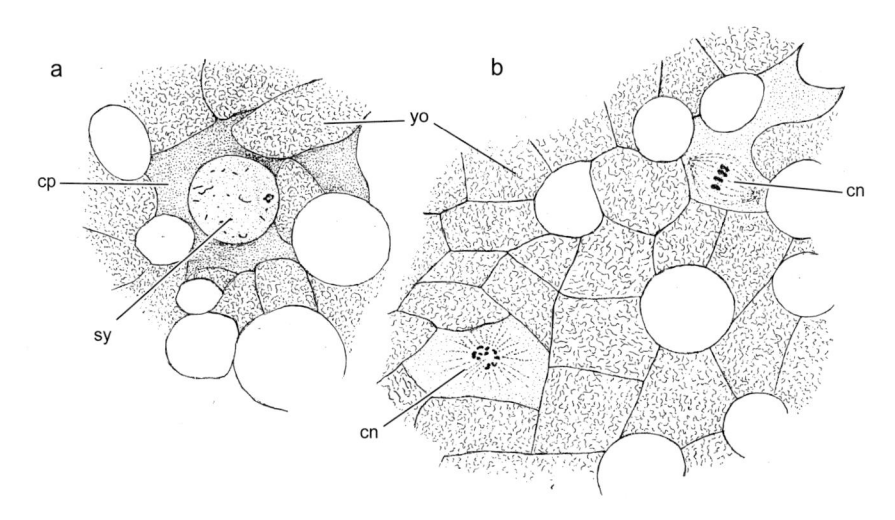

図 15-7　チャバネゴキブリ *Blattella germanica* の接合核と第三卵割（Wheeler, 1889 より改写）
　a．接合核，b．　第三卵割中期像
　cn：卵割核，cp：細胞質，sy：接合核，yo：卵黄

することなく，まもなく崩壊・消失する。一方，雌性前核は卵表付近で徐々に大きさを増し，やがて卵の腹側に向かって卵黄の内部へ移動する。産卵後約1日が経過すると，雌性前核が均一な卵黄域の中央部（卵幅の背側 1/3 付近）に達し，そこで卵前極側の卵門から侵入した精子に由来する雄性前核 male pronucleus と合一して受精が完了する（図15-6, c）。

(2) 卵割と胚盤葉形成

　雌性前核と雄性前核の合一後しばらくすると，接合核 synkaryon は卵の中央付近の細胞質島内に見られるようになり，次第に膨大し，その内部には多数の染色質が散在するようになる（図15-7, a）。その後，接合核の核膜が消失し，大きな紡錘体が形成され，第一卵割が開始される。このときの分裂方向は通常卵の長軸に平行している。第一卵割が終了した時点では，2個の娘核は卵長のおよそ 1/5 ほどの距離をおいて存在し，次の卵割の準備に入る。第二卵割では，各卵割核に由来する紡錘体の長軸は第一卵割期のそれとほとんど直角で，分裂の同調性が見られる。第三卵割では，分裂の同調性は保たれるが，分裂方向は同じではなく，卵の長軸に平行であったり，直交したりする（同図, b）。第四卵割以降の卵割は 60～80 核が形成されるまで連続的に進行し，卵割核は卵腹側の卵黄域（粒状卵黄域）内に散在す

るようになる。この期間における卵割核の分裂方向はさまざまで，増殖した卵割核には分化を示す特徴（形態的差異）は認められない。第七卵割期頃になると，卵割核は卵表に向かって移動し，産卵開始からおよそ3日が過ぎるころまでには，卵表に到達する。核は卵表に達した直後では円錐状であるが，徐々に圧縮され，1日ほどで扁平になる。

　産卵後およそ5日で，卵表に位置する核は連続的に3回ほど接線方向に分裂して増殖する。このときの分裂は無糸分裂 amitosis［直接分裂：この Wheeler（1889）の記載は今後の検討を要する］で，各分裂により生じる娘核はそれぞれ大きさが異なる。その結果，卵割核が侵入した卵表部分では，比較的大きな細胞質中に 8 個の大小さまざまなクローン核の集団が形成される（図15-8, a, a'）。やがて，これらの核は分散して卵表全体を覆い，多核細胞性胚盤葉 syncytial blastoderm を形成する。卵割核は第一卵割から胚盤葉形成までの発生期間中に徐々に縮小を続けるが，卵黄内に残留するものは見られず，すべての核が胚盤葉形成に参加するようである。多核細胞性胚盤葉は卵黄内部から次々と移動してくる卵割核によって補強されるが，他方では，胚盤葉の一部の核が卵黄内へ移動して二次卵黄核（細胞）secondary yolk nucleus（cell）となる。

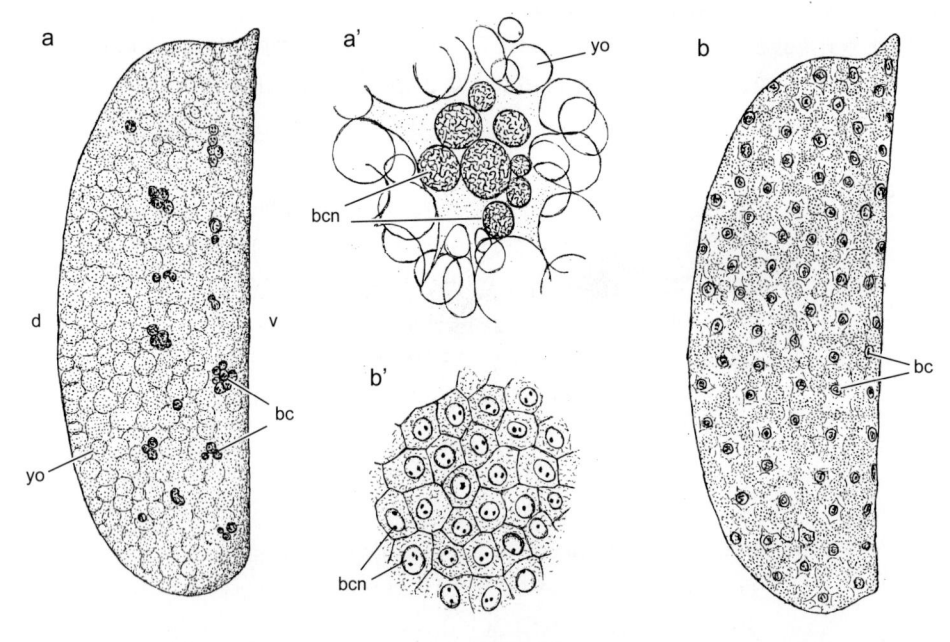

図 15-8　チャバネゴキブリ *Blattella germanica* の胚盤葉形成（Wheeler, 1889 より改写）
a. 多核細胞性胚盤葉, a'. 胚盤葉細胞核のクローン集団, b. 胚盤葉, b'. 胚盤葉細胞
bc：胚盤葉細胞, bcn：胚盤葉細胞核, d：卵の背側, v：卵の腹側, yo：卵黄

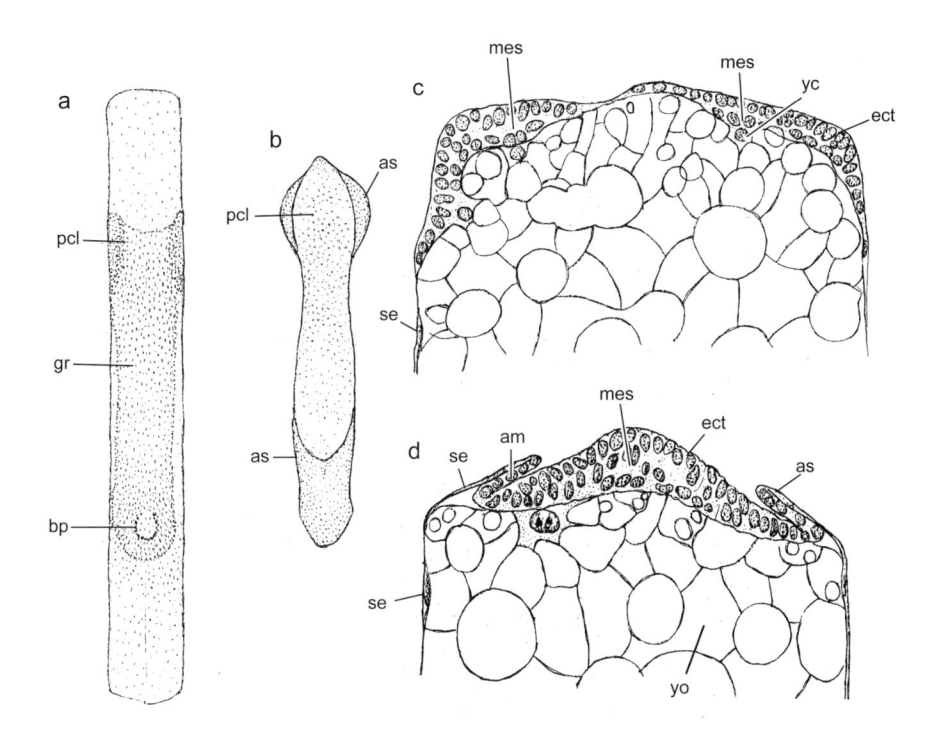

図 15-9　チャバネゴキブリ *Blattella germanica* の胚原基と胚帯の形成（Wheeler, 1889 より改写）
　a．胚原基形成後まもない卵の腹面（産卵後 7.5 日），b．原頭葉域と原胴域分化時の胚の腹面（同 8 〜 9 日），c．産卵後 7.5 日胚の原頭葉域を通る横断面，d．同 8 〜 9 日胚の原胴域の羊漿膜褶を通る横断面
am：羊膜，as：羊漿膜褶，bp：原口，ect：外胚葉，gr：胚原基，mes：中胚葉，pcl：原頭葉域，se：漿膜，yc：卵黄細胞，yo：卵黄

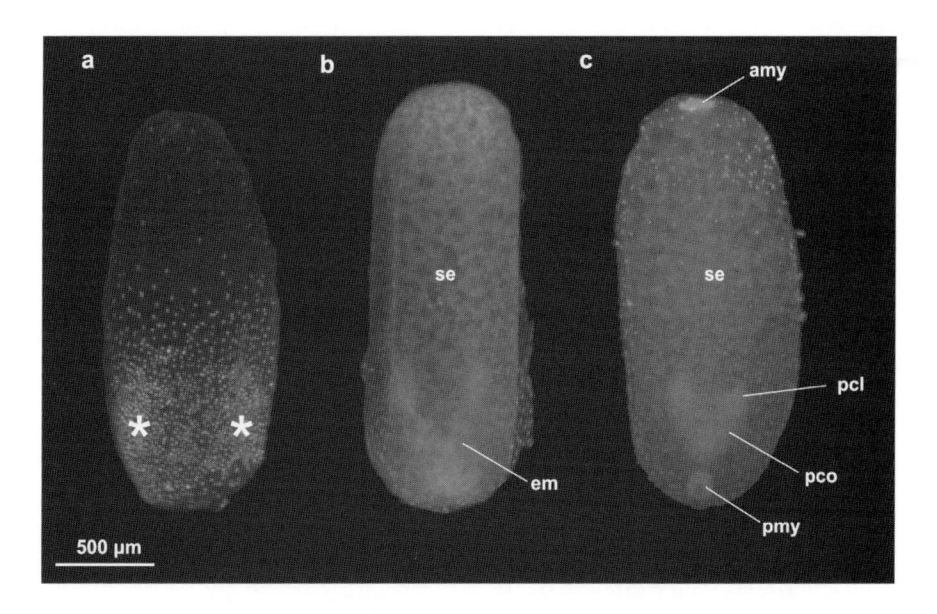

図 15-10　ルリゴキブリ *Eucorydia yasumatsui* の胚形成（卵腹面）（Fujita & Machida, 2017b より改変）
　a．ステージ 2 初期，b．同中期，c．同後期
　amy：前マイセトム，em：胚，pcl：原頭葉域，pco：原胴域，pmy：後マイセトム，se：漿膜，＊：高細胞密度領域

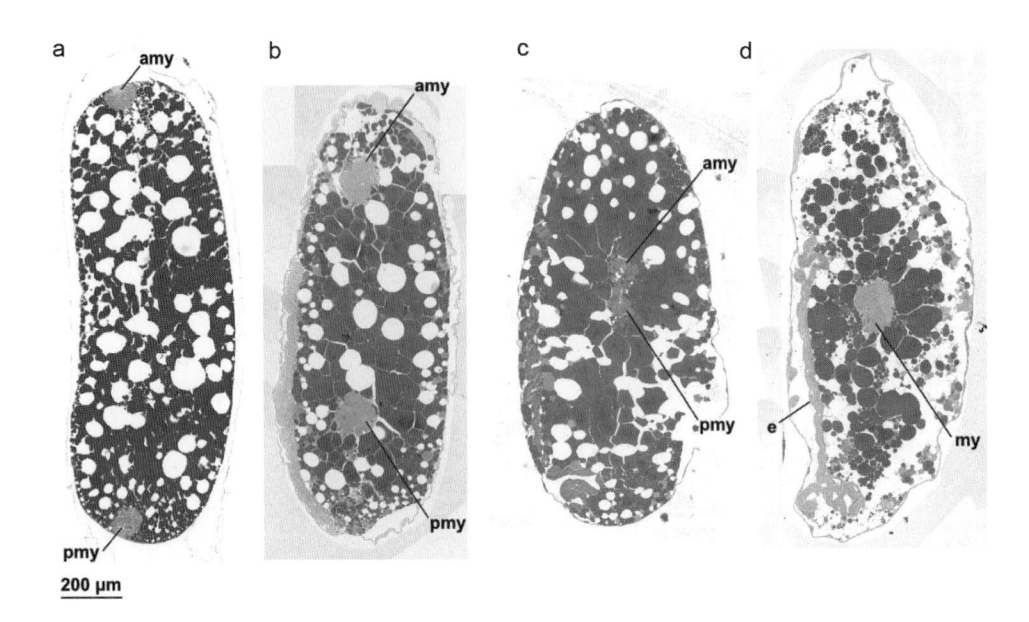

図 15-11　ルリゴキブリ *Eucorydia yasumatsui* のマイセトム（Fujita & Machida，2017b より改変）
a．ステージ 1 卵の正中縦断面，b．ステージ 4 〜 5 卵の正中縦断面，c．ステージ 5 卵の正中縦断面，d．ステージ 6 卵の正中縦断面
amy：前マイセトム，e：胚，my：マイセトム，pmy：後マイセトム

　　次の段階（産卵後約 6 日）で，胚盤葉が一層の細胞層となって卵黄表面の全体を覆い尽くすと，（細胞性）胚盤葉（cellular）blastoderm が完成し，各細胞の核内には明瞭な 2 個の核小体 nucleolus が出現する（図 15-8，b，b′）。

　　胚盤葉形成の進行中に，少数の核が胚盤葉の異なる場所から卵黄内へ遊離するが，卵黄内へ深く移動するものはきわめて少なく，ほとんどが胚盤葉の直下あるいはその付近に分散してとどまる。これらの核のうち，前者は長期間小型のまま分化することはないが，後者は球状の大きな核となって星状の細胞質に包まれ，その核内には 1 個あるいはそれ以上の核小体が出現するようになる。しかし，卵黄内部の核はどれも分裂によって増殖することはない。

(3) 胚原基と胚帯の形成

　　胚盤葉形成後しばらくすると，腹面の細胞が密になり，一方，側方，背方ではまばらになっていく。そして発生開始後 7 日目頃になると，前者は胚原基 germ rudiment（腹板 ventral plate）に，後者は漿膜へと分化する（図 15-9，a）。最近，DAPI などの核特異的蛍光色素を用いた蛍光観察により，胚形成過程の詳細がわかってきた。Fujita & Machida（2017b）によれば，ムカシゴキブリ科ルリゴキブリでは，まず卵後方域で胚盤葉の細胞密度が高まり，

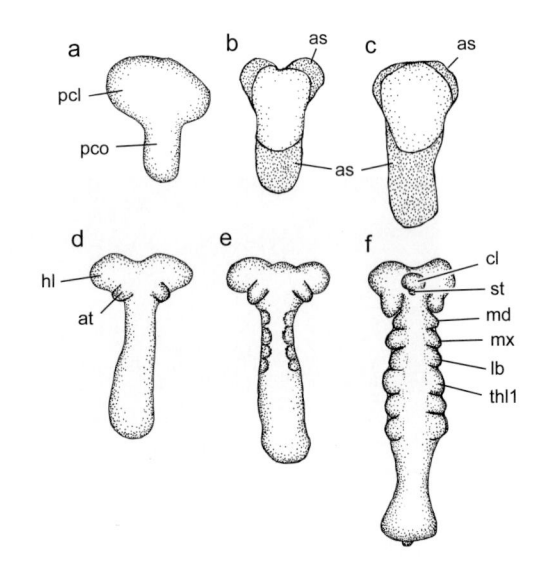

図 15-12　ワモンゴキブリ *Periplaneta americana* の早期胚腹面（Storch & Chadwick，1967 より改写）
a．産卵後約 0.5 日，b．同，約 1 日，c．同，約 1.5 日，d．同，約 2 日，e．同，約 3 日，f．同，約 4 日（26 ± 2℃）
as：羊漿膜褶，at：触角原基，cl：頭楯上唇原基，hl：頭葉，lb：下唇原基，md：大顎原基，mx：小顎原基，pcl：原頭葉域，pco：原胴域，st：口陥，thl1：前胸脚原基

表 15-5　*Blaberus craniifer* 胚の発生段階（約 22℃）（Larsen，1963 から抜粋）

産卵後の経過日数	発　生　段　階
0 〜 1（日）	受精，卵鞘の保育嚢への移動
1 〜 12	卵割
13	胚盤葉形成とその後極域での腹板分化，卵黄細胞の出現
14	原溝の出現，中胚葉形成，羊漿膜褶の形成
15	原頭葉域と原胴域の分化，口陥の出現，羊膜と漿膜の完成，外胚葉の分節化開始
16	触角・顎部・胸部付属肢原基と側脚原基の出現，中胚葉の分節化，体腔の出現，原頭葉内に神経芽細胞の分化
19	肛門陥の陥入，腹部に四対の付属肢原基出現，前部中腸上皮原基の出現とその伸長，食道下体出現，背器の形成，中腸下部の神経上洞の形成
25	後部中腸上皮原基の形成と中腸上皮腹面の完成，ニューロパイルの出現，神経索の外胚葉からの分離，心臓芽細胞の分化，漿膜クチクラの分泌開始
30	腹部の気門陥入，顎部神経節の癒合と食道下神経節の形成，十一対の腹部神経節の出現，脂肪体の出現
35	下咽頭の分化，口胃神経系の分化，複眼原基の形成，唾液腺の陥入，体腔嚢の崩壊と体壁中胚葉・内臓中胚葉の形成
38	羊漿膜褶の消失，血液腔の出現，扁桃細胞（エノサイト）の分化，尾端節の癒合開始，筋肉組織の分化，マルピーギ管の出現
40	背閉鎖，心臓と背脈壁の形成，漿膜と背器の中腸への落ち込み，第七〜十一腹部神経節の癒合による第七腹部神経節の形成，第三胸節の第一腹節の癒合，生殖隆起の出現
65	複眼の着色，側甲の形成，囲心細胞の分化，アラタ体の形成
75	卵黄細胞の消失，食道下体の消失
90	生殖巣原基の形成，側脚の消失，孵化

表 15-6　ワモンゴキブリ胚の発生段階（26 ± 2℃）（Storch & Chadwick，1967 に基づき作成）

ステージ	産卵後の経過日数	発　生　段　階
1	0.5（日）	西洋梨形胚の形成
2	1	原頭葉域と原胴域が等長の胚の形成
3	1.5	原胴域が原頭葉域の 2 倍に伸長
4	2	原頭葉と触角葉の分化
5	3	触角原基の出現，顎部と胸部の分節化開始
6	4	顎部と胸部の体節完成，上唇原基の出現，口陥の陥入
7	5	第一，二腹節の出現
8	6	第三〜七腹節の出現，腹部後端の未分節域が屈曲し S 字形になる，触角原基の先端腹側正中線に向かう
9	7	腹部体節の完成，第一腹節の付属肢（側脚）原基の出現，腹部後端が折れ曲がり U 字形になる，小顎，下唇での鬚，内葉の分化，尾肢の出現
10	8	尾肢の 2 分節化，小顎鬚の分節化，胸脚原基の 4 分節化，第一腹節の付属肢（側脚）原基の 2 分節化
11	10	胸脚が内側へ屈曲，背板側縁の発達，腹部後方 1/3 の背閉鎖
12	14	触角の分節化，触角先端が後胸脚の腿節端まで伸長，腹部の背閉鎖完了，第一腹節のの付属肢（側脚）の退化開始
13	18	背閉鎖完了，触角は後胸脚の腿節端で背方へ屈曲
14	23	複眼の着色開始，側脚の縮小，頭楯，触角の先端・大顎のタンニング tanning と硬化
15	36	胸脚の棘，背板，触角，尾肢，小顎鬚のタンニングと硬化

やがて一対の高密度細胞領域が生じる（図 15-10，a）。そして，この一対の高密度細胞領域は左右融合して，卵腹面に短小なハート形の胚原基 germ rudiment を形成する（同図，b，c）。一対の高密度細胞領域の融合による胚形成は，他の多新翅類とも共通するものであり，Mashimo *et al.*（2014）はこれを多新翅類の固有派生形質であると述べている。

図 15-9，a に示すように，Wheeler（1889）はチャバネゴキブリでは比較的長い胚原基が形成され

ると報告しており，胚は長胚型 long germ ないし半長胚型 semi-long germ のようにみえる。一方，ワモンゴキブリとトウヨウゴキブリ（Heymons，1895；Gier，1936；Storch & Chadwick，1967；Rohrschneider，1968）や *Blaberus craniifer*（Larsen，1963；Bullière，1969），そしてルリゴキブリ（Fujita & Machida，2017b）の胚原基は，前部の原頭葉域とそれに続く原胴域（体節形成帯 segment forming zone）から構成され，卵後極

表 15-7　チャバネゴキブリ胚の発生段階（25℃）（Tanaka，1976 に基づき作成）

ステージ	産卵後の経過日数	発　生　段　階
1	0〜2（日）	卵割，胚盤葉形成，胚盤葉の腹側で胚原基（腹板）の形成開始
2	3	胚原基完成，原頭葉域と原胴域の分化，羊漿膜褶の形成
3	4 前半	頭・顎・胸部の付属肢原基の出現，触角原基が側方へ向かう
4	4 後半	腹部の分節化，尾端の腹側への褶曲
5	5	胚帯の分節化完了，触角原基が腹方へ屈曲
6	6	触角原基と胸脚原基の後方への伸長，卵黄分割
7	7	側脚の出現，胸脚原基の分節化
8	8	卵後極域に空所が出現
9	9 前半	羊漿膜褶の解消と二次背器の形成，胸脚の屈曲
10	9 後半	腹部後半における背閉鎖
11	10	背閉鎖の完了，二次背器の体内への取り込み，脂肪体中に菌細胞の出現
12	12	複眼の着色開始，背脈管の形成
13	14	側脚の退化開始
14	16	触角が第四〜五腹節まで伸長
15	18	側脚の著しい退化
16	20	大顎の着色開始，第六〜八腹部神経節の癒合，側脚の消失
17	22	剛毛の出現と着色開始
18	25	触角先端が第七〜八腹節に到達，最終形態の獲得

表 15-8　ルリゴキブリ胚の発生段階（Fujita & Machida，2017b に基づき作成）

ステージ	発　生　段　階
1	成熟分裂，受精，卵割，胚盤葉形成，胚域と胚外域の分化の開始（図 15-15，a）
2	卵腹面後方での一対の高密度細胞領域の融合による胚形成，胚外域から漿膜への分化，内層（中胚葉）形成（同図，b）
3	卵表層での胚伸長，原頭葉域と原胴域の分化，羊漿膜褶形成，頭葉の発達と触角節の形成，口陥の形成，胚の卵前極方向への移動および腹面中央部での定位（同図，c）
4	顎・胸部で体節形成が進行，神経溝の出現，中胚葉の分節化進行（同図，d）
5 前半	胚の卵後極方向への伸長，顎・胸部で付属肢原基の形成開始（同図，e）
5 後半	腹部第五体節まで体節形成進行，腹部後端の屈曲，肛門陥と第十，十一体節と尾節の形成，頭楯上唇の発達，腹部第三体節まで付属肢形成の進行，顎・胸部での背板形成の開始，顎・胸部と腹部第四体節で体腔嚢形成
6	胚の後方へのさらなる伸長と胚後端部の卵黄内への陥入，腹部全 11 体節の完成，腹部前半分で背板形成開始，小顎と下唇で付属肢内葉の発達，腹部第五体節まで付属肢形成進行（同図，f）
7	胚の尾端部が卵黄内から卵表層に表出，頭楯上唇が頭楯と上唇に分かれる，触角鞭節は 3，4 分節，小顎，下唇，胸部付属肢と腹部第一体節の付属肢（側脚）は底節と端肢節に分節，小顎鬚と下唇鬚の発達（同図，g）
8	胚後端から腹部第八，九体節まで最終的背閉鎖が進行，頭蓋の形成，前大脳の発達，胸部の底節は基節と亜基節に分節，胸部付属肢の端肢節は転節，腿節，脛節，跗節に分節，胸部第二体節から腹部第八体節にかけて気門陥入，腹部第十一体節の退縮（同図，h）
9	胚全体が卵後極方向へ移動，羊漿膜褶の解消と二次背器の形成，頭蓋の完成，触角鞭節は 8 分節，下咽頭の発達，胸部背板の腹方への拡張，尾突起と尾肢の伸長，腹部第十，十一体節の融合（同図，i）
10	胚の卵前極への伸長と成長，最終的背閉鎖の進行，触角鞭節は 9 分節，複眼の出現と着色，大顎の切歯の発達，小顎鬚 4 分節，下唇鬚 3 分節，マイセトムは崩壊し細菌は中胚葉組織（脂肪体）へと移動（同図，j）
11	二次背器の収縮と中腸内への取り込み，胚クチクラの分泌，触角鞭節 10 分節，側脚の消失（同図，k）
12	最終的背閉鎖の完了，卵歯が頭頂に出現，幼虫クチクラの分泌と刺毛の形成，触角鞭節 11 分節，側板と腹板の形成（同図，l）

付近の腹側に形成される "西洋梨形" やハート形で，短胚型 short germ である（図 15-10, c;15-12, a）。

　次の発生で，胚原基の前部両側は急速な細胞増殖によって原頭域（原頭葉域）protocephalon（protocephalic lobe）に分化する。胚原基の後端付近中央では，Wheeler（1889）が原口 blastopore とよんだ，わずかな窪みをともなう円形隆起が現れ（図 15-9，

a），その後まもなくして，この窪みの背面の細胞が増殖し，中胚葉 mesoderm を形成する。中胚葉は単一の細胞層（内層 inner layer）となって前方へ伸展し，原頭域に達すると二条に分割されて前進する（同図，c）。このようにして外胚葉の背面が中胚葉層によって裏打ちされると，原頭葉とその後方に続く原胴域 protocorm からなる胚帯 germ band が完成する。

(4) 羊膜と漿膜の形成

内層形成が終わると（産卵から約8日目），胚帯の尾端付近の窪みが消失し，羊膜と漿膜の形成が始まる。これらの原基は原胴域の尾端周縁部で形成される羊漿膜褶 amnio-serosal fold として最初に出現し，胚帯後部の腹面を覆いながら前方へ急速に進展する。まもなく原頭葉の両側周縁においても羊漿膜褶が形成され，これらは原頭葉の腹面上を正中線に向かって徐々に進展する（図15-9, b, d；15-12, b, c）。

産卵から9日後には，原頭葉域の羊漿膜褶と原胴域のそれとが接着・癒合し，胚帯腹面を覆う内側の羊膜 amnion と卵全体を覆う外側の漿膜 serosa が完成する。完成した羊膜と漿膜には次のような顕著な違いがみられる。羊膜は漿膜より厚く，その細胞は小型であるが密度は高く，球状の核をもつ。他方，漿膜は薄くて細胞密度が低く，大きな扁平な細胞から構成されている。

15-7　発生段階区分，胚伸長様式と胚運動
(1) 発生段階区分

オオゴキブリ亜目，ゴキブリ亜目，マダラゴキブリ亜目，ムカシゴキブリ亜目からそれぞれ1種を選び，各胚の発生段階を表15-5〜15-8に示した。*Blaberus craniifer*，ワモンゴキブリ，チャバネゴキブリ，ルリゴキブリの発生段階表は，それぞれ Larsen（1963），Storch & Chadwick（1967），Tanaka（1976），Fujita & Machida（2017b）に基づいて作成したものである。卵期は表15-4に示したように *Blaberus craniifer* では約22℃で90日，ワモンゴキブリでは26℃で約36日，チャバネゴキブリでは25℃で24日，ルリゴキブリでは18〜24℃で64±12日である。

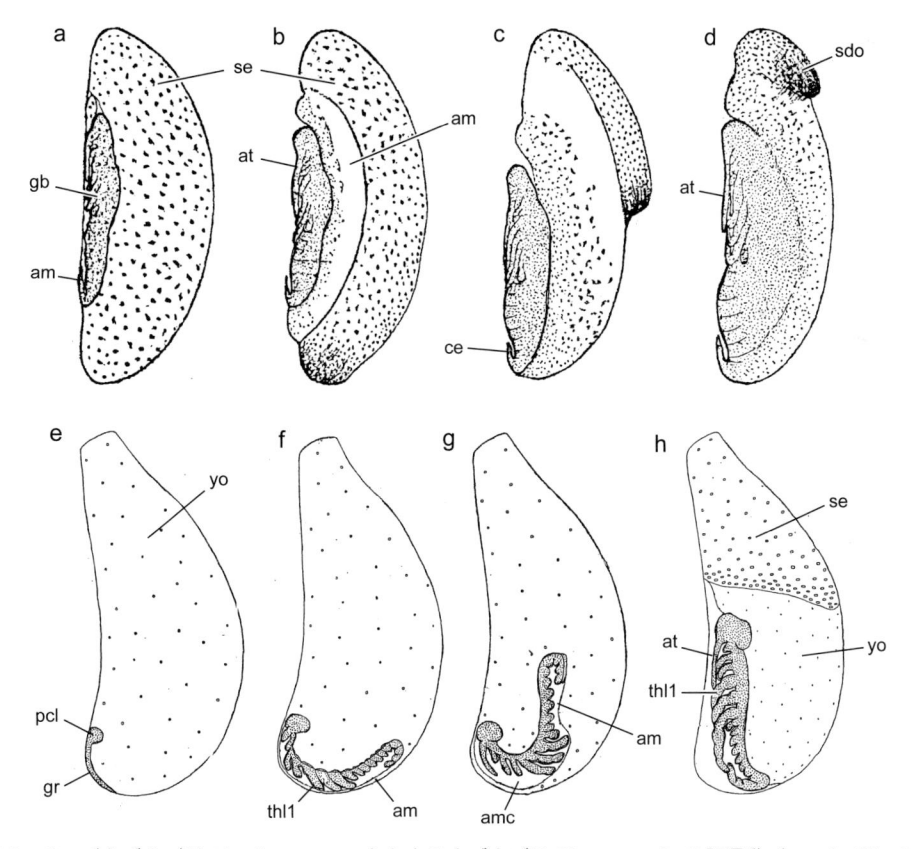

図15-13　チャバネゴキブリ *Blattella germanica* とトウヨウゴキブリ *Blatta orientalis* の胚運動（a〜d. Wheeler, 1889より改写；e〜h. Heymons, 1895より改写）
　a〜d. 産卵後15〜16日のチャバネゴキブリ卵の側面（a→dへ発生が進む），e〜h. トウヨウゴキブリの胚原基形成時（e）〜胚の姿勢転換時（h）の卵の側面（e→hへ発生が進む）
　am：羊膜, amc：羊膜腔, at：触角原基, cer：尾肢, gb：胚帯, gr：胚原基, pcl：原頭葉域, sdo：二次背器, se：漿膜, thl1：前胸脚原基, yo：卵黄

(2) 胚伸長様式と胚運動

　上巻の第 1 部総論 4 章「4-8 胚運動」で述べたように，昆虫胚は，発生初期に伸長，羊漿膜褶の形成をともないながら卵内に沈み込み（胚陥入 anatrepsis），その後，羊漿膜褶の解消，反転（胚反転 katatrepsis）することで卵表にふたたび姿を現す。このような発生のあいだに起こる昆虫胚のすべての運動を胚運動 blastokinesis とよぶ（Wheeler, 1893）。

　卵腹面ないし卵後極腹面寄りに形成された胚は，他の多新翅類と同様に，卵表で伸長する（たとえば，Wheeler, 1889；Heymons, 1895；Tanaka, 1976；Fujita & Machida, 2017b）（図 15-13, e, f；15-14, b～h；15-15, b～h）。旧翅類や準新翅類では卵内へ陥入しながら胚伸長が起こるのに対し，多新翅類では卵表で胚伸長が起こる。この特徴は，多新翅類の固有派生形質と理解できるものである（Mashimo *et al.*, 2014）。

　ゴキブリ目では，胚運動に二つのタイプが認められる。一つは，ゴキブリ科のワモンゴキブリやトウヨウゴキブリ（Heymons, 1895；Gier, 1936；Storch & Chadwick, 1967；Rohrschneider, 1968；Lenoir-Rousseaux & Lender, 1970），キゴキブリ科の *Cryptocercus punctulatus*（Thipaksorn & Machida, 未発表）でみられ，卵後極腹面寄りに形成された胚（図 15-13, e）が卵後極を越えて胚軸を逆転させながら卵表を伸長し（同図, f），胚後端を前方に向けた反り返った姿勢をとった後（同図, g），胚軸をもとに戻しながら胚が腹面に再定位して反転が完了するもので（同図, h），顕著な胚の位置変化をともなう「胚軸逆転型 reversion type」の胚運動である（Fujita & Machida, 2017a, b）。もう一つのタイプは，チャバネゴキブリ科のチャバネゴキブリ，Blaberidae 科 *Blabera cranifer*，ムカシゴキブリ科のルリゴキブリでみられ，胚は全発生過程をとおして形成された卵腹面の位置にとどまり，胚軸の逆転などの大規模な胚の動きをともなわず胚反転が完了するもので（図 15-13, a～d；15-14；15-15）（Wheeler, 1889；Bullière, 1969；Tanaka, 1976；Fujita & Machida, 2017b），「胚軸不変型 non-reversion type」の胚運動である（Fujita & Machida, 2017a, b）。

　生殖器や前胃構造，産卵習性の比較から，McKittrick（1964）によって提出された「ゴキブリ亜目-オオゴキブリ亜目」の 2 亜目体系に従うと，ゴキブリ目の胚運動は，チャバネゴキブリ科，Blaberidae 科，ムカシゴキブリ科からなるオオゴキブリ亜目の胚軸不変型と，ゴキブリ科とキゴキブリ科からなるゴキブリ亜目の胚軸逆転型として整理できる（Fujita & Machida, 2017a, b）。これに，シロアリ目の胚運動が胚軸逆転型（レイビシロアリ科 Kalotermitidae：Striebel, 1960；オオシロアリ科 Termopsidae：Striebel, 1960；Mukerji, 1970；ミゾガシラシロアリ科 Rhinotermitidae：Hu & Xu, 2005；シロアリ科 Termitidae：Knower, 1900），カマキリ目の胚運動は胚軸不変型（カマキリ科 Mantidae：Hagan, 1917；Görg, 1959；ケンランカマキリ科 Metallyticidae：Fukui *et al.*, 2018）の情報を加えると，ゴキブリ目（広義）Blattodea の単系統性を維持することにより，網翅類は胚運動型から「網翅類《＝カマキリ目＋ゴキブリ目（広義）【＝オオゴキブリ亜目＋（ゴキブリ亜目＋シロアリ目）】》」と再構成されることになる。この胚運動型の違いをもとにした網翅類の系統学的理解は，最新の「1000 種昆虫トランスクリプトーム進化プロジェクト（1K Insect Transcriptome Evolution：1KITE）」より提出された大規模分子系統解析（Misof *et al.*, 2014）や大規模全証拠解析（Djernæs *et al.*, 2015）とも整合する。

15-8　胚の外部形態の変化

　ゴキブリ胚の外部形態の変化については，ワモンゴキブリ胚（Storch & Chadwick, 1967；Rohrschneider, 1968；Lenoir-Rousseaux & Lender, 1970）やチャバネゴキブリ胚（Wheeler, 1889；Johannsen & Butt, 1941；Tanaka, 1976）についての研究がある。ここでは胚の外部形態の変化について，チャバネゴキブリを中心に，ステージを追って説明することにする。なお，発生の経過時間（日数）は卵を 25℃に保った場合のもので，以下の文中のステージ区分は表 15-7 に示すとおりである。

　ステージ 1（図 15-14, a）：受精・卵割の後，産卵後 1 日で胚盤葉が完成し，同 2 日に卵腹側の中央域で胚原基が形成される。

　ステージ 2（同図, b）：産卵後 3 日で胚原基が完成し，原頭葉域と原胴域が分化する。その後，胚原基腹面の尾端付近の中央に窪みが出現し，この部分から中胚葉層（内層）が形成される。羊漿膜褶形成

が起こる（図15-12, b, c）。

　ステージ3（図15-14, c）：産卵後4日の前半に胚陥入が完了し，胚帯は羊漿膜褶によって完全に覆われる。原頭葉域は前頭葉と触角葉 antennal lobe に分化し，原胴域では顎部，胸部，腹部が区別できるようになる。まもなく触角葉の両側に触角原基 antennal rudiment が最初の付属肢原基として出現する（図15-12, d）。Riley（1904）によれば，こ

のころの胚長は1.4 mmほど，原頭葉域は長さ0.33 mm（胚長の約1/4長），幅0.38 mm，原胴域の幅は0.24 mmである。顎部，胸部，腹部のそれぞれの長さがほぼ等しくなるころには，触角原基の基部間のやや前方に口陥 stomodaeum が陥入する。その後まもなくすると，顎部には大顎 mandible，小顎 maxilla，下唇 labium の各一対の原基が，胸部には前，中，後三対の胸脚原基がそれぞれ形成され，や

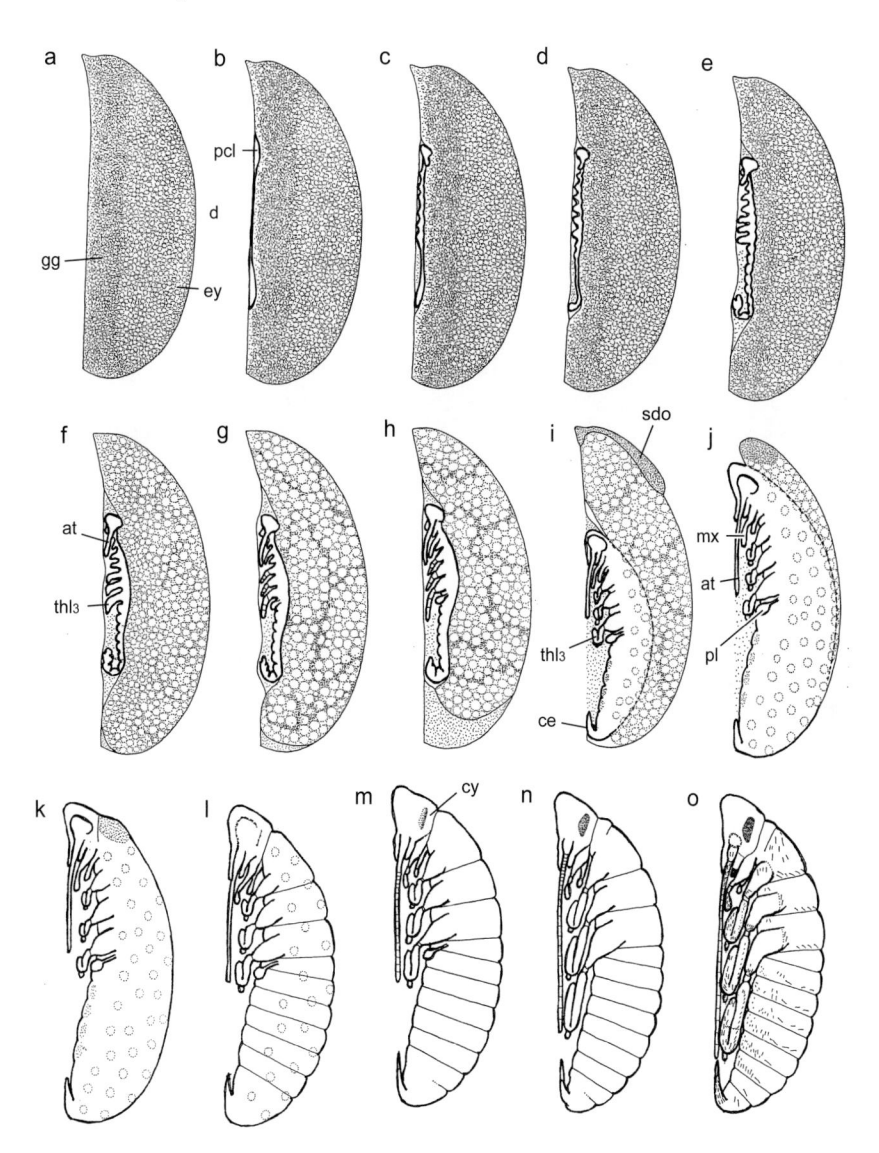

図15-14　チャバネゴキブリ *Blattella germanica* 胚の発生段階（Tanaka, 1976より改写）
　ステージ区分は表15-7に示すとおり（25℃）。a. ステージ1（産卵後0～2日），b. ステージ2（同3日），c. ステージ3（同4日前半），d. ステージ4（同4日後半），e. ステージ5（同5日），f. ステージ6（同6日），g. ステージ7（同7日），h. ステージ8（同8日），i. ステージ9（同9日前半），j. ステージ10（同9日後半），k. ステージ11（同10日），l. ステージ12（同12日），m. ステージ13（同14日），n. ステージ16（同20日），o. ステージ18（同25日）
at：触角（原基），ce：尾肢，cy：複眼（原基），d：卵の背側，ey：均一卵黄域，gg：粒状卵黄域，mx：小顎原基，pcl：原頭葉域，pl：側脚，sdo：二次背器，thl3：後胸脚（原基）

がて，触角原基は徐々に伸長して後方へ向かい，前
頭葉の前端近くの中央には頭楯上唇 clypeolabrum
の原基が三日月形の単一隆起として出現する。こ
のステージでは，上記の三対の顎部付属肢原基と
三対の胸脚原基はどれもほぼ同形同大である（図
15–12，e，f）。
　ステージ 4（図 15–14，d）：産卵後 4 日の後半に

なると，腹部では第一，第二腹節 abdominal seg-
ment が分化し，腹部後端が次第に腹側へ屈曲し始
める。
　ステージ 5（同図，e）：産卵後 5 日で体節形成が
完了し，腹部でもすべての体節が明瞭になる。腹部
はさらに伸長を続け，後端はさらに屈曲する。触角
原基は胚の腹側に向かって伸長し，胸脚原基は顎部

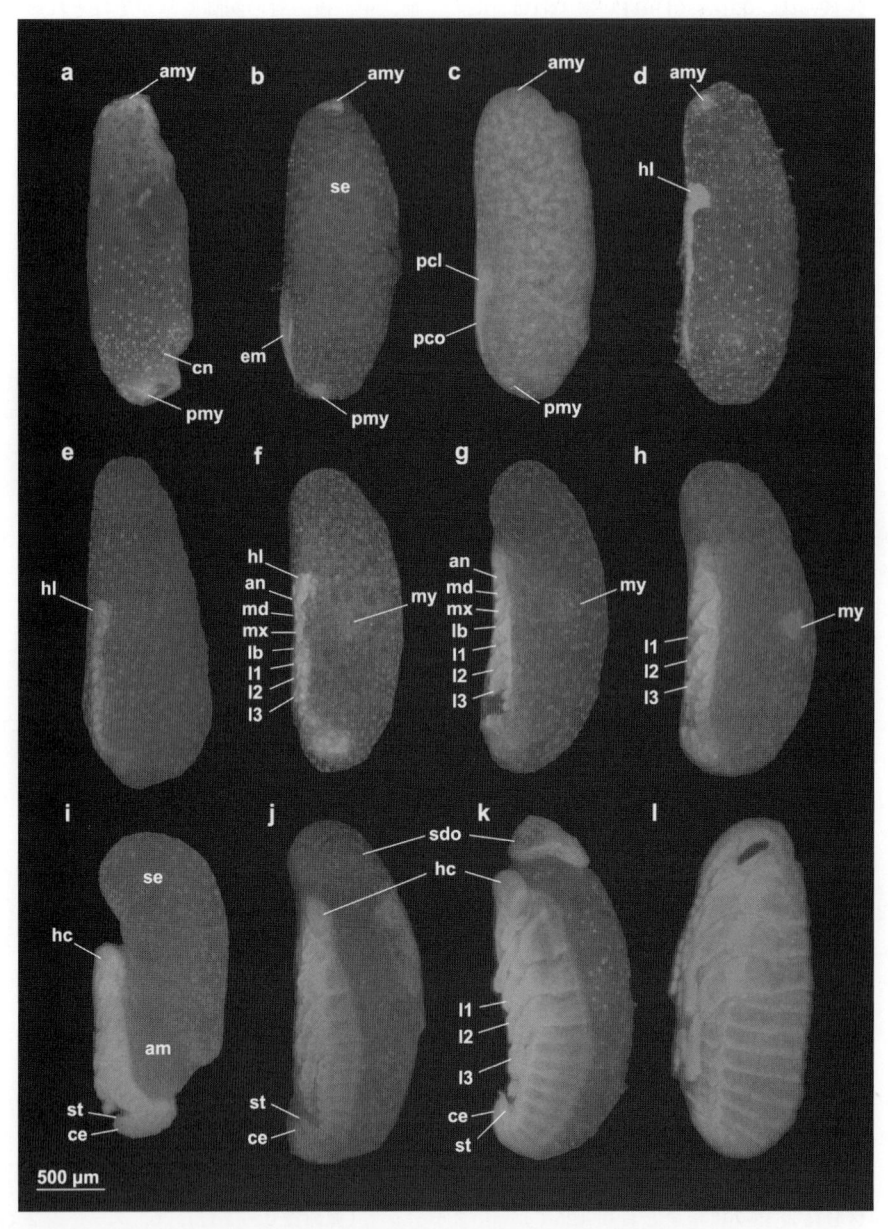

図 15–15　ルリゴキブリ *Eucorydia yasumatsui* 胚の発生段階（Fujita & Machida，2017b より改変）
　ステージ区分は表 15–8 に示すとおり。a. ステージ 1，b. ステージ 2，c. ステージ 3，d. ステージ 4，e. ステージ 5，
f. ステージ 6，g. ステージ 7，h. ステージ 8，i. ステージ 9，j. ステージ 10，k. ステージ 11，l. ステージ 12
am：羊膜，amy：前マイセトム，an：触角，ce：尾肢，cn：卵割核，em：胚，hc：頭蓋，hl：頭葉，l1 ～ 3：前～後肢，
lb：下唇，md：大顎，mx：小顎，my：マイセトム，pcl：原頭葉域，pco：原胴域，pmy：後マイセトム，sdo：二次背器，
se：漿膜，st：尾突起

の付属肢原基より急速に成長する。大顎原基は球状突起のままで目立った成長がみられない。

ステージ6（図15-14, f）：産卵後6日になると，触角原基と胸脚原基は後方へ向かって伸長するようになる。卵黄分割 yolk cleavage が始まり，いままで一様だった卵黄は，全体として不均質な状態を示すようになる。

ステージ7（同図, g）：産卵後7日で腹部の各体節に一対の小さな付属肢原基が出現する。これらのうち第一腹節のものは側脚 pleuropodium の原基として，最終腹節（第十一腹節）のものは尾肢（尾毛）cercus の原基としてそれぞれ発達するが，他のものはやがて退化・消失する。各胸脚原基には分節が生じ，基節 coxa，転節 trochanter，腿節 femur，脛節 tibia，附節 tarsus の分節が次第に明瞭になる。

ステージ8（同図, h）：産卵後8日が経過すると，卵の後極域に大きな空所が見られるようになる。小顎原基では，小顎鬚 maxillary palp が発達，その基部からは小顎内葉 lacinia と小顎外葉 galea の二つの付属肢内葉 endite が現れる。下唇原基でも同様に，下唇鬚 labial palp，基部からは中舌 glossa と副舌 paraglossa の付属肢内葉が分化する。側脚原基は末端部が膨大した"西洋梨形"となって成長する。胸節と腹節の側方では気管の陥入 tracheal invagination が分化する。

ステージ9（同図, i）：産卵後9日の前半では，触角原基の先端が中胸節に，小顎原基の先端が前胸節にそれぞれ到達する。各胸脚原基は腿節端と脛節端で折り畳まれる。やがて胚反転が起こり，羊漿膜褶が引き裂かれる。羊膜は体壁周縁部との結合を保ったまま胚の背部へ引き寄せられ，漿膜は卵黄の背方に収縮し，二次背器 secondary dorsal organ が形成される。前ステージで卵後端に形成された空所は消失する。体側壁の成長，すなわち，背閉鎖 dorsal closure が始まる。

ステージ10（同図, j）：産卵後9日の後半では，胚は背面の卵黄を体側壁で覆いながら急速に成長を続け，卵後端部の卵黄が体壁によってほぼ完全に包まれるようになる。この体壁の成長にともなって体壁中胚葉 somatic mesoderm，内臓中胚葉 splanchnic mesoderm，中腸上皮 midgut epithelium も背方へ伸展する。卵黄の前端（卵の前極）で二次背器はさらに大きくなる。側脚は棍棒状になって最大の大きさに達する。

ステージ11（同図, k）：産卵後10日で，背閉鎖 dorsal closure が完了し，二次背器が前胸内の背部に取り込まれ，その細胞は退化を始める。触角原基は伸長を続け，その先端は後胸節にまで達する。前述の側脚は最も発達した状態のまま維持されている。Blaberidae 科の *Blaberus craniifer* 胚では，前ステージから連続的に分泌されたクチクラによって体表の上表皮（クチクラ上皮）epicuticle が完成する。この時期の胚は脱ぎ捨てる古い上表皮をもたないので，上表皮の脱落は起こらないが，この段階が最初の胚脱皮 embryonic molting の時期に相当するという（Bullière, 1969, 1973）。15-4節「卵とその構造」で述べたとおり，胚反転後，崩壊したマイセトムから遊離した共生細菌が中胚葉組織（脂肪体）へと移動し，脂肪体内に菌細胞 mycetocyte として出現する。

ステージ12〜15（同図, l〜m）：このステージで，胸部3節と腹部前方の6節までの体節区分がきわめて明瞭になる。顎部付属肢原基と胸脚原基は漸進的に成長し，触角原基と後胸脚腿節の各先端は第三腹節に達するようになる。やがて，複眼の着色が始まる。産卵後14日では触角原基と後胸脚腿節の各先端は第四腹節に達し，複眼の着色は一段と進む。このころになると，側脚は収縮し始める。触角原基と後胸脚腿節の各先端は産卵後14日には第四腹節と第五腹節の間に，さらに2日ほどが経過すると第五腹節にまで達するようになる。この時点では，まだ退化中の側脚が認められる。

ステージ16〜17（同図, n）：産卵後18日では側脚は完全に消失し，体表には剛毛が形成され，大顎の着色が始まる。触角原基と後胸脚腿節の各先端は産卵後20日で第六腹節に，その2日後には第七腹節にそれぞれ達する。

ステージ18（同図, o）：産卵後24日で触角原基と後胸脚腿節の各先端は第七腹節と第八腹節の間に達する。体上皮の硬化や剛毛の着色などが進行し，1令幼虫の形態となる。孵化が近づくにつれて，幼虫は卵殻から分離する。この段階に達した卵を卵鞘から人為的に取り出した場合には，卵内では幼虫の激しい運動が起こり，孵化してしまう。*Blaberus craniifer* 胚では，孵化時に2回目の胚脱皮が行われる（Bullière, 1969, 1973）。

15-9　器官形成

(1) 外胚葉性器官

　外胚葉に由来する器官には皮膚とその付属物，神経系，気管系，内骨格，腺，感覚器，前腸，後腸，マルピーギ管などがあるが，これらの器官の形成はバッタ目のそれと基本的に同じである。（バッタ目の外胚葉性器官の主要なものについては上巻の第 2 部各論 9 章のなかで詳述されているので，それを参照されたい。）ここではゴキブリ目でとくに発達がみられる側脚についてやや詳しく記述し，体節と付属肢の発生の概要説明および前大脳形成についての補足的説明をするにとどめる。

a.　体節と付属肢

　ゴキブリ類では，付属肢と体節の形成は頭部から後方へ向かって順次進行し（図 15-16, a, b），各部の付属肢原基の出現後，各体節の区分が明瞭になってくる（Johannsen & Butt, 1941）。

　原頭葉が前頭葉と触角葉に分化すると，後者の両側では触角原基が一対の突起として最初に形成される。口陥の陥入後，前頭葉の前端中央部には単一隆起が出現するが，これは後の発生で頭楯上唇 clype-olabrum と咽頭 pharynx の一部に分化する。

　間挿節 intercalary segment，顎部では大顎節 mandibular segment，小顎節 maxillary segment，下唇節 labial segment，胸部では第一〜三胸節が分化し，間挿節を除く他の 6 節には各一対の体腔嚢と

付属肢原基（前方から順に大顎，小顎，下唇，第一胸脚，第二胸脚，第三胸脚の各原基）が出現，発達する。間挿節の付属肢については，チャバネゴキブリ胚では一対の小さな隆起として認められるが（Riley, 1904），ワモンゴキブリ胚では見いだされていない（Rohrschneider, 1968）。やがて間挿節は次第に前方へ移動して触角節に融合，後にその中央部は咽頭の一部を形成する。

　腹部の付属肢は，頭，顎，胸部の各付属肢原基の出現後まもなくして第一腹節から順次形成され（同図, b, c），第一腹節の側脚，第九腹節の尾突起 stylus あるいはアデノポディウム adenopodium，第十一腹節の尾肢を除き他の付属肢原基はやがて消失する。側脚とアデノポディウムについては後の項で詳しく述べたい。

b.　前大脳の形成

　前大脳 protocerebrum の原基は通常，原頭葉の広い範囲で三対の小葉 protocerebral lobe（外側のものから順に第一，第二，第三小葉）から構成され，第二，第三小葉では外胚葉性の神経芽細胞 neuroblast が分化し，その分裂により多数の神経節細胞 ganglion cell を生ずるのが一般的である［上巻の第 1 部 4 章の 4-12 節（5）b，および第 2 部 9 章の 9-6 節（2）a 参照］。しかしながら，ワモンゴキブリ胚では，第一小葉（視葉 optic lobe）も第二，第三小葉の場合と同様に神経芽細胞により形成され

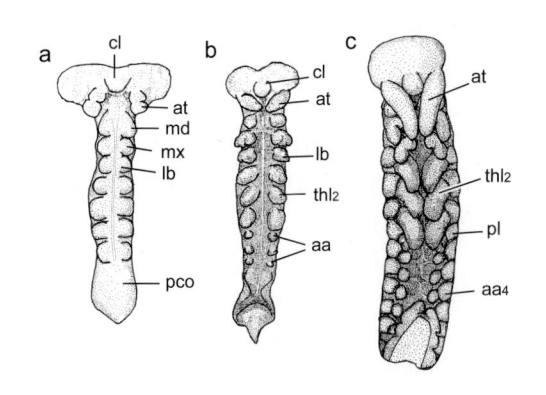

図 15-16　ワモンゴキブリ *Periplaneta americana* 胚の付属肢原基の形成（Rohrschneider, 1968 より改写）
a. 頭，顎，胸部の付属肢原基が出現した胚（胚の長さ約 2 mm），b. 腹部付属肢原基の形成が進行中の胚，c. すべての付属肢原基が形成された胚（腹部の後部が腹側へ屈曲している）。
aa：腹部付属肢原基，aa4：第四腹部付属肢原基，at：触角原基，cl：頭楯上唇原基，lb：下唇原基，md：大顎原基，mx：小顎原基，pco：増殖域，pl：側脚原基，thl2：中胸脚原基

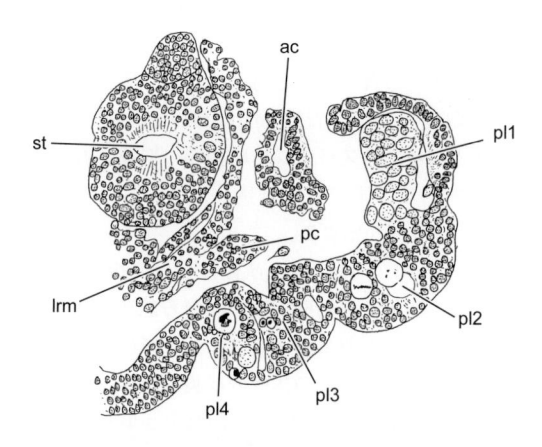

図 15-17　ワモンゴキブリ *Periplaneta americana* 胚の前大脳原基（腹部付属肢原基形成時の胚の頭部を通る横断面）（Rohrschneider, 1968 より改写）
ac：触角体腔嚢，lrm：上唇の中胚葉，pc：前触角体腔嚢，pl1〜4：前大脳の第一〜四小葉，st：口陥

るとの報告があるが（Khan & Fraser, 1962），再検討を要する。また，本種の前大脳原基は，頭，顎，胸部の各付属肢原基の出現後，原頭葉内の四対の小葉（第一，第二，第三，第四小葉）として連続的に形成され（Malzacher, 1968；Rohrschneider, 1968），第一小葉は第三小葉の内側（頭楯上唇原基の基部両側）に位置する明瞭なもので，他の小葉と同様に神経芽細胞を含み，その分裂による神経節細胞 ganglion cell が背部に産出される（図15-17）。この第四小葉は甲殻類 Crustacea の第一大脳と相同で，その後端部は大脳中心部の中体 corpus centrale を形成するものと考えられ（Rohrschneider, 1968），単眼 ocellus の原基はこの第四小葉から派生するという（Malzacher, 1968）。

c. 側脚とアデノポディウム

ゴキブリ類では，側脚は一般的にみられる胚器官 embryonic organ の一つで，卵生種のチャバネゴキブリ（Patten, 1884；Chlodkovsky, 1889；Wheeler, 1890；Tanaka, 1976），トウヨウゴキブリ（Wheeler, 1890；Heymons, 1895），卵

胎生種のマディラゴキブリ Leucophaea maderae（Engelmann, 1957），Blabera craniifer（Bullière, 1970），サツマゴキブリ（Ando, 1971），偽胎盤胎生種の Diploptera punctata（Hagan, 1939, 1951；Stay, 1971, 1977）などで，その発生の様子が観察されている（図15-14, j；15-16, c；15-18）。これらの観察結果から判断すると，ゴキブリ類の側脚の形態分化や発達の程度は，Ando（1971）によって指摘されているように，生殖法の違いと深く関連しているものと思われる。

側脚原基は頭，顎，胸部の各付属肢原基の出現後まもなくして，第一腹節の両側に一対の小さな外胚葉性突起として分化する。出現後まもない側脚原基の形や大きさは他の腹部付属肢原基と変わりないが，発生が進むにつれて側脚原基は成長し，胸脚原基と同様に指状の突起となって斜め後方へ突き出すようになる（図15-18, a）。この段階では，原基の構成細胞の形と大きさは胚の体壁の細胞に酷似し，原基の内部には体腔嚢の中胚葉が伸展している。

側脚原基の分化2，3日後には，原基の細胞は分

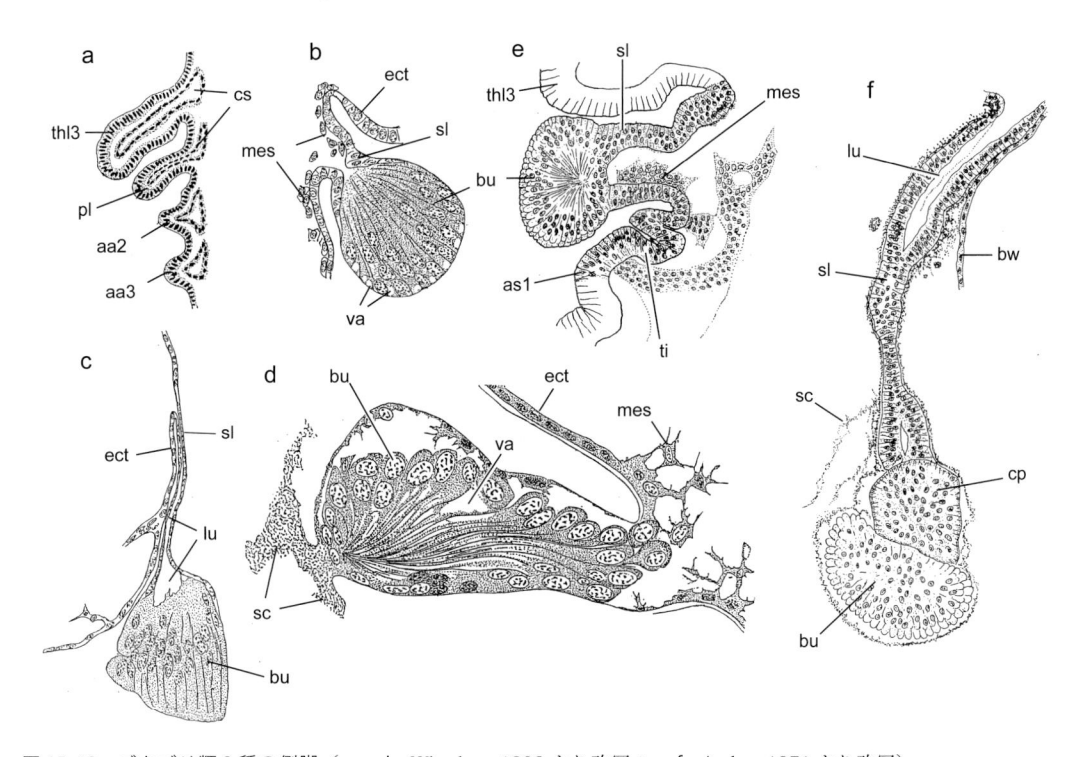

図15-18　ゴキブリ類3種の側脚（a〜d. Wheeler, 1890 より改写；e, f. Ando, 1971 より改写）
　a. チャバネゴキブリ Blattella germanica の早期胚の後胸部から第三腹節の縦断面, b. 同, 発達中の側脚原基, c. 同, 完成した側脚, d. トウヨウゴキブリ Blatta orientalis 胚の分泌中の側脚, e. サツマゴキブリ Opisthoplatia orientalis の早期胚における発達中の側脚原基, f. 同, 完成した側脚
aa2, 3：第二, 三腹部付属肢原基, as1：第一腹節, bu：球状部, bw：体壁, cp：萼状部, cs：体腔嚢, ect：外胚葉, lu：内腔, mes：中胚葉, pl：側脚原基, sc：分泌物, sl：柄部, thl3：後胸脚, ti：気管陥入, va：空胞

裂を終えて増殖を停止し，原基は乳頭状になって第一腹節の両側縁に位置するようになる。原基の内層を構成する細胞は急速に発達し，細長くなる。そして，その後の発生で，種ごとで異なる形態変化が起こる。

　チャバネゴキブリの場合は，側脚原基の外層の細胞の核が大きさを増し，基部側の細胞質が原基内の中胚葉細胞を体腔内へ押し出しながら急速に成長する。また，先端部の細胞には空胞 vacuole が生じる。このあいだに，体壁と連続する内腔のある柄部 stalk とそれに続く先端部の球状部 bulb が分化し，側脚原基は全体として"西洋梨形"になる（図 15–18，b）。やがて，側脚原基はやや背方へ移動して後胸脚基節の直後に位置するようになり，柄部は体腔と連絡する内腔を狭めながら徐々に伸長する。このころ，球状部の中央付近に弱いくびれが生じるが，これによって球状部が分割されることはない。各構成細胞の核はくびれの付近に移動し，くびれより先端側の周縁部では発達した空胞が密に配列するようになる。腹部後半の背面が閉鎖されるころには，柄部が伸長を終え，側脚全体は最大の大きさに達する（同図，c）。

　トウヨウゴキブリの側脚は全体として"西洋梨形"で，チャバネゴキブリの側脚に類似するが，球状部の先端が切り詰められた状態であることや柄部が短くて幅広であることなどの違いがみられる（図15–18，d）。

　サツマゴキブリでは，胚の後端が腹側へ屈曲した段階の側脚は基部の柄部とそれに続く球状部により構成されている（図 15–18，e）。胚の背閉鎖が進むにつれて，柄部は非常に伸長し，球状部は二分して柄部に続く萼状部 calyciformed part と先端の球状部に分化する。そして，背閉鎖を終えるころには，側脚は球状部をさらに成長させて最大に達する（同図，f）。このとき球状部の中央域は糸状の細胞質で占められ，周縁部には多数の空胞が発達する。したがって，本種の側脚と上述の卵生種のそれとを比較すると，前者はその大きさや構造の点で，より高度に発達した状態にあるといえよう。

　卵生種と卵胎生種では，側脚が最大になってまもなく，球状部の先端，側脚の周辺，柄部の内腔，胚と卵殻の間の腔所に微細な顆粒あるいは分泌物が観察され，球状部や萼状部の細胞内の空胞は次第に減少・消失する。その後，側脚の退化・縮小が進行し，

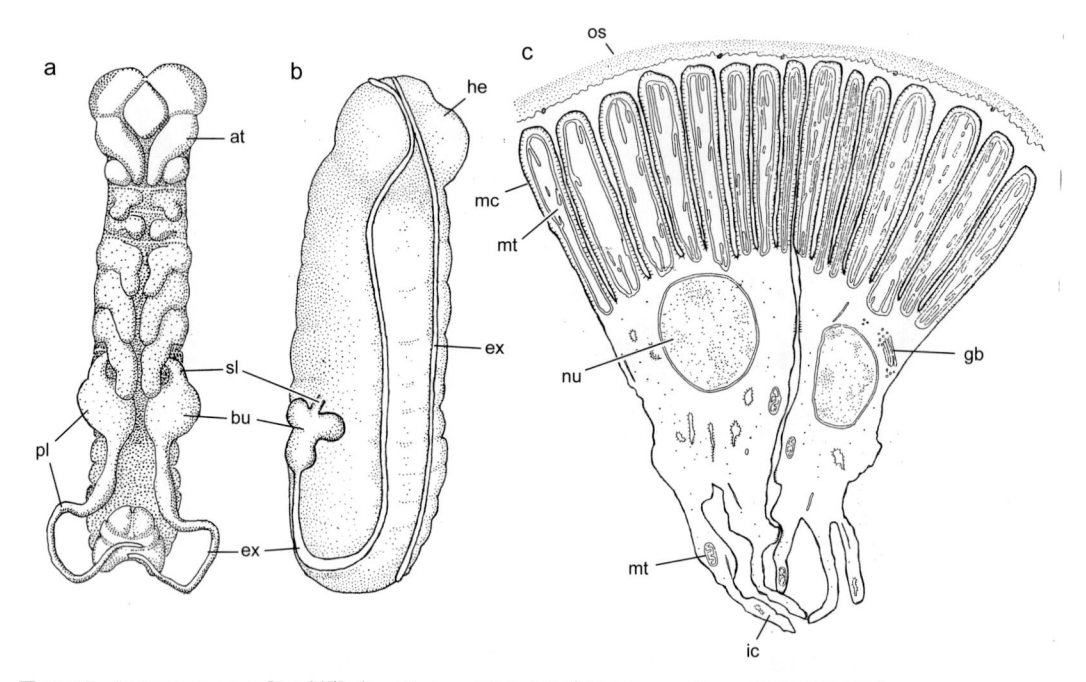

図 15–19　*Diploptera punctata* 胚の側脚（a．Hagan，1951 より改写；b，c．Stay，1971 より改写）
　a．背閉鎖のころの胚の腹面，b．背閉鎖後の胚の背側面（27℃で発生開始から 24 日後），c．球状部を構成する細胞の微細構造
at：触角原基，bu：球状部，ex：伸長部，gb：ゴルジ装置，he：頭部，ic：球状部の内腔，mc：微絨毛，mt：ミトコンドリア，nu：核，os：球状部の外表面，pl：側脚，sl：柄部

胚が幼虫としての形態形成を終えるころには側脚は完全に消失する。

　Diploptera punctata やマディラゴキブリの側脚はきわめて高度に発達したもので，体壁に続く柄部とこれに連結する球状部およびその先端から伸びる非常に長い伸長部 extension の三部分から構成されている（図 15-19，a，b）。*D. punctata* の側脚原基は，胸脚原基の出現直後に出現し，球状部は背閉鎖の進行中に最終的な大きさに達する（同図，a）。その直後には，伸長部は細管となって急速に伸長して頭部前端に達し，球状部が 3 室に区分される。そして，背閉鎖後まもなく側脚全体の形態分化が完了する（同図，b）。このよく発達した側脚は胚発生の後・終期になっても退化することなく保持されるが，孵化直前にはその大きさがやや減少する。完成した側脚では，柄部は比較的短く，多数の微小管を含む細胞が同心円状に配列し，その内腔は胚の血液腔 haemocoel と連絡している。球状部は基部背側と腹側の二つの膨大部および先端側の一つの膨大部からなり（同図，b），その部分の構成細胞は長円錐状の大型細胞で，その先端側は球状部の内腔に向かい，基部の表面（球状部の外表面）は大きなミトコンドリアを内蔵した多数の微小突起で覆われている。細胞

質の中央付近には卵形の大型核が位置し，基部周辺には粗面小胞体，リボソーム，ゴルジ装置，微小管などが含まれている（同図，c）。伸長部はきわめて長い中空の細管で，一層の扁平で大型の核を有する細胞層で構成されている。この伸長部は球状部の先端から後方に伸び出して第九腹節の前端に達し，そこでアデノポディウムに隣接してから背方へ屈曲して前方へ進み，先端部は盲管となって胚の前端を通過して卵前極の卵門部にまで達している。伸長部は胚の成長にともなって伸長するが，構成細胞の有糸分裂は背閉鎖以後には観察されないので，この伸長は構成細胞の増殖によるものではなく，形態的変化（伸長と肥大化）によるものらしい。マディラゴキブリは *D. punctata* とは別の科に属するものであるが，その側脚は *D. punctata* のそれに非常によく似ている。本種の側脚では球状部の"分室化"はあまり進んでいないが，伸長部は *D. punctata* のそれよりも長く，胚の腹側に沿って後方へ伸びた後，腹部末端を越えたところで背面へ屈曲して頭頂部に到り，さらに前頭部をまわって顔面にまで達している。

　D. punctata の発生早期の胚では，第九腹節の腹側にアデノポディウム（原意からは腺脚であるが，形態的類似から「第二側脚」との名称を提案した

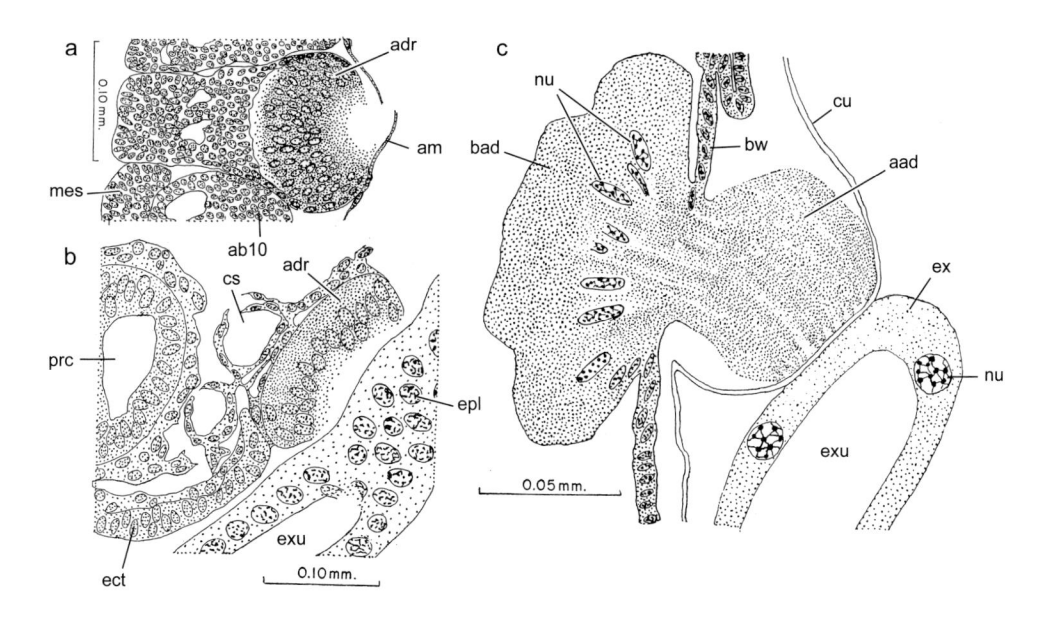

図 15-20　*Diploptera punctata* 胚のアデノポディウムの発生（Hagan, 1951 より改写）
　a. 早期（腹部体節完成時）胚の第九腹節の水平断面，b. 中期（羊漿膜褶の解消直前）胚の第九腹節の横断面，c. 中期（背閉鎖完了時）胚のアデノポディウムの縦断面
aad：アデノポディウムの先端部，ab10：第十腹節，adr：アデノポディウム，am：羊膜，bad：アデノポディウムの基部，bw：体壁，cs：体腔囊，cu：クチクラ上皮，ect：外胚葉，epl：側脚上皮，ex：側脚伸長部，exu：側脚伸長部の内腔，mes：中胚葉，nu：核，prc：肛門陥

い）とよばれる一対の小さな半陥入型の器官が形成される（Hagan, 1951；Stay, 1977）。この器官は“逆キノコ状”あるいは“西洋梨形”で（図15-20, a～c），その発生過程は他の昆虫類でみられる陥入型の側脚のそれによく似ているが（図15-18, d），胚発生完了後の孵化時でも退化することなく保持される。発達した第二側脚の先端側（外側）は体表から外に突き出し，残りの基部側は後腹部の血液腔内に位置している。体表から出た部分は円柱状で，その直径と高さはそれぞれ0.05 mmほどである。先端部の表面には多数の小孔あるいは深い窪みをもつ網目構造が見られ，この部分には第一腹節の側脚から伸びる伸長部が隣接している（図15-20, b, c）。基部側の球状部は横方向にやや膨大し，その直径はおよそ1.5 mmである。第二側脚の構成細胞adenopodial cellは大きな楕円形の核と多量の細胞質を有する細長い大型細胞で，器官の長軸とほぼ平行に配列する。各構成細胞の細胞質内には，非常によく発達した原形質膜–ミトコンドリア複合構造plasma membrane-mitochondrial complexが見られ，これは第一腹節の側脚の場合と共通する特徴であるが，第二側脚ではこの複合構造が球状部基部の外表面（アデノポディウムの基底部）を構成してい

る。各構成細胞の核は原形質膜–ミトコンドリア複合構造の内側に位置し，それより外側（先端側）は粗面小胞体，リボソーム，微小管などの細胞小器官を含む多量の細胞質で占められている。先端部の表面はクチクラの薄層で覆われ，その内側には多数の微絨毛microvillusとともに微小管や取り込まれた小胞pinocytotic vecicleなどが見られる。

　D. punctata 胚の側脚の役割について Hagan（1939）は，側脚の先端が胚の頭部を通り卵前極の胚膜を貫通して卵殻の卵門にまで達していることから，胚はこの側脚によって栄養の供給を受けるものと考えたが，その後，側脚と第二側脚の各発生の様子と構造および両者の物理的関係から，側脚は栄養摂取器官か，ガス交換（呼吸）器官，あるいはその両者としての機能を有するのではないかと推測している（Hagan, 1951）。しかし，Stay（1977）は電子顕微鏡による詳しい観察をもとに *D. punctata* の第一腹節の側脚と第二側脚の協調的役割について，二つの器官の構造的特徴がイオンや溶液の輸送組織のそれに類似していることから，側脚による栄養摂取の可能性は少なく，むしろ前者は体液を胚外から血液に取り込むための主たる器官であり，後者は側脚の機能に必要な溶質を再生利用するための器

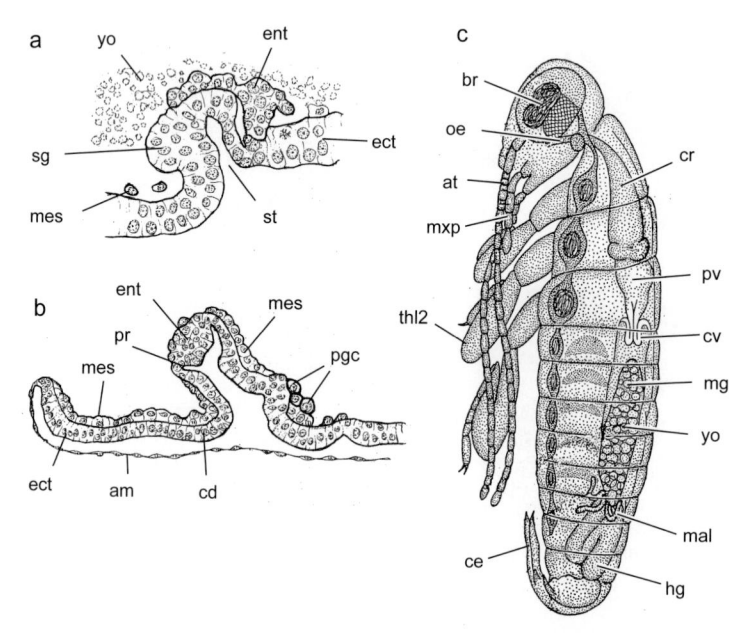

図15-21　チャバネゴキブリ *Blattella germanica* 胚の消化管の形成（a, b. Nusbaum & Fuliński, 1906 より改写；c. Anderson, 1973 より改写）
　a. 早期胚の口陥を通る縦断面，b. 同肛門陥を通る縦断面，c. 孵化間近の胚の側面
　am：羊膜，at：触角，br：脳，cd：尾節，ce：尾肢，cr：嗉嚢，cv：噴門弁，ect：外胚葉，ent：内胚葉，hg：後腸，mal：マルピーギ管，mes：中胚葉，mg：中腸，mxp：小顎鬚，oe：食道，pgc：始原生殖細胞，pr：肛門陥，pv：前胃，sg：口胃神経系の原基，st：口陥，thl2：中胸脚，yo：卵黄

官である可能性が高いと考えた。

　ゴキブリ類の側脚の機能については，孵化酵素の分泌（Engelmann, 1957），栄養摂取（Hagan, 1939, 1951），呼吸（Hagan, 1951），胚脱皮（Bullière, 1970），イオンと体液の輸送（Bullière, 1970），血液と体液の浸透圧調節（Stay, 1977）などとの関係が推測され論じられているが，今日まで明確な結論は得られていない。

(2) 消化管の形成

　チャバネゴキブリ胚では前腸 foregut の原基となる口陥は，頭，顎，胸部の各付属肢原基が分化する時期に，左右の触角原基の間，あるいはそのやや前方で外胚葉性の小さな窪みとして形成される。一方，後腸 hindgut 原基の肛門陥 proctodaeum は口陥の陥入より遅れて，腹部の各付属肢原基が出現し体腔嚢の形成が進むころ，尾節の腹面で陥入が始まる（図15-21，b）。口陥と肛門陥はそれぞれ盲管となって最初背方へ進むが，まもなく前者は胚の後方へ，後者は前方へ向かって伸びる。このあいだに口陥背壁からの交感神経節 sympathetic ganglion（口胃神経系 stomatogastric nervous system）原基の分化（同図，a）や口陥底の薄膜化などが起こる。

　Nusbaum & Fuliński（1906）によると，口陥と肛門陥の各陥入部には内胚葉性の細胞塊がすでに分化しており，これらの細胞塊は口陥底と肛門陥底にそれぞれ付着した状態で内部に運ばれる（図15-21，a，b）。口陥底と肛門陥底の内胚葉性細胞塊は，各腹側で対状の薄い細胞層を形成しながら，内臓中胚葉の内側を卵黄表面に沿って成長する。このようにして形成された帯状の細胞層が中腸上皮 midgut epithelium の原基で，やがて前後から接近，接着し，口陥と肛門陥とをつなぐ一対の中腸上皮原基が形成される。その後，中腸上皮原基の細胞が増殖して幅を広げ，胚が反転期（あるいは胚の卵後極方向への移動）を終えてまもなく，左右から伸展した上皮原基が卵黄腹面の正中線で接着して腹側の中腸上皮ができる。姿勢転換後の胚の体壁は背方へ急速に成長するが，これにともない中腸上皮原基と内臓中胚葉も背方へ伸展する。背閉鎖が完成すると，左右からの上皮原基が背面正中線で合着し，卵黄を取り込んだ管状の中腸上皮が形成される。その後まもなくして，内臓中胚葉が中腸上皮の外側を完全に覆い，中腸 midgut が完成することになる。

　孵化間近の胚では，消化管は完成しており（図15-21，c），前腸は食道 oesophagus，嗉囊 crop（ingluvies），前胃 proventriculus，噴門弁 cardiac valve から構成され，その後端は第三胸節端に達する。中腸は第一腹節から第五腹節にあり，その内部には未消化の卵黄が残存する。後腸は回腸 ileum で S字状となって直腸 rectum に続き，肛門 anus で終わる。後腸の前端部からは三対のマルピーギ管 Malpighian tubule が細い盲管となって血液腔に伸び出している（同図，c）。

　中腸上皮の胚葉起源については同一種（チャバネゴキブリ）を材料とした研究者のあいだでも見解は一致しておらず，内胚葉 endoderm（中腸上皮原基）は内臓中胚葉の葉裂 delamination により形成される（Cholodkovsky, 1888），内胚葉の起源を特定することはほとんど不可能である（Wheeler, 1889），中腸上皮を形成するのは口陥と肛門陥の各盲端から派生する外胚葉性の細胞である（Heymons, 1891, 1895），中腸上皮を形成する細胞層は外胚葉性陥入の一部ではなく，胚の前部と後部で他の胚葉から完全に独立して分化した内胚葉細胞に由来する（Nusbaum & Fuliński, 1906），などの諸説がある。

(3) 中胚葉性器官

　ゴキブリ類の中胚葉性器官の発生に関しては，チャバネゴキブリ（Wheeler, 1889；Heymons, 1891；Faussek, 1911；Johannsen & Butt, 1941），ワモンゴキブリ（Rohrschneider, 1968），*Diploptera punctata*（Hagan, 1951）などについての研究があるので，これらをもとにその概要を説明する。

　中胚葉（内層）が外胚葉の背面に沿って伸展し，頭，顎，胸部の各付属肢原基が分化し始めると，中胚葉は分節して中胚葉節 somite となる。やがて，原頭葉と尾節を除く各体節の両側によく発達した体腔嚢 coelomic sac が形成され，これらの間に位置する中胚葉は中央中胚葉 median mesoderm として区別される。各体腔嚢の横断面はほぼ三角形で，その背壁は内臓中胚葉となって卵黄に隣接し，残りの部分（腹側壁域）は体壁中胚葉として各付属肢原基の内側を裏打ちする。発生がさらに進行すると，体腔嚢が崩壊し，体壁中胚葉，内臓中胚葉，中央中胚葉から多くの中胚葉性器官 mesodermal organ の原基が形成される。

　中央中胚葉は血球 haemocyte を産出し，体壁中

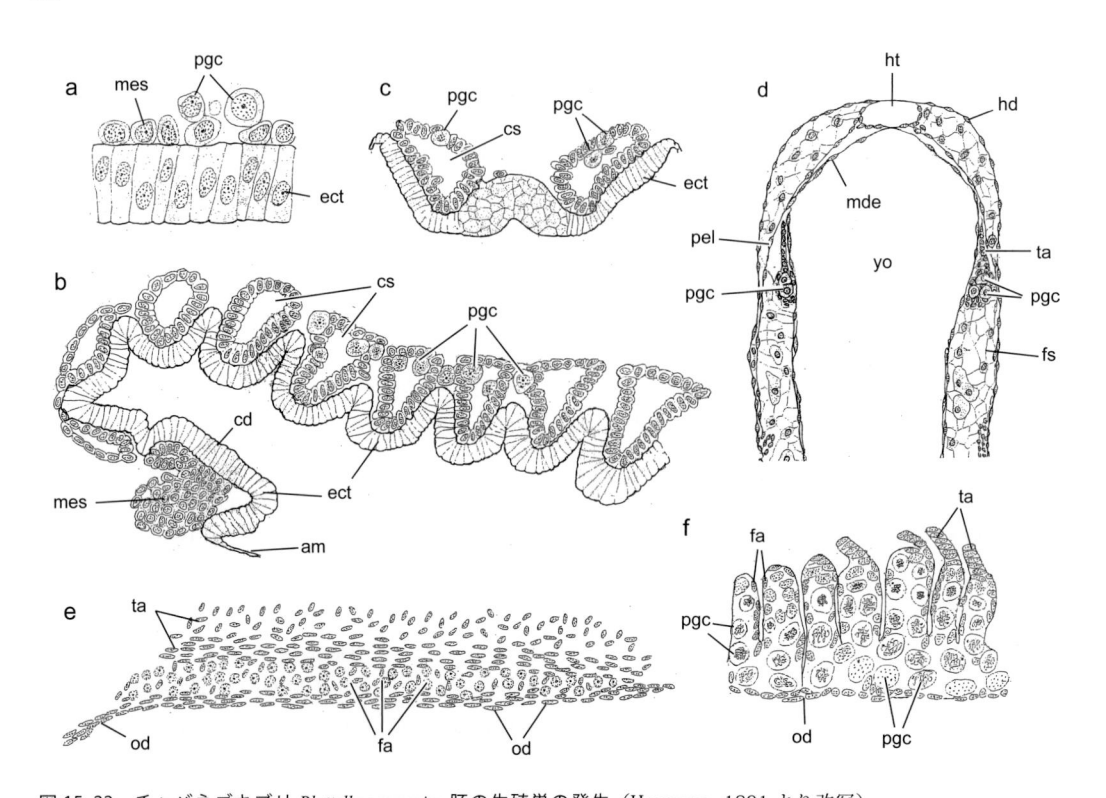

図 15–22　チャバネゴキブリ *Blattella germanica* 胚の生殖巣の発生（Heymons, 1891 より改写）
a. 早期胚（付属肢原基形成期）の後部を通る縦断面，b. 早期胚（体腔嚢形成後）の腹部を通る縦断面，c. 同，横断面，
d. 背閉鎖後の胚腹部の背側半分を通る横断面，e. 性分化間近の卵巣原基の縦断面，f. ほぼ完成した胚の卵巣原基の縦断面。
am：羊膜，cd：尾節，cs：体腔嚢，ect：外胚葉，fa：濾胞上皮細胞核，fs：脂肪組織，hd：下皮組織，ht：心臓，
mde：中腸上皮，mes：中胚葉，od：生殖管原基，pel：囲心隔壁，pgc：始原生殖細胞，ta：端糸原基，yo：卵黄

胚葉の多くの部分が筋肉系に分化する。また，体壁中胚葉の背方への成長部は囲心隔壁 pericardial diaphragm（囲心隔膜 pericardial septum）として，腹側域は脂肪組織としてそれぞれ発達し，内臓中胚葉は中腸の筋肉になる。体壁中胚葉と内臓中胚葉の結合部には心臓芽細胞 cardioblast が分化し，これは体壁の成長とともに背方へ運ばれ，背閉鎖後，心臓を形成する。触角体腔嚢の背部に位置する盲嚢 dorsal diverticulum は頭部の大動脈壁を形成する。中胚葉節は前触角節 preantennal segment と間挿節にも伸展するが，前触角節の中胚葉は体腔嚢を形成し，その中央部は他の部分から分離して上唇原基内へ移動し，そこで上唇の筋肉となる。また，間挿節の中胚葉は体腔嚢形成に到らず，食道下体 sub-oesophageal body となる。Nusbaum & Fuliński（1906）は，食道下体は内胚葉起源であるとしている。

　生殖巣 gonad の形成については Heymons（1891）による詳しい報告がある。それによると，始原生殖細胞 primordial germ cell（PGC）は，中胚葉層の分節化前に，後腹部の中央域で中胚葉細胞から識別される大型細胞として分離する（図 15–22，a）。その後，PGC は前方へ移動して第二〜七腹節の両側に分散し，体節ごとの細胞集団を形成する。そして，胚の両側に体腔嚢が出現すると，PGC は体腔嚢内の背側壁あるいは体腔嚢間壁 intercoelomic wall の背部に横たわるようになる（同図，b, c）。まもなく体腔嚢が崩壊するが，これにともなって内臓中胚葉の一部が肥厚して対状の生殖隆起 genital ridge が分化し，PGC を取り込んで発達する。やがて，胚両側の各生殖隆起は PGC を内蔵したまま前後に互いに連絡して帯状になり，一対の生殖巣原基を形成する。

　次の発生で，生殖巣原基は次第に短縮し，胚体壁の背方への伸展にともなって，生殖巣原基も腹部体腔の背側へ運ばれ，そこで内臓中胚葉と囲心隔壁との間に横たわる（図 15–22，d）。このとき PGC は中胚葉層で完全に覆われているが，雌の生殖巣（卵巣）原基では，背部と側部の中胚葉細胞は PGC を包

む薄い鞘を形成し，腹側の中胚葉は二，三層となって腹面を覆っている。その後，卵巣原基は PGC の増殖によって徐々に大きさを増す。

　胚が背閉鎖を終えると，卵巣原基は第五腹節付近の両側で最終的な位置を占め，卵巣構成要素の基本領域が識別できるようになる。卵巣原基の中央部全域はほぼ均一に分散した PGC と中胚葉細胞によって占められ，背部の中胚葉は薄層となって背方へ伸展し，懸節 suspensorium として識別される（図15-22，e）。胚発生がほぼ完了し，1 令幼虫としての形態が整うころには，卵巣原基背部の中胚葉細胞は端糸 terminal filament の原基を形成し，腹域を構成する中胚葉細胞層は卵巣小管柄 ovariole pedicel や貯卵嚢 egg calyx の各原基に分化する（同図，f）。

15-10　おわりに

　ゴキブリ類の記載発生学的研究は 1 世紀以上も前からよく行われており，いくつかの優れた報文となっているが，同一種についての観察であっても一致しない点がみられること，器官形成については側脚や生殖巣などの一部の器官を除けば詳しく研究されたものが少ないことなど多くの課題が残されている。

　ゴキブリ目の系統・分類については，冒頭の「はじめに」で述べたとおり，日本では Princis（1960）による 4 亜目からなる体系が比較的多く採用されている。一方，1960 〜 1970 年代にかけて，McKittrick や Roth が交尾行動，生殖法，生殖器官の構造，卵鞘の構造などの総合的比較研究から提出した「ゴキブリ目 2 亜目体系」（McKittrick，1964；McKittrick & Mackerras，1965；Roth，1970）は，現在のゴキブリ類の進化・系統分類学の基盤となり，当該分野の発展に大きく寄与してきた（Klass & Meier，2006；Ware et al.，2008；Djernæs et al.，2012）。この体系は，本章の 15-7 節「発生段階区分，胚伸長様式と胚運動」で述べたように，胚運動型を議論するうえでも大変有効であることが明らかになった。

　一方，ゴキブリ目の主要系統群としては，オオゴキブリ類（＝「チャバネゴキブリ科 Ectobiidae」＋ Blaberidae），ムカシゴキブリ科，ホラアナゴキブリ科 Nocticolidae，ランプロブラッタ科 Lamproblattidae，ゴキブリ科 Blattidae，チビゴキブリ科

Anaplectidae，トリオニクス科 Tryoniciidae，キゴキブリ科 Cryptocercidae の 8 分類群を認める立場が主流になりつつある（Djernæs et al.，2015）。そして，「はじめに」でも述べたように，キゴキブリ科とシロアリ目との姉妹群関係が強く示唆され，ゴキブリ目とシロアリ目をあわせて単系統群「ゴキブリ目（広義）」と扱う傾向になってきた（Ware et al.，2008；Klass，2009）。このような系統学的理解のもと，今後，ゴキブリ類を広くカバーした比較発生学的研究がなされ，ゴキブリ目，さらには網翅類のグラウンドプランの理解が飛躍的に進むことが期待される。

■ 15 章の引用文献

Anderson, D. T., 1973：*Embryology and Phylogeny in Annelids and Arthropods*. Pergamon Press, Oxford.

Ando, H., 1971：Studies on the pleuropodia of an ovoviviparous cockroach, *Opisthoplatia orientalis* Burmeister (Blattaria：Epilampridae). *Bull. Sugadaira Biol. Lab. Tokyo Kyoiku Univ.*, 4, 59–71.

朝比奈正二郎，1971：ゴキブリ類（Blattaria）．"動物系統分類学（内田　亨編），7（下B）節足動物 IIIb，昆虫類（中）"，pp. 67-91．中山書店，東京．

Blochmann, F., 1887：Über die Richlungskörper bei Insekteneiern. *Morphol. Jb.*, 12, 544–570.

Brunet, P. C. J., 1952：The formation of the ootheca by *Periplaneta americana*. II. The structure and function of the left colleterial gland. *Q. J. Microsc. Sci.*, 93, 47–69.

——— & P. W. Kent, 1955：Observations on the mechanism of a tanning reaction in *Periplaneta* and *Blatta*. *Proc. R. Soc. Lond. (B)*, 144, 259–274.

Bullière, F., 1969：Établissement des stades du développement embryonnaire d'um Insecte Dictyoptère：*Blabera craniifer* Burm. *Ann. Embryol. Morphog.*, 2, 121–138.

———, 1970：L'évolution des pleuropodes au cours du développement embryonnaire de *Blabera craniifer* (Insecte Dictyoptère). *Arch. Anat. Microsc.*, 59, 201–220.

———, 1973：Cycles embryonnaires et sécrétion de la cuticle chez l'embryon de Blatte, *Blabera craniifer*. *J. Insect Physiol.*, 19, 1465–1479.

Cholodkovsky, N., 1888：Ueber die Bildung des Entoderms bei *Blatta germanica*. *Zool. Anz.*, 11, 163–166.

———, 1889：Studien zur Entwicklungsgeschichte der Insekten. *Z. Wiss. Zool.*, 48, 89–100.

———, 1890a：Zur Embryologie der *Blatta germanica*. *Zool. Anz.*, 13, 137–138.

———, 1890b：Zur Embryologie der Hausschabe (*Blatta germanica*). *Biol. Zbl.*, 10, 425.

———, 1891a：Ueber die Entwicklung des centralen Nervensystems bei *Blatta germanica*. *Zool. Anz.*, 14, 115–116.

———, 1891b：Ueber einige Formen des Blastopore bei meroblastischen Eiern. *Ibid.*, 14, 159–160.

———, 1891c：Zur Embryologie der Insecten. *Ibid.*, 14,

465-466.

——, 1891d：Die Embryolonalentwicklung von *Phyllodromia (Blatta) germanica. Mém. Acad. Imp. Sci. St. Petersburg. 7th Série*, **38**, 1-121.

Cleveland, L. R., S. R. Hall, E. P. Sanders & J. Collier, 1934：The wood-feeding roach *Cryptocercus*, its protozoa, and the symbiosis between protozoa and roach. *Mem. Am. Acad. Sci.*, **17**, 185-342.

Deitz, L. L., C. A. Nalepa & K.-D. Klass, 2003：Phylogeny of the Dictyoptera re-examined. *Entomol. Abh.*, **61**, 69-91.

Djernæs, M., K.-D. Klass, M. D. Picker & J. Damgaard, 2012：Phylogeny of cockroaches (Insecta, Dictyoptera, Blattodea), with placement of aberrant taxa and exploration of out-group sampling. *Syst. Entomol.*, **37**, 65-83.

——, K.-D. Klass & P. Eggleton, 2015：Identifying possible sister groups of Cryptocercidae + Isoptera：a combined moleculer and morphological phylogeny of Dictyoptera. *Mol. Phylogenet. Evol.*, **84**, 284-303.

Engelmann, F., 1957：Bau und Funktion des weiblichen Geschlechtsapparates bei der ovoviviparen Schabe *Leucophaea maderae* (Fabr.) (Orthoptera) und einige Beobachtungen über die Entwicklung. *Biol. Zbl.*, **76**, 722-740.

Evangelista, D. A., 他 19 名, 2019：An integrative phylogenomic approach illuminates the evolutionary history of cockroaches and termites (Blattodea). *Proc. R. Soc. B.*, **286**, 1-9.

Faussek, V., 1911：Vergleichend-embryologische Studien. (Zur Frage über die Bedeutung der Cölomhöhlen). *Z. Wiss. Zool.*, **98**, 529-625.

Fujita, M. & R. Machida, 2014：Reproductive biology and postembryonic development of a polyphagid cockroach *Eucorydia yasumatsui* Asahina (Blattodea：Polyphagidae). *Arthropod Syst. Phylog.*, **72**, 193-211.

——&——, 2017a：Preliminary note on the embryonic development of *Eucorydia yasumatsui* Asahina (Insecta：Blattaria, Polyphagidae). *Proc. Arthropod. Embryol. Soc. Jpn.*, **48**, 39-41.

——&——, 2017b：Embryonic development of *Eucorydia yasumatsui* Asahina, with special reference to external morphology (Insecta：Blattodea, Corydiidae). *J. Morphol.*, **278**, 1469-1489.

——, S. Shimizu & R. Machida, 2011：Establishing a culture of *Eucorydia yasumatsui* Asahina (Insecta：Blattaria, Polyphagidae). *Proc. Arthropod. Embryol. Soc. Jpn.*, **46**, 1-3.

Fukui, M., M. Fujita, S. Tomizuka, Y. Mashimo, S. Shimizu, Y. Murakami, C.-Y. Lee & R. Machida, 2018：Egg structure and outline of embryonic development of the basal mantodean, *Metallyticus splendidus* Westwood, 1835 (Insecta, Mantodea, Metallyticidae). *Arthropod Struct. Dev.*, **47**, 64-73.

Gier, H. T., 1936：The morphology and behavior of the intra-cellular bacteroides of roaches. *Biol. Bull.*, **71**, 433-452.

Görg, I., 1959：Untersuchungen am Keim von *Hierodula (Rhombodera) crassa* Giglio Tos, ein Beitrag zur Embryologie der Mantiden (Mantodea). *Dtsch. Entomol. Z.*, **6**, 389-450.

Griffiths, J. T. & O. E. Tauber, 1942：Fecundity, longevity, and parthenogenesis of the American roach, *Periplaneta americana* L. *Physiol. Zool.*, **15**, 196-209.

Grimaldi, D. & M. S. Engel, 2005：*Evolution of the Insects*. Cambridge University Press, New York.

Hagan, H. R., 1917：Observations on the embryonic development of the mantid *Paratenodera sinensis*. *J. Morphol.*, **30**, 223-243.

——, 1939：*Diploptera dytiscoides*, a viviparous roach with elongate pleuropodia. *Ann. Entomol. Soc. Am.*, **32**, 264-266.

——, 1951：*Embryology of the Viviparous Insects*. The Ronald Press Co., New York.

Hallez, P., 1885：Orientation de l'embryon et formation du cocon chez la *Periplaneta orientalis*. *Compt. Rend. Acad. Sci.*, **101**, 444-446.

——, 1886：Loi de l'orientation de l'embryon chez les insectes. *Ibid.*, **103**, 606-608.

Heymons, R., 1891：Die Entwickelung der weiblichen Geschlechtsorgane von *Phyllodromia (Blatta) germanica* L. *Z. Wiss. Zool.*, **53**, 434-536.

——, 1895：*Die Embryonalentwickelung von Dermapteren und Orthopteren unter Besonderer Berücksichtigung der Keimblätterbildung*. Gustav Fischer, Jena.

Hinton, H. E., 1981：*Biology of Insect Eggs*. Pergamon Press, Oxford.

Hu, X. P. & Y. Xu, 2005：Morphological embryonic development of the eastern subterranean termite, *Reticulitermes flavipes* (Isoptera：Rhinotermitidae). *Sociobiology*, **45**, 573-586.

Hummel, C. D., 1835：Entwickelungsgeschichte der *Blatta germanica*. In：*Isis von Oken* (Oken, L. ed.), pp. 898-908. Leipzig.

Inward, D., G. Beccaloni & P. Eggleton, 2007：Death of an order：a comprehensive moleculer phylogenetic study confirms that termites are eusocial cockroaches. *Biol. Lett.*, **3**, 331-335.

石井象二郎, 1976：ゴキブリの話. 北隆館, 東京.

Johannsen, O. A. & F. H. Butt, 1941：*Embryology of Insects and Myriapods*. McGraw-Hill, New York, London.

Kent, P. W. & P. C. J. Brunet, 1959：The occurrence of protocatechuic acid and its 4-O-β-D-glucoside in *Blatta* and *Periplaneta*. *Tetrahedron*, **7**, 252-256.

Khan, T. R. & A. Fraser, 1962：Neurosecretion in the embryo and later stages of the cockroach (*Periplaneta americana* L.). *Proc. 3rd Int. Symp. Neurosecretion, Bristol, England, 1961* (Heller, H. & R. B. Clark, eds.), pp. 349-369. Academic Press, London, New York.

Klass, K.-D., 2009：A critical review of current data and hypotheses on hexapod phylogeny. *Proc. Arthropod. Embryol. Soc. Jpn.*, **43**, 3-22.

——& R. Meier, 2006：A phylogenetic analysis of Dictyoptera (Insecta) based on morphological characters. *Entomol. Abh.*, **63**, 3-50.

Knower, H. M., 1900：The embryology of a termite. *Eutermes (rippertii?)*. *J. Morphol.*, **16**, 505-568.

小宮山素子・緒方一喜, 1980：ヤマトゴキブリの卵期に及ぼす日長の影響. 衛生動物, **32**(2), 155.

Kristensen, N. P., 1991：Phylogeny of extant hexapods. In：*The Insects of Australia* (CSIRO, ed.), Vol. 1, 2nd ed., pp. 125-140. Melbourne University Press, Carlton.

Larsen, W. P., 1963：Some effects of X-irradiation on

embryos of the cockroach *Blaberus craniifer*. *Ann. Entomol. Soc. Am.*, **56**, 442–448.

Lawson, F. A., 1951：Structural features of the oothecae of certain species of cockroaches. *Ibid.*, **44**, 269–285.

Lenoir-Rousseaux, J. J. & T. Lender, 1970：Table de développment embryonnaire de *Periplaneta americana* (L.) Insecte, Dictyoptére. *Bull. Soc. Zool. Fr.*, **95**, 737–751.

Malzacher, P., 1968：Die Embryogenese des Gehirns paurometaboler Insekten；Untersuchungen an *Carausius morosus* und *Periplaneta americana*. *Z. Morphol. Tiere*, **62**, 103–161.

Mashimo, Y., R. G. Beutel, R. Dallai, C.-Y. Lee & R. Machida, 2014：Embryonic development of Zoraptera with special reference to external morphology, and its phylogenetic implications (Insecta). *J. Morphol.*, **275**, 295–312.

Matthey, R., 1948：La formule chromosomiale de *Pycnoscelus surinamensis* L. Race bisexiée et race parthénogénétique. Existence probable d'une parthénogénése diploide facultative. *Arch. Jul. Klaus-Stift. Verebf.*, **23**, 517–520.

McKittrick, F. A., 1964：Evolutionary studies of cockroaches. *Mem. Cornell Univ. Agric. Exp. Stat.*, **389**, 1–197.

──& M. J. Mackerras, 1965：Phyletic relationships within the Blattidae. *Ann. Entomol. Soc. Am.*, **58**, 224–230.

Miall, L. C. & A. Denny, 1886：*The Structure and Life-history of the Cockroach*. Lovell Reeve & Co., London.

三原　実，1991：重要な衛生害虫としてのゴキブリたち．"ゴキブリのはなし（安富和男編著）"，pp. 56–64．技報堂出版，東京．

Misof, B.，他 100 名，2014：Phylogenomics resolves the timing and pattern of insect evolution. *Science*, **346**, 763–767.

森本　桂，1989a：ゴキブリ目 Blattaria．"昆虫分類学（平嶋義宏ほか編著）"，pp. 215–223．川島書店，東京．

──，1989b：BLATTARIA ゴキブリ目．"日本産昆虫総目録（平嶋義宏監修）"，pp. 41–43．九州大学農学部昆虫学教室・日本野生生物研究センター．

Mukerji, D., 1970：Embryology of termites. In：*Biology of Termites* (Krishna K. & F. M. Weesner, eds.), Vol. 2, pp. 37–72. Academic Press, New York.

Nusbaum, J., 1883：Vorläufige Mittheilung über die Chorda der Arthropoden. *Zool. Anz.*, **6**, 291–295.

──, 1886：The embryonic development of the cockroach. In：*The Structure and Life-history of the Cockroach* (Miall L. C. & A. Denny, eds.), pp. 181–204. Lovell Reeve & Co., London.

──& B. Fuliński, 1906：Über die Bildung der Mitteldarmanlage bei *Phyllodromia* (*Bllata*) *germanica* L. *Zool. Anz.*, **30**, 362–381.

Patten, W., 1884：The development of phryganids, with a preliminary note on the development of *Blatta germanica*. *Q. J. Microsc. Sci.*, **24**, 549–602, 3 pls.

Pau, R. N. & R. M. Acheson, 1968：The identification of 3-hydroxy-4-O-β-D-glucosidobenzyl alcohol in the left colleterial gland of *Blaberus discoidalis*. *Biochim. Biophys. Acta*, **158**, 206–211.

Princis, K., 1960：Zur Systematik der Blattarien. *Eos, Rev. Esp. Entomol.*, **36**, 427–449.

Pryor, M. G. M., 1940：On the hardening of the oötheca of *Blatta orientalis*. *Proc. R. Soc. Lond. (B)*, **128**, 379–393.

──, P. B. Russell & A. R. Todd, 1946：Protocatechuic acid, the substance responsible for the hardening of the cockroach ootheca. *Biochem. J.*, **40**, 627–628.

Riley, W. A., 1904：The embryological development of the skeleton of the head of *Blatta*. *Am. Nat.*, **38**, 777–810.

Rohrschneider, I., 1968：Beiträge zur Entwicklung des Vorderkopfes und der Mundregion von *Periplaneta americana*. *Zool. Jb. Anat. Ontog.*, **85**, 537–578.

Roth, L. M., 1967a：Sexual isolation in parthenogenetic *Pycnoscelus surinamensis* and application of the name *Pycnoscelus indicus* to its bisexual relative (Dictyoptera：Blattaria：Blaberidae：Pyenoscelinae). *Ann. Entomol. Soc. Am.*, **60**, 774–779.

──, 1967b：Water changes in cockroach oöthecae in relation to the evolution of ovoviviparity and viviparity. *Ibid.*, **60**, 928–946.

──, 1967c：The evolutionary significance of rotation of the oötheca in the Blattaria. *Psyche*, **7**, 85–103.

──, 1968：Oöthecae of the Blattaria. *Ann. Entomol. Soc. Am.*, **61**, 83–111.

──, 1970：Evolution and taxonomic significance of reproduction in Blattaria. *Annu. Rev. Entomol.*, **15**, 75–96.

──, 1982：Ovoviviparity in the blattelid cockroach, *Symploce bimaculata* (Gerstaecker) (Dictyoptera：Blattaria：Blattellidae). *Proc. Entomol. Soc. Wash.*, **84**, 277–280.

──, 1984：*Stayella*, a new genus of ovoviviparous cockroaches from Africa (Dictyoptera：Blattaria, Blattellidae). *Entomol. Scand.*, **15**, 113–139.

──& B. Stay, 1961：Oöcyte development in *Diploptera punctata* (Eschscholz) (Blattaria). *J. Insect Physiol.*, **7**, 186–202.

──&──, 1962：A comparative study of oöcyte development in false ovoviviparous cockroaches. *Psyche*, **69**, 165–208.

──& E. R. Willis, 1954：The reproduction of cockroaches. *Smiths. Misc. Coll.*, **122**, 1–49, 12 pls.

──&──, 1955a：Water content of coakroach eggs during embryogenesis in relation to oviposition behavior. *J. Exp. Zool.*, **128**, 489–509.

──&──, 1955b：Intra-uterine nutrition of the "Beetle-roach" *Diploptera dytiscoides* (Serv.) during embryogenesis, with notes on its biology in the laboratory (Blattaria：Diplopteridae). *Psyche*, **62**, 55–68.

──&──, 1956：Parthenogenesis in cockroaches. *Ann. Entomol. Soc. Am.*, **49**, 195–204.

──&──, 1957：Observations on the biology of *Ectobius pallidus* (Olivier) (Blattaria, Blattidae). *Trans. Am. Entomol. Soc.*, **83**, 31–37.

──&──, 1958：An analysis of oviparity and viviparity in the Blattaria. *Ibid.*, **83**, 221–238.

素木得一，1968：衛生昆虫，第 3 版．北隆館，東京．

Stay, B., 1971：Pleuropodia of the viviparous cockroach, *Diploptera punctata* (Eschscholz). *Proc. 13th Int. Congr. Entomol. (Moscow, 1968)*, **1**, 306–308.

──, 1977：Fine structure of two types of pleuropodia in *Diploptera punctata* (Dictyoptera：Blaberidae) with observations on their permeability. *Int. J. Insect Morphol. Embryol.*, **6**, 67–95.

—— & A. Coop, 1973：Developmental stages and chemical composition in embryos of the cockroach, *Diploptera punctata*, with observations on the effect of diet. *J. Insect Physiol.*, **19**, 147–171.

——&——, 1974：'Milk' secretion for embryogenesis in a viviparous cockroach. *Tiss. Cell*, **6**, 669–693.

—— & L. M. Roth, 1962：The colleterial glands of cockroaches. *Ibid.*, **55**, 124–130.

——, A. King & L. M. Roth, 1960：Calcium oxalate in the oothecae of cockroaches. *Ann. Entomol. Soc. Am.*, **53**, 79–86.

Storch, R. H. & L. E. Chadwick, 1967：The embryonal and nymphal cervicothoracic muscularture of the American cockroach, *Periplaneta americana* (Blattaria：Blattidae). *Can. Entomol.*, **99**, 113–145.

Striebel, H., 1960：Zur Embryonalentwicklung der Termiten. *Acta Trop.*, **17**, 193–260.

高橋正三, 1991：ゴキブリの配偶者さがし. "ゴキブリのはなし（安富和男編著）", pp. 108–114. 技報堂出版, 東京.

Tanaka, A., 1976：Stages in the embryonic development of the German cockroach, *Blattella germanica* Linné (Blattaria, Blattellidae). *Kontyû*, **44**, 512–525.

Vrśanský, P., V. N. Vishniakova & A. P. Rasnitsyn, 2002：Order Blattida Latreille, 1810. The cockroaches. In：*History of Insects* (Rasnitsyn, A. P. & D. L. J. Quicke, eds.), pp. 263–269. Kluwer Academic Publishers, Dordrecht.

Ware, J. L., J. Litman, K.-D. Klass & L. A. Spearman, 2008：Relationships among the major lineages of Dictyoptera：the effect of outgroup selection on Dictyopteran tree topology. *Syst. Entomol.*, **33**, 429–450.

Wheeler, W. M., 1889：The embryology of *Blatta germanica* and *Doryphora decemlineata. J. Morphol.*, **3**, 291–386.

——, 1890：On the appendages of the first abdominal segment of embryo insects. *Trans. Wisconsin Acad. Sci., Arts Lett.*, **8**, 87–140.

——, 1891：Neuroblasts in the arthropod embryo. *J. Morphol.*, **4**, 337–344.

——, 1893：A contribution to insect embryology. *Ibid.*, **8**, 1–160, 6 pls.

Wigglesworth, V. B. & J. W. L. Beament, 1950：The respiratory mechanisms of some insect eggs. *Q. J. Microsc. Sci.*, **91**, 429–452.

Willis E. R., G. R. Riser & L. M. Roth, 1958：Observations on reproduction and development in cockroaches. *Ann. Entomol. Soc. Am.*, **51**, 53–69.

安富和男・梅谷献二, 1983：衛生害虫と衣食住の害虫. 全国農村教育協会, 東京.

16章

カマキリ目
Mantodea

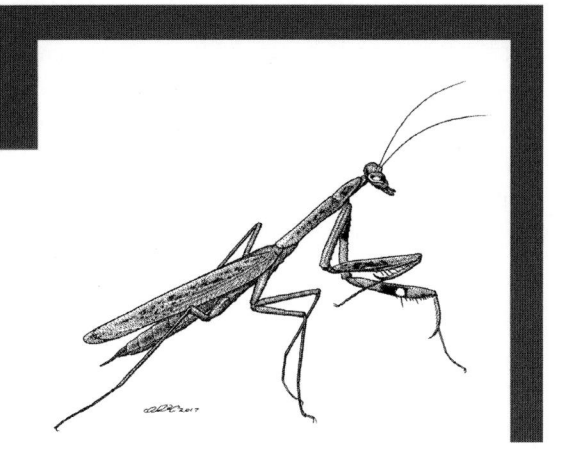

16-1　はじめに

カマキリ目は捕食のために特化した鎌状の前脚をもつことで知られる身近な昆虫である。本目は熱帯や亜熱帯を中心として世界で約2,300種が分布し，日本では2科7属13種が知られる。カマキリ目は，多新翅類 Polyneoptera 11目のなかでも単系統性が広く支持される網翅類 Dictyoptera（カマキリ目 Mantodea ＋「ゴキブリ目 Blattaria」＋シロアリ目 Isoptera）の一群であり，形態学，分子系統学の両面から，この網翅類において最も初期に分岐したことが示唆されている（Klass & Meier, 2006；Djernæs et al., 2012）。

一方で，カマキリ目の発生学的研究は，その知名度と比較して乏しい。おもな理由は，多くの種で卵鞘がきわめて堅固であり，卵を傷つけることなく卵鞘から取り出すことが困難なためと思われる。この目の胚発生は，19世紀末頃に Graber（1890），Viallanes（1890，1891），Giardina（1897），Cockerell（1898）などにより，おもにウスバカマキリ Mantis religiosa で記載されている。20世紀に入り Hagan（1917）がオオカマキリ Tenodera sinensis（＝ Paratenodera sinensis）の胚発生について外部形態を中心に記載した。その後，Görg（1959）がハラビロカマキリの一種 Hierodula crassa の胚発生について器官形成を中心に記載したが，これ以降，カマキリ目の比較発生学的記載はほとんどなされてこなかった。また，これらの知見はすべて高等カマキリ類であるカマキリ科 Mantidae に集中しており，カマキリ目内の広範なグループを用いた新たな知見の蓄積が希求される。近年，福井

ら（Fukui et al., 2018）により原始カマキリ類であるケンランカマキリ科 Metallyticidae のケンランカマキリ Metallyticus splendidus，町田らによるカマキリ科のオオカマキリおよびハラビロカマキリ Hierodula patellifera を材料にした新たな検討が開始され，カマキリ目の比較発生学には再検討の気運がでてきた。本章においては，先行研究を軸としてカマキリ目の発生を概説し，最近得られた未発表データにも適宜ふれることで，知見の補完を試みたい。

16-2　卵　鞘

カマキリ目，ゴキブリ目の卵は卵鞘 ootheca に包まれて産下される。そして，シロアリ目の最原始系統群であるムカシシロアリ科 Mastotermitidae のムカシシロアリ Mastotermes darwiniensis も不完全ながら「卵鞘」を形成して産卵することが知られており（Nalepa & Lenz, 2000），「卵鞘」は網翅類の固有派生形質と考えられている（Klass et al., 2008）。

カマキリ目の卵鞘は，保護層が非常に発達するため「卵囊」ともよばれ，卵鞘を基質に固着させる点で他の2目とは異なる（Klass & Meier, 2006）。産卵基質はグループによりさまざまであり，植物の枝や石，種によっては土の中に埋めるものもある。一つの卵鞘には10から400個ほどの卵が含まれ，一個体の雌は最大20ほどの卵鞘を産むことができるという（Beutel et al., 2014）。オオカマキリの広域分布は卵鞘の付着した植栽が商業的に長距離移動したことによると考えられている（Hurd, 1985）。

卵鞘の形態や大きさは，目内でもグループにより
さまざまであるが，ここでは，Williams & Buxton
（1916）に基づき，カマキリ科の*Sphodromantis
guttata*（＝ *Sphodromantis gastrica*）の卵鞘構造
を概説する。

　卵鞘の極性は，産卵時の雌成虫の前後，背腹軸に
従う。卵鞘は中心部の卵室と，気泡に富んだ厚い外
層である保護層からなる（図16-1，a，c）。卵室内
には，卵を含んだ扁平な小室が左右2列に並ぶ（同
図，a，b，c）。Williams & Buxton（1916）によると，
雌成虫は，尾端を動かしながら左右交互に保護層と
小室の産生および小室内への産卵を行い，卵鞘の完
成には4時間弱を要する。卵の保護のため，卵鞘の
前端，後端には卵を含まない空の小室が設けられる。
小室の内側背方には弁状の構造があり，前幼虫の脱
出を可能とするとともに，卵鞘外部からの侵入を防
止する（同図，b）。小室の中で孵化した前幼虫は，
前述の保護弁を通過し，さらに卵鞘背面正中にある
覆蓋状の薄膜（弁）を押し開けることにより，卵鞘
から脱出する。

　カマキリ目の卵鞘は，雌の腹部にある左右の膠
質腺から分泌された物質に由来する。産卵時，分泌
されてまもない卵鞘は白く柔らかいが，硬化後は茶
褐色に着色し，非常に硬くなる。卵鞘の主成分はタ
ンパク質であり，酵素反応により反応性の高まった
フェノール化合物によりタンパク質間に架橋を生
じ，その結果，卵鞘の硬化が起こる。カマキリ目に
おける卵鞘硬化のメカニズムは，一般的な昆虫の脱
皮における「硬皮化 sclerotization」（クチクラの硬
化）と類似している（Yago *et al.*, 1990）。

16-3　卵

　カマキリ目の卵は湾曲した長い回転楕円体で，前
極はやや尖り，後極は丸みを帯びる（図16-2；16-
3）。卵の大きさは，オオカマキリでは長径4.5 mm，
短径1.3 mm，ハラビロカマキリ属の一種*Hierodu-
la crassa* では長径3.5〜5.0 mm，短径1.0〜1.2
mm である（Hagan, 1917；Görg, 1959）。卵の
色彩は多くの種において淡黄色であるが，ヒメカマ
キリ*Acromantis japonica* では緑色を呈する。

　胚は湾曲した卵の凸面に形成される。カマキリ目
では，後述するように，卵長軸を中心に180°の胚
の回転運動rotationが発生中期に起こる。そのため，
結果として孵化直前胚の腹面は卵凹面を向くことに
なる。昆虫卵の背腹軸は完成胚のそれを基準に決
められるため，卵形成の記載を行った岩井川・大木

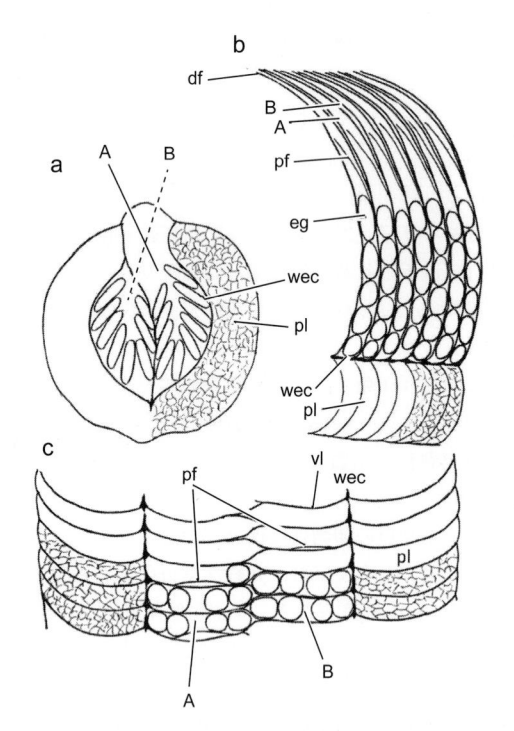

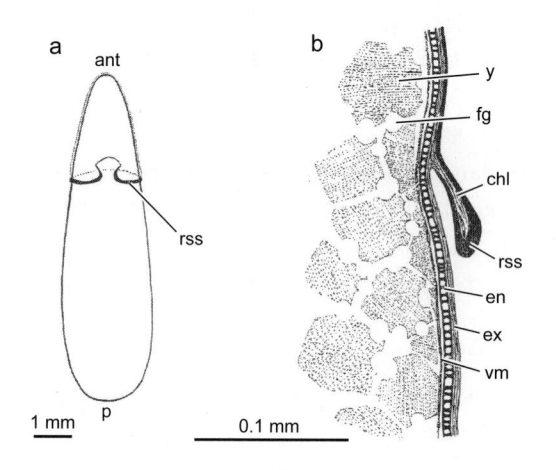

図16-1　カマキリ科の一種*Sphodromantis guttata*（＝ *S.
gastrica*）の卵鞘模式図（Williams & Buxton, 1916より改
変）
　a. 横断面，b. 縦断面，c. 水平断面
　A, B：卵室に到る通路，df：背側弁，eg：卵，pf：保護弁，
pl：保護層，vl：垂直ラメラ，wec：卵室壁

図16-2　ハラビロカマキリ属の一種*Hierodula crassa* の卵
構造（Görg, 1959より改変）
　a. 卵腹面，b. 卵殻の矢状断面
　ant：卵前極，chl：キチン層，en：内卵殻，ex：外卵殻，
fg：脂肪顆粒，p：卵後極，rss：環状構造，vm：卵黄膜，
y：卵黄

（1982）は卵凹面を卵腹面としている。一方で，胚発生を記載した Görg（1959），Hagan（1917）らは卵凸面を腹面としている。網翅類のなかでも胚の回転がみられないゴキブリ目において，初期胚の位置，孵化直前胚の腹面が卵凸面と一致すること，さらに，後述のとおり，卵門が網翅類内においてすべて卵凸面にみられることなどを考慮にいれると，カマキリ目においても卵凸面を卵腹面とするのが妥当であろう（15章「ゴキブリ目」参照）。

　カマキリ目の卵殻 chorion は外卵殻 exochorion および内卵殻 endochorion からなる。外卵殻には目立った彫刻はなく，内卵殻内部（Görg，1959），もしくは外卵殻と内卵殻の間（岩井川・大木，1982）には柱状構造が林立する間隙がみられる（図16-2；16-3）。

　カマキリ目の卵門に関しては，いくつかの記載がある。Hagan（1917）はオオカマキリの卵前極の巨大なボタン状構造，Görg（1959）は *Hierodula crassa* において卵前極にある複数の小孔として卵門を報告しており，岩井川・大木（1982）はオオカマキリの卵形成を観察し，卵前極周囲に複数の卵門が

存在すると記載している（図16-3）。これらの"卵門"はすべて卵前極付近に分布するという点において共通するものの，大きさ，形態，位置は異なり，再検討が望まれる。そこで，最近，町田ら（未発表データ）がオオカマキリおよびハラビロカマキリにおいて詳細な検討を行った結果，最大径 5 μm ほどの漏斗状の小孔が，卵腹面中央付近に約 30 個分布していることが明らかになった。同様の構造は，福井らによるケンランカマキリ卵の観察においても認められる（Fukui *et al.*, 2018）。これらの小孔は，岩井川・大木（1982）がオオカマキリ卵において気孔とした構造に対応すると考えられる。さらに，オオカマキリ，ハラビロカマキリ，ケンランカマキリにおいて，岩井川・大木（1982）によるオオカマキリ卵の観察と同様に（図16-3），幼虫の孵化を容易にする孵化線 hatching line が外卵殻上に観察された。孵化線は卵前極において背側に湾曲しており，卵腹側面の後極近くにまで至る。また，上記3種すべてで卵前極と孵化線周囲に多数の気孔が存在するのが観察された。

　15章の「ゴキブリ目」で詳しく述べられているように，卵腹面の多数の卵門は網翅類に共通する特徴と理解される。したがって，町田らならびに福井らがオオカマキリ，ハラビロカマキリ，ケンランカマキリで観察した卵腹面の多数の小孔は，他の網翅類

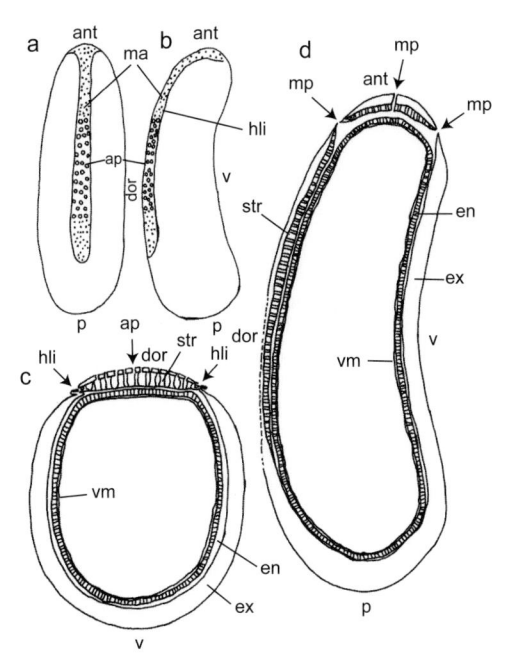

図16-3　オオカマキリ *Tenodera aridifolia* の卵構造（岩井川・大木，1982 より改写）
　a. 卵背面，b. 卵側面，c. 卵の中央部横断面，d. 卵の矢状断面
　ant：卵前極，ap：気孔，dor：卵背側，en：内卵殻，ex：外卵殻，hli：孵化線，ma：中央体，mp：卵門，p：卵後極，str：柱状突起，v：卵腹側，vm：卵黄膜

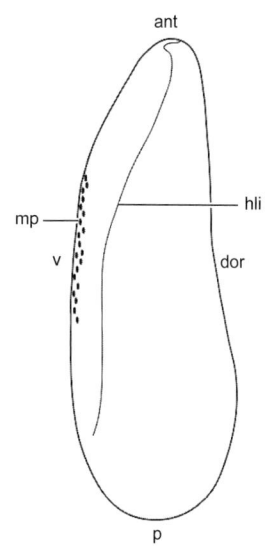

図16-4　カマキリ目の卵のグラウンドプラン（福井　原図）
　本文参照。
　ant：卵前極，dor：卵背側，hli：孵化線，mp：卵門，p：卵後極，v：卵腹側

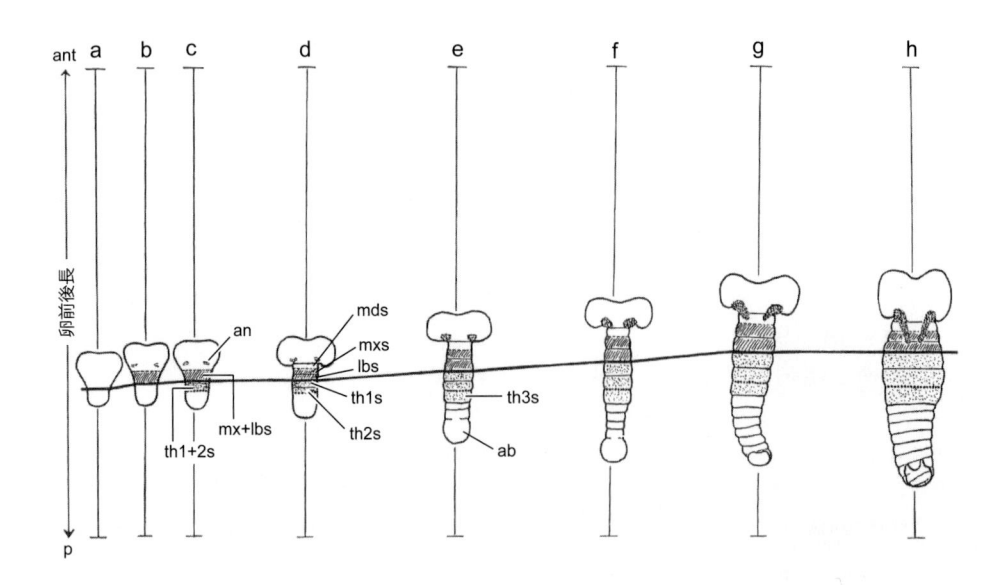

図 16-5　ハラビロカマキリ属の一種 *Hierodula crassa* の体節形成（Görg，1959 より改変）
　a ～ c. 産下後 4 日胚，d. 同 5 日胚，e. 同 6 日胚，f. 同 7 日胚，g. 同 8 日胚，h. 同 9 日胚
　ab：腹部，an：触角，ant：卵前極，lbs：下唇節，mds：大顎節，mxs：小顎節，p：卵後極，th1 ～ 3s：前～後胸節

の卵門と同様に漏斗状をしていることからも，卵門とするのが妥当と思われる（Fukui *et al*., 2018）。そして，先行研究が卵門と同定した構造は，たとえば孵化線などに関連するなんらかの構造ではないかと考えられる。図 16-4 は，以上から想定されるカマキリ目の卵形態のグラウンドプランである。

16-4　胚 発 生

　オオカマキリは卵で越冬するため卵期は約 7 ヶ月と長いが，*H. crassa* の卵期は 25℃で約 25 日（Görg，1959），*Sphodromantis centralis* では 約 28 日（Kenchington, 1964），原始的なカマキリ類のケンランカマキリでは 25℃下で 60 日である（Fukui *et al*., 2018）。

　カマキリ目では単一種における全発生過程の詳細な記載が得られていない。そのため，ここでは初期発生に関してはおもに Giardina（1897）によるウスバカマキリ，胚発生中期および器官形成に関してはおもに Görg（1959）によるハラビロカマキリ属の一種 *Hierodula crassa*，胚発生後期の形態形成に関してはおもに Hagan（1917）によるオオカマキリを用いた記載に基づき，カマキリ目の胚発生過程を概説する。

(1)　発 生 初 期

　ウスバカマキリの成熟卵では，卵背面中央付近の

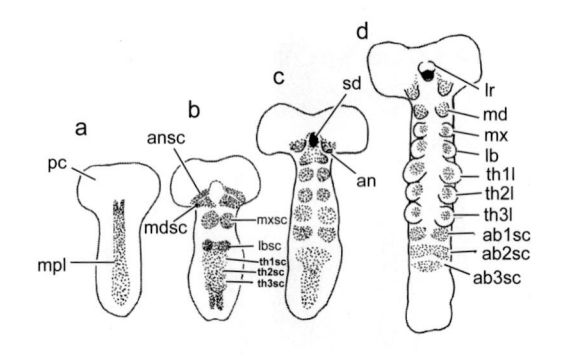

図 16-6　ウスバカマキリ *Mantis religiosa* の胚発生（Viallanes,，1891 より改写）
　a.　ステージ 1，b.　ステージ 2，c.　ステージ 3，d.　ステージ 4
ab1 ～ 3sc：第一～三腹節体腔嚢，an：触角，ansc：触角節体腔嚢，lb：下唇，lbsc：下唇節体腔嚢，lr：上唇，md：大顎，mdsc：大顎節体腔嚢，mpl：中板，mx：小顎，mxsc：小顎節体腔嚢，pc：原頭葉，sd：口陥，th1 ～ 3l：前～後脚，th1 ～ 3sc：前～後胸節体腔嚢

周縁細胞質中において成熟分裂が行われ，雌性前核と三つの極体が生じる。一方，産下直後の卵中央部には多くの場合二つの精子の侵入が観察され，これらはどちらも雄性前核となる。その後，二つの雄性前核は卵背面側へ移動を開始し，そのうち一つが卵表層から移動してきた雌性前核と融合し，受精が完了する。

　卵割の進行にともない卵割核は数を増やし，卵表

層へと移動を開始する。卵腹面中央付近には早い段階で多くの卵割核が卵表に達するため，胚盤葉の形成がその他の領域に先んじて起こる。卵表に到達した胚盤葉細胞は，分裂を繰り返す。

　胚盤葉細胞の分裂がさかんな卵腹面においては，やがて，卵中央よりやや後極寄り（卵後極から1/3ほどの位置）に円盤状の初期胚が形成される。

ウスバカマキリと同様の円盤状で小型の初期胚は，*H. crassa* のほか，ケンランカマキリでも見いだされており，カマキリ目のグラウンドプランであろう（Fukui *et al.*, 2018）。一方，Giardina（1897）はウスバカマキリにおいて，胚帯形成時にU字形の高密度細胞領域を記載しており，この点についてはさらなる検討が待たれる。ウスバカマキリの初期胚

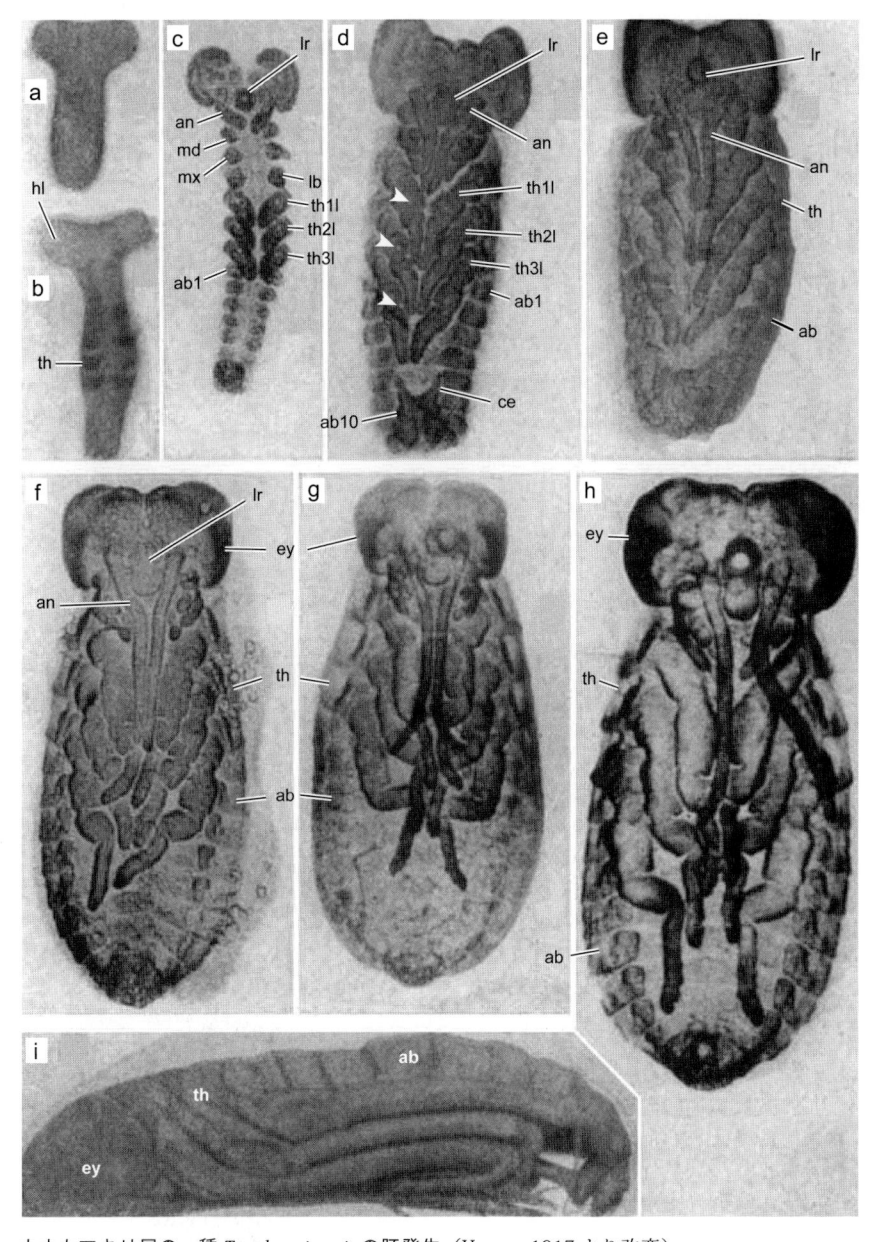

図 16-7　オオカマキリ属の一種 *Tenodera sinensis* の胚発生（Hagan, 1917 より改変）
　a. 初期胚，b. 頭部，胸部の体節が分化。将来の腹部が伸長，c. 眼域，上唇，触角と第五腹節までの付属肢が分化。尾節が屈曲。口陥，肛門陥が出現。胚の回転が起こる，d. 気門および弦音器官の形成，e. 腹部付属肢の退化，f. 背閉鎖の開始，g, h. 背閉鎖の進行，i. 孵化直前
　ab：腹部，ab1, 10：第一，十腹節，an：触角，ce：尾角（尾毛），ey：眼，hl：頭葉，lb：下唇，lr：上唇，md：大顎，mx：小顎，th：胸部，th1〜3l：前〜後脚，白矢尻：弦音器官

の大きさについて Giardina は記載していないが，Görg（1959）によると，胚前側方からの羊漿膜褶形成や内層形成が開始する産下後 50 ～ 60 時間の *H. crassa* の胚長は 0.3 ～ 0.45 mm である。胚の大きさは卵長に対し 1/10 ほどと比較的小さい。この時期に開始した羊漿膜形成や原溝の陥入による内層形成は，原頭域・原胴域が明瞭となる産下後 4 日（図 16-5, a, b）には完了する（図 16-9, a ～ f）（Görg, 1959）。一方，胚が形成される卵腹面中央部以外の領域，すなわち予定胚外域では，卵割核の移動と胚盤葉形成は大きく遅れる。*H. crassa* では，胚域で内層形成が完了し体節形成が始まるころ，ようやく予定胚外域の胚盤葉の細胞分裂が開始する（Görg, 1959）。やがて，胚外域の胚盤葉細胞は扁平になり，漿膜へと分化する。

　胚帯形成と前後して卵黄核が分化するが，その起源については見解が分かれている。Giardina（1897）はウスバカマキリにおいて，すべての卵割核が卵表層に移動した後，卵腹面や，その他の領域から細胞核が卵黄内に再度沈み込むことにより卵黄核が形成され，これらが将来の内胚葉に分化するとしている。これに対し Görg（1959）は，*H. crassa* では，卵表に移動せず卵黄内にそのままとどまる卵割核が一次卵黄核になり，胚帯形成後，羊膜形成が開始する産下後 50 ～ 60 時間の時点で胚域から卵黄内に落ち込む細胞が二次卵黄核に分化するとしている。これらの卵黄核は発生後期までに退化し，1 令幼虫の中腸上皮は内層起源の内胚葉細胞塊に由来する（後述）。

（2）　発 生 中 期

　H. crassa では産下後 4 日目に原頭域と原胴域が分化し，胚は長さ 0.45 ～ 0.6 mm の逆三角形の形状を呈する（図 16-5, a）。後述するが，この時期において頭・胸部境界のみが生じており，その他の体節境界の形成は確認できない。体節形成に先んじる形で，触角と前脚の原基，すなわち付属肢の形成が開始する（同図, b，胸部付属肢は図では割愛されている）。このような付属肢形成様式はオオカマキリでもほぼ同じであるが（Hagan, 1917），Viallanes（1890, 1891）は，ウスバカマキリにおいて触角

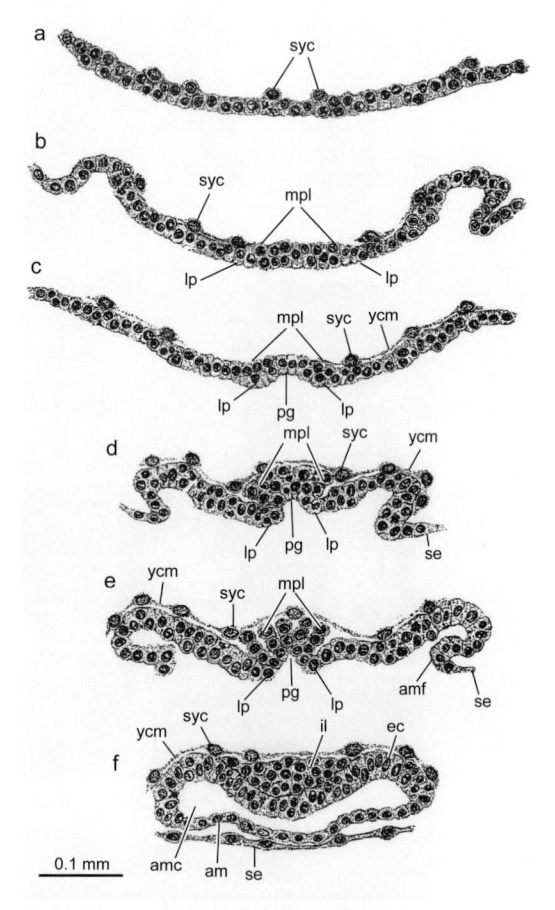

図 16-9　ハラビロカマキリ属の一種 *Hierodula crassa* の内層形成（Görg, 1959 より改変）
　胚盤葉形成完了後（a），正中領域の細胞分裂により中板が形成され（b），やがて中板領域は陥入し，原溝を形成する（c ～ d）。側板の正中方向への移動により，陥入した細胞は 5 列の放射状配列をとるようになり（e），やがて左右の側板が互いに接すると，内層形成が完了する（f）。
　am：羊膜，amc：羊膜腔，amf：羊膜褶，ec：外胚葉，il：内層，lp：側板，mpl：中板，pg：原溝，se：漿膜，syc：二次卵黄細胞，ycm：卵黄細胞膜

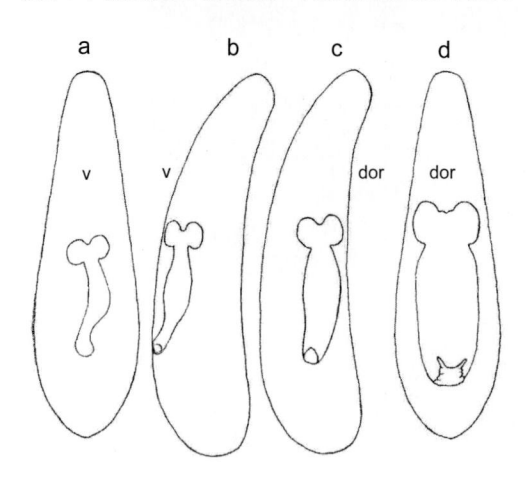

図 16-8　オオカマキリ属の一種 *Tenodera sinensis* の胚の回転運動（Hagan, 1917 より改変）
　胚は卵腹面（a）から卵側面（b ～ c），そして卵背面（d）へ卵表を移動する回転を行う。
　dor：卵背側，v：卵腹側

のみが最も早期に形成されると記載している。図16-6 からは，ウスバカマキリでは，より胚の伸長が進んだ段階で付属肢形成が開始されることがうかがえる。さらにこの時期には口陥が生じ，羊漿膜褶の形成が完了する（図16-9；16-10, b）。このとき，胚の卵黄内への陥入や胚軸の逆転は起こらず，卵と胚の前後軸は一致している。前述のとおり，*H. crassa* の体節形成においてはこのころ，最初の体節境界（頭・胸部境界）のみが見いだされ，この後，大顎・小顎節境界，やや遅れて中胸・後胸節境界が生じる（図16-5, a〜c）。つまり，この時点では将来の小顎，下唇節および将来の前，中胸節間の境界がみられず，Görg（1959）はこれを "prosegment" とよんでいる。これらは大顎節の分化にやや遅れて二分し，小顎節，下唇節，前胸節，中胸節へと分化する（図16-5, d）。一方，Viallanes（1890, 1891），Giardina（1899）は，ウスバカマキリの体節化は，一体節ずつ前方から後方へと起こるとしている（図16-6）。この後，胚帯はさらに伸長しながら後方へと体節を形成するので，典型的な短胚型

の胚帯伸長様式を示す（図16-5；16-6；16-7）。産下後 5 日目には顎部付属肢と中脚の原基が形成される。6日目までに頭部および胸部において体節形成が完了し，後脚や腹部前方の体節およびそれらの体節の付属肢の形成が開始する（このうち，第一腹節の付属肢は側脚として発達する）。このころ胚帯は 1.0〜1.3 mm に伸長し，原頭葉が側方に大きく張り出すため，T字形を呈する（図16-5, e）。上唇は単一突起として生じ，後にその中心に溝が生じる形で対構造的になるが，その時期は個体により異なり，定まらない。7日目には第六腹節までの形成

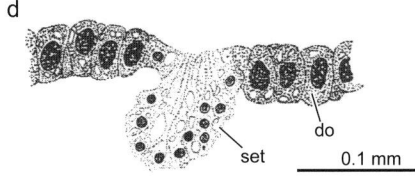

図 16-10　ハラビロカマキリ属の一種 *Hierodula crassa* の漿膜の肥厚（Görg，1959 より改変）
a. 発生 50〜60 時間胚の矢状断面，b. 発生 3 日胚の横断面，c. 発生中期の漿膜肥厚部，d. 背器の一部と退化しつつある漿膜肥厚部の横断面。
am：羊膜，amc：羊膜腔，amf：羊膜褶，do：背器，se：漿膜，set：漿膜肥厚部，syc：二次卵黄細胞，ycm：卵黄細胞膜

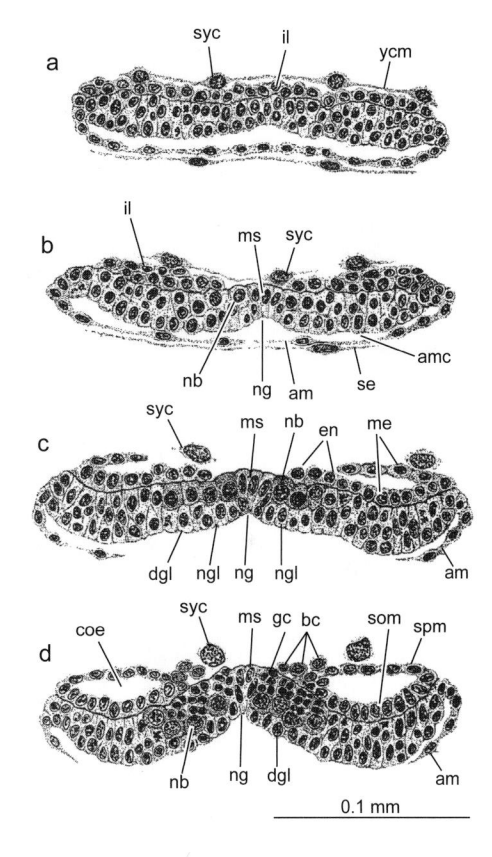

図 16-11　ハラビロカマキリ属の一種 *Hierodula crassa* の体腔嚢形成，中胚葉・内胚葉分化，神経形成（Görg，1959 より改変）
　胚が羊漿膜褶に包まれた後（a），神経溝が形成され，左右の内層が分離する。外胚葉からは神経芽細胞が分化する（b）。内層は側方で二層構造をとり，体腔の形成が開始される（c）。体腔嚢が完成し，内臓中胚葉と体壁中胚葉が分化する。神経芽細胞の分裂により神経細胞が産生される（d）。
am：羊膜，amc：羊膜腔，bc：血液細胞，coe：体腔，dgl：表皮，en：内胚葉，gc：神経細胞，il：内層，me：中胚葉，ms：神経中索，nb：神経芽細胞，ng：神経溝，ngl：神経表皮，se：漿膜，som：体壁中胚葉，spm：内臓中胚葉，syc：二次卵黄細胞，ycm：卵黄細胞膜

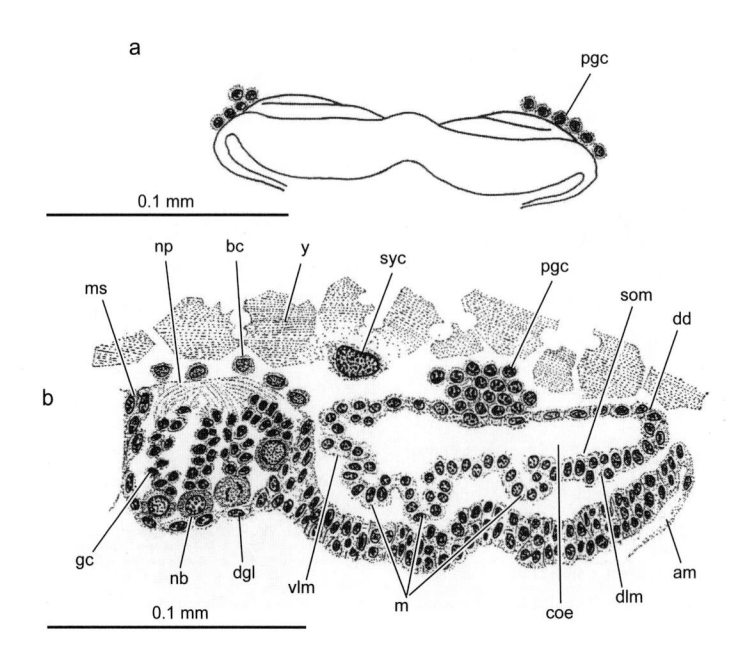

図 16-12　ハラビロカマキリ属の一種 *Hierodula crassa* の胚の腹部横断面（Görg, 1959 より改変）
a. 産下後 7 日胚，b. 同 9 日胚
am：羊膜，bc：血球細胞，coe：体腔，dd：背隔壁，dgl：表皮，dlm：背側縦走筋，gc：神経細胞，m：筋肉原基，
ms：神経中索，nb：神経芽細胞，np：ニューロパイル，pgc：始原生殖細胞，som：体壁中胚葉，syc：二次卵黄細胞，
vlm：腹側縦走筋，y：卵黄

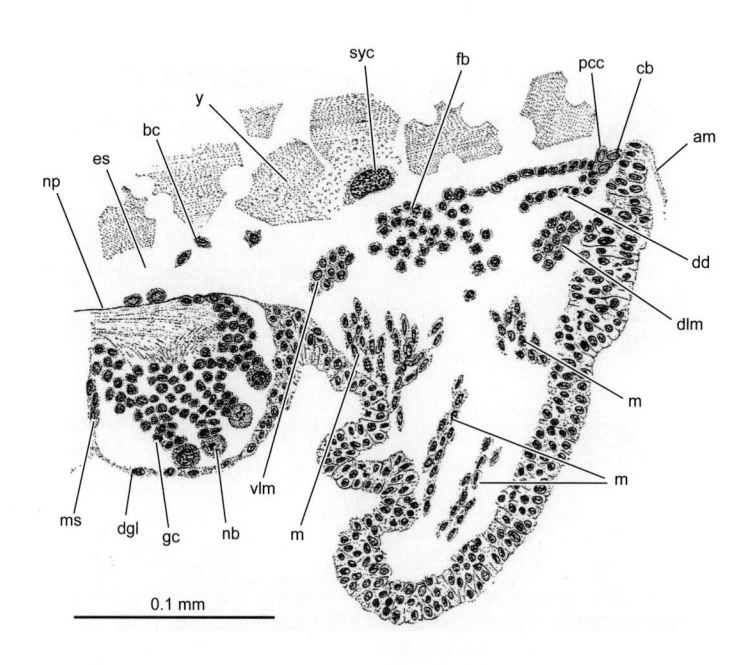

図 16-13　ハラビロカマキリ属の一種 *Hierodula crassa* の 10 日胚の胸部横断面（Görg, 1959 より改変）
　　am：羊膜，bc：血球細胞，cb：心臓芽細胞，dd：背隔壁，dgl：表皮，dlm：背側縦走筋原基，es：神経上洞，fb：脂肪体，
　　gc：神経細胞，m：筋肉原基，ms：神経中索，nb：神経芽細胞，np：ニューロパイル，pcc：囲心細胞，syc：二次
卵黄細胞，vlm：腹側縦走筋，y：卵黄

が完了し，体腔嚢の形成が開始する（図 16-5, f；16-11, d）。この後，体腔嚢からはおもに体壁中胚葉，内臓中胚葉，心臓芽細胞が分化し，それぞれ骨格筋・脂肪体，内臓筋および生殖巣原基（第二～八腹節），背脈管の形成にかかわる（図 16-12；16-13；16-14）。

また，このころ，胚は卵の前後軸を中心とした回転を開始する。胚はくねるような動きをともないながら卵表層を卵側面，そして卵背面へと移動する（図16-8）。そのあいだに，気管（産下後 8 日目）や肛門陥（8 ～ 9 日目）などの外胚葉性陥入の形成が進行する。9 ～ 10 日目までに全体節および腹部付属肢原基の形成が完了し，腹屈曲が起こり，12 ～ 13 日目までに回転が完了する。このような胚の回転運動は同じカマキリ科のオオカマキリ（Hagan, 1917），ウスバカマキリ（Giardina, 1900）のほか，ケンランカマキリにおける観察でも見いだされており，カマキリ目に共通した特徴であろう（Fukui *et al.*, 2018）。

（3）　発　生　後　期

前述のとおり，*H. crassa* では胚の回転運動のあいだにすべての体節と付属肢原基の形成が起こる。オオカマキリにおいても同様に体節と付属肢が形成され，その後，頭部および胸部付属肢はさらに伸長，分節しながら発達する（図 16-7）。第二腹節以降の腹部付属肢は，いったん丘状に隆起した後，胚の回転後は徐々に平たくなり，最終的に前幼虫の腹板の側縁を形成する。尾節とされる領域にある一対の突起は尾角（尾毛）cercus に相当するものと思われるが，一般に尾角は第十一腹節の付属肢に由来するので，この部分の形成過程については詳細な観察が必要であろう。また，Kenchington（1964）においては，*Sphodromantis centralis* では第九腹節に雄のものと思われる腹刺 stylus が図示されているが，腹端の発生過程における雌雄の違いも今後の課題であろう。なお，*H. crassa* で第一腹節に棒状の突起として形成された側脚は，胚帯の成長にともない体壁中に陥入し，その途中で分泌活動を行うと思われる

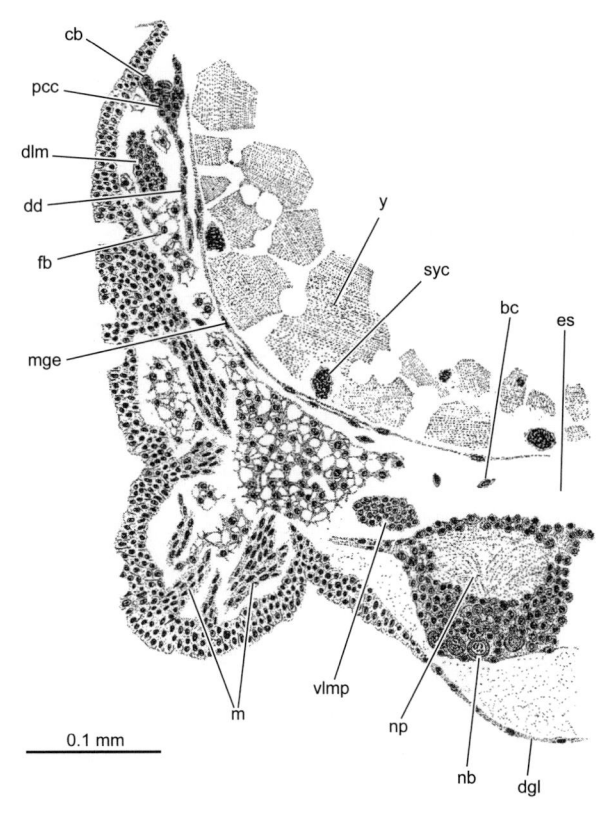

0.1 mm

図 16-14　ハラビロカマキリ属の一種 *Hierodula crassa* の 14 ～ 15 日胚の胸部横断面（Görg, 1959 より改変）
bc：血球細胞，cb：心臓芽細胞，dd：背隔壁，dgl：表皮，dlm：背側縦走筋原基，es：神経上洞，fb：脂肪体，m：筋肉原基，mge：中腸上皮，nb：神経芽細胞，np：ニューロパイル，pcc：囲心細胞，syc：二次卵黄細胞，vlmp：腹側縦走筋原基，y：卵黄

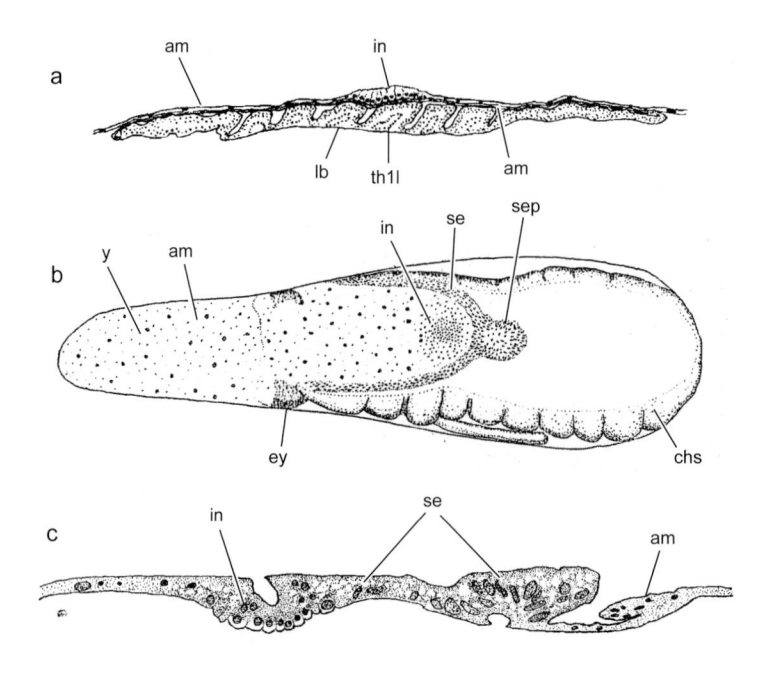

図 16-15　オオカマキリ属の一種 *Tenodera sinensis* の背器および包膜（Hagan, 1917 より改変）
　a.　図 16-7，b より少し後のステージの胚の付属肢および包膜の矢状断面，b.　図 16-7，h より少し後のステージの胚の背面，c.　図 b と同ステージ胚の背器および包膜の矢状断面。
　am：羊膜，chs：クチクラ分泌，ey：眼，in：包膜，lb：下唇，se：漿膜，sep：漿膜原形質，th1l：前脚，y：卵黄

が，やがて完全に退化し消失する。この時期の胚では，原頭葉で将来の複眼になる部分が横に大きく張り出し，また，触角は非常に長く伸び，その先端は第一腹節付近に達している。カマキリ目の特徴である長い胸脚も発達する。また，弦音器官 chordotonal organ が各胸脚の脛節に微小な窪みとして認められる（図 16-7，d）。

　胚の回転運動完了後，*H. crassa* およびオオカマキリ胚は，卵背側の卵表において卵前極側に頭を向けて定位したまま成長を続ける。後述の羊漿膜褶解消時も含め，孵化に至るまで胚は卵表にとどまり，胚軸は卵の前後軸と一致したまま変化しない。このような胚定位様式，および胚運動型は，ケンランカマキリでも観察されており，カマキリ目のグラウンドプランと考えられる（Fukui *et al.*, 2018）。

　胚の前端が卵の後端から 2/3 に達するほどに成長すると，胚の腹面側の漿膜と羊膜は癒合して破れ，羊膜は一時的に卵黄の背面を覆い，漿膜は卵黄の背面に収縮する。そして，胚側方の外胚葉が背方に伸長することにより，後方の体節から背閉鎖が開始する（図 16-7；16-15，b）。背閉鎖が前方へと進行するのにともない，羊膜も収縮して胚本体の細胞に

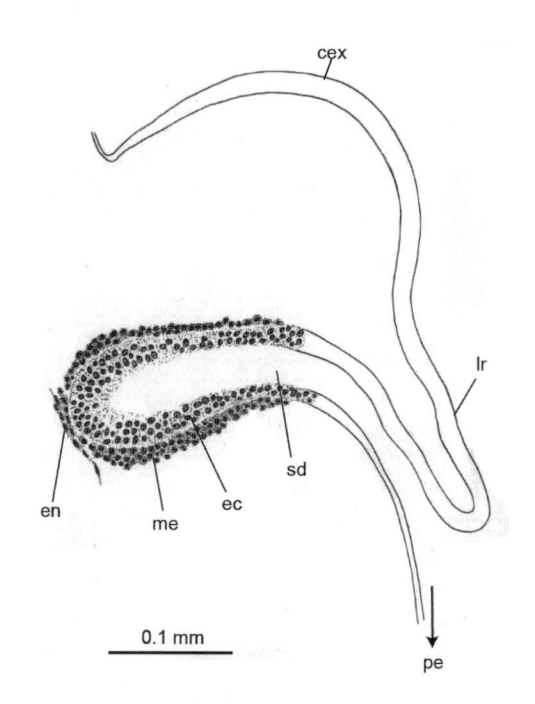

図 16-16　ハラビロカマキリ属の一種 *Hierodula crassa* の 13 ～ 14 日胚の頭部矢状断面（Görg, 1959 より改変）
　cex：頭端，ec：外胚葉，en：内胚葉（中腸上皮原基），lr：上唇，me：中胚葉，pe：胚後方，sd：口陥

置き換えられ，最後に頭部と顎部の側壁が卵前端に向かって大きく伸長・癒合して背閉鎖が完了する。背閉鎖直前の卵黄背面には，「包膜 indusium」（後述）に由来する肥厚した細胞塊と，収縮した漿膜（二次背器に相当）からなる二つの漿膜由来の細胞塊が前後に並んで認められる（図 16-10；16-15，「in」，「se」）。両者はやがて卵黄内に沈み込んで退化する（図 16-10，d；16-15，b，c）。

（4）　器官形成

ここでは，発生中期以降に進行する神経形成および消化管形成に関して述べる。*H. crassa* の神経形成は，頭葉から順次後方へ向かって進行する。4日目には腹側正中線上に神経溝が生じ，5日目には神経芽細胞 neuroblast が分化する（図 16-11，b，「nb」）。続いて胚の回転とともに神経細胞の産生と神経節，さらに縦横連合の形成が進行する（図16-11；16-12；16-13；16-14；16-17）。この他，ウスバカマキリでは前大脳（三つの lobe に由来する），中大脳，後大脳の形成，および顎部三対，胸部三対，腹部九対からなる神経節形成が記載されている（Viallanes，1890，1891）。

Görg（1959）によれば，*H. crassa* において，前述のとおり，4日目頃までに外胚葉背方に一層の内層が完成する（図 16-11，a，「il」）。やがて，内層は左右に分かれ体腔を形成し，内層からは中胚葉と内胚葉が分化する（同図，b〜d）。すなわち，7〜8日目胚に体腔嚢が形成される際，体腔の大部分は中胚葉に分化する一方，内層の正中側から分離する細胞が内胚葉の起源となるというのである（同図，c，「en」）。これらの細胞の一部が9〜10日目に神経上洞に遊離し，将来の血球となり，また，一部は口陥，肛門陥の盲端部に移動して細胞塊となり，中腸上皮形成にかかわる（図 16-11，d；16-12；16-13；16-14，「bc」，「mge」；16-16，「en」）。しかし，昆虫における血球や内胚葉の起源についてはさまざまな説があり，見解が定まらないため（上巻の第1部4章参照），これらに関しても再検討が望まれる。

H. crassa では，中腸上皮は典型的な二極形成法により形成される。すなわち，胚の回転運動完了後，口陥と肛門陥の卵黄側の底部に位置した内胚葉細胞塊（図 16-16，「en」）は卵黄表面に沿って前・後方から胚の中央へ向かって伸長，融合し，産下後18

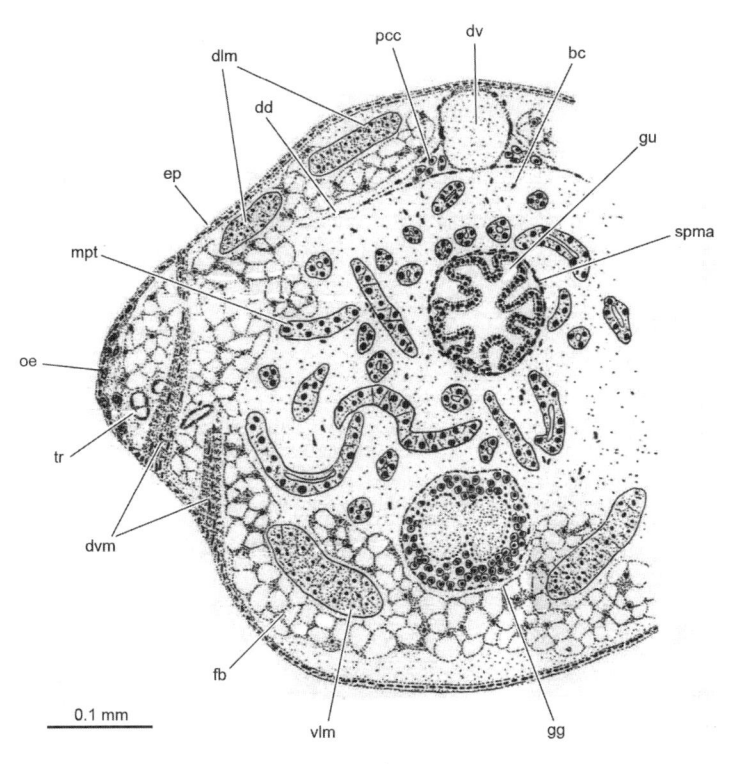

図 16-17　ハラビロカマキリ属の一種 *Hierodula crassa* の 18 日胚の腹部後方の横断面（Görg，1959 より改変）
　bc：血球細胞，dd：背隔壁，dlm：背側縦走筋，dv：背脈管，dvm：背腹筋，ep：上皮，fb：脂肪体，gg：神経節，gu：腸管，mpt：マルピーギ管，oe：扁桃細胞，pcc：囲心細胞，spma：内臓筋，tr：気管，vlm：腹側縦走筋

日目までに卵黄は中腸上皮に包まれる（図 16–14，「mge」）。このようにして形成された中腸と，口陥から形成される前腸，肛門陥から形成される後腸の内腔が接続することにより，最終的に消化管が完成する。マルピーギ管は産下後 13 ～ 14 日目に 4 本の盲管として肛門陥の外胚葉から形成され，その後，胚発生の完了までに急速に発達する（図 16–17，「mpt」）。

　その他，*H. crassa* とオオカマキリでは，漿膜の一部が肥厚した構造が知られている（Hagan 1917；Görg，1959）。*H. crassa* では，羊漿膜褶形成後，逆三角形の小さな胚帯が形成されるころまでに（図 16–5，a），胚の腹側に面した漿膜細胞の一部が円柱状に肥厚することにより，直径 0.1 ～ 0.5 mm の構造を形成する（図 16–10，a，b，「set」）。Görg（1959）はこれに関し，痕跡的な包膜（ササキリの一種 *Xiphidium ensiferum* で形成され，卵全体を包む膜に発達する）である可能性を指摘している。Hagan（1917）も同様の構造を観察しており，これを包膜とよんでいる（図 16–15，a，「in」）。一方で，漿膜の一部が肥厚する構造としては，原始的な六脚類でみられる一次背器（カマアシムシ目・トビムシ目・コムシ目）や，バッタ目，半翅目，原始的鱗翅目の一部に形成される水孔細胞 hydropyle cell などが知られており，これらとの比較も今後考慮すべきであろう（上巻の第 1 部 4 章，第 2 部 8，9，12 章，本巻の第 2 部 24 章参照）。カマキリ目におけるこの漿膜の肥厚は，胚発生の初期には胚の腹側を覆

う羊膜に接するが（図 16–10，b；16–15，a），その後の胚の回転運動により胚に対して背側に位置するようになり，前述のとおり，最終的背閉鎖にともない退縮する背器（二次背器）と同様に，卵黄内に沈み込んで退化する（図 16–10，d；16–15，b，c）（Hagan，1917；Görg，1959）。

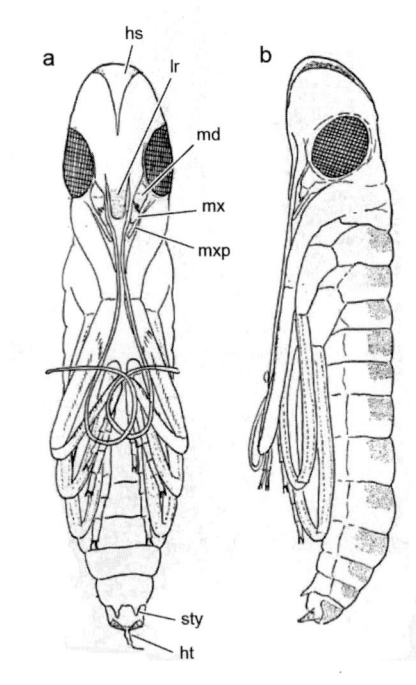

図 16–18　カマキリ科の一種 *Sphodromantis guttata*（= *S. gastrica*）の前幼虫（Williams & Buxton，1916 より改変）
a．腹面，b．側面
hs：硬化した前額，ht：孵化糸，lr：上唇，md：大顎，mx：小顎，mxp：小顎鬚，sty：尾突起

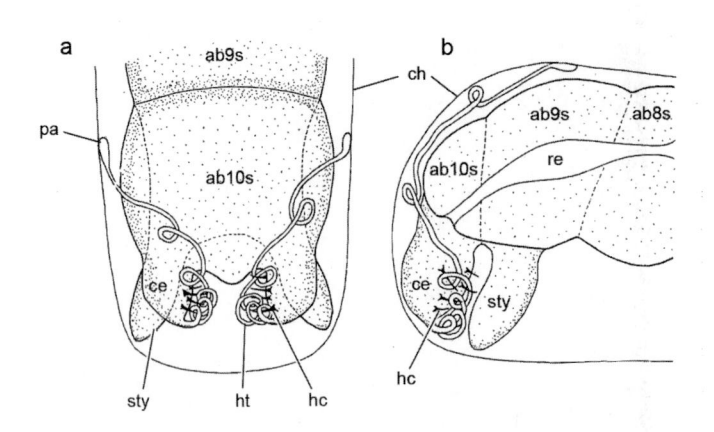

図 16–19　ハラビロカマキリ属の一種 *Hierodula crassa* の 27 日胚の腹部後端（孵化糸の長さは実際より短く示されている）（Kenchington，1964 より改変）
a．背面，b．矢状断面
ab8 ～10s：第八～十腹節，ce：尾角（尾毛），ch：卵殻，hc：尾角（尾毛）上の毛，ht：孵化糸，pa：孵化糸の卵殻との接着点，re：直腸，sty：尾突起

（5）　前幼虫

　背閉鎖完了後しばらくすると，触角および胸脚の環節化が顕著になるとともに，体表が胚クチクラで覆われた前幼虫 prolarva が完成する（図16-18）。オオカマキリでは孵化の直前に胚クチクラの分泌が開始される（Hagan, 1917）。前幼虫頭部の前額 frons に目立った卵歯は存在しないが，この部分のクチクラが肥厚することは比較的よく知られている。Hagan（1917）はこれを保護目的の構造であるとする一方，Williams & Buxton（1916）は孵化の際に卵殻を破るための構造であるとしている。一方で最近の観察から，孵化直前の前幼虫の前額部は，卵前極付近の孵化線の湾曲部に接することがわかってきており，このことから，孵化線を押し開けるためのものであることが推測される。この他に，前幼虫のクチクラ上には後方に向かって尖る複数の刺状構造がオオカマキリでは付属肢や尾角（Hagan, 1917）に，ウスバカマキリ，*Stagmomantis carolina* および *S. limbata* では上唇および胸・腹部背板（Williams & Buxton, 1916）に分布することが知られている。これらは，卵もしくは卵鞘から前幼虫が蠕動運動により脱出する際のすべり止めの役割を果たす構造であると考えられている。

　カマキリ目の胚クチクラ上にみられる顕著な構造としては，この他に孵化糸 hatching thread が知られている。孵化後のカマキリの前幼虫は，脱皮して1令幼虫になるまでの数十分間，卵殻と前幼虫を結ぶ細いクチクラ性の糸，すなわち孵化糸により結ばれる。ここでは，Kenchington（1964）により *Sphodromantis centralis* の孵化糸の形成過程の概要を述べる（図16-19）。前述のように *S. centralis* の卵期は約28日であるが，孵化糸の原基は10日目から12日目の胚の尾角の先端から伸びる一対の細胞性の突起として形成される。この突起の壁には多くの細胞が密に並んでいるが，中心部は中空である。この原基は胚の成長とともに卵の背側方に急速に伸長し，長さ約0.7 mmで太さ約25 μmの長い突起になるが，この間に細胞分裂が観察されないので，伸長は尾角からの細胞の供給によるものと考えられる。また，原基の中空の部分は尾角の内部の血体腔の延長とみなされている。

　次の2日の間に，突起の壁を構成する多くの細胞どうしのあいだで互いに接する細胞間の細胞膜の消失と分離が起こり，突起は螺旋状に巻いたシンシチ

ウム性の繊維に変わり，その先端は卵殻の内側に接着，固定される。これにより血体腔と連絡していた中空の部分は消失する。孵化が近づくと繊維の周囲にクチクラが分泌される一方，コイル状だった繊維がほどけて長い2本の孵化糸が完成し，孵化に備える。

（6）　孵　化

　前述のように，カマキリの孵化は前幼虫が卵鞘からはい出ることから始まる。孵化に先立ち，卵内の前幼虫の体表のクチクラは体表からやや遊離し，ファレート状態 pharate condition になっている。やがて，前幼虫は体をくねらせながら，また頭部を前後に動かすことにより卵鞘を押し破り，そこからはい出る。卵鞘から出たばかりの前幼虫は，その尾角が，卵鞘内に残った卵殻の内側に付着する2本の長い孵化糸と結ばれているため，卵鞘から完全に離れずにぶら下がっている。ほどなくして，前幼虫は体をさらに背腹方向にくねらせることにより，胚クチクラをその側面から破り，自由な1令幼虫が脱出する。このとき初めて幼虫が胚クチクラを脱ぎ捨てることとなり，カマキリ目の胚脱皮は孵化に遅れて起こるといえる。卵鞘内の多数の卵の孵化はほぼ同時に起こるため，一時，卵鞘の外側には多数の1令幼虫がぶら下がった状態になるが，やがてほどけて小枝などに分散してゆく。

16-5　おわりに

　「はじめに」で述べたように，カマキリ目の胚発生に関する先行研究はいくつかの種においてなされてきたが，扱う発生ステージや発生現象が研究ごとに異なり，カマキリ目の胚発生の総合的理解を困難なものとしている。卵形態も含め，同一種の全発生過程を追った，詳細な研究が望まれる。

　これまでの研究から，カマキリ目の卵，胚発生は，1）腹側に凸，背側に凹の卵形態，2）卵腹面の複数の卵門，3）前極から卵側面をはしる卵殻上の孵化線，4）卵腹面での急速な胚盤葉形成，5）卵腹面での胚形成，6）円盤状の小さな初期胚，7）表成型の胚定位，8）卵の前後軸を中心とした胚の回転，9）胚軸の逆転をともなわない羊漿膜褶の形成と解消，10）胚脱皮の遅延と孵化糸をはじめとした胚クチクラの特殊化，などにより特徴づけられる。

　このうち，1）腹側に凸，背側に凹の卵形態，2）卵腹面の複数の卵門，および5）卵腹面での胚形成

は，網翅類のグラウンドプランである可能性がある（15 章「ゴキブリ目」，17 章「シロアリ目」参照）。また，胚運動様式，すなわち，7）表成型の胚定位，および 9）胚軸の逆転をともなわない羊漿膜褶の形成と解消は，ゴキブリ上科やシロアリ目とは異なる一方，オオゴキブリ亜目と類似しており，網翅類の進化を考えるうえで非常に興味深い（15 章「ゴキブリ目」参照）。8）卵の前後軸を中心とした胚の回転はシロアリ目でもみられるが，カマキリ目では胚発生の中期で回転が起こるのに対し，シロアリ目のそれは胚発生の後期で起こる点において異なり，これらは独立して獲得されたと考えるのが妥当である（17 章「シロアリ目」参照）。

　Mashimo *et al.*（2014）は，多新翅類の固有派生形質として，胚盤葉の一対の高密度細胞領域の融合による胚形成をあげている。しかし，このような胚形成様式は，カワゲラ目やシロアリ目では確認されていない。カマキリ目においては，ウスバカマキリにおいてのみ一対の高密度細胞領域との関連を想起させるような "U 字形の初期胚" が報告されている一方，他の種ではそのような胚帯形成様式は確認されていない。胚帯形成様式は，網翅類，多新翅類のグラウンドプランの検討するうえで重要な点であるので，カマキリ目の胚形成にいたる発生初期の詳細な検討が待たれる。この他，特殊な胚膜構造である「包膜」に関しても，他の多新翅類の同様な構造との比較も含めて，詳細な検討が望まれる。

■ 16 章の引用文献

Beutel, R. G., F. Friedrich, X. K. Yang & S. Q. Ge, 2014：*Insect Morphology and Phylogeny：A Textbook for Students of Entomology.* Walter de Gruyter, Berlin.

Cockerell, T. D. A., 1898：The development of *Mantis. Am. Nat.*, **32**, 513–514.

Djernæs, M., K.-D. Klass, M. D. Picker & J. Damgaard, 2012：Phylogeny of cockroaches (Insecta, Dictyoptera, Blattodea), with placement of aberrant taxa and exploration of out-group sampling. *Syst. Entomol.*, **37**, 65–83.

Fukui, M., M. Fujita, S. Tomizuka, Y. Mashimo, S. Shimizu, C.-Y. Lee, Y. Murakami & R. Machida, 2018：Egg structure and outline of embryonic development of the basal mantodean, *Metallyticus splendidus* Westwood, 1835 (Insecta, Mantodea, Metallyticidae). *Arthrpod Struct. Dev.*, **47**, 64–73.

Giardina, A., 1897：Primi stadii embryonali della *Mantis religiosa. Monit. Zool. Ital.*, **8**, 275–280.

Görg, I., 1959：Untersuchungen am Keim von *Hierodula (Rhombodera) crassa* Giglio Tos, ein Beitrag zur Embryologie der Mantiden (Mantodea). *Dtsch. Entomol. Z.*, **6**, 389–450.

Graber, V., 1890：Vergleichende Studien am Keimstreifen der Insekten. *Denkschr. Ak. Wiss. Wien*, **57**, 621–734.

Hagan, H. R., 1917：Observations on the embryonic development of the mantid *Paratenodera sinensis. J. Morphol.*, **30**, 223–244.

Hurd, L., 1985：Ecological considerations of mantids as biocontrol agents. *Antenna*, **9 (1)**, 19–22.

岩井川幸生・大木健市，1982：オオカマキリ卵の卵殻の構造．名古屋大学教養部紀要 B 自然科学・心理学（大木健市，河原林泰雄，柏木肇教授定年退官記念号），**26**, 69–83.

Kenchington, W., 1964：The hatching thread of praying mantids：An unusual chitinous structure. *J. Morphol.*, **129**, 307–316.

Klass, K.-D., C. A. Nalepa & N. Lo, 2008：Wood-feeding cockroaches as models for termite evolution (Insecta：Dictyoptera)：*Cryptocercus* vs. *Parasphaeria boleiriana. Mol. Phylogenet. Evol.*, **46**, 809–817.

—— & R. Meier, 2006：A phylogenetic analysis of Dictyoptera (Insecta) based on morphological characters. *Entomol. Abh.*, **63**, 3–50.

Mashimo, Y., R. G. Beutel, R. Dallai, C.-Y. Lee & R. Machida, 2014：Embryonic development of Zoraptera with special reference to external morphology (Insecta). *J. Morphol.*, **275**, 295–312.

Nalepa, C. A. & M. Lenz, 2000：The ootheca of *Mastotermes darwiniensis* Froggatt (Isoptera：Mastotermitidae)：homology with cockroach oothecae. *Proc. R. Soc. B*, **267**, 1809–1813.

Viallanes, H., 1890：Sur quelques points de l'histoire du developpement embryonnaire de la *Mante religieuse. Rev. Biol. Nord Fr.*, **2**, 479–488.

——, 1891：Sur quelques points de l'histoire du developpement embryonnaire de la *Mante religieuse. Ann. Sci. Nat., Zool. Biol. Anim.*, **7**, 283–328.

Williams, C. B. & P. A. Buxton, 1916：On the biology of *Sphodromantis guttata. Trans. Entomol. Soc. Lond.*, **64**, 86–100.

Yago M., H. Sato, S. Oshima & H. Kawasaki, 1990：Enzymic activities involved in the oothecal sclerotization of the praying mantid, *Tenodera aridifolia sinensis* Saussure. *Insect Biochem.*, **20**, 745–750.

17章

シロアリ目
Isoptera

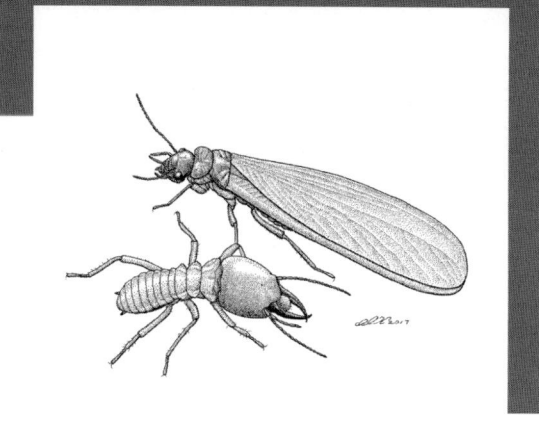

17-1 はじめに

　シロアリ目は社会生活を営むことや家屋害虫としてよく知られている不完全変態昆虫である。現在，熱帯地域，亜熱帯地域を中心に分布し，7科2,000種以上が知られているが，社会性昆虫であること，生態系における重要な分解者であること，空中窒素を固定したり，二酸化炭素やメタンを放出すること，そして害虫であることなどから，シロアリ目の分類や生態に関する研究は進んでいる。最も原始的なムカシシロアリ科Mastotermitidaeでは，腸内共生生物，網目状の翅脈，後翅の臀片，卵鞘のような卵塊で産卵することなどが，ゴキブリ目のキゴキブリ科Cryptoceridaeとよく似ていることから，シロアリ目は系統的にゴキブリ目と近縁であると考えられている。

　シロアリ目の胚発生に関する研究は，扱いやすい卵のわりにはあまり十分であるとはいえない。胚発生についての研究は，Knower（1900）による *Nasutitermes rippertii* の初期発生，とくに卵割，中胚葉形成，胚形成についての記載が最初である。Holmgren（1909）は *Nasutitermes chaquimayensis* の頭部形成について研究している。また，Strindberg（1913）はアリ類，ハムシ類とシロアリ目の *Rotunditermes rotundiceps* の胚発生について比較研究を行い，Bathellier（1924）は *Eutermes metangensis* の触角の後胚子発生について研究を行ったが，論文のタイトルに示された胚発生については調べていない。

　下等なシロアリ類の一種である *Kalotermes flavicollis* は胚発生が最もよく調べられた種で，Tóth

（1943）は発生段階を概略的に記載し，Geigy & Striebel（1959）は卵殻における孵化する部位と反転前後の胚の相対的な位置について明らかにした。さらに Striebel（1960）は，この種と *Zootermopsis nevadensis* の胚発生を詳細に研究している。彼は人工の巣を作り，一定の温度下に卵をおくことによって発生段階を時系列で整理した。Truckenbrodt（1964）は受精卵と単為発生卵の卵成熟，卵割，そして胚盤葉形成について細胞学的，実験的な研究を行い，単為発生卵の胚盤葉では受精卵よりも核の数が多いことを発見した。しかし，この二つの卵において胚盤葉の大きさや発生過程にはほとんど差がなかった。また，彼は卵への X 線照射が卵割と胚盤の核分裂に及ぼす影響について調べた。さらに，*Odontotermes badius* の卵をアクチノマイシンDで処理し，胚反転や背閉鎖における胚膜の機能を調べる一方，中腸形成を詳細に調べるために正常胚と裏返し胚における中腸形成を観察するなど実験的研究を行った（Truckenbrodt, 1979a, b）。

　Melnikov（1970）は，*Anacanthotermes ahngerianus* の胚発生，とくに胚帯の体節形成について詳細に記載した。彼はシロアリの頭部形成のデータから，上唇は前触角節の癒合した付属肢であり，昆虫類の頭部を額頭楯域と6節（前触角節，触角節，間挿節，大顎節，小顎節，下唇節）からなるとみなして，他の節足動物の頭部体節との相同性について論じている。

　これらの他に，Herbrant（1964）による *Cubitermes exiguous* 胚の外部形態に関する研究や Marcus（1948）による *Rhinotermes* の一種の発生，

Mukerji & Chowdhuri（1962）による *Odontotermes redemanni* の初期発生についての研究がある。

　シロアリ目の胚発生に関しては初期発生と外部形態については詳細な研究が行われているが，器官形成に関する研究はわずかである。なお，胚発生に関する総説が Grassé（1949）と Mukerji（1970）により著されている。

17-2　産　卵

　シロアリは通常，木材の中，地中，地表，樹上などに営巣する。巣は単に木材に穴を開けただけのものや，排泄物や土，あるいは腐植などから作られた巣などさまざまである。シロアリの階級のうち繁殖にかかわるのは生殖階級とよばれ，第一次生殖虫と第二次生殖虫に分けられている。第一次生殖虫は有翅型で，巣から出て群飛した後，翅が脱落し，新しい巣の中でペアになって生殖活動をしている状態のものである。第二次生殖虫は，副生殖虫あるいは補充生殖虫ともよばれ，女王あるいは雄が死ぬと特定の個体の生殖腺が発達し，生殖活動をするようになるものである。産卵は巣内で行われ，ムカシシロアリ科を除くすべてのシロアリは 1 個ずつ産卵するが，ムカシシロアリ科は卵塊で産卵する。産卵後，ワーカーが卵を別室へ移動する。複数の女王がいる巣では，ワーカーが異なる女王の産んだ卵をまとめて世話をしているため，どの女王の卵であるかの区別はできない。そのため巣内の卵の発生段階は産卵直後から発生が完了したものまでさまざまである。

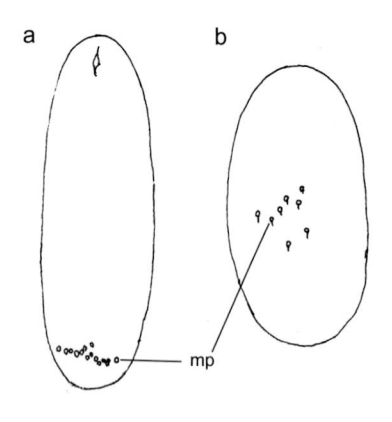

図 17-1　シロアリ目の卵（Striebel，1960 より改変）
a. *Kalotermes flavicollis*（腹面），b. *Zootermopsis nevadensis*（腹面）
mp：卵門

17-3　卵 の 形 態

　シロアリ目の卵は，一般的に楕円体あるいは細長い楕円体である（図 17-1）。卵の背側はわずかに窪んでいる。卵の大きさは種によって異なっており，*Nasutitermes rippertii* の卵の長さと最大幅は 0.5 × 0.22 mm，*Odontotermes redemanni* の卵は 0.58 × 0.25 mm，*Kalotermes flavicollis* の卵は 1.22 × 0.42 mm，*Zootermopsis nevadensis* の卵は 1.16 × 0.47 mm などである。卵は胚発生が進み，水分を吸収するにつれて大きくなり，上記の *K. flavicollis* では 1.47 × 0.55 mm に達する。

　卵殻は二層からなり，内層は暗色のざらついた部分とそうでない部分が散在する（図 17-2）。Striebel（1960）によると，ざらついた部分は多孔質でガス交換を円滑にするものである。*K. flavicollis* の卵の前極付近に小さな窓状の部分があり，ガス交換はここを通して行われる（Geigy & Striebel，1959）。

　Mukerji & Chowdhuri（1962）は，卵門は二層の卵殻からなるとしているが，Striebel は卵門が外卵殻のみからなり，内卵殻にはないとしている。卵門数は同じ種においても相違があり，卵門の配列は種によって異なり，*N. ripperti* では弧状に配列するか，あるいは 1 列に分散する 12 〜 18 個の卵門がある。Strindberg（1913）によると，*Rotunditermes rotundiceps* では 14 〜 26 個の卵門があり，それらは後極に向かって直線状か，あるいは曲線状に配列している。*Z. nevadensis* では卵門の数は 8 〜 15 個と変異があり，それらは卵の中央近くに分布している。*O. redemanni* では 10 個の卵門が卵の腹面に，卵後極に向かって弧状に配列している。卵門の配置は卵の胚盤が形成される位置をおおまかに示している。

　Knower（1900）は，*R. rotundiceps* では卵門の内端は外端よりも明らかに狭くなっていることを示した。しかし，Mukerji & Chowdhuri（1962）は *Odontotermes* において逆，つまり卵門の内端が広

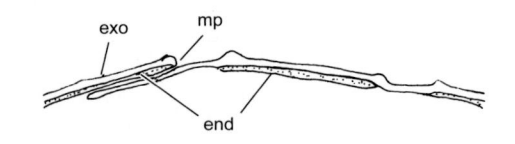

図 17-2　シロアリ目の一種 *Kalotermes flavicollis* の卵殻の縦断面（Striebel，1960 より改変）
end：内卵殻，exo：外卵殻，mp：卵門

く，外端が狭いことを観察している。

卵黄は凝固性タンパクの液体で満たされた小胞からなり（Knower，1900），他に脂肪性顆粒がタンパク性卵黄球の間に分散している（Knower，1900；Striebel，1960）。周縁細胞質は少なく，卵黄の表面は卵殻の内表面にほとんど接しており，薄い細胞質が卵黄のまわりに見られるのみである。Strindberg（1913）は卵黄球の間を通って卵黄膜に広がる網状細胞質の存在を報告したが，Truckenbrodt（1964）はその存在を否定している。

野外でランダムに集められた *Odontotermes* の卵はさまざまな発生段階の胚が入っていることが知られ，*Zootermopsis* 属や *Kalotermes* 属では単為生殖をする種が知られている。

17–4　胚発生

シロアリの胚発生は10種について報告があるが，ここではおもに Striebel（1960）の研究による *K. flavicollis* の胚発生を中心にして，Mukerji & Chowdhuri（1962）による *O. redemanni* や他種の胚発生も参考にしながら，シロアリの胚発生について述べる。また，*K. flavicollis* は受精卵で発生するものと単為発生をするものがあるが，成熟分裂が大きく異なるだけで，発生過程はほとんど相違がないのでとくに区別せずに述べる。

表17–1に *K. flavicollis* の受精卵と単為発生

卵における初期発生段階の比較（Truckenbrodt，1964），表17–2に産卵直後から孵化までの発生段階（Striebel，1960）を示す。

（1）　成熟分裂と受精

K. flavicollis では産卵後に卵の成熟が起きる。産卵後5時間で第一成熟分裂により第一極体が形成され，第一極体は卵の背側前方の表層に位置し，引き続き形成される第二極体は後方表層に位置する。また，本種の受精卵（有性生殖卵）と単為発生卵とのあいだには，極体の大きさに差異はない。

雌性前核は卵のほぼ中央に位置し，産卵後10時間で受精が行われ，卵割が開始する。単為発生卵では，雌性前核は成熟分裂の位置にあり，そこで卵割が起こる。

（2）　卵　割

産卵後24時間で卵中央にある卵割核は第一卵割を行い，第三卵割までは同調的分裂をし，8個の卵割核のうち6個が卵の中央より後極側にあり，2個だけが卵の前極側にある。卵割が進み卵割核が増加すると，ほとんどの卵割核は卵表層へ移動するが，わずかではあるが卵黄内に残っているものもある（図17–3）。これらが卵割核なのか，あるいは一次ないし二次卵黄核なのかについては判断が難しい。第六卵割の後，卵割の同調性が失われる。

産卵後72時間で第七卵割が完了する。128個の核のうち，116個は卵表層に達し，12個は卵黄内に

表17–1　*Kalotermes flavicollis* の受精卵と単為発生卵における初期発生段階比較
（Truckenbrodt，1964より改変）

産卵後	発　生　段　階	
（時間・日）	受　精　卵	単　為　発　生　卵
5時間	成熟分裂 　第一分裂中期 　第二分裂中期	成熟分裂 　第一分裂後期
10時間	受精	第二分裂後期
18時間	第一卵割	第一卵割
24時間	第二卵割	第二卵割
42時間	第五卵割	第五卵割
48時間	第六卵割 　最初の分裂核が卵の表層に達する	第六卵割 　分裂核は卵内部にある
58時間	第七卵割 　分裂核は卵の表層にある	第七卵割 　最初の分裂核が卵の表層に達する
72時間	約200核	約300核
96時間	約400核	約600核
7日	胚盤が卵の腹側表層において形成	
8日	内層形成	
9日	羊膜腔の形成	
10日	胚盤が卵の背側表層へ移動	

表 17–2　*Kalotermes flavicollis* 胚の発生段階（Striebel，1960 より改変）

産卵後（時間・日）	発 生 段 階
0〜24時間	成熟分裂，受精
24〜36時間	第二〜三卵割：核分裂は同調的
36〜48時間	第四〜六卵割：核分裂の同調性は失われる
48〜72時間	第七卵割：116個の分裂核は卵表層へ移動するが，後腹側表層では他よりも密に分布，12個の分裂核は卵黄塊の中に残る
72〜96時間	第八卵割：9個の分裂核が卵黄塊内に残る
4〜6日	多核細胞性胚盤が分化，胚外域の分裂核はまだ結合していない
7日	細胞性胚盤に分化，卵黄塊内に卵黄細胞を遊離する
8日	内層形成，胚外域胚盤葉の形成開始
9日	羊膜褶の形成により胚盤は球状になる
10〜15日	胚帯形成：球状の胚原基が卵表層で伸長を始める
16〜17日	胚帯は長さを増し，体節化が始まる
21日	胚帯は卵表背側で後極から約 2/3 の長さに達する。体節は胸部第三節まで分節する
22日	第一腹節が分節。体腔が触角，顎節，胸部体節に存在，神経原細胞が前触角と触角の外胚葉に分化
23〜25日	胚帯の伸長は完了，腹部体節は 2〜10 節が明瞭になり，腹部後端は前方に折れ曲がる。頭部と胸部の付属肢原基はよく発達し，腹部の第一〜六節まで一対の付属肢原基が形成される。触角節から第十腹節には，それぞれ一対の内腔のある中胚葉節が存在する
26〜30日	器官形成が始まる。気管の陥入が外胚葉側面で発達。内部ではニューロパイル，体壁と内臓の筋原細胞，脂肪体細胞，血球，中腸原基などが分化。頭部および胸部の付属肢は伸長し，腹部体節の後方 4 節に付属肢原基が発達
31日	胚反転，胚は後極にあった頭部が卵の腹side表面に沿って前方へ移動。漿膜は背側前方で二次背器になり，羊膜は上方に広がり卵黄塊を覆う一次背閉鎖が生じる
34日	反転した胚は長軸に沿って180°回転。マルピーギ管が肛門陥の先端から発達し，心臓芽細胞が内臓中胚葉の背外側端において分化
38〜40日	二次背器と一次背閉鎖は胚帯の側壁が上方に広がるにつれて卵黄内に吸収される。リボン状の中腸上皮原基は広がって残りの卵黄を内側に囲む
41〜42日	心臓が形成され，収縮を始める。脳と食道下神経節が最終的な形になる。体壁の筋肉系横紋が明瞭になり，表皮細胞はクチクラを分泌
43〜53日	残りの卵黄は吸収され，器官形成と組織分化が完了
54日	孵化

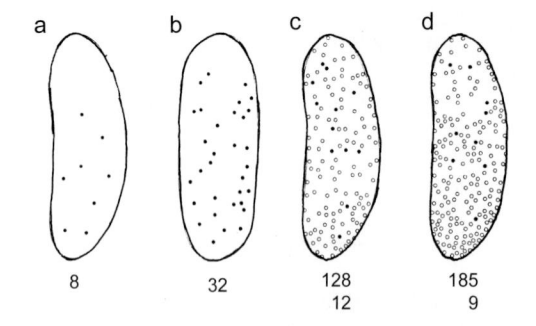

図 17–3　シロアリ目の一種 *Kalotermes flavicollis* の卵割
（Striebel, 1960 より改変）
a. 産卵後 36 時間，b. 同 44 時間，c. 同 48 時間，
d. 同 50 時間
数字は分裂核の数であり，c と d の下段の数字はそのうちの卵黄内に残っている核（黒丸）の数。

とどまっている。核の分裂は後極で他よりも多く生じる。産卵後 96 時間で第八卵割が完了し，9 個の核が卵黄内に見られるが，他の核と形態的に区別できない。*Odontotermes* では，増殖の活性は後極においてのみ見られるという（Mukerji & Chowdhuri, 1962）。

（3）　胚盤葉および胚盤の形成

　卵表層の核は後極にまとまり，産卵後 6 日になると卵の長さの 0 〜 13 ％の間にある卵門のすぐ下の卵表層に多核性の胚盤が形成される。Striebel（1960）は，胚盤を形成する卵割核は卵黄の表層流によって集まるとしている。胚外域の核はそれぞれ互いに離れており，胚盤葉はまだ形成されていない。7 日目になると多核性胚盤は細胞膜が明瞭になり，細胞性胚盤になり，胚盤 germ disc から卵黄核が卵黄内に遊離する。胚外域の細胞は胚盤の細胞に比べ

て明らかに扁平であり，8日目になると胚外域の細胞はつながって胚盤葉 blastoderm を形成する。

　Tóth（1943）は，同じ種で卵表層に達した卵割核は，周縁細胞質に沈み込んで胚盤葉を形成し，卵黄内に残った核は一次卵黄核になると述べている。また，卵後極の胚盤は細胞の移動と細胞分裂によって形成されるとした。

　Odontotermes では表層に達した卵割核は薄い上皮状になり，一層の細胞層つまり胚盤葉を形成する（Mukerji & Chowdhuri, 1962）。胚盤葉の細胞は分散しており，間隔が広く開いているが，次に卵後極において，最初は胚盤葉細胞が分裂増殖し，引き続いて細胞が集合して密になり，楕円形の胚盤が形成される。

（4）　胚膜形成

　産卵後9日目に胚盤の後方域から羊膜褶 amniotic fold が生じ，前方に伸長して前縁とつながって羊膜腔 amniotic cavity が形成され，胚盤は小さな球状の胚原基 germ rudiment となる（図17–4）。卵黄側の細胞層が将来の胚になり，外側の細胞層が羊膜になる。これを切片にするとリング状に見える。Odontotermes, Nasutitermes, および Rotunditermes においても同様の胚原基形成が観察されている（Mukerji & Chowdhuri, 1962；Knower, 1900；Strindberg, 1913）。Knower（1900）は，羊膜褶が胚盤の後縁と側縁で漿膜と連続した羊漿膜褶とな

り，それが卵黄の中にわずかに沈み込んでいる胚盤上を前方に広がるので，羊膜は胚外域の胚盤葉から生じるのではないと述べている。Odontotermes では，羊漿膜褶は胚盤の後方域から分化し，それは胚盤と同様に形成の初期から多層である。しかし，Tóth（1943）によると，K. flavicollis では胚盤形成後，すぐ胚盤の中央域に陥入が生じ羊膜が形成されるとしており，彼は羊膜と漿膜は内層（中内胚葉）形成と同時に形成され，羊膜腔の開口部は羊膜褶の融合により，すぐ消えると述べている。漿膜は胚外域の胚盤葉から分化し，胚と卵黄全体を覆う薄い膜となる。

　シロアリ類の胚膜形成はカワゲラ類と非常によく似ている。カワゲラの Pteronarcys proteus とカミムラカワゲラ Kamimuria tibialis では，胚盤の中央域が卵黄内に陥入し，胚盤の周縁細胞が胚盤を覆うようになり，結果として内腔のある球状の胚原基が形成され，卵黄側の細胞層が将来の胚になり，外側の細胞層が羊膜になる（上巻の第2部各論8章参照）（Miller, 1939；Kishimoto & Ando, 1985）。この胚盤の陥入が，どのようなメカニズムで生じるのかについては不明である。シロアリにおける羊漿膜褶と同様に胚盤周縁の細胞が覆いかぶさるときに，同時に漿膜細胞が引っ張られるようにして胚原基の下にくる。Striebel（1960），Mukerji & Chowdhuri（1962）は，シロアリの胚膜形成時に見られる胚

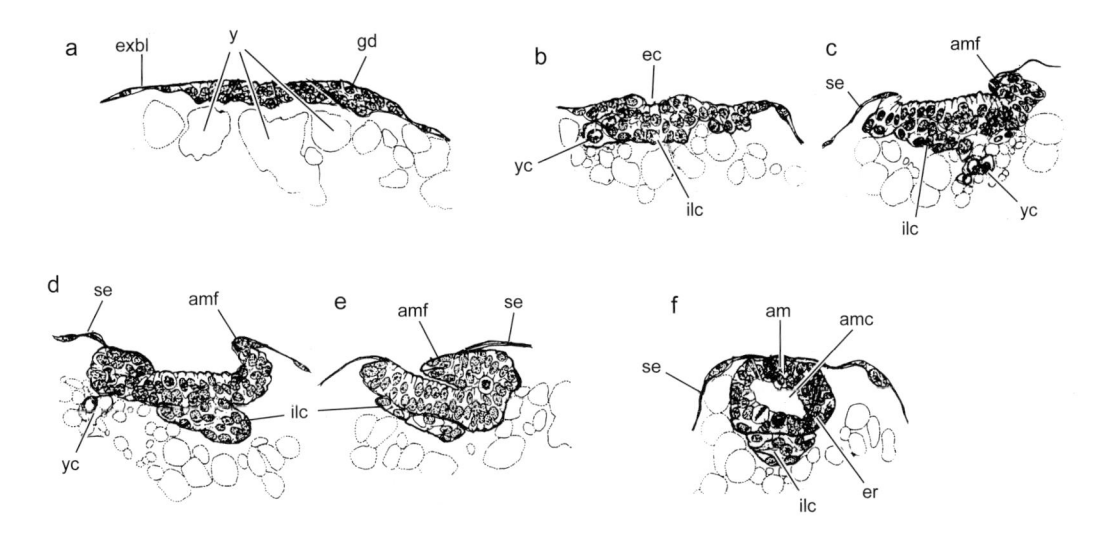

図17–4　シロアリ目の一種 Kalotermes flavicollis の胚原基形成（Striebel, 1960 より改変）
　a. 胚盤の縦断面，b → e の順で羊膜形成が進む。胚盤の卵黄側に内層細胞が生じる，f. 腔所を有する胚原基。卵黄側に内層細胞塊が形成されている。
　am：羊膜，amc：羊膜腔，amf：羊膜褶，ec：外胚葉，er：胚原基，exbl：胚外域胚盤葉，gd：胚盤，ilc：内層細胞，se：漿膜，y：卵黄，yc：卵黄細胞

盤の陥入は，次に述べる内層形成の際の原溝である
と考えている。しかしKishimoto & Ando（1987）は，
カミムラカワゲラにおける胚盤中央域の陥入は，球
状の胚原基を形成するために卵黄側から引っ張る力
がはたらくのか，あるいは胚盤そのものの運動によ
るものであり，さらに内層は，陥入が生じた場所か
ら形成されるものでもないことから，原溝 primitive
groove であるとは考えていない。シロアリにおいて
も，胚盤の中央の陥入や後方域の羊膜褶がどのよう
にして生じるのかについては明らかではないので，
今後のより詳細な研究が必要であろう。

（5）　内層形成

　産卵後8日目に，胚盤の正中線に沿った細胞層か
ら背方への増殖により内層が形成される（図17-5）。
Striebel（1960），Mukerji & Chowdhuri（1962）
は，内層形成の際，胚盤の中央付近が陥入するのを
観察し，この陥入を原溝であるとした。彼らによると，
引き続いて胚盤後方域から羊膜褶が生じ，羊膜腔が
形成されると原溝は中に吸収されると述べ，原溝は
すぐに消失するという。Knower（1900）は，*Na-
sutitermes rippertii* の胚発生においては原溝は形成
されないと述べ，Mukerji（1970）は，Knower が
原溝を見逃したため，シロアリは原腸形成がないと
いう間違った結論を導いたと述べている。

　内層の細胞は胚盤の中央の数層の細胞の集合体と
して認められるが，いくつかの細胞は内層から卵黄
内に遊離して卵黄核となる。内層細胞は分裂し，数
を増して互いにつながり，外胚葉の卵黄側では多層
の厚い上皮になる。これらの細胞は胚原基が長さを

増すにつれて，一層の薄い細胞層になる。Mukerji
（1970）は，内層を中内胚葉 mesoentoderm と考
え，中胚葉はそこから生じるとしている。彼によると，
中内胚葉から生じた中胚葉は，胚帯の頭域から後方
域にわたる一層の細胞層であるが，後端では密な細
胞の集合体を形成している。

（6）　胚帯の成長と体節形成

　後極から腹側寄りに位置していた楕円形の胚原基
は，卵の後極から背側方向に位置を移すとともに，
次第に薄くなる。産卵後10～12日では，胚原基
は後極から卵背側へと伸び，胚帯 germ band とな
る。15日目になると胚帯は，卵背側の表層で卵長の
15%にまで伸長する。Striebel によると，*Zooter-
mopsis nevadensis* では *K. flavicollis* のような胚帯
の変位はなく，胚帯は最初に形成された位置におい
て成長する（図17-6）。

　産卵後16日目に，伸長した胚帯に体節の分化が始
まる。17日目には前触角節，触角節，間挿節，大顎
節が明瞭になり，また，間挿節に口陥 stomodaeum
が出現し始める。その後，胚帯は卵背側表層の60%
の長さに成長し，小顎節，下唇節，胸部3節が分節し，
頭部と胸部に9節が明瞭になる。22日目には腹部第
一節が明瞭になり，触角節に体腔が形成され，前触
角節と触角節に神経芽細胞 neuroblast が分化する。
23日目には腹部第四節まで分節する。胚帯の未分節
の後端が前方へ屈曲を始め，卵黄内に陥入する。24
日目になると肛門陥 proctodaeum が出現する。25
日目に胚帯の体節分化は腹部第十節まで明瞭になり
完了する。触角節から腹部第十節には，それぞれ一

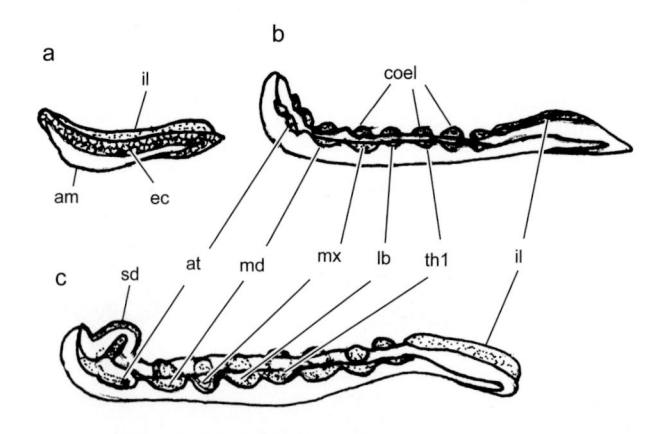

図17-5　シロアリ目の一種 *Kalotermes flavicollis* の内層と体腔嚢（Striebel, 1960 より改変）
　a. 17日目胚の正中断面，　b. 20日目胚。中胚葉は部分的に体節化しているが，体腔嚢はまだ形成されていない，
c. 22日目胚。頭部体節と胸部体節では体腔嚢が形成されている。
am：羊膜，at：触角，coel：体腔嚢，ec：外胚葉，il：内層，md：大顎節，mx：小顎節，lb：下唇節，sd：口陥，
th1：前胸節

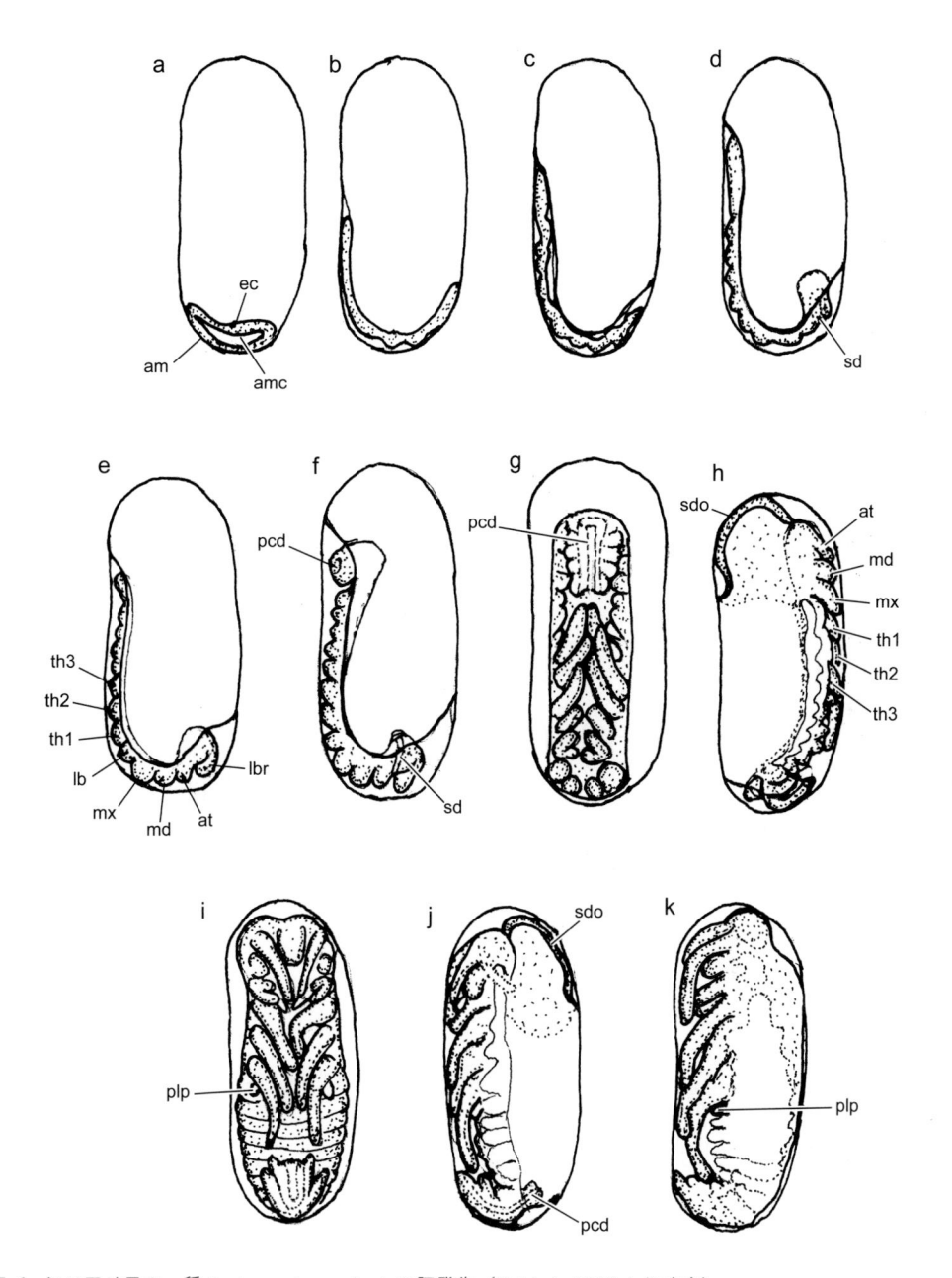

図 17-6　シロアリ目の一種 *Zootermopsis nevadensis* の胚発生（Striebel, 1960 より改変）
　a → k の順に発生が進む。f → h は胚反転，h → j は胚の回転運動を示す。
　am：羊膜，amc：羊膜腔，at：触角節，ec：外胚葉，lb：下唇節，lbr：上唇原基，md：大顎節，mx：小顎節，pcd：肛門陥，plp：側脚，sd：口陥，sdo：二次背器，th1 ～ 3：前～後胸節

対の内腔のある中胚葉節が存在している。このころ，頭部と胸部の付属肢原基がよく発達し，腹部では第六節までの体節に一対の付属肢原基が出現する。肛門陥は腹部第六節まで達する。26 ～ 30 日目には頭部と胸部の付属肢原基はさらに発達し，腹部体節の第十節まで一対の付属肢原基が形成される。体腔嚢 coelomic sac の腔所が発達し，内臓中胚葉 splanch-

nic mesoderm と体壁中胚葉 somatic mesoderm が分離する。神経芽細胞は体腔の細胞層が分離した後に形成され，神経溝 neural groove が胚の腹面に現れる。

　他のシロアリの胚帯（胚）の伸長様式も *K. flavicollis* とほぼ同様である。*Nasutitermes rippertii*，*Rotunditermes rotundiceps*，そして *Odontotermes redemanni* では，最初に卵後極を覆うように伸長，胚帯の頭部は卵の後腹面に位置し，胚の後方部は卵の背面で伸長する。次に，頭端はその位置を固定したままで，後端は急速に長さを増していく（Knower，1900；Strindberg，1913；Mukerji & Chowdhuri，1962）。*K. flavicollis*，*N. rippertii*，*O. redemanni* では，胚帯は前極近くまで卵の背側表層で長く伸長し，後方域は屈曲するとともにわず

かに卵黄内に沈み込む。他方，*R. rotundiceps* と *Z. nevadensis* では卵黄への沈み込みは深く，最終的には側面観から見るとS字状になる。

　付属肢原基の発生には，種による相違はほとんどみられない。Striebel によると，*K. flavicollis* では触角節，大顎節，小顎節，下唇節，胸部3節，そして腹部10節において体腔嚢が形成されるが，前触角節と間挿節では中胚葉の細胞は存在するが体腔嚢

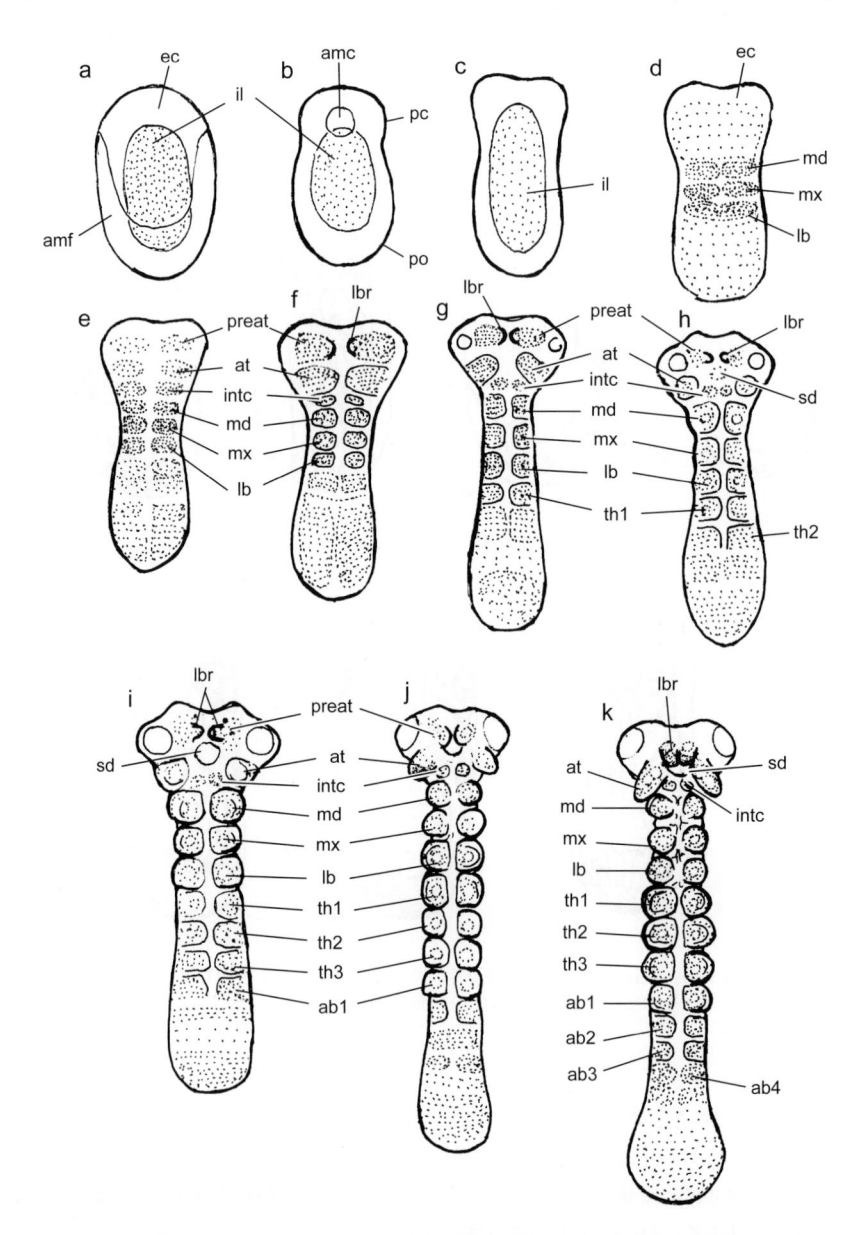

図 17-7　シロアリ目の一種 *Anacanthotermes ahngerianus* の胚発生（Melnikov，1970 より改変）
a → k の順に発生が進む。
ab1〜4：第一〜四腹節，amc：羊膜腔，amf：羊膜褶，at：触角節，ec：外胚葉，il：内層，intc：間挿節，lb：下唇節，lbr：上唇原基，md：大顎節，mx：小顎節，pc：原頭域，po：原胴域，preat：前触角節，sd：口陥，th1〜3：前〜後胸節

は形成されない。それゆえ，前触角節は真の体節の特徴を示しているとはいえないとしている。上唇はほとんどの種で前触角節における一つの原基として生じる。

しかし，Melnikov（1970）によると，*Anacantho-termes ahngerianus* では，上唇は一対の原基が生じた後に融合して形成され，また，前触角節に一対の付属肢原基とともに一対の中胚葉域が見られるが，体腔を形成するかどうかについては明らかではないという（図17-7）。彼は上唇を前触角節の付属肢とみなし，昆虫の頭部体節性と他の節足動物との相同性を提案した。

（7）　胚　運　動

Striebel（1960）は，*K. flavicollis* と *Z. ne-vadensis* の生きた卵の胚運動 blastokinesis を詳細に観察した。彼によると，これらの胚運動は，他の昆虫における陥入型胚と同様に，卵表層をスライドし，胚全体が卵表層に現れ，胚の前後軸が逆転する胚反転 katatrepsis と，引き続いて胚が卵長軸に沿って180°回転し，胚反転後と背腹軸が逆になる回転運動 rotation の2段階の運動からなる。この回転運動はトンボ目やバッタ目においても知られている（上巻の第1部4章，第2部7，9章を参照）。

胚反転は他の昆虫と同様に漿膜と羊膜が融合し，破れ，漿膜の収縮によって頭部が引っ張られるようにして卵腹側へすべるように動く。漿膜は背側前方で背器 dorsal organ となり，羊膜は一時的な背閉鎖 dorsal closure として卵黄を覆うようになる。胚反転の後すぐに，胚は卵長軸に沿って180°回転し背腹軸が逆になるが，この回転は卵前端の胚周囲において輪形の切れ込みのように生じた漿膜の収縮によって起こる。この結果として，胚の軸と卵の軸が一致するようになる。

Truckenbrodt（1979a）は，胚膜（漿膜と羊膜）の機能的な意味を明らかにするために，*Odontoter-mes badius* の正常卵で胚運動と背閉鎖について詳細に観察するとともに，アクチノマイシンDが胚運動と背閉鎖にどのような影響を及ぼすかについての実験を行い，胚膜の機能について考察した。

正常卵において胚運動は *K. flavicollis* や *Z. ne-vadensis* と同様に胚反転と卵長軸に沿った回転運動からなる。Truckenbrodt によると，胚が卵黄のまわりにゆっくりとすべるように出てくることを除いて，何の動きも示さないことから，胚反転は漿膜と羊膜，

背器そして卵黄系によって受動的に起こると述べている。さらに，反転に引き続いて回転が始まるときに，胚の頭部の後ろ側と尾部の屈曲部の前側の部分から胚の外胚葉外縁に沿って数秒間隔で蠕動運動が伝わっていくことから，回転運動は胚の能動的な動きによって起こるようであると述べている。

また彼は，アクチノマイシンDで卵を処理して胚運動を妨げる実験を行い，反転できずに前後軸が逆のまま発生が進む胚や“裏返し胚”everted embryo を作った。彼はこの実験結果から，羊膜は背閉鎖の形成を決定する機能をもっているだろうとの結論を導いている。

他のシロアリ，*N. rippertii*，*R. rotundiceps*，*O. redemanni* においてもほとんど同様の胚反転が起きるが（Knower，1900；Strindberg，1913；Mukerji & Chowdhuri，1962），反転後の回転運動については明らかではない。

（8）　卵の水分吸収と成長

Striebel（1960）は，*K. flavicollis* の卵が，卵表面全体から水分を吸収することを報告している。水分吸収は漿膜が一種の半透膜としてはたらくためであり，産卵後20日目になると水分を吸収した卵は最大になり，その大きさは幼虫が孵化するまで維持され，卵の重さは2倍になる。漿膜によって分泌されたクチクラをとおした急速な水分吸収は浸透作用によって起こる。バッタ目，半翅目，カマキリ目，原始的鱗翅目などの一部の種において水分吸収に関与していると考えられる細胞，つまり，水孔細胞 hydropyle cell が漿膜から分化することが知られているが（Hagan，1917；Slifer，1938；Görg，1959；Cobben，1968；Mori，1970，1972；Ko-bayashi & Ando，1982，1987），シロアリの漿膜ではそのような特殊化した細胞は観察されていない。

（9）　器　官　形　成

シロアリでは，器官形成に関する詳細な研究はほとんど行われていない。ここではおもに中腸形成について述べる。

Mukerji（1970）は，Striebel（1960）と Tóth（1943）の観察結果から，シロアリの中腸は内胚葉由来であると述べている。Striebel によると，胚の背側を覆う内層細胞（内中胚葉）は外胚葉を裏打ちする二層の細胞層に分化する。第一層（外胚葉に接している細胞層）が中胚葉，第二層（卵黄側）が内胚葉である。胚の分節化にともない，内層は正中線

を境に側方に分かれ，内胚葉は中胚葉の背側中央を
はしる帯状の細胞層として明瞭になる。各体節の内
胚葉細胞は互いに結合し，増殖しながら中胚葉と卵
黄塊の間に広がり，この細胞層が卵黄を覆って中腸
を形成する。このことから，一般的に知られている
口陥と肛門陥から生じる中腸原基はないという。

　Truckenbrodt（1979b）は，異なる中腸形成様
式を報告している。O. badius では，胚反転の前に
内層の前後端から口陥と肛門陥の周囲に，それらの
盲端を覆うことなく細胞が生じており，反転後，そ
れらはそれぞれ卵黄と中胚葉の間に侵入して，腹方
と側方へ伸展し，次に背方へ伸展して卵黄嚢を囲み，
薄い連続した細胞層を形成する。内層の外側の細胞
層は内臓中胚葉となり，中腸の筋肉系を形成する。
中腸壁の肥厚もまた，口陥と肛門陥の周囲にある被
膜の先端から始まる。そして孵化までは，口陥内端
の開口部は閉じたままであり，外胚葉の薄く延びた
細胞によって覆われている。脂肪体 fat body は中胚
葉に由来するが，胸部と腹部で体節的に配列し，そ
の中に分泌産物を含む孤立部を形成する。

　胸部は発生過程で短くなり，付属肢の位置も移動
する。上唇は口陥の前に位置しているが，成長して
その陥入の上に張り出すようになり，小顎は3葉に
なる。

　上述のように，シロアリ類の中腸形成には異なる
二つの様式が報告されているが，どちらの場合も口
陥と肛門陥の末端から中腸原基 midgut rudiment が
生ずるという証拠はみられず，また，内層中央の細
胞から生じる体節的な中腸原基や中腸上皮の形成に
関与する卵黄細胞も発見されないという。

17-5　おわりに

　シロアリ目の卵の初期発生の様式は，円盤状の胚
原基の一部から厚い羊膜が形成され，結果として袋
状の胚が形成される点でカワゲラ目の初期発生と共
通するが，羊膜形成以降の発生については，カワゲ
ラ目よりも他の直翅目系昆虫のものと類似する点が
多い。前述のとおり，器官形成に関する知見は初期
発生に比べてはなはだ乏しいのが現状である。

　シロアリ目はその社会性や生態のおもしろさから
生態学的な研究がさかんに行われているが，それら
の知見を補い，また，発展させるためにも胚発生に
関する研究が必要である。わが国の研究者によるシ
ロアリ目の胚発生についての研究は皆無に等しく，

これからのこの目に関する詳細な比較発生学的研究
が望まれる。

付記：　解説したように，シロアリ目では反転後に
180°の胚の回転運動が起こる。Striebel（1960）な
どのいくつかの研究では，回転運動後の孵化直前の
胚の方向を基準に卵のオリエンテーションを定めて
いる。しかし，この方法では，回転運動を行わない
他の一般の昆虫類との比較の際に問題が生じるので
（15章「ゴキブリ目」，16章「カマキリ目」を参照），
本章においては，胚の回転運動前の胚の方向を基準
に，卵のオリエンテーションに言及した。

■ 17章の引用文献

Bathellier, J., 1924：Sur le développment de l'*Eutermes metangensis*. *Compt. Rend. Hebdom. Sean. Acad. Sci.*, **179**, 483–485.

Cobben, E. H., 1968：*Evolutionary Trends in Heteroptera. Part. I. Eggs, Architecture of the Shell, Gross Embryology and Eclosion*. Centre for Agricultural Publishing & Documentation, Wageningen.

Geigy, R. & H. Striebel, 1959：Embryonalentwicklung der Termite *Kalotermes flavicollis*. *Experientia*, **15**, 447–478.

Görg, I., 1959：Untersuchungen am Keim von *Hierodula* (*Rhombodera*) *crassa* Giglio Tos, ein Beitrag zur Embryologie der Mantiden (Mantodea). *Dtsch. Entomol. Z.*, **6**, 389–450.

Grassé, P. P., 1949：Ordres des Isoptères. In：*Traité de Zoologie* (Grassé, P. P., ed.), Vol. IX, pp. 408–544. Masson, Paris.

Hagan, H. R., 1917：Observation on the development of the mantid *Paratenodera sinensis*. *J. Morphol.*, **30**, 223–243.

Herbrant, F., 1964：Observations sur les oeufs de *Cubitermes exiguus* Mathot (Isoptera, Termitinae). In：*Etudes Africains* (Bouillon, A., ed.), pp. 139–151. Masson, Paris.

Holmgren, N., 1909：Termitenstudien. 1. Anatomische Untersuchungen. *Kunl. Svenska Vetensk. Akad. Handl.*, **44(3)**, 1–215, 3 Tafeln.

Kishimoto, T. & H. Ando, 1985：External features of the developing embryo of the stonefly, *Kamimuria tibialis* (Pictet) (Plecoptera, Perlidae). *J. Morphol.*, **183**, 311–326.

Knower, H. M., 1900：The embryology of a termite. *Eutermes* (*rippertii*?). *J. Morphol.*, **16**, 505–568.

Kobayashi, Y. & H. Ando, 1982：The early embryonic development of the primitive moth, *Neomicropteryx nipponensis* Issiki (Lepidoptera, Micropterygidae). *J. Morphol.*, **172**, 259–269.

──&──, 1987：Early embryonic development and external features of developing embryos in the primitive moth, *Eriocrania* sp. (Lepidoptera, Eriocraniidae). In：*Recent Advances in Insect Embryology in Japan and Poland* (Ando, H. & Cz. Jura, eds.), pp. 159–180. Arthropodan Embryological Society of Japan, ISEBU, Tsukuba.

Marcus, H., 1948：La embryogenesis de *Aethalion*,

termitas y hormigas con una comparación de la anatomia de los insectos y vertebrados. *Folia Univ. Cochabamba*, **1**, 97-118.

Melnikov, O. A., 1970 : Embryogenesis of *Anacanthotermes ahngerianus* (Isoptera, Hodotermitidae). Larval segmentation and nature of labrum. *Zool. Zh.*, **49**, 838-854.

Miller, A., 1939 : The egg and early development of the stonefly, *Pteronarcys proteus* Newman (Plecoptera). *J. Morphol.*, **64**, 555-609.

Mori, H., 1970 : The distribution of the columnar serosa of eggs among the families of Heteroptera, in relation to phylogeny and systematics. *Jpn. J. Zool.*, **16**, 89-98.

——, 1972 : Water absorption by the columnar serosa in the eggs of the waterstrider, *Gerris paludum insularis. J. Insect Physiol.*, **18**, 675-681.

Mukerji, D., 1970 : Embryology of termites. In : *Biology of Termites* (Krishna, K. & F. M. Weesner, eds.), Vol. II, pp. 37-72. Academic Press, New York, London.

—— & R. Chowdhuri, 1962 : Developmental stages of *Odontotermes redemanni. Proc. New Delhi Symp. (UNESCO, Paris)*, 77-95.

Slifer, E. H., 1938 : The formation and structure of a special water-absorbing area in the membranes covering the grasshopper egg. *Q. J. Microsc. Sci.*, **80**, 437-457.

Striebel, H., 1960 : Zur Embryonalentwicklung der Termiten. *Acta Trop.*, **17**, 193-260.

Strindberg, H., 1913 : Embryologische Studien an Insekten. *Z. Wiss. Zool.* **106**, 1-227.

Tóth, L., 1943 : Embryologische Untersuchungen an *Kalotermes flavicollis. Biol. Forschungsinst. Tihany*, **15**, 515-529.

Truckenbrodt, W., 1964 : Zytologishce und entwicklungsphysiologische Untersuchungen am besamten und am parthenogenetischen Ei von *Kalotermes flavicollis* Fabr. *Zool. Jb. Anat. Ontog.*, **81**, 359-434.

——, 1979a : The embryonic covers during blastokinesis and dorsal closure of the normal and of the actionmycin D treated egg of *Odontotermes badius* (Hav.) (Insecta, Isoptera). *Ibid.*, **101**, 7-18.

——, 1979b : Zur Entwicklung des Darmes bei normalen und bei evertierten Embryonen von *Odontotermes badius* Hav. (Insecta, Isoptera). *Ibid.*, **102**, 66-78.

18章

ガロアムシ目
Grylloblattodea

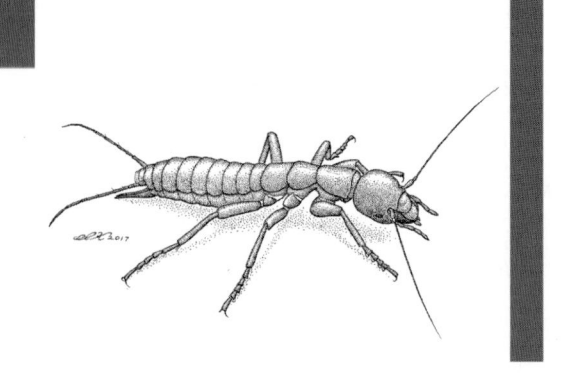

18-1　はじめに

　ガロアムシ目は，カカトアルキ目，ジュズヒゲムシ目とともに昆虫綱で最も小さい目の一つで，現生種の1科5属約32種は，日本列島（南西諸島を除く），朝鮮半島，沿海州，中央アジア，北米大陸西北部の環太平洋地帯を中心に分布する。自然環境のよく保たれた山地の森の石下や洞穴から採集され，とくに1属（*Galloisiana*）6種が分布する日本は，世界的な多産地の一つである。多新翅類の一員でありながら雌雄ともに翅を欠く。また，ガロアムシ目は他の多新翅類の形態学的特徴をあわせもっており，多新翅類の祖先型とされる原直翅類 Protorthoptera に近いとされているものの（Boudreaux, 1979；Rentz, 1982），現生多新翅類との類縁に関しては議論が多い。さらに，本目の化石は古生代石炭紀から中生代白亜紀にかけて知られており（Storozhenko, 1998），汎世界的な分布，現生種をはるかにしのぐ多様性もっていたらしい（49科171属317種）。現生のガロアムシ目は，翅を欠失した以外は形態をほとんど変えておらず（内舩・町田, 2005），このためガロアムシ目は1914年の発見以来，「生きている化石」と形容されてきた（Walker, 1937）。

　ガロアムシ目の発生学的研究は，その限られた分布，また，その生態，生活史も不明であったことにより困難であったが，福島（1979）の努力で長期間の飼育法が確立され，研究室内での採卵が可能になった（Nagashima *et al.*,1982）。このため，ガロアムシ目の発生学的研究は日本において先駆的に行われ，他国においてはまったくなされていない（Ando & Nagashima, 1982；Ando & Machida, 1987；

安藤, 1988, 1991；Uchifune & Machida, 2002, 2005a, b；内舩・町田, 2003；Uchifune, 2005）。

　卵形成と卵巣に関しては Matsuzaki *et al.*（1982）の研究がある。ガロアムシ類の卵巣は十四対の卵巣小管からなり，卵形成は典型的な無栄養室型である。精子と精巣 testis に関しては Baccetti（1982），Dallai *et al.*（2005）の研究があげられる。

18-2　卵

　卵は黒色で，成熟した雌腹部では体壁が透けて卵が黒く見える。卵は楕円体で，サイズは北米産 *Grylloblatta campodeiformis* で約 1.7 × 0.7 mm（Crampton, 1927），ガロアムシ *Galloisiana nipponensis*（Ando & Nagashima, 1982），ヒメガロアムシ *Galloisiana yuasai* では約 1.6 × 0.7 mm（図 18-1，a）（Uchifune & Machida, 2005a, b）であり，他の多新翅類の卵と同様，発生中に大きさを増し，孵化時に *G. yuasai* では約 1.8 × 1.0 mm にもなる。卵期は 15℃ に保って約 5 ヶ月であるが，同時に産下された卵でありながら，3 年余を経過して孵化した例もあり，しばしば卵期に大きな開きがみられる。

　ガロアムシ類の卵膜は，小さな無数の円盤状突起をもつ，厚さ 0.5 〜 1.0 μm の比較的高電子密度の外卵殻 exochorion と，内部に無数の気孔 aeropyle が垂直に貫通する厚さ約 7 μm の内卵殻 endochorion，さらに厚さ 100 〜 200 nm の非常に薄い卵黄膜 vitelline membrane から構成されている（図 18-1，b）。このような卵膜の特徴は，多新翅類においては，カカトアルキ類とのみ共通する（Tsutsumi

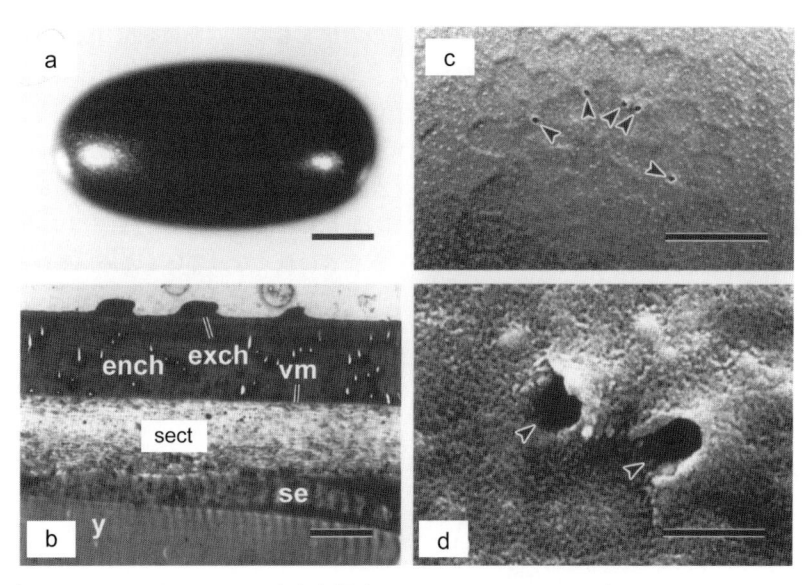

図 18-1　ヒメガロアムシ *Galloisiana yuasai* の卵と卵殻（Uchifune & Machida, 2005a）
　a. 卵（スケール：300 µm），b. 卵膜断面（TEM；スケール：5 µm），c. 卵前極（SEM；スケール：100 µm），5 個の卵門（矢尻）が観察される，d. 同拡大（スケール：10 µm）
ench：内卵殻，exch：外卵殻，se：漿膜，sect：漿膜クチクラ，vm：卵黄膜，y：卵黄

表 18-1　ヒメガロアムシの胚発生

ステージ	発　生　段　階	参　照　図
1	卵割，一次卵黄細胞の分化	－
2	胚盤葉形成，二次卵黄細胞の分化	図 18-2, a
3	胚域と胚外域の分化	図 18-2, b; 18-4, a
4	初期胚帯形成，内層形成，羊漿膜褶形成開始	図 18-2, c, c'; 18-4, b, c; 18-7, a ～ c
5	胚帯伸長 I，頭楯上唇形成，羊漿膜褶閉鎖，漿膜クチクラ分泌	図 18-2, d; 18-3, a
6	胚帯伸長 II，付属肢原基形成，口陥形成	図 18-2, e; 18-3, b; 18-10, a, e, i, m
7	沈み込み，全付属肢出現，肛門陥形成，羊膜・漿膜肥厚部形成	図 18-2, f; 18-3, c
8	卵黄内での胚定位，付属肢発達，外胚葉性陥入形成，側脚陥入	図 18-2, g; 18-3, d; 18-10, b, f, j, n; 18-15, a
9	胚反転，頭蓋完成，羊漿膜褶解消，二次背器形成	図 18-2, h
10	最終的背閉鎖，腹板・側板形成，胚クチクラ分泌，二次背器消失	図 18-2, i; 18-3, e; 18-10, c, g, k, o; 18-15, b
11	付属肢完成，背板形成	図 18-2, j
1 令幼虫	孵化，胚脱皮	図 18-3, f; 18-10, d, h, l, p; 18-15, c, d

et al., 2004；Uchifune & Machida, 2005a，b；Uchifune *et al.*, 2006）。なお，卵黄膜の内側には，胚発生にともなって漿膜よりクチクラ（漿膜クチクラ serosal cuticle）が分泌される。これは，断面において多層であり，卵全体にわたって均一で，厚さは約 7 µm である（同図，b）。

　卵殻表面には亀甲模様がみられ，卵前極には直径約 150 µm のほぼ円形に，直径約 2.5 µm の卵門 micropyle が配列する（図 18-1，c, d）。卵門の数はガロアムシで 1 ～ 8 個（Matsuzaki *et al.*, 1982；Ando & Nagashima, 1982），ヒメガロア

ムシで 2 ～ 6 個（Uchifune & Machida, 2005a，b）である。

　卵はきわめて卵黄に富むが，卵細胞質は極端に乏しく，周縁細胞質 periplasm はほとんど認められない（Ando & Machida, 1987）。

18-3　胚　発　生

　ガロアムシ目の胚発生をヒメガロアムシに関する Uchifune（2005），Uchifune & Machida（2005a, b）の研究をもとにして解説する（表 18-1）。

(1)　初期発生期

　卵割は典型的な表割型であり，第七卵割までは同調的に進行し，分裂核の多くは卵表に到達，均一に分布する。一方，10 〜 20 個の卵割核は，一次卵黄細胞 primary yolk cell として卵黄内にとどまる。

　卵割核は卵表で細胞分裂を繰り返し，卵表に胚盤葉 blastoderm を形成する（図 18-2, a）。胚盤葉は，その形成初期から細胞密度に違いがみられ，卵後半部のより高密度な領域は将来の胚域 embryonic area であり，卵前半部は胚外域 extra-embryonic area である。また，胚盤葉は 200 ほどの好塩基性

の大核をもつ二次卵黄細胞 secondary yolk cell を産生し，それらは胚盤葉の直下に均一に分布する。

(2)　胚帯形成期

　胚域は，活発な細胞分裂と同時に，卵後極域やや腹方寄りに集合し始める（図 18-2, b）。発達中の胚域は，正中域の前方約 3/4 において細胞密度が顕著に低くなっているため，馬蹄形を呈する（図 18-4, a）。この低細胞密度領域は，前方が予定口陥域 presumptive stomodaeal area であり，後方は原溝 primitive groove である（18-6 節（1）「内層形成」，18-7 節（5），a.「口陥」参照）。

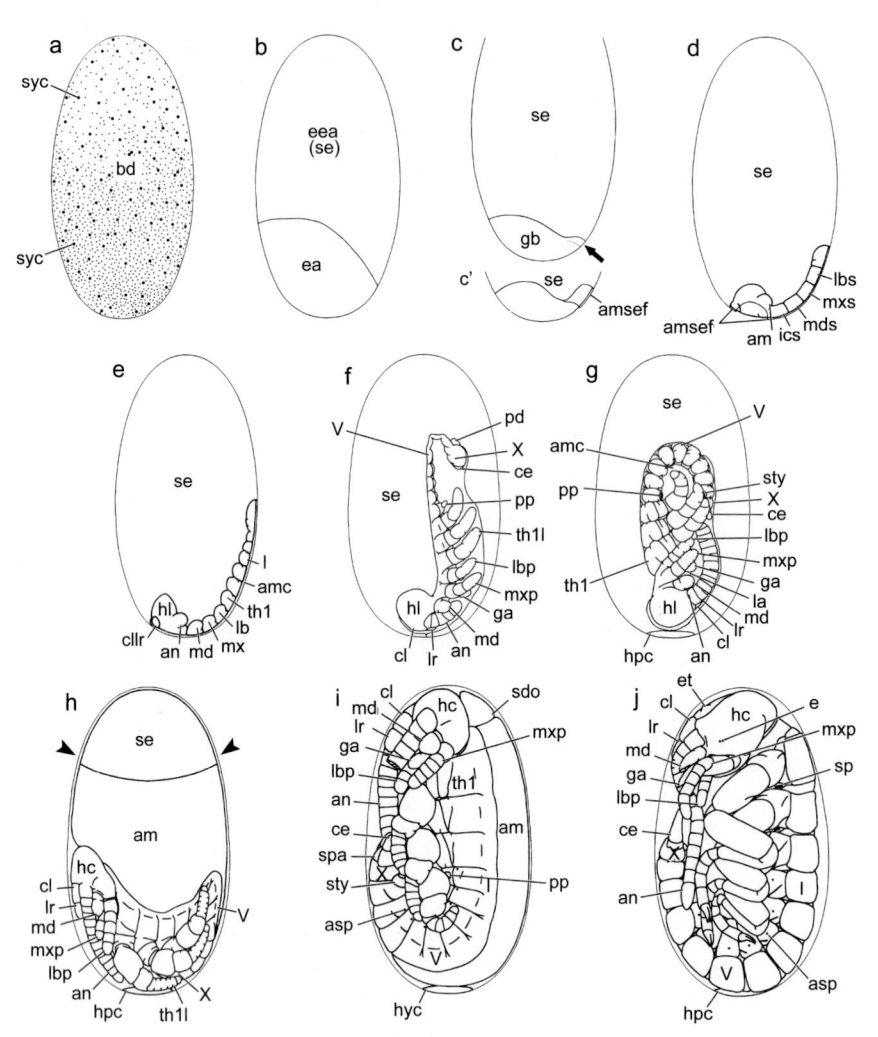

図 18-2　ヒメガロアムシ *Galloisiana yuasai* の胚発生（側面，模式図，表 18-1 参照）（Uchifune & Machida, 2005a）
a. ステージ 2, b. ステージ 3, c, c'. ステージ 4, 矢印は羊膜原基, d. ステージ 5, e. ステージ 6, f. ステージ 7, g. ステージ 8, h. ステージ 9, 矢尻は退縮中の漿膜細胞, i. ステージ 10, j. ステージ 11
am：羊膜, amc：羊膜腔, amsef：羊漿膜褶, an：触角, asp：腹部気門, bd：胚盤葉, ce：尾毛, cl：頭楯, cllr：頭楯上唇, e：眼, ea：胚域, eea：胚外域, et：卵歯, ga：小顎外葉, gb：胚帯, hc：頭蓋, hl：頭葉, hpc：水孔細胞, ics：間挿節, la：小顎内葉, lb：下唇, lbp：下唇鬚, lbs：下唇節, lr：上唇, md：大顎, mds：大顎節, mx：小顎, mxp：小顎鬚, mxs：小顎節, pd：肛門陥, pp：側脚, sdo：二次背器, se：漿膜, sp：気門, spa：肛上片, sty：尾突起, syc：二次卵黄細胞, th1：前胸, th1l：前肢, I, V, X：第一, 五, 十腹節

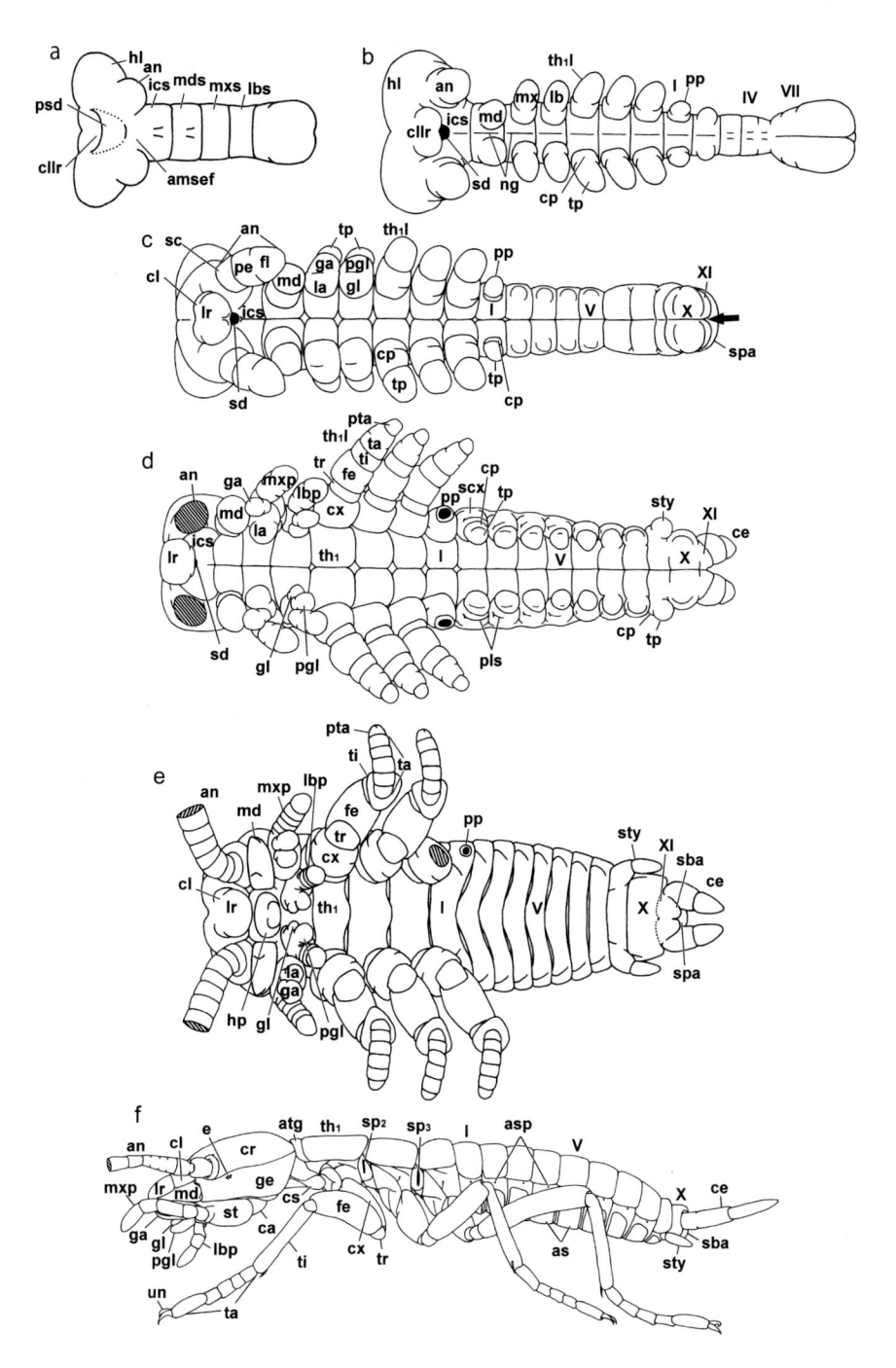

図18-3　ヒメガロアムシ *Galloisiana yuasai* の胚の外部形態の変化（模式図，表18-1参照）（Uchifune & Machida, 2005a)

a. ステージ5（腹面），b. ステージ6（腹面），c. ステージ7（腹面），矢印は肛門陥陥入部，d. ステージ8（腹面），e. ステージ10（腹面），f. 1令幼虫（側面）

amsef：羊漿膜褶，an：触角，as：腹部腹板，asp：腹部気門，atg：端背板，ca：軸節，ce：尾毛，cl：頭楯，cllr：頭楯上唇，cp：基肢節，cr：頭蓋，cs：頸節片，cx：基節，e：眼，fe：腿節，fl：鞭節，ga：小顎外葉，ge：頬部，gl：中舌，hl：頭葉，hp：下咽頭，ics：間挿節，la：小顎内葉，lb：下唇，lbp：下唇鬚，lbs：下唇節，lr：上唇，md：大顎，mds：大顎節，mx：小顎，mxp：小顎鬚，mxs：小顎節，ng：神経溝，pe：梗節，pgl：副舌，pls：側板線，pp：側脚，psd：口陥予定域，pta：前跗節，sba：肛側片，sc：柄節，scx：亜基節，sd：口陥，sp2,3：中・後胸気門，spa：肛上片，st：蝶鉸節，sty：尾突起，ta：跗節，th1：前胸，th1l：前肢，ti：脛節，tp：端肢節，tr：転節，un：爪，I, IV, V, VII, X, XI：第一，四，五，七，十，十一腹節

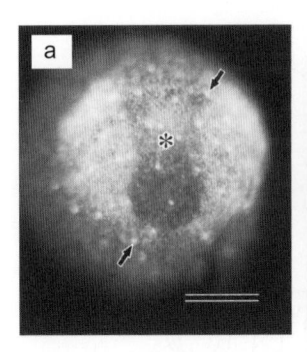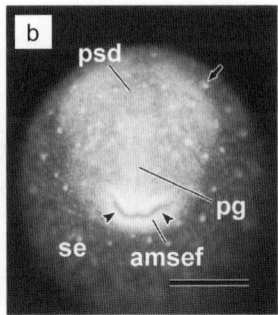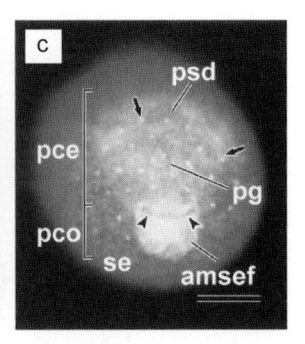

図 18-4 ヒメガロアムシ *Galloisiana yuasai* の胚域と初期胚帯（DAPI 染色，紫外線励起像，表 18-1 参照）（Uchifune & Machida, 2005a）
　a．ステージ 3，b，c．ステージ 4，矢印は二次卵黄細胞，矢尻は羊膜孔，＊は低細胞密度領域（スケール：200 μm）
　amsef：羊漿膜褶，pce：原頭域，pco：原胴域，pg：原溝，psd：口陥予定域，se：漿膜

　発達した胚域は，直径約 500 μm の円形の領域となるが（図 18-2，c；18-4，b；18-7，a），これはガロアムシ類における胚帯 germ band の最も初期の状態でもある。まもなく初期胚帯は，その後端部が伸長することで西洋梨形を呈し，初期胚帯の大部分に相当する前方の原頭域 protocephalon と，より幅の狭い後方の原胴域 protocorm とが区別される（図 18-2，c′；18-4，c）（18-5 節「胚運動」参照）。このとき，原胴域では羊漿膜褶が形成され，原頭域では原溝が細く直線状になった後，徐々に不明瞭となる（18-4 節「胚膜」，18-1 節（1）「内層形成」参照）。

　胚帯は原頭域を卵後極付近にとどめたまま，後端を卵前極に向け，卵背面に沿って伸長する（図 18-2，d）。原頭域は原胴域に遅れて羊漿膜褶を形成しながら，前側方に広がって一対の頭葉 head lobe を形成し，後側方には触角 antenna の原基，口陥予定域の前方には単一の頭楯上唇 clypeolabrum の隆起を生じる（同図，d；18-3，a）。一方，原胴域では伸長とともに間挿節以降の体節化 segmentation が，前方より次第に明瞭になる（同図，d；18-3，a）。まもなく胚は完全に羊漿膜褶に覆われ，漿膜は卵黄膜の直下で卵を一様に覆い，また羊膜 amnion は羊膜腔 amniotic cavity を形成する（図 18-2，e）。

　顎節以降の体節で付属肢原基の形成が始まる（図 18-2，e）。間挿節では付属肢原基はみられない。付属肢原基は発達とともに基部側の基肢節（底節）coxopodite と先端側の端肢節 telopodite に分節する（図 18-3，b）（18-7 節（2）「付属肢」参照）。前方から第一腹節までは比較的早く付属肢原基が現れる。伸長中の胚帯後端部は，腹部前方よりも幅

が広く，形成中の体節の兆しがみられる。口陥予定域は陥入を開始し，より後方では神経溝 neural groove が正中線上で明瞭となる（18-7 節（1）「神経系」参照）。

(3)　沈み込み期〜胚反転期

　分節化完了時，胚帯は第十一腹節まで分化，卵周の 1/3 に達し最長となり，卵黄中への沈み込み immersion を開始する（図 18-2，f）。頭楯は背方に外翻し，各体節は横断面において腹方に凸になり，付属肢原基は腹方を向く（図 18-3，c）。頭楯上唇が基部の頭楯 clypeus と先端部の上唇 labrum に分かれる（同図，c）。胚帯後端部では肛門陥の形成が始まり，胚帯は第七腹節前後で腹部後方を腹方に折り曲げる（図 18-2，f）。付属肢原基の伸長・分節化が進み（18-7 節（2）「付属肢」参照），小顎 maxilla，下唇 labium，胸肢 thoracic leg，第一腹節付属肢（側脚 pleuropodium）では，基肢節がさらに 2 分節する（図 18-3，c）。大顎でも 2 分節が見られるようになるが，これは基肢節がさらに 2 分節したものであり，腹部でも，第二腹節以降の付属肢が前方より形成される（同図，c）。

　胚は，頭部を卵後極付近にとどめたまま，卵黄内深くに完全に沈み込み，そこに定位して発生が進行する（図 18-2，g）。羊漿膜褶形成から胚定位までの胚運動過程を胚陥入 anatrepsis とよぶ（18-5 節「胚運動」参照）。頭蓋 head capsule 形成が顎節でも進行し，付属肢はさらに発達する（図 18-3，d）（18-7 節（2）「付属肢」参照）。最終的背閉鎖 definitive dorsal closure は，後方から第七腹節まで完了する。

羊漿膜褶の開裂を契機に胚反転 katatrepsis が起こり（18-4節「胚膜」，18-5節「胚運動」参照），胚は，腹部を折り曲げた状態で，卵表に現れる（図 18-2，h，i）。

（4）　後胚反転期

最終的背閉鎖が胸部および腹部の残りの体節において進行し，完全に羊膜にとって代わるようになると，胚の表皮はすみやかに胚クチクラ embryonic cuticle を分泌する。頭部付属肢および胸肢は最終的な環節構成を示し，跗節は 5 分節し，前跗節は二叉状の爪 unguis に分化する（図 18-3，e）（18-7節（2）「付属肢」参照）。一方，腹部付属肢は最終的背閉鎖にともなって側方に移動し，2 分節した尾突起と尾毛を除いて急速に退化・消失する（同図，e）。触角は 13 分節し，大顎は大きく発達して内側に二つの隆起が見られ，小顎鬚は 5 分節，下唇鬚は 3 分節する（同図，e）。下唇は互いに基部が接近する。大顎節と小顎節では，腹面において境界が不明瞭になり，単一の下咽頭 hypopharynx が突出する（18-7節（2）「付属肢」参照）。間挿節は不明瞭になる。第十一腹節も徐々に不明瞭になり，肛門陥の背方と側方には，それぞれ肛上片 supraanal lobe と肛側片 subanal lobe が分化する（同図，e）。

卵サイズは最大になり，短径は産下時の約 1.2 倍

になる。数個の個眼 ommatidium が見られ，額部では卵歯 egg tooth が硬皮化 sclerotization し，胸部および腹部では背板 tergum が明瞭に発達する（図 18-2，j）。

（5）　孵　化

孵化の際，胚は卵膜および漿膜クチクラを，卵歯を用いて卵前極付近を長軸方向に切り裂く。頭部後方から卵外に出てきた胚は，頭胸部，そして腹部前半が卵外に出てきた時点で，さらに胚クチクラを脱ぎ捨てることにより，孵化を完了する。

1 令幼虫は白色で体長約 4 mm である（図 18-3，f）。複眼は最大で五つの個眼からなり，色素の沈着が見られる。頭胸部付属肢および第九，十一腹節付属肢（尾突起 stylus と尾毛 cercus）は，胚期よりも顕著に発達する（18-7節（2）「付属肢」参照）。

18-4　胚　膜

胚帯の分化と同時に原胴域は羊膜を産生しながら伸長し，腹方に羊漿膜褶を形成する。このように，羊漿膜褶は最初，原胴域のみを覆う「後羊漿膜褶」として発達する（図 18-2，c′；18-4，c；18-5，a）。この時点の羊漿膜褶では，羊膜は大変厚く，原胴域の外胚葉層とほぼ同じ厚さである（図 18-5，a）。このような厚い羊膜の形成は，カワゲラ類やシ

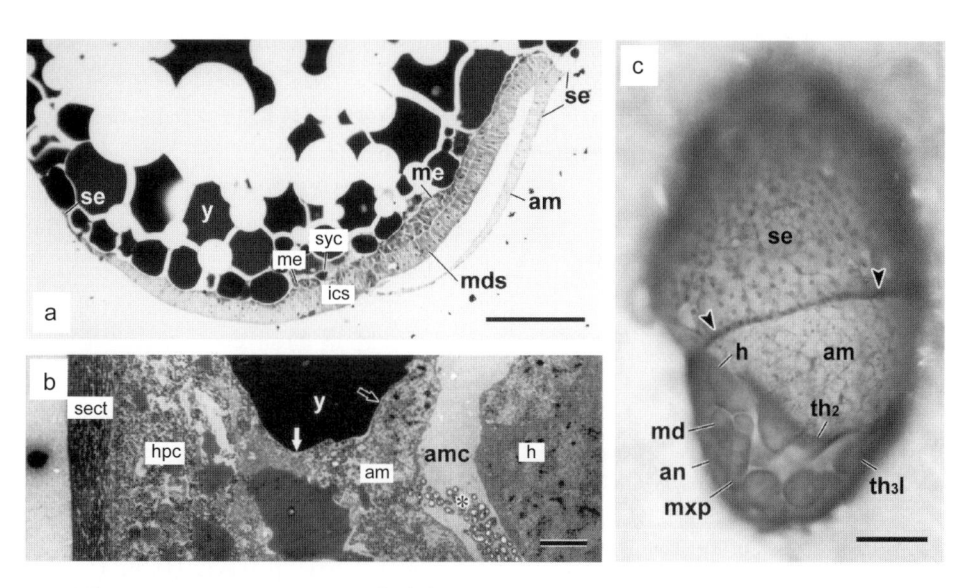

図 18-5　ヒメガロアムシ *Galloisiana yuasai* の胚膜（Ⅰ）（a, c.　Uchifune, 2005；b.　Uchifune & Machida, 2005a）
a.　初期胚帯期卵の縦断面（スケール：100 μm），b.　胚定位期卵の後極部断面。黒矢印は羊膜肥厚部。白矢印は羊膜索。＊は羊膜肥厚部より放出された小胞（スケール：5 μm），c.　胚反転中の卵。矢尻は退縮中の漿膜（スケール：200 μm）
am：羊膜，amc：羊膜腔，an：触角，h：胚頭部，hpc：水孔細胞，ics：間挿節，md：大顎，mds：大顎節，me：中胚葉，mxp：小顎鬚，se：漿膜，sect：漿膜クチクラ，syc：二次卵黄細胞，th₂：中胸，th₃l：後肢，y：卵黄

ロアリ類の袋状胚原基（Knower，1900；Miller，1940；Kishimoto & Ando，1985）にも見られるが，これらのグループでは非常に未発達な胚原基において羊漿膜褶が閉鎖しており，顎節の形成期に羊漿膜褶が閉鎖するガロアムシ類の状態とは，大きな違いが認められる。

　触角原基や頭楯上唇が出現するころになると，原頭域でも羊膜の産生が始まり，やがて羊漿口陥予定域付近で閉鎖する（図 18-3，a）。胚はその腹面を覆う羊膜とともに羊膜腔を形成する（図 18-2，e）。漿膜は，羊漿膜褶閉鎖直後から胚定位期にかけて，卵黄膜の直下に漿膜クチクラ serosal cuticle を分泌する（図 18-1，b）。

　漿膜と羊膜は，胚の沈み込み後も羊漿膜褶における連続性が維持されており，羊漿膜褶閉鎖部付近の漿膜細胞と羊膜細胞には，それぞれ特殊化がみられる（図 18-5，b）。すなわち，漿膜肥厚部と羊膜肥厚部，羊膜索 amniotic strand である。ダイアポーズ期，漿膜肥厚部ではその細胞内に空胞が多数みられ，羊膜肥厚部は羊膜索により羊膜肥厚部に連絡，羊膜肥

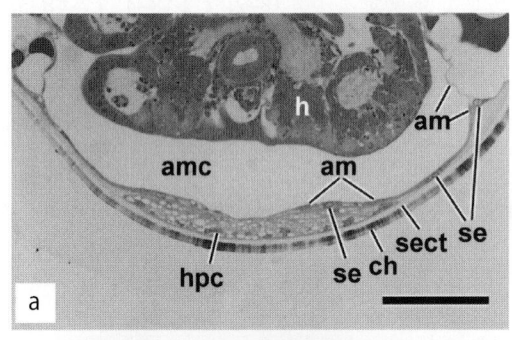

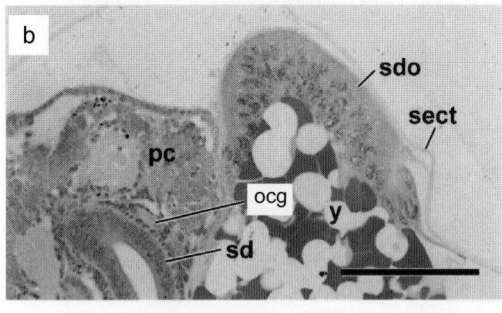

図 18-6　ヒメガロアムシ *Galloisiana yuasai* の胚膜 (II)（a. Uchifune & Machida，2005a；b. Uchifune，2005）
　a．胚定位期卵の卵後極部の縦断面（スケール：100 μm），b．反転直後胚の胸部背面前端部周辺の縦断面（スケール：200 μm）
am：羊膜，amc：羊膜腔，ch：卵殻，h：胚頭部，hpc：水孔細胞，ocg：後頭神経節，pc：前大脳，sd：口陥，sdo：二次背器，se：漿膜，sect：漿膜クチクラ，y：卵黄

厚部からは羊膜腔内に多数の小胞が放出されるのが観察される。この時期に卵サイズの急激な増加，とくに羊膜腔容積の増大がみられることから，これらの特殊化した胚膜由来の構造は，卵吸水に関係の深い構造であると考えられる。このため，ガロアムシ類の漿膜肥厚部は，バッタ類にしばしば見られる水孔細胞（Slifer，1937，1938；Slifer & Sekhon，1963）と比較できよう。他の多新翅類でも，カワゲラ類（Miller，1940；Kishimoto，1986）やカマキリ類（Hagan，1917）においても漿膜肥厚部が報告されているが，これらの機能はよくわかっていない。また，バッタ類やカワゲラ類の漿膜肥厚部は特殊な漿膜クチクラを分泌することが知られているが，ガロアムシ類の漿膜肥厚部に産生される漿膜クチクラには特殊化はみられない。

　羊膜腔のさらなる拡大により羊膜索が開裂し，羊膜は薄くなり，漿膜肥厚部とその周辺の漿膜に広く密着するようになる（図 18-6，a）。

　やがて羊漿膜褶は漿膜肥厚部付近において開裂し，胚反転が開始，漿膜は卵前極に向かって急速に退縮する。退縮中の漿膜は羊膜との境界部において肥厚し，羊膜は，卵腹面に移動する胚とともに，漿膜に代わって卵黄を覆っていく（図 18-2，h；18-5，c）。退縮した漿膜は卵前極のやや背方寄り，胚反転後の胚頭部のすぐ後方において二次背器 secondary dorsal organ を形成する（図 18-2，i；18-6，b）。一方で，漿膜肥厚部は羊漿膜褶開裂時に漿膜から分離し，漿膜クチクラ上に残り退化する（図 18-2，h～j）。

　羊膜は，最終的背閉鎖によって胚の背板にとって代わられ，二次背器とともに中腸内に取り込まれ消失する。

18-5　胚運動

　胚帯の伸長の比較的初期の段階，つまり顎節形成前の段階で，羊漿膜褶の閉鎖が起こる（図 18-2，d；18-3，a）。胚帯はその後，頭部を卵後極付近にとどめたまま，卵背方の表層を前極側に向かって伸長を続け（図 18-2，e），最長となった後に卵黄中に平行移動するように沈み込む（同図，f）。沈み込みでは，頭部が卵後極を向いたまま，胚全長にわたって卵黄深くに移動する（同図，g）。また，胚反転では，開裂・退縮する漿膜に続き，胚と羊膜が卵表に現れ，頭部を先頭に卵腹面を前極に向かって移動する（同

図，h）。その結果，胚の前後軸は卵のそれと一致する（同図，i）。

昆虫類の胚運動様式は，胚の陥入にともなう卵内の胚の位置によって，二つのタイプに分けられる。すなわち，卵黄内への沈み込みをともなう沈み込み型 immersion type（上巻の総論4章4-2節「胚運動」参照）と，卵表付近にとどまり続ける表成型 superficial type である[*1]。ガロアムシ類の胚運動様式は，多新翅類ではカワゲラ類，キリギリス類，シロアリモドキ類，カカトアルキ類と同じ沈み込み型である（Wheeler, 1893；Melander, 1903；Kershaw, 1914；Miller, 1939；Kishimoto & Ando, 1985；Machida *et al.*, 2004）。しかし，ガロアムシ類の胚の沈み込みは，胚陥入，胚の伸長の後に起こるという特徴があり，同様の胚の沈み込みは，多新翅類においては，カカトアルキ目でみられる（19章「カカトアルキ目」，図19-7参照）。

18-6　中胚葉形成

(1)　内層形成

胚域に現れる低細胞密度領域の後半部は原溝であり（図18-4, a），これは内層 inner layer，すなわち中胚葉原基を形成する部分である。原溝は，後方より急速に幅が狭まって線状となるが（同図，b，

c），この部分では，正中に向かって寄り合う側方の外胚葉である側板 lateral plate から原溝が分離して内部に落ち込み，内層を形成するのが観察される（図18-7, a〜c）。

このような，中板 middle plate が原溝を形成しながら側板 lateral plate の内方に陥没する内層形成は，多新翅類において広く見られる（カワゲラ目：Miller, 1939；バッタ目：Wheeler, 1893, Roonwal, 1937 など；ゴキブリ目：Heymons, 1895；カマキリ目：Hagan, 1917；シロアリ目：Striebel, 1960；ナナフシ目：Thomas, 1936；ハサミムシ目：布施・安藤, 1983；ガロアムシ目：Uchifune & Machida, 2005a）。昆虫類の内層形成様式は増殖型 proliferation type，陥没型 fault type，陥入型 invagination type に分けることができる（Johannsen & Butt, 1941；上巻の総論4章4-6節「内層形成と胚膜形成」参照）。前述の多新翅

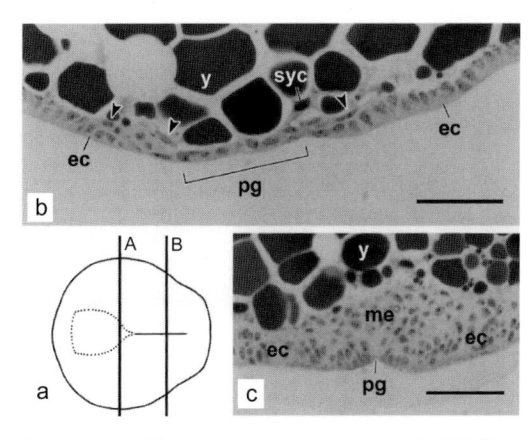

図18-7　ヒメガロアムシ *Galloisiana yuasai* の初期胚帯の内層形成（Uchifune, 2005）
　a. 初期胚帯（腹面，模式図），b. 原溝前方部の横断面（aのAのレベル），c. 原溝後方部の横断面（aのBのレベル）（スケール：50 µm）
　ec：外胚葉，me：中胚葉，pg：原溝，syc：二次卵黄細胞，y：卵黄，矢尻：新たに分化した中胚葉

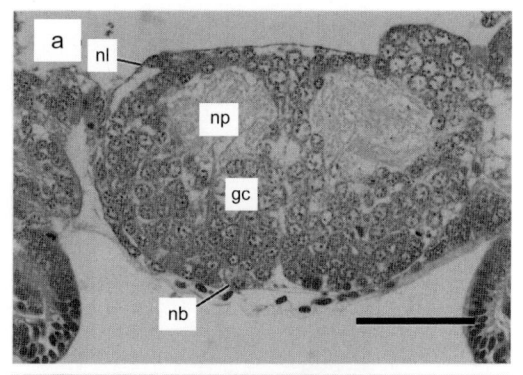

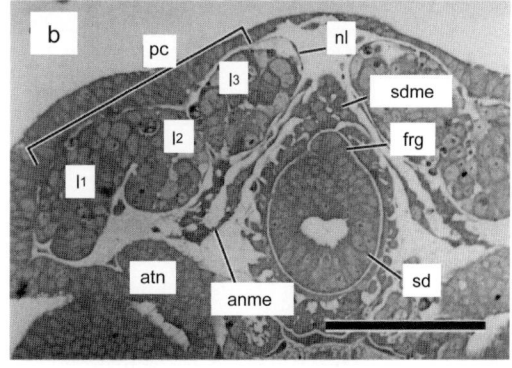

図18-8　ヒメガロアムシ *Galloisiana yuasai* の沈み込み期から定位期胚の組織切片（Uchifune, 2005）
　a. 定位期胚の前胸横断面（スケール：200 µm），
　b. 沈み込み期胚の頭部横断面（スケール：100 µm）
　anme：触角節中胚葉，atn：幕状骨前腕，frg：額部神経節，gc：神経節細胞，$l_{1\sim3}$：前大脳神経節小葉1〜3，nb：神経芽細胞，nl：神経被膜，np：ニューロパイル，pc：前大脳，sd：口陥，sdme：口陥中胚葉

＊1　表成型でも胚陥入 anatrepsis を行うため，immersion type を「陥入型」とするのは混乱をまねくことから，本章では「沈み込み型」としている。

類に多くみられるタイプは陥没型に分類することができる一方，原始的な外顎類では増殖型，準新翅類および完全変態類では陥没型と陥入型の両タイプがみられる。こうした形質分布から，外顎類の内層形成様式は増殖型が最も原始的で，そこから新翅類において陥没型が派生し，準新翅類や完全変態類では，新たに陥入型が派生したと考えることができる。

(2) 中胚葉節形成

　内層形成後，中胚葉細胞は分裂増殖を繰り返し，原頭域および伸長中の原胴域を広く裏打ちする。その後，外胚葉の体節形成にやや遅れて，中胚葉は顎部以降の体節において分節化する。一方，原頭域の中胚葉では，分節が不明瞭なままである。付属肢原基の形成後，分節化した中胚葉は左右に分かれて発達する。

　左右に分かれた中胚葉塊は，沈み込み期の胚において，体腔嚢 coelomic sac を形成する（図18-16, c, 参照）。触角節および顎部から第十腹節において体腔嚢はよく発達し，触角節や顎部・胸部・第一, 九腹節では付属肢へも伸長し，さらに触角節体腔嚢は頭蓋形成後の脳と口陥の間にも伸長する（図18-8, b）。間挿節中胚葉は体腔嚢を形成せず，口陥とその周辺部を裏打ちし，第十一腹節中胚葉もまた体腔嚢を形成せず，体壁に沿って尾毛へも伸長する他，肛門陥を裏打ちする。なお，上唇においても，単一の上唇原基の内部に伸長する体腔嚢が観察されており，それは後方において間挿節中胚葉と連続し，上唇先端付近ではわずかに二叉に分かれる（18-7 節

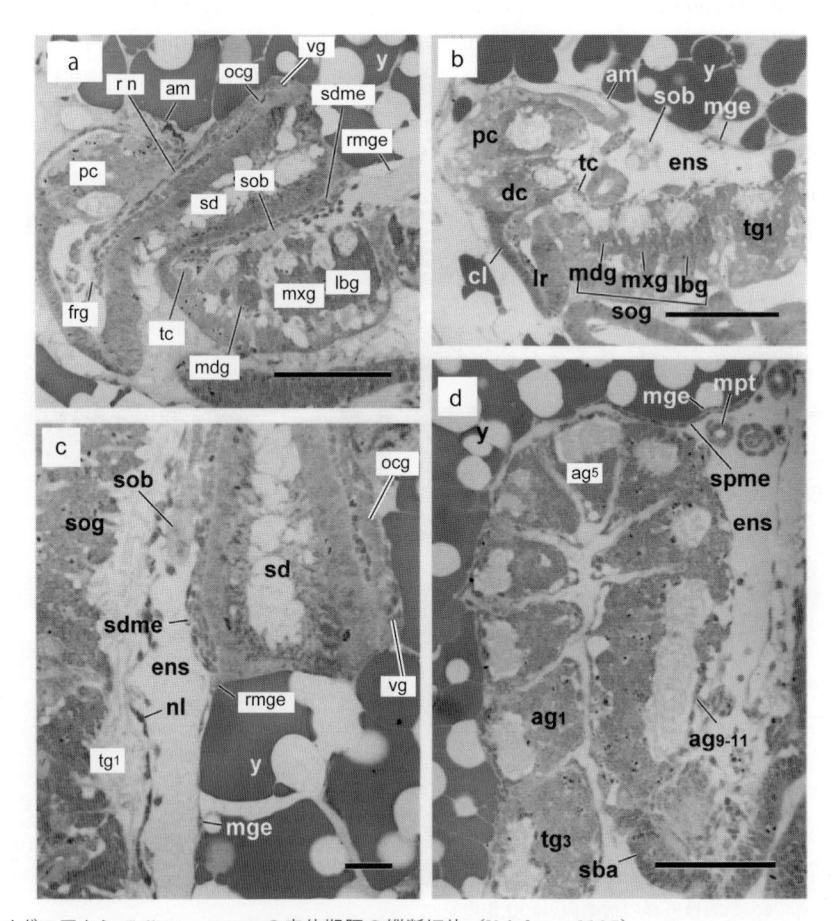

図 18-9　ヒメガロアムシ *Galloisiana yuasai* の定位期胚の縦断切片（Uchifune, 2005）
a. 頭部正中断面，b. 頭部正中より 20 μm 側方の断面，c. 口陥底部正中断面，d. 腹部正中より 20 μm 側方の断面（スケール：100 μm）

ag1, 5, 9～11：第一, 五, 九～十一腹節神経節，am：羊膜，cl：頭楯，dc：中大脳，ens：神経上洞，frg：前額神経節，lbg：下唇神経節，lr：上唇，mdg：大顎神経節，mge：中腸上皮，mpt：マルピーギ管，mxg：小顎神経節，nl：神経被膜，ocg：後頭神経節，pc：前大脳，rmge：中腸上皮原基，rn：回帰神経，sba：肛側片，sd：口陥，sdme：口陥中胚葉，sob：食道下体，sog：食道下神経節，spme：内臓中胚葉，tc：後大脳，tg1, 3：前, 後胸神経節，vg：胃神経節，y：卵黄

(2)「付属肢」，参照）。

18-7　器官形成

(1)　神経系

a. 腹側神経索

　胚帯の腹面には，伸長期後期から沈み込み期にかけて，前方から後方に向かって各体節に一対の隆起が現れる（図18-3，b～d）。これらの隆起は神経節 ganglion の原基であり，ガロアムシ類では顎部三対，胸部三対，腹部十一対が腹側神経索（腹髄）ventral nerve cord を形成する。また，対をなす隆起の間の胚帯正中上には神経溝 neural groove が見られる（同図，b～d）。

　発達中の神経節原基の腹面側には，大型の核をもった神経芽細胞 neuroblast が分化し，それらは不等分割を繰り返すことで，背方に柱状の列をなす小核の神経節細胞 ganglion cell を形成する（図18-8，a）。しかし，神経節細胞の柱状列は明瞭ではなく，神経溝背方の中索 median cord（中央神経芽細胞 median neuroblast）もまた不明瞭である。神経節細胞は繊維状の軸索を伸ばし，神経節背側にニューロパイル（神経白質部）neuropile（同図，a）を形成した後，さらに神経節どうしを前後に結ぶ縦連合 connective と左右に結ぶ横連合 commissure を形成する。横連合は，大顎節と第十一腹節では1本のみであるが，他の体節では前後に2本が明瞭に認められる。神経節は細胞性の薄膜である神経被膜 neurilemma によって覆われるが（同図，a），これは神経節の周辺細胞に由来するようである。

　その後，3顎節神経節は，互いに融合して大きな食道下神経節 suboesophageal ganglion を形成する（図18-9，a，b）。また，第八～十一腹節神経節は，後方から順に融合する（同図，d）。最終的に，腹側神経節は一つの食道下神経節，三つの胸部神経節，八つの腹部神経節から構成される。

b. 脳

　脳 brain は，前大脳 protocerebrum と，中大脳 deutocerebrum，後大脳 tritocerebrum から構成される。これらの位置関係は頭蓋形成とともに大きく変わり，脳は最終的に食道下神経節の背方に位置する。

　前大脳は，第一～三小葉 protocerebral lobes 1～3 から構成される（図18-8，b）。胚帯伸長初期，これらは頭葉前方の三対の隆起として現れ，やがて分裂増殖によって大きくなり，小葉どうしが前後に融合し，第三小葉が左右で融合することで前大脳を形成する。複眼は第一小葉（視葉 optic lobe）付近の上皮から形成され，胚期では最大で2個，1令幼虫では5個の個眼からなる（図18-2，j；18-3，f）。単眼は見られない。

　中大脳は，口陥直前に位置する触角節神経節に由来する（図18-9，b）。この神経節はニューロパイルが著しく発達し，前方の前大脳第三小葉とは近接して密に融合する。後大脳は間挿節神経節に由来し，腹側神経索の神経節と同様に形成される（同図，b）。発達とともに後大脳は口後域から口前域に移動し，中大脳と融合する。このため，左右の後大脳神経節間の1本の横連合は，食道下横連合 suboesophageal commissure となり，後方の食道下神経節との縦連合（囲食道縦連合 circumoesophageal connective）は長くなる。

c. 口胃神経系

　口胃神経系は腹側神経索や脳よりも形成開始時期が遅く，胚定位期以降，口陥背壁から生じる（図18-8，b；18-9，a，c）。前額神経節 frontal ganglion は間挿節に相当する位置から，後頭神経節 occipital ganglion は下唇節に相当する位置から，胃神経節 ventricular ganglion は少し遅れて口陥底部付近からそれぞれ形成される。これらの形成には神経芽細胞の関与は認められない。これらの神経節は互いに回帰神経 recurrent nerve を伸ばして連絡する。

　やがて，前額神経節は頭楯中央に位置し，後大脳との間を前額神経節縦連合 frontal ganglion connective が連絡する。後頭神経節は移動後の前大脳の後腹方に位置し，胃神経節は口陥底部の伸長とともに前胸まで移動する（図18-9，c）。

(2)　付属肢

a. 胸部付属肢

　付属肢原基はまず，基部側の基肢節と先端側の端肢節に分節する（図18-3，b）。胸肢では沈み込み期，基肢節が亜基節 subcoxa と基節 coxa に分節し（図18-3，c；18-10，m），さらに亜基節は側板線 pleural suture によって後側板と前側板に分けられ，後に腹板 sternum と側板 pleuron の節片 sclerite となる（図18-10，n）（後述の18-7節（4）「腹板・側板形成」参照）。一方，端肢節は沈み込み期以降，基部より転節 trochanter，腿節 femur，脛節

tibia, 跗節 tarsus, 前跗節 pretarsus（爪 unguis）
に分節する（図 18-3, d, e；18-10, o）。1 令幼
虫では, 基節, 腿節, 脛節が伸長し, 爪が完成する
（図 18-3, f；18-10, p）。

b. 頭部付属肢

　基肢節と端肢節は小顎と下唇において明瞭に分
節, 発達する（図 18-3, b）。基肢節は沈み込み期,

小顎では軸節 cardo と蝶鋏節 stipes, 下唇では下唇
後基板 postmentum と下唇前基板 prementum に分
節し, これらは胸肢の亜基節と基節にそれぞれ相同
である（図 18-10, e, i）。下唇後基板は後に左右合
一し, それぞれ単一の下唇亜基板 submentum と下
唇基板 mentum に分節するが（同図, j,k）, これら
の間の境界線は, 胸肢の亜基節上の側板線と相同で

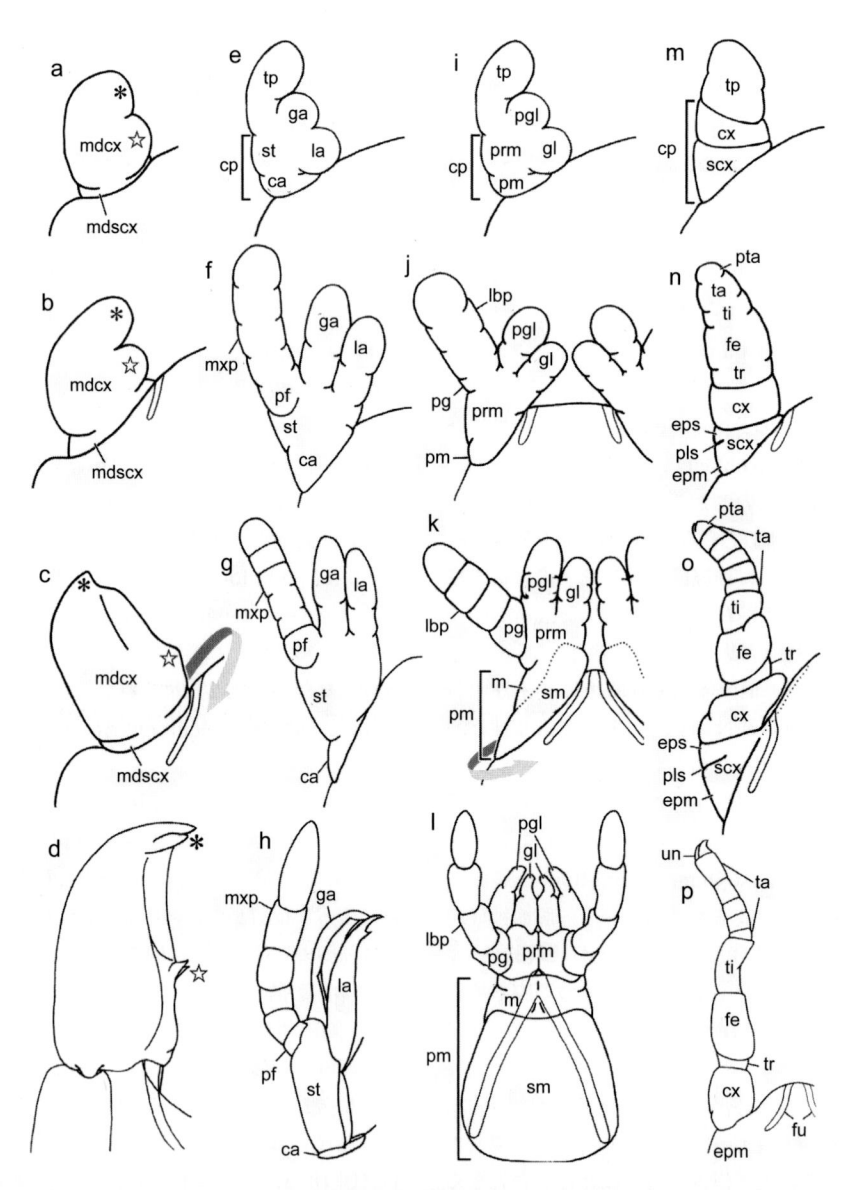

図 18-10　ヒメガロアムシ *Galloisiana yuasai* の付属肢形成（模式図, 表 18-1 参照）（Uchifune & Machida, 2005a）
a〜d. 大顎, e〜h. 小顎, i〜l. 下唇, m〜p. 肢。発達段階は最上行よりステージ 6（a, e, i, m）, ステージ 8（b, f, j, n）, ステージ 10（c, g, k, o）, 1 令幼虫（d, h, l, p）, ＊は大顎外葉（切歯）, ☆は大顎内葉（臼歯）, 矢印は付属肢基部の回転方向（18-7 節（4）「腹板・側板形成」参照）
ca：軸節, cp：基肢節, cx：基節, epm：後側板, eps：前側板, fe：腿節, fu：叉状甲, ga：小顎外葉, gl：中舌, la：小顎内葉, lbp：下唇鬚, m：下唇基板, mdcx：大顎基節, mdscx：大顎亜基節, mxp：小顎鬚, pf：小顎鬚基, pg：下唇鬚基, pgl：副舌, pls：側板線, pm：下唇後基板, prm：下唇前基板, pta：前跗節, scx：亜基節, sm：下唇亜基板, st：蝶鋏節, ta：跗節, ti：脛節, tp：端肢節, tr：転節, un：爪

あると考えられ，下唇における後側板と前側板に相同と考えられる（後述の18-7節（4）「腹板・側板形成」参照）。一方，小顎と下唇の端肢節は鬚 palp に分化し，後胚反転期には小顎鬚は5分節，下唇鬚は3分節する（同図，f～h，j～l）。また，小顎と下唇では，蝶鋏節と下唇前基節の正中側にそれぞれ二対の内葉 endite を生じ，小顎で小顎外葉 galea と小顎内葉 lacinia，下唇では副舌 paraglossa と中舌 glossa に分化する（同図，e～h，i～l）。1令幼虫の小顎内葉先端部は硬皮化する。

大顎では基肢節のみが観察され，それはわずかに2分節する一方で端肢節は発達せず，正中側に二対の歯状突起を生じ，1令幼虫では強大となって硬皮化する（図18-10，a～d）。Machida（2000）は，イシノミ目における大顎と小顎の連続相同性を論じたなかで，大顎における基肢節の分節を，大顎軸節 mandibular cardo と大顎蝶鋏節 mandibular stipes，つまり，胸肢における亜基節と基節に相同であるとし，切歯 incisor と臼歯 molar は小顎外葉と小顎内葉にそれぞれ相同であるとした。この連続相同性は，ガロアムシ類の大顎においても適用可能であり，基肢節に認められる分節を大顎亜基節 mandibular subcoxa と大顎基節 mandibular coxa，二対の歯状突起を切歯と臼歯とすることができる（同図，a～c）。ガロアムシ類の大顎歯状突起については，これまで伝統的に切歯と臼歯という名称は使用されてこなかった（Walker，1931；Nagashima，1982）。これは，肉食性に適応して単純化した本群の歯状突起が，他のグループの典型的な切歯と臼歯とは形態学的に対応づけられなかったことに起因すると思われる。

触角はその形成初期，明瞭な3分節，すなわち柄節 scapus，梗節 pedicel，鞭節 flagellum を観察することができる（図18-3，c）。しかし，触角と他の付属肢との連続相同性は不明確である。その後，鞭節のみ分節化が進み，後胚反転期の触角には13分節が観察される（図18-2，j）。

昆虫類の上唇が付属肢起源であるか否かについては，いまだ決着がついていない。ガロアムシ類では，沈み込み期の胚の上唇原基先端部に，対をなすわずかな膨らみが観察される（図18-3，c）。その内部では，単一の塊状の上唇中胚葉が先端付近において一対の突出を形成しているのが観察される。さらに，上唇中胚葉は口陥を覆う間挿節中胚葉と連続してお

り，これらは，上唇の間挿節付属肢起源を間接的に支持するものかもしれない。この上唇の間挿節付属肢起源については，Chaudonneret（1950）や Butt（1960）の形態学的研究の他，Haas et al.（2001）による発生生物学的研究がある。

c．腹部付属肢

第一～九腹節の付属肢は，胸肢と同様，基肢節と端肢節に分節する（図18-3，b～d）。基肢節はまた，胸肢の亜基節と基節に相当する分節を生じる（同図，d）。さらに，亜基節が側板線によって後側板と前側板に分節し，腹板と側板の形成に参加するのも，胸肢と同様である（後述の18-7節（4）「腹板・側板形成」参照）。一方，端肢節は，第二～八腹節付属肢ではそれ以上発達せずにすぐに退化する。

第一腹節の付属肢，すなわち側脚では，沈み込み期に端肢節が基肢節に陥入し（図18-11，a），陥入部はすり鉢状となる（図18-3，d；18-11，b）。端肢節の細胞は腺構造を示す。このように，ガロアム

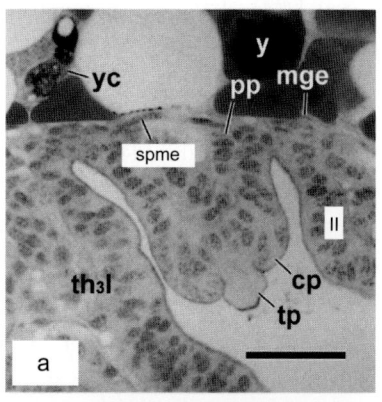
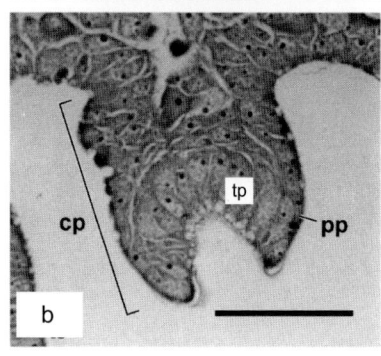

図18-11　ヒメガロアムシ *Galloisiana yuasai* の側脚（縦断面）（Uchifune，2005）
a．沈み込み期胚，側脚の先端部（端肢節）は陥没を開始，b．胚定位期胚，側脚の先端部（端肢節）は基部（基肢節）に陥没し腺構造を示す（スケール：200 μm）。
cp：基肢節，mge：中腸上皮原基，pp：側脚，spme：内臓中胚葉，th3l：後肢，tp：端肢節，y：卵黄，yc：卵黄細胞，II：第二腹節

シ類の側脚は陥入型で（上巻の総論 4 章 4-9 節（2）「側脚」参照），胚定位期に最も発達するが，胚反転後，急速に退縮する。昆虫類の側脚の機能としては，バッタ目 *Melanoplus differentialis*（Slifer, 1937）や甲虫目のイリオモテボタル *Rhagophthalmus ohbai*（Kobayashi *et al.*, 2003）などにおいて孵化酵素の分泌が推測されている。しかし，ガロアムシ類の側脚は，トンボ目（Ando, 1953）や別のバッタ目 *Locusta migratoria migratorioides*（Roonwal, 1937）と同様，孵化のかなり前，胚反転直後に退化する。ガロアムシ目の側脚の発達する時期が卵の体積の増大する時期に対応することから，ガロアムシ目の側脚は，ゴキブリ目におけるように（Stay, 1977），水分調節，浸透圧調整に関連したものかもしれない（18-4 節「胚膜」参照）。

　第九腹節の付属肢，すなわち尾突起は端肢節が 1 節のままである（図 18-3，d〜f）。尾突起は，後胚発生において雌雄で異なる発達過程をへて，交尾器の一部となる（福島，1979）。

　第十腹節には腹方に対をなす，わずかな隆起が生じるのみである（図 18-3，d）。この隆起は，その基部に腹板側甲と相同な陥入が存在することから（後述の 18-7 節（3），b.「付属肢内側陥入」参照），付属肢に対応づけることができよう。ガロアムシ目におけるように，他の昆虫類でも亜末端腹節の付属肢はほとんど発達しない（たとえば，コムシ目：Ikeda & Machida, 1998；イシノミ目：Machida, 1981；シロアリモドキ目：Melander, 1903；シリアゲムシ目：Suzuki, 1990；トビケラ目：Kobayashi & Ando, 1990；鱗翅目：Kobayashi *et al.*, 1981）。

　第十一腹節の付属肢は尾毛である。尾毛には胚期において 2 分節が観察される（図 18-3，d，e）。尾毛は触角同様，上記の他の付属肢との連続相同性がはっきりしない。しかし，尾毛でも他の付属肢同様，基部が腹板や側板の形成に参加していると考えられる。1 令幼虫も 2 節であるが（同図，f），後胚発生において，尾毛は脱皮ごとに 1 節ずつ増節していく（Nagashima *et al.*, 1982）。

(3)　外胚葉性陥入

　沈み込み期以降の胚において外胚葉性陥入を観察することができる。ここでは，胚発生において観察できる外胚葉性陥入のうち，体節上に連続相同的に出現する 3 種類の外胚葉性陥入を紹介する。これらの外胚葉性陥入は次項の「腹板・側板形成」の観察において重要なランドマークとなる。

a.　付属肢外側陥入

　大顎節・下唇節・中胸・後胸・第一〜八腹節において，付属肢（亜基節）基部の前側方部に一対ずつ生じる陥入である（図 18-12，a）。Ando（1962）はトンボ胚における外胚葉性陥入の 2 型を報告しているが，それらのうち付属肢上部から陥入するタイプに対応する（上巻の各論 7 章 図 7-15，b）。

　幕状骨 tentorium は，沈み込み期に生じる大顎節・下唇節付属肢外側陥入に由来する，前腕・後腕 anterior/posterior arm から構成される（図 18-8，b；18-12，a）。これらは胚反転までに左右の陥入端が，胚反転後には前後にもそれぞれ融合し，前腕からはさらに頭蓋に向かって伸長する背腕 dorsal arm が生じる。これらは頭部の多くの筋肉の付着点となる。

　気管 trachea は，中胸〜第八腹節における付属肢外側陥入に由来し，その開口部は気門 spiracle である（図 18-12，a）。幕状骨陥入形成後，前方の体節より形成され，伸長・分枝する。とくに中胸・後胸の陥入は，腹部のものに比べ非常に発達する。中胸・後胸の気門は，それぞれ直前の体節領域まで伸長する側板要素（後述の 18-7 節（4）「腹板・側板形成」

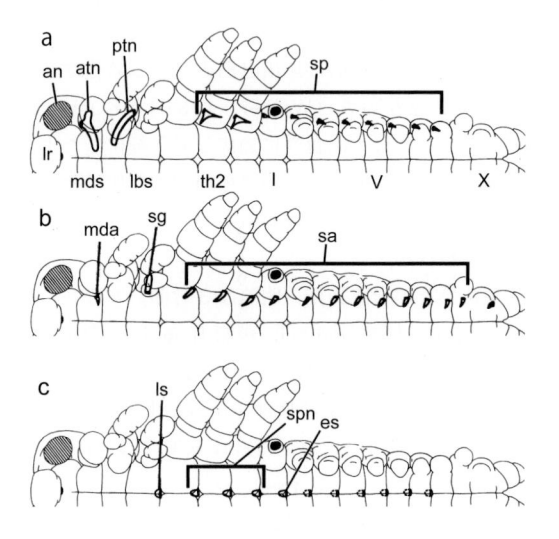

図 18-12　ヒメガロアムシ *Galloisiana yuasai* の胚におけるおもな外胚葉性陥入（模式図）（内舩 原図）
a.　付属肢外側陥入，b.　付属肢内側陥入，c.　腹方正中陥入
an：触角，atn：幕状骨前腕，es：反転嚢，lbs：下唇節，lr：上唇，ls：下唇棘甲，mda：大顎側甲，mds：大顎節，ptn：幕状骨後腕，sa：腹板内骨格，sg：唾液腺，sp：気門，spn：棘甲，th2：中胸，I, V, X：第一，五，十腹節

参照）とともに前方に移動し，あたかも，それぞれ前胸と中胸の気門のようにみえる（図18-3，f）。一方，腹部の気門はやや後方に移動するのみである。

b. 付属肢内側陥入

大顎節・下唇節・3胸節・第一〜十腹節において付属肢基部の正中側後縁に一対ずつ見られる陥入であり（図18-12，b），Ando（1962）の腹側神経索の両側から陥入するタイプに対応する（上巻の各論7章図7-15，a）。

大顎側甲 mandibular apodeme は大顎節における付属肢内側陥入に由来する（図18-10，b〜d；18-12，b）。胚定位期に現れ，開口部の位置はそのままで幕状骨の側方を背後方へ伸長，頭部の筋肉では最も大きくて強力な大顎屈筋 mandibular adductor の付着点となる。

下唇腺 labial gland（唾液腺 salivary gland）は下唇節における付属肢内側陥入に由来する（図18-10，j，k；18-12，b）。大顎側甲とほぼ同時期に生じ，後方へ伸長する。胚反転後，下唇形成（後述の18-7節（4）「腹板・側板形成」参照）にともなって腹板正中へ移動し，開口部付近が融合して唾液腺共有管

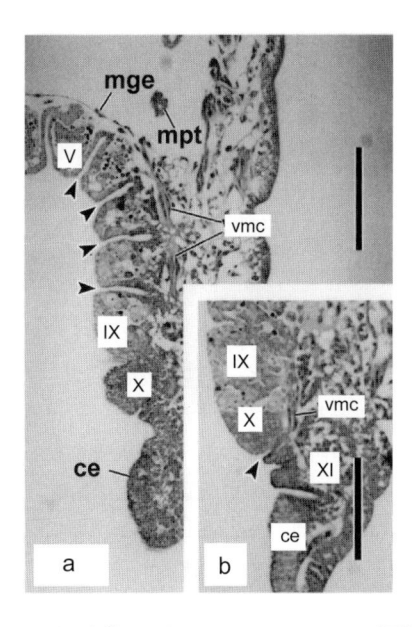

図18-13　ヒメガロアムシ Galloisiana yuasai の胚腹部の腹板内骨格（後胚反転期，縦断面）（Uchifune & Machida, 2005a）
a. 正中より50 μm側方の断面（第七〜九腹節の腹板内骨格に腹筋が付着），b. 図aより正中側に5 μmの断面（第十腹節の腹板内骨格に腹筋が付着），矢尻は腹板内骨格の陥入部（スケール：100 μm）
ce：尾毛，mge：中腸上皮，mpt：マルピーギ管，vmc：腹筋，V, IX〜XI：第五，九〜十一腹節

common salivary duct を形成し，下唇節の前縁に開口する（図18-10，l）。また，末端部付近の細胞は腺細胞に分化する。

腹板内骨格 sternal apophysis は胸部〜第十腹節における付属肢内側陥入に由来する（図18-10，n, o；18-12，b）。大顎側甲，唾液腺に続いて前方より生じ，付属肢の筋肉や腹筋 ventral longitudinal muscle など体幹部の筋肉の付着点となる（図18-13，a）。なお，第十腹節では付属肢原基の明瞭な発達はないものの，他の体節の腹板内骨格に対応する位置に開口する（図18-13，b）。胸部ではとくに発達し，左右が互いに接近して叉状甲 furca を形成し（図18-10，p），側板から陥入する側板内骨格 pleural apophysis（図18-15，c, d；後述の18-7節（4）「腹板・側板形成」参照）と内部で接近する。

c. 腹方正中陥入

下唇節・3胸節・第一〜七腹節において腹板後縁の正中に1個ずつ現れる陥入である（図18-12，c；18-14，a, b）。いずれも胚定位期に生じるが，下唇節・第二〜七腹節では以降の胚発生において退化する。

棘甲 spina は胸部における腹方正中陥入に由来する（図18-12，c；18-14，a）。胚反転後には，対をなす神経節縦連合の間を通って内方にまで伸長し，直後の体節付属肢の基節筋 coxal muscle の付着点となる。ただし，後胸では胚発生の途中で開口部が不明瞭になる。

反転嚢 eversible sac は第一腹節における腹方正中陥入に由来する（図18-12，c；18-14，b）。胚反転後，陥入部は第一腹節腹面の後縁から前方に向かって伸長するとともに肥厚し（図18-14，b），体壁と嚢状部を結ぶ収縮筋が付着，開口部は横方向に扁平となる。反転嚢はガロアムシ類の固有派生形質である一方（Boudreaux, 1979），無翅昆虫類の腹節に発見される腹胞 ventral sac と相同の器官として注目を集めたが（Walker, 1943；Matsuda, 1976），発生学的には付属肢とは無関係な構造で，棘甲と相同の器官である。

(4)　腹板・側板形成

腹板や側板はその多くの部分が付属肢基部に由来することが指摘されてはいるものの（Snodgrass, 1935；Weber, 1952；Matsuda, 1970など），これまで明確な証左が示されることはほとんどなかった。しかし，原始的な特徴を多く保持するガロアムシ類において，前述の外胚葉性陥入を手がかり

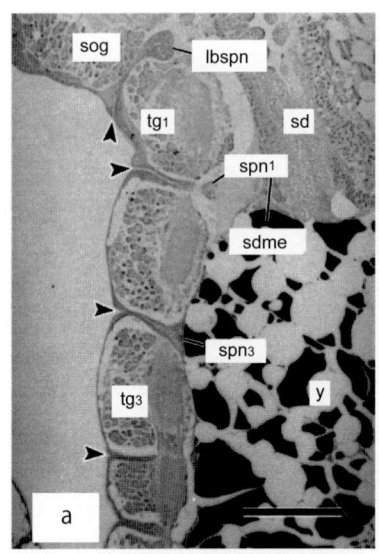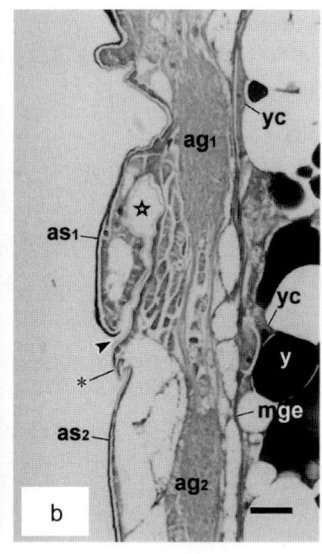

図 18-14　ヒメガロアムシ *Galloisiana yuasai* の胚の腹方正中陥入（後胚反転期，縦断面）（Uchifune, 2005）
　a. 顎部および胸部，b. 第一腹節，矢尻は腹方正中陥入の陥入部，☆は反転嚢，＊は第一腹節の棘甲腹板（スケール：100 μm）
ag$_{1,2}$：第一，二腹節神経節，as$_{1,2}$：第一，二腹節腹板，lbspn：下唇棘甲，mge：中腸上皮，sd：口陥，sdme：口陥中胚葉，sog：食道下神経節，spn$_{1,3}$：前，後胸棘甲，tg$_{1,3}$：前，後胸神経節，y：卵黄，yc：卵黄細胞

として，腹板や側板の形成過程が明らかとなった（Uchifune & Machida, 2005a）。

　ガロアムシ類の腹板と側板の形成は，胚反転期以降，付属肢基部が腹方と側方にそれぞれ伸長することで始まる。頭部・胸部・腹部に分けて，腹板・側板形成を説明したい。

a. 胸　部

　胸肢の亜基節は，側板線 pleural suture によって基部側後方の後側板 epimeron と先端側前方の前側板 episternum に分かれる（図 18-10，n，o；18-15，a）。前側板はさらに，上前側板 anepisternum，前前側板 preepisternum，下前側板 katepisternum，小転節 trochantin，基腹板 basisternum に分けられる（図 18-15，b）。

　腹板を構成する節片の大部分は亜基節由来で，基腹板と一対の後側板の一部によって構成される真腹板 eusternum からなる（図 18-15，c，d）。後側板が正中へ伸長する際には，腹板内骨格（付属肢内側陥入）も移動する（同図，a〜d）。基腹板と後側板が両側から発達したことにより，原腹板 protosternum，つまり元来の胚腹面の要素は前後に分断され，前縁部の前腹板 presternum と，後縁部正中の棘甲腹板 spinasternum の節片を形成する（同図，a〜d）。なお，前胸では前腹板は節片化しない（同図，c）。

　側板を構成する節片（上前側板，下前側板，大部分の後側板，小転節，前前側板）は，すべて亜基節に由来する（図 18-15，a〜d）。これは昆虫類における側板の「亜基節起源説」（Matsuda, 1970 など）を強く支持する。気管（付属肢外側陥入）は前前側板に開口しており，前前側板とともに前側方へ移動する。側板内骨格は側板線の中央付近に陥入する。また，頸部側方の頸節片は前胸側板の一要素で，中・後胸における前前側板と相同の節片であると考えられる（同図，c，d）。

b. 頭　部

　頭部（顎部）付属肢は，頭蓋形成にともなって移動・回転し，口器を形成する。大顎では，付属肢内側陥入である大顎側甲の開口部がほとんど移動しないため，胸肢亜基節に相当する部分（大顎軸節 mandibular cardo）が回内 pronation（図 18-10，c）しながら伸長し，前側板要素が大顎節後縁正中に移動して，下咽頭 hypopharynx 形成に参加すると考えられる。

　下唇は，その形成過程において，胸肢亜基節に相当する下唇後基板が回外 supination し，側板と腹板を形成している（図 18-10，k）。下唇後基板は左右融合し，下唇後側面に後大な節片を形成する（同図，l）（18-7 節（2）「付属肢」参照）。これらは，

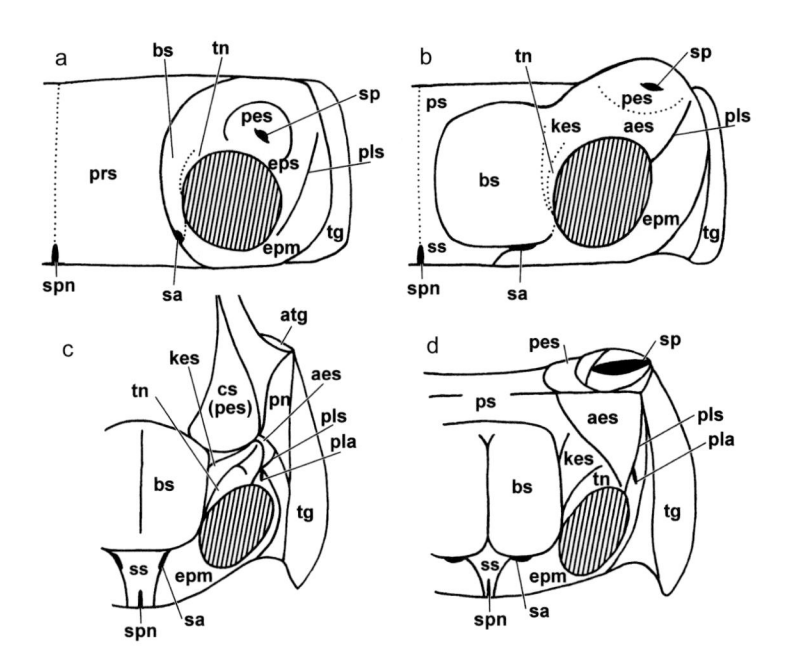

図18-15　ヒメガロアムシ *Galloisiana yuasai* の胚胸部の腹板・側板形成（腹面，模式図，表18-1参照）（Uchifune & Machida, 2005a）
　　a．ステージ8，b．ステージ10，c, d．1令幼虫の前胸（c）と中・後胸（d）
　　aes：上前側板，atg：端背板，bs：基腹板，cs：頸節片，epm：後側板，eps：前側板，kes：下前側板，pes：前前側板，pla：側板内骨格，pls：側板線，pn：側背板，prs：原腹板，ps：前腹板，sa：腹板内骨格，sp：気門，spn：棘甲，ss：棘甲腹板，tg：背板，tn：小転節

それぞれ胸肢の前側板と後側板に相当する。また，付属肢内側陥入である唾液腺は，融合して共有管を形成するとともに開口部が下唇節前端正中，つまり下咽頭との境界部にまで移動する。なお，下唇には一時的に腹方正中陥入を生じ，それは下唇後基板の後縁正中に位置する。したがって，下唇節の胸部棘甲腹板に相同である構造は頸部腹面の前方部に存在すると考えられ，先ほどの頸節片の前胸側板由来とあわせて考えると，ガロアムシ類における知見は，頸部が下唇節と前胸の二元起源であるとする現在コンセンサスを得られている考え（Matsuda, 1970）と矛盾しない。しかし，頸部は頸節片以外がすべて膜質化しており，頸部における下唇節と前胸の区分は厳密に行うことはできない。

　小顎の亜基節は軸節として明瞭な節片を形成するのみで，節片の同定の基準となる外胚葉性陥入も形成されない。しかし，亜基節が腹側方にも発達しており，下咽頭形成にも参加する可能性が十分に考えられる。

　　c. 腹　部
　腹部付属肢が最終的背閉鎖とともに体側部に移動する一方で，付属肢内側陥入である腹板側甲は腹面

側方に存続する。このことから，腹部付属肢でも，亜基節が真腹板として，腹板側甲をともなって腹方に発達していることがうかがえる。腹部体節腹面には，退化的な第十，十一腹節を除き，それぞれ大きな単一の節片が認められるが（図18-3, f），これは真腹板由来である可能性が高い。また，第一腹節では，上記の節片に加え，反転嚢の開口部のすぐ後方に小節片がみられる（図18-14, b）。これは，胸部の棘甲腹板に相当する後方の原腹板由来の節片である。

　腹部では，側板の領域は完全に膜質化しており，詳細な部分の同定はできないが，側方中央へ移動した気門は亜基節の側方への発達を示唆している（図18-3, f）。

　　(5)　消 化 管
　　a. 口　陥
　胚域の低細胞密度領域の前半部は口陥予定域である。その後方の低細胞密度領域である原溝が内方に陥没する一方，口陥予定域は円形の低細胞密度領域として残る（図18-4, b, c）。やがて羊漿膜褶が閉鎖するころになると口陥形成が始まる（図18-3, a）。このような，胚域の正中において口陥予定域と原溝が連なっている状態は，ゴキブリ類やキリギリ

ス類，そして完全変態類などにみられる内中胚葉 en-domesoderm（Grassi, 1884；Kowalewsky, 1886；Wheeler, 1889, 1893；Nusbaum & Fulinski, 1909；Johannsen & Butt, 1941）と関連づけることができよう。

　口陥陥入は管状で，柱状細胞からなる管壁は厚く，陥入底部は薄い（図 18-9, a, c）。口陥は後方へ向かって伸長し，やがて，口陥背壁では口胃神経系原基（図 18-8, b；18-9, a, c）（18-7 節（1）「神経系」参照），陥入底部付近の口陥腹壁では中腸上皮原基が分化する（図 18-9, c）。その後，口陥は前胸まで伸長し，前腸 foregut となる。

b. 肛門陥・マルピーギ管

　肛門陥は，沈み込み期の胚後端に現れ，柱状細胞によって構成された管壁が前方に向かって伸長し，胚反転までに第七〜十一腹節に及ぶ（図 18-16, a, b）。その一方で，肛門陥底部付近の管壁細胞は肥厚

し，薄くなって崩壊する底部に代わって二次的な底部を形成するとともに，肥厚部の一部が中腸上皮原基となる（同図, c, d）。やがて，肛門陥は胚反転後，卵黄塊（中腸）に押されるようにして後方で折れ曲がり，後腸 hindgut となる。

　マルピーギ管は胚定位期，二次肛門陥底部の外胚葉性細胞より形成される（図 18-16, e）。形成初期，それは中腸上皮原基側方の 4 本の短い管として生じ，側方の 2 本はそれぞれ近接している。これらの管は前方に伸長し，胚反転後，第五腹節のあたりで後方に折り返して伸長を続ける。マルピーギ管は後胚発生において分枝を増やし，成虫では個体によって異なるものの，約 20 本となる（Walker, 1949）。

c. 中　腸

　口陥と肛門陥からそれぞれ分化した前後の中腸上皮原基は，胚定位期，卵黄塊の表面に沿って薄い

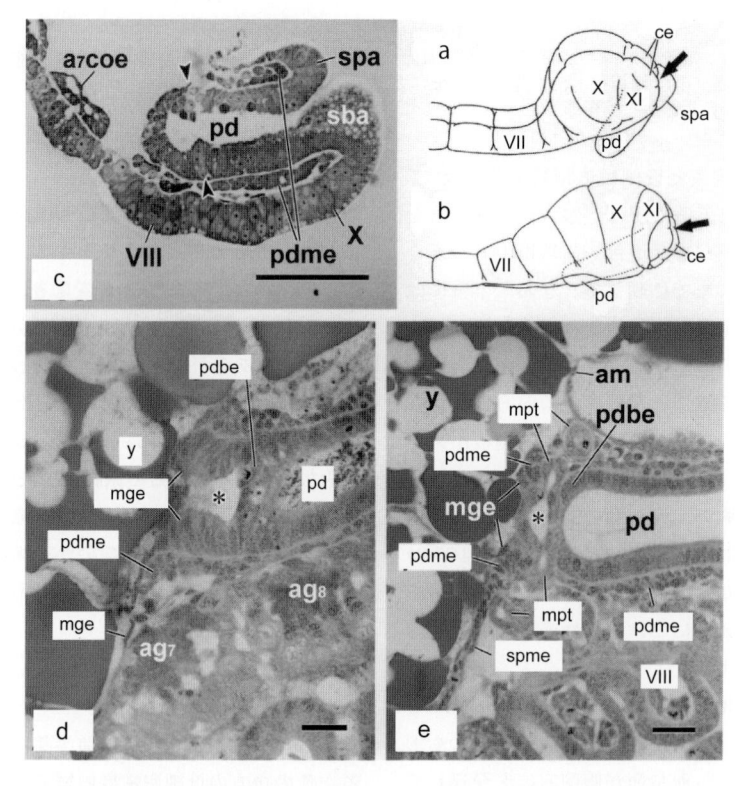

図 18-16　ヒメガロアムシ *Galloisiana yuasai* の胚の腹部形成と肛門陥（a, b, e. Uchifune, 2005；c, d. Uchifune & Machida, 2005a）
　a, b. 腹部形成（模式図）。a. 沈み込み期胚，b. 胚定位期胚，c, d, e. 肛門陥の縦断切片，c. 図 a と同じステージ，d, e. 図 b と同じステージ（d は正中，e は正中より 50 μm 側方），矢印は肛門陥陥入部，矢尻は二次肛門陥底部となる隆起，＊は肛門陥底部の腔所（スケール：100 μm）
　a7coe：第七腹節体腔嚢，ag7, 8：第七，八腹節神経節，am：羊膜，ce：尾毛，mge：中腸上皮，mpt：マルピーギ管，pd：肛門陥，pdbe：（二次）肛門陥底部，pdme：肛門陥中胚葉，sba：肛側片，spa：肛上片，spme：内臓中胚葉，y：卵黄，VII, VIII, X, XI：第七，八，十，十一腹節

細胞性の膜，すなわち中腸上皮を形成していく。つまり，ガロアムシ類の中腸上皮は二極形成 bipolar formation による（上巻の総論4章4-14節（3）「中腸」参照）。中腸上皮は胚と卵黄を隔て，胚の背側に神経上洞 epineural sinus を形成する。胚反転後，中腸上皮は最終的背閉鎖とともに卵黄背方に伸長し，卵黄を完全に覆う。二次背器は中腸内に取り込まれ，卵黄とともに消化される。また，このとき，口陥，肛門陥底部も崩壊し，一連の消化管が完成する。

中腸上皮の二極形成は有翅昆虫類に広くみられるものであるが，ガロアムシ類の中腸上皮形成には二つの特徴がみられる。一つは，肛門陥から分化した後中腸上皮原基が前方のものより明らかに発達していることであり（図18-9, c；18-16, d），カワゲラ類で報告されている後中腸上皮原基のみによる一極形成との関連が考えられる（Miller, 1940；Kishimoto, 1987）。Kobayashi *et al.* (1981) は，中腸上皮の二極形成における前後の原基の発達の時間的な差に注目し，一極形成を，発達時期の差が著しく生じた二極形成からの派生型であると解釈しており，この点でガロアムシ類の後方からの形成が勝った中腸上皮二極形成は，一極形成への派生の一つの段階とみることができる。

もう一つは，中腸上皮に多くの大型の卵黄細胞 yolk cell が付着していることである（図18-14, b）。このような現象は，バッタ目，シロアリモドキ目などでも知られており（Roonwal, 1937；Stefani, 1961），Roonwal によれば，*Locusta migratoria migratorioides* では，卵黄細胞［Graber (1891) の "Krokocyten" に相当］が中腸上皮の内面に沿って "pseudo-epithelium" とよばれる上皮を形成する。彼は，これを無翅昆虫類や旧翅類などでみられる卵黄細胞による中腸上皮形成のなごり（たとえば，Machida & Ando, 1981）であると解釈しており，卵黄細胞による上皮を一次中腸上皮，口陥，肛門陥による上皮を二次中腸上皮とした。ガロアムシ類では，卵黄細胞は明瞭な上皮を形成しないが，Roonwal の一次中腸上皮になんらかの関係があるのかもしれない。

(6) 中胚葉性器官

体腔嚢は胚定位期～胚反転期に，前方の体節より徐々に崩壊する。崩壊した体腔嚢は神経上洞中で各中胚葉性器官に分化する。これらの細胞は，体腔嚢における位置によって大きく二つに分けられ，背側に位置していた内臓中胚葉 splanchnic mesoderm, 腹側方に位置していた体壁中胚葉 somatic mesoderm として，それぞれ発達する。

a. 内臓中胚葉

内臓中胚葉は，中腸および前腸・後腸の筋肉を形成する。中腸の内臓中胚葉は，前胸～第六腹節において崩壊した体腔嚢背壁の細胞に由来する。これらの細胞は前後に連続して，中腸上皮の腹方表面に一対の中胚葉索を形成し，腹方へ伸長して左右で融合する一方，中腸上皮とともに背方へも伸長する（図18-16, e）。やがて，中腸上皮の外側を覆い，中腸筋 enteric muscle を形成する。

口陥中胚葉は，口陥形成初期，頭葉中央部に分布する間挿節中胚葉に由来する。口陥は底部を除いてこの中胚葉によって裏打ちされ，口胃神経系もまた，これに覆われる（図18-9, a, c）。

肛門陥中胚葉は，第十一腹節中胚葉に由来する。肛門陥は底部を除いてこの中胚葉に裏打ちされ，マルピーギ管もまた，これに覆われる（図18-16, a～c）。

b. 体壁中胚葉

体壁中胚葉は，おもに体壁および付属肢の筋肉，そして脂肪体に分化するほか，循環系，生殖系，食道下体 suboesophageal body に分化する。生殖系形成に関しては知見がない。

体壁および付属肢の筋肉は，体腔嚢腹壁の細胞と側壁の一部の細胞に由来し，脂肪体は体腔嚢側壁の細胞に由来する。この細胞はやがて肥大して空胞化が目立つようになり，神経上洞内に広がる。循環系は体腔嚢側壁の背方の細胞に由来し，背脈管 dorsal vessel と血球 haemocyte を形成する。最終的背閉鎖において，背方に伸長する体腔嚢の先端に位置する細胞は心臓芽細胞 cardioblast とよばれ，背方正中において左右合一し，前胸以降の体節において連続した心臓 heart を形成する。一方，触角節中胚葉の一部は，脳と口陥の間に大動脈 aorta を形成，後方において心臓と連続する。血球細胞は，胚定位期の神経上洞内に遊離するのが観察され，細胞質に富んだ円形や楕円形の細胞である。

食道下体は左右の大顎節体腔嚢の背壁の細胞に由来し，胚定位期までに口陥の下で左右融合し，好エオシン性の空胞に富んだ細胞塊を形成する（図18-9, b, c）。口陥の伸長とともに食道下体は発達

し，最終的には，顎部に相当する領域において口陥の腹方と側方を覆う。しかし，胚反転後は空胞化が顕著になり，孵化までに消失する。食道下体の起源は，多くの昆虫において間挿節体腔嚢であるものの（Wheeler, 1893；Heymons, 1895；Eastham, 1930；Miller, 1939；Miyakawa, 1974；Machida, 1982），ガロアムシ目ではバッタ目と同様，大顎節体腔嚢由来である（Roonwal, 1937；Harrat et al., 1999）。また，食道下体の機能については，囲心細胞との類似性が指摘されており（Kessel, 1961），近年，バッタ目の一種 Locusta migratoria において囲心細胞に先立って腎機能を担う可能性が示唆されたほか（Harrat et al., 1999），鱗翅類では頭蓋形成を誘導（Tsuzuki et al., 2005）するという報告もある。

18-8　おわりに

　本章では，ガロアムシ目の胚発生を解説した。ガロアムシ目の多くの発生学的特徴は多新翅類各目の特徴と共通するものであったが，卵膜や胚運動の点に関しては，ガロアムシ類とカカトアルキ類は酷似しており，両目の類縁が示唆された。ガロアムシ目とカカトアルキ目からなる系統群に，内舩・町田は Chimaeraptera との名前を与えた（Uchifune & Machida, 2005a）。両目の類縁は，これまでに比較形態学（Klass et al., 2002），比較精子学（Dallai et al., 2005），分子系統解析（Terry & Whiting, 2005）などによっても支持されるものである。現生のガロアムシ類とカカトアルキ類はいずれも翅を欠いているが，これらの共通祖先と考えられる古ガロアムシ類は翅を有し，古生代後期から中生代中期にかけて全世界的に繁栄を遂げた代表的な昆虫相の一つである。そのような共通祖先から，現在のような，それぞれ互いに対照的な環境に適応し進化を遂げた一方で，発生学的に共通のプランが見いだされたことは非常に興味深い（内舩・町田，2005）。

　本章冒頭に記したように，ガロアムシ目は多新翅類の各目の特徴をモザイク的に持ち合わせているが，以上で述べてきたように，発生学的特徴においても同様のことがいえる。このことは，定まらない多新翅類の目間の類縁関係の議論に，ガロアムシ目の発生学的研究はおおいに貢献するであろうことを期待させるのである。また，ガロアムシ目は原直翅目と類似する多くの原始的な特徴を備えている。こ

のことは，ガロアムシ目の発生学的研究が昆虫の体制の理解に重要な知見をもたらしたことによっても頷けるのである（Uchifune & Machida, 2005a）。

　このように，ガロアムシ目における比較発生・形態学的研究は，多新翅類，ひいては有翅昆虫類の系統進化の再構築およびグラウンドプランの推定に高いポテンシャルをもつものであり，今後さまざまなアプローチによる研究の発展が期待される。

■ 18章の引用文献

Ando, H., 1953：Studies on the pleuropodia of Odonata. *Sci. Rep. Tokyo Bunrika Daigaku, B, 7,* 167–181.

──, 1962：*The Comparative Embryology of Odonata with Special Reference to a Relic Dragonfly,* Epiophlebia superstes *Selys.* Jpn. Soc. Promot. Sci., Tokyo.

安藤　裕，1988：昆虫類．"無脊椎動物の発生（団　勝磨ほか編），下"，pp. 131–248. 培風館，東京.

──, 1991：昆虫発生学入門．東京大学出版会，東京.

── & T. Nagashima, 1982：A preliminary note on the embryogenesis of *Galloisiana nipponensis* (Caudell et King). In：*Biology of the Notoptera* (Ando, H., ed.), pp. 89–95. Kashiyo–Insatsu, Nagano.

── & R. Machida, 1987：Relationship between Notoptera and Dermaptera, from the embryological standpoint. In：*Recent Advances in Insect Embryology in Japan and Poland.* (Ando, H. & Cz. Jura, eds.), pp. 151–157. Arthropodan Embryological Society of Japan, ISEBU, Tsukuba.

Baccetti, B., 1982：The spermatozoon of Arthropoda. XXXII. *Galloisiana nipponensis* (Caudell et King) (Grylloblattodea). In：*Biology of the Notoptera* (Ando, H., ed.), pp. 71–78. Kashiyo–Insatsu, Nagano.

Boudreaux, H. B., 1979：*Arthropod Phylogeny with Special Reference to Insects.* John Wiley & Sons, New York.

Butt, F. H., 1960：Head development in the arthropods. *Biol. Rev.,* 35, 43–91.

Chaudonneret, J., 1950：La morphologie céphalique de *Thermobia domestica* (Packard). *Ann. Sci. Nat. Zool. Paris, II,* 12, 145–302.

Crampton, G. C., 1927：The abdominal structure of the orthopteroid family Grylloblattidae and the relationship of the group. *Pan-Pacific Entomol.,* 3, 115–135.

Dallai, R., R. Machida, T. Uchifune, P. Lupetti & F. Frati, 2005：The sperm structure of Grylloblattodea and their phylogenetic relationships. *Zoomorphology,* 124, 205–212.

Eastham, L. E. S., 1930：The formation of germ layers in insects. *Biol. Rev.,* 5, 1–29.

福島義一，1979：生活史．"ガロアムシ目の研究（安藤裕ほか編）"，pp. 12–34. ガロアムシ研究会，長野.

布施洋子・安藤　裕，1983：外部観察によるハサミムシ *Anisolabis maritima* Gené（革翅目）の胚発生. *New Entomol.,* 32, 9–16.

Graber, V., 1891：Beiträge zur vergleichenden Embryologie der Insekten. *Denkschr. Kaiserl. Akad.*

Wiss. Wien Math. Nat. Cl., **58**, 803–866.

Grassi, B., 1884：Studî sugli artropodi. Intorno allo sviluppo delle api nell'uovo. *Atti. Accad. Gioenia Sci. Nat. Catania*, **18**, 145–223.

Haas, M. S., S. J. Brown & R. W. Beeman, 2001：Pondering the procephalon：the segmental origin of labium. *Dev. Genes Evol.*, **211**, 89–95.

Hagan, H. R., 1917：Observation on the development of the mantid *Paratenodera sinensis*. *J. Morphol.*, **30**, 223–243.

Harrat, A., S. Ihsan & J. Schoeller-Raccaud, 1999：Development of the suboesophageal body during embryogenesis without diapause in *Locusta migratoria* (Linnaeus). *Int. J. Insect Morphol. Embryol.*, **28**, 27–39.

Heymons, R., 1895：*Die Embryonalentwicklung von Dermapteren und Orthopteren unter besonderer Berücksichtigung der Keimblätterbildung*. Gustav Fischer, Jena.

Ikeda, Y. & R. Machida, 1998：Embryogenesis of the dipluran *Lepidocampa weberi* Oudemans (Hexapoda, Diplura, Campodeidae)：External morphology. *J. Morphol.*, **237**, 101–115.

Johannsen, O. A. & F. H. Butt, 1941：*Embryology of Insects and Myriapods*. McGraw-Hill, New York, London.

Kershaw, J. C., 1914：Development of an embiid. *J. R. Microsc. Soc.*, **34**, 2–27.

Kessel, R. G., 1961：Cytological studies on the suboesophageal body cells and pericardial cells in the embryos of the grasshopper, *Melanoplus differentialis* (Thomas). *J. Morphol.*, **109**, 289–321.

Kishimoto, T., 1986：*Embryological Studies on the Stonefly*, Kamimuria tibialis *(Pictet) (Insecta, Plecoptera, Perlidae)*. Doctoral thesis, University of Tsukuba, Tsukuba.

——, 1987：Embryonic development of the ventral nervous system of the stonefly *Kamimuria tibialis* (Pictét) (Plecoptera, Perlidae). In：*Recent Advances in Insect Embryology in Japan and Poland* (Ando, H. & Cz. Jura, eds.), pp. 215–223. Arthropodan Embryological Society of Japan, ISEBU, Tsukuba.

——& H. Ando, 1985：External features of the developing embryo of the stonefly, *Kamimuria tibialis* (Pictet) (Plecoptera, Perlidae). *J. Morphol.*, **183**, 311–326.

Klass, K.-D., O. Zompro, N. P. Kristensen & J. Adis, 2002：Mantophasmatodea：a new insect order with extant members in the Afrotropics. *Science*, **296**, 1456–1459.

Knower, H. M., 1900：The embryology of a termite. *Eutermes (rippertii?)*. *J. Morphol.*, **16**, 505–568.

Kobayashi, Y. & H. Ando, 1990：Early embryonic development and external features of developing embryos of the caddisfly, *Nemotaulius admorsus* (Trichoptera：Limnephilidae). *J. Morphol.*, **203**, 69–85.

——, M. Tanaka, H. Ando & K. Miyakawa, 1981：Embryonic development of alimentary canal in the primitive moth, *Endoclita signifer* Walker (Lepidoptera, Hepialidae). *Kontyû*, **49**, 641–652.

——, H. Suzuki & N. Ohba, 2003：Development of the pleuropodia in the embryo of the glowworm *Rhagophthalmus ohbai* (Rhagophthalmidae, Coleoptera, Insecta), with comments on their probable function.

Proc. Arthropod. Embryol. Soc. Jpn., **38**, 19–26.

Kowalewsky, A., 1886：Zur embryonalen Entwicklung der Musciden. *Biol. Zbl.*, **6**, 49–56.

Machida, R., 1981：External features of embryonic development of a jumping bristletail, *Pedetontus unimaculatus* Machida (Insecta, Thysanura, Machilidae). *J. Morphol.*, **168**, 339–355.

——, 1982：*The Embryology of th Jumping Bristletail* Pedetontus unimaculatus *Machida (Insecta, Microcoryphia, Machilidae)*. Doctoral thesis, University of Tsukuba, Tsukuba.

——, 2000：Serial homology of the mandible and maxilla in the jumping bristletail *Pedetontus unimaculatus* Machida, based on external embryology (Hexapoda：Archaeognatha, Machilidae). *J. Morphol.*, **245**, 19–28.

——& H. Ando, 1981：Formation of midgut epithelium in the jumping bristletail *Pedetontus unimaculatus* Machida (Archaeognatha：Machilidae). *Int. J. Insect Morphol. Embryol.*, **10**, 297–308.

——, K. Tojo, T. Tsutsumi, T. Uchifune, K.-D. Klass, M. D. Picker & L. Pretorius, 2004：Embryonic development of heel-walkers：reference to some prerevolutionary stages (Insecta：Mantophasmatodea). *Proc. Arthropod. Embryol. Soc. Jpn.*, **39**, 31–39.

Matsuda, R., 1970：Morphology and evolution of the insect thorax. *Mem. Entomol. Soc. Can.*, **76**, 1–431.

——, 1976：*Morphology and Evolution of the Insect Abdomen*. Pergamon Press, Oxford.

Matsuzaki, M., H. Ando & S. N. Visscher, 1982：Fine structure of oocyte and follicular cells during oogenesis in *Galloisiana nipponensis* (Caudell *et* King). In：*Biology of the Notoptera* (Ando, H., ed.), pp. 79–87. Kashiyo-Insatsu, Nagano.

Melander, A. L., 1903：Notes on the structure and development of *Embia texana*. *Biol. Bull.*, **4**, 99–118.

Miller, A., 1939：The egg and early development of the stonefly, *Pteronarcys proteus* Newman (Plecoptera). *J. Morphol.*, **64**, 555–609.

——, 1940：Embryonic membranes, yolk cells, and morphogenesis of the stonefly *Pteronarcys proteus* Newman (Plecoptera：Pteronarcidae). *Ann. Entomol. Soc. Am.*, **33**, 437–477.

Miyakawa, K., 1974：The embryology of the caddisfly *Stenopsyche griseipennis* MacLachlan (Trichoptera：Stenopsychidae). III. Organogenesis：ectodermal derivatives. *Kontyû*, **42**, 305–324.

Nagashima, T., 1982：Anatomy of *Galloisiana nipponensis* (Caudell *et* King). Part 1. Skeleto-muscular system of the head. In：*Biology of the Notoptera* (Ando, H., ed.), pp. 113–135. Kashiyo-Insatsu, Nagano.

——, H. Ando & G. Fukushima, 1982：Life history of *Galloisiana nipponensis* (Caudel *et* King). In：*Biology of the Notoptera* (Ando, H., ed.), pp. 43–59. Kashiyo-Insatsu, Nagano.

Nusbaum, J. & B. Fulinski, 1909：Zur Entwicklungsgeschichte des Darmdrusenblättes bei *Gryllotalpa vurgaris* Latr. *Z. Wiss. Zool.*, **93**, 306–348.

Rentz, D. C. F., 1982：A review of the systematics, distribution and bionomics of the North American Grylloblattidae. In：*Biology of the Notoptera* (Ando, H., ed.), pp. 1–18. Kashiyo-Insatsu, Nagano.

Roonwal, M. L., 1937：Studies on the embryology of the African migratory locust, *Locusta migratoria migratorioides* Reiche and Frm. II-Organogeny. *Phil. Trans. R. Soc. Lond., B,* **227**, 175-244, 7 pls.

Slifer, E. H., 1937 : The origin and fate of the membranes surrounding the grasshopper egg : together with some experiments on the hatching enzyme. *Q. J. Microsc. Sci.,* **79**, 493-506.

——, 1938 : The formation and structure of a special water-absorbing area in the membranes covering the grasshopper egg. *Ibid.,* **80**, 437-457.

——& S. S. Sekhon, 1963 : The fine structure of the membranes which cover the egg of the grasshopper, *Melanoplus differentialis*, with special reference to the hydropyle. *Ibid.,* **104**, 321-334.

Snodgrass, R. E., 1935 : *Principles of Insect Morphology*. McGraw-Hill, New York, London.

Stay, B., 1977 : Fine structure of two types of pleuropodia in *Diploptera punctata* (Dictyoptera : Blaberidae) with observation on their permeability. *Int. J. Insect Morphol. Embryol.,* **6**, 67-95.

Stefani, R., 1961 : La formazione die foglitti embryonali, l'origine dell'epitelio intestinale e la determinazione della linea germinale femminile nell'*Haploembia solieri*. *Caryologia,* **14**, 1-30.

Storozhenko, S. Yu., 1998 : *Systematics, Phylogeny and Evolution of the Grylloblattids (Insecta: Grylloblattida)*. Dal'nauka, Vladivostok. (ロシア語)

Striebel, H., 1960 : Zur Embryonalentwicklung der Termiten. *Acta Trop.,* **13**, 193-260.

Suzuki, N., 1990 : Embryology of the Mecoptera (Panorpidae, Panorpodidae, Bittacidae and Boreidae). *Bull. Sugadaira Montane Res. Ctr. Univ. Tsukuba,* **11**, 1-87.

Terry, M. D. & M. F. Whiting, 2005 : Mantophasmatodea and phylogeny of the lower neopterous insects. *Cladistics,* **21**, 240-257.

Thomas, A. J., 1936 : The embryonic development of the stick insect, *Carausius morosus. Q. J. Microsc. Sci.,* **78**, 487-512.

Tsutsumi, T., R. Machida, K. Tojo, T. Uchifune, K.-D. Klass & M. D. Picker, 2004 : Transmission electron microscopic observations of the egg membranes of a South African heel-walker, *Karoophasma biedouwensis* (Insecta : Mantophasmatodea). *Proc. Arthropod. Embryol. Soc. Jpn.,* **39**, 23-29.

Tsuzuki, S., S. Sekiguchi, M. Kamimura, M. Kiuchi & Y. Hayakawa, 2005 : A cytokine secreted from the suboesophageal body is essential for morphogenesis of the insect head. *Mech. Dev.,* **122**, 189-197.

Uchifune, T., 2005 : *Embryological Studies on* Galloisiana yuasai *Asahina (Insecta : Grylloblattodea)*. Doctoral thesis, University of Tsukuba, Tsukuba.

——& R. Machida, 2002 : Note on the early germ band stage in *Galloisiana yuasai* Asahina (Insecta : Notoptera). *Proc. Arthropod. Embryol. Soc. Jpn.,* **37**, 45-48.

内舩俊樹・町田龍一郎, 2003：ヒメガロアムシ *Galloisiana yuasai* Asahina の胚盤形成（昆虫綱：ガロアムシ目）. *Ibid.,* **38**, 43-45.

——・——, 2005：カカトアルキ目との類縁が示唆されるガロアムシ目. 生物科学, **57(1)**, 35-39.

Uchifune, T. & R. Machida, 2005a : Embryonic development of *Galloisiana yuasai* Asahina, with special reference to external morphology (Insecta : Grylloblattodea). *J. Morphol.,* **266**, 182-207.

——&——, 2005b : Egg membranes of *Galloisiana yuasai* Asahina (Insecta : Grylloblattodea). *Proc. Arthropod. Embryol. Soc. Jpn.,* **40**, 9-14.

——, ——, T. Tsutsumi & K. Tojo, 2006 : Chorion of a South African heel-walker, *Karoophasma biedouwensis* Klass *et al.* : SEM observations (Insecta : Mantophasmatodea). *Ibid.,* **41**, 29-35.

Walker, E. M., 1931 : On the anatomy of *Grylloblatta campodeiformis* Walker. 1. Exoskeleton and musculature of the head. *Ann. Entomol. Soc. Am.,* **24**, 519-536.

——, 1937 : *Grylloblatta*, a living fossil. *Trans. R. Soc. Can., V, III,* **26**, 1-10.

——, 1943 : On the anatomy of *Grylloblatta campodeiformis* Walker. 4. Exoskeleton and musculature of the abdomen. *Ann. Entomol. Soc. Am.,* **36**, 681-706.

——, 1949 : On the anatomy of *Grylloblatta campodeiformis* Walker. 5. The organs of digestion. *Can. J. Res.,* **27d**, 309-344.

Weber, H., 1952 : Morphologie, Histologie und Entwicklungsgeschichte der Articulaten. *Fortschr. Zool. NF,* **9**, 18-231.

Wheeler, W. M., 1889 : The Embryology of *Blatta germanica* and *Doryphora decemlineata. J. Morphol.,* **3**, 291-386.

——, 1893 : A contribution to insect embryology. *Ibid.,* **8**, 1-160.

19章

カカトアルキ目
Mantophasmatodea

19-1　はじめに

　2002年，ナミビアの乾燥地帯で発見され，多新翅類の新目として Mantophasmatodea は記載された（Klass *et al.*, 2002）。この Mantophasmatodea の発見は「88年ぶりの昆虫類の新目」として新聞紙上等をにぎわせた。「88年ぶり」とは，1914年のカナディアン・ロッキーからの E. W. Walker によるガロアムシ目 Grylloblattodea の発見・記載以来ということであり，前世紀の初め，1907年の F. Silvestri によるカマアシムシ目（原尾目）Protura，1913年の同じく F. Silvestri によるジュズヒゲムシ目（絶翅目）Zoraptera，そしてガロアムシ目との立て続けの発見以来，昆虫類の新目の報告は途絶えていた。

　現在までに20種余の種がナミビア，南アフリカ，タンザニアで発見され，記載されている。いずれの種も体長20 mm前後，翅を欠き，小昆虫を餌とする。一見，体躯はナナフシ，頭部の特徴や食性などはカマキリのようである（図19-1）。最も特徴的なのは歩脚の跗節である。爪間盤 arolium が爪の間に大きく発達し，歩行の際，基部の3跗節を接地，第四跗節を曲点として一番長い第五跗節と前跗節（爪間盤と爪）を上方にかかげて歩く。

　新目 Mantophasmatodea の理解をめざし，多様な分野からの精力的なアプローチが開始された。このようなアプローチは単に Mantophasmatodea が新目であるということだけではない。その学名からもわかるように，系統学的にたいへん理解しにくいグループである多新翅類のいくつかの群の特徴をあわせ持っていることから，多新翅類の系統学的理解にとって重要な情報を与えてくれるであろうとの期待がもたれたからである。国際的なプロジェクトが立ち上がり，日本のグループ（町田・東城・塘・内舩）は比較発生学分野として参加している。そして，上記の歩行の仕方から，カカトアルキ目（踵行目）との和名をつけた。コモンネームは heel-walker で，また，gladiator, rock-crawler ともよばれる。カカトアルキ目の生物学に関しては，Klass *et al.* (2002, 2003)，Zompro *et al.* (2002)，Adis *et al.* (2002)，東城・町田 (2003)，町田・東城 (2003)，Tojo *et al.* (2004)，町田ら (2005) を参照されたい。

　ここでは，その概略の一部がわかったにすぎないが，カカトアルキ目の胚発生を Machida *et al.* (2004)，Tsutsumi *et al.* (2004)，Uchifune *et al.* (2006) をもとに述べる。なお，卵巣形態，卵形成に関しては Tsutsumi *et al.* (2005) の研究がある。これによると，カカトアルキ目は多新翅類に典型的な無栄養室型であり，五ないし六対の卵巣小管からなる。精子構造については，Dallai *et*

図19-1　ビドーカカトアルキ *Karoophasma biedouwensis* の交尾（町田 原図）
　下方の大きい個体が雌（スケール：1 cm）

al.（2003，2005）の研究がある。これによると
カカトアルキ目の精子は 16 原繊維からなる付属微
小管，付属体の欠如，3 本の結合帯で特徴づけら
れ，これらの特徴からカカトアルキ目はカマキリ目，
バッタ目，ガロアムシ目とともに多新翅類で最も派
生的なグループを構成するという。

19-2　繁殖と産卵

　Tojo *et al*.（2004）をもとに述べる。カカトアル
キ類の現れるのは雨期，現地の冬にあたる 6 月から
9 月である。雨期の初めに孵化した幼虫は急速に成
長し，雨期の終わり，すなわち現地の 8 月末から 9
月の春に成虫となり，繁殖する。カカトアルキ類の
交尾は雄雌のドラミングによる交信で始まる。地面
や植物に腹部をたたきつけることで音を出し，この
リズムは雄雌で異なっている。機が熟すと雌の背中
に雄が飛び乗って交尾となる。交尾の姿勢は，多新
翅類でよくみられる雄上位型である（図 19-1）。交
尾は長時間続く。平均 3 日くらいで，少しぐらい邪
魔されても交尾は継続される。まれに交尾後，カマ
キリで知られるように，雄が雌に食べられてしまう
こともある。

　雌は場所を変えながら腹部末端で地面を探り，産
卵場所に適した場所を探索する。場所が決まると腹
部の先で穴を開け，そこに粘液とともに 10 個ほど
の卵を，1 時間もかけて産み付ける（図 19-2）。産
卵はバッタ目のそれに似ている。雌の卵巣小管は五
〜六対で，それぞれに 1 個ずつの成熟卵があるので
一回の産卵数はこのように決まってくる。一生のう
ちに雌は複数回産卵するが，回数は不明である。卵
とともに出された粘液は泥や砂粒を卵に固着させ，
カチカチに固まる。このような状態で乾期を越して，
翌年の雨期，雨水で卵塊は柔らかくなり，幼虫が孵

図 19-2　ビドーカカトアルキ *Karoophasma biedouwensis* の
産卵（東城 原図）

化する。

19-3　卵

　卵塊は幅 5 mm，長さ 10 mm ほどで（図 19-3，
a），卵塊には 10 〜 12 個の卵が数個横に並んで二段
重ねに収まっている。ここでは詳細な研究のあるビ
ドーカカトアルキ *Karoophasma biedouwensis* の
卵を中心に述べる。他属のカカトアルキ，ナミビア
カカトアルキ *Mantophasma zephyla*（Klass *et al*.，
2002；Zompro *et al*., 2002），パレシスカカトア
ルキ *Sclerophasma paresisensis*（Machida *et al*.，
2004）の卵についての簡単な報告と基本的に異なる
点はない。

　卵は乳白色〜薄茶色，1.9 〜 2.5 mm × 1.0 〜 1.2
mm の回転楕円体である（図 19-3，b）。卵表には，
前極側の 5 〜 10 % にはキャップ領域 cap region
［Machida *et al*.（2004）は cap structure とよん
だ］が認められ，その後方の本体領域と区別され
る。本体領域では，卵膜は，1）シート状の基底
層，その外側の厚い外突起層，きわめて薄く繊維状
の最外層 outermost surface layer からなる，厚さ
約 10 µm の外卵殻 exochorion と，2）無数の気孔
aeropyle が垂直に貫通する，厚さ約 4 µm の内卵殻
endochorion，さらに，3）厚さ約 70 nm の大変薄
い卵黄膜 vitelline membrane の三層で構成される
（同図，c）。外卵殻の最外層には亀甲模様がある（同
図，d，d'，e）。キャップ領域は三つのゾーン zone
1-3 に分かれる（同図，d，d'，d"）。ゾーン 1 は，
キャップ領域後縁の幅約 20 µm の領域で，ここで
は内卵殻が著しく発達し，表面はやや隆起している
（同図，d' の「Z₁」）。外卵殻は最外層を含めほとん
ど消失している。ゾーン 1 の前方の幅約 200 µm の
領域はゾーン 2 で，外卵殻の基底層が欠落する。最
外層の発達も悪く，このためゾーン 1 と 2 では表面
の亀甲模様は認められない。ゾーン 2 より前方の領
域はゾーン 3 で，構造は本体領域のそれと基本的に
同じであり，表面には亀甲模様が認められる。卵門
はゾーン 1 に並んでいて（同図，e），ビドーカカト
アルキでは 15 〜 20 個である。卵門は漏斗型でゾー
ン 2 の領域に張り出していて（同図，f），卵門からの
管は斜め後方にゾーン 1 を貫通し卵内に至り，フ
ラップ状の覆いで終わる（同図，g）。

　カカトアルキ目のキャップ領域は，発見当初，ナ
ナフシ目やシロアリモドキ目の卵蓋 operculum と

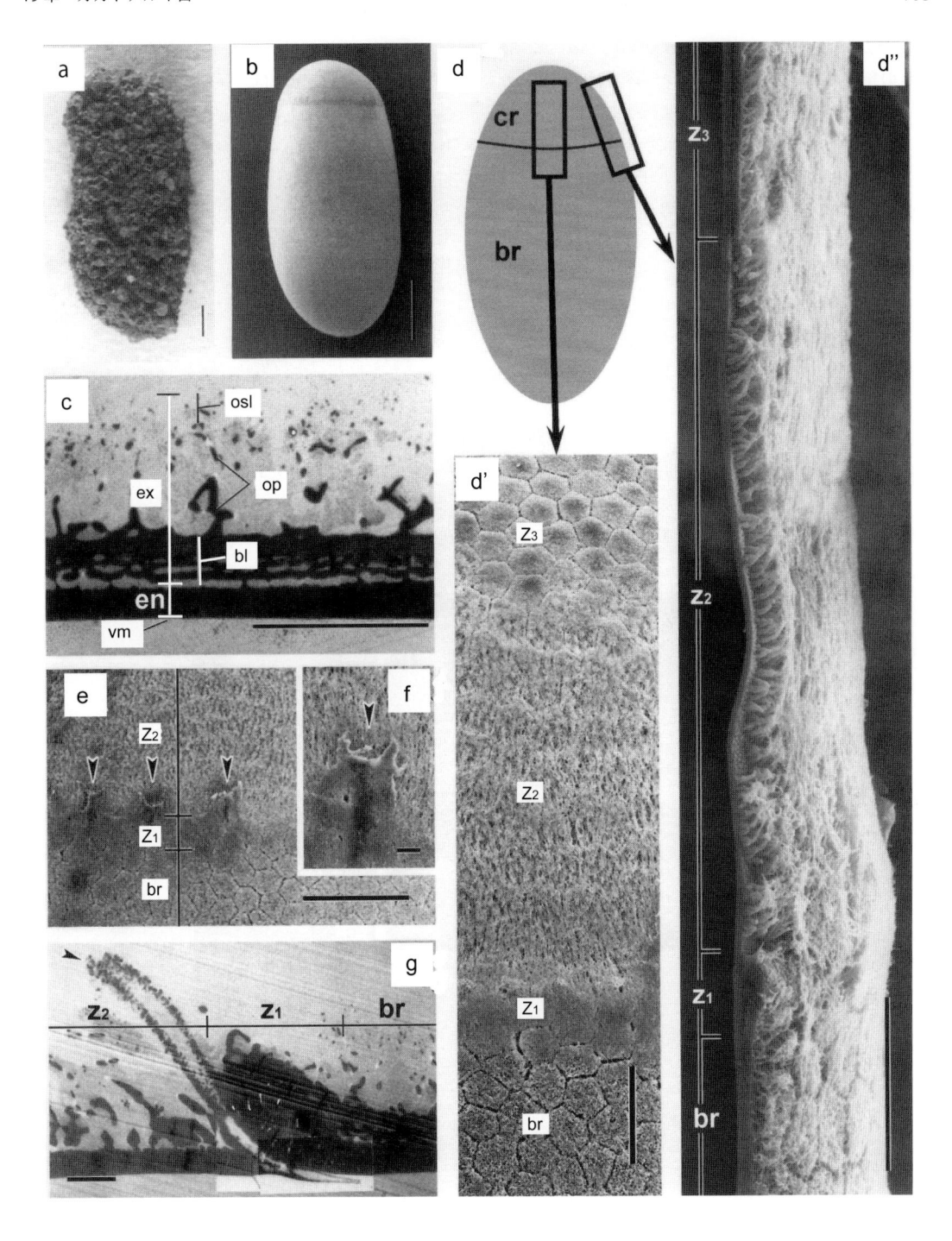

図19-3　ビドーカカトアルキ *Karoophasma biedouwensis* の卵と卵殻（a. Machida *et al.*, 2004；b～e. Uchifune *et al.*, 2006； f, g. 内舩 原図）
　　a. 卵塊（スケール：1 mm），b. 卵（SEM；スケール：500 μm），c. 本体領域の卵殻の TEM 像（スケール：10 μm），d. 卵殻の部位による違い（SEM；スケール：50 μm），d′. 模式図で示した部位の表面構造，d″. 模式図で示した部位の断面構造，e～g. 卵門（矢尻），e. 隆起構造前後の卵殻の表面（SEM；スケール：100 μm），f. 卵門の拡大（SEM；スケール：10 μm），g. 隆起構造の断面。細長く伸びている卵門管が見られる（TEM；スケール：5 μm）。
　　bl：外卵殻基底層，br：本体領域，cr：キャップ領域，en：内卵殻，ex：外卵殻，op：外卵殻外突起，osl：外卵殻最外層，vm：卵黄膜，Z_1～3：キャップ領域ゾーン1～3

の類似が指摘された（Zompro *et al.*, 2002）。見た目の類似もあるし，確かにこれらの目の卵蓋とカカトアルキ目のキャップ領域は孵化に関連した構造である。しかしながら，ナナフシ目（Leuzinger *et al.*, 1926）やシロアリモドキ目（Jintsu *et al.*, 2007）の孵化にともなう卵蓋の卵本体からの離脱は円形の隆起構造の開裂で起こるが，カカトアルキ目のキャップ構造の卵本体からの離脱は，ナナフシ目，シロアリモドキ目卵の隆起構造と比較できそうなゾーン1でなく，卵殻が薄くなっているゾーン2で起こる（Uchifune *et al.*, 準備中）。そして，カカトアルキ目のこの隆起構造，すなわちゾーン1は卵門に密接に関連した構造で，おそらく乾燥適応と考えられる卵門管の長さに関係した構造である。一方，ナナフシ目やシロアリモドキ目の卵門は卵本体の腹面に単一である。以上の比較から，ナナフシ目

とシロアリモドキ目の卵蓋構造とカカトアルキ目のキャップ領域の類似は，系統に裏づけられたものではなく，見かけ上のものであろうと考えられる（Uchifune *et al.*, 準備中；Machida *et al.*, 2004 も参照）。

19-4　胚発生の概略

　カカトアルキ卵をインキュベートするのは難しく，現在までに胚発生の知見のあるものはパレシスカカトアルキだけである。しかも，胚反転以降の知見はいまだ得られていない。それはダイアポーズ期に胚は休眠に入るが，それを打破する条件が整えられないからである。パレシスカカトアルキのダイアポーズまでの胚発生の概略を紹介する。

　まず，長さ 500 µm ほどの小さな胚（図 19-5, a）が卵後極よりの腹面に形成される（図 19-7, a 参照）。

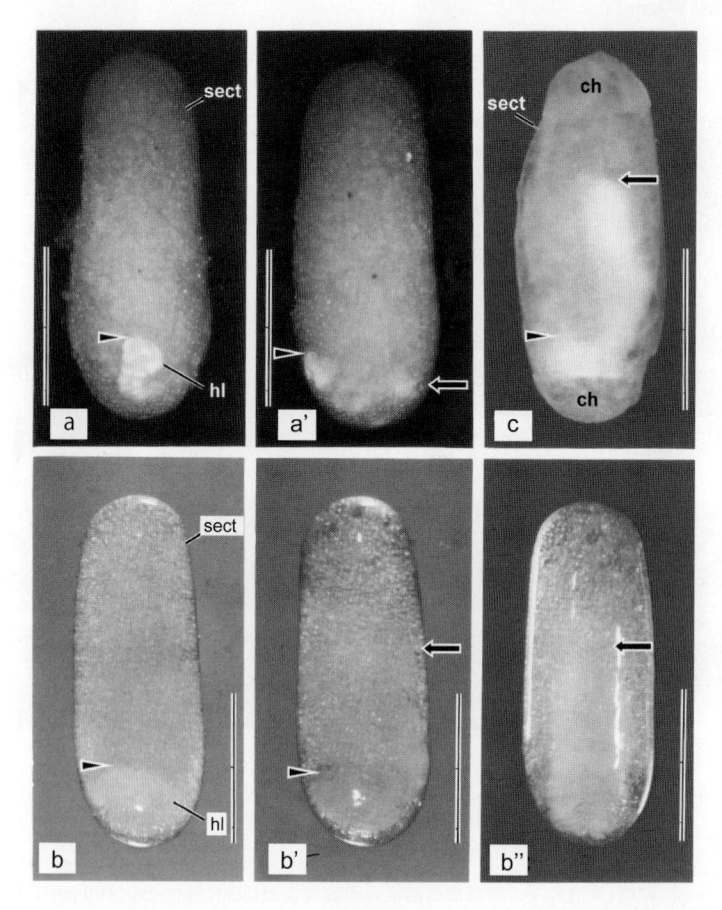

図 19-4　パレシスカカトアルキ *Sclerophasma paresisensis* の異なるステージの卵（Machida *et al.*, 2004）
胚陥入完了後の胚の卵内の位置を示す。a → c の順に発生が進む。DAPI 染色（紫外線励起）。上が卵前極方向。卵殻は取り除いてあるが，c においては前極と後極に卵殻が残っている。矢尻は胚前端，矢印は胚後端。詳細は本文参照。腹面（a）と側面（a'），腹面（b），側面（b'）と背面（b"），c. 側面（スケール：1 mm）
ch：卵殻，hl：頭葉，sect：漿膜クチクラ

胚は後端から卵内に浅く沈み込みを開始し（同図，b），胚陥入が完了する（図 19-4，a，a′；19-7，c 参照）。頭葉は位置を変えることなく卵腹面，卵後極の直前にあり，胚は卵黄中を伸長し頭葉の反対側の卵表に腹部が到達している。この卵より取り出した胚が図 19-5，b である。胚は完全に羊膜で覆われているのがわかる。長さ約 1 mm ほどの胚の頭葉には単一の構造として形成された頭楯上唇，その後に触角節，間挿節，大顎節，小顎節，下唇節，胸部 3 体節が続く。各節には付属肢の分化が始まっているが，間挿節においては付属肢が形成されることはない。胸部の後方にはまだ付属肢の分化が不分明な腹部数

体節が認められ，第四腹節より後方の領域では体節の分化がいまだ見られない。

　胚はしばらくのあいだ，頭部の位置を変えずに成長するために，胚は卵後極を越えて卵背面に伸びていく。図 19-5，c，c′ に示す胚では，第七腹節まで体節化が進んでいて付属肢の分化も始まっている。それより後方のいまだ塊状の腹部の領域は前方に屈曲する。この領域を腹面からみると，肛門陥形成が始まっていることがわかる。カカトアルキ目の肛門陥は，このように単純な陥入で起こり，旧翅類，準新翅類，一部の貧新翅類にみられるようなベルト状の肛門陥原基と腹部後方領域が融合してできるので

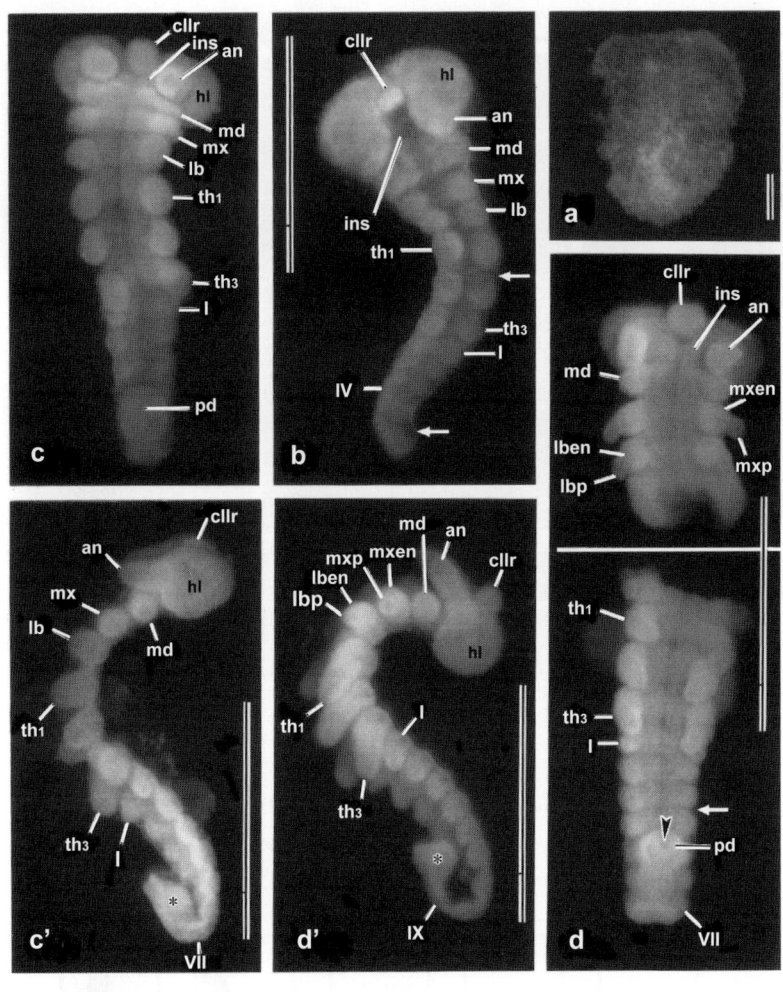

図 19-5　パレシスカカトアルキ *Sclerophasma paresisensis* の異なるステージ胚（I）（Machida *et al.*, 2004）
　a → d の順に発生が進む。DAPI 染色（紫外線励起）。矢印は羊膜，＊印はまだ体節分化が起きていない胚後端の塊状領域，矢尻は肛門陥陥入。詳細は本文参照。a. 観察された最も初期の胚帯，上が前方（スケール：100 μm），b. 胚腹面（スケール：500 μm），c. 胚腹面，c′. 胚側面（スケール：500 μm），d. 胚腹面，d′. 胚側面（スケール：500 μm）（d と d′ は同一胚を胚前方と胚後方で角度を変えて撮影）
an：触角，cllr：頭楯上唇，hl：頭葉，ins：間挿節，lb：下唇，lben：下唇内葉，lbp：下唇鬚，md：大顎，mx：小顎，mxen：小顎内葉，mxp：小顎鬚，pd：肛門陥，th1, 3：第一，三胸肢，I 〜 IX：第一〜九腹節

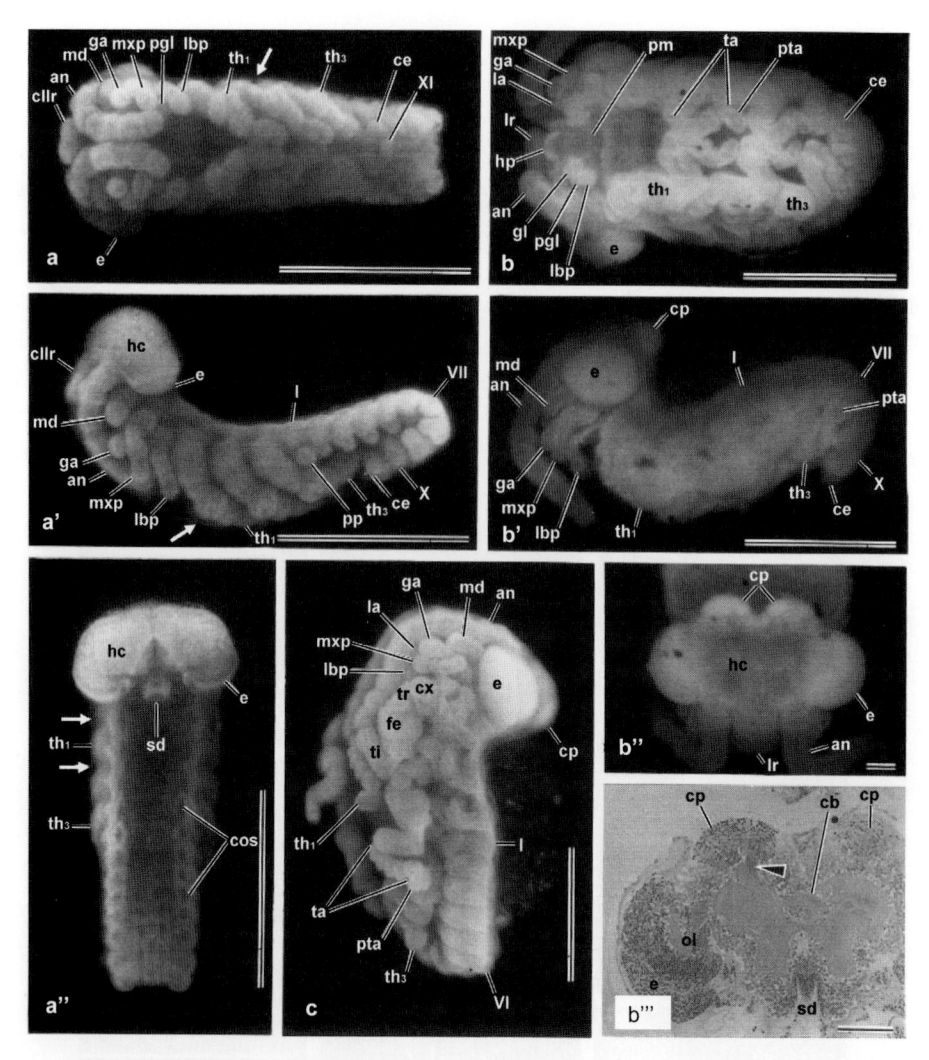

図 19-6　パレシスカカトアルキ *Sclerophasma paresisensis* の異なるステージ胚（II）（Machida *et al.*, 2004）
　図 19-5 から続く。a→c の順に発生が進む。b‴ はヘマトキシリン・エオシン・ファストグリーン染色の樹脂切片，他は DAPI 染色胚（紫外線励起）。矢印は羊膜，矢尻は有柄体と前大脳葉をつなぐ神経線維束，詳細は本文参照。a～a″．腹面（a），側面（a′）と背面（a″）（スケール：500 µm），b～b‴．胚腹面（b），側面（b′）（スケール：500 µm），頭部背面（b″）と頭部水平断面（b‴）（スケール：100 µm），c．胚側面（スケール：500 µm）
an：触角，cb：中心体，ce：尾毛，cllr：頭楯上唇，cos：体腔嚢，cp：有柄体，cx：基節，e：複眼，fe：腿節，ga：小顎外葉，gl：中舌，hc：頭蓋，hp：下咽頭，la：小顎内葉，lbp：下唇鬚，lr：上唇，md：大顎，mxp：小顎鬚，ol：視葉，pgl：副舌，pm：後基板，pp：側脚，pta：前跗節，sd：口陥，ta：跗節，$th_{1,3}$：第一，三胸肢，ti：脛節，tr：転節，I～XI：第一～十一腹節

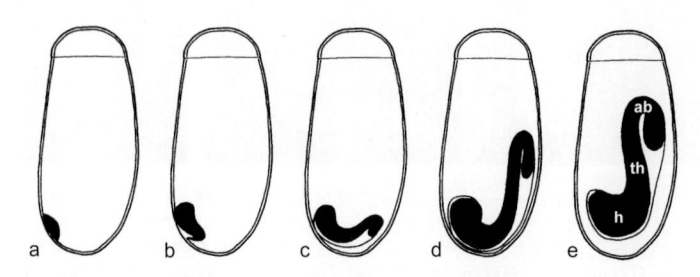

図 19-7　カカトアルキ目の前反転期における胚運動と胚の卵内での定位（Machida *et al.*, 2004）
　詳細は本文参照。
ab：腹部，h：頭部，th：胸部

はない（たとえば，Tojo & Machida，1997）。

　体節化が進行し，図 19-5，d，d′ に示す第九腹節まで分節した胚では，小顎節と下唇節の付属肢には内葉（小顎節では小顎内葉 lacinia ＋小顎外葉 galea，下唇節では中舌 glossa ＋副舌 paraglossa），小顎鬚，下唇鬚が分化している。さらに成長した胚を図 19-6，a，a′，a″ に示す。体節化は完了し明瞭に第十一腹節が認められる。腹屈曲は第七と第八腹節の間である。このステージですべての体節がそろうが，カカトアルキ目の胚は明らかに短胚型である。頭葉は巻き上がり頭函形成が進行する。その後側縁には複眼領域が分化する。付属肢の分節は進行し，小顎の内葉は小顎内葉と小顎外葉に，下唇の内葉は中舌と副舌にさらに分化する。第十腹節を除く各腹節に付属肢が分化するが，発達するのは第一腹節と第十一腹節のものだけである。第一腹節のものは側脚となる。第十一腹節のものは尾毛へと発達する。背面からはよく発達した口陥，各体節には一対の体腔嚢が観察される。

　さらに発生が進行し，胚が長さ 1.4 mm にまで発育した卵を図 19-4，b，b′，b″ に示す。頭部の位置は変えずに，胚は卵の背面に沿って約 60% の位置まで達している（図 19-7，d）。この胚を取り出したのが図 19-6，b′，b″ である。複眼は大きく発達する。付属肢の分節は著しく進んでおり，胸脚の跗節も 5 分節する。前跗節は，本目の特徴である発達した爪間盤を含んで，大きく発達する。隆起した大顎節，小顎節の腹面は下咽頭 hypopharynx である。有柄体（キノコ体 mushroom body）corpus pedunculatum が，一対の半球状の隆起構造として，複眼の間に顕著に発達する。切片で見ると，この隆起構造から太い神経線維束が前大脳室にはしっているのがわかる。このように発達した有柄体は他の多新翅類ではみられず，カカトアルキ目の特徴である。

　これまで胚は陥入しながらも，卵表近くに位置しているが，やがて平行移動するように卵中央へと移動し，そこに定位しダイアポーズ期をおくる（図 19-4，c；19-7，e）。図 19-6，c は発生がさらに進行し，長さは 1.7 mm，幼虫の基本体制を獲得した胚である。反転以前の時期において，このように胚が幼虫の基本体制をほぼ獲得していることは特筆に値する。これもカカトアルキの胚発生の特徴である。ここまでの発生過程は 3 ヶ月ほどで完了する。そして約半年，休眠状態となる。翌年の雨季に休眠は解除され，胚反転を行った後，胚は背閉鎖を含めた器官形成を完了させ孵化に至ると考えられる。

19-5　発生学的特徴

　カカトアルキ目の胚発生は，他の多新翅類のそれと多くの点で共通している。たとえば，胚帯型である。カカトアルキ目の胚帯型は，短小な胚がまず形成され，この後端にある増殖域により体節が順次形成されていくという短胚型である。短胚型の胚発生は他の多新翅類に典型的である［Schwalm（1988）参照；ハサミムシ目に関しては 20 章「ハサミムシ目」を参照］。また，側脚の分化も他の多新翅類と共通する（Anderson，1972）。カカトアルキ目の肛門陥は単純な外胚葉の陥入で形成されるが，これも多新翅類で一般的な様式である（Johannsen & Butt，1941；カワゲラ目：Kishimoto & Ando，1985；ナナフシ目：Thomas，1936；バッタ目：Roonwal，1937；ガロアムシ目：Uchifune & Machida，2005a；ハサミムシ目：Heymons，1895；カマキリ目：Hagan，1917）。腹部体節が明瞭に 11 節に分化するという点も多新翅類における基本形とみることができる。カカトアルキ目では小さな胚が卵後極よりに形成され，伸長しながら胚は卵内に陥入する。そして最終的に胚軸と卵軸は逆転し，胚はダイアポーズ期に卵中央に定位する。この初期胚，胚運動に関する特徴は他の多新翅類にもしばしばみられるものであり（たとえば，バッタ目：Roonwal，1937；ガロアムシ目：Uchifune & Machida，2005a），とくに原始的とされる多新翅類のカワゲラ目（Kishimoto & Ando，1985）および新翅類の姉妹群とされる旧翅類と共通するという事実から考えれば，カカトアルキ目のこれらの特徴は，多新翅類における基本形ないしは原始形と理解することができよう。

　上記の特徴はカカトアルキ目の類縁に関する系統学的議論を発展しうるものではないが，胚運動の様式をさらに検討すると，カカトアルキ目のそれは重要な特徴のあることがわかる。すなわち，カカトアルキ目の胚運動は，さらに，胚は胚陥入により卵内にもぐるものの，最初は卵表からは浅い位置に，すなわち卵表に沿った位置で大きく発育し，その後，平行移動するように卵中央に移動し，胚は定位する，との特徴があるのである。この胚の卵内定位様式は，他の多新翅類ではガロアムシ目のみにみられるもの

である。また，卵膜に関しても，カカトアルキ目は，
1）外卵殻と内卵殻からなる明瞭に区別される卵殻
構造，2）内卵殻での垂直方向にはしる多数の気孔
貫通，3）脆弱で薄い卵黄膜，という特徴の組合せ
をもつが，多新翅類のなかで同様の卵膜の特徴をも
つものはガロアムシ目のみである（Uchifune & Ma-
chida, 2005b）。Uchifune & Machida（2005a）は，
カカトアルキ目とガロアムシ目のこれらの共通する
特徴を両目の共有派生形質とし，両目の類縁を示唆，
Chimaeraptera とのグループ名を提出した。Terry
& Whiting（2005）の分子系統学的解析も両目の類
縁を示唆しており，Klass *et al.*（2002）は前胃構
造の類似を両目に認め，Dallai *et al.*（2005）の精
子構造の比較もこの見解を支持している。

　カカトアルキ目の卵は，その大きさと外卵殻のス
ポンジ状構造で特徴づけられる。これらはおそらく
乾燥アフリカという気候への適応のようである。カ
カトアルキ目は苛烈な夏季をまたがる 9 ヶ月にわた
る乾季を卵で越し，残る 3 ヶ月の間の雨季に孵化か
ら繁殖までをこなす。この大きな卵サイズは乾燥に
対する水分の貯蔵である可能性も高いし，また，短
期間での孵化後の成長を保証するまでに孵化幼虫は
成長していなければならないが，そのための栄養蓄
積でもあるかもしれない。また，外卵殻のスポンジ
状構造は苛烈な外環境からの卵の保護に関係してい
るのかもしれない。ダイアポーズの時期にすでに基
本的体制を獲得するという「早熟」な胚発生も，カ
カトアルキ目の発生学的特徴である。発生の半ばで
すでに基本体制を獲得するということは，カカトアル
ルキ目の生きる苛烈な環境においてやはり適応的な
のかもしれない。カカトアルキ胚の有柄体は多新翅
類では類をみないほどに発達したものである。有柄
体は前大脳の高次統合野であり，高度な社会性を営
む膜翅目などでとくによく発達することが知られて
いる。カカトアルキ目の有柄体の発達にはどのよう
な理由があるのか，今後の神経生理学的研究が待た
れるが，3 ヶ月ほどの短期間に，成長，繁殖などの
すべてのこと行う，けっして高密度に生息する昆虫
ではないカカトアルキ目の生活様式に，なんらかの
関係があるのかもしれない。

19-6　おわりに

　以上，20 年ほど前に発見された昆虫類の最新目，
カカトアルキ目の発生に関して，現在までに知りえ

ていることについて述べた。カカトアルキ目の発生
学的研究は緒についたばかりで，材料の稀少さから
研究はきわめて不十分である。組織学的検討はいう
までもなく，胚反転以降の発生過程はまったく未知
のままである。胚葉形成，胚膜形成などの重要な発
生学的イベントに関しても情報がない。十分な材料
を確保，インキュベーション法などの技術的な問題
点も克服し，カカトアルキ発生学のさらなる発展を
望む。カカトアルキ目のさらなる発生学的理解は，
系統学的に非常に理解しにくい多新翅類のイメージ
をつかむためにも，大変重要なものとなるはずであ
る。

■ 19 章の引用文献

Adis, J., O. Zompro, E. Moombolah-Goagoses & E. Marais, 2002：Gladiators：A new order of insect. *Sci. Am.*, **287**, 42-47.［J. アディス・O. ゾンプロ・E. ムーンボロ-ゴアゴセス・E. マレ，2003：88 年ぶりの大発見・砂漠に生きていた新昆虫. 日経サイエンス，**33**(2), 44-49.（町田龍一郎・東城幸治訳）］

Anderson, D. T., 1972：The development of hemimetabolous insects. In：*Developmental Systems：Insects* (Counce, S. J. & C. H. Waddington, eds.), Vol. 1, pp. 9-163. Academic Press, London, New York.

Dallai, R., F. Frati, P. Lupetti & J. Adis, 2003：Sperm ultrastructure of *Mantophasma zephyra* (Insecta, Mantophasmatodea). *Zoomorphology*, **122**, 67-76.

——, R. Machida, T. Uchifune, T. Lupetti & F. Frati, 2005：The sperm structure of *Galloisiana yuasai* (Insecta, Grylloblattodea) and implications for the phylogenetic position of Grylloblattodea. *Ibid.*, **124**, 205-212.

Hagan, H. R., 1917：Observations on the development of the mantid *Paratenodera sinensis*. *J. Morphol.*, **30**, 223-243.

Heymons, R., 1895：*Die Embryonalentwicklelung von Dermapteren und Orthopteren unter Besonderer Berücksichtigung der Keimblätterbildung.* Gustav Fischer, Jena.

Jintsu, Y., T. Uchifune & R. Machida, 2007：Egg membranes of a webspinner *Aposthonia japonica* (Okajima) (Insecta：Embioptera). *Proc. Arthropod. Embryol. Soc. Jpn.*, **42**, 1-5.

Johannsen, O. A. & F. H. Butt, 1941：*Embryology of Insects and Myriapods.* McGraw-Hill, New York, London.

Kishimoto, T. & H. Ando, 1985：External features of the developing embryo of the stonefly, *Kamimuria tibialis* (Pictet) (Plecoptera, Perlidae). *J. Morphol.*, **183**, 311-326.

Klass, K.-D., O. Zompro, N. P. Kristensen & J. Adis, 2002：Mantophasmatodea：A new insect order with extant members in Afrotropics. *Science*, **296**, 1456-1459.

——, M. D. Picker, J. Damgaard, S. van Noort & K. Tojo, 2003：The taxonomy, genitalic morphology, and phylogenetic relationships of southern African Mantophasmatodea. *Entomol. Abh.*, **61**, 3-67.

Leuzinger, H., R. Wiesmann & F. E. Lehmann, 1926：*Zur Kenntnis der Anatomie und Entwicklungsgeschichte der Stabheuschrecke* Carausius morosus *Br*. Gustav Fischer, Jena.

町田龍一郎・東城幸治, 2003：新昆虫・カカトアルキ（踵行目 Mantophasmatodea）. 昆虫と自然, **38(6)**, 26-31.

Machida, R., K. Tojo, T. Tsutsumi, T. Uchifune, K.-D. Klass, M. D. Picker & L. Pretorius, 2004：Embryonic development of heel-walkers：Reference to some prerevolutionary stages (Insecta：Mantophasmatodea). *Proc. Arthropod. Embryol. Soc. Jpn.*, **39**, 33-39.

町田龍一郎ほか, 2005：特集：新昆虫目はどこまでわかったか？―発見から3年, カカトアルキの生物学―. 生物科学, **57(1)**, 2-48.

Roonwal, M. L., 1937：Studies on the embryology of the African migratory locust, *Locusta migratoria migratorioides* Reiche and Frm. II-Organogeny. *Phil. Trans. R. Soc. Lond., Ser. B*, **227**, 175-244, 7 pls.

Schwalm, F. E., 1988：*Insect Morphogenesis*. Karger, Basel.

Terry, M. D. & M. F. Whiting, 2005：Mantophasmatodea and phylogeny of the lower neopterous insects. *Cladistics*, **21**, 240-257.

Thomas, A. J., 1936：The embryonic development of the stick-insect, *Carausius morosus*. *Q. J. Microsc. Sci.*, **78**, 487-512.

Tojo, K. & R. Machida, 1997：Embryogenesis of the mayfly *Ephemera japonica* McLachlan (Insecta：Ephemeroptera, Ephemeridae), with special reference to abdominal formation. *J. Morphol.*, **234**, 97-107.

東城幸治・町田龍一郎, 2003：南アフリカの砂漠にマントファスマを求めて. 日経サイエンス, **33**, 50-54.

Tojo, K., R. Machida, K.-D. Klass & M. D. Picker, 2004：Reproductive biology of South African heel-walker (Insecta：Mantophasmatodea). *Proc. Arthropod. Embryol. Soc. Jpn.*, **39**, 15-21.

Tsutsumi, T., R. Machida, K. Tojo, K.-D. Klass & M. D. Picker, 2004：Transmission electron microscopic observations of the egg membranes of a South African heel-walker, *Karoophasma biedouwensis* (Insecta：Mantophasmatodea). *Ibid.*, **39**, 23-29.

――, K. Tojo & R. Machida, 2005：Ovarian structure and oogenesis of the South African heel-walker *Karoophasma biedouwensis* (Insecta：Mantophasmatodea). *Ibid.*, **40**, 15-21.

Uchifune, T. & R. Machida, 2005a：Embryonic development of *Galloisiana yuasai* Asahina, with special reference to external morphology (Insecta：Grylloblattodea). *J. Morphol.*, **266**, 182-207.

――&――, 2005b：Egg membranes of *Galloisiana yuasai* Asahina (Insecta：Grylloblattodea). *Proc. Arthropod. Embryol. Soc. Jpn.*, **40**, 9-14.

――, ――, T. Tsutsumi & K. Tojo, 2006：Chorion of a South African heel-walker, *Karoophasma biedouwensis* Klass *et al.*：SEM observations (Insecta：Mantophasmatodea). *Ibid.*, **41**, 29-35.

Zompro, O., J. Adis & W. Weitschat, 2002：A review of the order Mantophasmatodea (Insecta). *Zool. Anz.*, **241**, 269-279.

20章

ハサミムシ目
Dermaptera

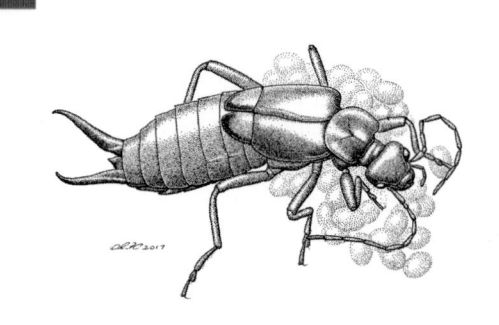

20-1　はじめに

　庭先の植木鉢や石の下などで，尾端に尾角（尾毛）cercus の変化した大きな鋏（尾鋏 forceps）をもった漆黒のハサミムシを見かけるが，ハサミムシ類は母虫が卵や孵化したばかりの幼虫の保護・保育をすることでよく知られている。ハサミムシ目 Dermaptera の分類については，Vickery & Kevan（1983）によるハサミムシモドキ亜目 Hemimerina，ヤドリハサミムシ亜目 Arixeniina，ハサミムシ目 Forficulina の 3 亜目により構成されるとするのが一般的であるが，Popham（1973）は，ハサミムシモドキ類をハサミムシ目から分離して独立の目にすることを提唱している。ここでは Vickery & Kevan に従って，上記 3 亜目の胚発生について説明することにする。

　ハサミムシ目の胚発生については，Heymons（1895）と Strindberg（1915）によるヨーロッパのハサミムシ亜目の一種 *Forficula auricularia* Linné（クギヌキハサミムシ科 Forficulidae）と Heymons が 1912 年に発表したハサミムシモドキ亜目の一種 *Hemimerus talpoides* Walker（ハサミムシモドキ科 Hemimeridae）の研究がよく知られている。前者のうち Heymons の論文は彼の大著 "ハサミムシ類と直翅類の胚発生" のなかで，ゴキブリ類，コオロギ類，ケラの胚発生と *F. auricularia* のそれとを比較して記述したものである。Strindberg のものは，*F. auricularia* の中腸上皮形成についてのものである。後者はアフリカ産のネズミの外部寄生虫で，胎生 viviparity を行うハサミムシモドキ亜目の *H. talpoides* の胚発生についてのものである。

　これらの三つの研究のほかに，Hagan（1951）はヤドリハサミムシ亜目の一種で，ジャワ島産のコウモリに寄生するヤコブソンヤドリハサミムシ *Arixenia jacobsoni* Burr（ヤドリハサミムシ科 Arixeniidae）の胚発生を，また，Singh（1967）はオオハサミムシ *Labidura riparia*（Pallas）（ハサミムシ亜目オオハサミムシ科 Labiduridae）の生殖巣の胚発生を観察している。上記の研究のほかに，布施・安藤（1983）は，外部観察によりハマベハサミムシ *Anisolabis maritima*（Bonelli）（ハサミムシ亜目マルムネハサミムシ科 Anisolabididae）の胚発生を調べている。また，最近，清水ら（Shimizu & Machida, 2011a, b；Shimizu, 2013）が精力的にハサミムシ亜目の比較発生学的研究を行っているので，その成果の一部も紹介しよう。ハサミムシ目の胚発生に関しては上掲の研究があるものの，初期発生から器官形成までの全貌が明らかになっているわけではなく，不明な点が多いのが現状である。前記のハマベハサミムシの卵は適当な大きさで，胚帯は表成型，器官形成も追跡しやすく，胚発生の研究材料としての条件を備えており，研究に好適である。

　以降の節でハサミムシ目の胚発生を説明するが，亜目によりまったく相違しているので，ハサミムシ亜目，ヤドリハサミムシ亜目，ハサミムシモドキ亜目の順に説明しよう。

20-2　胚 発 生

(1)　ハサミムシ亜目

　この亜目の胚発生に関しては，ハマベハサミムシ（布施・安藤，1983），クギヌキハサミムシ科の一

表 20-1　ハサミムシ類の産卵期（布施・安藤，1983 を改変）

ハサミムシ科 Anisolabididae	
ハマベハサミムシ *Anisolabis maritima*	千葉県千葉市誉田町 5 ～ 6 月
ヒゲジロハサミムシ *Gonolabis marginalis*	〃　　　〃
オオハサミムシ科 Labiduridae	
オオハサミムシ *Labidura riparia*	千葉県大網白里市 7 月
クギヌキハサミムシ科 Forficulidae	
コブハサミムシ *Anechura harmandi*	長野県上田市菅平高原 4 ～ 5 月，
	長野県下高井郡野沢温泉村豊郷上ノ平 6 月
キバネハサミムシ *Forficula mikado*	長野県須坂市 6 月
クギヌキハサミムシ *F. scudderi*	長野県佐久市 4 ～ 6 月

表 20-2　ハサミムシ類卵の産卵時の大きさ（布施・安藤，1983）

ハマベハサミムシ *Anisolabis maritima*	1.5 × 1.2 mm	
ヒゲジロハサミムシ *Gonolabis marginalis*	1.1 × 0.9	
オオハサミムシ *Labidura riparia*	1.3 × 1.0	
コブハサミムシ *Anechura harmandi*	1.3 × 1.0	
キバネハサミムシ *Forficula mikado*	1.0 × 0.8	
クギヌキハサミムシ *F. scudderi*	1.2 × 0.9	
F. auricularia	1.5 × 1.0	(Heymons, 1895)

種 *F. auricularia*（Heymons, 1895）などについて述べる。

a. 産卵と卵の保護

邦産のハサミムシ類の産卵期を示したものが表 20-1 で，春から初夏にかけて卵を産む。ハマベハサミムシ（布施・安藤，1983；河田，1985）では，交尾のすんだ雌は，石の下などの小さな土の窪みの中や穴の中に卵をバラバラに産み落とす。母虫は産卵が終わると，卵をくわえて一ケ所に集めて卵塊をつくり，毎日卵をなめてきれいにしたり，くわえて卵の位置を変えたりして，孵化が始まるまで卵の保護をする（図 20-1）。

産卵は通常 2 ～ 3 回で，1 回の産卵数は 40 ～ 50 個，多いものでは合計 120 個ほどの卵を産んでいる。Hinton（1981）は Harz（1960）の調査によるクギヌキハサミムシ科 3 種の産卵数を示しているが，それによると *Anechura bipunctata*（Fabricius）と *Chelidurella acanthopygia*（Gené）では 50 ～ 60 個，*F. auricularia* では 50 ～ 60 個，多いと 80 個ほどであるという。

b. 卵

産卵直後のハマベハサミムシの卵は楕円体（長径 1.5 mm×短径 1.2 mm）で，卵殻は透明，光沢があり，淡黄色の多量の卵黄を含んでいる。卵期は約 28 ～ 29℃ で 13 日前後で，卵は胚の発生につれて大きさを増し，孵化時には 2.1 × 1.6 mm に達している（布施・安藤，1983）。表 20-2 に産卵時のハサミムシ類の卵の大きさを示した。*F. auricularia* の卵では前極を中心に環状に配列する卵門 micropyle が観察されている（Heymons, 1895）。

c. 胚の発生

卵割：産卵時の卵を切片で観察すると，ハマベハサミムシと *F. auricularia*[*1] の卵には直翅系昆虫群の一員でありながら，よく発達した厚い周縁細胞質 periplasm が存在している。これは，ハサミムシ亜目の卵の大変重要な特徴といえる。このことはハサミムシ目のみが直翅系昆虫群のなかで，多栄養室型卵巣小管 polytrophic ovariole をもつことに関連するのであろう。

図 20-1　卵の保護をするオオハサミムシ *Labidura riparia* の母虫（Chopard，1965 より改変）

---

*1　この種類の周縁細胞質は，卵の前半部では後半部の 2 倍の厚さがある（Heymons, 1895）。

　ハマベハサミムシでは，産卵時から 24 時間目頃まで，卵の後極寄りでさかんに卵割が見られる。それらの卵割核 cleavage nucleus は卵表へと移動を始め，48 時間頃には卵表に到達する。卵割核の周縁細胞質への進入により胚盤葉形成が開始し，卵黄内に卵黄核が見られるようになり，産卵後 3 日目には卵表を包む胚盤葉が完成する（図 20-2, a）。この時期にオオハサミムシでは，卵後極にあるオーソーム oosome に卵割核が入り，生殖細胞になる。なお，オーソームの部分の胚盤葉形成は大変遅れるという（Singh, 1967）。

　早・中期発生：まもなく胚盤葉の後腹面に大きな

胚域 embryonic area と，それ以外の胚外域 extra-embryonic area が分化する。この胚域は胚原基 embryonic（germ）rudiment へ発生し，腹板 ventral plate となり，さらに中板 median plate と側板 lateral plate が生じる。中板は顕著な縦溝となって卵黄部に陥入して，内層形成 inner layer formation が始まるのである（図 20-2, b）。続いて腹板は，原頭域 protocephalon と原胴域 protocorm を備えた早期の胚帯 germ band へと進む。図 20-2, c は発生の進行した胚帯で，卵の腹面中央に頭葉があり，尾端は卵背面の前端近くまで伸びている。体節化もすでに始まり，頭葉には一対の触角原基とかすか

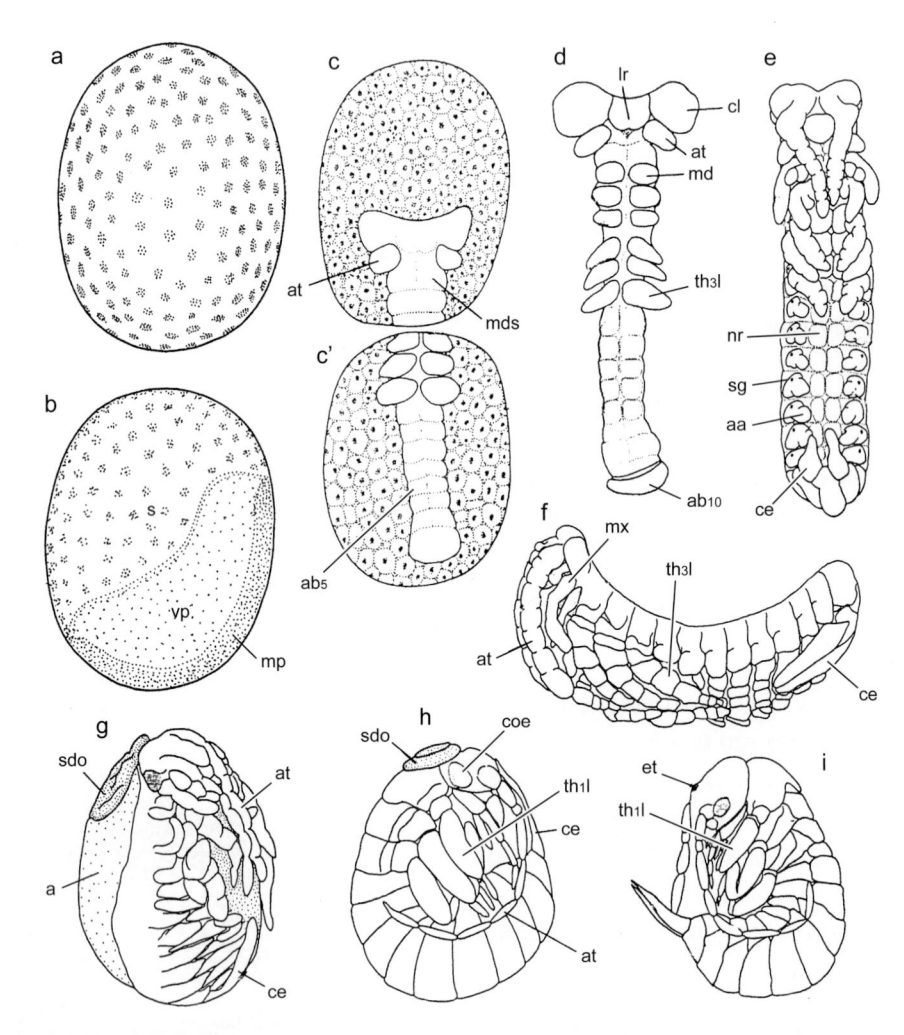

図 20-2　ハマベハサミムシ *Anisolabis maritima* の胚発生（縮尺不同）（布施・安藤，1983）
　a. 胚盤葉期の卵（産卵後 2 ～ 3 日），　b. 腹板期（3 ～ 4 日），　c, c', d. 胚帯早期（腹面，c：卵腹側，c'：卵背側，4 ～ 5 日），e. 中期胚（5 ～ 6 日），f. 同（側面，同），g. 背閉鎖中の胚（8 ～ 10 日），h. 背閉鎖後期の胚（10 ～ 13 日），i. 孵化直前の胚（同）
a：羊膜，aa：腹部付属肢，$ab_{5, 10}$：第五，十腹節，at：触角，ce：尾鋏，cl：頭葉，coe：複眼，et：卵歯，lr：上唇，md：大顎，mds：大顎節，mp：中板，mx：小顎，nr：神経隆起，s：漿膜，sdo：二次背器，sg：気門，$th_{1, 3}l$：前，後肢，vp：腹板

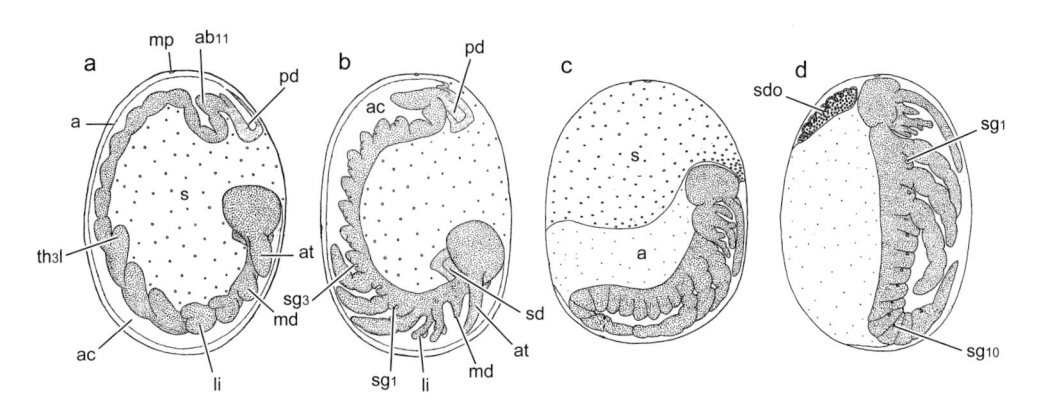

図 20-3　クギヌキハサミムシの一種 *Forficula auricularia* の胚の姿勢転換（側面模式図）(Heymons, 1895)
　　a．最長期の胚帯，b．胚の腹端が腹側に屈曲し始める，c．胚膜は破れ胚は卵後端をまわり前方に移動，d．姿勢転換の終期，一次背閉鎖の胚，二次背器ができる。
　a：羊膜，ab11：第十一腹節，ac：羊膜腔，at：触角，li：下唇，md：大顎，mp：卵門，pd：肛門陥，s：漿膜，　sd：口陥，sdo：二次背器，sg1,3,10：第一，三，十気門，th3l：後肢

な上唇原基が認められ，3 顎節，三対の胸脚原基のある胸部，8 節が数えられる腹部が形成され，原溝 primitive groove の痕跡が見られる。また，これまで一様であった卵黄に，卵黄分割 yolk cleavage が生じているのがわかる。この胚帯の形成と発生が急速に進むのは産卵後 4 〜 6 日で，胚の基本的体制がつくられ，体節化が進み，付属肢原基が形成される。

　上唇原基の形成と顎部体節に付属肢原基が生じるのは次の発生で，上唇は一つの原基として出現し，先端に小さな窪みが見られる。大顎，小顎，下唇の各節にも一対ずつの付属肢原基が形成され，腹部体節も増えて 11 節になっているが，第九，十腹節が折れ曲がって卵黄中に陥入しているため，一見 9 節のような外観を呈している（図 20-2，d）。胚帯はまもなく最長期に達し，卵表にある胚の頭端と尾端は接近している（図 20-3，a）。胚には口陥と肛門陥ができ，腹節に一対ずつの小さな付属肢原基が見られ，この目の重要な特徴である尾鋏 forceps の原基が腹部の第十一節に生じている。このステージの後期になると，付属肢原基に分節化が現れ，小顎原基と下唇原基には分岐ができる。また，気門 spiracle (stigma) も胸部に二対，第一〜八腹節に一対ずつ見られ，尾鋏原基の先端もこのころには第七腹節まで達し，一対の神経隆起 neural ridge とその間の神経溝もさらに明瞭となっている（図 20-2，e）。

　後期発生：産卵後 7 日目頃に姿勢転換が起こり，胚はこれまでの卵黄を背にして反り返った姿勢から，腹端を腹側に曲げたエビ形に変わる。姿勢転換は胚の腹面を包む羊膜とその外側を覆っている漿膜が破れ，卵の背面に収縮することで始まる。この収縮により嚢状構造となった胚膜が二次背器で，ハマベハサミムシの卵のものは異常なほど大きい（図 20-2，g；20-3，d）。なお，胚自体も転換に併行して頭部形成が進行するため，いままでの前後に配列していた顎部付属肢原基の相対的位置が変わり，将来の口器の基本形態がつくられる。また，腹部でも各構造の形成が進み，腹面に複雑な隆起が現れているが，側脚 pleuropodium は存在しない（図 20-2，f）。この姿勢転換の過程を示したのが図 20-3 である。

　胚の背面を完成する背閉鎖が進行するのは産卵後 8 〜 10 日で，転換により生じた羊膜による一次背閉鎖を，胚の両体側が卵黄を包みながら背方に成長し，羊膜に代わって，胚の背体壁を形成することになる。背閉鎖は胚の後方から前方に向けて進み（図 20-2，h），この完成により胚はほぼ 1 令幼虫の形態をとるようになる。背閉鎖が完了すると二次背器は体内に取り込まれ，形成中の中腸内で消滅する。また，胚の背壁の形成により，それまでの腹側の構造のみであった胚に，背側の構造と器官が急速につくられることになる。頭部両側の複眼も形成が進んで着色し，胚クチクラで覆われた 1 令幼虫は卵殻内で運動を始め，孵化をむかえる（同図，i）。産卵後 2 週間で孵化が起こり，1 令幼虫は頭頂の卵歯 egg tooth で卵殻を破り外界に出る。以上が，外部観察によるハサミムシ類の胚発生のあらましである。

　器官形成：外胚葉起源の神経系としては，大顎節以降の神経は腹髄を，間挿節から前方の神経節は脳を形成する。間挿節および第十一腹節の神経節は発

達が悪い。頭葉の両側に複眼原基の形成が始まると，外胚葉部に内外二層が認められ，外層からは視板 optic plate が，内層からは視葉 optic lobe が生じ，両者の間は視神経でつながれている。中胚葉となる内層の体節化は，外胚葉部の体節化と同時に起こり，第十一腹節を除く各節に各一対ずつの体腔嚢 coelomic sac が形成される。これらのなかで触角節のものは最も発達がよく，付属肢原基のある体節の体腔嚢は伸長して，原基内に及んでいる。ただし，間挿節では例外で，二層の中胚葉が存在するのみである。これらの体腔嚢の背壁からは体壁中胚葉 somatic mesoderm，腹壁からは内臓中胚葉 splanchnic mesoderm がつくられる。体壁中胚葉からは囲心隔膜 pericardial septum が，背脈管 dorsal（blood）vessel は心臓芽細胞 cardioblast から形成されるが，前部の大動脈 aorta は触角体腔嚢壁からでき，二次背器が消滅すると1本の脈管となる。食道下体 suboesophageal body は存在しない。生殖細胞塊は最初，腹部末端の第十，十一腹節に位置している。

Singh（1967）によると，オオハサミムシでは，胚帯後端に肛門陥が生じると，その先端（肛門陥底）にある生殖細胞塊は，肛門陥の陥入とともに移動し，その後，左右の二つに分かれ，形成中の体腔嚢に接するようになる。さらに生殖細胞塊は，中胚葉細胞に包まれて生殖隆起 genital ridge を形成するが，まもなく短縮して生殖巣原基をつくるようになる。原基は雄では亜鈴形で，第五〜七腹節に位置し，雌では西洋梨形で端糸 terminal filament をもち，第三〜七節を占めている。これは F. auricularia（Heymons，1895）でも同様で，胚の後期には性別を知ることができる。

次に中腸上皮の形成であるが，ハマベハサミムシと F. auricularia では，口陥底と肛門陥底に外胚葉性の細胞群が生じ，これから一層の細胞からできた中腸上皮リボンが，卵黄を包みながら後方と前方に伸びて，中腸上皮を形成することになる。

図 20-4 のコブハサミムシ Anechura harmandi（Burr）卵の切片写真で，前述の器官形成の補足を

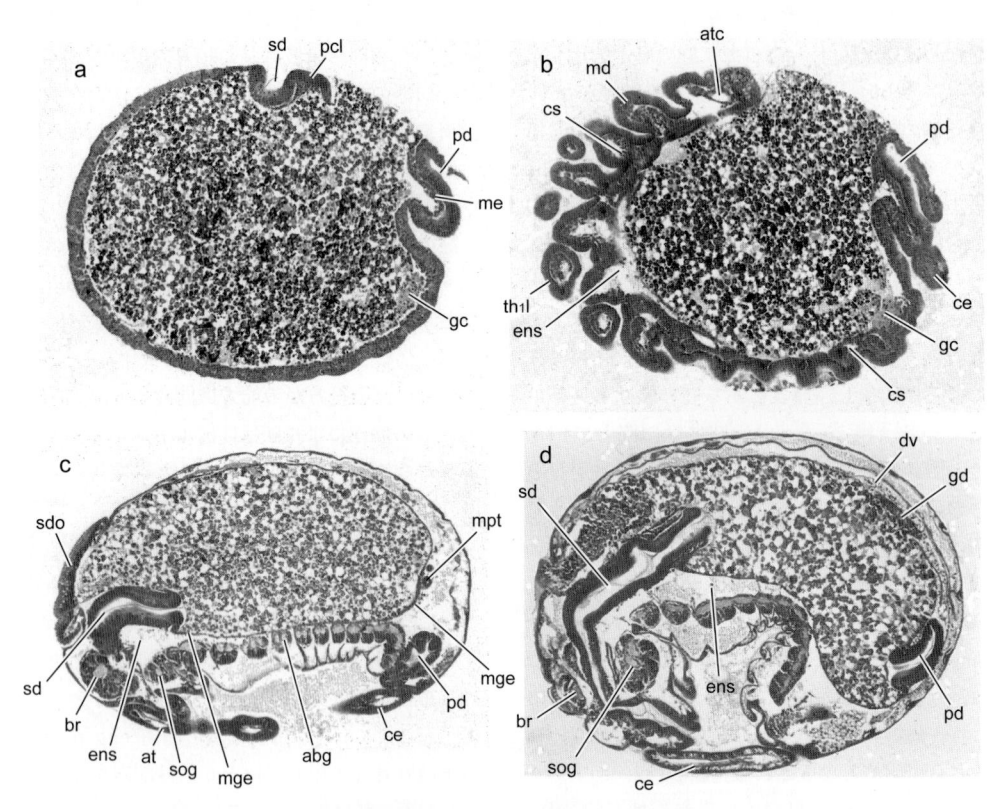

図 20-4　コブハサミムシ Anechura harmandi の胚発生（安藤　原図）
a. 最長期の胚帯（縦断面），b. 姿勢転換前期の胚（同），c. 背閉鎖の進んだ胚（同），d. 背閉鎖の完了した胚（同）
abg：腹神経節，at：触角，atc：触角体腔嚢，br：脳，ce：尾鋏，cs：体腔嚢，dv：背脈管（心臓），ens：神経上洞，gc：生殖細胞，gd：生殖巣，md：大顎，me：中胚葉，mge：中腸上皮，mpt：マルピーギ管，pcl：原頭葉，pd：肛門陥，sd：口陥，sdo：二次背器，sog：食道下神経節，th₁l：前肢

しよう。同図の a は最長期の胚のほぼ正中縦断面で、付属肢原基は現れていない。ブロック状をとどめる卵黄の上に帯状の胚が伸び、胚の前端近くに浅い口陥入が、後端にはこれも浅い肛門陥入が形成されている。肛門陥のすぐ前の陥入状に見えるのは、屈曲した第九、十腹節で、第八腹節の内側には生殖細胞塊が見られ、胚の外胚葉部の内側を中胚葉が裏打ちしているのがわかる。次の同図 b は姿勢転換前期の胚の縦断面で、それぞれの体節には付属肢に入り込んだ体腔嚢が見られる。頭部から胸部にかけて卵黄との間に広い腔所が広がっているが、これが神経上洞 epineural sinus である。同図 c は胚反転を終わり、背閉鎖が進行し、二次背器が胸部背面に残っている胚の縦断面で、神経系としては脳、食道下神経節と腹髄が認められる。口陥底は前胸部にまで達し、口陥底と肛門陥底からの中腸上皮原基は卵黄を包み、肛門陥の内腔には突起が生じ、マルピーギ管が断面で現れている。同図 d は背閉鎖が完了し、複眼が着色した胚の縦断面で、中腸内の卵黄が減り、器官形成がおおいに進んでいるのがわかる。前記の器官系のほかに、背壁と中腸壁との間に背脈管（心臓）が、さらに第四、五腹節の中腸壁に接して生殖巣原基が観察される。

(2) ヤドリハサミムシ亜目

　この亜目のハサミムシは、マレーシア、インドネシア、フィリピンなどからヤドリハサミムシ科 Arixeniidae の 1 科 2 属 5 種が知られるのみで、オナガコウモリ科 Molossidae のコウモリの体やその巣から発見され、完全な外部寄生性ではないらしい。ハサミムシモドキ亜目の種に比べ、体は大きく頑丈であるが、眼の退化、無翅、鞭状の尾鋏、胎生である点で類似している。

　Hagan（1951）はジャワ産のヤコブソンヤドリハサミムシの胚発生を調べているが、Heymons の *Hemimerus* の場合と同様、研究に十分な材料は得られず、断片的な観察になっている。

　ヤコブソンヤドリハサミムシの卵には卵殻がなく、卵は脂肪様細胞質と厚い周縁卵黄質を含んでいる。卵殻の代わりとなるのは周縁細胞質膜 periplasmic membrane が、濾胞室 follicular chamber の濾胞上皮 follicular epithelium との境になっている。Hagan が観察できた最も若い胚は、内層が形成されている早期の胚帯で、羊膜が胚の腹面を包み、その外を漿膜が、さらにその上を周縁細胞質膜が

覆っている。これらの膜は濾胞上皮に密着してはいるが、次に述べる発生の進んだ胚に見られるような変化はなく、胚の発生への栄養吸収は卵内に存在する大型の栄養核 trophic nucleus によるという。この栄養核は、このステージでは 10 個ほどであるが、姿勢転換[*2] のあいだに急速に増加し、転換後の胚では多数の核が観察されるようになる。図 20-5, a は後期の胚帯で、体節と付属肢が形成され、ほとんどの体節に体腔嚢が見られ、同じ時期のハマベハサミムシの胚によく似ている。しかし、卵黄の減少が目立ち、周縁細胞質膜と羊膜には変化は認められないが、羊膜に密着した漿膜は厚くなり、濾胞上皮に接している。同図、b は姿勢転換直前の胚で、器官形成が進み、背部にある卵黄がおおいに減少している。胚膜は姿勢転換で破れ、胚の後胸部と前腹部の間で塊状の二次背器になり、続く発生で中腸内に取り込まれて消滅する。卵管内に入ったさらに発生の進行した胚では、器官形成は一段と進み、大きな神経上洞が見られる（同図、c）。そして、胚と周縁細胞質膜の間に液がたまり、胚への栄養的支持をするという。このヤドリハサミムシの後期胚には、ハサミムシモドキ胚で分化した母体からの栄養吸収のための頭嚢 cephalic vesicle は形成されない。

　図 20-5, d は、胚の発生にともなう胚膜と母体の濾胞上皮および卵管壁の変化を示したもので、同図 d, 1 は早期胚帯の胚膜と卵巣の濾胞上皮で、羊膜、漿膜は常態であるが、同図 d, 2 の後期胚帯では羊膜は薄化して肥厚した漿膜に密着している。同図 d, 3 は姿勢転換後で羊膜、漿膜と濾胞上皮は失われているが、周縁細胞質膜はそのまま残っている。その一方、卵管壁は著しく厚くなり、多くの褶曲が生じ、各所に気管の進入が認められる。このため Hagan は、この部分が母体からの栄養などの供給を司る胎盤様の機能を果たすものと考え、ヤドリハサミムシも以下のハサミムシモドキと同様に、偽胎盤胎生 pseudoplacental viviparity のグループに入れている。

(3) ハサミムシモドキ亜目

　本亜目はハサミムシモドキ科 Hemimeridae の *Hemimerus* 属 10 種ほどを含み、アフリカオニネズミ *Cricetomys* の外部寄生虫である。体長は 9 ～ 16 mm で、複眼と翅を欠き、ハサミムシ特有の尾

---

*2　Hagan（1951）は胚反転としている。

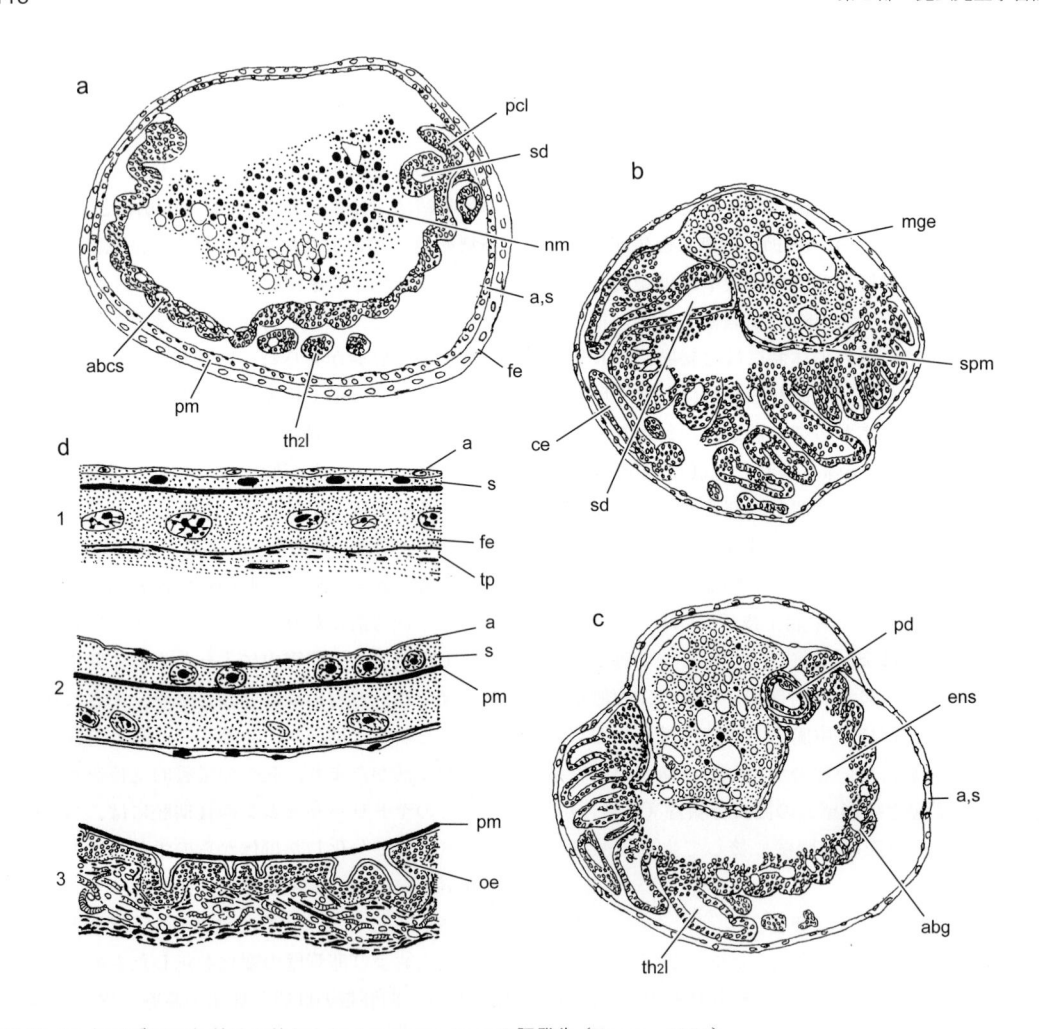

図 20-5　ヤコブソンヤドリハサミムシ *Arixenia jacobsoni* の胚発生（Hagan, 1951）
a. 胚帯後期の胚，b, c. 姿勢転換前の胚，d. 発生にともなう胚膜などの変化。
a：羊膜，abcs：腹部体腔嚢，abg：腹神経節，ce：尾鋏，ens：神経上洞，fe：濾胞上皮，mge：中腸上皮，nm：栄養質，oe：卵管上皮，pcl：原頭葉，pd：肛門陥，pm：周縁細胞質膜，s：漿膜，sd：口陥，spm：内臓中胚葉，th2l：中肢，tp：卵管膜

鋏は長い糸状に変わっている。この奇妙なハサミムシの発生は Heymons（1912）によって調べられたが[*3]，材料の入手が困難なこともあり，全胚発生がわかっているわけではなく，卵の成熟，受精その他，不明な点が多く残されている。*H. talpoides* の卵は卵黄を含まず，卵殻もなく，発生は母虫の卵巣小管の基部の卵黄巣 vitellarium 中で進行する。卵が発生を開始すると，卵黄巣壁をつくっている濾胞上皮の細胞に変化が生じる。それは急激な細胞の増加で，いままでほぼ一層であった細胞層が不規則な二，三層になり，とくに卵の前，後端にあたる部分で顕著

な増殖がみられ，図 20-6 に示したとおり，それぞれ大きな細胞集塊になる。この細胞集塊が卵の発生のための胎盤様の機能を果たすと考えられ，Hagan（1951）は前部のものを前部偽胎盤 anterior maternal pseudoplacenta（図中の「amp」），後部のものを後部偽胎盤 posterior maternal pseudoplacenta（図中の「pmp」）とよんでいるが，特別な組織としての分化は見られないという。ここでとくに注目しなくてはならないことは，このハサミムシモドキの卵がまったく卵黄を欠くにもかかわらず，全割を行わないことで，胎生である本種の適応，特殊化の程度を暗示するものであるのかもしれない。

Heymons が入手できた発生の初期の卵では，す

_____
＊3　Hagan（1951）による詳細な紹介がある。

でに卵割核は卵の周辺部に分布して，将来，羊膜に
なる核と，中心部に位置して栄養細胞 trophocyte
になる核のほかに，胚自身を形成する核の三つのグ
ループが認められる（図 20-6, a）。同図，b は，
さらに発生が進み，栄養液で満たされた偽胎盤腔
pseudoplacental cavity の中に，若い胚帯が形成さ
れ，羊膜と栄養細胞が生じたものである。このステー
ジの濾胞上皮はきわめて肥厚し，前後の偽胎盤も肥
大し，活性の高さを示している。同図，c では，胚
帯は伸長して偽胎盤腔に充満し，背側の栄養細胞塊
を取り囲み，胚帯の前端（図中の「ce.e」）は他のハ
サミムシの胚同様，後端に接近するようになり，生
殖細胞が見られる。この胚には内層が形成されてお

り，羊膜細胞の分裂により羊膜（図中の「a」）の外
側に漿膜（図中の「s」）がつくられ，これが濾胞上
皮，前・後部偽胎盤に接着して，栄養物質の伝達を
するようになる。それゆえ，本種の胚膜は胚の保護
膜としてではなく，栄養吸収の器官としてはたらき，
卵寄生バチで見られるような栄養羊膜 trophoamni-
on，栄養漿膜 trophoserosa とよぶべきものである。
また，本種では姿勢転換の時期にほとんど転位はな
く，胚膜は破れずに胚の前後部で数層の細胞層にな
り，とくに，前部の胚膜が大きな頭嚢を形成するこ
とも著しい特徴である。

　このころになると，母体由来の濾胞上皮，偽胎
盤と胚由来の栄養細胞は退化の兆候を示すようにな

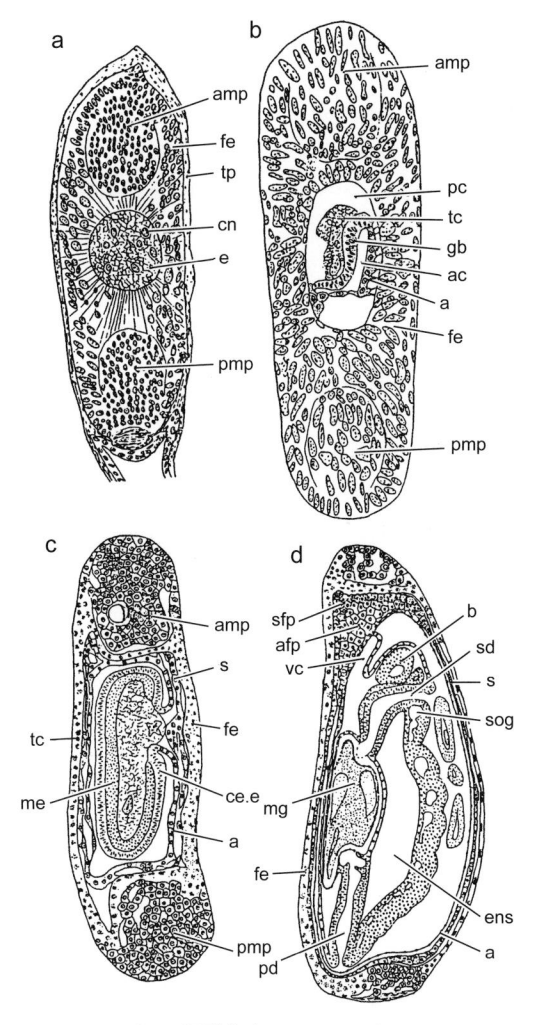

図 20-6　ハサミムシモドキ *Hemimerus talpoides* の胚発生（Hagan, 1951）
　a. 卵割期，b. 初期胚帯期，c. 後期胚帯期，d. 反転終期（いずれも縦断面）
a：羊膜，ac：羊膜腔，afp：羊膜性偽胎盤，amp：前部偽胎盤，b：脳，ce.e：胚頭端，cn：卵割核，e：卵，ens：神経上洞，
fe：濾胞上皮，gb：胚帯，me：中胚葉，mg：中腸，pc：偽胎盤腔，pd：肛門陥，pmp：後部偽胎盤，s：漿膜，sd：
口陥，sfp：漿膜性偽胎盤，sog：食道下神経節，tc：栄養細胞，tp：卵管膜，vc：頭嚢

り，続く発生で急速に衰退する。図20-6, d は反転後期の胚で，神経系，消化管の形成が進み，きわめて広い神経上洞と大きな頭嚢が見られる。神経節は胸部に3節，腹部には10節が形成され，尾鋏（尾角 cercus）は腹部の第十一節から生じる。中腸上皮の形成はハサミムシ亜目の場合と同様で，背脈管の心臓には翼（状）筋 alary muscle が認められる。本種の卵が卵殻を欠くことは最初に述べたが，卵歯が形成されるのである。この興味ある事実について Heymons は，産出時に達した1令幼虫が，卵歯で母体を刺激して産出を促すのであろう，と推測している。さらに，頭嚢に接着して羊膜の前端が肥大してできた羊膜性偽胎盤 amniotic fetal（foetal）pseudoplacenta（図中の「afp」）が，さらにその外側に接して漿膜性偽胎盤 serosal fetal pseudoplacenta（図中の「sfp」）が形成されたのがわかる。それゆえ，この時期になると胚膜由来の新生偽胎盤が，母体由来の衰退した偽胎盤系と交代して，胚の発生を支えてゆくことになる。

　このハサミムシの器官形成などは，（1）で述べたクギヌキハサミムシの一種 *F. auricularia*（Heymons, 1895），キバネハサミムシ *F. mikado*（安藤，未発表）に近似している。しかし，上述の *H. talpoides* における漿膜形成法はきわめて奇異なもので，羊膜細胞が膜面とほぼ垂直に分裂することにより，外側に新しく漿膜を形成する葉裂 deramination によるのである。このようなタイプの漿膜形成は，他の昆虫胚での観察例がなく，本種のみで知られる特殊なものである。また，きわめて広い神経上洞が本種および上記2種でも出現するので，ハサミムシ目に通じる特徴と考えられる。

20-3　おわりに

　ハサミムシ目の3亜目の三つのタイプの胚発生を説明してきたが，この目の基本的発生パターンは，ハサミムシ亜目のそれにまちがいなく，よく発達した周縁細胞質，表成型胚帯，大きな神経上洞，側脚の欠在などが，この目の胚発生の一般的特徴といえる。

　次の問題は，胎生の他の2亜目の胚発生についてである。両亜目の発生の違いをあげてみると，胚膜形成に大きな相違があり，ヤドリハサミムシはハマベハサミムシとともに表成型胚帯の様式であるが，ハサミムシモドキでは羊膜から漿膜が形成される。

また，ハサミムシモドキの偽胎盤は胚膜により二次的につくられるのに対し，ヤドリハサミムシでは胚膜は二次背器になった後，消滅してしまう。この偽胎盤形成の有無と，ハサミムシモドキ胚のみの頭嚢の形成は，両者の胎生化の比較のうえで重要な形質で，ヤドリハサミムシの胚発生はハサミムシのものに近く，ハサミムシモドキに比べると，胎生への適応度は低いと考えられる。以上のことから，ハサミムシ亜目とヤドリハサミムシ亜目の胚発生は似ており，ハサミムシモドキ亜目も胎生性による胚以外の改変は著しいが，胚発生自体は前二者からそう隔たるものではないといえよう。ハサミムシモドキ亜目を目のレベルの倍舌類 Diploglossata とする意見があるが，比較発生学的にはハサミムシ目の一員としてよいと思われる。

　ハサミムシ目を含む多新翅類は目間の系統関係に多くの議論があり，決着からはほど遠い状況が続いている（Klass, 2009 を参照）。ハサミムシ目は多新翅類の系統学的議論において，最も難しいグループの一つである。なかには，卵巣型や外部生殖器の類似を根拠に，ハサミムシ目と無尾角類 Acercaria（チャタテムシ目，シラミ目，カメムシ目，アザミウマ目からなるグループ），完全変態類を一つの系統群とする，すなわち，ハサミムシ目を多新翅類から外す（つまり多新翅類は側系統群となる）立場さえある。ハサミムシ目にかかわる系統学的議論のためには，本目のグラウンドプランの構築は重要である。このような背景から，清水らは，ハサミムシ亜目の比較発生学を進めている（たとえば，Shimizu & Machida, 2011a, b；Shimizu, 2013）。

　最後に，その成果の一部を紹介しよう。

　胚発生：　Shimizu（2013）は，原始的なハサミムシ亜目とされるドウボソハサミムシ科 Diplatyidae ドウボソハサミムシ *Diplatys flavicollis*（Shiraki）に焦点をあてて，ハサミムシ亜目全9科中8科（ドウボソハサミムシ科の他，Karschiellidae 科を除く，ムナボソハサミムシ科 Pygidicranidae, Apachyidae 科，オオハサミムシ科，マルムネハサミムシ科，クギヌキハサミムシ科，テブクロハサミムシ科 Chelisochidae，クロハサミムシ科 Spongiphoridae）を対象に，比較発生学的検討を行った。

　図20-7は，ドウボソハサミムシの胚発生過程の概略である。検討した8科のハサミムシ類に，次のような特徴がみられた。すなわち，1）胚盤葉（図

20-7，a）に一対の高密度細胞領域，すなわち側板が形成され，それが融合することにより胚が形成される（同図，b，c；20-8，a，b）；　2）胚のタイプは「半長胚型」で，胚伸長にともない後方へと体節形成が進行する（図20-7，d〜f）；　3）胚伸長は卵表層で進み（同図，d〜f），その後，胚は卵黄内に浅く沈み，しばらくその状態で発生は進行する（インタートレプシス期）（同図，g）；　4）胚が最長期に達した後に卵黄内に沈む（同図，g）；　5）胚軸の逆転をともなう大規模な反転を行う（同，g〜i）；　6）額部には丘状の卵歯 egg tooth が形成される。また，7）卵には前極を中心に環状に配列する複数の卵門 micropyle がある。上記 1）〜7）のこれらの特徴は，検討したすべてのハサミムシ類に共通することから，ハサミムシ目の発生学的グラウンドプランと理解できよう。

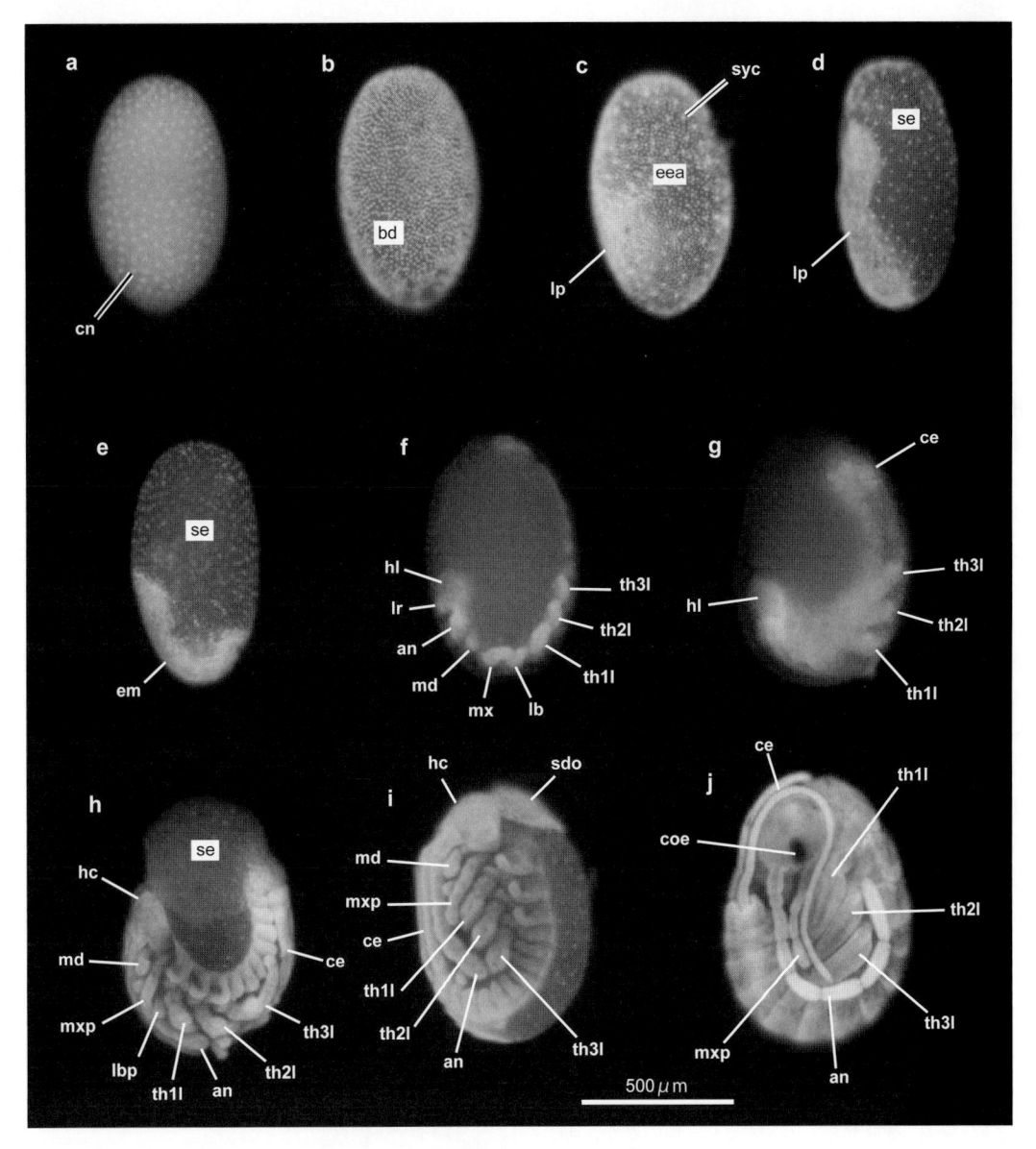

図 20-7　ドウボソハサミムシ Diplatys flavicollis の胚発生（Shimizu, 2013）
　a．卵割期，b．胚盤葉期，c．胚形成期，d．初期胚期，e．胚伸長期，f．胚最長期，g．インタートレプシス期，h．胚反転期，i．背閉鎖期，j．背閉鎖完了期（いずれも側面）
an：触角，bd：胚盤葉，ce：尾毛，cn：卵割核，coe：複眼，eea：胚外域，em：胚，hc：頭蓋，hl：頭葉，lb：下唇，lbp：下唇鬚，lp：側板，lr：上唇，md：大顎，mx：小顎，mxp：下唇鬚，sdo：二次背器，se：漿膜，sys：二次卵黄細胞，th1 〜 3l：第一〜三胸脚

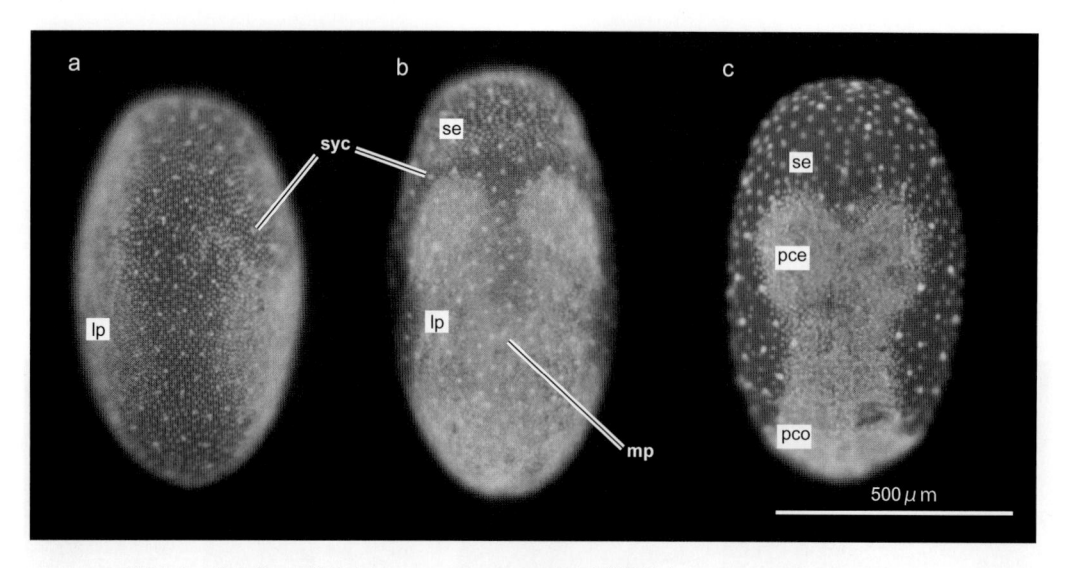

図 20-8　ドウボソハサミムシ *Diplatys flavicollis* の胚形成過程（Shimizu, 2013）
a. 胚形成初期, b. 胚形成後期, c. 初期胚期（いずれも腹面）
lp：側板, mp：中板, pce：原頭域, pco：原胴域, se：漿膜, syc：二次卵黄細胞

　これらの特徴のなかで, 1) の「一対の高密度細胞領域の融合による胚形成」, および3) の「卵表層での胚伸長」は多新翅類の固有派生形質とされるもので（Mashimo *et al.*, 2014）, ハサミムシ目が多新翅類の一群であることを強く示唆するものである。また, 先述のように, ハサミムシ目胚は最初から長大な胚として形成され, 完全変態類に知られる「長胚型胚」を想起させる（Heymons, 1895；布施・安藤, 1983）。しかし, ハサミムシ亜目8科の比較発生から, 原始系統群とされるドウボソハサミムシ科, ムナボソハサミムシ科, Apachyidae 科は, 1) 初期胚の長さは卵周の30～40%程度, 2) 胚の最大長は卵周の90%未満, 3) 胚の伸長率は225%以上であり, さらに半長胚型の胚発生を行うことが明らかになった（図 20-7；20-8, c）。それ以外のハサミムシ類5科（オオハサミムシ科, マルムネハサミムシ科, クギヌキハサミムシ科, クロハサミムシ科, テブクロハサミムシ科）においては, 1) 50～60%, 2) 95%以上, 3) 160%以上であったが, やはり, 胚発生は半長胚型とすべきものであることも明らかになった。
　産卵・保育・後胚発生：　ハサミムシ類の雌が, 卵, 1令幼虫を手厚く世話をすることは有名である（図 20-1）。しかし, ドウボソハサミムシ科, *Parapsalis infernalis*（Burr）を除くムナボソハサミムシ科（本科はしばしば多系統群とされる）, Apachyidae

科は, それ以外のハサミムシ類と異なり卵は粘着性をもち, 卵を基物に固着させる。さらに, ドウボソハサミムシ科の卵には, 粘着性のある固着柄がある（Shimizu & Machida, 2011a, b；Shimizu, 2013）。そしてこれらのハサミムシ類では雌による卵や1令幼虫の世話は簡単で, 丁寧ではない。卵の粘着性と簡略な保育は, 原始的ハサミムシ類の特徴といえるだろう。
　Matzke & Klass（2005）は, ハサミムシ類の幼虫期の令数は原始的なグループほど多いと指摘している。Shimizu & Machida（2011b）, Shimizu（2013）は, 彼らの指摘を確認するとともに, 原始的であるドウボソハサミムシが, 「8～9」という最多の令数をへて成虫になることも明らかにした。
　ハサミムシ類の最大の特徴の一つである尾角（尾毛）に由来する尾鋏は, 胚発生期ですでに単節の鋏

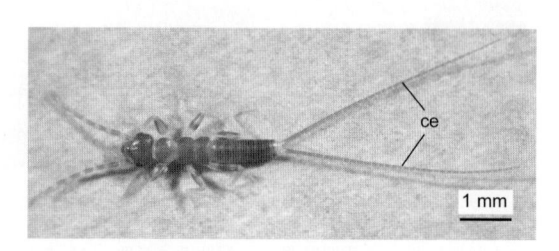

図 20-9　ドウボソハサミムシ *Diplatys flavicollis* の1令幼虫（Shimizu & Machida, 2011b）
　ce：尾毛

状構造となっている（図 20-2；20-3；20-4）。し
かし，原始的なハサミムシ類であるドウボソハサミ
ムシでは，胚発生期から後胚発生期の全発生期間に
おいて，尾角は糸状の尾毛であることが明らかに
なった（図 20-7, j；20-9）。

■ 20 章の引用文献

Chopard, L., 1965：Ordre des Dermaptères. In：*Traité de Zoologie* (Grassé, P. P., ed.), Vol. IX, pp. 745-770. Masson, Paris.

布施洋子・安藤　裕, 1983：外部観察によるハサミムシ *Anisolabis maritima* Gené（革翅目）の胚発生. *New Entomol.*, **39**, 9-16.

Hagan, H. R., 1951：*Embryology of the Viviparous Insects*. Ronald Press, New York.

Harz, K., 1960：Geradflüger oder Orthoptera (Blattodea, Mantodea, Saltatoria, Dermapatera). *Tierwelt Dtsch.*, **46**, 1-232.

Heymons, R., 1895：*Die Embryonalentwicklung von Dermapteren und Orthopteren unter besonderer Berücksichtigung der Keimblätterbildung*. Gustav Fischer, Jena.

――, 1912：Über den Genitalapparat und die Entwicklung von *Hemimerus talpoides* Walker. *Zool. Jb. Suppl.*, **15**, 141-184.

Hinton, H. E., 1981：*Biology of Insect Eggs*. Pergamon Press, Oxford.

河田英生, 1985：ハサミムシの孵化. 採集と飼育, **47(4)**, 184（裏表紙）.

Klass, K.-D., 2009：A critical review of current data and hypotheses on hexapod phylogeny. *Proc. Arthropod. Embryol. Soc. Jpn.*, **43**, 3-22.

Mashimo, Y., R. G. Beutel, R. Dallai, C.-Y. Lee & R. Machida, 2014：Embryonic development of Zoraptera with special reference to external morphology, and its phylogenetic implications (Insecta). *J. Morphol.*, **275**, 295-312.

Matzke, D. & K.-D. Klass, 2005：Reproductive biology and nymphal development in the basal earwig *Tagalina papua* (Insecta：Dermaptera：Pygidicranidae), with a comparison of brood care in Dermaptera and Embioptera. *Entomol. Abh.*, **62**, 99-116.

Popham, E. J., 1973：Is *Hemimerus* an earwig? *Entomologist*, **106**, 193-195.

Shimizu, S., 2013：*Comparative Embryology of Dermaptera (Insecta)*. Doctoral thesis, University of Tsukuba, Tsukuba.

――& R. Machida, 2011a：Notes on mating and oviposition of a primitive representative of the higher Forficulina, *Apachyus chartaceus* (de Haan) (Insecta：Dermaptera：Apachyidae). *Arthropod Syst. Phylog.*, **69**, 75-81.

――&――, 2011b：Reproductive biology and postembryonic development in the basal earwig *Diplatys flavicollis* (Shiraki) (Insecta：Dermaptera：Diplatyidae). *Ibid.*, **69**, 83-97.

Singh, J. P., 1967：Early embryonic development of gonads in *Labidura riparia* (Pallas) (Labiduridae：Dermaptera). *Agra Univ. J. Res. (Sci.)*, **16**, 67-76.

Strindberg, H., 1915：Embryologisches über *Forficula auricularia* L. *Zool. Anz.*, **45**, 624-631.

Vickery, V. R. & D. K. M. Kevan, 1983：*A Monograph of the Orthopteroid Insects of Canada and Adjacent Regions*. Lyman Entomological Museum and Research Laboratory, Quebec.

21章

ジュズヒゲムシ目
Zoraptera

21–1　はじめに

　ジュズヒゲムシ目（絶翅目）は，東南アジアや中南米など熱帯・亜熱帯域を中心に分布し，木の樹皮下などからみつかる体長 2 〜 4 mm の小昆虫類である。この目はジュズヒゲムシ科 Zorotypidae の 1 科のみで構成され，世界から現生 40 種と化石種が知られている（Mashimo *et al.*, 2013；Chen & Su, 2019）。これまでに Kukalová–Peck & Peck（1993）などによっていくつかの属に分ける提案がなされてきたが，現在では Engel & Grimaldi（2000）によって，外部形態の均一性から，現生種はすべてジュズヒゲムシ属 *Zorotypus* にまとめられている。

　目名である Zoraptera（ギリシア語で zoros = pure, strong；aptera = apterous）のとおり，完全に翅を欠く昆虫目として Silvestri（1913）によって記載されたジュズヒゲムシ目であるが，その後 Caudell（1920）によって有翅型が報告され，現在では，複数の種で雌雄に関係なく有翅型と無翅型の存在が確認されている。有翅型個体は複眼と三つの単眼をもつが，無翅型は無眼である。この眼および翅にみられる 2 型は，数少ないジュズヒゲムシ目の固有派生形質の一つとされている（Friedrich & Beutel, 2008）。

　ジュズヒゲムシ目の系統的位置づけは，発見から 100 年経つ現在でも定まっておらず，これまでに多新翅類のシロアリモドキ目 Embioptera，ハサミムシ目 Dermaptera，網翅類 Dictyoptera（＝ゴキブリ目（広義）Blattodea ＋カマキリ目 Mantodea）や，

無尾角類 Acercaria[*1]［咀顎目 Psocodea（＝チャタテムシ目 Psocoptera ＋シラミ目 Phthiraptera[*2]），カメムシ目，アザミウマ目］などの十数もの姉妹群候補が提示されている（Engel & Grimaldi, 2000；Mashimo *et al.*, 2014c）。こうした系統学的混乱は，完全変態類においてその系統的位置づけが長らく未解決であったネジレバネ問題（Kristensen, 1991）になぞらえ，Beutel & Weide（2005）によって "ジュズヒゲムシ問題" と名づけられた。本目は長い間，跗節数やマルピーギ管数の減少，腹部神経節の極度の融合，単純な翅脈などの形態的特徴から，無尾角類との類縁がしばしば指摘されてきたが（Hennig, 1969；Kristensen, 1975；Beutel & Weide, 2005），近年の形態学的研究および分子系統解析からは，ジュズヒゲムシ目が多新翅類の一群であることが確からしくなってきた（Ishiwata *et al.*, 2011；Yoshizawa, 2011；Mashimo *et al.*, 2014a；Misof *et al.*, 2014；Wipfler *et al.*, 2015）。また，これまで無尾角類との共有派生形質と理解されてきた形態的特徴の多くは，他の多新翅類に比べて明らかに小さいジュズヒゲムシ類の体サイズ，すなわち小型化

＊1　しばしば準新翅類 Paraneoptera が使われることがあるが，本来，準新翅類は無尾角類とジュズヒゲムシ目をまとめたものをさす。

＊2　23章「シラミ目」の章で述べているように，従来独立の目とされてきたハジラミ類，シラミ類は現在ではチャタテムシ目の内群となることが支持されており，現在ではこれらをまとめた分類群を咀顎目（カジリムシ目）Psocodea として扱うことが多い。

miniaturization の結果生じたものであることが示唆されている（Matsumura *et al.*, 2015）。しかし，多新翅類の一群であることが確からしくなってきたジュズヒゲムシ目であるが，依然として多新翅類内での位置づけは定かではなく，ファイロゲノミクスの時代においてもなお未解決の大きな問題として残されている。

　ジュズヒゲムシ目の発生学的知見としては，Choe（1989）などによる 2 種の卵表面構造の断片的な記載，Gurney（1938）による *Zorotypus hubbardi* の孵化のスケッチ，Goss（1953）による本目の胚発生が表成型であるとの簡単な言及があるのみであった。しかし，ようやく近年になり，真下らの研究によって，本目の発生が解明され始めた（Mashimo *et al.*, 2011, 2014a, b, 2015）。ここでは，コーデルジュズヒゲムシ *Z. caudelli* の胚発生，後胚発生の概要を紹介し，また，これまでに明らかになった数種の卵構造の知見をまとめる。

21-2　生　殖

　卵巣は左右一対あり，それぞれが 4 ～ 6 本の卵巣小管から構成される。卵巣小管は，不完全変態類で典型的にみられる無栄養室型 panoistic type であり，卵は雌の腹腔の大部分を占めるほど巨大であるため成熟する卵母細胞 oocyte は一つである（Gurney, 1938；Hünefeld, 2007；Dallai *et al.*, 2012a, b, 2014a, b, 2015）。飼育下では，雌は湿らせた土，木片，紙片などに一つずつ卵を産み付ける。*Z. gurneyi* で単為生殖が報告されており，雌のみのコロニーが野外でみつかることがあるという（Choe, 1997）。

21-3　卵構造

　卵構造に関しては Silvestri（1946），Choe（1989）による簡単な報告のみであったが，近年コーデルジュズヒゲムシ，*Z. magnicaudelli*, *Z. impolitus*, *Z. hubbardi* の 4 種でその詳細が調べられた（Mashimo

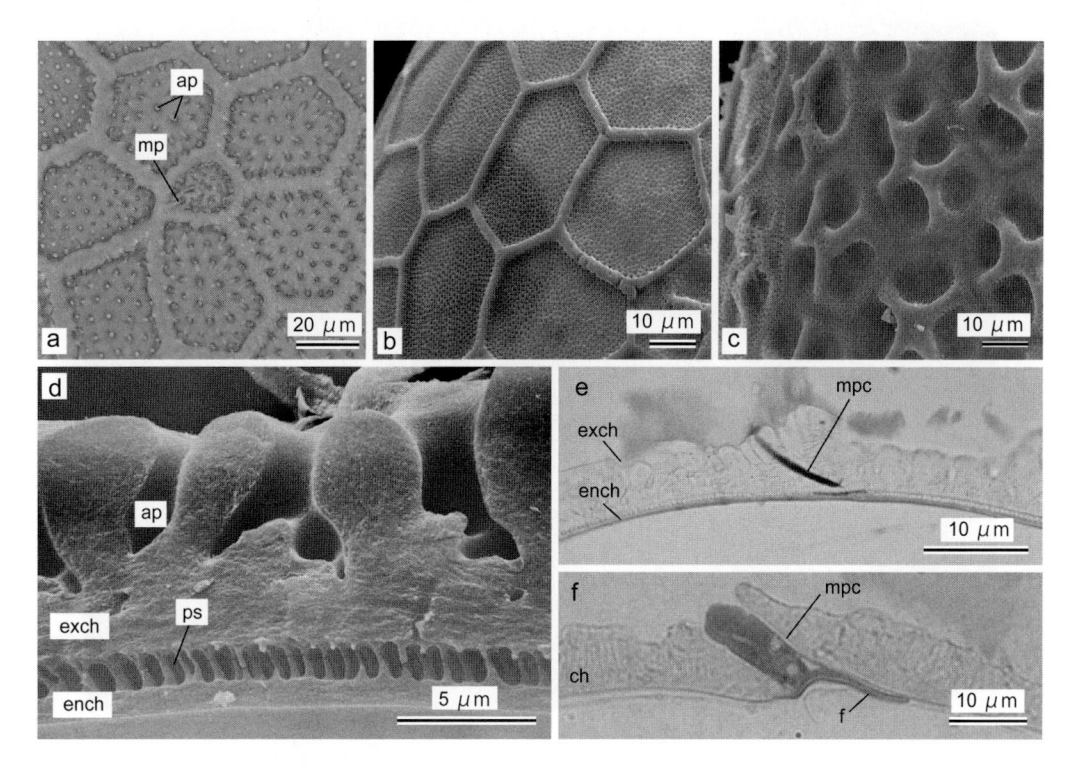

図 21-1　ジュズヒゲムシの卵構造（真下　原図）
　a. コーデルジュズヒゲムシ *Zorotypus caudelli* の卵表面構造，b, c. *Zorotypus impolitus* の卵表面構造，背面（b），腹面（c），d. *Zorotypus magnicaudelli* の卵殻断面，e. コーデルジュズヒゲムシ *Z. caudelli* の卵門管断面，f. *Z. impolitus* の卵門管断面
ap：気孔，ch：卵殻，ench：内卵殻，exch：外卵殻，f：卵門内側開口部のフラップ構造，mp：卵門，mpc：卵門管，ps：内卵殻の柱状構造

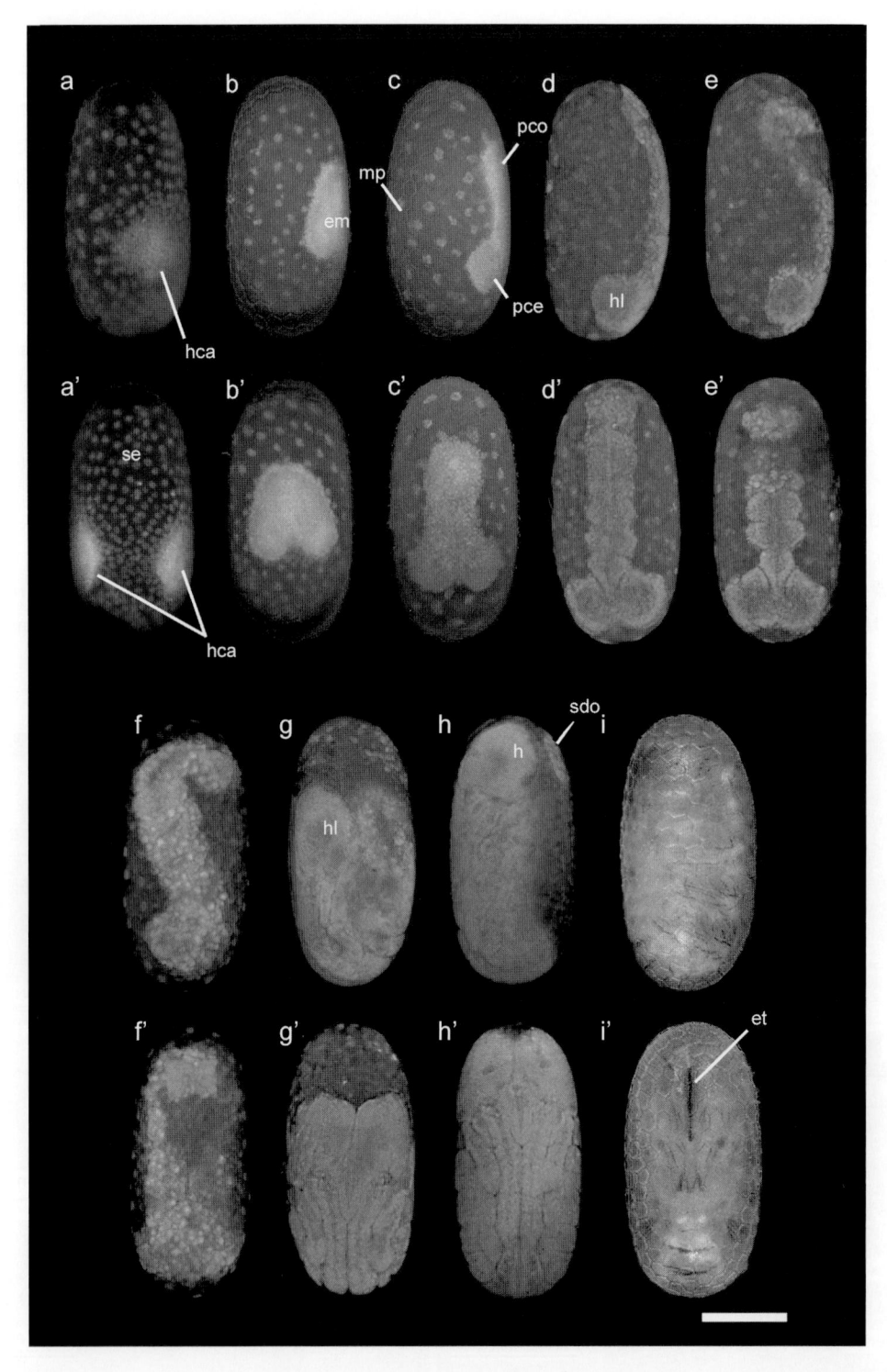

図 21-2　コーデルジュズヒゲムシ *Zorotypus caudelli* の胚発生（I）（Mashimo *et al.,* 2014a）
　a～h．DAPI 染色による蛍光顕微鏡観察，a, a′. 胚形成，側面（a），卵背面（a′），b，b′. 初期胚，卵側面（b），卵背面（b′），c, c′. 原頭葉域，原胴域の分化，卵側面（c），卵背面（c′），d, d′. 卵表層での胚伸長，卵側面（d），卵背面（d′），e, e′. 尾端の屈曲，卵側面（e），卵背面（e′），f, f′. 胚の卵中央での成長，卵側面（f），卵背面（f′），g, g′. 反転，卵側面（g），卵腹面（g′），h, h′. 背閉鎖，卵側面（h），卵腹面（h′），i, i′. 完成胚，卵側面（i），卵腹面（i′）em：胚，et：卵歯，h：頭部，hca：高細胞密度領域，hl：頭葉，mp：卵門，pce：原頭葉域，pco：原胴域，sdo：二次背器，se：漿膜（スケール：200 μm）

et al., 2011, 2015）。卵はいずれも淡色の回転楕円体で，長径と短径はそれぞれ，*Z. magnicaudelli* が約 800 μm，約 400 μm，その他の 3 種が約 600 ～ 650 μm，約 300 μm である。卵表面のハニカム構造は全種で共通するが（図 21-1，a～c），卵表面の彫刻や卵膜構造，卵門管の直径で 2 タイプが知られている。コーデルジュズヒゲムシおよび *Z. magnicaudelli* では卵表面の彫刻は均一であり（同図，a），外卵殻と内卵殻が構造的に明確に分かれ，両者の間には内卵殻に由来する無数の柱状構造が見られる（同図，d）。卵門管は細く，直径は約 2 μm である（同図，e）。一方，*Z. impolitus* では卵表面の彫刻が背腹で異なり（同図，b，c），卵膜は外卵殻と内卵殻の境界は判然とせず，卵門管は約 8 μm と前 2 種に比べて明らかに太い（同図，f）。*Z. hubbardi* では，卵膜構造はコーデルジュズヒゲムシや *Z. magnicaudelli* に類似しているが，卵門は *Z. impolitus* に近いものとなっている。*Z. hubbardi* と *Z. impolitus* の雄は巨大な精子束および精包をつくることが知られており，この 2 種の卵門の径は，両者に共通してみられる巨大な精子サイズに関連しているのであろう（Mashimo *et al.*, 2015）。卵門は卵腹面に一対あるが，これは昆虫類全体でも珍しい特徴であり，他ではナナフシ目で知られるのみである（Mashimo *et al.*, 2014a）。

21-4　胚　発　生

胚発生は，コーデルジュズヒゲムシで調べられている。本種の卵期は，28℃では約 40 日である。

(1) 胚の形成，伸長，分節

胚盤葉が完成し，すぐに胚域と胚外域が分化する。卵の背面では細胞の密度が高くなる一方，腹面では細胞がまばらに分布するようになる。卵背面全体の細胞密度が高くなると，やがて卵の両側背面により細胞密度が高い，一対の領域が現れる（図 21-2，a，a'）。この一対の高細胞密度領域は互いに正中に近づき融合し，ハート形の小さな胚が卵背面の赤道付近に形成される（同図，b，b'）。このとき，初期胚の前端は卵の後極を向いた状態にある。胚外域の細胞は漿膜に分化する。

胚は卵背側の表面に沿って伸長し，やがて原頭葉域 protocephalon と原胴域 protocorm が分化する（図 21-2，c）。原頭葉域は側方に広がり，左右の頭葉が明瞭になる。頭葉原基の左右および胚の後端から羊漿膜褶の形成が始まり，やがて胚の腹面を覆う。胚がさらに伸長して，胚の前端が卵の後極に，胚の後端が卵の前極に達するころになると（同図，d），顎部と胸部の体節がほぼ同時期に形成され，触角原基，大顎，小顎，下唇の顎部付属肢原基，胸部付属肢原基がわずかな膨らみとして分化する。大顎は，他の付属肢原基に比べると明らかに小さい。胚の正中を縦にはしる神経溝が徐々に明瞭になり，その前端付近に口陥が窪みとして現れる。その後，顎部付属肢の出現にやや遅れて，頭楯上唇が形成される（図 21-3，a）。このころから胚の尾端が腹側へ屈曲し始めると同時に（図 21-2，e），腹部体節が前方から分化を開始する。

尾端が完全に屈曲すると，頭部が徐々に背側に反り，一方，腹部全体が腹側に湾曲し始めるため（図 21-3，b，b'），胚の後方が卵黄内に沈み始める（図 21-2，f，f'）。各付属肢も分節を開始する。それまで外側を向いていた触角は内側を向いて伸長し始めるとともに，柄節，梗節，鞭節が分節する。大顎はやや伸長するものの，他の付属肢に比べると小さいままである（図 21-3，b，b'）。小顎，下唇，胸部付属肢は伸長して，底節 coxopodite と端肢節 telopodite に二分する（同図，b，b'）。さらに，小顎および下唇の内側では，将来の内葉 endite になる部分が膨らみ始める（同図，b，b'）。

(2) 卵黄内での成長

胚は，卵黄内に深く沈み込むため卵の外側からはほとんど見えない（図 21-2，f，f'）。小顎，下唇付属肢の底節の内側からはそれぞれ単一の膨らみとして内葉が発達し，端肢節である小顎鬚と下唇鬚はそれぞれ 5 節と 3 節に分節する（図 21-3，c，c'）。胸部付属肢は伸長し，端肢節が転節，腿節，脛節，跗節，前跗節に分節する（同図，c，c'）。腹部の残りの体節も分節が完了し，第十一腹部付属肢である尾毛が明瞭な隆起として発達する（同図，c，c'）。第一腹節の付属肢である側脚は，端肢節と考えられるわずかな膨らみが生じる。腹部末端には Y 字型の陥入として肛門陥が現れる。

触角はさらに伸長して，鞭節は 1 令幼虫と同じく 6 節に亜分節する（図 21-3，d）。顎部と胸部の付属肢の底節では，近位部である亜基節と遠位部である基節が分化する。小顎，下唇の内葉は発達してそれぞれ二つに分かれ，前者からは小顎内葉 lacinia と小顎外葉 galea，後者からは中舌 glossa と副舌

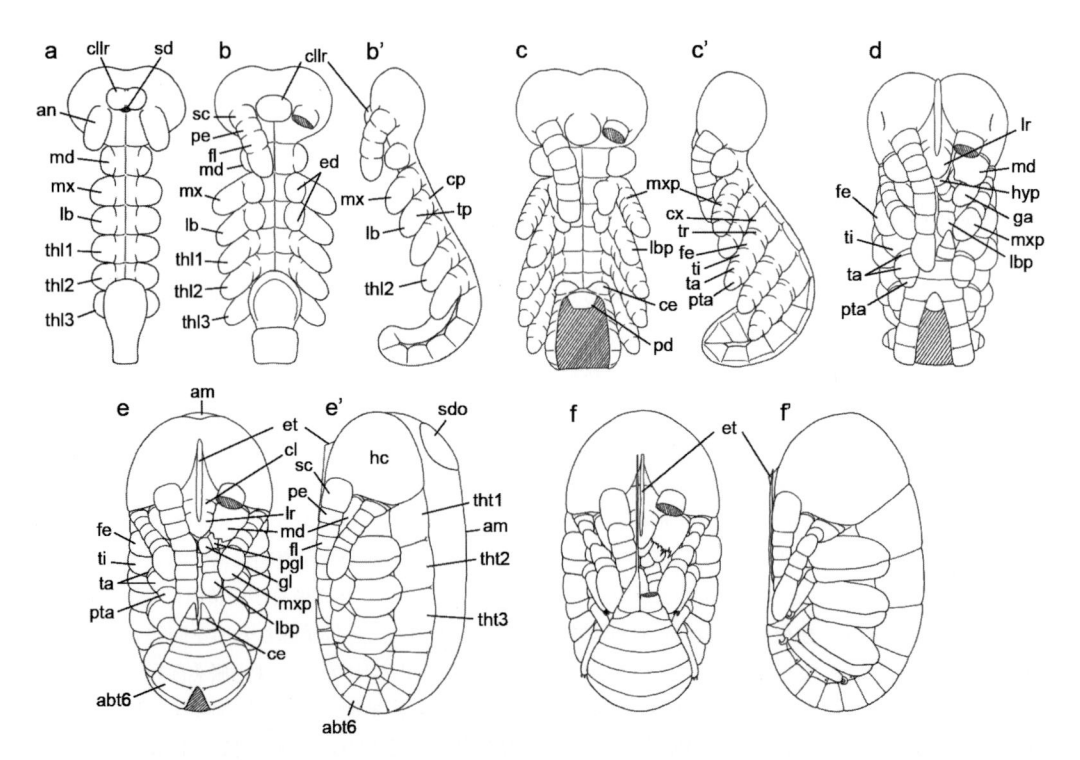

図 21-3　コーデルジュズヒゲムシ *Zorotypus caudelli* の胚発生 （Ⅱ）（Mashimo *et al.*, 2014a）
　a. 付属肢原基が発達した胚，b，b′. 付属肢の分節が始まり，腹部が湾曲した胚，腹面（b），側面（b′），c, c′. 体節形成と付属肢の分節が完了した胚，腹面（c），側面（c′），d. 卵黄内での成長を終えた胚反転直前の胚，腹面，e，e′. 背閉鎖中の胚，腹面（e），側面（e′），f, f′. 完成胚，腹面（f），側面（f′）
abt6：第六腹節背板，am：羊膜，an：触角，ce：尾毛，cl：頭楯，cllr：頭楯上唇，cp：底節，cx：基節，ed：内葉，et：卵歯，fe：腿節，fl：鞭節，ga：小顎外葉，gl：中舌，hc：頭蓋，hyp：下咽頭，lb：下唇，lbp：下唇鬚，lr：上唇，md：大顎，mx：小顎，mxp：小顎鬚，pd：肛門陥，pe：梗節，pgl：側舌，pta：前跗節，sc：柄節，sd：口陥，sdo：二次背器，ta：跗節，thl1～3：第一～三胸脚，tht1～3：第一～三胸節背板，ti：脛節，tp：端肢節，tr：転節

paraglossa が分化する（同図，d）。下唇は正中に向かって移動し，正中で融合する。大顎の間に単一の隆起として下咽頭原基が現れる（同図，d）。胸部付属肢は側方から内側へ向き変わる（同図，d）。尾毛は円錐状に発達し，2節に分節する。中胸と後胸には気門 spiracle が形成される。腹部第一～八節には，わずかな窪みとして一対の気門が胸部と連続相同な位置に形成されるが，腹板側甲は見られない。

　胚反転の時期が近づいてくると，額部の正中を縦にはしる，卵歯形成に関連する長い隆起が形成される（図 21-3，d，e）。大顎は扁平になり，内側に歯が分化し始める。胸部付属肢は屈曲して，基節の大部分と転節は折り畳まれた腿節によって隠される。

（3）　胚反転，背閉鎖，孵化

　羊漿膜褶が顎部付近で開裂して胚反転が始まると，卵黄内に定位して発生を続けていた胚が卵表層に現れ（図 21-2，g，g′），卵の後極をまわって腹側へ，さらに卵表面に沿って前極方向に移動する（図

21-2，h，h′；21-3，e，e′）。漿膜細胞が卵前極付近の背面に集中することにより二次背器 secondary dorsal organ が形成され，羊膜が背側の卵黄を覆うことにより一時背閉鎖が起こる（図 21-2，h，21-3，e′）。その後，胚後方から左右の体壁が羊膜と置き換わりながら卵黄を覆うように背側に伸長していき，最終的背閉鎖が完了する。胚反転後から胚クチクラの分泌が始まり，額部正中の胚クチクラには長い刃状の卵歯が分化する（図 21-3，f，f′）。卵歯は，背閉鎖が完了するころには硬化して黒く着色する（図 21-2，i，i′）。孵化が近づくにつれ，前跗節には着色した爪が分化し，体表には剛毛が現れる（同図，i，i′）。

　孵化の際，前幼虫 prolarva は，胚クチクラに長い卵歯で卵腹面の正中線に沿って卵殻を切り裂き，蠕動運動によって頭部から卵表に現れる。卵殻の裂け目に胚クチクラの後端が挟まれ固定されるので，前幼虫は孵化の完了とともに胚クチクラも脱ぐことに

なる。孵化後の卵表には，目立つ卵歯のある胚クチクラが，卵殻の裂け目に挟まれて取り残される。孵化後，1令幼虫はすぐに活動的に動き始める。

(4) 比較発生学的検討

ジュズヒゲムシ目の発生学的特徴として特筆すべきは，他の多くの多新翅類でみられる，1）一対の高密度細胞領域の融合による胚形成（図21-2，a，a'），そして，2）卵表層での胚伸長（同図，b〜e）を行う，点である。これらは，しばしば以前に類縁が示唆されていた無尾角類で知られる，1）一対の高密度細胞領域をともなわない単純な細胞の集中，増殖による胚形成や，2）胚の卵黄内への陥入をともなう胚伸長・前極への伸長，とは明らかに異なる様式である。これらの無尾角類の胚発生の特徴は旧翅類（トンボ目およびカゲロウ目）と共通するものであり，新翅類の祖先形質であることが示唆される一方，ジュズヒゲムシ目を含む多新翅類の上記の特徴は，本類の固有派生形質であることと理解される（Mashimo *et al.*, 2014a）。ジュズヒゲムシ目が多新翅類の一群であることと，ときに系統群としてのステータスさえ疑問視されることがあった多新翅類の単系統性も，比較発生学の立場から強く支持されるのである。

多新翅類での各目の類似は祖先形質共有と判断される場合が多く，ジュズヒゲムシ目の系統的位置を議論し，さらに発展させるのは難しい状況である。こうしたなかで，興味深いことにジュズヒゲムシ目は，多新翅類のなかでも特異的な特徴である腹面に一対の卵門をもつ点でナナフシ目と共通であり，また額部に著しく長い卵歯が形成される点でシロアリモドキ目と共通である（Mashimo *et al.*, 2014a）。ナナフシ目とシロアリモドキ目の類縁が分子，形態の双方から支持されることから，これにジュズヒゲムシ目を加えた三者の関係を系統学的に議論するのも興味深い。

21-5　後胚発生

Riegel & Eytalis（1974）および Shetlar（1974, 1978）が *Z. hubbardi* を材料に，後胚発生の期間を調べるとともに幼虫の令数を推定している。ただし，前者が頭部サイズを計測し，令ごとの頭幅の伸張率はほぼ一定であるという Dyar の法則（Dyar, 1890）に基づいて令数を4と推測しているのに対し，後者は複数の形態的特徴の計測に基づき5令

と推測しており，見解が分かれている。一方で，Mashimo *et al.*（2014b）は，*Z. caudelli* の後胚発生を詳細に観察し，触角の節数や形状，胸部背板や翅芽の発達具合などいくつかの形態的特徴に加え，クチクラから透けて見える次の令期の剛毛を確認しつつ脱皮回数を数えることで，*Z. caudelli* における幼虫の令数が5であると結論した。ジュズヒゲムシ目のほとんどの種で卵のサイズ（約600 μm）と体サイズ（2〜3 mm）はほぼ一定であるため，種ごとの令数の違いはほとんどないものと推測される。

「はじめに」で述べたとおり，有翅型でのみ発達した複眼と単眼がみられ，無翅型は無眼である。*Z. caudelli* では，この無翅，有翅の二型の形態差は4令幼虫から現れる（Mashimo *et al.*, 2014b）。有翅型の4令幼虫では，中後胸の背板の側後方に小さな翅芽が形成され，頭部側面の将来の複眼にあたるに位置には小さな黒点が現れる。5令幼虫になると，この翅芽が大きく伸長し，頭部の黒点は大きくなり，羽化が近づくにつれ単眼が透けて見えるようになる。有翅型の出現条件については，これまでほとんど調べられておらず，今後詳細な飼育観察が必要である。

21-6　おわりに

ジュズヒゲムシ目の胚発生は，胚形成様式，卵表層での胚の伸長，その後の胚の沈み込みなどの点において典型的な多新翅類型である。「はじめに」で述べたように，近年のジュズヒゲムシ目を多新翅類に含めるとする系統仮説が，発生学的視点からも支持されるのは系統学的に重要である（Mashimo *et al.*, 2014a）。また，多新翅類内の目間系統についての比較発生学的議論としては，これまでに卵構造，胚形成，胚運動，卵歯などの網羅的な比較検討がなされ，Mashimo *et al.*（2014a）は卵門と卵歯の特異的な特徴に基づき，ジュズヒゲムシ目と Eukinolabia（＝ナナフシ目＋シロアリモドキ目）の類縁を示唆している。近年の系統学的研究を整理すると，ファイロゲノミクスにより示唆されるジュズヒゲムシ目とハサミムシ目の近縁性，そして，分子からの支持は弱いものの多くの形態学的・発生学的証拠から支持されるジュズヒゲムシ目，シロアリモドキ目，ナナフシ目の3目の類縁が有力な作業仮説となることが期待される。ジュズヒゲムシ目の発生学的知見が

ようやくそろい始めたことで多新翅類の比較発生学
的議論や形態・発生形質に基づく系統解析も進みつ
つあるが、器官形成に関しての知見は、ジュズヒゲ
ムシ目のみならずその他の多新翅類も十分とはいえ
ず、多新翅類全体でよりいっそうの発生学的知見の
蓄積が必要である。

■ 21 章の引用文献

Beutel, R. G. & D. Weide, 2005：Cephalic anatomy of *Zorotypus hubbardi* (Hexapoda：Zoraptera)：New evidence for a relationship with Acercaria. *Zoomorphology*, **124**, 121–136.

Caudell, A. N., 1920：Zoraptera not an apterous order. *Proc. Entomol. Soc. Wash.*, **22**, 85–97.

Chen, X.-Y. & G.-F. Su, 2019：*Zorotypus hukawngi* sp. nov., a fossil winged Zoraptera (Insecta) in Burmese amber. *Zootaxa*, **4571**, 263–269.

Choe, J. C., 1989：*Zorotypus gurneyi*, new species, from Panama and redescription of *Z. barberi* Gurney (Zoraptera：Zorotypidae). *Ann. Entomol. Soc. Am.*, **82**, 149–155.

——, 1997：The evolution of mating systems in the Zoraptera：Mating variations and sexual conflicts. In：*The Evolution of Mating Systems in Insects and Arachnids* (Choe, J. C. & B. J. Crespi, eds.), pp. 130–145. Cambridge University Press, Cambridge.

Dallai, R., D. Mercati, M. Gottardo, R. Machida, Y. Mashimo & R. G. Beutel, 2012a：The fine structure of the female reproductive system of *Zorotypus caudelli* Karny (Zoraptera). *Arthropod Struct. Dev.*, **41**, 51–63.

——, ——, ——, A. T. Dossey, R. Machida, Y. Mashimo & R. G. Beutel, 2012b：The male and female reproductive systems of *Zorotypus hubbardi* Caudell, 1918 (Zoraptera). *Ibid.*, **41**, 337–359.

——, M. Gottardo, D. Mercati, R. Machida, Y. Mashimo, Y. Matsumura & R. G. Beutel, 2014a：Giant spermatozoa and a huge spermatheca：A case of coevolution of male and female reproductive organs in the ground louse *Zorotypus impolitus* (Insecta, Zoraptera). *Ibid.*, **43**, 135–151.

——, ——, ——, ——, ——, ——, J. A. Rafael & R. G. Beutel, 2014b：Comparative morphology of spermatozoa and reproductive systems of zorapteran species from different world regions (Insecta, Zoraptera). *Ibid.*, **43**, 371–383.

——, ——, ——, J. A. Rafael, R. Machida, Y. Mashimo, Y. Matsumura & R. G. Beutel, 2015：The intermediate sperm type and genitalia of *Zorotypus shannoni* Gurney：Evidence supporting infraordinal lineages in Zoraptera (Insecta). *Zoomorphology*, **134**, 79–91.

Dyar, H. G., 1890：The number of molts of lepidopterous larvae. *Psyche*, **5**, 420–422.

Engel, M. S. & D. A. Grimaldi, 2000：A winged *Zorotypus* in Miocene amber from the Dominican Republic (Zoraptera：Zorotypidae) with discussion on relationships of and within the order. *Acta Geol. Hisp.*, **35**, 149–164.

Friedrich, F. & R. G. Beutel, 2008：The thorax of *Zorotypus* (Hexapoda, Zoraptera) and a new nomenclature for the musculature of Neoptera. *Arthropod Struct. Dev.*, **37**, 29–54.

Goss, J. J., 1953：The advanced embryology of the book louse, *Liposcelis divergens* Badonnel (Psocoptera；Liposcelidae). *J. Morphol.*, **92**, 157–205.

Gurney, A. B., 1938：A synopsis of the order Zoraptera, with notes on the biology of *Zorotypus hubbardi* Caudell. *Proc. Entomol. Soc. Wash.*, **40**, 57–87.

Hennig, W., 1969：*Die Stammesgeschichte der Insekten*. Waldemar Kramer, Frankfurt am Main.

Hünefeld, F., 2007：The genital morphology of *Zorotypus hubbardi* Caudell, 1918 (Insecta：Zoraptera：Zorotypidae). *Zoomorphology*, **126**, 135–151.

Ishiwata, K., G. Sasaki, J. Ogawa, T. Miyata & Z.-H. Su, 2011：Phylogenetic relationships among insect orders based on three nuclear protein-coding gene sequences. *Mol. Phylogenet. Evol.*, **58**, 169–180.

Kristensen, N. P., 1975：The phylogeny of hexapod "orders". A critical review of recent accounts. *J. Zool. Syst. Evol. Res.*, **13**, 1–44.

——, 1991：Phylogeny of extant hexapods. In：*The insects of Australia* (CSIRO, ed.), Vol. 1, 2nd ed., pp. 125–140. Melbourne University Press, Carlton.

Kukalová-Peck, J. & S. B. Peck, 1993：Zoraptera wing structures：Evidence for new genera and relationship with the blattoid orders (Insecta：Blattoneoptera). *Syst. Entomol.*, **18**, 333–350.

Mashimo, Y., R. Machida, R. Dallai, M. Gottardo, D. Mercati, & R. G. Beutel, 2011：Egg structure of *Zorotypus caudelli* Karny (Insecta, Zoraptera, Zorotypidae). *Tiss. Cell*, **43**, 230–237.

——, K. Yoshizawa, M. S. Engel, I. A. B. Ghani, R. Dallai, R. G. Beutel & R. Machida, 2013：*Zorotypus* in Peninsular Malaysia (Zoraptera：Zorotypidae), with the description of three new species. *Zootaxa,* **3717**, 498–514.

——, R. G. Beutel, R. Dallai, C.-Y. Lee & R. Machida, 2014a：Embryonic development of Zoraptera with special reference to external morphology, and its phylogenetic implications. *J. Morphol.*, **275**, 295–312.

——, ——, ——, ——&——, 2014b：Postembryonic development of the ground louse *Zorotypus caudelli* Karny (Insecta：Zoraptera：Zorotypidae). *Arthropod Syst. Phylog.*, **72**, 55–71.

——, Y. Matsumura, R. Machida, R. Dallai, M. Gottardo, K. Yoshizawa, F. Friedrich, B. Wipfler & R. G. Beutel, 2014c：100 years Zoraptera—a phantom in insect evolution and the history of its investigation. *Insect Syst. Evol.*, **45**, 371–393.

——, R. G. Beutel, R. Dallai, M. Gottardo, C.-Y. Lee & R. Machida, 2015：The morphology of the eggs of three species of Zoraptera (Insecta). *Arthropod Struct. Dev.*, **44**, 656–666.

Matsumura, Y., B. Wipfler, H. Pohl, R. Dallai, R. Machida, Y. Mashimo, J. T. Câmara, J. A. Rafael & R. G. Beutel, 2015：Cephalic anatomy of *Zorotypus weidneri* New, 1978：New evidence for a placement of Zoraptera in Polyneoptera. *Arthropod Syst. Phylog.*, **73**, 85–105.

Misof, B., 他 100 名, 2014：Phylogenomics resolves the timing and pattern of insect evolution. *Science*, **346**, 763–767.

Riegel, G. T. & S. J. Eytalis, 1974：Life history studies

on Zoraptera. *Proc. N. Cent. Br. Entomol. Soc. Am.*, **29**, 106–107.

Shetlar, D. J., 1974：*The Biology, Morphology, and Taxonomy of* Zorotypus hubbardi *Caudell (Insecta：Zoraptera).* Master's thesis, The University of Oklahoma, Norman.

——, 1978：Biological observations of *Zorotypus hubbardi* Caudell (Zoraptera). *Entomol. News*, **89**, 217–223.

Silvestri, F., 1913：Descrizione di un nuovo ordine di insectti. *Boll. Lab. Zool. Gen. Agr. R. Scuola Super. Agr. Portici*, **7**, 193–209.

——, 1946：Descrizione di due specie neotropicali di *Zorotypus* (Insecta, Zoraptera). *Boll. Lab. Entomol. Agr. Portici*, **7**, 1–12.

Wipfler, B., R. Klug, S.-Q. Ge, M. Bai, J. Göbbels, X.-K. Yang & T. Hörnschemeyer, 2015：The thorax of Mantophasmatodea, the morphology of flightlessness, and the evolution of the neopteran insects. *Cladistics*, **31**, 50–70.

Yoshizawa, K., 2011：Monophyletic Polyneoptera recovered by wing base structure. *Syst. Entomol.*, **36**, 377–394.

22 章

チャタテムシ目
Psocoptera

22-1　はじめに

　チャタテムシ目の昆虫は体長が 0.5 ～ 10 mm と小さく，多湿の環境を好み，野外では樹幹や石垣などで見られるが，人家を生息場所としている種類もある。チャタテムシ（虫）の名は，この虫が障子などにとまって，抹茶を点てるときに似た音を出すことに拠る。

　この目はコチャタテ亜目 Trogiomorpha，コナチャタテ亜目 Troctomorpha およびチャタテ亜目 Psocomorpha の 3 亜目で構成され，全世界で約 6,000 種が知られている（吉澤，2016）。

　チャタテムシ目の発生学的研究としては，コチャタテ亜目の *Dorypteryx domestica*（セマガリチャタテ科 Psyllipsocidae）の卵外部形態を詳細に調べたもの（Kucerová & Jokeš, 2002），コナチャタテ亜目の *Liposcelis divergens*（コナチャタテ科 Liposcelididae）（Goss, 1952, 1953, 1954）とチャタテ亜目で卵胎生 ovoviviparity をする *Archipsocopsis fernandi*（ムカシチャタテ科 Archipsocidae）（Fernando, 1934），コチャタテ亜目の *Lepinotus patruelis*（コチャタテ科 Trogiidae），*Psyllipsocus ramburii*（セマガリチャタテ科 Psyllipsocidae），*Prionoglaris stygi*（ホラアナチャタテ科 Prionoglarididae），コナチャタテ亜目の *Liposcelis bostrychophila*（コナチャタテ科 Liposcelididae），チャタテ亜目の *Ectopsocus meridionalis*（ウスイロチャタテ科 Ectopsocidae）（Seeger, 1979）の胚発生を調べたものがある。以下に，Goss と Fernando の研究について紹介しよう。

22-2　コナチャタテの一種 *Liposcelis divergens*

(1)　生殖，卵，成熟分裂

　本種はもっぱら単為生殖 parthenogenesis を行い，卵巣小管は多栄養室型 polytrophic type である。卵は 31℃の高湿度下に保つと約 7 日で孵化する。卵の長径は 0.34 mm，短径は 0.18 mm で，卵殻は平滑できわめて薄く，卵門 micropyle は発見されない。

　卵は成熟分裂 maturation division の中期で産下され，卵核胞 germinal vesicle は卵の表層に位置しており，18 個の染色体が見られる。成熟分裂はこの 1 回のみで，放出された極体は分裂することなく，胚盤葉が完成するまで存在している。成熟分裂を終わった雌性前核 female pronucleus は卵内方に移動し，胚発生が開始する。

(2)　卵割，胚盤葉形成，胚域・胚外域の分化，胚原基形成

　表 22-1 は，このチャタテムシの胚発生段階を，Goss（1952）によりまとめたものである。彼はカルノア液で固定した卵を，Grenacher 硼砂カーミンで染色し，胚発生を観察している。

　第一卵割は産下後 1 時間目に生じ，分裂の斉一性は第三卵割までで，卵割核が卵表に達する第六卵割期には失われる。続いて胚盤葉形成期になるが，このステージを通して卵内に卵黄細胞（核）が見られる。Goss はこれを二次卵黄細胞 secondary yolk cell と考えている。彼はまた，チャタテ亜目のウスイロチャタテ科の一種 *Ectopsocus pumilis* の卵の胚盤葉形成も観察しており，この種では胚盤葉期に

表 22-1　コナチャタテの一種 *Liposcelis divergens* の発生段階表（Goss，1952）

産下後（時間）	胚発生の状態
1 ～ 8	成熟分裂完了，卵割-卵割核の卵表到着
8 ～ 14	胚盤葉の形成，二次卵黄核（細胞）の出現
14 ～ 18	胚盤葉の完成，胚域・胚外域の分化
18 ～ 21	胚原基の形成
21 ～ 24	胚盤の分化
24 ～ 27	卵黄中への胚盤の陥入開始，羊漿膜褶の形成，羊膜の分化
27 ～ 30	胚帯の陥入完了，中胚葉の形成開始，羊膜口の閉鎖
30 ～ 32	胚の外胚葉部の体節化，頭域より後方へ進行
32 ～ 36	胚帯後端が腹側に屈曲，頭胸部に付属肢原基出現，原基内に体腔嚢の形成
36 ～ 50	口陥・肛門陥形成の開始，神経芽細胞出現，神経節の形成
50 ～ 88	付属肢各節の分化，内胚葉の分化発達
88 ～ 90	胚反転完了，胚は卵黄外に出て二次背器ができる
90 ～ 108	食道下神経節が生じ，背閉鎖開始
108 ～ 168	胚諸器官の形成が進行，後部複髄が前腹部に集中，背閉鎖完成，胚クチクラの分泌，孵化

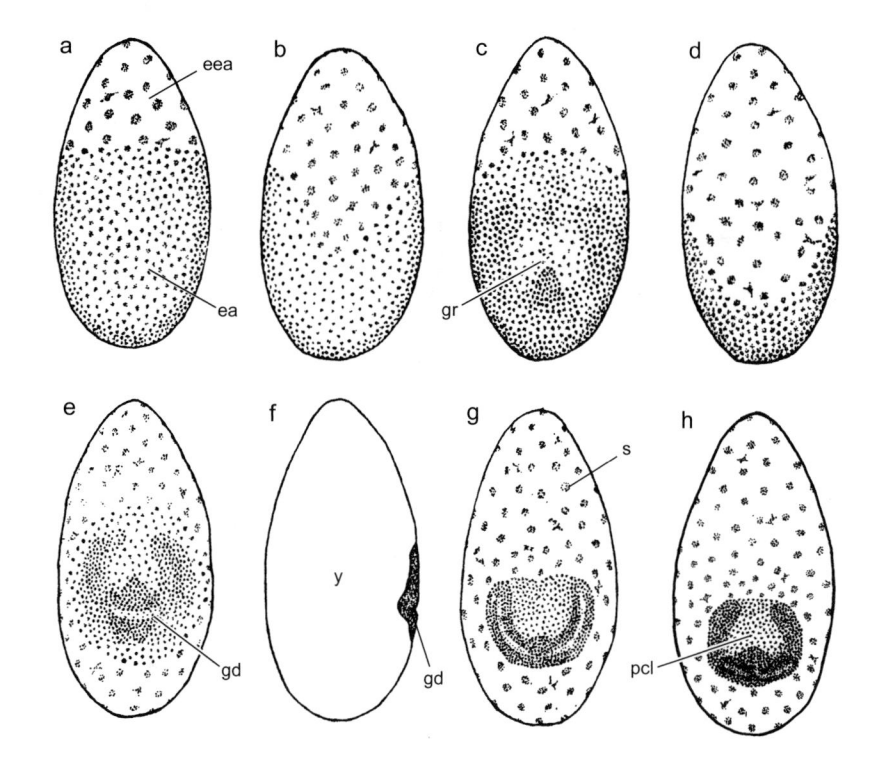

図 22-1　コナチャタテの一種 *Liposcelis divergens* の早期発生（Goss，1952，1953 より改変）
a, b. 胚域と胚外域が分化した卵（産下後 14 ～ 18 時間），腹面（a），背面（b），c, d. 胚原基形成が始まり，胚域細胞の集中と増殖が見られる（同 18 ～ 21 時間），腹面（c），背面（d），e, f. 胚盤にスリット状の横溝が生じる（同 21 ～ 24 時間），腹面（e），側面（f），g. 胚が明瞭になり，溝が左右に伸びる（同 21 ～ 24 時間），腹面，h. さらに発生が進む（同 24 ～ 27 時間），腹面。
ea：胚域，eea：胚外域，gd：胚盤，gr：胚原基，pcl：原頭域，s：漿膜，y：卵黄

卵黄内にはまったく核が見られないという。シリア
ゲムシ目のプライアシリアゲ *Panorpa pryeri*（シ
リアゲムシ科 Panorpidae）の胚盤葉期の卵の中央
部付近に大きな卵黄細胞集合体 yolk cell aggrega-
tion が出現し，後に消失する（上巻の 10-4 節，図
10-4 参照）。*L. divergens* の卵にも胚盤葉期から胚
原基形成期にかけて，2～3 核，数核，ときに 8 核
以上の卵黄細胞の集塊が卵黄内に散在するが，やは
り消失するという。また，胚盤葉の形成中に，卵の

後極に生殖細胞 germ cell が見られるようになる
が，オーソーム oosome は発見されていない。

　胚盤葉が完成すると，胚域と胚外域の分化が始ま
る。それは，卵の後半分の腹面および側面での細胞
分裂がさかんになるため，残余の前半部などの細胞
が粗に分布する部分と，明らかな相違が生じるので
わかる。この後半部が胚域，前半部が胚外域で，次
の発生で前者は胚原基 germ rudiment に，後者は
漿膜になる（図 22-1，a，b）。胚域ではさらに細胞

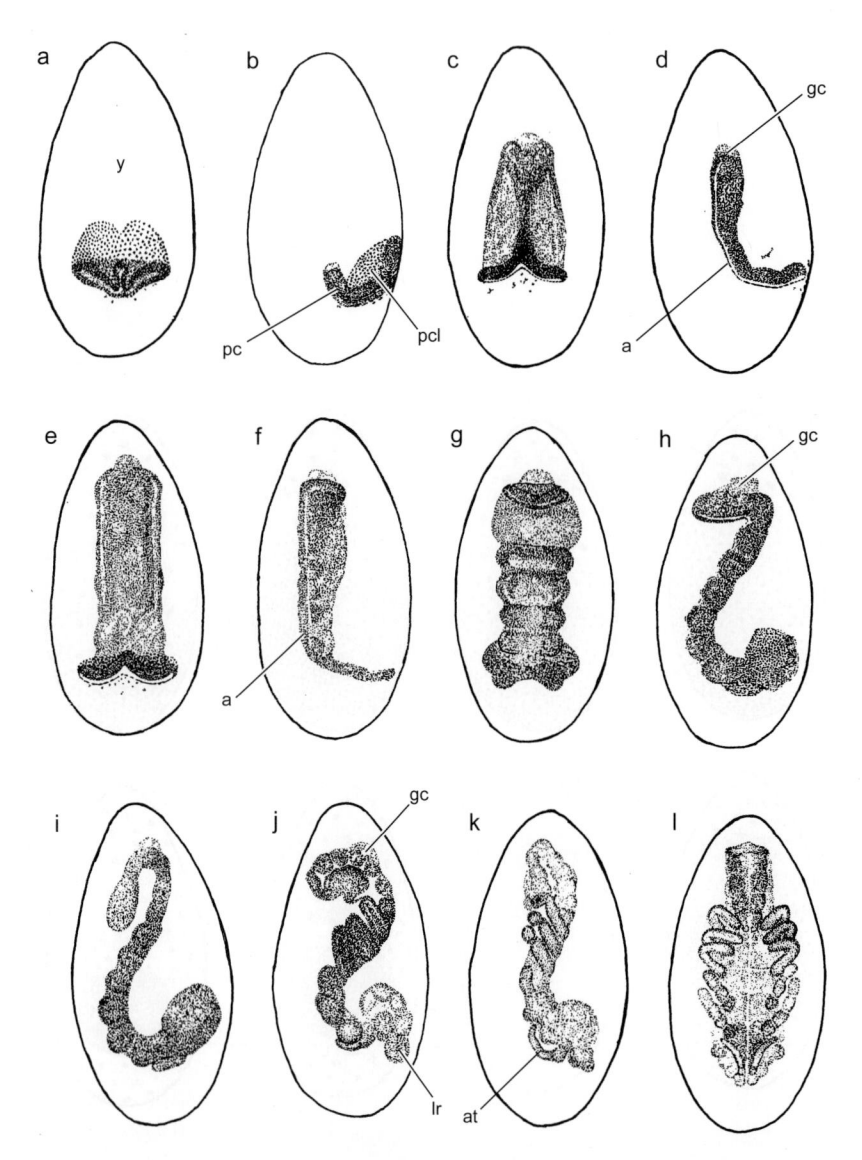

図 22-2　コナチャタテの一種 *Liposcelis divergens* の中期発生（Goss，1953 より改変）
　a, b. 原胴域の陥入が始まる（産下後 27～30 時間），腹面（a），側面（b），c, d. 陥入が進む（同），腹面（c），側
面（d），e, f. 同（同 30～32 時間），g, h. 体節形成が始まる（同 32～36 時間），腹面（g），側面（h），i. 胚
帯尾部が屈曲する（同），側面，j. 付属肢原基の形成，腹部の体節化，側面（同 36～50 時間），k, l. 反転前の胚
（同 50～80 時間），側面（k），腹面（l）
a：羊膜，at：触角原基，gc：生殖細胞，lr：上唇原基，pc：原胴域，pcl：原頭域，y：卵黄

の増殖と集中が見られ，胚原基形成へと進む（同図，c，d）。同図e〜hはこれに続くステージで，前方の欠けた円盤状の部分が，卵後部腹面に認められる。これが胚盤 germ disc で，基部に浅い陥入ができたため，スリット様の横溝が観察される。この時期を過ぎると胚の形態は明らかになり，胚外域は漿膜 serosa により包まれている（同図，g，h）。

(3) 胚の陥入，胚帯形成，中胚葉形成，胚反転，孵化

　発生の進行につれ，胚の尾部が卵黄内に陥入し始めるが，まもなく卵の長軸に沿って前方へと伸長するようになる。このとき，卵表に残った部分が原頭域 protocephalon，陥入部が原胴域 protocorm で，この部分の腹面は陥入口後縁から伸びた厚い羊膜原基で覆われている（図22-2，a，b）。同図c〜fにみるように，胚の陥入が完了すると，胚の前後軸は卵軸と逆になり，原頭葉も卵黄中に沈み，胚の腹面は羊膜で，卵全体は漿膜で包まれている。

　体節形成は胚陥入が終わったころから始まり，まず頭，顎部の上唇，触角，大顎が生じる部分にわずかな膨らみが，やや遅れて同様の膨らみが小顎，下唇となる部分に現れる。このようにして，体節化は順次胸部，腹部へと及んでゆく。このチャタテムシの中胚葉（内層 inner layer）形成は増殖型[*1]で，原頭域に生じた原溝（原条 primitive groove；Goss（1953）は原腸溝 gastral groove としている）の細胞が増殖して中胚葉部をつくる。中胚葉部は外胚葉部の背面中央を後方へと伸び，ついには胚末端に存在する生殖細胞塊を包み込む。この中胚葉部の体節化は口後域で始まり，胸，腹部へと進み，続いて中胚葉節は左右に分かれ，これから形成される付属肢原基の裏打ちをするようになる。これらの中胚葉節は大きさを増し，それぞれ，中に腔所（体腔 coelomic cavity）をもった体腔嚢となる。ただし，上唇原基は単一の突起として形成され，原基内の中胚葉も一つで，体腔を欠いている。また，間挿節は他の昆虫で観察されたもののように退化的で，体腔嚢は形成されないらしい。

　体節化が進むと，まず頭部に，次に顎，胸部に付属肢形成が始まり，触角，大顎，小顎，下唇原基と三対の胸肢原基が認められるようになる。また，発生の進行とともに腹部は長大になり，腹側に屈曲

---

*1　次節で述べる *Archipsocopis*（Fernando, 1934）では陥没型である。

するため，胚はS字形の側面観を呈している（図22-2，g〜i）。さらに各付属肢原基も成長して，それぞれの特徴を現し，腹部体節も明瞭となり，胚は反転期をむかえる（同図，j，k，l）。

　胚反転 katatrepsis は，上唇部の羊膜腔 amniotic cavity が広がり，外側の漿膜と接した部分が破れることで始まる。胚は胚膜の収縮とともに反転しながら卵黄外に出て，頭部を卵の前方に向け，卵の腹側に位置を変える。胚反転により胚の後頭部に二次背器 secondary dorsal organ が形成される。また，漿膜からは厚さ約 2 μm の漿膜クチクラ serosal cuticle が分泌され，卵の保護をする。

　反転を終わった胚は，その位置で発生を続け，背閉鎖が完成し，前額部に卵歯 egg tooth（卵殻破砕器 egg burster）が生じ，まもなく孵化が起こる。

(4) 器官形成

　Goss（1953）は，本種の神経系，生殖腺，消化管の形成を観察・記述しているので，これらの器官形成の概略について紹介しよう。

　外胚葉起源の神経系は，神経芽細胞 neuroblast がその出発点である。このチャタテムシでは神経芽細胞が最初に出現するのは胸節で，次に口後域と原頭葉に，さらに腹部では末端の第十胸節まで出現する。各胸節では神経芽細胞は神経溝 neural groove を挟んで左右に4列ずつ，1列は縦に並んだ5〜6個の細胞で構成されている。これらから神経節がつくられ，胸部，頭部，腹部の神経節の順に神経繊維が分化し，ニューロパイル neuropile が生じる。こうして脳に連なる一連の神経索である腹髄（腹側神経索）ventral nerve cord ができあがるが，第十腹節の神経節は明瞭でないという。上記の神経芽細胞は，このころには退化，消滅して，脳と口後域ではほとんど発見できないものの，胸部と腹部では胚反転後まで存在している。また，一連の神経索は顎部の大顎，小顎，下唇3神経が合一して食道下神経節 suboesophageal ganglion に，腹部各節の神経節は，胚反転後に前方へ短縮を始め，孵化時には前腹部にわずかな神経節が見られるのみとなる。

　このチャタテムシは雌のみを産む雌性産生単為生殖 thelytoky parthenogenesis を行うので，すべての生殖細胞 germ cell は，雌性生殖腺の卵巣になる。前述のとおり胚盤葉形成中に卵の後極に現れた生殖細胞は，胚盤が分化するとその後端で増殖し，顕著な細胞塊を形成する（図22-3，a〜c）。この生殖

細胞塊は胚の陥入により，胚の尾端の伸長とともに
卵の前部に運ばれ，中胚葉で覆われるようになる。
その後，中胚葉は薄膜化して，将来の卵巣を包む被
膜となる。胚に付属肢原基が生じ，口陥，肛門陥が
見られるようになると，生殖細胞塊はやや扁平にな

り，胚の背面に沿って前方に移動し，第三，四腹節に
位置し，さらに胚の正中線の左右に分かれて，一対
の卵巣原基へと発達するのである。この原基は長く
なって第三～五節にまたがるようになるが，胚反転
後，ふたたび短縮して第四，五節に，最終的には第五

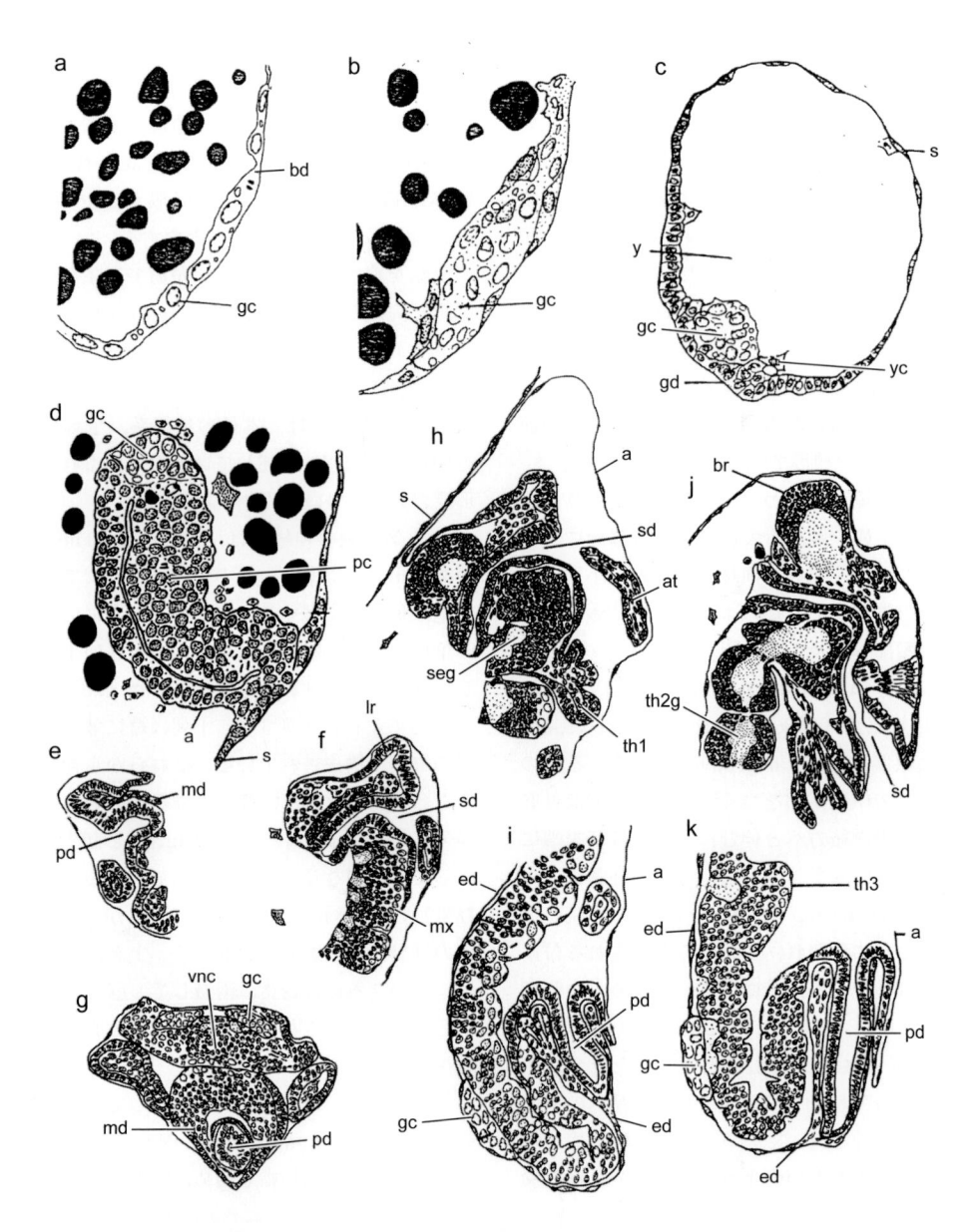

図 22–3　コナチャタテの一種 *Liposcelis divergens* の胚の生殖腺と口陥，肛門陥，中腸上皮の形成（Goss，1952，1953
より改変）
　a．後部胚盤葉の生殖細胞（産下後 14～18 時間），b．同（同 18～21 時間），c．胚盤と生殖細胞（同 21～24 時間，
横断面），d．陥入初期の胚（同 27～30 時間，縦断面），e．同 36～50 時間，胚頭部（縦断面），f．同 50～80 時間（同），
g．胚腹部屈曲横断面（同 50～80 時間），h．反転直前の胚頭部（同，縦断面），i．反転直前の腹部縦断面，j．産
下後 108～168 時間，胚の頭顎部（縦断面），k．同，胚の腹部（縦断面）
a：羊膜，at：触角，bd：胚盤葉，br：脳，ed：内胚葉，gc：生殖細胞，gd：胚盤，lr：上唇，md：中胚葉，mx：小顎，
pc：原胴域，pd：肛門陥，s：漿膜，sd：口陥，seg：食道下神経節，th1,3：前，後胸節，th2g：中胸神経節，vnc：
腹髄，y：卵黄，yc：卵黄細胞

節に定着する。この様子を示したのが図 22-3, d, g, l, k である。

　次に，消化管の形成を説明しよう。昆虫類の消化管は外胚葉起源の口陥 stomodaeum と肛門陥 proctodaeum，それに内胚葉起源などと考えられる中腸より構成されている（上巻の総論 4 章 4–14 節「消化管の形成」(3) 中腸を参照）。本種の口陥は頭，胸部の付属肢原基形成のころ，上唇原基と触角原基の間に浅い外胚葉性陥凹として現れる。この陥凹は発生につれて管状となり，胚の背方へ，そして後方へと伸びてゆく。口陥壁は一様の柱状細胞でつくられているが，卵黄に接した先端部は次第に薄膜化し，中腸上皮原基は口陥底にある中胚葉細胞から生じる。胚の発生が進み孵化が近づくと，前腸の先端部は破れ，中腸と連絡する（図 22-3, e, f, h, j）。肛門陥は胚の後部に屈曲が生じたときに，わずかな陥凹として尾端に出現し，発生の進行とともに周囲を中胚葉層で覆われた管となって，胚の後腹部の背面を前方に向けて伸びる。肛門陥壁は口陥同様，柱状細胞よりなり，早期には内腔に三つの隆起があるが，隆起は徐々に低くなり，孵化時には円形の内腔となる。そして肛門陥先端は次第に薄化する。胚反転の直前には肛門陥は腹部の第七節にまで達し，先端部から腹髄の背面を前方へと伸びる 1 本の索状組織ができる。これが中腸上皮 midgut epithelium の原基で，Goss は内胚葉としている。反転後，後腸はますます伸長し，卵黄に接した盲端部の管壁は薄くなり，前記の中腸上皮原基はこの部分を覆うようになる。また，背閉鎖が進み始めると，後腸の盲端に 4 本の内腔のないマルピーギ管原基が後腸壁から膨出する。マルピーギ管は背閉鎖が完成すると急速に伸び，太さも増して明らかに管状となる。さらに後腸に直腸 rectum が分化し，内部に直腸腺 rectal gland の六つの突起が見られ，後腸端は薄化するものの，孵化のときまで破れないという。

　上述のように，口陥底，肛門陥底に分化した中腸上皮原基は，それぞれ腹髄背面上を後方と前方に伸びて，胚背面と卵黄の間に薄膜を形成し，背閉鎖の

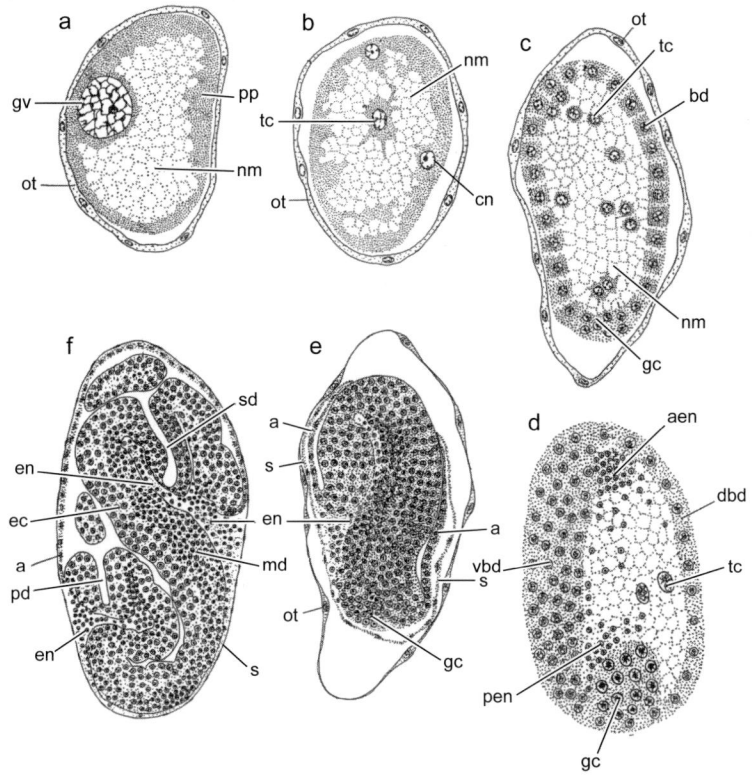

図 22-4　卵胎生チャタテムシの一種 *Archipsocopsis fernandi* の早・中期胚発生（Fernando, 1934）
　a. 成熟卵，b. 卵割期，c. 胚盤葉完成，d. 腹板形成，内胚葉分化，e. S字状胚帯，f. 付属肢形成が進んだ胚
　a：羊膜，aen：前部内胚葉，bd：胚盤葉，cn：卵割核，dbd：背側胚盤葉，ec：外胚葉，en：内胚葉，gc：生殖細胞，gv：卵核胞，md：中胚葉，nm：栄養質，ot：卵管，pd：肛門陥，pen：後部内胚葉，pp：周縁細胞質，s：漿膜，sd：口陥，tc：栄養細胞，vbd：腹側胚盤葉

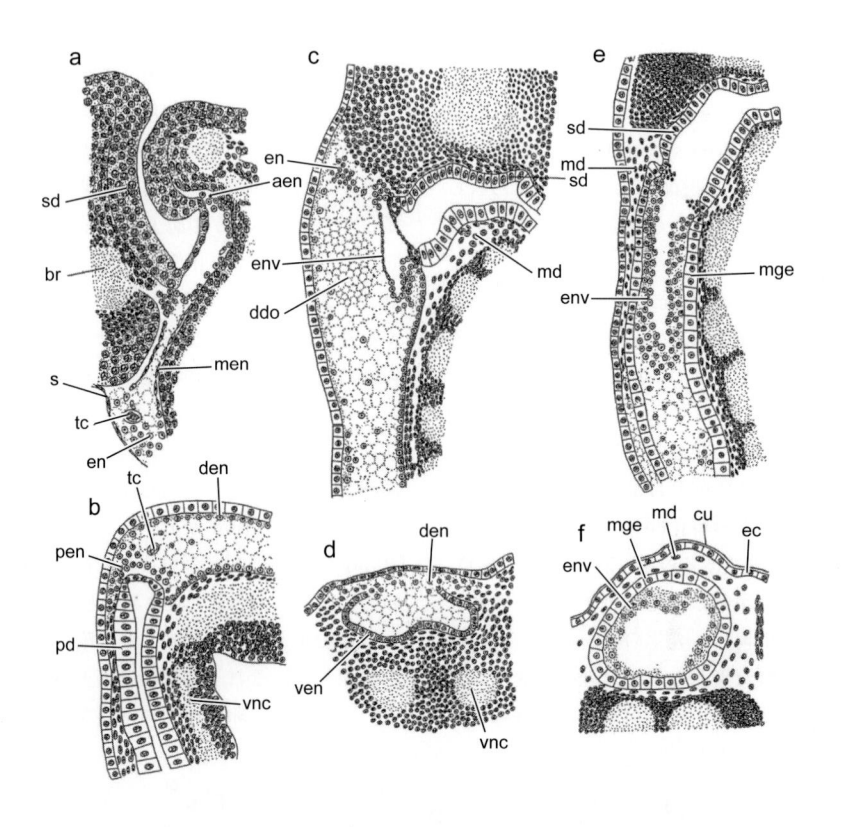

図 22-5　卵胎生チャタテムシの一種 *Archipsocopsis fernandi* の中腸形成（Fernando, 1934）
　a. 口陥底に前部内胚葉嚢状部出現（縦断面），b. 肛門陥底に後部内胚葉嚢状部出現（同），c. 口陥底嚢状部成長，
d. 中腸中部に形成中の中腸上皮（横断面），e. 形成された中腸上皮が口陥とつながる（縦断面），f. 完成した中腸（横断面）。
aen：前部内胚葉, br：脳, cu：クチクラ, ddo：形成中の背器, den：背部内胚葉, ec：外胚葉, en：内胚葉,
env：内胚葉嚢状部, md：中胚葉, men：中部内胚葉, mge：中腸上皮, pd：肛門陥, pen：後部内胚葉, s：漿膜,
sd：口陥, tc：栄養細胞, ven：腹側内胚葉, vnc：腹髄

進行に従って伸展を続け，卵黄を包み込み，中腸上皮が完成するのである（図 22-3, g, i, k）。ここまでは一般にみられる二極形成であるが，Goss は次のような観察をしている。それは，卵黄細胞（核）が中腸上皮形成に参加する可能性を示唆するものかのようである。彼によると，このチャタテムシの中腸上皮形成の折に，卵黄細胞（核）から形態と染色性の異なる細胞がつくられる。このタイプの細胞は口陥底付近に多く，後方に向かい漸減し，後胸部から腹部にかけてはまったく存在しないという。これらの細胞は細胞質が細かい突起となり，周囲の細胞の突起と接続して，中腸の内側にメッシュ状のものをつくるそうである。これに似たような報告が不完全変態類で少々あるが，無翅昆虫類やトンボ目で知られた卵黄細胞による中腸上皮形成とは，まったく相違したものである。しかし，この現象は今後，この

タイプの卵黄細胞の微細構造も含めて精査する必要があろう。

　以上が *Liposcelis* の器官形成のあらましであるが，次に説明する *Archipsocopsis* の場合とはかなりの違いがある。なお，Goss は胚発生と系統についても言及しているので，それらについては「おわりに」でふれることにする。

22-3　卵胎生チャタテムシの一種
Archipsocopsis fernandi

　Fernando（1934）は，セイロン（現 スリランカ）の研究所の乾いた木の葉から本種を採集し，研究材料としている[*2]。腹部が肥大した雌虫の卵巣小管 ovariole には，発生段階の全ステージの卵が 12

* 2　新種であったため，Pearman により彼に献名されている。

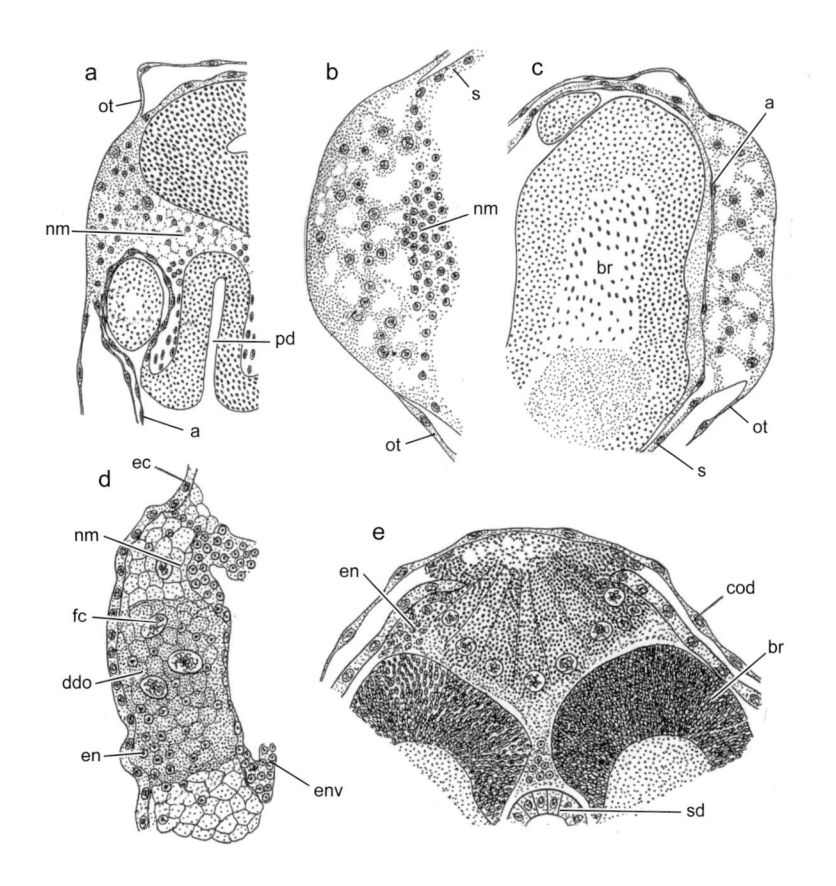

図 22-6　卵胎生チャタテムシの一種 *Archipsocopsis fernandi* の胚の栄養質吸収構造（Fernando，1934）
　a. 卵後端の主輪卵管と漿膜の接合部，b. 同，拡大，c. 卵前端の接合部，d. 二次背器形成，e. 同，形成の進んだもの。
a：羊膜，br：脳，cod：主輪卵管，ddo：形成中の背器，ec：外胚葉，en：内胚葉，env：内胚葉嚢状部，fc：栄養細胞，
nm：栄養物質，ot：卵管，pd：肛門陥，s：漿膜，sd：口陥

個以上も含まれており，孵化間近の卵は主輪卵管 common oviduct に入っているという。なお，本種の胚発生に関しては，Hagan が彼の著書 "Embryology of the Viviparous Insects"（1951）のなかで紹介している。

(1)　成熟卵，卵割，胚盤葉形成

　成熟卵の大きさは 57 × 37 μm で，卵黄も卵殻も欠き，主輪卵管いっぱいになっている。卵核胞 germinal vesicle は卵の周縁部に位置し，径約 15 μm である。卵細胞質には周縁細胞質 periplasm とわずかな栄養質を含んだ中央細胞質が見られる（図 22-4，a）。卵が主輪卵管に降下すると卵割が始まり，第一卵割で生じた 2 核は卵の中央部に移る。第三卵割で 8 核が生成されると 6 核ほどが卵表へと移動し，卵内に残った栄養細胞 2 核は卵黄核（細胞）となる（同図，b）。卵は長くなり，表層に移った核

は分裂を続けて，胚盤葉が形成される。細胞質内の栄養細胞は約 12 個に増え，卵の後端の胚盤葉には生殖細胞が分化する（同図，c）。

(2)　内・外・中胚葉の形成，胚膜形成，胚の体節化

　発生が進むと図 22-4，d にみるように，卵の背側の胚盤葉は一層のままであるが，腹側では増殖して多層となり，卵後端の生殖細胞塊も顕著になる。ここで注意を要することは，前部と後部の胚盤葉に接した細胞質内に新しく小型の細胞群が出現したことで，この細胞群が内胚葉で，これらから中央の細胞質へ移動したものが中央内胚葉になる。この状況は前節の *Liposcelis* における内胚葉形成とは，はなはだしく相違しており，本種は外胚葉も中胚葉も形成されない発生のごく早期に，内胚葉が生じるタイプの一例である。

　次の発生で，上記の肥厚した胚盤葉（腹板 ventral plate）は胚帯期に入り，中板と側板の分化が見られ，側板は左右より伸展して中板を覆ってしまう。その結果，側板部は外胚葉に，側板の内側（背面）に位置するようになった中板は中胚葉に分化し，この中胚葉部の増殖により中胚葉層がつくられる。本種では中胚葉形成の際，原溝は生じない。

　胚膜の形成は，胚帯が S 字状になったときに始まる。まず，胚外域である背面の胚盤葉と胚帯の頭端および尾端の境界部からひだ（褶）ができる。これが羊漿膜褶 amnio-serosal fold で，胚帯の腹面をそれぞれ後方と前方に伸び，ついには接着して腹面を包む二重の薄膜ができあがる。内側が羊膜，外側は漿膜で，胚帯背面を包んだ部分の漿膜も薄膜化している（図 22-4，e）。このような胚膜形成は表成型の胚帯で知られるもので，この点も Liposcelis でみられた陥入型胚帯タイプの胚膜形成とは異なっている。

　まもなく胚帯に体節化と付属肢原基の形成が起こり，触角，大顎，胸部の 3 節に付属肢原基が生じるが，顎部の他の付属肢原基の形成は遅れ，腹部には 10 節が形成される。

(3)　中腸形成，胚の栄養吸収

　このチャタテムシの中腸形成には，一般に知られた昆虫類の中腸形成とは異なり，複雑な形成過程が見られる。まず，口陥底付近にある前述の前部内胚葉細胞が，口陥底に嚢状部を形成する（図 22-5，a，b）。発生が進むと嚢状部の底をつくっていた口陥底が崩壊して，口陥と嚢状部が接続するようになる。この嚢状部はさらに後方へと伸びてゆく（同図，c）。これに対して肛門陥底にも，後部内胚葉から同様の構造ができ，前方へと成長する（同図，d）。こうして前後の嚢状部は先端で接合し，一連の内胚葉性の管が形成される。しかし，この管状構造は中腸形成の過渡的なもので，本格的な中腸上皮は，前述の中央内胚葉細胞により形成される。この細胞群は最初に腹髄の背面に中腸上皮層をつくり，中央細胞質と先に述べた一時的な内胚葉性の管構造を包み込むように成長し，ついには背部で接着して，管状の中腸上皮を完成する（同図，e，f）。中腸内に取り込まれた管構造は徐々に消化され，幼虫の孵化時には消滅している。これまでの説明でわかるとおり，本種の中腸形成には過渡的な上皮構造と本格的な上皮の形成の 2 相が存在しているので，Liposcelis における

中腸形成とは根本的に異なるものであり，この相違は，Archipsocopsis の卵胎生性に起因すると考えてよいものであろう。

　次に，胚発生のための栄養質の供給について述べる。最初に記したように，本種の卵は卵殻も卵黄もなく，卵細胞質にわずかな栄養質を含むのみなので，母体からの栄養質を受けるための特殊な構造が形成される。この構造をつくるのが漿膜なのである。胚膜ができると肛門陥の下部の胚後端で，卵管に接した部分の漿膜に微細な突起が生じて，卵管壁と結合するようになる。続いて双方の境界がなくなり，漿膜は異常なほどに肥厚し，この部分に多数の内胚葉細胞の侵入が見られる（図 22-6，a，b）。この結合により，胚は卵管壁からの母体の栄養質の吸収が可能になる。Hagan（1951）は，この構造を偽胎盤 pseudoplacenta とよんでいる。また，卵の前端の脳のすぐ上にも同じような構造が形成され，ここでは羊膜も加わり，この部分の羊膜腔には栄養質と考えられる顆粒も観察される（同図，c）。ただし，これらの構造は，胚の姿勢転換にともなう胚膜の破裂までのもので，表皮ができ，胚表にクチクラ層が生じると，母体との連絡は絶えてしまう。このステージに達した胚は卵管から主輪卵管に入り，孵化をむかえるのである。本種でも破れた胚膜が胚の頭部に二次背器をつくる。この背器も卵管壁に接して栄養質の吸収をするらしい。それは形成中の二次背器内に栄養細胞と内胚葉細胞が見られ（同図，d），形成された背器が頂部で卵管壁に接していること（同図，e）で推測されるという。

　以上，Archipsocopsis の胚発生について述べたが，卵生の Liposcelis の発生過程と非常に異なっている。なお，本種では胚反転は起こらない。

22-4　おわりに

　卵生と卵胎生のチャタテムシの胚発生について説明したが，Archipsocopsis の発生が卵胎生のために大きな改変を生じていることが理解されよう。Goss（1953）は，Liposcelis の他にこの目の別亜目の Ectopsocus pumilis の胚発生も観察し，本種のものが Liposcelis のものとよく似ており，Liposcelis の発生がチャタテムシ目の胚発生の典型であるとして，不完全変態類の他の目との類縁関係を考察している。それによるとチャタテムシ目の陥入型胚帯は，シラミ目 Phthiraptera に最も近似し，半翅目

Hemiptera，アザミウマ目 Thysanoptera とは同じ
陥入型ではあるが，やや遠く，表成型胚帯が形成さ
れる直翅系の各目には関連がないという。また，彼
は一般にチャタテムシ目に近縁ではないかと考えら
れていたジュズヒゲムシ目 Zoraptera の一種の *Zo-*
rotypus hubbardi の胚帯形成も調べ，この種では表
成型で，むしろ直翅系であり，胚発生からは遠い類
縁関係であると述べている点が注目される。

■ 22 章の引用文献

Fernando, W., 1934：The early embryology of a vi-
viparous psocid (*Archipsocus fernandi*). *Q. J. Mi-*
crosc. Sci., **77**, 99–119.

Goss, J. J., 1952：The early embryology of the book
louse, *Liposcelis divergens* Badonnel (Psocoptera；
Liposcelidae). *J. Morphol.*, **91**, 135–167.

——, 1953：The advanced embryology of the book
louse, *Liposcelis divergens* Badonnel (Psocoptera；
Liposcelidae). *Ibid.*, **92**, 157–205.

——, 1954：Ovarian development and oogenesis in
the book louse, *Liposcelis divergens* Badonnel
(Psocoptera, Liposcelidae). *Ann. Entomol. Soc.*
Am., **47**, 190–207.

Hagan, H. R., 1951：*Embryology of the Viviparous In-*
sects. Ronald Press, New York.

Kucerová, Z. & M. Jokeš, 2002：External morphology
of eggs of the synanthrophic psocid *Dorypteryx*
domestica (Psocoptera, Psyllipsocidae). *Dtsch. En-*
tomol. Z., **49**, 165–169.

Seeger, W., 1979：Spezialmerkmale an Eihüllen und
Embryonen von Psocoptera im Vergleich zu an-
deren Paraneoptera (Insecta；Psocoptera als
monophyletische Gruppe). *Stutt. Beitr. Naturkd. A*,
329, 1–57.

吉澤和徳, 2016：昆虫学概論・各目解説 (1) 咀顎目（カ
ジリムシ目）の系統的位置と高次体系. 昆蟲（ニュー
シリーズ），**19**，112–120.

23章

シラミ目
Phthiraptera

23–1　はじめに

シラミ目は，不完全変態類では稀な寄生性昆虫であり，すべての種が鳥類や哺乳類の体表に外部寄生する。体長は 0.35 〜 1.2 mm 程度と小さく，生涯を寄主の体表で過ごす。この目は，マルツノハジラミ亜目 Amblycera，ホソツノハジラミ亜目 Ischnocera，ゾウハジラミ亜目 Rhynchophthirina，シラミ亜目 Anoplura の 4 亜目で構成され，約 5,000 種が知られている。かつては，体毛や羽毛を咀嚼するハジラミ類 Mallophaga と吸血性のシラミ類 Anoplura がそれぞれ独立の目として扱われてきたが，現在では Anoplura がシラミ亜目に格下げされ，この 4 亜目をまとめたものがシラミ目 Phthiraptera とよばれている。シラミ目の単系統性は，寄生という生活スタイルに適応した数多くの形態・生理的に特殊化した形質をもとに長い間疑われてこなかったが，おもに 18S rDNA を扱った分子系統解析および交尾器形態による系統解析から多系統性が示唆された（Yoshizawa & Johnson, 2003, 2006, 2010；Johnson *et al.*, 2004；Murrell & Barker, 2005；Smith *et al.*, 2011）。しかし，これらの解析の支持は強固なものではないことが指摘されており（Yoshizawa & Johnson, 2010；Yoshizawa & Lienhard, 2010），遺伝子数を増やした近年の解析では，その単系統性をふたたび支持する結果が提出されている（Wei *et al.*, 2012；Johnson *et al.*, 2013）。さらに，近年では，分子系統解析・比較形態の双方からシラミ目がチャタテムシ目 Psocoptera のコナチャタテ亜目 Troctomorpha の内群となることが支持されており，チャタテムシ目をシラミ目に対して側系統群

とし，両目をあわせて咀顎目（カジリムシ目）Psocodea とすることが多い（Yoshizawa & Johnson, 2003, 2010；Johnson *et al.*, 2004；Yoshizawa & Lienhard, 2010；Misof *et al.*, 2014）[*1]。

シラミ目の発生学的研究は，表 23–1 にまとめたように，Melnikow（1869），Cholodkovsky（1903），Strindberg（1916），Ries（1931），Fernando（1933），Schölzel（1937），Piotrowski（1953），Young（1953）によって研究が行われてきた。また，Voss（1921），Sikes & Wigglesworth（1931），Wigglesworth（1932）や Singh *et al.*（2010）などによって卵歯 egg tooth や孵化行動が調べられている。卵構造は Leuckart（1855）をはじめとして，外部形態を中心に広範にわたって調べられており（Balter, 1968a, b；Hinton, 1981；Zawadzka *et al.*, 1997），卵形成と共生細菌の垂直伝播の様式も比較的よく調べられている（Ries, 1931, 1932；Eberle & McLean, 1982, 1983；Biliński & Jankowska, 1987；Żelazowska & Biliński, 1999, 2001；Żelazowska & Jaglarz, 2004；Sasaki-Fukatsu *et al.*, 2006；Fukatsu *et al.*, 2007, 2009）。病理学的に重要なアタマジラミ *Pediculus humanus capitis* では人工培養系も構築され（Takano-Lee *et al.*, 2003a, b；Yoon *et al.*, 2006），また，Nelson（1971）はタンカクハジラミ科の一種 *Colpocephalum turbinatum* を 32 〜 37 ℃，湿度 75 % の条件下で定期的に寄主の羽毛を与えることで 10 世代以上の累代飼育に成功している。

[*1]　近年のシラミ目・チャタテムシ目の系統と分類体系の変遷については吉澤（2016）にまとめられている。

142

表 23-1　シラミ目の発生学的研究

分　類　群	文　献
マルツノハジラミ亜目 Amblycera	
Gyropus ovalis（ナガケモノハジラミ科 Gyropidae）	Strindberg, 1916; Schölzel, 1937
ホソツノハジラミ亜目 Ischnocera	
ヤギハジラミ *Bovicola caprae*（ケモノハジラミ科 Trichodectidae）	Strindberg, 1916
ウシハジラミ *Bovicola bovis*（ケモノハジラミ科 Trichodectidae）	Schölzel, 1937
Goniodes sp.（チョウカクハジラミ科 Philopteridae）	Melnikow, 1869
Lipeurus sp.（チョウカクハジラミ科 Philopteridae）	Melnikow, 1869
ハトナガハジラミ *Columbicola columbae*（チョウカクハジラミ科 Philopteridae）	Schölzel, 1937
イヌハジラミ *Trichodectes canis*（ケモノハジラミ科 Trichodectidae）	Melnikow, 1869
シラミ亜目 Anoplura	
ウシジラミ *Haematopinus eurysternus*（ケモノジラミ科 Haematopinidae）	Schölzel, 1937
Linognathus vituli（ケモノホソジラミ科 Linognathidae）	Schölzel, 1937
サルジラミ *Pedicinus obtusus*（サルジラミ科 Pedicinidae）	Schölzel, 1937
アタマジラミ *Pediculus humanus capitis*（ヒトジラミ科 Pediculidae）	Melnikow, 1869; Cholodkovsky, 1903; Ries, 1931; Fernando, 1933; Schölzel, 1937
ヒトジラミ *Pediculus humanus*（ヒトジラミ科 Pediculidae）	Schölzel, 1937; Piotrowski, 1953
ケジラミ *Phthirus pubis*（ケジラミ科 Pthiridae）	Schölzel, 1937
ブタジラミ *Haematopinus suis*（ケモノジラミ科 Haematopinidae）	Schölzel, 1937; Young, 1953

23-2　生殖，卵構造

　基本的に卵生であるが，例外的に卵胎生 ovoviviparity を行う属として *Meinertzhageniella* が知られている他，一部の種は単為生殖 parthenogenesis を行う（Hinton, 1981）。卵巣小管は多栄養室型 polytrophic type である。鳥類寄生性のハジラミ類は種によって羽毛の利用部位が異なり，羽軸，羽枝や小羽枝などに，哺乳類寄生性のハジラミ類やシラミ類は体毛に，セメント状物質で卵の後端付近を貼り付ける（図 23-3，a 参照）。

　卵は，一般的に回転楕円体で，前極には卵蓋 operculum，後極に水孔 hydropyle を備え，卵蓋上には複数の卵門が環状に並んでいる（図 23-1）。卵後極の水孔領域は，古くは付着構造として考えられたこともあったが（Melnikow, 1869），現在では吸水に関与することが明らかとなっている（Hinton, 1981；Zawadzka *et al.*, 1997）。表面構造は，比較的よく調べられており，卵分類の観点からも検討されている（Balter, 1968a, b；Hinton, 1981；Zawadzka *et al.*, 1997）。一部のハジラミ類では，卵蓋の中央または周縁部に細長い突起が発達する（同図）。

23-3　胚 発 生

　断片的なものが多いものの，表 23-1 に示すように，シラミ目に関しては比較的多くの発生学的研究が行われてきている。ここでは Schölzel（1937）によるヒトジラミ *Pediculus humanus*，アタマジラミ，ウシジラミ *Haematopinus eurysternus* などに

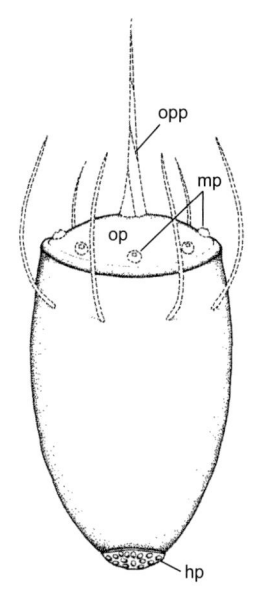

図 23-1　シラミ目の卵構造（模式図）（Zawadzka *et al.*, 1997 より改変）
　hp：水孔，mp：卵門，op：卵蓋，opp：卵蓋上突起

関する研究を中心に紹介する。

(1)　胚発生の概略

　成熟分裂は，卵が比較的大きなウシホソジラミ *Linognathus vituli* で確認されているが，雌性前核の成熟分裂は卵前方 1/3 付近で卵の長軸方向に起こる。精子の侵入後，雄性前核は同じく卵前方 1/3 付近に到達するころに，雌性前核が第二成熟分裂を完了する。その後，両前核の合一が起こり，第一卵割が起こる（図 23-2，a，a′）。第八卵割までは斉時的で，卵割核は卵黄内に一様に広がる（同図，b，b′）。第九卵割になり，卵割核は卵表層に向かって移動を開始する。表層に移動した核は，卵表で繰り返し放射分裂することで，一層の細胞層である胚盤葉を形成する（同図，c，c′）。卵黄中の卵黄核はすべて一次卵黄核である。やがて，それまで一様に分布していた胚盤葉細胞が背側から卵後極付近の腹側（卵の基質への付着点付近）に集中することで，卵後極側の立方状の細胞からなる胚域とそれ以外の領域の扁平な細胞からなる胚外域が分化する（同図，d，d′）。胚域が分化すると，胚はすぐに中央部分からは卵黄内に陥入を開始する（同図，e，e′）。この陥入部の，卵背面に面した細胞層が将来の羊膜，反対側が将来の胚にあたるが，陥入の初期段階では胚と羊膜の細

胞に違いはみられない（図 23-2，f，f′；23-3，b，c）。胚が卵前極に向かって急激に伸長して前極に達するころには，羊膜は立方状の細胞からなる一層の細胞層になる。胚が伸長する際，羊膜孔付近の羊膜の核は分裂しないが，胚周縁の細胞はさかんに有糸分裂を行って羊膜を産生する。羊膜に比べ，漿膜は薄く核は互いに大きく離れている。最終的に胚は，頭端側が背側，腹部が腹側に湾曲した S 字状を呈するようになる。胚の伸長に併行して，二次卵黄割が進行するが，Schölzel（1937）は後極側から始まり前極に向かって広がるとしている一方で（図 23-3，c），Melnikow（1869）は前極側から始まるとしている。

　胚帯が卵前方の 1/3 に到達し卵黄内で S 字状を呈するころになると，内層形成が開始する。いくつかの独立した小さな細胞塊が胚の背側に現れ，やがてそれらが集合することで内層が形成される。内層形成が始まると，口陥に先んじて，肛門陥が出現する。肛門陥は後方に伸長した胚の褶により形成される。肛門陥形成のころに，胚前方から体節形成が始まり（図 23-3，d），触角，大顎，小顎，下唇，胸部 3 体節の付属肢原基も現れる（同図，e）。上唇は顎部付属肢に比べて少し遅れて分化する（同図，f）。また，腹部付属肢は発達しない。さまざまな議論が

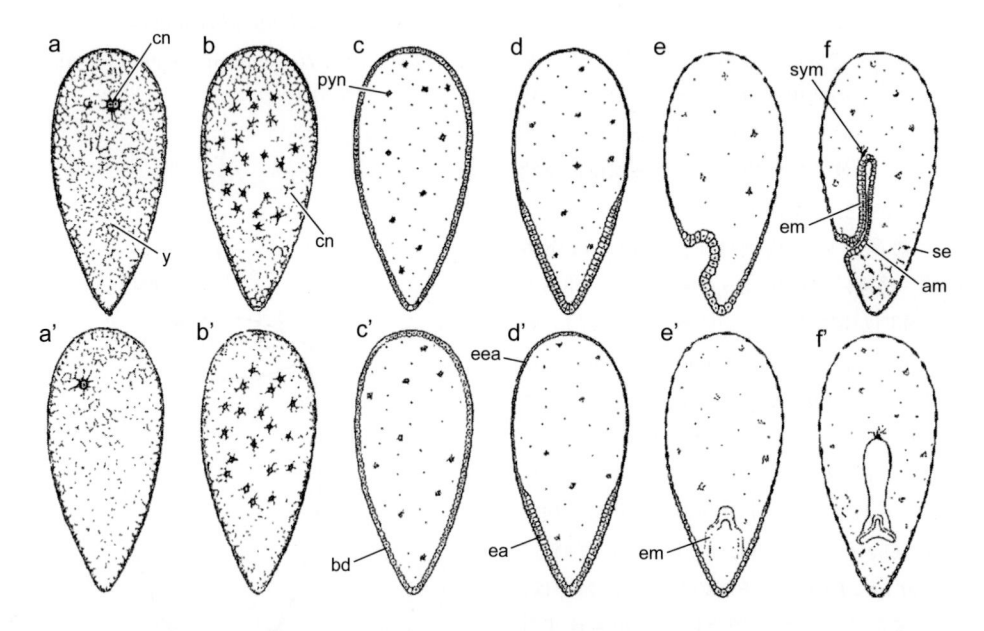

図 23-2　シラミ目の初期発生（模式図）（Schölzel，1937）
a, a′. 第一卵割，左側面 (a)，卵腹面 (a′)，b, b′. 第五卵割，左側面 (b)，卵腹面 (b′)，c, c′. 胚盤葉形成，左側面 (c)，卵腹面 (c′)，d, d′. 胚域・胚外域の分化，左側面 (d)，卵腹面 (d′)，e, e′. 胚の卵黄内への陥入，左側面 (e)，卵腹面 (e′)，f, f′. 胚の前極方向への伸長，左側面 (f)，卵腹面 (f′)
am：羊膜，bd：胚盤葉，cn：卵割核，ea：胚域，eea：胚外域，em：胚，pyn：一次卵黄核，se：漿膜，sym：共生細菌，y：卵黄

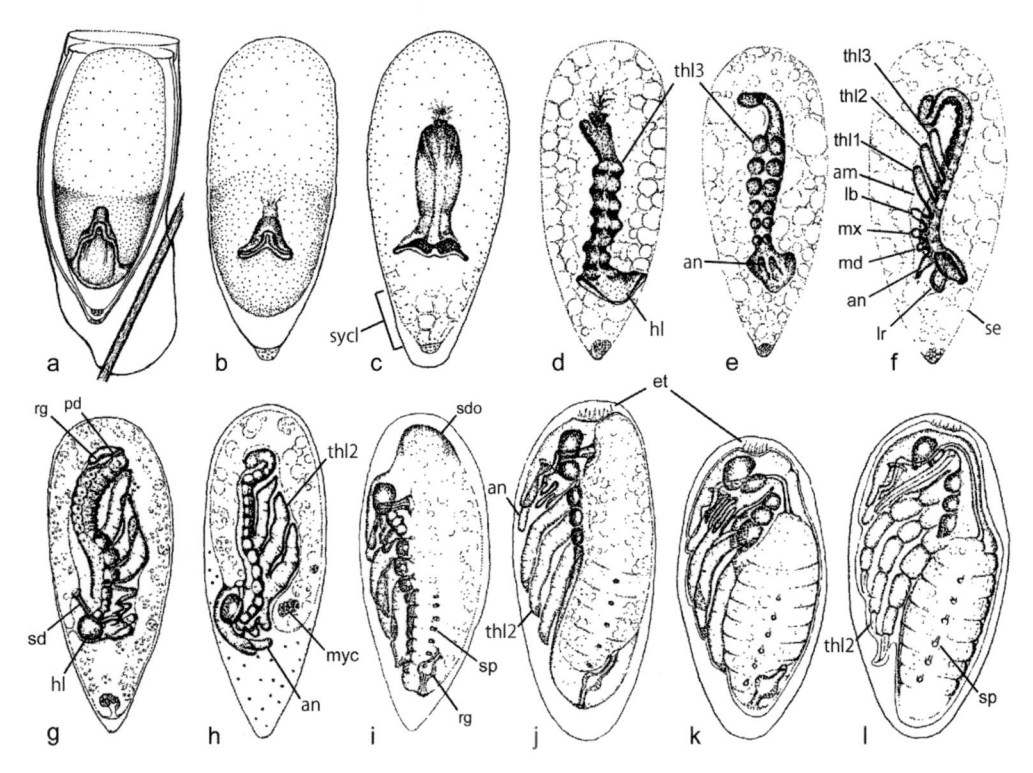

図 23-3　ウシジラミ *Haematopinus eurysternus* の胚発生（Schölzel, 1937）
a, b. 胚の卵黄内への陥入，卵腹面，c. 胚の前極方向への伸長，卵腹面，d. 体節形成，卵背面，e. 付属原基の分化，卵背面，f. 付属肢の伸長，右側面，g. 胚反転前，左側面，h. 胚反転中，左側面，i. 一時背閉鎖，左側面，j～l. 最終背閉鎖および胚クチクラの分泌，左側面
am：羊膜，an：触角，et：卵歯，hl：頭葉，lb：下唇，lr：上唇，md：大顎，mx：小顎，myc：菌細胞，pd：肛門陥，rg：直腸線，sd：口陥，sdo：二次背器，se：漿膜，sp：気門，sycl：二次卵黄割，thl1～3：第一～三胸脚

交わされてきた口器形成については後述するが，ここまでの付属肢形成については研究者間で見解の相違はない。胚は，卵黄内で最大長に達した後，短縮し始める。胚は急速に成長し，厚さを増す（同図，g）。Schölzel（1937）は，付属肢原基が形成されるころには羊漿膜褶が頭葉付近で融合して羊膜孔が閉じるとしているが，一方でMelnikow（1869）は，羊膜孔は開口したまま発生は進むとしている。これが種レベルまたは高次の分類階級の違いなのか，観察の誤りなのかは，さらに比較検討する必要がある。卵黄内に沈み込んだ胚の腹側は羊膜で包まれているが，胚が短縮することになると，羊膜に似た薄膜が胚の背側と卵黄の間に見られるようになる。これはおそらく他の昆虫類で内羊膜 inner amnion として報告されているものであり，羊膜と内羊膜は胚側縁の同じ部分に起源している。

　胚が卵黄内での成長を終えると，頭部付近で漿膜と羊膜が融合し羊漿膜褶の解消が開始，胚反転が起こり，胚は頭部から順に卵表に現れる（図 23-3,

h）。それまで後極を向いていた胚が卵腹面に沿うように前極に向かって移動した結果，胚の前後軸は180°回転する（同図，i）。胚が最終的な位置に収まると，後頭部付近に集中した漿膜細胞が二次背器を形成し，やがて完全に退縮する。羊膜は一時背閉鎖として背側を閉じるが，やがて最終的背閉鎖，すなわち胚の体壁の拡張にとって代わられる（同図，j～l）。その際に，羊膜も卵黄の中に取り込まれて吸収される。アタマジラミの胚の前胸節に分泌腺が確認されているが，起源，機能などは定かでなく，胚反転後には消失する。Schölzel（1937）は気管形成についても観察しているが，アタマジラミとウシジラミでは，体節形成の後に第三～八腹節の側縁部に気門が形成されるが，中胸では痕跡的であるとしている。後胸および第一・二腹節では気門の形成はみられない。

(2)　消化管形成

　内層が現れた後に肛門陥が形成される。その後，少し遅れて頭部に口陥が形成される。胚が短くなり

始めると，口陥は前胸付近まで大きく伸長し，肛門陥の中央付近に肥厚部が現れる。これは直腸腺原基であり（図 23-3，g），後に六つの長卵形の腺状構造に分化する。

　胚反転後に，口陥と肛門陥は背側の卵黄が消化されるにつれ伸長し，前腸と後腸が完成する。中腸上皮は，口陥と肛門陥の盲端に存在する内層に由来するという。この理解が正しければ，中腸上皮は中胚葉性となるが，再検討が必要である。口陥内層由来の中腸上皮原基は後方に，肛門陥由来の原基は前方に伸長しつつ正中方向，背方方向にも拡張し，卵黄塊を包み込んだ中腸上皮が完成する。後腸と中腸の境界部分では，発生の最終段階で 4 本のマルピーギ管が生じ，孵化までに大きく伸長する。最初は中空でない索状であるが，後に内腔が発達する。

(3)　菌細胞

　ヒトジラミの中腸腹面には，胃盤 stomach disc（独 Magenscheibe）とよばれる共生細菌が存在する特殊な構造があることが古くから知られていた（Sikora, 1919）。この共生細菌は，幼虫や雄成虫では胃盤に存在するが，雌の 3 令（終令）幼虫では胃盤から側輪卵管に移動し，卵巣に形成される ovarial ampullae とよばれる特殊な構造を通じて卵に到達する（Ries, 1931；Eberle & McLean, 1983；Sasaki-Fukatsu et al., 2006）。また，近年サルジラミ Pedicinus obtusus においても同様の報告がなされているが，共生細菌はヒトジラミのものとは別系統であることが示されている（Fukatsu et al., 2009）。一方，ハジラミ類についても共生細菌の存在は古くから知られていたが（Ries, 1931），その詳細が明らかになったのは比較的最近である（Fukatsu et al., 2007, 2009）。Fukatsu et al.（2007）は，ハジラミ類の共生細菌が，胃盤ではなく第三・四腹節の両側の体腔に局在し，シラミ亜目のものとは別系統であることを示すとともに，伝播のタイミングの一致（3 令幼虫）や卵巣内に細菌が移動する際に ovarial ampulla が形成されるなどの伝播様式の類似点を指摘している。

　発生過程にともなう共生細菌の変化については，Ries（1931）と Schölzel（1937）によってシラミ亜目で研究されている。ヒトジラミとアタマジラミでは，胚と羊膜による陥入の先端部分に，共生細菌をともない細胞質を放射状に伸ばした構造がみられる。胚が伸長して卵前方の 1/3 付近に到達するころになると，放射状に伸びた細胞質突起が退縮し，共生細菌と胚の末端に近づき融合して菌細胞が形成される。胚反転による胚の大規模な動きにともない，菌細胞は後腸の盲端付近に位置するようになる。その後，前腸の盲端に内層由来とされる中腸原基が形成されると，中腸上皮の一部に共生細菌が収まり胃盤が形成される。

(4)　口器形成

　シラミ亜目特有の口針は，背刺針 dorsal stylet，唾液管 salivary duct をともなう中間刺針，腹刺針 ventral stylet の三つで構成されるが（Lehane, 2005），その相同性は古くから研究者の関心を集め，

表 23-2　シラミ目の吸収口の相同性（Young, 1953 より改変）

文　献	上　唇	大　顎	下 咽 頭	小　顎	下　唇
Cholodkovsky, 1903 *	消失	消失	大顎と小顎が融合して形成，後に退縮	発生初期に消失	背刺針, 中間刺針, 腹刺針
Enderlein, 1904	開口部の節片	退縮	背刺針, 中間刺針	背刺針	腹刺針
Sikora, 1916	小吻 haustellum	節片	背刺針, 中間刺針	節片 mandibular vestige	腹刺針(二つの口針に分裂)
Vogel, 1921	小吻	mandibular vestige	中間刺針	背刺針	腹刺針
Fernando, 1933 *	食孔の天井部	消失	中間刺針	背刺針	腹刺針
Schölzel, 1937 *	--------------	退縮	背刺針, 中間刺針	退縮	腹刺針
Ferris, 1951	開口部の節片	mandibular vestige	頭楯体節に由来	背刺針	腹刺針, 中間刺針
Young, 1953 *	開口部の節片	mandibular vestige, food channel	---------------	maxillary guides（小顎本体），背刺針・中間刺針（小顎葉片）	腹刺針

＊発生学的研究

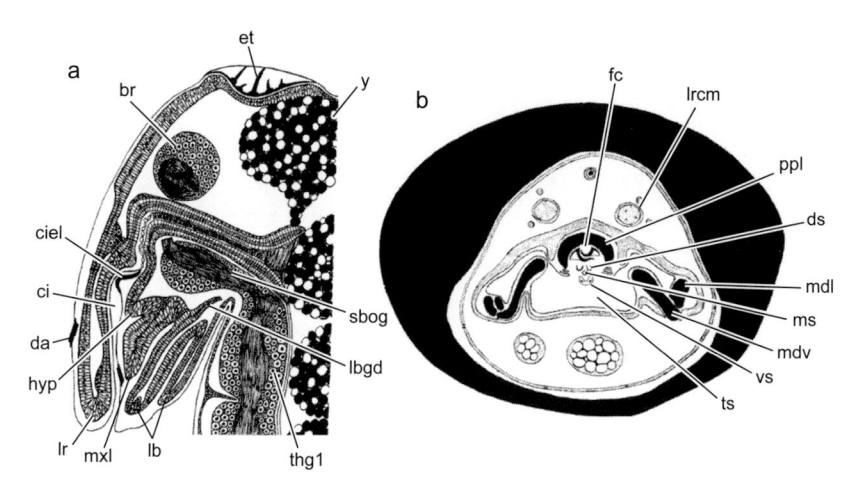

図 23-4　ブタジラミ *Haematopinus suis* の胚頭部（Young, 1953）
a. 縦断面，b. 横断面
br：脳，ci：食孔，ciel：卵歯食孔部，da：卵歯背腕部，ds：背刺針，et：卵歯，fc：食溝，hyp：下咽頭，lb：下唇，
lbgd：下唇腺管，lr：上唇，lrcm：上唇圧迫筋，mdl：大顎鞘帯，mdv：mandibular vestige，ms：中間刺針，mxl：小顎葉片，
ppl：口蓋盤 palatal plate，sbog：食道下神経節，thg1：前胸神経節，ts：口囊 trophic sac，vs：腹刺針，y：卵黄

さまざまな議論が交わされてきた（表 23-2）。形態
学的には背刺針と中間刺針は下咽頭 hypopharynx
由来，腹刺針は下唇（前基板 prementum）に由来
するとされている（Beutel *et al.*, 2014）。しかし，
Young（1953）は，シラミ亜目の口器の発生学研究
をまとめるとともに，筋肉系や神経系などを含めた
自身の詳細な観察に基づき，背刺針と中間刺針は小
顎葉片 maxillary lobe[*2] とよばれる小顎節腹面の構
造に由来し，腹刺針は下唇の一部に由来すると結論
している（図 23-5, a）。

　Young（1953）によれば，大顎，小顎，下唇の付
属肢原基にやや遅れて上唇が双葉状の構造として現
れる。頭方集中が進むと，大顎は徐々に正中に寄り，
小顎はやや側方に移動し，小顎の間には小顎葉片が
分化する（図 23-4, a）。小顎基部の内側には腺構
造が発達するが，これは成虫で見られるパウロウス
キー腺 Pawlowsky's gland である。下唇基部の内
側には唾液腺が発達する（同図, a）。胚反転前にな
ると，各部の形状が大きく変化する。上唇は大きく
伸長し，大顎は，mandibular vestige とよばれる節
片化した板状構造と節片化した半円筒状構造をそれ

ぞれ一対形成し，後者は向かい合うことで食溝 food
channel を形成する（同図, b）。小顎本体は大きく
伸長し，maxillary guide とよばれる一対の節片化
した構造を形成する。下唇は正中に移動して融合し，

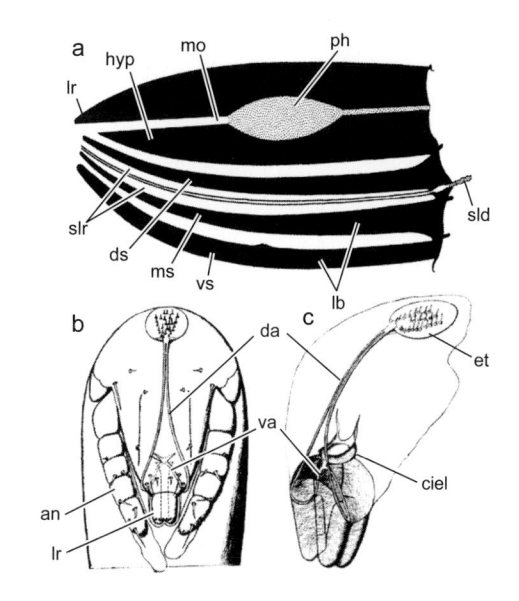

図 23-5　シラミ目の頭部（Young, 1953）
a. シラミ亜目の口器（模式図），左側面，b, c. ブタ
ジラミ *Haematopinus suis* の完成胚，前面（b），左背前側
面（c）
an：触角，ciel：卵歯食孔部，da：卵歯背腕部，ds：背刺針，
et：卵歯，hyp：下咽頭，lb：下唇，lr：上唇，mo：開口
部，ms：中間刺針，ph：咽頭，sld：唾液管，slr：唾液索，
va：卵歯腹腕部，vs：腹刺針

---

*2　下咽頭の由来については諸説あるが，Young（1953）
　　は，小顎腹面付近で大きく発達する構造を小顎葉片
　　とよび，これを他の研究でみられる下咽頭と相同な
　　ものとしている。さらに，胚反転後に口陥の後方（お
　　そらく大顎節腹面に由来）に下咽頭が発達すると述
　　べている（図 23-4, a）。

唾液管を形成する。小顎葉片は大きく発達し背刺針を形成し，近位部では下唇と融合する。中間刺針はこの小顎と下唇の融合した部分から生じ，唾液管が中を通っている[*3]。下唇は背腹に二つに分かれ，背側の葉片から腹刺針が生じる（図23-5，a）。

(5) 卵歯と孵化

　胚反転後，胚の表面に胚クチクラが分泌され，頭頂部の浅く窪んだ部分に，一連の突起が並んだ卵歯が形成される（図23-3，j；23-5，b，c）。この突起の数は，種によって異なる（Sikes & Wigglesworth，1931）。また，卵歯域から前方に伸び，頭楯付近で二つに分かれ，側方を経由して口孔まで伸びるクチクラ性のChitinleistenとよばれる構造が知られているが（Schölzel，1937；Young，1953）（図23-5，b，c），機能については不明である。類似した構造は，Seeger（1979）によってチャタテムシ目からもChitinrinnenの名称で報告されている。孵化時には，胚は周辺の羊水を飲み込むことで体積が増加し，卵歯によって卵膜を圧迫する。内圧が高まり卵蓋が外れると，前幼虫が現れる。前幼虫は胚クチクラを脱ぎ，1令幼虫として自由生活を始める。毛や衣服の繊維を爪でつかみ始め，数時間後には硬化して吸汁し始める。シラミ目は突起状に発達した卵歯をもつにもかかわらず，孵化時には卵前極の卵蓋が周縁部の開裂線に沿って開くことが知られているため，Hinton（1981）はシラミ目の卵歯の機能については再検討が必要であると述べている。

23-4　おわりに

　「はじめに」でシラミ目の単系統性に関する議論にふれたが，シラミ目では，中央の突起と環状に並んだ卵門をともなう卵蓋，外卵殻・内卵殻で構成される厚い卵殻，後極の水孔などの卵構造の特徴が共通してみられ，発生学的見地からその単系統性が支持される。一方，チャタテムシ目では，卵膜はきわめて薄く，卵門，気孔，および卵表面の彫刻を欠いており，これらの卵構造の特徴は昆虫類のなかでもかなり特異的である。Seeger（1979）は，チャタテムシ目で共通してみられる卵構造の特徴を，チャタ

テムシ目の単系統性を支持する派生形質と解釈しているが，シラミ目に対するチャタテムシ目の側系統性が最近広く支持されていることを考慮すれば，これらの卵膜に関する特徴は咀顎目で獲得され，その後，シラミ目において卵構造の形質の逆転が起きたと考えるのがより妥当である。胚発生については，チャタテムシ目とシラミ目では胚形成や胚伸長，胚運動などの特徴の類似はみられるものの，これらの類似は他の無尾角類（「ジュズヒゲムシ目」21-1節「はじめに」を参照）も含めての祖先形質共有と考えられるものである。

■ 23章の引用文献

Balter, R. S., 1968a：Lice egg morphology as a guide to taxonomy. *Med. Biol. Illus.*, **68**, 94-95.

——, 1968b：The microtopography of avian lice eggs. *Ibid.*, **68**, 166-179.

Beutel, R. G., F. Friedrich, S.-Q. Ge & X.-K Yang, 2014：*Insect Morphology and Phylogeny*. Walter de Gruyter, Berlin.

Biliński, Sz. & W. Jankowska, 1987：Oogenesis in the bird louse *Eomenacanthus stramineus* (Insecta, Mallophaga) I. General description and structure of the egg capsule. *Zool. Jb. Anat. Ontog.*, **116**, 1-12.

Cholodkovsky, N., 1903：Zur Morphologie der Pediculiden. *Zool. Anz.*, **27**, 120-125.

Eberle, M. W. & D. L. McLean, 1982：Initiation and orientation of the symbiote migration in the human body louse *Pediculus humanus* L. *J. Insect Physiol.*, **28**, 417-422.

——, 1983：Observation of symbiote migration in human body lice with scanning and transmission electron microscopy. *Can. J. Microbiol.*, **29**, 755-762.

Fernando, W., 1933：The development and homologies of the mouth-parts of the head-louse. *Q. J. Microsc. Sci.*, **76**, 231-241.

Fukatsu, T., R. Koga, W. A. Smith, K. Tanaka, N. Nikoh, K. Sasaki-Fukatsu, K. Yoshizawa, C. Dale & D. H. Clayton, 2007：Bacterial endosymbiont of the slender pigeon louse, *Columbicola columbae*, allied to endosymbionts of grain weevils and tsetse flies. *Appl. Environ. Microbiol.*, **73**, 666-668.

——. R. Hosokawa, N. Koga, T. Nikoh, S. Kato, H. Hayama, H. Takefushi & I. Tanaka, 2009：Intestinal endocellular symbiotic bacterium of the macaque louse *Pedicinus obtusus*：Distinct endosymbiont origins in anthropoid primate lice and the Old World monkey louse. *Ibid.*, **75**, 3796-3799.

Hinton, H. E., 1981：*Biology of Insect Eggs*. Pergamon Press, Oxford.

Johnson, K. P., K. Yoshizawa & V. S. Smith, 2004：Multiple origins of parasitism in lice. *Proc. R. Soc. B*, **271**, 1771-1776.

——, K. K. O. Walden & H. M. Robertson, 2013：Next-generation phylogenomics using a target restricted assembly method. *Mol. Phylogenet. Evol.*,

---

[*3]　中間刺針については，Young（1953）は小顎葉片に由来するとしているが，もともとの共唾液管が下唇に由来し，一度小顎と下唇が融合するため，起源を特定するのは困難である。

66, 417–422.

Lehane, M., 2005：*The Biology of Blood-Sucking in Insects*. Cambridge University Press, New York.

Leuckart, V., 1855：Über die Micropyle und den feinern Bau der Schalenhaut bei den Insekteneiern. *Arch. Anat. Physiol. Wiss. Med.*, **1855**, 90–264.

Melnikow, N., 1869：Beiträge zur Embryonalentwicklung der Insekten. *Arch. Naturg.*, **35**, 136–189.

Misof, B., 他 100 名, 2014：Phylogenomics resolves the timing and pattern of insect evolution. *Science*, **346**, 763–767.

Murrell, A. & S. C. Barker, 2005：Multiple origins of parasitism in lice：Phylogenetic analysis of SSU rDNA indicates that the Phthiraptera and Psocoptera are not monophyletic. *Parasitol. Res.*, **97**, 274–280.

Nelson, B. C., 1971：Successful rearing of *Colpocephalum turbinatum* (Phthiraptera). *Nature*, **232**, 255.

Piotrowski, F., 1953：The embryological development of the body louse—*Pediculus vestimenti* Nitzsch—Part I. *Acta Parasitol. Pol.*, **1**, 61–84.

Ries, E., 1931：Die Symbiose der Läuse und Federlinge. *Z. Morphol. Ökol. Tiere*, **20**, 233–367.

―, 1932：Die Prozesse der Eibildung und des Eiwachstums bei Pediculiden und Mallophagen. *Z. Zellforsch. Mikrosk. Anat.*, **16**, 314–388.

Sasaki-Fukatsu, K., R. Koga, N. Nikoh, K. Yoshizawa, S. Kasai, M. Mihara, M. Kobayashi, T. Tomita & T. Fukatsu, 2006：Symbiotic bacteria associated with stomach discs of human lice. *Appl. Environ. Microbiol.*, **72**, 7349–7352.

Schölzel, G., 1937：Die Embryologie der Anopluren und Mallophagen. *Z. Parasitenkd.*, **9**, 730–770.

Seeger, W., 1979：Spezialmerkmale an Eihüllen und Embryonen von Psocoptera im Vergleich zu anderen Paraneoptera (Insecta) (Insect；Psocoptera als monophyletische Gruppe). *Stuttg. Beitr. Naturkd. A*, **329**, 1–57.

Sikes, E. K. & V. B. Wigglesworth, 1931：The hatching of insects from the egg, and the appearance of air in the tracheal system. *Q. J. Microsc. Sci.*, **74**, 165–192.

Sikora, H., 1919：Vorläufige Mitteilungen über Mycetome bei Pediculiden. *Biol. Zbl.*, **39**, 287–288.

Singh, S. K., S. Arya, S. K. Singh & V. Khan, 2010：Feeding and reproductive behavior of pigeon slender louse, *Columbicola columbae* (Phthiraptera, Insecta, Ischnocera). *J. Appl. Nat. Sci.*, **2**, 126–133.

Smith, V. S., T. Ford, K. P. Johnson, P. C. D. Johnson, K. Yoshizawa & J. E. Light, 2011：Multiple lineages of lice pass through the K-Pg boundary. *Biol. Lett.*, **7**, 782–785.

Strindberg, H., 1916：Zur Entwicklungsgeschichte und Anatomie der Mallophagen. *Z. Wiss. Zool.*, **115**, 382–459.

Takano-Lee, M., K. S. Yoon, J. D. Edman, B. A. Mullens & J. M. Clark, 2003a：*In vivo* and *in vitro* rearing of *Pediculus humanus capitis* (Anoplura：Pediculidae). *J. Med. Entomol.*, **40**, 628–635.

―, R. K. Velten, J. D. Edman, B. A. Mullens & J. M. Clark, 2003b：An automated feeding apparatus for *in vitro* maintenance of the human head louse, *Pediculus capitis* (Anoplura：Pediculidae). *Ibid.*, **40**, 795–799.

Voss, H., 1921：Embryonalmechanismen. *Verh. Dtsch. Zool. Ges.*, **26**, 38–39.

Wei, D.-D., R. Shao, M.-L. Yuan, W. Dou, S. C. Barker & J.-J. Wang, 2012：The Multipartite mitochondrial genome of *Liposcelis bostrychophila*：Insights into the evolution of mitochondrial genomes in bilateral animals. *PLOS ONE*, **7**, e33973.

Wigglesworth, V. B., 1932：The hatching organ of *Lipeurus columbae* Linn. (Mallophaga), with a note on its phylogenetic significance. *Parasitology*, **24**, 365–367.

Yoon, K. S., J. P. Strycharz, J.-R. Gao, M. Takano-Lee, J. D. Edman & J. M. Clark, 2006：An improved *in vitro* rearing system for the human head louse allows the determination of resistance to formulated pediculicides. *Pestic. Biochem. Physiol.*, **86**, 195–202.

吉澤和徳, 2016：昆虫学概論・各目解説 (1) 咀顎目 (カジリムシ目) の系統的位置と高次体系. 昆蟲 (ニューシリーズ), **19**, 112–120.

Yoshizawa, K. & K. P. Johnson, 2003：Phylogenetic position of Phthiraptera (Insecta：Paraneoptera) and elevated rate of evolution in mitochondrial 12S and 16S rDNA. *Mol. Phylogenet. Evol.*, **29**, 102–114.

―&―, 2006：Morphology of male genitalia in lice and their relatives and phylogenetic implications. *Syst. Entomol.*, **31**, 350–361.

―&―, 2010：How stable is the "Polyphyly of Lice" hypothesis (Insecta：Psocodea)?：A comparison of phylogenetic signal in multiple genes. *Mol. Phylogenet. Evol.*, **55**, 939–951.

―& C. Lienhard, 2010：In search of the sister group of the true lice：A systematic review of booklice and their relatives, with an updated checklist of Liposcelididae (Insecta：Psocodea). *Arthropod Syst. Phylog.*, **68**, 181–195.

Young, J. H., 1953：Embryology of the mouthparts of Anoplura. *Microentomology*, **18**, 85–133.

Zawadzka, M., W. Jankowska & Sz. Biliński, 1997：Egg shells of mallophagans and anoplurans (Insecta：Phthiraptera)：morphogenesis of specialized regions and the relation to F-action cytoskeleton of follicular cells. *Tiss. Cell*, **29**, 665–673.

Żelazowska, M. & Sz. Biliński, 1999：Distribution and transmission of endosymbiotic microorganisms in the oocytes of the pig louse, *Haematopinus suis* (L.) (Insecta：Phthiraptera). *Protoplasma*, **209**, 207–213.

―&―, 2001：Ultrastructure and function of nurse cells in phthirapterans. Possible function of ramified nurse cell nuclei in the cytoplasm transfer. *Arthropod Struct. Dev.*, **30**, 135–143.

―& M. K. Jaglarz, 2004：Oogenesis in phthirapterans (Insecta：Phthiraptera). I. Morphological and histochemical characterization of the oocyte nucleus and its inclusions. *Ibid.*, **33**, 161–172.

24章

半翅目
Hemiptera

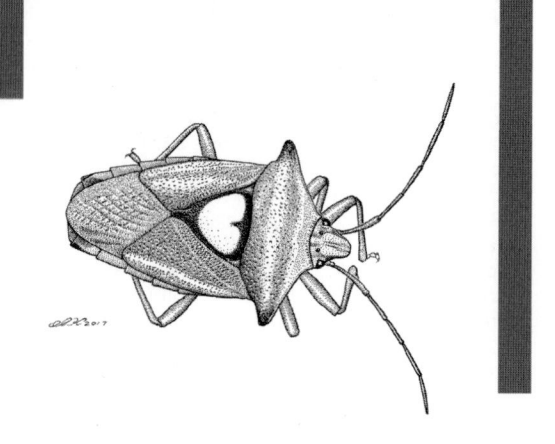

24-1　はじめに

　半翅目は不完全変態類中最大の目で，140 科 9 万余種を含み，昆虫綱のなかでは 5 番目に大きな分類群である。この分類群に属するすべての種に共通する特徴は口吻 proboscis を有することであるが，この目は通常ヨコバイ（同翅）亜目 Homoptera とカメムシ（異翅）亜目 Heteroptera に大別される。両者をそれぞれ独立した目として扱う研究者も少なくないが，ここでは両者をそれぞれ半翅目の亜目として扱い，平嶋ら（1989）による分類に基づいて記述を進めることにする。

　半翅目昆虫類では，食性，生息場所，活動性などが種によって大きく異なり，それらへの適応と関連して形態や生態には著しい多様性がみられる。

　ヨコバイ亜目に属するものは，そのほとんどが植物上で生活し，食植性であるが，活動性は多様で，セミ類やウンカ類のように活発に飛翔するものから，カイガラムシ類のように固着生活をするものまで，さまざまな種を含んでいる。また，コナカイガラムシの仲間にはアリと共生し，アリの巣の中で越冬するものもいる。

　カメムシ亜目では，多くのものが活動性に優れ，食性は多様である。すなわち，カメムシ類のように植物の汁液を吸うもの，ハナカメムシ類やサシガメ類のように小動物を捕らえてその体液を吸収するもの，鳥獣に外部寄生して吸血するものなど多様である。また，その生息場所は，陸圏から水圏の広範囲を占め，地上，植物上，水面，水中，さらには海洋にまで及んでいる。

　生殖法に関しては，多くの種は卵生で，両性生殖を行うが，次の項で詳述するように，ヨコバイ亜目のコナジラミ上科 Aleyrodoidea，アブラムシ上科 Aphidoidea，カイガラムシ上科 Coccoidea では，両性生殖 bisexual reproduction，単為生殖 parthenogenesis，卵生 ovoparity，胎生 viviparity が組み合わされており，複雑である。また，カメムシ亜目のなかにも，わずかながら単為生殖や胎生のものが含まれている。

　半翅目の胚発生は古くからよく調べられている（表 24-1）。19 世紀後半にはヨコバイ亜目のアブラムシ類が集中的に研究されたが，これ以外にも，同亜目のコナジラミ科 Aleyrodidae とセミ科 Cicadidae，カメムシ亜目のトコジラミ科 Cimicidae，サシガメ科 Reduviidae，ナガカメムシ科 Lygaeidae，ホシカメムシ科 Pyrrhocoridae および水棲のカメムシ類（ミズムシ科 Corixidae，イトアメンボ科 Hydrometridae，タイコウチ科 Nepidae，コバンムシ科 Naucoridae，マツモムシ科 Notonectidae）についての報告がある。20 世紀前半の研究では，ヨコバイ亜目のアブラムシ科 Aphididae をはじめ，ヒシウンカ科 Cixiidae，ビワハゴロモ（シタベニハゴロモ）科 Fulgoridae，セミ科，キジラミ科 Psyllidae，コナジラミ科，カタカイガラムシ科 Coccidae，*Siphanta*，およびカメムシ亜目のサシガメ科，カスミカメムシ科 Miridae，コウモリヤドリカメムシ科 Polyctenidae，ホシカメムシ科，ナガカメムシ科，カメムシ科 Pentatomidae，タイコウチ科，マツモムシ科のものが調べられている。後半の研究では，ヨコバイ亜目のハゴロモ科 Ricaniidae など 4 科とカメムシ亜目のサシガメ科など 33 科に属する種につ

いての発生学的知見が得られ，1970年代からは電子顕微鏡による研究結果が報告されている。現在までに発生学的観点から研究された半翅目類は，断片的に研究されたものをも含めると，少なくともヨコバイ亜目の10科55種以上とカメムシ亜目の33科104種以上になる。

これまでの研究のなかでは，ヨコバイ亜目のアブラムシ類（Will，1883，1888；Uichanco，1924；Tóth，1933など），カイガラムシ類（Emeis，1915；Shinji，1919，1924；Gerwel，1950），ビワハゴロモ科のPyrilla perpusilla（Sander，1956），およびカメムシ亜目のナガカメムシ科のOncopeltus fasciatus（Butt，1949；Dorn，1972など），サシガメ科のRhodnius prolixus（Mellanby，1935，1936），ホシカメムシ科のPyrrhocoris apterus（Seidel，1924など），コウモリヤドリカメムシ科のHesperoctenes fumarius（Hagan，1931）などの初期発生と器官形成がよく調べられている。マイセトムmycetomeについては，ヨコバイ科DeltocephalidaeのEuscelis plebejus（Sander，1968；Körner，1969，1972，1974，1976など）で詳しく研究されている。O. fasciatusの発生については，Butt（1949）による全体的な記載の他にも，口器形成（Newcomer，1948；Butt，1960），胸・腹部の神経節の発生（Springer，1967），分泌腺の発生（Dorn，1972），胚膜と皮膚の発生（Dorn，1976），胚脱皮（Dorn & Hoffmann，1981），体節と付属肢の発生（Dorn & Hoffmann，1983）などの詳しい研究があり，これら以外では，カメムシ亜目の側脚（Hussey，1926）と中央神経索（Springer & Rutschky，1969）の発生についての比較研究などがある。また，カメムシ亜目の各科に属する多くの種で，その産卵様式，卵の外部形態，卵殻の構造がCobben（1968）とHinton（1981）によって詳しく記載されており，これら各種の胚発生の概略と孵化様式についてはCobben（1968）による詳細な記述がある。

24-2　生殖，単為生殖と胎生

(1)　ヨコバイ亜目

ヨコバイ亜目の腹吻群Sternorrhynchaに属するアブラムシ上科，コナジラミ上科，カイガラムシ上科では，両性生殖で卵生という一般的な生殖様式以外に，単為生殖[*1]が胎生と強く関連しながら出現している。

アブラムシ上科のなかには，単為生殖だけで繁殖するものもあるが，両性生殖世代と単為生殖世代を規則的に交替させる（heterogony）ものが一般的である。この場合，両性生殖世代の雌はすべて卵生であるが，単為生殖世代の雌の生殖法は科によって違いがあり，アブラムシ科のものは胎生，カサアブラムシ科Adelgidaeとネアブラムシ科Phylloxeridaeのものは卵生，ワタアブラムシ科Eriosomatidaeのものでは卵生と胎生の両方がみられる。

アブラムシ科の多くの種にみられるheterogonyはおおむね次のようである。越冬受精卵に由来する幹母stem-motherが単為生殖により幹雌fundatrigenia（primary vivipara，primary virginopara）を胎生する。この幹雌は単為生殖による産仔を数世代〜十数世代繰り返し，その後，産雌虫gynoparaを胎生する。この産雌虫は単為生殖で有性虫sexuales，すなわち通常の雄と雌（卵性雌oviparous female）を産仔する。このようにして出現した雌は雄と交尾し，越年性の受精卵を産むことで生殖周期（環）reproductive cycleが完結する（素木，1954；石原，1961，1963）。

カイガラムシ上科には，雄が存在せず単為生殖だけで繁殖するもの（ヤシシロマルカイガラムシHemiberiesia lataniaeやオリーブカタカイガラムシSaissetia oleaeなど）や，雄がまれにしか出現しないため通常は単為生殖を行うもの（ルビーロウムシCeroplastes oleaeやタコノキナガカイガラムシPinnaspis buxiなど），同一種でありながら両性生殖型と単為生殖型の2型を有するもの（ヒラタカタカイガラムシCoccus hesperidumなど）が知られている。コナカイガラムシ科Pseudococcidae，マルカイガラムシ科Diaspididae，カタカイガラムシ科，カタカイガラモドキ科Aclerdidaeのなかには，卵胎生あるいはこれに近いものがかなり含まれている（Shinji，1919，1924；高橋，1955；河合，1980）。また，ワタフキカイガラムシ科のイセリアカイガラムシIcerya purchasiでは，機能的な雌雄同体性hermaphroditismがみられ，精子は生殖腺原基の内部でつくられ，その壁は小卵管（卵巣小管）

---

* 1　卵形成時に成熟分裂が1回しか起こらず，染色体数が半減しないで発生する，いわゆる倍数性単為生殖diploid parthenogenesisである。

表 24-1　半翅目昆虫の主要な記載発生学的研究

種	文　献
ヨコバイ（同翅）亜目 Homoptera	
頸吻群 Auchenorrhyncha	
ビワハゴロモ科 Fulgoridae	
Pyrilla perpusilla	Sander, 1956
ハゴロモ科 Ricaniidae	
Scolypopa australis	Fletcher & Anderson, 1980
ツノゼミ科 Membracidae	
Oxyrhachis tarandus	Singh, 1981
ヨコバイ科 Deltocephalidae	
Euscelis plebejus	Sander, 1968; Körner, 1969, 1972, 1974, 1976
腹吻群 Sternorrhyncha	
アブラムシ科 Aphididae	
Aphis pelargonii など7種	Will, 1883, 1888
A. platonoides など9種	Witlaczil, 1884
A. rosae など2種	Stevens, 1905
Hyadaphis sp. など28種	Tóth, 1933
Macrosiphum tanaceti など16種	Uichanco, 1924
クワイクビレアブラムシ	
Rhopalosiphum nymphaeae など3種	Hirschler, 1912
Porphyrophora polinica	Gerwel, 1950
Pseudococcus mcdanieli など3種	Shinji, 1919
カメムシ（異翅）亜目 Heteroptera	
陸生カメムシ群 Geocorisae	
8科57種	Cobben, 1968
サシガメ科 Reduviidae	
Pristhesancus papuensis	Muir & Kershaw, 1911
Rhodnius prolixus	Mellanby, 1935, 1936
トコジラミ科 Cimicidae	
Cimex dissimilis	Heymons, 1899
コウモリヤドリカメムシ科 Polyctenidae	
Hesperoctenes fumarius	Hagan, 1931
ホシカメムシ科 Pyrrhocoridae	
アカホシカメムシ *Dysdercus cingulatus*	Tandon, 1969, 1970
Pyrrhocoris apterus	Heymons, 1899; Seidel, 1924; Johannsen & Butt, 1941; Matolin, 1973
ナガカメムシ科 Lygaeidae	
Blissus leucopterus hirtus	Choban & Gupta, 1972
Ischnodemus sabuleti	Schneider, 1940
Oncopeltus fasciatus	Newcomer, 1948; Butt, 1949, 1960; Springer, 1967; Dorn, 1972, 1975, 1976, 1983; Dorn & Hoffmann, 1981, 1983
両生カメムシ群 Amphibicorisa	
7科13種	Cobben, 1968
アメンボ科 Gerridae	
アメンボ *Gerris paludum insularis*	Mori, 1969, 1970, 1975, 1976, 1979, 1983
ミズギワカメムシ科 Saldidae	
Saldula 属	Cobben, 1968
水生カメムシ群 Hydrocorisae	
7科11種	Cobben, 1968
コオイムシ科 Belostomatidae	
Belostoma flumineum	Hussey, 1926
コオイムシ *Diplonychus japonica*	田中, 2001
タイコウチ科 Nepidae	
Nepa cinerea	Heymons, 1899
Ranatra fusca など2種	Hussey, 1926
コバンムシ科 Naucoridae	
Naucoris cimicoides	Heymons, 1896, 1899
マツモムシ科 Notonectidae	
Notonecta glauca	Heymons, 1899; Lüdtke, 1940

を形成するという（素木，1954）。

コナジラミ科の雌は通常卵生で両性生殖であるが，*Alyrodes* 属や *Aleurocanthus* 属のなかには，ときどき単為生殖を行い，次代にはすべて雄になる卵を産むものもいる（高橋，1955；八木，1957）。

(2) カメムシ亜目

カメムシ亜目の胎生については，ハナカメムシ科 Anthocoridae の *Anthocoris* 属やトコジラミ科の *Cimex* 属が卵胎生 ovoviviparity で（Cobben，1968），コウモリヤドリカメムシ科の *Hesperoctenes fumarius* が偽胎盤胎生 pseudoplacental viviparity であることが確かめられている（Hagan，1931）。

24–3　産卵と産仔

前述のように，半翅目昆虫類の大部分は卵生で，胎生あるいは卵胎生のものは小数のグループに限られている。卵生の場合，両亜目における産卵の様子はその摂食習性，移動活動，生息場所などと関連してじつに多様である。

(1) 産卵

a. ヨコバイ亜目

頸吻群 Auchenorrhyncha に属するグループ（ウンカ上科 Fulgoroidea，セミ上科 Cicadoidea，ヨコバイ上科 Cicadelloidea など）では，大部分の雌は，寄主植物の茎，葉鞘，葉の中肋の組織内あるいは枯死した幹や小枝に産卵管で産卵傷をつくり，その中に1卵〜十数卵を産み込むが，テングスケバ科 Dictyopharidae のなかには大きな卵塊を土中に産むものがあるという（高橋，1955）。

腹吻群 Sternorrhyncha では，キジラミ類やコナジラミ類の多くの種の雌は，寄主植物の葉の表面や裏面あるいは茎に産卵するが，この場合，卵は植物の組織内に差し込まれた短い柄部によって，1卵ずつ垂直あるいは水平に固定される。

カイガラムシ類では，雌が自身の虫体や介殻の下に多数の卵を産付するが，産卵が進むにつれて母虫体が卵塊の前方で萎縮してしまったり，母虫体の隆起した背面が，硬化して卵の保護殻となったりするものが多い。フクロカイガラムシ科 Eriococcidae のフクロカイガラムシ属では，雌が虫体を覆う袋状の殻嚢内に産卵し，殻嚢が卵で充満すると，母虫はその片隅に押しやられて縮んでしまう。また，ワタフキカイガラムシ科，コナカイガラムシ科，フクロ

カイガラムシ科，カタカイガラムシ科の一部の種では，雌は産卵に際して綿状ロウ物質の卵嚢を形成し，その中に多数の卵を包含させる。カイガラムシ類の卵嚢は通常寄主植物などに付着して形成されるものであるが，ハカマカイガラムシ科 Ortheziidae やワタフキカイガラムシ科のなかには，移動する母虫の腹部に卵嚢を付着させているものがある（河合，1980）。

b. カメムシ亜目

陸生カメムシ群では，交尾後の雌が寄主植物の茎や葉の表面あるいは生息地の植物質や石の上などに卵塊，あるいはそれに近い状態で産卵するものが多い。しかしながら，ハナカメムシ科やグンバイムシ科 Tingidae などの雌は植物の葉や茎の組織内に産卵するし，カスミカメムシ科の雌は通常1卵ずつ（ときには複数卵）を植物の組織内に深く埋めながら産み込む。ツチカメムシ科 Cydnidae のなかには多数の卵を房状の卵塊として土中に産むものもある。マルカメムシ科 Plataspidae の *Plataspis* 属，*Niamia* 属，クヌギカメムシ科 Urostylidae の *Urostylis* 属などの母虫は泡状の粘着物を分泌して卵嚢状の構造物をつくり，その中に卵塊を入れる。ナガカメムシ科の雌は産下した卵を糊着させるものが多いが，*Cethera musiva* のように卵をばらばらに産み落とすもの，Emesinae の各種のようにクモの巣に産卵するもの，*Lisarda vandenplasi* のようにシロアリの巣に産卵するもの，Stenopodinae や Piratinae の仲間のように卵蓋 operculum あるいは卵前極部だけをだして土中に深く産み込むものなどがあり，多様である（Hinton，1981）。また，陸生カメムシ群 Geocorisae では，ツノカメムシ類のように数十卵を1卵塊として短期間に産付するものもあれば，サシガメ類のように100〜200卵を十数回に分け，長期間にわたって小分けした卵塊を産むものもある（岩田，1978，1981）。

水生のカメムシ類の産卵行動は変化に富み，水上の杭などの表面に大きな卵塊として産付するもの（タガメ類），水辺の陸部の土中やミズゴケに穴を掘り，その中に10個ほどの卵を卵塊（各卵は呼吸のための呼吸角 respiratory horn を上方に向けている）として産み込むもの（タイコウチ類の各種），水面付近の水草などの浮遊物の縁や小石の表面などに多数の卵を産付するもの（アメンボ類），水中の植物の茎や浮嚢の組織内に産み込むもの（マルミズムシ

表24-2　日本産ヨコバイ亜目昆虫類の卵の形態と産卵（産仔）数（高橋，1955；福田，1963；石原，1963）

種　名	形	色（→は発生にともなう色の変化）	大きさ(mm)	1雌あたりの産卵数（個）
頸吻群 Auchenorrhyncha				
ウンカ上科 Fulgoroidae				
ウンカ科 Delphacidae				
セジロウンカ *Sogatella furcifera*	バナナ形	白色→黄色	0.79×0.22	2化：平均 130 3化：平均 195 4化：平均 198 5化：平均 42
ヒメトビウンカ *Laodelphax stratella*	バナナ形	乳白色→黄色	0.72×0.15	2化：平均 146 3化：平均 227 4化：平均 178 5化：平均 170
アオバハゴロモ科 Flatidae				
アオバハゴロモ *Geisha distinctissima*	円筒形	乳白色	1.4×0.5	成熟卵：34〜55 [1]
セミ上科 Cicadoidea				
セミ科 Cicadidae				
アブラゼミ *Graptopsaltria nigrofuscata*	長楕円形	乳白色	2.2×0.5	約 300 [2]
クマゼミ *Cryptotympana facialis*	長楕円形	乳白色	2.7×0.5	成熟卵：472 [1]
ハルゼミ *Terpnosia vacua*	長楕円形	乳白色	2.2×0.4	80〜100 [1]
ヨコバイ上科 Cicadelloidea				
オオヨコバイ科 Cicadellidae				
オオヨコバイ *Cicadella viridis*	バナナ形	乳白色	長径 1.7	成熟卵：62 [1]
ヨコバイ科 Deltocephalidae				
ツマグロヨコバイ *Nephotettix cincticeps*	長楕円形	乳白色	1.1×0.25	1化：平均 193 2化：平均 160 3化：平均 90 4化：平均 79 5化：平均 145
イナズマヨコバイ *Inazuma dorsalis*	長楕円形	白色→黄色	1.0×0.25	2化：平均 163 3化：平均 125 4化：平均 167 5化：平均 145
ヒメヨコバイ科 Typhlocybidae				
ミドリヒメヨコバイ *Edwardsiana flavescens*	長楕円形	白色	長径 0.3	1化：平均 52 2化：平均 38 3化：平均 22 4化：平均 5
腹吻群 Sternorrhyncha				
キジラミ上科 Psylloidea				
キジラミ科 Psyllidae				
ナシキジラミ *Psylla pyrisuga*	紡錘形	黄色	長径 0.3	平均約 600
アブラムシ上科 Aphidoidea				
アブラムシ科 Apididae				
ムギヒゲナガアブラムシ 　　　*Macrosiphum granarium*	楕円形	淡緑黄色→緑色 →漆黒色	0.6×0.3	約 23
ダイコンアブラムシ *Brevicoryne brassicae*	長楕円形	漆黒色	0.67×0.3	受精卵：1
リンゴワタムシ *Eriosoma lanigerum*	円筒形 から卵形	淡黄色→褐色	長径 0.55	受精卵：1 単為生殖型：7〜8
クリオオアブラムシ *Lachnus tropicalis*	長楕円形	暗褐色→黒色	1.8×0.7 [3]	受精卵：平均 13 [3]
ネアブラムシ科 Phylloxeridae				
ブドウコブアブラムシ *Phylloxera vastatrix*	長楕円形	淡黄色→橙色	長径 0.24	葉嬰型：200 根瘤型：110 有翅型：1〜5 受精卵：5〜6

（注）1) 岩田, 1983 による，2) 橋本, 1991 による推定，3) 岩田, 1975 による。

（次ページへ続く）

表 24-2（続き）

種　名	形	色（→は発生にともなう色の変化）	大きさ(mm)	1雌あたりの産卵数（個）
キナコネアブラムシ *Aphanostigma iakusuiense*	長楕円形	普通型の単為生殖		不明
		淡黄色→黄緑色	長径 0.8	
		産性型の単為生殖		
		淡黄色→黄緑色	長径 0.8	
		有性型の単為生殖	雌:長径 0.4	
		卵:黄緑色	雄:長径 0.31	
		受精卵:淡黄色	長径 0.33	
コナジラミ上科 Aleyrodoidea				
コナジラミ科 Aleyrodidae				
ミカンコナジラミ *Dialeurodes citri*	楕円形	淡黄色	長径 0.2	約 100
ミカントゲコナジラミ *Aleurocanthus spiniferus*	長楕円形	淡黄色→紫褐色	0.98×0.24	不明
ヤマモモコナジラミ *Parabemisia myricae*	円錐形	淡黄色→暗褐色	長径 0.2	5〜20
カイガラムシ上科 Coccoidea				
ワタフキカイガラムシ科 Margarodidae				
イセリアカイガラムシ *Icerya purchasi*	楕円形	橙赤色	0.8×0.3	1化:600余
				2化:200余
				3化:120余
カタカイガラムシ科 Coccidae				
ルビーロウムシ *Ceroplastes rubens*	楕円形	淡褐色	0.3×0.15	平均 400〜700
カメノコロウムシ *Ceroplastes japonicus*	長楕円形	黄赤色→紫赤色	0.27×0.15	90〜800
ミカンワタカイガラムシ *Pulvinaria aurantii*	楕円形	淡黄色	長径 0.5	1化:平均 1,000
				2化:約 300
ヒラタカタカイガラムシ *Coccus hesperidum*	——	——	——	1化:平均 152
				2化:約 15
マルカイガラムシ科 Diaspididae				
ヤノネカイガラムシ *Unaspis yanonensis*	楕円形	橙黄色	長径 0.18	1化:平均 177
				2化:平均 133
				3化:平均 196
ミカンナガカキカイガラムシ *Lepidoscaphes gloverii*	長楕円形	白色→淡紫色	長径 0.23	平均 172
トビイロマルカイガラムシ *Chrysomphalus bifasciculatus*	楕円形	淡黄色	長径 0.2	平均 50〜80
クワシロカイガラムシ *Pseudaulacaspis pentagona*	短楕円形	雌:白色	0.2×0.1	平均 150
		雄:橙赤色		
フクロカイガラムシ科 Eriococcidae				
ダイズフクロカイガラムシ *Eriococcus sojae*	楕円形	淡橙色→紅色	0.4×0.2	120〜210
コナカイガラムシ科 Pseudococcidae				
ミカンネコナカイガラムシ *Rhizoecus kondonis*	楕円形	淡黄色	0.3×0.1	36〜176
クワコナカイガラムシ *Pseudococcus comstocki*	楕円形	淡黄色	長径 0.4	平均 300
オオワタコナカイガラムシ *Phenacoccus pergandei*	楕円形	淡黄色	長径 0.3	平均 1,000〜1,200
ミカンコナカイガラムシ *Planococcus citri*	長楕円形	淡黄色	長径 0.3〜0.4	300〜600

類，コバンムシ類やタイコウチ類の一部），水中の小石や砂に1卵ずつ小数の卵を産付するもの（ナベブタムシ類），水生植物の浮嚢に5〜6個の集塊として産付するもの（コバンムシ類の各種），雄の背面（上翅表面）に卵塊として産付するもの（コオイムシ類）などがある。

コオイムシ科 Belostomatidae の雄には，多様な方法で雌の産卵に協力したり，産下した卵を保護する習性がみられるが，なかでもタガメ類の生殖行動は大変ユニークなものである。すなわち，成熟した雌雄は互いにポンピング行動（腹部で水面を叩く行動）を繰り返しながら接近し，水中での交尾を終える。その後，雄が産卵用の杭に登る行動を繰り返すと，やがて雌が交替して杭に登り，杭に振動を与えながら雄を呼び寄せ，ふたたび交尾する。それから，雌は交尾と粘着物の分泌を繰り返しながら産卵する

表 24-3　日本産カメムシ亜目昆虫類の卵の形態

種　　　名	形	色（→は発生にともなう色の変化）	大きさ(mm)	文　献
陸生カメムシ群 Geocorisae				
サシガメ上科 Reduvoides				
サシガメ科 Reduviidae				
アカサシガメ *Cydnocoris russatus*	とっくり形	朱色に白帯	1.1×0.5	岩田, 1981
シマサシガメ *Sphedanolests impressicollis*	とっくり形	朱色に白帯	1.1×0.5	岩田, 1981
ヘリカメムシ上科 Coreoidea				
ホソヘリカメムシ科 Alydidae				
ホソヘリカメムシ *Riptortus clavatus*	ハマグリ形	暗褐色	1.0×0.7	高橋, 1955
ヘリカメムシ科 Coreidae				
ホソハリカメムシ *Cletus trigonus*	ハマグリ形	淡黄色→褐色	1.3×0.8	高橋, 1955
カメムシ上科 Pentatomoidea				
ツノカメムシ科 Acanthosomatidae				
エサキモンキツノカメムシ *Sastragala esakii*	長楕円形	淡緑色	1.2×0.7	長谷川, 1959
カメムシ科 Pentatomidae				
イネクロカメムシ *Scotinophara lurida*	つぼ形	淡青色→淡赤褐色	0.9×0.8	高橋, 1955
両生カメムシ群 Amphibicorisa				
アメンボ科 Gerridae				
アメンボ *Gerris paludum insularis*	長楕円形	淡黄褐色	1.0〜1.2×0.3〜0.4	Mori, 1969
水生カメムシ群 Hydrocorisae				
タイコウチ上科 Nepoidea				
コオイムシ科 Belostomatidae				
コオイムシ *Diplonychus japonica*	長卵形	乳白色	2.0×1.1	田中, 2001
タガメ *Lethocerus deyrollei*	長卵形	淡緑白色→黒褐色の縦帯	5.0×2.5	都筑ら, 1999
タイコウチ科 Nepidae				
タイコウチ *Laccotrephes japonensis*	長楕円形	白色→橙色	3.7×1.6	都筑ら, 1999
ヒメタイコウチ *Nepa hoffmanni*	長楕円形	白色→赤褐色	長径 3mm以内	〃
ミズカマキリ *Ranatra chinensis*	長楕円形	白色	3.4×1.0	〃
ヒメミズカマキリ *Ranatra unicolor*	長楕円形	白色	2.1×0.4	〃
ナベブタムシ上科 Naucoroidea				
ナベブタムシ科 Aphelocheiridae				
ナベブタムシ *Aphelocheirus vittatus*	長卵形	白色	1.3×0.7	都筑ら, 1999
コバンムシ科 Naucoridae				
コバンムシ *Ilyocoris exclamationis*	長卵形	白色	2.0×1.0	都筑ら, 1999

が，このあいだに雄は杭と水中とを何度も往復しながら，口吻を使って産付された卵に給水する。産卵開始から 2 時間近くが経過し，数十〜百卵の卵塊が形成されると，雌はその場を離れ，雄が卵塊の保護を開始する。雄による卵塊の保護は卵の孵化時までおよそ 1 週間から 10 日にわたって続けられる。

コオイムシ類では，雄はポンピングによって雌を呼び寄せて交尾し，雌が産下する卵を背負う。このとき，雌は 1 卵産むたびに交尾を行い，数十卵を産付する。このようにして雄の背面上に糊着された卵塊は孵化時まで雄によって保護されることになるが，この場合，1 匹の雄は通常複数の雌と交尾し，卵の産付を受けるため，同時に複数の卵塊を保護することになるという（都築ら，1999）。

(2)　産卵（産仔）数

1 匹の雌（母虫）により産下される卵数（産卵数）は母虫の体の大きさや卵の大きさに相関するので，母虫が大きければ産卵数は多くなり，卵が大きければ産卵数は少なくなる。ヨコバイ亜目とカメムシ亜目の産卵数は数十〜数百のものが一般的である（表

24-2）。

ヨコバイ亜目の頚吻群では，産卵数が極端に少ないものや多いものは見当たらないが，腹吻群に属するものでは変化に富んでいる。カサアブラムシ科やワタアブラムシ科の有性虫の雌は1卵しか産下しないし，アブラムシ科の大多数の雌は普通2〜数卵を産むにすぎない。アブラムシ科の有性虫の雌は1個あるいは少数の受精卵を産付するが，幹母とその子孫である各世代の雌虫（幹雌と産雌虫）は胎生であり，1雌あたり数十〜100余匹の仔虫を単為生殖により産出する。ネアブラムシ科のブドウネアブラムシ *Phylloxera vastatrix* は有性雌が1卵を産み，それから生じた幹母は虫嬰 gall を形成して，その中に多数の未受精卵を産む。これらの卵に由来する子孫は虫嬰や根瘤を作って100〜200個ほどの卵を産む。根瘤型は数世代を経た後に有翅型となり1〜5卵を産むが，この卵には大小2型があり，大きいほうの卵から生じた雌は交尾後に5〜6個の卵を産む（高橋，1955）。カタカイガラムシ科のヒラタカタカイガラムシは，第1化の雌が9〜13日間に平均150匹ほど，第2化のものが7〜8日間に平均15匹ほどの仔虫を胎生する（高橋，1955）。

産卵数が多い例は，カイガラムシ上科のものに多くみられるが，コナカイガラムシ科のオオワタコナカイガラムシ *Phenacoccus pergandei* の産卵数が1,750〜2,516（平均1,232）という記録さえある（高橋，1955）。水生のカメムシ類の各卵塊は普通1匹の雌によって産卵され，その中には数個〜数十個，多いものでは100余個の卵が含まれる。しかし，海洋性の *Halobates* 属（アメンボ科 Gerridae）の雌は，遠洋のさまざまな浮遊物に産卵し，浮遊物が少なくアメンボの個体密度が高い場合には，一つの浮遊物に多数の雌が同時に産卵するらしく，大西洋上のコルク片に付着したゼラチン状の集塊に 10^5 個と見積もられる *Halobates* の卵が含まれていたとの報告がある［Andersen & Polhemus（1976），Hinton（1981）による］。

24-4　親虫による卵の保護

前述したタガメ類やコオイムシ類以外にも，日本産の陸生カメムシ群のなかには親虫が卵を保護する種が含まれており，ツノカメムシ科 Acanthosomatidae のツノカメムシ属 *Elasmucha* の各種やエサキモンキツノカメムシ *Sastragala esakii*，キンカメムシ科 Scutelleridae のアカギカメムシ *Cantao ocellatus* などの母虫は，自身が産下した卵塊の上に静止して，卵を保護し続けることが知られている。このような習性は半翅目昆虫の多くの種にみられるもので，Hinton（1981）は，親虫による卵の保護についての報告を整理し，ヨコバイ亜目の3科42種とカメムシ亜目の11科33種のリストをまとめている。

24-5　卵　　期

胎生の場合は卵（胚）の発生の全過程が，卵胎生の場合は発生の一部が母体内で進行するため，卵期を正確に知ることは難しい。Uichanco（1924）によると，幼生生殖種のアブラムシの一種 *Macrosiphum tanaceti* の胚発生（卵の成熟から初令若虫の形成まで）の期間はおよそ12.5日である。

卵生の場合，卵の発生開始時から孵化までの期間（卵期）は，産卵時から孵化時までの期間と一致するので，卵期を確定することは容易である。表24-4には，日本産半翅目昆虫類の卵期間を示した。

卵の発生は温度や湿度などの影響を強く受けるため，自然状態での卵期は同一種であっても季節などの違いによって大きく異なる（表24-4）。一般に，卵期は温度が30℃前後のとき最短となり，この温度範囲以外ではその変化にともなって加速度的に長くなる。非越年性の半翅目昆虫類では，日本の自然条件下における卵期は，短いもので3〜5日，一般的には1〜2週間であるが，一部のセミ類（ニイニイゼミ *Platypleura kaempferi*，ヒグラシ *Tanna japonensis* など）では45日前後である（加藤，1981）。越冬（越年）卵の場合，卵期は普通5〜9ヶ月であるが，セミ亜科 Cicadinae の多くの種（ミンミンゼミ *Oncotympana maculaticollis*，クマゼミ *Cryptotympana fascialis*，アブラゼミ *Graptopsaltria nigrofuscata*，エゾゼミ *Tibicen japonicus* など）では10ヶ月あるいはそれ以上にもなる（加藤，1981）。卵胎生の場合，産卵時から孵化までの期間は，当然のことながら，母体内における卵の発生の程度によって違ってくる。カイガラムシ類では，ミドリカタカイガラムシ *Coccus viridis* などのように産卵直後に孵化が始まるもの（河合，1980），スワコワタカイガラモドキ *Coccura suwakoensis* などのように産卵後数分〜十数分で孵化するもの（福田，1963），ヤノネカイガラムシ *Unaspis yanonensis*

表 24-4　日本産半翅目昆虫類の卵における産卵から孵化までの期間（高橋，1955；福田，1963；都築ら，1999）

種　　名	産卵から孵化までの期間 [ ]：越冬卵，( )：産卵時期，＊：卵胎生
ヨコバイ亜目 Homoptera	
頸吻群 Auchenorrhyncha	
ウンカ上科 Fulgoroidea	
ウンカ科 Delphacidae	
セジロウンカ *Sogatella furcifera*	7日 (9月上旬)，9日 (8月中旬〜10月中旬)，11日 (7月上旬)
ヒメトビウンカ *Laodelphax stratella*	7〜9日 (7月下旬〜8月中旬)，11日 (7月中旬)，13日 (10月中旬)，16日(4月下旬)
トビイロウンカ *Nilaparvata lugens*	7〜8日 (8月下旬〜9月中旬)，12日 (7月下旬)
テングスケバ科 Dictyopharidae	
テングスケバ *Dictyophara patruelis*	[9ヶ月] (10月産卵，7月孵化)
アオバハゴロモ科 Flatidae	
アオバハゴロモ *Geisha distinctissima*	[9ヶ月] (8月産卵，5月孵化)
セミ上科 Cicadoidea	
セミ科 Cicadidae	
アブラゼミ *Graptopsaltria nigrofuscata*	[10〜11ヶ月] (7〜8月産卵，6月孵化)
ニイニイゼミ *Platypleura kaempferi*	およそ45日 (6〜7月) [1]
ヨコバイ上科 Cicadelloidea	
オオヨコバイ科 Cicadellidae	
オオヨコバイ *Cicadella viridis*	5〜11日 (5〜10月)，[6ヶ月] (10月産卵，4月孵化)
ヨコバイ科 Deltocephalidae	
ツマグロヨコバイ *Nephotettix cincticeps*	6日 (7月下旬)，11〜12日 (8月下旬〜10月中旬)，13〜14日 (4月下旬〜6月中旬)
イナズマヨコバイ *Inazuma dorsalis*	12日 (8月下旬)，16日 (6月下旬)，18〜19日 (7月下旬，10月上旬)
ヒメヨコバイ科 Typhlocybidae	
ミドリヒメヨコバイ *Edwardsiana flavescens*	4〜6日 (6〜9月)，10日 (5月)，16日 (4月)
フタテンヒメヨコバイ *Arboridia apicalis*	2〜4週間 (6〜9月)
腹吻群 Sternorrhyncha	
キジラミ上科 Psylloidea	
キジラミ科 Psyllidae	
ナシキジラミ *Psylla pyrisuga*	7〜10日 (3〜4月)
アブラムシ上科 Aphidoidea	
アブラムシ科 Aphididae	
ムギヒゲナガアブラムシ *Macrosiphum granarium*	[5ヶ月] (11月産卵，4月孵化)
リンゴコブアブラムシ *Myzus malisuctus*	[5ヶ月] (11月中旬産卵，4月中旬孵化)
モモアカアブラムシ *M. persicae*	[5ヶ月] (10〜11月産卵，3月下旬〜4月上旬孵化)
クリオオアブラムシ *Lachnus tropicalis*	[5ヶ月] (11月中旬〜12月上旬産卵，4月孵化)
ネアブラムシ科 Phylloxeridae	
ブドウコブアブラムシ *Phylloxera vastatrix*	葉嬰型；平均8日 (4〜11月) 根瘤型・有翅型；平均11日 (5月下旬〜10月) 有性型；10日 (11月) 受精卵；[約5ヶ月] (11月産卵，4月下旬孵化)
コナジラミ上科 Aleyrodoidea	
コナジラミ科 Aleyrodidae	
ミカンコナジラミ *Dialeurodes citri*	2週間内外 (5月中旬〜6月，9月中旬)
ミカントゲコナジラミ *Aleurocanthus spiniferus*	7日 (7月)，11日 (8〜9月)，15日 (9〜10月)，22日 (5月)
ヤマモモコナジラミ *Parabemisia myricae*	9〜12日 (5月中旬〜10月中旬)
ブドウコナジラミ *Aleurolobus taonabae*	約10日 (5月下旬〜6月上旬)
カイガラムシ上科 Coccoidea	
ワタフキカイガラムシ科 Margarodidae	
イセリアカイガラムシ *Icerya purchasi*	21〜27日 (5〜6月，9月)
ハンノモグリカイガラムシ *Xylococcus japonicus*	[6ヶ月] (10月中旬産卵，4月下旬〜5月上旬孵化)
カタカイガラムシ科 Coccidae	
ルビーロウムシ *Ceroplastes rubens*	約27時間＊ (6〜7月)
カメノコロウムシ *Ceroplastes japonicus*	10〜15日 (6月上・中旬)
ミカンワタカイガラムシ *Pulvinaria aurantii*	16日 (9月下旬〜10月上旬)

1)　加藤，1981 による。

（次ページへ続く）

表 24-4（続き）

種　　名	産卵から孵化までの期間 [ ]：越冬卵，（ ）：産卵時期，＊：卵胎生
マルカイガラムシ科 Diaspididae	
ヤノネカイガラムシ *Unaspis yanonensis*	30分〜1時間＊(7月下旬〜11月中旬)
クワシロカイガラムシ *Pseudaulacaspis pentagona*	9日 (8月中旬), 7日 (7月上旬, 9月中旬), 12日 (5月中旬)
リンゴカキカイガラムシ *Lepidoscaphes ulmi*	［9ヶ月］ (8月中旬産卵, 5月下旬〜6月上旬孵化)
コナカイガラムシ科 Pseudococcidae	
ミカンネコナカイガラムシ *Rhizoecus kondonis*	11〜15日 (6〜10月)
クワコナカイガラムシ *Pseudococcus comstocki*	9日 (8月中旬), 10日 (9月中旬), ［6〜7ヶ月］ (10月産卵, 4月下旬〜5月上旬孵化)
オオワタコナカイガラムシ *Phenacoccus pergandel*	約20日 (5月中旬〜6月上旬)
スワコワタカイガラモドキ *Coccura suwakoensis*	6〜18分＊(6月下旬〜8月上旬)
カメムシ亜目 Heteroptera	
陸生カメムシ群 Geocorisae	
サシガメ上科 Reduvoidea	
サシガメ科 Reduviidae	
シマサシガメ *Sphedanolests impressicollis*	10〜16日 (8月)
カスミカメムシ科 Miridae	
コアオカスミガメ *Lygocoris lucorum*	7〜10日 (7月中旬〜8月下旬), 9〜19日 (5月下旬〜7月上旬)
リンゴカスミガメ *Heterocordylus flavipes*	［10ヶ月］ (6月下旬産卵, 4月下旬〜5月上旬孵化)
ヘリカメムシ上科 Coreoidea	
ホソヘリカメムシ科 Alydidae	
クモヘリカメムシ *Leptocorisa chinensis*	4日 (8月上旬)
ホソヘリカメムシ *Riptortus clavatus*	6日 (6月下旬〜7月上旬), 10日 (6月)
ヘリカメムシ科 Coreidae	
ホソハリカメムシ *Cletus trigonus*	7日 (8〜9月), 18日 (5〜6月)
カメムシ上科 Pentatomoidea	
カメムシ科 Pentatomidae	
イネクロカメムシ *Scotinophara lurida*	3〜8日 平均5日 (7〜8月下旬)
イネカメムシ *Lagynotomus elongatus*	3〜7日 (7月下旬〜10月上旬)
マルシラホシカメムシ *Eysarcoris guttiger*	3日 (9月上旬)
アオクサカメムシ *Nezara antennata*	7〜10日 (5〜10月)
イチモンジカメムシ *Piezodorus hybneri*	3〜4日 (6〜7月)
クサギマメムシ *Halyomorpha picus*	10日 (6月上旬)
ナガメ *Eurydema rugosa*	4〜7日 (7〜8月上旬)
マルカメムシ科 Plataspidae	
マルカメムシ *Megacopta punctatissima*	7〜10日 (5〜6月)
水生カメムシ群 Hydrocorisae	
タイコウチ上科 Nepoidea	
コオイムシ科 Belostomatidae	
コオイムシ *Diplonychus japonica*	1〜2週間 (4〜8月)
タガメ *Lethocerus deyrollei*	1週間〜10日 (6月)
タイコウチ科 Nepidae	
タイコウチ *Laccotrephes japonensis*	約10日 (5月下旬〜8月)
ヒメタイコウチ *Nepa hoffmanni*	20〜40日 (4〜6月)
ミズカマキリ *Ranatra chinensis*	約10日 (5月中旬〜8月)
ナベブタムシ上科 Naucoroidea	
ナベブタムシ科 Aphelocheiridae	
ナベブタムシ *Aphelocheirus vittatus*	3ヶ月余 (4月下旬〜8月)
コバンムシ科 Naucoridae	
コバンムシ *Ilyocoris exclamationis*	2〜3週間 (5〜8月)
マツモムシ上科 Notonectoidea	
マツモムシ科 Notonectidae	
マツモムシ *Notonecta triguttata*	約10日 (3〜7月)

などのように産卵後 30 分〜 1 時間で孵化し始める
もの（高橋，1955）などさまざまである。

24-6　卵の形態

(1)　卵形，大きさ，色

a.　卵　形

　半翅目昆虫の卵形は，科，属，種により多種多様
である（表 24-2 ; 24-3，参照）。ヨコバイ亜目の卵
はバナナ形，楕円形（長卵形）あるいは長紡錘形で，
その表面は平滑のものが多い。しかし，キジラミ科，
コナジラミ科およびアブラムシ科の一部の卵には，
それが葉と付着する側に，卵の固定や卵への給水の
ための 1 本の角状突起 basal stalk あるいは水孔 hy-
dropyle がある。また，キジラミ科の *Psylla* などの
多くの種の卵は，その前端に糸状突起を備えている
（Hinton，1981）。ウンカ上科の卵では，その前極
部に 1 本の呼吸角を有するものが知られており，ア
リヅカウンカ科 Tettigometridae のものは短く（図
24-1，b，b'），グンバイウンカ科 Tropiduchidae

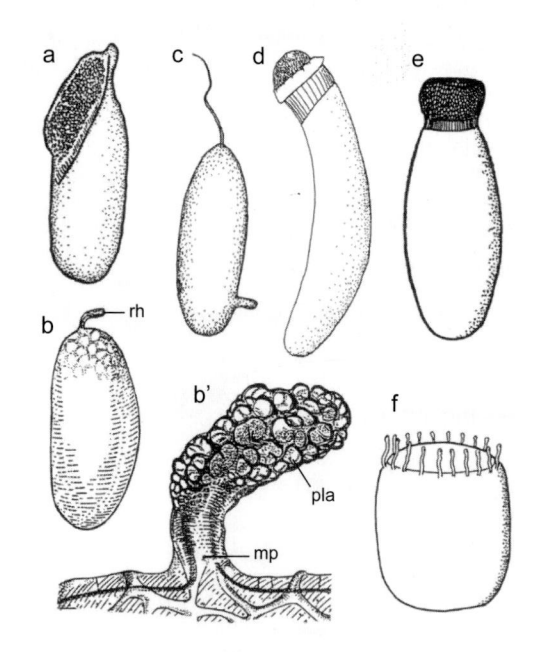

図 24-1　半翅目昆虫類の卵（同一縮尺ではない）（a. 岩
田，1983 より改写 ; b，b'. Cobben，1965 ; c. Overmeer，
1961 より改写 ; d. Southwood & Fewkes，1961 ; e，f.
Southwood，1956）
　a. アオバハゴロモ *Geisha distinctissima*（アオバハゴロ
モ科），b. *Tettigometra sulphurea*（アリヅカウンカ科）
の卵，b'. 同，呼吸角，c. *Psylla pyrisuga*（キジラミ
科），d. *Nabis flavomarginatus*（マキバサシガメ科），e.
Rhinocoris sp.（サシガメ科），f. *Zicrona caerulea*（カ
メムシ科）
mp：卵門，pla：プラストロン，rh：呼吸角

のものは長く，Acanaloniidae のものは長くて螺旋
状に巻いている（Cobben，1965）。
　カメムシ亜目の卵では，その形が楕円形（長卵形），
つぼ形，樽形，とっくり形，一端が切れたソーセー
ジ形など変化に富み，表面からは長短さまざまな柄
部や角状あるいはコブ状の突起が突き出すなど，卵
殻構造の複雑なものが多い。サシガメ科，マキバサ
シガメ科 Nabidae，デメカメムシ科 Thaumastoco-
ridae などの卵の前端には，よく発達したつぼ状構
造の卵蓋 operculum があり（図 24-1，d，e），カ
メムシ科，ヘリカメムシ科 Coreidae，マルカメム
シ科，コバンムシ科などの卵では，その前極部の偽
卵蓋 pseudoperculum に沿って多数の突起である
aero-micropylar process が環状に配列する（同図，
f）。カスミカメムシ科の *Helopeltis* 属とその近縁属
では，卵の前端部に比較的よく発達した呼吸突起（呼
吸角）を備えたものが多い。ミズムシ科の卵では，
その後端（後極部）に短い柄をもつものや長い柄を
備えているものがある。タイコウチ科の卵は，その
前極域にプラストロン plastron として機能する複
数の長い呼吸角を保有している（図 24-3 参照）。ま
た，ムクゲカメムシ科 Dipsocoridae の *Pachycole-
us rufescens* の卵は背側に湾曲した紡錘形であるが，
その平たい腹側には前極付近から後極付近まで正中
線に沿って伸びる 2 本の隆起を備えている（Cobben，
1968）。

b.　卵の大きさ

　卵の大きさは，卵形と同様に，科，属，種によっ
てさまざまであるが（表 24-2 ; 24-3，参照），胎
生種の卵は小さく，アブラムシ科の一種 *Macro-
siphum tanaceti* では，極体放出後（成熟後）の卵
の前後軸の長さはおよそ 24 μm，腹背軸のそれは
30 μm で，第一卵割時の卵の長径（前後軸の長さ）
はおよそ 43 μm，短径（腹背軸の長さ）は 23 μm
であり（Uichanco，1924），偽胎盤胎生のコウモリ
ヤドリカメムシ科の一種 *Hesperoctenes fumarius*
の成熟卵はその長径が 125 μm，短径が 48 μm であ
る（Hagan，1931）。日本産の半翅目の卵生卵では，
大きなものとしては，タガメ *Lethocerus deyrollei*
の卵が最大で，孵化直前には長径 7.5 mm，短径
3.5 mm に達する。他方，小さなものはマルカイガ
ラムシ科の卵にみられ，長径がわずか 0.2 mm 以下
である。このような卵の大きさの違いは，主として
母虫の大きさや産卵数の違いによるものである。

ヨコバイ亜目では，概してアブラムシ類，コナジ
ラミ類，カイガラムシ類などの小型種の卵は小さく，
長径が 0.2 ～ 0.5 mm のものが多い。セミ類の卵は
比較的大きくて，長径が 2 ～ 3 mm ほどで，ウンカ
類，ヨコバイ類，ハゴロモ類などの中型種では，長
径が 0.8 ～ 2.0 mm の卵が多い。カメムシ亜目で
は，卵の大きさが長径 1.0 ～ 3.0 mm，短径 0.5 ～
1.5 mm のものが多いが，タイコウチ科の比較的大
きな母虫が産む卵は長径 3.5 mm 以上になる。

卵の大きさと 1 母虫の産卵数（あるいは蔵卵数や
卵巣小管数）とのあいだには相関関係がみられる。
たとえば，日本産タガメ L. deyrollei では母虫の体
長が約 70 mm，1 母虫の産卵数が 80 ～ 100，産卵
時の卵の長径が 5 mm であるのに対し，タイワン産
タガメ L. indicus は体長が 60 ～ 90 mm で日本産
のものより大きいが，産卵数が 140 ～ 160 と多い
ため，卵は小さくなり，その長径は 4 mm 程度であ
る（都築ら，1999）。セミ類とヨコバイ類とは比較
的近縁なグループであるが，両者のあいだでは体の
大きさ，卵巣小管の数，蔵卵数に大差があるにもか
かわらず，卵の大きさにはそれほど大きな違いはみ
られない。すなわち，セミ類では，母虫の体長が 40
～ 65 mm，卵巣小管数が 250 ～ 600，蔵卵数が数
百，卵の大きさは長径 1.8 ～ 2.5 mm，短径 0.4 ～
0.5 mm であるのに対し，ヨコバイ類は，体長が 6
～ 13 mm で，セミ類よりはるかに小さいが，卵巣
小管数を 10 ～ 40，蔵卵数を数十にまで減らし，大
きさが長径 1.0 ～ 2.0 mm，短径 0.3 ～ 0.5 mm の
卵を産んでいる（岩田，1983）。このように，母虫
の大きさが小さい場合でも，造卵数（産卵数）を減
らすことで，卵を大きくすることを可能にしている
といえる。

卵の大きさは同一種であれば，通常，種ごとに一
定しているが，世代あるいは化性によってそれが異
なることがある。たとえば，ネアブラムシ科のキナ
コネアブラムシ Aphanostigma iaksuiense の卵はす
べて楕円形であるが，幹母になる受精卵の大きさは
長径 0.33 mm，幹母が産む卵とそれから単為生殖で
生じた普通型雌が産む卵は，両者とも長径 0.8 mm
である。さらに，普通型から単為発生した産性型雌
により産下される卵には大小 2 型があり，雌になる
大きい卵の長径は 0.41 mm，雄になる小さい卵の長
径は 0.36 mm であるという（高橋，1955）。

また，卵がその容積を胚の発生にともなって増加

させることは，植物の組織内に産み込まれる卵や水
中あるいは湿地に産下される卵では一般的にみられ
る現象である。たとえば，コオイムシ Diplonychus
japonica の卵は，産下時点で 2.0 × 1.1 mm の大き
さであるが，孵化直前には 2.8 × 1.3 mm となり，
タガメ L. deyrollei の卵は産下時の 5.0 × 2.5 mm
から孵化時の 7.5 × 3.5 mm にまで増大する。

c. 卵　色

卵色は，卵殻を通して見える卵黄の色により，乳
白色あるいは淡黄色のものが多く，このような卵で
は，胚反転 katatrepsis が終わるころから眼が赤斑
として透けて見えるようになり，孵化が近づくにつ
れて成熟胚（初令幼虫）の色彩が反映されるように
なる。しかしながら，ヨコバイ亜目の卵では，産下
時点から淡青色，淡緑色，暗褐色，黄赤色などさま
ざまに着色したものがあり，胚の発生にともなっ
てこれらの卵色が変化するものも多い（表 24-2；
24-3）。カメムシ亜目では，カメムシ科の卵のなか
には複雑な模様や斑紋を有するものがあり，サシガ
メ類の卵の先端部（卵蓋）は白色を呈している。タ
ガメ類の卵は産下時には淡緑白色であるが，まもな
く黒褐色の縦帯が十数本現れ，全体が縞模様になる。
水棲のカメムシ類の卵のなかには，その発生期間の
最初の 1/3 頃から黒化するものがみられるが，これ
は漿膜の着色によるものである。

同一種でありながら卵色に多型が現れるものも
ある。前述のキナコネアブラムシの場合，有性雌が
産む受精卵は淡黄色，産性型雌が産む卵はすべて
黄緑色である。幹母と普通型雌が産む卵は，最初，
淡黄色であるが，やがて黄緑色に変化する（高橋，
1955）。また，マルカイガラムシ科のクワノカイガ
ラムシ（クワシロカイガラムシ）Pseudaulacaspis
pentagona の卵色には橙赤色のものと白色のものと
があり，前者からは雄，後者からは雌が生じるとい
う（福田，1963）。

(2) 卵　殻

a. 表面の形態

卵内容は通常堅固な卵殻で覆われるが，胎生のも
のでは，アブラムシ科の各種（Uichanco，1924；
Tóth，1933）やコウモリヤドリカメムシ科の Hes-
peroctenes（Hagan，1931）の卵のように卵殻を
欠いているもの，あるいは，カイガラムシ科の卵
（Shinji，1919）のようにきわめて薄い卵殻しか有
しないものが一般的である。

卵殻は無色あるいは白色で透明に近いものが多く，卵巣小管の濾胞細胞が分泌するリポタンパク質の連続的な堆積層によって構築されている。多くの場合，卵殻表面には六角形あるいは多角形の濾胞細胞の刻紋や孔が存在し，卵殻内部を卵門や気孔が貫通する。カメムシ亜目の卵殻では，水孔，柄部や呼吸角などの突起，卵蓋，偽卵蓋など特殊化したさまざまな構造物を備えたものが多くみられる（図24-1；24-3）。

b. 卵殻の構造

卵殻の厚さには，卵の大きさや形との相関がみられず，数 µm〜数十 µm のものが多い。しかし，ムクゲカメムシ科の *Pachycoleus rufescens* ではわずか 2 µm であるのに対し，ヘリカメムシ科の *Mictis metallica* のように，およそ 100 µm になるものもある（Cobben, 1968）。

卵殻構造は外卵殻と内卵殻に区別されるが，細部の構造は種によってかなり異なっている。とくにカメムシ亜目の卵殻は多様であるが，Cobben（1968）はこれらを次の四つの主要な型，すなわち，1）卵殻内部には腔所や間隙のある網目構造を含まず全体が一様に緻密な構造のもの，2）多くの管が貫通する厚い外層が緻密で厚い内層を覆うもの，3）厚い外層には多数の管が放射状に貫通して細かい網目構造をつくり，これがきわめて薄い内層を覆うもの，4）緻密な卵殻内部に多孔質の空気層が発達しているもの，に大別している。

また，物理・化学的手法や電子顕微鏡を用いた観察によると，卵殻は数層から構築されることが知られている。サシガメ科の *Rhodnius prolixus* の卵殻は 7 亜層，すなわち，外卵殻は薄い最外層（1〜2 µm）の "resistant exochorion" と外卵殻の主要部である厚い層（8 µm）の "soft exochorion"，内卵殻は外側の厚い層（8 µm）の "soft endochorion" とその内側にある薄い層の "resistant endochorion" の二層構造で，さらに後者は外側から順に，色素を含む 0.1 µm 以下の "amber layer"，多量のポリフェノールを含む "outer polyphenol layer"，1〜2 µm の厚さの "resistant protein layer" および "inner polyphenol layer" の四層に区分される（図 24-2, a）（Beament, 1946, 1947）。同じサシガメ科の *Triatoma infestans* では，卵殻は多孔性

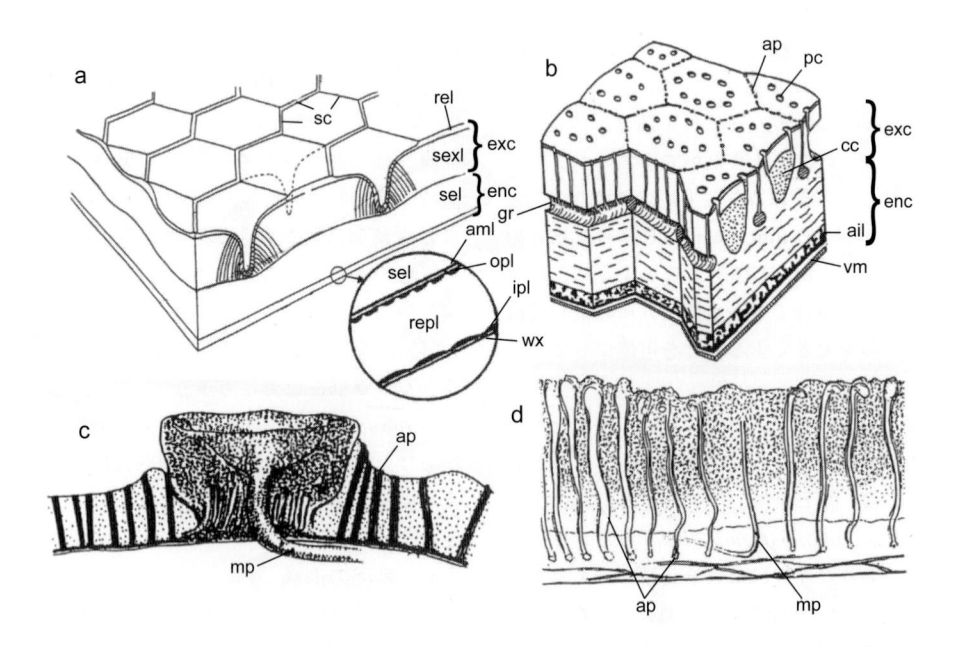

図 24-2　半翅目昆虫類の卵殻の構造（模式図）と卵の卵門部（断面）(a.　Beament, 1947；b.　Chauvin *et al.*, 1973；c.　Cobben, 1965；d.　Cobben, 1968)
a. *Rhodnius prolixus* の卵殻（模式図），b. *Triatoma infestans* の卵殻（模式図），c. *Proutista fritillaries*（ハネナガウンカ科）の卵門部（断面），d. *Chlamydatus saltitans*（カスミカメムシ科）の卵門部（断面）
ail：多孔性の内層，aml：amber layer，ap：気孔開口部，cc：空隙，enc：内卵殻，exc：外卵殻，gr：気孔が開く導管，ipl：inner polyphenol layer，mp：卵門，opl：outer polyphenol layer，pc：孔管，rel：resistant exochorion layer，repl：resistant endochorion protein layer，sc：刻紋，sel：soft endochorion layer，sexl：soft exochorion layer，vm：卵黄膜，wx：一次ワックス層

の複雑な構造で，外卵殻と内卵殻はそれぞれ三亜層に区別される（同図，b）（Chauvin *et al.*, 1973）。すなわち，外卵殻と内卵殻の主体をなす二層（外卵殻の aerial layer と内卵殻の alveolar layer）は多数の間隙を有する厚い層で，これらの境界面付近を通る太い管は外卵殻の最外層に開口する気孔に，aerial layer 内の大きな空洞は最外層の刻紋内に開口する孔（follicular pit）にそれぞれ連絡している。

c.　卵　門

半翅目の卵門部は卵の前極域にあり，そこから単一の卵門が卵殻を貫通するものが基本型とされている（Cobben, 1968）。カメムシ亜目でも，水生カメムシ群 Hydrocorisae や両生カメムシ群 Amphibicorisae では，この基本型を保持するものが多いが，他の分類群では，卵門数が系統を反映しながら増加しており，複数の卵門が環状に配列するものが一般的である。しかし，なかには，卵門を完全に欠くもの，卵門のある場所が前極から離れていたり，後極へ移行しているものもある。卵門の形状は多様で（図24-2，c，d），卵殻表面に単純な孔として開口するもの，棍棒状，クラブ状，杯状などいろいろな形をした突起の先端部に開口するもの，環状に形成された隆起部に開口するものなどがある。卵殻を貫通する管の直径は細い部分で 2 μm ほどあり，その先端部が内卵殻を通って卵内に突き出しているものと，そうでないものとがある。卵門の数は種によって異なるが，1 〜 10 個のものが多い。卵門数と卵の大きさとの相関はみられないが，水棲あるいは湿地性のカメムシ類では，卵門数は少ない傾向がある。ヨコバイ亜目では，カタカイガラムシ科の卵には卵門が見られないし（Shinji, 1919），ウンカ科の *Delphacodes* では 1 個の卵門が卵の背側に移動しており（Hinton, 1981），キジラミ科では通常 5 〜 12 個が水孔機能を有する突起の反対側（背側）の後極寄りに存在する（Cobben, 1965）。カメムシ亜目の卵門数は多様で，ハナカメムシ科やトコジラミ科では卵門がまったく見られないし，マキバサシガメ科，Velocipedidae，Pachynomidae では欠如しているか，あるいは存在するとしても 1 個だけである（Cobben, 1968）。また，水棲のカメムシ類の多くの科（ケシミズカメムシ科 Hebridae，ミズカメムシ科 Mesoveliidae，イトアメンボ科，マツモムシ科，マルミズムシ科 Pleidae，タマミズムシ科 Helotrephidae）と他の科の多くの種では，1 個の卵門だけ

が卵の前極域に存在する。他方，卵門数の多いものとしては，デメカメムシ科で 25 〜 35，ハナカメムシ科，マルカメムシ科，ヘリカメムシ科，カメムシ科で 30 〜 45 あるいはそれ以上となる。また，ヘリカメムシ科，ノコギリカメムシ科 Dinidoridae，カメムシ科のなかには 60 〜 70 を数えるものもあり，Tessaratomidae の *Siphnus alcides* では 100 ほどにもなる（Cobben, 1968；Hinton, 1981）。

d.　卵殻の呼吸系構造

半翅目の卵の呼吸系の構造は比較的よく発達したものが多いが，ヨコバイ亜目のウンカ科や水棲のカメムシ類のミズカメムシ科とサンゴケシアメンボ科 Omaniidae などのように，呼吸系がほとんど発達していないものや完全に欠如しているものがある。カメムシ亜目の卵の呼吸系については Hinton（1981）の総説のなかで詳述されているが，その記載をもとに，タイコウチ科の呼吸角の概略を紹介したい。

呼吸角は卵の前極から前方へ伸び出す複数の長い突起であるが（図24-3，a，c），その数は種によって異なっており，Ranatrinae の各種では 2 本，Nepinae では 5 〜 10 本のものが多い。しかし，同じ Nepinae でも *Laccotrephes fabricii* では 4 本であるし，*Borborophilus primitiva* では 25 〜 26 本もある。

Nepinae の呼吸角はその先端側の 1/4 〜 2/3 の範囲がプラストロン plastron 構造を有し，空気を含んだ網目状構造が中央部の網目構造（中央網目構造）を包み込んだ状態になっている。呼吸角の断面（図24-3，d，e）を見ると，中央網目構造は，その

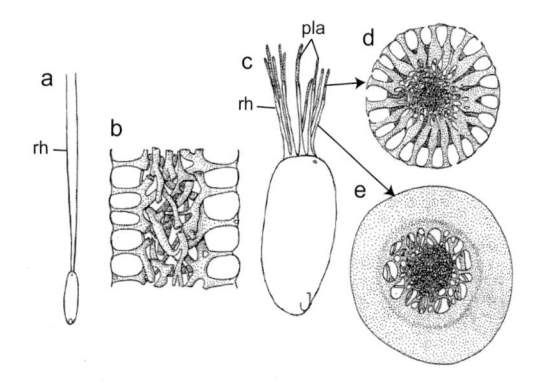

図 24-3　タイコウチ科 2 種の卵の呼吸角（Hinton, 1981 より改変）
a, b. *Cercotmetus asiaticus*（a. 卵，b. 呼吸角の縦断面。プラストロン構造），c 〜 e. *Nepa rubra*（c. 卵，d, e. 呼吸角の横断面）
pla：プラストロン，rh：呼吸角

基部では卵本体の卵殻内の網目構造と連絡し，その
上部は厚くて緻密な外層で覆われている。他方，呼
吸角の先端側では，中央網目構造が角の周縁でよく
発達したプラストロン構造と気孔によって連絡され
ている（同図，d）。Cercotmetus 属の卵は非常に長
い2本の呼吸角を備えているが（同図，a），その角
の90％以上がプラストロン構造を有しており，中央
部の網目構造は角の表層部を構成するプラストロン
の網目と直接連絡している（同図，b）。

(3)　卵の内部構造

　内卵殻の内側で卵内容を包む非細胞性の薄膜は，
卵（卵母細胞 oocyte）自身によって分泌されるもの
と考えられている。この膜の一般的なものが卵黄膜
であるが，ナガカメムシ科の Oncopeltus fasciatus
の卵はこの卵黄膜を欠いている（Butt, 1949）。また，
サシガメ科の Rhodnius prolixus では，水に対して
不透性のワックス層 primary wax layer が内卵殻に
密着しており，卵黄膜はその内側に形成されている
（Beament, 1946, 1947）。

　卵黄膜の厚さは同じ科のものでも種によって違い
があり，サシガメ科の Triatoma infestans の卵では
0.1 μm であるが（Chauvin et al., 1973），R. pro-
lixus では2μm である（Beament, 1946）。

　周縁細胞質は卵黄顆粒を含まず，通常は一様の厚
さとなって卵黄系を覆い，その内側は内部に広がる
網状細胞質と連絡している。ビワハゴロモ科の Py-
rilla perpusilla の固定卵では，産下時の周縁細胞
質は点在する肥厚部のために一様の厚さを示さない
が，成熟分裂が進行するあいだにこの肥厚部が消失
し，厚さが2～4μm の平滑な細胞質層が形成され
る（Sander, 1956）。

　卵の前極付近の細胞質は肥厚した前極細胞質とし
て他から区別されるものが一般的であると思われる
が，O. fasciatus のように，極細胞質が観察されな
いものもある（Butt, 1949）。

　網状細胞質の間にはタンパク性や脂肪性の大小さ
まざまな卵黄顆粒が多量に，かつ，ほぼ一様に含ま
れるが，カメムシ亜目のホシカメムシの Pyrrhoc-
oris apterus（Seidel, 1924）やナガカメムシの
O. fasciatus（Butt, 1949）の卵では，その表層付
近の卵黄顆粒よりも内部にあるもののほうが大きく
なっている。胎生の場合では，卵黄粒がまったく存
在しないものや，きわめて少ないものが多い。また，
一部の卵では，大きさや染色性の異なる顆粒が層状

（タマネギの鱗葉状）に偏在する場合がある。たとえ
ば，P. perpusilla の卵では，周縁細胞質のすぐ内側
には小顆粒層があり，卵の内部に進むにつれて大き
な顆粒層となり，中心部の卵の長軸に沿って形成さ
れる中央層は比較的小さな，染色性の異なる顆粒か
ら構成されている（Sander, 1956）。

　卵核 egg nucleus は通常，卵表付近の肥厚した細
胞質（細胞質島）内に見られるが，アブラムシ科の
Macrosiphum tanaceti では，球状の卵核（直径お
よそ9μm）が卵の中心から少し離れて位置してお
り（Uichanco, 1924），コウモリヤドリカメムシ科
の Hesperoctenes fumarius では，楕円形の大きな
卵核（直径25×16μm）が卵の前極側の卵質（細
胞質）内に見られる（Hagan, 1931）。サシガメ科
の R. prolixus の産下後30分の卵では，卵核は卵
黄塊の中央部にある細胞質内に位置しているという
（Mellanby, 1935）。

　ヨコバイ亜目のアブラムシ科，コナカイガラムシ
科，ワタフキカイガラムシ科，キジラミ科，ビワハ
ゴロモ科などの多くの科と，カメムシ亜目のミズカ
メムシ科やナガカメムシ科の卵では，マイセトムが，
母体から卵内へ移行するため，卵黄内にはマイセト
ムが常態として存在している。マイセトムは，大き
な球状構造体として卵の後極に位置する場合が多い
が，ニセタマカイガラムシ科 Lecanodiaspididae の
Lecaniodiaspis pruinosa やコナカイガラムシ科の
Pseudococcus mcdanieli のように，マイセトムが
卵の前極側に見られるものもある（Shinji, 1919,
1924）。また，ビワハゴロモ科の P. perpusilla では，
卵の後極に明瞭な境界膜で包まれた大きな球状のマ
イセトムが見られるが，この中には3種類の共生微
生物群が含まれている（Sander, 1956）。

24-7　胚発生

(1)　発生期間

　前述のとおり，卵あるいは胚の発生速度は温度の
影響を強く受けるので，一般的には卵が30℃前後の
一定温度で保持されたとき，発生期間（受精から孵
化までに要する時間）が最も短くなる。

　Cobben（1968）は，カメムシ亜目の多くの種に
ついて，30℃の温度下における卵の発生期間を記し
ているが（表24-5），それによると，ミズギワカメ
ムシ科 Saldidae の Saldula 属のものが4日，他の多
くの種が5～10.5日である。しかしながら，種に

表24-5　カメムシ亜目の非越冬性卵の30℃における発生期間（Cobben，1968）

種　　名	発生期間	種　　名	発生期間
陸生カメムシ群 Geocorisae		ケシミズムシ科 Hebridae	
トコジラミ群 Cimicomorpha		*Hebrus ruficeps*	6.5日
サシガメ科 Reduviidae		イトアメンボ科 Hydrometridae	
Empicoris culiciformis	7〜8日	*Hydrometra stagnorum*	6.5〜7日
カスミカメムシ科 Miridae		*H. gracilenta*	6.5〜7日
Dicyphus pallicornis	9日	カタビロアメンボ科 Veliidae	
Liocoris tripustulatus	7〜8日	*Microvelia reticulata*	6〜7日
Notostira elongata	7〜8日	ミズカメムシ科 Mesoveliidae	
マキバサシガメ科 Nabidae		*Mesovelia furcata*	10.5日
Nabis rugosus	約8日	ミズギワカメムシ群 Leptapodomorpha	
カメムシ群 Pentatomorpha		ミズギワカメムシ科 Saldidae	
ホシカメムシ科 Pyrrhocoridae		*Chartoscirta cincta*	6日
Dysdercus cingulatus	5日	*Chiloxanthus pilosus*	7〜8日
ナガカメムシ科 Lygaeidae		*Saldula saltatoria*	4日
Ischnodemus sabuleti	9日	*S. pallipes*	4日
Oncopeltus fasciatus	5日	*S. marginalis*	7〜8日
カメムシ科 Pentatomidae		*S. orthochila*	7〜8日
Carpocoris pudicus	5日		
Graphosoma lineatum	4.5日	水生カメムシ群 Hydrocorisae	
		タイコウチ群 Nepomorpha	
両生カメムシ群 Amphibicorisa		コバンムシ科 Naucoridae	
アメンボ群 Gerromorpha		*Ilyocoris cimicoides*	8.5日
アメンボ科 Gerridae		マルミズムシ科 Pleidae	
Gerris lacustris	6〜7日	*Plea atomaria*	10日

よっては，30℃の温度は必ずしも最適温度ではなく，また，発育期間を最短にする条件ではない。たとえば，*Notonecta glauca* の卵の発生期間は25℃で9.5日であるが，30℃では生き残るものがなく，*Nepa rubra* や *Notonecta obliqua* でも30℃では死んでしまう（Cobben，1968）。カサアブラムシ科のいくつかの種では，25℃における発生期間は3日で最短になる（Eichhorn，1961）。また，日本産のカメムシ科などのなかにも，夏季の発生期間が最短の3日となるものが多く知られている（高橋，1955；福田，1963）。

卵の発生期間と温度との関係をナガカメムシ科の *Oncopeltus fasciatus* の例（Lin *et al.*，1954）でみると，それを示すグラフは15〜35℃の間で双曲線を描き，38℃では孵化がまったく起こらない。

半翅目では，胚休眠 embryonic diapause は一般的な現象とはいえるものではないが，越年あるいは越冬する卵は，その期間中に休眠あるいはそれに近い状態の発生段階を組み込んでいるものが多い。すなわち，カスミカメムシ科の大部分やマツモムシ科，トコジラミ科，サシガメ科など多くの科に属す

る一部の種の越年性（越冬性）卵では，胚盤葉形成期以後の発生期間中に休眠期間が含まれており，ナガカメムシ科の *Stygnocoris rusticus*，*S. pedestris*，*Drymus unus*（Sweet，1964）や *Nysius thymi* のように，孵化可能の状態になった前幼虫 prolarva で休眠をむかえるものが少し知られているが，大部分のものは胚反転期前のいろいろな発生段階で休眠に入る（Cobben，1968）。表24-6には，半翅目昆虫類の非越冬性卵の恒温条件下における発生期間を示した。

(2)　卵の成熟と受精

a.　アブラムシの胎生・単為生殖卵

アブラムシ類の胎生・単為生殖卵では，卵形成時の成熟分裂において単一極体しか形成されないこと（Blochmann，1887），および，成熟分裂が1回しか起こらないために染色体数が減数しないこと（Stevens，1905）が確かめられている。

幼生生殖種のヒゲナガアブラムシの一種 *Macrosiphum tanaceti* の卵の成熟過程（図24-4）では（Uichanco，1924），形成細胞巣 germarium から移行した卵母細胞は，卵黄巣 vitellarium で25×

表 24-6　半翅目昆虫類の非越冬性卵の発生期間

種　名	発生期間	温度（℃）	文　献
ヨコバイ亜目 Homoptera			
頸吻群 Auchenorrhyncha			
ウンカ科 Delphacidae			
ヒメトビウンカ *Laodelphax stratella*	6〜7日	25	岡本, 1969[1]
ビワハゴロモ科 Fulgoridae			
Pyrilla perpusilla	約185 時間	31	Sander, 1956
腹吻群 Sternorrhyncha			
マルカイガラムシ科 Diaspididae			
クワシロカイガラムシ *Pseudaulacaspis pentagona*	4.6日	平均 27	南川, 1958[1]
〃	7.6日	平均 22.5	
〃	12.2日	平均 16.3	
カメムシ亜目 Heteroptera			
トコジラミ群 Cimicomorpha			
サシガメ科 Reduviidae			
Rhodnius prolixus	26〜29日	21	Mellanby, 1936
Triatoma infestans	21日	30	Springer & Rutchky, 1969
トコジラミ科 Cimicidae			
トコジラミ *Cimex lectularius*	4日	33	大森, 1941[2]
〃	8日	30	Springer & Rutchky, 1969
〃	41日	15	大森, 1941[2]
カメムシ群 Pentatomorpha			
ホシカメムシ科 Pyrrhocoridae			
Pyrrhocoris apterus	7.5日	25	Matolin, 1973
ナガカメムシ科 Lygaeidae			
Oncopeltus fasciatus	約123 時間	27.5	Dorn, 1972
〃	9日	23	Springer & Rutchky, 1969
アメンボ群 Gerromorpha			
アメンボ科 Gerridae			
Gerris marginata	8日	23〜27	Springer & Rutchky, 1969
アメンボ *Gerris paludum insularis*	12〜13日	20	Mori, 1969
タイコウチ群 Nepomorpha			
ミズムシ科 Corixidae			
Sigara virginiensis	8日	23〜27	Springer & Rutchky, 1969
コオイムシ科 Belostomatidae			
コオイムシ *Diplonychus japonica*	7〜7.5日	28〜31	田中, 2002
タイコウチ科 Nepidae			
ヒメタイコウチ *Nepa hoffmanni*	約20日	21	都築ら, 1999
マツモムシ科 Notonectidae			
Notonecta undulata	9日	23〜27	Springer & Rutchky, 1969

[1] 福田, 1963 による。　[2] 石原, 1961 による。

17 μm に成長し，そのほぼ中央に位置する核（卵核胞 germinal vesicle）は直径およそ 9 μm の大きさになる。まもなくして，核膜が消失すると，核の有糸分裂（成熟分裂 maturation division）が起こり，2 娘核が形成される。この過程で，核に所属する細胞質の周辺部に多数の空胞が発達し，その部分の細胞質は網状構造になり，その外側には厚い周縁細胞質が形成される。成熟分裂によって生じた娘核の一つは，極体として周縁細胞質の前極部に放出され，その後まもなくして急速に退化してしまう。しかし，他の一つは周縁細胞質から遠ざかり，網状細胞質に取り囲まれて，大きな胞状の卵核になる。このようにして成熟した卵は 30 × 24 μm の大きさで，やがて第一卵割をむかえることになる。

b. カイガラムシの卵胎生・両性生殖卵

　カイガラムシ類の卵の成熟や受精の過程は，コナ

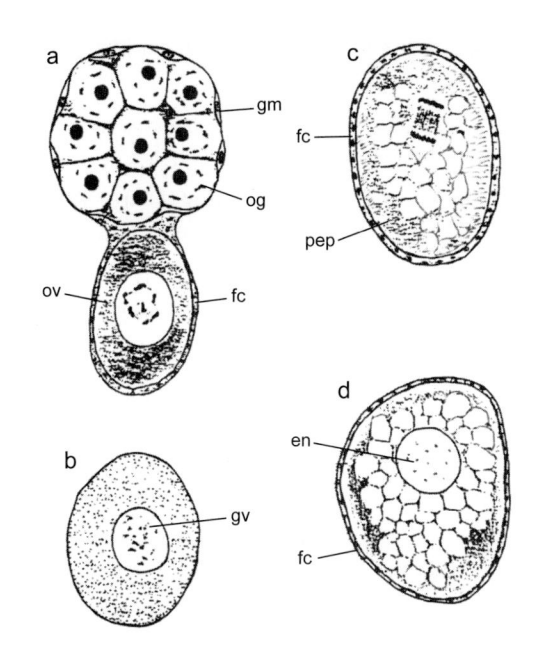

図 24-4　ヒゲナガアブラムシの一種 *Macrosiphum tanaceti* の卵成熟（縦断面）（Uichanco, 1924 より改写）
a → d へ卵が成熟。a. 2 令若虫の卵巣小管の前部，b. 成長した卵母細胞（極体放出前），c. 極体放出（第一成熟分裂）時の卵母細胞，d. 極体放出後の卵母細胞
en：卵核，fc：濾胞細胞，gm：形成細胞層，gv：卵核胞，og：卵原細胞，ov：卵母細胞，pep：周縁細胞質

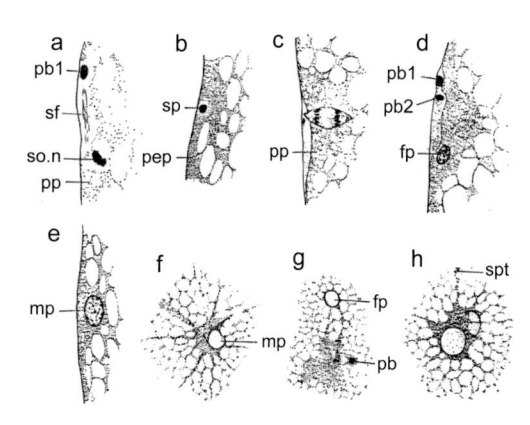

図 24-5　シタベニハゴロモの一種 *Pyrilla perpusilla* の卵の成熟分裂から受精まで（卵の横断面）（Sander, 1956）
a → h へ進行。a. 第一成熟分裂終了時の第一極体と第二卵母細胞核，b. 精子頭部，c. 第二成熟分裂後期，d. 第二成熟分裂終了時の雌性前核，第一極体の娘核および第二極体，e. 第二成熟分裂終了時の雄性前核，f. 雄性前核，g. 雄性前核に向かって移動中の雌性前核，h. 雄性前核への雌性前核の到達。
fp：雌性前核，mp：雄性前核，pb：極体，pb1, 2：第一，二極体，pep：周縁細胞質，pp：極細胞質，sf：紡錘糸，so.n：第二卵母細胞核，sp：精子頭部，spt：精子の通過跡

カイガラムシ科の *Pseudococcus mcdanieli*（Shinji, 1919, 1924），*P. citri*（Schrader, 1923），*P. obscurus*（Nur, 1962）などで観察されている。

　P. mcdanieli では，卵巣小管内の卵母細胞 oocyte が成長するにつれて，卵核胞は卵母細胞の腹側後極側（赤道と後極との中間）の表層細胞質へ移動し，そこで第一成熟分裂 first maturation division が起こり，第一極体 first polar body が卵母細胞の外へ放出される。第二成熟分裂 second maturation division と受精の過程は観察されていないが，おそらく第一成熟分裂に続いて第二成熟分裂が起こり，第二極体 second polar body が放出されるものと考えられる。やがて，成熟卵は輸卵管へ移行するが，輸卵管内の最も若い卵の中央部には単一の大きな核が見られることから，このあいだに雌性前核 female pronucleus と精子（雄性前核 male pronucleus）が合体し，接合子 zygote が形成されるようである。

　P. obscurus と *P. citri* では，卵巣小管内に精子が見られる段階で，卵母細胞は第一成熟分裂の終期である。前種では未交尾の雌の卵巣小管内で成長した卵母細胞は，つねに第一成熟分裂の中期で休止して

いるが，交尾後精子が侵入すると，これが引き金となって成熟分裂が再開されるらしい。成熟分裂は卵母細胞の前極と後極の中間点付近で進行するが，第一成熟分裂は卵表と平行して起こり，第二卵母細胞核と第一極体（それぞれ 5 個の二分染色体 dyad を含む）が形成される。続いて，第二卵母細胞核は第二成熟分裂により雌性前核と第二極体を形成するが，第一極体の分裂は起こらない。その後まもなくして，雌性前核は卵の中央へ向かって移動する。第二極体は周縁細胞質内にとどまり，後に第二極体と合体・融合する。他方，卵内へ侵入した精子はバクテリア様の共生微生物 symbiont に隣接するようになり，そこで次第に収縮し，その後，膨大して球状の雄性前核になる。やがて，雄性前核は雌性前核に向かって移動・接近し，両前核が接合・合体して受精が完了する。

　これらの種では，卵内へ侵入する精子は通常 1 個に限られるが，まれには，同程度に収縮した 2 個の精子が同一卵内に観察される。この場合，雄性前核に発達した一つは雌性前核と合体して接合核 zygote nucleus を形成し，他のものはまもなく退化・消失

するものと考えられている。

c. ビワハゴロモの卵生・両性生殖卵

Sander（1956）によると，ビワハゴロモ科の*Pyrilla perpusilla*では，第一成熟分裂は産卵時にはすでにその最終段階にある。すなわち，退化した紡錘糸が，卵の湾曲側の中央部にある表層細胞質の肥厚部付近に見られ，その両側に第二卵母細胞核と第一極体（直径 3.0 ～ 3.5 μm）が位置している（図24-5，a）。第二成熟分裂は産卵後 6 ～ 30 分以内に卵表に対して垂直方向に起こり（同図，c），雌性前核は休止状態となって細胞質内に残るが，小型の第二極体（直径 2 μm）は第一極体の近くに放出される（同図，d）。産卵時には，単一の精子頭部が卵の前極側の表層細胞質中に見られるが（同図，b），第二成熟分裂の開始時までに前極と細胞質の肥厚部との中間点まで移動する。この間の精子頭部の移動経路は正確にはわからないが，頭部がつねに表層細胞質中に見られることから，卵黄内を通過するのではなく，表層細胞質中を移動するものと思われる。精子頭部を取り囲む多量の細胞質は第二成熟分裂の後期に集積し，その後，精子頭部が雄性前核に変わる（同図，e）。第二成熟分裂により生じた雌性前核は，薄い細胞質に包まれた状態で雄性前核に向かって急速に移動し（同図，g），やがて両前核は共有の細胞質島内で密着する（同図，h）。この状態はしばらく継続するが，両者の癒合・合一は見られないという。

d. カメムシ亜目の卵生・両性生殖卵と偽胎盤胎生・両性生殖卵

カメムシ亜目の成熟分裂や受精については，ナガカメムシ科の*Blissus leucopterus hirtus*で観察されている（Choban & Gupta，1972）。この種では，産下直後の卵母細胞は第一成熟分裂の中期あるいは後期の状態にある。この分裂像は，卵母細胞の中央からすぐ後方寄りの側腹部を占める周縁細胞質内に見られる。産下後 2 時間以内で，細胞質の外側の薄い層に第一極体が放出され，その内側には第二卵母細胞核が位置するようになる。産卵後およそ 2 時間で第二成熟分裂が起こり，第二極体と雌性前核が形成され，後者は卵黄内へ移動する。このとき，卵の前極と後極との中間点付近の腹側には，細胞質の薄い顆粒層で囲まれた単一精子が位置している。

やがて，卵の長軸の中間点付近に位置する細胞質内に，合体中の雌性前核と雄性前核が見られるようになるが，両核の状態は，分裂の間期を示し，核膜の崩壊が観察される。また，前極側に位置する前核は他の核よりも少し小さく見える。

同じサシガメ科の*Rhodnius prolixus*では，産下された卵（卵母細胞）が 21℃で保持された場合，産下後 30 分で卵黄塊中に単一核が見られ，産下後 12 ～ 13 時間で第一卵割が起こるので（Mellanby，1935），成熟分裂と受精の過程は産下後 30 分～ 11 時間のあいだに進行することになる。成熟分裂～受精は通常産下後 1 ～ 2 時間前後で完了すると考えられるから，*R. prolixus*の場合は特異な例といえそうである。

Hagan（1931）によると，コウモリヤドリカメムシ科の*Hesperoctenes fumarius*では，精子が母虫の血液腔 haematocoel や生殖系組織から卵巣小管内に侵入し，その後，卵黄巣の前部（形成細胞巣の直後）で成熟した卵母細胞に入って受精が完了するという。

(3) 卵割と胚盤葉形成

a. アブラムシの胎生・単為生殖卵

アブラムシ類の胎生・単為生殖卵の卵割～胚盤葉形成については，Will（1883，1888），Uichanco（1924），Tóth（1933）などによる多くの観察があり，これらの研究をまとめた Johannsen & Butt（1941）の記述もある。

胎生のアブラムシ類では，成熟卵は卵黄巣 vitellarium で濾胞 follicle に包まれ，卵殻を欠き，きわめて微量の卵黄を含んでいる。*Aphis sambuci*では（Tóth，1933），卵割の早期の状態にある卵の細胞質は栄養室 nutritive chamber 内の細胞質と連絡しているが，*Macrosiphum tanaceti*の卵は濾胞によって完全に包まれている（Uichanco，1924）（図24-6）。

卵割の方向は第一卵割から種による差異がみられ，*M. tanaceti*の場合，第一卵割は卵の前後軸とほぼ平行に起こり，二つの娘核は卵の前極側と後極側に配分され（同図，b），その後まもなく周縁細胞質へ移動する。しかし，*A. sambuci*では，第一卵割の方向は卵の前後軸に直交するらしく，第二卵割の紡錘体は周縁細胞質の左右の両側に各 1 個ずつ見られ，これらは卵の前後軸に平行である。

第三～五卵割では，卵表に平行する分裂の他に垂直方向の分裂が起こり，卵割核が卵の中央域へ進出する。分裂の斉時性は第四～五卵割期まで保持される。

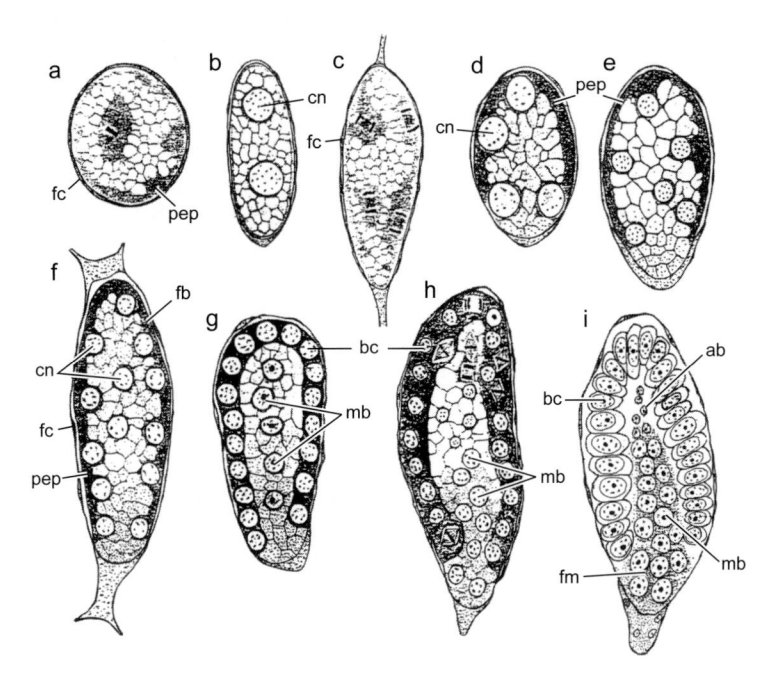

図 24-6　ヒゲナガアブラムシの一種 *Macrosiphum tanaceti* の卵割から胚盤葉形成まで（卵の縦断面）（Uichanco, 1924 より改写）
　a→iへ進行。a〜e. 卵割期, f〜g. 胚盤葉形成の準備期, h. 前胚盤葉期, i. 胚盤葉期の初期
　ab：卵前極側の小型の細胞核, bc：胚盤葉細胞, cn：卵割核, fb：形成中の胚盤葉, fc：濾胞細胞, fm：形成中のマイセトム, mb：マイセトブラスト（卵黄核）, pep：周縁細胞質

　卵割期を通じて起こる卵の形と周縁細胞質の後極部の変化，共生微生物群の卵内への侵入などの諸現象が *M. tanaceti* の卵で詳細に観察されている（Uichanco, 1924）。それによると，極体放出後に楕円形となった成熟卵は，第一卵割時に球形に近くなり（図 24-6, a），第一卵割後，急速に長楕円形へと変化する（同図, b）。その後，卵は楕円形となり（同図, d, e），この形は卵割期の終わりごろまで保持される。周縁細胞質は 2 核期まで卵の表面全体を覆っているが，第三卵割を過ぎるころから後極部分に空胞が発達し，この部分の周縁細胞質が次第に薄化・消失して，細胞質の開口部ができる（同図, d）。また，第二卵割期のころになると，濾胞上皮follicle epithelium は卵表面の大部分から離れるが，後極部では卵と密着した状態が保持され，その後の発生で，この部分の濾胞上皮はかなりの厚さにまで肥厚する。卵の後極部で，周縁細胞質の開口部が完成し，濾胞上皮が肥厚すると，母虫の共生微生物群（マイセトム）が濾胞上皮から開口部を通って卵内部の網状細胞質に侵入する。

　第七卵割期のころになると，卵は厚い一層の核層（多核細胞性胚盤葉）で覆われ，卵の中央部に

は少数の卵割核（卵黄核）が散在するようになる。このころ，*Aphis sambuci* や *Myzus galeopsidis*（Tóth, 1933）などの卵では，多核性胚盤葉の後部に位置する数個の核が，多量のクロマチンを有する大型核として他の核から区別されるが，これらは後にマイセトムを形成するもので，マイセトブラストmycetoblast とよばれている。*M. tanaceti* のこの時期の卵では，その後極部には核が存在せず，マイセトブラストに相当するものは卵の中央部に縦列し（図 24-6, g），有糸分裂によって増殖する。本種の場合，卵の前極域に位置する胚盤葉核（細胞）は他の部分のものに比べて活発に分裂・増殖し，その一部は卵の前極域の内部（マイセトブラスト群の前方部にある腔所）へ移動する（同図, h）。その後，これらの核はさらに有糸分裂によって増殖し，小型の核群（卵黄核群）を形成する（同図, i）。

　このようにして，胚盤葉核（細胞），卵黄核（細胞），マイセトブラストの 3 種類の区別が明瞭になると，胚盤葉核の間に細胞膜が形成され，大きな細胞性の厚い細胞層（細胞性胚盤葉）が完成する（図 24-6, i）。このころになると，卵の後極域から中央部に位置するマイセトブラストが集合し，多核細胞性のマイセ

トムが形成される。

　アブラムシ類の完成した胚盤葉（胞胚 blastula）では，その後極が開いたものと完全に閉じたものの2型がみられる。開いた胚盤葉を有する卵では，胚発生の進行にともなって，マイセトムが卵の中央部に押し上げられ，その前端部は分割腔の前部を占める多核の卵黄細胞塊に隣接するようになる。また，閉じた胚盤葉を有するものでは，マイセトムの原基が成長するにつれて，胚盤葉の後極部は押し広げられて開口し，その細胞質が濾胞上皮と連絡すると，共生微生物群が濾胞上皮からマイセトム原基に供給される（Tóth, 1933）。

b.　カイガラムシの卵胎生・両性生殖卵

　両性生殖を行う種では，受精が完了すると接合核 zygote（synkaryon）が分裂（卵割）を開始する。

　Shinji（1919, 1924）によると，カイガラムシ類では，*Lecaniodiaspis pruinosa* の卵は第一卵割期に，*Pseudococcus mcdanieli* と *Icerya purchasi* の卵は胚盤葉完成後にそれぞれ産下される。第一卵割は卵の短軸に対して垂直方向に起こり，その結果生じた二つの娘核のうちの一つは接合核が位置していた場所にとどまるが，他の一つはそれより後極側の位置を占める。第二卵割からは分裂方向が一定せず，不規則になる。核分裂の斉時性は第四卵割までは完全に保たれるが，第五卵割（32核期）からはそれが失われる。すべての核分裂は有糸分裂で，無糸分裂はまったく観察されない。各卵割核は休止状態で，明瞭な核膜と相当量の細胞質を有し，多数の細胞質の偽足突起がそれらを互いに連絡している。

　卵割が進み，卵割核が増加するにつれて，それらは次第に卵の表層へ接近するが，表層への到達は *L. pruinosa* では8核期以後，*P. mcdanieli* と *I. purchasi* ではそれよりもっと後になる。表層に到達した卵割核は卵の前極側から順次厚い細胞質層（表層細胞質）に入り，多核細胞性胚盤葉を形成する（図24-7, c）。他方，卵内部に残った卵割核は卵黄核になる。多核細胞性胚盤葉の形成当初は，核がまばらに配列し，それらが互いに相当離れているが，胚盤葉内での核分裂と卵割核の表層への到達が進むにつれて，核密度の高い胚盤葉が形成される（同図, d）。その後まもなくして，隣接する核の間に細胞膜が形成されると，卵表を覆う一層の細胞性胚盤葉が完成する。

　Pseudococcus citri の卵では，極体が周縁細胞質

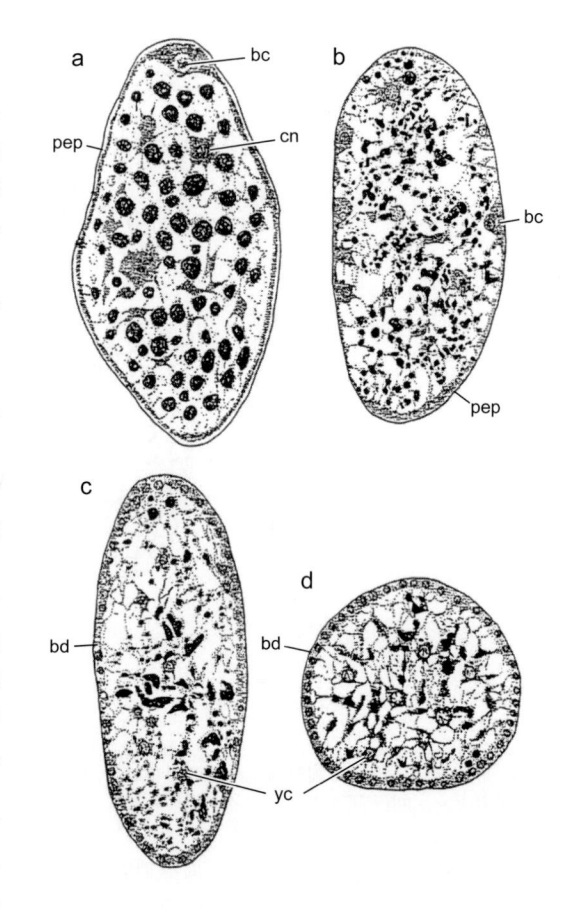

図 24-7　カイガラムシ類の一種 *Pseudococcus mcdanieli* の胚盤葉形成（Shinji, 1919）
　a → d へ進行。a. 卵割核の卵表へ到達（縦断面），b. 胚盤葉形成初期（同），c. 胚盤葉形成が進行（同），d. 胚盤葉完成（横断面）
　bc：胚盤葉細胞，bd：胚盤葉，cn：卵割核，pep：周縁細胞質，yc：卵黄核（細胞）

内で分裂・増殖し，卵表面の相当広い部分を覆うため，これが一時的に胚盤葉に似た状態を示すことが知られている（Schrader, 1923）。この種では，第一成熟分裂で形成された第一極体（10本の染色体をもつ）が，第二成熟分裂により生じた第二極体（5本の染色体をもつ）と合体・合一して単一核（15本の染色体をもつ）を形成する。この核は，卵が24卵割核期（第四～五卵割期）をむかえるころ，最初の有糸分裂で2娘核を生じ，卵割核が卵表に到達後，2回目の分裂を行う。極体核に由来する核（細胞）はその後も分裂を繰り返して増殖するが，3回目以後の分裂では，細胞質の分裂をともなわず，核分裂が不正常になったり，核どうしの癒合が起こったりするため，各細胞は巨大化し，核内に30本あるい

はそれ以上の染色体を含むようになる。まもなくして，卵表は一層の細胞層によって覆われるようになるが，このとき，卵表面積のほぼ半分が極体核由来の巨大細胞で，残りの半分が卵割核由来の胚盤葉細胞（10本の染色体をもつ）で覆われる。発生が進むにつれて，胚盤葉細胞は巨大細胞域を圧縮しながら増殖し，やがて，前者が後者を巨大細胞の大塊として卵表から分離すると，全卵表を覆う胚盤葉が完成する。

c.　ビワハゴロモの卵生・両性生殖卵

Sander（1956）によると，ビワハゴロモ科 *Pyrilla perpusilla* では，第一卵割は卵の長軸に対して斜方向に起こることが多く，生じた娘核は卵表から卵黄内へ移動する。第三卵割までに生じたすべての卵割核は，接合核を包んでいた細胞質（zygote plasm）で互いに連絡している。第四卵割後，16個の卵割核は球状に配列するが，その範囲は卵の前極域に限定される。しかし，第五卵割以後は球状配列の一端が後極側をも占めるようになる。第六卵割までは分裂の斉時性が保たれ，どの卵割核も同じ分裂期を示すが，第七卵割期には分裂の斉時性が不完全になる。この時期になると，卵割核は卵の後極の全域でほぼ一様に分散し，その一部は後極に位置するマイセトムにも達する。第八卵割からは，紡錘糸が接線方向となり，第九卵割のころには卵割核の一部が，卵の両極以外の場所で，一様な厚さ（5〜6μm）の表層細胞質に密接するようになる。この時期の卵黄膜と表層細胞質の間には膨潤した極体が見られるが，第一極体は第二極体のおよそ2倍の大きさである。第十卵割期に卵割核が表層細胞質内に侵入し，多核細胞性胚盤葉の形成が始まる。表層細胞質に侵入した核は周辺の細胞質を引き寄せるため，核と核との間の細胞質層は非常に薄く（1〜2μm）なる。この時期から多数の卵割核が卵黄内に残留することになるが，それは卵割核全体の1/6〜1/5に相当し，その数は第八卵割後で40〜50，第十卵割後で200〜220である。第十卵割時には，球状の大きなマイセトムの位置する卵の後極を除いて，表層での核分裂は同時的に起こり，卵全体に一様に分布する700〜800の紡錘体が観察される。しかし，これ以後の分裂は不斉一になる。卵が産下時から31℃で保持された場合，14時間後には，卵表の大部分が一層の細胞で覆われ，15時間後には，全卵周を覆う細胞性胚盤葉が完成する。完成した胚盤葉の

内側には，卵の後極を除いて，卵黄細胞膜 yolk cell membrane が形成されており，この膜には卵黄核のおよそ半分（270〜300）の核が含まれている。

d.　カメムシ類の卵生・両性生殖卵

カメムシ亜目の卵生卵における卵割〜胚盤葉形成は，上述の *Pyrilla* のそれと基本的には同じであるが，ここでは，産卵時から21℃で保持されたサシガメの一種 *Rhodnius prolixus* の卵を中心にして，その概略を紹介する（Mellanby，1935）。

産卵後12〜13時間で第一卵割が起こり，18時間で4〜8核期となる。卵割は卵の前極側で進行し，25時間頃になって32核期に入ると，卵割核は卵表に向かって移動を開始する。移動する核は染色性が弱く，不規則な形の細胞質で包まれている。分裂の斉時性はこのころまで完全に保持される。やがて，多数の卵割核が卵の前極域で表層細胞質に入り，多核細胞性の胚盤葉の形成が始まる。

一般的には，核分裂の同時性が失われる時期と，胚盤葉形成細胞と卵黄核とが分化する時期とは直接関連するものではないが，ホシカメムシの一種 *Pyrrhocoris apterus* では，卵黄核に分化する予定の卵割核の分裂は他のものよりも遅れたり，休止したりするという（Seidel，1924）。また，卵割核が表層細胞質に最初に入る部位は種による違いがあり，ナガカメムシ科の *Blissus leucopterus hirtus* の卵割核は全卵表へ同時に到達・侵入する（Choban & Gupta，1972）。卵割核が表層細胞質へ侵入した段階で，卵黄内に残留する卵割核は卵黄核になる。産卵後30時間の胚盤葉は多核細胞性の比較的薄い層で，卵の前極域の表面は平滑であるが，後極域では侵入した核が卵表の外側まで突き出している。卵黄内では，有糸分裂により卵黄核が増殖する。胚盤葉を構成する多核は接線方向に有糸分裂を行い，核数を増加させる。産卵後50時間で，胚盤葉内の多核の間に細胞膜が形成され，細胞性胚盤葉が完成する。

e.　偽胎盤胎生・両性生殖卵

偽胎盤胎生のコウモリヤドリカメムシの一種 *Hesperoctenes fumarius* の卵割〜胚盤葉形成は Hagan（1931）によって観察されている。それによると，本種の卵形成では，卵母細胞は濾胞細胞を有せず，卵膜（卵殻，卵黄膜）は形成されない。したがって，この発生過程は卵巣小管内に浮遊する「裸」の卵母細胞で進行する。そして，この過程は前述のアブラムシ類の胎生・単為生殖卵のそれに似ている。

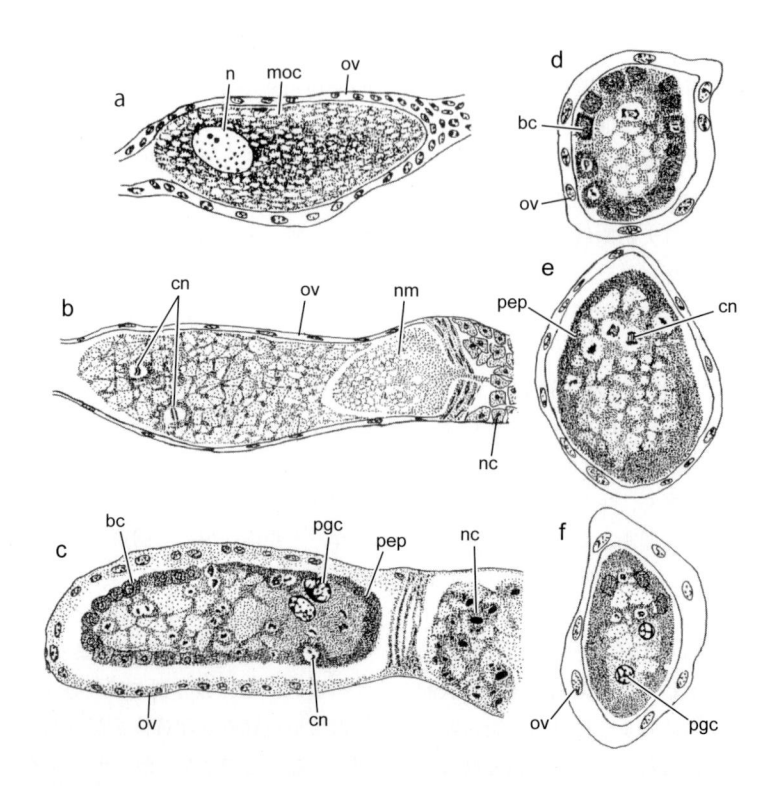

図 24-8　コウモリヤドリカメムシの一種 *Hesperoctenes fumarius* の卵割と胚盤葉形成（Hagan, 1931）
a. 成熟した卵細胞（縦断面），b. 第二卵割期の卵（同），c. 胚盤葉期の卵（同），d. 図 c と同発生段階の卵の前極付近（横断面），e. 同，中央部付近（同），f. 同，後極側 1/3 付近（同）
bc：胚盤葉細胞，cn：卵割核，moc：成熟卵，n：核，nc：哺育細胞，nm：栄養物質，ov：卵巣小管（卵黄巣），pep：周縁細胞質，pgc：始原生殖細胞

H. fumarius の雌性前核は成熟卵の前極付近にあり（図 24-8，a），第一卵割により生じた 2 娘核が卵の前極域に見られるので（同図，b），接合核の分裂（第一卵割）はこの場所で起こると考えられる。連続する有糸分裂による卵割が進み，多数の卵割核が生じるが，この間に非常に厚い表層細胞質が形成される。まもなく，卵割核の多くは卵表へ移動し表層細胞質に入るが，内部に残ったものは卵黄核になる。このとき，卵割核は卵前極域の表層細胞質に最初に侵入する。卵の中央部の細胞質は，表層細胞質の形成と細胞質の卵割核のまわりへの集積のために，わずかの量しか残っていない。卵表を占める核は休止期の状態で，多数の分裂像は内部のものだけに限って見られる。卵の前極側半分の表層部は，大きな立方形の細胞からなる細胞性胚盤葉で覆われるが，後極側半分の表層部は厚い細胞質層のままで，胚盤葉形成は起こらない（同図，c，d，f）。前極側での胚盤葉形成が進行するあいだに，後極域の内部には顕著な染色質を含む小胞状の巨大な始原生殖細

胞 primordial germ cell が 2 個出現する（同図，c，f）。

(4) 胚原基，羊膜，漿膜の形成

a. アブラムシ類

胎生のアブラムシ類では（Uichanco, 1924；Tóth, 1933），胚盤葉が完成すると，共生微生物群を含むマイセトムが形成され（図 24-6，i；24-9），その後まもなくして，胚盤葉は多層化し，マイセトムを包んでいるその後端部で陥入が始まる。陥入部は細胞の増殖をともないながら内側へ折れ曲がり，円筒状の胚–羊膜原基（胚原基 germ rudiment）となって卵の中央に向かって陥入する（図 24-9，c）。

胚原基の陥入が進み，その先端部がマイセトムを卵の前極方向へ押し上げるにつれて，陥入中の胚原基の一方の壁は厚くなって胚原基の後部（原胴域 protocorm）を，それに連続して卵の後極部の卵表を覆う細胞層は胚原基の前部（原頭葉 protocephalon）を形成する（図 24-9，c；24-10，a）。他方，胚原基と反対側の壁は羊膜の原基に，それに続く卵周の細胞層は漿膜の原基になる（図 24-9，c；

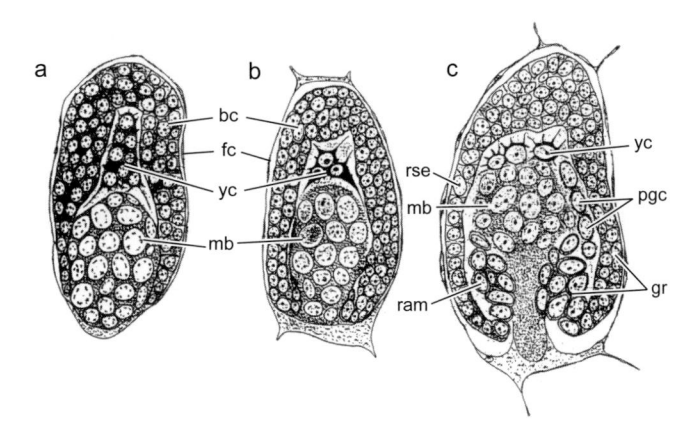

図 24-9　胎生アブラムシの一種 *Macrosiphum tanaceti* のマイセトム，胚原基および胚膜原基の形成（横断面）（Uichanco, 1924）
　a→c へ進行。a.　マイセトム原基の形成，b.　共生微生物の侵入とマイセトムの形成，c.　胚原基と胚膜原基の形成
　bc：胚盤葉細胞，fc：濾胞細胞，gr：胚原基，mb：マイセトブラスト（マイセトム原基），pgc：始原生殖細胞，
　ram：羊膜原基，rse：漿膜原基，yc：卵黄細胞

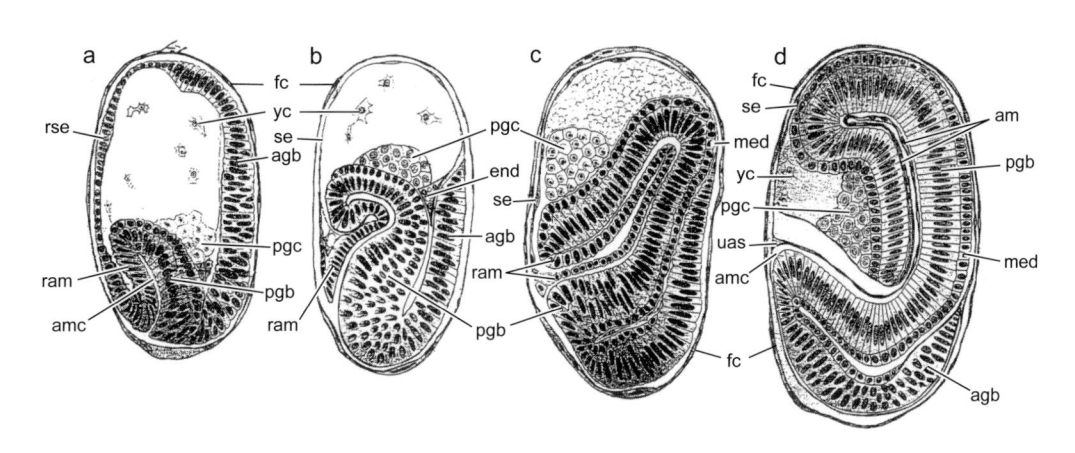

図 24-10　胎生アブラムシの一種 *Aphis pelargonii* の胚帯と胚膜の形成（Will, 1888）
　a→d へ進行。
　agb：胚帯の前部，amc：羊膜腔，end：内胚葉，fc：濾胞細胞，med：中胚葉，pgb：胚帯の後部，pgc：始原生殖細
　胞，ram：羊膜原基，rse：漿膜原基，se：漿膜，uas：羊膜と漿膜の結合部，yc：卵黄核（細胞）

24-10，a）。また，卵の前極部を覆う細胞層（その
周縁は原頭葉と漿膜原基に連続している）はこの段
階では著しく肥厚しているが（図 24-9，c），後の
発生で薄い漿膜に変化する（図 24-10，b）。

　原胴域の伸長が急速に進み，その長さが卵の長軸
（前後軸）の長さを超えると，原胴域の後部は卵の前
極を通って後極に向かい，胚帯は S 字形を呈するよ
うになる。この過程で，羊膜と漿膜の各原基は急速
に薄膜に変化する（図 24-10）。

　卵生のアブラムシの一種 *Toxoptera graminum* の
卵では（Webster & Phillips, 1912），胚盤葉の完
成後まもなくして，その後極部が内部に向かって陥

入を始める。陥入する胚盤葉は厚い細胞層の管とな
り，その先端部で大きな球形のマイセトムを卵黄内
に押し込みながら伸長する。やがて，マイセトムが
卵の中央部付近まで運ばれると，陥入口が閉じ，陥
入部分はマイセトムと強く結合したまま胚原基とし
て卵表から分離される。このとき，卵表を覆う漿
膜が完成するが，胚原基が離れた後極の表層部に
は，房状の細胞群を含む大きな極細胞質の塊である
polar organ が形成される。卵黄内に深く埋没した
胚原基は，まだその先端部でマイセトムと結合して
いるが，厚みを増した側の細胞壁は胚原基自体とな
り，他の部分は胚原基の腹面を覆う薄い羊膜原基と

なる。

b.　カイガラムシ類

カイガラムシ類では（Shinji, 1919, 1924），胚盤葉が完成すると，その後極の内側に始原生殖細胞が分化し，有糸分裂によって増殖する。まもなく，始原生殖細胞群の位置より少し腹側に寄った場所で，胚盤葉の陥入が始まる。陥入口は最初浅い窪みであるが，陥入が進むにつれてV字形になる。陥入部の底部とその周辺の細胞は厚さを増すが，陥入口周辺と卵の前極側の胚盤葉は薄くなる。*Icerya* では，陥入部の先端がマイセトムと始原生殖細胞塊を運びながら，卵の前極に向かって陥入を進める。*Pseudococcus* と *Lecaniodiaspis* の場合は，各始原生殖細胞がマイセトムの位置する前極に向かって順次移動し，それに続いて胚原基の陥入部も前極方向へ伸長する。このとき，マイセトムは後極方向へ移行する。やがて，胚原基は卵黄を貫く管として成長し，その先端には始原生殖細胞塊が付着している。

c.　*Siphanta*

ヨコバイ亜目の *Siphanta acuta* では（Muir & Kershaw, 1912），産卵後およそ24時間で卵の後極付近の背側胚盤葉が肥厚して胚原基となり，30時間後にはこの部分が陥入を始める。産卵後40時間で胚原基が卵黄内に完全に陥入すると陥入口が閉じ，胚原基と羊膜原基との間に大きな羊膜腔 amniotic cavity が形成される。このとき，胚原基は羊膜腔の背側を，羊膜はその反対側の腹側を占め，薄い漿膜が卵表全体を覆っている。

d.　ビワハゴロモとカメムシ亜目

ヨコバイ亜目のビワハゴロモ *Pyrilla*（Sander, 1956），カメムシ亜目のホシカメムシ *Pyrrhocoris*（Seide1, 1924），ナガカメムシ *Oncopeltus*（Butt, 1949），サシガメ *Rhodnius*（Mellanby, 1935），アメンボ *Gerris*（Mori, 1969）では，胚原基と胚膜の形成様式が大筋において互いに似ているので，ここでは，Sander による *Pyrilla* での観察を中心に述べる。

産卵時から31℃で保持された卵の場合，産卵後15時間で細胞性胚盤葉が完成する。17〜19時間の胚盤葉では，細胞の大きさと分布密度の場所による違いがみられ，胚域と胚外域がすでに分化している。すなわち，卵の前極域を除いた腹側域の胚盤葉

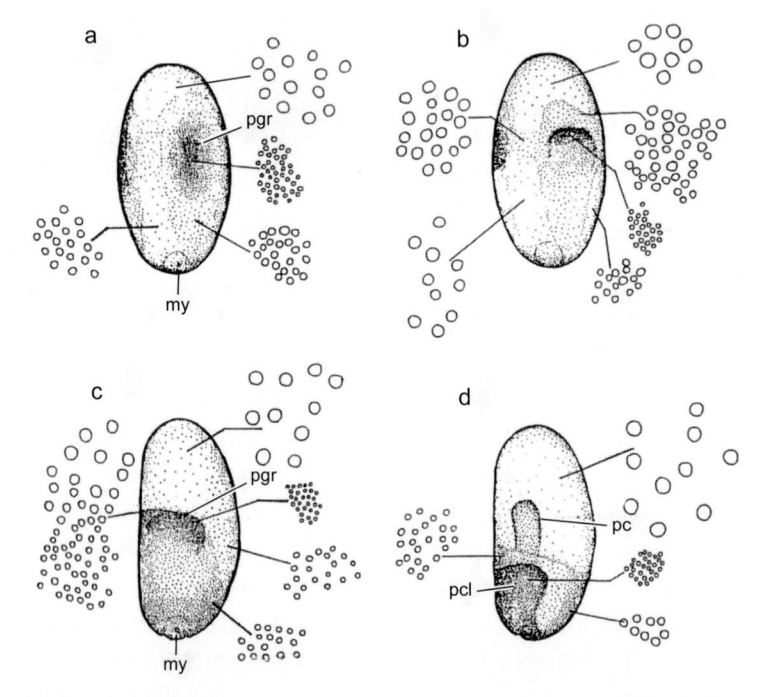

図 24-11　シタベニハゴロモの一種 *Pyrilla perpusilla* の胚原基の形成（発生中の卵およびその各部における核の大きさと配列）（Sander, 1956）

a → d へ進行。a. 原胚帯期（産卵後約 17 〜 19 時間），b. 同（同，約 21 時間），c. 陥入の開始期（同，約 22 時間），d. 陥入の進行期（同，約 24.5 時間）

my：マイセトム，pc：原胴域，pcl：原頭葉，pgr：前胚原基

細胞は，背側のものより配列が稠密で，厚さが増している（図24-11）。その後まもなくして，前胚原基 preliminary germ-anlage が明瞭となり，胚盤葉の両側部に広がる肥厚した側板 lateral plate と，その間を連結する中板 middle plate が区別される。

　カメムシ亜目の卵では，前胚原基（胚域）の大きさ，形，形成場所などの点で分類群による違いがみられ，卵の両側に分化した左右の大きな側板が卵の後極で連絡し，全体としてU字形を呈するもの（サシガメ類，ナガカメムシ類，ホシカメムシ類など），卵の後極域の両側に比較的小さな側板が形成されるもの（ミズギワカメムシ科，両生カメムシ群，カメムシ群，トコジラミ類の多くのもの），卵腹側の中央部から後極にかけて腹板が形成されるもの（ヘリカメムシ科，タイコウチ科，サシガメ科の一部など）などがある。また，タイコウチ科とコバンムシ科では，胚盤葉中に出現した胚原基が陥入を始める時点で，すでに原頭葉と原胴域が分化している（Cobben, 1968）。

　産卵後21時間頃には，前胚原基は卵の腹側中央に向かって収縮し，側板と中板の細胞は円柱状となってその厚みをいっそう増してくる。この過程で，前胚原基以外の胚盤葉（背側域，前極域および後極域の一部）の細胞は次第に扁平で薄い漿膜原基へと変化し始める。その後1時間ほどが経過すると，マイセトムと生殖細胞塊が位置する卵の後極で，前胚原基（胚盤葉）が卵黄内へ陥入を始める。前胚原基は陥入の開始時にマイセトムを包み，その先端部でマイセトムと始原生殖細胞を運びながら，管状となって卵の前極に向かって陥入する。陥入した管の卵表側の壁（腹壁）は胚原基，卵黄側の壁（背壁）は羊膜原基となり，卵表を覆う細胞性の薄膜は漿膜となる。胚原基と羊膜原基のこのような形成様式は，カメムシ亜目の多くの種に共通する特徴であるが，Rhodnius では，管の卵表側が羊膜原基，その反対側が胚原基となり，他の種の場合とは逆になっている。しかしながら，これは，多くの種の陥入が卵の腹側に沿って起こるのに対し，Rhodnius の陥入は卵の背側に沿って進行するために起こる現象であり，陥入管の腹壁が胚原基となり，背壁が羊膜原基となるという点ではどちらも同じである。

　陥入の初期には胚原基と羊膜原基が同じ厚さを示すが，発生が進行すると両者の違いが顕著になる。すなわち，羊膜原基は，陥入過程の1/3を過ぎるころから薄くなり始め，その後，陥入が終わりに近づ

くにつれて急速に薄膜へと変化する。

　陥入のしくみについては不明な点が多いが，ヨコバイ亜目のビワハゴロモ，ヒシウンカ，アブラムシ，カイガラムシおよびカメムシ亜目のナガカメムシなどでは，陥入中の胚-羊膜原基の先端部に，網状細胞質の星状体のような構造（aster）がしばしば観察されており，これが陥入と密接に関係しているという。

　P. perpusilla では（Sander, 1956），この aster は網状細胞質の求心的な収縮によって生ずるもので，胚原基の陥入は，卵黄細胞膜と連絡している網状細胞質の卵の長軸に沿った収縮によって引き起こされ，誘導されるようである。また，アメンボ G. paludum insularis では（Mori, 1969），胚-羊膜原基は卵の背側方向へ陥入を始め，その後，前極に向かうが，このとき，卵黄塊の中央付近に一つの斑点状の構造物（dark spot）が出現する。この構造物は，透明な球状胞が微小な顆粒によって星雲状に取り囲まれたもので，胚-羊膜原基の陥入にともなって卵の前極に向かって移動し，前極の近く（前極から卵長の約1/10に相当する位置）で停止する。この過程で，管状の胚-羊膜原基は，あたかも dark spot に誘導されているかのように，これと同じ速度で同じコースをたどりながら伸長する。このとき，卵表部の側板は後極に向かって移動する。dark spot の出現からおよそ1時間後には，陥入した胚-羊膜原基の先端部が dark spot に到達し，この時点で陥入が終了する。このように，アメンボの胚-羊膜原基の陥入は dark spot の行動と深く関連しながら進行するようにみえる。

　Hesperoctenes の漿膜は，他の種の場合と同様に胚盤葉の胚外域の細胞に由来するが，その構造と機能は大変ユニークなものである（Hagan, 1931）。

　本種では，完成した漿膜は卵全体（胚，卵黄核あるいは栄養細胞 trophocyte およびわずかの脂肪粒）を包む細胞性の厚い膜で，卵巣小管壁の内面に密着している。漿膜細胞は大きな核と多数の空胞を含む顆粒状の細胞質を有するが，各細胞間の境界は識別されない。漿膜のこの状態は胚反転時まで保持されるが，胚反転期間中に羊膜とともに破れ，前背方へ収縮し，やがて，胚頭部の背側で塊状の二次背器を形成する。本種では，漿膜が一定の構造を保ちながら卵巣小管壁に密着しているあいだは，漿膜自身が栄養漿膜 trophoserosa として機能し，発生に必要な栄養を卵巣小管壁から吸収

し，卵の内部へ送り込んでいるものと考えられている。

(5) 卵黄核

　半翅目の卵黄核 yolk nucleus, vitellophage（卵黄細胞 yolk cell）は，胚盤葉形成に参加せず，卵黄内あるいは卵中央部に残った卵割核に由来する一次卵黄核 primary yolk nucleus で，胚盤葉から卵黄内へ放出される二次卵黄核 secondary yolk nucleus の形成が知られているものは少ない。

　アブラムシ類の卵黄核はすべて一次卵黄核で，胎生卵では，これらの核は多核性の集塊となってマイセトムの前部を覆い，やがてはマイセトム全体を包む膜となる。卵生卵では，一部の卵黄核は卵の中央部に残留するが，他のものはマイセトムの中へ移動する（Webster & Phillips, 1912）。

　カイガラムシ類では（Shinji, 1919, 1924），卵中央部の一次卵黄核は胚盤葉細胞より大きくて，鮮明である。これらの核は，胚域（胚原基）が卵の内部に陥入するころになると，卵の表層に向かって移動し，胚盤葉の内側に密着するようになる。

　ビワハゴロモ科の *Pyrilla* では（Sander, 1956），卵黄核全体の 1/6 〜 1/5 が一次卵黄核として卵黄内に残留する。一次卵黄核は多核細胞性胚盤葉が形成される第十卵割期には 200 〜 220 であるが，その後，有糸分裂によって増殖し，2 時間以内で 550 〜 600 になる。これらの核の約半数は，胚盤葉から少し離れた内側に配列するが，1 時間後にはアメーバ状の細胞質をともなって胚盤葉に隣接するようになり，やがて，これらの卵黄核は細胞質によって互いに連絡し，胚盤葉の内側で卵黄表面を覆う卵黄細胞膜 yolk cell membrane を形成する。この膜は，一様に分布する 270 〜 300 核を有し，卵の後極部でマイセトムの基部と連絡している。

　カメムシ亜目では，一次卵黄核と胚盤葉形成核とが分化した当初は，両者のあいだの違いはほとんどみられないが，やがて卵黄核は，大型化，染色性の増加などの特徴を現してくる。ホシカメムシ科の *Pyrrhocoris* では，卵割期における一次卵黄核の分裂が他のものより遅れたり，休止したりすることがあるという（Seidel, 1924）。一次卵黄核は，胚盤葉形成のころまでは有糸分裂で増殖するが，二つあるいは三つの核の集合状態がときどき見られる。

　サシガメ科の *Rhodnius* では，胚原基から多数の細胞が卵黄内へパラサイト paracyte として放出されるが，これらの細胞はその後，次第に崩壊する（Mellanby, 1935）。また，ナガカメムシ科の *Oncopeltus* では，一次卵黄核は卵表層部の核が急速に増殖する胚盤葉形成期に一時的に増加し，その後は減少する。このとき，二次卵黄核（細胞）が胚盤葉から卵黄内へ放出され，卵黄の表層に密着するようになる。これらの核は，卵黄中の大型の一次卵黄核とは形状が異なり，胚盤葉細胞の核に似ている（Butt, 1949）。

(6) 始原生殖細胞

　半翅目の卵では，極顆粒 polar granule の存在は知られていないが，始原生殖細胞は発生の早い時期に卵の後極かその付近で分化する場合が多い。ヨコバイ亜目の始原生殖細胞は，まずマイセトムと結合し，胚原基が陥入すると，その先端（盲端）によって卵の前極域へ運ばれる。その後，これらの細胞は胚帯の腹端付近でマイセトムと密接な関係を保ちながら発生を進める。

a. ヨコバイ亜目

　アブラムシ類の多くの胎生・単為生殖卵では，始原生殖細胞は，卵の後極端からマイセトムへの共生微生物群の供給がほぼ終了するころ，陥入中の胚原基（原胴域）の先端部付近で大きな細胞集塊として明瞭に観察されるようになるが（Tóth, 1933），始原生殖細胞の分化はこれより少し早い時期に起こるようである。たとえば，*M. tanaceti* の胚では（Uichanco, 1924），胚原基の陥入開始後しばらくすると，始原生殖細胞は，胚原基（原胴域）の先端部から前方へ伸びてマイセトム原基の表面を覆う一層の細胞層として出現し，やがて，尾端の背部に集合して球，あるいは楕円状の細胞塊となり，そこに定着する。

　カイガラムシ類では（Shinji, 1919），胚盤葉の形成後まもなくして卵の後極部で胚盤葉細胞が増殖し，肥厚した胚盤葉中に明瞭な核膜とクロマチンを有する卵形の大型細胞が始原生殖細胞として分化する（図 24-12, b）。これらの細胞は，有糸分裂により増殖しながら，しばらくのあいだ卵の後極にとどまるが，やがて胚盤葉からの陥入が明瞭になると，1 個ずつマイセトムに向かって移動する。その後，始原生殖細胞はマイセトムと結合し，両者は卵の前極域に固定されるようになるが，この間の様子は，マイセトムが卵の後極域に形成される *Icerya* の場合と，前極域に形成される *Pseudococcus* や *Le-*

caniodiaspis の場合とでは異なっている。前者の始
原生殖細胞は卵の後極域でマイセトムに達し，陥入
する胚原基の先端部（盲端）によって卵の前極方向
へマイセトムとともに運ばれるが，後者の始原生殖
細胞は陥入する胚原基に付着して移動するのではな
く，独自の行動によって，胚原基の先端よりも早く，
卵の前極域のマイセトムに達する。

　始原生殖細胞がマイセトムに到達すると，それら
の一部はマイセトムの内部に入り，他の一部は長く
伸びてマイセトムの鞘を形成するが，残りのものは
マイセトムに隣接しながら始原生殖細胞の集塊とな
る。マイセトム内に侵入した始原生殖細胞と鞘を形
成した始原生殖細胞では，その後の同じ状態が孵化
後まで保持される。

　胚帯の腹部がさらに伸長すると，その後部は卵の
前極域を通って背側に達するようになるが，始原生
殖細胞集塊とマイセトムは卵の前極域にとどまり，
やがて，第三,四腹節の背部に付着する。胚帯腹部の
体節化にともなって，始原生殖細胞集塊はマイセト

ムから離れ，左右の半分ずつに分離する。胚反転後，
胚の短縮が進み，第九腹節の腹面に一つの陥入（膣
原基）が生じると，始原生殖細胞はこの陥入に向かっ
て移動し，やがてその先端部に定着する。背閉鎖後，
膣原基の陥入が伸長するにつれて，始原生殖細胞は
前方に運ばれ，マイセトムとふたたび結合する。

　ビワハゴロモ科の *Pyrilla* では（Sander, 1956），
胚盤葉が完成すると，その陥入に先立って，卵後極
のマイセトムに隣接する胚盤葉細胞から大型の核を
有する 20 ～ 30 個の始原生殖細胞が分化する（図
24–12，a）。その後まもなくすると，胚盤葉はマイ
セトムの表面を包むようになるが，このとき始原生
殖細胞はマイセトムの前部に運ばれる。やがて，胚
盤葉が卵の後極から卵黄内に陥入し，陥入部はマイ
セトムを先端にして卵の前極方向へ進むため，始原
生殖細胞はマイセトムとの結合を保持したまま前極
方向へ運ばれる。

　陥入が進行するにつれて，胚帯の腹端は卵の前極
に達し，さらに卵の背側に向かって伸長する。この

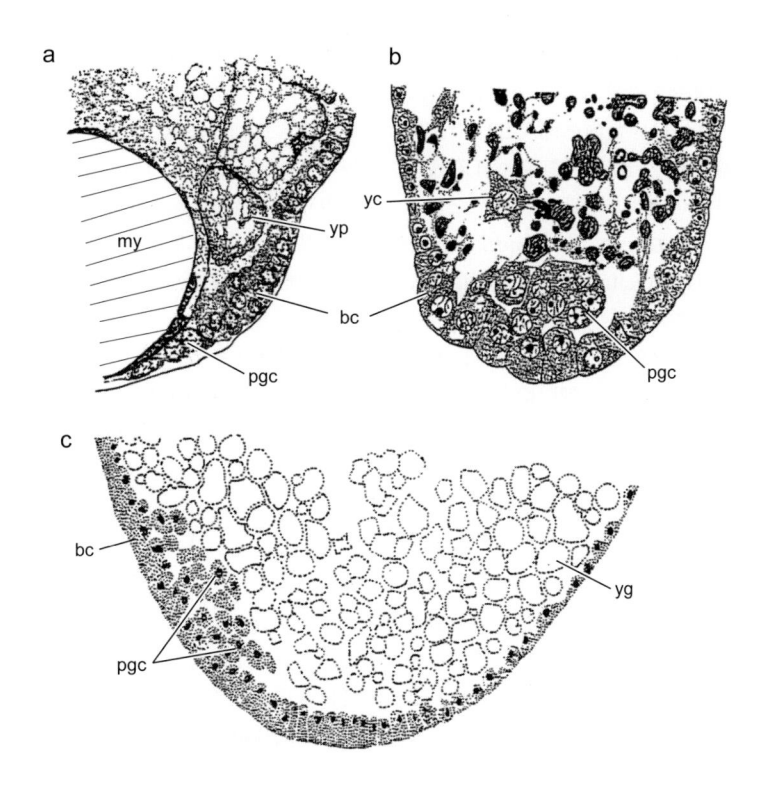

図 24–12　半翅目昆虫類の分化まもない始原生殖細胞（a.　Sander, 1956；b.　Shinji, 1919；c.　Butt, 1949）
　a.　*Pyrilla perpusilla*（ビワハゴロモ科），b.　*Pseudococcus mcdanieli*（コナカイガラムシ科），c.　*Oncopeltus fasciatus*
（ナガカメムシ科）
bc：胚盤葉細胞（胚原基），my：マイセトム，pgc：始原生殖細胞，yc：卵黄細胞，yg：卵黄核，yp：卵黄球

過程で，始原生殖細胞とマイセトムは胚帯から分離し，卵の前極付近で静止する。このとき，前者は後者と腹部の背面との間の卵黄中に遊離している。胚が短縮期に入ると，始原生殖細胞は薄膜で覆われ，マイセトムと結合する。そして，この結合はその後も保持される。

　胚の短縮が目立つようになるころには，始原生殖細胞とマイセトムは胚の後腹部の背部にふたたび結合する。この時期から，始原生殖細胞は腹背部とマイセトムとの間で中胚葉細胞に取り囲まれるようになり，その後の追跡はきわめて困難になる。

b. カメムシ亜目

　カメムシ亜目の *Oncopeltus* (Butt, 1949), *Blissus* (Choban & Gupta, 1972), *Rhodnius* (Mellanby, 1935), *Pyrrhocoris* (Matolin, 1973) では，上述のヨコバイ亜目の場合と同様に，始原生殖細胞は胚盤葉完成後まもなくして胚原基が形成されるころ，あるいはその直後に，胚盤葉の後極域に出現する（図 24-12, c）。

　これらの種では，卵腹側の胚盤葉が肥厚した胚域に発達すると，始原生殖細胞が卵後極の肥厚部の胚盤葉細胞から分化し，有糸分裂で増殖しながら胚盤葉の内側に密接する明瞭な細胞群を形成する。まもなくして，後極部の胚域は卵黄内へ陥入し卵の前極に向かうが，この過程で，始原生殖細胞群は陥入中の胚原基の背部の先端（盲端）付近に付着したまま前極方向へ運ばれる。このとき，*Oncopeltus* では，始原生殖細胞群の一部が陥入中の羊膜原基側に分配され，卵黄の内側で分散する。

　胚原基の先端が卵の前極付近に達したとき，始原生殖細胞はその先端付近の背側で細胞塊を形成しているが，この状態は内層形成時まで保持される。その後の始原生殖細胞の行動については以下の（14）「器官形成」，b. 中胚葉性器官の ⑤で述べる。

　偽胎盤胎生の *Hesperoctenes* では（Hagan, 1931），卵割が進み，卵の前極域に胚盤葉が形成されるころになると，始原生殖細胞は顕著な染色質と核糸を含む二つの大きな胞状の核として，卵の後極側の中央部付近に出現するが（図 24-8, c, f），その後の発生については明らかにされていない。

(7) 内 層 形 成

　胚原基が原頭葉と原胴域に分化し，原胴域の伸長により細長い胚原基が形成されると（陥入型胚帯では，胚−羊膜原基が管状に伸長した時期），胚原基の背側正中線に沿って内層（中胚葉）が形成され，その後，内層は一層の細胞層となって胚の背面に広がる。

a. ヨコバイ亜目

　アブラムシ科の *Rhopalosiphum nymphaeae* と *Aphis rosae* の卵内部に陥入した胚原基では（Hirschler, 1912），明瞭な原溝 primitive groove の形成は見られないが，内層は胚原基の正中線に沿ってよく発達する。この場合の形成様式は，いわゆる陥没型で，胚原基が中板とその両側の側板に分化した後，両側板が中板の外側（腹側）を覆いながら正中線に向かって伸展し，内部へ押し出された中板が内層となって発達するものである。

　カイガラムシ類では（Shinji, 1919, 1924），内層の形成様式がはっきりしないが，胚−羊膜原基の陥入の早い時期に，陥入口付近あるいは胚原基（外胚葉）の基部付近の内側で，外胚葉細胞より大きく，核内に粗大な核質をもつ細胞群が中胚葉として識別されるようになる。その後，管状に伸長した胚−羊膜原基の腹側壁が一層の円柱状細胞から構成される胚原基になるころまでには，中胚葉細胞は胚原基の背面全体を覆うようになる。

　ビワハゴロモ科の *Pyrilla* の内層形成は（Sander, 1956），典型的な陥入型で，中板が管状になって側板の内方へ分離するものである。胚−羊膜原基（前胚帯）が卵黄内に陥入する過程の比較的早い時期に，胚原基の腹面（羊膜腔側）の正中線に沿った明瞭な原溝が形成される。その後，陥入中の胚−羊膜原基の先端部が卵の中央部付近に到達するころには，原溝が閉じ始め，その内側（背面）に陥入した中板の管を形成しながら内層形成が進行する。原溝の消失あるいは内層形成は，将来の頭・胸部がまだ卵表の広い範囲を占めている段階で，胚原基の後端部で最初に見られる。このとき，胚原基の前部でも原溝が出現するが，これはすぐ閉鎖する。その後の内層形成は胚原基の中央部で起こり，これ以後はここが中心となって他の場所での内層形成が進行する。胚−羊膜原基の陥入が終わるころには，胚原基の後方 1/4 付近に原溝がまだ残存するが，他の部分では内層が側方へ広がり始める。

b. カメムシ亜目

　ホシカメムシ科の *Pyrrhocoris* (Seidel, 1924) やナガカメムシ科の *Oncopeltus* (Butt, 1949) の内層形成は陥入型で，上記の *Pyrilla* の場合とよく

似ているが，内層が最初に形成される場所や中板の陥入当初の状態などに違いがみられる。

　カメムシ亜目のこれらの種では，卵黄内に陥入した胚原基の頭部が卵の表面（漿膜）からまだ離れないで残っている時期に，胚原基の腹面正中線に沿って原溝が出現する。その後，中板が陥入し，原溝が閉鎖すると，その内側には内腔を有しない細胞塊（内層）が分離する。内層形成は胚全体で同時に進行するのではなく，部位による遅速がある。すなわち，内層が最初に形成される部位は胚原基の中央部（将来の胸部）で，他の部位ではこれより遅れる。まもなく，内層の細胞は外胚葉の背側（胚の卵表側）を覆いながら，一層の中胚葉となって両側へ広がる。アメンボ科の *Gerris* の場合（Mori, 1969）も，内層の形成様式は陥入型である（図24-13）。

　サシガメ科の *Rhodnius* の内層形成は（Mellanby, 1935），*Pyrrhocoris* や *Oncopeltus* の場合とは少し異なり，その形成様式も陥入型と陥没型とが組み合わさった型のようである。この種では，胚原基の大部分がまだ卵表にあり，尾端部だけが陥入を始めたころに，胚原基の前部から中板と側板が分化する。続いて胚原基の腹面正中線に沿って原溝が形成されると，中板は内層へと分化し始め，両側板が正中線に向かって伸展するにつれて原溝が閉ざされ，内層は外胚葉で覆われる。この過程は胚-羊膜原基が陥入

を終えた直後に起こり，胚原基の前端から尾端に向かって進行する。そして，この間に中板の一部の細胞が胚の全長にわたって卵黄内へ放出される。

　また，*Oncopeltus* と同じ科（ナガカメムシ科）に属する *Blissus* の内層形成は，陥入型でも陥没型でもなく増殖型（胚原基の正中線に沿って内層の細胞が増殖する）である（Choban & Gupta, 1972）。

　通常，内層は外胚葉の背表面を覆う中胚葉となるが，*Pyrrhocoris* や *Rhodnius* の胚では，口陥直後の内層は不規則な多層構造の細胞塊となり，その後，この細胞塊はその後部の内層（中胚葉）から分離し，口陥の先端部（底部）に付着して前部中腸上皮 anterior midgut epithelium の原基を形成する。また，胚帯の後端部では，そこに位置する内層の一部が後部中腸上皮 posterior midgut epithelium の原基に分化する。したがって，この種の胚の内層は中胚葉の他に内胚葉をも含むことになる。

(8)　胚帯と卵黄との関係

　半翅目では，胚盤葉から分化した胚-羊膜原基は，卵の後極域から卵黄内へ陥入し（胚陥入 anatrepsis に相当），胚反転 katatrepsis までは頭部を卵の後極域においた状態で，胚帯全体が卵黄内へ沈むか（図24-14, a），あるいは，卵表と接している頭部を残して，他の部分はすべて卵黄内に没入するもの（陥入型胚帯）（同図, b）が一般的である。しかしながら，一部には，倒立した胚原基が卵黄表面を覆った状態で胚帯へと成長するもの（同図, c），あるいは，卵の後極域には頭部ではなく，尾部が位置するもの（表成型胚帯）（同図, d）がある。

　アブラムシ類（Will, 1888；Uichanco, 1924），カ

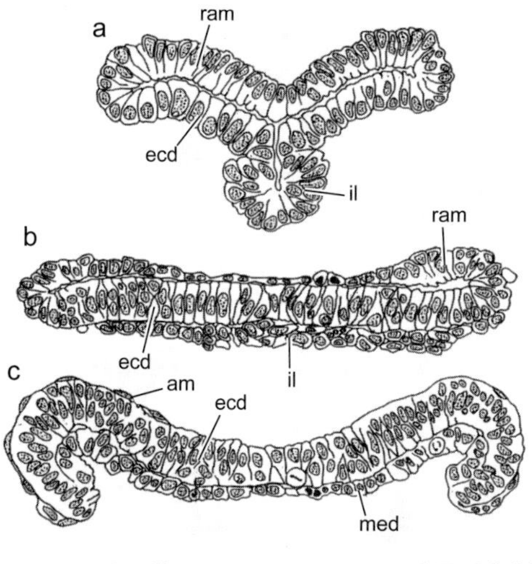

図24-13　アメンボ *Gerris paludum insularis* の内層形成（産卵後28〜30時間の胚帯の横断面）（Mori, 1969）
　a. 内層形成初期，b. 内層が側方へ伸展，c. 図bよりさらに発生。
am：羊膜，ecd：外胚葉，il：内層，med：中胚葉，ram：羊膜原基

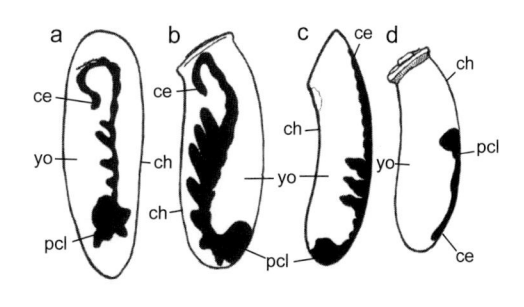

図24-14　半翅目昆虫類の卵内における胚の位置（側面模式図）（Cobben, 1968より改写）
a, b. 陥入型胚帯，a. *Hydrometra gracilenta*（イトアメンボ科），b. *Cimex lectularius*（トコジラミ科），c, d. 表成型胚帯，c. *Ilyocoris cimicoides*（コバンムシ科），d. *Coranus aegyptius*（サシガメ科）
ce：尾端，ch：卵殻，pcl：原頭葉，yo：卵黄

イガラムシ類（Shinji, 1919, 1924），ビワハゴロモの一種（Sander, 1956），*Siphanta*（Muir & Kershaw, 1912）などのヨコバイ亜目の卵では，頭部が卵の後極域に，尾部が前極域に位置する陥入型胚帯である。

また，ハゴロモの一種 *Scolypopa australis* の卵では，胚原基の伸長が進む前の段階で，胚–羊膜原基全体が卵黄内へ完全に没入し，マイセトムの形成も起こらない（Fletcher & Anderson, 1980）。

カメムシ亜目の胚帯と卵黄との位置関係については Cobben（1968）の詳しい研究があるが，それによると，ミズギワカメムシ科，カスミカメムシ科の一部，アメンボ科の *Gerris* 属，コウモリヤドリカメムシ科の *Hesperoctenes* の胚は，胚全体が卵黄内へ完全に沈む典型的な陥入型胚帯である。両生カメムシ群，トコジラミ群の多くの科，ムクゲカメムシ科では，胚帯の大部分が卵黄内へ沈下するが，頭部は卵表（漿膜）に接している。ヒラタカメムシ科 Aradidae，ナガカメムシ科，メミズムシ科

Ochteridae などのなかには，陥入型胚帯と表成型胚帯との中間を示すものがある。また，カメムシ群 Pentatomorpha，サシガメ科，水生カメムシ群では，表成型あるいはそれに近い状態を示すものが比較的多い。サシガメ科の Harpactorinae の胚帯は表成型胚帯であるが，そのなかの *Coranus* 属の早期の胚帯は，頭部を卵の前極方向へ，尾部を後極方向へ向けており，胚帯の頭尾軸は卵の前後軸と一致している（図 24–14, d）。

以上の説明でわかるとおり，半翅目にみられる胚帯と卵黄との関係は，不完全変態類としては異例なほど多様である。

(9) 体節と付属肢

内層が形成されると，胚帯の分節化が進行する。この分節化は胸部あるいは顎・胸部から始まり，次第に後方へと進む。後腹部の分節化はかなり遅れるが，遅くとも胚の短縮期には完了する。ホシカメムシ科の *Pyrrhocoris* では（Sander, 1956），まず内

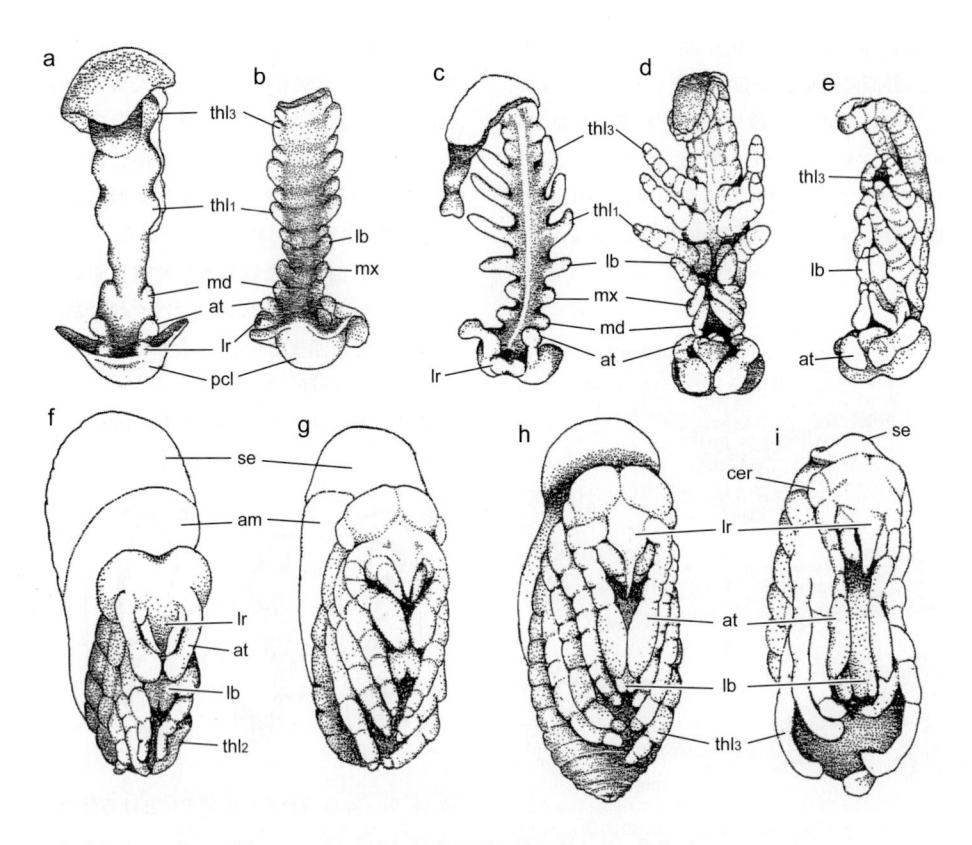

図 24–15　ナガカメムシ科の一種 *Oncopeltus fasciatus* の胚の付属肢原基とその発生（Butt, 1949）
a. 産卵後 57 時間，b. 図 a より少し発生が進んだ段階，c. 産卵後 71 時間，d. 同 91 時間，e. 同 101 時間，f. 同 103 時間，g. 同 104 時間，h. 同 108 時間，i. 同 110 時間
am：羊膜，at：触角（原基），cer：複眼（原基），lb：下唇（原基），lr：上唇（頭楯上唇）（原基），md：大顎（原基），mx：小顎（原基），pcl：原頭葉，se：漿膜，thl1〜3：前〜後胸脚（原基）

層が体節状に分かれ，その後，外胚葉の分節化が進行するが，同じ科の*Dysdercus*では，これと反対に外胚葉の分節化が先行する（Tandon, 1970）。ナガカメムシ科の*Oncopeltus*（Butt, 1949），サシガメ科の*Rhodnius*（Mellanby, 1935），コウモリヤドリカメムシ科の*Hesperoctenes*（Hagan, 1931）などでも，まず外胚葉が分節化し，それから内層が各体節に対応して分節する。

上巻の第1部総論4章4-9節（3）に詳述されているとおり，頭部の体節数については，触角節，間挿節（前大顎節），大顎節，小顎節，下唇節とする考え方が一般的である。それらのなかで，間挿節は原頭葉と大顎節との間に形成され，胚が最長期を過ぎて短縮期に入ると，原頭葉に吸収され消失するものであるが，ツノゼミの一種*Oxyyrhachis tarandus*の胚の頭部形成を詳細に観察したSingh（1981）は，この虫における間挿節の存在を否定している。

胸部は例外なく3体節から構成される。腹部の体節数については，アブラムシ科の*Toxoptera*では（Webster & Phillips, 1912），尾節を含めて9節，ホシカメムシ科の*Dysdercus*では10節（9腹節＋尾節）であるが（Tandon, 1970），11節（10腹節＋尾節）とされるものが一般的である。

胚帯の分節化後，各節の付属肢形成が進行する。図24-15は，ナガカメムシ科の*Oncepeltus fasciatus*の付属肢原基とその発達過程を示したものである（Butt, 1949）。

頭・顎部に形成される付属肢原基は，通常，上唇・触角・大顎・小顎・下唇の五対である。間挿節の付属肢は*Rhodnius*（Mellanby, 1936）と*Dysdercus*（Tandon, 1970）で報告されているが，これは触角原基の内側で小さな体腔を有する対状突起として出現する一時的なもので，まもなく退化・吸収されてしまう。上唇原基は，原頭葉の前端両側の対状突起として出現し，その後口陥の前部で接近・癒合し，頭楯原基と合一して頭楯上唇clypeolabrumを形成する。触角原基は原頭葉後側部のやや内側で，口陥より後方に出現するが，やがて口陥より前方へ移行し，4節に分節する。この原基のその後の成長は分類群によって異なり，大きく発達するもの［アブラムシ類（Uichanco, 1924），カイガラムシ類（Shinji, 1919, 1924），ホシカメムシ科の*Dysdercus*（Wells, 1954；Tandon, 1970）や*Pyrrhocoris*（Seidel, 1924），サシガメ科の

Rhodnius（Mellanby, 1936），ナガカメムシ科の*Oncopeltus*（Newcomer, 1948；Butt, 1949）など］から，比較的小さいもの［タイコウチ科の*Nepa*（Heymons, 1899）や*Ranatra*（Hussey, 1926），コオイムシ科の*Belostoma*（Hussey, 1926）や*Diplonychus*（田中, 2001）など］までさまざまである。大顎・小顎・下唇付属肢の原基は，顎部の各体節の両側で，それぞれ対状の突起として出現する。その後の発生で，*Oncopeltus*の大顎付属肢原基はその基部で二つの部分に分かれ，中心部lobus mandibularisは棘毛の原基に，側部mandibular humpは大顎板mandibular plateの原基となる（Dorn & Hoffmann, 1983）。小顎付属肢原基もその基部の側方に隆起を生じて二分し，中心部は小顎棘毛maxillary setaの原基に，側部は小顎板maxillary plateの原基になる［*Pyrilla*（Sander, 1956），*Pristhesancus*（Muir & Kershaw, 1911），*Rhodnius*（Mellanby, 1936）[*2]，*Oncopeltus*（Newcomer, 1948；Dorn & Hoffmann, 1983）など］。

下唇付属肢原基は，胚の短縮が進み，反転期をむかえるころには4節に分節し，その基部は正中線上で合着する。胚反転を終えるころまでには，原頭葉と顎部が完全に癒合し，初令若虫の頭部の原型が形成されるが，この過程で，左右の付属肢原基も完全に合一し，舌状の長い下唇を形成する。

胸部では三対の胸脚原基が出現し，その後，4節となってよく発達する。腹部では，各体節の付属肢原基の発達は一般的にきわめて悪く，不明瞭である。たとえ小さな対状突起が出現する場合でも，それは一時的なもので，側脚として発達する第一腹節のもの以外はいずれ消失してしまう。しかし，*Rhodnius*では，第二腹節の両側に形成された突起はかなり遅くまで残存しているという（Mellanby, 1935）。

付属肢原基の出現順序は，分類群や種によって異なり，カメムシ亜目では，最初に胸部，次いで頭・顎部，最後に腹部であるが（Seidel, 1924；Newcomer, 1948；Butt, 1949；田中, 2001など），イセリアカイガラムシ*Icerya purchasi*では，最初に下唇と小顎の各一対，次いで胸部の三対，その後，触角と大顎の各一対，最後に上唇の一対が出現し（Shinji, 1919, 1924），アブラムシ類では触角原基が最初に形成されるという（Mecznikow, 1866；

＊2　小顎付属肢原基が早期に二分節されるとしているが，この点については再検討を要する。

Witlaczil, 1884；Shinji, 1919)。

(10)　発生早期における胚運動と胚の形

a.　胚の回転運動

　カメムシ亜目の多くの種では，胚反転が始まる以前の段階で，胚はその長軸を中心にして90～180°の回転運動 rotation を行う(Cobben, 1968；Mori, 1969)。

　トコジラミ群 Cimicomorpha では，Vianaididae やカスミカメムシ科の胚原基は卵の後極域の側部で陥入し，胚は短縮期までのあいだに，ゆっくりと90°回転するが，サシガメ科の胚は，胸部付属肢原基が伸長する時期に180°の回転を行う。両生カメムシ群のアメンボ科，イトアメンボ科，ミズカメムシ科の胚は陥入型で，胸部付属肢原基の出現から胚の短縮期までのあいだに180°回転する。また，水生カメムシ群のコバンムシ科やマツモムシ科の胚は表成型であるが，胚の体節が形成されるころの段階で，卵の前極側から見て時計回りに180°回転する。

b.　胚　の　形

　胚帯が伸長するにつれて，その前部（頭・顎部）と後部（腹・尾部)，あるいはそのどちらか一方で湾曲し，胚全体が種によって異なる形を示すようになる。

　ヨコバイ亜目のアブラムシ類(Will, 1888；Uichanco, 1924)，カイガラムシ類(Shinji, 1919, 1924)，ツノゼミ科の Oxyrhachis (Singh, 1981)，カメムシ亜目のミズギワカメムシ科，両生カメムシ群，トコジラミ類(Hagan, 1931；Cobben, 1968) などの陥入型胚帯では，その前部が背側へ，後部が腹側へ湾曲するため，胚全体は S 字形になる。ヨコバイ亜目のビワハゴロモ(Sander, 1956) や Siphanta (Muir & Kershaw, 1912) の胚は，後部が腹側へ湾曲した 』形を示す。カメムシ亜目のサシガメ科や水生カメムシ群などの多くの種の表成型胚帯では，前部が卵の後極域を通って背側へ湾曲した L 字形を示すが，ミズムシ科では，後部が卵の前極域を通って背側にも湾曲するので，胚は 〖 形となる(Cobben, 1968)。カメムシ亜目のカメムシ群(Seidel, 1924；Butt, 1949；Cobben, 1968；Wall, 1974 など) の多くの胚帯は，前部と後部の両方が腹側へ湾曲するので 〗形になる(Cobben, 1968)。

(11)　早期におけるその他の発生

a.　*Siphanta* の包膜

　ヨコバイ亜目の *Siphanta acuta* では(Muir & Kershaw, 1912)，胚−羊膜原基の形成後，羊膜腔が閉じる前の段階で（産卵後2日目)，胚盤葉の前極背側に肥厚した包膜 indusium の原基が形成される。やがて，包膜原基は，卵の両極以外の漿膜の内側で，内外二層の薄膜として発達する。外側のものは漿膜に密接する包膜に，内側のものは卵黄塊を覆う包膜になり，後者は胚の頭部付近で羊膜と結合する。

b.　カメムシ亜目の水孔

　ミズギワカメムシ科，*Hydrometra* 属以外の両生カメムシ群に属する種およびミズムシ科の *Diaprepocoris* では，卵黄内に陥入した胚−羊膜原基が卵表から分離すると，卵の後極の漿膜細胞の一部が肥厚し，円盤状の水孔 serosal hydropyle を形成する(Cobben, 1968)。

　アメンボ *Gerris paludum insularis* の場合(Mori, 1969, 1970)，胚−羊膜原基の卵表からの分離後2～3時間以内に，水孔を形成する部域の細胞密度が3倍に，細胞の高さ（厚さ）が8～10倍に増加し，円柱状の水孔細胞が形成される。その後，胚はその長軸を中心に180°回転するが，それからさらに数時間のあいだに，水孔細胞の核は楕円形から円形に変化し，細胞質内には空胞が出現する。水孔細胞のこの状態は，水孔が卵の後極を離れ始めるころ（胚反転の直前）まで保持される。

c.　卵　黄　分　割

　ヨコバイ亜目の卵黄を多く含む卵では，胚原基が卵の後極から陥入を始めるころになると，それまで均一であった卵黄が亀甲状の卵黄ブロックに分割される。しかし，カメムシ亜目の卵では，この卵黄分割は見られない。

　ビワハゴロモの一種 *Pyrilla perpusilla* では(Sander, 1956)，卵黄分割は卵の後極のマイセトムの周囲から始まり，卵の前極に向かって徐々に進行する。胚−羊膜原基（前胚帯）の陥入がその全過程の1/3を過ぎるころまでには，卵黄の側部表面の全体が分割する。このとき，陥入中の胚−羊膜原基の先端に付着するマイセトムの前方域の卵黄は未分割のまま残されるが，陥入が進行するにつれてこの未分割域は次第に狭まる。分割によって生じた各卵黄ブロック（直径0.05～0.1 mm）は，卵黄細胞膜に類似する薄い細胞質層で包まれ，その外側に一つの核が位置している。やがて，マイセトムが卵の前極付近に到達すると，卵黄の未分割域は消失し，それを包んで

いた膜が卵の前極付近に残される。このとき，この膜には多数の核が集合し，この部分は漿膜と結合する。

アブラムシ類の卵生卵では，卵黄分割によって生じた各卵黄ブロックの卵黄内には1つあるいは複数の核が含まれている（Webster & Phillips, 1912）。

d. 漿膜クチクラ

カメムシ亜目のほとんどすべての種では，原胴域の体節に対状の付属肢原基が出現し始めるころになると，漿膜細胞がクチクラ物質を分泌し，胚と卵黄を包む強靭な漿膜クチクラが形成される。これは，非休眠卵では堅く，休眠卵では弾力性のある無色透明な膜であるが，この膜の外側に黒色色素が沈着し，卵が黒化する場合がある。この黒化は，両生カメムシ群のアメンボ類（アメンボ科），*Microvelia*（カタビロカメムシ科）や水生カメムシ群の *Notonecta*（マツモムシ科），*Plea*（マルミズムシ科），コバンムシ科の各種などに顕著にみられる（Cobben, 1968）。

(12) 胚反転と二次背器

最長期を終えた胚は徐々にその幅を増しながら短縮し，発生が全過程のほぼ中ごろまで進行すると，胚の転位運動，すなわち胚反転 katatrepsis が起こる。このとき，陥入型胚では胚帯が卵黄から脱出することになる。この胚運動は急速に進行し，胚反転は通常1時間以内で完了するが，その過程はおおむね次のようである。

漿膜と羊膜は，多くの場合，胚帯の頭部が位置する卵の後極域で接着しているが，まずこの結合部が破れ（Cobben, 1968），そこにできた開口部から頭部が脱出する。頭部が卵表に沿って前進するにつれて，胸・腹部はその腹面を外側に向けながら卵の後極を通って前極に向かい，やがて，胚が完全に反転すると，その頭尾軸は卵の前後軸に平行になる。陥入型胚帯では，この反転運動中に胚がその長軸を中心に180°回転し，反転終了後，卵黄の背側面を覆うようになる。他方，サシガメ上科，カメムシ群の大部分，水生カメムシ群の一部などのように，表成型あるいはそれに近い状態の胚では，この180°回転は見られず，反転を終えた胚は卵黄の腹側面に位置するようになる。

ヨコバイ亜目とカメムシ亜目の胚反転では，胚の長軸を中心とした180°の回転運動 rotation をともなうものが多いが，これは陥入型胚帯と関連した現象で，回転方向は多くの場合，卵の前極から見て時計回りである（Cobben, 1968）。ビワハゴロモ科の *Pyrilla* の胚では，胚反転にともなう回転運動は90°で，その後，胚が孵化のために定位するとき，ふたたび90°の回転を行う（Sander, 1956）。アメンボ *Gerris paludum insularis* では，反転前の胚の前部を焼灼すると"裏返し胚"を生ずるが，このような胚では，反転が起こらなくても，胚の長軸をめぐる回転は遂行される（Mori, 1975）。

胚の転位・反転運動の原因について Cobben（1968）は，反転期の胚運動は，胚自身の運動によるものではなく，羊膜と漿膜の収縮により惹起されるものであり，おそらく，網状細胞質と卵黄系が本来備えている収縮性も，この運動において重要な役割を果たすものと考えている。

胚反転が進み，頭部が卵の前極に近づくにつれて，肥厚した漿膜は卵の前極部の卵黄を包んだ袋状構造 serosal plug となり，頭部が前極に達すると，その後方に圧縮された漿膜は卵黄内に陥入し，これが胚の前胸背部に取り込まれて，円盤状の二次背器 secondary dorsal organ となる。この背器はしばらくのあいだ保持されるが，最終的には崩壊し，吸収されてしまう。

(13) 胚の外部形態の変化

これまでに，半翅目の多くの種で胚の外部形態が観察されているが，ここではコオイムシ科のコオイムシ *Diplonychus japonica* について（田中，2001），発生にともなう外部形態の変化を説明しよう。

本種の産下された卵内では，受精とそれに続く発生過程（卵割・胚盤葉形成）が進行するが，これらの発生段階（ステージ1～3）は外観的には観察できない。しかし，胚盤葉が胚域と胚外域とに分化し，胚原基が形成されると，それが観察できるようになる。以下に，胚原基の出現から孵化までの発生過程を7段階（ステージ4～10）に分け，各段階での胚の外部形態を中心に記述を進めることにする。表24-7の発生段階表には，7月下旬～8月上旬（1日の平均温度28～31℃）における本種の胚発生過程の概要を示したが，次に，同条件下での卵と胚の発生状態を詳しく説明する。

ステージ4. 産卵後15時間を経過した卵では，卵の後極域から側部中央付近にかけて胚域と思われる細胞の密集域が識別される。18時間頃になると，卵の腹側～後極域に腹板様の構造が認められ，その

表 24–7　7 月下旬〜8 月上旬（1 日の平均気温 28 〜 31℃）におけるコオイムシの胚原基形成〜孵化の発生段階
　　　　（田中，2001）

発生段階 （ステージ）	産卵後の時間 （時間または日数）	発 生 状 態
4	18〜32時間	胚原基の形成，原頭域と原胴域の分化，原頭葉・顎部・胸部・腹部の分化， 内層形成
5	1.5〜2日	体節の形成，口陥の陥入，胸・顎部付属肢原基の形成，神経溝の出現，肛門 陥の形成
6	2〜3.5日	側脚の出現，体幅の増加，頭部の形成（原頭葉と顎部の融合・合体），胚長の 短縮
7	3.5〜4.5日	胚の姿勢転換，幼虫眼原基の形成
8	4.5〜5日	胚の急速な成長，幼虫眼原基の着色，腹部の背閉鎖
9	5〜7日	胸部の背閉鎖，二次背器の形成と退化，初令若虫の完成
10	7〜7.5日	孵化

後数時間で，胚長 1.5 mm，胚幅 0.8 mm ほどの胚原基（腹板）が明瞭となる。このとき，卵の後極寄りの腹側域には原頭域（原頭葉）が，後極〜背側域には原胴域が位置し，原頭域では中央部とその両側に広がる側頭葉が区別され，原胴域は幅広く，後端は急激に細まっている（図 24–16, a, b）。さらに 3 〜 4 時間が経過すると（産卵後約 27 時間），原胴域の後端が卵黄塊の背側表面を卵の前極に向かって急速に伸長し，細長な腹部の原基が形成される。したがって，この段階の胚では，胚長が卵の長径とほぼ同じとなり，原頭葉，顎部，胸部，腹部の 4 領域が区別できる（同図, c, d）。このとき，胸部の長さは腹部のそれとほぼ等しいが，胸部の幅は腹部の幅の約 3 倍である。

　産卵後 32 時間頃になると，胚は卵の背側で卵の前極方向へ少し移動し，胚長は卵の長径より少し長くなる（約 2.3 mm）。また，原頭葉は卵の後極付近の腹側部に，腹端は卵の背側の前極付近にそれぞれ位置し，胚の頭尾軸の方向と卵の前後軸のそれとは逆の関係になっている。まもなく，胸部の 3 節が形成され（図 24–16, e, f），その内側では内層の形成が始まり，これは次第に胚の前方（顎部方向）と後方（腹部方向）へ進行する。内層形成のこの段階から，胚は胚帯の状態に入る。このように，体節分化や内層形成が胸部で最初に開始され，その後，次第に顎部と腹部に向かって進行することから，胸部は胚の発生中心に相当しているものと考えられる。

　ステージ 5．産卵後約 1.5 日が経過すると，胚帯はさらに細長くなり，その腹面を外側（卵表側）に向けて，卵黄塊の後極〜背側の表面に沿って横たわる。すなわち，原頭葉は卵の後極付近の腹側部，顎部は後極付近，胸部は背側の後極側半分の領域，腹部は背側の前極側半分の領域でそれぞれ卵黄表面を覆い，典型的な表成型胚帯を示している。このころ，間挿節，顎部 3 体節（大顎節，小顎節，下唇節）が分節化するが，それらの体節は後方のものほど大きくなっている。また，胸部では，各体節の後側部が側方へ突起状に成長し，三対の顕著な胸部付属肢原基が形成されるが，これらの付属肢原基は前胸節のものが最も大きく，後胸節のものが最も小さい。その後まもなくして胚長が 2.5 mm に達したころ，原頭葉の後部では口陥が陥入し，3 顎節（大顎節，小顎節，下唇節）の両側部に半球状の付属肢原基が形成される（図 24–17, a）。同じころ，口陥の前部では相互に接着した対状の頭楯上唇 clypeolabrum の原基が形成され，原頭葉の後側部内側寄りの位置（口陥の後側部）には一対の触角原基が瘤状突起として出現する（同図, a）。

　さらに発生が進行すると，腹部の前方から後方に向かって体節の分化が進行し，腹部後端では肛門陥の形成が始まる。胸部では正中線に沿って神経溝が形成され，これは顎部と腹部に向かって伸びる。このころ，後胸節の付属肢は中胸節のものよりも長くなり，前胸節の付属肢とほぼ同じ長さとなる。腹部の分節化が完了すると，腹部の 11 節（10 腹節＋尾節）が明瞭となり，胚は約 2.7 mm に達し，最長期をむかえる（図 24–16, g, h）。この段階では，完成した漿膜から分泌されたクチクラ（卵殻の内側に形成された無色透明の強靱な膜）が胚と卵黄塊全体を包んでいる。

　ステージ6.　産卵後約2〜2.5日では，胚は前ス
テージとほとんど同じ場所で発生を続ける。頭葉で
は，頭楯上唇原基が口陥を覆い，その側方部から触
角原基が側後方へ棒状に伸び出している。間挿節が
頭葉に吸収されるため，外観的には観察できなくな
り，小顎付属肢と下唇付属肢が側方へ向かって伸び

る。三対の胸部付属肢原基は後側方へ著しく成長し，
3節に分節化する（図24-16, i, j）。腹部では，各
腹節の両側端付近が多少隆起した構造（腹隆起）と
なるが，これらは他の付属肢原基とは異なり，明瞭
な突起として発達することなく，やがて退化・消失
する。第一腹節には一対の陥入型の側脚 pleuropo-

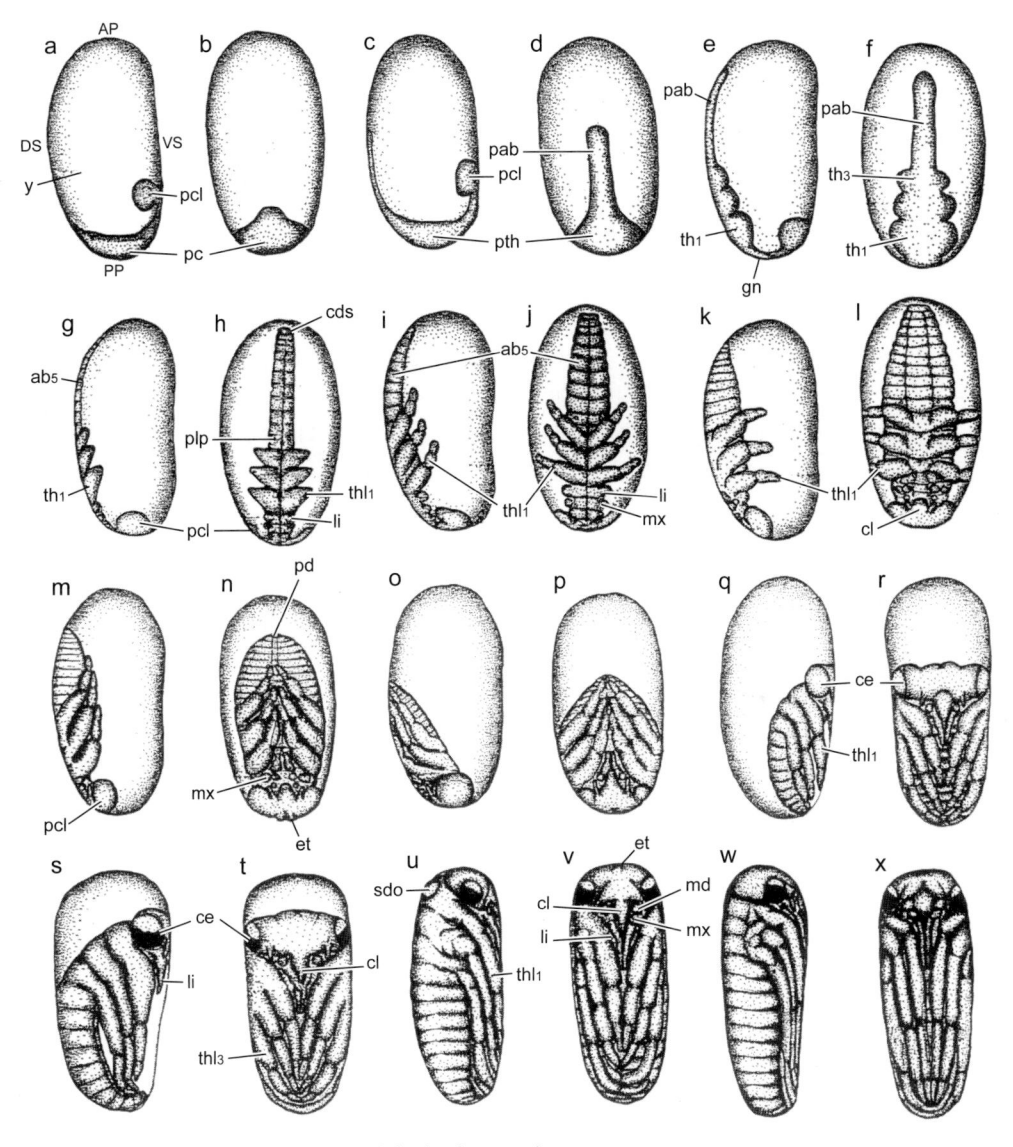

図 24-16　コオイムシ *Diplonychus japonica* の発生（田中，2001）
a. 産卵後およそ 25 時間の卵（側面），b. 同（背面），c. 同 29 時間の卵（側面），d. 同（背面），e. 同 32 時間
の卵（側面），f. 同（背面），g. 同 1.5 日の卵（側面），h. 同（背面），i. 同 2〜2.5 日の卵（側面），j. 同（背面），
k. 同 3 日の卵（側面），l. 同（背面），m. 同 3.5 日の卵（側面），n. 同（背面），o. 同 4 日の卵（側面），p. 同（背
面），q. 同 4.5 日の卵（側面），r. 同（腹面），s. 同 5 日の卵（側面），t. 同（腹面），u. 同 5.5〜6 日の卵（側面），
v. 同（腹面），w. 同 7 日の卵（側面），x. 同（腹面）
ab5：第五腹節，AP：卵の前極，cds：尾節，ce：複眼（幼虫眼）原基，cl：頭楯上唇原基（または上唇），DS：卵の背側，
et：卵歯原基，gn：顎部，li：下唇原基（または下唇），md：大顎原基，mx：小顎原基，pab：腹部予定域，pc：原
胴域，pcl：原頭域（または原頭葉），pd：肛門，pgn：顎部予定域，plp：側脚原基，PP：卵の後極，pth：胸部予定域，
sdo：二次背器，thl1.3：前，後胸脚原基（または胸脚），VS：卵の腹側，y：卵黄

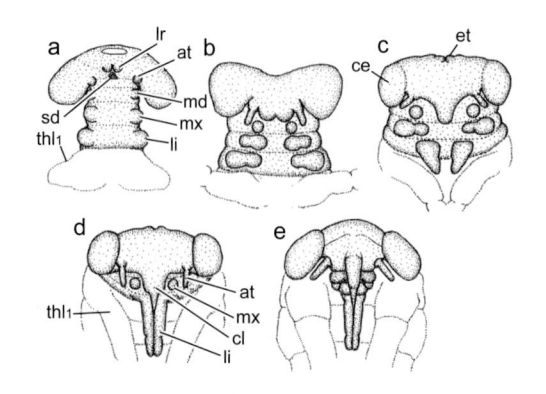

図 24-17　コオイムシ *Diplonychus japonica* の頭部形成（胚の腹面，模式図）（田中，2001）

a → e へ進行。a. 産卵後約 1.5 日，b. 同 3 日，c. 同 3.5 日，d. 同 4.5 日，e. 同 6.5 日

at：触角原基，ce：複眼原基，cl：頭楯上唇原基，et：卵歯原基，li：下唇原基，lr：上唇原基，md：大顎原基，mx：小顎原基，sd：口陥，thl₁：前胸脚原基

dium の原基が明瞭となる。

　産卵後 2.5 日が過ぎたころから，胚の幅の増加が目立つようになり，側方へ伸びた胸部付属肢は胚の横軸とほぼ平行になる（図 24-16，k，l）。

　産卵後約 3 日が経過すると，原頭葉の両側が全体的に丸みを帯びて半球状になり，幼虫眼（複眼）原基の形成が進行するようになる。対状の頭楯上唇原基はその基部で癒合・合一し，小顎と下唇の付属肢原基は 2 節（底節と端節）に分化する（図 24-17，b）。胚幅の増加が一段と進み，胚全体が厚みを増すにつれて，胚長の減少が始まる。この時期の胚の短縮は主として頭顎部の形態形成運動（頭部形成運動）によるもので，この間に，顎部の 3 体節の急速な短縮と三対の付属肢原基の転位運動をともなう頭葉と顎部の合着・融合が進行する。頭部の形成が進むにつれて，顎部付属肢原基は頭顎部の中央に向かって移動・集中を始め，頭部の前端は卵の後極直下に位置するようになる。また，このころになると，神経溝が消失し，側方へ伸び出している胸部付属肢は後胸節のものから順に内側へとその方向を転換し始める。同様に，顎部の付属肢原基も回転を開始し，小顎付属肢原基の先端は内側（正中線方向）へ，下唇付属肢原基は後方（胚の横軸に対して直角の方向）に向かう。

　産卵後 3.5 日の胚では，胚長の短縮がさらに進んでおり，胚長は卵の長径の 3/4 ほどの長さ（約 1.7 mm）となっている。このときの胚は卵の背側で倒立状態を保ち，胚全体は扁平な長楕円形に近い形状

を示している（図 24-16，n）。三対のよく発達した胸部付属肢（胸脚）は，正中線に向かって斜め後方に伸びた状態で整然と配列し，後胸脚の先端が第六腹節にまで達している。頭葉では，その頂部付近の正中線上に卵歯の原基と思われる瘤状突起が出現し，両側部には大きな幼虫眼原基が明瞭になる（図 24-17，c）。頭楯上唇原基の先端部は舌状となって後方に向かい，その両側部では触角原基が後側方へ伸び出している（同図，c）。また，頭楯上唇原基と触角原基との間には大顎付属肢原基が小球状を維持したまま横たわり，その後方では小顎付属肢原基が先端を正中線に向けた状態で位置し，さらにその後部では，互いに接近した下唇付属肢原基が前胸節の腹面上を正中線の両側に沿って後方へと長く伸びている（同図，c）。

　ステージ 7.　産卵後約 4 日近くになると，頭葉と顎部が完全に癒合し，初令若虫の頭部の原型ができ上がる（図 24-17，d）。胚が前後に著しく圧縮されるにつれて胚幅は増加し，頭葉の後縁は前肢に密着する。胚長が最短となるころには，胚の背方への湾曲もみられなくなり，胚は直線的に伸びた状態になる（図 24-16，o）。頭楯上唇原基の先端部は次第に細長となって後方へ伸び始める。3 節に分化した下唇原基も後方へ長く伸びながら正中線上で合着し，縦溝を備えた長い舌状構造となる。このころになると，大顎原基は頭部の外胚葉内へ陥入するため，外観的には観察できなくなる。また，小顎原基の底節も外胚葉内に陥入し，その端節部が頭楯上唇原基の両側で下唇原基の基部に隣接する球状の小突起として横たわるようになる。

　その後まもなくして，胚の姿勢転換 revolution が始まるが，この運動はその後 12 時間以上続く。胚の姿勢転換が開始されると，倒立状態にある胚は，その腹面を卵膜の内側に沿ってすべるように動きだし，頭部は卵の後極を通過し，腹側を前極へ向かって移動する。胚の頭部が卵の腹側のほぼ中央部に達し，胚の後腹部が卵の後極部を占めるようになると，胚の姿勢転換運動は終了し，胚の前後軸の方向と卵のそれとが一致するようになる。このとき，胚はその腹面を外に向け，腹側に湾曲して背中を丸めた姿勢で卵の後極側に位置している（図 24-16，q）。卵の腹側では，頭部の腹面と胸脚が卵膜に密着しているが，胚背面と卵の背側の卵膜との間は卵黄で満たされており，あたかも胚が大きな卵黄塊を背負って

いるように見える。幼虫眼原基と胸脚は，この姿勢転換期をとおしてよく発達する。

　ステージ8．姿勢転換を終えた胚は，その腹側に湾曲した姿勢を保ちながら，急速に発達する。このとき，胚の背部の卵黄の消費と併行して，胚長の増加と胸脚の成長が進む。また，胚の側体壁は卵黄を取り込みながら背方へと急成長し，後腹部からの背閉鎖が進行する。

　産卵後約5日が経過すると，幼虫眼の後半分が着色し始め，やがて，眼の位置が卵殻をとおして外部から観察できるようになる。胚の前腹部の側体壁が背面に向かって成長し，その先端が卵の腹側の卵膜に密着するころには，卵内容の約2/3以上が胚によって占められ，胚外の卵黄は頭・胸部の背側にだけ残存するようになる（図24-16, s）。湾曲した胚の腹側では，長く伸びた胸脚が胸・腹部の腹面全体を覆い（同図, t），胚と卵膜との間にある腔所が拡大する（同図, s）。

　ステージ9．胚の側体壁が背方へ向かって急成長するにつれて，胚の背閉鎖が腹部から胸部へと進行する。これと併行して，胚は腹側への湾曲を減じながら前方（卵の前極方向）へとさらに成長し，前極部付近に残された胚外の卵黄の減少が急速に進む。この間にも胸脚の伸長は継続し，後肢の腿節と脛節の成長は著しく，脛節は卵の後極部で卵膜の内側に沿って折れ曲がる。跗節は卵の前極方向へ伸び，その先端には爪が形成される。また，上唇の細長い先端部は針状に鋭く尖ってくる。

　産卵後5.5時間が経過すると，卵の全域が胚によって満たされ，胚の形は卵と同じく長楕円体となる（図24-16, u, v）。卵の前極部には頭部が，後極部には尾節がそれぞれ位置し，胚の頭尾軸は頭部と前胸部を除いて直線的になる。背閉鎖が前胸部に及ぶにつれて，前胸部の背部に大きな球状の二次背器が形成される（同図, u）。幼虫眼の着色はさらに進み，頭頂部の卵歯egg toothや口器などの諸器官がほぼ完成する。

　産卵後6〜6.5日が過ぎると，二次背器は退化・消失する。このとき，前胸節の背側が収縮し，頭部が背後方へ移動するため，胚軸は完全な直線となる。この段階で，胚は頭部・3胸節・10腹節および尾節からなる初令若虫として完成するが（図24-16, w, x），若虫の中腸内には多量の卵黄が残存している。

　ステージ10．産卵後7日ほどが過ぎると，孵化が始まる。まず，卵の前極付近から初令若虫の前胸部が位置する付近に向かって卵殻が裂ける。次に，半円形の卵殻が若虫の頭部によって押し上げられ，若虫の頭部と胸部が脱出する。その後，若虫は後方へ反り返るようにして体を伸ばし，胸脚を脱出させる。最後に，腹部が卵殻から脱出すると孵化が完了する。孵化後の若虫は急速に空気を取り込んで膨張し，特徴的な体形を整える。

(14)　器官形成

　ここでは半翅目で一般に知られている外胚葉性器官，中胚葉性器官，および消化管とその付属器官の形成について説明する。

a.　外胚葉性器官

　①　脳および腹髄　　脳は原頭葉および間挿節の外胚葉中に分化した多数の神経芽細胞 neuroblast から，腹髄 ventral nerve cord は顎・胸・腹部の各体節中に生じた神経芽細胞群からそれぞれ形成される。神経芽細胞は，頭・顎・胸部の各付属肢原基が出現した後，口陥の陥入開始と前後して出現するが，胸部での出現が頭部のそれに先行する場合が一般的である。しかし，カイガラムシ類では，神経芽細胞の出現は頭・顎部で早く，胸部ではこれに遅れるという（Shinji, 1919, 1924）。各神経芽細胞は染色性の弱い球状の大型細胞として分化するが，これらの細胞は出現後まもなく有糸不等分裂を繰り返し，神経節細胞 ganglion cell をつくり出す。神経節細胞の中には神経節母細胞 ganglion mother cell（preganglion cell）に相当するものが含まれ，これらの細胞はさらに分裂して神経節細胞を産生するという（Sander, 1956）。このようにして，各神経芽細胞の背部には2列の神経節細胞群が配列し，多数の細胞からなる神経組織（神経節原基）が形成される。その後の発生で，神経節細胞はニューロン neuron や神経被膜 neural lamella（neurilemma）に分化し，胚反転運動が始まる前までには複雑な神経系の基本が構築される。

　前大脳 protocerebrum の原基は口陥陥入開始直後の原頭葉両側の広い範囲に分化した神経芽細胞に由来するもので，その形成初期には外側より内側へ第一・第二・第三小葉が区別される。後の発生で，第一小葉は視葉 optic lobe の原基に，第二・第三小葉は前大脳本体の原基になる。

　Oncopeltus では（Butt, 1949），前大脳原基が分化する部域の原頭葉は，神経芽細胞の出現に先

立って縦に3部域に分割されるが，第一・第二小葉の間の溝はまもなく消失し，両者は合併する。このとき，原頭葉（外胚葉）の広い範囲で不規則に分散した神経芽細胞が出現する（図24-18，a）。第一小葉域の神経芽細胞は急速に分裂を繰り返し，円柱状細胞の密集塊（視葉原基）を形成する。その後まもなくして，視葉の原基は外胚葉（視板原基）から分離し，第二小葉の外側に横たわる。このころになると，第二および第三小葉内の神経芽細胞が不等分裂を始める。やがてこれらの神経芽細胞の背部に多数の神経節細胞が産生され，この神経組織が大きな前大脳原基として発達する。顎・胸部の付属肢原基が

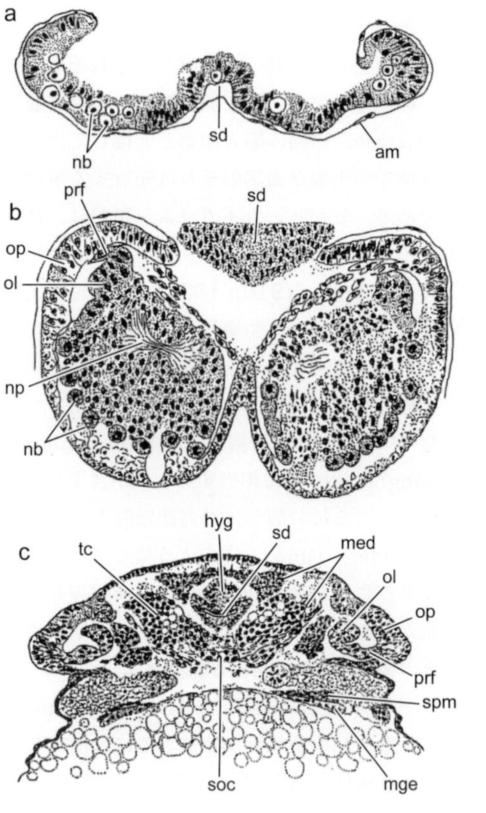

図24-18　ナガカメムシの一種 *Oncopeltus fasciatus* の脳および視葉の形成（Butt, 1949）
　a→cへ進行。a. 口陥陥入後まもない胚（21℃，産卵後66時間）の原頭葉（横断面），b. 短縮期の胚（同66時間）の原頭葉（同），c. 反転完了直後の胚（同108時間）の原頭葉（同）。
am：羊膜，hyg：脳下神経節，med：中胚葉，mge：中腸上皮原基，nb：神経芽細胞，np：ニューロパイル，ol：視葉，op：視板，prf：後網膜繊維，sd：口陥，soc：食道下神経横連合，spm：内臓中胚葉，tc：後大脳

分節し胚帯の短縮が目立つようになると，視葉の背側部の細胞が視板 optic plate に向かって伸び出し，視神経（後網膜神経 post-retinal fiber）の形成が始まり（同図，b），また，第二・第三小葉の最深部には神経繊維が生じて，ニューロパイル neuropile が出現する（同図，b）。

　中大脳 deutocerebrum の原基は口陥の両側部の比較的狭い範囲[*3]に，後大脳 tritocerebrum の原基は口陥の両側後方域[*4]にそれぞれ分化した神経芽細胞に由来する。これらの神経芽細胞は口陥の陥入開始後まもなくして出現し，その後，細胞分裂を繰り返して多数の神経節細胞を産生する。このようにして口陥の両側には二対の神経組織が形成されるが，前方の一対は中大脳原基，後方の一対は後大脳原基である。大脳原基の大きさは，前大脳，中大脳，後大脳の順に小さくなるのが一般的であるが，カイガラムシ類では（Shinji, 1919, 1924），これら三つの大脳原基はほとんど同じ大きさで，その縦断面では，それぞれ5個ほどの神経芽細胞が神経節細胞群を産生している。前大脳原基内にニューロパイルが出現するころ，中大脳原基と後大脳原基内にもニューロパイルが形成される。

　胚反転の少し前には，各大脳原基のニューロパイルは口陥の両側で連絡して神経縦連合 neural connective を形成し，後大脳原基のニューロパイルはその後部に続く大顎神経節との間に神経縦連合をつくる。このころ，口陥の前方（上方）で前大脳の第三小葉が左右から合体するため，両者のニューロパイルが連絡して，食道上神経横連合 supraoesophageal commissure が形成される。同時に，口陥の後方（下方）では，左右の後大脳をつなぐ食道下神経横連合 suboesophageal commissure が形成される（図24-18，c）。胚反転が始まるころには，各大脳原基は一つに合体し，原頭葉の上皮組織から分離する。その後，神経芽細胞は次第に姿を消し，大脳組織の表面には神経被膜 neural lamella が形成される。さらに発生が進行し，胚反転が終了するころには，前大脳の後側部と眼の原基とを連絡する後網膜神経が完成する。

　腹髄を形成する神経芽細胞は，胚帯の分節後まも

* 3　この部域は触角節に属すると考えるのが一般的である。
* 4　この部域は間挿節（前大顎節）に属すると一般的には考えられているが，原頭葉の一部（prostominal lobe）であるとする見解（Singh, 1981）もある。

なくして，大顎節から最後部の腹節（尾節の前に位置する腹節）までの各体節の外胚葉中に大型細胞として分化するもので，その出現時期は顎・胸部で早く，腹部の後方のものほど遅くなる。

　神経芽細胞の出現にともなって，外胚葉腹面の正中線に沿って神経溝 neural groove の形成が始まる。このとき，各節の神経芽細胞はその両側に分かれて配列し，神経溝の底部の外胚葉は中央神経索（神経中索 median cord）の原基になる。各節の神経芽細胞の数や配列は種や分類群ごとに一定しているようである。たとえば，*Pyrilla* の胸部体節の断面では，正中線を挟んで左右にそれぞれ 4 ～ 5 個，縦に 5 ～ 7 列の神経芽細胞が観察されるので，1 胸節あたり平均 54 個の神経芽細胞が存在することになる。また，顎部と腹部の各体節に含まれる神経芽細胞数はこれより少なく，40 個を超えることはない（Sander，1956）。カイガラムシ類の左右の神経芽細胞は，下唇節に 2 ～ 3 列，胸部の各体節に 6 列が数えられるが（Shinji，1919），*Oncopeltus* の各胸節では，左右にそれぞれ 4 列である（Springer，1967；Springer & Rutschky，1969）。

　やがて，各神経芽細胞の不等分裂により神経節母細胞が生じ，後者はさらに分裂して神経節細胞を産生する。その結果，各神経芽細胞の背部には 2 列の

神経節細胞群が配列し，各節ごとに神経節原基の形成が進む。この間に，大顎節から第十腹節までの中央神経索内にも神経芽細胞（中央神経芽細胞）が出現し，球形あるいは卵形の集塊を形成するが，各集塊中に含まれる神経芽細胞の数は，*Oncopeltus*（ナガカメムシ科），*Triatoma*（サシガメ科），*Notonecta*（マツモムシ科）および *Gerris*（アメンボ科）では 8 ～ 12 個，*Cimex*（トコジラミ科）と *Sigara*（ミズムシ科）では 6 ～ 8 個である（Springer & Rutschky，1969）。

　神経節細胞が増加し，神経節原基が大きさを増すにつれて，神経溝底部の陥入壁（中央神経索）も背方へ伸長し，その核（細胞）の多くは先端部（背部）に集積するようになる。胚の短縮が進行するあいだに，中央神経索の神経芽細胞の分裂が見られ，各神経節原基の背部には前後二つのニューロパイルが出現する（図 24-19，b）。各神経節が外胚葉（上皮原基）から分離すると，急速に発達したニューロパイルが神経連合を形成する。このとき，神経縦連合は中央神経索の両側で各神経節の前後を，横連合は左右の神経節をそれぞれ連絡し，脳と連続する腹髄の原型ができあがる。

　その後の発生で，神経節の移動，合体・癒合などのさまざまな構造的変化が進行するので，Springer

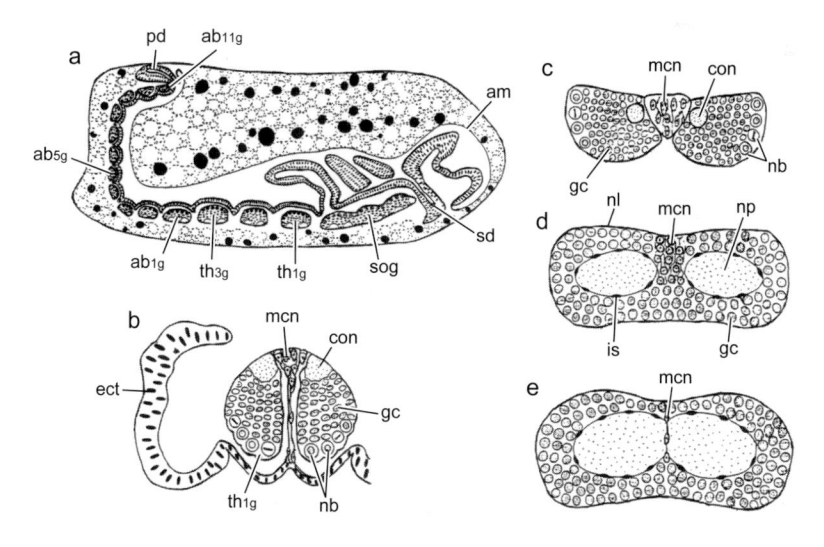

図 24-19　ナガカメムシの一種 *Oncopeltus fasciatus* の腹髄形成（模式図）（Springer，1967）
　b → e へ進行。a. 胚短縮進行中の卵（平均 23℃，産卵後 120 時間，横断面），b. 図 a と同発生段階の胚の前胸節中央部（横断面），c. 125 時間胚の前胸節中央部（横断面），d. 反転完了間近の胚の前胸節中央部（同 161 時間）（横断面），e. 孵化直前の胚の前胸節中央部（同 215 時間）（横断面）
　ab$_{1,5,11}$g：第一，五，十一腹部神経節，am：羊膜，con：神経縦連合，ect：外胚葉，gc：神経節細胞，is：内被膜，mcn：中央神経索神経細胞核，nb：神経芽細胞，nl：神経被膜，np：ニューロパイル，pd：肛門陥，sd：口陥，sog：食道下神経節，th$_{1,3}$g：前，後胸神経節

（1967）と Springer & Rutschky（1969）による *Oncopeltus* の記述を中心に，これらの変化を説明する。本種では，腹髄の原型が形成されたとき，それを構成する神経節は顎部の三対，胸部の三対，腹部の十一対の合計十七対である（図 24–19, a）。やがて，各神経節間の中央神経芽細胞集団は前方へ移動し，前に位置する神経節の後部組織に癒合する。その結果，この部分では中央神経索が消失する。胚反転が近づくにつれて，中央神経索が上皮原基から分離し神経溝が消失するが，中央神経索の細胞は左右の神経節の間に残り，その後，長期間残存する。顎部では三対の神経節（大顎神経節，小顎神経節，下唇神経節）が癒合し，一対の食道下神経節 suboesophageal ganglion の形成が進行する。胚反転期間中には，各神経節の表層部を占める神経節細胞が神経被膜に分化し，これが神経節表面を覆うようになる。また，第一〜十一腹部および後胸節・第一腹節では，各神経節の後部組織とその次の神経節の前部組織とが合体し，同時に，第十一腹部神経節は第十腹部神経節と癒合・合一する。

　胚反転直後では，胸・腹部に三つの神経塊が見られ，前胸と中胸の神経節は互いに離れているが，後胸と腹部の神経節は合体・癒合して一つの神経塊（後胸–腹部神経塊）となり，その前端は後胸節に，後端は第十腹節にそれぞれ位置している（図 24–20, a, a'）。胚反転後まもなくして，左右の神経節は一つに合着するが，その背部には中央神経索が残される（図 24–19, d）。各神経節では，その両側に一対の神経が派生し，神経芽細胞は分裂を止めてその特徴を失う。神経節の背後部にある中央神経芽細胞群は退化し，やがて消失する。腹部神経節は次第に短縮・前進し，胚反転後およそ 10 時間で，後胸–腹部神経塊の後端は第八腹節まで前進する。このとき，後胸節から第十腹節までの各神経節内にはそれぞれ二つの神経横連合が見られる。その後，後胸–腹部神経塊の短縮・前進はさらに進行し，胚反転後 25 〜 30 時間で，後部にある四対の横連合が癒合・合一して最後部（第七腹部神経節）の横連合になる。その結果，最後部の神経節は第三腹節に位置するようになる（図 24–20, b, b'）。この少し後には，中胸神経節は後胸–腹部神経塊の前端と合体し始める。ニューロパイルの外側を覆っている神経節細胞が神経被膜に分化し，ニューロパイルの外表面はこの被膜によって完全に包まれる（図 24–19, d）。

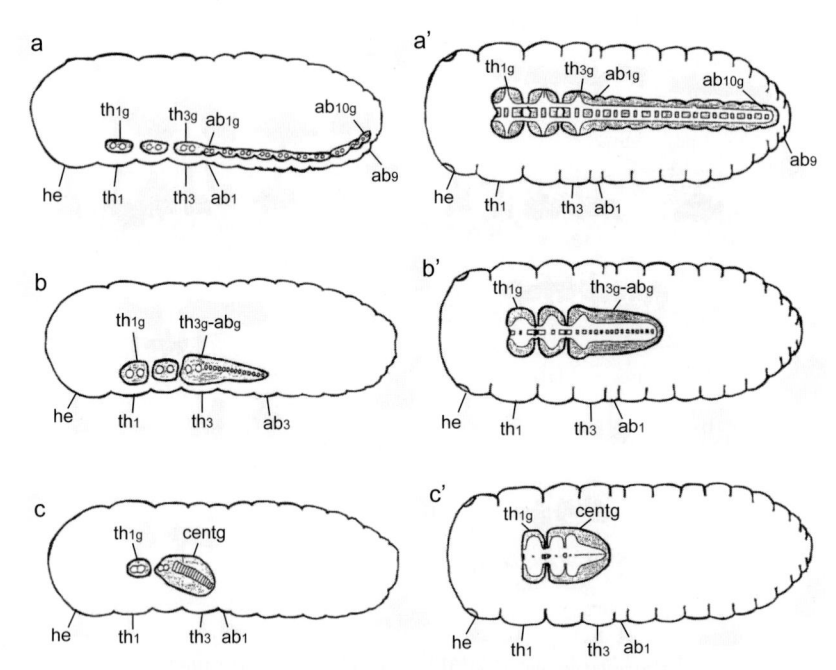

図 24–20　ナガカメムシの一種 *Oncopeltus fasciatus* の腹髄の短縮と合体（模式図）（Springer, 1967）
a, a' → c, c' へ進行。a, a'. 短縮中の胚（平均 23℃，産卵後 125 時間，縦断面 a，水平断面 a'），b, b'. 反転完了後間近の胚（同 161 時間，縦断面 b，水平断面 b'），c, c'. 孵化直前の胚（同 215 時間，縦断面 c，水平断面 c'）
ab1, 3, 9：第一，三，九腹節，ab1, 5, 10g：第一，五，十腹部神経節，centg：中・後胸節神経節と腹部神経節の合一体（中央神経節 central ganglion），he：頭部，th1, 3：前，後胸節，th1, 3g：前，後胸節神経節，th3g–abg：後胸節神経節と腹部神経節の合一体

胸・腹部の神経節の短縮・前進は，その後約36時間続き，それ以後（胚反転後66時間以後）停止する。このときまでに，中胸神経節と後胸-腹部神経塊とは神経被膜を挟んで密着し，外観的には両者の合一による大きな神経塊が形成される。この段階では，前胸神経節は前胸節の後半部に，中胸〜第七腹部神経節は中胸節の前端から後胸節の後端にかけてそれぞれ位置している（図24-20，c，c'）。孵化が近づくにつれて中央神経索の細胞がニューロパイルの中央の隔壁を形成し（図24-19，e），食道下神経節，前胸神経節，中胸〜第七腹部神経節の三つの神経塊より構成される腹髄が完成する。

以上がOncopeltusの腹髄形成の様子であるが，半翅目昆虫類における胸・腹部の神経節の合体あるいは癒合の様式は種や分類群によって異なり，RhodniusやTriatomaでは，Oncopeltusの場合と同じく，腹部神経節が中・後胸神経節と合体し（Mellanby，1936；Springer，1967；Springer &

Rutschky，1969），Hesperoctenes，Cimex，Notonecta，Sigaraでは，腹部神経節が中・後胸神経節と，後胸神経節が食道下神経節とそれぞれ合体する（Hagan，1931；Springer & Rutschky，1969）。また，アブラムシのMacrosiphumでは，胸部と腹部のすべての神経節が単一の神経塊に合体し（Uichanco，1924），カイガラムシ類やGerrisでは，腹髄のすべての神経節が合着して単一の食道下神経節を形成する（Shinji，1919，1924；Springer & Rutschky，1969）。

② 口胃神経系　半翅類の口胃神経系 stomato-gastric nervous system の発生については，RhodniusのMellanby（1936）とOncopeltusのDorn（1972）による記述がある。それらによると，胚帯が短縮し，反転をむかえる少し前の時期に，口陥中央部の背壁外胚葉中に染色性の弱い球形細胞が出現する。その後，これらの細胞は大きさを増すと同時に増殖して特化した細胞塊を形成し，これが口陥

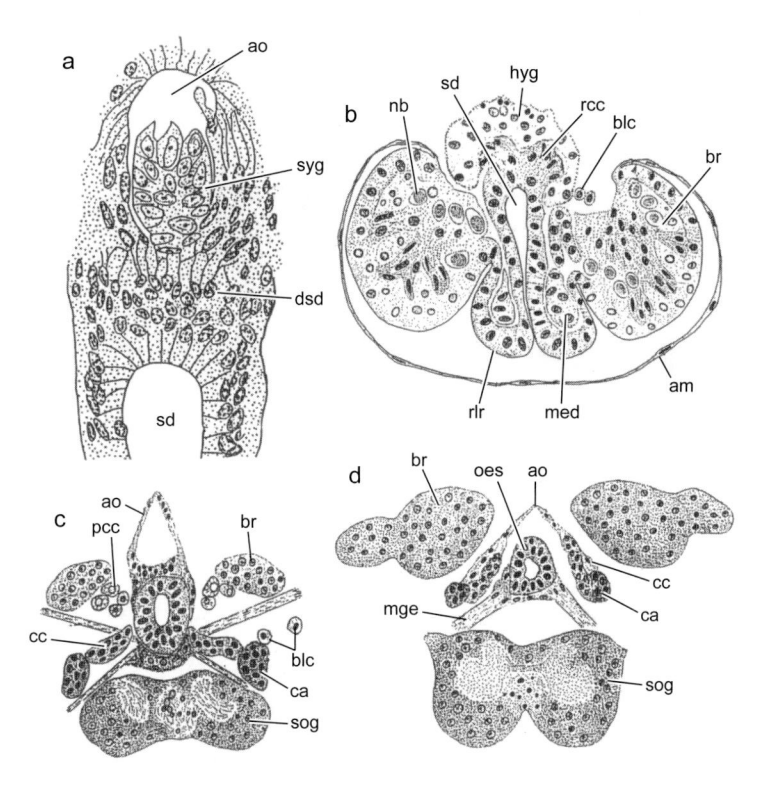

図24-21　*Rhodnius prolixus*（サシガメ科）と *Oncopeltus fasciatus*（ナガカメムシ科）の交感神経節，内分泌腺の形成（a. Mellanby，1936；b〜d. Dorn，1972）
　a. *Rhodnius prolixus* 交感神経節原基（産卵後13日，口陥部横断面），b〜d. *Oncopeltus fasciatus* 脳下神経節，側心体，アラタ体の発生（顎部横断面），b. 産卵後56時間，c. 同82時間，d. 同92時間
　am：羊膜，ao：大動脈，blc：血球細胞，br：脳，ca：アラタ体，cc：側心体，dsd：口陥背壁，hyg：脳下神経節，med：中胚葉，mge：中腸上皮原基，nb：神経芽細胞，oes：食道，pcc：囲心細胞，rcc：側心体原基，rlr：上唇原基，sd：口陥，sog：食道下神経節，syg：交感神経節原基

背壁の正中線に沿って外側（背側）へ膨出する（図24-21，a）。この細胞塊の前部は前額神経節 frontal ganglion の原基となり，中・後部は回帰神経 recurrent nerve と交感神経節 sympathetic ganglion（脳下神経節 hypocerebral ganglion，胃神経節 ventricular ganglion）の原基になる。脳下神経節原基の形成にともなって，口陥背壁から一対の細胞塊が背側方向へ膨出・分離し，これが側心体（喉前腺）corpus cardiacum の原基になる（同図，b）。その後，この原基はアラタ体 corpus allatum の原基と結合し（同図，c），胚反転終了後には，大動脈壁の内側に付着し（同図，d），最終的には食道の上方に定着する。

胚反転が進行するあいだに，前額神経節原基は脳の前方へ移動し，上唇原基の基部付近に定着する。このとき，その後端は口陥の背面正中線上の回帰神経原基によって他の交感神経節原基と連結されている。やがて，前額神経節原基の前方に額神経 frontal nerve が分化する。

胚反転後，前額神経節の腹側部にニューロパイルが出現し，まもなくここから伸び出した一対の神経が後大脳の後部と連絡する。

③　頭・顎部の外胚葉性陥入　　胚帯の短縮期間中に，頭・顎部の付属肢原基の基部付近には六〜七対の外胚葉性陥入が生じ，これらが管となって内部へ伸長して内骨格と腺を形成する。Mellanby（1936）は Rhodnius 胚の頭・顎部に六対，Sander（1956）は Pyrilla 胚の頭・顎部に四対，Dorn（1972）は Oncopeltus 胚の顎部に四対の陥入をそれぞれ観察している。

Rhodnius では，触角原基の後部で陥入する一対は幕状骨前腕 anterior tentorial arm を形成するもので，まず背側に向かって成長し，それから胚帯の後端方向へ曲がって，脳の両側を後方へ伸び，やがて幕状骨後腕 posterior tentorial arm と連絡する。

大顎原基のすぐ前に生ずる一対は，起源的には間

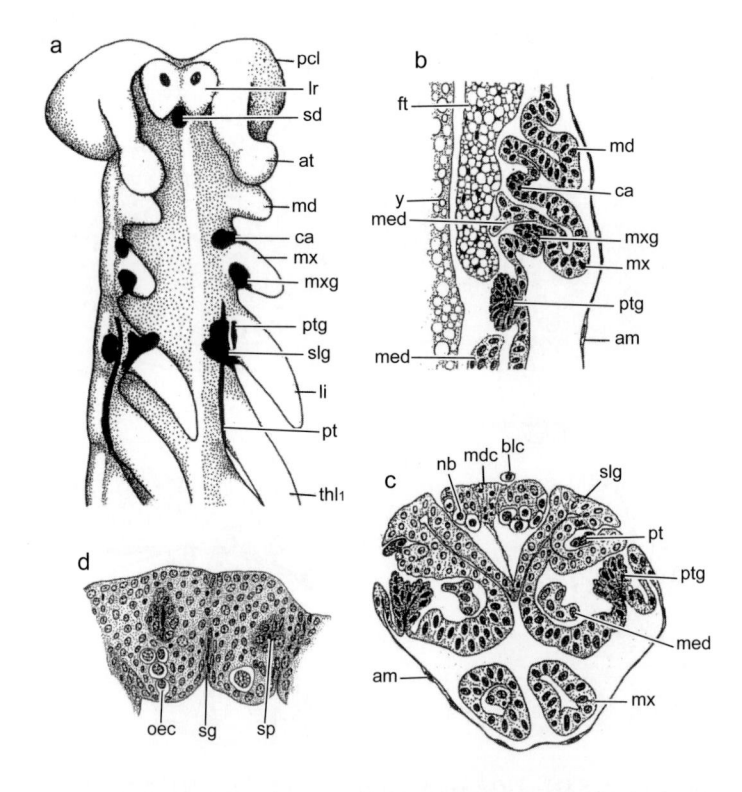

図 24-22　ナガカメムシの一種 Oncopeltus fasciatus の頭・顎・胸部・腹部外胚葉性陥入と扁桃細胞の発生（Dorn, 1972）
a. 外胚葉性陥入の分布（模式図），b. アラタ体，小顎腺，前胸腺の発生（産卵後64時間胚，顎部縦断面），c. 唾液腺，前胸陥入と前胸腺の発生（産卵後62時間胚，顎部横断面），d. 扁桃細胞と気門の発生（第四・五腹節縦断面）
am：羊膜，at：触角，blc：血球細胞，ca：アラタ体原基，ft：脂肪組織，li：下唇，lr：上唇，md：大顎，mdc：腹髄中索，med：中胚葉，mx：小顎原基，mxg：小顎腺，nb：神経芽細胞，oec：扁桃細胞，pcl：原頭葉，pt：前胸陥入，ptg：前胸腺原基，sd：口陥，sg：体節の境界，slg：唾液腺原基，sp：気門，thl₁：前胸脚，y：卵黄

挿節に属し，幕状骨の背腕 dorsal tentorial arm となるものである。この陥入は正中線に向かって内部へ伸長し，やがて幕状骨の前腕と後腕の接続部付近で前者と合体して幕状骨の背面（中央部）を形成する。

　大顎原基の後部に生ずる一対は，大きな陥入で，胚反転が進むにつれて，頭部の両側で顕著な腺（大顎腺 mandibular gland）を形成する。

　小顎原基の後部に陥入する一対は，幕状骨後腕となるもので，外側寄りに上方へ伸長した後，幕状骨前腕と合体する。胚反転以後には，その開口部は大顎原基と小顎原基の基部を収納している外胚葉性のポケット状構造へ転位する。

　また，小顎原基の基部には上記の陥入の他にもう一対の陥入が生じるが，これは胚反転の早い時期にアラタ体の原基となって発達するものである。この陥入部は，出現後まもなく外胚葉から分離し，口陥の盲端付近の両側で一対の細胞塊を形成する。まもなく，この二つの細胞塊はその背側で連結し，口陥の盲端より少し前方の位置まで移動する。その後，この原基は口胃神経系の後部から伸び出した神経によって連絡される。*Oncopeltus* の場合も，小顎原基の基部の前部に生じた一対の陥入がアラタ体原基となり（図24-22，a，b），その後，外胚葉から分離して背方へ移行し，側心体原基と結合する（Dorn，1972）。

　下唇原基の後側部に生じる一対は，唾液腺 salivary gland を形成するもので，食道の両側を内後方へ成長し，胸部の両側できわめて顕著な腺構造を形成する。唾液腺とそれに関連する器官の発生に関しては，*Pyrilla* についての Sander（1956）と，*Oncopeltus* についての Newcomer（1948）と Dorn（1972）による報告がある。*Pyrilla* では，下唇原基の基部の内側寄りに生じた一対の唾液腺原基は，背側へ成長した後，胚反転直前になると2本に分岐し，前方へ向かうものは小顎神経節の横連合まで伸び，背後部へ伸びるものが前胸節に達し，唾液腺として発達するようになる。このころ，左右の下唇原基の基部が正中線上で合体し，これにともなって，左右の唾液腺原基も神経索の下で合着して共通管を形成する。この過程で，大顎原基と小顎原基の間に下咽頭 hypopharynx の原基が形成され，その後部に一つの窪み（射室 syringe の原基と思われる）が出現する。やがて，下唇原基の基部と下咽頭の基部

とが癒合するため，唾液腺の共通管は下咽頭へ後部から入り込むことになる。*Oncopeltus* では，胚が短縮し，下唇原基が内側へ方向を変える（内転）前の段階で，下唇原基の内側に位置する一対の顕著な陥入と小顎原基の基部付近の一つの小さな陥入が生じ，前者は唾液腺原基に，後者は射室の原基になる。胚反転が近づくと，下唇原基の内転・癒合により，唾液腺原基の左右の陥入口が正中線上で密着し，各盲管部の先端付近が二叉に分かれる。胚反転が進むにつれて，射室原基は下咽頭のすぐ後部で嚢状になり，その後壁に唾液腺原基の基部が合体・開口する。

　下唇原基の基部付近には上記のものとは別にもう一対の陥入が生じ，その陥入部は前胸腺 prothoracic gland の原基になる。この陥入は，*Dysdercus cingulatus*（ホシカメムシ科）では唾液腺原基の陥入部に隣接してその内側（正中線の両側）に生じ（Wells，1954），*Oncopeltus* では下唇原基の基部の外側に出現する（図24-22，a，c）（Dorn，1972）。その後まもなくして陥入部は盲管となって気管に隣接し，唾液腺原基と結合しながら後方へ成長して前胸節に入り，顕著な腺構造を発達させる。しかしながら，胚期の前胸腺は，その微細構造の観察などから，分泌機能を有していないものと考えられている（Dorn & Romer，1976）。

　④　気管系　　半翅目昆虫類の気管系の発生について詳しく観察されたものはみあたらないが，Mellanby（1936）による *Rhodnius* の気管形成についての簡単な記述がある。それによると，胚反転の少し前に，3胸節と第一〜八腹節の各体節の両側に一対の外胚葉性陥入が生じる。これらのうち第八腹節の一対は閉じて退化するが，他の七対は気管系の原基となり，それらの陥入口は気門原基に，盲管部は気管原基になる。胚反転を終えるころには，気門原基の基部から主気管が発達し，やがて各体節に縦走気管主幹 longitudinal tracheal trunk と気管幹横連合 tracheal commissure が形成される。

　⑤　側　脚　　半翅目昆虫類では，側脚 pleuropodium は一般的にみられる胚器官で，ヨコバイ亜目の *Cicada*（セミ科）や *Pyrilla*，カメムシ亜目の *Rhodnius*，*Pyrrhocoris*，*Oncopeltus*，*Palomena*（カメムシ科），*Belostoma*（コオイムシ科），*Zaitha*（コオイムシ科），*Ranatra*（タイコウチ科），*Naucoris*（コバンムシ科），*Notonecta*（マツモムシ科）などの多くの種で観察されている。

　この器官の原基は，頭・顎・胸部の各体節に付属肢原基が出現してまもなく，第一腹節の側腹面で一対の小さな外胚葉性突起あるいは膨出部として形成されるものが一般的である（図 24-23，a，c）。この原基の出現当初の位置は種によってやや異なり，*Cicada*（Wheeler, 1890）や *Belostoma*（Hussey, 1926）などの多くの種では腹面正中線寄りであるが，*Rhodnius*（Mellanby, 1936）のように腹側部の場合もある。

　胚の短縮が進むにつれて，側脚原基は体壁外胚葉の下に沈み，碗形の大きな細胞塊になる。この細胞塊は，長円柱状細胞から構成され，その底部には細胞核が配列して全体が明瞭な腺構造を形成し，先端部の細く尖った細胞質は腹壁の開口部から外側へ突き出している（図 24-23，b，d）。やがて，各腺細胞の核は大きさを増し，外に突き出した細胞質部分は肥大して房状の構造を形成するものが多い。*Oncopeltus* では，側脚原基の出現から数時間後には，タンパク質の合成が始まり（Dorn, 1972），胚

反転の数時間後には，側脚からの分泌物が胚の表面に放出されるが，このとき，大きな粒状分泌物が壊れて細粒になり，その付近に分散するようにみえる（同図，d）（Dorn, 1972；Dorn & Hoffmann, 1983）。

　側脚の発達と活動の期間は一様ではなく，種による差異がみられる。*Cicada* の側脚は，胚反転中に最大となり，反転が終わると後肢の基部付近に転位し，孵化時までに退化・消失する（Wheeler, 1890）。しかし，*Belostoma* と *Ranatra* の側脚は，孵化時まで発達を続け，その大きさは出現時の 4 倍にまで増加して最大となり，初令若虫の段階で退化・消失する（Hussey, 1926）。初令若虫における側脚の保持は *Naucoris* でも観察されている（Heymons, 1896, 1899）。なお，側脚の機能については，上巻の第 1 部 4 章 4-9 節（2）を参照されたい。

　偽胎盤胎生の *Hesperoctenes* の側脚発生については，Hagan（1931）によって詳しく観察されている。それによると，出現当初の側脚原基は胸脚原基より

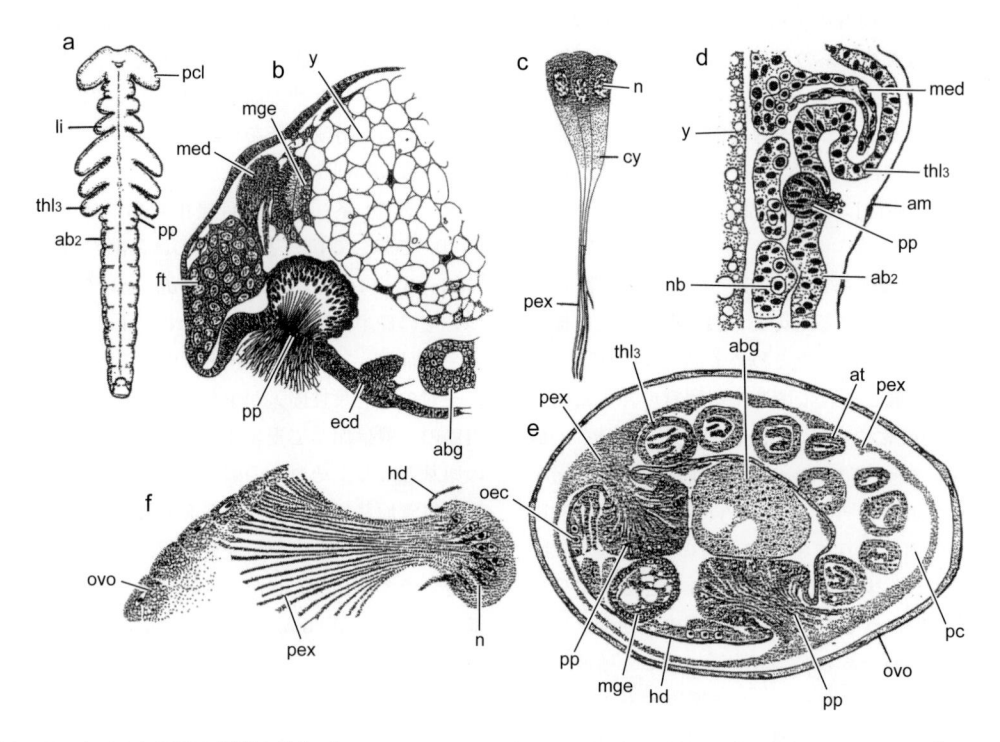

図 24-23　カメムシ亜目の側脚の発生（a. Hussey, 1926；b，c. Wheeler, 1890；d. Dorn, 1972；e，f. Hagan, 1931）
　a. *Ranatra fusca*（タイコウチ科）付属肢出現後の胚（腹面），b. *Zaitha flumine*（コオイムシ科）胚第一腹節（横断面），c. 同胚側脚細胞と分泌物，d. *Oncopeltus fasciatus*（ナガカメムシ科）胚後胸節〜第二腹節（縦断面），e. *Hesperoctenes fumarius*（コウモリヤドリカメムシ科）卵の横断面（胚反転後），f. 同側脚と卵巣小管（断面）
ab2：第二腹節，abg：腹部神経節，am：羊膜，at：触角，cy：細胞質，ecd：外胚葉，ft：脂肪組織，hd：真皮，li：下唇原基，med：中胚葉，mge：中腸上皮原基，n：核，nb：神経芽細胞，oec：扁桃細胞，ovo：卵巣小管，pc：pleuropodial cavity，pcl：原頭葉，pex：pleuropodial extension，pp：側脚，thl3：後胸脚，y：卵黄

少し短いが，両者の形や位置は互いによく似ている。胚反転直前までには，側脚原基は，胚内で左右の内端が互いに接触するまで陥入し，神経節の背側で大きな腺を形成する（図24-23，e）。この段階の原基の構造は他の種のものに酷似するが，本種では巨大な陥入部が胚の背側全域を満たし，腹側壁の開口部から羊膜腔内に伸び出した細胞質の先端部には小さな分泌顆粒が観察される。

　胚反転にともなって，羊膜と漿膜が破れ後頭部に向かって収縮すると，胚は卵巣小管内で一時的に裸の状態になるが，やがて側脚の分泌活動が活発になり，その先端部の細胞質（分泌物）は胚と卵巣小管との間で胚膜様あるいは鞘状の pleuropodial extention（以下 PE と略記する）を形成しながら急速に伸展する。この伸展は胚の頭尾方向では急速に，背腹方向ではゆっくりと進行する。胚反転の終了後，PE は胚全体を完全に包み込み，後者との間に閉じた腔所 pleuropodial cavity を形成する（図24-23，e）。その後まもなくして，PE は卵巣小管壁あるいは輸卵管壁と連絡する（同図，f）。このようにして PE が完成すると，側脚は，反転前まで栄養漿膜 trophoserosa が果たしていた役割を引き継ぎ，栄養吸収，ガス交換，老廃物の排泄などの生理的役割を果たすようになり，産仔の準備が整うまで偽胎盤として機能することになる。

　胚の上皮組織がクチクラを分泌するころには，PE もクチクラを分泌し，まもなく側脚の退化が始まる。

孵化の直前までには，側脚陥入部の萎縮と細胞核の配列の乱れなどが進み，PE が消滅して，そこにクチクラ層だけが残される。

　⑥　扁桃細胞（エノサイト）　　扁桃細胞 oenocyte は，胚反転前の発生段階で，気門陥入のすぐ下側に大型細胞として分化し，大きな核と染色性の弱い細胞質によって他の細胞から容易に区別される（図24-22，d）。扁桃細胞は，通常，第一〜八腹節までの各体節の外胚葉中に数個ほどの細胞集団として出現するが，*Pyrilla* では（Sander, 1956），腹部のみならず胸部の各体節に 8〜10 個（各側に 4〜5 個）が分化・発達する。

　胚反転後には，扁桃細胞は一群の細胞塊として体壁外胚葉（上皮原基）から遊離して，その直下に位置するようになり，その後，脂肪体組織に入って体節的配列を失うようになる。*Oncopeltus* では，これらの細胞の核と細胞質は発生期間中に周期的に変化し，その分泌活動の周期性が明瞭に示されている（Dorn, 1972；Dorn & Romer, 1976）。また，*Rhodnius* では，これらの細胞は胚脱皮 embryonic molting（あるいはクチクラ形成）前には大きく，その後小さくなって数を増すことから，扁桃細胞の活動周期が胚脱皮と強く関連するものと考えられている（Mellanby, 1936）。

　⑦　複眼・単眼　　複眼 compound eye は，前大脳原基の第一小葉の葉裂 delamination により生じた視板の細胞群に由来するもので，その発生につい

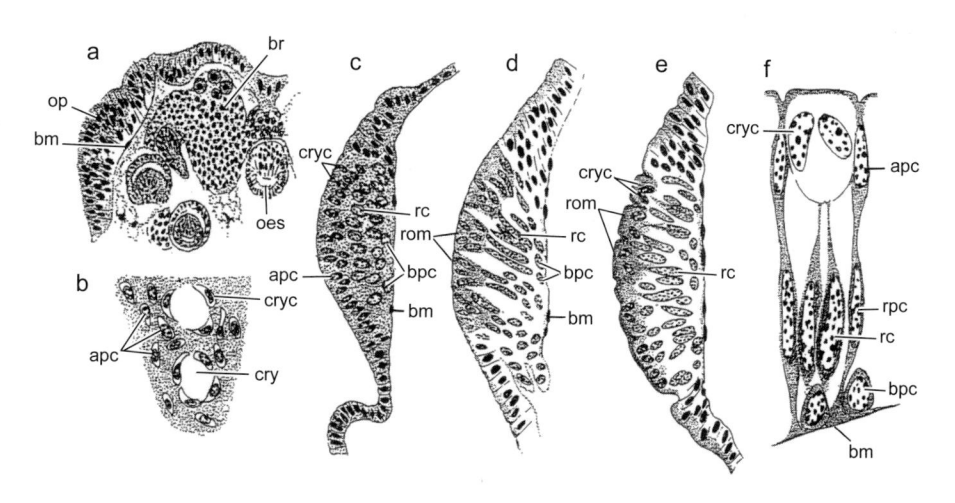

図24-24　ナガカメムシの一種 *Oncopeltus fasciatus* の複眼形成（Butt, 1949）
a. 産卵後 124 時間胚（頭部断面），b. 同 124 時間胚，視板表面（水平断面），c. 同 141 時間胚，視板（横断面），
d. 同 143 時間胚，視板（同），e. 同 161 時間胚，視板（同），f. 個眼（縦断面）
apc：副色素細胞，bm：基底膜，bpc：基部色素細胞，br：脳，cry：円錐晶体，cryc：円錐晶体細胞，oes：食道，
op：視板，rc：網膜細胞，rom：個眼原基，rpc：網膜色素細胞

ては，*Cicada*（セミ科）（Kuhn, 1926），*Notonec-ta*（Lüdtke, 1940），*Oncopeltus*（Butt, 1949）などを材料とした観察がある。ここでは，*Oncopeltus fasciatus* の個眼 ommatidium の形成を中心に，Butt の記述をもとに説明する。

　胚が短縮期に入ると，原頭葉の両側で，視板原基が外胚葉から分離する。まもなくして，この外胚葉は厚さを増しながら数層の細胞層となり，視板を形成する。胚反転期に入ると，視板の内表面を覆う基底膜 basement membrane が形成され，反転後，視板の細胞群は各種の細胞に分化する（図24-24, c）。すなわち，視板の外層部に位置する細胞は，円錐晶体細胞 crystalline cone cell（ゼンパー細胞 Semper's cell）と副色素細胞 accessory pigment cell に，深部の細胞は網膜細胞 retinal cell と基部色素細胞 basal pigment cell にそれぞれ分化する。このような細胞の分化は視板の後部で始まり，次第に前方へと進行する。この時期の視板の接線断面では，各個眼を形成する4個の三日月形の円錐晶体細胞が将来の円錐晶体域を囲み，その外側には副色素細胞が不規則に分散している（同図, b）。

　その後の発生で，円錐晶体細胞と副色素細胞は色素に対して濃染されるようになり，網膜細胞，網膜色素細胞 retinal pigment cell，基部色素細胞の染色性は逆に弱まる。この時点から視板内の細胞は急速に発達し，各個眼の形成が進む。視板表層部では，明瞭になった円錐晶体 crystalline cone に副色素細胞が密接し，深層部の網膜細胞と網膜色素細胞は長く伸びた核を有する細長い細胞になる（図24-24, d）。最深部では，基底膜の内側に基部色素細胞が配列する（同図, d）。このころになると，円錐晶体のまわりに色素が沈着し，その後，複眼の外縁に沿った溝と各個眼を分ける溝が出現する（同図, e）。また，副色素細胞の内端は網膜色素細胞と連絡し，円錐晶体の下方には感桿 rhabdom が形成される（同図, f）。

　孵化時には，円錐晶体の表面にレンズが形成されるが，この個眼レンズは，*Notonecta* の場合（Lüdtke, 1940）と同様に，副色素細胞が角膜形成細胞 corneageous cell として機能し，分泌されるものと考えられている。

　単眼 ocellus の発生については，オリーブカタカイガラムシ *Saissetia oleae* の単眼形成が上巻の第1部総論4-12節（7）に述べられているので，それを参照されたい。なお，口陥（前腸），肛門陥（後腸），

マルピーギ管については「c. 消化管とその付属器官」で述べる。

b.　中胚葉性器官

　外胚葉の背表面を覆う内層（中胚葉）は，まず各体節の中胚葉節と中央中胚葉に分割され，次に中胚葉節の側縁に形成された体腔嚢 coelomic sac（あるいは体腔壁）が，体壁中胚葉 somatic mesoderm と内臓中胚葉 splanchnic mesoderm に分化する。その後，前者からは体壁の筋肉，脂肪体，背脈管，囲心細胞などが，後者からは中腸筋肉が，中央中胚葉からは血球が，その他の中胚葉からは生殖巣，前・後腸の筋肉などがそれぞれ派生する。

　① 体腔嚢　胚帯の背側正中線に沿って形成された内層は，側板（外胚葉）の背面を裏打ちしながら一層の細胞層となって側方へ伸展し，外胚葉の分節化と前後して体節ごとに分節する。外胚葉中に神経芽細胞が出現すると，内層は中央部を挟んで両側に分断され，口陥の後部から腹部に及ぶ一対の中胚葉節の縦帯が形成される。このとき，中央部にはわずかの内層細胞が中央中胚葉として残される。しかし，アメンボ *Gerris* では，この段階の中胚葉層は両側に完全に分離し，中央部では中胚葉細胞が一時的に不在の状態になるが，胚がその長軸を中心に回転し終わるころには，両側の中胚葉細胞の一部が中央部に戻り，二次中央中胚葉 secondary median mesoderm を形成する（Mori, 1979）。

　その後，外胚葉の側縁が背方へ成長するにつれて，内層の側縁は折れ曲がって二重構造になり，その中央部に腔所（体腔 coelomic cavity）を有する体腔嚢を形成する。このような内層（中胚葉）の一連の発達は，顎・胸部から始まり，腹後部に及ぶ。また，各付属肢原基の出現にともなって，外胚葉の背面を覆う内層は付属肢原基内に伸展し，その内側を裏打ちするようになるが，この段階で，これまで整然と配列していた中胚葉節が乱れ，体腔が付属肢原基の内部にまで拡大する。

　体腔嚢の形成や体腔の発達状態は種や部位により異なって，顎・胸部では体腔や体腔嚢はよく発達するが，付属肢を形成しない腹部ではその発達はあまりよくない。たとえば，*Pyrilla* の腹部には十対の体腔嚢が形成されるが，各体腔はきわめて小さく，最後部のものは中胚葉節の葉裂により生じたと思われる微小な割れ目として認められるにすぎない（Sander, 1956）。また，*Rhodnius*（Mellanby, 1936）では，

間挿節（前大顎節）および3顎節，3胸節，10腹節の各節にほぼ完全な体腔嚢が形成されるようであるが，*Pyrrhocoris*（Seidel, 1924）や *Oncopeltus*（Butt, 1949）の体腔は常に神経上洞 epineural sinus に開いており，体腔嚢としては不完全なものであり，*Pyrilla* の体腔も狭い空隙により神経上洞と常に連絡している（Sander, 1956）。

原頭葉の中央部から両側に広がる内層は，その後部で顎部の内層と連絡し，側方に伸びる内層は触角域に達している。口陥の陥入が内層を貫くと，その前部の内層の一部は上唇原基に侵入し，不完全ながら一対の小さな体腔嚢を形成する。また，口陥の後部の中胚葉節は触角原基の内壁を裏打ちして，口陥と前大脳の視葉との間で一対の大きな体腔嚢を形成する。Singh（1981）によると，*Oxyrhachis tarandus*（ツノゼミ科）の胚では，頭部は prostominal lobe，cephalic lobe および触角節の3領域から構成され，体腔嚢は prostominal lobe と触角節に各一対，cephalic lobe に三対が形成されるという。

胚の短縮が進行するあいだに，中央中胚葉は崩壊し，ほとんど消失してしまうが，体腔嚢の背壁は内臓中胚葉に，腹壁は体壁中胚葉にそれぞれ分化する。まもなくして，中胚葉性器官の形成が始まると，これら二つの中胚葉層はさらに多くの組織に分化し，体腔嚢は崩壊する。

②　筋肉　　胚反転開始の少し前までに，体腔嚢が崩壊し，反転期間中に筋肉を形成する多核細胞（筋原細胞 myoblast）の形成が始まる。反転後，これらの細胞の形態的分化が起こり，背閉鎖の進行とともに筋肉の形成が急速に進む。これらの発生の様子については，比較的断片的であるが，*Hesperoctenes* で Hagan（1931）が，*Rhodnius* で Mellanby（1936）が，*Oncopeltus* で Newcomer（1948）と Butt（1949）が，*Pyrilla* で Sander（1956）が，それぞれ観察している。

Rhodnius 胚の胸部では，各付属肢原基内に侵入した中胚葉は2葉に分割し，内側の部分は胸脚の屈筋原基に，外側のものは伸筋原基になる。胸脚原基の背側に隣接する中胚葉は縦走腹筋 longitudinal sternal muscle の原基となり，胚帯の両側に位置する中胚葉は外胚葉に付着し，背側筋 dorso-lateral body muscle と縦走背筋 dorso-longitudinal body muscle の原基を形成する。背閉鎖後，筋原細胞は筋繊維に分化するが，体壁の筋肉では形態的に異なる2種類の筋細胞が形成される。そのうちの一つは細胞核が収縮性の筋質の中央部に位置するもので（図24-25，c，c'），付属肢内の筋肉がこのタイプを示し，他の一つは細胞の表層に核を有する筋鞘 sarcolemma を形成するもので（同図，b，b'），頸筋 cervical muscle，縦走背筋，背腹筋 dorso-ventral muscle などの筋肉がこれに属している。

体節間部の筋肉については，体腔嚢を構成している体壁中胚葉の背側中央部の細胞が中央神経索の背面を通って反対側の体節間部に達し，これが横筋 transverse muscle を形成することが *Pyrilla* で確かめられている（Sander, 1956）。

中腸の筋肉は，中腸上皮原基に密着した一対の内臓中胚葉索に由来するものであるが，前腸（食道）の筋肉は上唇の中胚葉節の一部から，後腸の筋肉は第十腹節の中胚葉節からそれぞれ形成されるものと考えられる。

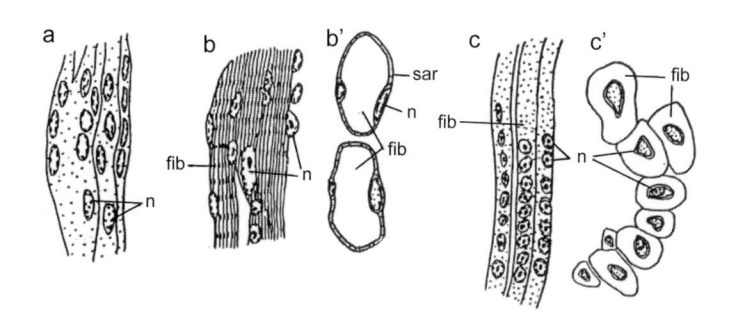

図24-25　サシガメの一種 *Rhodnius prolixus* の筋原細胞と筋繊維の発生（Mellanby, 1936）
a. 産卵後13日胚，筋原細胞群，b, b'. 同29日胚，体壁に付着する筋繊維（b. 縦断面；b'. 横断面），c, c'. 同29日胚，脚の筋繊維（c. 縦断面；c'. 横断面）
fib：筋繊維，n：核，sar：筋鞘

中腸筋肉の起源は，一般的には内臓中胚葉であるが，アメンボ *Gerris* の場合は，胚反転直前になると，口陥と肛門陥の両端の細胞が中胚葉細胞と一緒になって背側方向へ伸び，その後さらに口陥から伸びるものは後方へ，肛門陥から伸びるものは前方へそれぞれ伸長して二対の細胞リボンを形成する。このリボンは，胚反転が始まると腹側と背側にそれぞれ伸展し，やがて卵黄塊の表面を完全に包み込み，孵化前には中腸の外側を覆う薄い筋肉層を形成する（Mori，1976）。

　③　背脈管と血球　　背脈管は前部の大動脈と，これに続く心臓から構成されるが，その発達過程については簡単な報告しかない。

　心臓は心臓芽細胞 cardioblast に由来するもので，この細胞は反転直後の胚の体壁中胚葉の背縁で1列に縦列する細胞として観察される。*Rhodnius* の心臓芽細胞は，胚反転の後期に内臓中胚葉から分離して体壁の背縁に付着するとの報告（Mellanby，1936）もあるが，これは一般的でない。

　後の発生で，体壁（外胚葉）が卵黄塊を包みな

がら背側に成長するにつれて，心臓芽細胞は体壁に隣接したまま背部に運ばれ，背閉鎖にともなって背側正中線上で左右から合体・合一して前後に伸びる管状の心臓を形成する。同時に，心臓の両側から左右に伸びた背部隔壁 dorsal diaphragm（囲心隔壁 pericardial diaphragm）によって囲心血洞 pericardial blood sinus と囲腸血洞 circumintestinal blood sinus が分離される。

　大動脈は左右の触角体腔嚢と思われる二つの小さな管状部から形成される（Mellanby，1936）。この管状部の内壁は，胚反転前には口陥と発達中の大脳との間に位置するが，反転の後期になると，口陥の背側（上部）で合体・合一して一つの管状の大動脈を形成する。このようにして形成された大動脈は前端で間脳部に開き，その後部は口胃神経系の背側に沿って後方に伸びている。胚の背閉鎖が完了し，心臓が形成されると，大動脈の後端は心臓の前端と連絡して背脈管が完成する。

　血球は中央中胚葉の細胞に由来する。胚の短縮が始まり，中胚葉節の両側端に体腔壁（嚢）が形成さ

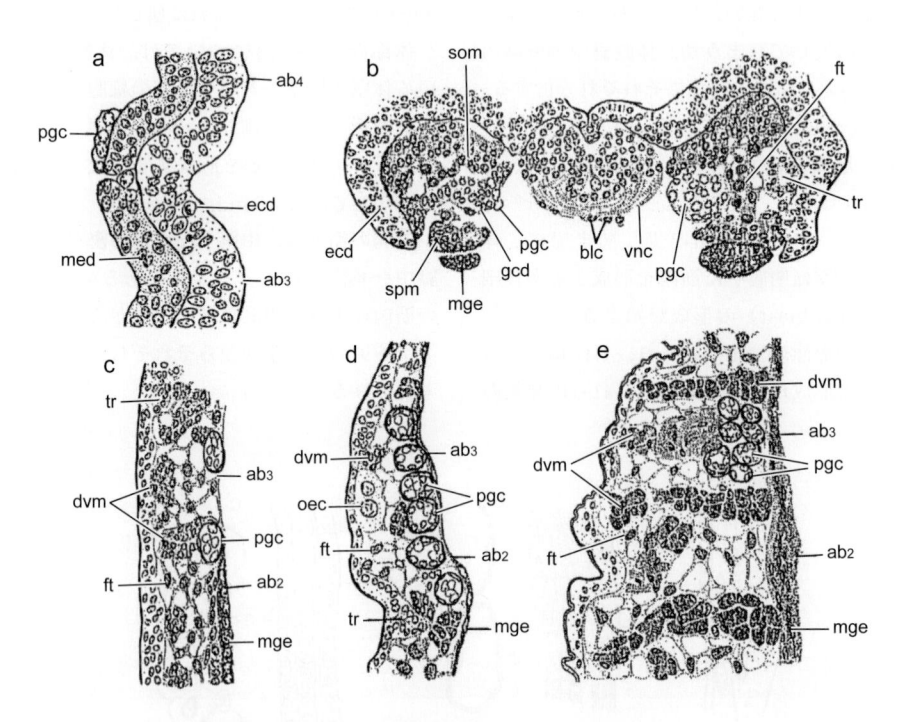

図 24–26　ホシカメムシの一種 *Pyrrhocoris apterus* の生殖巣の形成（Seidel，1924）
　a → b へ進行。a．中胚葉層の背面に始原生殖細胞が出現（第三〜四腹節縦断面），b．生殖索と始原生殖細胞群の形成（第三腹節横断面），c，d．第二〜三腹節への始原生殖細胞群の集中（第二〜三腹節縦断面），e．始原生殖細胞群の第三腹節への集中と2縦列の形成（同）
ab2〜4：第二〜四腹節，blc：血球細胞，dvm：背腹筋，ecd：外胚葉，ft：脂肪組織，gcd：生殖索，med：中胚葉，mge：中腸上皮細胞，pgc：始原生殖細胞，oec：扁桃細胞，som：体壁中胚葉，spm：内臓中胚葉，tr：気管，vnc：腹髄

れるころから，中央中胚葉の細胞が解離し，腹髄と卵黄との間に生じた腔所（神経上洞）へ遊離する。胚反転が始まるころまでには，中央中胚葉は消失し，神経上洞内の遊離細胞は血球に分化する。

アメンボ *Gerris* では（Mori 1979），胚帯がその長軸を中心に回転を終えると，胚帯の両側へいったん分離した中胚葉が，正中線上にふたたび戻って二次中央中胚葉を形成するが，やがてこの中胚葉の細胞は神経上洞内に分散して血球になる。本種の胚内には，3種類の血球が細胞学的特徴に基づいて同定されているが，これらについては上巻の第1部総論4-13節（4）に述べられているので，それを参照されたい。

④　脂肪体　　脂肪体 fat body は顎部から腹部までの各体節の体壁中胚葉に由来する。胚の短縮が進み，反転が近づくにつれて，中胚葉節（体腔壁）の背壁と腹壁の細胞の一部が大型化して脂肪細胞に分化する。まもなく脂肪細胞は多数の空胞（脂肪球）を含むようになり，大型の脂肪体となって神経上洞に伸展する。*Rhodnius*（Mellanby, 1936）の胚では，顎部と胸部の脂肪体がとくによく発達するが，前者は各付属肢原基の側方に位置する腔所を満たし，頭部の腔所に伸展して触角体腔嚢の直後にまで達するようになる。腹部の脂肪体は外胚葉の内側に位置する薄い一層の細胞層となり，体節的に配列する。

胚が反転を終え，背閉鎖が進むにつれて，胸・腹部の脂肪体は胚の背部にも広がり，各器官のまわりの腔所を満たすようになる。

⑤　生殖巣　　ここではカメムシ亜目の生殖巣 gonad の形成について説明する。*Rhodnius*（Mellanby, 1936）と *Oncopeltus*（Butt, 1949）では，卵黄内に陥入した胚原基の先端（盲端）が卵の前極域に達したとき，始原生殖細胞は原基の先端部付近の背部に付着した細胞塊として観察される。内層形成後，中胚葉節が形成されるころになると，始原生殖細胞は中胚葉層内に埋没した集団として認められるようになる。その後，始原生殖細胞が分散するにつれて，始原生殖細胞と中胚葉細胞との区別がきわめて困難になるが，中胚葉節に体腔壁（嚢）が形成されるころには，左右に二分された始原生殖細胞の集団が後腹部の両側の体腔内に出現する。まもなく，体腔壁（嚢）が崩壊し，体壁中胚葉の背側（体壁中胚葉と内臓中胚葉の間）に中胚葉性の生殖隆起

genital ridge が形成されると，始原生殖細胞の集団はこれの内側に付着する。やがて，生殖隆起が前後に連絡して長い帯状の生殖索 genital cord になり，胚帯の両側に一連の生殖巣原基が形成される。その後，生殖隆起の前方への凝縮が始まる。

Rhodnius では，始原生殖細胞の集団は第八〜十腹節の体腔嚢の内側に出現し，その後，生殖隆起と結合して徐々に前進し，胚反転が始まるころまでには，第六〜八腹節まで移動する。*Pyrrhocoris* では（Seidel, 1924），始原生殖細胞は中胚葉節の形成前までは識別されないが[*5]，胚の短縮が進行するあいだに，中胚葉層の背面で始原生殖細胞が明瞭になる（図 24-26, a, b）。このとき，第一〜八腹節の各節間部にそれぞれ1個の始原生殖細胞集団が出現する。胚反転期間中に，各始原生殖細胞集団は体節的に分離したまま中胚葉細胞で包まれ（同図, c），第二〜八腹節の両側で形成された生殖隆起に取り込まれる。胚反転後，生殖巣原基は第二〜三腹節の両側に凝縮し，各原基内の7個の始原生殖細胞集団は中腸上皮原基に隣接して1列の縦列となる（同図, d）。さらに発生が進むと，それらは第三腹節に集合して2縦列を形成する（同図, e）。

胚反転後，背閉鎖が起こると，始原生殖細胞集団は生殖隆起の細胞で完全に包まれ，生殖巣原基は腹部の所定の位置に定着する。ほぼ十分に成長した胚の体表にクチクラが分泌されるころまでには，生殖巣原基の内部が7〜8個の小胞（卵巣小管あるいは精巣小胞の原基）に分割され，腹壁が管状に伸びて生殖輸管を形成し，生殖巣がほぼ完成する。

c.　消化管とその付属器官

消化管は前腸，中腸，後腸の三部分に大別され，後腸からはマルピーギ管が派生する。

①　前腸　　頭・顎・胸部の付属肢原基が出現し，神経溝が形成されるころになると，原頭葉の後縁近くの正中線上で細胞の配列が乱れ，この部分に前腸の原基となる口陥が小さな窪みとして出現する（図 24-27, a）。この窪みはその背面を覆う内層を貫通しながら内方（背方）へ伸びて明瞭な盲管を形成し，その後，後方（尾部方向）へ向かって伸長する。

この過程で，*Pyrrhocoris*（Seidel, 1924）や*Rhodnius*（Mellanby, 1936）の盲管底部（口陥底）

---

* 5　Matolin（1973）は，胚原基の形成直後の早い時期に，卵の後極域で分化した始原生殖細胞を観察している。

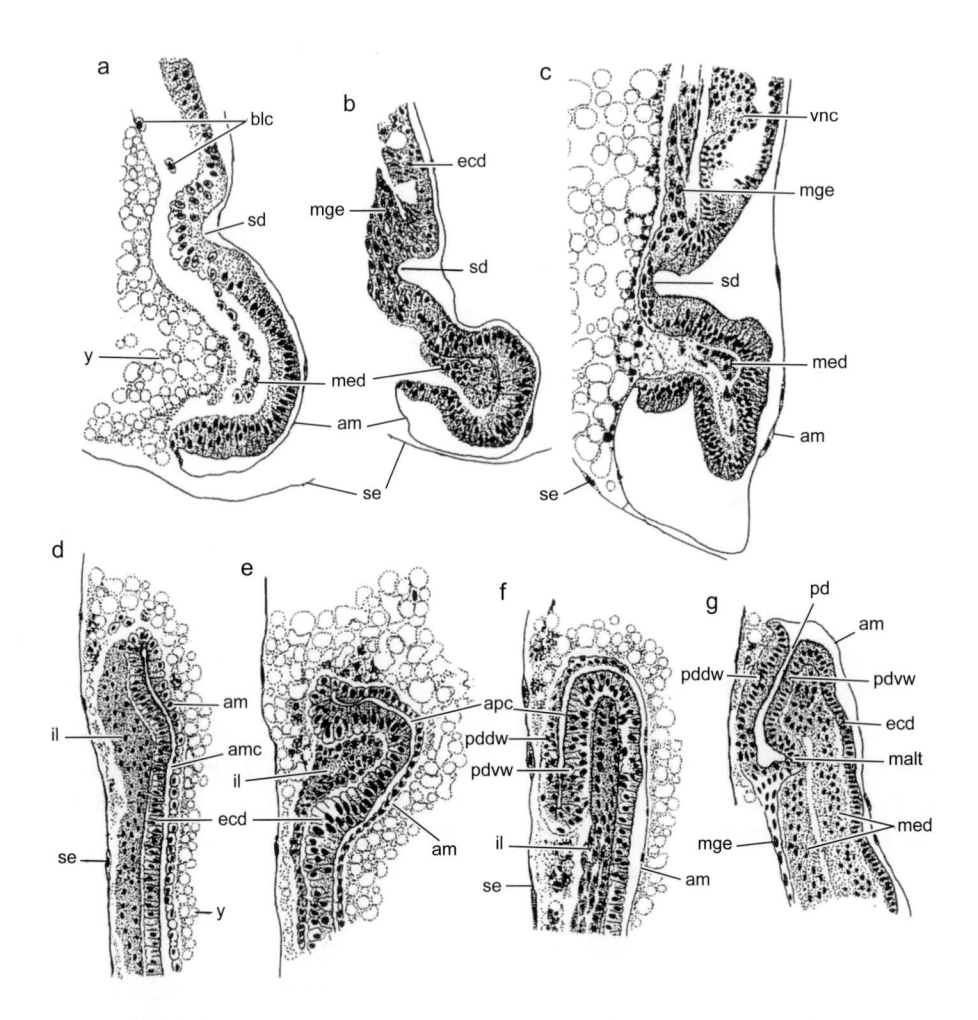

図 24–27　ナガカメムシ科の一種 *Oncopeltus fasciatus* の口陥形成（原頭葉〜顎体節縦断面）と肛門陥，マルピーギ管原基の形成（腹部後部縦断面）（Butt, 1949）

a → c へ進行。a. 産卵後 66 時間，b. 同 73 時間，c. 同 85 時間，d → g へ進行。d. 同 65 時間，e. 同 66 時間，f. 同 73 時間，g. 同 85 時間

am：羊膜，amc：羊膜腔，apc：羊膜肛門陥腔，blc：血球細胞，ecd：外胚葉，il：内層，malt：マルピーギ管原基，med：中胚葉，mge：中腸上皮原基，pd：肛門陥，pddw：肛門陥背壁，pdvw：肛門陥腹壁，sd：口陥，se：漿膜，vnc：腹髄，y：卵黄

は内胚葉性の細胞塊（中腸上皮原基）で覆われるようになるが，*Pyrilla*（Sander, 1956）や *Oncopeltus*（Butt, 1949）では，このような細胞塊は見られない。最長期を終えてまもない *Pyrilla* の胚では，口陥盲端部の細胞が増殖し，これが卵黄塊の表面に沿って伸展し，羊膜に似た薄膜（内羊膜 entamnion, ental membrane）を形成する（Sander, 1956）。同様の膜はアメンボ *Gerris* の口陥形成開始後まもない胚でも観察されているが，その形成は口陥盲端部での細胞増殖に先行する（Mori, 1969）。

　胚の短縮開始後まもなくして，口陥の背壁はその基部（陥入部）から中胚葉細胞によって覆われる

ようになる。このころ，*Oncopeltus* や *Pyrilla* の口陥盲端部の腹壁（後壁）には，前部中腸上皮の原基が出現し，次第に後方に向かって伸長する（図 24–27，b）。アメンボ *Gerris* の胚では，上述したように，口陥末端部の両側から増殖した一対の外胚葉細胞リボンが後方へ伸長するが，同時に口陥底付近の中胚葉細胞群も同様に一対の細胞リボンを形成し，外胚葉リボンの腹面に沿って後方へ成長する（Mori, 1969, 1976）。胚反転の少し前になると，口陥背壁に口胃神経系が分化し（前述），口陥の外周は中胚葉細胞で覆われる。

　Rhodnius では（Mellanby, 1936），胚が反転が

終了するまでは，口陥は比較的ゆっくり成長し，後大脳と大顎神経節の間を通って後方へ伸長する管状の前腸となる。その後の前腸の急速な伸長にともなって，前腸壁は薄くなる。胚の体表にクチクラが分泌される少し前には，最長となった前腸の盲端が後胸節で中腸管の前端と結合する。胚の体表がクチクラ層で覆われると，前腸壁の内側にもクチクラ層が形成され，前腸管の内腔は非常に狭くなる。孵化時の若虫では，前腸と中腸は連続しているが，それらの内腔はまだ連絡していない。

②　後腸とマルピーギ管　　後腸は，口陥の陥入後まもなくして尾端部（腹部末端部）に形成される肛門陥に由来する。肛門陥は，カイガラムシ類（Shinji, 1919, 1924）では第十腹節の，アブラムシ類（Uichanco, 1924）や Rhodnius（Mellanby, 1936）では尾節の外胚葉性陥入として形成されるようであるが，Pyrilla（Sander, 1956），Pyrrhocoris（Seidel, 1924），Oncopeltus（Butt, 1949），Gerris（Mori, 1969）などでは，肛門陥の形成に羊膜が参加して羊膜肛門陥腔 amnio-proctodaeal cavity（以下 APC と略記する）が形成され，口陥形成に比べて複雑な様相を示す。

APC の形成をともなう肛門陥形成の場合，その形成前の胚帯の後腹部は，背面が内層によって，腹面が外胚葉の周縁に連なる比較的厚い羊膜によってそれぞれ覆われ，直線的に伸びている（図24-27, d）。しかし，肛門陥の形成が始まると，尾端の少し前の部分が内層を挟んで背方へ折れ曲がり，胚帯後部の縦断面では羊膜-後腹部は S 字状を呈する（同図，e）。このときに見られる尾端部の腹面（外面）と羊膜との間の腔所（APC）が肛門陥原基である。胚の短縮が進行するにつれて，尾端部の腹側（APC の腹面）を覆う羊膜は肥厚して肛門陥の背壁を形成するが，それ以外の羊膜は薄膜に変化する（同図，f，g）。このように，肛門陥の腹壁は外胚葉性の尾端部に，背壁は羊膜にそれぞれ起源するものであるが，Pyrrhocoris 胚を観察した Seidel（1924）は，肛門陥壁全体が羊膜起源であるとしている。

Oncopeltus や Pyrilla では，肛門陥背壁の肥厚後，盲端部の腹側の細胞が活発に増殖し，一対の後部中腸上皮の原基を形成する（図24-27, g）。Pyrilla の胚では，肛門陥原基が第八腹節の背部まで伸びたころ，その先端寄りの内腔が広がり，その部分の肛門陥壁の内側に硬化した内膜 intima が形成され

る。また，このとき，肛門陥原基の末端部から増殖した細胞が卵黄表面に沿って伸展し，やがて内羊膜 ental membrane を形成する。先端寄りの内膜形成後，盲端壁は内羊膜と連続した薄膜になり，盲端部はマイセトムの腹側に密着する。

胚の短縮が目立ち，反転が近づくと，中胚葉細胞で取り囲まれた肛門陥壁から二対の外胚葉性の盲管が膨出し，これがマルピーギ管 Malpighian tubule の原基となる。これらの原基が分化する場所は種によって異なり，Rhodnius（Mellanby, 1936）や Oncopeltus（Butt, 1949）では肛門陥の盲端部の両側から（図24-27, g），Pyrilla（Sander, 1956）では硬化した内膜の後端部からそれぞれ生じる。Pyrrhocoris（Seidel, 1924）のマルピーギ管原基も盲端部には出現せず，Pyrilla の場合に似ている。

胚反転後，カイガラムシ類の肛門陥は急速に伸長するが（Shinji, 1919, 1924），カメムシ亜目の種ではこのような成長はみられず，しばらくのあいだは目立った二次的変化も起こらない。マルピーギ管原基は，出現後しばらくして中胚葉細胞によって取り囲まれ，胚の背閉鎖が完了するころまでには相当伸長して螺旋状に発達する。

③　中　腸　　半翅目昆虫の中腸上皮 midgut epithelium の原基は，口陥底と肛門陥底のそれぞれに位置する細胞塊（前部と後部の中腸上皮の原基）として出現する場合（二極形成）と，胚帯の後端部の細胞塊として分化する場合（一極形成）とが知られている。また，これらの原基の胚葉起源については，外胚葉説と内胚葉説とがあり，卵黄核が中腸上皮の形成に参加するとの報告もある。

中腸上皮の二極形成は，ヨコバイ亜目とカメムシ亜目の多くの種で一般的にみられる様式であるが，Pyrrhocoris（Seidel, 1924）や Rhodnius（Mellanby, 1936）の中腸上皮の原基は，多層構造の内層の前端部と後端部が口陥底と肛門陥底にそれぞれ付着・増殖したもので，内胚葉起源であり，Oncopeltus（Butt, 1949）や Pyrilla（Sander, 1956）のそれらは，口陥底と肛門陥底からそれぞれ増殖した細胞群によるもので（図24-27, b, c, g），外胚葉起源である。

これらの原基は，口陥と肛門陥の成長が進むにつれて，対状の細胞リボンを形成しながら，内臓中胚葉の内側を卵黄表面に沿って伸長する。胚反転が起こるころには，後方に伸びる前部中腸上皮原基と前

方へ向かう後部中腸上皮原基の細胞リボンの先端が前後に連絡し，一対の連続した細胞リボンが形成される。その後の背閉鎖の進行とともに，中腸上皮原基の細胞リボンは，その外側に内臓中胚葉をともないながら，背腹方向へ伸展する。背閉鎖が完了すると，中腸上皮は卵黄塊を完全に包み込み，その外側は内臓中胚葉（中腸筋肉原基）で覆われる。このころになると，中腸上皮細胞の細胞質には多数の空胞が発達し，細胞の染色性は著しく低下する。

Rhodnius の胚では（Mellanby，1936），口陥底に位置する内胚葉性の細胞塊（前部中腸上皮原基）は中腸の前部を，肛門陥底に付着した内胚葉性細胞塊（後部中腸上皮原基）は中腸の後部をそれぞれ形成するが，これらの部分は卵黄をまったく取り込んでいない。また，前・後部の中腸上皮原基から伸び出した細胞リボンは胚反転直前のころには連絡し，連続する細胞層を形成する。その後，この細胞層は卵黄塊を覆いながら伸展し，背閉鎖後には，卵黄塊全体を包む中腸の中央部（卵黄嚢 yolk sac）を完成させる。中腸の中央部内に取り込まれた卵黄の一部は孵化時までに消費されるが，その大部分は孵化後も残存する。

Hesperoctenes の場合（Hagan，1931），中腸上皮は二極形成で，背閉鎖後，前腸，中腸，後腸が連絡して消化管が完成する。このとき，中腸管の前方 1/3 ほどは胚膜（羊膜と漿膜）の圧縮された塊によって，その後部は卵黄核（栄養細胞 trophocyte）によって占められているが，胚表面にクチクラが分泌される少し前には，この胚膜も卵黄核も消化・吸収されてしまう。

中腸原基の一極形成はカイガラムシ類（Shinji，1919，1924）で観察されている。このグループでは，胚－羊膜原基が卵の後極から陥入を始めると，胚原基の陥入部は三つの胚葉（外側から外・中・内胚葉）に分化する。胚帯の体節化と付属肢の形成が進むにつれて，内胚葉細胞は胚帯の尾端部で中胚葉層の内側（背部）に密集し，中腸上皮の原基になる。その後の発生で肛門陥形成が始まると，中腸上皮原基は肛門陥底に付着し，その構成細胞の急速な増殖により螺旋状の中腸管を形成する。肛門陥の伸長にともなって，中腸管は肛門陥によって前方へ運ばれ，やがて，その先端は口陥（前腸）の盲端と連絡するようになる。

卵黄核による中腸上皮の形成に関しては，Mori（1969，1976，1979）によるアメンボ *Gerris paludum insularis* の観察がある。本種の中腸形成は他の種でみられるものとは大変異なり，きわめてユニークである。中腸上皮は起源的に異なる二つの原基に由来し，そのうちの一つは卵黄塊の表面を覆う膜（yolk boundary と内羊膜）に卵黄核が混入・増殖して形成される primary midgut（以下 PMG と略記する）の上皮原基であり，他の一つは肛門陥前室の幽門 pylorus から伸び出した secondary midgut（以下 SMG と略記する）の上皮原基である。また，中腸筋肉は，口陥底と肛門陥底に位置する外胚葉と中胚葉から対状に伸びた細胞リボン（外胚葉性リボンは他の種でみられる前・後部の中腸上皮原基の状態に，中胚葉性リボンは内臓中胚葉の状態に，それぞれよく似ている）によって形成されるという。

本種における PMG 上皮の形成は，おおむね次のようである。胚が反転期をむかえると，内羊膜と yolk boundary（厚さ 1 µm 以下）は卵黄塊を完全に包み込む。反転後 24 時間までのあいだに，卵黄核と細胞質がこれらの膜の内側に移動し，膜の厚さを徐々に増加させる。反転の 3 日後には，膜に混入した卵黄核が無糸分裂によって増殖し，膜の厚さが 5 〜 6 µm になる。発生が進み孵化が近づくにつれて，膜（上皮原基）の内表面はなめらかになり，細胞質中には空胞が発達する。このようにして，多核細胞性で，厚さがおよそ 10 µm の PMG 上皮組織が完成する。また，SMG の上皮形成では，胚反転後，肛門陥がその前部の幽門と後部の直腸に分化すると，前者は前方へ伸長して PMG 上皮原基の後部背端と癒合する。その後，この癒合部は腹側方向へ移動するが，SMG 上皮原基は PMG 上皮原基と背上皮との間を前方に向かって伸長する。

24-8　おわりに

半翅目昆虫類は，「はじめに」で述べたように，不完全変態昆虫類のなかでは最大の分類群で，形態・生態的にきわめて多様化しており，その胚発生は農学上の問題とも関連してよく研究されてきた。しかし，わが国では，半翅目昆虫類が豊富に生息しているにもかかわらず，アメンボ *Gerris* を除けば，この分類群の胚発生についての研究はほとんど皆無といってよい。

これまで述べてきた本目の胚発生の様子を振り返ってみると，それは完全変態昆虫類の膜翅目（ハ

チ目）の胚発生に比肩するほどの多様性を示し，他の不完全変態昆虫類にはみられない独特のものであることがわかる。しかしながら，発生の中・後期の器官形成に関する知見には不十分さがあり，比較発生学的考察を進めるうえでは，より徹底した研究が今後必要になろう。とくに，各科を代表する種の器官形成については詳細な観察が望まれる。

■ 24 章の引用文献（* 印は間接引用）

*Andersen, N. M. & J. T. Polhems, 1976：Water-striders (Hemiptera：Geridae, Vellidae, etc.). In：*Marine Insects* (Cheng, L., ed.), pp. 187-224. North-Holland Publishing Company, Amsterdam.

Beament, J. W. L., 1946：The formation and structure of the chorion of the egg in an hemipteran, *Rhodnius prolixus*. *Q. J. Microsc. Sci.*, **87**, 393-439.

——, 1947：The formation and structure of the micropylar complex in the egg-shell of *Rhodnius prolixus* Stähl (Heteroptera Reduviidae). *J. Exp. Biol.*, **23**, 213-233.

Blochmann, F., 1887：Über die Richtungskörper bei Insekteneiern. *Morphol. Jb.*, **12**, 544-574, 2 pls.

Butt, F. H., 1949：Embryology of the milkweed bug *Oncopeltus fasciatus* (Hemiptera). *Cornell Univ., Agric. Exp. Sta. Mem.*, **283**, 1-43.

——, 1960：Head development in the arthropods. *Biol. Rev.*, **35**, 43-91.

Chauvin, G., R. Barbier & J. Bernard, 1973：Ultrastructure de l'oeuf de *Triatoma infestans* Klug (Heteroptera, Reduviidae), formation des cuticules embryonnaires, rôle des enveloppes dans le transit de l'eau. *Z. Zellforsch.*, **138**, 113-132.

Choban, R. G. & A. P. Gupta, 1972：Meiosis and early embryology of *Blissus leucopterus hirtus* Montandon (Heteroptera：Lygaeidae). *Int. J. Insect Morphol. Embryol.*, **1**, 301-314.

Cobben, R. H., 1965：Das aero-mikropylare System der Homoptereneier und Evolutionstrends bei Zikadeneiern (Hom. Auchenorhyncha). *Zool. Beitr. Berl. (NF)*, **11**, 13-69.

——, 1968：*Evolutionary Trends in Heteroptera. Part. I. Eggs, Architecture of the Shell, Gross Embryology and Eclosion.* Centre for Agricultural Publishing & Documentation, Wageningen.

Dorn, A., 1972：Die endokrinen Drüsen im Embryo von *Oncopeltus fasciatus* Dallas (Insecta, Heteroptera). Morphogenese, Funktionsaufnahme, Beeinflussung des Gewebewachstums und Beziehungen zu den embryonalen Häutungen. *Z. Morphol. Tiere*, **71**, 52-104.

——, 1975：Elektronenmikroskopische Studien über Differenzierung und Funktionsaufnahme der Corpora cardiaca im Embryo von *Oncopeltus fasciatus* Dallas (Insecta, Heteroptera). *Cytobiologie*, **10**, 235-248.

——, 1976：Ultrastructure of embryonic envelopes and integument of *Oncopeltus fasciatus* Dallas (Insecta, Heteroptera). I. Chorion, amnion, serosa, integument. *Zoomorphologie*, **85**, 111-131.

——, 1983：Hormones during embryogenesis of the milkweed bug, *Oncopeltus fasciatus* Dallas (Heteroptera：Lygaeidae). *Entomol. Gen.*, **8**, 193-214.

—— & P. Hoffmann, 1981：The 'embryonic moults' of the milk-weed bug as seen by the S.E.M. *Tiss. Cell*, **13**, 461-473.

——&——, 1983：Segmentation and differentiation of appendages during embryogenesis of the milkweed bug, *Oncopeltus fasciatus*：A scanning electron microscopical study. *Zool. Jb. Anat. Ontog.*, **109**, 277-298.

—— & F. Romer, 1976：Structure and function of prothoracic glands and oenocytes in embryos and last larval instars of *Oncopeltus fasciatus* Dallas (Insecta, Heteroptera). *Cell Tiss. Res.*, **171**, 331-350.

Eichhorn, O., 1961：Zur Embryonalentwicklung der Adelgiden (Hemipt.). *Anz. Schädlingsk*, **34**, 20-26.

Emeis, W., 1915：Über Eientwicklung bei den Cocciden. *Zool. Jb. Anat. Ontog.*, **39**, 27-78.

Fletcher, M. J. & D. T. Anderson, 1980：Unusual features in the embryonic development of *Scolypopa australis* (Walker) (Homoptera：Fulgoroidea：Ricaniidae). *Int. J. Insect Morphol. Embryol.*, **9**, 129-134.

福田仁郎，1963：最新防除 果樹害虫編．養賢堂，東京．

Gerwel, C., 1950：The embryonic development of *Porphyrophora polinica* Ckll. (Coccidae). Part I. *Pozman Soc. Friends Sci. Dept. Math. Nat. Sci. Biol. Sec.*,**12**, 1-33.

Hagan, H. R., 1931：The embryogeny of the polyctenid, *Hesperoctenes fumarius* Westwood, with reference to viviparity in insects. *J. Morphol. Physiol.*, **51**, 1-117.

長谷川仁，1959：日本昆虫記 IV. "セミの生活（岩田久二雄ほか編）"，pp. 39-72．講談社教育図書出版部，東京．

橋本治二，1991：セミの生活史．誠文堂新光社，東京．

Heymons, R., 1896：Zur Morphologie der Abdominalanhänge bei den Insekten. *Morphol. Jb.*, **24**, 178-204, 1 pl.

——, 1899：Beiträge zur Morphologie und Entwicklungsgeschichte der Rhynchoten. *Nova Acta Acad. Caes. Leop.-Car. Nat. Cur.*, **74**, 351-456, 3 pls.

Hinton, H. E., 1981：*Biology of Insect Eggs*. Pergamon Press, Oxford.

平嶋義宏・森本　桂・多田内修，1989：昆虫分類学．川島書店，東京．

Hirschler, J., 1912：Embryologische Untersuchungen an Aphiden, nebst theoretischen Erwägungen über den morphologischen Wert der Dotterelemente (Dotterzellen, Vitellophagen, Dotterepithel, Merocyten, Parablast) im allgemeinen. *Z. Wiss. Zool.*, **100**, 393-446, 2 pls.

Hussey, P. B., 1926：Studies on the pleuropodia of *Belostoma flumineum* Say and *Ranatra fusca* Palisot de Beauvois, with a discussion of these organs in other insects. *Entomol. Am.*, **7**, 1-81.

石原　保，1961：系統農業昆虫学：実験・防除，第 2 版．養賢堂，東京．

——, 1963：害虫防除 農業昆虫大要．養賢堂，東京．

岩田久二雄，1975：自然観察者の手記 昆虫とともに五十年．朝日新聞社，東京．

——, 1978：昆虫を見つめて五十年 (II)．朝日新聞社，東京．

——, 1981：自然観察者の手記 4．朝日新聞社，東京．

――, 1983：新・昆虫記. 朝日新聞社, 東京.

Johannsen, O. A. & F. H. Butt, 1941：*Embryology of Insects and Myriapods*. McGraw-Hill, New York, London.

加藤正世, 1981：蝉の生物学. サイエンティスト社, 東京.

河合省三, 1980：日本原色カイガラムシ図鑑. 全国農村教育協会, 東京.

Körner, H. K., 1969：Die embryonale Entwicklung der symbiontenführenden Organe von *Euscelis plebejus* Fall. (Homoptera-Cicadina). *Oecologia*, 2, 319-346.

――, 1972：Elektronenmikroskopische Untersuchungen am embryonalen Mycetom der Kleinzikade *Euscelis plebejus* Fall. (Homoptera, Cicadina). I. Die Feinstruktur der a-Symbionten. *Z. Parasitenkd.*, 40, 203-226.

――, 1974：Elektronenmikroskopische Untersuchungen am embryonalen Mycetom der Kleinzikade *Euscelis plebejus* Fall. (Homoptera, Cicadina). II. Die Feinstruktur der t-Symbionten. *Ibid.*, 44, 149-164.

――, 1976：On the host-symbiont-cycle of a leafhopper (*Euscelis plebejus*) endosymbiosis. *Experientia*, 32, 463-464.

Kuhn, O., 1926：Die Facettenaugen der Landwanzen und Zikaden. *Z. Morphol. Ökol. Tiere*, 5, 489-558.

Lin, S., A. C. Hodson & A. G. Richards, 1954：An analysis of threshold temperatures for the development of *Oncopeltus* and *Tribolium* eggs. *Physiol. Zool.*, 27, 287-311.

Lüdtke, H., 1940：Die Embryonale und postembryonale Entwicklung des Auges bei *Notonecta glauca* (Hemiptera-Heteroptera), zugleich ein Beitrag zum Wachstums- und Häutungsproblem. *Z. Morphol. Ökol. Tiere*, 37, 1-37.

Matolin, S., 1973：The embryonic development of *Pyrrhocoris apterus* (L.) (Heteroptera, Pyrrhocoridae). *Acta Entomol. Bohemoslov.*, 70, 150-156, 5 pls.

*Mecznikow (Metschnikoff), E., 1866：Embryologische Studien an Insekten. *Z. Wiss. Zool.*, 16：128-132.

Mellanby, H., 1935：The early embryonic development of *Rhodnius prolixus* (Hemiptera, Heteroptera). *Q. J. Microsc. Sci.*, 78, 71-90, 1 pl.

――, 1936：The later embryology of *Rhodnius prolixus*. *Ibid.*, 79, 1-42.

Mori, H., 1969：Normal embryogenesis of the waterstrider, *Gerris paludum insularis* Motschlsky, with special reference to midgut formation. *Jpn. J. Zool.*, 16, 53-67, 3 pls.

――, 1970：The distribution of the columnar serosa of eggs among the families of Heteroptera, in relation to phylogeny and systematics. *Ibid.*, 16, 89-98.

――, 1975：Everted embryos obtained after cauterization of eggs of the waterstrider, *Gerris paludum insularis* Motschulsky. *Annot. Zool. Jpn.*, 48, 252-261.

――, 1976：Formation of the visceral musculature and origin of the midgut epithelium in the embryos of *Gerris paludum insularis* Motschulsky (Hemiptera；Gerridae). *Int. J. Insect Morphol. Embryol.*, 5, 117-125.

――, 1979：Embryonic hemocytes：Origin and development. In：*Insect Hemocytes* (Gupta, A. P., ed.),

pp. 3-27. Cambridge University Press, Cambridge.

――, 1983：Origin, development, morphology, functions and phylogeny of the embryonic midgut epithelium in insects. *Entomol. Gen.*, 8, 135-154.

Muir, F. & J. C. Kershaw, 1911：On the later embryological stages of the head of *Pristhesancus papuensis* (Reduviidae). *Psyche*, 18, 75-79, 2 pls.

――&――, 1912：The development of the mouthparts in the Homoptera, with observations on the embryo of *Siphanta*. *Ibid.*, 19, 77-89.

Newcomer, W. S., 1948：Embryological development of the mouth parts and related structures of the milkweed bug, *Oncopeltus fasciatus* (Dallas). *J. Morphol.*, 82, 365-411.

Nur, U., 1962：Sperms, sperm bundles and fertilization in a mealy bug, *Pseudococcus obscurus* Essig. (Homoptera：Coccoiea). *Ibid.*, 111, 173-199.

Overmeer, W. P. J., 1961：Investigation on species of pear sucker in the Netherlands. *Tijdschr. Pl. Ziekt.*, 67, 281-289.

Sander, K., 1956：The early embryology of *Pyrilla perpusilla* Walker (Homoptera), including some observations on the later development. In：*On Indian Insect Types* (Mirza, M. B., ed.), pp. 1-61, 12 pls. Aligarh Muslim University Publications, Zoological Series IV.

――, 1968：Entwicklungsphysiologische Untersuchungen am embryonalen Mycetom von *Euscelis plebejus* F. (Homoptera, Cicadina). I. Ausschaltung und abnorme Kombination einzelner Komponenten des symbiontischen Systems. *Dev. Biol.*, 17, 16-38.

Schneider, G., 1940：Beiträge zur Kenntnis der symbiontischen Einrichtungen der Heteropteren. *Z. Morphol. Ökol. Tiere*, 36, 595-644.

Schrader, F., 1923：The sex ratio and oogenesis of *Pseudococcus citri. Z. Indukt. Abstam. Vererbung.*, 30, 163-182, 4 pls.

Seidel, F., 1924：Die Geschlechtsorgane in der embryonalen Entwicklung von *Pyrrhocoris apterus* L. *Z. Morphol. Ökol. Tiere*, 1, 429-506.

Shinji, G. O., 1919：Embryology of coccids, with special referece to the formation of the ovary, origin and differentiation of the germ cells, germ layers, rudiments of the midgut, and the intracellular symbiotic organisms. *J. Morphol.*, 33, 73-167.

――, 1924：Embryology of coccids with special reference to the origin and differentiation of ovarian elements, germ layers, nervous and digestive systems. *Bull. Imp. Coll. Agric. Fores. Morioka, Japan*, 6, 1-61, 14 pls.

素木得一, 1954：昆虫の分類. 北隆館, 東京.

Singh, R., 1981：The myth of intercalary segment in insect head. *J. Morphol.*, 168, 11-12.

Southwood, T. R. E., 1956：The structure of the eggs of the terrestrial Heteroptera and its relationship to the classification of the group. *Trans. R. Entomol. Soc. Lond.*, 108, 163-221.

――& D. W. Fewkes, 1961：The immature stages of the commoner British Nabidae (Heteroptera). *Trans. Soc. Br. Entomol.*, 14, 147-166.

Springer, C. A., 1967：Embryology of the thoracic and abdominal ganglia of the large milkweed bug, *Oncopeltus fasciatus* (Dallas) (Hemiptera, Lygaeidae). *J. Morphol.*, 122, 1-17.

――& C. W. Rutschky, 1969：A comparative study of

the embryological development of the median cord in Hemiptera. *Ibid.*, **129**, 375–400.

Stevens, N. M., 1905：A study of the germ cells of *Aphis rosae* and *Aphis oenotherae. J. Exp. Zool.*, **2**, 313–333, 4 pls.

Sweet, M. H., 1964：The biology and ecology of the Rhyparochrominae of New England (Heteroptera：Lygaeidae). Part I. *Entomol. Am.*, **43**, 1–124.

高橋雄一，1955：農業害虫編：実験防除．養賢堂，東京．

田中正弘，2001：コオイムシ（半翅目，コオイムシ科）の胚子発生．I. 卵と胚の外部形態の変化．*New Entomol.*, **50**, 35–42.

Tandon, N., 1969：Embryology of the red cotton bug, *Dysdercus cingulatus*. I. Early embryonic development. *Proc. Zool. Soc., Calcutta*, **22**, 139–149.

――, 1970：Embryology of the red cotton bug, *Dysdercus cingulatus* (Fabricius). II. Embryonic envelopes, blastokinesis, segmentation and the formation of appendages. *Ibid.*, **23**, 119–137.

Tóth, L., 1933：Über die frühembryonale Entwicklung der viviparen Aphiden. *Z. Morphol. Ökol. Tiere*, **27**, 692–731.

都築裕一・谷脇晃徳・猪田利夫，1999：水生昆虫完全飼育・繁殖マニュアル．データハウス，東京．

Uichanco, L. B., 1924：Studies on the embryogeny and postnatal development of the Aphididae with special reference to the history of the "symbiotic organ", or "mycetom". *Phillip. J. Sci.*, **24**, 143–247, 13pls.

Wall, C., 1974：Disruption of embryonic development by juvenile hormone and its mimics in *Dysdercus fasciatus* Sign. (Hemiptera, Pyrrhocoridae). *Bull. Entomol. Res.*, **64**, 421–433.

Webster, F. M. & W. J. Phillips, 1912：The spring grain-aphis or green bug. *U. S. Dept. Agric. Bur. Entomol. Bull.*, **110**, 94–103.

Wells, M. J., 1954：The thoracic glands of Hemiptera Heteroptera. *Q. J. Microsc. Sci.*, **95**, 231–244.

Wheeler, W. M., 1890：On the appendages of the first abdominal segment of embryo insects. *Trans. Wis. Acad. Sci. Arts Lett.*, **8**, 87–140, 3 pls.

Will, L., 1883：Zur Bildung des Eies und des Blastoderms bei den viviparen Aphiden. *Arb. Zool. Inst. Würzburg*, **6**, 217–258, 1 pl.

――, 1888：Entwicklungsgeschichte der viviparen Aphiden. *Zool. Jb. Anat. Ontog.*, **3**, 201–286, 5 pls.

Witlaczil, E., 1884：Entwicklungsgeschichte der Aphiden. *Z. Wiss. Zool.*, **40**, 559–696, 7 pls.

八木誠政，1959：昆虫学本論．養賢堂，東京．

25章

アザミウマ目
Thysanoptera

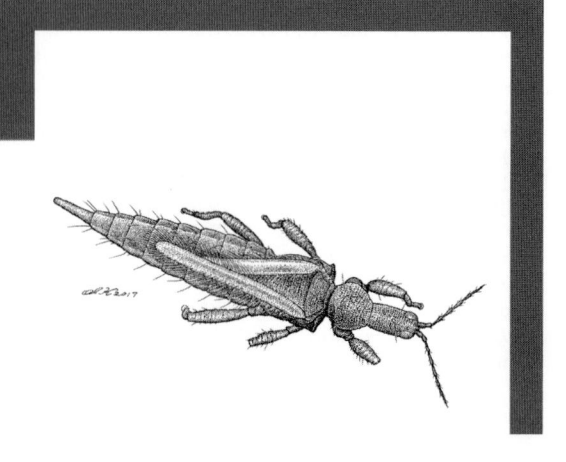

25-1　はじめに

　アザミウマ目 Thysanoptera は，雌が産卵器 ovipositor をもつアザミウマ亜目（穿孔亜目）Terebrantia と，産卵器がなく，腹端が管状になったクダアザミウマ亜目（有管亜目）Tubulifera の二つの亜目で構成されている。体長は通常 2〜3 mm，最大種でも 10 mm ほどの小さな昆虫であるが，農業害虫となる種も多い。

　アザミウマは前後翅が総状になり，肢の先端には爪の代わりに粘着性の胞囊をもち，口器は半翅目 Hemiptera 同様，吸収口であるが，左右が不相称になるなど，多くの奇異な形態を有している。とくに興味深いのは，不完全変態類 Hemimetabola でありながら，後胚発生 postembryonic development の間に，摂食をせず変態を行う蛹 pupa とよばれるステージがあることである。

　この目についての最初の発生学的研究は，1874年に Uljanin が発表したアザミウマ亜目のアザミウマ科 Thripidae の *Thrips physapus* とクダアザミウマ亜目のクダアザミウマ科 Phlaeothripidae の *Phlaeothrips pedicularia* の発生を外部観察で追ったものである（Uljanin, 1874）。彼はこれらのアザミウマの胚発生が陥入型で，半翅類やトンボなどの発生に似ていることを指摘している。

　次の研究が現れるのは，1 世紀近く後の Bournier（1960, 1966）によるもので，クダアザミウマ科の *Caudothrips*（= *Bactrothrips*）*buffai* の二次背器 secondary dorsal organ の形成，および発生一般に関するものである。1974 年には Ando & Haga のツノオオアザミウマ *Bactrothrips brevitubus* の

側脚 pleuropodium についての簡単な報告がある（Ando & Haga, 1974）。次いで Heming（1979, 1980）が，やはりクダアザミウマ科の一種の *Haplothrips*（= *Neoheegeria*）*verbasci* の口器の発生と，本種が雄性産生単為生殖 arrhenotokous parthenogenesis を行うことに着目して，雌雄の生殖細胞の起源と運命について研究している。彼はさらにクダアザミウマ科 *Neoheegeria verbasci* の側脚（Heming, 1993）と，前述の研究を敷衍した雌雄アザミウマの germ line について，おもに後胚発生に関する研究（Heming, 1995）を発表している。

　続いて Haga（1985）は，ツノオオアザミウマの卵形成 oogenesis から 1 令幼虫の孵化までの胚発生を記述し，準新翅群 Paraneoptera に属する他の目の発生形質との比較により，アザミウマ目の系統を論じた。さらに Moritz（1988）は，穿孔亜目のクリバネアザミウマ *Hercinothrips femoralis*，カホンカハナアザミウマ *Frankliniella tenuicornis*（ともにアザミウマ科）とシマアザミウマ科 Aeolothripidae の *Aeolothrips astutus* の 3 種の，そして 1995 年には上記 3 種にネギアザミウマ *Thrips tabaci*（アザミウマ科）を加え，胚発生の概要を記述した（Moritz, 1995）。一方わが国では，Tsutsumi（1996）がツノオオアザミウマ卵の卵膜形成 egg membrane formation について，また，Tsutsumi *et al.*（1991, 1994）が同種の卵のマイセトム mycetome に関する新知見を発表している。以上のこの四半世紀のあいだの研究により，アザミウマ目の胚発生過程は，かなり解明されたといえよう。なお，邦文で書かれたものとしては安藤（1970,

1988）の抄録がある。

25-2　生殖様式

　アザミウマのなかには，雌に比べて雄の割合が著しく低い種がよく知られている。このような種では，雄性産生単為生殖を行っていることが多い。ミナミキイロアザミウマ Thrips palmi を用いた実験では，未交尾の雌の産んだ卵はすべて雄となり，交尾した雌の産んだ卵の約80%が雌，残りが雄となった（葭原・河合，1982）。つまり，受精卵は2倍体の雌に，未受精卵は半数体の雄になるものと考えられる。一方，ネギアザミウマ，Aptinothrips rufus，クサキイロアザミウマ Anaphothrips obscurus，ハナクダアザミウマ Haplothrips kurdjumovi など，少なくとも日本では雄が知られていないアザミウマも少なくない。これらのアザミウマは未受精卵が発生して，雌になる雌性産生単為生殖 thelytokous parthenogenesis を行っているものと考えられる。上記のネギアザミウマでは，実験的に雌が雄なしに卵を産み，その卵が雌になることが確かめられている（Sakimura, 1937）。

　アザミウマの単為生殖の機構については，クロトンアザミウマ Heliothrips haemorrhoidalis（Pomeyrol, 1928；Bournier, 1956）で調べられているので以下に述べよう。第一減数分裂で生じた核は，卵の中央部へ移動し，第一極体は退化する。第二減数分裂は娘核が移動した卵中央部で起こり，生じた第二極体は卵前方部へ移動する。そして，産卵のあいだにこの第二極体がふたたび雌性前核に接近する。合一する過程は観察されていないが，おそらく，この第二極体と雌性前核が合着することによって二倍体の染色体数を再構築するものと考えられている（Bournier, 1956）。

　また，雌性産生単為生殖を行うシマアザミウマ科の一種 Franklinothrips vespiformis では，その単為生殖に共生微生物 Wolbachia の関与が示唆されている。雌成虫に抗生物質を与え，感染している共生微生物を除去すると，その子孫に自然界では知られていない雄が出現することが報告されている（新垣ら，1998）。

　クダアザミウマ亜目のアザミウマでは雌の体内（側輪卵管内）で発生が進行し，発生を完了した1令幼虫が卵殻に包まれた状態で生み出されるものがあるが，産卵された卵内でどの程度胚発生が進行

しているかはさまざまである（Ananthakrishnan, 1984；Heming, 1995）。これについて Lewis（1973）は卵胎生 ovoviviparity といっているが，Hinton（1981）が指摘しているとおり，卵生 oviparity である。しかし，Tiarothrips subramanii や Elaphrothrips denticollis などのオオアザミウマでは，卵細胞に卵黄が蓄積されず，卵殻もなく，発達した胚が側輪卵管の薄い膜をとおして母虫の血リンパから栄養を取り込み，そこで胚発生を完了し，幼虫態で産出される卵胎生を行うという（Ananthakrishnan, 1990）。また，E. tuberculatus の雌は条件的に卵胎生を行うことが知られている（Crespi, 1989）。なお，Hagan（1951）はアザミウマの卵胎生に胎生 viviparity の語を用いている。

25-3　産卵と卵
(1)　産卵

　アザミウマの卵は，母虫の腹部に比べると比較的大きい。そのため，一度の産卵数は多くない。アザミウマ亜目の雌は鋸状の産卵器で植物組織を切り裂き，その中に卵を1個ずつ産み込む。このとき，多くの種では，卵は完全に組織内に入るが，卵の前端が外部に露出しているものもある（Lewis, 1973；Kirk, 1985）。クダアザミウマ亜目では，雌は産卵器を欠くので，植物体の表面や樹皮の裂け目などに卵塊を産み付ける。

　採卵については，Haga（1985）によると，ツノオオアザミウマはシイの枯葉のなかで生活し，枯葉に生じた不完全菌を食べるので，適度に湿度と温度（20〜25℃）を保ったペトリ皿の中にツブラジイ Castanopsis cupidata の枯葉と成虫を入れて飼育しておけば，産卵するという。また，Moritz（1988）はガラス管にカラー（オランダカイウ）Zantedeschia aethiopica の茎を差し込み，この中にクリバネアザミウマの雌を入れ，脱脂綿で栓をして12時間（温度24±1℃，湿度60±10%）おき，卵を得ている。こうすると産卵時間を正確に知る利点があるという。また，この方法で通年飼育が可能とのことである。表25-1にアザミウマ類の卵期間を示した。

(2)　卵

　アザミウマの卵の形態は，亜目によって大きく異なる。アザミウマ亜目の卵は，シマアザミウマ科のように前端部が斜めに切り落とされたような卵形を

表 25-1　アザミウマ類の卵期

種　　名	温度（℃）	卵期（日）	文　　献
アザミウマ亜目			
アザミウマ科			
Dinurothrips hookeri	28	7.4	Callan, 1951
クロトンアザミウマ			
Heliothrips haemorrhoidalis	28 ～ 25	14.5 ～ 16	梅谷ら，1988
クサキイロアザミウマ			
Anaphothrips obscurus			
(macropterous)	24 ～ 26	5.1	Koppa, 1970
ヒラズハナアザミウマ			
Frankliniella intonsa	25	3.0	梅谷ら，1988
カホンカハナアザミウマ			
F. tenuicornis	23 ～ 24	4.2	Koppa, 1970
Limothrips denticornis	25 ～ 26	3.6	Koppa, 1970
コスモスアザミウマ			
Microcephalothrips abdominalis	27 ～ 28	3.0	Jagota, 1961
Scirtothrips citri	25	9.0	Munger, 1942
〃　　　　〃	31	8.0	〃
チャノキイロアザミウマ			
S. dorsalis	32 ～ 20	5.2 ～ 11.7	梅谷ら，1988
Taeniothrips dianthi	23	7.0	Pelikan, 1951
ミナミキイロアザミウマ			
Thrips palmi	30 ～ 15	4.8 ～ 17.4	梅谷ら，1988
グラジオラスアザミウマ			
T. simplex	15	12.8	Herr, 1934
〃　　〃	30	2.9	〃
ネギアザミウマ			
T. tabaci	20	7.0	梅谷ら，1988
〃　　〃	25	6.0	Harris *et al*., 1936
クダアザミウマ亜目			
クダアザミウマ科			
Aleurodothrips fasciapennis	27	10.0	Selhime *et al*., 1963
イネクダアザミウマ			
Haplothrips aculeatus	24 ～ 25	5.4	Koppa, 1970
〃　　　　　〃	30	4.0	Harris *et al*., 1936
H. leucanthemi	25	4.6	Loan & Holdaway, 1955
ツメクサクダアザミウマ			
H. niger	25	4 ～ 6	〃
ユリクダアザミウマ			
Liothrips vaneeckei	17 ～ 24	9.5	梅谷ら，1988
ワサビクダアザミウマ			
L. wasabiae	18 ～ 25*	15.6 ～ 9.6	〃
シイオナガクダアザミウマ			
Varshneyia pasanii	23	5	〃
ツノオオアザミウマ			
Bactrothrips brevitubus	20 ～ 25	5 ～ 7	Haga, 1974

したものも知られるが，一般には腹面がわずかに窪んだ腎臓形をしている。蓋部がついているものが多く，卵の表面は *Rhipiphorothrips cruentatus* のように六角形の紋様があるものも知られているが（Rahman & Bhardwaj, 1937），多くはなめらかで，植物組織内で保護されるため卵殻は薄く，淡色のものが多い。一方，クダアザミウマ亜目の卵は，アザミウマ亜目のものより大きく，長卵形で，前端に王冠状の突出部をもつものや，*Dolichothrips gracilipes* や *Haplothrips apicalis* などのように，表面に多数の小孔のあいた網目構造をした蓋部がついたものなどがある（Ananthakrishnan, 1990）（図25-1）。また，*Cryptothrips floridensis* のように卵表全体（Pesson, 1951）やツノオオアザミウマや *Bactrothrips honoris* のように卵前極部のみに，五角形や六角形などの刻紋をもつものも知られている（Haga, 1985）。卵殻もアザミウマ亜目のものに比べて厚く，*N. verbasci* の卵殻は約 2.5 〜 3.0 µm（Heming, 1979），ツノオオアザミウマの卵殻は約 3 〜 4 µm であり（Haga, 1985），この卵殻は三層からなる厚い外卵殻と一層の薄い内卵殻から構成されている（Tsutsumi, 1996）。

　卵門は，これまでにクダアザミウマ亜目のものからしか知られていない。*N. verbasci* では卵の後極腹側に，長さ 3 µm，幅 0.5 〜 1.0 µm の前方に向かって分岐した V 字形の卵門が一つある（Heming, 1995）。Lewis（1973）は，*Haplothrips* 属のアザミウマの卵に見られる前極の小さなノブ状構造を卵門としているが，Heming（1979）はこの構造を *N. verbasci* でも観察し，気孔 aeropyle（air space；Hinton, 1981）であるとしている。

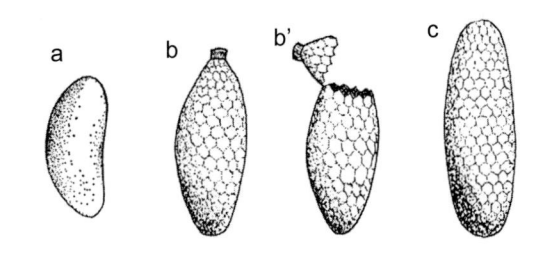

図 25-1　アザミウマの卵（Lewis, 1973）
a. アザミウマ亜目の典型的な卵，b. クダアザミウマ科 *Haplothrips leucanthemi* の卵，b'. 同孵化後の卵殻，c. *H. pedicularius* の卵

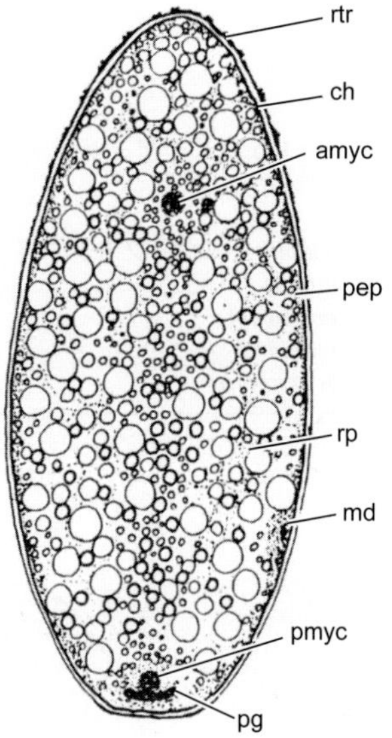

図 25-2　ツノオオアザミウマ *Bactrothrips brevitubus* の成熟分裂中の卵（縦断面）（Haga, 1985）
amyc：前部マイセトム，ch：卵殻，md：成熟分裂，pep：周縁細胞質，pg：極顆粒，pmyc：後部マイセトム，rp：網状原形質，rtr：多角形紋部

表 25-2　アザミウマ類の卵の大きさ

種	卵の大きさ（µm）	文　献
アザミウマ亜目		
シマアザミウマ科		
Aeolothrips astutus	427.9 × 173.5	Moritz, 1988
アザミウマ科		
クリバネアザミウマ	254.3 × 96.8（産卵後 18 時間）	〃
Hercinothrips femoralis	260.0 × 143.3（　〃 186 時間）	
カホンカハナアザミウマ	316.2 × 138.7	〃
Frankliniella tenuicornis		
クダアザミウマ亜目		
クダアザミウマ科		
Haplothrips verbasci	420 × 150	Heming, 1979
ツノオオアザミウマ	580 〜 610 × 260 〜 280（産卵直後）	Haga, 1985
Bactrothrips brevitubus	640 〜 660 × 290 〜 310（孵化直前）	

卵の大きさは種によってさまざまであり，また同一卵であっても胚発生中に大きくなるので，ステージにより異なる（Haga, 1985；Moritz, 1988）。表 25-2 に，数種類のアザミウマの卵の大きさを示した。

ツノオオアザミウマの成熟した卵母細胞 oocyte や卵内には，多数の球状小顆粒が集合したマイセトム mycetome とよばれる構造が 2 ヶ所に見られる

表 25-3　卵内に「マイセトム」をもつアザミウマ類

クダアザミウマ亜科
Bagnalliella yuccae　イトランクダアザミウマ *
オオアザミウマ亜科
Bactrothrips brevitubus　ツノオオアザミウマ
B. buffai
B. carbonarius
B. flectoventris
B. honoris　オオトゲクダアザミウマ
B. montanus
B. pictipes
B. quadrituberculatus　ヨツコブトゲクダアザミウマ
Ethirothrips virgulae
Holurothrips morikawai
Megalothrips curvidens
Neatractothrips macrurus

* イトランクダアザミウマの「マイセトム」はオオアザミウマ亜科の「リソソーム集合体」とは異なる。

（図 25-2）。この構造はアザミウマでは，Bournier（1961）によって *B. buffai* の卵内から初めて発見された構造であるが，現在，10 数種類のアザミウマの卵からも見いだされている（表 25-3）。マイセトムは細胞質内の卵核胞の側方，前極側と後極側の 2 ヶ所に位置する直径約 12 〜 15 μm の球状の構造であり，胚帯形成が開始されるまでは，その位置を変えない。このアザミウマのマイセトムについては，25-4 節（5），「マイセトム」の項で詳しく述べることにする。

25-4　胚　発　生

ツノオオアザミウマ（Haga, 1985）を中心に，これにクリバネアザミウマ（Moritz, 1988）などの知見を加え，アザミウマの胚発生の概略を述べる。器官形成については 25-5 節で説明する。

(1)　産卵から胚盤葉形成

受精などのプロセスは不明であるが，産卵された卵の後方 1/3 の位置に受精核（接合子 zygote）が認められる。第一卵割に続く第二卵割は第一卵割面に対して垂直に生じ，第三卵割まで分裂はほぼ同調的であるが，それ以降，同調性は失われるという。

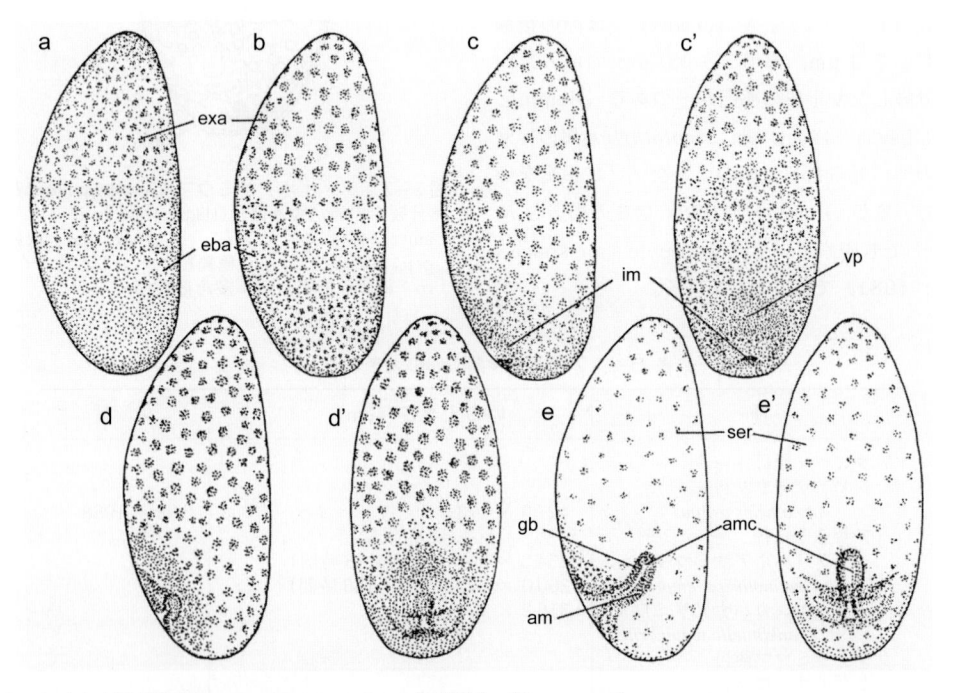

図 25-3　ツノオオアザミウマ *Bactrothrips brevitubus* の初期発生（Haga, 1985）
a. 胚盤葉期，b. 胚原基形成，c. 腹板の卵黄中への陥入開始，c'. 同，腹面，d. 陥入初期，d'. 同，腹面，e. 陥入が進み胚帯初期となる，e'. 同，腹面
am：羊膜，amc：羊膜腔，eba：胚域，exa：胚外域，gb：胚帯，im：陥入口，ser：漿膜，vp：腹板

卵割核（分裂核）cleavage nucleus は卵の後方1/3付近に最も多く分布し，その数が約100個にまで増加すると，卵表層へ移動を始める。産卵後8時間で卵割核が最初に卵表に到達するのは，卵の腹側後方1/5付近で，第八卵割を終えるころには，卵割核の70％が卵表層に到達するようになるが，この時期にも前極付近には，ほとんど卵割核は認められない。

卵表層に達した卵割核の数が1,000個以上になったころ，表層全体を覆う一層の細胞層（胚盤葉 blastoderm）が形成され，胚盤葉期に入る。卵後極付近の胚盤葉細胞は，さかんに数を増やし，胚原基（腹板 ventral plate）が形成される（図25-3, a, b）。胚原基は薄盤状で，卵の後方1/3を占め，卵黄中には一次卵黄核（細胞）primary yolk nucleus（cell）が存在している。このとき卵黄細胞の全細胞数に対する割合は，約2%であるという。

(2) 胚帯形成

産卵後約18時間頃，胚原基の後方末端に横方向の短いスリットが生じる。これが胚原基の卵黄中への陥入口で，陥入口はまもなく逆V字に形を変え，胚原基は後端から卵黄中へ陥入を開始する。このとき，卵表にとどまった胚原基の部分は原頭葉 protocephalon に分化する。続く発生によって，原頭葉と原胴域 protocorm が区別できるようになる一方，胚外域は漿膜へと分化し，胚帯 germ band の

尾端につながる羊膜原基の部分は，最初は胚帯と同じ厚さの細胞層であるが（図25-4），やがて薄膜状になる。陥入部はまず水平方向へ，その後垂直方向へ向きを変え，卵の前方に向かって成長し，発生を続ける。このころの胚帯は狭い腔所をもった扁平な一層の細胞層からなる盲管で，内腔は将来，羊膜腔 amniotic cavity になる（図25-3, c〜e'）。

胚原基の陥入開始から約70分後，卵の長軸に沿って前方に伸長していた胚帯の尾端が，前方のマイセトムの位置に達すると，胚帯はまず背側に屈曲し，その後，卵の後方に向きを変え，さらにもう一度，背側に向かって屈曲する。この結果，側方から胚帯を見ると，頭葉を下にし，二重に屈曲したS字形を呈するようになる。産卵後約30時間には，胚帯は最長期に達し，その長さは卵長の約1.7倍になる。胚帯はこの姿勢を胚反転 katatrepsis まで保っている。

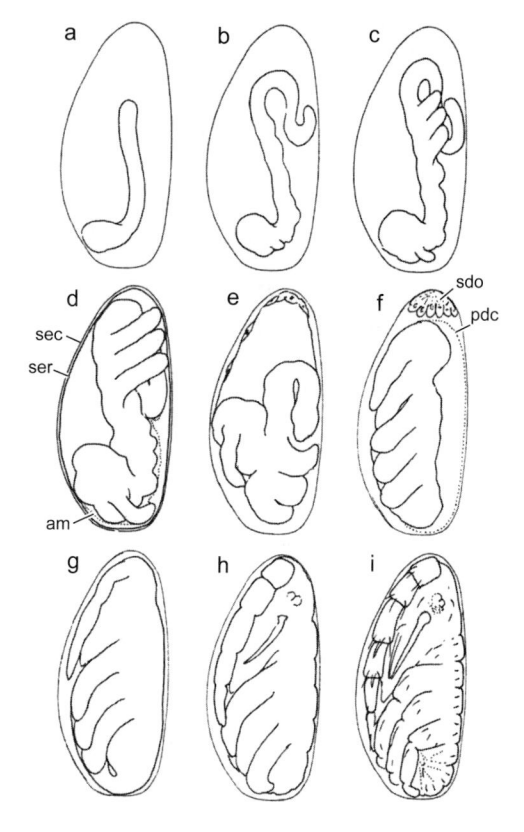

図25-5　ツノオオアザミウマ *Bactrothrips brevitubus* の中・後期発生（模式図）（Haga, 1985）
a〜d. 胚陥入，e. 胚反転，f. 一次背閉鎖，g, h. 後期胚，i. 前幼虫
am：羊膜，pdc：一次背閉鎖，sdo：二次背器，sec：漿膜クチクラ，ser：漿膜

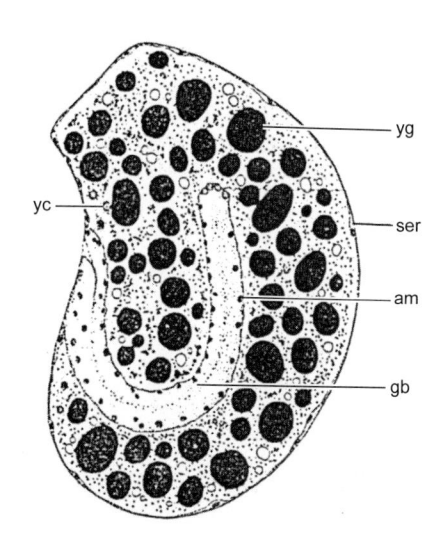

図25-4　クリバネアザミウマ *Hercinothrips femoralis* の胚陥入期の早期胚（正中縦断面）（Moritz, 1988）
am：羊膜，gb：胚帯，ser：漿膜，yc：卵黄細胞，yg：卵黄粒

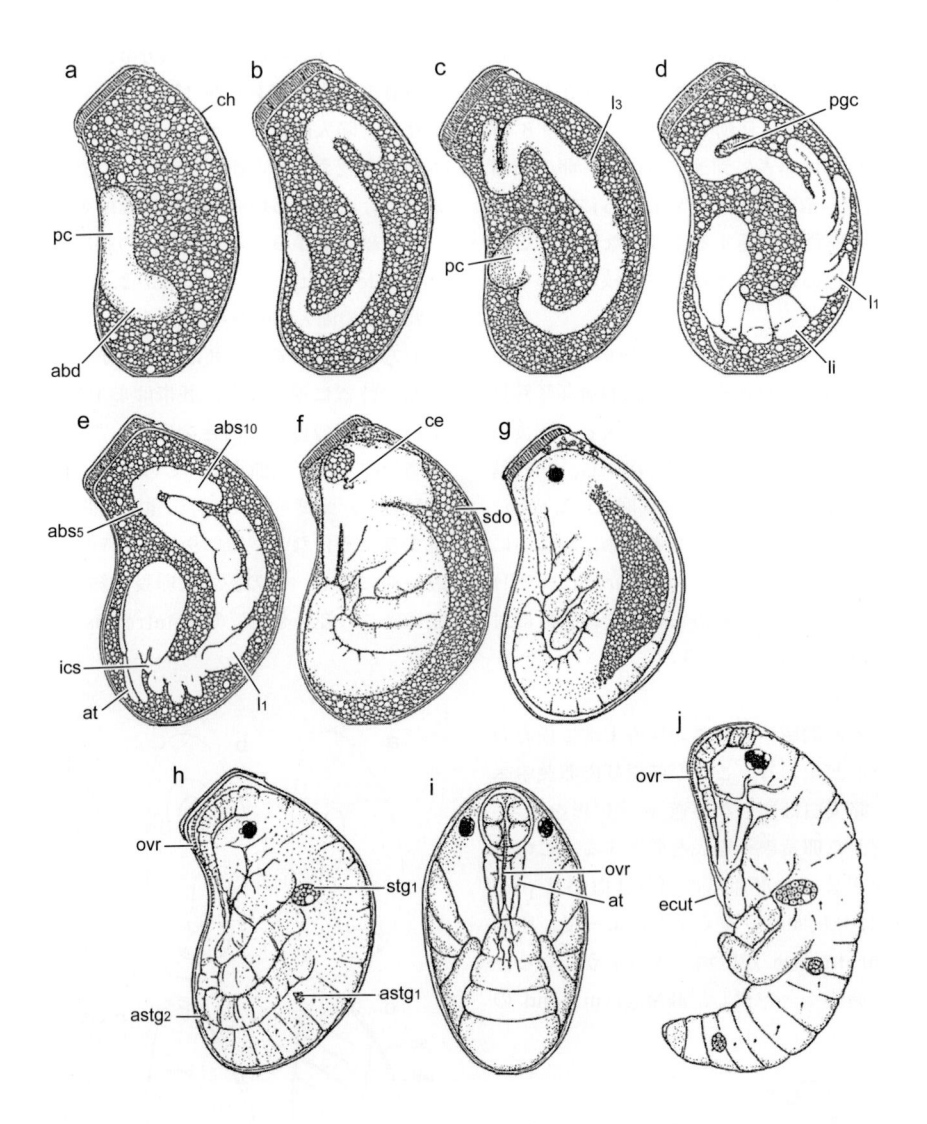

図 25-6　クリバネアザミウマ *Hercinothrips femoralis* の中・後期発生（Moritz, 1988）
a〜e. 胚陥入，f. 一次背閉鎖，g. 背閉鎖，h, i. 後期胚，j. 前幼虫
abd：腹部，abs5, 10：第五，十腹節，astg1, 2：腹部第一，二気門，at：触角，ce：複眼，ch：卵殻，ecut：胚クチクラ，
ics：間挿節，l1, 3：前脚，後脚，li：下唇節，ovr：卵破砕器，pc：原頭葉，pgc：始原生殖細胞，sdo：二次背器，
stg1：胸部気門

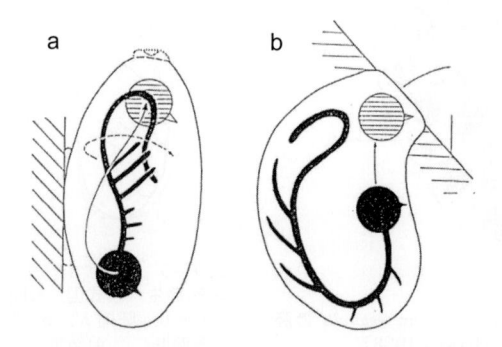

図 25-7　クダアザミウマ亜目（a）とアザミウマ亜目（b）の胚反転模式図（Moritz, 1988）
黒い丸は胚反転前または反転中の胚の頭部，線入りの丸は反転終了後の頭部の位置。

　胚帯形成初期における卵黄の流れは，最初，胚の長軸に沿って後方から前方に向かっているが，その後，卵の周辺に沿って前方から後方へと回帰するようになるという。

(3)　胚の形態形成

　これからの記述を補うために，ツノオオアザミウマ（図25-5）とクリバネアザミウマ（図25-6）の中・後期の発生図を掲げる。

　胚帯の尾端が前極側のマイセトム付近に達するころに，顎部に体節化の兆候としてわずかな隆起部が現れる。続いて胸部にも隆起部が生じる。

　産卵後約28時間経つと，大顎，小顎，下唇の各体節，胸部の3体節，そして第一腹節が明瞭になる。また，頭部の触角原基の間には，一対の上唇原基が隆起部として現れる。さらにその6時間後（産卵後約36時間）には，顎部付属肢原基と胸部付属肢原基が同時に現れるが，間挿節の付属肢原基は認められない。このころ，漿膜クチクラ serosal cuticle が分泌され始める。

　産卵後約64時間経つと，頭を下にした胚の胸部と腹部に体の長軸に沿った収縮・弛緩運動が始まり，この運動は3時間後には頭部にも広がり，運動の間隔は短くなり，振幅運動が大きくなると，頭部を覆う胚膜が裂け，胚反転が起きる。この胚反転の過程で，胚は卵黄を出て前方に移動するだけでなく，卵の長軸に対して約45°回転し，その後，ふたたび逆方向へ回転する運動もあわせて行う。しかし，アザミウマ亜目での胚反転は，クダアザミウマ亜目のような長軸に対する回転運動 rotation は行わない。両者のようすを模式的に示したのが図25-7である。約20分後には，反転運動が終了し，胚は卵黄塊を背負った形になり，卵黄の表面は裏返しになった羊膜で包まれ，一次背閉鎖 primary dorsal closure が完了する。胚反転によって破れ，収縮した漿膜は，胚頭部前方に位置するようになるが，やがて胚頭部の卵黄中で二次背器となる。反転直後（産卵後約70時間）の胚は，卵の腹側3/4を占め，口陥と肛門陥由来の中腸上皮原基が卵黄の表面を包むようになる。

　二次背器は真の背閉鎖が進むあいだに崩壊し，産卵後約80時間までに卵黄中で退化消滅する。胚の顎部付属肢のうち，後方に移動し，伸長した上唇と腹側に突出した下唇とが接して短い口錐 rostrum を形成し，対の小顎と左の大顎は，硬化した長い刺針

を形成し始めるが，右側の大顎は退化してしまう。図25-8は *N. verbasci* の口錐の形成である。

　背閉鎖は反転後約10時間で完了し，中腸上皮もほぼ完成する。このころになると，胚の頭部には一対の小顎針 maxillary stylet が，複眼域付近からV字形の口錐の先端にかけて位置するようになる。肥厚した左の大顎針 mandibular stylet も頭部左側に完成するが，これは小顎針よりも短い。

　産卵後約100時間経つと，複眼域には2個の形成中の個眼が認められ，暗赤褐色の色素が沈着し，胸部の付属肢の前跗節には感覚毛も生じる。頭部，胸部や腹部には刺毛も見られ，小顎針や大顎針はキチン化する。こうして1令幼虫が完成すると，胸部と腹部の体節の背側皮下に赤色色素の3縦列が生じ，

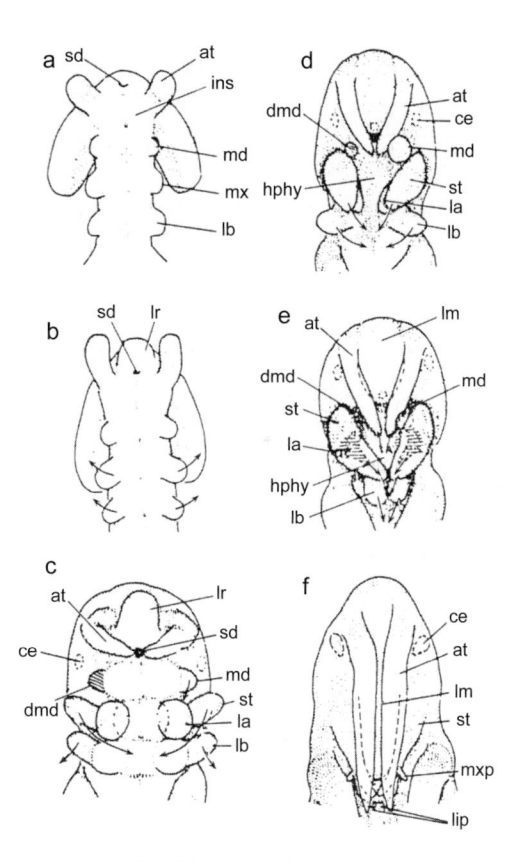

図25-8　クダアザミウマの一種 *Neoheegeria verbasci* の口錐形成（腹面）（Heming，1980より改変）
a. 胚の頭顎部（体節および付属肢形成期），b. 同（同後期），c. 同（器官形成期1），d. 同（同2），e. 同（同3，胚反転直前），f. 同（胚反転後），前幼虫の口器の形態になる。矢印は転移の方向を示す。
at：触角，ce：複眼原基，dmd：退化する右大顎原基，hphy：下咽頭，ins：間挿節，la：小顎内葉原基，lb：下唇原基，lip：下唇鬚，lm：上唇，lr：上唇原基，md：大顎原基，mx：小顎原基，mxp：小顎鬚，sd：口陥，st：小顎鞘葉原基

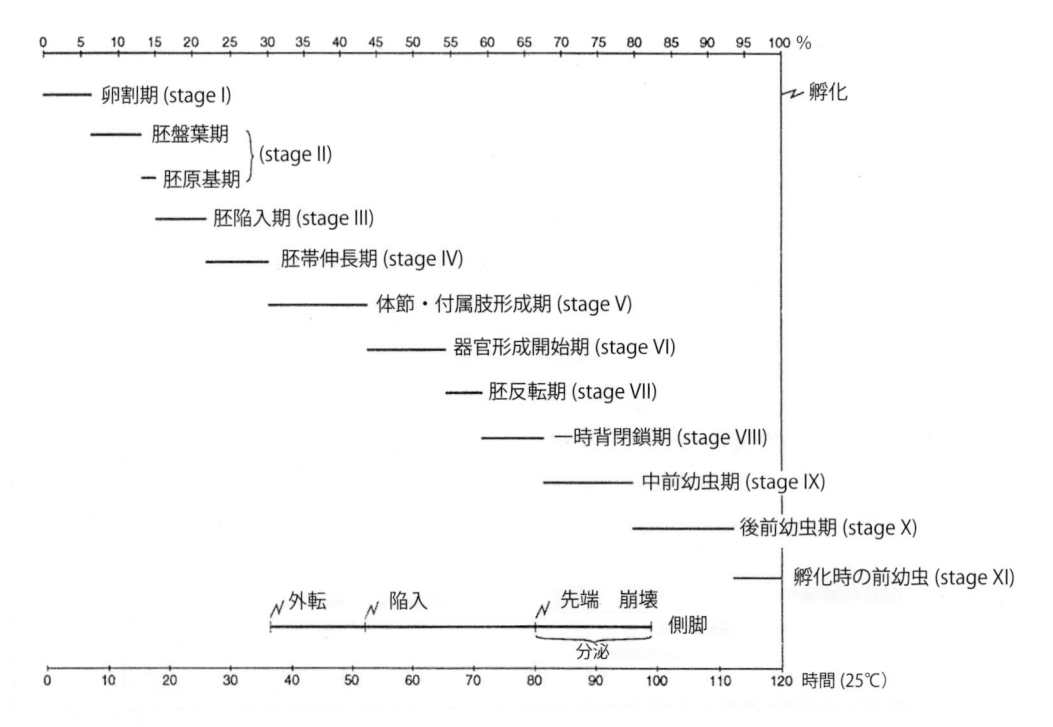

図25-9　ツノオオアザミウマ *Bactrothrips brevitubus* の胚発生段階表（Heming, 1993より改変）
下段は胚発生と側脚の消長の関係。

頭部，前胸部，第八～十腹節は部分的に硬化して灰色となり，いよいよ孵化をむかえる。図25-9に，以上のツノオオアザミウマの胚発生プロセスを段階表で示した。

(4)　孵　化

ネギアザミウマや *Frankliniella fusca*，*Kakothrips pisivorus* などのアザミウマ科の種の孵化時の幼虫は，孵化棘 hatching spine をもち，これを使って孵化することが知られている（Kirk, 1985）。図25-11に，クリバネアザミウマの卵殻破砕器を示した。ネギアザミウマの胚クチクラの頭頂部には，2列に並んだ，後方へ向かう尖った棘が15本以上あり，*F. fusca* にも頭頂部から腹側に向かって同様の棘の列がある。*K. pisivorus* の孵化棘は，左右の触角の間に長さ約7 μm のものが34本もある。この棘を使って卵殻を破り孵化した前幼虫は，まだ胚クチクラに覆われているため，*K. pisivorus* では前幼虫は前胸部の膨張と収縮を繰り返して胚クチクラを背面で縦に破る。その後，体を蠕動運動させ，触角，胸部，付属肢の順に胚クチクラを脱ぎ捨て，卵から抜け出るという（Kirk, 1985）。脱ぎ捨てられた胚クチクラは多くの場合，卵から飛び出した形で残さ

れる。

クダアザミウマ科からは，これまで孵化棘や卵歯 egg tooth をもつ種は知られておらず，*Haplothrips leucanthemi*，*N. verbasci*，*Hoplothrips pedicularis*，ツノオオアザミウマなど多くの種では，濾胞細胞によって卵殻に残された多角形の紋様のラインに沿って横方向，ときには縦方向や不規則に卵殻が裂ける（Bournier, 1956；Lewis, 1973；Haga, 1974；Kirk, 1985）。卵殻が裂ける位置は多くの場合に卵の前極で，*N. verbasci* の卵は前極にある気孔のすぐ下部の背側が裂ける（Heming, 1979）。ツノオオアザミウマの場合は，頭部と胸部の両方に膨張と収縮を繰り返す運動がみられ，卵殻が破れた後，すぐに頭部が出始め，続いて触角，胸部，付属肢が現れ，幼虫が完全に孵化するまでに約9分かかる（Haga, 1974）。なお，このような孵化時における頭部・胸部の収縮運動は異翅亜目昆虫でも知られている（Sikes & Wigglesworth, 1931）。

アザミウマの微小な卵にも卵寄生バチのアザミウマタマゴバチ *Megaphragma* sp.（タマゴコバチ科 Trichogrammatidae）が知られている。この卵寄生バチの雄は未知であるが，雌は体長0.18 mm で，

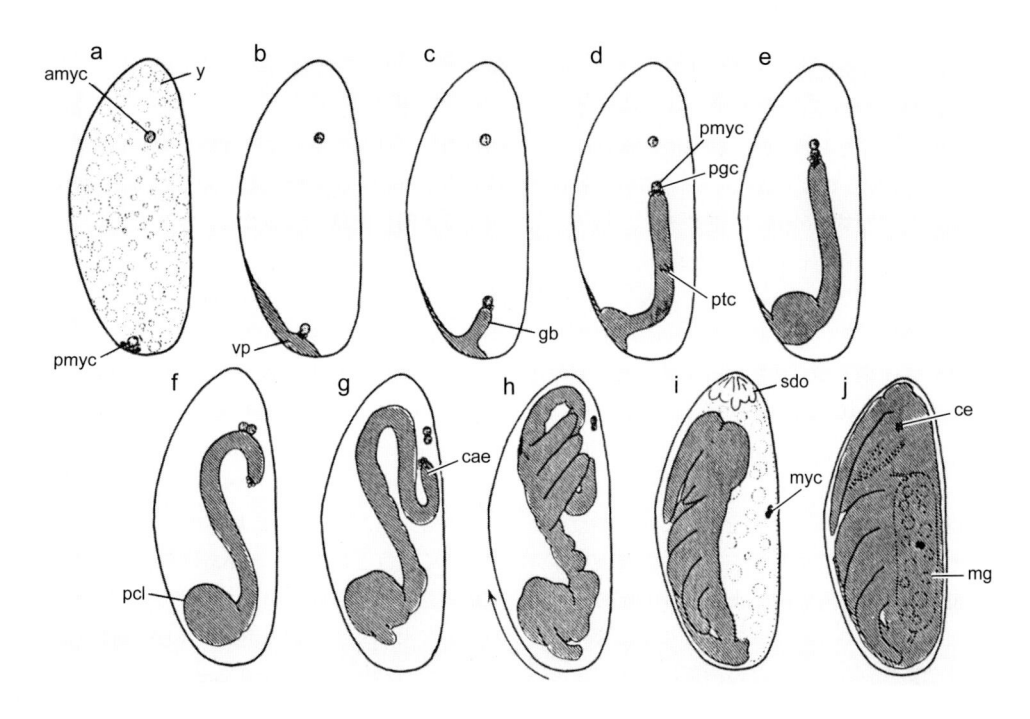

図 25-10　ツノオオアザミウマ *Bactrothrips brevitubus* の胚とマイセトムとの関係（模式図）（Haga, 1985）
a → j に発生が進む。
amyc：前部マイセトム，cae：胚尾端，ce：複眼，gb：胚帯，mg：中腸，myc：合一した両マイセトム，pcl：原頭葉，
pgc：始原生殖細胞，pmyc：後部マイセトム，ptc：原胴域，sdo：二次背器，vp：腹板，y：卵黄

最小の昆虫として知られている（梅谷，1999）。

(5)　マイセトム

　マイセトム mycetome については，上巻の第1部各論4章「胚発生の概要」でふれなかったが，マイセトム（菌細胞塊）は，古くから吸収口をもつ半翅系昆虫群（準新翅群 Paraneoptera）の卵の中に存在する顕著な球体として知られていた（Blochmann, 1888；当初は Blochmann's bodies とよばれた）。これが共生微生物の塊で，母胎を経由して卵細胞に伝えられることが判明し，マイセトムとよばれるようになったのである（Sulc, 1910）[*1]。なお，マイセトムの成長と胚発生との関連の興味ある研究が，カメムシ目（ヨコバイ亜目）のハゴロモの一種 *Euscelis plebejus*（ヨコバイ科）で行われている（Korner, 1969）。

　先に述べたように，ツノオオアザミウマの卵母細胞や卵の前極と後極付近の細胞質には，顆粒の集合体がそれぞれ1個ずつ存在し，その形態が他の準新翅群昆虫（半翅目：Koch, 1960；Buchner,

* 1　この経緯に関しては Johannsen & Butt（1941）に詳述されているので，参照されたい。

1965；Mitsuhashi & Kono, 1975；石川，1985, 1994；Waku & Endo, 1987；シラミ目：Ries, 1931；ハジラミ目：Ries, 1931）やそれ以外の多くの昆虫で知られていた，細胞内共生微生物の集合体，すなわちマイセトム（菌細胞塊）に類似しているため，マイセトムとよばれてきた。アザミウマ類の共生体を初めて発見し報告したのは前述のとおり Bournier（1961, 1966）で，*Caudothrips*（= *Bactrothrips*）*buffai* の発達中の卵母細胞や卵の中に1個の顆粒の塊を発見し，これをマイセトムと名づけ，その後，透過型電子顕微鏡を用いて観察し，このマイセトムが繊維状の膜で覆われた原核性の微生物の集合体であると結論づけた（Bournier & Louis, 1971）。

　しかし，その後，Bournier らが観察したアザミウマと同属別種のツノオオアザミウマのマイセトムは，電子顕微鏡や光学顕微鏡を用い，また細胞化学的特徴が調べられた結果，共生微生物の集合体ではなく，細胞小器官であるリソソームが集合したものであることが明らかになった（Tsutsumi et al., 1994）。

　次に，ツノオオアザミウマの「マイセトム」とよ
ばれてきた構造の特徴を述べよう。本種の「マイセ
トム」は，卵母細胞の長径が約 30 μm に達するこ
ろ，細胞質内に現れた小顆粒が，卵形成の進行につ
れて数を増し，形成されるようになる。この小顆粒
は卵母細胞の長径が約 60 μm に達すると，卵核胞
germinal vesicle の側方に疎な集合体を形成する。
この疎な集合体はすぐに二つの塊へと分裂し，卵の
前極と後極へ移動する。その結果，卵核胞の前方と
後方にそれぞれ 1 個ずつ，球状の「マイセトム」が
形成される。図 25-10 に胚の発生と「マイセトム」
の動向を示した。長径約 70 μm 以上の大きさに達
した卵母細胞の「マイセトム」は，直径が 12 ～ 15
μm で，直径 0.2 ～ 1.4 μm の大きさの多数の顆粒で
構成されている。この「マイセトム」を透過型電子
顕微鏡で観察すると，構成顆粒は幅約 5 nm の単位
膜のみで囲まれており，細胞壁のような単位膜以外
の膜構造は認められない。顆粒の内部は電子密度の
高い物質で満たされていたり，大型の顆粒の場合は
多数のミエリン像が認められる。「マイセトム」が存
在する細胞質や「マイセトム」内部の顆粒の間には，
ミトコンドリアや微小繊維 microfilament は見られ

るものの，「マイセトム」のまわりには，それ全体を
包んでいるような膜構造は発見できない。
　ツノオオアザミウマの「マイセトム」の細胞化学
的特徴は，リソソームに特異的に取り込まれる生体
色素によって「マイセトム」やその形成途中の小顆
粒が特異的に染色されること，リソソームの標識酵
素である酸性ホスファターゼの高い活性が「マイセ
トム」やその形成途中の小顆粒に検出されること，
また，この活性は酸性ホスファターゼの阻害剤であ
るフッ化ナトリウムによって失われることである。
さらに，「マイセトム」が共生微生物由来でないこと
を示す特徴として，「マイセトム」の部分に多数存
在するミトコンドリアの DNA を検出していると考
えられるヘキスト 33342 以外の核質検出色素では，
まったく染色されないことがあげられる。
　以上述べたように，ツノオオアザミウマに見られ
る「マイセトム」は共生微生物の集合体ではなく，
「リソソーム集合体」であることが明らかであり，ツ
ノオオアザミウマと同様，卵内に「リソソーム集合
体」を有するアザミウマは数種類知られている（表
25-3）。卵内にこれらの「リソソーム集合体」を有
する種は，すべてオオアザミウマ亜科に属するアザ

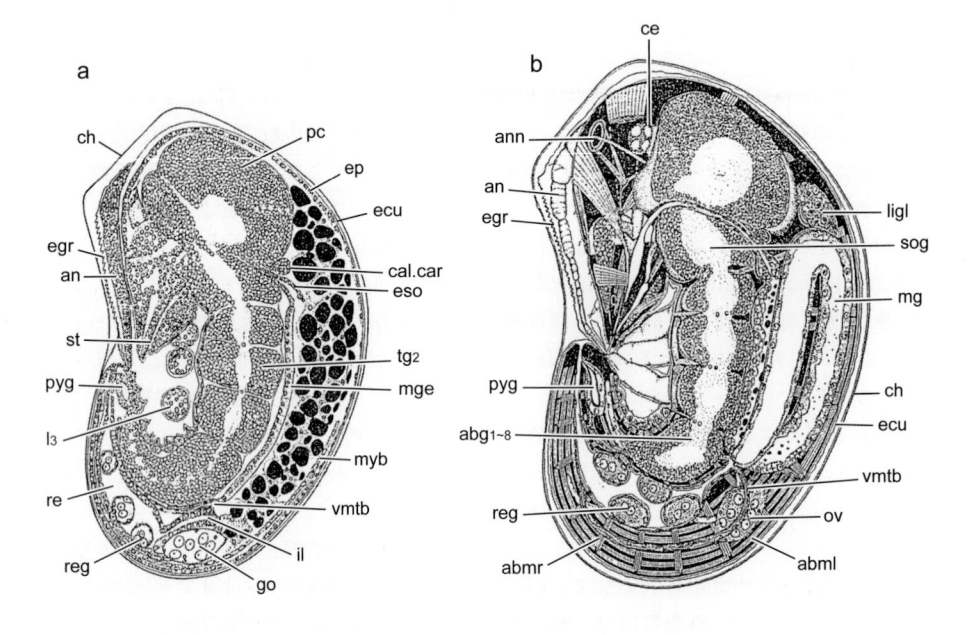

図 25-11　クリバネアザミウマ *Hercinothrips femoralis* の背閉鎖中・後期胚（正中縦断面）（Moritz，1988 より改変）
a. 産卵後約 150 時間の胚，b. 前幼虫クチクラの生じた胚（中腸は未開通）
abg1~8：腹部第一～八神経節，abml：腹部縦走筋，abmr：腹部環状筋，an：触角，ann：触角神経，cal.car：アラタ
体・側心体，ce：複眼，ch：卵殻，ecu：胚クチクラ，egr：卵殻破砕器，ep：表皮，eso：食道，go：生殖巣，il：
回腸，ligl：下唇腺，l3：後脚，mg：中腸，mge：中腸上皮，myb：筋芽細胞，ov：卵巣原基，pc：前大脳，pyg：尾腺，
re：直腸，reg：直腸腺，sog：食道下神経節，st：口陥，tg2：中胸神経節，vmtb：腹側マルピーギ管

ミウマであるが，クダアザミウマ亜科のイトランク
ダアザミウマ *Bagnalliella yuccae* の卵内にも赤色
顆粒の集合体が 2 ヶ所に形成されることが知られて
いる（Tsutsumi & Haga, 1991）。このアザミウマ
の卵内顆粒集合体は，オオアザミウマ亜科の「リソ
ソーム集合体」が示す細胞化学的な特徴を示さず，
ヘマトキシリンやヘキスト 33342 などの核質検出
色素で染色されるため，この構造は共生微生物由来
である可能性も残されている。なお，ガジュマルク
ダアザミウマ *Gynaikothrips ficorum* の発生が進ん
だ卵内にも「マイセトム」が存在することを Moritz
（1988）が報告しているが，このアザミウマの卵母
細胞および卵内からは「マイセトム」を確認してい
ない（塘，未発表）。

25-5　器 官 形 成

　アザミウマ胚の器官形成については，不明な点が
多い。Moritz（1988）がクリバネアザミウマの背
閉鎖後の胚の内部構造を示している（図 25-11）。

(1)　外胚葉性器官

a.　神 経 系

　① 腹 髄 ventral nerve cord　ツノオオア
ザミウマの腹髄形成は他の昆虫のものと同様である
が，一応，発生経過を述べよう。産卵後約 28 時間
に顎部に浅い神経溝 neural groove が出現し，すぐ
に胸部に広がる。神経芽細胞 neuroblast は最初顎
部に，続いて他の部分にも現れる。これらの神経芽
細胞は細胞分裂を繰り返して，多数の娘細胞（神経
節細胞 ganglion cell）を生じる。

　約 50 時間後になると，神経節を形成中の神経細
胞の中に白質部のニューロパイル neuropile が分化
する。ニューロパイルは初めは顎部で，続いて胸部，

腹部にも分化し，胚反転のころには，対になった神
経節が各節に形成され，同時に神経横連合 neural
commissure と縦連合 neural connective も生じる。
産卵後約 60 時間までには，16 個の神経節からなる
腹髄ができ上がるが，すぐに神経節の集中化が始ま
る。図 25-12 は，集中前のクリバネアザミウマの中
枢神経である。

　神経節の集中化は胚反転のあいだに顎部で始
まり，反転が終わるころには食道下神経節 sub-
oesophagial ganglion が形成される。腹部の神経
節の集中化はそれよりもやや遅れ，反転終了後に始
まり，やがて腹部では 6 個の神経節しか認められな
くなるが，さらに集中化が進み，胚が完成する前ま
でに腹部の神経節は前方に移動して，肥厚・短縮し
た紡錘形の一つの大きな複合神経節 synganglion と
なって，後胸節に位置するようになる。胸部 3 体節
の神経節も集中し，複合神経節の前半部は食道下神

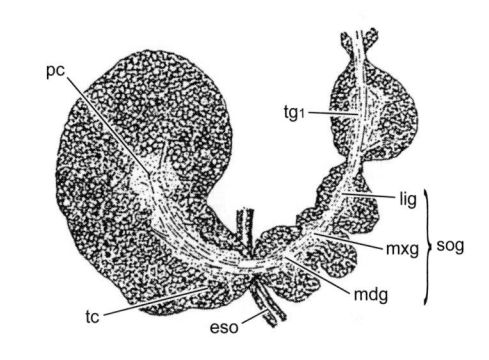

図 25-12　クリバネアザミウマ *Hercinothrips femoralis* の
胚反転期胚（産卵後約 114 時間の中枢神経）（縦断面）
（Moritz, 1988）
　eso：食道，lig：下唇神経節，mdg：大顎神経節，
mxg：小顎神経節，pc：前大脳，sog：食道下神経節，
tc：第三大脳，tg_1：前胸神経節

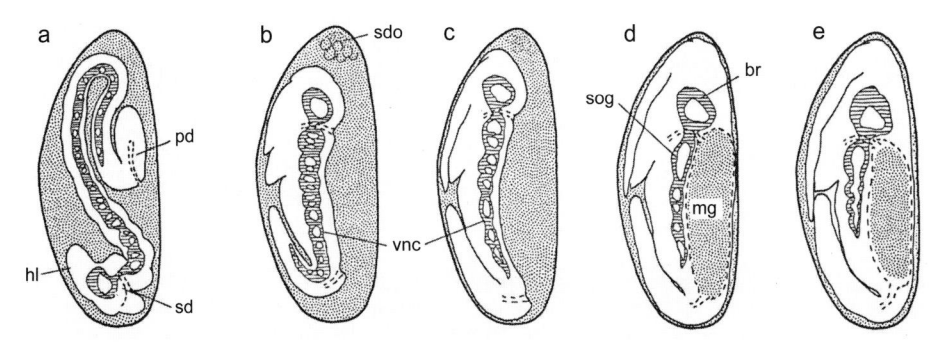

図 25-13　発生中に生じるツノオオアザミウマ *Bactrothrips brevitubus* の胚腹髄の集中化（模式図）（Haga, 1985）
a.　胚反転直前 → e.　前幼虫
　br：脳，hl：頭葉，mg：中腸，pd：肛門陥，sd：口陥，sdo：二次背器，sog：食道下神経節，vnc：腹髄

経節と接するようになり，残りの後半部は腹部の複
合神経節と癒合する。

完成した胚の腹髄は，食道下神経節と合一した前・
中胸神経節の部分と後胸神経節と腹部複合神経節が
合一した部分の二つの巨大な神経節塊からなる。こ
れらの神経節塊は成虫同様，胚の胸部に位置して
いる（図25-13）。

② 脳 brain　　将来，脳を形成する神経芽細
胞は原頭葉の広い範囲に分布し，これらが前大脳
protocerebrum の原基を形成する。前大脳原基の
最外側の部分から視葉の原基が生じ，中大脳 deuto-
cerebrum の原基は，この視葉原基の後方に形成さ
れ，胚反転後，両原基にニューロパイルが発達する
ようになる。後大脳 tritocerebrum の原基は，一対
の間挿神経節が頭域に移動し，前額神経節 frontal
ganglion の両側に位置したものである。

③ 口胃神経系 stomatogastric nervous system
胚反転前の胚帯の口陥背側肥厚部に神経芽細胞が出

現し，この細胞塊が背側に隆起部を形成する。この
背側隆起部から胚反転後に口胃神経系が生じ，その
前方部が前額神経節を，後方部が脳下神経節 hypo-
cerebral ganglion を形成し，残りの部分は回帰神
経 recurrent nerve へと発達する。

④ 複眼 compound eye　　ツノオオアザミ
ウマの幼虫眼は，前述のように2個の個眼 omma-
tidium から構成されている。胚反転の直前に，視
葉 optic lobe から葉裂 delamination によって視板
optic plate が分化する。視板は後網膜神経 postreti-
nal fiber で視葉とつながり，視板にはゼンパー細
胞 Senper's cell，網膜細胞 retinal cell，円錐晶体
crystalline cone が分化し，角膜生成細胞 corneag-
enous cell ははっきりしないが，角膜 cornea も形
成され，各個眼には暗赤褐色の色素の沈着が見られ
るようになる。

b.　外胚葉性陥入
ツノオオアザミウマ，クリバネアザミウマ胚の顎

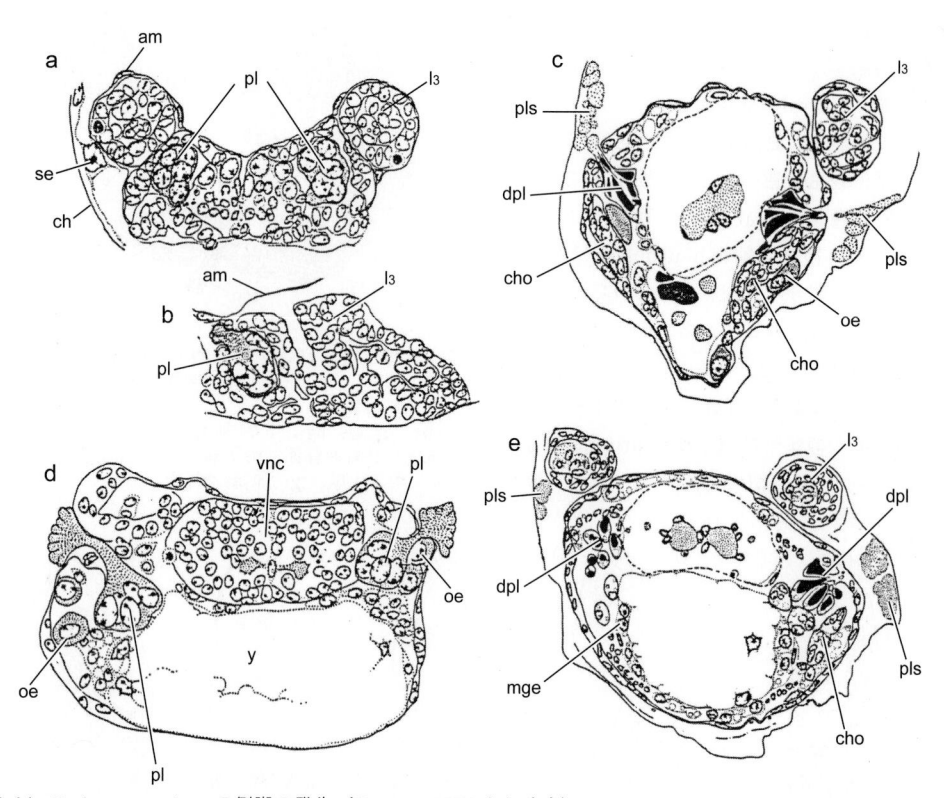

図25-14 *Neoheegeria verbasci* の側脚の発生（Heming, 1993 より改変）
　a. 反転前の胚（横断面），b. 同（縦断面），c. 反転後の一次背閉鎖期の胚（横断面）。側脚は最大となり，先端は
伸びて体壁外に出る，d, e. 同，背閉鎖を終えた胚。側脚の伸長部は失われ，胚と卵膜の間に分泌として認められ，
側脚は退化する。
am：羊膜，ch：卵殻，cho：弦音器官，dpl：退化中の側脚，mge：中腸上皮，l₃：後脚，oe：扁桃細胞，pl：側脚，
pls：側脚分泌物，se：漿膜，vnc：腹髄，y：卵黄

部および胸部の外胚葉性陥入から，幕状骨，大顎腺，下唇腺などが分化する。

① 扁桃細胞（エノサイト）oenocyte　扁桃細胞は通常，第一〜八腹節壁の気門陥入の内側に生じるが，クリバネアザミウマでは，胸部にも扁桃細胞が形成されるという（Moritz, 1988）。扁桃細胞については，上巻の第1部総論4章「胚発生の概要」を参照されたい。図25-14, c, d は *N. verbasci* の扁桃細胞である。

② 幕状骨 tentorium　胚反転前に上唇原基の腹側両側方に，一対の幕状骨前腕 anterior tentorial arm の陥入が生じる。上唇原基は口錐 mouth-cone の形成によって後方に移動するが，幕状骨の位置は変わらず，また，深く陥入もしない。幕状骨の陥入によって幼虫の頭函には一対の孔が生じるが，口器が非相称に発生するため，これらの位置も非相称になる。この孔の非相称性は *N. verbasci* でも同様である（Heming, 1980）。上述のようにツノオオアザミウマでは，幕状骨前腕だけが形成されることになる。

③ 大顎腺 mandibular gland　大顎節には，はじめ一対の陥入が認められるが，やがて右側のものだけが頭函右側に位置する管状の腺に変わる。この腺は背側下唇腺と似ているが，背側下唇腺にみられるような分泌性の付属輪管は認められない。

④ 下唇腺 labial gland　下唇節の陥入からは，二対の腺が生じる。その内の一対は口陥に沿って伸長し，胚が完成するころには第四〜五腹節の背側の側方に位置する背側下唇腺 dorsal labial gland となる。もう一対の陥入からは，単一の細胞塊を生じる。胚反転後，この細胞塊は著しく発達し，短くて太い腹側下唇腺 ventral labial gland となる。この腺は徐々に中胸に向かって移動し，最終的には食道下神経節の腹側に位置するようになる。

c.　側　脚

アザミウマ目の胚で初めて側脚 pleuropodium を確認したのは Bournier（1966）で，その後，ツノオオアザミウマ（Ando & Haga, 1974；Haga, 1985）と *N. verbasci*（Heming, 1993）で詳しく記載された。Heming の *N. verbasci* についてのものは，他の昆虫の側脚や側脚の機能についても論じてあり，参考になる。

ツノオオアザミウマの側脚原基は，胚反転前，胚帯の第一腹節体壁の外胚葉層の中に一対の球状の細胞塊として初めて認められるようになるが，この時期の原基は体壁に完全に埋まっている（陥入型 invaginate type）。反転前後に側脚原基の各細胞は著しく伸長し，細胞の基部は体壁を裏打ちしている中胚葉性細胞の中に沈み，羊膜腔へ伸びた先端部は舌状になる。その後，背閉鎖が進行すると側脚の舌状部は崩壊し，胚と卵殻の間に分泌物として放出・拡散するようになる。分泌を終わった側脚は，胚が完成するころには退化・消失する。ツノオオアザミウマの側脚は陥入型で，*B. buffai*, *N. verbasci* の側脚の発生とよく似ている（図25-14）。

アザミウマ目の側脚の機能についての詳細は不明であるが，Bournier（1966）は，*B. buffai* では側脚の崩壊が胚反転の直前であることから，胚膜を破るための酵素を分泌するとともに，反転後に側脚が退化し始めることから，反転を引き起こす何らかの役割を果たしているのであろうと考えた。これに対して Heming（1993）は，*N. verbasci* と *B. brevitubus*（Haga, 1985）で，側脚の崩壊が背閉鎖のころに生じることから Bournier の意見には肯定的でない。彼はまた，側脚の発生と中枢神経系との関係も示唆している。また，胎生を行うオオアザミウマ亜科の *Tiarothrips subramanii* や *Elaphrothrips denticollis* の側脚は，胚の発生の後期に巨大化し，側輪卵管 lateral oviduct の薄い膜をとおして，母虫の血リンパからの栄養物質を取り込むための栄養羊膜 trophoamnion として機能するという（Ananthakrishnan, 1990）。

(2)　消　化　管

a.　前腸・後腸とマルピーギ管（図25-15）

産卵後約40時間に口陥が上唇の真下に生じることにより前腸の形成が始まる。口陥の末端は内層由来の少数の細胞からなる薄い膜で囲まれ，胚帯の頭葉と顎部の間へと陥入してゆく。口陥底を取り囲む細胞は将来，前腸の筋肉層を形成するようになる。肛門陥も口陥の形成開始と同じころ，胚帯尾端部（尾節 telson）の腹側に生じる。肛門陥は胚反転のまえにはより深く陥入し，その壁は口陥の壁よりも厚い。その後，第十腹節の内層の一部が胚帯と卵黄の間へと押し出され，肛門陥底を覆うようになる。

前腸の先端部からは噴門弁 cardiac valve が，後腸からは中腸後部と肛門陥の間に幽門弁 pyloric valve が形成され，回腸 ileum と直腸 rectum が生じ，その間にはノズル状の直腸弁 rectal valve が後

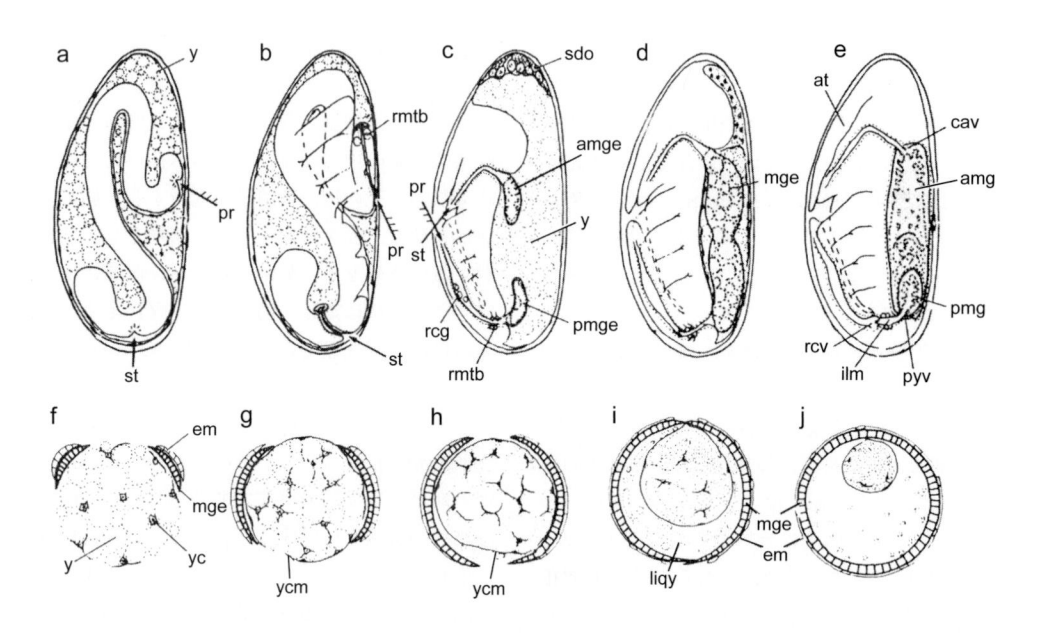

図25–15　ツノオオアザミウマ *Bactrothrips brevitubus* の中腸形成過程と中腸上皮形成（模式図）（Haga, 1985）
a. 反転前, 中期, b. 反転前, 後期, c. 反転直後, d. 反転後, 後期, e. 孵化の間近い胚, f〜j. 中腸上皮の形成進行（横断面）
amg：前部中腸, amge：前部中腸上皮原基, at：触角, cav：噴門弁, em：腸壁筋, ilm：直腸, liqy：液化卵黄, mge：中腸上皮, pmg：後部中腸（房部）, pmge：後部中腸上皮原基, pr：肛門陥, pyv：幽門弁, rcg：直腸腺, rcv：直腸弁, rmtb：マルピーギ管原基, sdo：二次背器, st：口陥, y：卵黄, yc：卵黄細胞, ycm：卵黄細胞膜

腸壁の陥入によって形成される。

　マルピーギ管 Malpighian tubule は，胚反転のまえになると，後に肛門陥の現れる胚帯尾端部に4〜5個の細胞からなる4個の球状の細胞塊として現れる。この細胞塊がマルピーギ管の原基で，これらの原基は，後に幽門弁のすぐ後方の，中腸のわずかに膨らんだ部分（回腸）に開口するようになる。回腸の腹側から生じる一対のマルピーギ管は前方に向かい，その先端は後胸にまで達し，背側から生じた一対は後方に向かって第九腹節にまで達するようになる。

　一般に昆虫のマルピーギ管原基は，肛門陥の盲端から膨出した外胚葉により形成されるが，ツノオオアザミウマのマルピーギ管原基は，上述したように，肛門陥の陥入以前に二対の球状の細胞塊として，尾節の外胚葉で形成されるのが特徴である。

　b.　中腸上皮（図25–15）

　前部中腸上皮の原基となる細胞塊は，胚帯の頭葉と顎部の間へと伸長した口陥（前腸）の末端部に認められる。この細胞塊は，背側にある卵黄塊の側表面を，一対のリボン状になって後方へと成長する。

一方，一対の後部中腸上皮原基も肛門陥（後腸）の末端に形成される。胚反転後，細いリボンとして発達した前部中腸上皮原基は後方に向かって伸び，後部原基は前方に向かって伸長する。双方のリボンは中央部で連接し，その後，それぞれが背腹方向に伸展して卵黄を包み，中腸上皮が完成する。

　中腸内の卵黄塊は，卵黄細胞が扁平化してつくった薄膜によって覆われ，徐々に液化し，この薄膜を通って中腸の中に流れ出る。また，背閉鎖が完了する直前になると，後腸と後部中腸上皮が接する付近に小さな房状部が生じる。この房状の部分では，中腸上皮，房状部の膜，卵黄細胞由来の薄膜の三層の膜をもっている。

　中腸上皮を覆う内臓中胚葉 splanchnic mesoderm は，リボンと密接に結びつきながら発達し，胚反転後，しばらくは一層であるが，その後，薄く広がった細胞がその層の上に生じる。この細胞層は中腸を取り囲む筋肉へと分化する。

　このようなツノオオアザミウマの中腸上皮形成は，有翅昆虫類で広く知られている典型的な二極形成 bipolar formation によるものである。

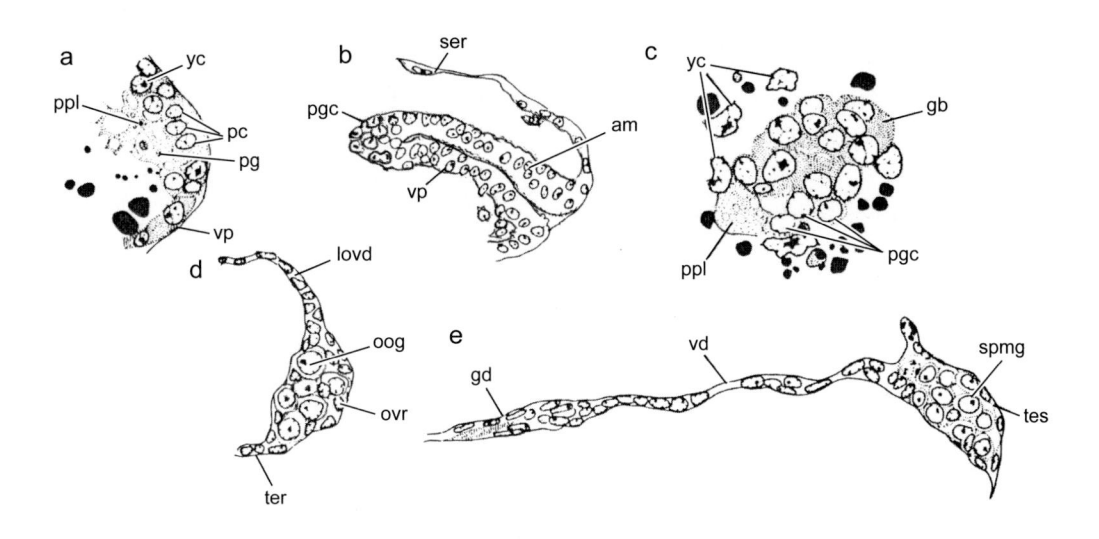

図 25–16　クダアザミウマの一種 *Neoheegeria verbasci* の生殖巣形成（Heming, 1979 より改変）
a. 卵後端（腹板形成期，縦断面），b. 同（腹板陥入初期，同），c. 胚帯後端（胚帯は漿膜より分離，完全に卵黄中に沈む，横断面），d. 雌胚の卵巣原基（前幼虫型胚初期，縦断面），e. 雄胚の精巣原基（同後期，同）
am：羊膜，gb：胚帯，gd：雄胚の生殖盤 genital disc，lovd：側輸卵管原基，oog：卵原細胞，ovr：卵巣原基，pc：極細胞，pg：極顆粒，pgc：始原生殖細胞，ppl：卵後極原形質，ser：漿膜，spmg：精原細胞，ter：端糸，tes：精巣原基，vd：輸精管原基，vp：腹板，yc：卵黄細胞

(3)　中胚葉性器官

アザミウマの中胚葉性器官の形成についてはほとんど知られていないが，筋肉系，脂肪組織，循環器官，生殖巣などが，中胚葉からつくられる。ここでは内層形成および始原生殖細胞と生殖巣の形成について説明する。

a.　内層形成

ツノオオアザミウマの内層 inner layer の形成は増殖型 proliferation type で，胚帯の尾端が卵の中央付近に達するのとほぼ同時期に，顎部で形成が開始される。これまでは外胚葉部のみだったこの部域の胚帯の正中線背側の細胞が増殖し，背面に新しく内層細胞層が形成される。内層形成はその後，頭部，尾部両方向へと広がる。なおこの際に，胸部には腹面にわずかに窪んだ原溝 primitive groove が認められるが，腹部には認められない。

b.　始原生殖細胞と生殖巣

アザミウマ目の始原生殖細胞 primordial germ cell の起源や発生運命については，Heming（1979）により雄性産生単為生殖を行うアザミウマ *N. verbasci* で詳しく調べられている。このアザミウマでは，第六卵割の後，平均 11 個の分裂核が極顆粒 polar granule の存在する卵の後極細胞質 posterior polar plasm 中に進入し，そこで極顆粒を細胞質中に取り込み，極細胞 pole cell になる。極細胞は胚が卵黄中に陥入するあいだに増殖し，雌では平均 31 個，雄では平均 36 個の始原生殖細胞になる。形態的に始原生殖細胞の識別が可能になるのは，胚帯が伸長し始めるときで，付属肢原基が出現するころには，さらに雌雄の始原生殖細胞の形態的分化が進み，雌の始原生殖細胞は雄のそれよりも大きく，2 個の核小体を含んでいる。やがて胚反転のまえになると，始原生殖細胞は二つのグループに分かれ，これを中胚葉性細胞が囲み，生殖巣原基の一次上皮 primary epithelial sheath をつくる。胚反転終了の少し後に生殖輸管 gonoduct の原基も形成され，一対の生殖巣 gonad 原基が形成される（図 25–16）。一つの原基には，雌では平均 7 個，雄では平均 13 個の始原生殖細胞が含まれるようになる。クリバネアザミウマでは原基内に最大で 12 個の始原生殖細胞が観察されている（Moritz, 1988）。なお，胚反転のあいだに生殖巣原基に入れない始原生殖細胞が，雌で平均約 3 個，雄で平均約 11 個認められ，これらの細胞は卵黄内へ移り，卵黄細胞になるという。

ツノオオアザミウマの場合は，第七卵割の後，分裂核の中で後方へ移動中に，後方のマイセトムの

直下の後極細胞質の中に進入したものが極細胞となる。極細胞は胚盤葉が完成するまでに約 10 個に数を増やし，胚原基の陥入開始までに約 30 個に達する。これらの極細胞は胚帯の尾部末端に存在しているが，極細胞は胚帯の伸長とともに移動して，第六〜七腹節の内層によって取り囲まれ，生殖巣原基ができ上がる。胚反転後，原基は第四〜六腹節の脂肪組織内に入り，中胚葉性の薄い被膜に包まれた紡錘形の器官となる。この生殖巣原基の形成様式は N. verbasci とほぼ同様で，胚反転直前になると，極細胞の集団が肛門陥の成長によって二つの集団に分けられ，それらのまわりに中胚葉性細胞が集まって一次上皮鞘をつくり，生殖巣原基が形成される。極細胞の間にある中胚葉性細胞は，生殖巣原基内で間細胞となる。

　ツノオオアザミウマの生殖巣原基の前方の上皮は非細胞性の端糸 terminal filament となり，生殖巣原基の後部も伸長・薄化し，生殖輸管の原基となる。生殖巣原基が位置する場所は，ツノオオアザミウマでは第四〜六腹節，N. verbasci では第四〜五腹節か第五〜六腹節で，クダアザミウマ科の 2 種ではほぼ同様であるが，アザミウマ科のクリバネアザミウマでは第二〜四腹節に形成されるという（Moritz，1988）。

　以上が生殖巣の形成であるが，Heming（1993）は，N. verbasci の後期胚で中胚葉性器官と考えられる弦音器官 chordontal organ を発見している（図 25-14，「cho」）。

25-6　おわりに

　アザミウマの卵はきわめて小さく，胚発生の研究材料としては困難がともない，研究が遅れていた。しかし，この困難も克服できるようになったが，胚発生の全過程は明らかにされてはいない。とくに器官形成に関する知見が不足しており，今後このブランクを埋める努力が必要である。また，単為生殖を行うアザミウマ目は，細胞遺伝学の見地からも興味深いグループであろう。

■ 25 章の引用文献

Ananthakrishnan, T. N., 1984：*Bioecology of Thrips*. Indra Publishing House, Oak Park.

――, 1990：*Reproductive Biology of Thrips. Ibid.*

安藤　裕, 1970：胚子発生．“動物系統分類学（内田亨編），7（下 A）節足動物 IIIa, 昆虫類（上）”, pp.
37-130. 中山書店，東京．

――, 1988：昆虫類．“無脊椎動物の発生（団 勝磨ほか編），下”, pp. 131-248. 培風館，東京．

Ando, H. & K. Haga, 1974：Studies on the pleuropodia of Embioptera, Thysanoptera and Mecoptera. *Bull. Sugadaira Biol. Lab. Tokyo Kyoiku Univ.*, 6, 1-8.

新垣則雄・野田博明・岡島秀治, 1998：捕食性アザミウマの産雄単為生殖と共生微生物 *Wolbachia* の関係．日本昆虫学会第 58 回大会講演要旨集, p. 89.

Blochmann, F., 1888：Ueber das regelmassige Vorkommen von bakterienahnlichen Gebilden in den Geweben und den Eiern verschiedener Insekten. *Z. Biol.*, 24, 115.

Bournier, A., 1956：Contribution a l'etude de la parthenogenese des Thysanopteres et de sa cytologie. *Arch. Zool. Exp. Gen.*, 93, 221-317.

――, 1960：Sur l'existence et l'evolution du corpus dorsal secondaire dans l'ontogenese de *Caudothrips buffai* Karny (Thysanoptera, Tubulifera). *Comp. Rend. Sean. Acad. Sci.*, 250, 1347-1348.

――, 1961：Sur l'existence et l'evolution d'un mycetome au cours de l'embryogenese de *Caudothrips buffai* Karny. *Verh. 11th Int. Kongr. Entomol. Wien*, 1960, 352-354.

――, 1966：L'embryogenese de *Caudothrips buffai* (Thysanoptera：Tubulifera). *Ann. Soc. Entomol. Fr. (N.S.)*, 2, 415-435.

――& C. Louis, 1971：Confirmation ultrastructurale de la presence d'un mycetome dans les cellules germinales femelles de *Caudothrips buffai* (Thysanoptera：Tubulifera). *Ibid.*, 7, 721-727.

Buchner, P., 1965：*Endosymbiosis of Animals with Plant Microorganisms*. John Wiley & Sons, New York.

Callan, E. M., 1951：Biology of *Dinurothrips hookeri* (Hood) (Thysanoptera, Thripidae). *Revist. Entomol., Rio de Janeiro*, 22, 357-362.

Crespi, B. J., 1989：Facultative viviparity in a thrips. *Nature*, 337, 357-358.

Haga, K., 1974：Postembryonic development of megathripine species, *Bactridothrips brevitubus* Takahashi (Thysanoptera). *Bull. Sugadaira Biol. Lab. Tokyo Kyoiku Univ.*, 6, 11-32.

――, 1985：Oogenesis and embryogenesis of the idolothripine thrips, *Bactrothrips brevitubus* (Thysanoptera, Phlaeothripidae). In：*Recent Advances in Insect Embryology in Japan* (Ando, H. & K. Miya, eds.), pp. 45-106. Arthropodan Embryological Society of Japan, ISEBU, Tsukuba.

Hagan, H. R., 1951：*Embryology of the Viviparous Insects*. Ronald Press, New York.

Harris, H. M., C. J. Drake & H. D. Tate, 1936：Observation on the onion thrips. *Iowa Coll. J. Sci.*, 10, 155-172.

Heming, B. S., 1979：Origin and fate of germ cells in male and female embryos of *Haplothrips verbasci* (Osborn) (Insecta, Thysanoptera, Phlaeothripidae). *J. Morphol.*, 160, 323-343.

――, 1980：Development of the mouthparts in embryos of *Haplothrips verbasci* (Osborn) (Insecta, Thysanoptera, Phlaeothripidae). *Ibid.*, 164, 235-263.

――, 1993：Origin and fate of pleuropodia in embryos of *Neoheegeria verbasci* (Osborn) (Thysanoptera：Phlaeothripidae). In：*Advances in Thysanopterolo-*

gy (Bhatti, J. S., ed), *Zoology* (*J. Pure Appl. Zool.*), **4**, 205-223.

——, 1995：History of the germ line in male and female thrips. In：*Thrips Biology and Management* (Parker, B. L. *et al.*, eds.), pp. 505-535. Plenum Press, New York.

Herr, E. A., 1934：The gladiolus thrips, *Taeniothrips gladioli* M. & S. *Bull. Ohio Agric. Exp. Sta.*, **537**. 1-64.

Hinton, H. E., 1981：*Biology of Insect Eggs*. Pergamon Press, Oxford.

石川　統, 1985：細胞内共生. UP バイオロジー・シリーズ 57. 東京大学出版会, 東京.

——, 1994：昆虫を操るバクテリア. シリーズ「共生の生態学」1. 平凡社, 東京.

Jagota, U. K., 1961：The life-history of *Microcephalothrips abdominalis* (Crawford). *Bull. Entomol. Loyola Coll.*, **2**, 12-20.

Johannsen, O. & F. H. Butt, 1941：*Embryology of Insects and Myriapods*. McGraw-Hill, New York, London.

Kirk, W. D. J., 1985：Egg-hatching in thrips (Insecta：Thysanoptera). *J. Zool. Lond. (A)*, **207**, 181-190.

Koch, A., 1960：Intracellular symbiosis in insects. *Annu. Rev. Microbiol.*, **14**, 121-140.

Koppa, P., 1970：Studies on the thrips (Thysanoptera) species most commonly occuring on cereals in Finland. *Ann. Agric. Fenn.*, **9**, 191-265.

Korner, H. K., 1969：Die embryonale Entwicklung der symbiontenfuhrender Organe von *Euscelis plebejus* Fall. (Homoptera：Cicadina). *Oecologia*, **2**, 319-346.

Lewis, T., 1973：*Thrips, Their Biology, Ecology and Economic Importance*. Academic Press, London.

Loan, C. & F. G. Holdaway, 1955：Biology of the red clover thrips, *Haplothrips niger* (Osborn). *Can. Entomol.*, **87**, 210-219.

Mitsuhashi, J. & Y. Kono, 1975：Intracellular microorganisms in the green rice leafhopper, *Nephotettix cincticeps* Uhler (Hemiptera, Deltocephalidae). *Appl. Entomol. Zool.*, **10**, 1-9.

Moritz, G., 1988：The ontogenesis of Thysanoptera (Insecta) with special reference to the panchaetothripine *Hercinothrips femoralis* (O. M. Reuter, 1891) (Thysanoptera, Thripidae, Panchaetothripinae). I. Embryogenesis. *Zool. Jb. Anat. Ontog.*, **117**, 1-64.

——, 1995：Morphogenetic development of some species of the order Thysanoptera (Insecta). In：*Thrips Biology and Management* (Parker, B. L. *et al.*, eds.), pp. 489-504. Plenum Press, New York.

Munger, F., 1942：Notes on the biology of the citrus thrips. *J. Econ. Entomol.*, **35**, 455.

Pelikan, J., 1951：On carnation thrips *Taeniothrips*

dianthi Pr. *Entomol. Listy*, **14**, 5-38. (in Czech)

Pesson, P., 1951：Ordre des Thysanoptera. In：*Traité de Zoologie* (Grassé, P. P., ed.), Vol. X, pp.1805-1869. Masson, Paris.

Pomeyrol, R., 1928：La parthenogenese des Thysanopteres. La maturation des oeufs parthenogenetiques chez l' "*Heliothrips haemorrhoidalis*". *Bull. Biol. Fr. Belg.*, **62**, 1-20.

Rahman, K. A. & N. K. Bhardwaj, 1937：The grapevine thrips (*Rhipiphorothrips cruentatus* Hood) (Thripidae：Terebrantia：Thysanoptera). *Ind. J. Agric. Sci.*, **7**, 633-651.

Ries, E., 1931：Die Symbiose der Lause und Federlinge. *Z. Morphol. Ökol. Tiere*, **20**, 233-367.

Sakimura, K., 1937：The life and seasonal history of *Thrips tabaci* Lind. in the vicinity of Tokyo, Japan. *Oyo Dobutsugaku Zasshi*, **9**, 1-24.

Selhime, A. G., M. H. Muma & D. W. Clancy, 1963：Biological, chemical, and ecological studies on the predatory thrips *Aleurodothrips fasciapennis* in Florida citrus groves. *Ann. Entomol. Soc. Am.*, **56**, 709-712.

Sikes, E. K. & V. B. Wigglesworth, 1931：The hatching of insects from the egg, and the appearance of air in the tracheal system. *Q. J. Microsc. Sci.*, **74**, 165-192.

Sulc, K., 1910：Pseudovitellus und ahnliche Gewebe der Homopteren sind Wohnstatten symbiontischer Saccharomyceten. *S.b. Kgl. Bohm. Ges. Wiss.*, *Prag*, **3**, 1-39.

Tsutsumi, T., 1996：Formation of the egg membranes of an idolothripine thrips, *Bactrothrips brevitubus* (Insecta：Thysanoptera). *Proc. Arthropod. Embryol. Soc. Jpn.*, **31**, 9-13.

——& K. Haga, 1991："Mycetomes" in the thrips oocytes (Insecta, Thysanoptera). *Ibid.*, **26**, 17-18.

——, M. Matsuzaki & K. Haga, 1994：New aspect of the "mycetome" of a thrips, *Bactrothrips brevitubus* Takahashi (Insecta：Thysanoptera). *J. Morphol.*, **221**, 235-242.

Uljanin, W. N., 1874：Observations on the development of thrips (Physopoda). *Izviastiia Imp. Ob. Luibit Estest. Anth. Ethnogr.*, **10**, 39-43.

梅谷献二, 1999：世界でいちばん小さい虫. インセクタリウム, **36**, 17.

——・工藤　巌・宮崎昌久（編）, 1988：農作物のアザミウマ；分類から防除まで. 全国農村教育協会, 東京.

葭原敏夫・河合　章, 1982：ミナミキイロアザミウマにおける未交尾雌による生殖. 九州病虫研報, **28**, 130-131.

Waku, Y. & Y. Endo, 1987：Ultrastructure and life cycle of the symbiosis in a homopteran insect, *Anomoneura mori* Schwartz (Psyllidae). *Appl. Entomol. Zool.*, **22**, 630-637.

26章

アミメカゲロウ目
Neuroptera

26-1　はじめに

　アミメカゲロウ目（脈翅目）Neuroptera は昆虫綱のなかではけっして大きな目ではないが，最古の化石は二畳紀前期から発見されており，完全変態昆虫のなかでは起源の古いものの一つである。そのため，アミメカゲロウ目には完全変態昆虫の基本的な形質が含まれていると考えられ，とくに胚発生の特徴を知ることは，完全変態昆虫の系統を検討するうえで重要な知見を与えてくれる。

　しかし，この目の胚発生の研究は，Bock（1939）によるクサカゲロウ科 Chrysopidae の一種 Chrysopa perla の正常発生についての研究と，彼がこれに引き続いて行った実験発生学的な研究（1942）があるのみである。この他では，ツノトンボ科 Ascalaphidae のキバネツノトンボ Ascalaphus ramburi MacLachlan の胚発生を外部形態をもとにした簡単な報告（Kamiya & Ando, 1985）と，Chrysopa carnea の卵割早期における精子の中心粒 centriole に関する短報（Friedländer, 1980）があるくらいである。

　ここでは，上記の Bock（1939）の C. perla の研究を中心に，キバネツノトンボでの観察結果を加え，アミメカゲロウ目の胚発生について述べることにする。

26-2　採卵法と産卵方法

　クサカゲロウ科，ヒメカゲロウ科 Hemerobiidae，ケカゲロウ科 Berothidae の場合，成熟雌を 60 × 55 × 20 mm 程度のプラスチックケースに入れておけば，産卵させることができる。これらの科では，種類によっては春から秋までのあいだに数回の採卵が可能である。また，カマキリモドキ科 Mantispidae も実験室内で産卵させることができる。

　一方，ツノトンボ科の場合は実験室内で産卵させることは困難で，野外で産卵したものを採集することになる。キバネツノトンボは 6 月中旬頃に山地の草原で，ツノトンボ Hybris subjacens では 8 月に平地の開けた土地で，イネ科の植物やヨモギなどの細い茎や枝に，2 列に 50 個前後の卵を産む（図 26-1, a）。

26-3　卵と卵期

　アミメカゲロウ目の卵は，一部の科を除いて楕円形をしており（図 26-1），その大きさは科によって異なる。たとえば，クサカゲロウの一種の Chrysopa carnea では卵長が 0.95 mm，卵径が 0.4 mm であり（Mazzini, 1976），キバネツノトンボでは卵長が約 2 mm，卵径が約 1.3 mm である。

　クサカゲロウ科，ケカゲロウ科，Nymphidae，Myiodactylidae では卵の後極に卵柄 egg stalk，pedicel が，前極に卵門域 micropylar area がある。とくにクサカゲロウの卵は古来，優曇華（うどんげ）として知られている（図 26-1, g）。ツノトンボ科，ウスバカゲロウ科 Myrmeleonidae では卵の両極に卵門域が存在している。

　Kuroko（1961）によると，カマキリモドキ科のオオカマキリモドキ Climaciella magna とヒメカマキリモドキ Mantispa japonica の卵はともに楕円形で有柄であり，クサカゲロウ類の卵に類似している（図 26-1, h）。卵は白いが，発生が進むと褐

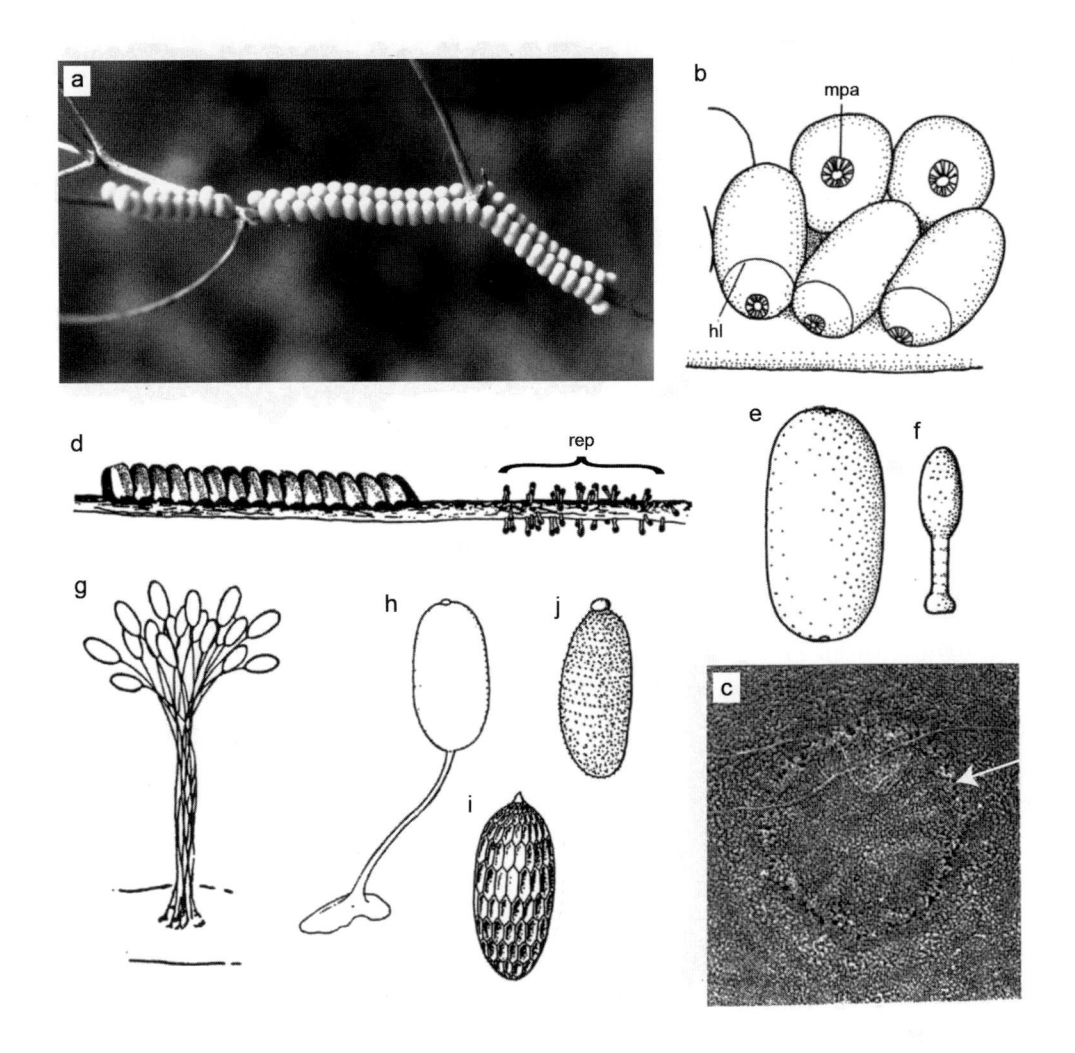

図 26-1　アミメカゲロウ目 7 種の卵と卵塊（a. 神谷 原図；b, c. Kamiya & Ando, 1985；d～f. Henry, 1972；g, i, j. Hinton, 1981；h. Kuroko, 1961）
a. ツノトンボ *Hybris subjacens* の卵，b. キバネツノトンボ *Ascalaphus ramburi* の卵，c. 同，卵門域，矢印：卵門，d. *Ululodes mexicana* の卵塊，e. 同，卵，f. 同，矢来体，g. *Chrysopa flava* の卵塊，h. オオカマキリモドキ *Climaciella magna* の卵，i. *Semidalis aleyrodiformis* の卵，j. *Wesmaelis concinnus* の卵
hl：孵化線，mpa：卵門域，rep：矢来体

色になる。小さなノブ状の卵門域が卵頂にあり，オオカマキリモドキの卵は卵長 0.47 mm，卵径 0.24 mm ほどで，卵期は 27℃ に保った場合は 15～16 日，九州英彦山の 9 月の自然状態では 25～27 日であったという。ヒメカマキリモドキの卵は，やや小さく 0.43 × 0.19 mm ほどで，卵期は 27℃ で 7～9 日，自然状態で 13～28 日である。カマキリモドキ類の一雌あたりの産卵数はきわめて多く，オオカマキリモドキでは数千卵，ヒメカマキリモドキでも 2,000 卵にも達するとされる。これはこのグループの特異な後胚発生に対する適応なのかもしれない。ウスバカゲロウ科のコカスリウスバカゲロウ *Distoleon*

contubernalis の卵は淡緑色，1.8 × 1.3 mm ほどで，卵期は 25～30℃ で 18 日であるという（馬場，1953）。*C. carnea*（Mazzini, 1976）の卵門域の電子顕微鏡での微細構造の観察によると，直径 2.6 µm の半円形の卵門 micropyle の開口部が 30 個存在する。また，キバネツノトンボの場合も，直径約 150 µm の円形の卵門域の円周上に卵門の開口部が存在する（同図，b, c）。
　二型の卵を生じるものに，メキシコの *Ululodes mexicana* などがある。この種の卵巣には，正常の卵を生じる卵巣小管と矢来体 repagula とよばれる特殊な卵を形成する二種類の卵巣小管がある。矢来

体は正常卵に比べると小さく，形態も異なり，発生することはない（図 26-1, f）。*U. mexicana* の産卵状態（図 26-1, d）を見ると，正常卵塊の下に離れて矢来体が産み付けられているのがわかる。このため，卵を襲うアリなどの外敵から卵を守る ant-guard, ant-repulsion と考えられているが，矢来体の機能については，疑問の点があるようである（Henry, 1972, 1978）。

卵殻は外卵殻 exochorion と内卵殻 endochorion からなり，キバネツノトンボでは外卵殻は乳白色で，内卵殻は透明である。また，*C. carnea* では（Mazzini, 1976），外卵殻は厚さ 1.3 μm で多数の突起があり，内卵殻は厚さ 0.4 μm で 10 ～ 14 層からなる。さらに，内卵殻の内側には厚さ 0.15 μm の卵黄膜 vitelline membrane が存在する。ツノトンボ科では，卵の前端近くの卵殻の表面に孵化するときに開く環状の孵化線 hatching line が存在している（図 26-1, b）。なお，アミメカゲロウ目の卵については Hinton（1981）の記述がある。

Bock（1939）の観察によると，*C. perla* の産卵直後の卵の内部は，卵黄と脂肪球と細胞質によって満たされている。卵黄は多数の卵黄球の塊に分かれ，その間に小さな脂肪球がある。卵黄球の塊と脂肪球は，細くて目の粗い網状細胞質 reticuroplasm によって包まれている。この網状細胞質は表面の周縁細胞質 periplasm へと移行し，周縁細胞質は前極でいくらか厚いほかは，どこでも一様な厚さにみえる。細胞質によって包まれた卵核 egg nucleus は，卵長の約80%の卵表近くに存在する。

26-4　胚の外部形態の変化

次に，クサカゲロウの一種 *Chrysopa perla* とキバネツノトンボの胚の発生による形態の変化について述べよう。

(1) クサカゲロウの一種 *Chrysopa perla*

Bock（1939）は研究室内で産卵させた卵を 21 ± 1℃ で保存し，観察に用いた。卵期は約6日，Tikhomirowa（1892）によると約9日で，邦産のクサカゲロウの一種では7日の記録がある（桑山，1924）。

a.　卵割と胚盤葉形成

胚の発生は精子の進入によって開始されるが，卵門の下で受精丘 fertilization cone が形成され，卵核は成熟分裂を行うため卵の表面に移動し，産卵から約10分後に，卵背面の卵長約 65 ～ 75%のところで第一成熟分裂が始まる。この位置は細胞質島 cytoplasmic island が出現することによって確認できる（図 26-2, a）。

雌雄両前核の合一後，最初の分裂によって卵割期が始まる。卵割は他の昆虫と同様に，核分裂のみが進行して核が増殖し，このときの核分裂は同調して起こる。分裂した核が卵の前方の 1/3 のところで一団となっているあいだに卵割核が増加し，核は卵表に向かって移動を開始し，10 回の分裂で卵表に到達する。核分裂の同調性は細胞間の境界が形成されるまで維持されるが，非同調分裂も次第に増加し，ついに核分裂は完全に非同調になり，胚盤葉形成へと進む（同図，b）。胚盤葉の細胞は一様で，卵の背面と腹面で細胞の大きさや密度の違いを区別することは困難である。この段階の卵は全体が一様な緑色で，核が円形の濃い点として認められ，その大きさはすべて同じで，一様な密度で分布している。しかし，後極のいくつかの細胞だけは極細胞 pole cell として際立ってくる。

b.　胚帯形成

極体 polar body 放出の起こった卵の反対側の部分（卵前方の 1/3 のところ）に原頭葉の部分が明瞭になり，腹板が形成されたことがわかる。この原頭葉の境界が明らかになると，卵腹面の中央部に三つの体節が色の濃い横帯として現れ，さらに体節が前方から後方へ向かって形成され，卵の腹面全体に広がる。体節の境が顕著になってくると同時に，体節内でも中板と側板の境界がはっきりし，外胚葉と内胚葉性中胚葉 endodermal mesoderm が分化してくるが，この段階では側板と胚外域の境界は不明瞭である（図 26-2, c, d）。

胚帯形成の初期では，中板の幅はほとんど狭くならないが，原溝形成によって中板（内胚葉性中胚葉）は胚の内側に陥入し，胚帯の幅が徐々に狭くなってくる。中板の陥入が進むにつれ，中板と側板の境界部が互いに接して原溝の閉鎖が起こる。この間に体節の形成はさらに進み，原頭葉，間挿節，大顎・小顎・下唇の顎部体節，胸部の 3 体節が形成される。そして，原溝の閉鎖が起こるころ，触角・大顎・小顎・下唇の原基が出現し，胸部付属肢が形成されるころになると羊漿膜褶の形成が始まり，胚帯腹面を次第に覆っていくようになる（図 26-2, e ～ g）。

胚帯はさらに腹部の体節を形成しながら伸長を続

け，腹部の末端は卵の背面まで達するようになる。この間に顎部3体節および胸部3体節の付属肢も伸長し，頭部には側単眼の原基と口陥，腹部にはマルピーギ管 Malpighian tubule，末端部に肛門陥が形成される。胚帯の最長期には尾部の末端は卵の背面の中間あたりまで達し，口陥と肛門陥の部分に内胚葉の中腸上皮原基が見られるようになる。胚帯が最長期を過ぎると，尾部の末端部が卵の腹面に向かっ

て折れ曲がり始め，胚帯の幅も広くなり，背閉鎖へと向かうようになる（図26-2，h〜k）。

①　内層形成　　腹板の正中線部分にある中板が卵の内側に向かって陥入し，それが増殖をして内層 inner layer となる。はじめ胚の正中線上にあった内層細胞の集団は，胚の両側方にも広がり，中央部で一層，側方部で二層の細胞層になる（図26-3）。

②　胚膜形成　　組織切片による観察では，腹板

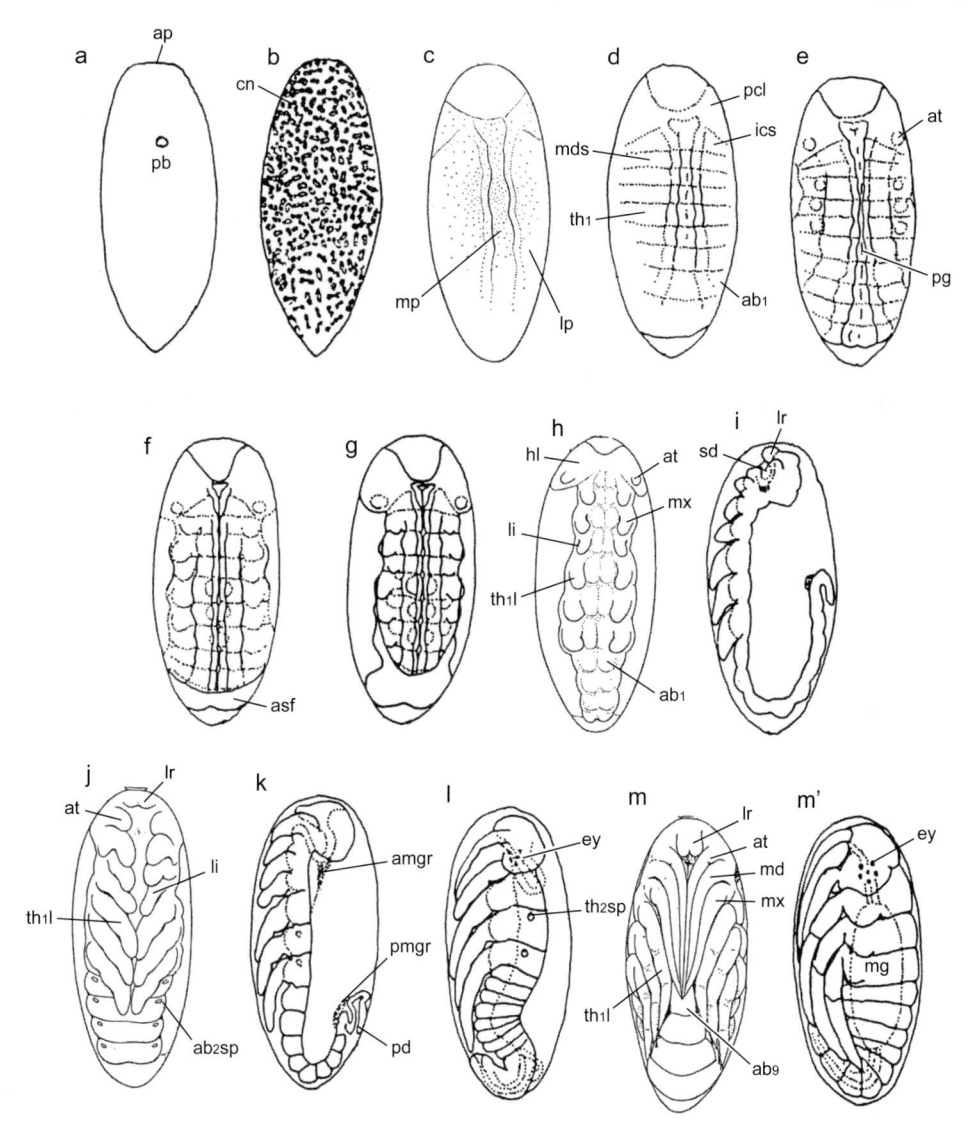

図26-2　クサカゲロウの一種 *Chrysopa perla* の胚の外部形態の変化（Bock, 1939, 1942 より改写）
a. 産卵後30分，b. 卵割期（同8時間），c. 腹板形成（同18時間），d. 同（同19時間），e. 胚帯形成（同19時間45分），f. 胚帯期（同20時間30分），g. 同（同21時間15分），h. 同（同30時間），i. 同（側面，同42時間），j. 胚期（同60時間），k. 同（側面，同66時間），l. 同（側面，同90時間），m. 完成した胚（同138時間），m'. 同（側面）
ab1,9：第一，九腹節，ab2sp：第二腹節気門，amgr：前部中腸原基，ap：卵前極，asf：羊漿膜褶，at：触角，cn：卵割核，ey：側単眼，hl：頭葉，ics：間挿節，li：下唇，lp：側板，lr：上唇，md：大顎，mds：大顎節，mg：中腸，mp：中板，mx：小顎，pb：極体放出位置（細胞質島），pcl：原頭葉，pd：肛門陥，pg：原溝，pmgr：中腸原基，sd：口陥，th1：前胸節，th1l：前胸肢，th2sp：中胸節気門

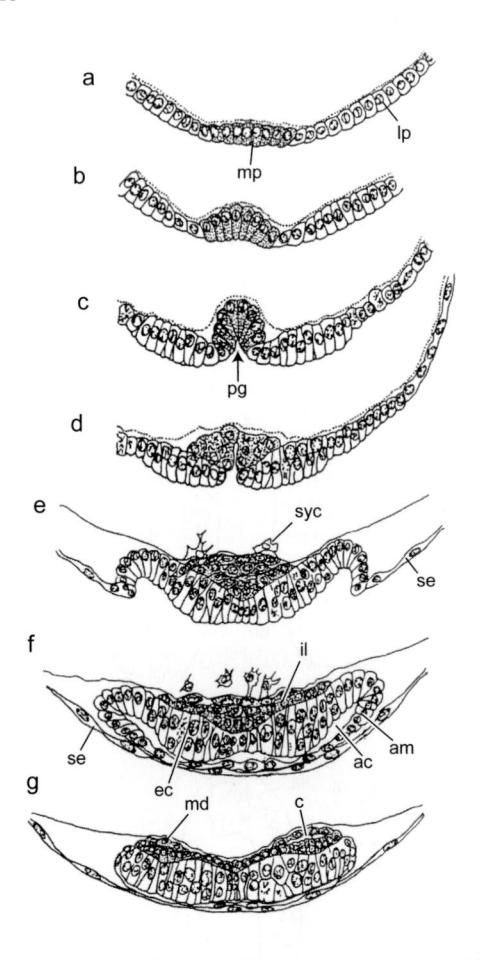

図 26-3　クサカゲロウの一種 *Chrysopa perla* の内層（中胚葉）形成と胚膜形成（前胸節の横断図）（Bock, 1939より改写）
a. 産卵後 18 時間 15 分，b. 同 19 時間，c. 同 19 時間 45 分，d. 同 20 時間 30 分，e. 同 23 時間，f. 同 25 時間，g. 同 27 時間
ac：羊膜腔，am：羊膜，c：体腔嚢，ec：外胚葉，il：内層，lp：側板，md：中胚葉，mp：中板，pg：原溝，se：漿膜，syc：二次卵黄細胞

の周縁の胚外域との境界部分に羊漿膜褶が生じ，それが両側から胚の腹面を正中線方向に向かって胚を包み込むように伸び，正中線の部分で接合し，二層の胚膜が形成される。内側の膜が羊膜 amnion，外側の膜が漿膜 serosa である（図 26-3, e, f）。

c.　胚・幼虫形成

背閉鎖が進むあいだに，頭部に側単眼が 6 個形成され，中胸と後胸に気管の陥入口である一対の気門が現れ，背閉鎖が完了すると 1 令幼虫の基本形態が完成する（図 26-2, l～m′）。

(2)　キバネツノトンボ

卵期は室温で 18 日前後である（Kamiya & Ando, 1985）。ツノトンボの卵期も 17 ～ 18 日との報告がある（楚南，1938）。

a.　胚盤葉形成

他の昆虫と同様に，卵の表面からの観察では，受精 fertilization から胚盤葉 blastoderm 形成までの過程を詳しく観察するのは難しく，卵表に核が移動し，その分裂像や核が表面から観察できるようになって，初めて胚盤葉形成が始まっていることが確認できる。卵表に核が移動してきたとき，核の密度は一様に見え，分裂を繰り返してその密度を増していく（図 26-4, a）。

b.　腹板・胚帯形成

いままで一様に分布していた胚盤葉の核が，卵の腹面に集中することにより，この部分の色が濃くなる。この部分が腹板 ventral plate であり（図 26-4, b），腹板が形成されるとまもなく中板 middle plate と側板 lateral plate の分化および体節化も始まる。そして，腹板は幅が狭くなりながら，原頭葉，間挿・大顎・小顎・下唇節と胸部の 3 体節が生じ，胚外域 extra-embryonic area との境界も明瞭になる（同図, c）。次に，中板の部分の陥入により，原溝 primitive groove が形成される（同図, d）。この原溝の閉鎖が始まるころには，胚帯の頭部と尾部に羊漿膜褶 amnio-serosal fold も形成される。

胚帯の幅は引き続き狭くなり，胚帯の腹端部は卵の後極へと伸張しながら，腹部の体節を増やしていく（図 26-4, e）。胚帯幅の収縮はしばらくすると止まるが，胚の腹部はさらに体節を形成しながら伸長を続け，その間に上唇原基の形成と，その下部に口陥 stomodaeum の陥入が起こる。間挿節は徐々に小さくなっていくが，顎部の 3 体節および胸部の 3 体節には付属肢の原基が生じる。また，原頭葉には触角の原基も現れる（同図, f）。各付属肢は成長を続け，小顎原基が三叉状になり，第十腹節が形成されるころには，胚帯は最長期になる。この時期の胚帯の尾部の末端は卵の後極まで達している。また，第一腹節にははっきりとした付属肢原基が現れるが，これは側脚 pleuropodium である（同図, h）。

c.　胚形成

胚帯は最長期を過ぎると胚幅が広がり，頭部には側単眼 stemma の原基が現れ，触角原基も伸長して，分節するようになる。また，尾部の末端部が卵の腹面に向かって折れ曲がり始める（図 26-4, h）。

頭部では上唇が成長を続けて口陥を覆うようにな

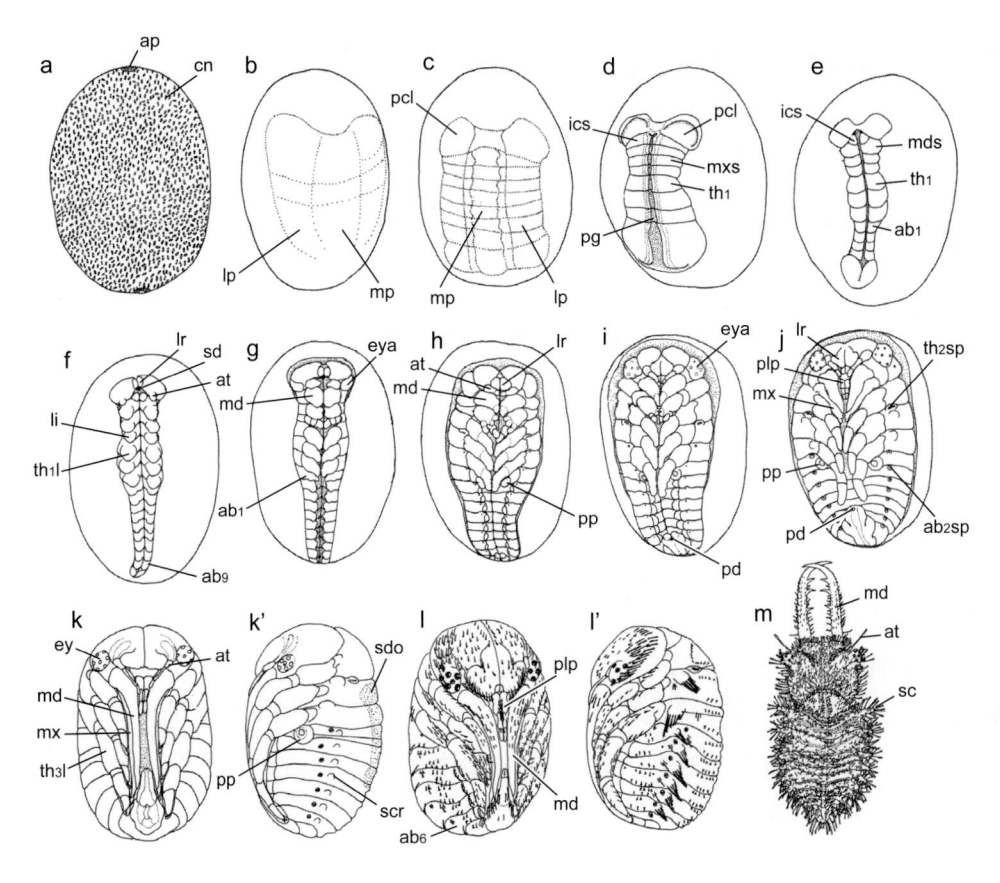

図 26-4　キバネツノトンボ *Ascalaphus ramburi* の胚の外部形態の変化（Kamiya & Ando, 1985）
a. 胚盤形成（産卵後約 24 時間），b. 腹板形成（同，約 48 時間），c. 腹板期（同，約 51 時間），d. 胚帯形成（同，約 54 時間），e. 胚帯早期（同，約 3 日），f. 同，中期（同，約 3.5 日），g. 同，後期（同，約 4.5 日），h. 胚期（同，約 5.5 日），i. 同（同，約 6.5 日），j. 同（同，約 7.5 日），k. 背閉鎖完了，k′. 同，側面（同，約 10 日），l. 剛毛を生じた胚，l′. 同，側面（同，約 14 日），m. 孵化直後の 1 令幼虫（同，約 19 〜 20 日）
ab1, 6, 9：第一，六，九腹節，ab2sp：第二腹節気門，ap：卵前極，at：触角，cn：卵割核，ey：側単眼，eya：眼域，ics：間挿節，li：下唇，lp：側板，lr：上唇，md：大顎，mds：大顎節，mp：中板，mx：小顎，mxs：小顎節，pcl：原頭葉，pd：肛門陥，pg：原溝，plp：下唇鬚，pp：側脚，sc：棘毛，scr：棘毛原基，sd：口陥，sdo：二次背器，th1：前胸節，th1, 3l：前，後胸肢，th2sp：中胸気門

り，触角も成長を続け，分節が明瞭になる。側単眼原基もさらに発生が進み，眼域の 7 ヶ所に小陥入ができ，側単眼の形成が進行する。大顎・小顎もそれぞれ伸長を続けるが，小顎の先端の三叉状の部分では，最も下の枝が伸長して 2 節になる（同図，i）。小顎自体は徐々に大顎の下に移動し，三叉状の構造が失われるころには大顎の裏面に位置するようになる。

　下唇は他の顎部の付属肢の伸長にともない，その下に隠れるようになり，下唇自体も胚の前方へ移動していく。そして，頭部の構造が明らかになるころには，3 節からなる下唇鬚のみが見られるようになる（同図，j）。

d.　胚形成後期〜幼虫体形成

　胸部では三対の付属肢が分節をしながら伸長を続け，胚の背部が閉鎖されるころには，付属肢の各節が明瞭に認められるようになり，各先端に 2 本の爪が生じる。また，中胸と後胸の側面に一対の気管の陥入（気門 spiracle）が現れる。胚の成長にともなって中胸の気門は大きく顕著になるが，後胸の気門は見えなくなっていく。中胸と後胸には剛毛突起が現れ，それぞれ伸長する。

　腹部では側脚細胞が分泌を始め，第一腹節から第七腹節までの体節に気管の陥入が生じる。腹部の末端は腹側に折れ曲がり，その先端に肛門陥 proctodaeum が陥入している。さらに，胚の成長にともない，第九腹節と第十腹節は癒合し，最終的には腹

部体節は 9 節となる。胸部体節と同様に第一腹節から第七腹節までの各体節に，一対ずつの剛毛突起が顕著になる。胚は背面の卵黄を包み込みつつ，さらに成長し，頭部と尾部から前後に背閉鎖が進み，背部正中線の中央が最後に閉鎖され，その部分に二次背器 secondary dorsal organ が形成される（図 26-4, k, k'）。また，背閉鎖が完了するころになると，胚に透明な胚クチクラが生じる。

背閉鎖の完了後，胚の表面には剛毛が生じ，それが黒く着色し，体色も褐色に変わるため，卵は徐々に黒ずんでいく（図 26-4, l, l'）。完成した 1 令幼虫は，卵殻の前端付近にある環状線の部分を押し開き，ちょうど蓋が開くようにして卵から孵化してくる（同図, m）。

26-5　器官形成

(1)　クサカゲロウの一種 *Chrysopa perla*

Bock（1939）の *C. perla* の器官形成についての詳細な研究をもとに器官形成のあらましを述べる。

a.　外胚葉性器官

① 神経系　外胚葉では，まず神経系の形成が始まる。頭部では胚帯期に現れてくる上唇節，触角節および間挿節から，それぞれ前大脳 protocerebrum，中大脳 deutocerebrum，後大脳 tritocerebrum の原基が分化してくる。前胸節では，腹板期に側板の中板に近い部分に背の高い細胞のグループがみられるが，この部分の細胞から神経芽細胞 neuroblast が生じる。

内層形成時に外部からの観察では，神経節原基が

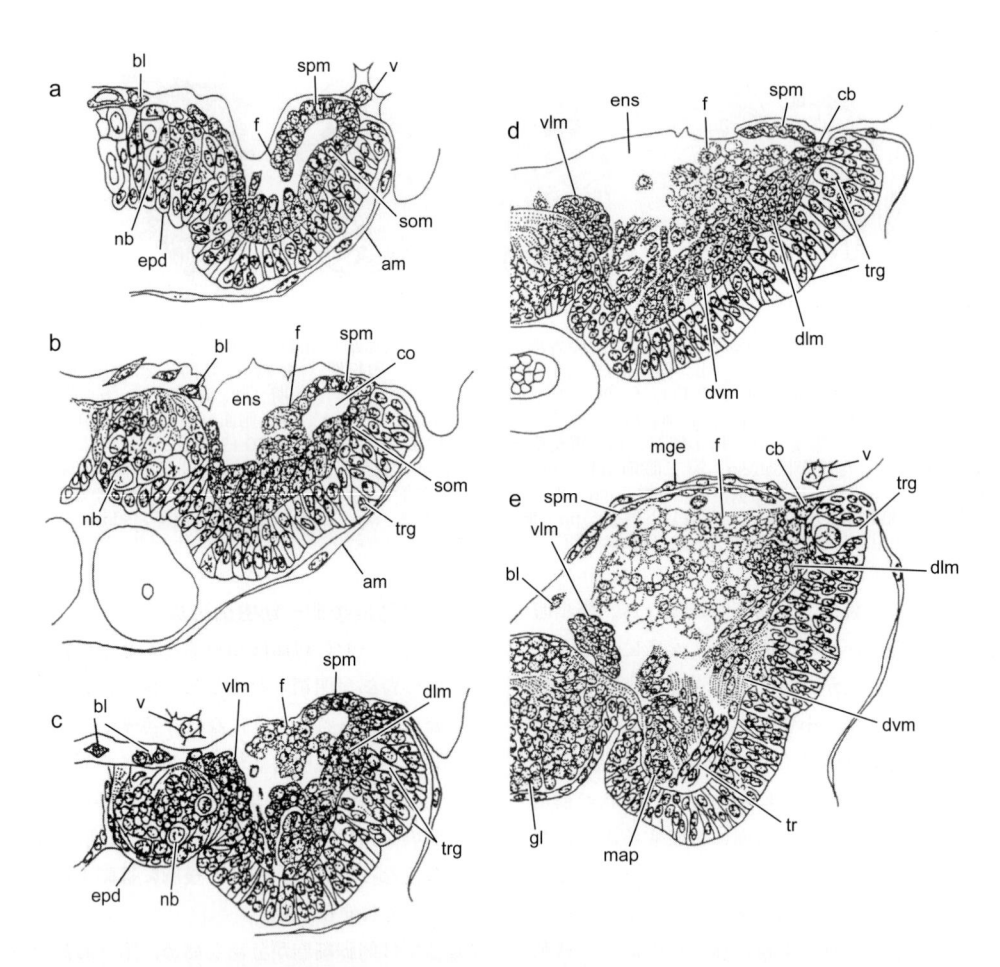

図 26-5　クサカゲロウの一種 *Chrysopa perla* の胚の器官形成（横断面）（Bock，1939 より改写）
a. 前胸節（産卵後 42 時間），b. 同（同 48 時間），c. 中胸節（同 54 時間），d. 前胸節（同 60 時間），e. 後胸節（同 78 時間）
am：羊膜，bl：血球細胞，cb：心臓芽細胞，co：体腔，dlm：背縦走筋，dvm：背腹筋，ens：神経上洞，epd：上皮，f：脂肪組織，gl：神経節，map：付属肢筋，mge：中腸上皮，nb：神経芽細胞，som：体壁中胚葉，spm：内臓中胚葉，tr：気管，trg：毛芽細胞，v：卵黄細胞，vlm：腹縦走筋

連続した膨らみとして側板の部分と区別できるように
なり，切片による観察でも細胞が正中線のほうに
移動しながら，背が高くなるとともに増殖し，二層
の細胞層になる。胚膜形成時には，さらに神経節に
なる部分の細胞の増加と分化が進む。

　産卵後 30 時間までに，神経節原基の外側に胚の
上皮をつくる細胞，内側に神経芽細胞が分布するよ
うになる。この神経芽細胞は，核と細胞が他の細胞
に比べてはるかに大型なので，容易に識別できる。
また，中板と側板の境界部の細胞は神経中索 medi-
an cord の細胞となる。そして 36 時間後までに，
神経中索の細胞は幅が狭くなる一方，長さが長くな
り，神経芽細胞の上側の神経中索との境界部には，
神経節細胞 ganglion cell が形成され始める。

　産卵後 42 時間までに，神経中索の細胞は神経節
の背部に含まれるようになり，神経節細胞の形成も
さらに進み，48 時間後までには神経繊維の束が形成
される（図 26-5, a, b）。これ以降も神経芽細胞か
らの神経節細胞の形成が行われ，神経節細胞が神経
繊維を取り囲むようになる。それにともない，神経
芽細胞は徐々に外側へと移動し，上皮細胞も扁平な
一層の細胞層へと変化していく。胚が卵の半分以上
を覆い，背閉鎖へと向かうころには神経芽細胞も消
失し，神経節が完成する（図 26-5, c ～ e）。

　腹部では産卵後 42 時間で，ようやく神経芽細胞
と神経節細胞の形成が始まっているのが確認でき，
54 時間後までに神経繊維も分化し，胸部の神経節
とほぼ同じ形態になり，一連の腹髄 ventral nerve
cord ができあがる。

　1 令幼虫になると，神経節は上皮組織から離れ，
体腔内に存在するようになり，側方へ伸びた神経が
付属肢へ入る。

　②　気管系　　まず，中胸節で体壁（上皮）の外
胚葉の一部が内部へと陥入し，気管系の形成が始ま
る。次に形成は後胸節から第三腹節へと進み，最後
に第五腹節と第七腹節にも気管形成が始まる。

　発生が進むと気管 trachea が確認できるように
なり，1 令幼虫ではおもに腹面側に一対の気管主幹
tracheal trunk の存在を確認できるようになる。

　③　側　脚　　上皮組織は付属肢が伸長を始める
ころになっても，細胞の形に目立った変化は現れな
い。しかし，産卵後 42 時間経つと，第一腹節の神
経節の両側の部分で一群の細胞が伸長し，細胞の先
端部が周囲の細胞に覆いかぶさるようになり，細胞

の基部が内側の腔所に陥入していく。これが側脚で
ある。側脚細胞は分泌を開始すると，核が細胞の基
部に移動する。この側脚形成の様子は，後述のキバ
ネツノトンボの場合に酷似している。

　④　扁桃細胞　　第一腹節では側脚細胞が分化し
てしばらくすると，さらに，その側方に周囲の細胞
と配列の異なる細胞集団が現れる。これが扁桃細胞
（エノサイト）oenocyte である。扁桃細胞はまず，
第一～三腹節で形成が始まり，遅れて第四・五腹節
と第七腹節でも形成が始まる。その後，細胞は列を
つくって内側へ広がっていき，1 令幼虫では腹部の
体節で際立つようになる。

　⑤　剛毛形成細胞　　産卵後 48 時間までに胸部
では付属肢と体壁の境界部に，他の細胞より大型の
核をもつ毛芽細胞 trichogen cell と，それを取り囲
む細長い細胞が分化する。この部分が将来，側部の
剛毛突起になる。少し遅れてこの部分のさらに側方
に，同様の大型の毛芽細胞を含む背部剛毛突起の原
基が現れる。毛芽細胞は発生が進むに従い大型にな
り，1 令幼虫では，ここから剛毛が生えているのが
わかる（図 26-5, b ～ e）。腹部の体節では少し遅
れて，胸部と同様の過程で剛毛突起の原基が出現す
る。

b.　中胚葉性器官

　①　血　球　　中板が内部に陥入して生じる内層
（中胚葉）は増殖して左右に広がるが，神経節の背
面の部分では一層の細胞層になる。これが中央中胚
葉 median mesoderm である。産卵後 42 時間経つ
と，この細胞群の一部の細胞が神経上洞 epineural
sinus 中へ遊離するようになり，その後，中央中胚
葉はすべて外胚葉から分離し，一部は卵黄に密着し，
他は神経上洞中に遊離するようになる。前者は二次
卵黄細胞 secondary yolk cell へと分化し，後者は
原形質が少なく部分的に細長い仮足を出し，内部に
小さな顆粒のあるリンパ球，球形で大きな核をもつ
血球，非常に大型で原形質内に多くの顆粒をもつア
メーバ状の細胞へと分化していく（図 26-5, b, c）。

　②　筋　肉　系　　増殖して左右に広がった中胚葉
のうち，胚の両側の部分は体腔を包む一層の細胞層
（体腔嚢 coelomic sac）となる。この細胞層の外胚
葉側が体壁中胚葉 somatic mesoderm で，卵黄側
が内臓中胚葉 splanchnic mesoderm である。そし
て，胸部体節の体壁中胚葉では，神経節に近い部分
で筋肉の原基となる細胞の分化が始まる。産卵後 42

時間までに胸部では，体腔嚢の細胞層が正中線側で体壁中胚葉と内臓中胚葉に分離し，体腔と神経上洞が連絡をする。このとき筋芽細胞 myoblast は伸張して紡錘形となり，列をつくって並ぶようになるが，腹部ではまだ体腔嚢形成の途中である。産卵後48時間までに，胸部付属肢の基節の部分において，細胞分裂により細胞の列が背腹方向に伸びるとともに，鋭く伸びた筋芽細胞の先端は隣の筋芽細胞の横に位置するようになる。形成がさらに進むと，腹部縦走筋の区別が可能になり，背腹筋の分化形成も始まる。また，毛芽細胞の内側でも細胞分裂がさかんに起こり，細胞が複層になる。第一腹節では側脚の内側で体壁中胚葉の細胞が増殖する。次に，神経節の側方部に腹部縦走筋の細胞の集団が，胸部付属肢の部分に背腹筋の集団が，そして二つの剛毛突起に挟まれた部分の内側に背部縦走筋の集団が生じる。また，第一腹節では，側脚から背方の毛芽細胞まで

の体壁中胚葉の細胞は複層になる。胸部の筋肉の細胞の列は，分裂による増殖と細胞集団の合一により長くなるとともに多核の筋繊維となっていく。さらに筋繊維中に筋原繊維が形成され，横紋が明瞭になる（図26-5，c〜e）。第一腹節においても腹部縦走筋，背腹筋，背部縦走筋の原基ができ，これ以後，筋繊維内で筋原繊維を含む部分と核を含む原形質の部分が分離する。

　孵化したばかりの幼虫の胸部では，腹部縦走筋，胸脚の筋肉，背腹筋，背部縦走筋が見られる。これらの筋肉は体壁内側の突起に結合している。

　③　脂肪組織　　胸部の体節に体腔嚢が形成されたとき，内臓中胚葉の分化が始まる。この内臓中胚葉が体壁中胚葉と分離すると，その分離した部分に房状の脂肪細胞の原基ができる（図26-5，a）。このとき，細胞質内では脂肪球が形成され始める。内臓中胚葉からの脂肪細胞の放出はさらに続き，体腔

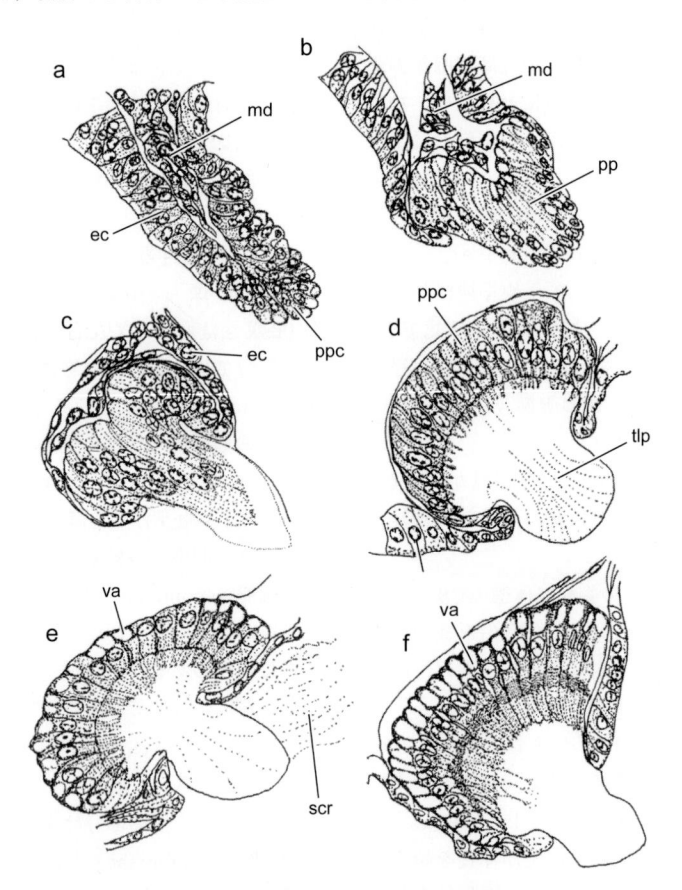

図26-6　キバネツノトンボ *Ascalaphus ramburi* の側脚の形成と分泌（神谷 原図）
　a. 側脚細胞の分化（産卵後約4.5日），b. 側脚細胞の発達（同，約6.5日），c. 同（同，約7.5日），d. 側脚は体表から陥入，舌状部形成（同，約8.5日），e. 分泌が生じ側脚細胞の基部に空胞が出現（同，約10日），f. 分泌を終わり退化が始まる。
　ec：外胚葉，md：中胚葉，pp：側脚，ppc：側脚細胞，scr：分泌物，tlp：舌状部，va：空胞

が神経上洞と連絡する部分が脂肪細胞で満たされるようになる。また，細胞内では脂肪球が成長し，くびれてくる。胸部体節では内臓中胚葉と脂肪細胞の境界が明瞭になり，脂肪細胞の放出が終わるころに，第一腹節では，房状の脂肪細胞の分化が始まる。そして，内臓中胚葉からの脂肪細胞の放出は止まるが，脂肪細胞はさらに増殖合体をし，細胞どうしの境界もなくなり，体腔内を次第に満たし，脂肪組織となっていく（図26-5，c〜e）。1令幼虫では脂肪組織は体腔を一様に満たすようになり，体節性は失われる。また，神経節の下部，背面の剛毛突起，胸脚の転節まで脂肪組織が伸びている。

脂肪組織の細胞の放出が止まると，残った内臓中胚葉は次第に扁平な細胞の層へと変化し（同図，e），背閉鎖の進行にともない卵黄の外側を覆うようになる。背閉鎖が完了して完全な腸管ができると，中腸壁の外側の非常に扁平で結合のゆるい一層の細胞層になる。

④　循環系　　内臓中胚葉が脂肪組織と残りの部分になるころ，背部縦走筋側端の体壁中胚葉と内臓中胚葉の境目の部分に，心臓芽細胞 cardioblast が分化してくる。この細胞は脂肪組織と収縮性の繊維でつながっている。心臓芽細胞の分化は，前胸節から第三腹節で起こり（図26-5，d, e），遅れて第四，五，七，八腹節でも起こる。心臓芽細胞は背閉鎖にともない，上皮を形成する外胚葉部から離れて，密集した塊となって背部に向かって移動する。そして，胚の後方から両側の心臓芽細胞が出会って管状になり，背脈管（心臓）dorsal vessel を形成する。

c.　中腸形成

C. perla の中腸形成は，口陥底に現れる前部中腸上皮 anterior midgut epithelium 原基と，肛門陥底に現れる後部中腸上皮 posterior midgut epithelium 原基が，それぞれ胚の中央に向かって伸びていく二極形成法 bipolar formation である（図26-2，k）。胚の横断面の観察では，胚の両側方から正中線に向かって一層の中腸上皮形成の細胞が伸びていき，背閉鎖が完了して幼虫の体が完成すると，卵黄を取り巻く一層の中腸上皮細胞の管となる。

（2）キバネツノトンボ

キバネツノトンボについては十分な組織切片が得られていないため，器官形成について詳細に述べることはできない。しかし，本種の組織切片を見ると，*C. perla* とほぼ同様な形態を示すことから，外胚葉性，中胚葉性，内胚葉性の各器官は *C. perla* に似た過程をへて形成されるものと思われる。

a.　側　脚

キバネツノトンボの外部形態の観察では，側脚の分泌活動は背閉鎖が完了するころまでは活発であるようにみえるが，それ以降は徐々に退化縮小し，胚や剛毛が着色するころになると，痕跡程度になってしまう。側脚は付属肢状で，分泌開始直前には核が細胞の先端部に分布しているが，分泌物が観察されるようになると，細胞層が杯状に窪み，細胞の数も増えて分泌活動が活発になる。側脚の活動が衰え，分泌物が見られなくなるころには細胞数も減少する（図26-6）。

b.　側単眼

眼域の部分に 7 個の細胞の陥入が起こり，陥入部に透明な物質が，基部には視神経原基ができ，角膜，晶子体，感覚細胞などが分化すると側単眼の構造が完成する（図26-7）。

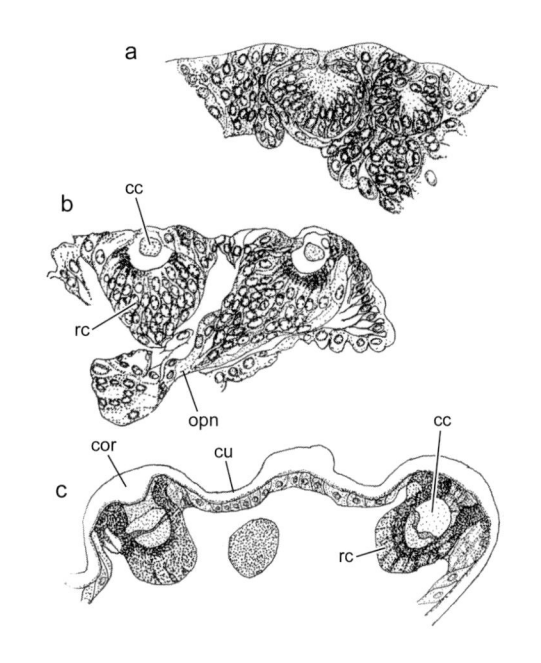

図26-7　キバネツノトンボ *Ascalaphus ramburi* の側単眼の発生（神谷 原図）
a.　産卵後7.5日。側単眼原基の形成，b. 同，約10日，c.　完成近い側単眼
cc：水晶体，cor：角膜，cu：クチクラ，opn：視神経，rc：網膜細胞

26-6　おわりに

　以上，Bock（1939）によるクサカゲロウ科の *C. perla* とキバネツノトンボによって，アミメカゲロウ目の胚発生の様子を述べてきたが，Bock の研究は実験発生学的研究の基礎知識を得るためのものであり，よく調べられてはいるが，*C. perla* の胚発生全般を追ったものとはいえない。

　はじめに述べたように，アミメカゲロウ目昆虫は，完全変態昆虫のなかでも古い時代に現れたものの一つであり，本目の胚発生の特色を知るためにも，クサカゲロウ科以外の多くの科のより充実した比較発生学的研究が，ぜひとも必要である *1。

■ 26 章の引用文献

馬場金太郎，1953：蟻地獄の生物誌．越佐昆虫同好会会報，臨時増刊．

Bock, E., 1939：Bildung und Differenzierung der Keimblätter bei *Chrysopa perla* (L.). *Z. Morphol. Ökol. Tiere*, **35**, 615–700.

──, 1942：Wechselbeziehungen zwischen den Keimblättern bei der Organbildung von *Chrysopa perla* (L.). I. Die Entwicklung des Ektoderms in mesodermdefekten Keimteilen. *W. Roux' Archiv Entw.-mech. Org.*, **141**, 159–247.

Friedländer, M., 1980：The sperm centriole persists during early egg cleavage in the insect *Chrysopa carnea* (Neuroptera, Chrysopidae). *J. Cell Sci.*, **42**, 221–226.

Henry, C. S., 1972：Egg and repagula of *Ululodes* and *Ascaloptynx* (Neuroptera：Asclaphidae)：a comparative study. *Psyche*, **79**, 1–22.

──, 1978：The egg, repagulum, and larva of *Byas* (Neuroptera：Ascalaphidae)：morphology, behavior and phylogenetic significance. *Syst. Entomol.*, **3**, 19–34.

Hinton, H. E., 1981：*Biology of Insect Eggs*. Pergamon Press, Oxford.

Kamiya, A. & H. Ando, 1985：External morphogenesis of the embryo of *Ascalaphus ramburi* (Neuroptera, Ascalaphidae). In：*Recent Advances in Insect Embryology in Japan* (Ando, H. & K. Miya, eds.), pp. 203–213. Arthropodan Embryological Society of Japan, ISEBU, Tsukuba.

Kuroko, H., 1961：On the eggs and first-instar larvae of two species of Mantispidae. *Esakia*, **3**, 25–32.

桑山 覺，1924：クサカゲロウの卵に就て．動物学雑誌，**36**，1–30．

Mazzini, M., 1976：Fine structure of the insect micropyle–III. Ultrastructure of the egg of *Chrysopa carnea* Steph. (Neuroptera：Chrysopidae). *Int. J. Insect Morphol. Embryol.*, **5**, 273–278.

楚南仁博，1938：ツノトンボ *Hybris subjacens* Walker の生活史．臺灣博物學會會報，**28**，272–274．

Tikhomirowa, O.,1892：Sul l'histoire développement de *Chrysopa perla*. L'origine du mésodermedes cellules vitellines. *Congr. Int. Zool.*, **1892**, 112–119.

---

*1　最後になったが，E. Bock は第二次大戦中にドイツ軍の東部戦線で戦死している。精度のきわめて高い研究を残した彼の死は惜しみても余りあるものがある（安藤付記）。

27章

ヘビトンボ目
Megaloptera

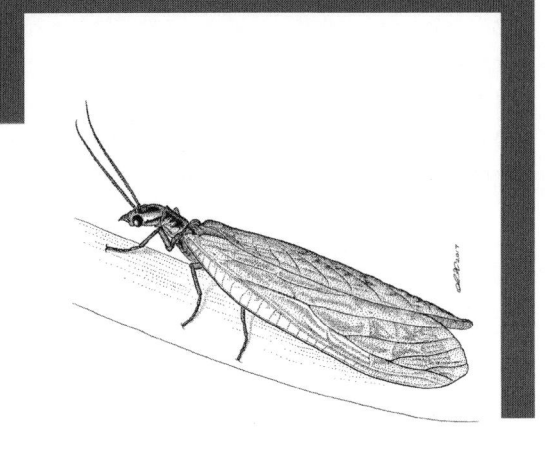

27-1 はじめに

ヘビトンボ目の化石は古生代ペルム（二畳）紀の地層から発見されており，完全変態昆虫類のなかでは，シリアゲムシ目 Mecoptera などとならんで最も古い化石記録である。研究者によってはアミメカゲロウ目（脈翅目）Neuroptera を三つの亜目に分けて，そのなかのヘビトンボ亜目 Megaloptera[*1] としているが（残りはラクダムシ亜目 Raphidiodea とアミメカゲロウ亜目 Planipennia），本章では独立したヘビトンボ目として扱う。

ヘビトンボ目はヘビトンボ科 Corydalidae とセンブリ科 Sialidae からなり，世界中に約300種，本邦には16種が生息している。どちらの科も幼虫は水棲で，とくにヘビトンボの幼虫は，わが国では昔から孫太郎虫として知られている。

ヘビトンボ目の胚発生学的研究であるが，ヘビトンボ科に関しては本邦産ヘビトンボ *Protohermes grandis* の胚外部形態の観察（Miyakawa, 1979）と，側脚と気管鰓 tracheal gill の胚発生（Miyakawa, 1980）についての研究があるのみである。

一方，センブリ科に関してはヨーロッパ産の *Sialis lutaria* の器官形成を含む胚発生を断片的ではあるが Strindberg（1915）が観察し，また，同種の胚外部形態の観察と実験発生学的研究を Du Bois（1936，1938）が行っている。近年では本邦産のネグロセンブリ *Sialis japonica*[*2] の初期発生（Suzuki *et al.*, 1981），胚外部形態の観察（Ando *et al.*, 1985）および神経系の形成（Suzuki *et al.*, 1987）

* 1 亜目扱いの場合も Megaloptera を使う。
* 2 従来 *S. mitsuhashii* とされた種は本種の異名。

が調べられている。

ここでは本邦産のヘビトンボ *P. grandis*（以下，ヘビトンボとする）とネグロセンブリの胚発生を中心に説明する。

27-2 産卵，卵，卵期

ヘビトンボは水際の植物，石の表面や橋げたなどに卵を二〜五層に重ねて卵塊状に産む。卵は 1.25 × 0.53 mm の楕円体で，卵腹面側がやや膨らみ，前極には棍棒状の卵門突起 micropylar tubercle（projection）がある（図 27-1）。薄い卵殻は，はじめ透明であるが，発生が進むと暗褐色に色づく。しかし，最後まで着色しない V 字形の部分が前極近くにあり（図 27-6，i を参照），幼虫が孵化するときには，このラインに沿って卵殻が破れる。表 27-1 は Baker & Neunzig（1968）が北米東北部のヘビトンボ科 5 種の卵の大きさと産卵数を調査したものである。

ネグロセンブリは 6，7 月に水際に張り出した樹木の葉の裏面に卵を規則正しく並べて産む。葉の表

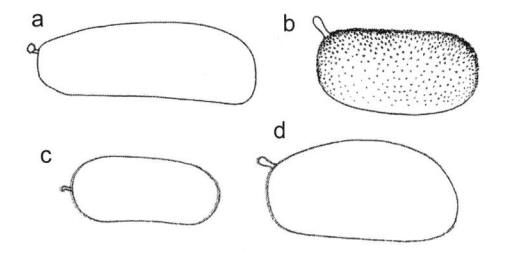

図 27-1 北米東北部のヘビトンボの卵（Baker & Neunzig, 1968）
a. *Corydalus cornutus*, b. *Nigronia serricoris*,
c. *Chauliodes pectinicoris*, d. *Neohermes concolor*

面に産み付けられた卵塊は一層で，普通 300 ～ 400 個の卵を含むが，産卵時に分泌される粘着物でお互いに接着している。北米西部の *Sialis rotunda* では 1 卵塊 300 ～ 500 個，*S. californica* では 400 ～ 700 個であるという（Azam & Anderson, 1969）。

　産卵直後の卵は約 0.6 × 0.25 mm の楕円体で，前極側に高さ 70 μm ほどの卵門突起をもつ（図 27-2, a）。卵門の開口はこの卵門突起の先端近くに見られる。その開口から卵門突起のつけ根に向かい精子が卵内に進入する通路となる導管が存在する。卵殻は柔らかく，表面には網状の模様とマッシュルーム状の微小突起が見られる（同図，b）。卵ははじめ乳白

表 27-1　北米東北部のヘビトンボ科の卵の大きさと産卵数（Baker & Neunzig, 1968）

種　　　名	卵長（mm）	卵径（mm）	1 卵塊卵数（個）
Corydalus cornutus	1.33 ～ 1.43	0.39 ～ 0.58	1,080
Nigronia serricornis	1.33 ～ 1.67	0.53 ～ 0.59	760
N. fasciatus	1.21 ～ 1.24	0.64 ～ 0.68	630
Chauliodes pectinicornis	0.95 ～ 1.0	0.45 ～ 0.51	525
Neohermes concolor	0.85 ～ 0.86	0.37 ～ 0.40	平均 75

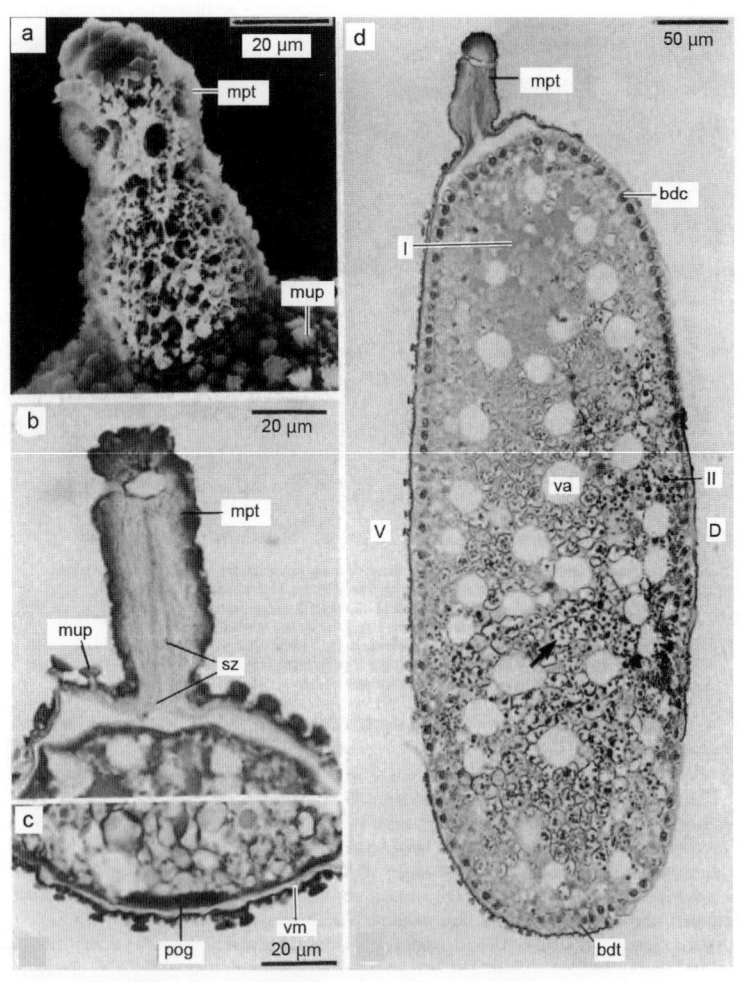

図 27-2　ネグロセンブリ *Sialis japonica* の初期発生（I）（Suzuki *et al.*, 1981）
　　a，b．卵門突起，　c．卵後極の極顆粒，　d．産卵後 25 時間の卵内
I：Type-I 卵黄顆粒，II：Type-II 卵黄顆粒，bdc：胚盤葉細胞，bdt：胚盤葉肥厚部，D：背側，mpt：卵門突起，mup：マッシュルーム状微小突起，pog：極顆粒，sz：精子，V：腹側，va：液胞，vm：卵黄膜

色をしているが，産卵後数時間で黄色に変化する。なお，Canterbury & Neff（1980）は北米東部の *Sialis* 10 種の卵の走査型電子顕微鏡写真を示している。また，Hinton（1981）は昆虫の卵に関する著書のなかでヘビトンボ目の卵についてふれている。

　次に産卵直後の卵内の構造であるが，ネグロセンブリでは卵殻の内側に薄い卵黄膜 vitelline membrane が観察される。周縁細胞質は卵背側中央にある周縁細胞質島 periplasmic island の部分を除いて少ない。卵黄顆粒は直径 2 〜 17 μm で好エオシン性のもの（Type-I）と直径 7 〜 17 μm で好ヘマトキシリン性のもの（Type-II）があり，しばしば Type-I は卵内で背側寄りに，Type-II は腹側寄りに分布する（図 27-2, d）。脂肪性卵黄も多く含まれる。卵後極の周縁細胞質中にはヘマトキシリンに強く染まる不規則な円盤状の構造が存在するが，これは甲虫目・ハチ目・ハエ目の卵で知られている極顆粒 polar granule（オーソーム oosome）である（同図, c）。

表 27-2　ネグロセンブリ *Sialis japonica* の早期胚発生段階表（Suzuki *et al.*, 1981）

経 過 時 間	胚 発 生 の 状 態
0 〜 15 分	卵表で第一減数分裂，卵黄中に雄性前核
20 〜 30	第二減数分裂，極体出現
1 時間	受精，第一卵割
2	第二卵割
4	第三卵割
6	第四卵割，一部の卵割核，卵後半部に移動
7	第五卵割
9	第六卵割
12	第七卵割，卵割核が卵表へ移動開始
13	第八卵割，分裂が不斉一になる
14	第九卵割，ほとんどの卵割核が卵表に到着
15 〜 16	多核性胚盤葉，第 1 回目の分裂，約 12 核卵黄中に存在
20	細胞性胚盤葉形成開始
22	細胞性胚盤葉完成，第 2 回目の分裂，胚域，胚外域の分化
26	腹板の中央に小さな中板出現
29	中板伸長し，腹板の 2/3 に達する
32	原溝出現，陥入中の中板末端の細胞が多層化

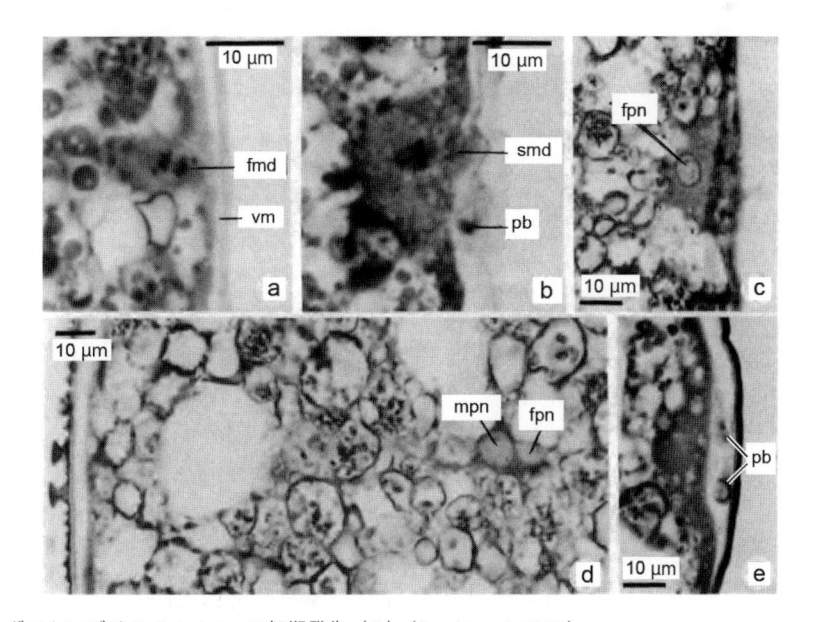

図 27-3　ネグロセンブリ *Sialis japonica* の初期発生（II）（Suzuki *et al.*, 1981）
　a. 第一成熟分裂，　b. 第二成熟分裂，　c. 雌性前核，　d. 受精，　e. 極体
　fmd：第一成熟分裂，fpn：雌性前核，mpn：雄性前核，pb：極体，smd：第二成熟分裂，vm：卵黄膜

　ネグロセンブリの卵期は 18 ～ 21℃で約 11 日である。また，欧州産のセンブリ *S. lutaria* は 19℃で 8 ～ 9 日（Du Bois，1938），*S. cornuta* は 20℃で 10 日（Pritchard & Leischner，1973）である。Canterbury & Neff（1980）によると，彼らが調べた北米の 10 種の *Sialis* 卵の卵期は研究室内で 5 ～ 10 日であった。

　一方，ヘビトンボでは 24℃で 13 日，同科の *Chauliodes pectinicornis* では 8 日となっている（Smith，1922）。

27-3　初 期 発 生

　ネグロセンブリの産卵直後から胚盤葉の完成までを以下に述べるが，*S. lutaria*（Du Bois，1938）のものによく似ている（表 27-2 を参照）。

　産卵直後の卵の周縁細胞質島にある核は第一成熟分裂の中期で，これは一般の昆虫と同様である（図 27-3，a）。また卵門突起の内側にある精子の進入路の途中に精子がしばしば観察される（図 27-2，b）。

　第二成熟分裂は産卵後 20 ～ 30 分で起こり（図 27-3，b），周縁細胞質島内には雌性前核と三つの極

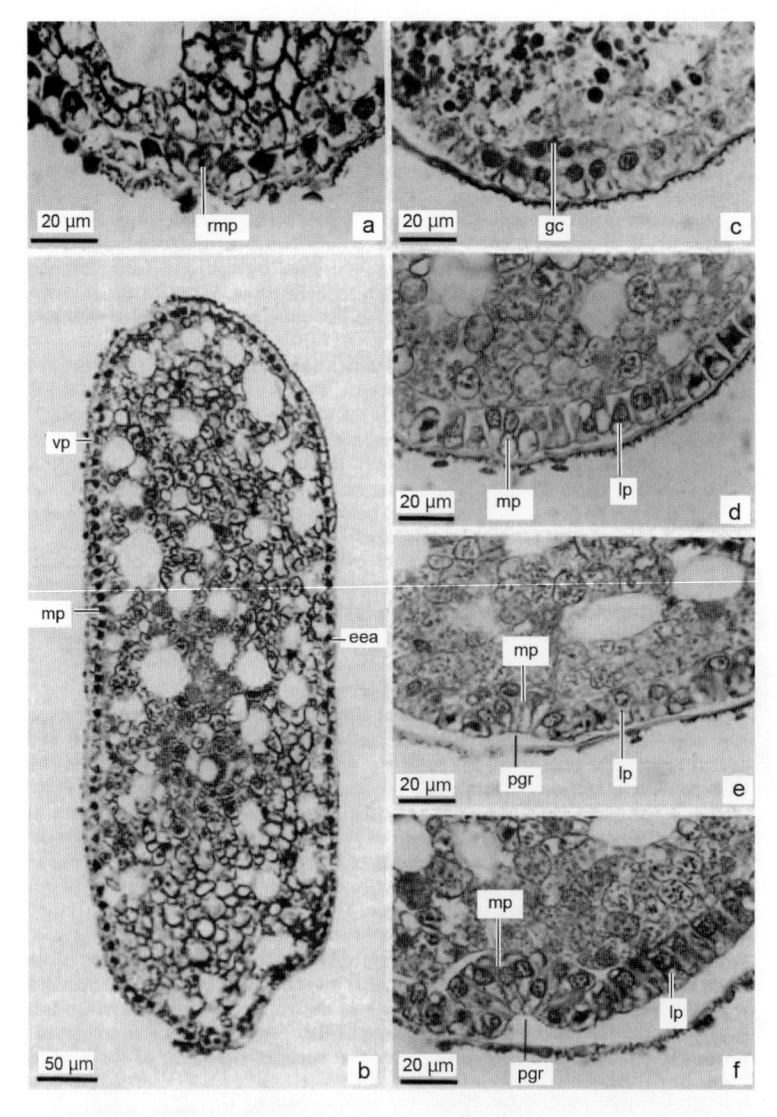

図 27-4　ネグロセンブリ *Sialis japonica* の初期発生（Ⅲ）（Suzuki *et al.*, 1981）
　a. 中板原基の分化，　b. 形成中の中板，　c. 生殖細胞，　d. 中板と側板，　e. 原頭葉域の原溝（産卵後 32 時間），
　f. 原胴域の原溝（同）
　eea：胚外域，gc：生殖細胞，lp：側板，mp：中板，pgr：原溝，rmp：中板原基，vp：腹板（胚原基）

体が観察される。極体（同図，e）は卵割の核分裂の斉一性が保たれているあいだ（産卵後約12時間）は観察される。Du Bois（1938）は極体が後極に移動するとしているが，これは考えにくいことで，彼女が極顆粒を誤認したのではなかろうか。

次に，雌性前核は若干の細胞質をともなって，精子が変わった雄性前核のある卵内部（前極寄り1/3のあたり）に向かって移動を始めるが，それぞれの核は直径約10 μmである。受精は産卵後1時間で生じる（図27-3，d）。受精核はすみやかに第一卵割（核分裂）を行い，第二卵割は産卵から2時間目に起こる。第三卵割は産卵後約4時間に起こり，その約2時間後に第四卵割が生じる。産卵後約7時間目と9時間目にそれぞれ第五，第六卵割が起きるが，第六卵割によりできた分裂核は卵表から50 μmほど内側に位置している。産卵後約12時間目に第七卵割が起こり，第八卵割は13時間目に起こり，卵割核は卵表に到達し始める（核の卵表への到達は両極付近でやや遅れる）。また，第八卵割からは核分裂の斉一性が崩れる。このステージで極体は消失し，極顆粒も観察できなくなる。第九卵割は産卵後14時間目に起き，周縁細胞質内は卵割核で満たされて多核細胞性胚盤葉 syncytial blastoderm となる。このときの核の大きさは受精時と同じく直径約10 μmであるが，1〜2時間後に分裂して数を増やすと，その大きさは約4 μmと小さくなる。多核細胞性胚盤葉のいくつかの核は卵表に対して垂直方向に分裂するが，これらは二次卵黄細胞（核）secondary yolk cell（nucleus）になると思われる。このステージになると，卵腹面側の周縁細胞質は背面側より厚くなる。また，卵黄内には胚盤葉形成に参加しなかった

十数個の核が一次卵黄細胞（核）primary yolk cell（nucleus）として観察される。産卵後約20時間を経過すると，卵表にある核間に卵表から細胞膜が侵入を始め，その2時間後に胚盤葉は完成する。さらに胚盤葉細胞は分裂を繰り返すが，腹面側の細胞は頻繁に分裂するため，卵の腹面側に卵表の2/3を占める大きな胚域 embryonic area が分化する（細胞の高さは約10 μmである）（図27-5）。一方，背面側の細胞はほとんど分裂しなくなり，扁平な細胞からなる胚外域 extra-embryonic area となる（図27-4，b）。また，卵後極には生殖細胞 germ cell が観察される（同図，c）。

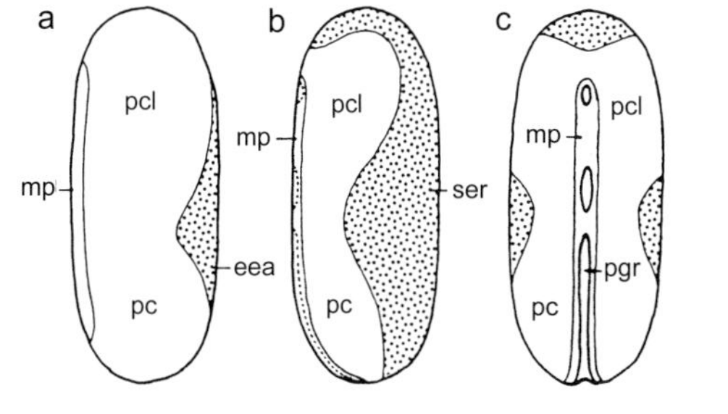

27-4　胚の外部形態の変化

まず，ヘビトンボ胚の外部形態変化（Miyakawa，1979）の特徴を概説する（表27-3もあわせて参照のこと）。

産卵後2日（図27-6，a）：原頭葉 protocephalon と原胴域 protocorm が分化した胚帯が卵腹面正中線上に形成される。

産卵後3日（図27-6，b，c）：胚帯は伸長するが，その幅はやや狭くなる。頭部と胸部の体節が分化を始める。胚帯の正中線上には神経溝が観察されるようになる。やがて胚帯は最長期をむかえる。上唇原基は，対ではなく一つの隆起として観察される。間挿節も出現するが，その付属肢は観察されない。腹部は前方の5，6節が出現する。

産卵後4日（図27-6，d）：頭部以外の部分で，胚は幅が広くなる。小顎と下唇にはそれぞれ小顎鬚 maxillary palp と下唇鬚 labial palp が分化する。腹部は10節になり，第一腹節には側脚が見られる。こ

図27-5　ネグロセンブリ Sialis japonica の原溝の出現ヶ所を示す模式図（Suzuki et al., 1981）
a．産卵後31時間（側面），b．同32時間（側面），c．同（腹面）
eea：胚外域，mp：中板，pc：原胴域，pcl：原頭葉，pgr：原溝，ser：漿膜原基

表27-3　ヘビトンボ Protohermes grandis の胚発生段階表（Miyakawa，1979より改変）

経過日数（日）	胚発生の状態
2	原頭葉，原胴域の分化
3	付属肢原基出現，羊膜の完成
4	胚の伸長，腹部の体節化
5	姿勢転換
6	気管鰓原基が成長開始
7	幼虫眼形成開始
8.5	背閉鎖
10	付属肢が1令幼虫のものの大きさになる
11	胚脱皮
13	孵化

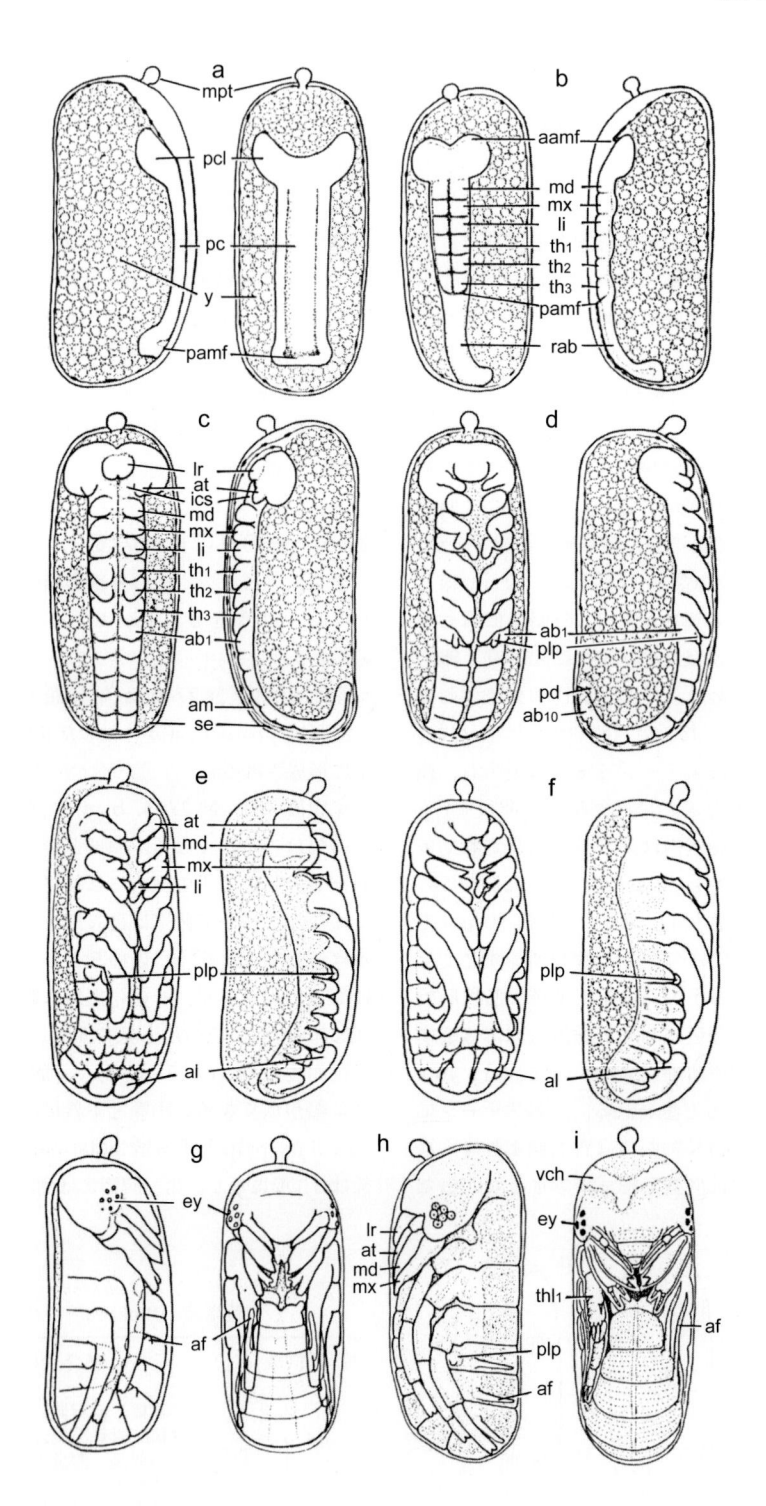

図 27–6 ヘビトンボ *Protohermes grandis* の胚発生（Miyakawa, 1979）
　a. 産卵後 2 日目後半，b. 同 3 日目前半，c. 同 3 日目後半，d. 同 4 日目後半，e. 同 6 日目，f. 同 7 日目，
g. 同 8 日目，h. 同 9 日目，i. 同 11 日目
aamf：前部羊膜褶，ab1,10：第一，十腹節，af：気管鰓，al：臀葉，am：羊膜，at：触角原基，ey：幼虫眼，ics：間挿
節，li：下唇節（原基），lr：上唇原基，md：大顎（原基），mpt：卵門突起，mx：小顎節（原基），pamf：後部羊膜
褶，pc：原胴域，pcl：原頭葉，pd：肛門陥，plp：側脚，rab：腹部原基，se：漿膜，th1〜3：前〜後胸節，thl1：前脚，
vch：卵殻の V 字ライン，y：卵黄

の時期に卵殻は着色し始める。

産卵後5日：　胚はさらに幅が広くなり，腹部末端から姿勢反転を始める。触角原基は3節になる。小顎には内葉原基が分化する。腹節には二対の隆起が出現し，そのうち，正中線寄りのものは小さく，側脚と位置的に相同で，発生が進むと観察されなくなる。この隆起と気門の間に位置するもう一つの隆起は明瞭で，後に気管鰓になる。腹部後方では，これらの隆起の形成は遅れる。気門が中胸と第一〜八腹節に出現する。

産卵後6日（図27-6，e）：　胚はとくに腹部の幅が広くなる。胚の姿勢転換が進むにつれ，第九腹節が卵後極に位置し，第十腹節だけが腹方に折れ曲がった状態になる。下唇原基が小顎原基の間に移動するなど，頭顎部の形態形成が進行し，その結果，顎部体節がとくにコンパクトになる。第一〜八腹節の気管鰓原基が急激に発達する。その内側の隆起は大きくならないが，第一腹節の側脚は明瞭な突起として観察される。尾節には大きな一対の臀葉 anal lobe が観察される。

産卵後7日（図27-6，f）：　胚の幅は最も広くなり，姿勢転換もこのステージで完了する。胚の腹節は顕著に伸長し，卵後端に位置する第四，五腹節より後方節は腹面側に折れ曲がる。腹部の背閉鎖が後方節から前方に向かって進み，腹部は円柱状になる。その他の部分においても，胚の背閉鎖はほぼ完了する。頭部形成も基本的に完成し，幼虫眼原基が出現する。

産卵後8日（図27-6，g）：　幼虫眼，気管鰓と尾肢 anal appendage の発達が顕著になる。幼虫眼は七つの側単眼 stemma からなり，頭部の側後方に位置する。側単眼は一つを除き，着色し始める。

産卵後9〜13日（図27-6，h，i）：　胚脱皮 embryonic molting により，最終的な皮膚が完成する。幼虫眼の色はさらに濃くなる。大顎は硬化し，先端が着色する。産卵後13日で胚は孵化するが，その際，卵殻の腹面前方にあるV字形に着色されない部分を破って出てくる。

次に，ネグロセンブリ胚の外部形態変化の特徴を以下に示す。

産卵後1日：　胚域・胚外域の分化が起こる。

産卵後2日（図27-7，a）：　胚は原頭葉 protocephalon と原胴域 protocorm に分かれ，胚腹面は羊膜で覆われる。原胴域は長くなるとともに幅が狭

くなるが，間挿節，3顎節，3胸節と第一，二腹節が分化を始め，末端は大きな尾葉 caudal lobe で終わる。尾端は卵後極を越えて背面側に達する。

産卵後3日（図27-7，b）：　腹部の伸長により胚の尾端は卵背面の中央あたりにまで達する。胚の分節化は尾端を除き明瞭になる。原頭葉には上唇と触角の原基および口陥が出現するが，上唇原基は対ではなく，はじめ一つの膨らみとして現れる。顎部においては大顎・小顎・下唇原基がそれぞれ一対ずつ現れる。間挿節と大顎節の境は不明瞭である。胸節の幅は顎節よりやや広く，各一対の脚原基が後方に向かった膨らみとして出現する。腹部は細長くなり，11節が確認できる。腹部付属肢の原基は見られない。

産卵後4日（図27-7，c）：　胚は反転前の最長期をむかえ，卵周の7/8に達する。上唇原基は二葉に分かれ始め，触角および大顎原基は大きくなる。口陥の陥入はさらに明瞭になる。小顎原基は底節 coxopodite と端肢節 telopodite に分かれる。胸脚原基は3節になり，後方中央寄りに向かって伸びる。第一腹節に一対の小さな側脚原基 pleuropodium rudiment が出現する。胚表面の細胞が小さくなり，胚の表面はなめらかになる。

産卵後5日（図27-7，d）：　胚は長さが徐々に短くなるとともに幅を広げ始める。触角原基は3節になる。小顎原基の底節に内葉 lacinia と外葉 galea が分化し，端肢節は小顎鬚に分化する。下唇原基は前方に向かって移動するが，その先端（下唇鬚）は小顎原基の隙間で正中線上に前後に並ぶ。胸脚原基はさらに伸長し，先端は次の節に達する。腹部の後方を除き，正中線上に神経溝 neural groove が観察される。

産卵後6日（図27-7，e，f）：　胚は胸部から第七腹節にかけて，とくに幅が広がる。顎部の形態形成はさらに進み，下唇原基基部は正中線に沿って前方に移動し，小顎原基の内側に並ぶようになる。中・後胸の両側に気門 spiracle の陥入が出現する。腹部各節には三対の隆起が正中線を挟んで並ぶ神経節より外側に出現する。ここでは，最も正中線寄りにある隆起を中央隆起，側方の二つの隆起を前側方隆起および後側方隆起とよぶことにする（図27-8）。ただし，第一腹節では，中央隆起が側脚となる。気門の後方に出現した一対の後側方隆起は，後に気管鰓になる。

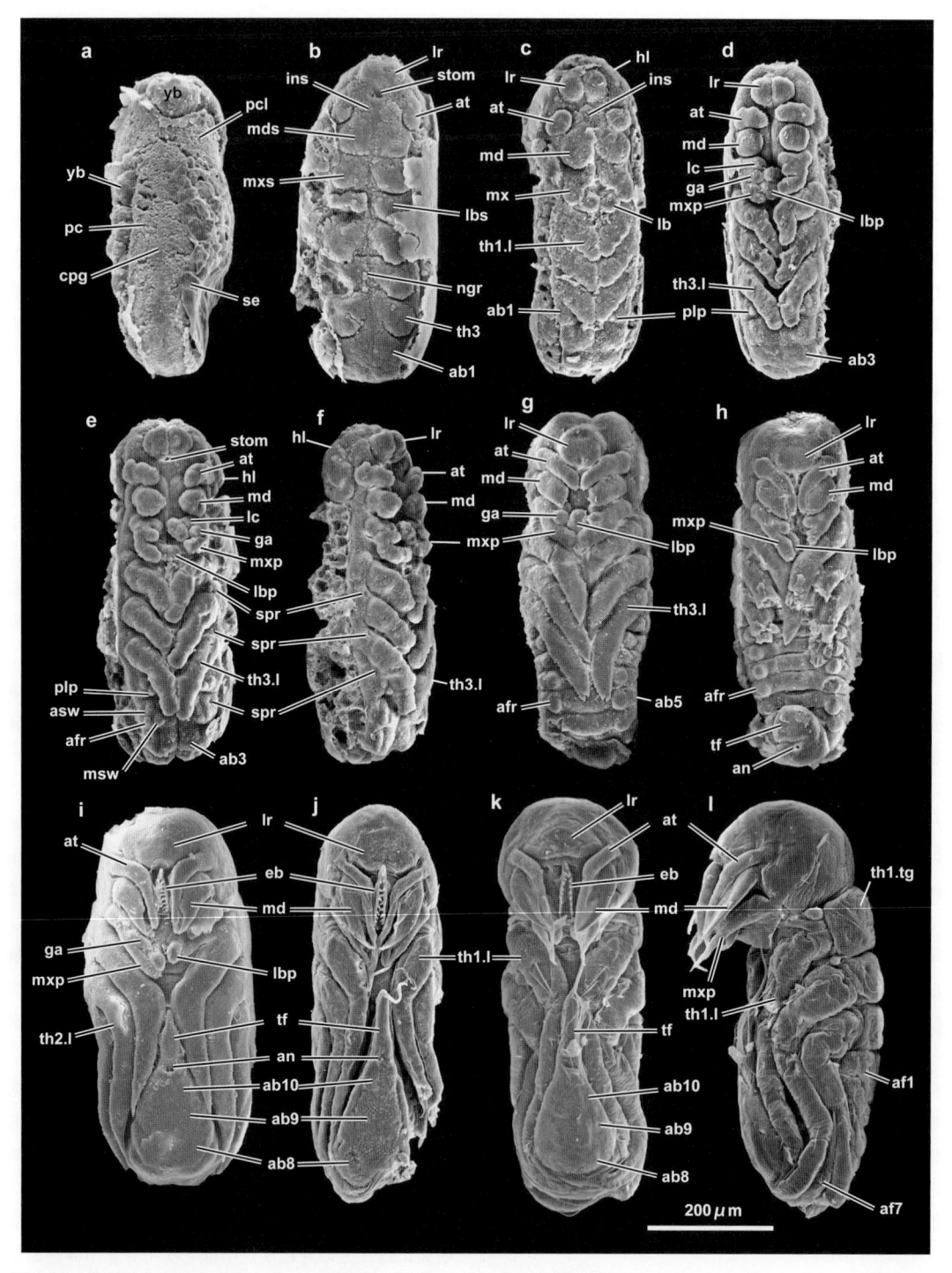

図 27-7　ネグロセンブリ *Sialis japonica* の胚発生（Ando *et al.*, 1985 より改変）
　a．産卵後 2 日目（腹面），b．同 3 日目（腹面），c．同 4 日目（腹面），d．同 5 日目（腹面），e．同 6 日目（腹面），f．同 6 日目（側面），g．同 7 日目（腹面），h．同 8 日目（腹面），i．同 9 日目（腹面），j．同 10 日目（腹面），k．同 11 日目（腹面），l．同 11 日目（側面）
ab1, 3, 5, 8 ～ 10：第一，三，五，八～十腹節，af1, 7：第一，七腹節の気管鰓，afr：気管鰓（後側方隆起），an：肛門，asw：前側方隆起，at：触角，cpg：閉鎖後の原溝，eb：卵殻破砕器，ga：小顎外葉，hl：頭葉，ins：間挿節，lb：下唇，lbp：下唇鬚，lbs：下唇節，lc：小顎内葉，lr：上唇，md：大顎，mds：大顎節，msw：中央隆起，mx：小顎，mxp：小顎鬚，mxs：小顎節，ngr：神経溝，pc：原胴域，pcl：原頭域，plp：側脚，se：漿膜，spr：気門，stom：口陥，tf：端糸，th1 ～ 3.l：前～後胸肢，th1.tg：前胸背板，th3：後胸節，yb：卵黄塊

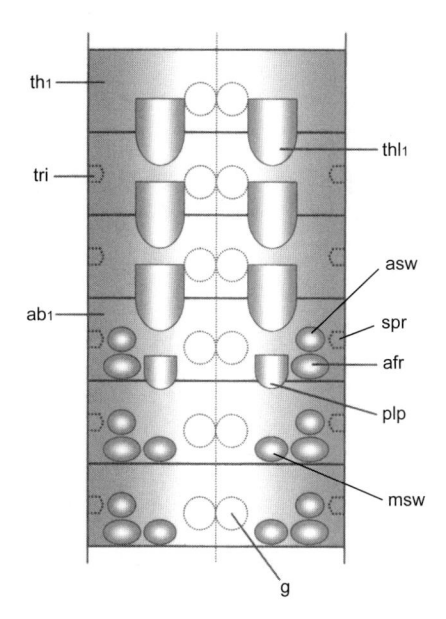

図 27-8 ネグロセンブリ *Sialis japonica* の胚腹節に出現する隆起（模式図，鈴木 原図）
ab1：第一腹節，afr：気管鰓原基（後側方隆起），asw：前側方隆起，g：神経節，msw：中央隆起，plp：側脚，spr：気門，th1：前胸節，thl1：前脚，tri：気管陥入

　産卵後 7 ～ 8 日（図 27-7，g，h）：　胚は姿勢転換の前期となり，胚の幅はさらに広がるとともに，その長さは短くなり始める。頭葉部の発生もさらに進み，頭顎部の基本的な構造が完成してくるが，上唇原基は対状の構造を保っている。頭部両側に小さな七つの側単眼原基 lateral ocellus rudiment が出現する。背閉鎖 dorsal closure が進むのにともなって第九，十腹節が腹方に反転し，各付属肢はさらに大きさを増す。腹部後端には端糸 terminal filament 原基が半球状の膨らみとして観察され，これと第十腹節との間に肛門陥 proctodaeum の開口部が肛門 anus として観察できるようになる。前のステージで観察された腹部の三対の隆起のうち，第一～七腹節の後側方隆起がとくに目立つようになるが，これらは気管鰓原基である。側脚と第二～七腹節の側脚と相同の位置にある隆起（中央隆起）は，それ以上は発達しない。

　産卵後 9 日（図 27-7，i）：　胚姿勢転換後期。胚は両側方に広がるとともに，急激に卵黄を消費しながら腹部も伸長する。卵後極に位置する第七腹節で腹部は腹方に反転するが，これにより胚反転 katatrepsis は完了する。触角原基は 3 節になり，大顎原基は二叉状になる。また，胸脚は 4 節になる。下

唇原基の前方腹面には，逆 V 字形の突起で，表面に 9 ～ 10 個の鋸歯を有する卵殻破砕器 egg burster が出現する。この構造は下唇節に由来するものと推定されるが，下咽頭 hypopharynx に由来する可能性もあるため，確定的ではない（Kobayashi & Suzuki, 2016）。なお，同じ発生起源をもつものと推定される卵殻破砕器は，ヘビトンボ類と多くのアミメカゲロウでも知られているが，ラクダムシには形成されないことから，脈翅系昆虫 Neuropterida の系統を考えるうえで，興味深い構造である。

　産卵後 10 日（図 27-7，j）：　背閉鎖が完了する。胚はさらに発生が進み，1 令幼虫の形態に近づく。

　産卵後 11 日（図 27-7，k，l）：胚発生は完了し，1 令幼虫が卵殻の腹方を破って孵化してくる。

27-5　内層および胚膜形成

　欧州産のセンブリ *S. lutaria* の内層形成 inner layer formation に関して，Strindberg（1915）は，胚の正中線上の細胞が陥入することにより形成されること，内層形成は胚の後方から前方に向かって起こることを示唆しているが，詳しい内層形成の観察はない。一方，本邦産のネグロセンブリの観察によると（Suzuki *et al.*, 1981），産卵後 26 時間で中板原基細胞が胚正中線上に出現し（図 27-4，a，b），産卵後 31 時間で胚域は中板 median plate と側板 lateral plate に分化する（同図，d）。その中板が陥入することにより内層は形成される。正中線上の原溝は最初，原頭葉の前方と後方，さらに原胴域全体に出現する（図 27-5）。後方の陥入は，より深く，その出現も早くなる（図 27-4，e，f）。

　胚膜形成 embryonic envelope formation に関しては，*S. lutaria* では（Strindberg, 1915），はじめに腹部が伸長するとともに腹部後端側に羊漿膜褶 amnio-serosal fold ができ，その後，胚前方にも羊漿膜褶が形成され（図 27-9，a，b），それらが癒合することで羊漿膜が完成するとしている。羊漿膜の細胞は完成すると扁平になるが，胚外域のうち卵前方の漿膜細胞は長い間，縦長の形態をとどめる（同図，a ～ e）。背閉鎖が進むに従って，胚背面に大きな二次背器 secondary dorsal organ が形成されるが，Strindberg（1915）は，この二次背器は漿膜細胞から形成されるとしている。

　また，ヘビトンボにおいても，産卵後 2 日で腹端に羊漿膜褶ができ（図 27-6，a），3 日目になると，

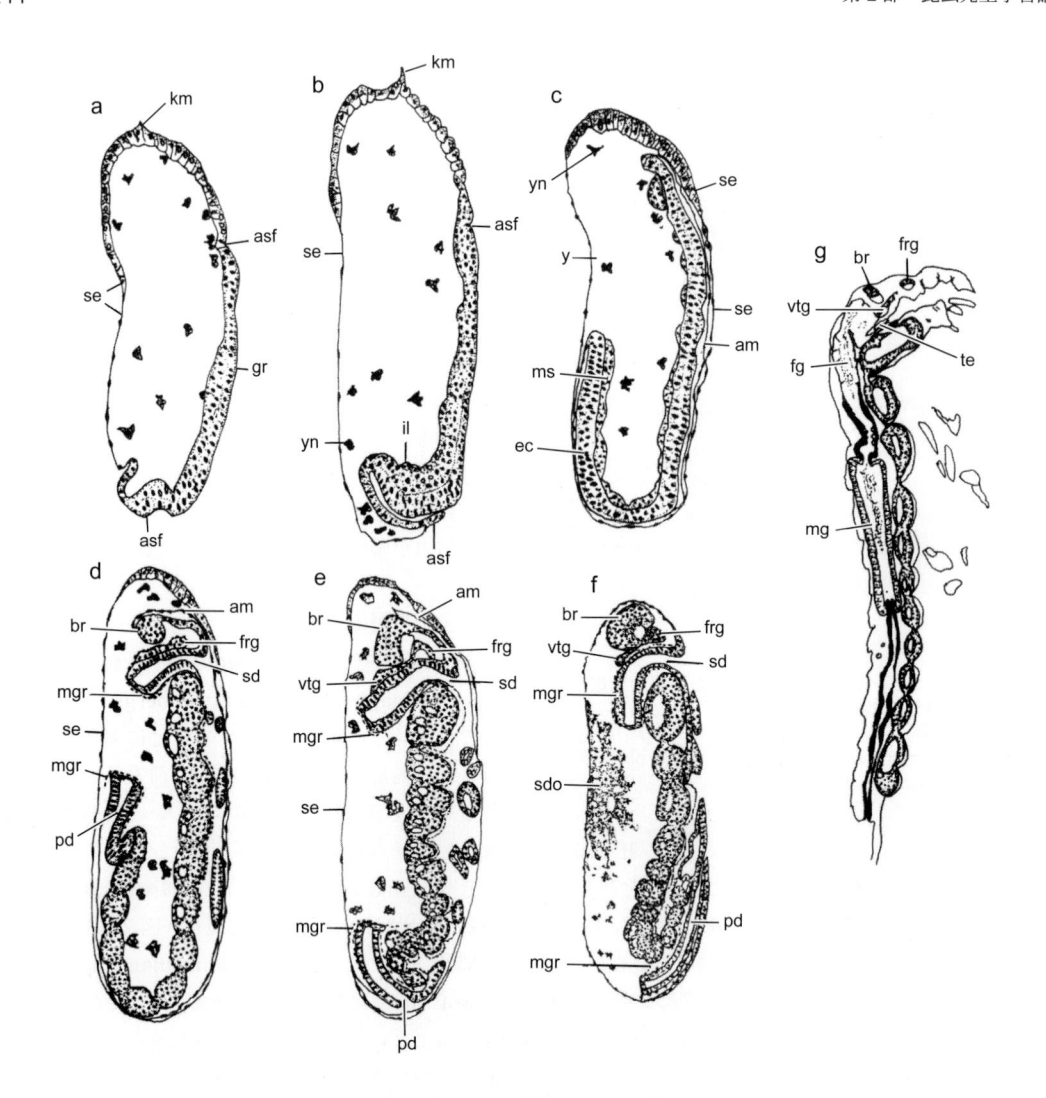

図 27-9　欧州産センブリの一種 *Sialis lutaria* の胚発生（縦断面）（Strindberg, 1915）
a → g の順に発生が進む。
am：羊膜，asf：羊漿膜褶，br：脳，ec：外胚葉，fg：前腸，frg：前額神経節，gr：胚原基，il：内層，km：歯状の
構造，mg：中腸，mgr：中腸原基，ms：中胚葉，pd：肛門陥，sd：口陥，sdo：二次背器，se：漿膜，te：幕状骨，
vtg：胃神経節，y：卵黄，yn：卵黄核

前方の羊漿膜褶はあまり発達しないが，後方の羊漿
膜褶は前方に向かって伸展し（同図，b），最終的に
顎部体節の上で，前方の羊漿膜褶と癒合して，胚は
羊膜と漿膜に覆われる。

　いずれの観察からも，ヘビトンボ目の内層および
胚膜形成は，多くの昆虫にみられる一般的なものと
いえる。

27-6　器 官 形 成

　ヘビトンボ目の器官形成に関してはほとんど研究
がなされていないが，以下にその概要を述べる。

（1）外胚葉性器官

a．外胚葉性陥入

　Strindberg（1915）によると，欧州産のセンブリ
S. lutaria において，幕状骨 tentorium が食道下神
経節の前端から後方と背方に向かう扁平な構造とし
て出現するとしているが（図 27-9, g），おそらくこ
れは，前部幕状骨と考えられる。

b．中枢神経系

　ネグロセンブリの神経系形成について（Suzuki *et
al.*, 1987），まず腹髄（腹側神経索）形成から概説
する。

産卵後 55 時間になると，2, 3 個の神経芽細胞 neuroblast が顎部から第二腹節までの側板内に出現する。発生が進むと，側板内に分化した神経芽細胞とよく似た大型の細胞が，それらの節の中索 median cord にも一つ出現する（図 27-10，a）。

産卵後 70 時間になると，残りの第三〜十腹節の側板内にも神経芽細胞が分化する。神経芽細胞は背方に有糸分裂を繰り返して増加し（図 27-10，b），このステージで各節の側板に含まれる神経芽細胞は左右 20 個程度になる。ただし，第十腹節ではやや少ない。発生が進むと，有糸分裂によりできた神経芽細胞の娘細胞のうち，内側のもの（卵黄に近いほう）

はニューロパイル（神経白質部）neuropile を形成し始める（同図，c）。ニューロパイルの上は，一層の薄い中胚葉細胞で覆われるが，この細胞層は神経被膜 neural lamella にはならない。左右の神経節が大きくなるに従って，その間にある中索の幅は狭くなる。

産卵後 80 時間になると，神経芽細胞の有糸分裂により神経節は高さを増すが，その上には中胚葉の層がほとんど見られなくなる。各神経節のニューロパイルは明瞭になってくるが，左右の神経節の連合はまだ見られない。神経節を構成する細胞のうち，周辺部の細胞は扁平になり，形成中の神経節を包むよ

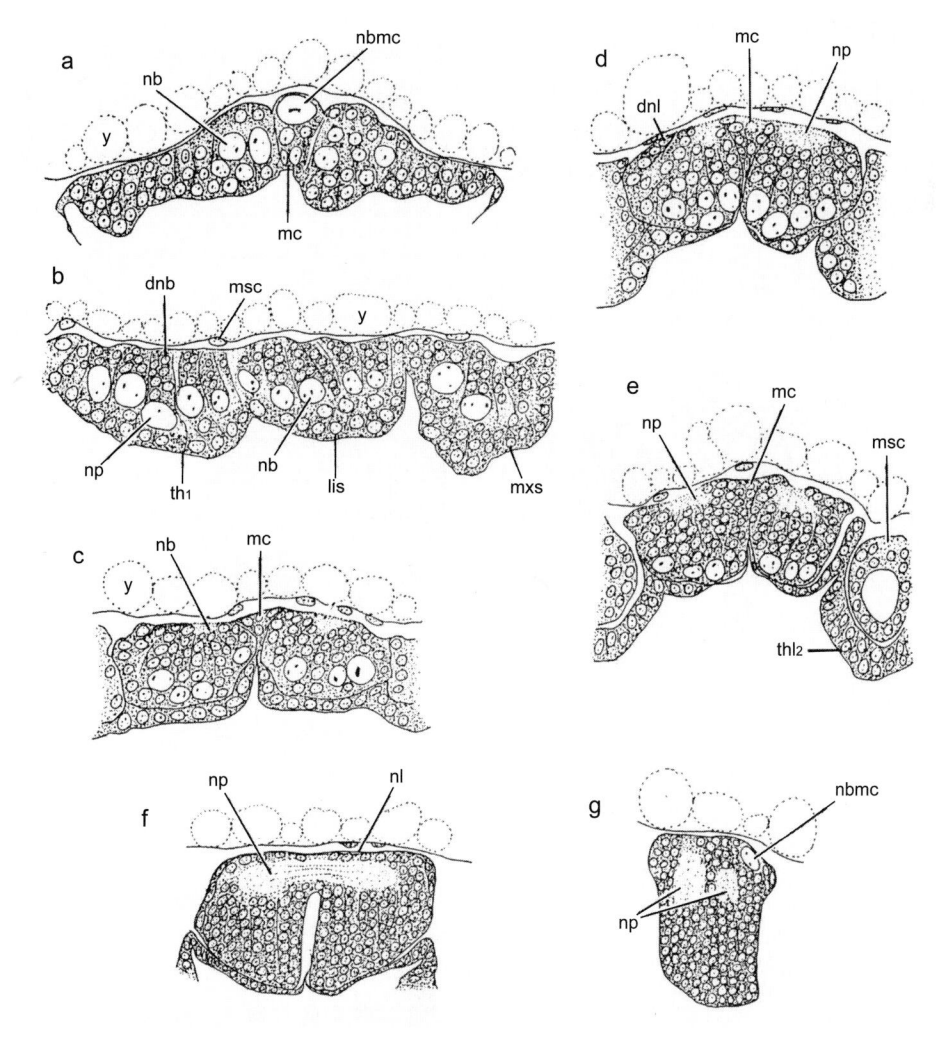

図 27-10　ネグロセンブリ *Sialis japonica* の神経系（腹髄）の発生（Suzuki *et al.,* 1987）
　a → g の順に発生が進む。
　dnb：神経芽細胞の娘細胞，dnl：発生中の神経被膜，lis：下唇節，mc：中索，msc：中胚葉細胞，mxs：小顎節，nb：神経芽細胞，nbmc：中索の神経芽細胞，nl：神経被膜，np：ニューロパイル，th1：前胸節，thl2：中脚，y：卵黄

うになる（図27-10，d）。発生が進むと，これらの扁平細胞は，神経被膜 neural lamella になると思われる。

　産卵後4日になると（図27-10，e），ニューロパイルはさらに発達し，各神経節は2本の神経横連合 commissure（大顎では1本）および神経縦連合 connective が形成される。やがて左右の神経節は正中線方向に移動を始め，体節の境界部では中索は表皮細胞から遊離し始める。また，顎部の神経節が集中し始める。産卵後5日になると（同図，f），各神経節の腹面は神経被膜でほぼ覆われるようになる。顎部および胸部の神経節の側方から，それぞれの付属肢へ一対の神経繊維が派生するようになる。顎部神経節はさらに癒合し，食道下神経節の原基を形成する。

　産卵後6日に胚は姿勢転換を始めるが，神経被膜は各神経節の腹面を完全に覆うようになる（図27-10，g）。第八〜十腹節の神経節が癒合し始める。産卵後7日になると，第八〜十腹節神経節はさらに

癒合し，第七腹節の神経節の直後に位置するようになる。各神経節の後端に残っていた中索の神経芽細胞は神経節の細胞と区別できなくなる。産卵後9日になると，神経節は完全に表皮から遊離し，1令幼虫のものとほとんど同じ形態になる。

　次に脳の形成であるが，産卵後2日までは原頭葉・触角・間挿の各体節の外胚葉細胞は，ほぼ同じ大きさをしている。しかし，産卵後55時間になると（図27-11，a），それらの節の外胚葉中に，大型の核をもつ細胞がいくつか分化してくる。それらは神経芽細胞で，発生が進むにつれて核がヘマトキシリンに薄く染まるようになる。原頭葉の神経芽細胞は3グループに分かれて分布し，これらは将来，前大脳 protocerebrum の第一〜三小葉となる。触角節の神経芽細胞は形成中の口陥の両脇に見られるが，後に中大脳 deutocerebrum となる。また，間挿節の神経芽細胞は触角節のそれのすぐ後ろに位置し，後に後大脳 tritocerebrum となる。

　神経芽細胞は有糸分裂を繰り返し，産卵後70時

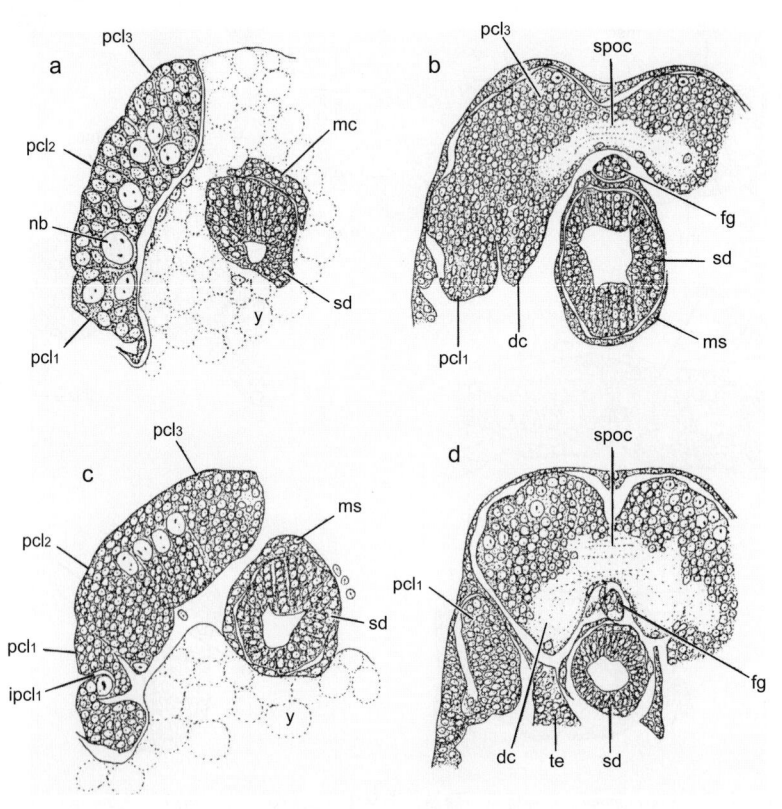

図27-11　ネグロセンブリ *Sialis japonica* の神経系（脳）の発生（Suzuki *et al.*, 1987）
a→d の順に発生が進む。
dc：中大脳，fg：前額神経節，ipcl₁：前大脳第一小葉の陥入部，mc：中索，ms：中胚葉細胞，nb：神経芽細胞，pcl₁〜₃：前大脳第一〜三小葉，sd：口陥，spoc：食道上神経横連合，te：幕状骨，y：卵黄

間になると（図 27–11，b），しばしば端細胞的分裂 teloblastical division を繰り返すようになる。ただし，前大脳の第一小葉になる部分は，有糸分裂ではなく，神経芽細胞を含む外胚葉の陥入によって形成されると考えられる。このステージになると，前大脳の第一〜三小葉は明瞭になり，第二，三小葉の神経芽細胞の娘細胞は白質部に分化し始める。大脳のニューロパイルの形成は腹髄の場合と同様である。

　産卵後 3 日になると，中大脳と後大脳はやや前方へ移動を始め，後大脳は前大脳の第三小葉の後ろに位置するようになる。神経被膜が分化するが，その形成は腹髄の場合と同様である。産卵後 4 日（図 27–11，c）で，第一小葉の末端は表皮から遊離し始める。食道下神経横連合 suboesophageal commissure が第三小葉間に形成され，横連合内には白質部が観察される。第一〜三小葉は表皮から遊離する。中大脳が前方に移動し，後大脳は中大脳の直後に位置するようになる。発生が進むと，三つの大脳間に

は縦連合が生じ，後大脳と大顎間にも神経縦連合が出現する。

　産卵後 5 日になると（図 27–11，d），前大脳の第一小葉の末端はふたたび表皮と接するようになるが，後にこの小葉末端が後網膜繊維 post–retinal fiber に，末端が接する表皮が視板 optic plate のそれぞれ原基になる。中大脳の神経横連合は前大脳のそれと合流し，食道上横連合 supraoesophageal commissure となる。一方，後大脳の横連合は口陥の下に生じ，食道下神経横連合となる。前大脳の三つの小葉はさらに中央寄りに移動し，第一小葉を除いて，白質部も発達する。産卵後 6 日で第一小葉は末端部と基部の二つの部分に分かれ，末端部が接する表皮部分はやや厚くなり，視板に分化し始める。

　産卵後 7 日になると，前大脳は胚の頭蓋内で口陥上に水平に位置するようになる。第一小葉も含め，白質部はさらに発達する。産卵後 8 日で，三つの大脳は一つの塊，すなわち脳となる。

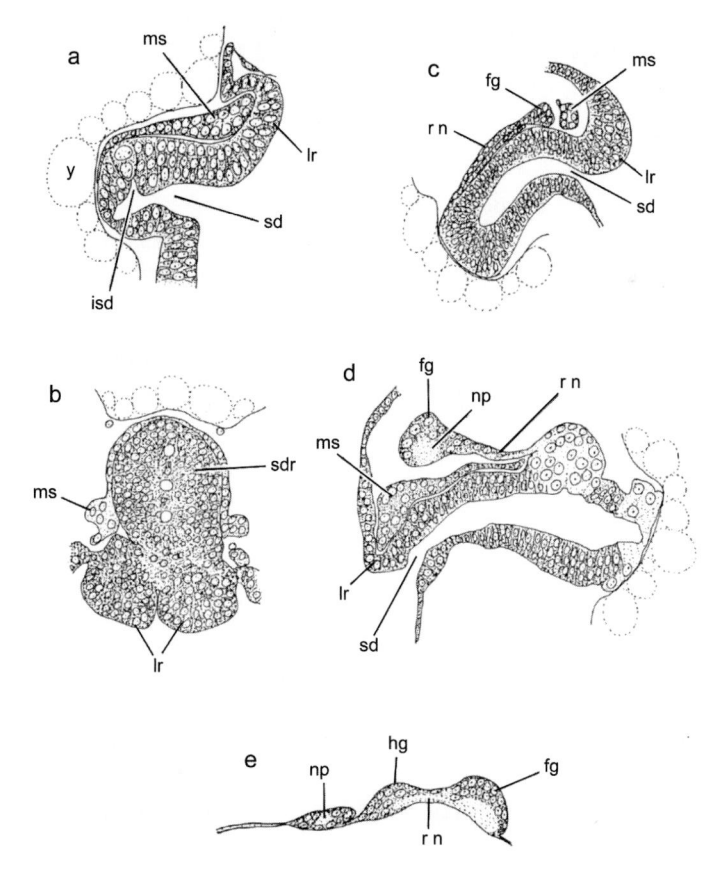

図 27–12　ネグロセンブリ *Sialis japonica* の神経系（口胃神経系）の発生（Suzuki *et al.*, 1987）
a → e の順に発生が進む。
fg：前額神経節，hg：脳下神経節，isd：口陥背壁に生じた陥入，lr：上唇，ms：中胚葉細胞，np：ニューロパイル，rn：回帰神経，sd：口陥，sdr：口陥背壁，y：卵黄

c. 口胃神経系

産卵後60時間になると（図27-12, a），口陥原基の背面正中線上に三つの陥入が生じる。これらの陥入は後に三つの突出部となるが，この部分から口胃神経系 stomatogastric nervous system が形成される。この陥入の上にある外胚葉中に2，3個の大型細胞が認められる。産卵後70時間になると（同図，b），口陥の背面正中線上に三つの小さな突出部が生じるが，それらは中胚葉細胞に覆われている。産卵後3日で，突出部は三つの細胞塊に変化し，前方に伸び始める。産卵後5日では（同図，c），前方の細胞塊が前額神経節 frontal ganglion の原基を形成する。前方と中央の細胞塊は口陥の背面から遊離するが，後方の細胞塊は，まだ口陥背面とつながっている。

産卵後6日になると（図27-12, d），前額神経節の原基は前方に移動し，食道上神経横連合の前に位置するようになる。前額神経節と後大脳の間に神経繊維の連絡が生じ，それぞれの神経節内には白質部が観察されるようになる。中央の細胞塊は索状になり，前額神経節から食道上をはしる回帰神経 recurrent nerve になる。この索状の部分の中ほどに小さな肥厚部が生じるが，これは後に脳下神経節 hypocerebral ganglion となる。これは *S. lutaria* における食道神経節 oesophageal ganglion に相当すると考えられる（Strindberg, 1915）。後方の細胞塊は染色性の弱い細胞からなり，口陥の盲端近くに位置するが，その前端は形成中の回帰神経原基に接するようになる。産卵後7日になると，後方の細胞塊もようやく口陥背面から遊離する。また，脳下神経節原基内には，白質部が分化する。産卵後8日になると（同図，e），前額神経節はさらに前方に移動し，

後方の細胞塊は神経節様の肥厚部を生じる。白質部をもつこの肥厚部は脳下神経節の直後に位置するが，孵化までには小さくなってしまう。この神経節は胃神経節 ventricular ganglion と考えられる。

(2) 中胚葉性器官

Strindberg（1915）によると，*S. lutaria* の中胚葉性器官の発生は以下のとおりである。

まず，前述のように形成された内層は，胚帯が羊膜と漿膜の二層で覆われるころ，中胚葉として胚帯の外胚葉を裏打ちするようになる（図27-9, c）。体節の形成にともない，中胚葉は体節ごとに小さな細胞塊となる。さらに，各節の中胚葉細胞のうち，胚側方に位置するものが，胚の正中線方向に折り返すことにより体腔嚢 coelomic sac が形成される（図27-13, a）。体腔嚢の形成は，胚前方の体節より後方に向かって進行する。

背脈管 dorsal vessel は，左右の中胚葉細胞塊の最も背側に出現した心臓芽細胞が（図27-13, c），背閉鎖にともなって胚背面正中線上で出会うことにより形成される。形成方法は他の多くの昆虫と同様であるが，一方，心臓芽細胞の形態は，他の昆虫でよく見られるような大きな核と十分な細胞質を備えているものではなく，他の中胚葉細胞と形態的な違いはない。

食道下体 suboesophageal body は，後大脳の中胚葉，すなわち間挿節の中胚葉に由来し，口陥の両側に位置する（同図，b）。

なお，生殖巣や筋肉，脂肪体などの中胚葉性器官の発生についての知見はない。

(3) 消 化 管

S. lutaria における消化管形成の概略を以下に示す（Strindberg, 1915）。

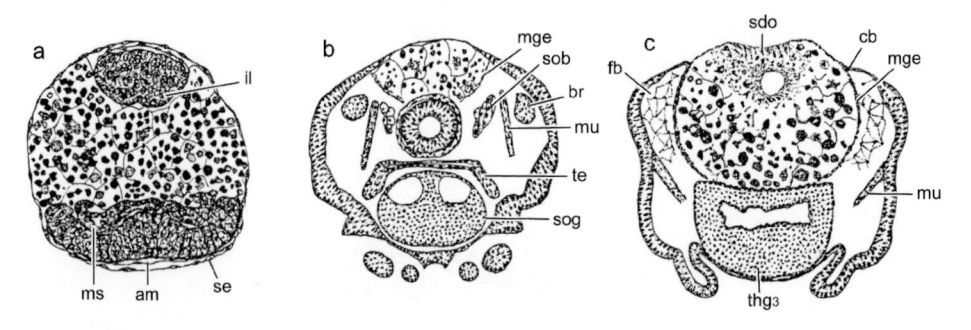

図27-13　欧州産センブリの一種 *Sialis lutaria* の胚発生（横断面）（Strindberg, 1915）
a. 図27-9, c とほぼ同じステージ，b, c. 図27-9, f とほぼ同じステージ。
am：羊膜，br：脳，cb：心臓芽細胞，fb：脂肪体，il：内層，mge：中腸上皮，ms：中胚葉，mu：筋肉，sdo：二次背器，se：漿膜，sob：食道下体，sog：食道下神経節，te：幕状骨，thg3：後胸神経節

a. 口陥（前腸）

口陥 stomodaeum は外胚葉の陥入として生じる。その周辺は中胚葉細胞に囲まれている。陥入部が伸長するとともに，口陥の盲端は扁平になり（図27-9, d），外胚葉細胞のみとなる。

完成した前腸 foregut は，内腔が縦方向の多数のヒダをもつ短い部分ではじまり，幕状骨の後ろからは大きく膨らんで食道下神経節を後ろから押しつける。そこから後方に曲がり，徐々に細くなるが，中腸の直前で広がってから噴門弁 cardiac valve を形成し，中腸につながる（図27-9, g）。

b. 肛門陥（後腸）とマルピーギ管

肛門陥 proctodaeum も口陥同様に外胚葉の陥入として生じ，その周辺は中胚葉細胞に囲まれているが，出現時期は口陥よりやや遅れる。肛門陥の盲端も発生が進むと扁平になる（図27-9, d）。完成した後腸 hindgut はかなり長い細管で，前方に膨らみが見られる。

マルピーギ管 Malpighian tubule は一般的な方法で生じ，前から後ろへ細長く伸びた管状構造をしている。

c. 中腸

口陥および肛門陥の盲端が扁平になるころ，そこに，非常に扁平でハイデンハイン鉄ヘマトキシリンで黒く染まる中腸上皮原基 midgut epithelial rudiment の細胞が分化する（図27-9, d）。

口陥の中腸上皮原基細胞は後方へ，肛門陥の原基は前方へ伸長する細胞層となり，胚の側面で両者は結合する。発生が進むにつれて上皮原基の細胞層は背面および腹面に広がるが，中腸上皮の閉鎖は背面側が先行する。

完成した中腸 midgut は後方が狭く，末端部には噴門弁と似た構造をもつ。

27-7　おわりに

ヘビトンボ目は，完全変態昆虫のなかでもかなり原始的な特徴を有するため，完全変態類の胚発生のグラウンドプランを探るうえで，非常に重要な昆虫といえる。

本章では，ヘビトンボ目のヘビトンボ科とセンブリ科の胚発生の概要を述べたが，全体的には完全変態類の胚発生の原型を示し，また，本目の胚発生がとくにアミメカゲロウ目のものに類似し，その近縁

性が理解できると考えられる。しかし，どちらの科においても胚発生学的知見は明らかに不十分で，とくに器官形成（神経系を除く）に関しては，今後の詳細な研究が待たれる。

■ 27章の引用文献

Ando, H., K. Miyakawa & S. Shimizu, 1985：External features of *Sialis mitsuhashii* embryo through development (Megaloptera, Sialidae). In：*Recent Advances in Insect Embryology in Japan* (Ando, H. & K. Miya, eds.), pp. 191-201. Arthropodan Embryological Society of Japan, ISEBU, Tsukuba.

Azam, K. M. & N. H. Anderson, 1969：Life history and habits of *Sialis rotunda* and *S. californica* in western Oregon. *Ann. Entomol. Soc. Am.*, **62**, 549-558.

Baker, J. R. & H. H. Neunzig, 1968：The egg masses, eggs, and first-instar larvae of eastern North American Corydalidae. *Ibid.*, **61**, 1181-1187.

Canterbury, L. E. & S. E. Neff, 1980：Eggs of *Sialis* (Sialidae：Megaloptera) in eastern North America. *Can. Entomol.*, **112**, 409-419.

Du Bois, A. M., 1936：Recherches expérimentales sur la détermination de l'embryon dans l'oeuf de *Sialis lutaria*, Neuroptera. *Rev. Suisse Zool.*, **43**, 519-523.

――, 1938：La détermination de l'ébauche embryonnaire chez *Sialis lutaria* L. (Megaloptera). *Ibid.*, **45**, 1-92.

Hinton, H. E., 1981：*Biology of Insect Eggs*. Pergamon Press, Oxford.

Kobayashi, Y. & N. Suzuki, 2016：A new type of the egg burster in *Sialis* and its possible phylogenetic significance：A comment on the article by Ando *et al.* (1985) (Insecta：Megaloptera, Sialidae). *Proc. Arthropod. Embryol. Soc. Jpn.*, **50**, 1-5.

Miyakawa, K., 1979：Embryology of the dobsonfly, *Protohermes grandis* Thunberg (Megaloptera：Corydalidae). I. Changes in external form of the embryo during development. *Kontyû*, **47**, 365-375.

――, 1980：Embryogenesis of the pleuropodia and the abdominal filaments (tracheal gills) in *Protohermes grandis* Thunberg (Megaloptera：Corydalidae). *XVI Int. Congr. Entomol. Abstracts*, 50.

Pritchard, G. & T. G. Leischner, 1973：The life history and feeding habits of *Sialis cornuta* Ross in a series of abandoned beaver ponds (Insecta：Megaloptera). *Can. J. Zool.*, **51**, 121-131.

Smith, R. C., 1922：Hatching in three species of Neuroptera. *Ann. Entomol. Soc. Am.*, **15**, 169-176.

Strindberg, H., 1915：Hauptzüge der Entwicklungsgeschichte von *Sialis lutaria* L. *Zool. Anz.*, **46**, 167-185.

Suzuki, N., S. Shimizu & H. Ando, 1981：Early embryology of the alderfly, *Sialis mitsuhashii* Okamoto. *Int. J. Insect Morphol. Embryol.*, **10**, 409-418.

――, ―― & ――, 1987：Embryonic development of nervous system in the alderfly, *Sialis mitsuhashii* Okamoto (Megaloptera, Sialidae). In：*Recent Advances in Insect Embryology in Japan and Poland* (Ando, H. & Cz. Jura, eds.), pp. 225-235. Arthropodan Embryological Society of Japan, ISEBU, Tsukuba.

28章

ラクダムシ目
Raphidioptera

28-1　はじめに

　ラクダムシ目はアミメカゲロウ目 Neuroptera, ヘビトンボ目 Megaloptera とともに脈翅上目 Neuropterida を構成する, 完全変態類内で最も祖先的と考えられている昆虫群の一つである。これらの3目は広義のアミメカゲロウ目 Neuropotera のなかの3亜目(扁翅亜目 Planipennia, ヘビトンボ亜目 Megaloptera, ラクダムシ亜目 Raphidiodea)として扱われることもある。ラクダムシ目は, 脈翅上目内においては派生的なグループで, ヘビトンボ目と姉妹群を形成するとの考えが伝統的に受け入れられてきたが(Achtelig, 1981), 近年, ヘビトンボ目+脈翅目の原始的姉妹群であると解釈する説が提出された(Aspöck *et al.*, 2001；Aspöck, 2002；Haring & Aspöck, 2004)。

　ラクダムシ目はラクダムシ科 Inocelliidae とキスジラクダムシ科 Raphidiidae の2科からなり, 北半球から約200種が記載されているが, 南半球からは報告がない。日本にはラクダムシ科のラクダムシ *Inocellia japonica* とキスジラクダムシ科のキスジラクダムシ *Mongoloraphidia harmandi* の2種が生息している。

　ラクダムシ類は体長 10 ～ 20 mm 程度の昆虫で, 前口式の頭部と伸長した前胸をもち, 雌には長い産卵管があるのが特徴である(図 28-1)。複眼は発達し, 単眼はキスジラクダムシ科で3個, ラクダムシ科ではこれを欠く。翅は前後翅がほぼ同形同大で, 翅脈相は単純である。腹部は 10 体節からなる。幼虫の形態は成虫と似ており, 蛹は裸蛹に属する。幼虫は陸生で, 針葉樹の樹皮下に生息し, 小昆虫などを捕食して育つ。頭部前胸関節および前胸中胸関節が柔軟でよく動かすことから, ラクダの名が冠される。英語では, 柔軟な頭部, 胸部の動きから snakefly とよばれ, camel-neck fly との異名もある。

　ラクダムシ目の発生学的研究は皆無であったが, 近年, 塘・町田によりようやくラクダムシ *I. japonica* の胚発生の一端が明らかになってきた(Tsutsumi & Machida, 2004, 2006)。

28-2　産卵と卵の特徴

　ラクダムシは 5 ～ 6 月に針葉樹の樹皮下に卵塊として産卵する。1卵塊に含まれる卵数は数卵から 70 卵前後だが, ときには 100 卵を超えることもある。北米産の *Agulla astuta* では1卵塊約 50 卵であるという(Woglum & McGregor, 1959)。ラクダムシ類は実験室内での採卵が容易で, 成熟雌は産卵床として与えた針葉樹の樹皮の隙間に産卵管を差し込んで産卵する。

　ラクダムシの卵は細長い回転楕円体をしており,

図 28-1　ラクダムシ *Inocellia japonica* の成虫(町田 原図)

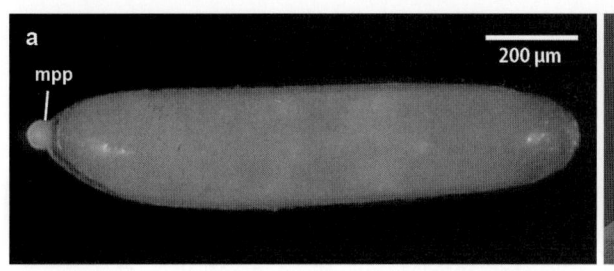 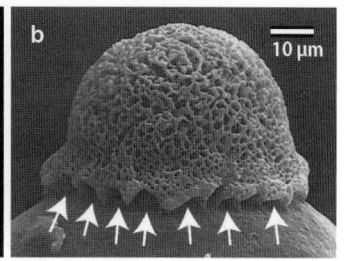

図 28-2　ラクダムシ *Inocellia japonica* の卵（Tsutsumi & Machida, 2006）
a. 全体像，b. 卵門突起
mpp：卵門突起，矢印：卵門

長径が約 1.0 mm，短径が約 0.2 mm である（図 28-2, a）。卵殻は透明で，卵は内部の卵黄が透けて見えるため淡黄色である。卵前極には表面が多孔質の卵門突起 micropylar projection があり（同図, b），突起の基部周囲を取り囲むようにして約 20 の卵門が開口している。卵門経路は各開口部から，突起表面のすぐ内側を，外表面に沿うようにして突起の先端へと向かい，先端付近で向きを変え，突起の中心へと向かう。突起の中心付近で各経路が合一し，1 本の管となった後に卵内部へと通じる（Tsutsumi & Machida, 2004）。

　ラクダムシの卵期は 7 〜 9 日（19℃以下）である。また，北米産の *A. astuta* では卵期は 11 〜 13 日と報告されている（Woglum & McGregor, 1959）。

28-3　胚発生

　ラクダムシの胚発生過程の概略を，Tsutsumi & Machida（2006）に基づき，9 ステージに分けて述べる。

　ステージ 1　卵割期：　雄性前核は卵門突起より卵内に進入する。受精は前極から卵長約 1/3 の位置で起こり，第一卵割は卵軸に対して垂直方向に起こる。卵割は典型的な表割型である。

　ステージ 2　胚盤葉期（図 28-3, a，b；28-4, a，b）：　産下後 14 時間頃には卵割核は卵表に到達，卵表面で分裂，増殖を繰り返し，やがて胚盤葉となる。卵後極には極細胞が形成される（図 28-3, a，28-4, a）。

　胚盤葉形成後，卵前極および後極付近の胚盤葉細胞は卵表面を卵の中央方向へと移動し，卵中央部を筒型に取り囲む高細胞密度胚盤葉領域 condensed blastoderm が形成される（図 28-3, b；28-4, b）。

　ステージ 3　胚帯形成期（図 28-3, c，d；28-4,

c，d）：　高細胞密度胚盤葉領域の背腹の細胞に違いが現れ，腹面および側面の広い領域の細胞は胚域すなわち胚原基の細胞へ，背面の狭い領域の細胞は胚外域の細胞へと分化する。それとほぼ時を同じくして，胚原基の領域は卵腹面へと集中しながら同時に卵両極へと広がっていき（図 28-3, c；28-4, c），卵側面を胚外域と背腹に二分する。また，高細胞密度胚盤葉領域形成に関与せず，卵前極および後極に残った細胞は，いくつかの細胞が集中してクラスターを形成し，二次卵黄細胞となって卵内部に落ち込んでいく（図 28-3, c；28-4, c）。やがて胚原基の正中に原溝の窪みが形成される（図 28-4, d）。切片で見るとこの原溝は袋状の陥入で，内層形成は陥入型であることがわかる（塘・町田，未発表）。内層形成を機に胚原基は胚とよばれ，前端の幅広い原頭葉とその後方に続く原胴域に分化する（図 28-3, d）。胚帯形成過程を模式図として図 28-5 に示す。

　胚帯形成と併行して羊漿膜褶は急速に発達し，胚原基がその領域を卵の両極まで広げるころには羊漿膜褶が閉じて胚陥入 anatrepsis が完了し，羊膜は胚腹面を覆い，漿膜は全卵表を取り囲む（図 28-3, d）。

　ステージ 4　体節形成期（図 28-3, e；28-4, e，e'）：　胚帯形成後まもなくして体節形成が始まる。体節形成は中胸から始まり，顎部方向および腹部方向へと進行する。顎部には大顎，小顎，下唇の 3 体節が形成され，その前方には間挿節が分化し，頭葉には触角節が明らかになる。胸部には 3 体節，腹部には 11 体節が形成される。第九腹節が卵後極部に位置し，第十，十一腹節は後極をまわり込み卵背面に位置し（図 28-4, e'），胚は J 字形をとる（図 28-3, e）。ラクダムシの胚は頭部から腹部までの全体節が胚帯の分節により短時間に形成される長胚型

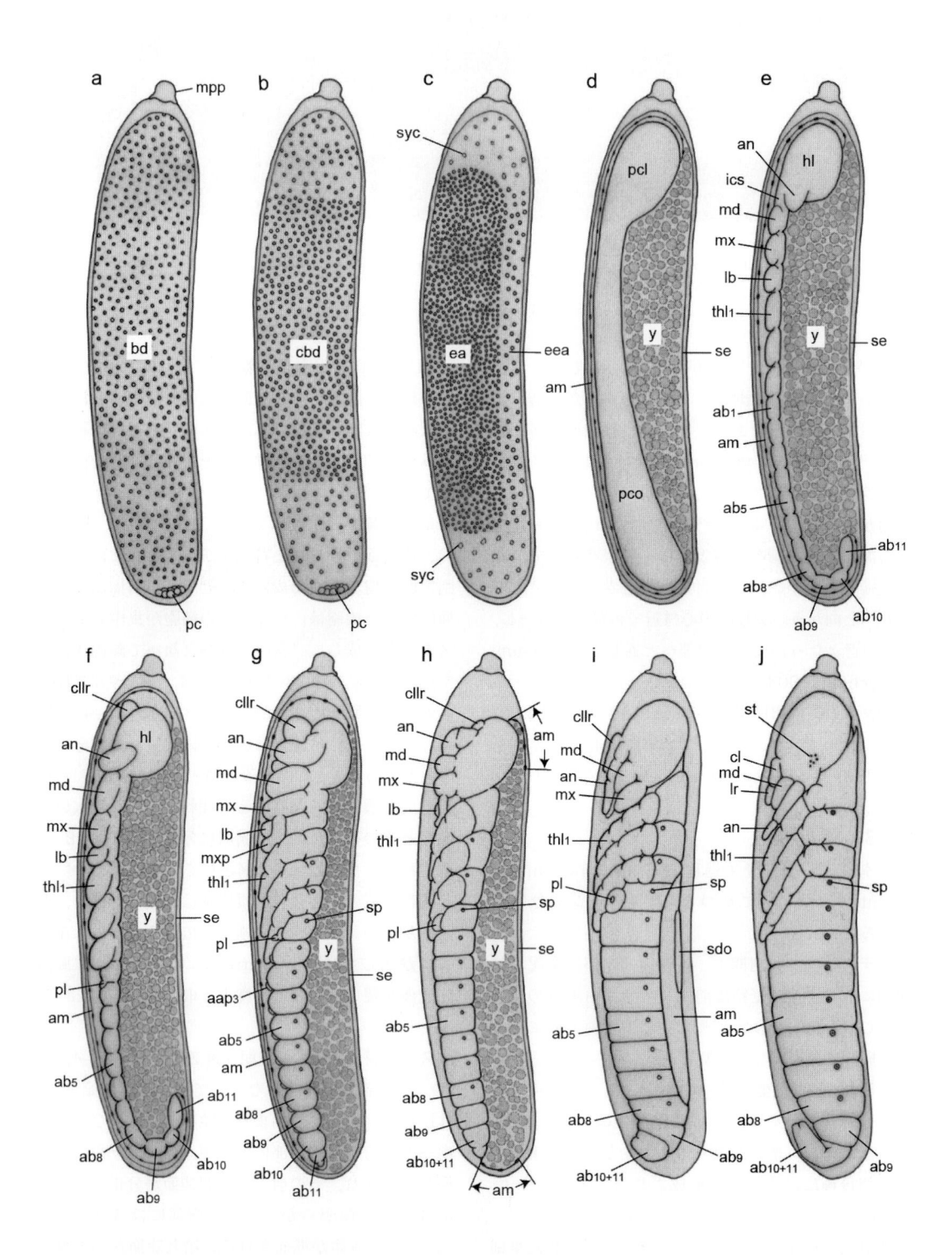

図 28-3　ラクダムシ *Inocellia japonica* の発生（Tsutsumi & Machida, 2006）
a → j の順に発生が進む。本文参照。
aap3：第三腹部付属肢，ab1～11：第一～十一腹節，am：羊膜，an：触角，bd：胚盤葉，cbd：高細胞密度胚盤葉領域，cl：頭楯，cllr：頭楯上唇，ea：胚域，eea：胚外域，hl：頭葉，ics：間挿節，lb：下唇，lr：上唇，md：大顎，mpp：卵門突起，mx：小顎，mxp：小顎鬚，pc：極細胞，pcl：原頭葉，pco：原胴域，pl：側脚，sdo：二次背器，se：漿膜，sp：気門，st：点眼，syc：二次卵黄細胞，thl1：前肢，y：卵黄

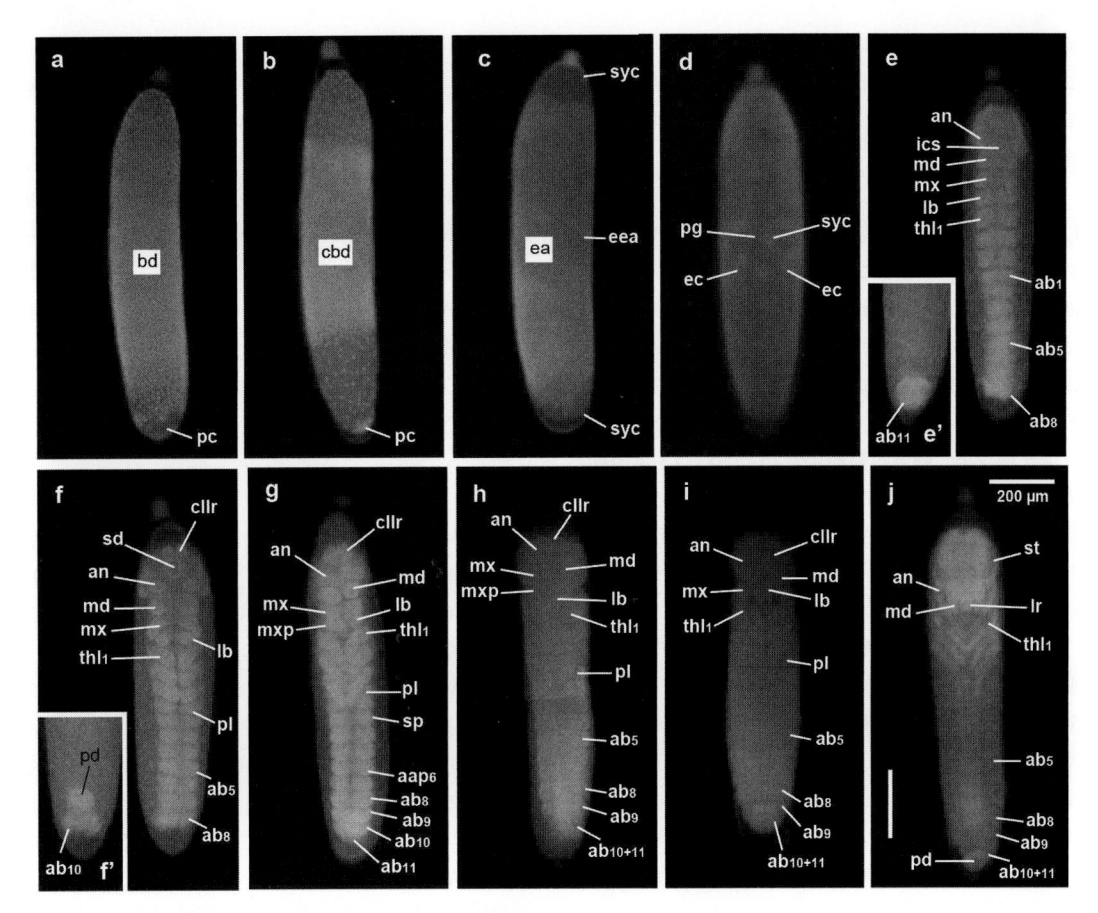

図 28–4　ラクダムシ *Inocellia japonica* の卵の DAPI 染色像（Tsutsumi & Machida, 2006）
a. 胚盤葉期，胚盤葉，b. 胚盤葉期，高細胞密度胚盤葉領域，c. 胚帯形成期，胚帯形成期。胚域と胚外域に分化（側面），d. 胚帯形成期，原溝形成（腹面），e. 体節形成期（腹面），e′. 体節形成期，卵後端部（背面），f. 付属肢伸長期（腹面），f′. 付属肢伸長期，卵後端部（背面），g. 胚帯短縮期（腹面），h. 胚反転期（腹面），i. 後胚反転期 I （腹面），j. 後胚反転期 II （腹面）
aap6：第六腹部付属肢，ab1〜11：第一〜十一腹節，an：触角，bd：胚盤葉，cbd：高細胞密度胚盤葉領域，cllr：頭楯上唇，ea：胚域，ec：外胚葉，eea：胚外域，ics：間挿節，lb：下唇，lr：上唇，md：大顎，mx：小顎，mxp：小顎鬚，pc：極細胞，pd：肛門陥，pg：原溝，pl：側脚，sd：口陥，sp：気門，st：点眼，syc：二次卵黄細胞，thl1：前肢

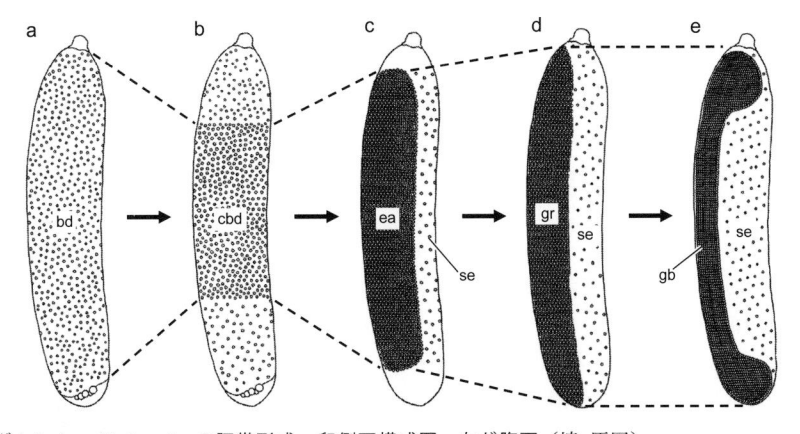

図 28–5　ラクダムシ *Inocellia japonica* の胚帯形成，卵側面模式図，左が腹面（塘 原図）
a. 胚盤葉，b. 胚盤葉細胞が集中して高細胞密度胚盤葉領域を形成，c. 卵腹面が胚域へ，背面が胚外域へ分化，d. 胚域が卵両極へ再拡張して胚原基を形成，e. 胚帯へ分化。
bd：胚盤葉，cbd：高細胞密度胚盤葉領域，ea：胚域，gb：胚帯，gr：胚原基，se：漿膜

で，以降の発生は卵表面で進行する表成型である。このステージでは付属肢のうち頭葉には触角が，顎部には大顎，小顎，下唇が，胸部には前脚，中脚，後脚が形成される（図28-3, e；28-4, e）。

　ステージ5　付属肢伸長期（図28-3, f；28-4, f, f'）：　体節形成が完了すると各付属肢が伸長し始め，第一腹節腹側面には側脚が形成される。また，間挿節前方に口陥が形成され，口陥を取り囲むようにして左右一対の頭楯上唇原基が伸長してくる（図28-4, f）。第十一腹節には肛門陥が形成される（同図, f'）。

　ステージ6　胚帯短縮期（図28-3, g；28-4, g）：頭部付属肢はさらに伸長し，小顎では小顎鬚が分化する。胸部付属肢もさらに伸長し，分節が始まる。腹部においては第二～九腹節の腹側面に付属肢が形成され，第十一腹節においても付属肢の隆起が観察されるが，第二～九腹節のそれほど顕著ではない。側脚の中央部からは柱状の突起が伸長してくる。口陥は発達した頭部付属肢に隠れて外面からは見えなくなる（図28-4, g）。また，中胸から第八腹節までの10体節には各体節の側方に左右一対の気門が現れる。気門は中胸，後胸では付属肢基部の前方に位置し，第一～八腹節においては各体節の前方部に位置する。

　このステージを通して胚の収縮が起こり，腹部末端部が卵後極の領域に位置することで胚は直線的になる。

　ステージ7　胚反転期（図28-3, h；28-4, h）：胚反転 katatrepsis により羊漿膜褶が解消され，最終的背閉鎖が始まり，胚は卵表面に現れる。これにともない胚腹面を覆っていた羊膜は胚の側面から背面へとまわり込み，漿膜は胚背面へと集中していく（図28-3, h）。対構造を示していた頭楯上唇の左右の原基が融合し，見かけ上単一の構造となる（図28-4, h）。頭部・胸部付属肢はさらに発達を続ける。第一腹節では側脚中央部の突起が陥入する。第十腹節と第十一腹節が融合し，見かけ上，腹部体節数が10になる（図28-3, h；28-4, h）。

　ステージ8　後胚反転期I（図28-3, i；28-4, i）：　最終的背閉鎖は前方および後方から進み，胚背面へと集中した漿膜細胞は二次背器となり，第一～二腹節の背面に位置する。羊膜は一次背閉鎖として機能する（図28-3, i）。頭部形成が急速に進行する（図28-4, i）。胸部付属肢は太く短くなる。第二

～九腹節および第十一腹節の付属肢隆起はすべて退化する。腹部末端節，すなわち第十および十一腹節は胚腹面に向かって湾曲し始める（図28-3, i）。

　ステージ9　後胚反転期II（図28-3, j；28-4, j）：　頭部形成がさらに進行する（図28-4, j）。触角基部には側単眼 stemma が形成されるが，表面のクチクラにレンズの隆起はいまだ形成されず，色素の沈着が起こるのみである。レンズ構造は2令幼虫以降に形成される。最終的背閉鎖が完了し，胚は1令幼虫の形態をとり，胚発生が完了する（図28-3, j）。

28-4　発生学的特徴

　ラクダムシ目の卵には前極に特徴的な卵門突起がある。同様の卵門突起はアミメカゲロウ目，ヘビトンボ目（26, 27章参照）に知られており，脈翅上目の単系統性を支持する一つの証拠となる。

　その脈翅上目内において，ラクダムシ目にはいくつかの特異な発生学的特徴がある。まず，胚帯形成様式である。アミメカゲロウ目，ヘビトンボ目，長胚型の胚帯をもつその他の完全変態類では，胚盤葉の腹面の領域が胚域へと分化し，腹板すなわち胚原基が形成される。しかしながら，ラクダムシにおいては図28-5に示すように，1）胚盤葉はいったん卵中央に集中し高細胞密度胚盤葉領域を形成，2）この後，この領域の腹面領域が胚原基となり，3）ふたたび卵前極，後極方向に胚原基が広がることにより胚帯が形成される。このようにラクダムシにおいては，胚帯形成のはじめの段階として，いったん胚盤葉細胞が卵中央に集中するという過程が存在する。不完全変態類などの短胚型，半長胚型の胚帯においては，胚原基形成は胚盤葉の胚予定域の集中をともなう。ラクダムシの高細胞密度胚盤葉領域の形成は，このような非長胚型胚の形成における胚盤葉の集中を想起させる。完全変態類の最ベーサル・クレードと目される脈翅上目の，最も原始的なクレードとされるラクダムシ目において，胚体形成にこのような特徴があることは注目すべきで，長胚型胚帯の起源を考察するうえで重要な情報を含んでいるかもしれない。

　ラクダムシの羊漿膜褶形成は発生の初期に完了する。アミメカゲロウ目，ヘビトンボ目の羊漿膜褶形成は体節形成と併行して起こるのに対して（26, 27章参照），ラクダムシの羊漿膜褶の閉鎖は胚帯形成時

点でほぼ完了する。このラクダムシ目における早期
の羊漿膜褶形成をどのように理解すべきかは現在の
ところわからない。

28-5　おわりに

　ラクダムシ目の胚発生は塘・町田の研究により明
らかになりつつある。断片的な情報ではあるが，ラ
クダムシ目は他の脈翅類や完全変態類にはみられな
い発生学的特徴をもつことがわかってきた。脈翅上
目のベーサル・クレードと目されるラクダムシ目は
完全変態類のグラウンドプランの理解にとってきわ
めて重要であり，今後のラクダムシ目の発生学の発
展が望まれる。

■ 28 章の引用文献

Achtelig, M., 1981：Neuropterida. Revisionary notes.
　　In：*Insect Phylogeny* (Hennig, W., ed.), pp. 286-
287, 290, 295, 299-300, 387-388. John Wiley &
Sons, Chichester.

Aspöck, U., 2002：Phylogeny of the Neuropterida (In-
secta：Holometabola). *Zool. Scr.*, **31**, 51-55.

――, J. D. Plant & H. L. Nemeschkal, 2001：Cladistic
analysis of Neuroptera and their systematic posi-
tion within Neuropterida (Insecta：Holometabola：
Neuropterida：Neuroptera). *Syst. Entomol.*, **26**,
73-86.

Haring, E. & U. Aspöck, 2004：Phylogeny of the Neu-
ropterida：A first molecular approach. *Ibid.*, **29**,
415-430.

Tsutsumi, K. & R. Machida, 2004：A new technique
for elucidating the fine morphological structures
of animals, applied to the analysis of the micropy-
lar canal passage in a snakefly, *Inocellia japonica*
Okamoto (Insecta：Neuroptera, Raphidiodea).
Proc. Arthropod. Embryol. Soc. Jpn., **39**, 45-46.

――&――, 2006：Embryonic development of a snake-
fly, *Inocellia japonica* Okamoto：An outline (In-
secta：Neuroptera, Raphidiodea). *Ibid.*, **41**, 37-45.

Woglum, R. S. & E. A. McGregor, 1959：Observations
on the life history and morphology of *Agulla as-
tuta* (Banks) (Neuroptera：Raphidiodea：Raphidii-
dae). *Ann. Entomol. Soc. Am.*, **52**, 489-502.

29章

甲虫目（鞘翅目）
Coleoptera

29-1 はじめに

甲虫目 Coleoptera は昆虫綱の最大の分類群で，約 37 万種が記載されており，また形態的にも生態的にも多様化したグループである。甲虫目はナガヒラタムシ（始原）亜目 Archostemata, オサムシ（食肉）亜目 Adephaga, ツブミズムシ（粘食）亜目 Myxophaga, カブトムシ（多食）亜目 Polyphaga の 4 亜目に分類されている。そのなかでカブトムシ亜目は全甲虫の 90 ％以上の種を含み，ツチハンミョウ科 Meloidae に過変態 hypermetamorphosis がみられるなど，生態，形態ともに多様である。オサムシ亜目に含まれる甲虫は比較的均質な形態を有し，生活様式も単純で，主として捕食性で，湿った環境に生息している種が多い。他の 2 亜目は少数で，胚形成の研究対象として用いられたものはない。

甲虫目は昆虫発生学の創始期から研究材料として用いられ，また，実験発生学の対象とされているものもある。たとえば，半世紀以上もまえに出版された Johannsen & Butt の名著 "Embryology of Insects and Myriapods"（1941）には，すでに研究材料となった 80 種にも及ぶ甲虫がリストされている。しかし，Crowson は彼の "The Biology of the Coleoptera"（1981）のなかで，過去 100 年間に甲虫目の発生学的知見は相当な量に達しているが，この目の比較発生学的見地からすると，それらはむしろ断片的で，重要な点が不明瞭のままである，と指摘している。これは甲虫目が分類群としての極度の多様性のために，胚形成過程の解明された種の範囲が限定されているからである。そのなかでハムシ上科 Chrysomeloidea に属する種に関する論文が最も多く，Lécaillon（1898）のハムシ科 Chrysomelidae 数種の胚発生，ネクイハムシ類の Donacia crassipes（Hirschler, 1909），南アフリカのハムシの一種 Euryope terminalis（Paterson, 1932, 1933）の胚発生，さらに，この科の多様な胚帯形成を比較研究した Zachvatkin（1968）などがある。また，Krzysztofowicz（1959-60）はゾウムシ科 Curculionidae の 3 亜科 24 種に及ぶ胚発生を研究し，この科のなかの系統関係を検討している。その他では，オサゾウムシ科 Rhynchophoridae のココクゾウムシ Calandra（Sitophilus）oryzae（Tiegs & Murray, 1938），単為生殖をするゾウムシの一種 Brachyrhinus ligustici（Butt, 1936），マメゾウムシ科 Bruchidae の一種 Bruchidius obtectus の実験発生（Jung, 1966a, b, 1971），ゴミムシダマシ科 Tenebrionidae のチャイロコメノゴミムシダマシ Tenebrio molitor（Ullmann, 1964, 1967），ガムシ科 Hydrophilidae のガムシの一種 Hydrophilus piceus の胚発生に関する Heider（1889）の大著，そして，20 世紀後半の最も優れた胚発生学的研究として，Rempel らによるツチハンミョウ科のツチハンミョウの一種 Lytta viridana の一連の詳細をきわめた報告（Rempel & Church, 1965, 1969a, b, 1971, 1972；Gerrity et al., 1967；Sweeny et al., 1968；Church & Rempel, 1971；Rempel et al., 1977）などをあげることができる。

日本では，カブトムシ亜目のウリハムシモドキ Atrachya menetriesi（Miya, 1965；Miya & Kobayashi, 1974），カメノコハムシ Cassida neburosa（ハムシ科）（渋谷, 1978），オオニジュ

<table>
<tr><th colspan="2" align="center">表 29-1　甲虫目の胚発生学的研究</th></tr>
</table>

分　類	文　献
ゲンゴロウ科 Dytiscidae	
Agabus bipustulatus	Jackson, 1951
Dytiscus marginalis	Korschelt, 1912; Blunck, 1914
ハネカクシ科 Staphylinidae	
ハネカクシ亜科 Staphylininae	Tichomirova & Melnikov, 1970
ヒゲブトハネカクシ亜科 Aleocharinae	Tichomirova, 1974 a, b
クロツヤムシ科 Passalidae	
Popilius disjunctus (*Passalus cornutus*)	Krause & Ryan, 1953
コガネムシ科 Scarabaeidae	
Melolonta vulgaris	Vogel, 1950
Phyllophaga fervidae	Luginbill, 1953
P. hirticulata	〃
カツオブシムシ科 Dermestidae	
Dermestes maculata	Ede & Rogers, 1964
テントウムシ科 Coccinellidae	
Adelia bipunctata	Mazzini, 1975
マメゾウムシ科 Bruchidae	
Callosobruchus maculata	Brauer, 1949
ハムシ科 Chrysomelidae	
Agelastica alni	Weglarska, 1950; Mazur, 1960
Leptinotarsa decemlineata	Haget, 1953a, b, c; Haget, 1955; Schneter, 1965
Melosoma populi	Jura, 1957; Jura *et al.*, 1957; Krzysztofowicz, 1962
M. saliceti	Rost-Roszkowska *et al.*, 2007
Chrysolina pardalina	〃
ゾウムシ科 Curculionidae	
Polydross impar	Weglarska, 1955
P. pterygomalis	Bielenin, 1955
Hylobius abietis	Surowiak, 1958
甲虫一般	Patel *et al.*, 1994

1950 年前後以降のリスト（実験発生なども含む）。

ウヤホシテントウ *Epilacna vigintioctomaculata*（テントウムシ科 Coccinellidae）(Miya & Abe, 1966)，ゲンジボタル *Luciola cruciata*，ヘイケボタル *L. lateralis*，ヒメボタル *Hotaria parvula*（ホタル科 Lampyridae）(Ando & Kobayashi, 1975; Kobayashi & Ando, 1985)，イリオモテボタル *Rhagophthalmus ohbai*（イリオモテボタル科 Rhagophthalmidae）(Kobayashi *et al.*, 2001, 2002, 2003)，ジョウカイボン *Athemus suturellus*（ジョウカイボン科 Cantharidae）(Fujiwara & Kobayashi, 1997) などで，胚の外部形態の変化と初期胚形成が記載されているが，器官形成の詳細についての記載はない。また，近年，オサムシ亜目のオキナワオオミズスマシ *Dineutus mellyi*（Komatsu & Kobayashi, 2012），アオオサムシ *Carabus insulicola*（Kobayashi *et al.*, 2013），ホンシュウオオイチモンジシマゲンゴロウ *Hydaticus pacificus*（Niikura *et al.*, 2017）の胚の外部形態の変化が記載されているが，やはり器官形成は調べられていない。そのために本章では，器官形成については上記の *Lytta*

viridana やチャイロコメゴミムシダマシの報告を中心として解説する。なお，表 29-1 は上述以外の研究の一覧表である。

29-2　雌性生殖器官

甲虫目の雌性生殖器官に関しては，Stein (1847) の古典的な研究以来，その形態，組織，発生について多数の報告がある。甲虫目の雌性生殖器官は図 29-1 に示すように，卵巣，輸卵管，産卵管，受精嚢，交尾嚢，付属腺から構成されている。卵巣は複数の卵巣小管から構成されているが，その数は種により大きく変異し，2 本（キクイムシ科 Scolytidae の一種 *Ips typographus*，ゾウムシ科に属するアナアキゾウムシ *Hylobitelus abietis*，コフキゾウムシの一種 *Sitones lineatus*，イネミズゾウムシ *Lissorphoptrus oryzophilus*），3 本（ハネカクシ科 Staphylinidae の一種 *Ocypus olens*），4 本（ある種のコメツキムシ科 Elateridae），12 本（ある種のカミキリムシ科 Cerambycidae），約 20 本（マルトゲムシ科 Byrrhidae の一種 *Byrrhua pilula*）の卵巣

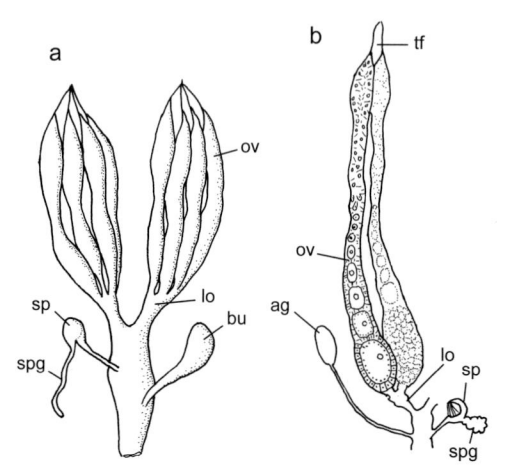

図29-1　甲虫目の雌性内部生殖器官（模式図）（a. Weber, 1933 より改写；b. Kurihara & Matsuzaki, 1989 より改写）
　a．基本的構造，b．イネミズゾウムシ *Lissorphoptrus oryzophilus*
　ag：付属腺，bu：交尾嚢，lo：側輸卵管，ov：卵巣小管，sp：受精嚢，spg：受精嚢付属腺，tf：端糸

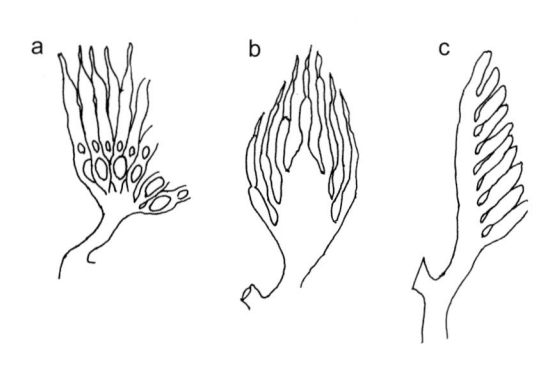

図29-2　甲虫目の卵巣の3主要型（Matsuda, 1976 より改写）
　a．第一型，b．第二型，c．第三型

小管が記載されており，ツチハンミョウ科の昆虫では，極度に短い多数の卵巣小管から構成されている。Suzuki（1974）は，ハムシ科の174種の卵巣小管を調査して，その種内および種間変異の関係を解析して，卵巣小管数は一次的には系統発生的背景に，二次的には個体発生（主として栄養）により決定されるとしている。

　Stein（1874）は，甲虫目の卵巣を図29-2に示すように3主要型に分類している。すなわち，1）卵巣小管柄がほぼ同一水準に配列している卵巣，2）共通の卵巣小管柄を有する卵巣，3）卵巣小管が櫛歯状に一側に配列している卵巣で，第一型と第二型の区別が不明瞭な場合もある。第三型は前二者よりもより原始的であると考えられている（Matsuda, 1976 による）。

　卵巣小管の形態は，ナガヒラタムシ亜目とオサムシ亜目では交互栄養室型であり，カブトムシ亜目とツブミズムシ亜目では端栄養室型に属している（Büning, 2005）。卵巣小管内での卵形成については，上巻の第1部総論3章を参照されたい。

　卵巣小管柄が開口している2本の側輸卵管は合一して共通輸卵管となり，膣 vagina に接続しているが，コガネムシ科のダイコクコガネ属 *Copris* のように卵巣が1個で，輸卵管が1本のものもある。甲虫目でも受精嚢 spermatheca は広く存在しており，細く，ときには非常に長い導管（受精嚢管 sperma-

thecal duct）により，膣または交尾嚢の前端部に開口している。受精嚢には付属腺を有するものと，欠如している場合とがある（Heberdey, 1931）。

　交尾嚢 bursa copulatrix は膣部またはその前端部に形成され，その形態は変異が大きい。膣が管状の場合には交尾嚢の存在が認められるが，膣が嚢状を呈するときには形成されないことが多く（Heberdey, 1931），交尾嚢は分類上の有益な形質として用いられる（Becker, 1956）。共通の付属腺は甲虫目では通常存在しないが，コメツキムシ科では粘液腺 colleterial gland が交尾嚢に付属して存在している（Becker, 1956）。

29-3　雄性生殖器官

　甲虫目の雄性生殖器官は，精巣 testis，輸精管 vas deferens，貯精嚢 seminal vesicle，付属腺 accessory gland および射精管 ejaculatory duct から構成されている。精巣は，Bordas（1900）によれば，図29-3に示したように次の三つの型が識別されている。1）単純な管状型で，単純な管状の精巣小胞からなり，末端でしばしば屈曲している。この型の精巣はオサムシ科 Carabidae，ハンミョウ科 Cicindelidae，ゲンゴロウ科 Dytiscidae で認められる。2）集合型で，多数の短い精巣小胞からなり，それらが輸精管の末端部に開口している。この型の精巣はマグソコガネ亜科 Aphodiinae，コフキコガネ亜科 Melolonthinae，ハナムグリ亜科 Cetoninae，スジコガネ亜科 Rutelinae を含むコガネムシ科，クワガタムシ科 Lucanidae，ゾウムシ科，カミキリムシ科や，ある種のハムシ科で観察される。3）束状型で精巣小胞群は分離して輸精管に接続している。こ

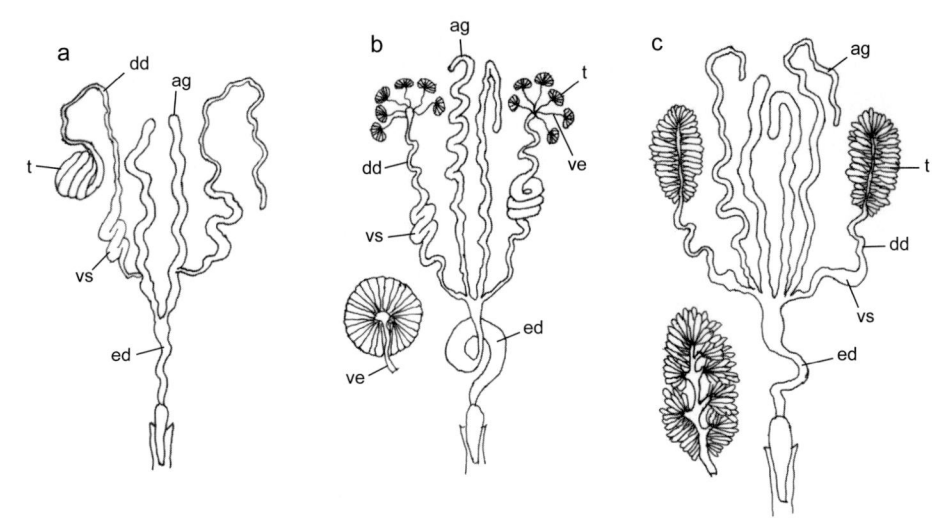

図 29-3　甲虫目の雄性内部生殖器官（模式図）（Bordas, 1900）
a. 管状型，b. 集合型，c. 束状型
ag：付属腺，dd：輸精管，ed：射精管，ve：輸精小管，vs：貯精嚢，t：精巣

の型の精巣はハネカクシ科，コメツキムシ科，ジョウカイボン科，カッコウムシ科 Cleridae，テントウムシ科，ゴミムシダマシ科，ガムシ科，シデムシ科 Silphidae に存在する。第一型が最も原始的であると Bordas は考えているが，第三型を最も原始的とする説もある（Matsuda, 1976）。

　輸精管の長さは種によって著しく異なり，多くの甲虫では，一部は中胚葉から，一部は外胚葉から構成される。輸精管の異なる部位に 1 ないし数個の膨大部があって，機能的な貯精嚢と考えられ，したがって，それらは外胚葉あるいは中胚葉，または両者から形成される。たとえばコメツキムシの一種 Ctenicera では，貯精嚢は輸精管末端の膨大部の変形であり（Zacharuk, 1958），クロツヤムシ科 Passalidae の一種 Passalus では貯精嚢は直接，精巣に接続している（Krause, 1947）。

　射精管は通常，輸精管との接続部を除き 1 本の管であるが，例外的にゲンゴロウ科のマルケシゲンゴロウ Hydroporus の一種では対をなしている（Heberdey, 1928）。一ないし数対の付属腺の存在が報告されており，輸精管と側射精管の接続部に開口している場合もあるが，Passalus やシバンムシ科 Anobiidae の Sitodrepa のように，射精管の単管部の前部に付着しているのが通常である。スジコガネ亜科の Phyllopertha やコガネムシ類 Anomala では，付属腺は精包を形成するための物質を分泌している（Ritterhaus, 1927）。

29-4　生　殖

　甲虫類では通常の生殖のほかに，ゾウムシ科，ハムシ科の一部と，まれにツツキノコムシ科 Cisidae，ヒメキノコムシ科 Sphinidae，カクホソムシ科 Cerylonidae などで単為生殖 parthenogenesis が知られており（Crowson, 1981），とくに，ナガヒラタムシ亜目のチビナガヒラタムシ Micromalthus debilis（チビナガヒラタムシ科 Micromalthidae）では，昆虫類でもきわめて珍しい幼生生殖 paedogenesis を行うことが知られている（Scott, 1941）。

29-5　卵の構造
(1)　卵の形と大きさ

　甲虫目の卵は通常，前後極の識別可能な卵形か長楕円形で，胚の形成される腹側は膨らみ，背側は扁平か窪んでいるが，ゲンジボタル（Ando & Kobayashi, 1975）のように，ほぼ球形のものもある。

　卵の大きさは普通，その長さと幅で表示されるが，Suzuki & Hara（1976）はハムシ科の 96 種の卵の容積を計測し，体長，卵巣小管数，産卵数と比較して，その生殖戦略的な意義について考察している。それによると，最小の卵はノミハムシ亜科 Alticinae の Chaetocnema sp. の 0.007 mm^3，最大はヒゲナガハムシ亜科 Galerucinae のオオハムシ Galeruca sp. の 0.945 mm^3 で，前者の 135 倍にも達する。なお，ハムシ科の最大はハムシ亜科 Chrysomelinae の Timarcha coriaria で，その容積は 4.472 mm^3 で

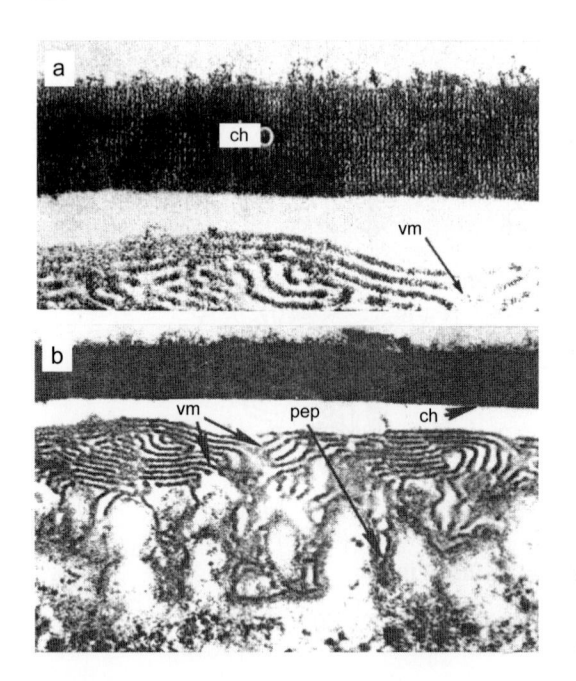

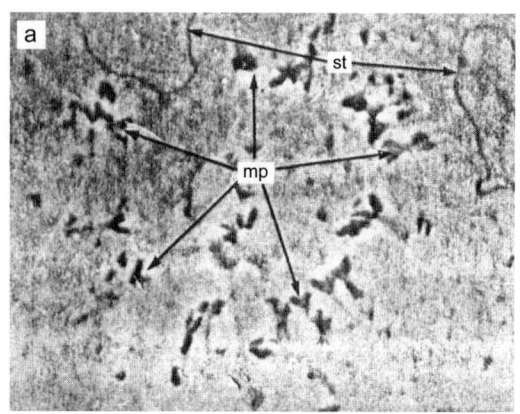

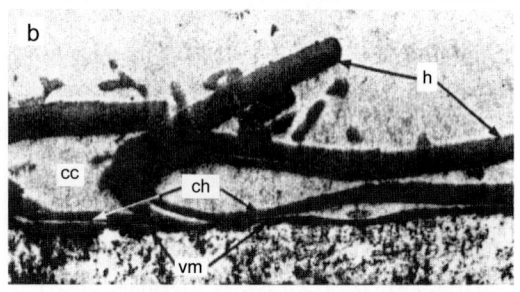

図 29-4　ツチハンミョウの一種 *Lytta viridana* の卵殻と卵黄膜の横断面の超微形態（a. Sweeny *et al.*, 1968；b. Gerrity *et al.*, 1967）
　ch：卵殻，pep：周縁細胞質，vm：卵黄膜

図 29-5　ツチハンミョウの一種 *Lytta viridana* の卵門の表面像と横断面の超微形態（Sweeny *et al.*, 1968）
　a．卵門の光学顕微鏡による表面像，b．卵門の横断面の透過型電子顕微鏡像
　cc：卵門の中央腔，ch：卵殻（薄化部），h：翼状突起，mp：卵門，st：卵殻表面上の精子尾部，vm：卵黄膜

ある（Zakhvatkin, 1968）。

　Crowson（1981）によると，甲虫類の卵は一般に柔らかく，卵表が平滑であるが，ナガヒラタムシ科の *Cupes* やハネカクシ科のダイミョウハネカクシ *Stafilinus* などの卵は，例外的にチョウやガの卵のように堅く，卵表に刻紋がある[*1]。

(2)　卵殻および卵黄膜

　甲虫目の卵も他の昆虫の卵と同様に，卵殻と卵黄膜により被覆されている。外側を覆う卵殻はそれぞれの種の産卵環境により形態的な相違が認められ，ハネカクシ科の *Ocypus olens* では 40 ～ 50 μm の厚さを有するが（Lincoln, 1961），ツチハンミョウ科の *Lytta viridana* では 0.2 ～ 0.3 μm の薄い層で，電子顕微鏡による観察では，図 29-4 に示すように，幅 8 nm の繊細な帯状構造の集積から構成されている（Sweeny *et al.*, 1968）。

　卵殻には精子の通路となる卵門 micropyle が存在するが，甲虫では卵門の詳細な記載は少ない。*L. viridana* では，卵の前極部に輪状に配列した 16 ～ 24 個の複雑な火口丘状の突出部からなり，中心部の

*1　なお，甲虫卵全般については，Hinton（1981）の "Biology of Insect Eggs" を参照されたい。

腔と，それから種々の角度で伸長する角状やフラップ状の突起を有する（図 29-5）。一方，オキナワオオミズスマシの卵前極には，先端が開いた「ハスの実」状の突起があり，この部分に卵門があると考えられている（図 29-6）（Komatsu & Kobayashi, 2012）。

　卵黄膜は薄い無構造の膜と考えられてきたが，電子顕微鏡による観察の結果，種によって異なる複雑な構造を示すことが明らかとなった（上巻の第1部総論5章参照）。上記の *L. viridana* では 0.14 ～ 0.7 μm の複雑な3次元の膜系から構成され，各膜の厚さは 15 nm と計測されている（Gerrity *et al.*, 1967）（図 29-4）。

(3)　卵の内部構造

　卵の内部は卵細胞質と卵黄から構成されており，卵細胞質は卵黄を含まない卵の表面の層（周縁細胞質 periplasm）と，内部の網状細胞質 reticuloplasm からなる。甲虫卵は周縁細胞質が厚い層をなす部類に属するが，鱗翅目の一部にみられるよう

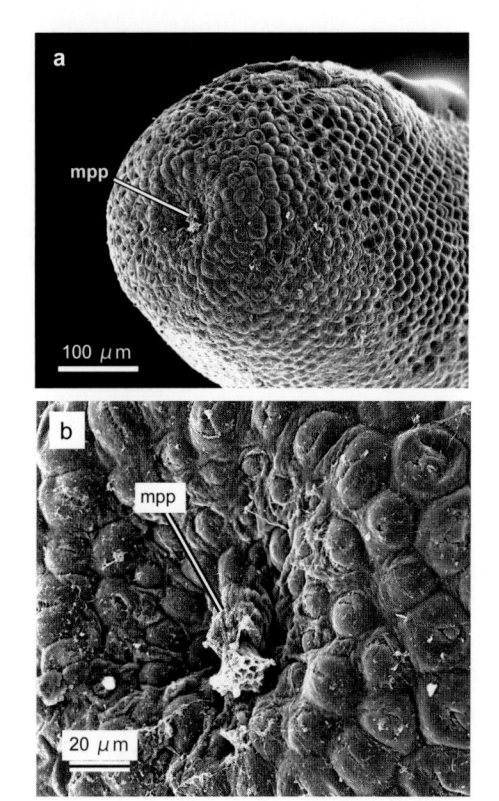

図 29-6　オキナワオオミズスマシ *Dineutus mellyi* の卵前極と卵門突起の走査型電子顕微鏡写真（Komatsu & Kobayashi, 2012 より改変）
a. 卵前極，b. 卵門突起
mpp：卵門突起

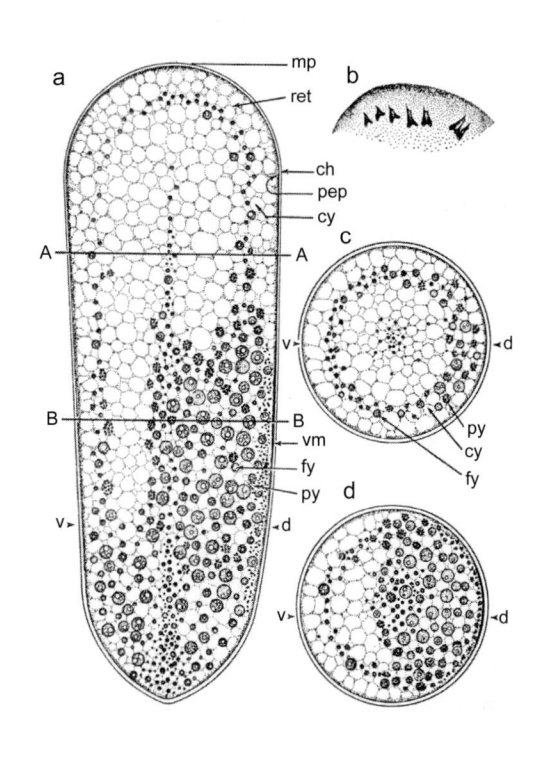

図 29-7　ツチハンミョウの一種 *Lytta viridana* の産卵直後の卵の模式図（Rempel & Church, 1965）
a. 縦断面，b. 卵門域の一部，c. A - A の横断面，
d. B - B の横断図
ch：卵殻，cy：炭水化物性卵黄，d：背面，fy：脂肪性卵黄，mp：卵門，pep：周縁細胞質，py：タンパク性卵黄，ret：網状細胞質，v：腹面，vm：卵黄膜

な，細胞内小器官や含有物の種類や分布による層別の記載はない（上巻の第 1 部総論 5 章参照）。ただ，マメゾウムシの一種 *Brachyrhinus ligustici* では周縁細胞質が二層からなり，外層が淡染されるとの報告がある（Butt, 1936）。周縁細胞質は卵全域で同じ厚さを示すのではなく，卵の成熟分裂（後述）が起こる細胞質島 cytoplasmic island や始原生殖細胞の分化に関与する極顆粒 polar granule の存在している後極細胞質 posterior polar plasm では，他の部域よりも厚い。甲虫卵では極顆粒の存在していない種も多く，その存否は始原生殖細胞の出現様式や胚原基の分化形式との関連も深い。その詳細については後述する。

卵核は卵の前極部に存在することが多いが，背側に認められることもあり，その位置は後に述べるように，接合核と卵割開始の部位やその後の胚原基形成域とも密接な関係がある（Krause, 1961）。卵黄はタンパク性，脂肪性，炭水化物性の顆粒からなり，

網状細胞質の網目内や細胞質内の含有物として卵内に均等に分布している場合が多いが，*L. viridana* ではその分布が特異的で，図 29-7 に示すように明瞭な部域差が観察されている。すなわち，炭水化物性卵黄は卵の前部に最も多く，脂肪性卵黄は卵の後半部で中軸に沿って分布し，タンパク性卵黄は脂肪性卵黄の周辺の背側中央部に多く見られる（Rempel & Church, 1965）。

29-6　受　精

(1)　成　熟　分　裂

甲虫卵においても産下前の卵核は第一成熟分裂の中期で分裂を停止しており，産下後に分裂の再開と極体の放出が起こる。その結果生じた 4 個の核のうち 3 個は極体核として細胞質島内に残留し，1 個は卵内に移動して雌性前核となる。ゾウムシ科のなかには単為生殖を行う種があり，*B. ligustici* では，第一分裂を終了した卵核は，第二極体を形成せずに

卵内に移行して雌性前核となり，第一極体はその後，分裂して第二極体を生ずるが，そのうちの1個は周縁細胞質から除外されて卵黄膜の直下に位置する（Butt, 1936）。

Lytta viridana では，第一成熟分裂の後期に好塩基性の盤状構造が赤道板に存在している（Rempel & Church, 1965）。これと類似の構造が多くの鱗翅目の昆虫で観察され，放棄染色体として記載されている。Rasmussen & Holm（1982）は，この構造が変形したシナプトネマ構造 synaptonemal complex に由来することを明らかにしているが，*Lytta* の場合は第二成熟分裂の際はもちろん，後の卵割，羊膜細胞，始原生殖細胞，外胚葉・中胚葉細胞，神経細胞の分裂でも観察されていることから（Rempel & Church, 1969a, b, 1971, 1972；Rempel *et al.*, 1977），その起源や役割については再考が必要である。

(2) 精子の侵入

精子の侵入にともなう卵の形態的・生理生化学的な変化に関する報告は，昆虫卵においては少ない。甲虫卵においても同様で，マメゾウムシの一種 *Bruchidius obtectus* では，卵の後極から侵入した精子は雌性前核と接合する部位まで好塩基性の痕跡を残すと記載され（Jung, 1966a），*L. viridana* では，産下時に複雑な3次元の膜系から構成されている卵黄膜は，15〜30分後にその配列が卵門部から崩壊して，厚さが 0.23 μm の1枚の一様な構造の膜に変化するので，この変化は精子の侵入と関連しているものと考えられている（Gerrity *et al.*, 1967）。

(3) 雌・雄両前核の接合

成熟分裂を完了し，卵内に移動した雌性前核と精子から変化した雄性前核は癒合して接合核を形成する。この部位は種によってほぼ一定しており，ここから卵割が開始するので，卵割中心 cleavage center ともよばれる。この部位の表層部は，後に形成される胚帯の予定前胸部とほぼ一致するために，胚盤葉から分化する胚原基の大きさや形態と密接に関係があるとの考えもある（Krause, 1961）。

29-7　卵　割

雌・雄両前核の接合により形成された接合体は分裂を開始し，卵割核 energid として数が増えるが，その形式は甲虫卵においても細胞膜形成をともなう卵全体の分割ではなく，昆虫一般の特徴である卵黄系内での核の増殖による卵黄内分割 intravitelline cleavage による。核分裂の際の紡錘糸の配列方向は通常は無作為であるが，ハムシ亜科の *Calomela parilis* のように，卵黄塊の表面に対して求心的に配列する場合もある（Anderson, 1972）。核の分裂は初めに同時的で，形成された娘核は周囲に網状細胞質の一部を集めて星形をしており，次第に卵表に移動して周縁細胞質に侵入し，多核細胞性胚盤葉 syncytial blastoderm を形成する。また，その際，一部の卵割核は卵内に残留して一次卵黄核となる。核分裂の速度や卵表に到達する時期は種によって異なる。

核の分裂や表層への移動に関連して，周縁細胞質や卵黄系に形態的な変化がみられる場合がある。甲虫卵の周縁細胞質は厚い場合が多いが，ウリハムシモドキでは卵割開始前ではきわめて薄い好塩基性の層として存在している。卵割の進行とともにその厚さが増し，ヘマトキシリンに染まる微細な顆粒を含む層となる（Miya & Kobayashi, 1974）。

Rempel & Church（1965）は，*L. viridana* において，卵割の初期から卵割核の周縁細胞質に侵入するまでのあいだの細胞質や卵黄の移動について詳細に観察している（図 29-8）。それによると，当初ほぼ同じ厚さの周縁細胞質は前極の方向に移動し始め，比較的厚い層を形成し，次いで内方に移動して逆の円錐形の細胞質塊となり，この形が次第にくずれて，中心柱に沿って卵内部に移行する。この細胞質の移動に従って，当初，卵の後半部に局在していた脂肪性およびタンパク性卵黄は，産卵後 2.5 時間で前極方向へ移動し始める。その後，周縁細胞質の内部への移動は不明確となり，卵割核の移動とともに中心部の卵黄柱が変化し，卵黄系の構成要素の反対方向への移動を開始して，胚盤葉形成期にはタンパク性卵黄はもとの位置に復帰するが，脂肪性卵黄は卵の前半部にとどまる。

29-8　胚盤葉形成

卵割核が周縁細胞質内に侵入して形成された多核細胞性胚盤葉の核は，卵表に平行な方向に分裂を繰り返して，その数を増加し，次いで各核の間に隔壁が生じて細胞性胚盤葉 cellular blastoderm が形成される。そのあいだの分裂回数は種により一定していて，マメゾウムシの一種 *B. obtectus* では5回の

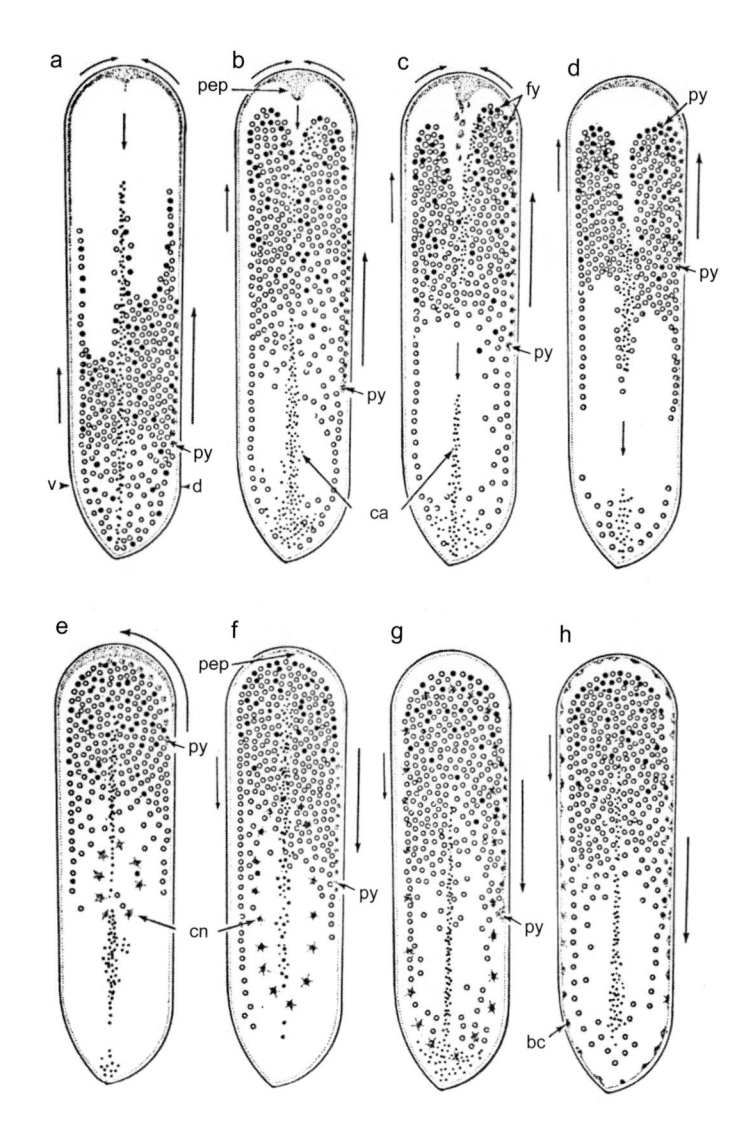

図 29-8　ツチハンミョウの一種 *Lytta viridana* の初期発生における周縁細胞質と卵黄の移動を示す模式図（Rempel &
Church, 1965）
　a．産卵後 2.5 時間。周縁細胞質，脂肪性卵黄，タンパク性卵黄の前方への移動，　b．同 3 時間。周縁細胞質の内方
への移動と中心部卵黄柱の位置の変化，　c．同 4 時間，　d．同 6 時間。周縁細胞質の内方への移動は不明確，e．同 8
時間。卵割核が明瞭，中心柱に変化が 8 ～ 14 時間に生起，　f．同 10 時間。反対の移動が生起，　g．同 12 時間。初
期多核細胞性胚盤葉期。タンパク性卵黄はもとの位置に復帰し，脂肪性卵黄は前半部に残留，h．同 14 時間。多核
細胞性胚盤葉期
bc：胚盤葉細胞，ca：中心軸，cn：卵割核，d：背面，fy：脂肪性卵黄，pep：周縁細胞質，py：タンパク性卵黄，
v：腹面

分裂により約 8,000 の細胞からなる胚盤葉が形成さ
れ（Jung, 1966a），カツオブシムシ科 Dermesti-
dae のフイリカツオブシムシ *Dermestes frischi* で
は 3 回の分裂が報告されている（Küthe, 1966）。
それらに比較してウリハムシモドキでは胚盤葉を
構成する核の数は少なく，多核細胞性胚盤葉で約
600，卵表に平行な 1 回の有糸分裂により細胞性胚
盤葉では約 1,200 の細胞で構成されている（Miya

& Kobayashi, 1974）。また，ハラジロカツオブシ
ムシ *D. maculatus* では，この際に多核細胞性胚盤
葉の最内層は，胚盤葉細胞に取り込まれずに卵黄塊
の周辺部に残留する（Ede, 1964）。
　甲虫目でも卵割核のすべてが周縁細胞質内に侵
入するのではなく，その一部は卵黄系内に残留し
て一次卵黄核となるが，多核細胞性胚盤葉や細胞性
胚盤葉に由来する二次卵黄核の存在も報告されてい

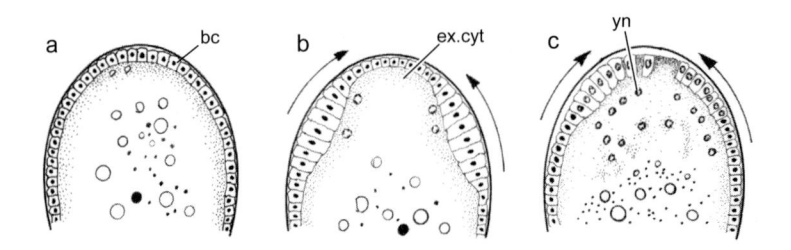

図 29-9　ツチハンミョウの一種 *Lytta viridana* の胚盤葉期から胚原基形成期までの前部域の形態変化を示す模式図
（Rempel & Church，1969b より改写）
　a.　産卵後 20 時間，胚盤葉期，b.　同，胚盤葉細胞は前極部に移動開始。両側の細胞は円筒状に変化，c.　産卵後
24 時間，胚原基形成期。前極部の細胞の膜が消失して内容物を卵内に放出。核は二次卵黄核を形成。
　bc：胚盤葉細胞，ex.cyt：胚外細胞質，yn：卵黄核

る（Mansour，1927；Butt，1936；Ullmann，1964；
Rempel & Church，1969b）。

　前節で述べたように，卵割期から胚盤葉形成期に
かけて，卵黄系や周縁細胞質の構成要素の移動や再
配列が生ずるが，Rempel & Church（1969b）は
さらに，*L. viridana* において胚盤葉形成中の形態
的な変化について記載している。それによると，産
卵後 14 時間に卵割核が周縁細胞質内に侵入するが，
当初はその分布は一様である。その後，前端部で周
縁細胞質が肥厚し，核の分布がより密になる。産卵
後 20 時間に細胞膜の形成が始まるが，周縁細胞質
の一部は取り込まれずに胚盤葉の内側に薄層として
残留し，その中に少数の核が取り残される。このよ
うな現象はマメゾウムシの一種 *B. ligustici* でも観
察されている（Butt，1936）。次いで胚盤葉細胞の
前部域への集中が始まり，前極部の細胞ではそのま
まの立方体状をしているが，その周辺部の細胞は円
柱状となる。さらに，前者は細胞膜を失って内容物

が卵内に放出され，後者も少し後に同様の経過をた
どり，放出された核は二次卵黄核となる。図 29-9
は，このような過程を模式的に示したものである。
後極部の胚盤葉細胞でも同様に細胞膜が消失し，卵
内に放出された核は二次卵黄核となる。

29-9　胚原基形成

　細胞性胚盤葉の完成時には，胚盤葉細胞は立方体
状で，卵表にほぼ均等に分布しているが，次の段階
で卵表の特定の部域の細胞は，分裂の継続と集合に
より密度を増して円柱状の細胞からなる集団を形成
する。この部域が胚域 embryonic area で，形成
された細胞集団が胚原基 embryonic rudiment で
ある。それ以外の部域は胚外域 extra-embryonic
area とよばれ，将来，漿膜 serosa を形成する。ウ
リハムシモドキでは，細胞性胚盤葉が完成した後，
図 29-10 に示すように，新しい分裂の波が卵長の
35% 部位（卵割中心）に始まって後極に及び，予定

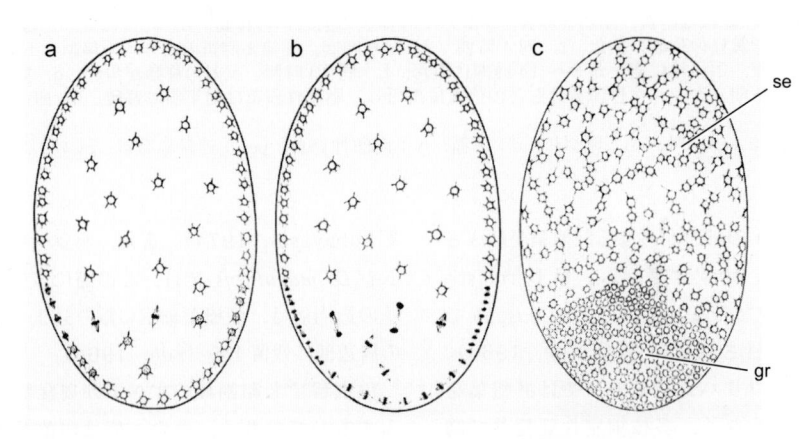

図 29-10　ウリハムシモドキ *Atrachya menetriesi* の胚原基形成過程を示す模式図（Miya & Kobayashi，1974）
　a.　胚盤葉期の縦断面，b.　予定胚域の有糸分裂を示す縦断面，c.　胚原基形成期の腹面図（Miya，1965）
　gr：胚原基，se：漿膜

胚域の細胞密度を高めて胚原基を形成する（Miya &
Kobayashi, 1974）。

　胚原基の位置，形状，大きさは，昆虫の分類群や
同一の分類群でも種によって異なるが，その系統と
の関係や意義については，上巻の第1部総論4章を
参照されたい。甲虫目における胚原基は，短胚と長
胚の中間胚に属しているが，図29-11に示したよう
に，近縁の種間でもかなりの相違がある。すなわち，
長胚に近いマメゾウムシの一種 B. obtectus，カメ
ノコハムシから，ウリハムシモドキやゲンジボタル
のような短胚に近いものまでが知られている。

29-10　始原生殖細胞

　始原生殖細胞 primordial germ cell の分化の時期
や様式については，甲虫目では同一の科内において
も異なることがある。最も早く出現するグループで
は，ハエ目やハチ目の卵と同様に，卵の後極に好塩
基性の顆粒を含む極細胞質 polar plasm が存在し，
この部域に侵入した卵割核はこれを取り込んで極細
胞 pole cell を形成する。このような様式はマメゾウ
ムシ科（*Bruchidius obtectus*：Mulnard, 1947；
Jung, 1966a），オサゾウムシ科（*Calandra gra-*

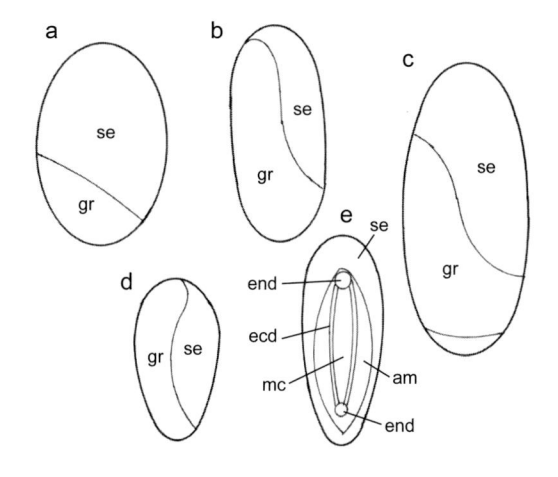

図 29-11　数種の甲虫目の卵と胚原基の関係の左側面
（a～d）および腹面（e）の模式図（a. Miya, 1965 よ
り改写；b. 渋谷, 1978 より改写；c. Miya & Abe,
1966 より改写；d. Jung, 1966 より改写；e. Rempel &
Church, 1969b より改写）
　a. ウリハムシモドキ *Atrachia menetriesi*，b. カメノ
コハムシ *Cassida nebrosa*，c. オオニジュウヤホシテ
ントウ *Epilachna vigintioctomaculata*，d. マメゾウムシ
の一種 *Bruchidius obtectus*，e. ツチハンミョウの一種
Lytta viridana
　am：羊膜，ecd：外胚葉，end：内胚葉，gr：胚原基，
mc：中胚葉，se：漿膜

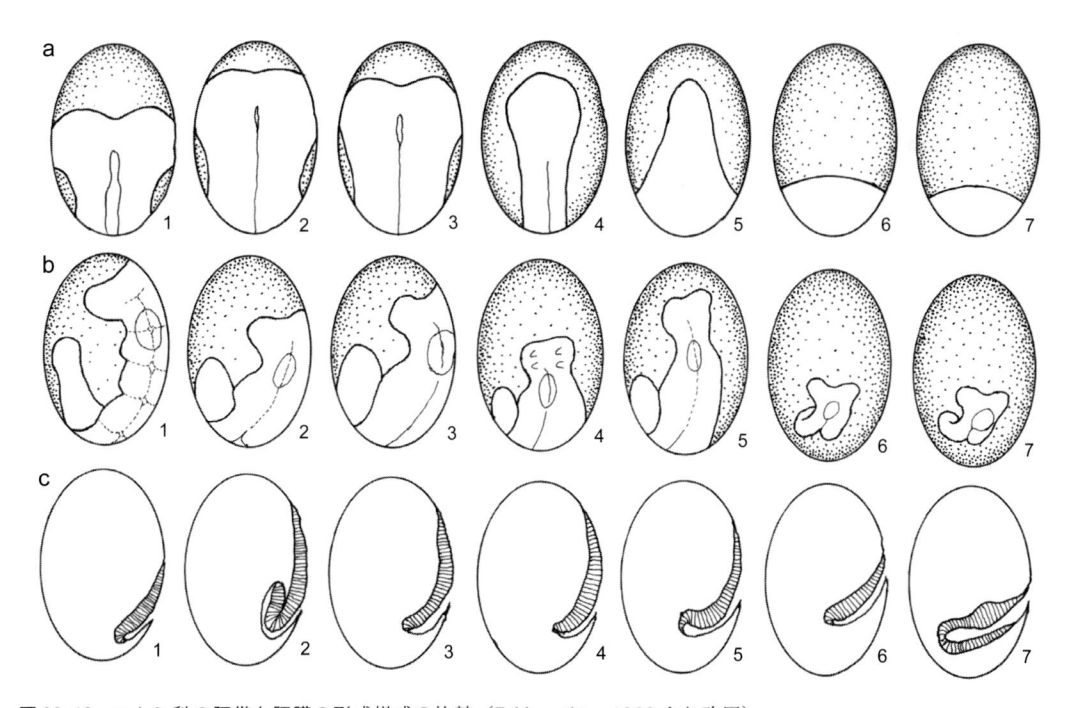

図 29-12　ハムシ科の胚帯と胚膜の形成様式の比較（Zakhavatkin, 1968 より改写）
　a. 胚原基形成期，b. 胚帯期（丸印は羊漿膜褶の接合部位を示す），c. 胚原基の正中断面
　1. *Leptinotarsa decemlineata*，2. *Melosoma populi*，3. *Clytra laeviuscala*，4. *Phyllodecta vitellinae*，5. *Donacia crassipes*，6. *Chrysomela varians*，7. *Chalocoides aulata*

naria：Inkmann, 1933），ゾウムシ科（*Brachynus ligustici*：Butt, 1936），ハムシ科（*Calligrapha*：Hegner, 1909, 1914；*Euryope terminalis*：Paterson, 1931；*Corynodes pusis*：Paterson, 1936；*Cassida nebrosa*：渋谷, 1978）などによって報告されている。

　第二の分化様式は，極細胞質は確認されていないが，胚盤葉が完成した時期に卵の後極で一群の大型細胞が出現し，これらが始原生殖細胞となるものである。このグループでは，ハムシ科（*Donacia crassipes*：Hirschler, 1909），オサゾウムシ科（*Calandra callosa*：Wray, 1937；ココクゾウムシ：Tiegs & Murray, 1938），ゾウムシ科（*Phyllobius*：Smreczynski, 1934）などで報告されているが，これらの種では詳細な検討により，前者と同一の範疇に属している可能性がある。

　第三の分化様式は，胚帯形成後に，その後端で，あるいはさらに遅れて，その存在が確認できるグループで，ゴミムシダマシ科（Hodson, 1934；Ullmann, 1964），キクイムシ科（Krause, 1947），テントウムシ科（Miya & Abe, 1966），ツチハンミョウ科（Rempel & Church, 1969b），ホタル科（Ando & Kobayashi, 1975），イリオモテボタル科（Kobayashi *et al.*, 2002），ジョウカイボン科（Fujiwara & Kobayashi, 1987）など，甲虫目の大部分がこれに属している。すなわち，甲虫目では，始原生殖細胞の分化に関してはハエ目やハチ

目の昆虫とは異なって，胚盤葉形成期に卵の後極で分化する種の多くはハムシ上科とゾウムシ上科 Curculionoidea に属している点については，今後の検討が必要である。

29–11　胚帯と胚膜の分化

　卵の表層に位置した胚原基は，次の段階で形成された胚膜（羊膜）に覆われて胚帯 germ band に分化するが，この過程は甲虫の種による多様化が認められる。Ando & Kobayashi（1975）はこの過程を三つの群に区分している。

　第一は表成型 superficial type で，胚原基と胚外域（漿膜）との境界部に褶（羊漿膜褶）amnioserosal fold が生じ，これが前端から後方へ，尾端から前方へ，さらに両側から中央に向けて広がり，それらが胚の腹面で接着して 2 枚の細胞性の膜が完成する。外側の膜は胚外域胚盤葉と連続して卵全体を覆う漿膜 serosa で，内側で胚の腹側を被覆するのが羊膜 amnion である。このような胚帯と胚膜の形成が卵表で進行するのが表成型で，その後の胚帯の分化も卵表で行われる。この型にはガムシの一種 *Hydrophilus piceus*（Heider, 1889），ツチハンミョウの一種 *L. viridana*（Rempel & Church, 1969b），オオニジュウヤホシテントウ（Miya & Abe, 1966），コフキコガネ類 *Phyllophaga forvia*, *P. hirticula*（Luginbill, 1953），ハムシの一種 *Timarcha coriaria*（Zakhavatkin, 1968）など

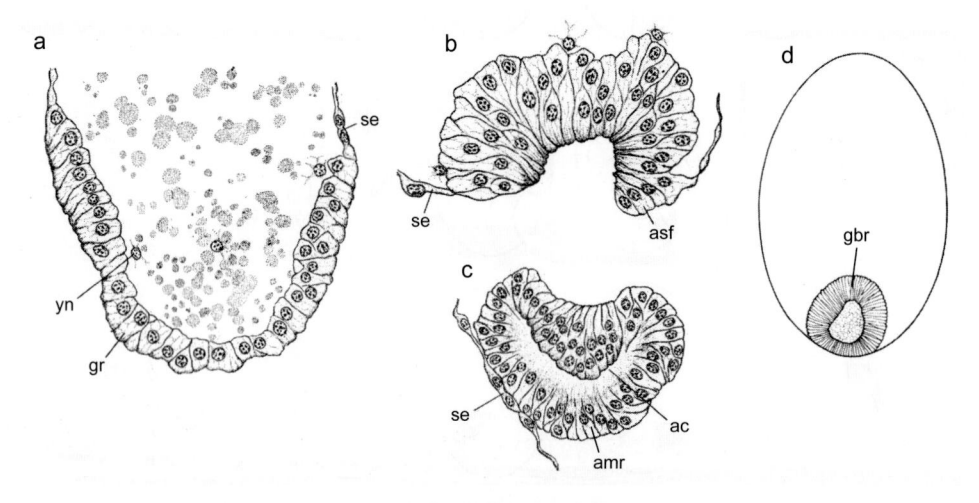

図 29–13　ウリハムシモドキ *Atrachya menetriesi* の胚帯と胚膜の分化（Miya, 1965）
　a. 胚原基の横断面，b. 羊漿膜褶形成中の横断面，c. 胚帯と羊膜原基完成時の横断面，d. 胚帯原基完成期の腹面模式図
　ac：羊膜腔, amr：羊膜原基, asf：羊漿膜褶, gbr：胚帯原基, gr：胚原基, se：漿膜, yn：卵黄核

が知られている。

第二は陥入型 invaginated type で，胚原基はその後端から卵黄中に陥入しながら胚帯に成長し，この過程のあいだに胚膜の形成も進行する。Zakha-vatkin（1968）は，ハムシ科14種についてこの過程を観察しているが，表成型に属する *T. coriaria* を除いてこの型に属し，陥入の程度は図29-12に示したように連続的である。

第三は沈入型 immersed type で，ホタルの一種 *Photuris pennsylvanicus*（Williams, 1916），ゲンジボタル（Ando & Kobayashi, 1975），イリオモテボタル *Rhagophthalmus ohbai*（Kobayashi *et al.*, 2001, 2002），ウリハムシモドキ（Miya, 1965）などでみられる。図29-13はウリハムシモドキの，図29-14はイリオモテボタルの胚帯と胚膜の形成様式を示している。両者とも円盤状の胚盤が形成された後，その周縁部から羊漿膜褶が出現し，その接合によって球状の胚原基（羊膜を含む）が卵表の漿膜から分離して卵内に沈下し，その後の胚帯の分化は卵黄内で進行する。

前述のように，胚原基の位置や大きさと，それが胚帯に成長する過程は，昆虫の系統間の類縁関係や進化の道筋をたどる場合に重要な示唆を与える可能性があるが，甲虫目では同一の科内においても，かなりの変異が存在する。Patel *et al.*（1994）は，短胚型の甲虫コクヌストモドキ *Tribolium* とバッタ目のサバクバッタ *Schistocerca* および長胚型のアズキマメゾウムシ *Callosobrucus* で，胚の成長にともなう分節遺伝子 segmentation gene の発現を比較した結果，コクヌストモドキでは短胚型にもかかわらず，胚の後方部ですでに発現していて，長胚型の場合と変わらないことを報告している。しかし，ウリハムシモドキのように短胚型で重複胚の形成が可能な種もあり（Miya & Kobayashi, 1974），今後さらにこの問題について検討する必要がある。なお，これについては，上巻の第1部総論4章，および本巻の第3部1章を参照されたい。

29-12　内 層 形 成

形成途中の胚帯は一層の細胞層から構成されており，漸次伸長して前部の原頭葉 protocephalon と原胴域 protocorm が識別されるようになる。また，その正中線に沿って新たな細胞群が出現して胚帯が完成する。この細胞群は内層 inner layer とよばれ，

甲虫目では中胚葉となる。昆虫の内層形成の様式には増殖型，陥入型，陥没型が知られているが（上巻の第1部総論4章参照），甲虫目では陥入によって形成される場合が多い。しかし，陥入の様式は種や胚帯の部域により異なっている。また，*Lytta* の陥入予定域では，陥入に先立って細胞分裂が認められる（Rempel & Church, 1969b）。*Tenebrio* では，内層の形成は，原胴域では陥入により，前端部では

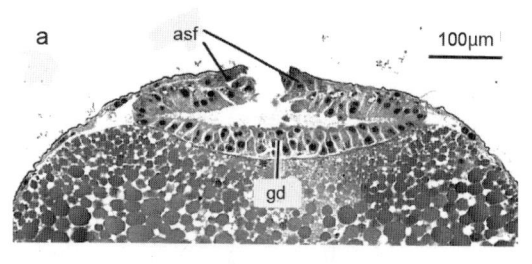
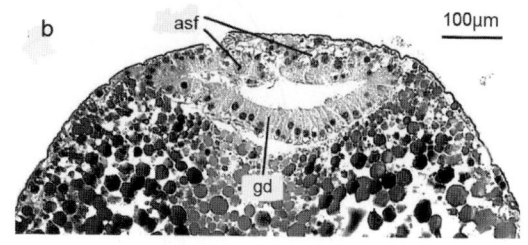
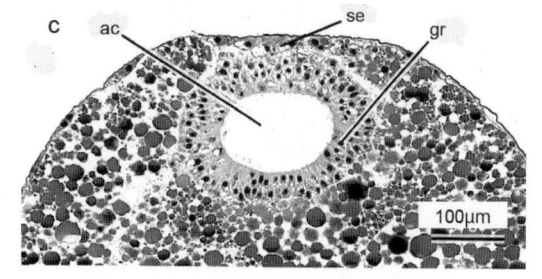
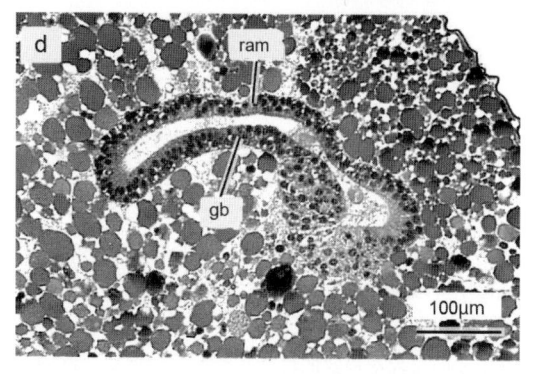

図29-14　イリオモテボタル *Rhagophthalmus ohbai* の胚帯と胚膜の分化（Kobayashi *et al.*, 2001）
a. 胚原基形成期の縦断面，b. 同，羊漿膜褶の癒合，c. 球状の原基完成時の縦断面，d. 初期胚帯の縦断面
ac：羊膜腔，asf：羊漿膜褶，gb：胚帯，gd：胚盤，gr：胚原基，ram：羊膜原基，se：漿膜

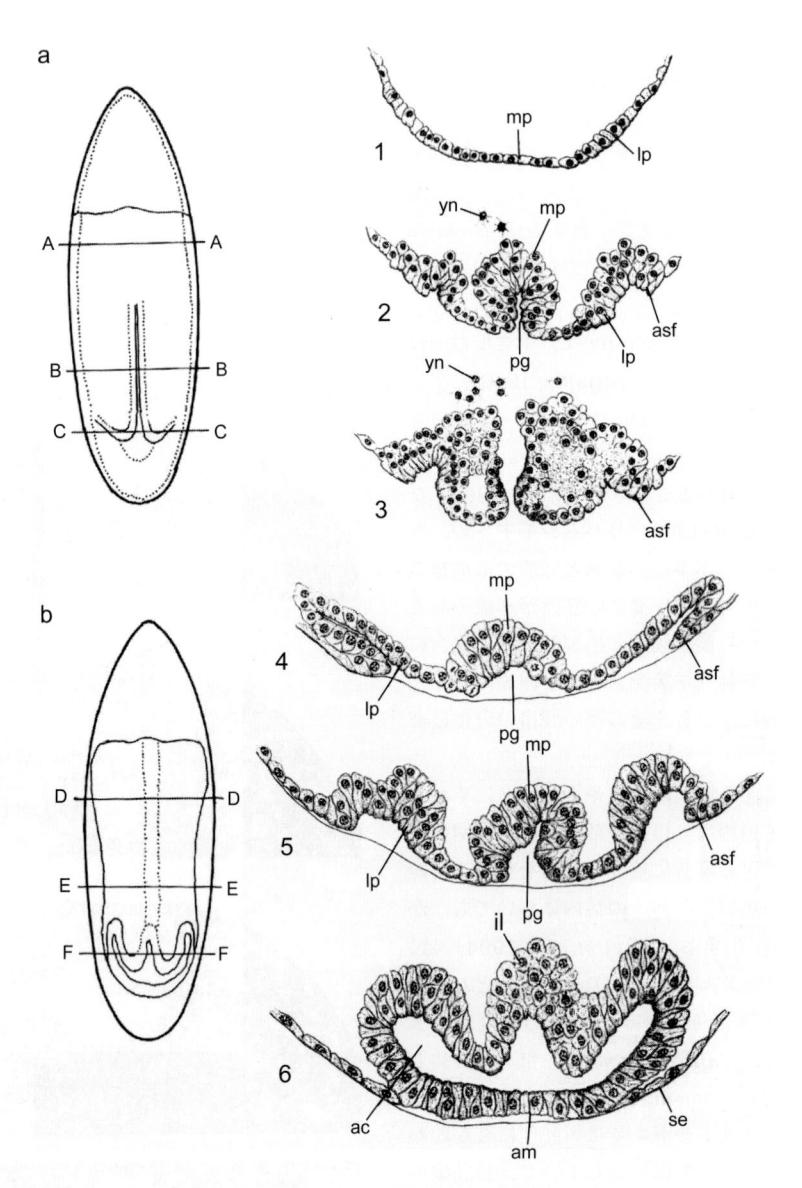

図 29-15　オオニジュウヤホシテントウ *Epilachna vigintioctomaculata* の内層形成（Miya & Abe, 1966）
　a.　原溝と羊漿膜褶形成初期の腹面図，b.　胚帯期の腹面図 1.　A－A の横断面，2.　B－B の横断面，3.　C－C の横断面，4.　D－D の横断面，5.　E－E の横断面，6.　F－F の横断面
ac：羊膜腔，am：羊膜，asf：羊漿膜褶，il：内層，lp：側板，mp：中板，pg：原溝，se：漿膜，yn：卵黄核

増殖により行われると記載されている。以下に，数種の甲虫の内層形成について図示する。

　図 29-15 は，オオニジュウヤホシテントウの内層形成の過程を模式的に示したものである。胚原基は漸次卵の腹側に短縮して胚帯の形成が始まり，産卵後 30 時間に，胚の後側縁からの羊漿膜褶の形成と卵長の 14% 部位の正中線での原溝（原条）primitive groove の陥入が始まる。この段階では，原頭葉では中央板と側板は形態的には識別できるが，原溝の陥入はまだこの部域には及んでいない。次いで陥入が頭部域に到達するとともに，羊漿膜褶の腹部正中線での合一も前方に進行して羊膜が完成し，原溝陥入も閉鎖して内部に陥入した細胞群は内層に分化する（Miya & Abe, 1966）。同様な内層形成過程は *Lytta*（Rempel & Church, 1969b）や *Tenebrio*（Ullmann, 1964）でも観察されている。

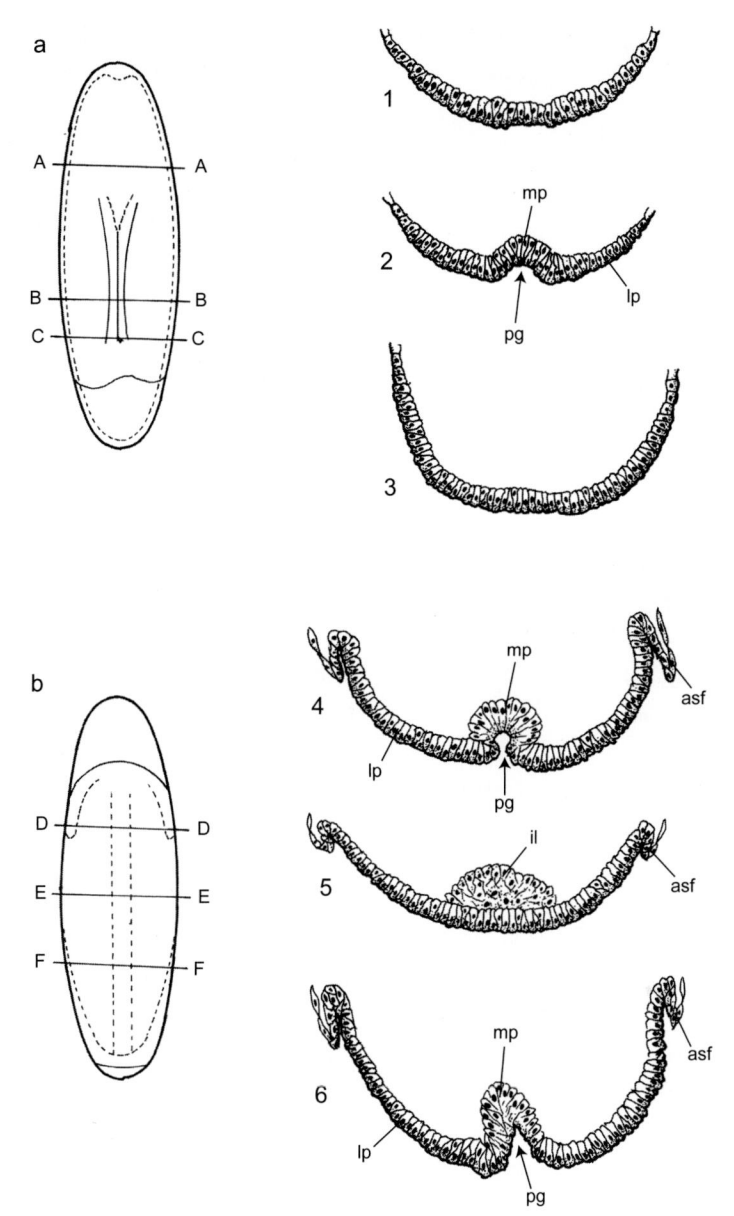

図 29-16　カメノコハムシ *Cassida nebrosa* の内層形成（渋谷，1978 より改写）
　a. 原溝形成初期の腹面図，b. 胚帯期の腹面図，1. A–A の横断面，2. B–B の横断面，3. C–C の横断面，4. D
–D の横断面，5. E–E の横断面，6. F–F の横断面
asf：羊漿膜褶，il：内層，lp：側板，mp：中板，pg：原溝

　図 29-16 は，カメノコハムシの内層形成の過程を
示す。この種では産卵後 17 時間で，胚原基の中央
域の細胞が肥厚して内部に陥入し始める。この原溝
陥入は卵長の 60% 部位で始まり，前方および後方に
進行し，その後，陥入部が閉鎖して内層形成が完了
する（渋谷，1978）。このような様式は，甲虫目で
は普遍的と思われる。

29–13　体節形成と中胚葉節の分化

　内層形成の完了した胚帯では，内層は 1 本の細胞
柱として胚帯の正中線に沿って存在し，その幅は通
常ほぼ一様であるが，*Lytta*（Rempel & Church,
1969b）や *Tenebrio*（Ullmann, 1964）では，卵
黄中に陥入しつつある胚帯の後部で最も発達してお
り，原頭葉では最小である。この内層（中胚葉）は

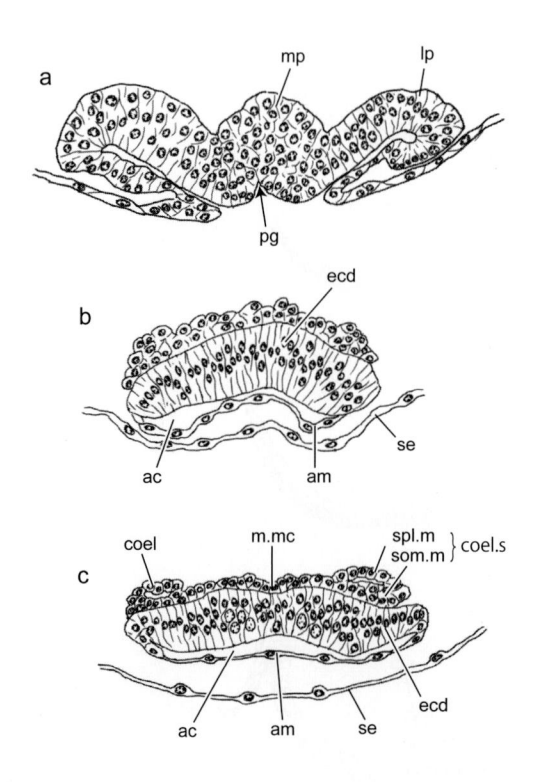

図 29-17 チャイロコメノゴミムシダマシ *Tenebrio molitor* の中胚葉節の形成と分化（Ullmann，1964 より改写）
a. 産卵後 20 時間の原胴域中央部の横断面，b. 同 25 時間の横断面，c. 同 28 時間の横断面
ac：羊膜腔，am：羊膜，coel：体腔，coel.s：体腔嚢，ecd：外胚葉，lp：側板，m.mc：中央中胚葉，mp：中板，pg：原条，se：漿膜，som.m：体壁中胚葉，spl.m：内臓中胚葉

原胴域の前部から前方および後方に分節し始め，さらに胚帯の両側に広がって中胚葉節 somite の分化が開始する。次いで，外層（外胚葉）の体節形成がこれに付随する。Ullmann（1964）は，*Tenebrio* において，中胚葉節の形成と分化について詳細に観察している。図 29-17 はこの過程を示したものである。原溝の陥入によって形成された内層（中胚葉）は胚帯の両側に移動して，一対の肥厚部と中央部に残留した中央中胚葉 median mesoderm が形成される。両側の肥厚部は内部の葉裂によって，中空の中胚葉節（体腔嚢 coelomic cavity）を形成する。体腔嚢の腹壁の部域が体壁中胚葉 somatic mesoderm，背壁が内臓中胚葉 splanchnic mesoderm である。このようにして形成された中胚葉節は，前触角節には小型の，触角節には大型の，間挿節，大顎節，小顎節にはそれぞれ小型の，下唇節には大型の，胸節にはそれぞれ大型の，腹節にはそれぞれ小型の 10

個が認められ，その後方には，残りの中胚葉の塊が肛門陥と関連して存在している。

このような中胚葉節の形成過程は他の甲虫目でも認められているが，*Tenebrio* のように顕著でない場合が多く，とくに頭部域では，しばしば部分的に抑制されている。前触角節の中胚葉節は通常存在せず，間挿節では常に体腔嚢を欠き，大顎節では通常体腔嚢はなく，小顎節ではハムシの一種 *Corynodes pusis*（Paterson，1936）やコクゾウムシの一種 *Calandra callosa*（Wray，1937）だけに体腔嚢の形成が報告されている。一方，ネクイハムシの一種 *Donacia cracipes*（Hirschler，1909），ココクゾウムシ（Tiegs & Murray，1938）では，大顎節と小顎節の中胚葉節の形成は完全に抑制される。

29-14　胚の外部形態の変化

いままで述べてきたように，甲虫目では胚帯形成期までの初期胚形成の段階においては，著しい多様性が認められる。この初期胚形成過程の多様化は同一の科内では顕著でないのが通常であるが，ハムシ科においてはその差が大きい。このような現象は，今後ハムシ科の系統を考える場合に再検討すべき課題である。胚帯形成期以後の外部形態の変化は，幼虫の生態的適応に対応している。以下に，わが国において行われた研究のうち，ハムシ科のなかで短胚型のウリハムシモドキと長胚型に属するカメノコハムシ，ジョウカイボン科のジョウカイボン，ミズスマシ科のオキナワオオミズスマシ，およびオサムシ科のアオオサムシについて解説する。

(1) ウリハムシモドキ（図 29-18）

前述のように，本種の胚原基は短胚型で，産卵後 27 時間に卵の後極を中心とした卵長の 1/3 を占める小型の細胞の緊密な集団として識別される。次いで胚原基は収縮し始めて，円柱状細胞からなる楕円状の形となり，その周縁部から羊漿膜褶の形成が開始される。胚原基はさらに収縮して西洋梨形の胚帯となり，羊漿膜褶は正中線で合一して，その内側が羊膜となって胚帯を被覆する。この過程で胚帯は卵の表面から離れて卵黄内に陥没する。ウリハムシモドキのこの過程は，羊漿膜褶の形成を除き，ゲンジボタルやイリオモテボタルの場合に類似している（Ando & Kobayashi，1975；Kobayashi *et al.*，2001）。またこの間に，胚帯の正中線に沿った細胞群の内方への陥入による内層形成も進行している。

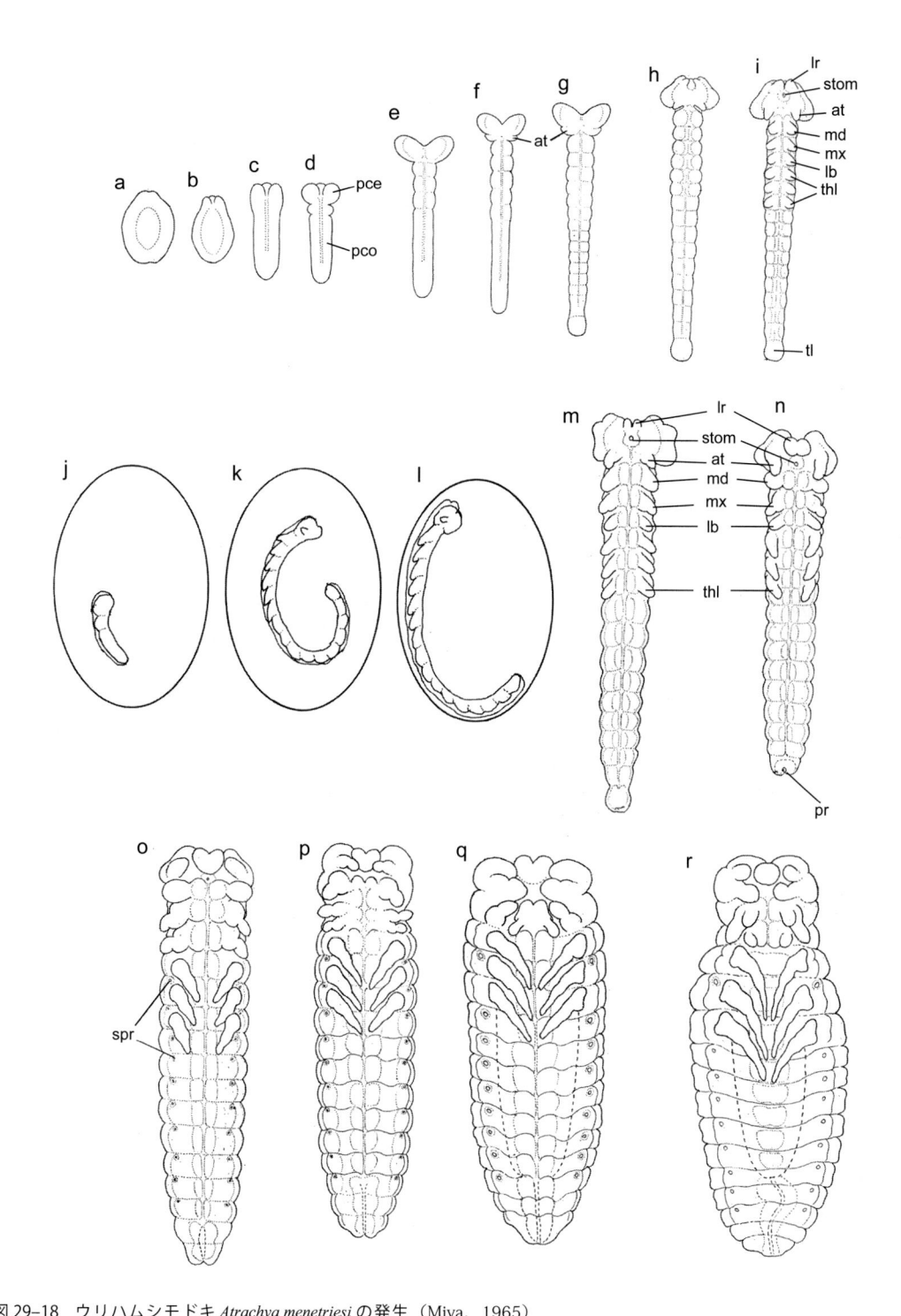

図 29–18　ウリハムシモドキ *Atrachya menetriesi* の発生（Miya, 1965）
　　a．形成直後の胚帯，b．西洋梨形胚帯，c．スプーン形胚帯，d．体節形成開始期，e．産卵後 84 時間の胚，
　f．同 96 時間の胚，g．同 118 時間の胚，h．体節形成完了期，i．付属肢突起形成期（休眠期），j．図 d の側面図，
　k．図 i の側面図，l．休眠覚醒後発生再開時の側面図，m．発育再開 12 時間後の胚，n．同 1 日後の胚，o．同 2 ～
　3 日後の胚，気門陥入形成期，p．同 3 ～ 5 日後の胚，q．同 7 日後の胚，r．同 9 日後の胚
　at：触角原基，lb：下唇原基，lr：上唇原基，md：大顎原基，mx：小顎原基，pce：原頭葉，pco：原胴域，pr：肛門陥，
　spr：気門，stom：口陥，thl：胸脚原基，tl：尾節

その後，胚帯の前後方向への伸長が始まり，産卵 48 時間後にはスプーン形の胚帯となる。

　産卵 72 時間後に体節形成が始まり，胚帯は原頭部，顎部，胸腹部の三部から構成される。さらに胸腹部で体節形成が漸次後方に進行するが，Krause（1958）が不完全変態類で示したような胚帯後部の増殖域の存在は認められない。一方，この間に原頭葉の後部で，触角突起の形成が認められる。体節形成の完了した胚帯では，原頭葉の前部に一対の上唇突起の出現が認められ，この時点で，胚帯は一対の上唇，触角突起を有する頭葉，3 節からなる顎部，3 節からなる胸部，9 節と尾節からなる腹部から構成されている。しかし，間挿節の存在は認められない。

　次の段階は付属肢突起の形成で，顎部に三対，胸部に三対の突起が出現する。この過程は産卵後 118 〜 120 時間で完了する。この時点の胚は深く卵黄内に沈入している。次いで 114 時間後に，頭部に口陥入の出現が認められるが，その後の発育は停止して休眠に入る。その後，発育を再開させるためには，越冬または 5℃，約 60 日の低温処理が必要である。

　休眠覚醒後，発育を再開した胚では，体幅の増加と付属肢突起の伸長が認められ，肛門陥や神経溝の出現が観察される。覚醒後 1 〜 2 日で胚は長さと幅を増加させ，三対の胸部付属肢突起は伸長して関節が形成される。また，一対の気門陥入が中胸と後胸の前縁部に，さらに第一〜八腹節の前縁部に形成さ

れ始め，腹部正中線に沿って神経節原基が確認される。2 〜 3 日後には胚は短縮し始め，頭葉と三つの顎節は集合して頭部を形成し，口陥と肛門陥はさらに内部に伸長する。3 〜 5 日で下唇突起は合一して下唇を形成し，ほぼ頭部の形が完成する。胸部と腹部の外縁部の背側への伸長が継続し，神経節はこの時点で脳，食道下神経節，3 個の胸部神経節，8 個の腹部神経節が確認される。

　胸部と腹部の外縁部の背方への伸展は継続し，尾節から接合し始め，7 日までに胸部で背閉鎖が完了する。その間に背側に湾曲していた腹部後部は短縮し，次いで腹側に伸長して胚の姿勢転換を完了する。8 日目には表皮細胞間に毛芽細胞が分化し，表皮細胞はクチクラの分泌を開始する。9 日目には毛芽細胞は剛毛を形成し，頭蓋，前胸背板，胸肢に色素が形成され，まもなく完成した幼虫として孵化する。

(2) カメノコハムシ（表 29-2，図 29-19）

　本種の胚原基は長胚型に属し，卵長の 0 〜 90% を占めており，後極には極顆粒を取り込んだ極細胞の集団が存在する。この段階には産卵から 16 時間後に到達する。次いで胚原基は腹側に向かって収縮し始め，原頭葉と原胴域が識別できる胚帯に分化する。胚帯の予定胸部（卵長の 60%）から原溝陥入が開始し，同時に胚帯の前部の周縁から羊漿膜褶が出現し，後部では尾部の卵内陥入にともなって，褶の形成が認められる。産卵後 19 時間で原溝閉鎖による内層形成が完了し，それよりやや遅れて羊漿膜褶の接合により，胚帯を直接被覆する羊膜と，卵全体

表 29-2　カメノコハムシ卵の発生段階（渋谷，1978 より改変）

ステージ	産卵後（時間）	発 生 段 階（25℃）
1	0 〜 1.5	成熟分裂，受精
2	2 〜 7	卵割
3	7 〜 9	卵割核の一部卵表到達，極細胞形成
4	9 〜 15	胚盤葉期
5	15 〜 17	胚原基および胚帯形成：原頭葉と原胴域の分化，胚膜形成開始，原溝陥入
6	17 〜 19	原溝閉鎖，内層形成完了
7	19 〜 26	体節形成，顎部 3 体節，胸部 3 体節，腹部 8 体節，および尾節の形成
8	26 〜 30	付属肢突起形成：上唇・触角突起各一対，顎部三対，胸部三対，神経溝出現
9	30 〜 36	口陥・肛門陥の出現
10	36 〜 41	付属肢突起伸長
11	41 〜 48	頭部形成開始，顎部体節が前部に集合，口陥と肛門陥伸長
12	48 〜 60	神経節形成
13	60 〜 72	頭部形成完了
14	72 〜 84	背閉鎖完了，尾節に尾状突起，胸腹部に棘状突起形成
15	84 〜 96	色素形成
16	96 〜	幼虫体完成，孵化

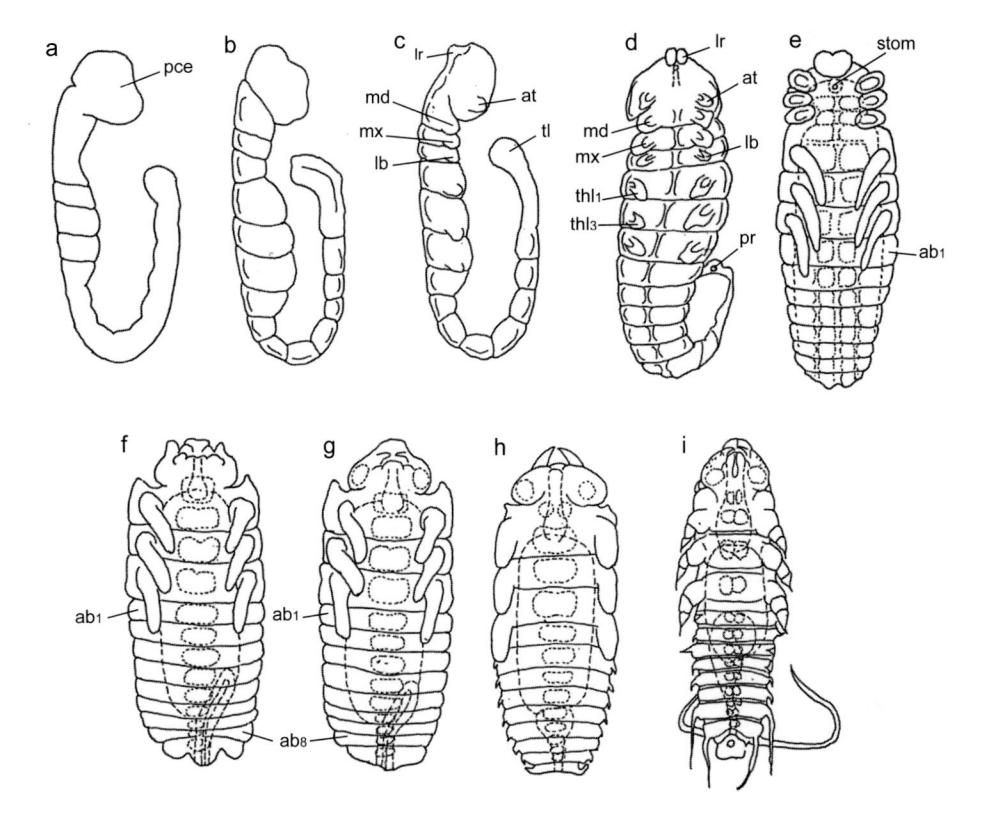

図29–19　カメノコハムシ *Cassida neburosa* の発生（渋谷，1978）
a. 体節形成開始期の側面図，b. 体節形成完了期の側面図，c. 付属肢突起形成期の側面図，d. 姿勢転換期の腹面図，e. 頭部形成開始期の腹面図，f. 頭部形成期の腹面図，g. 頭部形成完了期の腹面図，h. 尾状・棘状突起形成開始期の腹面図，i. 色素形成期の腹面図
ab₁,₈：第一，八腹節，at：触角原基，lb：下唇原基，lr：上唇原基，md：大顎原基，mx：小顎原基，pce：原頭葉，pr：肛門陥，stom：口陥，thl₁,₃：前，後脚，tl：尾節

を覆う漿膜とが形成される。

　体節形成は内層（中胚葉）の分節化と，それに続く外層の分節が前方から始まり，産卵から26時間後には原頭部，顎部3体節，胸部3体節，腹部8体節および尾節の分化が完了する。間挿節の存在は確認されない。産卵後30時間に付属肢突起の形成が始まり，頭葉の前部に一対の上唇突起，後部の両側に一対の触角突起，顎部ではそれぞれ一対の大顎，小顎，下唇突起が，胸部には三対の胸肢突起が出現する。この段階で腹側正中線に神経溝が現れる。

　産卵後36時間に，前部と後部にそれぞれ口陥と肛門陥の陥入が生ずる。41時間から付属肢突起の伸長と頭部の形成が始まり，上唇突起の合一，触角突起の前方域への移動，顎部3体節の原頭への移動が始まる。胚の幅は拡大し始め，腹部の末端は縮小するため，腹部域の卵の扁平側への移動が起こる。その結果，胚の背腹軸は前後極を軸として90°の回転

運動 rotation を行い，扁平な幼虫の基本形が完成する。神経溝の陥入は完了し，その両側に神経芽細胞の集合による神経節形成が認められる。

　その後，頭顎部体節の集中がさらに進行し，胸脚の伸長や胚腹部の短縮が顕著になり，産卵後72時間で頭形成が完了する。その間に神経系の発生も進行し，脳，顎部神経節の合一による食道下神経節，胸部や腹部神経節が分化する。

　産卵後84時間で背閉鎖が完了し，尾節にカメノコハムシ特有の尾状突起が，胸腹部体節に一対の棘状突起が形成される。後者の数は前胸部に四対，中・後胸節，腹節に各一対の計十六対が観察される。産下後90時間になると，頭蓋，大顎，小顎，胸肢の跗節に色素が形成される。気門陥入はかなり早期に開始されると思われるが，外部からはこの時期に気門としてその存在が確認される。その数は前胸部および第一～七腹節に各一対，計八対存在する。その

後，産卵後96時間で孵化を開始する。

（3）ジョウカイボン（表29-3，図29-20）

　本種の胚原基は長さ 300 μm，幅 200 μm の楕円形で，多くの甲虫卵とは異なって前極部から 2/3 にわたる腹側に形成される。その形成に要する時間は産卵後 72 時間である。次いで胚原基は伸長し始めて 80 時間後に，原頭葉と原胴域が識別される胚帯に分化する。原頭葉の中央部には凹陥部が出現し，原胴域は後方に伸長しながら体節形成が始まる。産卵後 95 時間では，原胴域は大顎節，小顎節，下唇節および増殖域から構成されており，後者は他の体節よりやや大きい。このような体節形成のパターン

は，前述のウリハムシモドキに類似しているが，ウリハムシモドキの胚形成は卵黄内で起こる陥入型であるのに対し，本種では卵表で進行する表成型である。また，この段階で形成された体節内で原溝陥入による内層形成が同時に進行している。その後 5 時間を経過した胚帯では，3 顎節，3 胸節，3 ないし 4 腹節が認められるが，間挿節の存在はこの段階では明らかではない。また，この時期に原頭葉の先端に上唇の原基が一対の突起として出現する。胚帯の伸長と体節形成はさらに継続し，産卵後 110 時間で胚帯の末端部は卵の後極に到達し，正中線に沿って明瞭な神経溝が現れる。

　産卵後 120 時間で体節形成は完了し，各体節のなかで胸節が最も広く，第四〜十一腹節が最も狭い。口陥が上唇原基の後方に出現し，神経溝もさらに明瞭となる。この時期の胚は頭葉，間挿節，3 顎節，3 胸節，10 腹節および尾節から構成され，胚の長さが最長で，卵黄塊を取り巻いている。

　産卵後 135 時間で，付属肢原基の形成が，顎節と胸節において始まる。腹節においては神経節の形成が明瞭となり，口陥はますます深くなって，大顎節のあたりまで到達する。150 時間後には触角，大顎，小顎，胸肢原基では分節が生ずる。大顎原基は顎付

表 29-3　ジョウカイボン卵の発生段階
（Fujiwara & Kobayashi, 1987）

産卵後（時間）	発生段階（25℃）
0 〜 48	卵割
48 〜 68	胚盤葉の形成と完成
68 〜 80	胚帯の形成
80 〜 130	体節形成の開始と完成
130 〜 150	付属肢突起の形成
150 〜 180	口器の形成
180 〜 200	姿勢転換
200 〜 230	胚の背閉鎖
230 〜 240	孵化

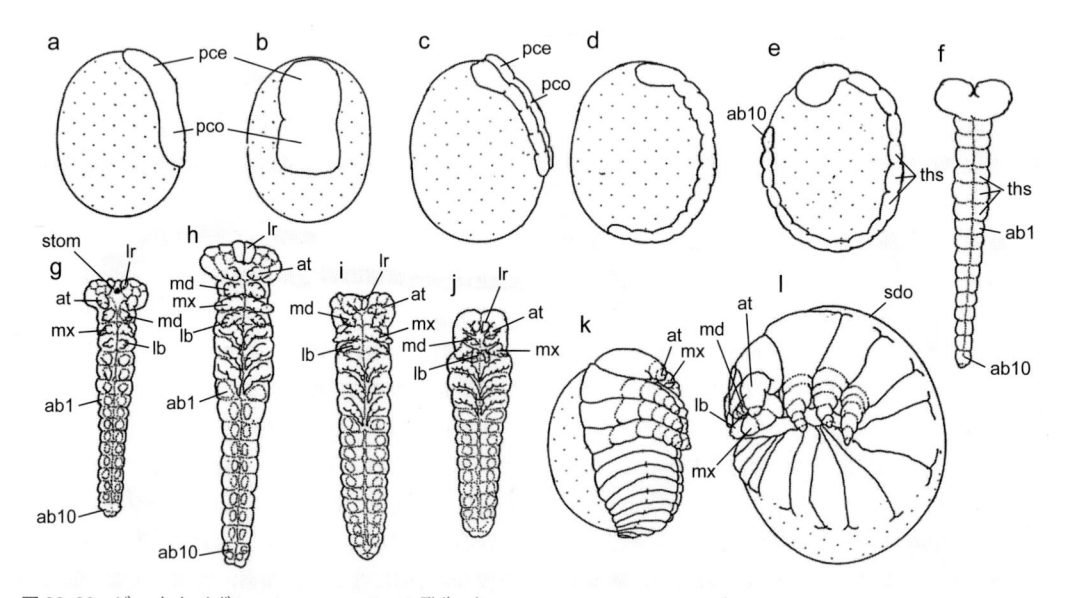

図 29-20　ジョウカイボン *Athemus suturellus* の発生（Fujiwara & Kobayashi, 1987）
a. 産卵後 80 時間の胚帯の側面図，b. 同，腹面図，c. 産卵後 90 時間の胚の側面図，d. 同 110 時間の胚の側面図，e. 同 120 時間の胚の側面図，f. 同，腹面図，g. 産卵後 135 時間の胚の腹面図，h. 同 150 時間の胚の腹面図，i. 同 160 時間の胚の腹面図，j. 同 170 時間の胚の腹面図，k. 同 180 時間の胚の側面図，l. 同 200 時間の胚の側面図
ab1, 10：第一，十腹節，at：触角（原基），lb：下唇（原基），lr：上唇（原基），md：大顎（原基），mx：小顎（原基），pce：原頭葉，pco：原胴域，sdo：二次背器，stom：口陥，ths：胸部体節

属肢のなかで最も顕著であり，小顎節付属肢は細長い。触角原基の先端部は間挿節を被覆している。ゲンジボタルで報告されているような，第一腹節の付属肢突起である側脚は存在しない。

　産卵から160時間後に，胚の長さの短縮の結果，胸部と腹部の各体節が明瞭となり，170時間後には頭葉と顎節は集合し始めて，将来の頭部の形成が始まる。一対の上唇原基は合一して口陥の前部で上唇を形成し，触角原基は側背に移動，大顎，小顎，下唇の原基は口陥を取り巻いて集合し，将来の口器を構成する。胸部の付属肢は関節化して基節，転節，腿節，脛節，跗節ができる。これらの段階までは，胚は卵の腹面に沿って湾曲しているが，180時間後には胚の後端は短縮して卵の後極に達し，次いで背閉鎖の進行とともに，腹側に伸長し始める姿勢転換が起こる。この間に胚の背側に紡錘形の二次背器が出現，頭楯や頬部などの頭部の諸構造も明らかとなる。産卵後190〜195時間では，胚の伸長の結果，腹部は卵の背側に湾曲して幼虫の形態が完成し，10日目に孵化する。

(4)　オキナワオオミズスマシ（表29-4，図29-21）

　本種の卵は渓流の水没した植物の表面などに固めて産み付けられ，卵期間は約22℃で約300時間（約12.5日）である。ここでは，産卵時を0%DT（developmental time），孵化時（産卵後300時間）を100%DTとした場合の発生時間を%DTで表すことにする。

　産卵直後の卵は長さ約2.1 mm，幅約0.7 mmの長楕円体だが，発生が進むと大きさを増し，孵化直前には長さ約2.4 mm，幅約0.9 mmになる。卵殻

は全面にわたり微小な円錐状の突起で覆われ，前極には「ハスの実」状の卵門突起がある（図29-6, a, b）。

　約12%DTになると，卵腹面やや後極寄りに，二葉に分かれた原頭葉と細長い原胴域からなる胚帯が形成される（図29-21, a）。胚帯は卵表面にあり，以後の発生も卵表で進行する典型的な表成型である。約18%DTにかけて胚は急速に細長くなり，顎部の3体節（大顎，小顎，下唇の各体節）と3胸節の区分が明らかになるが，腹部はまだ短く，体節は未分化である（同図, b）。大顎節の前方には，小さな間挿節が認められるが，この体節はすぐに原頭葉に吸収されて見えなくなる。また，間挿節より後方の胚正中線沿いに神経溝が出現する。約28%DTになると，顎部体節と胸部体節は幅広くなるとともに，各節の付属肢が小さな突起として出現する（同図, c, d）。原頭葉の前端には上唇原基は二葉に分かれた突起として出現し，原頭葉の後側端に触角が，原頭葉の後方に口陥が形成される。この後，腹部はさらに後方に伸び，約40%DTに，11節からなる体節化が完成し，肛門陥が形成される（同図, e）。このとき，腹部末端の第十一腹節は卵後極の背面側に伸びている。小顎と下唇の原基および胸脚の原基は後方に伸長し，第一腹節には一対の側脚が微小な突起として出現する。45〜56%DTにかけて，胚の幅は急速に広がり，胚はほぼ卵腹面全体を占めるようになる（同図, f, g）。原頭葉と顎部体節が融合し頭部の形成が進む。この過程で，正中線沿いに融合した左右の下唇原基は，前方に移動して小顎原基の間に位置するようになる。胸脚の原基はさらに後方へ伸長し，基部に底肢節が，端部に端肢節が分化する。

表29-4　オキナワオオミズスマシ卵の発生段階（Komatsu & Kobayashi，2012より改変）

ステージ （%DT*）	発　生　段　階　（約22℃）
0〜12	成熟分裂，受精，卵割，胚盤葉形成が想定されるが観察されていない
12〜16	胚帯形成，原頭葉，原胴域の分化
16〜24	胚の伸長，体節形成開始，上唇および触角の出現，神経溝の形成
24〜32	顎部および胸部体節完成，顎部および胸部付属肢出現，神経溝の閉鎖，口陥の形成
32〜40	触角，顎部および胸部付属肢伸長，腹部体節完成，側脚形成，肛門陥の形成
40〜48	原頭葉と顎部体節の癒合，気管陥入の出現，腹部に気管鰓出現
48〜56	胚の幅最大，胸脚に底肢節と端肢節の分化，腹端に四つの爪原基の分化
56〜64	姿勢転換，背閉鎖の進行と二次背器の形成，胸脚および気管鰓の急速な伸長，気管陥入口の消失
64〜80	背閉鎖の完了，触角，顎部付属肢および胸脚の環節化
80〜96	初令幼虫の基本形が整う，側脚の退化
96〜100	初令幼虫の完成，側脚の消失

* %DT = % Developmental Time，産卵時を0%DT，孵化時（産卵後300時間）を100%DTとした場合の発生時間を%DTで表示。

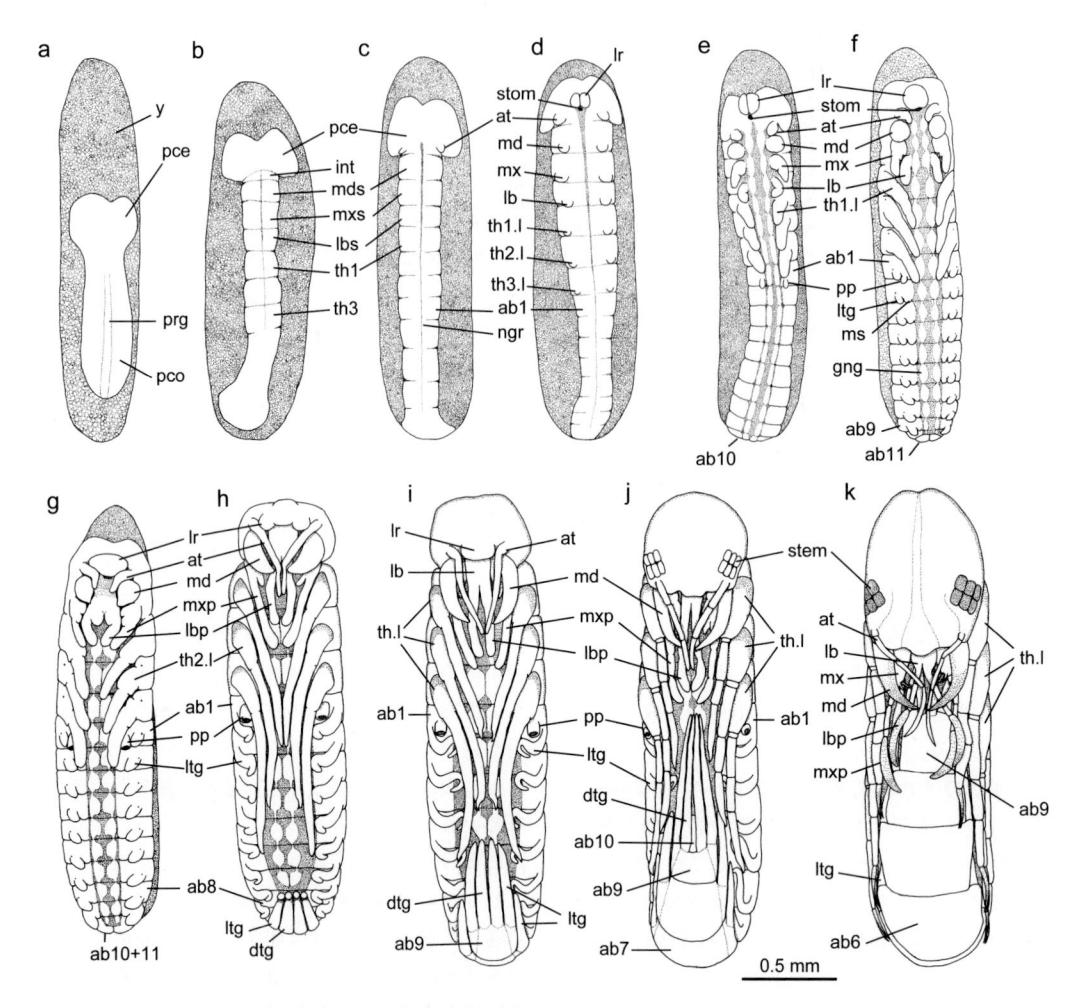

図 29-21　オキナワオオミズスマシ *Dineutus mellyi* の発生（Komatsu & Kobayashi, 2012 より改写）
a. 約 14%DT（Developmental Time, 発生時間），b. 約 18%DT，c. 約 22%DT，d. 約 28%DT，e. 約 36%DT，f. 約 44%DT，g. 約 52%DT，h. 約 60%DT，i. 約 72%DT，j. 約 88%DT，k. 約 96%DT．
ab1, 6〜11：第一，六〜十一腹節，at：触角，dtg：背方気管鰓，gng：神経節，int：間挿節，lb：下唇，lbp：下唇鬚，lbs：下唇節，lr：上唇，ltg：側方気管鰓，md：大顎，mds：大顎節，ms：中央隆起，mx：小顎，mxp：小顎鬚，mxs：小顎節，ngr：神経溝，pce：原頭葉，pco：原胴域，pp：側脚，prg：原溝，stem：側単眼，stom：口陥，th1：前胸節，th1〜3.l：前〜後脚，th3：後胸節，th.l：胸脚，y：卵黄

腹部末端では第十と十一腹節が融合し，将来の幼虫の第十腹節を形成する。この時期に，第二〜八腹節の各節の左右に二対の付属肢葉隆起，すなわち中央突起と側方気管鰓の原基が出現する。第九腹節では，これらの隆起に加えてもう一対の隆起，すなわち背方気管鰓の原基が，側方気管鰓の原基に接してその背方に出現する。中央突起は第一腹節の側脚と位置的に相同な構造とみなされるが，発生の進行ともに平坦化し，消滅する。一方，側脚はその先端に窪みのある釣鐘状の構造に発達する。また，第一腹節では，側脚の側方に側方気管鰓の原基が出現するので，計十対の気管鰓 tracheal gill の原基が出現する。これらの付属肢葉突起の発生プロセスは，Komatsu & Kobayashi（2012）により走査型電子顕微鏡観察により詳しく記載されているので参照されたい。なお，この時期，中胸，後胸，および第一〜八腹節の各節に一対の気門の陥入が形成されるが，次の発生ステージでは，それらの陥入口は閉じて消滅する。また，胚幅の増大にともない，卵殻は腹面正中線で大きく開裂するが，この時期までに卵殻の下に形成された漿膜クチクラが破れずに残り，このクチクラが卵表に露出する。

続く 56〜64%DT にかけて姿勢転換が進行する（図 29-21, h）。すなわち，腹部の末端が腹側に屈

曲し始めるとともに，頭部も次第に腹面側に向いてくる。この間に，羊膜と漿膜は頭部腹面で癒合して破れて卵黄の背側に反転して，羊膜は卵黄を覆い（一時背閉鎖），漿膜の細胞は集合して二次背器となる。頭部では大顎が鎌形に伸び，小顎鬚と下唇鬚は後方に伸長し，胸脚と気管鰓も急速に伸長する。腹部末端節（第十と十一腹節が融合したもの）は次第に円筒状になり腹面側に伸びてくるが，腹面側が第九腹節の 4 本の気管鰓にすでに覆われているため，外部からは観察されない。この後，胚両側面の体壁は急速に背側に伸展し，80%DT までに背面正中線で癒合して背閉鎖が完了する（同図，i）。背閉鎖後，腹部の後半の体節はさらに伸長し，腹端は卵腹面の中央部に位置するようになる（同図，j）。頭部には 6 個の大型の側単眼が完成し，触角，小顎鬚，下唇鬚，および胸脚の環節化が完了する。90%DT 以降，頭部は急速に大きくなり，側単眼と大顎が褐色に変わると（同図，k），まもなく完成した幼虫として孵化する。孵化の際，幼虫は，すでに開裂した卵殻の下面を覆う漿膜クチクラを破り，脱出する。なお，側脚は姿勢転換後，徐々に退化し，孵化時までに消失する。

　ミズスマシの特徴である幼虫腹部の長い気管鰓は，Snodgrass（1935）や Matsuda（1976）により胸脚と相同な腹部の付属肢とみなされてきた。しかし，これまで述べた発生過程から，側脚および第二腹節以降の中央突起が胸脚と相同な構造であり，気管鰓はこれらより側方に由来する構造であることから，気管鰓は胸脚と相同ではない。Komatsu &

Kobayashi（2012）は，胸部の側板 pleuron が脚の最も基部の環節の亜基節に由来するという解釈に基づき，気管鰓は腹部の亜基節に相当する部分に由来する突起物（subcoxal exite）である，という仮説を提唱している。気管鰓の起源に関するこの仮説は，よく似た気管鰓をもつヘビトンボやセンブリにも適用可能であり（27 章「ヘビトンボ目」参照），ヘビトンボ目と甲虫目の類縁性を考えるうえで興味深い。

(5)　アオオサムシ（表 29-5，図 29-22，29-23）

　本種の卵は，初夏に林床の土中約 1 cm の深さに 1 個ずつ産み付けられ，卵期間は約 23℃で約 11 日である。ここでは前述のオキナワオオミズスマシと同様，発生時間を %DT で示す。

　産下直後の卵は長さ約 6.1 mm，幅約 2.9 mm の長楕円体だが，発生が進むにつれて大きくなり，孵化直前には長さ約 6.6 mm，幅約 3.4 mm になる。産下直後の卵殻は非常に薄くて脆いが，約 20%DT で卵殻下に比較的厚い漿膜クチクラが完成するため，これ以後の卵表は堅固な構造になる。卵表は全面にわたり幅 6 〜 10 μm の細かいメッシュ状の畝構造で覆われるが，本種を含むオサムシ科の卵では，卵門の位置や構造に関する詳細な記載がない。またこのメッシュ状構造をもつ卵殻は非常に薄いため，卵が大きくなるにつれて，引きちぎられ，その下に完成している漿膜クチクラから剥離，脱落する傾向にある。

　Kobayashi *et al.*（2013）によれば，本種の胚原基は，5%DT 卵の腹面表面の後半分に，ほぼ逆三角

表 29-5　アオオサムシ卵の発生段階（Kobayashi *et al.*, 2013 より改変）

ステージ （%DT*)	発　生　段　階　（約 20℃）
0 〜 5	成熟分裂，受精，卵割，胚盤葉形成が想定されるが観察されていない
5 〜 10	胚原基に頭葉，間挿節および大顎節分化，原溝形成，胚膜形成
10 〜 19	細長い胚帯完成，小顎節，下唇節および胸部体節形成
19 〜 29	上唇，顎部および胸部付属肢の出現，腹部の体節化進行，口陥および肛門陥の形成，神経溝の出現
29 〜 38	腹部の体節完成，触角および顎部付属肢伸長，胸部付属肢に亜基節，基節，端肢節分化，腹部体節に二対の付属肢葉突起（中央および側方突起）出現，気管陥入の出現，側脚形成（第一腹節の中央突起）
38 〜 48	胚は伸長せず幅のみ広がる，原頭葉と顎部体節境界の消失，胸部付属肢の伸長と環節化，腹部中央突起の扁平化と側方突起の退化
48 〜 62	胚の幅と長さ最大，姿勢転換と背閉鎖の進行，原頭葉と顎部体節の癒合による幼虫頭部の形成，第十と十一腹節の癒合，第九腹節背板に urogomphus 形成
62 〜 76	一時背閉鎖と二次背器の形成，腹部背板の完成
76 〜 90	背閉鎖の完了による初令幼虫の基本形の完成，胸脚の伸長と環節化
90 〜 100	初令幼虫の完成，側脚の消失，孵化

* %DT = % Developmental Time，産卵時を 0%DT，孵化時（産卵後約 11 日）を 100%DT とした場合の発生時間を %DT で表示。

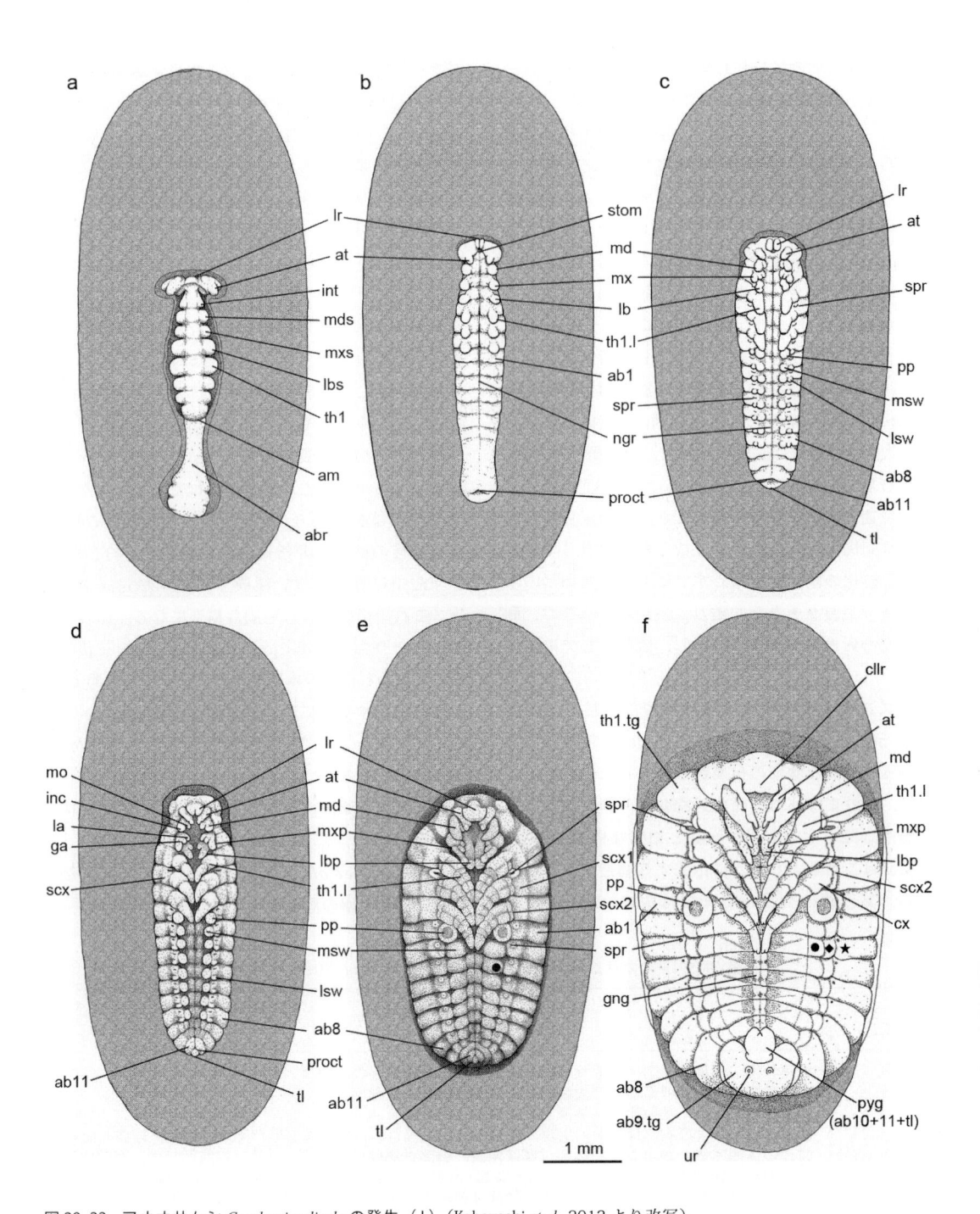

図 29–22　アオオサムシ *Carabus insulicola* の発生（I）（Kobayashi *et al.*, 2013 より改写）

a.　約 10%DT（Developmental Time, 発生時間），b.　約 22%DT，c.　約 30%DT，d.　約 35%DT，e.　約 48%DT，f.　約 55%DT

ab1, 8, 10, 11：第一, 八, 十, 十一腹節，ab9.tg：第九腹節背板，abr：腹部域，am：羊膜，at：触角，cllr：頭楯上唇，cx：基節，ga：小顎外葉，gng：神経節，inc：切歯，int：間挿節，la：小顎内葉，lb：下唇，lbp：下唇鬚，lbs：下唇節，lr：上唇，lsw：側方突起，md：大顎，mds：大顎節，mo：臼歯，msw：中央突起，mx：小顎，mxp：小顎鬚，mxs：小顎節，ngr：神経溝，pp：側脚，proct：肛門陥，pyg：尾節，scx：亜基節，scx1：亜基節 1，scx2：亜基節 2，spr：気門，stom：口陥，th1：前胸，th1.l：前脚，th1.tg：前胸背板，tl：尾葉，ur：urogomphus，●：中央突起が消失した位置，◆：胸脚の亜基節 2 に相同な部位，★：胸脚の亜基節 1 に相同な部位

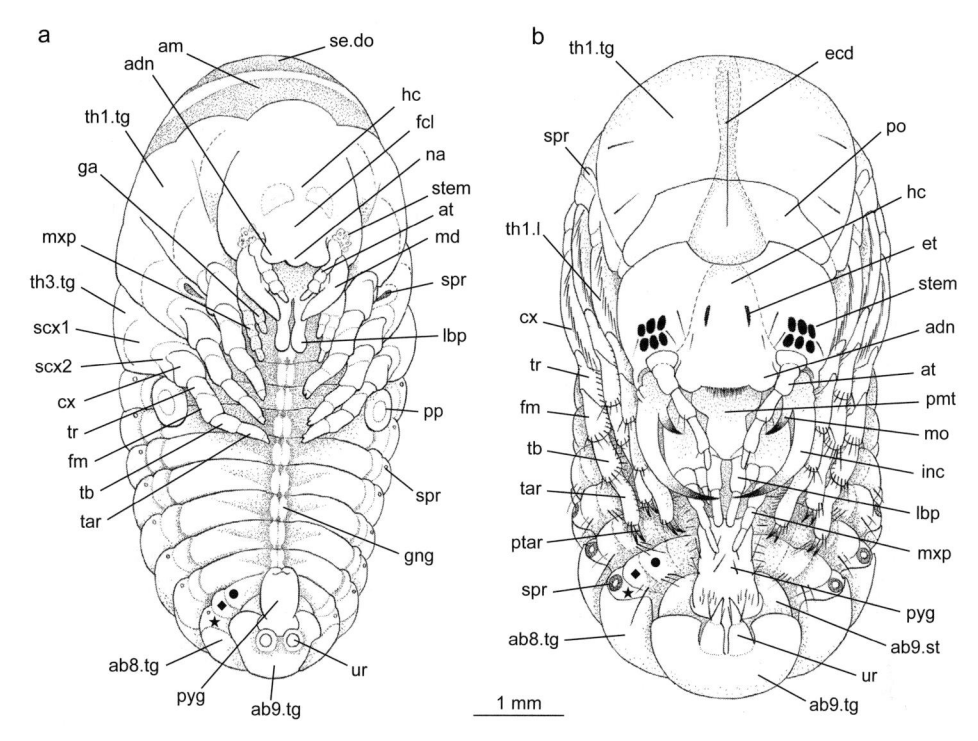

図 29–23　アオオサムシ *Carabus insulicola* の発生（Ⅱ）（Kobayashi *et al.*, 2013 より改写）
a.　約 65%DT（Developmental Time, 発生時間），b.　約 95%DT
ab8, 9.tg：第八，九腹節背板，ab9.st：第九腹節腹板，adn：adnasale，am：羊膜，at：触角，cx：基節，ecd：脱皮線，et：卵歯，fcl：前額頭楯上唇，fm：腿節，ga：小顎外葉，gng：神経節，hc：頭蓋，inc：切歯，lbp：下唇鬚，md：大顎，mo：臼歯，mxp：小顎鬚，na：nasale，pmt：下唇前基板，po：後後頭，pp：側脚，ptar：前跗節，pyg：尾節，scx1：亜基節 1，scx2：亜基節 2，se.do：二次背器，spr：気門，stem：側単眼，tar：跗節，tb：脛節，th1.l：前脚，th1, 3.tg：前，後胸背板，tr：転節，ur：urogomphus，●：中央突起が消失した位置，◆：胸脚の亜基節 2 に相同な部位，★：胸脚の亜基節 1 に相同な部位

形の細胞集団として分化する。この段階で最前部に頭葉，その後方に触角節と間挿節と思われる体節がすでに区分されるが，原溝の形成がまだ起こっていない。続く 7%DT で，胚原基はやや収縮し，正中線沿いに原溝が出現するが，触角節は頭葉に吸収され，区分できなくなる。また，胚原基の全周にわたり羊漿膜褶が出現し，胚膜の形成が始まる。9%DT にかけて，胚原基は正中線側に収縮し，原溝の陥入部分もほぼ見えなくなり，細長い胚帯が完成する。この間に，羊漿膜褶は胚の腹面で伸展し，やがて胚前端付近で融合して，胚膜が完成する。

　10%DT の胚は，幅広い頭葉とそれに続く間挿節，3 顎節，胸節と腹部域が認められるが，腹部域の体節化はまだ起こっていない（図 29-22，a）。この時期の胚は長さ約 3 mm で卵腹面のやや後極寄りにあり，約 45%DT まで胚の長さと位置はほとんど変わらず，幅のみが広くなる（同図，b〜e）。すでにこの段階で，頭葉には上唇と触角の原基が出現する。

22%DT までに顎部体節と胸部体節に付属肢が出現し，腹部の体節化も進行する（同図，b）。また，上唇の後方に口陥が，腹部末端に肛門陥が形成され，胚正中線沿いに神経溝が出現する。この後,胚は徐々に幅広くなり，小顎と下唇の付属肢，および胸脚は後方に伸長する（同図，c）。また，第一から第九腹節には小さな付属肢葉突起が出現する。第一腹節の突起は側脚としてさらに発達するが，第二腹節以降の突起（中央突起）は，後に扁平化して側板の最も腹面側の壁を形成する（同図，e，●印の部分）。非常に興味深いことに，第一から第八腹節では，中央突起のすぐ外側にさらに小さい突起（側方突起）が出現するが，これらも 40%DT にかけて消失する。つまり，30 〜 40%DT の第一から第八腹節には，二対の微小な突起が一時的に出現する。Kobayashi *et al.*（2013）は，これらの突起と胸脚の相同性の検証から，側脚を含む中央突起を胸脚本体と相同な構造，側方突起を胸脚の亜基節に相同な部分から生じ

た突起とみなしている。さらに，前述のオキナワオオミズスマシの気管鰓も亜基節と相同な部分に由来することとの関連から，本種の側方突起は，気管鰓の痕跡ではないかと推測している。なお，約30%DTに，気門の陥入が中胸節，後胸節，および第一から第八腹節に出現する。

　この後，約55%DTにかけて，胚の幅は急速に広がり，卵の幅と同じレベルに達する（図29-22，d〜f）。この間に，原頭葉と顎部体節の融合が進み，体節の境界が消失する。触角は後方に伸長し，大顎は鎌状に変化する。小顎鬚と下唇鬚も長く伸長する。胸脚もその先端が正中線まで伸び，環節化が進行する。第十，第十一および尾葉 telson の融合が進み，幼虫の尾節 pygidium を形成する。Kobayashi et al.（2013）は，胸脚の環節化の結果，最基部の亜基節がさらに二つに環節化し，基部側の亜基節1とそれより端部の亜基節2に分かれ，これらの環節が幼虫の胸部側板を形成することを示した。さらに腹部体節にもこれらの環節と相同な部分が分化し（同図，◆，★印），それらが腹部側板になることを示した。また，前述の腹部の中央突起を胸脚の基節の相同な部分と解釈することにより，腹部側板は二つの亜基節と基節に由来することを提唱した。側板の由来に関するこのような解釈は，Heymons（1899）や Roonwal（1937）が提唱した側板の亜基節起源説 subcoxal theory に相当するが，他の昆虫に広く適応可能かどうかの検証は今後の課題である（Kobayashi, 2017）。

　60%DT から65%DT にかけて，胚は急速に大きく成長し，卵腹面全体を占めるようになり（図29-23，a），やがて姿勢転換が起こる。しかし，本種ではこの過程は顕著ではなく，尾節とその前の第九腹節が腹側に屈曲する程度である。この間に羊膜と漿膜は破れて背側に反転し，漿膜は卵前端で収縮してキャップ状の大きな二次背器となる。その後，約80%DT で背閉鎖が完了し，初令幼虫の基本形が完成する。姿勢転換後，第九腹節の背板から uro-gomphus が一対の突起として出現する。95%DT で頭蓋の両側で側単眼の着色が起こり，前額には一対の卵歯が出現する（同図，b）。やがて，頭部で卵腹面の漿膜クチクラを押し破って孵化が起こる。なお，側脚は発生中期に円盤状に発達するが，背閉鎖後に退縮し第一腹節の側板の体壁に吸収される。しかし，その痕跡は孵化幼虫にしばらくのあいだ残存する。

　以上，オサムシ亜目の属する2種の胚発生を述べたが，いずれも胚ははじめから卵表で成長する表成型に属する。ゲンゴロウ科のホンシュウオオイチモンジシマゲンゴロウ Hydaticus pacificus の胚も卵表で発達するので（Niikura et al., 2017），オサムシ亜目の胚タイプはすべて表成型に属するものと推定される。

29-15　器 官 形 成

　前述のように，わが国における甲虫目の胚発生に関する研究は外部形態の形成にとどまり，器官

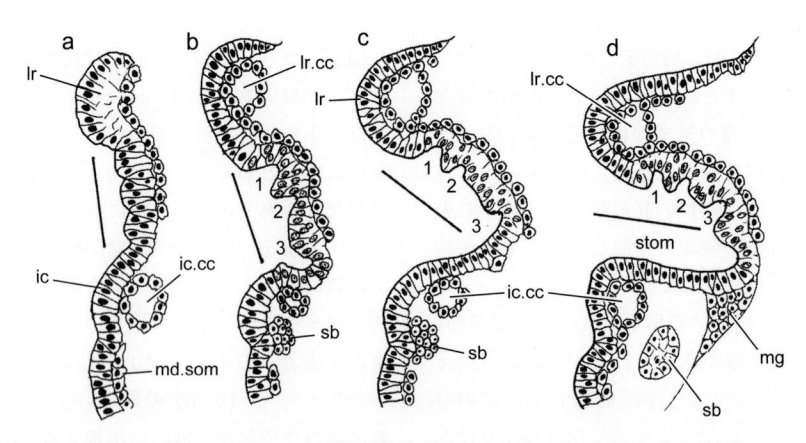

図29-24　ツチハンミョウの一種 Lytta viridana の口陥の形成（Rempel & Church, 1969b より改写）
a〜d．口陥形成域の縦断面．a．産卵後52時間，b．同56時間，c．同60時間，d．同64時間．口陥，口胃神経系（1, 2, 3），上唇と間挿節の体腔嚢の発生と，食道下体および前部中腸原基の起源を示す．
ic：間挿節，ic.cc：間挿節体腔嚢，lr：上唇，lr.cc：上唇体腔嚢，md.som：大顎中胚葉節，mg：中腸原基，sb：食道下体，stom：口陥

形成についての研究は皆無である。したがって，本節では Ullmann（1967）によるチャイロコメノゴミムシダマシ *Tenebrio molitor*，および Rempel ら（1969b，1971；Church & Rempel，1971；Rempel *et al.*，1977）によるツチハンミョウの一種 *Lytta viridana* の報告を中心として解説する。

(1) 消化管の形成

甲虫目の消化管も，前腸，中腸，後腸の三部から構成され，前腸と後腸はそれぞれ外胚葉起源の口陥，肛門陥に由来し，中腸は口陥と肛門陥の底部で分化する中腸原基から形成される。以下に *Lytta* を例として，消化管の形成について述べる。

a. 前　腸

図 29-24 に示したように，産卵後 56 時間の胚の間挿節の直前の中央部に，浅い縦の凹陥が生じ，この陥入部は漸次深くなって，64 時間の胚では，卵の長軸に対して垂直の位置をとるようになる。これが口陥であり，この形成過程のあいだに，後に口陥の上部を構成する部位に 3 個の小陥入が生ずる（同図 1, 2, 3）。これらは口胃神経系の原基であり，64 時間胚の縦断切片では 3 個の円形の開孔部として観察される（後述）。また，この段階で，口陥の盲端部で活発な細胞分裂が生じて，円錐形の細胞塊が形成される。これが前部中腸原基である。

発生が進むと，口陥はさらに深さを増し，原頭部と顎部体節の集合による頭部の形成がほぼ完了した産卵後 120 時間になると，その底部は頭部と胸部の境界付近にまで達し，前腸の原形が完成する。孵化

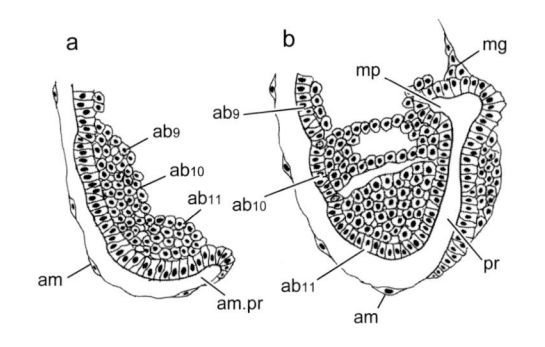

図 29-25　ツチハンミョウの一種 *Lytta viridana* の肛門陥の形成（a. Rempel & Church, 1969b より改写；b. Church & Rempel, 1971 より改写）
a, b. 肛門陥形成域の縦断面，a. 産卵後 50 時間，b. 同 72 時間
ab9～11：第九～十一腹節，am：羊膜，am.pr：羊膜肛門陥腔，mg：中腸原基，mp：マルピーギ管，pr：肛門陥

が近づくと，その内壁にクチクラ様の内膜が構成され，中腸との境界部をなしていた薄膜は消失する。

b. 後　腸

後腸の原基である肛門陥は口陥よりやや遅れて，胚帯の後端が卵黄内に屈曲し始めたとき，羊膜肛門陥腔 amnio-proctodaeal cavity の伸長部として形成され，その腹側は第十一腹節の中胚葉に覆われている。その底部において口陥の場合と同様に突出した細胞群が形成され，これが後部中腸原基となる。図 29-25 は，肛門陥の形成初期と，その後の発生過程を示したものである。発生の進行とともに肛門陥は深さを増して後腸の原形が完成し，その底部側壁に膨出部が生じて，これらがマルピーギ管の原基となる。胚形成が完了に近づくと，前腸の場合と同様に，その内壁にクチクラ膜が形成され，中腸との境界部をなす薄膜も消失して消化管が完成する。

c. 中　腸

先に述べたように，口陥と肛門陥の底部で分化した中腸原基細胞は，増殖して胚の背側の卵黄塊に沿って，それぞれ前後方に伸長して会合し，一対のリボン状の構造をつくる。次いで腹面で接合して樋状の形態となり，胚の背部形成にともなって円筒状の中腸被膜が完成し，この外側を内臓中胚葉に由来する筋肉層が取り巻いて中腸が完成する。甲虫目では，中腸上皮の形成は，このような二極形成によるのが普通であるが，ヒラタコクヌストモドキ *Tribolium confusum*（Stanley & Grandmann, 1970）では，中腸上皮原基は肛門陥からのみ形成される。また，ハムシ科の数種では，両原基の間の中央中胚葉が中腸原基の形成に参加するとの報告があるが（Nussbaum, 1888；Hirschler, 1909；Jura, 1957），Anderson（1972）はこの報告に疑問を呈している。

(2) 外胚葉性器官

a. 腹髄および脳

甲虫目の神経系も，昆虫一般と同様に腹髄，脳，口胃神経系から構成されている。以下にそれぞれの発生について，*Lytta*（Rempel *et al.*, 1977）と *Tenebrio*（Ullmann, 1967）の報告を中心として述べる。

Lytta での体節形成は産卵後 50 時間で完了する。この時点では，側方の外胚葉は単層の円柱状細胞から構成されているが（図 29-26, a），中央部では不規則な複層構造を示している（同図, b）。腹髄

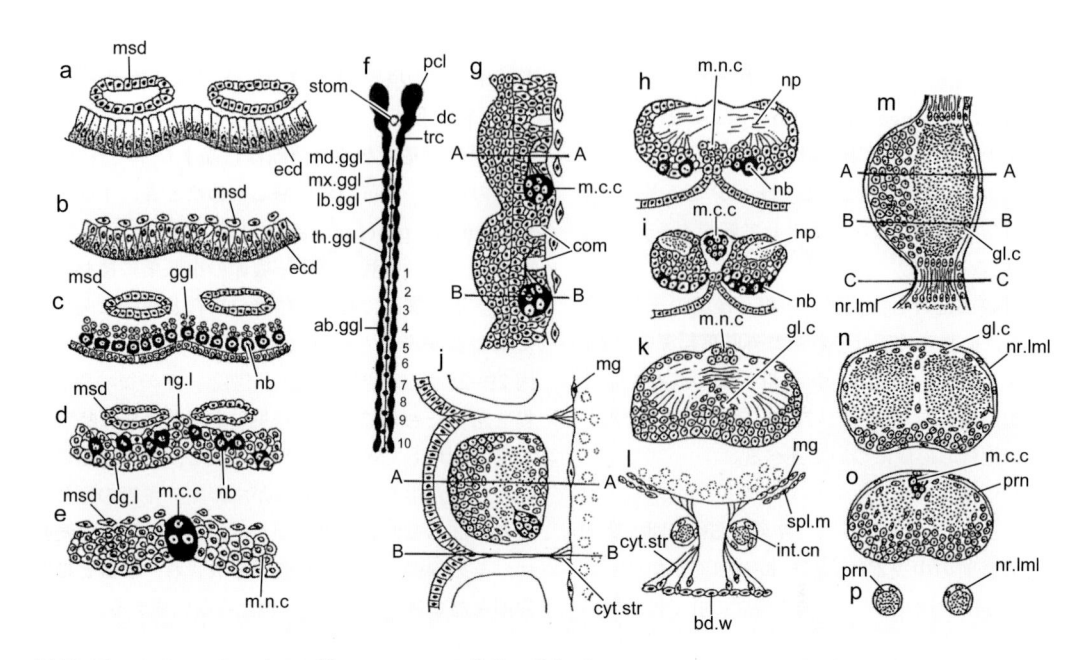

図 29-26　ツチハンミョウの一種 *Lytta viridana* の腹髄の発生（Rempel *et al.*, 1977 より改写）
a. 産卵後 50 時間の側部の縦断面，b. 同，正中部の縦断面，c. 産卵後 56 時間の側部の縦断面，d. 同，60 時間の側部の縦断面，e. 同，正中部の縦断面，f. 頭部神経節，腹髄，中央神経索を示す中枢神経系の模式図，g. 産卵後 88 時間の正中部の縦断面，h. 同，A-A の横断面，i. 同，B-B の横断面，j. 産卵後 120 時間の正中部の縦断面，k. 同，A-A の横断面，l. 同，B-B の横断面，m. 産卵後 180 時間の側部の縦断面，n. 同，A-A の横断面，o. 同，B-B の横断面，p. 同，C-C の横断面
ab.ggl：腹部神経節，bd.w：体壁，com：神経横連合，cyt.str：細胞質突起，dc：中大脳，dg.l：皮膚形成層，ecd：外胚葉，ggl：神経節細胞，gl.c：グリア細胞，int.cn：神経節間神経，lb.ggl：下唇神経節，m.c.c：median strand clump（中央神経索の神経細胞集団），md.ggl：大顎神経節，mg：中腸上皮，m.n.c：中央神経索，msd：中胚葉，mx.ggl：小顎神経節，nb：神経芽細胞，ng.l：神経形成層，np：ニューロパイル，nr.lml：神経被膜，pcl：前大脳，prn：神経周膜，spl.m：内臓中胚葉，stom：口陥，th.ggl：胸部神経節，trc：後大脳

ventral nerve cord の形成は 56 時間後から始まるが，この過程は *Tenebrio*（Ullmann, 1964, 1967）でも同様に経過する。すなわち，多数の外胚葉細胞が隣接細胞よりも大きくなって内方に移動し始め，その結果，胚帯は外側の皮膚形成層 dermatogene layer と神経形成層 neurogene layer に分離する（同図，c）。後者は神経芽細胞 neuroblast で，胚帯面に垂直な不等分裂により小型の神経節母細胞 ganglion mother cell の列を生じ，これらはさらに少なくとも，もう一度等分裂を行って神経節細胞を形成する（同図，d）。一方，胚帯の正中線に沿って体節内の細胞は等分裂により多層の細胞のひも状構造（中央神経索 median nerve cord）を，体節間の細胞は大型で濃染される神経芽細胞様の集団（median strand clump）を形成する（同図，e）。これらの2種の細胞は median nerve strand を構成しているが，strand は間挿節から第十腹部神経節の後方まで伸長している（同図，f）。72 時間胚では，顎節，胸節，10 個の腹節の神経節はほぼ同じ大きさで，こ

れらの合一はまだ起こらない。88 時間胚では顎部3体節の神経節は食道下神経節形成のために合一し始める。median nerve strand clump は卵形となって，明らかに識別できる軸索 axon を生じ，それらは束となって前上方に伸長して，前後の神経横連合 neural commissure の間で神経節の背部に達する（同図，g）。

120 時間胚では，顎節の神経節は完全に合一して食道下神経節を形成し，腹部の第九と第十神経節も合一する。神経節細胞は神経節の腹側に集中し，median strand は神経節の背部に局限され，両者の間は軸索の集合であるニューロパイル neuropile と，そのまわりを囲む median strand 由来のグリア細胞で占められる。また，strand は節間部では消失したようにみえる。この時期の特異的な形態としては，節間部において，長い細胞質の突起が体壁から神経縦連合に，さらに中腸壁まで伸長している（図 29-26，j）。しかし，この構造は 132 時間胚ではもはや存在しない。この時期には，神経鞘 perilemma

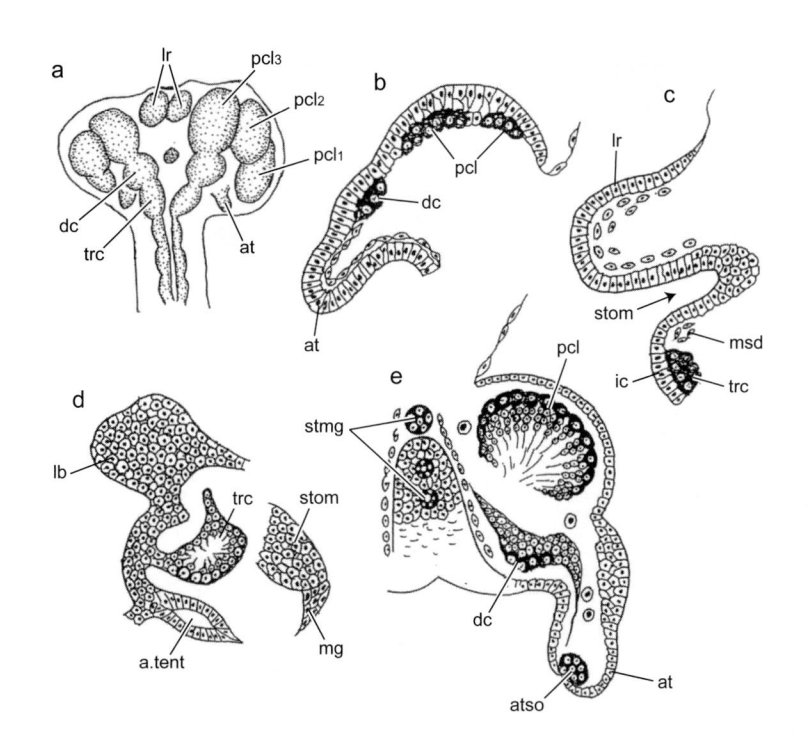

図 29-27　チャイロコメノゴミムシダマシ *Tenebrio molitor* およびツチハンミョウの一種 *Lytta viridana* の脳の形成
（a. Ullmann, 1967 より改写；b 〜 e. Rempel *et al.*, 1977 より改写）
　a. *Tenebrio* の 2 日胚の頭部の神経節の模式図，b. *Lytta* の 56 時間胚の原頭部の準縦断面，c. 同，口陥，間挿節域の準縦断面，d. 同，88 時間胚の原頭部の準縦断面，e. 同，後大脳域の準縦断面
at：触角，a.tent：幕状骨前腕，atso：触角感覚器，dc：中大脳，ic：間挿節，lb：下唇，lr：上唇，mg：中腸上皮，msd：中胚葉，pcl：前大脳，pcl₁〜₃：前大脳第一〜三小葉，stmg：口胃神経系，stom：口陥，trc：後大脳

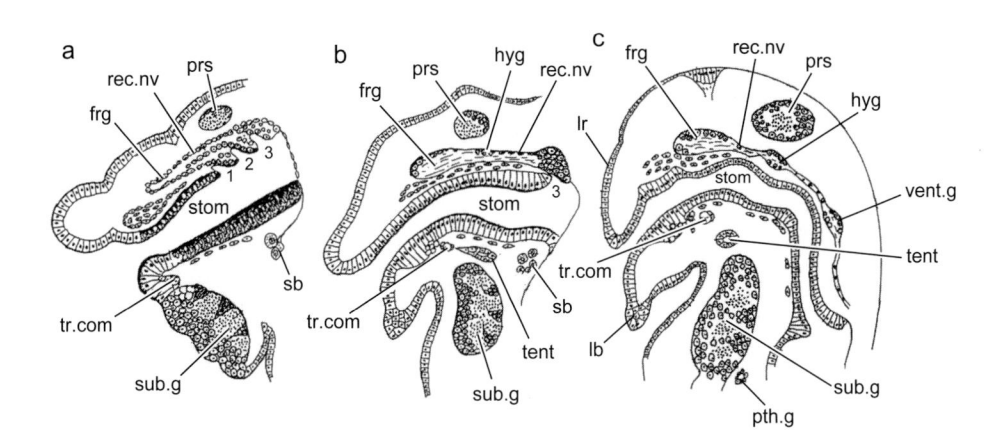

図 29-28　ツチハンミョウの一種 *Lytta viridana* の口胃神経系の発生（Rempel *et al.*, 1977 より改写）
　a. 産卵後 50 時間の正中部の縦断面。1, 2, 3は口胃神経系の陥入部，b. 同 132 時間胚の正中部の縦断面，c. 同 216 時間胚の正中部の縦断面
frg：前額神経節，hyg：脳下神経節，lb：下唇，lr：上唇，prs：脳間部，pth.g：前胸腺，ret.nv：回帰神経，sb：食道下体，stom：口陥，sub.g：食道下神経節，tent：幕状骨，tr.com：後大脳横連合，vnt.g：胃神経節

が出現する。これは一層の細胞層である神経周膜 perineurium と，その分泌物である神経被膜 neural lamella から構成され，神経節間の神経縦連合 neural connective で最もよく発達している。180 時間胚では，この構造はさらに発達し（同図，m），また，多くの神経芽細胞は消失するとともに，グリア細胞の分布も明確となり，腹髄の形態がほぼ完成する。

　脳の発生も，産卵後 56 時間から腹髄と同様の過程で形成される（図 29–27）。すなわち，大型の神経芽細胞が皮膚形成層から分離し，不等分裂を繰り返して神経節細胞を形成する。最初の神経節の対は口前部に生じて前大脳 protocerebrum を形成する。これは 3 小葉から構成されているが，第一小葉の視葉 optic lobe は第二と第三の小葉とは異なって，分離した外胚葉の陥入として生じ，神経芽細胞の形成はみられない。第二の対は口部域に形成されて中大脳 deutocerebrum を，第三の対は口後部の間挿節

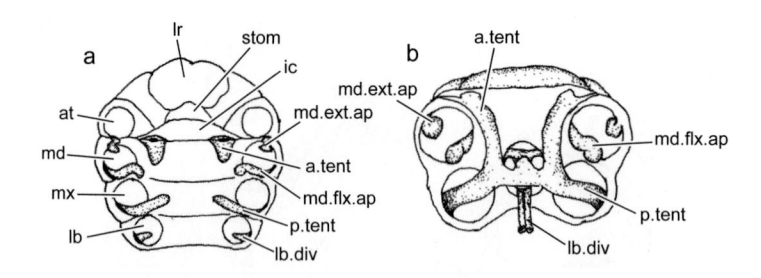

図 29–29　ツチハンミョウの一種 Lytta viridana の頭顎部の外胚葉性陥入の形成（Rempel & Church, 1971 より改写）
a. 産卵後 88 時間胚の頭顎部の腹面図，b. 同 120 時間胚の背面図
at：触角，a.tent：幕状骨前腕，ic：間挿節，lb：下唇，lb.div：labial diverticula，lr：上唇，md：大顎，md.ext.ap：大顎伸筋付着点，md.flx.ap：大顎屈筋付着点，mx：小顎，p.tent：幕状骨後腕，stom：口陥

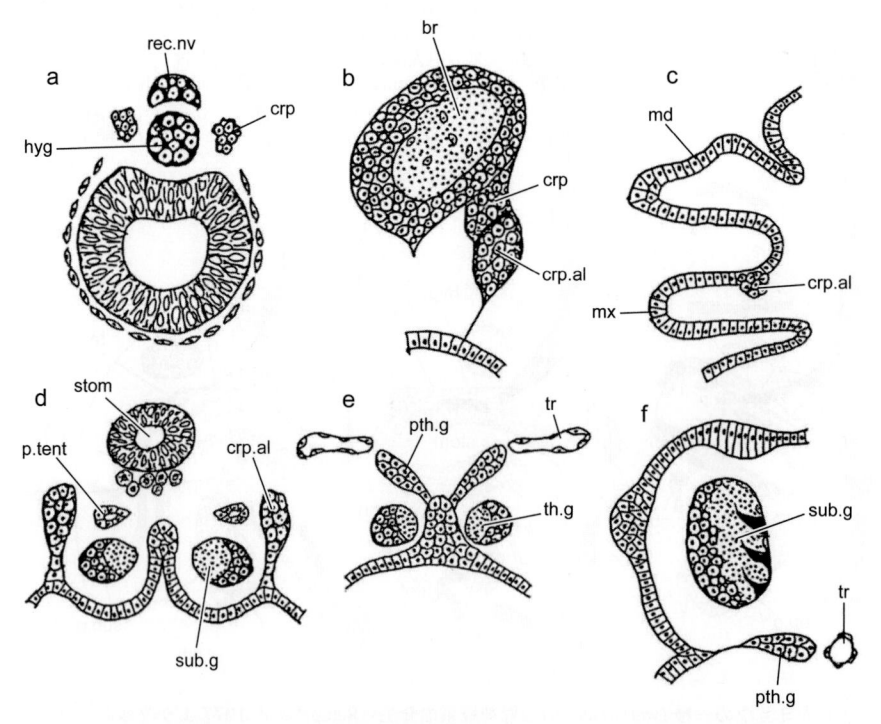

図 29–30　ツチハンミョウの一種 Lytta viridana の内分泌腺の発生（Rempel et al., 1977 より改写）
a. 産卵後 104 時間の口陥の横断面，b. 同 180 時間胚の脳，側心体，アラタ体を示す準縦断面，c. 同 88 時間胚のアラタ体の原基を示す顎部付属肢の準縦断面，d. 同 104 時間胚の大顎 – 小顎の横断面，e. 同 104 時間胚の前胸腺の起源を示す下唇 – 前胸節の横断面，f. 同 120 時間胚の顎部の正中部の縦断面
br：脳，crp：側心体，crp.al：アラタ体，hyg：脳下神経節，md：大顎，mx：小顎，p.tent：幕状骨後腕，pth.g：前胸腺，rec.nv：回帰神経，stom：口陥，sub.g：食道下神経節，th.g：胸部神経節，tr：気管

に分化する神経芽細胞に由来し，後に前方に移動して後大脳 tritocerebrum となる。

b. 口胃神経系

（1）の「消化管の形成」の項で述べたように，*Lytta* では 56 時間胚で口陥の陥入が始まり，その背部の正中線に沿って 3 個の小膨出部が生ずる（図29-24）。これらの膨出部が口胃神経系 stomatogastric nervous system の原基であり，それを取り巻く細胞の核は大型になり，72 〜 82 時間に細胞の列が各膨出部の後方に形成されて，口陥の背部上を前方に伸長し始める。この過程には活発な細胞分裂をともなう。この大型細胞群の形態は神経芽細胞に類似しているが，その分裂は等分裂である（Ullmann, 1967）。前部の前額神経節 frontal ganglion の肥大化と，その内部のニューロンの形成が始まり，その後方の回帰神経 recurrent nerve が明瞭となる（図 29-28, a）。120 時間胚では前額神経節がよく発達し，132 時間胚では脳下神経節 hypocerebral ganglion が脳の脳間部の下に，回帰神経の膨大部として出現する（同図, b）。膨出部 1 と 2 は消失し，その後の細胞の増殖は膨出部 3 によるものと思われ，この部域に胃神経節 ventricular ganglion が形成されて，口胃神経系が完成する（同図, c）。

c. 内骨格と腺

一般の昆虫と同様に，*Lytta* においても頭顎部の付属肢の原基が明らかになった 88 時間胚において，体節的に配列された外胚葉の陥入が出現する（図 29-29）。これらは下唇節の陥入を除いて硬化した支えを形成して頭蓋を支持し，また，頭顎部の付属肢突起の筋肉の付着点として役立っている。間挿節と大顎節の中間で，大顎の前部中央寄りに生ずる大型の陥入は幕状骨の前腕 anterior tentorial arm を，小顎の基部の後側部に出現する陥入はその後腕 posterior tentorial arm の原基となる。触角節と大顎節の間の一対の陥入は大顎の伸筋の付着点 mandibular extensor apodeme，大顎の基部の後側部の大きな陥入は大顎の屈筋の付着点 mandibular flexor apodeme に分化する。さらに，下唇の後側部に一対の外胚葉陥入が形成され labial diverticula となるが，これは他の昆虫の唾液腺や絹糸腺と相同と考えられている（Rempel & Church, 1971）。さらに 132 時間胚において，上唇の基部後方にもう一対の上唇側甲 labral apodeme が形成されることを記載している（Rempel & Church, 1971）。

昆虫の頭胸部に形成される内分泌腺としては，側心体 corpora cardiaca，アラタ体 corpora allata，前胸腺 prothoracic gland がある。*Lytta* では側心体は産下後 96 時間胚ではじめて認められる。これは口陥の背部に生じた膨出部 2 から遊離した細胞群に由来し，この部域は，また脳下神経節の源でもある。これらの細胞は口陥の側方に移動し（図29-30, a），さらに 112 時間胚では脳間部の部域に移動する。この間に細胞間の結合はいっそうゆるやかになり，側方に転移して脳の後部の表面に接続する。132 時間までにはアラタ体との連絡も完了する（同図, b）。

アラタ体は産卵後 56 時間に，左右の小顎の基部の前部に生ずる小さな外胚葉の陥入として分化する（同図, c）。この陥入は内部の背側に伸長して幕状骨の前腕の後方への伸展部の下に到達するが，この間には体壁との接触は保持している。産卵後 112 時間には，この接続は断たれて側心体と連絡するようになる。

前胸腺は 96 時間胚において 2 個の小突起として下唇節と前胸節の間の外胚葉で形成される（同図, e）。この小突起は発達しつつある神経節間縦連合の間を背方に伸長し，同時に縦走気管から分岐して食道下神経節と前胸神経節の間の腹髄上に形成された気管枝の先端と連絡する（同図, f）。この細胞群は産卵後 156 時間までは体壁との連絡を維持しているが，その後，気管小枝被膜上で増殖して，両者の識別が困難となる。

d. 気管系と扁桃細胞

Lytta においては，気管系の発生は産卵後 72 時間胚において外胚葉の陥入として開始する（Church & Rempel, 1971）。最前部の一対の陥入は中胸脚の基部の前側方に出現し，これらは第一気門の原基で，発生過程を通じて最も顕著な形態を示す。陥入の第二の対は同様に後胸脚の基部に生ずるが，後にその発達は他の気門のそれよりも遅れ，ついには閉鎖する。腹部の第一気門の原基は，第一腹節にある側脚の基部に形成され，次いで第二〜八気門陥入がそれぞれの腹節に出現する。腹部の気門陥入の出現後まもなく，第一〜八腹節の後側部の少数の外胚葉細胞が肥大して扁桃細胞（エノサイト）oenocyte の前駆細胞となる。

80 時間胚では，気管陥入はかなり深くなるとともに，陥入を構成している細胞の増殖も認められる。

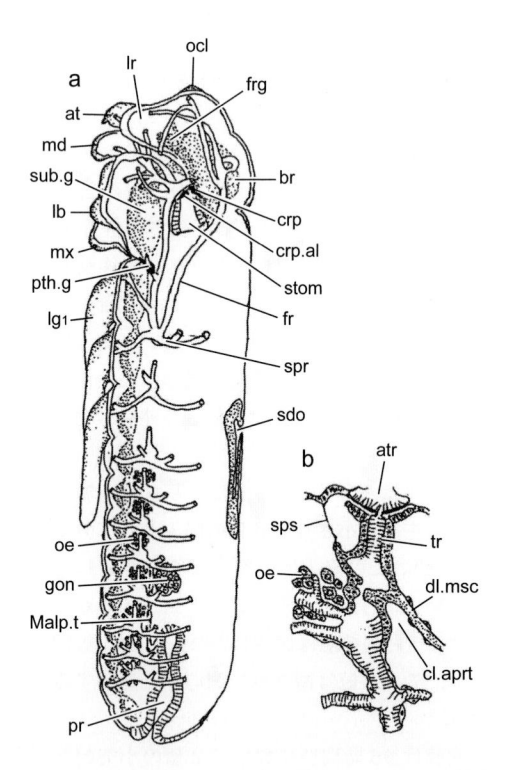

図 29-31　ツチハンミョウの一種 *Lytta viridana* の気管系の発生（Rempel & Church, 1972 より改写）
　a. 産卵後 120 時間胚の側面図, b. 完成胚の腹部第五気門とその開閉装置
at：触角, atr：気門室, br：脳, cl.aprt：閉鎖装置, crp：側心体, crp.al：アラタ体, dl.msc：拡張筋, frg：前額神経節, gon：生殖巣, lb：下唇, lg₁：前胸肢, lr：上唇, Malp.t：マルピーギ管, md：大顎, mx：小顎, ocl：単眼, oe：扁桃細胞, pr：肛門陥, pth.g：前胸腺, sdo：二次背器, spr：気門（中胸節）, sps：懸垂帯, stom：口陥, sub.g：食道下神経節, tr：気管

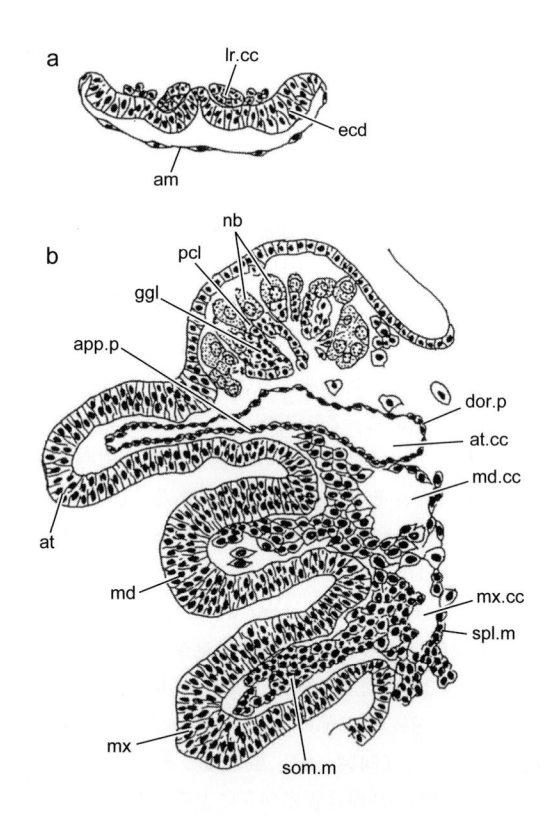

図 29-32　チャイロコメノゴミムシダマシ *Tenebrio molitor* の体腔嚢の分化（Ullmann, 1964 より改写）
　a. 産卵後 28 時間の上唇域の横断面, b. 同 45 時間胚の頭顎部の準縦断面
am：羊膜, at：触角, at.cc：触角体腔嚢（app.p：懸垂部, dor.p：背部）, ecd：外胚葉, ggl：神経節細胞, lr.cc：上唇体腔嚢, md：大顎, md.cc：大顎体腔嚢, mx：小顎, mx.cc：小顎体腔嚢, nb：神経芽細胞, pcl：前大脳, som.m：体節中胚葉, spl.m：内臓中胚葉

扁桃細胞の前駆細胞塊は，その外側に位置している細胞でとくに活発な有糸分裂が起こる。104 時間胚では各気管陥入の底部から 3 本の分枝が生じ，1 本は前方に伸長して前の体節の扁桃細胞塊のほうに，1 本は背側方に，最後の 1 本は腹側方へ伸長する。多くの体節では，背側枝はさらに分岐して背部と内臓の背側の気管を，腹側枝は腹部と内臓の腹側気管を形成する。

　120 時間胚では，おおよその気管系が形成される。その概要を図 29-31, a に示す。Church & Rempel（1971）は，この段階での気管系の分岐状況や，その各器官や組織への分布について詳細に記載しているので，細部については原著を参照されたい。その後，発育の進んだ 200 時間胚での顕著な形態変化は，気管の拡張，螺旋糸の分泌，縦走気管幹の完成，体壁や筋肉へのさらなる気管小枝 tracheole の出現，

中胸気門や腹部気門の開閉装置の発生（同図, b），後胸気門の退行である。250 時間胚（孵化直前）では，縦走気管の直径がさらに増加し，腹部で最大となる。

(3)　中胚葉性器官

a.　中胚葉節のその後の分化

　29-12 節で述べたように，各体節に形成された中胚葉節および中央中胚葉と，それから生ずる体腔嚢から種々の中胚葉性器官が分化する。すなわち，筋肉系，脂肪組織，背脈管，血球，食道下体，生殖巣などが形成される。Ullmann（1964）は，*Tenebrio* において，とくに頭顎部の体腔嚢の分化について詳細に観察している。

　図 29-32, a に示すように，当初，上唇原基の両側に位置していた上唇体腔嚢は，原基の合一による上唇の形成とともにその腔内に移動し，その後，中

胚葉細胞の粗の集団となり，口陥に由来する前腸の筋肉と咽頭の拡張筋を形成する。

　大型の触角中胚葉節に由来する体腔囊は触角の伸長とともに，その内部で二部分が識別できる（同図，b）。背部は触角の基部の外胚葉と卵黄系の間に位置し，腹部の細長い部分は触角の内腔に存在する。上唇体腔囊と同様に，この体腔囊も体壁中胚葉と内臓中胚葉に分化しない。その後，背部は扁平な細胞からなる被膜組織を形成して頭部の大動脈に分化し，腹部は立方体状細胞の被膜のままで触角内部の細管状構造を構成する。

　間挿節の体腔囊はその存続期間が短く，他の体腔囊よりも遅く分化し，早く崩壊する。その構成細胞は粗の細胞集団として触角節から大顎節にわたって口陥の両側に存在し，さらに肥大を続けて，まもなく二核細胞の集団となり，食道下体に分化する。

　大顎体腔囊と小顎体腔囊は図 29-32, b に示したように同様の分化を行う。すなわち，体壁中胚葉は増殖しながら，それぞれの原基内に集団をつくり，後には大顎，小顎の筋肉を形成する。一方，内臓中胚葉は繊細な細胞の層としてリボン状の中腸原基を裏打ちし，後にその筋肉層となる。

　顎部の最後の体節である下唇節の体腔囊の形態とその後の分化は，胸部の 3 体節やそれに続く腹部の 6 体節のそれらと類似している。胚の正中線に沿って存在する中央中胚葉は，後に血球の分化する原基となり，内臓中胚葉は同様にリボン状の中腸原基を裏打ちして，中腸の完成とともにその筋肉層を形成する。体腔囊を構成している体壁中胚葉は外胚葉側に突出しており，それと中央中胚葉の間にある亜中胚葉節 subsomitic mesoderm は外胚葉と密に接している。胸部と第一腹節に付属肢突起が形成されると，この細胞層は突起の内側を裏打ちして，付属肢の筋肉層に分化する。

　第七腹節では，生殖細胞群がその体腔囊の内臓中胚葉の中央部に接触するために，体腔の形状が変化しており，この部域の細胞群は後述するように生殖巣の被膜組織と中胚葉性要素の原基となる。第八と第九腹節の体腔囊は，胚の背方への湾曲のために変形しており，第十腹節ではその大きさが最小である。また，この体節の亜中胚葉節はマルピーギ管の筋肉鞘の形成に寄与する。第十一腹節では中胚葉節は形成されず，分離しない中胚葉の塊が肛門陥の腹側に位置しているが，後にそれを取り巻いて成長し，後

腸の筋肉系の原基となる。

　その後，亜中胚葉節には小間隙が生じ，これと接している体腔囊の腹壁の被膜は崩壊して脂肪体 fat body の原基となる。また，体腔囊の体壁中胚葉は活発な細胞分裂を行って，胚の側面に筋原細胞 myoblast の集団を形成し，これが背側と腹側に分離して，体壁の筋肉系に発達する。また，内臓中胚葉と体壁中胚葉の接合部においても，有糸分裂によって心臓芽細胞 cardioblast の小細胞群を形成し，これが後に背脈管 dorsal vessel の原基となる。

b. 食 道 下 体

　食道下体 suboesophageal body の存在とその起源に関しては種々の説があり，昆虫の分類群のなかには，その存在が未確認のものもある。この構造は通常，間挿節の中胚葉の派生物とみなされているが，それ以外の顎節の中胚葉節にその起源を求めている報告もある。甲虫目では，Tiegs & Murray（1938）はココクゾウムシにおいて，食道下体は中胚葉起源であるが，二次的に中腸壁の一部となって，それから派生したような様相を呈していると報告し，Ullmann（1964）は *Tenebrio* において，この構造は間挿節の中胚葉節が変成すると記載している。これに反し，Rempel & Church（1969b）は *Lytta* における詳細な観察から Ullmann の説に反対し，外胚葉起源説を主張している。本章では通説に従って中胚葉性器官の項で記載しておくが，図 29-24 に示したように，Rempel らの観察結果を説明しておく。

　Lytta の産下後 56 時間胚では，間挿節と大顎節の間の外胚葉細胞に顕著な増殖が起こり，それらが不整形の細胞塊として内部に移動し，食道下体の原基として両体節にまたがって存在する。次いで間挿節の中胚葉節が突起を伸ばして，外胚葉と食道下体の間を分離する。その後，食道下体は内方のやや前方に移動して，64 時間後には前部中腸原基と結合するようになる。

　食道下体の機能については不明の点が多いが，近年，カイコの幼虫期において周期的な形態変化が示唆されており，内分泌腺としての活動の可能性が考えられる（Sato, 1998）。昆虫の内分泌腺であるアラタ体や前胸腺等は外胚葉起源であり，そのことからも食道下体の起源と機能の再検討が望まれる。

c. 生 殖 細 胞 と 生 殖 巣

　先に述べたように，甲虫目では同一の科でも，種によって始原生殖細胞の分化に大きな相違がある。

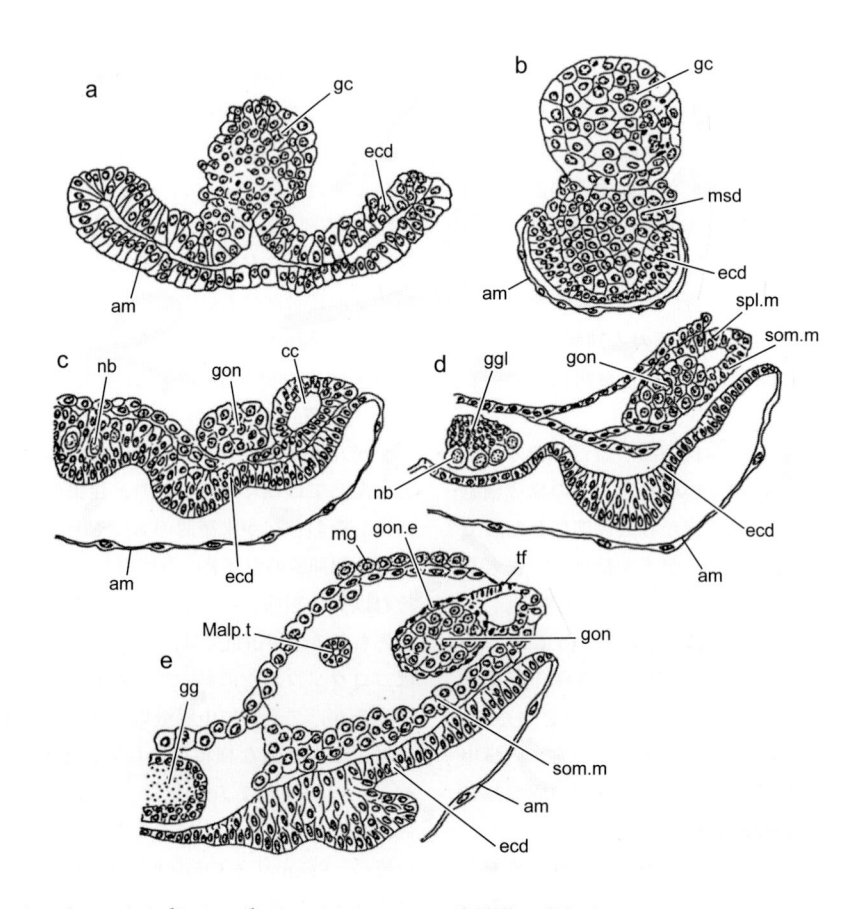

図 29-33　チャイロコメノゴミムシダマシ *Tenebrio molitor* の生殖巣の発生（a, b, Ullmann, 1964；c, d, e, Saling, 1907 より改写）
a. 産卵後 20 時間胚の胚帯の末端部の横断面，b. 同 26 時間胚の生殖細胞存在域の横断面，c. 第七腹節左側の横断面（産卵後 43 時間胚），d. 同（推定 50 時間胚），e. 同（推定 60 時間胚）
am：羊膜，cc：体腔嚢，ecd：外胚葉，gc：生殖細胞，gg：神経節，ggl：神経節細胞，gon：生殖巣，gon.e：生殖巣被膜，Malp.t：マルピーギ管，mg：中腸上皮，msd：中胚葉，nb：神経芽細胞，som.m：体壁中胚葉，spl.m：内臓中胚葉，tf：端糸

すなわち，1）ハエ目やハチ目のように，卵の後極に後極顆粒を含む後極細胞質が存在していて，胚盤葉形成時にこの中に侵入した卵割核が極細胞に分化し，これらが始原生殖細胞となるグループ，2）後極顆粒の存在は確認されていないが，胚盤葉完成時にその後極部で分化するグループ，3）その出現が胚原基形成時にその後端で分化するか，あるいは さらに胚帯形成時まで遅れるグループ，の三つがある。

　このようにして形成された始原生殖細胞群は，胚帯の伸長と肛門陥の発生とその成長とともに，胚帯の背側を前方に移動して，特定の腹節の中胚葉と接触する。次いで中胚葉が左右に拡大して中胚葉節が形成されると，生殖細胞群も左右に分割され，中胚葉節が分化した体腔嚢を構成している内臓中胚葉と結合する。

　図 29-33 は，第三のグループに属するチャイロコメノゴミムシダマシ（Saling, 1907；Ullmann, 1964）で，初期の始原生殖細胞の分化と，その後の生殖巣形成過程を示したものである。始原生殖細胞は産卵後 20 時間の胚原基の後端で濃染される核を有する細胞の小塊として，胚帯から分離し始める（同図，a）。26 時間後に，この小塊は胚帯の後端近くの中胚葉の大きな集積上で緊密な塊を形成し（同図，b），胚帯の伸長にともなって前方に移動して，原始体節形成期には予定第六と第七腹節の境界部の中胚葉上に位置するようになり，その後，左右に分離して，第七腹節の体腔嚢に結合する（同図，c）。その結果，生殖巣の原基は中胚葉性の被膜を獲得するが（同図，d），この際に内臓中胚葉が主要な役割を演じ，被膜組織のほかに背側には端糸 terminal filament

が，腹側には後の排出系の原基が形成される（同図，e）。*Lytta*（Church & Rempel, 1971）では，産卵後56時間までは単一の集団をなしているが，その後，数対の小集団に分かれ，72時間前後の胚では第二～七腹節の前端で，その一部が中胚葉に埋没して存在するようになる。このように生殖細胞群が数体節に分散して存在している場合にも，これらの原基がその後，特定の体節に集合して，単一の生殖巣となる。

29-16　おわりに

　以上述べてきたように，甲虫目では初期胚形成時，とくに胚帯形成の過程に顕著な多様化が認められる。このような現象は同一の分類群の間においても存在する。たとえば，ハムシ科において形成される胚帯に，短胚型に近いものから長胚型に属するものまで，種々の段階がある。このような相違を系統の系列にあてはめるためには，今後の詳細な再検討が必要である。たとえば，胚域と胚外域の決定の問題を卵形成の過程に遡って追求することも重要であるが，同時に，当該の種がたどった生態的な進化の道筋をたどってみる必要もある。

　例としてあげたウリハムシモドキでは，短胚型に近い胚帯が形成され，また高度の調整能力も保有している。この種の卵は典型的な楕円形であるが，産下直後はきわめて軟弱であり，しかも土中に産下されるために，土塊の大きさや形状によって種々の不規則な形をとらざるをえない。このような条件下では胚域が小さく，この種の休眠期である付属肢突起形成期までの発生は，卵黄内で行うのが最も有利ではないかと推察される。もっとも，休眠覚醒後は吸水によってもとの形に復元して，その後の発生が卵表で継続するのは昆虫一般と同様である。このような観点から少なくとも，甲虫目の同一分類群の胚形成を比較するためには生活型をも考慮する必要があるのではなかろうか。検討すべき今後の検討課題の一つと思われる。

　最後になったが，冒頭に紹介したCrowson（1981）の指摘のとおり，甲虫目に関する発生学的知見は，この目の4亜目のなかで最も高等と考えられるカブトムシ亜目の限られた科に集中している。近年，より原始的とされるオサムシ亜目では，オサムシとミズスマシで胚外部形態の変化が詳細に記載されたが（本章29-14節参照），この亜目の器官形成はほとんど知られていない。最も原始的で二畳紀の祖型をとどめる「生きた化石」のナガヒラタムシ亜目についての研究は皆無である。幸いわが国には，これらの亜目のものが生息し研究可能であるから，比較発生学的見地から研究材料を選び，この巨大にしてきわめて多様な甲虫目の胚発生の全貌を，ぜひ解明したいものである。

付記：脱稿後，ガムシ *Hydrophilus acuminatus*（ガムシ科 Hydrophilidae）の幼虫の著しく非対称的な大顎の胚発生過程が記載された（Sato *et al.*, 2017）。

■ 29章の引用文献

Anderson, D. T., 1972：The development of holometabolous insects. In：*Developmental Systems：Insects* (Counce, S. J. & C. H. Waddington, eds.), Vol. 1, pp. 165-242. Academic Press, London, New York.

Ando, H. & H. Kobayashi, 1975：Description of early and middle developmental stages in embryos of the firefly, *Luciola cruciata* Motschulsky (Coleoptera：Lampyridae). *Bull. Sugadaira Biol. Lab. Tokyo Kyoiku Univ.*, **7**, 1-11.

Becker, E. C., 1956：The phyletic significance of the female internal organs in the Elastidae. *Proc. 10th Int. Cong. Entomol.*, **1**, 201-205.

Bielenin, I., 1955：Early stages of embryonic development in the weevil *Polydrosus pterygomalis* Boch. (Coleoptera, Curculionidae). *Bull. Entomol. Pologne*, **25**, 93-113.

Blunck, H., 1914：Die Entwicklung des *Dytiscus marginalis* L. vom Ei bis zur Imago. 1. Teil. Das Embryonalleben. *Z. Wiss. Zool.*, **111**, 76-151.

Bordas, L., 1900：Recherches sur les organes mäles des Coléoptères. *Ann. Sci. Nat. Zool.*, **11**, 283-448.

Brauer, A., 1949：Localization of presumptive areas in the blastoderm of the pea beetle *Callosobruchus maculatus* Fabr., as determined by ultraviolet (2537 Å) irradiation injury. *J. Exp. Zool.*, **112**, 165-193.

——& A. C. Taylor, 1936：Experiments to determine the time and method of organization in bruchid (Coleoptera) eggs. *Ibid.*, **73**, 127-151.

Büning, J., 2005：The telotrophic ovary known from Neuropterida exists also in the myxophagan beetle *Hydroscapha natans*. *Dev. Genes Evol.*, **215**, 597-607.

Butt, F. H., 1936：The early embryological development of the parthenogenetic alfalfa snout beetle, *Brachyrhinus ligustici* L. *Ann. Entomol. Soc. Am.*, **29**, 1-13.

Church, N. S. & J. Rempel, 1971：The embryology of *Lytta viridana* Le Conte (Coleoptera：Meloidae). VI. The appendiculate, 72-h embryo. *Can. J. Zool.*, **49**, 1563-1570.

Crowson, R. A., 1981：*The Biology of the Coleoptera.*

Academic Press, London, New York.

Deobhakta, S. R., 1953：Preliminary notes on the early embryonic development of *Mylabris pustulata* Thunb. (Coleoptera). *Agra Univ. J. Res. Sci.*, 2, 125-134.

―, 1954：Early embryonic development of *Mylabris pustulata* Thunb. Part II. Changes leading to the formation of the germ band. *Ibid.*, 3, 443-454.

Ede, D. A., 1964：An inherited abnormality affecting the development of yolk plasmodium and endoderm in *Dermestes maculatus* (Coleoptera). *J. Embryol. Exp. Morphol.*, 12, 551-562.

―& A. M. Rogers, 1964：The use of inherited abnormalities in studies on the embryogenesis of *Dermestec maculatus* (Coleoptera). *Ibid.*, 12, 539-549.

Fujiwara, N. & H. Kobayashi, 1987：Embryogenesis of the leather winged beetle, *Athemus suturellus* Motschulsky (Coleoptera, Cantharidae). In：*Recent Advances in Insect Embryology in Japan and Poland* (Ando, H. & Cz. Jura, eds.), pp. 195-206. Arthropodan Embryological Society of Japan, ISEBU, Tsukuba.

Gerrity, R. G., J. G. Rempel & P. R. Sweeny, 1967：The embryology of *Lytta viridana* (Coleoptera：Meloidae). II. The structure of vitelline membrane. *Can. J. Zool.*, 45, 497-506.

Haget, A., 1953a：Analyse expérimentale des facteurs de la morphogenèse embryonnaire chez le Coléoptère *Leptinotarsa*, I. *Bull. Biol. Fr. Belg.*, 87, 123-145.

―, 1953b：Analyse expérimentale des facteurs de la morphogenèse embryonnaire chez le Coléoptère *Leptinotarsa*, II. *Ibid.*, 87, 146-177.

―, 1953c：Analyse expérimentale des facteurs de la morphogenèse embryonnaire chez le Coléoptère *Leptinotarsa*, III. *Ibid.*, 87, 178-217.

―, 1955：Expériences mettant en évidence l'origine paire du labre chez l'embryon du Coléoptère *Leptinotarsa*. *Compt. Rend. Soc. Biol., Bordeaux*, 149, 690-692.

Heberdey, R. F., 1928：Ein Beitrag zur Entwicklungsgeschichte des männlichen Geschlechtsapparates des Coleopteren. *Z. Morphol. Ökol. Tiere*, 10, 533-575.

―, 1931：Zur Entwicklungsgeschichte, vergleichende Anatomie und Physiologie der weiblichen Geschlechtsausfuhrwege der Insekten. *Ibid.*, 22, 416-586.

Hegner, R. W., 1909：The origin and early history of the germ cells in some chrysomelid beetles. *J. Morphol.*, 20, 231-297.

―, 1914：Studies of germ cells：III. The origin of the Keimbahn-determinants in parasitic Hymenoptera, *Copidosoma. Zool. Anz.*, 46, 51-69.

Heider, K., 1889：*Die Embryonalentwicklung von* Hydrophilus piceus L. Gustav Fischer, Jena.

Heymons, R., 1899：Beiträge zur Morphologie und Entwicklungsgeschichte der Rhynchoten. *Nova Acta Abh. Kaiserl. Leop.-Carol. Dtsch. Akad. Naturf.*, 74, 353-456.

Hinton, H. E., 1981：*Biology of Insect Eggs*. Pergamon Press, Oxford.

Hirschler, J., 1909：Die Embryonalentwicklung von *Donacia crassipes* L. *Z. Wiss. Zool.*, 92, 627-744.

Hodson, A. C., 1934：The origin and differentiation of the sex organ of *Tribolium confusum* Duval. *Ann. Entomol. Soc. Am.*, 27, 278-291.

Inkmann, F., 1933：Beiträge zur Entwicklungsgeschichte des Kornkäfers (*Calandra granaria* L.). *Zool. Jb. Anat. Ontog.*, 56, 521-558.

Jackson, D. J., 1951：A note on the embryonic cuticle shed on hatching by the larvae of *Agabus bipustulatus* L. and *Dytiscus marginalis* L. *Proc. R. Entomol. Soc. Lond.*, 32, 115-118.

Johannsen, O. A. & F. H. Butt, 1941：*Embryology of Insects and Myriapods*. McGraw-Hill, New York, London.

Jung, E., 1966a：Untersuchungen am Ei des Speisebohnenkäfers *Bruchidius obtectus* Say (Coleoptera). I. Entwicklungsgeschichtliche Ergebnisse zur Keimzeichnung des Eitypus. *Z. Morphol. Ökol. Tiere*, 56, 444-480.

―, 1966b：Untersuchungen am Ei des Speisebohnenkäfers *Bruchidius obtectus* Say (Coleoptera). II. Entwicklungsphysiologische Ergebnisse der Schnurungsexperimenta. *W. Roux' Archiv Entw.-mech. Org.*, 157, 320-392.

―, 1971：Die Entwicklungsfähigkeit des Eies von *Bruchidius obtectus* Say nach partielles UV-Licht-Bestrahlung (Coloptera). *Ibid.*, 167, 299-324.

Jura, Cz., 1957：Experimental studies on the embryonic development of the *Melasoma populi* L. (Chrysomelidae, Coleoptera). *Zool. Pol.*, 8, 177-199.

―, A. Krzysztofowicz & B. Weglarska, 1957：Histochemical investigations on the embryonic development of *Melasoma populi* L. (Chrysomelidae, Coleoptera). Part 1. *Ibid.*, 8, 201-216.

Kobayashi, H. & H. Ando, 1985：Early embryogenesis of fireflies, *Luciola cruciata*, *L. lateralis* and *Hotaria parvula* (Coleoptera, Lampyridae). In：*Recent Advances in Insect Embryology in Japan* (Ando, H. & K. Miya, eds.), pp. 157-169. Arthropodan Embryological Society of Japan, ISEBU, Tsukuba.

Kobayashi, Y., 2017：Formation of subcoxae-1 and 2 in insect embryos：The subcoxal theory revisited. *Proc. Arthropod. Embryol. Soc. Jpn.*, 48, 33-38.

―, H. Suzuki & N. Ohba, 2001：Formation of a spherical germ rudiment in the glow-worm, *Rhagophthalmus ohbai* Wittmer (Coleoptera：Rhagophthalmidae), and its phylogenetic implications. *Ibid.*, 36, 1-5.

―,―&―, 2002：Embryogenesis of the glow-worm *Rhagophthalmus ohbai* Wittmer (Insecta：Coleoptera, Rhagophthalmidae), with emphasis on the germ rudiment formation. *J. Morphol.*, 253, 1-9.

―,―&―, 2003：Development of the pleuropodia in the embryo of the glowworm *Rhagophthalmus ohbai* (Rhagophthalmidae, Coleoptera, Insecta), with comments on their probable function. *Proc. Arthropod. Embryol. Soc. Jpn.*, 38, 19-26.

―, K. Niikura, Y. Oosawa & Y. Takami, 2013：Embryonic development of *Carabus insulicola* (Insecta, Coleoptera, Carabidae) with special reference to external morphology and tangible evidence for the subcoxal theory. *J. Morphol.*, 274, 1323-1352.

Koch, A., 1931：Die Symbiose von *Oryzaephilus surinamensis* L. (Cucujidae, Coleoptera). *Z. Morphol. Ökol. Tiere*, 23, 389-424.

Komatsu, S. & Y. Kobayashi, 2012 : Embryonic development of a whirligig beetle, *Dineutus mellyi*, with special reference to external morphology (Insecta : Coleoptera, Gyrinidae). *J. Morphol.*, **273**, 541–560.

Korschelt, E., 1912 : Zur Embryonalentwicklung des *Dytiscus marginalis* L. *Zool. Jb., Suppl.*, **15**, 499–532.

Krause, G., 1958 : Induktionssysteme in der Embryonalentwicklung von Insekten. *Ergebn. Biol.*, **20**, 169–198.

——, 1961 : Performed ooplasmic reaction systems in insect eggs. In : *Symposium on the Germ cells and Ealiest Stages of Development, Pallanza, September 14–20, 1960*, pp. 302–337. Instituto Lombardo, Milano, Fondazione A. Baselli.

Krause, J. B., 1947 : The structure of the gonads of the wood–eating beetle, *Passalus cormutus* Fabricius. *Ann. Entomol. Soc. Am.*, **39**, 193–206.

——& M. T. Ryan, 1953 : The stages of development in embryology of the horned passalus beetles, *Popilius disjunctus* Illiger. *Ibid.*, **46**, 1–20.

Krzysztofowicz, A., 1959–1960 : Comparative investigations on the embryonic development of the weavils (Coleoptera, Curclionidae), and an attempt to apply them to the systematics of this group. *Zool. Pol.*, **10**, 3–27.

——, 1962 : Histochemical investigations on the embryonic development of *Melasoma populi* L. (Chrysomelidae, Coleoptera). Part III. The distribution of lecithin and PAS–positive substances. *Acta Biol. Cracov.*, **5**, 199–205.

Kurihara, M. & M. Matsuzaki, 1989 : Ovarian structure and oogenesis in the rice water weevil, *Lissorphoptrus oryzophilus* (Coleoptera, Curculionidae). *Jpn. J. Entomol.*, **57**, 666–680.

Küthe, H. W., 1966 : Das Differenzierungszentrum als selbst regulierendes Faktorensystem für die Ausbau der Keimanlage im Ei von *Dermestes frischi* (Coleoptera). *W. Roux' Archiv Entw.–mech. Org.*, **157**, 212–302.

Lécaillon, A. 1898 : Recherches sur les développement embryonnaire de quelques Chrysomélides. *Archs. Anat. Microsc.*, **2**, 118–176, 185–250.

Lincoln, D. C. R., 1961 : The oxygen and water requirements of the egg of *Ocypus olens* (Staphylinidae, Coleoptera). *J. Insect Physiol.*, **7**, 265–272.

Luginbill, P. A. Jr., 1953 : A contribution to the embryology of the may beetle. *Ann. Entomol. Soc. Am.*, **46**, 505–528.

Mansour, K., 1927 : The development of the larval and adult midgut of *Calandra oryzae* (Linn.) : the rice weevil. *Q. J. Microsc. Sci.*, **71**, 313–352.

Matsuda, R., 1976 : *Morphology and Evolution of the Insect Abdomen*. Pergamon Press, Oxford.

Mazur, Z. T., 1960 : The embryogenesis of the central nervous system of *Agelastica alni* L. (Coleoptera, Chrysomelidae). *Zeszyty Naukowe Uniwersytetu Jagiellońskiego, Ser. Zool.*, **5**, 205–229.

Mazzini, M., 1975 : Sulla fine struttura del micropilo negli insetti. II. L'ultrastrutture dell'uovo di *Adalia bipunctata* L. (Coleoptera : Coccinellidae). *Redia*, **56**, 185–191.

Miya, K., 1965 : The embryonic development of a chrysomelid beetle, *Atrachya menetriesi* Faldeermann (Coleoptera). *J. Fac. Agric. Iwate Univ.*, **7**,

155–166.

——& T. Abe, 1966 : The early embryology of *Epilachna vigintioctomaculata* Motschulsky (Coccinellidae, Coleoptera), including some observation on later development. *Ibid.*, **7**, 277–289.

——& Y. Kobayashi, 1974 : The embryonic development of *Atrachya menetriesi* Faldermann (Coleoptera, Chrysomelidae). II. Analysis of early development by ligation and low temperature treatment. *Ibid.*, **12**, 39–55.

Mulnard, J., 1947 : Le développement embryonnaire d'*Acanthoscelides obtectus* Say (Col.). *Arch. Biol.*, **58**, 289–314.

——, 1954 : Etude morphologique et cytochemique de l'oogenese chez *Acanthoscelides obtectus* Say (Bruchidae–Coléoptère). *Ibid.*, **65**, 262–314.

Niikura, K., K. Hirasawa, T. Inoda & Y. Kobayashi, 2017 : Embryonic development of a diving beetle, *Hydaticus pacificus* Aubé (Insecta : Coleoptera; Dytiscidae) : External morphology and phylogenetic implications. *Proc. Arthropod. Embryol. Soc. Jpn.*, **48**, 19–32.

Nussbaum, J., 1888 : Die Entwicklung der Keimblätter bei *Meloe proscarabaeus*. *Biol. Zbl.*, **8**, 449–452.

Patel, N. H., B. G. Condron & K. Zim, 1994 : Pair–rule expression patterns of even–skipped are found in both short– and long–germ beetles. *Nature*, **367**, 429–434.

Paterson, N. F., 1931 : A contribution to the embryological development of *Euryope terminalis* Baly (Coleoptera, Phytophaga, Chrysomelidae), Part I : The early embryonic development. *South African J. Sci.*, **28**, 344–371.

——, 1932 : A contribution to the embryological development of *Euryope terminalis* Baly (Coleoptera, Phytophaga, Chrysomelidae), Part II : Organogeny. *Ibid.*, **29**, 414–418.

——, 1936 : Observations on embryology of *Corynodes puris*. *Q. J. Microsc. Sci.*, **78**, 91–132.

Rasmussen, S. W. & P. B. Holm, 1982 : The meiotic prophase in *Bombyx mori*. In : *Insect Ultrastructure* (King, R. C. & H. Akai, eds.), Vol. 1, pp. 61–85. Plenum Press, New York.

Rempel, J. G. & N. S. Church, 1965 : The embryology of *Lytta viridana* Le Conte (Coleoptera : Meloidae). I. Maturation, fertilization, and cleavage. *Can. J. Zool.*, **43**, 915–925.

——&——, 1969a : The embryology of *Lytta viridana* Le Conte (Coleoptera : Meloidae). IV. Chromatin elimination. *Ibid.*, **47**, 351–353.

——&——, 1969b : The embryology of *Lytta viridana* Le Conte (Coleoptera : Meloidae). V. The blastoderm, germ layers, and body segment. *Ibid.*, **47**, 1157–1171.

——&——, 1971 : The embryology of *Lytta viridana* Le Conte (Coleoptera : Meloidae). VII. Eighty–eight to 132h : the appendages, the cephalic apodemes, and head segmentation. *Ibid.*, **49**, 1571–1581.

——&——, 1972 : The embryology of *Lytta viridana* Le Conte (Coleoptera : Meloidae). VIII. The respiratory system. *Ibid.*, **50**, 1547–1554.

——, B. S. Heming & N. S. Church, 1977 : The embryology of *Lytta viridana* Le Conte (Coleoptera : Meloidae). IX. The central nervous system, stomatogastric nervous system, and endocrine system.

Quaest. Entomol., **13**, 5–23.

Ritterhaus, K., 1927：Studien zur Morphologie und Biologie von *Phyllopertha horticola* L. und *Anomala aenea* Geer. (Coleopt.). *Z. Morphol. Ökol. Tiere*, **8**, 271–408.

Roonwal, M. L., 1937：Studies on the embryology of the African migratory locust, *Locusta migratoria migratorioides* Reiche and Frm. (Orthoptera, Acrididae). II-Organogeny. *Phil. Trans. R. Soc. Lond., Ser. B*, **227**, 175–244, 7 pls.

Rost-Roszkowska, M., A. Kubala, B. Nowak, S. Pilarczyk & J. Klag, 2007：Ultrastructure of alimentary tract formation in embryos of two insect species：*Melasoma saliceti* and *Chrysolina pardalina* (Coleoptera, Chrysomelidae). *Arthropod Struct. Dev.*, **36**, 351–360.

Saling, T., 1907：Zur Kenntnis der Entwicklung der Keimdrüsen von *Tenebrio molitor* L. *Z. Wiss. Zool.*, **86**, 238–303, 2 pls.

Sato, S., T. Inoda, S. Niitsu, S. Kubota, Y. Goto & Y. Kobayashi, 2017：Asymmetric larval head and mandibles of *Hydrophilus acuminatus* (Insecta：Coleoptera, Hydrophilidae)：Fine structure and embryonic development. *Arthropod Struct. Dev.*, **46**, 824–842.

Sato, Y., 1998：Morphological implication of the suboesophageal body as a secretory organ in the silkworm, *Bombyx mori*. *J. Seric. Sci. Jpn.*, **67**, 367–372.

Schnetter, W., 1965：Experimente zur Analyse der morphogenetischen Funktion der Ooplasmabestandteile in der Embryonalentwicklung des Kartoffelkäfers (*Leptinotarsa decemlineata* Say.). *W. Roux' Archiv Entw.–mech. Org.*, **155**, 637–692.

Scott, A., 1941：Reversal of sex production in *Micromalthus*. *Biol. Bull.*, **81**, 420–431.

渋谷俊一，1978：カメノコハムシ *Cassida bebrosa* (Coleoptera, Cassidae) の胚発生．岩手大学修士論文．

Smreczynski, S., 1932：Embryologische Untersuchungen über die Zusamensetzung des Kopfes von *Silpha obscura* L. (Coleopt.). *Zool. Jb. Anat. Ontog.*, **55**, 233–314.

Snodgrass, R., 1935：*Principles of Insect Morphology*. McGraw-Hill Book, New York, London.

Stanley, M. M. S. & A. W. Grundmann, 1970：The embryonic development of *Tribolium confusum*. *Ann. Entomol. Soc. Am.*, **63**, 1248–1256.

Stein, F., 1847：*Vergleichende Anatomie und Physiologie der Insekten. Die weibliche Geschlechts-Organe der Käfer*. Dunker & Humblot, Berlin.

Surowiak, J., 1958：The early stages of embryonic development of the *Hylobius abietis* L. (Curclionidae, Coleoptera). *Zeszyty Naukowe Uniwersytetu Jagiellońskiego, Ser. Zool.*, **3**, 3–29. (ポーランド語)

Suzuki, K., 1974：Ovariole number in the Family Chrysomelidae (Insecta：Coleoptera). *J. Coll. Lib. Arts, Toyama Univ.*, **7**, 53–70.

——& A. Hara, 1976：Comparative study of the egg size in relation to the egg number in the Family Chrysomelidae (Insecta：Coleoptera). *Ibid.*, **9**, 39–81.

Sweeny, P. R., N. S. Church, J. G. Rempel & R. G. Gerrity, 1968：The embryology of *Lytta viridana* (Coleoptera, Meloidae). III. The structure of the chorion and micropyles. *Can. J. Zool.*, **46**, 213–217.

Tichomirova, A. L., 1974a：Structure of staphylinid larvae (Coleoptera, Staphylinidae) with particular reference to the phenomena of embryonization and desembryonization. *Zool. Zh.*, **53**, 1187–1194. (ロシア語)

——, 1974b：Disembryonization as the mechanism of phylogenetic transformations in Coleoptera. *Z. Obshch. Biol.*, **35**, 620–630. (ロシア語)

——& O. A. Melnikov, 1970：The late embryogenesis of Staphylinidae and nature of aleocharo- and staphylinomorphosis larvae. *Zool. Anz.*, **184**, 76–87.

Tiegs, O. W. & F. V. Murray, 1938：The embryonic development of *Calandra orizae*. *Q. J. Microsc. Sci.*, **80**, 159–284.

Ullmann, S. L., 1964：The Origin and structure of the mesoderm and the formation of the coelomic sacs in *Tenebrio molitor* L. *Phil. Trans. R. Soc., B.* **248**, 245–277.

——, 1967：The development of the nervous system and other ectodermal derivatives in *Tenebrio molitor* L. *Ibid.*, **252**, 1–25.

Vogel, W., 1950：Eibildung und Embryonalentwicklung von *Melolontha vulgaris* F. und ihre Auswertung für die chemische Maikäferberkampfung. *Z. Angew. Entomol.*, **31**, 537–582.

Weber, H., 1933：*Lehrbuch der Entomologie*. Gustav Fisher, Jena.

Weglarska, B., 1950：Fertilization and early stages of development in *Agelastica alni* L. (Coleoptera, Chrysomelidae). *Bull. l'Acad. Polon. Sci. Lett., Sér. B*, **2**, 277–302.

——, 1955：The formation of the blastoderm and embryonic membranes in *Polydross impar* Gozis (Coleoptera, Curculionidae). *Bull. Entomol. Pologne*, **25**, 193–211.

Williams, F. X., 1916：Photogenic organs and embryology of Lampyrids. *J. Morphol.*, **28**, 145–207.

Wray, D. L., 1937：The embryology of *Calandra callosa* Olivier：the southern corn bug (Coleoptera：Rhynchophoridae). *Ann. Entomol. Soc. Am.*, **30**, 361–394.

Zacharuk, R. Y., 1958：Structures and function of the reproductive systems of the prairie grain wireworm, *Ctenicera aeripennis destructor* (Brown) (Coleoptera：Elateridae). *Can. J. Zool.*, **36**, 725–751.

Zakhvatkin, Y. A., 1968：Comparative embryology of Chrysomelidae. *Zool. Mag. Moscow*, **47**, 1333–1342.

30章

ネジレバネ目
Strepsiptera

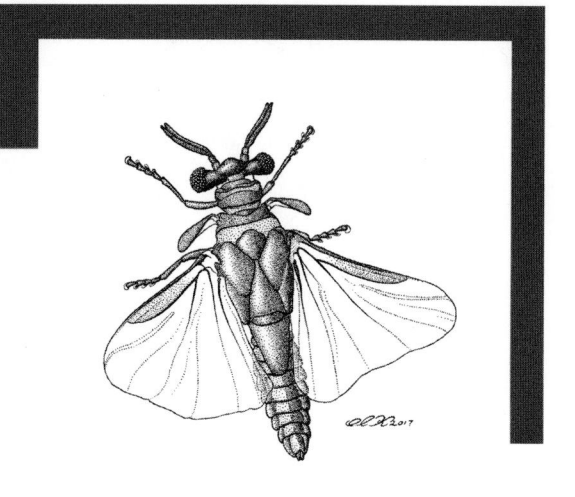

30-1 はじめに

　この目は，すべての種がバッタ目 Orthoptera，カマキリ目 Mantodea，ゴキブリ目（広義）Blattodea，半翅目 Hemiptera，ハチ目 Hymenoptera，ハエ目 Diptera，そしてシミ目 Zygentoma などの昆虫類を宿主とする内部寄生虫で，雌雄の形態が著しく異なっている。微小な昆虫で，雄の体長は 1 mm 前後（まれに 6 mm），有翅で自由生活をするのに対し，雌は数 mm と大きく，一部のものを除き脚がなく蛆状，終生寄主の体内で寄生生活を送る（非常に原始的なムカシネジレバネ科 Mengenillidae の雌は有肢で自由生活する）。また，全種が過変態 hypermetamorphosis を行うことも特徴である。また，興味ある現象として，ネジレバネ類に寄生されたハチやカメムシなどの宿主で，両性に性徴の変化が生じるスチロプス去勢 stylopization の起こることが知られている。

　ネジレバネ目は，全世界から現生 2 亜目（ムカシネジレバネ亜目 Mengenillidia とネジレバネ亜目 Stylopidia），8 科，約 600 種が知られるのみの小さな昆虫群である。ネジレバネ目の姉妹群候補としては甲虫目 Coleoptera，アミメカゲロウ目 Neuroptera，ハチ目 Hymenoptera，ハエ目 Diptera などがあり，議論が定まらず「ネジレバネ問題 Strepsiptera problem」とよばれてきた。しかしながら，近年のネジレバネ問題の解決をめざした多くの形態学的研究（Pohl & Beutel, 2013 を参照），さらには最近の大規模な分子系統学的研究（Ishiwata *et al.*, 2011；Misof *et al.*, 2014）から，甲虫目との姉妹群関係が強く示唆されるようになっている。

　この目の発生学的研究としては Brues（1903）と Hughes–Schrader（1924）による *Acroschismus wheeleri*（= *Xenos peckii*）と Hoffmann（1913, 1914）による *Xenos bohlsi* についての，さらに Noskiewicz & Poluszynski（1935）による多胚発生種の *Halictoxenos simplicis*，および彼ら（1927）による *Stylops* 数種についての研究がある[*1]。ネジレバネ類の卵は 100 μm 以下と非常に小さいため胚の外部形態観察は困難であったが，最近，ドイツと日本の共同研究で *Stylops ovinae* の胚発生の走査型電子顕微鏡観察がなされ（Fraulob *et al.*, 2015），ネジレバネ胚の外部形態の理解も大幅に進んだ。以上の研究は，すべてネジレバネ亜目に関するものである。

30-2 単胚発生のネジレバネ

　ネジレバネ目で特記が必要なのは，全種が胎生 viviparity を行うことで，さらに興味があるのは，単胚発生 monoembryony と多胚発生 polyembryony を行うことである。また，単胚発生の場合も卵内の卵黄量の多寡により，胚発生にかなりの相違がみられることで，以下に述べる *Stylops* の卵は卵黄の蓄積を欠き，*Xenos* の卵は卵黄を含んでいるのである。

(1) Stylops

　Noskiewicz & Poluszynski（1927）は，ヒメハナバチ *Andrea*（ヒメハナバチ科 Andrenidae）7 種に寄生する *Stylops* 属の数種を研究材料にしている。卵は母体の卵巣内で発生するが，発生が進む

[*1] この目の発生についても，Hagan（1951）の優れた総説がある。

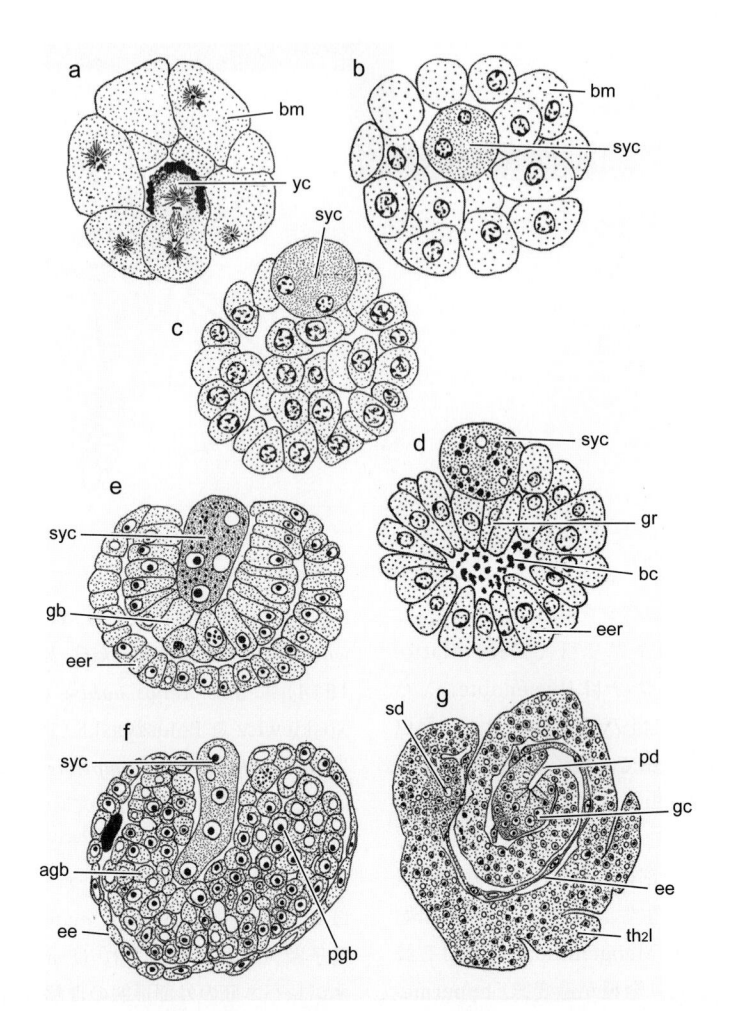

図 30-1　単胚発生のネジレバネ *Stylops* の発生（Noskiewicz & Poluszynski, 1927 を Hagan, 1951 が改変した図を参考）
a, b, e, g. *S. gwynanae*, c, d, f. *S. praecocis*.　a. 卵黄細胞形成（第五卵割），b. 卵黄細胞 4 核シンシチウム（第六卵割），
c. 卵黄細胞が背側に移動（第七卵割），d. 割腔が生じ，胚原基と胚膜原基の形成，e. 胚横断面．卵黄細胞が深く
取り込まれる，f. 胚縦断面．胚が多層の細胞よりなり，胚膜が薄化，g.　一次背閉鎖の中期胚．縦断面
agb：胚帯前部，bc：割腔，bm：割球，ee：胚膜，eer：胚膜原基，gb：胚帯，gc：生殖細胞，gr：胚原基，pd：肛門陥，
pgb：胚帯後部，sd：口陥，syc：卵黄細胞シンシチウム，th2l：中肢，yc：卵黄細胞

と卵巣は崩れ，卵は血体腔 haemocoel をへて，母
体内に充満するという．このため Hagan（1951）
は，本目をハエ目のタマバエ *Miastor* とともに，血
体腔卵胎生 haemocoelous viviparity のグループ
をつくっている．ネジレバネの雄は，雌の体ある
いは交尾孔に交尾器を突き刺して，精子を母体の
体腔に注入，そこで受精が起こる（Peinert *et al.*,
2016）．*Stylops* の胚発生の概略を，Noskiewicz &
Poluszynski（1927）と Fraulob *et al.*（2015）を
中心にして述べよう．

　Stylops の卵巣卵は由来不明の 2 枚の膜で包まれ
ており，内側の薄膜はシンシチウム状で，卵の栄養
吸収の機能を司るものと考えられる．彼らが研究

に用いた全種の卵で脂肪様の栄養質はみられるもの
の，他の昆虫でみられるような「卵黄」の蓄積はない．

　成熟分裂の終わった雌性前核は，卵の中心部で雄
性前核と合一して卵割が始まる．卵割は全割 total
cleavage で，中心部に栄養質をもった桑実胚 mor-
ula が形成される．第四卵割になると割球 blasto-
mere は栄養質から離れ始め，続く卵割で中心部に
とどまった一つの割球が，栄養質を取り込んで卵黄
細胞[*2] となり（図 30-1, a），他の割球は表層に位
置するようになる．引き続き割球は増え，卵黄細胞
の核も 2 回分裂して 4 核になるが，細胞質は分裂し

─────────
＊2　著者らは，この割球を卵黄細胞と称し，内胚葉細胞
　　としている．

ないため大きなシンシチウムとなる（図30-1，b）。このころになると割球（胚盤葉細胞）の配列に単層と多層の部分が生じ，胚の背腹軸がわかるようになる。第七卵割で，それまで中心部にあった卵黄細胞は卵表に押し出され（同図，c），各割球自体も小さくなることで，やがて胚の中央部に腔所（胞胚腔blastocoel）ができて有腔胞胚coeloblastulaとなり，胚原基形成へと発生は進む。最初の変化は，胞胚の卵黄細胞に接した部分に凹所ができ，卵黄細胞を取り囲むようになったことで，この部分の胚盤葉が胚原基（胚盤），その外側を覆う部分が胚膜原基になるのである（同図，d）。

その後，胚原基は背部の卵黄（細胞）を包むように成長し，胚膜原基は徐々に薄くなる（同図，e）。続く発生で，卵黄を背にU字形に反り返った胚帯は，多層の細胞で構成されるようになり，薄くなった胚膜は，胚の前端から腹面を覆い，胚後端を越えて卵黄まで伸びている（同図，f）。

さらに胚の発生が進み，最長期に達すると，胚の腹部に二重の複雑な屈曲部が出現するが，これは胚長が伸びるのに対して，胚全体の大きさがほとんど変わらないことに由来するらしい。胚には体節化と付属肢の形成が進み（図30-3，a参照），頭部に生じた口陥は，体内に取り込まれた卵黄まで伸び，尾端に生じた肛門陥底には生殖細胞が存在している（図30-1，g）。一次背閉鎖primary dorsal closureは異風なもので，胚の腹部が巻き込むように屈曲して頭部に接するようになると，双方の腹面を覆う胚膜がその部分で接着し，胚を包む外胚膜と胚背面を包む内胚膜ができあがる。この内胚膜が胚の背面を一時的に覆い，一次背閉鎖が行われることになる。このプロセスを模式的に示したのが図30-2，a〜cである。なお，外胚膜は後に破れ，この仮の背閉鎖も胚体壁による真の背閉鎖が完成すると二次背器となり，後に消滅する。

しばらく反り返った姿勢を保ちながら，腹部は胸部，頭部の上を伸長し，体節形成，付属肢形成が進行する（図30-3，b〜d）。他のネジレバネ類におけるのと同様に，触角は出現するものの（同図，b，c）すぐに退化してしまう（同図，d）。胸肢には基

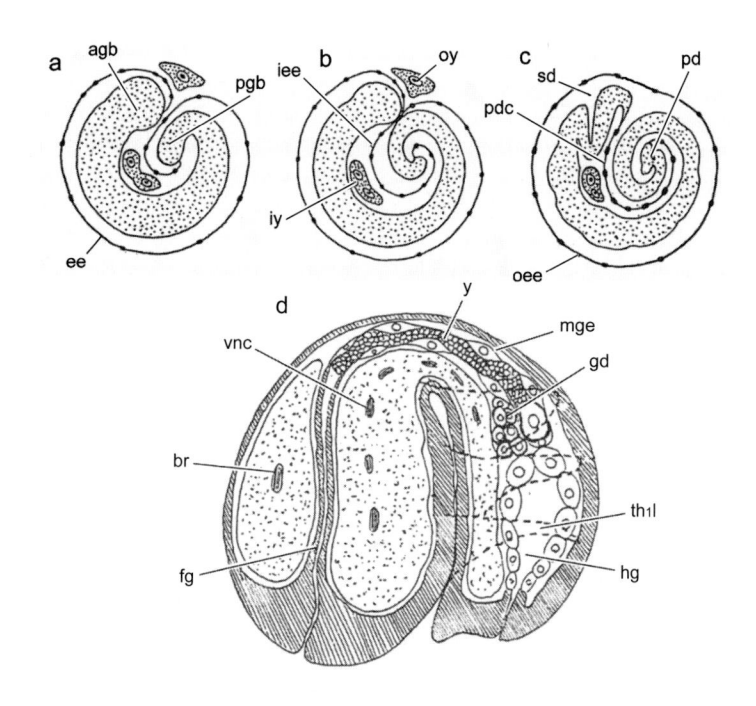

図30-2　ネジレバネ *Stylops* の胚の一次背閉鎖の過程と発生後期の胚（Noskiewicz & Poluszynski, 1927 を Hagan, 1951 が改変した図を参考）
a. 胚腹部の屈曲，b. 屈曲が進み胚の頭部と腹部が接し胚膜が接着，c. 一次背閉鎖により卵黄が取り込まれる，d. 後期胚（縦断面）
agb：胚帯前部，br：脳，ee：胚膜，fg：前腸，gd：生殖腺，hg：後腸，iee：内胚膜，iy：内部卵黄，mge：中腸上皮，oee：外胚膜，oy：外部卵黄，pd：肛門陥，pdc：一次背閉鎖，pgb：胚帯後部，sd：口陥，th1l：前肢，vnc：腹髄，y：卵黄

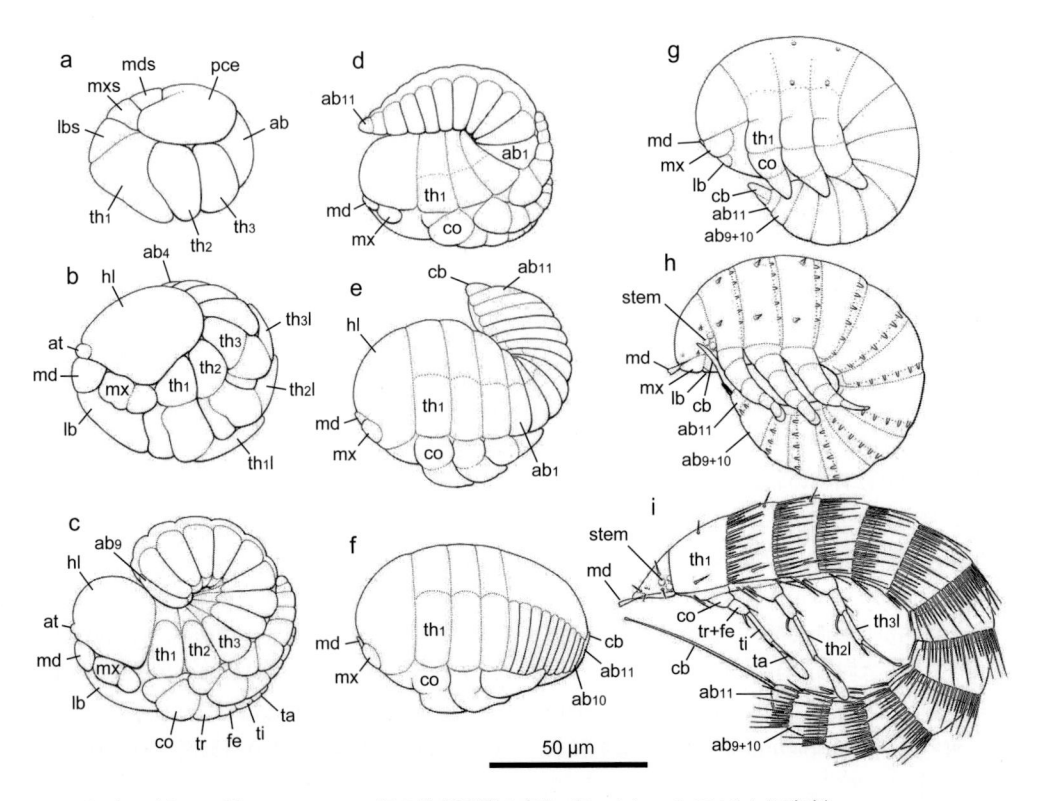

図 30-3　ネジレバネの一種 *Stylops ovinae* の胚の外部形態の変化（Fraulob *et al.*, 2015 より改変）
胚膜，卵膜は省いてある．a．背側に反り返り体節形成を開始した胚，b．付属肢形成する胚，c．伸長，付属肢の
分節がさらに進行した胚，d．体節形成を完了した胚，e．腹部の収縮が始まり姿勢転換を開始した胚，f．腹部が
後方を向いた姿勢転換中の胚，g．姿勢転換を完了した胚，h．最終形態に向けて形態形成中の胚，i．初令幼虫の
形態を獲得した孵化直前の胚．
ab：腹部，ab1, 4, 9〜11：第一，四，九〜十一腹節，at：触角，cb：尾剛毛，co：基節，fe：腿節，hl：頭葉，lb：下唇，
lbs：下唇節，md：大顎，mds：大顎節，mx：小顎，mxs：小顎節，pce：原頭葉，stem：側単眼，ta：跗節，th1〜3：
前〜後胸節，th1〜3l：前〜後肢，ti：脛節，tr：転節

節，転節，腿節，脛節，跗節が分化し，また腹部に
は 11 体節が形成され体節形成が完了する（同図，c，
d）．やがて，姿勢転換が起こる．すなわち腹部が後方，
そして前方に向きを変え（同図，e〜g），胚の姿勢
は反り返った形から腹側にうつむいた形に変わる．
姿勢転換の時期に第十一腹節には一対の隆起が出現
する．これは尾剛毛 caudal bristle の原基である．
初令幼虫に向けて形態形成が進行する．口器は機能
的な大顎の基部を左右融合した小顎，下唇が完全に
覆う「内顎口」[*3] となり，眼も分化し，尾剛毛はさ
らに伸びる（同図，h）．なお，図 30-2，d は発生
後期の器官形成が進行している胚である．腹髄（腹
側神経索）ventral nerve cord には前方への集中が

みられ，口陥底から生じた中腸上皮の中には卵黄が
含まれている．*Stylops* では中腸上皮は口陥底のみ
から形成されるらしく，このステージの胚になって
も中腸と後腸の内腔はつながっていない．
　図 30-3，i は最終形態を獲得した孵化直前の胚で
あり，後方を向いた多数の剛毛が体表に生える．ネ
ジレバネ類の初令幼虫は発達した尾剛毛をもつが，
孵化した初令幼虫がジャンプし宿主に飛び移る際に
役に立つといわれている．起源的には第十一腹節の
付属肢と理解できることから，Hoffman（1914）
や Fraulob *et al.*（2015）は尾毛 cercus と相同視
した．尾毛の退化は完全変態類の特徴であり（Beutel
et al., 2014），とくに，最近，完全変態類の最原始
系統群とされるハチ目，ネジレバネ目との姉妹群関
係が示唆される甲虫目，甲虫目とネジレバネ目から
なるとされる甲虫節 Coleopterida との近縁性が示
唆される脈翅節 Neuropterida で尾毛が存在しない

＊3　内顎類に知られる「内顎口 entognathy」とは形成
　　のプランがまったく異なる．上巻の第 2 部各論 3 章
　　「コムシ目」，本巻の第 2 部各論 34 章「カマアシム
　　シ目（補遺）」，35 章「コムシ目（補遺）」，第 3 部
　　1 章「胚発生と無翅昆虫類の系統関係」を参照．

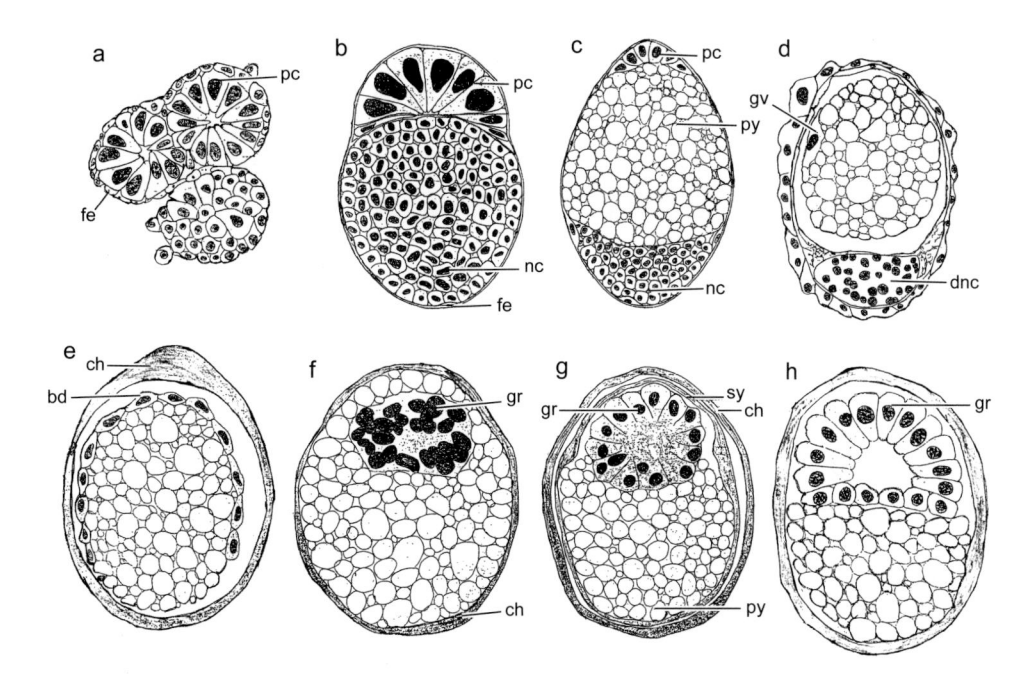

図 30-4　ネジレバネの一種 *Xenos peckii* の原卵と初期発生（Brues, 1903 より改変）
a. 原卵, 初期, b. 同, 卵黄蓄積前, c. 同, 卵黄蓄積, d. 真卵, e. 胚盤葉期, f〜h. 胚原基形成
bd：胚盤葉, ch：卵殻, dnc：退化栄養細胞, fe：濾胞上皮, gr：胚原基, gv：卵核胞, nc：栄養細胞, pc：冠細胞,
py：一次卵黄, sy：二次卵黄

ことから，ネジレバネ目で尾毛が再獲得されたことになる。前肢，中肢の跗節先端には粘着性のあるパッド状構造が発達する。後肢のものは発達が悪い。母虫の血体腔 haemocoel 中で発生を完了して胚は，初令幼虫として母虫の生殖導管 genital canal から育嚢をへて外界に出るという。ツチハンミョウなどの過変態を行う寄生性昆虫の初令幼虫は一対の爪と1本の爪間突起 empodium をもつことから三爪型幼虫 triungulin larva とよばれ，ネジレバネ類の初令幼虫も形態の類似からそのように称される。しかし，「三爪」をもつことはなく，この呼称は必ずしも相応しくない。

(2) *Xenos*

Brues（1903）と Hughes-Schrader（1924）は，この属の *Xenos peckii*（= *Acroschismus wheeleri*）の卵の成熟，受精，胚形成など，おもに早期の胚発生について，また，Hoffmann（1913, 1914）は *X. bohlsi* の早期発生から器官形成までを観察，報告している。

Brues は 7 〜 8 月にアシナガバチ *Polistes*（アシナガバチ科 Polistidae）に寄生した *X. peckii* の雌

80 個体を得て観察しているが，同一シーズンのものであったため，ほとんどが同じ発生段階で，研究に十分な材料を入手できなかったらしい。また，母虫の全体切片で，胚発生や内部形態の観察をしている。

卵形成，原卵・真卵：　本種の卵形成は Brues 自身が述べているように，きわめて特殊なものである。卵形成は幼虫期のきわめて早い時期に始まり，体長 1.5 〜 2.0 mm の幼虫で消化管の両側に数本の卵管からなる未熟な卵巣が見られる。この卵巣小管の中には Brues のいう原卵 primitive egg[*4] が含まれている。図 30-4, a がその原卵と称するもので，先端を中心腔に向けて球形に並んだ細胞塊の外側を濾胞上皮が包んでいる。この原卵は胚発生をする本来の卵，真卵 definitive egg（Brues, 1903）または true egg（Hughes-Schrader, 1924）とは異なるもので，真卵は複雑な過程をへてこの原卵からつくられるようである。また，卵管内の一連の原卵は，いずれも同じ形成段階で，有翅昆虫類の卵形成でみられる若い卵細胞から成熟卵までがそろったもので

＊4　Hughes-Schrader（1924）は primary egg とよんでいる。

はない。

　幼虫が終令に達すると，原卵の内腔に多数の栄養細胞が現れ卵黄をつくり，はなはだしく大きさを増した原卵は，崩壊して多数の小片になってしまう。図 30-4, b がそれで，それぞれの小片は栄養細胞をともなっている。原卵の小片に由来する冠細胞 polar-cap cell が一端にあり，残りの部分を大きな栄養細胞塊が占めて，卵黄を形成する（同図, c）。さらに周囲は，原卵からの濾胞上皮が包んでいる。これが真卵で，本来の卵として発生することになる。このような卵形成は Brues が指摘し，Hughes-Schrader も認めているとおり，有翅昆虫類で広く知られているものとはまったく異なるもので，十分な材料を揃えたうえで，微細構造も含めて精査する必要がある。

　受精，初期発生：　続いて真卵に大きな変化が起こり，前記の冠細胞と栄養細胞が崩れて消滅し（図 30-4, d），豊富に卵黄を含んだ卵の赤道面表層に卵核胞 germinal vesicle が現れ，原卵の濾胞上皮に由来すると思われる外膜と，起源のはっきりしない有核シンシチウム状の内膜で覆われている。Brues はこれを卵殻 chorion としているが，卵門 micropyle は発見できない。内膜は卵核の成熟から胚盤葉の完成にかけては厚いものであるが，それ以降は薄くはなるものの孵化をむかえるまで存続している（Hughes-Schrader, 1924）。こうして成熟に達した卵は，母体の脂肪体とともに血体腔に入り，受精が始まるのである。受精は多精受精 polyspermy で，精子の進入により成熟分裂が開始され，雌性前核と二つの極体が生じる。卵に入った精子の一つが分裂中の卵核に向かい，卵の表層で生じたばかりの雌性前核と合体する。16 個の染色体をもった受精核は卵の中心に入り，卵割が始まり，卵内の余（過）剰精子 supernumerary spermatozoon は，このころには消滅するという（Hughes-Schrader, 1924）。

　卵割は一般にみられるものと同様であるが，卵割核は顕著な細胞質の索で結ばれており，周縁細胞質も厚い。卵割核のすべてが卵表に移動し，胚盤葉が形成されたときには，卵黄内には核は存在していない。本種では胚盤葉が全卵表に形成されるのではないため，卵黄の露出部がみられる（図 30-4, e）。

　早・中期発生：　これまで卵の大半を覆っていた胚盤葉に収縮が起こり，卵の一極に向けて集中し，ついには細胞塊となって浅く卵黄中に入る（図

30-4, f）。この細胞塊の細胞は時間の経過につれて配列し，桑実様の陥入型胚原基となり，成長して卵の 1/3 を占めるようになるのであるが（同図, g），このころには，卵黄に分化が起き，胚原基と卵黄（一次卵黄）を覆う二次卵黄ができる。次に胚原基に内腔ができ，胚原基は袋状の形態となる（同図, h）。なお，卵黄内に 6 ～ 7 個の卵黄細胞がみられるようになるのも，このステージである。

　Hoffmann（1914）は同属 *X. bohlsi* の胚形成について記述しているが，彼によると，本種では胚原基が椀状で，下面の凹部は液化した卵黄で満たされているという。この点で両種の胚原基は相違しているようである。

　続いて *X. bohlsi* の胚発生の概要を Hoffmann（1913, 1914）により説明しよう。内層形成は外

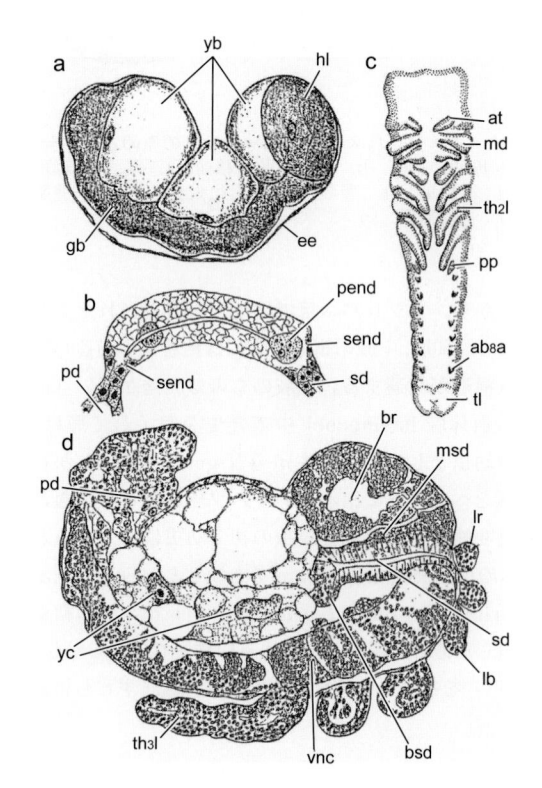

図 30-5　ネジレバネ *Xenos* の 胚 発 生（a, d. Hoffmann, 1913 より改変；b. Brues, 1903 より改変；c. Hoffmann, 1914 より改変）
a. 3 卵黄塊をもつ *X. bohlsi* の胚帯（側面），b. *X. bohlsi* の中腸形成の第一相，c. *X. peckii* の中期胚（腹面），d. *X. bohlsi* の後期胚（縦断面）
absa：第八腹節付属肢，at：触角，br：脳，bsd：口陥底，ee：胚膜，gb：胚帯，hl：頭葉，lb：下唇，lr：上唇，md：大顎，msd：中胚葉，pd：肛門陥，pend：一次内胚葉，pp：側脚，sd：口陥，send：二次内胚葉，th2,3l：中肢，後肢，tl：尾節，vnc：腹髄，yb：卵黄塊，yc：卵黄細胞

胚葉細胞の増殖により行われるが，原溝 primitive groove のような陥入はみられない。胚帯は *Stylops* 同様に細長く，最長期には卵黄上をまわるほどになる。胚帯に体節化と付属肢原基の形成が始まると，腹部には 11 節が認められるが，間挿節は不明瞭であるという。付属肢原基では，触角原基は小さいが，小顎原基は最初，顕著であるという。腹部には第八節まで小さな付属肢原基が生じ，第一節のものは側脚 pleuropodium である。胚は発生の進行にともなって短縮するものの，胚幅を大いに増し，図 30–5，c のようになる。

　後期発生：　ここでは二，三の器官形成について述べよう。外胚葉性器官としては，腹髄（腹側神経索）は発生が進むと *Stylops* と同様に前方に短縮し，神経索の 5 〜 6 個の神経節が，脳神経節と連接するようになる。発生後期の胚では，脳は中胸節の前まで後退し，食道下神経節は中胸節の後に位置している。また，形成時には第八腹節まで存在していた腹髄は短縮して第四腹節で終わっている。

　次に消化管形成について説明する。この *Xenos* の胚には，(1) の *Stylops* の場合と異なり，豊富に卵黄を含んでいる。この事実との関連も考えられるが，このネジレバネでは特殊な中腸形成がみられる。

　胚の背面を占めている卵黄部は，胚帯の発生が進むと，顕著な卵黄細胞（核）を 1 個ずつ含んだ三つの大きな卵黄塊に分裂するが（図 30–5，a），卵黄塊の境はまもなく消失し，卵黄部はシリンダー状に変わる。そして，前記の卵黄細胞の一つは口陥底に，他の二つは肛門陥底へ移動し，長い細胞質突起を生じるのである。口陥底からの突起は後方に，肛門陥底からのものは前方に伸びて接着して，内腔のある細いチューブ状の構造が形成されるという（同図，b）。この構造は一時的なもので，次の発生の間に崩壊してしまう。続いて口陥底，肛門陥底に分化した細胞から一対の中腸上皮形成リボンが生じ，卵黄の側腹面をそれぞれ前後に伸長して連接し，二つの一連のリボンができあがる。このリボンが背腹に伸展して卵黄を包み，胚の眼が着色するころには中腸が形成される。このとき前腸と中腸は通じているが，中腸と後腸は連絡していない。なお，*Xenos* にはマルピーギ管がないようであるが，これに代わるものとして，後腸壁から細い管が生じて，排泄の機能をするという。同図，d は器官形成の進んだ後期胚である。

いままでの説明でわかるように，このネジレバネの中腸形成には 2 相が存在するのである。この事実は昆虫類の中腸形成を検討する際に重要で，Hoffmann（1914）は最初の卵黄細胞（内胚葉と考える）による中腸様構造の形成を，中腸形成の祖型と考えている。これが第一相で，次の二極形成法による中腸形成が第二相である。

30–3　多胚発生のネジレバネ

　ハチネジレバネ科の一種 *Halictoxenos simplicis* はハチ目コハナバチ科 Halictidae の *Halictus simplex* に内部寄生し，発生は多胚発生を行う。この種の胚発生については，Noskiewicz & Poluszynski（1924，1935）による多胚形成過程に関する研究があり，Ivanova-Kasas（1972）の多胚発生についての説明も参考になろう。

　Noskiewicz & Poluszynski が観察できた最も若い胚は，直径 50 〜 55 μm で球形，前述の 2 種同様，二重の被膜で覆われている（外膜は早く消失する）。胚はすでに胞胚期で，1 個の一次卵黄核を含んだ細胞質性の卵黄のまわりに，100 ほどの細胞でできた胚盤葉が形成されている（図 30–6，a）。胚のこの形態は，本種が通常の表割を行うことを示唆しており，先に述べた *Stylops* での全割，*Xenos* での盤割を彷彿とさせる卵割とは異なるという。同図，b の胚では，胚盤葉にはほとんど変化は認められないが，卵黄核が増殖してはなはだしく数を増し，二つのタイプが生じているのがわかる。一つのタイプは卵黄質をともなった大型の核で，この核の出現により卵黄の分割が起こる。もう一つのタイプは小型の核で，細胞質を欠いている。これらの卵黄核の一部が胚盤葉を 1 〜数ヶ所で貫通して外に出ると，互いに連接して胚表にシンシチウムとなった栄養羊膜 trophamnion を形成するので，本種における栄養羊膜形成法は，ハチ目の卵寄生バチで述べる（本巻の 33 章参照）ものとは大きく相違している。ところで，この栄養羊膜を形成している核に，表層近くに位置する紡錘形の核と内側に位置する楕円形の核の二種類が認められるが，この形態的な相違には，次のような意味がある。最初の紡錘形の核は，これからも栄養羊膜の核としてはたらくが，卵黄核としての機能を保持していると考えられる楕円形の核のほうは，数核が集まって塊状になり，その下に接した部分の胚盤葉細胞を一次胚原基 primary embryonic

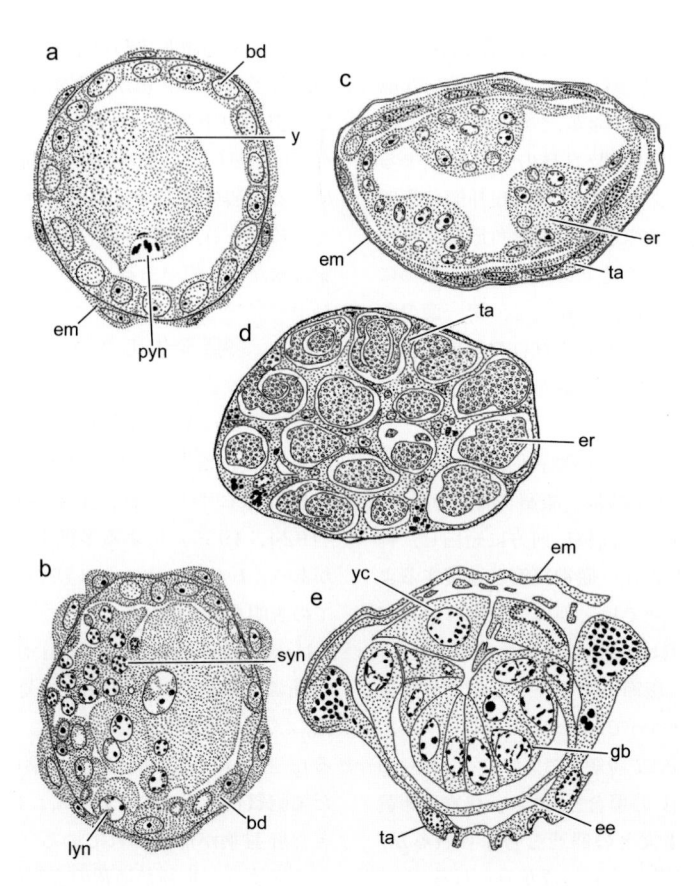

図 30-6　ネジレバネの一種 *Halictoxenos simplicis* の多胚発生（Noskiewicz & Poluszynski, 1935 を Hagan, 1951 が改変した図を参考）
a. 胚盤葉形成，b. 卵黄核の増加，c. 二次胚形成，d. 三次胚形成。胚は胞室内，e. 早期胚
bd：胚盤葉，ee：胚膜，em：卵膜，er：胚原基，gb：胚帯，lyn：大卵黄核，pyn：一次卵黄核，syn：小卵黄核，ta：栄養羊膜，y：卵黄，yc：卵黄細胞

rudiment へと分化させる。これが本種での多胚化の始まりなので（同図，c），この一次胚原基がさかんな細胞増殖をして分裂し，数個の二次胚原基 secondary embryonic rudiment をつくり，この原基がさらに分裂して 40 あるいはそれ以上の三次胚原基 tertiary embryonic rudiment を形成することになる。そして，それぞれの胚原基は，内側に伸びてきた卵黄核機能の栄養羊膜に包まれて，胞室状になっている（同図，d）。

　この三次胚原基が本来の胚として発生することになるが，図 30-6，e に示した胚原基は *Stylops* の同じころの胚と同様に，腹面に羊膜が，背面に卵黄細胞が存在している。また，本種の羊膜も胚原基形成に参加しなかった胚盤葉に由来しているのである。ただし，多胚のため各胚が栄養羊膜でできた胞室内にある点が相違している。Noskiewicz & Poluszynski（1935）は本種の中期胚を図示してい

るが，*Stylops* の同ステージ（図 30-1，g）のものとよく似ている。

30-4　おわりに

　ネジレバネ目の三つのタイプの胚発生を説明した。本目が血体腔胎生を行うため，とくに卵形成，初期発生に改変が生じているのがわかる。同じ単胚発生でありながら，*Stylops* と *Xenos* の卵における卵黄の有無は重要な相違であるが，これが胎生性への適応度を暗示するものかは，明らかではない。表成型の長い胚帯，異常なほど頭胸部の大きい胚などの形成は，この目の胚発生の特徴といえよう。「はじめに」で簡単にふれたように，ネジレバネ目と甲虫目の類縁が確からしくなってきた。この点で，*Xenos* の陥入型嚢状の胚原基が甲虫目ホタル科 Lampyridae の初期胚原基（上巻の第 1 部総論 4 章，図 4-16 参照）に類似しているのは興味深い。いず

れにしても，本目の胚発生には不明な点が多く，再研究，知見の再評価が強く望まれる。また，本目の胚発生を理解するうえで，ムカシネジレバネ亜目の研究はとくに重要である。

■ 30章の引用文献

Beutel, R. G., F. Friedrich, S.-Q. Ge and X.-K. Yang, 2014：*Insect Morphology and Phylogeny.* Walter de Gruyter, Berlin.

Brues, C. T., 1903：A contribution to our knowledge of the Stylopidae. *Zool. Jb. Anat. Ontog.*, **18**, 241-270.

Fraulob, M., R. G. Beutel, R. Machida & H. Pohl, 2015：The embryonic development *Stylops ovinae* (Strepsiptera, Stylopidae) with emphasis on external morphology. *Arthropod Struct. Dev.*, **44**, 42-68.

Hagan, H. R., 1951：*Embryology of the Viviparous Insects.* Ronald Press, New York.

Hoffmann, P. W., 1913：Zur Embryonalentwicklung der Strepsipteren. *Nachr. Kgl. Ges. Wiss. Göttingen. Math.-Phys. Klasse*, **1913**, 392-408.

――, 1914：Die embryonalen Vorgange bei den Strepsipteren und ihre Deutung. *Verh. Dtsch. Zool. Ges.*, **24**, 192-216.

Hughes-Schrader, S., 1924：Reproduction in *Acro-schismus wheeleri* Pierce. *J. Morphol.*, **39**, 157-205.

Ishiwata, K., G. Sasaki, J. Ogawa, T. Miyata & Z.-H. Su, 2011：Phylogenetic relationships among insect orders based on three nuclear protein-coding gene sequences. *Mol. Phylogenet. Evol.*, **58**, 169-180.

Ivanova-Kasas, O. M., 1972：Polyembryony in insects. In：*Developmental Systems：Insects* (Counce, S. J. & C. H. Waddington, eds.), Vol. 1, pp. 243-271. Academic Press, London, New York.

Misof, B., 他 100 名, 2014：Phylogenomics resolves the timing and pattern of insect evolution. *Science*, **346**, 763-767.

Noskiewicz, J. & G. Poluszynski, 1927：Embryologische Untersuchungen an Strepsiptereren. I. Teil. Embryogenesis der Gattung *Stylops* Kirby. *Bull. Int. Acad. Sci. Cracov.*, **3**, 1093-1226.

――&――, 1935：Embryologische Untersuchungen an Strepsiptereren. II. Teil. Polyembryonie. *Zool. Pol.*, **1**, 53-94.

Peinert, M., B. Wipfler, G. Jetschke, T. Kleinteich, S. N. Gorb, R. G. Beutel & H. Pohl, 2016：Traumatic insemination and female counter-adaptation in Strepsiptera (Insecta). *Sci. Rep.*, **6**, 25052.

Pohl, H. & R. G. Beutel, 2013：The Strepsiptera-Odyssey：The history of the systematic placement of an enigmatic parasitic insect order. *Entomologia*, **1**, 17-26.

31章

ハエ目
Diptera

31–1　はじめに

　ハエ目（双翅目）には 15 万余種が知られており，完全変態類中で鱗翅目，ハチ目と並ぶ大昆虫群で，多様な生息環境をもち，一部の種は海洋にまで生活圏を広げている。ハエ目のなかにはカなどの吸血性のものおよびハエなどが，病原微生物，ウイルスなどを媒介し，とくに熱帯では人類の生活に大きなダメージを与え，有害衛生昆虫の最たるものとして注目されるものが多い。

　ハエ目は長角（長糸，カ）亜目 Nematocera と短角（ハエ）亜目 Brachycera に分けられ，短角亜目はさらにアブ類の直縫群 Division Orthorrhapha とハエ類の環縫群 Division Cyclorrhapha の 2 群に分けられている[*1]。

　上記の長角亜目はガガンボ，アミカ，ケバエ，チョウバエ，カなどの群に，短角亜目の直縫群はアブ，ムシヒキアブの 2 類に，環縫群は無弁翅，有弁翅，蛹生の 3 類を含む多様な昆虫群で，成虫，幼虫の形態が多様であることは，胚発生の様式もまた多様である可能性を示唆している。また，タマバエ科の *Miaster* で幼生生殖 paedogenesis が知られており，昆虫類全体として珍しい例である。この目の発生学的研究は 19 世紀中葉から行われ，Johannsen & Butt（1941）によると，1860 年代から 1940 年までに 250 近くもの研究があるという。しかし，発生学的知識ははなはだしく偏っており，長角亜目のユスリカと短角亜目のショウジョウバエに集中し，とくにショウジョウバエは発生遺伝学，分子発生学

の優れた研究材料として広く利用されている。このため，記載発生学的知見も豊富で，他の昆虫群のそれに比べて格段に深い。なお，全般的なハエ目の発生学的研究をみてみると，前記 2 種以外の種に関しては，1960 年以前までは多くの研究があるが，最近は乏しいようである。表 31–1 と表 31–2 は，おもに Johannsen & Butt 以降，今日までハエ目の胚発生研究に用いられた属と文献を参考のために示したものである。

31–2　長角（カ）亜目：フサカ *Chaoborus* sp. の胚発生

　これまで長角亜目の胚発生に関しては，いくつかの科，種についての報告があるが，ここで記述するフサカに関するものはない。フサカはかつてフサカ亜科 Corethrinea としてカ科 Culicidae に入れられていたが，後にフサカ科（ケヨソイカ科）Chaoboridae として独立したもので，その胚発生様式におけるカ科との共通性の有無に関して興味がもたれよう。このフサカの卵は小さく透明で，生卵での胚発生の観察に好適であるから，生きた胚の外部形態の変化を中心に述べることにする。なお，同じ亜目のユスリカ科 Chironomidae のヒシモンユスリカ *Chironomus samoensis* の胚発生段階については矢島（1996）を参照するとよい。

(1)　産卵，卵の形態

　フサカの成虫は，4 月中旬から 10 月中旬にかけて盛夏を除いて見られ，雌は毎夕，日没後 1 時間以内に，水面に静止して産卵する。150 〜 250 個の卵

＊1　ハエ目については，岡田（1972）も参照のこと。

表 31-1　ハエ目（長角亜目）の発生学的研究に用いられた属

亜目・群・科	属 名 と 文 献
長角（カ）亜目 Nematocera	
ガガンボ群 Tipulimorpha	（研究文献なし）
アミカ群 Blephariceromorpha	
アミカ科 Blephariceridae	*Neocurupira*：Craig, 1967
クチキカ群 Axymyiomorpha	（研究文献なし）
ケバエ群 Bibionomorpha	
クロキノコバエ科 Sciaridae	*Sciara*：Du Bois, 1932; Butt, 1934
タマバエ科 Cecidomyiidae	*Miaster*：Hegner, 1914; Ivanova-Kasas, 1964; Mahowald, 1975
	Heteropeza：Ivanova-Kasas, 1964; Went, 1972
	Oligarces：Harris, 1924
	Phytophaga：Metcalfe, 1935
チョウバエ群 Psychodomorpha	
チョウバエ科 Psychodidae	*Cologmia*：Rohr *et al.*, 1999
ニセケバエ科 Scatopsidae	*Coboldia*：Rohr *et al.*, 1999
カ群 Culicomorpha	
カ科 Culicidae	ハマダラカ *Anopheles*：Ivanova-Kasas, 1949
	イエカ *Culex*：Rosay, 1959; Idris, 1960a, b; Davis, 1967, 1970
	ヤブカ *Aedes*：Telford, 1957; Christophers, 1960; Trpiš & Horsfall, 1967;
	Horsfall *et al.*, 1970; Trpiš *et al.*, 1973; Moretti & Larsen, 1973;
	Raminanis & Cupp, 1975, 1978
ユスリカ科 Chironomidae	ユスリカ *Chironomus*：Weismann, 1863; Gauss *et al.*, 1966
	ヒシモンユスリカ *C. samoensis*：矢島, 1996
	モンユスリカ *Tanypus*：Hesper, 1911
	Tanytarsus：Johannsen, 1937
	Smittia：Kalthoff & Sander, 1968; Kalthoff *et al.*, 1977; Jäckle, 1979
ブユ科 Simuliidae	ブユ *Simulium*：Gambrell, 1933; Craig, 1967, 1969

が 5 〜 7 mm くらいの円盤状の寒天塊に埋め込まれて産卵され，個々の卵は，ハチの巣状にくっついた小寒天塊の中に収められている。卵はバナナ形で，卵殻は透明であるが，発生後半に入るとやや暗色がかってくる。卵原形質は灰白色，透明である。しかし，卵黄内核増殖期には脂肪小粒の乱反射のため暗く不透明にみえる。卵長は 400 〜 410 μm，最大卵幅は 110 〜 135 μm で，卵前端は丸く，その中央には卵門の存在を示す直径 8 μm くらいの円盤状の突起物があり，卵後端は細く狭まっている。卵は側面観で凸面側と凹面側とが区別でき，この凹面側に将来完成された幼虫体の腹面がくる。この点はカ類と共通である。卵細胞質周辺には，卵幅の 1/25 ほどの厚さの表層細胞質があり，卵内には網状細胞質が分布するが，その量は他の長角亜目の卵に比べて少なく，代わりに小油球が豊富で，その間に灰白色の卵黄粒が散在する（図 31-1, a）。小油球は発生とともに融合し，大油球となる。

　以下に述べる胚発生の過程は，卵を 25 〜 27℃ に保ってのものである。

（2）　受精，卵黄内核増殖，胚盤葉形成，極細胞形成

　減数分裂は卵の凸面側，卵長 45％（卵後端を 0％ とする）ほどの卵表で行われるので，雌性（卵）前核と雄性（精）前核の融合，受精はここで起こるものと思われる。早期の分裂核の増殖はこの部分で行われ，発生の進展とともに前方と後方へと分裂核は分布の範囲を広げる。核分裂の周期は，卵内容物の卵長軸方向に沿った「振り子運動」の出現から，卵黄内での核増殖期早期では約 35 分，後期では約 45 分と思われる。産卵後まもなく卵細胞質は収縮を始め，その結果，卵両端に腔所が出現し，後端の腔所に極細胞が形成される（図 31-1, b）。極細胞の発生については（11）で説明しよう。

　7 回目の卵黄内核分裂後に分裂核の卵表に向けての移動が起こり，以後，卵表での 4 回の核分裂が行われて多核性胚盤葉が形成され（同図, c），産卵から 5 時間 20 分頃に細胞性胚盤葉が完成する（同図, d）。

（3）　卵内容物の振り子運動

　フサカにおいても，他のハエ目やその他の昆虫胚

表 31-2　ハエ目（短角亜目）の発生学的研究に用いられた属

亜目・群・科	属 名 と 文 献
短角（ハエ）亜目 Brachycera	
直縫群 Orthorrapha	
アブ類 Tabanomorpha	（研究文献なし）
ムシヒキアブ類 Asilomorpha	（研究文献なし）
環縫群 Cyclorrapha	
無額嚢群 Aschiza	
ノミバエ科 Phoridae	*Megaselia*：Rohr *et al.*, 1999
有額嚢群 Schizophora	
無弁翅類 Acalyptrata	
ミバエ科 Tephritidae	*Ceratitis*：Callaini, 1987; Callaini & Fanciulli, 1987
	Dacus：Anderson, 1961, 1962, 1963, 1964, 1966; Fytizas & Mourikis, 1973
ハマバエ科 Coelopidae	ケルプバエ *Coelopa*：Schwalm *et al.*, 1971; Schwalm & Bender, 1973; Schwalm, 1974, 1976
ショウジョウバエ科 Drosophilidae*	ショウジョウバエ *Drosophila*：Huettner, 1923; Sonnenblick, 1950; Poulson, 1950; Poulson & Waterhous, 1959; Okada & Waddington, 1960; Mahowald, 1962, 1963a, b, 1968, 1971a, b; Turner & Mahowald, 1976, 1977; Zalokar & Erk, 197
有弁翅類 Calyptrata	
ウマバエ科 Gasterophilidae	*Gyrostigma*：Cogley, 1990
ハナバエ科 Anthomyiidae	*Ophyra*：Tangl, 1909
クロバエ科 Calliphoridae	クロバエ *Calliphora*：Ludwig, 1949; Breuning, 1957; Wigglesworth & Beament, 1960; Wigglesworth & Salpeter, 1962; Davis *et al.*, 1968; Starre-van der Molen, 1972a, b; Starre-van der Molen & Priester, 1972; Starre-van der Molen *et al.*, 1973; Starre-van der Molen & Otten, 1974
	キンバエ *Lucilia*：Fish, 1947a, b, 1949, 1952; Poulson & Waterhouse, 1960; Davis, 1967, 1970
イエバエ科 Muscidae	イエバエ *Musca*：Weismann, 1863; West *et al.*, 1968; Leopold & Palmquist, 1968; Leopold *et al.*, 1978
	Cochliomyia：Riemann, 1965
ヤドリバエ科 Tachinidae	ヤドリバエ *Phorimia*：Noack, 1901; Auten, 1934; Schaefer, 1938; Poulson & Waterhouse, 1960
蛹生類 Pupipara	
シラミバエ科 Hippoboscidae	シラミバエ *Mellophagus*：Pratt, 1900
コウモリバエ科 Streblidae	*Stenopteryx*：Hardenburg, 1929
	Lipoptena：Hardenburg, 1929

＊ショウジョウバエに関しては膨大な研究があり，詳しくは，31-3 節「キイロショウジョウバエ」を参照されたい。

で報告されているように（Sander, 1976），初期の卵黄内核増殖期に卵内容物の卵の長軸に沿った振り子運動が認められ，発生段階により次の四つの運動に分けられる。第一は産卵直後から卵中央約 1/3 の領域にある内部細胞質が，卵表に垂直に向かい，そこから卵前端と後端に向かう二つの流れに分かれる。表面に沿って両極に達した細胞質はふたたび両端から内部に入り，卵中央 1/3 域に移動する。この周回運動のあいだに精前核は中央 1/3 域に運ばれ，卵前核と融合することになる。この周回運動がしばらく続いてから，第二の卵中部域から卵長軸に沿った細胞質の両極に向かう数回の往復運動がみられる。これに対して表層の細胞質は内部の細胞質と

は逆方向の往復運動を行い（1 回目の往復運動はほとんど卵中部の 1/3 域に限られる），この 5 回目の運動と前後して前述の極細胞が形成される。これ以降の第三のタイプの運動では，逆に卵中央へ向かう動きのほうが大きくなる。この 7 回目の往復運動の後で，分裂核は卵表層に到達する。この後，さらに細胞性胚盤葉形成期までに 4 回の往復運動が起こる。これが第四のタイプである。往復運動は 35 〜 45 分くらいの周期で生じ，後方へ行くほどその周期は長くなり，この運動により卵内容物は最大で卵長の約 6％ から最小 3％ ほど移動するのである。

　これらの卵内容物の長軸方向での往復運動は，細胞性胚盤葉期までの多核体胚期における核分裂周期

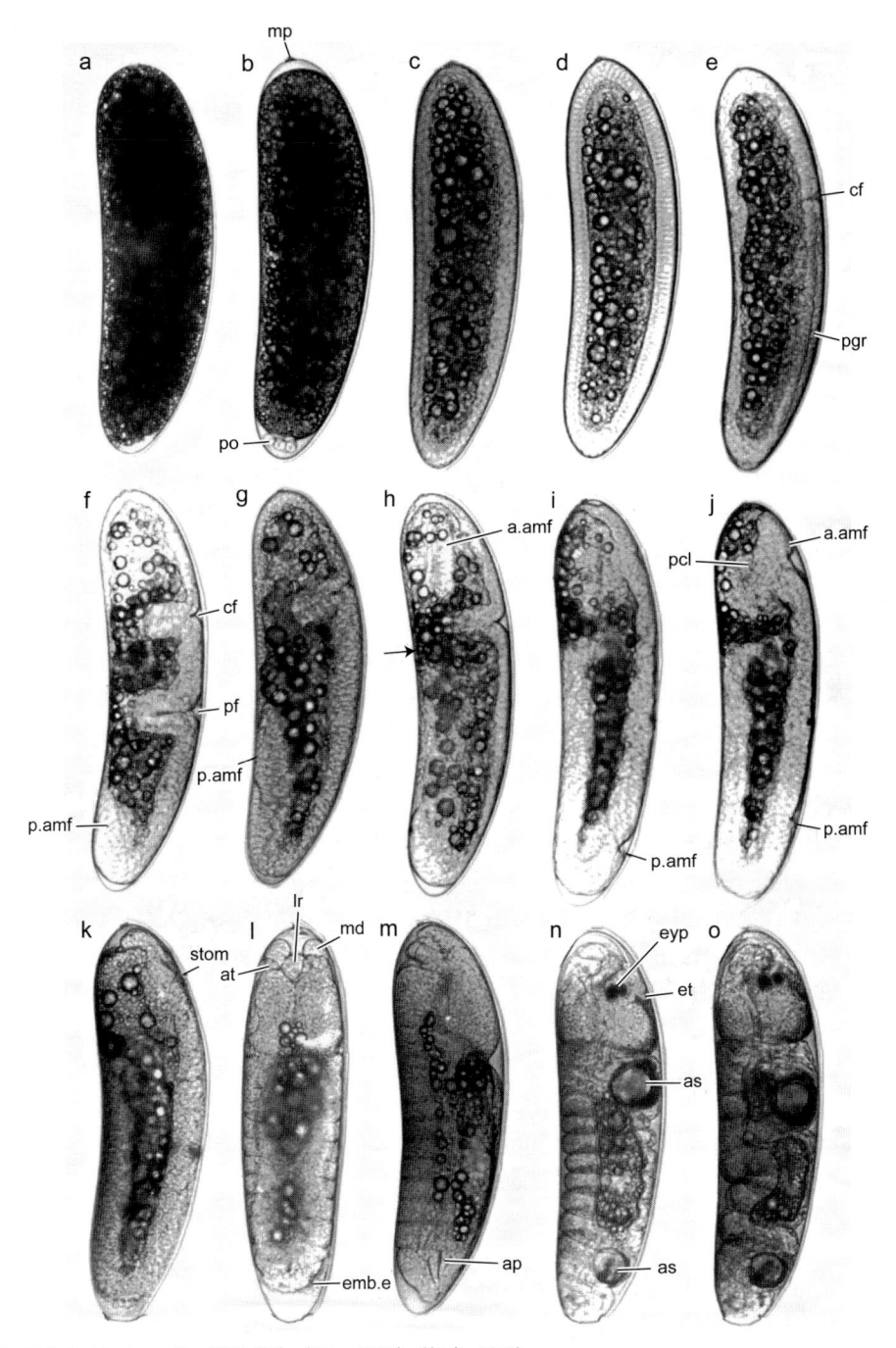

図 31-1　フサカ *Chaoborus* の一種の発生（25〜27℃）（矢島　原図）

　a. 産卵直後の卵の側面観（上が前端），b. 産卵後 1 時間 40 分：卵内容物が収縮し，後端の腔所に極細胞が観察され，前端には卵門突起が見られる，c. 同 3 時間 20 分：多核性胚盤葉期，d. 同 5 時間 20 分：細胞性胚盤葉期，e. 同 5 時間 40 分：卵凸面側に頭褶が，その後方に原溝が形成される，f. 同 6 時間 20 分：後部褶および後部羊膜褶形成，g. 同 6 時間 35 分：後部褶消失，h. 同 6 時間 40 分：頭褶の前方に形成中の前部羊膜褶が見える。胚腹端（矢印）は凹面側中部より前にある，i. 同 7 時間 10 分：胚腹端は卵前部で卵内に陥入。後部羊膜褶は卵後端をまわって凸面側へ，j. 同 7 時間 30 分，k. 同 12 時間 20 分：口陥形成，l. 同 20 時間 10 分（背面観）：卵殻から離れた崩壊中の羊膜が胚後端に見られる，m. 同 20 時間 30 分：胚の回転運動で胚腹面は卵の凹側にくる。胚膜吸収，n. 同 27 時間 10 分：前・後気嚢膨張，1 令幼虫の体の屈曲が始まる。頭部背面に卵歯が認められる，o. 同 29 時間 10 分：1 令幼虫の屈曲は最大となり，孵化をむかえる。

a.amf：前部羊膜褶，ap：肛門突起，as：気嚢，at：触角，cf：頭褶，emb.e：胚膜，et：卵歯，eyp：眼色素，lr：上唇，md：大顎，mp：卵門突起，p.amf：後部羊膜褶，pcl：原頭葉，pf：後部褶，pgr：原溝，po：極細胞，stom：口陥

に関連した動きではあるが，核分裂や分裂核の移動には関係ないことが，タマバエの一種 *Heteropeza pygmaea* 胚の親幼虫体外における細胞骨格の毒物を含む培養液内での実験により明らかにされている。これらの核増殖期における卵内容物の振り子運動は，微小管系の毒物により阻止されるが，後の胚発生には影響のないことが示された。これに対し，胚帯形成後の形態形成運動では，微小繊維系の毒物により阻害されることもわかった（Kaiser & Went, 1987）。

（4）　内層形成，胚帯形成，胚膜形成

　産卵から 5 時間 40 分頃，凸面側の卵前端から卵長約 9% のほぼ全長にわたって胚盤葉細胞の高さが卵短径の約 1/4 と高くなり腹板 ventral plate が分化すると，原溝 primitive groove の形成が始まる。卵のほぼ半ばの胚の腹面に横断面で 7, 8 個の予定中胚葉細胞が識別され，その両側にはそれぞれ約 15 個の予定外胚葉細胞が位置し，背面には予定胚膜細胞が 17 ～ 18 個ほど分布する。ほぼ同じころ，卵長 65% の凸側より胚帯に頭褶 cephalic furrow の形成が認められ，頭褶から後端にかけての細胞の高さは，卵短径の 30% と高くなる。原溝は他の長角亜目昆虫でみられるものと同様に，腹板の中ほどから形成が始まり，前後に伸び，予定中胚葉細胞が形成される。卵の凹側の細胞の高さは短径の 10% と低くなり，扁平化する（図 31-1, e, 「pgr」）。これらの細胞群は，正中線両側の 2 ～ 3 細胞列で分裂がさかんになり，胚膜形成に参加する。一般に長角亜目胚では中胚葉は表面細胞の陥入による原溝形成によって行われるが，ヤブカの一種 *Aedes vexans*（Moretti & Larsen, 1973）や *A. aegypti*（Raminani & Cupp, 1975）では，予定中胚葉細胞が個々に胚盤葉細胞から内側に入り込んで形成されることが観察されている。

　産卵後 5 時間 50 分で頭褶は短径の 52%，ほぼ卵の半ばのレベルに達する。さらに 6 時間 10 分にかけて，胚帯の卵長の約 45% の凸側に第二の褶の形成が始まる（図 31-1, f, 以下この褶を後部褶 posterior furrow とよぶ）。このとき，頭褶のすぐ後方の細胞は前方に，後部褶に近い細胞は後方に，その褶のすぐ後方の細胞群は前方に，残りの卵後端にかけてのものは後方へと移動する。胚帯の後端部が凹面側表面に沿って卵の前端に向けて発達するにつれて，これらの褶は後方のものより順次消失するので

ある。後部褶は 6 時間 25 分で短径の 72% まで発達するが（同図, f），同 30 分では減退して 38% になっている。このころ，胚帯の後端は凹側の卵長 17.5% 付近にあり，凸側のこれより前方の細胞は高さを減じ，その下側に卵後端をまわってきた胚帯の腹端部がもぐり込むことで，産卵後 6 時間 20 分頃，後部羊膜褶 posterior amniotic fold が形成される（同図, g）。このとき，胚帯後端は卵長の約 25% 付近に達している。後部羊膜褶は 7 時間で卵後端付近に，同 10 分には卵の後端をまわって卵の凸側に移動する。前部羊膜褶 anterior amniotic fold は 6 時間 30 分頃，卵の長軸に平行に，卵の中ほど，頭褶より前方に目立つようになる（同図, h）。ここには原頭葉 protocephalon が形成される。このころまでには，後部褶はほとんど消失している。そして凹側を前方に伸長していた胚後端は卵長 57% のレベルで，卵黄内に卵短径の 50% 付近まで斜めに陥入している。この腹端はその後の発生の進展にともない，さらに卵黄内に侵入し，7 時間 10 分頃には凹側，卵長 62% から短径の 68% と凸側にある胚の内壁に接するほどの位置に達している（同図, i）。また頭褶のほうも産卵後 7 時間頃，すでに消失し，前・後部羊膜褶は 9 時間 30 分頃，凸側卵長 53% 付近の表面で接着，融合する（同図, j）。その結果，羊膜は胚帯表面を覆い，漿膜は卵殻に接して存在するようになり，卵両端でこれらの被膜の間に腔所が認められる。これらの褶形成は高等短角亜目の環縫群 Cyclorrhapha や上述のように，イエカ *Culex* やハマダラカ *Anopheles* や下等なヌマユスリカ類 Tanipodinae にみられるものである。しかし，より高等なユスリカの *Smittia* や *Chironomus* 胚では，これらの褶形成は行われず，その代わりにほぼ同じ時期に，胚を含む卵内容物が卵長軸のまわりを 180° 回転する動きが見られる。ところがタマバエやチョウバエの類では，この時期に褶形成も卵内容物の回転も起こらない（矢島・鈴木, 1979）。これらの形態形成運動は，それぞれの種類の昆虫の胚帯形成時における独特の細胞増殖や分布運動であり，それらの運動の類似性や相違は，分類上の遠近を示す指標と考えてよいであろう。

（5）　胚帯の分節化

　胚帯が最長期に達するころ，予定胸部付近から体節化が始まる。体節化はまず，胚帯の中胚葉細胞，神経芽細胞から始まり，次いで外胚葉細胞にも分節

が目立つようになる。このようにして，原頭葉と3
顎節および3胸節，10腹節が識別されるようにな
るが，胚運動 blastokinesis が始まるとまもなく，
第八腹節と第九腹節の融合が起こり，腹部は8節と
なる。

　長角亜目胚においても間挿節 intercalary segment
の存否が問題とされているが，ハマダラカの一種
Anopheles maculipennis（Ivanova–Kasas, 1949）
やイエカの一種 *Culex pipiens*（Idris, 1960a, b）
には存在するとの報告があり，ヤブカの一種 *Aedes
vexans*（Moretti & Larsen, 1973），*A. aegypti*
（Raminani & Cupp, 1978）や *Culex pipiens*（Guic-
hard, 1971）には存在しないとの報告がある。

(6)　口陥・肛門陥形成，前部中腸原基・後部中
腸原基形成

　胚膜の完成後まもない産卵後 10 時間 30 分頃に，
卵の凸側の卵長 88% で胚帯の上唇節の後ろから卵黄
内に向かって，斜め後方に口陥 stomodaeum および
前部中腸原基 anterior midgut rudiment の細胞群が
陥入を始める（図 31–1, k）。陥入前には高等なハエ
類にみられるような予定口陥細胞と前部中腸原基細
胞との差異は認められないが，フサカでは他の長角
亜目の胚発生の場合よりも早く，陥入初期に陥入し
ていった口陥細胞群の先端から，それらよりも染色
質が凝縮した核をもった予定中腸原基細胞が識別さ
れる。肛門陥 proctodaeum と後部中腸原基 poste-
rior midgut rudiment の陥入は，これより少し遅れ
て胚帯腹端部から始まる。この場合も陥入の早い時
期から後部中腸原基細胞が，肛門陥の先端付近にあ
る極細胞群の間や，肛門陥のまわりに認められる。
これらの前，後の中腸原基細胞は前腸 foregut や後
腸 hindgut の発生とともに，やがて先端が二分岐し，
紐状となって胚中央部に伸び，やがて胚運動の後半
に生じる胚帯収縮の 1/3 の過程を過ぎる産卵後 17
時間頃までに，胚中央部で両原基は接着・融合する。
フサカにおける中腸形成は，これら前部・後部中腸
原基により行われるが，Moretti & Larsen（1973）
は，*Aedes vexans* においては，口陥，肛門陥のまわ
りの中胚葉細胞により中腸が形成されるとしている。
また，Raminani & Cupp（1978）は卵黄細胞が中
腸形成に何らかの役割を演じるかもしれないと述べ
ているが，フサカにおいても，卵黄は細胞性胚盤葉
形成後，その細胞層の下に移動してきた卵黄細胞が
卵黄を包む細胞層を形成するので，中腸原基形成に

何らかの役割を果たしているのかもしれない。

(7)　胚の回転運動と収縮

　長角亜目のいくつかの種で胚運動の後半の胚帯
収縮と相前後して，胚が卵の長軸のまわりを 180°
回転する回転運動 rotation を行うことが知られてい
る（*Chironomus*：Weismann, 1863；*Smittia*：
Kalthoff & Sander, 1968；*Culex*：Idris, 1960a, b；
Davis, 1967；*Anopheles*：Raminani & Cupp,
1978；Bleopheridae：Craig, 1967；*Simulium*：
Gambrell, 1933）。フサカにおいても，口陥，肛
門陥および中腸原基陥入後まもない産卵後 12 時間
30 分頃から胚の回転が始まり，回転が半ばに達した
15 時間頃から胚帯は収縮を始める。この間も胚帯は
回転を続け，収縮が全過程の 1/3 ほど進んだとき，
180°の回転運動を終える（同 17 時間 15 分）。こ
の結果，胚帯の腹面は卵の凹面側にくる。この位置
関係は *Culex*，*Anopheles* で報告されているものと
同じであるが，*Chironomus* や *Smittia* では回転の
結果，卵の凸面側に胚帯の腹面がくるようになるの
で，前者の種とは異なる（これらの *Chironomus* や
Smittia では，すでに胚帯形成期に卵内容物が 1 回，
180°回転しているので，それを第一回転，後者を第
二回転とよんでいる）。この間も胚帯は収縮を続け，
産卵後 20 時間 30 分から 21 時間目にかけて胚帯の
腹端は卵後端に達するようになる（図 31–1, m）。

　Culex や *Chironomus* では，胚帯の収縮に先んじ
て 180°の回転が起こるが，フサカでは回転中に収
縮が始まる点で，前 2 種とは異なっている。また，
タマバエやチョウバエでは，この時期の回転運動も，
胚帯形成期の褶形成も回転運動も起こらない（矢島・
鈴木，1979）。

　なお，*Anopheles* 胚の回転運動に関しては，研究
者により，起こるとの報告（*A. freeborni*，*A. ni-
gromaculatus*：Rosay, 1959）と起こらないとの
報告（*A. nigromaculatus*，*A. dorsalis*，*A. squa-
miger* & *A. melanimon*：Telford, 1957）があるが，
Raminani & Cupp（1978）は観察の不正確さによ
るものとしている。

(8)　胚運動と頭顎部形成

　胚帯の回転と収縮のあいだに体節の分化が進む。
頭部ではまず回転に先立って上唇原基が原頭葉より
突出を始め，胚帯の回転が 90°に達したとき卵前端
にほとんど接触するばかりに発達する（産卵後 16
時間）。大顎，小顎原基は胚の回転とともに卵の凹面

側に移動するが，胚帯の収縮により，回転前（同 12 時間 30 分頃）には卵の凸側の卵長 57 〜 75% にあったものが，同約 16 時間では凹側の卵長 86 〜 92% のレベルに達し，胚運動の進行により内側に曲がるようにして，30 分後には卵の中程にまで移動する。

　これよりやや前のステージに，触角原基が大顎原基の前方から突出して目立つようになる。この触角原基は卵の凸側に移動し，産卵後 16 時間 30 分から 18 時間 15 分にかけて大きく発生し，杓子状に見えるようになる（図 31-1, l）。小顎原基の発生は触角，大顎両原基よりやや遅れ，同 19 時間で丸く盛り上がる。上述の上唇原基は，触角原基や他の原基が前方に伸長するのに対し，胚の回転後半に見られる頭部前半部の卵の凸面側への収縮，移動にともない，同 18 時間頃には凸側の卵長 93% 付近まで退いている。

　この後，上唇原基はふたたび口陥を覆うように卵の凹側に向けて，触角原基も卵前端に接するように凸面側から凹面側に向けて伸長し始める。上唇原基はこの少し前に一対の原基が正中線上で合着するようになる。合着，融合した上唇原基は産卵後 20 時間までに，卵前端の半円周の約 2/3 以上の位置にまで達している。大顎原基も同じように触角原基の下で卵の凹面側に向けて湾曲しながら発生するが，触角原基の先端を越えることはなく，原基は中程で内側に向けて「く」の字形に屈曲する（産卵後 25 時間）。上唇原基もこのころまでに上に曲げられ，口陥部との間に大きな隙間が見られるようになる。産卵後 20 時間で最長に達した触角原基は，先端から剛毛を伸長させるが，原基は基部に向けて縮小する（同 22 時間 45 分）。小顎原基の分化は他の原基より遅れ，同 20 時間 45 分頃に始まり，丸く盛り上がった原基の中央に凹部が生じ，やがてその表面が鋸歯状になる。これらの原基は背閉鎖が終了し，幼虫体が卵殻内で屈曲し始めるころ，最終的に分化を遂げ，上唇はふたたび口部の上を覆うようになる。

（9）　気嚢の発生

　気嚢（浮嚢）air sac はフサカ幼虫に独特の器官で，胸部と第七腹節にそれぞれ一対ずつある（図 31-1, n）。気嚢の形成は口陥，肛門陥が出現してまもなく，後胸節と第七腹節の後半両側方の外胚葉性細胞群の斜め前方への陥入によって始まる。陥入直後では，胸部陥入の細胞数は約 14，腹部陥入では約 12 であるが，周囲の細胞に比べて大きく，陥入部の細胞塊

は体節の 2/3 にも達する。その後まもなく陥入口は閉鎖し，前・後気嚢原基は断面でそれぞれ 16 細胞，14 細胞よりなっている。これらの気嚢原基対は背閉鎖により背正中線に向けて移動し，産卵後 23 時間 30 分頃から急に膨張して，直径がそれまでの 1.7 倍ほどになる。とくに前気嚢の直径は 1 体節長以上となるものの，気嚢を構成する細胞数は出現期頃とほとんど変化せず，細胞壁の厚さはこれまでの 1/3 以下になる。また，出現期には後胸節前半に位置していたものが，中胸節に移動している。

（10）　胚膜の崩壊，背閉鎖

　産卵後 19 時間 30 分頃，胚の頭部前端，口器のある卵長 95% 付近で胚表面を覆っている羊膜が破れ，それが後方へと収縮していく。さらに 20 時間になると漿膜が破れ，先行する羊膜を追うように胚表を後方へと収縮する。少し遅れて卵後端でも漿膜が卵殻を離れ，後端の胚表に達する。20 時間 45 分頃に，前方からきた漿膜と羊膜は一緒になり，卵凸側胚背方の開放面の中央に向かって集められ，そこから胚の内部に吸収されていく（同 21 時間 30 分）。この時期までに，すでに頭葉両側は背正中線で融合して頭函 head capsule を形成し，背閉鎖で第四腹節より後方の体節が，最後に後胸節と第一〜三腹節が閉鎖して，背閉鎖は完成する（同 23 時間）（図 31-1, n）。したがってフサカの場合も，ユスリカの *Smittia* などと同じように，背閉鎖は胚の部域ごとに進行することがわかる（Kalthoff & Sander, 1968）。

　長角亜目の他種についての胚膜の崩壊と吸収に関しても，フサカと同様な経過をとるとの報告（Du Bois, 1932；Gambrell, 1933；Telford, 1957；Davis, 1967；Moretti & Larsen, 1973）がある一方，Butt（1934）は，*Sciara* や *Drosophila* においては，漿膜は孵化時まで吸収されずに残るといい，Christophers（1960）は，*Culex pipiens molestus* の羊・漿膜は幼虫の孵化後も卵殻内に付着したままであると報告している。

（11）　極細胞形成，生殖巣の発生

　胚発生早期のフサカ胚の後端には，ハイデンハインのヘマトキシリンによく染まる小顆粒を含む極細胞質 polar plasm が，切片標本で卵短径の約 1/4 弱，径約 25 μm，厚さ 10 〜 15 μm の円盤状の領域として認められる。この小顆粒は数粒ずつが数珠状に連なり，小桿状を呈し，卵表に平行に配列しているよ

うに見えるが，極細胞の形成後は，これらの配列は消失する。この領域は卵後端周辺の細胞質の 2/3 以上を占める。フサカの卵細胞質は産卵後まもなく収縮を始め，卵前端と後端とに腔所を生じる。第五核分裂の際に（産卵後 1 時間 40 分）この後部腔所に向けて，極細胞質が占める部分が盛り上がり，やがて，それぞれ距離をおいて 4 個の核が表層細胞質から突出する。このようにして最初の極細胞 pole cell が形成されるが，以後，この腔所において 2 回の分裂で 16 個の極細胞を生じ（図 31-1, b），極細胞の直径は卵短径の約 1/10，12 ～ 15 μm である。

　極細胞形成後，数珠状のつながりを失った極顆粒 polar granule は，一部が核膜表面に付着するようになる。それ以外の極顆粒は細胞質中に分散し，ほとんど目立たなくなる。この状態は幼虫の孵化時まで持続され，極細胞は卵細胞質の本体が分裂核の移動期前後にふたたび膨張してくると，それに埋没するようになる。その後，胚盤葉細胞が形成されると，そのまま胚盤葉細胞の間に挟み込まれ，極細胞塊はこの状態で，胚帯が分節，伸長するにつれて卵の凹側を前端に向けて胚帯の後端とともに移動し，凹側中央よりやや前の位置から胚後端により運ばれ，卵の内部に達する。しばらくのあいだ，極細胞塊（始原生殖細胞 primordial germ cell）は胚帯細胞の間にあるが，産卵後 10 時間 30 分頃に胚帯の細胞から遊離する。さらに後腸原基が陥入するにつれて始原生殖細胞塊はその左右に分けられ，生殖巣上皮となる中胚葉細胞に取り囲まれる。しかし，しばらくのあいだはユスリカなどで見られるように 1 ヶ所にまとめられることはなく，後腸原基の基部から後部まで，両側に縦に長く分布している。

　その後，胚の収縮が完了するころまでに，極細胞塊は第六腹節の位置で生殖上皮細胞によって包まれ，丸い生殖巣原基となる。背閉鎖が完了し，卵の長軸いっぱいに伸びた胚では，この原基の長さはほぼ腹節の長さと同一であるが，孵化直後の幼虫では，生殖巣は球形で，第六腹節の後縁両側の近くに靱帯様組織でつなぎとめられており，その長さは腹節の 1/4 ほどである。

（12）　肛門突起の発生

　肛門突起 anal papillae（肛門鰓 anal gill）は各種の長角亜目幼虫にみられる器官で，それぞれの種独特の形態をもち，最終腹節から突出している。フサカの幼虫では細く先の尖った 4 本の肛門突起が見られ，長さは最終腹節の 1.5 倍ほどである。肛門突起は呼吸器官とも浸透圧調節器官であるともいわる（Smittia：Kalthoff & Sander, 1968；Anopheles：Raminani & Cupp, 1978）。フサカ胚では肛門陥が現れるまでは肛門突起原基の細胞は不明であるが，肛門陥の陥入が始まると，陥入基部の周囲の細胞核が濃染するようになり，これらの核をもつ細胞群は，増殖して肛門陥の基部を覆うようになる。その後，胚運動が進むとほぼ 1 腹節ほどの長さで，将来，肛門突起先端となる 4 本の小突起が生じる（図31-1, m, 「ap」）。しかし，胚後端が卵後端に達するまでは，それ以上の発生はみられず，胚の収縮完了後，ふたたび急に後腸壁の内側を前方に向けて伸長し始め，産卵後 21 時間 30 分頃までには，第七腹節半ばに達する。その後，消化管の後方への発達により，押し出されるように胚外部に現れ，23 時間30 分には，その後端は第八腹節半ば，同 45 分には第九腹節に達し，産卵後 25 時間で全部が体外に突出し，卵の後端をまわり卵凸側に湾曲している。

（13）　幼虫の孵化

　背閉鎖が完了した後，産卵後 27 時間頃から卵内の 1 令幼虫の運動が目立つようになり，体を卵殻内で細かく引き伸ばすようになる。その結果，27 時間30 分頃，卵長 30% 付近の幼虫腹部の中ほどで卵凸側に屈曲するようになり，28 時間 30 分頃には，体の腹端付近の体節は長軸のまわりでねじれるようになる。頭部は胴体部の屈曲，螺旋化運動により，前方にせり出すようになる一方，卵歯 egg tooth は産卵後 22 時間 30 分頃には頭部背面中央に分化し（図31-1, n, o），幼虫は産卵から 31 時間頃，この卵歯を使って卵殻を破り孵化する。1 令幼虫は約 0.95 mm，卵長の 1.5 倍ほどである。

31-3　短角（ハエ）亜目：キイロショウジョウバエ Drosophila melanogaster の胚発生

　1970 年代後半から 1980 年代をとおして発生生物学は，遺伝子を分離し解析する技術の実用化にともない，発生過程を制御する遺伝子のはたらきを時間的・空間的に精細に解析することによって発生現象を理解するという方法を適用して目覚ましい進展をみせた。このような方法を適用できる生物として，Morgan 以来の膨大な遺伝学的知識の蓄積があり，とくに精緻な染色体遺伝子地図が作られていたキイ

ロショウジョウバエ[*2] が用いられたのは，自然のなりゆきであった。

　ショウジョウバエは突如として発生生物学の研究材料として登場したために，当初は記載発生学，実験発生学，細胞学の知識はきわめて貧弱であった。しかし，遺伝子・分子レベルの知見を胚各部の細胞単位の機能に投影するためには，正常発生の精密な記載が必須であることは明らかであった。その必要から精力的な研究が行われ，現在では形態学的記載発生の分野でも，ショウジョウバエはマウスやヒトに次いで，部分的にはそれ以上に開拓された生物となった。

　このような経緯からショウジョウバエの発生の記載は，当初は細胞系譜の追求，胚盤葉上の予定器官原基図 fate map の作成，および正確な時間経過の記録などに重点がおかれ，まず，胚盤葉形成，体節形成などの初期発生が詳細に記載された（たとえば，Fullilove & Jacobson, 1978）。一方，器官形成については，Poulson（1950）が細部にわたって述べて以来，まとまった記述が行われていなかった。1985 年に Campos-Ortega & Hartenstein による詳細なショウジョウバエの胚発生に関する成書が出版されて，ショウジョウバエの記載発生学はこれで集大成と思われたが，さらに 1993 年に至って Bate & Martinez-Arias の編集による 2 巻 1,558 ページに及ぶ大著が出版されるにおよんで，卵形成，胚発生から成虫構造の形成に至る，ショウジョウバエの発生全般について記載発生学，遺伝発生学，分子発生学を統合した，きわめて充実した知識が利用可能となっている[*3]。卵形成に関してはさらに，King（1970）による詳細な解説もある。

　また，ショウジョウバエの胚発生に関しては，細胞単位の分化についてはもちろんのこと，マクロの形態形成についてもかなりの部分でそれに関与する遺伝子が記載されており，遺伝子機能と形態形成，それを裏づける細胞分化とのかかわり，さらに分子進化についても詳細に追求されている。形態のみに

限定するのでは，ショウジョウバエ胚発生についての現代の理解を完全には反映しないことになる。それゆえ，本章では関与する遺伝子についても多少は言及する。しかし，遺伝学的知見について詳細に述べることは本書の主たる目的ではないので，深くは立ち入らない。

（1）　卵黄内核分裂と核移動

　胚盤葉が完成するまえに合計 13 回の同期的核分裂が起こる。雌雄前核が融合してから第一回分裂までの時間は不明であるが，第二回から第九回までの卵黄内分裂，および第十回（多核性胞胚期の第一回）はすべて約 9 分の間隔で起こり，以後，多核性胞胚期（多核性胚盤葉期）の第二から第四回までの核分裂は，それぞれ 10 分，12 分，21 分間隔となる（図 31-2）。第九回の分裂が終わった時点（ステージ 10）で，512 個となった核のうち 350 〜 400 個は表層細胞質 periplasm に侵入しており，残りは卵黄内に残って後に卵黄核となる。これに数分間先立って，第八回分裂終了後に，数個の核が後極の細胞質（極細胞質 polar plasm）に入り，極細胞[*4]を形成する。

　卵黄内核分裂期（第一〜九回核分裂）には，核は数の増加にともなって表層に向かって移動していき，後極を除く卵の全表層に同時に侵入するように調節されている。核移動の調節を行う遺伝子の一つは，微小繊維 microfilaments（actin filaments）の形成の調節に関与しており，この遺伝子は卵形成中にはたらく，いわゆる母性遺伝子であることが発見されている（Hatanaka & Okada, 1991）。また，表層細胞質の下縁に到達した核がもう一段前進して，表層細胞質へ侵入するためには微小管 microtubule のはたらきが必要であることも同時に明らかにされた。

（2）　胚盤葉形成

　卵表層に核が到達し多核性胞胚となった後，表層細胞質内にある極細胞の核を除くすべての核で，胚表面と平行方向に 4 回の同期的核分裂が起こる。表層に並ぶ核の数は 512 核期に，表層細胞質に侵入した核の数の 24 倍となると，各々の核の間で卵表面を覆う細胞膜が褶状に折れ込んで入り込み始め，細胞形成が開始される。細胞形成の過程は約 40 分を要し，最後には胚の表層に 5,000 〜 6,000 個の細

＊2　以下，とくに断らない限り単にショウジョウバエとよぶ。

＊3　したがって，昆虫発生学全体を扱う本書の一部としてのショウジョウバエ発生の解説は，現在の知見のごく一部にふれることのみとなることは避けられない。できうる限り 1993 年以降に加わった知見をも含めるよう留意するが，それ以前に明らかとなっている事項の詳細については，章末文献リストのなかに含めた参考書を適宜参照されたい。

＊4　極細胞については（7）c.「生殖巣および生殖細胞」でもう一度ふれる。

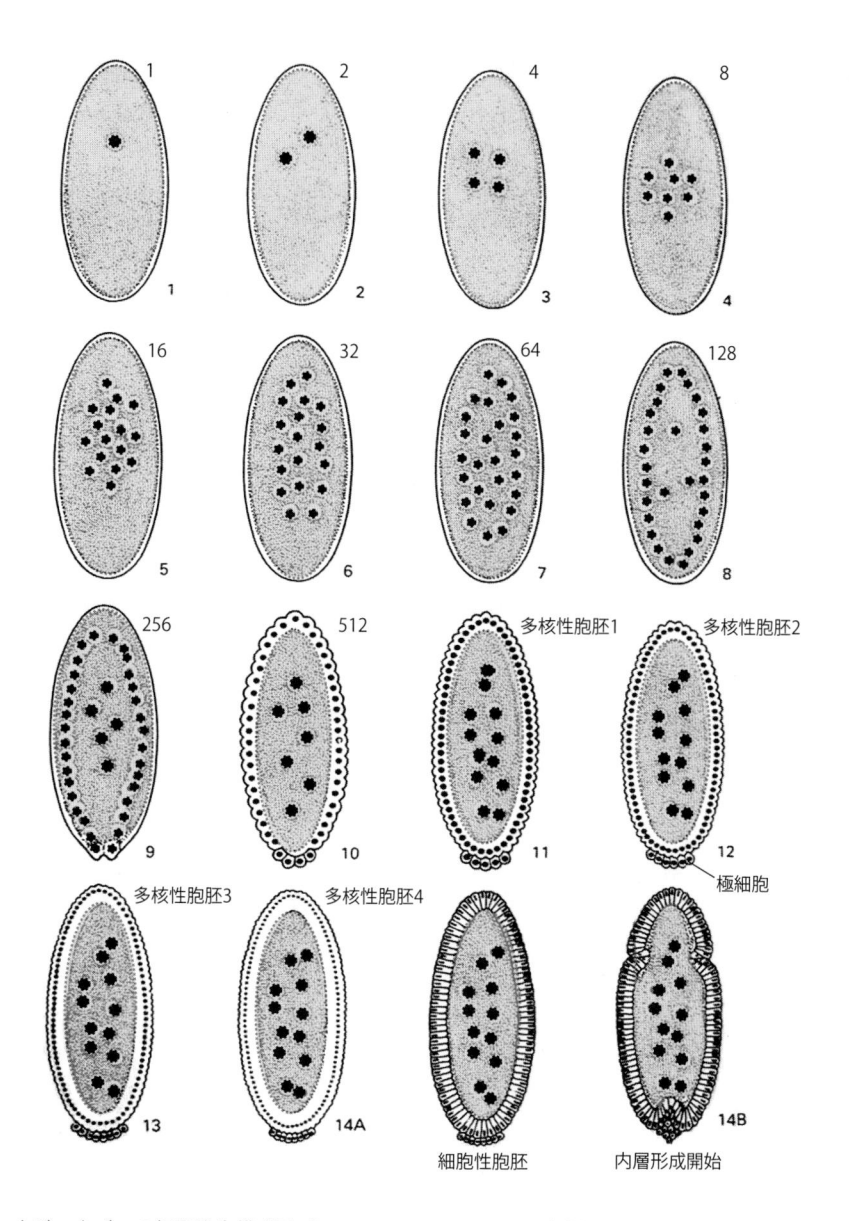

図 31-2　ショウジョウバエの初期発生模式図（Foe & Alberts, 1983 より改変）
　卵黄内卵割期より胞胚形成終了（内層形成開始）までを示す。各図の右下の数字はステージ，右上の数字は核の数を示す。

胞が一層に並ぶ胚盤葉が完成し，細胞性胞胚（細胞性胚盤葉期）となる。多核性胞胚期から細胞性胞胚完成までの間に，核は容積を増し，形も球形から長楕円形に変化する（図 31-2）。
　多核性胞胚期には，核が休止期にあるときは，卵の表面は核の存在する部分が丸く膨れ出しており，この時期の卵を走査型電子顕微鏡で観察すると，いわゆる鹿子状となっている。核分裂が始まると卵表面は一度扁平となり，休止期に入るとふたたび鹿子状に戻る[*5]。
　この過程では，F-アクチンの分布は膨れ出している部分に限定される（Warn & Magrath, 1983）。ところが，細胞形成が始まるとF-アクチンは細胞膜

*5　この表層の変化は，微分干渉顕微鏡と微速度撮影のビデオとを組み合わせて観察すると，いっそう明確である。

が褶状に落ち込む部分に分布するようになる（Warn et al., 1985）。また，ミオシンも同じ部分に分布している（Warn, 1986）。このように，核分裂と細胞質の細胞骨格の変化は同調して起こり，昆虫の卵割も，全割をする動物一般の卵割も基本的には同じ調節を受けていることがわかる。また，脂質形成に必要な酵素が細胞膜の褶の先端に局在することが観察されており，細胞膜の脂質成分がここで新生されつつ，褶が伸びていくものと思われる。

胚盤葉形成過程では，1）細胞膜の褶は必ず隣り合う二つの核の間を通って伸びる。2）褶の伸長速度は，褶の先端が隣接する核の中程のレベルに達するまでは遅く，中間点を過ぎると速くなる。3）褶の先端が伸長方向と直角につぶれて平らとなり，その縁が横（卵表面と平行の方向）に伸び始めるのは，褶の先端が隣接する核のレベルより下まで達してからである。これら1），2），3）はそれぞれ別の遺伝子に支配されている（Schweisguth et al., 1991）。

（3） 胚盤葉の予定器官原基図

ショウジョウバエの胚盤葉は 5,000 ～ 6,000 個の細胞からなっているが，このうち約 15% は成虫の上皮細胞となるように決定されており，残りが幼虫の上皮あるいは内部構造の細胞として決定されている（ただし，内部構造に関しては，この段階ですべて決定されているかどうか確定していない）。したがって，胚盤葉の上皮については成虫のものと幼虫のものと2通りの予定器官原基図が描けることになる。予定器官原基図は Poulson が胚発生の連続的観察によって作成したものが Demerec の著書（1950）に紹介されているが，正確には実験的手法による確認が必要であった。その方法は3種類に大別できる。

第一は雌雄モザイクを利用する遺伝学的方法である。この方法が理論上可能であることは Sturtevant（1929）によって示され，その後，改良されて実際に行われた（Hotta & Benzer, 1973）。この方法は幼虫上皮と内部構造の予定原基図にも用いることができるが，幼虫上皮の場合には利用可能な形態マーカーが少なくないため，成虫構造を対象とする研究に使われることのほうが多い。

雌雄モザイク個体は，環状 X 染色体を利用して以下のようにしてつくられる。棒状（正常）X 染色体をもつ核と，環状 X 染色体をもつ核が合体した受精卵においては，受精後，第一回の核分裂で生じた2個の娘核のうち1個には環状 X 染色体が入らない。

そのため，生じた2個の娘核は，1個が雄核（XO），他方が雌核（XX）となる。雌核の2個の X 染色体のうち1個は正常，1個は環状である。第二回以降の核分裂では環状 X 染色体の喪失は起こらないために，雄核の子孫はすべて雄核，雌核の子孫はすべて雌核となる。そのために個体を構成する核は雌雄半数ずつとなり，この個体は雄細胞と雌細胞とから構成される雌雄モザイクとなる。

細胞性胞胚期までは雌雄どちらの核も集団となって行動するために，胚盤葉上では雄核の占める領域と，雌核の占める領域とが互いに境を接する。境界線のはしり方には規則性がなく，胚盤葉上すべての隣り合う細胞の間が雌雄の境界となる確率は同一である。それゆえ，胚盤葉上に任意の2点をとった場合，2点の性が異なる確率はその2点の距離に比例するはずである（ただし，2点間の距離が大きいと，その間を雌雄の境界線が2度横切る可能性が高くなり，不正確さの要因となる）。棒状 X 染色体上に劣性突然変異のマーカーを乗せておくと，雄組織には突然変異の表現型が現れるが，雌領域由来の組織は野生型となり，マーカーによっては細胞単位で識別することができる。この個体の雌雄領域を胚盤葉に投影すれば，予定器官原基図ができるわけである。

雌雄モザイクを利用して胚盤葉上に予定器官原基図を描く方法をごく簡単に述べよう。まず，できる限り多数のモザイク個体を得る。そして，たとえば左の第一肢と左の第二肢とが異なる性である割合を調べる。同一手法で，すべての可能な形態マーカー（必ずしも器官である必要はなく，剛毛なども利用できる）のあいだで性が異なる割合を調べ，この割合を2点間で性が異なる確率とし，この値を2点間の距離として胚盤葉上にプロットして，三点測量の要領で作図すればよい（図31-3）。測量の基準となるのは正中線であるが，正中線は左右相称のマーカー間の距離の 1/2 の点を結んで作図できる。

雌雄モザイクを利用しての予定原基図の利点は，形態マーカーのみでなく，特定の機能についてのモザイク個体を用いることが可能なことである。堀田と Benzer（Hotta & Benzer, 1973）はこれを巧みに利用して，行動に関与する遺伝子のはたらきを，感覚器，筋肉，神経系などに投影して予定器官原基図を作成した。

第二の方法は，紫外線レーザーのマイクロビームにより胚盤葉細胞を何個か焼殺し，発生した後に幼

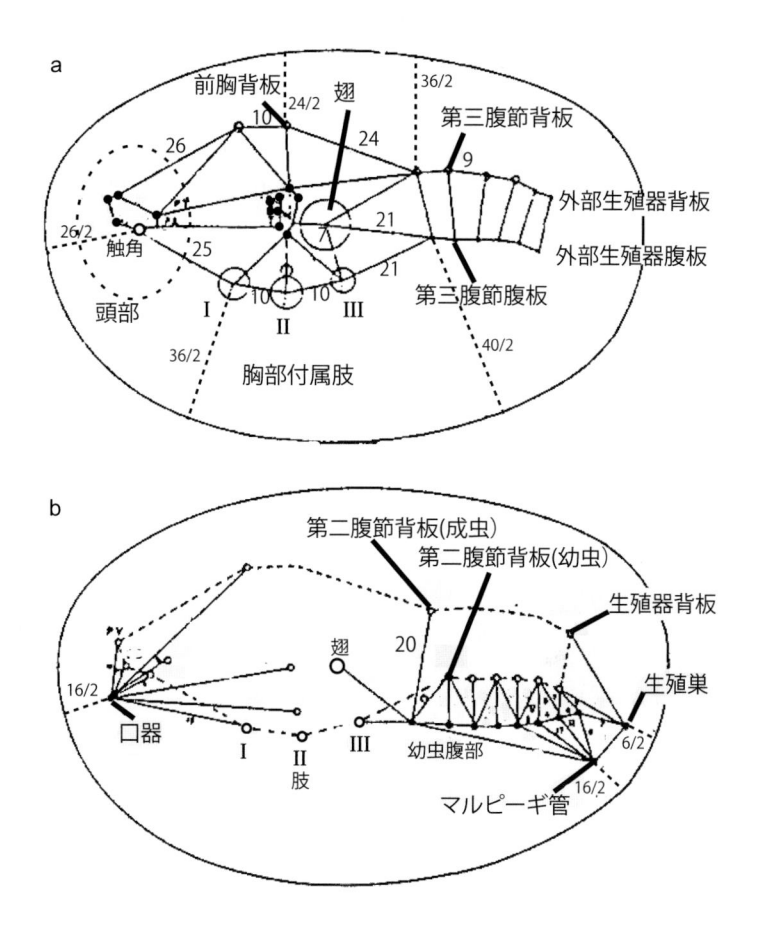

図 31-3　雌雄モザイクを利用した胞胚の予定器官原基図（Hotta & Benzer, 1973 より改変）
a. 成虫の器官，b. 幼虫の器官。詳細は本文参照。

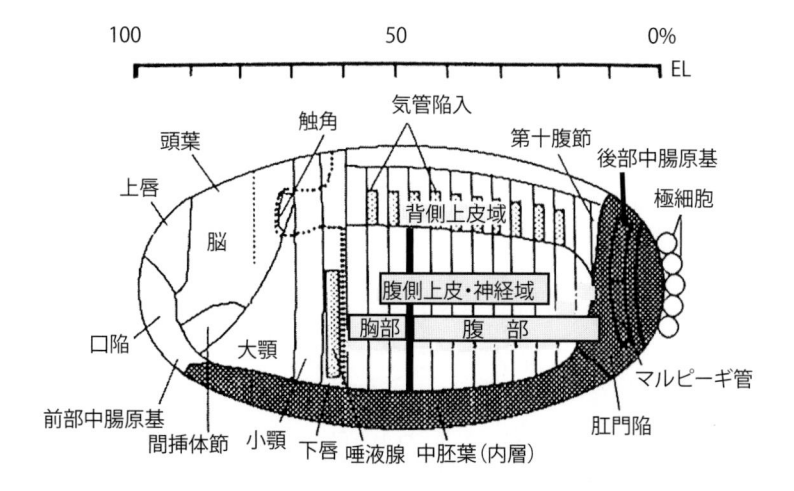

図 31-4　HRP 標識細胞の移植により作成した胞胚の予定器官原基図（岡田, 1988）
EL：卵の後極を 0 ％ EL（egg length），前極を 100 ％ EL として前後軸上の位置を表す。

虫あるいは成虫のどの部分に傷があるかをみつける方法である（Lohs-Schardin *et al.*, 1979）。

　第三の方法は，HRP（西洋わさびの過酸化酵素, horseradish peroxidase）で標識した単一の胚盤葉細胞を無標識胚盤葉細胞の間に挿入移植し，孵化後に HRP 活性を有する幼虫組織を組織化学的に検出して，その位置を先に挿入移植した胚盤葉上の位置と対応する方法（Technau & Campos-Ortega,

1985；Hartenstein *et al.*, 1985）である。これはとくに幼虫の予定原基図作成に適しており，分解能も細胞単位で，最も正確な予定原基図を作ることができる（図 31–4）。

（4）　内層形成および胚運動

　胚盤葉細胞形成が完結する直前，すなわち，各細胞の基底部における卵黄塊との細胞質連絡がまだ断たれずに残っているあいだに，胚の腹側正中線に

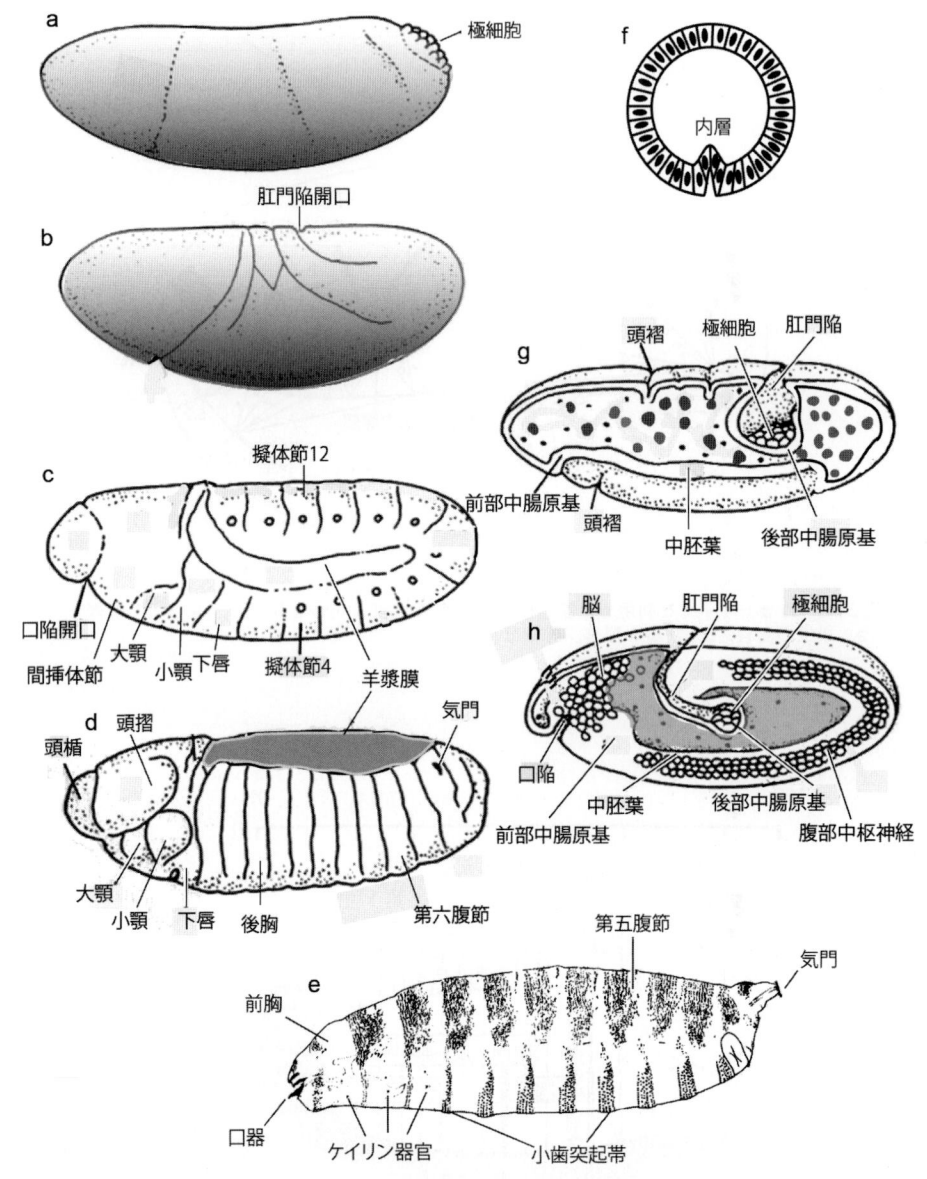

図 31–5　ショウジョウバエの胚発生模式図（a 〜 e, g, h. Ueda & Okada, 1977 より作図；f. 岡田　原図）
　a. 内層形成開始（産卵後約 3 時間），b. 産卵後約 3 時間半の胚，c. 最長胚期（ダイアポーズ期），産卵後約 5 時間半〜 7 時間半の胚，d. 胚短縮終了，産卵後約 10 時間半の胚，e. 孵化直後の幼虫，f. 図 a とほぼ同じステージの胚の横断図，g. 図 b に示した胚とほぼ同じステージの胚の縦断面，h. 図 c に示した胚とほぼ同じステージの胚の縦断面。すべて図の上方が背面。

沿って内層形成が始まる（図31-5, f; 31-6, a）。ショウジョウバエの内層形成は典型的な陥入型である。内層陥入は最初20〜70%EL［卵の後極を0%EL（egg length），前極を100%ELとして前後軸上の位置を表すのが習慣となっている］の範囲で溝として認められるが，10分後には6〜85%ELに伸びる。その後，溝の後端は胚伸長にともなって背方にまわり込んで伸び，その過程で極細胞の乗っている部分が，後部中腸原基として陥入する（図31-6, b）。内層陥入開始後約1時間で，溝の前端部が前部中腸原基として陥入する。このように内層の前後両端は中腸原基により規定されるのであるが，中腸原基は周辺の外胚葉をともなってさらに深く陥入し，最終的には外胚葉性の口陥および肛門陥となり，その盲

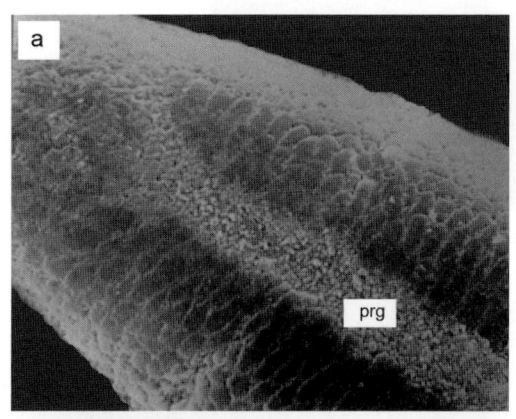

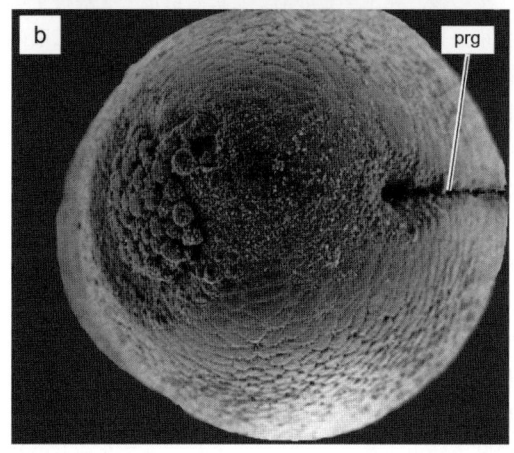

図31-6　ショウジョウバエの胚の走査型電子顕微鏡写真
（Ueda & Okada, 1977）
　a. 産卵後約3時間の胚の腹側面。内層陥入の領域（原溝）の細胞表面は微絨毛に覆われて区別できる，b. 図aより数分後の胚を後極より見たもの。後部中腸原基上の極細胞，および内層陥入を示す。
　prg：原溝

端部に内胚葉性の中腸原基が位置するようになる。細胞性胞胚期に後部中腸原基の外面（胚表面）に付着していた極細胞は肛門陥形成の際，後部中腸原基上に乗ったまま運ばれて肛門陥盲端部内面に定着するが，後に遊離細胞の性質を表すようになり，後部中腸原基の細胞間間隙をすり抜けて血体腔に出て生殖巣原基まで移動する。

　胚伸長は，胚運動 blastokinesis 過程のなかの胚陥入 anatrepsis に相当するが，ショウジョウバエでは胚の前端は動かず，もっぱら後端が背方にまわり込んで伸びることにより起こる（図31-5, b, g）。この過程は全胚発生期間（22時間）の約10%である2時間20分を要し，胚伸長期が終わり，胚運動のダイアポーズ期に相当する最長胚期には肛門陥の開口，すなわち，胚の尾端は卵背側，頭葉の後縁に近い約75%ELにある（同図, c, h）。このあいだに肛門陥開口部の後縁と頭葉後縁とをつないでいる薄い細胞層が羊漿膜となる。肛門陥は羊膜肛門陥腔 amnio-proctodaeal cavity とよばれることもあるが，ショウジョウバエでは羊膜も漿膜もはなはだ退化的である。胚後端のごく狭い部分を覆う羊漿膜があり，この他には卵の背側に達した部分と，卵の腹側にとどまった部分との側縁の間をつなぐごく薄い細胞層が羊漿膜に相当するだけで，胚の大部分は胚外膜に覆われることなく露出している（図31-7,「ev」）。

　最長胚期（ダイアポーズ期）（図31-5, c）は約2時間継続し，その後，胚は短縮を開始する。短縮の過程は約2時間を要し，これは胚反転 katatrepsis に相当するのであるが，ショウジョウバエではユスリカにみられるような前後軸に沿う胚の捻転は行われず，胚後端は胚伸長時に移動した軌跡を逆にたどって卵の後端に達する。胚後端が卵の背側に沿って後方に動くあいだに羊漿膜は裂断することなく，細胞の配列が変わって胚短縮が終わった時点では，胚の全背側（露出している卵黄塊の全面）を覆うようになる（同図, d）。

（5）　胚盤葉細胞の決定と分化

　胚盤葉細胞の発生運命は胚盤葉が細胞化した直後にはすでに決定されていることが，胚盤葉細胞の移植実験から明らかにされている（Technau, 1987）。この細胞分化の決定の道筋は，卵形成期に発現する母性遺伝子 maternal gene である座標遺伝子（前後・背腹軸を決める），多核性胞胚期に発現

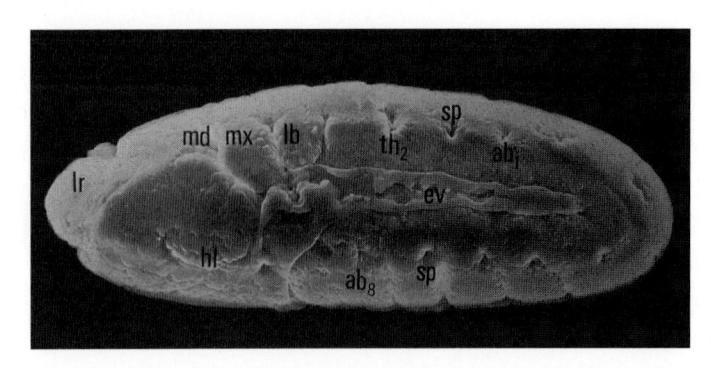

図31-7　ショウジョウバエの産卵後約8時間胚の側面の走査型電子顕微鏡写真
（Ueda & Okada, 1977）
　　図の上方が腹面。
　　ab1.8：第一，八腹節，ev：羊漿膜，hl：頭葉，lb：下唇節，lr：上唇，md：大顎節，
　　mx：小顎節，sp：気門，th2：中胸節

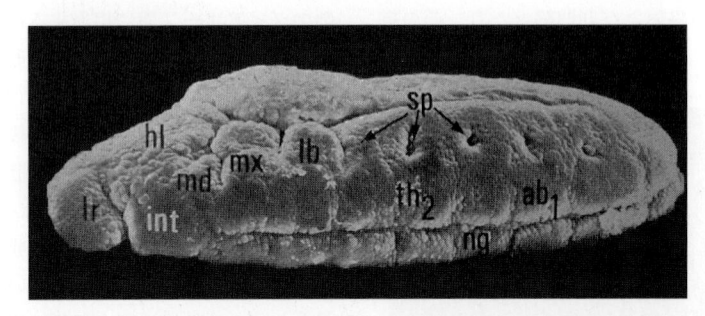

図31-8　ショウジョウバエの産卵後約6時間胚の走査型電子顕微鏡写真（Ueda
& Okada, 1977）
　　腹面をやや斜めより見た写真。
　　hl：頭葉，int：間挿節，ng：神経溝，それ以外は図31-7と同じ。

開始する胚自身の遺伝子 zygotic gene である分節遺伝子 segmentation gene とホメオティック遺伝子 homeotic gene などがコードする転写因子からなる制御カスケード，これによって制御されるすべての下位遺伝子のはたらき，などを総合的に反映している。

　分節遺伝子はギャップ，ペアルール，セグメント・ポラリティーの三つのクラスに分けられる。このクラス分けは，Nusslein-Volhard & Wieschaus（1980）が突然変異の表現型の解析をもとに行ったものであるが，遺伝子がクローニングされ，発生過程での遺伝子発現の様子が時間的・空間的に明らかにされた後，このようなクラス分けが，胚の分節過程での遺伝子の発現順序，分節における役割分担などを見事に示していることがわかった。彼らがこの研究を始めたのは，まだ真核生物では遺伝子クローニングの技術を自由に利用できなかった時代であることを考えれば，彼らの徹底した saturation muta-genesis 実験，確かな理論的裏づけ，結果の分析に

おける鋭い洞察力は感嘆に値する。

　その後，発生学者のあいだにも遺伝子を解析する技術が普及し，分節や体節形成に関与する遺伝子のはたらき方も次第に明らかにされた。現在では，座標遺伝子，分節遺伝子，ホメオティック遺伝子はすべてクローニングされて，分節と体節分化のすべての過程について，その制御機構は完全に明らかにされている。ホメオティック選択遺伝子群が稼働して制御カスケードが動き始めるのは細胞性胞胚期で，制御カスケード上の反応が進行するあいだの適切なレベルで細胞分化の決定が行われると考えられる。体節形成の制御カスケード最下位にある構造遺伝子に関してはまだ不明の部分が多いが，胚発生の最終段階で幼虫の構造ができるときに，カスケードの最下位にある実働遺伝子が発現し，ここで特徴あるクチクラ構造の形成などによって，細胞の最終分化が目に見えるようになるのである。最下位の実働遺伝子がどのようなものであり，いかなるはたらきをするかに関しては，幼虫体表のクチクラに小歯突起

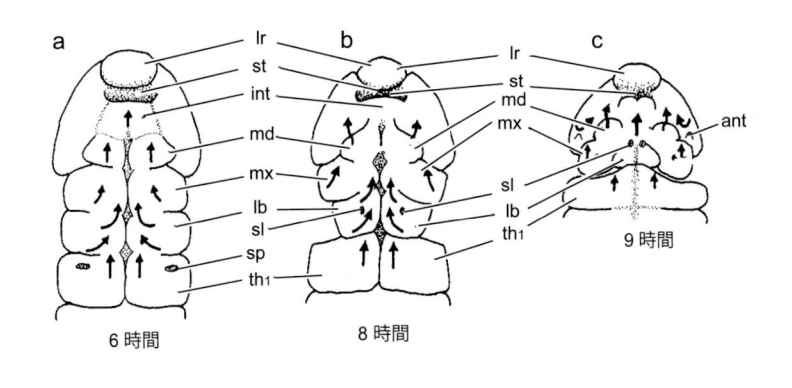

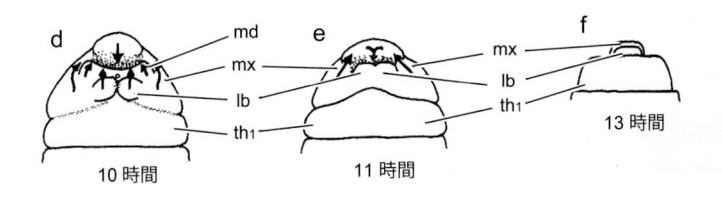

図31-9　ショウジョウバエ胚の頭部形成を示す模式図（Ueda & Okada, 1977）
ant：触角，sl：唾液腺の開口，st：口陥，th₁：前胸節，他の記号は図31-7と同じ。

denticlesを形成するのに必要な制御機構について
かなり肉薄されているが，解析はまだ本当の意味に
おける実働遺伝子のはたらきを網羅するところまで
は及んでいない。幼虫腹側面の各体節後縁に沿って，
多数の小歯突起が数列の帯状に並び，小歯突起帯
denticle beltとなっている（図31-5）。小歯突起の
形態，その並び方などは体節ごとに特徴があり，優
れた形態マーカーとして利用されている。したがっ
て，この構造の形成機構を明らかにすることは，体
節分化の制御機構の解明につながる重要な研究であ
る。

　細胞性胞胚期の「決定された」細胞では具体的に
いかなる遺伝子が発現しているのか，また，最下位
ではたらく構造遺伝子についての細胞単位の発現パ
ターンはいかなるものであるかなどについても，詳
細が明らかにされる必要があろう。つまり，実験発
生学的手法によって存在が示される「細胞の決定」
が，制御カスケード上のどの部分を反映しているの
か，発現する遺伝子の種類や発現量は細胞ごとにど
のように違うのか，時間的・空間的に規則性はある
のか，「決定」された細胞が「分化」を開始する際に
は遺伝子発現に検出可能な変化があるのか等々，解
明しなければならない問題は多い。しかし，ショウ
ジョウバエのゲノムプロジェクトは完了しており，

また，遺伝子のはたらきを検出する技術も長足の進
歩をしているので，細胞の遺伝子発現プロファイル
を見ることができるようになる日も近いであろう。

（6）　前後軸パターン

　a．外部形態

　ショウジョウバエ胚の外部形態の変化は，基本
的には他の昆虫と変わるところはないが，ショウ
ジョウバエの特徴としてあげうるのは，間挿節と腹
部には付属肢の痕跡も出現する時期はないこと（鱗
翅類幼虫などに見られる幼虫の腹部付属肢は，ショ
ウジョウバエではケイリン器官Keilin's organと
よばれる感覚毛に変化している），胚発生後期に起
こる頭部の陥入head involutionのために，完成し
た幼虫では，表面から見えるのは胸部および腹部だ
けになってしまうことなどであろう（図31-5，e；
31-9）。なお，このhead involutionに必要な遺伝
子であるhid（head involution defective）はプロ
グラムされた細胞死apoptosisを引き起こすはたら
きに関与するので，この過程には特定領域の細胞が
死ぬことが必要なのであろう（Abbott & Lengyel,
1991；Grether et al., 1995）。

　頭部体節としては，間挿節，3顎節は形態学的に
も明らかに認められるが，口前体節は外部形態から
は区別できない（図31-5，c，d；31-9）。しかし，

分子遺伝学的研究からは体部の体節形成に関与する遺伝子が口前域においても発現することが知られており，口前領域が体節と似た性質をもつ可能性を示唆している。たとえば，頭部のいわゆる非分節領域 non-segmented domains で発現するラビアル遺伝子 *labial* (*lab*) gene は，アンテナペディア・コンプレックス（ANT-C）に属するホメオティック選択遺伝子の一つである。

間挿節について，形態学的には口陥開口部の後方，大顎節腹面の膨らみとの間に広がる平坦部として記載された（図31-8；31-9）(Ueda & Okada, 1977)。ここには付属肢原基も認められず，また，体節境界も判然としないことから，この形態学的観察について疑問を呈する研究者もいたが，その後，ラビアル遺伝子が間挿節のマーカーとなりうることが発見され（Diederich *et al.*, 1989)，さらに，体部各体節の後縁に並ぶ細胞で発現するエングレイルド（*en*）遺伝子が間挿節の後縁の細胞でも発現していることがわかり，ショウジョウバエ胚においても間挿節が存在することは確定的となった（Diederich *et al.*, 1991)。分子レベルの相同は，必ずしも解剖学的な相同に等しく対応しないという指摘（Dickinson, 1995；Deutsch & Mouchel-Vielh, 2003)もあるが，間挿節の存在についての議論では，相似器官における相同分子の発現にすぎないという可能性は低いと考えてよいであろう。

間挿節の存在は，擬体節の総数ともかかわりをもっている。最初，擬体節の数は 14 とされていたが（Martinez-Arias & Lawrence, 1985)，その後，擬体節 1 の頭側に擬体節 0 が存在することが明らかとなり，現在では擬体節の数は 15 とされている。

b. パターン形成の遺伝と進化

胚の体制の確定には，前後軸方向のパターンを決める情報，背腹方向のパターンを決める情報の二つが必要である。左右軸に関しては，幼虫の消化管の折り畳み方が左右非相称である点に着目して左右逆転する突然変異が得られており，前後軸形成に関与する遺伝子が同時に左右軸にも関係することが示唆されているが詳細は明らかでない（Ligoxygakis *et al.*, 2001)。

胚の体節の形成・分化を支配する分節遺伝子群を三つのクラスに分類したのは，前節でも述べたように，スイス・バーゼルの Gehring のグループから巣立ってドイツ・チュビンゲンのマックスプランク研究所に移った Nusslein-Volhard と Wieschaus (1980) である[6]。彼らの研究に触発されて多数の研究者がショウジョウバエの発生学研究に参入し，1980 年代は「ショウジョウバエの時代」とよぶにふさわしく，ショウジョウバエの胚発生にはたらく遺伝子が次から次に発見され，その役割が明らかにされていった。

座標遺伝子群 coordinate genes は卵形成中に哺育細胞の母性ゲノムで発現を開始し，受精前の卵にすでに前後軸の情報が設定されている。その情報により，胚の部域ごとに異なった各クラスの分節遺伝子群 segmentation genes が経時的に発現し，また，ホメオティック遺伝子群 homeotic genes も分節遺伝子のはたらきによって区分された各領域（擬体節）で発現して，胚の前後パターンが構築されていく。

1980 年代に全世界の発生学者を巻き込んで大フィーバーを巻き起こしたショウジョウバエ胚発生の遺伝的制御機構の研究の大きなうねりは，1990 年代に入るとヒトをも含む脊椎動物，哺乳動物にまで達し，現在に至っている。ヒトより一足先にショウジョウバエでゲノムプロジェクトが完了し，現在では当初，弱点であったカスケード最下流の遺伝子（実働遺伝子）の解析にも力が注がれている。

ショウジョウバエ以外の昆虫の胚発生における「形態の遺伝学的研究」も，研究者人口は少ないが底流としては進んでおり，進化の過程でこれらの遺伝子のはたらきが変化してきた様子が次第に明らかになっている。とくに近年，アンテナペディア・コンプレックスの中にホメオティック遺伝子に挟まれて存在するフシタラズ（*ftz*）遺伝子が，ショウジョウバエではペアルール・クラスの分節遺伝子としてはたらき，けっしてホメオティック遺伝子としてはたらくことはないが，一方，鋏角類 chelicerate や多足類 myriapod では，ホメオティック遺伝子としての機能をもつことが明らかにされ，この遺伝子の神経細胞決定における役割とあわせて，節足動物の進化過程における遺伝子機能の変化が注目を集めている。これについてはここではふれないが，簡潔な総説がでているので参照されたい（Damen, 2002)。

---

[6] この2人にアメリカ・パサデナのカリフォルニア工科大学の Lewis を加えて 3 名の「初期胚発生の遺伝的制御機構の研究」に対して，1995 年のノーベル医学生理学賞が与えられた。これは発生学分野では Spemann 以来 2 度目のノーベル賞である。

c. 分節の過程

　分節が胚の「くびれ」として形態学的に認められるようになるのは胚反転 katatrepsis 期であるが、この「くびれ」は体節の境界ではなく、前区画と後区画との境界であり、ここで認められる分節は、体節でなく擬体節とよばれる。擬体節は一過性の構造で、昆虫の体は最終的には体節に区切られる。擬体節は、それが形態として認められるよりはるかに以前の多核性胞胚期に、すでに遺伝子発現領域として検出される。すなわち、この時期に Nusslein-Volhard & Wieschaus（1980）が示した分節遺伝子群の発現が始まるのである（擬体節については上巻の第1部総論4章でも解説されている）。

　胚の分節は多核性胞胚期におけるギャップ・クラス遺伝子の発現に始まるが、ギャップ遺伝子の発現を制御するのは座標遺伝子の一つのビコイド（bicoid, bcd）である。この遺伝子は卵形成中に哺育細胞で発現し、生じた mRNA が卵に運ばれる。哺育細胞と卵との細胞質連絡通路は卵の前極にのみあるため、ビコイド mRNA は前極から搬入され、ただちに細胞骨格にトラップされる。受精後、翻訳が始まり、ビコイド・タンパク質は卵細胞質内を後方に向かって拡散して、卵前極をピークとする濃度勾配分布をする（図 31-10, a）。このビコイド・タンパク質が胚盤葉細胞の核内に入り、ギャップ遺伝子の発現を調節する。最初に発現開始のスイッチが入るギャップ遺伝子はハンチバック遺伝子である。ギャップ遺伝子の発現量はビコイド・タンパク質の濃度に依存するので、ハンチバック・タンパク質の胚内での分布はビコイド・タンパク質の濃度を反映して、胚前極をピークとする濃度勾配をつくる（同図, a）。

　ビコイド・タンパク質は、胚の前半の分節制御を分担する。胚後半の分節過程はナノス（nanos, nos）遺伝子により制御される。ナノス・タンパク質はハンチバック遺伝子の発現を抑制する（図 31-10, a）。胚後半でのナノス・タンパク質の分布には座標遺伝子 coordinate gene の一つオスカー oskar が重要な役割を演ずる。オスカー遺伝子は哺育細胞で転写され、卵前極より卵に搬入されるが、そこでトラップされることなくキネシン kinesin のはたらきによって、細胞骨格上を卵後極まで運搬されて極細胞質に局在する（Palacios & St. Johnston, 2002）。オスカーが後極に局在することが、他のポステリアー・グループ遺伝子産物を後極へ局在させ、極細胞質を構築するのに絶対の必要条件であることはすでに明らかにされているが、この過程におけるオスカー遺伝子産物（mRNA とタンパク質）のはたらきについての詳細は、いまだに不明のまま残されている。

　オスカーのはたらきによって後極に局在する因子の一つがナノス mRNA である。ナノス遺伝子は卵形成中に哺育細胞で発現し、ビコイド mRNA と同様、前極から卵に搬入される。しかし、ナノス mRNA はオスカー遺伝子のはたらきに依存して後極に局在し、受精後に翻訳が始まる。ナノス mRNA は後極でのみ翻訳されるように制御されており、生じたナノス・タンパク質は、ビコイド・タンパク質と反対に、後極をピークとする濃度勾配分布をする（図 31-10, a）。ナノス・タンパク質は腹部形成を制御する（生殖細胞形成の制御もするが、それについては後述）のであるが、その制御は、ハンチバックおよびビコイド両方の mRNA の翻訳を阻害することをとおして行われる（これらの mRNA は、どちらも 3′ 側の非翻訳領域に NRE（nanos responsive element）をもち、ナノス・タンパク質はプミリオ pumilio・タンパク質を介してこのエレメントに結合し翻訳を阻害する）。ビコイドについては先に述べたが、ハンチバック・タンパク質は腹部形成に関与するギャップ遺伝子（クナープス、同図, b）の発現を抑制する機能をもつので、胚後半部でハンチバック・タンパク質の合成を阻害することが腹部形成を進めることになる。後極から前極に向かう濃度勾配分布をつくるので、ナノス・タンパク質濃度が十分に高い領域では、母性遺伝子からつくられたハンチバック mRNA の翻訳が阻害される。その結果、ハンチバック・タンパク質の濃度勾配分布が前極のみに限られることになり、ギャップ遺伝子の発現制御による領域区分がいっそう明確となる（同図, a）。

　ビコイド・タンパク質とハンチバック・タンパク質の濃度に応じて異なったギャップ遺伝子が反応し、発現が促進あるいは抑制される。この時期には、胚はまだ多核細胞であるから、核は場所により異なる濃度のビコイド・タンパク質に遭遇することになる。核内のビコイド・タンパク質濃度は細胞質内の濃度を反映し、表層タンパク質に侵入した核内で、ギャップ・クラスの分節遺伝子の発現調節領域へのビコイド・タンパク質の結合は、この濃度によって規定される。結果として、胚の領域ごとに異なる

ギャップ遺伝子が発現するよう規定されることになる。その結果として胚は六つのギャップ遺伝子の発現領域に区分される。

　ギャップ・クラス遺伝子はペアルール・クラス遺伝子の発現を制御し，異なったギャップ・タンパク質の存在によって区切られた6領域は，ペアルール遺伝子のはたらきによってそれぞれ2体節幅ごとに細分される。ギャップ遺伝子によって区切られた6領域は無論のこと，ペアルール遺伝子により区切られた各領域も形態学的にはまったく判別できない。各領域は，そこで発現する分節遺伝子のmRNAあるいはタンパク質を *in situ* ハイブリダイゼーションによって可視化することによってはじめてその存在を認めることができる（図31-10, c）。

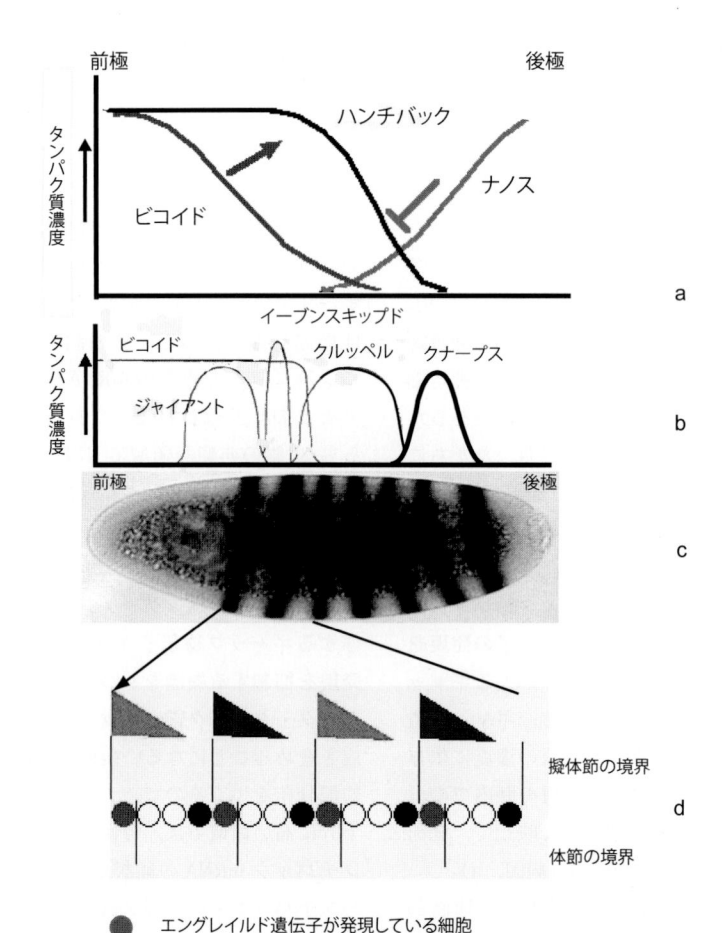

図31-10　分節の遺伝子制御
　胚発生の分節過程を制御する遺伝子と，そのはたらきを簡略に示す。
　a.　受精から細胞性胞胚初期のあいだに起こるビコイド・タンパク質とナノス・タンパク質によるハンチバック遺伝子発現の制御の結果，ハンチバック・タンパク質が前極をピークとする濃度勾配を形成する様子を示す。縦軸は各タンパク質の濃度を概念的に示す。矢印はビコイド・タンパク質によるハンチバック遺伝子の発現促進を，T印はナノス・タンパク質によるハンチバック遺伝子発現抑制の様子を示す。
　b.　細胞性胞胚期におけるギャップ遺伝子（ビコイド，ジャイアント，クルッペル，クナープスの4遺伝子についてのみ示し，他は省略した）の発現パターンの模式図。それよりやや遅れて起こるペアルール遺伝子の発現を，イーブンスキップド遺伝子の第2擬体節での発現で示す。縦軸はそれぞれのタンパク質濃度を概念的に示す。
　c.　細胞性胞胚後期における，フシタラズ遺伝子（ペアルール遺伝子の一つ）のシマウマ模様状発現パターンを示す（網蔵令子博士のご好意による）。
　d.　胚伸長のあいだに起こる，ペアルール遺伝子によるセグメント・ポラリティー遺伝子の発現制御を示す。三角形はそれぞれフシタラズ，イーブンスキップド（ともにペアルール遺伝子）の擬体節内での濃度勾配分布を示す。セグメント・ポラリティー遺伝子のうち，エングレイルド，ウィングレスのみ発現細胞を示し，他の遺伝子については省略した。

ペアルール遺伝子のはたらきで2体節単位に区切られた後，胚の細胞化の開始以後，セグメント・ポラリティー・クラスの分節遺伝子が発現して，胚を体節（実際には擬体節）単位の領域に区切り，なおかつ，その領域の前後方向を決める（図31-10，d）。そして，セグメント・ポラリティー遺伝子と時間的に重なって発現するホメオティック選択遺伝子が，細胞分化に直接はたらく実働遺伝子群を制御するのである。

Nusslein-Volhard & Wieschaus（1980）が最初に記載したギャップ遺伝子は基本的な体部（顎部，胸部，腹部）の分節にかかわるもので，ハンチバック *hunchback*（発現域：100〜55%EL），クルッペル *krupper*（55〜45%EL），クナープス *knirps*（45〜30%EL）の3種類であった。その後，頭部域（頭葉，先節）の形成にはハンチバックが発現する領域と重なって発現するオルソデンティクル *orthodenticle*，エンプティースパイラクル *empty spiracles*，バトンヘッド *buttonhead* などの遺伝子が必要であること，また，尾部（尾節）の形成には，30%EL以後，クナープスより後方で発現する，ジャイアント *giant*，ハックベイン *huckbein*，テイルレス *tailless* などの遺伝子のはたらきが必要であることが明らかにされ，これらもギャップ遺伝子と考えられるようになった。ギャップ遺伝子には体部の分節にかかわるものと末端部（先節と尾節）の形成にかかわるものとがあり，後者は，同一遺伝子が前後両方の末端部で発現してはたらく。ギャップ遺伝子はすべてクローン化されており，いずれもジンクフィンガー型のDNA結合モチーフをもつ転写因子をコードしている。

ギャップ遺伝子によって，胚が6領域に区分け

されると，次に，これらギャップ遺伝子のコードする転写因子がペアルール・クラス遺伝子の発現を制御する。詳細は省略するが，胚の領域ごとに異なるギャップ・クラス遺伝子が発現し，しかも各発現領域でのギャップ遺伝子によりつくられたタンパク質の濃度が，釣り鐘型濃度勾配分布をすることにより，部域特異的なペアルール遺伝子の発現が起こるのである。ペアルール遺伝子のコードするタンパク質は胚の各領域ではたらく転写因子であり，これによってセグメント・ポラリティー・クラスの分節遺伝子の発現開始のスイッチが入れられる。

セグメント・ポラリティー遺伝子は他の分節遺伝子と違って，発現開始はペアルール遺伝子のコードする転写因子により制御されるが，発現継続 maintenance は，細胞間の情報伝達を介して，セグメント・ポラリティー遺伝子どうしによって制御される。

一つだけ例をあげると，ウィングレス遺伝子 *wingless* とエングレイルド遺伝子 *engrailed* とは，発現維持にお互いを必要とする。ウィングレス遺伝子の突然変異胚では，エングレイルド遺伝子の発現が一過性に起こるが，まもなく終了してしまう。エングレイルド遺伝子の突然変異胚では反対にウィングレス遺伝子が少し発現するが，まもなく止んでしまう。しかも，エングレイルドとウィングレスとは必ず別の細胞で発現する。その仕組みは以下のようである。ウィングレスのつくる分泌性のタンパク質は，隣り合う細胞の受容体（*frizzled* ファミリーの遺伝子がコードする）に結合する。すると，シグナルが核に伝えられてエングレイルド遺伝子の発現をもたらす。エングレイルド・タンパク質はホメオドメインをもつ転写因子である。この転写因子により，

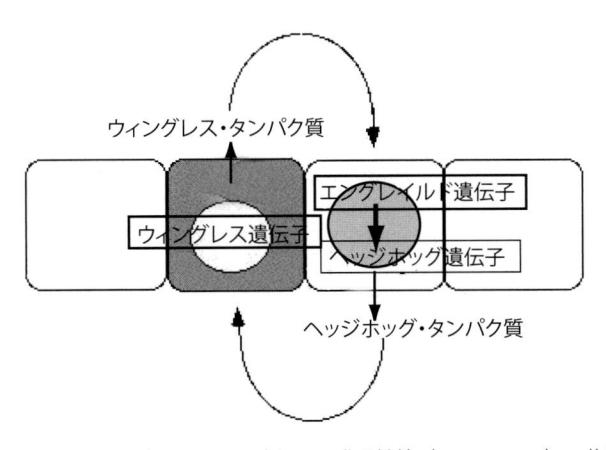

図31-11　セグメント・ポラリティー遺伝子の発現継続（maintenance）の仕組み

ヘッジホッグ遺伝子 hedgehog が発現する。この遺伝子のコードするタンパク質は分泌性で，隣り合った細胞の受容体（patched 遺伝子がコードする）に結合して，ウィングレス遺伝子の発現をもたらすシグナルを発生する（図 31-11）。

セグメント・ポラリティー・クラスには，そのほかにも多様なはたらきをもつさまざまな遺伝子が含まれている。frizzeld や smoothened，および前述の hedgehog や patched などもセグメント・ポラリティー・クラスに属する遺伝子である。そして，時間的に重なって発現するホメオティック選択遺伝子と協力して，細胞分化に直接はたらく遺伝子群を制御するのである。

ホメオティック選択遺伝子群が稼働開始して制御カスケードが動き始めるのは細胞性胞胚期で，制御カスケードが進行するあいだの適切なレベルで，細胞分化の決定が行われると考えられる。さらに，幼虫形成の最終段階ではカスケードの最下位にある遺伝子が発現し，ここで特徴あるクチクラ構造の形成などによって，完了した細胞の最終分化が目に見えるようになるのである。

d．背腹軸パターン

背腹方向のパターンも，卵形成中に母親のゲノムで発現する遺伝子により最初の枠組みが決定されるのであるが，この場合は濾胞細胞が関与する。卵母細胞 oocyte の核は当初，卵前端と後端を結ぶ中心線（前後軸）上にあるが，やがて，前後軸と直交する方向に移動し，卵表層に近づく。この方向には規則性がないので 360°のすべての方向をとりうる。核が移動した方向が背側となり，反対側が腹側となる。このときに，核からガーケン gurken 遺伝子の mRNA が放出されるが，この mRNA は核の近傍のみに分布するよう調節されている。したがって，表層細胞質におけるガーケン・タンパク質の分布は背側のみとなる。つまり，背側はガーケン・タンパク質により規定されるわけである。

背側の反対側が腹側となるのであるが，胚の全表面に均等に分布するトール Toll・タンパク質（細胞膜貫通性の受容体）のリガンドとなるシュパツル Spätzle・タンパク質が腹側のみで生産されるのが腹側の特質である。シュパツル・タンパク質合成に至る反応は，タンパク質分解酵素より構成される複雑なカスケードをへて行われる。ここでは詳細は省略するが，この反応系は哺乳類の血液凝固系と類似の反応系であり，トール受容体を含む反応系は，哺乳類の感染防御系と共通の遺伝子制御機構を用いていることは注目に値する。

トール受容体にリガンド（シュパツル・タンパク質）が結合すると，細胞内カスケードが起動して，最終的に卵細胞質内に存在するドーサル Dorsal-カクタス Cactus・タンパク質の複合体からカクタス・タンパク質を切り離す。カクタス・タンパク質から遊離したドーサル・タンパク質は核内に侵入可能となる。このようにして，胚の腹側でのみ核内にドーサル・タンパク質が存在し，背方に向かうに従って核内ドーサル・タンパク質濃度が低くなるような濃度勾配分布をする。ドーサル・タンパク質の核内輸送の仕組みは，哺乳類の免疫系細胞におけるものときわめてよく似ている。ドーサル・タンパク質は NF-κB に，カクタス・タンパク質は IκB に相当する。

ドーサル・タンパク質は転写因子で，中胚葉，神経上皮域などの腹側の細胞分化をもたらす遺伝子群（ツイスト twist やスネイル snail など）の発現を解発する。一方，背側の細胞ではデカペンタプレジック decapentaplegic 遺伝子（TGF-β ファミリーの遺伝子）が発現するのが特徴で，胚外域の形成を導く。このようにして背腹の細胞でそれぞれ特徴的な遺伝子発現パターンが生じ，これがカスケード最下流の構造遺伝子に反映して形態・機能の背腹パターンが形成されるのであるが，詳細は省略する。

(7)　器官形成

a．神経系

① 中枢神経系：　腹側正中線を挟む帯状の細胞塊が中胚葉として陥入した後，その両側に位置する領域は神経上皮域 neuroepithelium となる。

神経上皮域の細胞は上皮細胞あるいは神経芽細胞 neuroblast に分化する。神経芽細胞の形成は，顎部，胸部，腹部の各体節では多少の不規則性はあるが，概観すると各体節の片側半側あたり 4 列 4 行，計16 個の神経芽細胞が観察される。神経芽細胞の形成を胚の横断面でみると，最初 2 個の神経芽細胞が腹側上皮細胞の並びから背方にはみ出して遊離し，やや遅れてさらに 2 個が遊離して計 4 個が横 1 列に並ぶようになる，体節の半側あたりでみると 4 個の神経芽細胞が並ぶ列が四つできることになる（図 31-12）。

発生遺伝学的研究により，神経芽細胞として決定された細胞は，それに接する上皮細胞が神経芽細胞

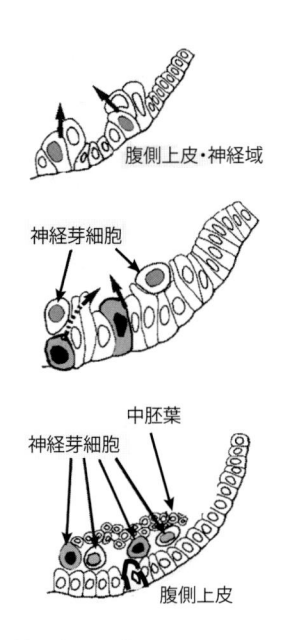

図 31-12　神経芽細胞の形成
　上より順番に，神経芽細胞の上皮寄りの分離が 2 回に
　分けて起こり，それぞれが 1 回分裂して 2 個となり，
　合計 4 個となる様子。

になることを妨げる機能を有することが明らかにさ
れている。このような側方抑制 lateral inhibition
の結果として，腹側上皮・神経域の約 2,000 個の細
胞（図 31-4）のうち大体 1/4 が神経芽細胞となり，
残りが上皮細胞に分化する。側方抑制機能は細胞間
相互作用に依存し，デルタ Delta，ノッチ Notch の
二つの遺伝子が関与している。ともに細胞表面に存
在するタンパク質をコードしており，隣接する細胞
膜上のデルタ・タンパク質とノッチ・タンパク質と
が結合し，ノッチが受容体となり，デルタからの信
号を受け取った細胞では，細胞内情報伝達系を介し
てエンハンサー・オブ・スプリット遺伝子 E（spl）
などの転写因子が活性化され，上皮細胞に分化する。
もし，これらの遺伝子の一つが突然変異を起こして
機能を失うと，胚の腹側には上皮細胞が分化せずに，
すべての細胞が神経芽細胞となってしまう。つまり，
神経上皮域の細胞は，すべて神経芽細胞に分化する
発生運命をもっており，それが抑制されてはじめて
上皮細胞に分化するのである。
　上皮細胞から遊離してその背側に並ぶようになっ
た後，神経芽細胞は不等分裂を 5 〜 8 回繰り返して，
多数の神経節母細胞 ganglion mother cell をつく
る。生じた神経節母細胞はそれぞれ 1 回の等分裂を
行った後に神経細胞に分化し，軸索を伸ばして腹側

中枢神経が形成される。神経繊維が形成され，また，
左右の神経節の間を連絡する横連合神経 commis-
sure が各神経節に前後 1 組形成される。この過程は，
他の昆虫と変わることはない。
　特定の神経細胞がその効果器官へ向かって神経軸
索を伸ばすためには，個々の神経細胞ごとに特定遺
伝子が発現する必要がある。これに関与するいくつ
かの遺伝子はすでに同定され，その発現や機能も調
べられている。たとえば，分節遺伝子の一つフシタ
ラズは分節完了後，発現を終了するが，神経形成に
際して，特定の神経細胞で発現する。フシタラズ遺
伝子の突然変異体では，特定の神経細胞は正常とは
異なる分化経路を通る。さらに，最近では神経軸索
の伸長を導くガイダンスに必要な分子や遺伝子につ
いても次第に明らかになりつつある。
　内層が陥入した後の腹側正中線上には左右の外胚
葉（上皮・神経域）に挟まれて中胚葉細胞が残って
おり，中外胚葉 mesectoderm とよばれる。これは
中胚葉の一部となるのであるが，そのほかに横連合
神経が生じたころ，ここにも神経芽細胞が生じ中央
索 median cord となる。ショウジョウバエの中央索
はもっぱら神経組織となり，鱗翅類で知られている
ように神経膜（神経被膜）neurilemma などをつく
ることはない。
　脳の神経芽細胞は不等分裂を行わず，すべて等分
裂により神経細胞を形成する。そして，脳は腹部神
経節より背方に片寄った位置に形成されるため，支
配遺伝子も体部神経節とは異なっている。
　②　自律神経系と環状腺：　昆虫では一般に口陥
の背側面にも神経芽細胞が生じ，これは口胃神経節
stomatogastric ganglion を形成する。一方，ショ
ウジョウバエでは，顎部体節，頭楯-上唇部，下咽頭
部などが口陥に追従して陥入する過程があり，head
involution とよばれる。この二次的陥入の結果，前
頭嚢 frontal sac がつくられる。口胃神経節のうち
の 3 個が，大顎節寄りの陥入に由来するアラタ体お
よび二次的に陥入した顎部体節より生ずる側心体と
一緒になって環状腺 ring gland が形成される。
　環状腺は，機能的にはエクダイソン ecdyson の一
種の 20-hydroxyecdyson の生成を行うことが知ら
れている。したがって，前胸腺の細胞を含んでいる
と思われるが，ショウジョウバエでは前胸腺がどこ
から形成されて，環状腺の一部として組み込まれる
のか明らかにされていない。

b.　消化管

①　前　腸：　前腸は本来の口陥に由来する細胞に加えて head involution の際，陥入した部分に由来する細胞をも含んでいる。前腸は後に，咽頭，食道，前胃の 3 部分に分かれる。前胃の一部は口陥より，一部は中腸より形成されるとされてきたが，実際には，すべて口陥に由来することが最近明らかにされた（Technau & Campos-Ortega, 1985）。

②　中　腸：　内層（中胚葉）の前端，および後端部を占める前部および後部中腸原基に由来する。前後中腸原基は，口陥，肛門陥に先立って陥入し，前部中腸原基は口陥の，後部中腸原基は肛門陥の，それぞれ盲端部を構成するようになる（図 31–5, g, h）。やがて，前後中腸原基の細胞が，やや球形に変形し卵黄塊の表面に向かっていっせいに移動する。この細胞群は帯状の細胞集団となり，卵黄塊表面に沿って前から 2 本，後ろから 2 本の帯として伸び，前後からの帯が互いに出会ってそれぞれ吻合する。結果として生じた左右 2 本の内胚葉の帯の背側縁，腹側縁は卵黄塊を覆うように拡張し，腹側および背側正中線で吻合して，卵黄塊を覆う中腸上皮が完成する。この中腸形成の方式は，他の多くの昆虫にみられるものとほぼ同じである。

中腸の部域特異的な細胞分化には，中腸上皮の外側を覆う内臓中胚葉が必要であることがわかっている。中腸上皮（内胚葉）が卵黄塊を覆って形成されるあいだ，上皮全体で一様に POU ボックスを含む遺伝子 pdm–1 の発現が見られる。その後，内臓中胚葉層の部域ごとに，アンテナペディア Antennapedia，ウルトラバイソラックス Ultrabithorax，あるいはアブドミナル A (abdominal-A) などのホメオティック遺伝子の発現が始まると，内胚葉の分化は中胚葉細胞の支配下にうつる。また，中央狭窄部の中腸上皮でホメオティック遺伝子の一つであるラビアル labial の発現がみられる。この意味については不明であるが，pdm–1，ラビアルともに転写因子であり，選択される下位の遺伝子が異なると考えられる。内臓中胚葉細胞から中腸細胞へのシグナル伝達には，デカペンタプレジック decapentaplegic，ウィングレス wingless 両遺伝子が関与する。

口陥と中腸の境界は外胚葉と内胚葉の境界に相当するが，この境界部は両者の細胞が入り組んでおり，形態学的にはけっして明瞭な境界とはなっていないが，遺伝子発現は細胞単位で明確に区別できる。

中腸の前縁より二対の突起が形成され，胃盲嚢 gastric caeca となる。これは純粋に内胚葉由来の構造であり，この形成にはセックス・コーム・レデュースド遺伝子のはたらきが必要である。中腸の他の部分は消化にかかわる組織に分化し，アミラーゼを分泌する細胞が吸収上皮の細胞の間に散在分布するようになる。

③　後　腸：　肛門陥に由来する外胚葉性の組織であり，マルピーギ管は後腸に由来する。後腸の前端近くで細胞分裂が始まり，左右一対の盲嚢突起が形成される。この突起の先端がそれぞれ二つに分かれ，今度は細胞の伸長によって前方および後方に伸び，合計 4 本のマルピーギ管となる。マルピーギ管形成にはウィングレス遺伝子のはたらきが必要である。

c.　生殖巣および生殖細胞

生殖巣は，内層に由来する中胚葉細胞および極細胞に由来する生殖系列細胞が集まって形成される。生殖巣の生殖鞘および間細胞は腹部第五から第八の合計 4 体節の中胚葉細胞から分化するとされているが，必ずしも全体が同じように貢献するものではないらしい。なぜなら，腹部第五体節が第四体節に変わってしまう突然変異 infraabdominal-4（バイソラックス・コンプレックスに含まれるホメオティック遺伝子の一つアブドミナル A 遺伝子の 5′ 側にある，部域特異的発現を調節する領域の突然変異）では生殖巣が形成されないので，腹部第五体節が重要であると思われる。生殖巣中胚葉形成の制御には少なくともティンマン tinman，エングレイルド，ウィングレスの三つの遺伝子のはたらきが必要であるという（Riechmann et al., 1998）。

最初に極細胞質に入る核の数は 3 個くらいであるが，遅れて到達するものもあわせて約 10 個の極細胞がくびれ出す（図 31–2，ステージ 9, 10）。極細胞はそれぞれ約 2 回分裂するので最終的に，細胞性胞胚で見られる極細胞の数は 30 〜 50 個である（Underwood et al., 1980）。これらは後部中腸原基の上に乗ったまま移動し，最終的には肛門陥の底（後部中腸原基）の細胞の間を通り抜けて血リンパ腔に入り，中胚葉細胞とともに生殖巣をつくる。胞胚期以後，生殖巣が完成するまで極細胞は分裂を行わない。また，1 個の生殖巣に入る極細胞の数は 5 個前後であり，残りの 20 〜 30 個の極細胞は血体腔内あるいは卵黄内で退化消失してしまう。

極細胞形成は第八回核分裂終了後に起こる。極細胞形成は体細胞域の細胞形成とは異なり，核の侵入した部域が外側にドーム状の膨らみとして突出し，やがて球形細胞となり，根元が切り離されるという様式をとる。ショウジョウバエでは極細胞のみが生殖系列細胞となりうる細胞であることが，細胞移植実験によって示されている（Technau, 1987）。極細胞および生殖細胞の形成には極細胞質 polar plasm が必須の役割をしていることは20世紀前半にすでに実験的に示されていた（Geigy, 1931）。極細胞質をさまざまな手段で破壊すると極細胞が形成されず，生殖細胞を欠く個体となることから，極細胞質には「生殖細胞決定因子 germ cell determinant」が存在するとされていた。しかし，極細胞質が自律的に極細胞を形成するはたらきをする「因子」を含むことが確実に示されたのは，細胞質移植の技術が開発された1970年代以後である（Okada et al., 1974；Illmensee & Mahowald, 1974）。以降現在までに，主としてわが国の研究者によってショウジョウバエにおける生殖系列細胞の形成機構が，遺伝子，分子のレベルで明らかにされており，さらに，他の動物群でもショウジョウバエで明らかにされた制御機構に類似のものがはたらいていることもわかってきた。

d.　極細胞形成因子

1970年代後半より極細胞質の機能の分子レベルでの解析を志向する研究が開始され，まず極細胞形成に必須な因子は，ミトコンドリア・ゲノムから読み取られたリボソーム RNA の大サブユニット（mtl-rRNA：mitochondrial large subunit rRNA）であることが明らかにされた（Kobayashi & Okada, 1989；Kobayashi et al., 1996）。この研究の過程で「極細胞形成因子」は単一なものでなく，少なくとも極細胞の形成，極細胞が体細胞に分化することの抑制，さらに極細胞の生殖細胞特異的分化（精子，卵，生殖幹細胞への分化）の促進の三つの過程は，独立に調節されていることが示唆された。そして，mtlrRNA は，そのなかの極細胞形成に関与する因子の一つであった（図31-13）。

mtlrRNA は，通常はミトコンドリア内にとどまり，その役割はリボソーム，大サブユニットの骨格を形成するのであるが，極細胞質内においてのみミトコンドリア外へ搬出される。その経過は以下のようなものである。極顆粒とよばれる顆粒が卵形成中に卵の後極細胞質につくられる。極顆粒は受精後しばらくのあいだミトコンドリア外壁に接触するが，この時期に，この場所でのみ mtlrRNA が膜を透して外部に運ばれ，ただちに極顆粒に局在するようになる。そして，この本来はミトコンドリア内においてリボソームの構成成分である分子が，明らかに極細胞形成に必要であることが明確に立証されたのは，mtlrRNA のみを特異的に分解するリボザイムを作成し，卵後極に注入すると極細胞が形成されないという実験による（Iida & Kobayashi, 1998）。

その後，大サブユニットに加えて小サブユニットの rRNA（mtsrRNA）も mtlrRNA と同じく，極細胞質内でミトコンドリア外に搬出され，極顆粒に局在することが示された（Kashikawa et al., 1999）。これら大小のミトコンドリア・リボソーム RNA がミトコンドリア外に搬出されるためには，ミトコンドリア内に存在するチューダー tudor・タンパク質の関与が必須であることも明らかにされている（Amikura et al., 2001a）。さらに，極顆粒上に存在するポリソームにミトコンドリア内のリボソームと同じサイズの（細胞質内のリボソームに比べてやや小型の）リボソームが存在すること，そして，このリボソームには原核細胞タイプのミトコンドリア・タンパク質が存在することなどが明らかにされた（Amikura et al., 2001b）。つまり，極細胞形成には，このミトコンドリアタイプのリボソームで合成されるタンパク質が重要なはたらきをしているものと推察されている。このタンパク質の有力な候補としてジャームセルレス germ cell-less（gcl）遺伝子がコードするタンパク質があげられているが，まだ確実には証明されていない。

e.　極細胞の生殖細胞分化への道筋

腹部形成に必要な遺伝子として発見されたポステリアー・グループ posterior-group 遺伝子の突然変異体の多くは，極細胞形成能をも欠いている。それは，このグループの遺伝子のコードするタンパク質が極細胞質の形成や機能に必要な成分であったり，極細胞質に局在する mRNA を後極に運搬するはたらきをしたりするからである。先に述べたミトコンドリア内にタンパク質が存在するチューダーも，このグループに属する。このグループの遺伝子の一つにナノスがある。ナノスについては腹部体節形成に必要な遺伝子として発見されたのであるが，この遺伝子の突然変異をもつ雌の生んだ卵には極細胞が形成

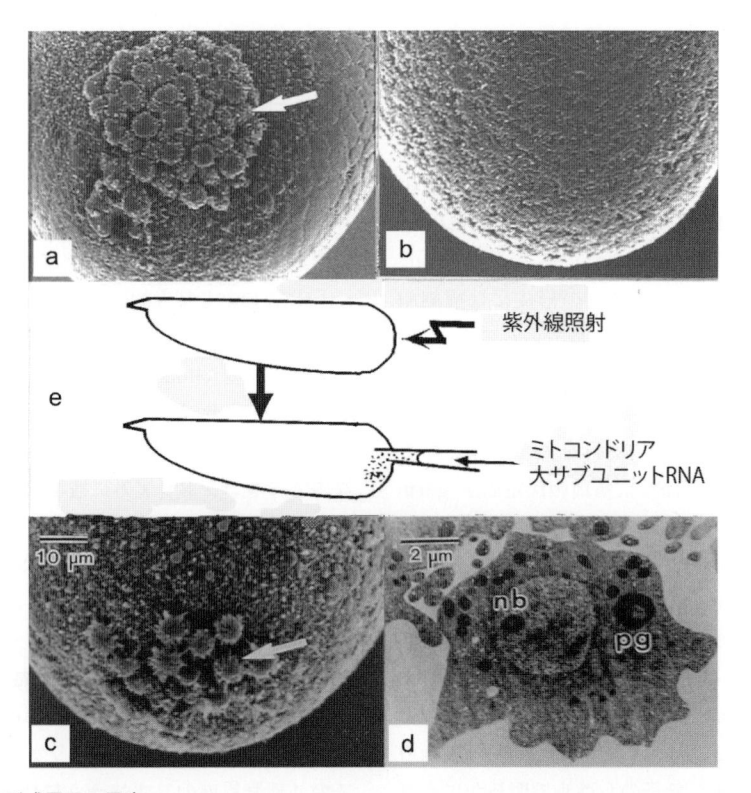

図 31-13　極細胞形成因子の同定
　a〜cの写真はすべて走査型電子顕微鏡による。a．正常に形成された極細胞（矢印），b．後極を紫外線照射された
卵より発生した多核性胞胚期胚の後極付近，極細胞が形成されない，c．後極を紫外線照射し，そこにただちにミ
トコンドリア大サブユニットRNAを注射した卵から発生した多核性胞胚。極細胞様の細胞が形成されている（矢印），
d．図cで形成された極細胞様細胞の透過型電子顕微鏡写真。形態学的には正常の極細胞と区別がつかない，e．紫
外線照射とミトコンドリアRNAの注射方法の模式図。
nb：核，pg：極顆粒

される。しかし，この胚は腹部の形成ができないた
めに致死であり，その極細胞が生殖細胞となる能力
をもっているかどうかは不明であった。そこで，ナ
ノス突然変異胚に生じた極細胞を正常の胚に移植す
る実験が行われた。その結果，ナノス突然変異胚に
形成された，一見，正常な極細胞は生殖巣に到達す
ることができず，他の細胞に分化することもなく退
化消失した。つまり，ナノス野生型遺伝子のはたら
きは極細胞形成自体には必要ないが，極細胞が生殖
巣まで移動するのには必須であることがわかる（Ko-
bayashi et al., 1996）。
　さらにその後の研究で，ナノス・タンパク質はた
だ単に，極細胞の移動のみでなく，プミリオとよば
れる，もう一つのポステリアー・グループ遺伝子
のコードするタンパク質と共同して，生殖細胞の発
生に必須のはたらきをすることが明らかにされてい
る（Asaoka et al., 1998；Asaoka-Taguchi et al.,
1999）。ナノス・タンパク質はプミリオ・タンパク

質を介して，NRE（nanos responsive element）を
もつ mRNA に結合し，翻訳を阻害する。極細胞で，
ナノス・タンパク質により翻訳阻害を受ける mRNA
の一つにサイクリンBがある。この仕組みによって，
正常発生過程では極細胞が移動中，および生殖巣に
入ってからしばらくは細胞分裂しないように制御さ
れている。また，ナノス・タンパク質は体細胞分化
に必要な遺伝子の極細胞（始原生殖細胞）での発現
を抑制し，体細胞への分化を抑制すると考えられて
いる。また最近，ナノス・タンパク質により促進さ
れる過程も発見されており，極細胞の生殖細胞への
分化にナノス遺伝子が要のはたらきをしているらし
いことが次第に明らかになってきている。さらに，
ナノス・野生型タンパク質は極細胞にアポトーシス
のスイッチを入れるはたらきをする遺伝子（hid）の
mRNA の翻訳を阻害することによって，極細胞が生
殖巣に向け移動の途中で細胞死するのを防いでいる
ことも明らかにされている。この阻害は正確な発生

プログラムに従って行われるのであって，極細胞が何らかの理由で生殖細胞に到達できなかった場合には，細胞死 apoptosis の阻害が終了して極細胞は死亡消失すると考えられる。

f．筋肉系

中胚葉細胞の大部分は筋肉形成に使われる。中胚葉になる内層は，胚伸長期，産卵後約4時間までに2回の細胞分裂を行いながら体壁内面に沿って背方に向かって伸長し，縁が背側に達する。左右の中胚葉が背側正中線で出会うと，そこに背脈管が形成されることは他の昆虫一般と同じである。この時期に外胚葉に先立って中胚葉の分節が起こり，他の昆虫と同じく体腔嚢が認められる。さらに，第三回の細胞分裂が終わると，腹面に近い層と，側面に伸びた層との間に断層が生じ，この二層は境界で重なり合うようになる。側面に接している層は内臓中胚葉となり，中腸上皮を包んで消化管上皮細胞にシグナルを与え，その部域の特異的分化を誘導するとともに，中胚葉自身は消化管の筋肉層となる。腹面のものは体壁中胚葉となる。体壁中胚葉からは背脈管と体壁筋肉系とがつくられるが，両者は異なった遺伝子により制御されているらしく，グリーフル gleeful (gfl) 遺伝子のはたらきを dsRNA の注入によって阻害すると，筋肉系の形成のみが抑制され，背脈管は正常に形成される（Furlong et al., 2001）。

胚短縮終了後，産卵後 9.5 〜 11.5 時間のあいだに体壁中胚葉細胞は多核の筋細胞となり，産卵後 13 〜 16 時間のあいだに個々の筋肉が完成する。胚（幼虫）の筋肉，成虫の筋肉など，多彩な筋肉が形成されなければならず，中胚葉の形成にかかわるツイスト twist，スネイル snail に始まる制御カスケードを構成する多数の遺伝子（上述のグリーフルもその一つである）のはたらきが必要であることが知られているが，詳細には立ち入らないことにする。

g．成虫原基

成虫の上皮をつくる細胞は胚盤葉のときから決定されていることは先に述べた。これらの細胞は胚発生末期，あるいは，孵化後まもなく袋状に陥入して成虫原基 imaginal disc をつくる。陥入の時期は原基により異なり，眼触角原基，翅原基，平均棍原基，生殖原基は胚発生末期から孵化直後であり，そして，前胸背板原基，下唇原基の陥入開始は孵化後約4時間である。三対の肢原基は，孵化後4時間ではまだ上皮の肥厚として認められるだけで陥入は始まって

いない。成虫腹部上皮は，腹部体節あたり二対ずつ存在するヒストブラスト histoblast とよばれる細胞群に由来する。ヒストブラストが幼虫上皮細胞から分離するのも孵化前後である（Madavan & Schneiderman, 1977）。

生じた成虫原基は，それぞれ成虫の上皮構造を形成するのであるが，その際，成虫原基の部域による分化は部域特異的遺伝子群（区画ごとに発現する）により制御されているが，ここでは割愛する。

31-4　おわりに

以上，長角亜目ではフサカの生きた胚，短角亜目では環縫群のキイロショウジョウバエの発生遺伝学，分子発生学の知見に基づいた胚発生の記述をした。31-1 節で述べたように，ハエ目の胚発生についての研究は偏っており表 31-2 で示したとおりで，直縫群（アブ類）に関しては，しかるべき研究は見当たらない。この群は長角亜目と環縫群のあいだに位置するグループで，アブ群，ムシヒキアブ群（表 31-2）の胚発生の解明が急がれる。たとえば，採卵が比較的容易なものとしてアブ群では，クサアブ科 Coenomyiidae やナガレアブ科[*7] Athericidae など，ムシヒキアブ群ではツルギアブ科 Therevidae などがあげられよう。一方，長角亜目（表 31-1）についても，さらに精度の高い記載発生学的研究が必要である。

■ 31 章の引用文献（* 印の文献は本文には引用されていないが，重要文献として加えた。）

Abbott, M. K. & J. A. Lengyel, 1991：Embryonic head involution and rotaion of male terminalia require the *Drosophila* locus head involution defective. *Genetics*, **129**, 783-789.

Amikura, R., K. Hanyu, M. Kashikawa & S. Kobayashi, 2001a：Tudor protein is essential for the localization of mitochondrial RNAs in polar granules of *Drosophila* embryos. *Mech. Dev.*, **107**, 97-104.

——, M. Kashikawa, A. Nakamura & S. Kobayashi, 2001b：Presence of mitochondria-type ribosomes outside mitochondria in germ plasm of *Drosophila* embryos. *Proc. Natl. Acad. Sci. USA.*, **98**, 9133-9138.

Anderson, D. T., 1961：A differentiation centre in the embryo of *Dacus tryoni*. *Nature*, **4775**, 560-561.

——, 1962：The embryology of *Dacus tryoni* (Frogg.) [Diptera, Trypetidae (= Tephritidae)], the Queensland fruit-fly. *J. Embryol. Exp. Morphol.*, **10**, 248-292.

——, 1963：—— 2. Development of imaginal discs in

---

*7　この科はシギアブ科 Rhagionidae に入れられていた。

the embryo. *Ibid.*, **11**, 339–351.

——, 1964 ：—— 3. Origins of imaginal rudiments other than the principal discs. *Ibid.*, **12**, 65–75.

——, 1966 ：The comparative embryology of the Diptera. *Annu. Rev. Entomol.*, **11**, 23–46.

Asaoka, M., H. Sano, Y. Obara & S. Kobayashi, 1998 ： Maternal Nanos regulates zygotic gene expression in germline progenitors of *Drosophila melanogaster*. *Mech. Dev.*, **78**, 153–158.

Asaoka-Taguchi, M., M. Yamada, A. Nakamura, K. Hanyu & S. Kobayashi, 1999 ：Maternal Pumilio acts together with Nanos in germline development in *Drosophila* embryos. *Nature Cell Biol.*, **1**, 431–437.

Auten, M., 1934 ：The early embryological development of *Phormia regina*, Diptera. *Ann. Entomol. Soc. Am.*, **27**, 481–506.

Bate, M. & A. Martinez-Arias, 1993 ：*Development of* Drosophila melanogaster. *Vols. I, II.* Cold Spring Harbor Laboratory Press, New York.

Breuning, S., 1957 ：Entwicklungsgeschichtliche Untersuchungen über die Segmentierung der Keimanlage am lebenden Ei von *Calliphora erythrocephala* Meig. *Zool. Jb. Anat. Ontog.*, **75**, 551–580.

Butt, F. H., 1934 ：Embryology of *Sciara*. *Ann. Entomol. Soc. Am.*, **27**, 565–579.

Callaini, G., 1987 ：Cleavage and membrane formation in the blastoderm of the dipteran *Ceratitis capitata* Wied. *J. Morphol.*, **193**, 305–315.

——& P. P. Fanciulli, 1987 ：Surface changes during blastoderm formation in the embryo of *Ceratitis capitata* Wied (Diptera). Scanning electron microscopic studies. *J. Submicrosc. Cytol.*, **19**, 627–663.

Campos-Ortega, J. A. & V. Hartenstein, 1985 ：*The Embryonic Development of* Drosophila melanogaster. Springer-Verlag, Heidelberg.

Christophers, S. R., 1960 ：Aedes aegypti *(L.)* ： *The Yellow Fever Mosquito：Its Life History, Bionomics and Structure.* Cambridge University Press, Cambridge.

Clements, A. N., 1992 ：*The Biology of Mosquito. Vol.1. Development, Nutrition and Reproduction.* Chapman & Hall, London, Glasgow, New York, Tokyo, Melbourne, Madras.

Cogley, T. P., 1990 ：Morphology of the eggs of the rhinoceros bot flies *Gyrostigma conjungens* and *G. pavesii* (Diptera ：Gasterophilidae). *Int. J. Insect Morphol. Embryol.*, **19**, 323–326.

Craig, D. A., 1967 ：The eggs and embryology of some New Zealand Blepharoceridae (Diptera, Nematocera) with reference to the embryology of other Nematocera. *Trans. R. New Zealand Zool.*, **8**, 191–206.

——, 1969 ：The embryogenesis of larval head of *Simulium venustum* Say (Diptera：Nematocera). *Can. J. Zool.*, **47**, 495–503.

Damen, W. G. M., 2002 ：*fushi tarazu*：a Hox gene changes its role. *BioEssays*, **24**, 992–995.

Davis, C. W. C., 1967 ：A comparative study of larval embryogenesis in the mosquito *Culex fatigans* Wiedemann (Diptera ：Culicidae) and the sheep-fly *Lucilia sericata* Meigen (Diptera ：Calliphoridae). I. Description of embryonic development. *Aust. J. Zool.*, **15**, 547–579.

——, 1970 ：——. II. Causal interaction in embryonic development. *Ibid.*, **18**, 125–154.

——, J. Krause & G. Krause, 1968 ：Morphogenetic movements and segmentation of posterior egg fragments *in vitro* (*Calliphora erythrocephala* Meig., Diptera). *W. Roux' Archiv Entw.–mech. Org.*, **161**, 209–240.

Demerec, M., 1950 ：*Biology of* Drosophila. John Wiley & Sons, New York.

Deutsch, J. S. & E. Mouchel-Vielh, 2003 ：Hox genes and the crustacean body plan. *BioEssays*, **25**, 878–887.

Dickinson, W. J., 1995 ：Molecules and morphology: where's the homology? *Trends in Genetics*, **11**, 119–121.

Diederich, R. J., V. K. Merrill, M. A. Pultz & T. C. Kaufman, 1989 ：Isolation, structure, and expression of *labial*, a homeotic gene of the *Antennapedia Complex* involved in *Drosophila* head development. *Genes Dev.*, **3**, 399–414.

——, A. M. Pattucci & T. C. Kaufman, 1991 ：Developmental and evolutionary implications of *labial*, *deformed* and *engrailed* expression in the *Drosophila* head. *Development*, **113**, 273–281.

Du Bois, A. M., 1932 ：A contribution to the embryology of *Sciara*. *J. Morphol.*, **54**, 161–192.

Fish, W. A., 1947a ：Embryology of *Lucilia sericata* Meigen (Diptera ：Calliphoridae). Part I. Cell cleavage and early embryonic development. *Ann. Entomol. Soc. Am.*, **40**, 15–28.

——, 1947b ：——. Part II. The blastoderm, yolk cells and germ cells. *Ibid.*, **40**, 677–687.

——, 1949 ：Embryology of *Phaenicia sericata* (Meigen) (Diptera ：Caliphoridae). Part III. The gastrular tube. *Ibid.*, **42**, 121–133.

——, 1952 ：Embryology of *Phaenicia sericata* (Meigen) (Diptera ：Caliphoridae). Part IV. The inner layer and mesenteron rudiments. *Ibid.*, **45**, 1–22.

Foe, V. A. & B. M. Alberts, 1983 ：Studies of nuclear and cytoplasmic behaviour during the five mitotic cycles the precede gastrulation in *Drosophila* embryogenesis. *J. Cell Sci.*, **61**, 31–70.

Fullilove, S. L. & A. G. Jacobson, 1978 ：Embryonic development-descriptive. In ：*The Genetics and Biology of* Drosophila (Ashburner, M. & T. R. F. Wright, eds.), Vol. 2c, pp. 105–227. Academic Press, New York.

Furlong, E. E., E. C. Andersen, B. Null, K. P. White & M. P. Scott, 2001 ：Patterns of gene expression during *Drosophila* mesoderm development. *Science*, **293**, 1629–1633.

Fytizas, E. & P. A. Mourikis, 1973 ：L'embryologie de *Dacus oleae* Gmel. (Diptera ：Tephritidae). *Int. J. Insect Morphol. Embryol.*, **2**, 25–34.

Gambrell, F. L., 1933 ：The embryology of the black fly, *Simulium pictipes* Hagen. *Ann. Entomol. Soc. Am.*, **26**, 641–671.

Gauss, U. & K. Sander, 1966 ：Stadienabhängigkeit embryonaler Doppelbildungen von *Chironomus th. thummi*. *Naturwissenschaften*, **53**, 182–183.

Geigy, R., 1931 ：Action de l'ultraviolet sur le pole germinal dans l'oeuf de *Drosophila melanogaster* (Castration et mutabilite). *Rev. Suisse Zool.*, **38**, 187–288.

Grether, M. E., J. M. Abrams, J. Agapite, K. White & H. Steller, 1995 ：The head involution defective gene of *Drosophila melanogaster* functions in programmed cell death. *Genes Dev.*, **9**, 1694–1708.

Guichard, M., 1971 : Etude *in vivo* du développement embryonaire de *Culex pipiens*. *Mosq. News*, **31**, 356–359.

Hardenburg, J. D. F., 1929 : Beiträge zur Kenntnis der Pupiparen. *Zool. Jb. Anat. Ontog.*, **50**, 497–570.

Harris, R. G., 1924 : Sex of adult Cecidomyiidae (Oligarces) arising from larvae produced by paedogenesis. *Psyche*, **31**, 148–154.

Hartenstein, V., G. M. Technau & J. A. Campos-Ortega, 1985 : Fate mapping in wild-type *Drosophila melanogaster* III. A fate map of the blastoderm. *W. Roux' Archiv Dev. Biol.*, **194**, 213–216.

Hasper, M., 1911 : Zur Entwicklung der Geschlechtsorgane von *Chironomus*. *Zool. Jb. Anat. Ontog.*, **31**, 543–612.

Hatanaka, K. & M. Okada, 1991 : Retarded nuclear migration in *Drosophila* embryos with aberrant F-actin reorganization caused by maternal mutations and by cytochalasin treatment. *Development*, **111**, 909–920.

Hegner, R. W., 1914 : Studies on germ cells. *J. Morphol.*, **25**, 375–509.

Horsfall, W. R., F. R. Voorhees & E. W. Cupp, 1970 : Eggs of floodwater mosquitos. Chorionic sculpturing. *Ann. Entomol. Soc. Am.*, **63**, 1709–1716.

Hotta, Y. & S. Benzer, 1973 : Mapping of behavior in *Drosophila* mosaics. In : *Genetic Mechanisms of Development* (Ruddle, F. H., ed.), pp. 129–167. Academic Press, New York.

*堀田凱樹・岡田益吉（編），1989：ショウジョウバエの発生遺伝学. 丸善，東京.

*Howland, R. B., 1941 : Structure and development of centrifuged eggs and early embryos of *Drosophila melanogaster*. *Proc. Natl. Acad. Sci. USA.*, **86**, 605–616.

Huettner, A. F., 1923 : The origin of the germ cells in *Drosophila melanogaster*. *J. Morphol.*, **37**, 385–423.

Idris, B. E. M., 1960a : Die Entwicklung im normalen Ei von *Culex pipiens* L. *Z. Morphol. Ökol. Tiere*, **49**, 387–429.

——, 1960b : Die Entwicklung im geschnürten Ei von *Culex pipiens* L. (Diptera). *W. Roux' Archiv Entw.-mech. Org.*, **152**, 230–262.

Iida, T. & S. Kobayashi, 1998 : Essential role of mitochondrially encoded large rRNA for germ-line formation in *Drosophila* embryos. *Proc. Natl. Acad. Sci. USA.*, **95**, 11274–11278.

Illmensee, K. & A. P. Mahowald, 1974 : Transplantation of posterior polar plasm in *Drosophila*. Induction of germ cells at the anterior pole of the egg. *Ibid.*, **71**, 1016–1020.

Ivanova-Kasas, O. M., 1949 : Embryonic development of *Anopheles maculipennis* Mg. *Izv. Akad. Nauk. SSSR., Ser. Biol.*, **2**, 140–170.

——, 1964 : Embryonic development of *Heteropeza pygmaea* and *Miastor*. *Vestn. Leningr. Univ., Ser. Biol.*, **21**, 12–27.

Jäckle, H., 1979 : Degradiation of maternal poly(A)-containing RNA during early embryogenesis of an insect (*Smittia* spec., Chironomidae, Diptera). *W. Roux' Archiv Dev. Biol.*, **187**, 179–193.

Johannsen, O. A., 1937 : Aquatic Diptera, Part 4. Chironomidae, subfamily Chironominae. *Cornell Univ. Agr. Exp. Sta. Mem.*, **210**, 1–56.

—— & F. H. Butt, 1941 : *Embryology of Insects and Myriapods*. McGraw-Hill, New York, London.

Kaiser, J. & D. F. Went, 1987 : Early embryonic development of the dipteran insect *Heteropeza pygmaea* in the presence of cytoskeleton-affecting drugs. *W. Roux' Archiv Dev. Biol.*, **196**, 356–366.

Kalthoff, K. & K. Sander, 1968 : Der Entwicklungsgang der Missbildung "Doppelabdomen" im partiell UV-vestrahlten Ei von *Smittia parthenogenetica* (Diptera, Chironomidae). *W. Roux' Archiv Entw.-mech. Org.*, **161**, 129–146.

——, P. Hanel & D. Zissler, 1977 : A morphologenetic determinant in the anterior pole of an insect egg (*Smittia* spec., Chironomidae, Diptera). *Dev. Biol.*, **55**, 285–305.

Kashikawa, M., R. Amikura, A. Nakamura & S. Kobayashi, 1999 : Mitochondrial small ribosomal RNA is present on polar granules in early cleavage embryos of *Drosophila melanogaster*. *Dev. Growth Differ.*, **41**, 495–502.

King, R. C., 1970 : *Ovarian Development in* Drosophila melanogaster. Academic Press, New York.

Kobayashi, S. & M. Okada, 1989 : Restoration of pole-cell-forming ability to u.v.-irradiated *Drosophila* embryos by injection of mitochondrial lrRNA. *Development*, **107**, 733–742.

——, M. Yamada, M. Asaoka & T. Kitamura, 1996 : Essential role of the posterior morphogen nanos for germline development in *Drosophila*. *Nature*, **380**, 708–711.

Leopold, R. A. & J. Palmquist, 1968 : A method of studying early cleavage in eggs of house fly, *Musca domestica*. *Ann. Entomol. Soc. Am.*, **61**, 1624–1626.

——, S. Meola & M. E. Degrugillier, 1978 : The egg fertilization site within house fly, *Musca domestica* (L.) (Diptera : Muscidae). *Int. J. Insect Morphol. Embryol.*, **7**, 111–120.

Ligoxygakis, P., M. Strigini & M. Averof, 2001 : Specification of left-right asymmetry in the embryonic gut of *Drosophila*. *Development*, **128**, 1171–1174.

*Lohs-Schardin, M., 1982 : Dicephalic : A *Drosophila* mutant affecting polarity follicle organization and embryonic patterning. *W. Roux' Archiv Dev. Biol.*, **191**, 28–36.

*—— & K. Sander, 1976 : A dicephalic monster embryo of *Drosophila melanogaster*. *Ibid.*, **179**, 159–162.

——, C. Cremer & C. Nusslain-Volhard, 1979 : A fate map of the larval epidermis of *Drosophila melanogaster* : Localized cuticle defect following irradiation of blastoderm with an ultraviolet laser microbeam. *Dev. Biol.*, **73**, 239–255.

Ludwig, C. E., 1949 : Embryology and morphology of the larval head of *Callyphora erythrocephala* (Meigen). *Microentomology*, **14**, 43–65.

Madavan, M. M. & H. A. Schneiderman, 1977 : Histological analysis of the dynamics of growth of imaginal discs and histoblast nests during the larval development of *Drosophila melanogaster*. *W. Roux' Archiv Dev. Biol.*, **183**, 269–305.

Mahowald, A. P., 1962 : Fine structure of pole cells and polar granules in *Drosophila melanogaster*. *J. Exp. Zool.*, **151**, 201–216.

——, 1963a：Electron microscopy of the formation of the cellular blastoderm in *Drosophila melanogaster*. *Exp. Cell Res.*, **32**, 457-468.

——, 1963b：Ultrastructural differentiations during formation of the blastoderm in *Drosophila melanogaster* embryo. *Dev. Biol.*, **8**, 186-204.

——, 1968：Polar granules of *Drosophila*. II. Ultrastructural changes during early embryogenesis. *J. Exp. Zool.*, **167**, 237-262.

——, 1971a：——. III. The continuity of polar granules during the life cycle of *Drosophila. Ibid.*, **176**, 329-344.

——, 1971b：——. IV. Cytochemical studies showing loss of RNA from polar granules during early stages of embryogenesis. *Ibid.*, **176**, 345-352.

——, 1975：Ultrastructural changes in the germ plasm during the life cycle of *Miastor* (Cecidomyidae, Diptera). *W. Roux' Archiv Dev. Biol.*, **176**, 223-240.

Maritinez-Arias, A. & P. A. Lawrence, 1985：Parasegments and compartments in the *Drosophila* embryo. *Nature*, **313**, 639-642.

Metcalfe, M. E., 1935：The germ-cell cycle in *Phytophaga destructor. Q. J. Microsc. Sci*, **77**, 585-609.

Moretti, L. & J. R. Larsen, 1973：Embryology of *Aedes vexanus*. In：*Bionomics and Embryology of the Inland Flood Water Mosquito* Aedes vexanus (Fowler, Jr., H. W. *et al.*, eds.), pp. 137-206. University of Illinois Press, Urbana, Chicago, London.

Noack, W., 1901：Beiträge zur Entwicklungsgeschichte der Musciden. *Z. Wiss. Zool.*, **70**, 1-57.

Nusslein-Volhard, C. & E. Wieschaus, 1980：Mutations affecting segment number and polarity in *Drosophila. Nature*, **287**, 795-801.

Okada, E. & C. H. Waddington, 1959：The submicroscopic structure of the *Drosophila* egg. *J. Embryol. Exp. Morphol.*, **7**, 583-597.

岡田益吉，1988：昆虫の発生生物学（UP バイオロジー 68）．東京大学出版会，東京．

*——, 1990：形態形成の遺伝子支配．"個体の生涯．岩波 講座 分子生物科学 9（岡田節人編）"，pp.1-33．岩波 書店，東京．

*——（編），1996：発生遺伝学（21 世紀への遺伝学 IV）．裳華房，東京．

*——, 2003：発生・生殖・分化．"基礎分子生物学 4（猪 飼　篤ほか編）"，pp. 1-42．朝倉書店，東京．

Okada, M., I. A. Kleinman & H. A. Schneiderman, 1974：Restoration of fertility in sterilized *Drosophila* eggs by transplantation of polar cytoplasm. *Dev. Biol.*, **37**, 43-54.

岡田豊日，1972：双翅類．"動物系統分類学（内田　亨 編），7（下 C）節足動物 IIIc，昆虫類（下）"，pp. 135-177．中山書店，東京．

*Overton, J. & M. Raab, 1967：The development and fine structure of centrifuged eggs of *Chironomus thummi. Dev. Biol.*, **15**, 271-287.

Palacios, I. M. & D. St. Johnston, 2002：Kinesin light chain-independent function of the Kinesin heavy chain in cytoplasmic streaming and posterior localisation of *Drosophila* oocyte. *Development*, **129**, 5473-5485.

Poulson, D. F., 1950：Histogenesis, organogenesis and differentiation in the embryo of *Drosophila melanogaster* (Meigen). In：*Biology of* Drosophila

(Demerec, M., ed.), pp. 168-274. Wiley, New York.

——& D. F. Waterhouse, 1960：Experimental studies on pole cells and midgut differentiation in Diptera. *Aust. J. Biol. Sci.*, **13**, 541-567.

Pratt, H. S., 1900：The embryonic history of imaginal discs in *Melophagus ovinus*, together with an account of the earlier stages in the development of the insect. *Proc. Boston Soc. Nat. Hist.*, **29**, 242-272, 7 pls.

Raminani, L. N. & E. W. Cupp, 1975：Early embryology of *Aedes aegypti* (L.) (Diptera：Culicidae). *Int. J. Insect Morphol. Embryol.*, **4**, 517-528.

——&——, 1978：Embryology of *Aedes aegypti* (L.) (Diptera：Culicidae). Organogenesis. *Ibid.*, **7**, 273-296.

Riechmann, V., K. P. Rehorn, R. Reuter & M. Leptin, 1998：The genetic controll of the distinction between fat body and gonadal mesoderm in *Drosophila. Development*, **125**, 713-723.

Riemann, J. G., 1965：The development of eggs of the screw-worm fly *Cochliomyia hominivorex* (Coquerel) (Diptera：Calliphoridae) to the blastoderm stage as seen in whole-mount preparations. *Biol. Bull.*, **129**, 329-339.

Rohr, K. B., D. Tautz & K. Sander, 1999：Segmentation gene expression in the mothmidge *Cologmia albipunctata* (Diptera, Psychodidae) and other primitive dipterans. *Dev. Genes Evol.*, **209**, 145-154.

Rosay, B., 1959：Gross external morphology of embryos of *Culex tarsalis* (Coquillet) (Diptera：Culicidae). *Ann. Entomol. Soc. Am.*, **52**, 481-484.

Sander, K., 1976：Morphogenetic movements in insect embryogenesis. In：*Insect Developments* (Lawrence, P. A., ed.), pp. 35-52. Blackwell Science Publishing, Oxford.

*——, 1985：Experimental egg activation in lower dipterans (*Psychoda, Smittia*) by low osmolarity. *Int. J. Invert. Rep. Dev.*, **8**, 175-183.

Schaefer, P. E., 1938：The embryology of the central nervous system of *Phormia regina. Ann. Entomol. Soc. Am.*, **31**, 92-111.

Schwalm, F. E., 1974：Autonomous structural changes in polar granules of unfertilized eggs of *Coelopa frigida* (Diptera). *W. Roux' Archiv Entw.-mech. Org.*, **175**, 129-133.

——, 1976：Autoradiography of *Coelopa frigida* (Diptera) embryos, after labeling with ^{3}H-uridine during various phases of oogenesis. *Roux' Archiv Dev. Biol.*, **180**, 311-314.

*——, 1988：*Insect Morphogenesis*. Karger, Basel.

——& H. A. Bender, 1973：Early development of the kelp fly, *Coelopa frigida* (Diptera). II. Morphology of cleavage and blastoderm formation. *J. Morphol.*, **141**, 235-256.

——, R. Simpson & H. A. Bender, 1971：Early development of the kelp fly, *Coelopa frigida* (Diptera). Ultrastructural changes within the polar granules during pole cell formation. *W. Roux' Archiv Entw.-mech. Org.*, **166**, 205-218.

Schweisguth, F., A. Vincent & J. A. Lepesant, 1991：Genetic analysis of the cellularization of the *Drosophila* embryo. *Biol. Cell.*, **72**, 15-23.

Sonnenblick, B. P., 1950：The early embryology of *Drosophila melanogaster*. In：*Biology of* Drosophila (Demerec, M., ed.), pp. 62-167. Wiley, New

York.

Starre-van der Molen, L. G., 1972a：Embryogenesis of *Calliphora erythrocephala* Meigen. I. Morphology. *Netherlands J. Zool.*, **22**, 119-182.

――, 1972b：――. II. Glycogen pattern. *Ibid.*, **22**, 183-206.

――& L. Otten, 1974：Embryogenesis of *Calliphola erythrocephala* Meigen. IV. Cell death in the central nervous system during late embryogenesis. *Cell Tiss. Res.*, **151**, 219-228.

――& W. Priester, 1972：Brush-border formation in the midgut of an insect, *Calliphora erythrocephala* Meigen. *Z. Zellforsch.*, **125**, 295-305.

――, B. Planqué-Huidekoper & W. de Priester, 1973：Embryology of *Calliphola erythrocephala*. III. Ultrastructure of the midgut epithelial cells during late embryonic development. *Ibid.*, **144**, 117-138.

Sturtevant, A. H., 1929：The claret mutant type of *Drosophila simulans*：a study of chromosomal elimination and cell lineage. *Z. Wiss. Zool.*, **135**, 323-356.

Tangl, F., 1909：Embryonale Entwicklung und Metamorphose von energitischen Standpuncte aus betrachtet. *Arch. F. gesammte Physiol.*, **130**, 55-89.

Technau, G. M., 1987：A single cell approach to problems of cell lineage and commitment during embryogenesis of *Drosophila melanogaster*. *Development*, **100**, 1-12.

――& J. A. Campos-Ortega, 1985：Fate-mapping in wild-type *Drosophila melanogaster*. II. Injections of horseradish peroxidase in cells of the early gastrula stage. *Roux' Archiv Dev. Biol.*, **194**, 196-212.

Telford, A. D., 1957：The pasture *Aedes* of central and northern California. The egg stage：gross embryology and resistance to dessication. *Ann. Entomol. Soc. Am.*, **50**, 537-543.

Trpiš, M. & W. R. Horsfall, 1967：Egg of floodwater mosquitoes (Diptera：Culicidae) XI. Effect of medium on hatching of *Aedes stictus*. *Ibid.*, **60**, 1150-1152.

――, W. O. Haufe & J. A. Shemanchuk, 1973：Embryonic development of *Aedes (O.) sticticus* (Diptera：Culicidae) in relation to different constant temperatures. *Can. Entomol.*, **105**, 43-50.

Turner, F. R. & A. P. Mahowald, 1976：Scanning electron microscopy of *Drosophila* embryogenesis. I. The structure of the egg envelopes and the formation of cellular blastoderm. *Dev. Biol.*, **50**, 95-108.

――&――, 1977：――. II. Gastrulation and segmentation. *Ibid.*, **57**, 403-416.

Ueda, R. & M. Okada, 1977：Scanning electron microscopy and whole mount light microscopy of *Drosophila* embryogenesis. *Sci. Rep. Tokyo Kyoiku Daigaku, Sec B*, **248**, 197-207.

＊上野直人・野地澄晴，1999：新 形づくりの分子メカニズム．羊土社，東京．

＊――・――，2003：形づくりと進化の不思議．羊土社，東京．

Underwood, E. M., J. H. Caulton, C. D. Allis & A. P. Mahowald, 1980：Developmental fate of pole cells in *Drosophila melanogaster*. *Dev. Biol.*, **77**, 303-314.

Warn, R. M., 1986：The cytoskeleton of the early *Drosophila* embryo. *J. Cell Sci., Suppl.*, **5**, 311-328.

――& R. Magrath, 1983：F-actin distribution during the cellularization of the *Drosophila* embryo visualized with FL-phalloidin. *Exp. Cell Res.*, **143**, 103-114.

――,―― & A. Warn, 1985：Distribution of F-actin during cleavage of the *Drosophila* syncytial blastoderm. *J. Cell Biol.*, **98**, 156-162.

Weismann, A., 1863：Beiträge zur Entwicklungsgeschichte der Insekten. I. Die Entwicklung der Dipteren im Ei nach Beobachtungen an *Chironomus* sp., *Musca vomitoria* und *Pulex canis*. *Z. Wiss. Zool.*, **13**, 107-202.

Went, D. F., 1972：Zeitrafferfilmanalyse der Embryonalentwicklung *in vitro* der vivipar paedogenetischen Gallmücke *Heteropeza pygmaea*. *W. Roux' Archiv Entw.-mech. Org.*, **170**, 13-47.

West, J., G. E. Cantwell & T. J. Shortino, 1968：Embryology of the house fly, *Musca domestica* (Diptera：Muschidae), to the blastoderm stage. *Ann. Entomol. Soc. Am.*, **61**, 13-17.

Wigglesworth, V. B. & J. W. L. Beament, 1960：The respiratory structures in eggs of higher Diptera. *J. Insect Physiol.*, **4**, 184-189.

――& M. M. Salpeter，1962：The aeroscopic chorion of the egg of *Calliphora erythrocephala* Meig. (Diptera) studied with the electron microscope. *Ibid.*, **8**, 635-641.

矢島英雄，1996：ヒシモンユスリカ．"動物発生段階図譜（石原勝敏編）"，pp. 130-137. 共立出版，東京．

＊――・鈴木敦子，1979：数種の Tanypodinae (Diptera：Chironomidae) 昆虫胚発生の比較研究―特に他の亜科およびハエ目の他の科との比較．*Proc. Arthropod. Embryol. Soc. Jpn.*, **(14/15)**, 9, 16.

Zalokar, M. & I. Erk, 1976：Division and migration of nuclei during early embryogenesis of *Drosophila melanogaster*. *J. Microsc. Biol. Cell.*, **25**, 97-106.

32章

ノミ目
Siphonaptera

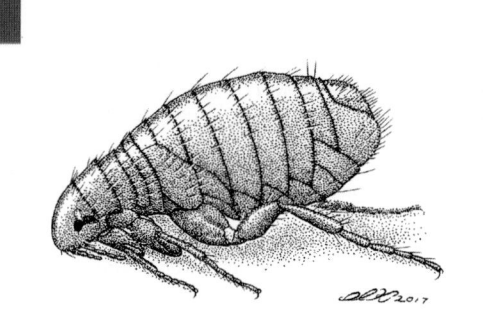

32-1 はじめに

　ノミ目 Siphonaptera の成虫はすべて翅を欠き，哺乳類や鳥類の体表に寄生する。このため，医学や獣医学の観点からこの昆虫についてさまざまな研究が行われているが，卵の形態や胚発生に関するものは少ない。とくに胚発生の研究は少なく（Packard, 1872；Balbiani, 1875；Tikhomirowa, 1890；Strindberg, 1917 など），今から70年以上前に書かれた Kessel（1939）の論文が，このグループの発生の概要を教えるほぼ唯一のものである。このなかでネコノミ *Ctenocephalides felis* を中心に，ヨーロッパネズミノミ *Nosopsyllus fasciatus* およびケブカノミの一種 *Hystrichopsylla dippiei* の3種の発生が記載されている。なお，1990年代，ごく一部の種について，卵の外部形態や表面の微細構造が走査型電子顕微鏡を用いて調べられている（Cheng & Wang, 1993；Linley *et al.*, 1994）。また，ネコノミ胚の体節形成にともなうエングレイルド *engrailed* 遺伝子の発現パターンも報告されている（Rogers & Kaufman, 1996）。

　ノミ目は口器の構造などからみてシリアゲムシ目 Mecoptera に最も近縁とする考えが有力だが，シリアゲムシ全体ではなく，その一部（ユキシリアゲムシ科 Boreidae）と姉妹群を形成するという分子系統学からのデータもあり（Whiting *et al.*, 1997），その系統上の細かい位置については議論がある。したがって，本目の発生の特徴を知ることは，系統学的にも大変有意義と思われる。

　ここではおもに Kessel（1939）に従い，ネコノミの胚発生を中心に紹介する。

32-2 産卵と卵の形態

(1) 採　卵

　ネコノミの卵は，ネコの寝ていた敷布を毛のブラシなどで掃いて集められる。ヨーロッパネズミノミでは，ネズミから採集した雌成虫を，底に綿を敷いた小さな瓶で飼育して採卵することができる。ケブカノミの一種 *Hystrichopsylla dippiei* の卵はモリネズミ *Neotoma* の巣から，または巣から採集した雌成虫から採卵することができる。ネコノミの卵期間は25℃，湿度79%の条件下で約6日だが，他の2種では正確には測られてない。

(2) 卵の構造

　ノミの卵は楕円体で，成虫のサイズの割にはかなり大きく，ネコノミでは長径約0.48 mm，短径約0.31 mm である。産下時の卵は光沢のある白色だが，ネコノミを除き，次第に着色し，黒ずんでくる。ネコノミでは卵殻がかなり透明なため，外部から発生の様子を比較的容易に観察できる。卵殻の表面はネコノミではほぼなめらかだが，ヨーロッパネズミノミやケブカノミの一種 *Hystrichopsylla dippiei* などのように，多角形の畝からなる紋様をもつ種もある。ノミの卵で特徴的なことは，ネコノミなど数種の種で，楕円体の長軸の両端（前極と後極に相当）に数個から数十個の微細な孔が存在することである。たとえば，ネコノミやヨーロッパネズミノミでは，一方の端に 35 ～ 55 個，他の端に 20 ～ 30 個の直径がほぼ同じ小孔がほぼ円形に密集して存在し，Kessel は数の多い端を前極とみなしている。また，彼はこれら両端の小孔はすべて卵門 micropyle として機能すると考えている。しかし，同じネコノ

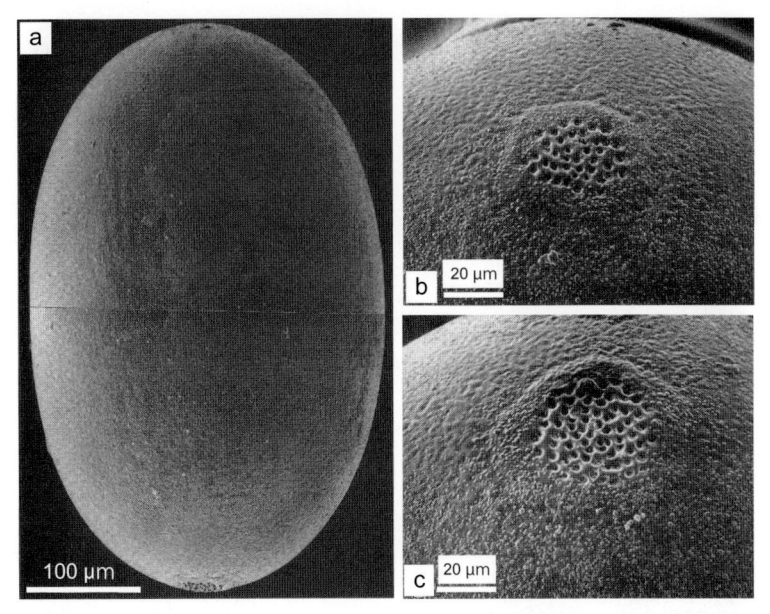

図32-1　ネコノミ *Ctenocephalides felis* の卵（走査型電子顕微鏡像）（Linley *et al.*, 1994 より改変）
a. 卵側面（上が前極）, b. 前極付近の拡大, c. 後極付近の拡大

ミの卵の表面を走査型電子顕微鏡で観察した Linley *et al.*（1994）は Rothschild *et al.*（1986）の用法に従い，小孔の数の多い端を後端（彼らは極 pole という言葉を避けている）と考え，この部分の小孔を卵門とみなし，前端のものを気孔 aeropyle とよんでいる（図32-1, a〜c）。Linley らは，ネコノミの卵の前端寄りの側面にもさらに数個の小孔を認め，これらも気孔とよんでいる。しかし，*Craneopsylla minerva* の卵のように一方の端（後端）のみに数個の小孔（卵門）しかない場合もあり，卵門を含むこれらの小孔の数や位置は種により多様化しているようである。いずれにせよ，卵の両端に小孔をもつ種では，前後軸の再検討も含めて，これらの小孔のどれが真の卵門であるかを決めることが今後の課題であろう。

　ネコノミの卵の周縁細胞質は全体に非常に薄いが，後極では厚くなり，後極細胞質を形成する。しかし，後極細胞質には極顆粒は認められない。

32-3　胚 の 発 生

(1)　初 期 発 生

　ここではネコノミの成熟分裂から胚盤葉形成までを述べる。

　成熟分裂の過程は詳しくは観察されていないが，産下後まもない卵の前極付近の周縁細胞質に2個の極体が，また，卵の中央付近にこれから分かれた雌性前核が認められる。雄性前核との合一，すなわち受精はやや前極寄りの卵中央部で起こる。受精に続く早期卵割は斉一分裂で，卵割核は第六分裂で64個になると，表層へ移動を開始する。次の第七分裂の直後に，ほぼすべての核が全卵表に到達するが，ごく少数の核は卵黄中に残り，一次卵黄核となる。また，後極細胞質に入った核は表層よりくびり出され，始原生殖細胞となる（図32-2, a）。卵表に到達した核はそこでさらに3回分裂し，核数が約1,000個になると，核の周囲に細胞膜が形成されて，胚盤葉が完成する。このとき，胚盤葉細胞の核は卵表よりやや突出している。また，大型の核と透明な細胞質をもつ10個前後の始原生殖細胞が，卵の後極に胚盤葉細胞と並んで観察される。

(2)　胚帯および胚膜の形成

　胚盤葉完成後，腹面への細胞の集中が生じ，円柱状の細胞からなる腹板 ventral plate が分化する。腹板の詳しい形状は示されていないが，縦断面で卵の全周の2/3に及ぶかなり大きいものである。さらに腹板の前端と後端では正中線沿いに細胞が増殖し，多層となる。この部分はそれぞれ前部および後部中腸上皮原基で，内層（中胚葉）の形成に先行して中腸原基が出現する点はショウジョウバエなどに似ており，興味深い（図32-2, d）。これに引き続

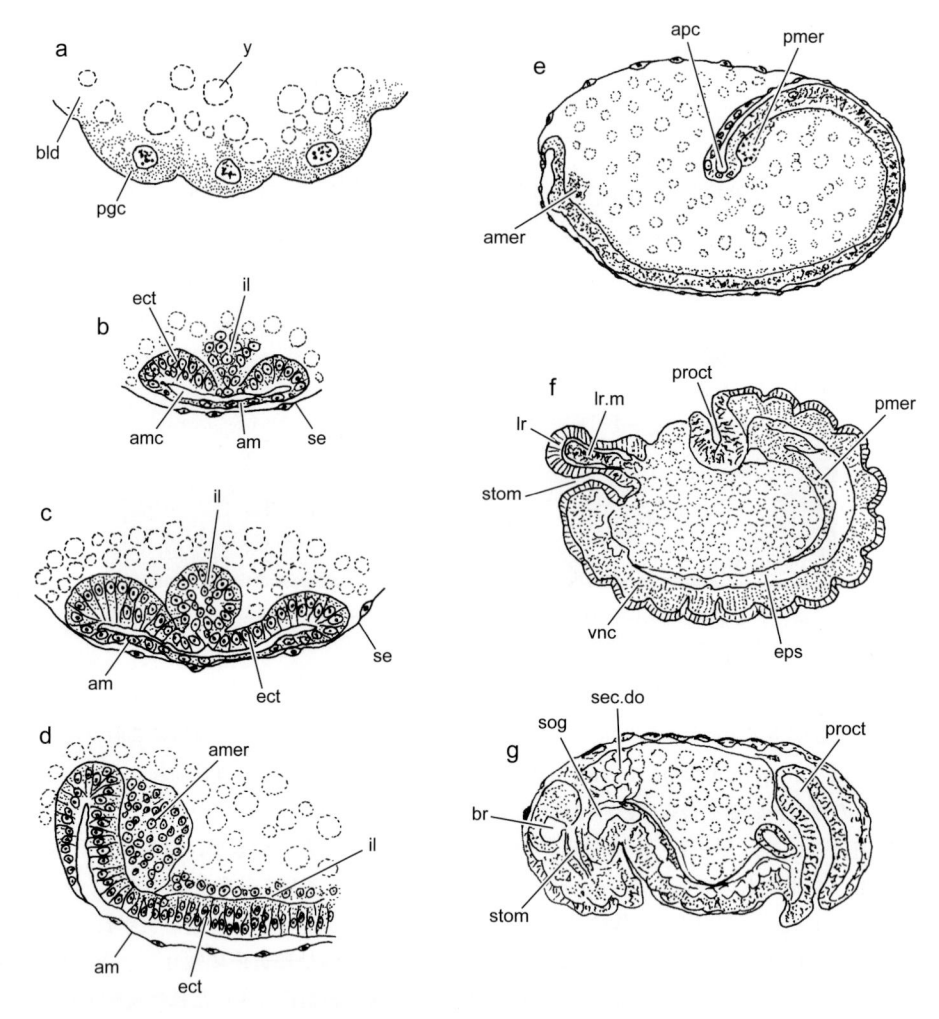

図 32-2　ネコノミ *Ctenocephalides felis* の発生 （Kessel, 1939 より改写）
　　a.　卵後極の始原生殖細胞，b.　胚帯前部の内層形成（横断面），c.　胚帯後部の内層形成（横断面），d.　胚帯前部（縦断面），e.　後期の胚帯（縦断面），f.　姿勢転換前の胚（縦断面），g.　姿勢転換後の胚（背閉鎖終了，縦断面）．
　　am：羊膜，amc：羊膜腔，amer：前部中腸原基，apc：羊膜肛門陥腔，bld：胚盤葉，br：脳，ect：外胚葉，eps：神経上洞，il：内層，lr：上唇原基，lr.m：上唇中胚葉，pgc：始原生殖細胞，pmer：後部中腸原基，proct：肛門陥，se：漿膜，sec.do：二次背器，sog：食道下神経節，stom：口陥，vnc：腹随，y：卵黄粒

いて腹板の正中線沿いには内層形成が起こり，Kessel はこの過程を原腸形成 gastrulation とみなしている．内層は腹板の前部では細胞の移出 emigration によって形成されるため，原溝 primitive groove は認められないが（同図，b），中・後部では原溝の沈下ないし管状に陥入することによって形成される（同図，c）．

　前記の中腸原基や内層の形成にやや遅れて，羊漿膜褶が腹板の前縁および後縁から腹板の腹面を覆うように伸展し，産下後 3 日目にその両端が癒合して漿膜と羊膜が完成する．

　羊漿膜褶が伸展している間に（2 日目），腹板は

細長くなり，やがて前端に幅の広い二葉状の原頭葉と，それに続く部分に細長い原胴域が分化して，胚帯（胚）が完成する．胚は卵表で成長する表成型だが，この時期にはその後端だけが卵黄中にやや沈んでいる（同図，e）．

(3)　体節形成と姿勢転換

　細長く伸びた胚にほぼ同時に体節化が起こるのは 3 日目で，Kessel は原頭葉に上唇（前触角），触角，および間挿の 3 体節を認めている．なお，間挿節には一対の小さな突起が認められるという．原胴域は大顎，小顎，下唇の 3 顎部体節，三つの胸節，および 11 の腹節と尾葉 telson からなり，顎部体節には

付属肢が形成されるが，胸節と腹節には認められない。第十一腹節は小さく，後述の肛門陥の形成にともない第十腹節に合してしまう。三つの顎部体節も胚の成長とともに原頭葉に合し，幼虫の頭部形成が始まる。

　胚は4日目まで卵黄を背負う形で背面に反り返っているが（図32-2，f），5日目の前半になると，頭部形成が進行中の胚前端と肛門陥が発達した後端は腹面側に折れ曲がり（同図，g），姿勢転換 revolution が進行する。この後，背閉鎖の完了により，細長い幼虫が完成し，6日目に孵化が起こる。

　漿膜は4日目，すなわち姿勢転換の少し前に，破れて卵黄中に取り込まれて二次背器 secondary dorsal organ を形成する。漿膜が破れた少し後に，羊膜も腹面で破れ，反転して一時的に卵黄の背面を包むが，これも背閉鎖の進行とともに卵黄中に二次背器類似の構造（Kessel は三次背器 third dorsal organ とよんでいる）をつくり，最終的にはこれも二次背器とともに卵黄中で消滅する。

32-4　器官形成

(1)　消化管

　口陥は，内層の形成後，先に出現した前部中腸原基を覆う部分の外胚葉の陥入として形成される。一方，肛門陥は，ほぼ同じ時期に腹部末端の羊膜に連なる部分に，いわゆる羊膜肛門陥腔 amnio-proctodaeal cavity として認められる。口陥はその後壁側に前部中腸原基を，また肛門陥は前壁側に後部中腸原基をそれぞれともなって伸び，やがて前腸および後腸に発達する。また，肛門陥底からは4本（二対）の盲嚢が長く伸び，マルピーギ管となる。

　中腸上皮は，上記の前部および後部中腸原基のそれぞれから，一対の舌状の突起が後方および前方に伸び，連接した後，左右に広がって卵黄を包み込むことによって完成する。このようにノミ目では，口陥および肛門陥の形成に先立って中腸原基が明瞭なのが特徴的であり，Kessel はこの原基を内胚葉とみなしている。

(2)　神経系

　脳および腹髄などの中枢神経系の形成様式は他の昆虫のものと基本的に同じであるが，Kessel は脳を形成する三つの神経節，すなわち前大脳，中大脳，および後大脳のうちの前大脳を眼節 ocular segment とよんでいるのが注目される。腹髄は顎部

および胸部の体節に生じたそれぞれ三つの神経節，および第一から第十腹節に生じた腹部の神経節から形成される。発生の後期に，顎部の大顎，小顎，および下唇節の神経節は一つに癒合して食道下神経節となり，また第八から第十腹節のものも一つに癒合するため，腹部には最終的に八つの神経節が形成される。

(3)　気管系

　気管の陥入は，体腔嚢が明らかになるころ（後述），中胸，後胸，および第一から第八腹節までの各体節の側壁に一対の外胚葉性の陥入として生じる。各陥入の底部は分枝し，互いに合流して複雑な気管系を形成する。陥入口は気門として開口するが，中胸のものは発生の後期に前胸に移動する。

(4)　扁桃細胞

　扁桃細胞（エノサイト）oenocyte は，明瞭な大きな核をもつ細胞の集塊として前方の腹節に生じる。Kessel はこの細胞が，腹部の気管陥入の後方に生じた新たな陥入 hypostigmatic invagination から生じるとしているが，形成される腹節の範囲を具体的に示してはいない。

(5)　体腔嚢

　胚帯の背面に形成された内層の細胞層は側方に増殖し，胚の側縁近くに肥厚した中胚葉の細胞層をつくる。外胚葉に体節化が進行すると，この細胞層も分節化して中胚葉節を形成し，やがて各中胚葉節に腔所が生じて，体腔嚢が出現する。体腔嚢は原頭葉の触角節，顎部の3体節，各胸節，および第一から第九腹節まで各腹節に形成され，その腔所は第九腹節のものを除ききわめて明瞭である。しかし，間挿節，第十および十一腹節の中胚葉節には腔所は認められない。完全変態類では一般に体腔嚢は退化傾向にあるが，シリアゲムシと同様に（上巻の第2部各論10章参照），ノミにも明瞭な体腔嚢があることは注目すべきことで，この両者に近縁とされるハエ目に形成されないのと比べて対照的である。

(6)　生殖巣

　初期発生のところでも述べたように，始原生殖細胞は，胚盤葉完成時に，その後極に10個前後の細胞集団として形成される。その後，腹板から細長い胚帯が分化し，胚膜の形成とともに胚帯の後端が卵黄中にやや沈み始めると，始原生殖細胞は，すでに分化している後部中腸原基とともに，胚の後端付近に観察される。胚の成長とともに，これらの細胞は

左右で2群となって神経上洞 epineural sinus を前方へ移動し，やがて第五腹節の内臓中胚葉 splanchnic mesoderm の内側に生殖細胞として定着する。背閉鎖後，生殖細胞を包む内臓中胚葉層は次第に薄くなって濾胞上皮 follicular epithelium を形成し，またその後半部は後ろに管状に伸び，輸卵管や輸精管に分化して生殖巣が完成する。完成した生殖巣の位置は個体によって異なるが，第四から第六腹節のいずれかの腹節に認められる。

(7)　その他の器官と構造

ネコノミの卵では，孵化に先立ち幼虫頭部背面に鋭いナイフ状の卵歯 egg tooth が形成され，これを前後に動かすことにより卵殻が破られ，孵化が起こる。卵歯はその後，1回目の脱皮時まで幼虫の頭部に残存する。

Kessel は，幕状骨，側甲などの外骨格やアラタ体，下唇腺（唾液腺），絹糸腺などの腺の起源と構造は他の昆虫と同じ，と述べるにとどまり，詳しい記載は行っていない。また，筋肉系や循環系などの中胚葉由来の器官についても詳しい記述はない。

彼はまた，胚盤葉完成前の初期卵で，卵黄の間や後極細胞質近くに顆粒構造の塊を認め，これをBlochmann's corpuscles とよんでいる。顆粒の量は卵によってかなり変異するため，発生に直接かかわる構造ではないようであるが，いわゆる，マイセトム（菌細胞塊）mycetome であろう。

32-5　おわりに

以上，Kessel（1939）によるネコノミの発生を中心に述べてきたが，胚の外部形態の図もなく，切片写真も小さくあまり鮮明ではないため，この目の胚発生の全体像や器官形成の詳細を知るにはきわめて不十分なものである。また，卵の前後軸の問題など基本的な部分での混乱もあり，この目の発生については，基本的かつ詳細な再研究が望まれる。

■ 32章の引用文献（* 印：間接引用）

*Balbiani, E. G., 1875：Sur l'embryogenie de la puce. *Compt. Rend. Acad. Sci. Paris*, **81**, 901–906.

Cheng, J. -L. & D.-Q. Wang, 1993：Comparative morphology of rodent flea eggs in China. *Med. Vet. Entomol.*, **7**, 384–386.

Kessel, E. L., 1939：The embryology of fleas. *Smithson. Misc. Coll.*, **98**, 1–78.

Linley, J. R., A. H. Benton & J. F. Day, 1994：Ultrastructure of the eggs of seven flea species (Siphonaptera). *J. Med. Entomol.*, **31**, 813–827.

*Packard, A. S., 1872：Embryological studies on hexapodous insects. II. *Pulex canis. Peabody Acad. Sci., 3rd Mem.*

Rogers, B. T. & T. C. Kaufman, 1996：Structure of the insect head as revealed by the EN protein pattern in developing embryos. *Development*, **122**, 3419–3432.

Strindberg, H., 1917：Über die Embryonalentwicklung von *Pulex erinacei* (Bouche). *Zool. Anz.*, **48**, 258–263.

*Tikhomirowa, O., 1890：Article on embryology of *Pulex serraticeps. Obshchestvo Liubitelei Estestvozzniia, Antropologii i Etnografii. Izviestiia Moscow Univ.*, **67**, 3.

Whiting, M. F., J. C. Carpenter, Q. D. Wheeler & W. C. Wheeler, 1997：The Strepsiptera problem：phylogeny of the holometabolous insect order inferred from 18S and 28S ribosomal DNA sequences and morphology. *Syst. Biol.*, **46**, 1–68.

33章

ハチ目
Hymenoptera

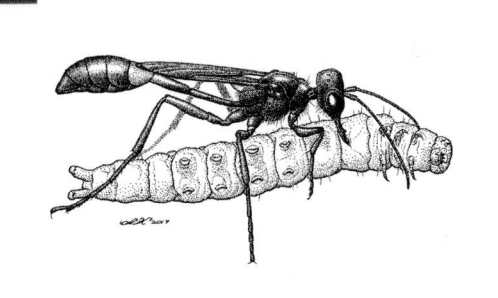

33-1　はじめに

　ハチ目（膜翅目）Hymenoptera は 15 万もの種を含むといわれ，甲虫目 Coleoptera，鱗翅目 Lepi-doptera に次ぐ大昆虫群で，昆虫綱のなかでも最も成功したグループの一つである。大部分の種で雄性産生単為生殖 arrhenotoky parthenogenesis（未受精卵が発生して半数体の雄になり，受精卵からは二倍体の雌を生じる）が行われ，一部の種では雌性産生単為生殖 thelytoky parthenogenesis（未受精卵が発生して雌となる。雄は一般に存在しないか，まれに半数体の雄を生じても生殖能力をもたない）が行われる（White, 1973；Crozier, 1975；Suomalainen *et al.*, 1987）。ハチ目以外でも，こういった単為生殖を行うものはあるが，目全体が事実上すべて単為生殖を行うということは，この目以外ではみられない。このような特殊な生殖様式をもつハチ目では性決定機構も独特で，多くの種では，単一遺伝子座・複対立遺伝子によって性が決定される（Cook, 1993；Beukeboom, 1995；van Wilgenburg *et al.*, 2006）。複対立遺伝子がヘミおよびホモの場合には雄，ヘテロでは雌になる。セイヨウミツバチ *Apis mellifera* では，この性決定遺伝子（*comple-mentary sex determiner*：*csd*）が単離・同定されている（Beye *et al.*, 2003；Hasselmann & Beye, 2004）。複対立遺伝子の数は種によって異なり（Cook & Crozier, 1995），カブラハバチ *Athalia rosae* では 45 〜 50（Naito & Suzuki, 1991；Fujiwara *et al.*, 2004），セイヨウミツバチでは約 20（Adams *et al.*, 1977），セイヨウオオマルハナバチ *Bombus terrestris* では少なくとも 46（Duchateau *et al.*,

1994），コマユバチの一種 *Bracon hebetor* では 9 以上（Whiting, 1961），ヒアリ *Solenopsis invicta* では集団によって異なるものの 10 〜 86 以上（Ross *et al.*, 1993）といわれている。一方，明らかに単一遺伝子座・複対立遺伝子によらない性決定機構をもつものがコマユバチ科 Braconidae やアシブトコバチ科 Chalcididae の種で報告されている（Stouthamer & Kazmer, 1994；Beukeboom *et al.*, 2000；Niyibigira *et al.*, 2004a, b；Wu *et al.*, 2005）。

　ハチ目昆虫の特徴はこのほかに，亜社会性から真社会性にいたる多くの種が含まれること，寄生性を示す種が非常に多く含まれ，きわめて多様で，高度に発達した習性と行動を獲得，進化させていることがあげられる。

　ハチ目はハバチ亜目（広腰亜目）Symphyta とハチ亜目（細腰亜目）Apocrita の二つの亜目に分けられている。ハバチ亜目の幼虫は鱗翅目の幼虫に似た芋虫で，各種の植物を食害するのに対して，ハチ亜目の幼虫は蛆（うじ）状で一般に無脚で，外部器官を欠いているものがある。

　このような特徴をもつハチ目昆虫は，古くから行動学や細胞遺伝学的観点からよく研究されてきた。また，単為生殖についての細胞遺伝学的研究は White（1973），Suomalainen *et al.*（1987）によくまとめられている。この目の胚発生についての記載発生学的研究も古くから行われているが，とくに古代から人の生活に深いかかわりがあるセイヨウミツバチについては，養蜂 apiculture から得た多くの知識が蓄積されており，胚発生についても Nelson（1915）の名著 "Embryology of Honey Bee" があ

る。これはミツバチの胚発生全般にわたる周到な記述に，多数の精緻な図を付したもので，20 世紀前半の昆虫発生学を代表する研究の一つといえる。これに比肩できるものとして，Ivanova-Kasas によるものがあり，彼女の大著 "Essays on the Comparative Embryology of Hymenoptera"（ロシア語，1961）は，それまでの彼女の 20 編に及ぶ研究成果をまとめたもので，ハバチ，ヒメバチ，コマユバチ，アブラバチ，タマバチ，カタビロコバチ，コバチの 7 科，10 種に及ぶ比較発生学の成書である。ここで重要なことは，ハチ目の最も基本的な胚発生を示すと考えられるハバチから，寄生性による胚発生の特殊化までを比較研究の中心にすえていることである。また，単独性狩人バチのジガバチの一種 *Ammophila campestris*（アナバチ科 Sphecidae）の胚発生に関してはBaerends & Baerends-van Roon（1949）の，また Beig（1971）のハリナシミツバチの一種 *Trigona (Scaptrigona) postica*（ミツバチ科 Apidae，ハリナシバチ亜科 Meliponinae：以下，ハリナシミツバチ）についてのよくまとまった研究がある。

なお，昆虫では，ネジレバネ目 Strepsiptera とハチ目で多胚生殖 polyembryony を行うことが知られているが，この生殖法が発見されているのはコマユバチ科 Braconidae，トビコバチ科 Encyrtidae，ハラビロクロバチ科 Platygastridae などの種で，胚発生もまったく変わったものとなっている。これに関しては Leiby（1922，1926，1929），Leiby & Hill（1923，1924）などの研究と Ivanova-Kasas（1972）の多胚生殖についての総説があり，28 種のハチ目昆虫があげられている。

ところで，わが国におけるハチ目の胚発生についての報文は，Ando & Okada（1958）のハラアカアシナガハバチ *Aglaostigma occipitosa*（ハバチ科）の外部観察による胚発生の概要と，Ochiai（1960）によるミツバチ，アシナガバチ *Polistes*，スズメバチ *Vespula*，*Vespa* の絹糸腺を主とした比較発生に関する研究のみであったが，Tanaka（1985a，b）がズイムシキイロタマゴバチ *Trichogramma chilonis* の胚発生を観察し，Oishi *et al.*（1993，1995，1998）がカブラハバチの卵を材料にして，種々のテクニックを用いた生殖遺伝学的研究を行っている。

33-2　卵形成

ハチ目の卵巣 ovary は，多栄養室型 polytrophic type の卵巣小管 ovariole からなる。1 卵巣あたりの卵巣小管の数は，種ごとにほぼ一定しており，少ないもので 2，3 あるいは 4 から，多くてもせいぜい 30 までのものが大多数である。例外的なものにはマダラアブラバチ *Aphidius japonicus* や，カギバラバチの一種 *Poecilogonalos fasciata* のように 450 以上のものなどがある。社会性のものではアシナガアリ *Aphaenogaster famellica* の女王アリで 10 〜 11，働きアリで 1，クロオオアリ *Camponotus herculeanus japonicus* の女王アリで 30 〜 34，働きアリで 1 〜 2 など，階級 caste によって差が認められる（Iwata，1955，1958，1959a，b，1960，1966）。

卵形成 oogenesis は形成細胞巣 germarium と卵黄巣 vitellarium の中で進行する。形成細胞巣の中で卵原細胞 oogonium は分裂し，一層の濾胞細胞 follicular cell で包まれた卵室 egg chamber を形成する。卵室内で一つの卵原細胞は同調的に分裂し，一つが卵母細胞 oocyte に，残りは哺育細胞 nurse cell へと分化し，その結果，卵室あたりの哺育細胞の数は 2^n-1 になる（Telfer，1975）。卵室あたりの哺育細胞の数を Telfer（1975），Crozier（1975）がまとめたところによれば，クキバチの一種 *Cephus cinctus*，キョウソヤドリコバチ *Nasonia vitripennis* で 15，マツハバチの一種 *Diprion polytomum*，シロワヒラタヒメバチ *Pimpla turionellae*，シマメイガコマユバチ *Habrobracon juglandis* で 31 などと，通常は 2^n-1 になるが，タマバチの一種 *Cynips folii* では 12，セイヨウミツバチでは約 48 となる。カブラハバチは 1 卵巣あたり約 14 の卵巣小管をもち，卵巣小管あたりの卵室数は約 10 で，平均 3 個の卵が成熟する（Sawa *et al.*，1989）。また，哺育細胞の数は，最も成熟した卵室から 3 番目くらいまででは約 60 であることが多いが，その数は一定しない。4 番目以降では，その数は減って 30 〜 40 のものが多くなり，明らかに 2^n-1 にはあてはまらなくなる（Hatakeyama *et al.*，1990a）。卵母細胞の成長にともない，卵母細胞上の濾胞細胞は，背の高い柵状の細胞となり，哺育細胞上のものは扁平化している。哺育細胞は卵母細胞との連絡を保ちながら，次第にくびれて離れ，全体として一つの卵室は "ひょうたん" 状になる。哺育細胞は卵母細胞の成熟にともない退化してゆく。成熟卵は一般にバナナ形あるいはソーセージ形であるが，形と大きさ

はさまざまで，これらについては Iwata（1955～1966）が詳しく調べている。

　卵黄タンパク質（ビテリン vitellin）は，他の多くの昆虫と同じように，雌の脂肪体 fat body で合成され，体液中に放出されるビテロジェニン vitellogenin が，発育中の卵母細胞に取り込まれてできるものと考えられる。ビテロジェニンは昆虫間で保存性が高いタンパク質で，その遺伝子は 6 kb 以上におよぶ翻訳領域からなる（Engelmann, 1989; Telfer, 2002; Sappington et al., 2002）。この保存性に着目したビテロジェニン遺伝子 cDNA の簡便なクローニング法が開発され（Lee et al., 2000），昆虫のみならず，すべての卵生生物における研究の飛躍的進展が期待できるようになった。ビテロジェニン遺伝子 cDNA は，ハバチ亜目のカブラハバチ（Kageyama et al., 1994），ハチ亜目のチビキアシヒラタヒメバチ Pimpla nipponica（Nose et al., 1997），セイヨウミツバチ（Piulachs et al., 2003），オンシツツヤコバチ Encarcia formosa（Donnell, 2004），ヒアリ Solenopsis invicta（Tian et al., 2004）から単離されている。ビテロジェニン遺伝子からはまず 180 kD 以上の分子量をもつ 1 本の長いポリペプチドが産生され，ハバチ亜目では通常，他の昆虫の場合と同様に脂肪体内で切断されて約 180～200 kD と約 40～60 kD の 2 つのポリペプチドとなる（Hatakeyama et al., 1990a; Takadera et al., 1996）。一方，ハチ亜目では切断されずに 180 kD 以上の単一のポリペプチドとして卵に蓄積される（Harnish & White, 1982）。例外的に，ミフシハバチ科（ハバチ亜目）の 2 種（アカスジチュウレンジ Arge nigrinodosa とニホンチュウレンジ Arge nipponensis）では三つのポリペプチドを，ハバチ科の Tenthredo hokkaidonis では四つのポリペプチドを生じ（Takadera et al., 1996），アリ科のハリアリの一種 Harpegnathos saltator はハチ亜目でありながら，切断されて三つのポリペプチドを生じる（Wheeler et al., 1999）。ビテロジェニンは雌特異的なタンパク質であり，セイヨウミツバチでは女王バチだけでなく，通常産卵しない若い働きバチの体液中にも非主要成分として見いだされる。驚くべきことに，セイヨウミツバチでは若い雄の体液中にも少量ではあるが見いだされている（Trenczek & Engels, 1986; Trenczek et al., 1989）。ホルモン処理により雄の脂肪体にビテロジェニン合成を

誘発し，結果として雄体液中にビテロジェニンを検出する例は他の昆虫では知られているが（Lamy, 1984; Adams et al., 1989），天然に雄の体液中にビテロジェニンが検出されるのは，きわめて珍しい例である。カブラハバチのビテロジェニンは雌体液中にのみ見られるが（Hatakeyama et al., 1990a），雄成虫に幼若ホルモンの塗布処理をすると，体液中にビテロジェニンが検出されるようになり，未熟卵巣を移植すると成熟卵が得られ，この卵を人為的に単為発生させると胚発生を完了することができる（Hatakeyama & Oishi, 1990）。また，近縁の異種に未熟卵巣を移植すると，宿主の異種卵黄タンパク質を蓄積して，正常に発生完了できる卵が得られる（Hatakeyama et al., 1995）。

33-3　精子形成

　ハチ目昆虫の雄は基本的には半数体であるから，精子形成 spermatogenesis にあたっては通常の減数分裂を行うことがない。White（1973）および Crozier（1975）によれば，一般には第一分裂が核分裂をともなわない細胞質分裂からなり，続いて第二分裂（均等分裂）が起こり，半数体の精子ができる。第一分裂時の染色体の挙動は，対合・分離がないだけで，その他の点では正常（通常の減数分裂前期の挙動をとる）である。精子形成も卵形成同様，一つの精原細胞 spermatogonium が体細胞に包まれて，そのシスト中で分裂を繰り返し，2^n 個の精母細胞 spermatocyte となることから始まる。成熟分裂は均等分裂のみであるから 2×2^n 個の精細胞 spermatid が，そしてそれらが精子完成過程をへて，同数の精子 spermatozoon ができることになる。ミツバチ上科 Apoidea のものでは第二分裂も異常で，一つの精母細胞から生じた二つの精細胞のうち一つは退化し，一つの精細胞から一つの精子ができるという。

　単一遺伝子座・複対立遺伝子によって性が決定される種では，ヘミ・ホモは雄，ヘテロは雌になるので，同系交配によって二倍体の雄が得られるわけである。セイヨウミツバチ，シマメイガコマユバチ，キョウソヤドリコバチなどで二倍体の雄が得られており，いずれも半数体雄と同様，非減数的成熟分裂を行って二倍体の精子をつくることが知られている。これらの種では，二倍体雌雄の交配によって三倍体が得られるが，これまでのところ三倍体は雌が

得られているだけである。カブラハバチでは，交配によって二倍体の雄のほかに，三倍体の雌・雄が得られており，二倍体，三倍体の雄はいずれも非減数的成熟分裂を行う（Naito & Suzuki, 1991）。四倍体は発生を開始するものの，成虫までは生存できないようである（Hatakeyama et al., 1990b）。

ハチ亜目の数種については，成熟精子の微細形態が知られている（Jamieson, 1987）。ヒメコバチの一種 Dahlbominus fuscipennis では，成熟精子に多型があり，ミトコンドリアに由来する構造物が尾部で右巻きになっているもののみが，受精にあずかるとされている。

33-4　受精，付活，単為発生

卵黄形成 yolk formation が終わって卵が成熟すると，卵母細胞の核は減数分裂に入り，第一分裂中期の状態で産卵（受精あるいは単為発生開始）を待つ。卵母細胞の核は通常の成熟分裂を行い，分裂の軸は最初，卵表面に平行であるが，第一分裂終了前に卵表面に垂直になり，第二分裂終了時には4核が垂直に1列に並ぶようになる。このうち最も内側のものが雌性（卵）前核 female（egg）pronucleus になり，他の3核は極体 polar body となり，後に退化するのが通例である。多胚生殖をする寄生バチでは，極体は癒合して栄養羊膜細胞 trophic amnion-cell となり，幼虫に養分を供給する（Tremblay & Caltagirone, 1973）。

少なくともいくつかの種では，雌は受精卵と未受精卵を，つまり雌，雄を自在に産み分けている。単為発生を行うということは，受精なしに卵が発生を開始するということであり，付活（賦活）activation と受精 fertilization を切り離して考えることができる。雌性産生単為生殖を行う種では，減数分裂を欠く，減数分裂に先立って染色体数を倍加させる，正常の減数分裂後核が合一する，などさまざまな機構が知られている（White, 1973；Crozier, 1975；Suomalainen et al., 1987）。この場合でも，また雄性産生単為生殖の場合でも，産卵されることが卵の付活刺激となっていることは明らかであるが，その機構はわかっていない（Went, 1982；Sander, 1985, 1990）。

雌を解剖して取り出した成熟未受精卵は，一般には発生を開始することがないが，ヒメバチ科のシロワヒラタヒメバチや Campoletis sonorensis で

は，産卵をまねて細い管を通すこと，また高浸透圧液にさらすこと，低温処理を行うこと，などにより発生させることができる（Went, 1982；Vinson & Jang, 1987）。また，ハバチ科では，これまでに調べられた200種以上のもので，蒸留水に浸すことで未産卵成熟卵を付活，発生させることが可能である（Naito, 1982）。同科のカブラハバチについては，さらに一時的な乾燥，細い管を通すこと，針で刺すことや，弱酸性緩衝液にさらすことなどが，卵の発生開始に効果をもつことが知られている（Sawa & Oishi, 1989a）。

カブラハバチでは，成熟未受精卵に直接精子を顕微注入することによって人工受精 artificial fertilization をさせることが可能で，受精卵は二倍体の雌になる（Sawa & Oishi, 1989b）。いったん単為発生を開始させた後に精子を注入すると，卵の減数分裂終了以前に，すでに受精は起こらなくなる。すなわち，卵は単為発生開始後の早い時期に，単為発生を継続するように決定されるようである（Sawa & Oishi, 1989c）。凍害防止剤なしに液体窒素中で凍結した精子や，未完成の精子にも授精能がある（Hatakeyama et al., 1994a, 2000）。驚くべきことに，カブラハバチの精細胞 spermatid には授精能はないものの，卵核と独立に単独で発生に参加でき，キメラ個体を形成する（Hatakeyama et al., 1994b）。精子を顕微注入すると，交配前隔離のある近縁種間で雑種が得られるが，これらは正常に胚発生を完了できない（Sawa, 1991）。

減数分裂および雌性前核形成の過程は環境の影響を受けやすく，温度処理によってモザイク等を得ることができる（Greb, 1933；Bowen & Stern, 1966）。カブラハバチでは，成熟未受精卵を36℃，1時間熱処理後，付活することにより，半数体モザイク，半数体・二倍体雌雄モザイク，二倍体の雌・雄，三倍体の雌を高い頻度で得ることができる（Hatakeyama et al., 1990b）。明らかに減数分裂後の核は極体化せず，複数がそれぞれ単独で，あるいは癒合して発生を開始するのである。

33-5　胚 発 生

ハチ目はきわめて大きな目であり，とくにハチ亜目は寄生性，社会性などの発達により，胚発生が極端に多様化している。このような現象は昆虫綱の他の目ではみられないもので，ハチ目の胚発生の大き

な特色といえる。以下にこの目の下等なグループで，ハチ目の基本的な胚発生を保持するハバチ，ハチ亜目で最も原始的なヒメバチ，社会性のため幼虫が蛆状になったミツバチ，寄生性のため胚発生が改変されているタマゴコバチと多胚生殖を行うハラビロクロバチなどを五つの小節に分けて説明するが，ハバチおよびミツバチについては，器官形成に重点をおいて述べる。

　胚発生の説明に入るに先立って，ハチ目に関する発生学的研究や報告を総覧する必要があるが，一覧表としたのが表33-1である。この表は十分ではないが，参考までに実験発生学などの研究や報告も加えた。なお，ハチ目の分類体系や寄生バチと寄主（宿主）の関係などについては，安松（1972）を参照するとよい。

33-5-1　ハバチ亜目 Symphyta
カラシナハバチ

　ハバチ科 Tenthredinidae はハバチ亜目に属し，ハチ目のなかでは原始的なグループである。ハバチの幼虫は鱗翅目の幼虫のように胸脚や腹脚を備え，植物の葉を食べるなど，形態的にも生態的にも原始的な特徴がみられる。ハバチの胚発生については，メギにつくハバチ Hylotoma berberides（以下，メギハバチ）についての簡単な報告（Graber, 1890），ヤナギハバチの一種の Pontania salicis の紡績腺の発生（Pflugfelder, 1934），P. capreae（Ivanova-Kasas, 1959, 1961）やスグリにつくハバチの Pteronidea ribesii（Shafiq, 1954）（以下，スグリハバチ），ムギハバチの一種の Dolerus tritici（孫, 1959），ハラアカアシナガハバチ Aglaostigma occipitosa（Ando & Okada, 1958），カラシナにつくハバチ Athalia proxima（Farooqi, 1963）（以下，カラシナハバチ）についての報告と，カブラハバチ Athalia rosae に関するものがある（Oishi et al., 1993, 1995, 1998；Oka et al., 2010）。ここではおもに，ハツカダイコンの害虫としても知られるカラシナハバチの胚発生の概要を Farooqi（1963）に基づいて述べよう。

(1)　卵の構造と成熟分裂

　産卵直後の卵は長卵形（長径約 0.55 mm，短径約 0.25 mm）で，その前極は丸みを帯び，後極は少し尖っている。また，卵の背側は平たく，腹側ではやや湾曲している。卵の表面は平滑な卵殻

chorion で覆われ，その内側には透明で薄い卵黄膜 vitelline membrane がある。卵の内容は周縁細胞質 periplasm で覆われ，その内部にはさまざまな大きさの卵黄粒 yolk granule と，それらを保持する網状細胞質 reticuloplasm が見られる。周縁細胞質の厚さは部位によって異なり，卵の前極では厚く（15.6 μm），後極では薄い（6 μm）。切片で観察すると，周縁細胞質に連絡している網状細胞質には，油滴跡と思われる大小の腔所が散在している。卵黄粒は産卵直後には不規則な形であるが，発生が進むにつれて次第に丸くなる。卵の後極には高密度の顆粒状細胞質からなる小領域（オーソーム oosome）が存在するが，この部分には濃染される特別な粒子は見られない。

　本種では成熟分裂や受精の過程は観察されていないが，他のハバチ Nematus ribesii（Doncaster, 1906）や P. capreae（Ivanova-Kasas, 1959）では，卵母細胞核は前極付近の背側に横たわる細胞質小島内に見られる。第一成熟分裂は産卵のほぼ直後に始まり，分裂糸は卵表面に対してほぼ垂直で，引き続いて起こる第二成熟分裂では，互いによく似た4核が形成され，それらは卵縁に対して垂直に配列するが，最初の核は消失し，2番目と3番目のものが合体・癒合し，4番目の核が雌性前核で（図33-1），卵黄内へ移動し，受精は成熟分裂の部位近くのやや深部で生じるという。カブラハバチの単為発生卵では，第一成熟分裂の分裂糸は卵表面に対して平行である（Sawa & Oishi, 1989a）。単為発生を開始すると，分裂糸は第二成熟分裂が始まるまでに 90°回転して卵表面に対して垂直になる。一方，ほとんどの受精卵では他のハバチのように分裂糸は卵表面に対して垂直であり，雄付属腺の分泌物が分裂糸の形成方向決定にかかわることが示唆されている（西森・澤, 1998）。

(2)　胚発生の概要

　カラシナハバチの卵期間（産卵から孵化まで）は，34℃でおよそ95時間，D. tritici では27℃で約7日，P. capreae では 20～24℃で8～10日，ハラアカアシナガハバチでは20℃で290時間ほど，カブラハバチでは 25℃で約5日である（Sawa et al., 1989）。表33-2は，カラシナハバチの胚発生の時間的経過を示すものである。なお，ハバチの卵の卵殻は透明なので，生卵で胚発生を観察できる利点がある。

表 33-1　ハチ目の発生学的研究（おもに 1950 年頃からのものを掲げた。多胚発生のものは表 33-4 と重複がある）

亜目，上科，科，種名	著　者
ハバチ亜目 Symphyta	
ハバチ上科 Tenthredinoidea	
ハバチ科 Tenthredinidae	
ハラアカアシナガハバチ *Aglaostigma occipitosa*	Ando & Okada, 1958
カブラハバチ *Athalia rosae*	Oishi *et al.*,1993, 1995, 1998; Oka *et al.*, 2010
A. proxima	Farooqi, 1963
Dolerus tritici	孫, 1959
Pontania capreae	Ivanova-Kasas, 1959, 1961
P. salicis	Pflugfelder, 1934
Pteronidea ribesii	Shafiq, 1954
ハチ亜目 Apocrita	
ヒメバチ上科 Ichneumonoidea	
ヒメバチ科 Ichneumonidae	
ヒラタヒメバチ亜科 Pimplinae	
シロワヒラタヒメバチ *Pimpla turionellae*	Bronskill, 1959; Achtelig & Krause, 1971; Wolf & Krause, 1971; Bruhns, 1974; Nuss, 1974, 1975; Went, 1975
マルヒメバチ亜科 Ctenopelmatinae	
Mesoleius tenthredinis	Bronskill, 1960, 1964
チビアメバチ亜科 Campopleginae	
Campoletis sonorensis	Vinson & Jang, 1987
Anagitia vestigialis（= *Lathrostizus lugens*）	Ivanova-Kasas, 1961
ハバチヤドリヒメバチ亜科 Tryphoninae	
Exenterus	Mason, 1967
コマユバチ科 Braconidae	
コマユバチ亜科 Braconinae	
Coeloides brunneri	Ryan, 1963
Ephedrus plagiator	Ivanova-Kasas, 1961
Macrocentrus anylivorus	Daniel, 1932
アブラバチ科 Aphidiinae	
Aphidius fabarum	Ivanova-Kasas, 1961
クビコマユバチ科 Vipionidae	
Habrobracon juglandis	Amy, 1961
タマバチ上科 Cynipoidea	
ヤドリタマバチ科 Figitidae	
Charips sp.	Ivanova-Kasas, 1961
コバチ上科 Chalcidoidea	
トビコバチ科 Encyrtidae	
Ageniaspis fuscicollis	Ivanova-Kasas, 1961; Kościelska, 1962,1963,1977; Kościelski *et al.*, 1978; Kościelski, 1981; Kościelski & Kościelska, 1987
Copidosoma floridanum	Baehrecke & Strand, 1990
C. koehleri	Doutt, 1947
C. gelechiae	Leiby, 1922
ヒメコバチ科 Eulophidae	
Dahlbominus fuscipennis	Kościelska, 1985
オナガコバチ科 Trymidae	
Monodontomerus dentipes	Kościelska, 1981
コガネコバチ科 Pteromalidae	
Tritneptis diphionis	Kościelska & Kościelski, 1987
カタビロコバチ科 Eurytomidae	
Eurytoma aciculata	Ivanova-Kasas, 1961
タマゴコバチ科 Trichogrammatidae	
Prestwichia aquatica	Ivanova-Kasas, 1961
ズイムシキイロタマゴバチ *Trichogramma chilonis*	Tanaka, 1985a, b
ヨトウタマゴバチ *T. evanescens*	Gatenby, 1917
T. minutum	Krishnamuri, 1938
Entedontidae	
Mesotocharis militaris	Ivanova-Kasas, 1961
ホソハネコバチ科 Mymaridae	
Caraphractus reductus	Ivanova-Kasas, 1961

（次ページへ続く）

表 33-1（続き）

亜目，上科，科，種名	著　者
ハラビロクロバチ上科 Platygasteroidea	
ハラビロクロバチ科 Platygastridae	
Platygaster hiemalis	Leiby & Hill, 1923
P. vernalis	Leiby & Hill, 1924
アナバチ上科 Sphecoidea	
アナバチ科 Sphecidae	
Ammophila campestris	Baerends & Baerends–van Roon, 1949
スズメバチ上科 Vespoidea	
スズメバチ科 Vespidae	
スズメバチ亜科 Vespinae	
クロスズメバチ *Vespula flaviceps lewisii*	Ochiai, 1960
オオスズメバチ *Vespa mandarnia japonica*	Ochiai, 1960
アシナガバチ亜科 Polistinae	
キボシアシナガバチ *Polistes mandarinus*	Ochiai, 1960
ミツバチ上科 Apoidea	
ミツバチ科 Apidae	
ミツバチ亜科 Apinae	
ニホンミツバチ *Apis indica japonica*	Ochiai, 1960
セイヨウミツバチ *A. mellifera*	Schnetter, 1934; Sauer, 1954; Reinhardt, 1960; Du Praw, 1965, 1967; Maul, 1967, 1970; Fleig & Sander, 1985, 1986, 1988; Binner & Sander, 1997
ハリナシバチ亜科 Meliponinae	
Trigona (Scaptrigona) postica	Beig, 1971

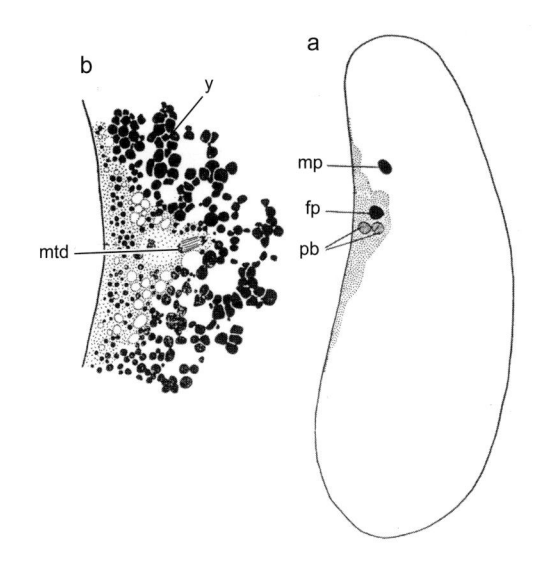

図 33-1　ヤナギハバチの一種 *Pontania capreae* の産卵直後の卵（Ivanova–Kasas，1959 より改変）
a．産卵直後の卵の合成縦断面，b．細胞質島内の第二成熟分裂
fp: 雌性前核, mp: 雄性前核, mtd: 成熟分裂, pb: 極体, y：卵黄

産卵後 3 時間ほどで，大部分の卵割核 cleavage nucleus（energid）が卵の表層に向かって移動を開始するが，一部のものは卵黄内に残留し，一次卵黄核（細胞）primary yolk nucleus（cell）となる。やがて卵割核は細胞質をともなって周縁細胞質に達し，さらには周縁細胞質を越えて卵表から突出する。このために卵の表面は一時的に凹凸の状態になるが，その後の発生で細胞性胚盤葉 cellular blastoderm が完成すると，卵表はふたたび平滑になる（図 33-2, a ～ d）。産卵から約 4 時間が経過した卵では，周縁細胞質に到達した 155 の卵割核のうち，48 核は背側に，約 80 核が腹側に，残りの核は卵の前極に見られ，核は背側よりも腹側に集中している。

卵の後極に向かって移動する一定数の核は，順次オーソームを通って周縁細胞質に入り，その後，周縁細胞質から外に出て極細胞 pole cell の原基となる。このとき，後極の卵黄膜と周縁細胞質との間に極腔所 polar cavity が生じ，極細胞原基はこの腔所の中で発達し，大型の極細胞となる（図 33-2, e）。このようにして進行する極細胞の形成は，卵の後極部の胚盤葉が形成されるまえに終了する。この段階で一つの断面中には 13 ～ 17 個の極細胞が数えられるが，分裂像は観察されない。また，卵割核から極細胞が形成される過程でオーソームは崩壊するが，

表 33–2　カラシナハバチの卵の発生段階（34℃）（Farooqi, 1963）

産卵後 （時間）	発　生　段　階
1 〜 4	分裂核の卵表への移動開始
4 〜 6	極細胞の形成，周縁細胞質への卵割核の侵入
8 〜 10	極細胞の完全分離，卵割核が卵の後極を除く全卵表を覆う
12	胚盤葉完成
14 〜 18	前部および後部の中腸上皮原基の形成，内層形成の開始，羊漿膜褶の出現，胚原基（腹板）の形成，極細胞の移動と卵後極の胚盤葉完成
18 〜 20	羊膜と漿膜の完成，神経溝の出現，胚帯の分節化（体節化）開始，内層形成の完了，内層の伸展（体腔は未形成），神経芽細胞の分化，胚帯の伸長と肛門陥の形成開始
20 〜 24	口陥の出現，羊膜の崩壊，側方中胚葉管に体腔出現，胚帯の分節化（体節化）完了，上唇原基の癒合二次卵黄細胞の出現
24 〜 26	一次背閉鎖の完了，頭・胸部によく発達した付属肢原基の出現
26 〜 28	マルピーギ管原基の出現，胚の短縮開始，口陥と肛門陥の伸長，気管原基の陥入
30 〜 34	よく発達した中胚葉管の形成，生殖細胞群が肛門陥の両側の 2 群に分割，頭部・胸部の付属肢原基は顕著に発達，胚の腹側への湾曲，頭部の外胚葉性陥入に由来する幕状骨・大顎側甲・絹糸腺原基の出現，血球細胞の形成，神経繊維の形成，卵黄の退行と神経上洞の出現
38 〜 40	中胚葉管の崩壊，心臓芽細胞の出現，脂肪体と筋肉原基の出現，中腸上皮原基が帯状になって伸長
42 〜 44	胚の短縮完了，頭部と胸部の境界の明瞭化
46 〜 48	胚腹端の腹側への湾曲と頭部へ向かう成長，中腸上皮の卵黄塊腹側を覆う成長，扁桃細胞の出現，下唇原基の癒合による下唇の形成
54 〜 58	背閉鎖，心臓の完成，中腸上皮細胞が卵黄を完全に包む
70 〜 75	中腸上皮細胞の偽足状突起出現，気門の明瞭化
75 〜 80	体壁のクチクラ出現，気管の螺旋糸形成
94 〜 96	幼虫の孵化

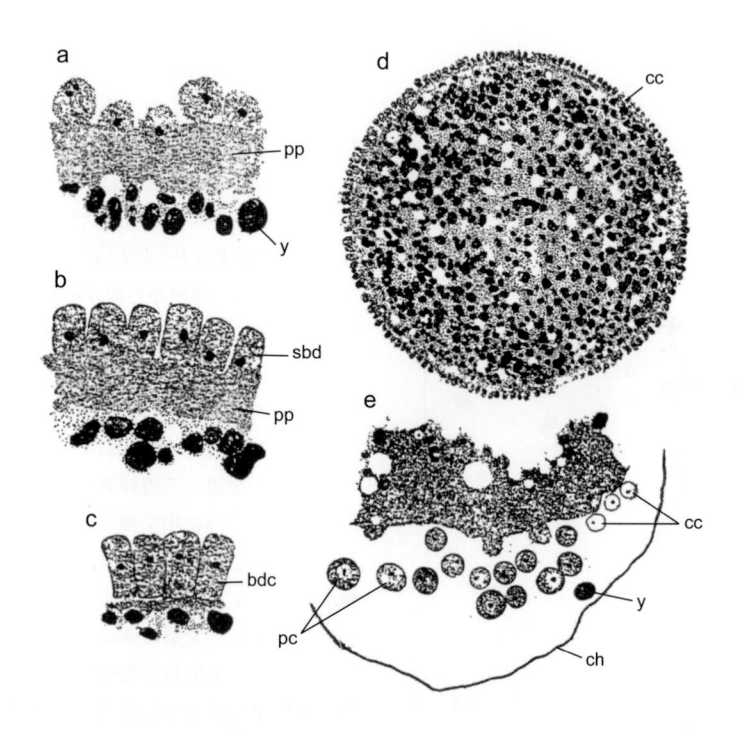

図 33–2　カラシナハバチ *Athalia proxima* の胚盤葉形成（Farooqi, 1963）
a 〜 c. 胚盤葉形成の過程（a. 産卵後 8 時間，b. 同 10 時間，c. 同 12 時間），d. 同 10 時間の卵中央部（横断面），e. 同 4 時間の卵後端（縦断面）。極細胞分化
bdc：胚盤葉細胞，cc：卵割細胞，ch：卵殻，pc：極細胞，pp：周縁細胞質，sbd：多核性胚盤葉核，y：卵黄

その構成要素が極細胞に混入するか否かははっきりしない。

　産卵後9～10時間で卵の表層に達した核は急速に増殖し，一つの正中断面あたりおよそ237核になる。このようにして多核性胚盤葉が形成されるが，極細胞が形成される後極では胚盤葉形成は進行しない。まもなくして隣接する核の間に細胞膜が溝状に発達し，胚盤葉細胞の側膜が形成され，続いて内膜の形成が進むにつれて胚盤葉が周縁細胞質から区分され，細胞性胚盤葉が完成する。完成した胚盤葉では背側の細胞は，腹側のものより大きく扁平であるが，前者は胚外域 extra-embryonic area の細胞に，後者は胚域 embryonic area の細胞に相当するものである。この時期には，数個の卵黄核を含む細胞質島 cytoplasmic island が卵黄内に多数散在している。

　産卵後12時間が経過すると極腔所内に分散していた極細胞は集合し，周縁細胞質を通過して卵の内部へ移動を始める。しかし，この移動は1～2時間後には終了する。移動を終えた極細胞は，卵の後極付近の卵黄と周縁細胞質との間に横たわる細胞質島内で房状の集塊となる。このあいだに，卵の後極部も一層の細胞層で覆われ，その結果，卵全体が細胞性胚盤葉で完全に包まれることになる。胚盤葉完成後まもなくすると，その腹側（胚域）では細胞の配列が不規則になり，核数が急速に増加する。さらに2，3時間が過ぎると，卵の腹側に胚原基 germinal rudiment が形成され，残りの部分（胚外域）の細胞層は，単層のまま保持されて漿膜原基となる。図33-3は，このころの *P. capreae* の胚である。

　産卵後約15～16時間で，胚原基の側縁部は漿膜原基とともに羊漿膜褶 amnio-serosal fold を形成するが，同じころ，同様の構造が頭部端と尾部端にも発達し，胚原基は腹板 ventral plate とよばれる時期に入る。腹板が伸長するにつれて，これらの羊漿膜褶は互いに連絡し，腹板の全縁で連絡する二層の細胞層となる。これらのうち外側の細胞層が漿膜 serosa として，内側のものが羊膜 amnion として発達し，漿膜原基の細胞は扁平化して薄膜となり，卵黄膜の内側で卵全体を覆う。羊膜原基の細胞は腹板との間に羊膜腔 amniotic cavity を形成しながら伸展し，腹板の腹面全体を覆う薄膜となる。このようにして完成した二つの胚膜 embryonic membrane は通常，相互に密接しているが，まれにそれらの間

に卵黄が見られる。羊膜は完成後2～3時間でいくつかの小片に崩壊するが，腹板の側縁と末端部に付着した部域は卵黄の両側に沿って成長し，やがて卵黄腹面を覆って連絡するようになる。

　このころ，卵黄内に沈下した腹板後端部とそれに連続する羊膜が袋状の腔所（amnio-proctodaeal cavity）を形成し，これが肛門陥原基になる。産卵後16時間には，これまで卵の腹側部に限定されていた腹板が急速に伸長し始め，胚帯期に入る。胚帯の後端部の伸長は前端部の伸長を上回るため，後端部は卵の後極をまわって卵長の1/3付近の背側まで達し，卵黄内に少し沈む。まもなく胚帯の前部が両側に発達するため，胚帯は幅広い原頭葉域 protocephalom と細長い原胴域 protocorm とに分化し，前者の中央部付近の内側（背側）に前部中腸上皮原基が，後者の後端内側に後部中腸上皮原基が出現する。このころ，内層形成 inner layer formation は中板形成と細胞増殖とによって進行する。中板と側板の分化は，胚帯の腹面中央部の縦に長い領域がやせ細ることによって開始される。中板の分化が胚帯の前方と後方へ徐々に進行するにつれて，中板はそ

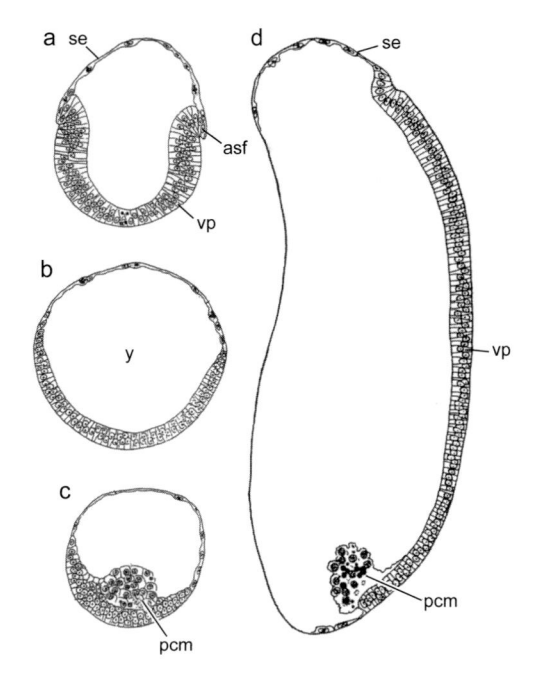

図33-3　ヤナギハバチの一種 *Pontania capreae* の胚の腹板期（Ivanova-Kasas, 1959 より改変）
　胚の横断面，a. 前部，b. 中央部，c. 後部，d. 胚の正中縦断面図
　asf：羊漿膜褶，pcm：極細胞塊，se：漿膜，vp：腹板，y：卵黄

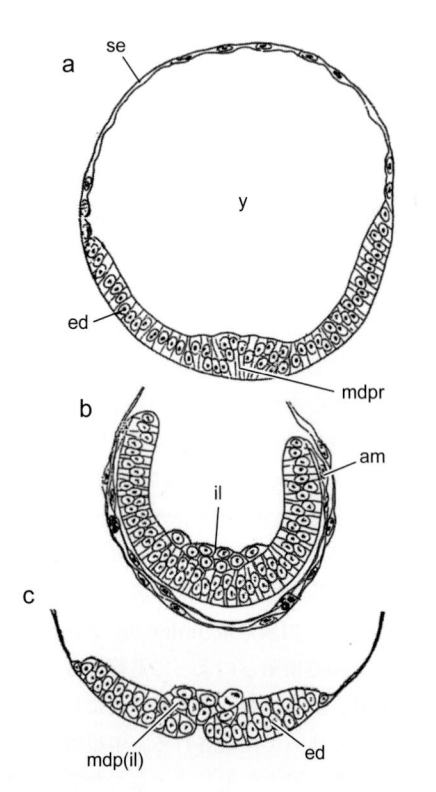

図 33-4　ヤナギハバチの一種 *Pontania capreae* の胚の内層形成 (Ivanova-Kasas, 1959 より改変)
　a. 胚原基腹面正中線に沿って中板形成が始まる（横断面）, b. 図 a に続くステージ, 胚前部（同）, c. 胚中央部. 中板は陥没する（同）.
　am：羊膜, ed：外胚葉, il：内層, mdp：中板, mdpr：中板原基, se：漿膜, y：卵黄

の両側の側板から明瞭に識別できるようになるが，中板からの遊離細胞の放出や典型的な原溝（原条）primitive groove の発達はみられない. 中板分化の進行にともない，中板を形成する細胞が増殖し，胚帯の内側に内層 inner layer を形成する. 図 33-4 には *P. capreae* の胚のものを示した. 引き続いて起こる細胞増殖の結果，内層は不規則な形をとりながら外層（側板）と卵黄の間に急速に伸展する. 胚帯の発生は卵の後極部より前極部でより早く進行するため，胚帯前部での内層形成は後部のそれよりも早く進む. このために一つの胚帯であっても，内層形成の過程が部域によって異なるようにみえる. カラシナハバチにおけるこのような内層形成の過程や，スグリハバチでは内層形成が胚の腹部中央部からの細胞増殖によってのみ進行するという報告（Shafiq, 1954）から，ハバチ類では，細胞増殖（増殖型）が内層形成の主要な方法であるといえよう.

　産卵後約 18 時間で，原頭葉域と原胴域の外胚葉中に，大型の神経芽細胞 neuroblast が出現し，続いて胚帯の正中線に沿って神経溝 neural groove が形成される. 内層（中胚葉層）が，胚帯の外層（外胚葉層）の内表面全体を裏打ちしながら伸展するにつれて，上唇部から腹部末端部までの中胚葉は，連続する大きな細胞群となる. その後，神経溝の形成が進むにつれて，中胚葉塊は神経溝上部（背面）に横たわる中央中胚葉とその両側での側方中胚葉（中胚葉節原基）とに区分されるようになる. このころ，外胚葉の分節化（体節化）が開始される. 体節の仕切りとなる横溝は，原頭葉の後端と原胴域の前端との間に生じ，続いて同様の溝が原胴域の前部から後部方向へと順次出現することにより，体節形成が進行する. これにともなって，中胚葉にも分節化の傾向が現れる（節内での細胞の増殖が進み，節と節との境界部が薄くなる）が，中胚葉の分節化はそれほど明瞭なものではない.

　産卵後 20 ～ 22 時間が経過すると，体節内と体節間部の内面（背側）を裏打ちしながら伸展した中胚葉は，その側端で中身の詰まった集塊となり，胚帯の両側端に沿って下唇節から腹部の末端まで連続する縦帯（中胚葉管の原基）を形成する. さらに 2 ～ 3 時間が過ぎると，この中胚葉管原基の内部に小さな腔所が出現し，次第に大きなスリット状の腔所となり，その後まもなく，隣接する腔所が互いに合体し，連続した中胚葉管 mesodermal tube が形成される. したがって，一般にみられるような体節ごとの中胚葉性の体腔嚢は形成されない. また，胚帯の内側（背面）付近の卵黄内には，大きさや形態において一次卵黄細胞とは異なる別の卵黄細胞が多数観察され，卵の 1 横断面あたり 40 ～ 50 個が数えられる. これらの細胞は二次卵黄核（細胞）secondary yolk nucleus（cell）に相当するもので，大きな丸い核をもち，卵黄系の網状細胞質に取り囲まれている. この細胞の起源ははっきりしないが，おそらく，肥厚した胚盤葉から生ずるものと思われる. 出現当時の二次卵黄細胞は星形を示すが，後の発生で胚帯が成長するにつれて次第に丸みを帯びるようになる. また，この卵黄細胞は細胞質の減少にともなって互いに集合し，2 ～ 6 個あるいはそれ以上の細胞集塊をつくる傾向がある.

　このころになると，原頭葉の中央部付近に外胚葉性の狭い陥入が生じ，これが口陥 stomodaeum の

原基となる。また，頭・顎・胸部の各体節に一対の付属肢原基が出現し，個々の体節がいっそう明瞭になる。最初に出現する付属肢原基は上唇原基で，これらは原頭葉先端部の正中線に近接する小さな対状突起として形成される。続いて，原頭葉後縁に触角原基が，間挿節と顎部の3節と胸部の3節のそれぞれにも付属肢原基が，外胚葉性の対状突起として出現する。顎部の付属肢原基のなかでは，大顎の原基が出現当初から最も大きなもので，間挿節の対状突起は発達が悪く，やがて退化・消失する一時的なものである。まもなく，腹部の体節が明瞭となり10体節が数えられるようになるが，これらの体節には，まだ対状突起（腹隆起）は認められない。

　産卵後26時間が過ぎると，発生した胚帯は，長軸に沿って短縮し始める。このとき，上唇原基はすでに合体・癒合しており，触角原基，大顎・小顎・下唇節の付属肢原基，そして三対の胸部付属肢原基のそれぞれも，よく発達した状態にある。

　産卵後28時間ほどで，胸部と腹部の側体壁に十一対の陥入が生じ，これらが気管 trachea の原基となる。まず胸部の三対が陥入し，続いて第一〜八腹節の八対が陥入する。胚の後端部では，よく発達した肛門陥 proctodaeum の盲端に膨出部が生じ，これらがマルピーギ管 Malpighian tubule 原基として成長し始める。このころ，神経芽細胞の分裂が始まる。

　産卵後30時間ほどで，中胚葉管は最もよく発達した状態となり，触角節の中胚葉は脳と口陥の間に顕著な一対の体腔嚢を形成する。胚の正中線と側縁部付近では，胚の背面に密接する卵黄が次第に縮小退化するため，胚と卵黄との間に間隙を生じ，この部分が神経上洞 epineural sinus として発達し始める。さらに胚が短縮するにつれて，口部は卵の腹側方向へ移動し，肛門部は卵の後極付近でアーチを描くようになるが，この期間中には胚の位置が大きく変化することはない。胚の正中線に沿った中央中胚葉索では，細胞間の結合がゆるみ，分化した血球細胞が神経上洞内に放出される。また，脳を構成する三対の神経節の形成が進み，3顎節，3胸節および10腹節の神経節が明瞭になる。頭顎部では，一連の外胚葉性の対状陥入が生じ，これらが内骨格と各種の腺の原基になる。腹部後方の3〜4節では，体側壁が胚の背側方向に成長し，この部分の背閉鎖 dorsal closure が始まる。

　産卵後34時間ほどで，卵黄塊の背部に沈んでいた胚の後端部は卵黄内から現れ，徐々に卵の後極に向かって移動する。胚の頭・顎・胸部では，よく発達した付属肢が見られ，第一〜八腹節の両側腹面には球状の付属肢原基の形成が認められる。このころになると，各体節の神経節内に神経繊維が出現する。また，第十腹節の背側に位置する始原生殖細胞 primordial germ cell 群は左右の2群に分割され，肛門陥の両側に位置するようになる。その後も胚は短縮を続け，やがてその中央部の背面に卵黄塊を乗せたボートのような形になる。

　産卵後38〜40時間で，中胚葉節と副中胚葉節が将来の器官を形成するための各種の要素に分化し始めるが，このとき，中胚葉管の崩壊が起こり，その背−側縁に沿って心臓芽細胞 cardioblast が分化し，神経上洞と体腔とが連絡する。頭部では幕状骨の前腕と後腕が結合して中央板が形成され，幕状骨がほぼ完成する。また，前部と後部の中腸上皮原基 midgut epithelial rudiment は胚の腹側で内臓中胚葉に密着する対状のリボンを形成しながら，胚の中央に向かって伸長する。そして筋肉，脂肪体などの原基が識別できるようになるのも，このころである。

　産卵後42〜44時間が経過すると胚の短縮が完了し，後腹部が直線状になり，胚は卵の長軸と平行になる。このころまでに，原頭部と3顎節が次第に合体，癒合するため，これらの体節の神経節も癒合して単一の食道下神経節 suboesophageal ganglion を形成する。頭部形成の進行にともなって，頭顎部の付属肢原基は相対的に位置を変えながら移動し，触角原基は口陥の開口部の前方に，他の付属肢原基は開口部の周囲に配列し，頭部と胸部の区分が明瞭になる。

　産卵後46〜48時間で胚の伸長が再開し，腹部が腹側へ伸長・湾曲する。すなわち，頭部の位置は卵の前極に保持されるが，腹部の後端は腹側へ湾曲しながら卵の後極をとおり，前極に向かって急速に成長する。この発生段階で，左右の下唇の原基が合一・癒合して下唇の基本構造ができあがり，第一〜八腹節の両側では，扁桃細胞（エノサイト）oenocyte の原基となる大型の外胚葉性細胞集団が出現する。また，このころ，側脚 pleuropodium は最もよく発達した状態となり，中腸上皮細胞の層もシート状に伸展して，卵黄塊の腹面を覆うようになる。

　産卵後52時間が過ぎると，伸長した腹部の末端

は頭部に接近した状態になる。また，胸部と腹部の前方部における背閉鎖が進行し，卵黄は完全に胚の内部に取り込まれる。この段階で，腹部後方の 3 体節（第八～十腹節）が合体・癒合し，一つの大きな体節として後節が形成される。また，口陥の背壁では，外胚葉性の細胞集団が神経節細胞塊として発達し，口胃神経系 stomatogastric nervous system を形成し始める。

　産卵後 55 ～ 56 時間では，体側壁の成長によって背側に運ばれた三日月形の心臓芽細胞が背閉鎖とと

もに左右から接近・合体し，正中線に沿った管状の背脈管 dorsal vessel（心臓）が形成される。

　産卵後 68 時間では，胚の後方へ向かう絹糸腺 silk gland の末端が第七腹節を少し越えたところまで達し，その 2 ～ 3 時間後には，口陥と肛門陥壁の外側を包む縦走筋繊維と環状筋繊維が分化する。

　産卵後 70 ～ 75 時間の胚では気門が明瞭になる。このころ，中腸上皮の細胞は多数の空胞を含む円柱状細胞となり，その内側の表面には偽足状の突起が形成される。

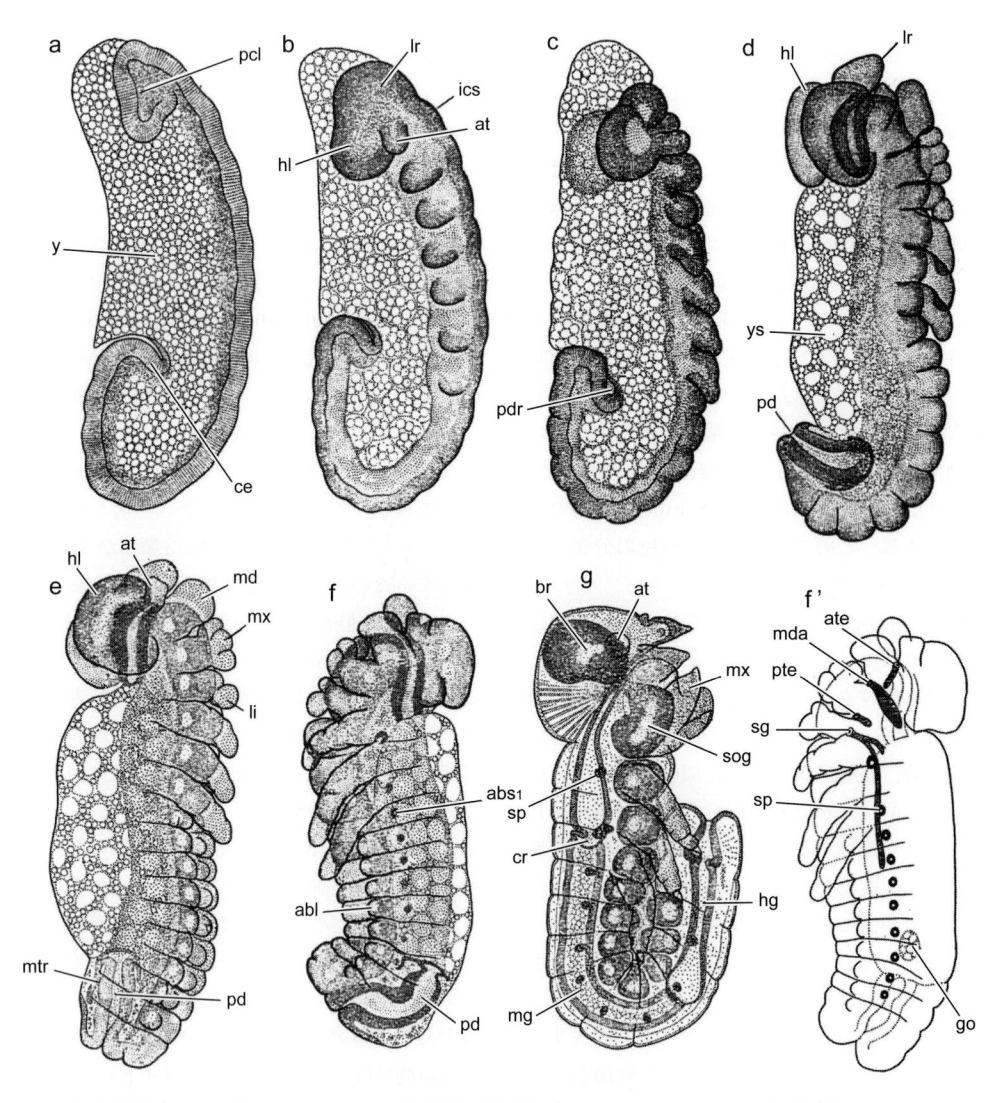

図 33-5　ヤナギハバチの一種 *Pontania capreae* の胚発生（側面）（Ivanova-Kasas，1959 より改変）
a. 体節形成の始まった最長期の胚，b ～ d. 付属肢形成，e. 胚は短縮し，姿勢転換，f. 形態形成，背閉鎖進行，f'. 同，外胚葉性陥入を示す，g. 孵化前の初令幼虫
abl：腹脚，abs1：第一腹節気門，at：触角，ate：前部幕状骨，br：脳，ce：尾端，cr：噴門部，go：生殖腺（巣），hg：後腸，hl：頭葉，ics：間挿葉，li：下唇，lr：上唇（原基），md：大顎，mda：大顎側甲，mg：中腸，mtr：マルピーギ管原基，mx：小顎，pcl：原頭葉，pd(r)：肛門陥（原基），pte：後部幕状骨，sg：絹糸腺，sog：食道下神経節，sp：胸部気門，y：卵黄，ys：卵黄シンシチウム

産卵後75〜80時間で，幕状骨がキチン化し，体壁表面にクチクラが分泌される。また，気管内には螺旋弾糸 taenidium が形成される。その後15時間ほどが経過すると（産卵後94〜96時間），初令幼虫が孵化する。図33-5は *P. capreae* の胚発生による形態の変化を示したものである。

(3) 器官形成

以下に，器官形成を大きく三つ（外胚葉性器官，中胚葉性器官，消化管）に分けて説明するが，セイヨウミツバチと類似しており，本種の図の多くを割愛した。次節のミツバチのものを参照されたい。

a. 外胚葉性器官

① 体節と付属肢（図33-6, a）　体節は少なくとも頭・顎部の6節，胸部の3節，腹部の10節の合計19節が確認できる。これらの体節は対状の外胚葉性突起，神経組織，中胚葉塊を備えるが，中胚葉性の体腔嚢は触角節だけに形成される。

頭部は少なくとも6体節（上唇節・触角節・間挿節・大顎節・小顎節・下唇節）から形成される。最前節の上唇節には，一対の上唇原基，第一大脳（前脳）protocerebrum に属する神経節，二股になった中胚葉塊が形成される。上唇原基は産卵後20〜26時間で胚帯の最前端の正中線付近に生じ，まもなく

すると，発達中の原基の腔所部分は，口陥より前方に位置する中胚葉で満たされるようになる。上唇原基は成長するにつれて合体・癒合し，中央が凹んだ単一の構造となって口陥開口部の前方に覆いかぶさるようになる。触角節は触角原基，第二大脳（中脳）deutocerebrum に属する神経節，顕著な中胚葉性の体腔嚢をそれぞれ一対ずつ備え，完全な体節構造を示す。触角原基は，上唇原基より少し遅れて口陥開口部より後方に出現するが，頭部形成にともなう各部位の相対的成長により口陥開口部の前方へ移動し，頭部が完成するにつれて，前-背方向に突き出すようになる。

間挿節は胚帯が短縮する初期の段階（産卵後26〜27時間）で出現し，対状の小さな外胚葉性突起，第三大脳（後脳）tritocerebrum に属する神経節，そして発達のあまりよくない中胚葉塊を備えている。この体節は出現後しばらくのあいだ，触角節と大顎節との間に挟まれた状態で保持されるが，産卵後34時間が過ぎると消失する。大顎節・小顎節・下唇節は明瞭に区分され，各体節には顕著な対状付属肢原基と神経節が発達する。顎部付属肢原基のなかでは，大顎原基が出現当初から最大である。小顎原基と下唇原基は出現後急速に発達し，指状の突起

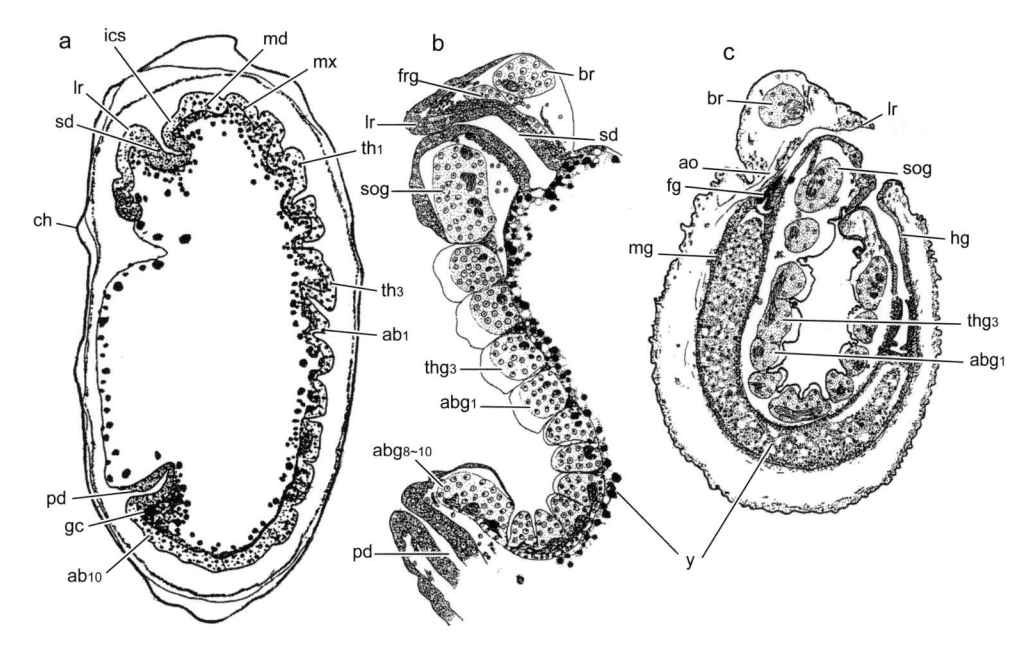

図 33-6　カラシナハバチ *Athalia proxima* の胚の器官形成（I）（正中縦断面）（Farooqi, 1963 より改変）
a. 短縮前の胚（産卵後28時間），b. 中央神経索の形成された胚（同48時間），c. 消化管の形成された胚（同66時間）
ab1, 10：第一，十腹節，abg1, 8〜10：第一，八〜十腹神経節，ao：大動脈，br：脳，ch：卵殻，fg：前腸，frg：前額神経節，gc：生殖細胞，hg：後腸，ics：間挿節，lr：上唇，md：大顎，mg：中腸，mx：小顎，pd：肛門陥，sd：口陥，sog：食道下神経節，th1, 3：前，後胸節，thg3：後胸神経節，y：卵黄

に成長する。産卵後 32 〜 33 時間が過ぎると，こ
れらの付属肢原基は正中線に沿って互いに接近する
が，このころ，小顎原基と下唇原基が分節化し，産
卵後 46 〜 48 時間頃には頭・顎部の付属肢原基は口
陥開口部を取り囲むように配列し，下唇原基は合一・
癒合する。

　胸部 3 体節の対状付属肢原基は，頭・顎部の付属
肢原基の出現とほぼ同時に形成され，発生の進行と
ともに急速に後方へ向かって成長する。この間に各
体節の中胚葉が発達中の原基の腔所内に伸展する。
しかし，これらの付属肢の胸脚への発達は一時的な
遅れを示し，頭部が十分に分化した後で，付属肢原
基の急速な発達が再開され，胸脚原基の形成が進む。
腹部の体節形成は産卵後 26 時間頃までに生じるが，
このとき，10 体節を数えることができる。しかし，
産卵後 52 時間を過ぎたころには，後方の 3 節が合
体・癒合し，一つの大きな体節を形成するため，最
終的な腹節は 8 節となる。腹部付属肢の原基は，胸
部付属肢原基の形成より 6 〜 7 時間遅れて（産卵後
30 〜 33 時間），第一〜八腹節の両側側面で球根状
の対状突起として生じ，発生が進むにつれて，その
腔所内には中胚葉細胞が広がる。これらの付属肢原
基のうち，第二〜八節の七対は発達して腹脚を形成
するが，第一腹節のもの（側脚原基として次に述べ
る）は孵化前に退化，消失する。ハチ目昆虫の腹部
付属肢原基はミツバチでは形成されない（Nelson,
1915）が，ハバチ類ではよく発達する。たとえば，
カブラハバチでは第一〜九腹節と第十一腹節に各一
対が発達し，第二〜八腹節のものは幼虫の腹脚とな
るが，第一，第九および第十一腹節では退化する。
第十一腹節では一過的に出現した付属肢原基とは
異なる場所に尾脚が形成される（Yamamoto et al.,
2004；Oka et al., 2010）。メギハバチでは，十二
対の腹部付属肢原基が形成され（Graber, 1890），
スグリハバチでは第二〜七腹節と第十腹節に各一対
が発達し（Shafiq, 1954），それらの大部分は幼虫
の腹脚として保持される。幼虫腹脚の数はハバチ類
のなかでも異なるが，Schulmeister（2003）によ
ると，ナギナタハバチ科 Xyelidae のように原始的
な種ではすべての腹節に発達し，高等な種になるほ
ど後部腹節で失われているという。

　側脚原基は，腹部付属肢原基の出現時（産卵後約
30 時間）に，第一腹節の両側で一対の外胚葉性突起
として出現する。この原基は他の腹部付属肢原基と

外見上類似するが，形成当初から他のものに比べて
小型である。発生が進むにつれて，側脚原基は徐々
に成長し，胚帯の腹部が腹側へ湾曲するころ（産卵
後 40 〜 48 時間）には最もよく発達した状態とな
る。このとき，側脚全体は円錐形で，その末端はゆ
るく丸みを帯び，広い基部は胚帯の体壁と連絡して
いる。さらに発生が進行すると，側脚は次第に萎縮
し，産卵後 72 時間では，後胸節と第二腹節の間で
圧縮された短い円錐体となり，胚期の終わり（産卵
後約 96 時間）には完全に消失する。本種で見られ
るような側脚はカブラハバチやメギハバチでも知ら
れ，その発生運命は本種の場合と類似している（Gra-
ber, 1890；Yamamoto et al., 2004；Oka et al.,
2010）。しかしながら，スグリハバチでは側脚は欠
如するという（Shafiq, 1954）。

　②　脳および腹髄（図 33-6, b, c）　　脳は前
大脳，中大脳，後大脳の三対の神経節の癒合により
形成される。これらの神経節の原基をつくる神経芽
細胞は，内層形成完了の少し後（産卵後約 18 時間）
に，円形の大きな核をもつ大型の外胚葉性細胞とし
て，原頭葉の両側に出現する。原頭葉内に不規則に
分散する神経芽細胞は，出現後 4 〜 5 時間を過ぎる
と不等有糸分裂を繰り返し，多数の小型の神経節細
胞を形成する。その結果，産卵後 30 〜 32 時間で，
原頭葉の背面に神経節細胞の大きな対状集塊（神経
節）が形成される。

　前大脳葉は上唇の両側で原頭葉のかなり広い部分
を占め，脳を形成する三つの神経節のなかでは最大
である。左右の前大脳葉の内側中央部は神経節細胞
の狭い領域で連絡されており，前大脳葉の三つの領
域（小葉）の存在は，神経芽細胞の配列や，それぞ
れ独立に発達するニューロパイル（神経白質部）の
形成によって示される。胚帯の短縮開始前（産卵後
23 〜 26 時間）で，前大脳の先端近くを横断する広
い溝が形成されるが，これは視葉 optic lobe と他の
領域（小葉）とを区分するもので，これ以外には前
大脳葉の明確な部分は見られない。視葉内の神経芽
細胞の分裂は他の小葉内のそれらに比べると大変遅
れ，この領域では，神経芽細胞の出現当時の配列は
その後も長時間保持される。

　産卵後 34 時間ほどで，第一，第二小葉の最深部
に神経繊維が分化し，ニューロパイルが出現する。
その後，まもなく左右の前大脳は食道上横連合 su-
praoesophageal commissure によって互いに連絡

する。

ハチ亜目の胚には見られないが，ハバチ類の胚では，発生が進むと着色した幼虫眼 larval eye（ocellus）が見られるようになる。カラシナハバチの産卵後 34 時間胚の原頭葉両側部の外胚葉の一部に，表面から沈んだ部分が生じる。これが視葉 optic lobe の原基で，発生が進むと周囲の組織から明確に識別できるようになる。また，視葉原基の腹側寄りの外胚葉が肥厚して視板 optic plate の原基となるが，外胚葉部に真皮が分化すると，視板の部分は真皮と連接して視葉を覆う。視葉内では神経芽細胞が分裂を繰り返して神経節を形成するが，まもなく視葉と視板は後網膜神経 post-retinal fiber でつながれ，視板にはレンズが生じ，色素が沈着し，機能的な幼虫眼が完成する（図 33-7）。カブラハバチの幼虫眼への色素沈着には，ATP 結合カセット輸送体の White タンパク質が関与している（Sumitani *et al.*, 2005）。

中大脳葉は触角域に分化した神経芽細胞に由来し，前大脳に比べるとかなり小さな神経節である。発生が進むにつれて，中大脳葉の前部は前大脳葉と，後部は後大脳葉と連絡するが，左右の神経節を連絡する横連合は形成されない。この神経節は起源的には口後域 postoral area に形成されるものであるが，頭部の形態形成にともなって前進し，やがては口前域 preoral area に位置するようになる。中大脳葉は発達中の触角原基の内側へ神経細胞を送り出し，触角神経の神経繊維は，これらの細胞から形成される。

後大脳葉は間挿節に属する神経芽細胞に由来し，脳を構成する神経節のなかでは最小である。この神経節は中大脳葉と同様に口後域で最初に形成される

が，頭部の形成が進行するにつれて徐々に前方へ移動し，口陥の腹側に位置するようになる。

神経節に神経節細胞が密集するようになると，神経節の深部に神経繊維が分化し，左右の後大脳は口陥の下方を通る横連合（食道下神経横連合 suboesophageal commissure）によって連絡し，後大脳の後部は縦連合によって大顎神経節の前部と連絡する。また，後大脳から送り出される神経は前額神経節 frontal ganglion とも連絡する。

腹髄（腹側神経索）ventral nerve cord は顎・胸・腹部の各体節に形成された対状神経節が，前後に連絡することにより完成する。原胴域腹面の正中線に沿って神経溝が発達すると，神経芽細胞は胚帯の両側の左右の 2 群に分けられ，胚帯の分節化（体節化）が進むにつれて，神経芽細胞は大顎節から第十腹節までの各体節に配分される。このとき，胚帯の横断面では，神経溝を挟んで各体節の両側に 3～5 個の神経芽細胞が数えられる。神経溝の底部の細胞は後に中央神経索 median cord として発達する。

産卵後約 28 時間で，神経芽細胞は有糸分裂を開始し，その後，脳を形成する神経芽細胞の場合と同様に，不等分裂を繰り返し，背側に多数の神経節細胞からなる円柱列をつくりだす。体節と体節との境界部の中央神経索には，一つあるいはそれ以上の神経芽細胞が含まれるが，それらの細胞の分裂は見られない。神経芽細胞の分裂頻度は胚帯の短縮早期（産卵後 30～32 時間）に増加するが，その後，徐々に減少し，神経節細胞が神経節内に密集するようになると，神経芽細胞の分裂は停止する。神経節の形成が進行するあいだに神経節細胞も有糸分裂を行うが，分裂する神経節細胞はまれにしか見られない。

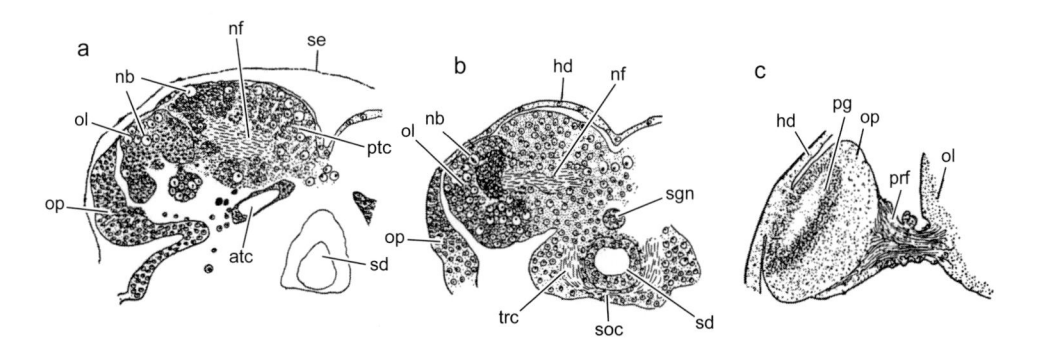

図 33-7　カラシナハバチ *Athalia proxima* の胚の幼虫眼形成（Farooqi, 1963）
　a．産卵後 40 時間胚頭部（横断面），b．同 48 時間胚（同），c．同 66 時間胚の幼虫眼
　atc：触角体腔，hd：真皮，nb：神経芽細胞，nf：神経繊維，ol：視葉，op：視板，pg：色素，prf：後網膜神経，
　ptc：前大脳，sd：口陥，se：漿膜，sgn：口胃神経，soc：囲食道神経，trc：後大脳（第三大脳）

産卵後約 30 時間で 3 顎節，3 胸節，10 腹節に各一対（合計十六対）の神経節が明瞭になるが，さらに 10 時間が過ぎ，胚の短縮が進行すると，顎部三対の神経節が合体・癒合して食道下神経節を形成し，後腹部三対の神経節（第八～十神経節）も合体して，一つの大きな第八腹神経節となる。このようにして，腹髄を構成する十二対の神経節が形成される。

神経繊維は，産卵後約 34 時間で各神経節の背部の神経節細胞から分化する。その後，ニューロパイルが成長するにつれて，その背面は神経節細胞によって次第に覆われ，ニューロパイルから伸び出した神経繊維束（神経縦連合）が前後の体節の神経節を連絡する。また，左右の神経節は中央神経索を介して合体・連絡する。すなわち，各体節の中央神経索は，正中線側の神経節細胞と混合，密着して神経節の中央部を構成し，その背側近くの細胞から分化した神経繊維が神経横連合の大部分を形成する。このころ，各神経節の外側へ伸び出した神経節細胞が神経繊維に分化し，側神経となって神経節内のニューロパイルと連絡する。そして，体節と体節の境界部にある中央神経索は，細胞性の薄膜（神経被膜 neural lamella）となって神経節の背部を覆うようになる。

産卵後 44 ～ 48 時間で上皮組織が神経索から分離するが，この分離は神経索の前部と後部で急速に進み，腹部の中程でかなり遅れる。

③　**口胃神経系**　口胃神経系は，口陥背壁から膨出した三つの細胞塊に由来する。産卵後 54 時間で口陥背壁を構成する一部の細胞が上皮的特徴を失い，大型細胞からなる三つの集塊として口陥上部（背部）へ膨出する。これら三つの細胞集塊のうち，最前部のものは上唇のすぐそばに位置し，前額神経節を形成する。これは比較的大きな球状の細胞塊で，太くて短い神経によって後大脳葉と連絡する。2 番目のものは非対状の脳下神経節 hypocerebral ganglion と対状の咽頭神経節 pharyngeal ganglion に共通の原基として発達する。咽頭神経節は産卵後 60 ～ 64 時間で，この原基から分化し，脳下神経節の背–側部に横たわり，口陥の両側に位置するアラタ体原基と連絡する。最後部の細胞塊は口陥の後端に隣接するもので，対状の胃神経節 stomachic ganglion を形成する。この神経節は中腸上皮の結合部に隣接して，口陥の両側に横たわり，回帰神経 recurrent nerve（起源的には前額神経節から後方へ伸び出した神経細胞に由来するものと思われる）に連絡する。

④　**頭顎部の内骨格と腺**（図 33–5，f'）　産卵後 30 ～ 32 時間で，頭顎部の付属肢原基が発達すると，これらの原基の基部付近に四対の外胚葉性陥入が生ずる。最初の一対は触角原基の後部に，2 番目の一対は大顎原基の基部のそばに，3 番目のものは小顎原基の後部に，そして 4 番目の対は下唇原基の後方に，それぞれ形成される。これらのなかで，1 番目のものは管状で一層の細胞層に裏打ちされた幕状骨 tentorium 前腕の原基として発達し，3 番目のものは幕状骨の後腕原基を形成するが，これは前腕原基よりも細くて長い。

産卵後約 40 時間で前腕原基は後–下方へ，後腕は前方へ伸び，これらの先端部は食道横連合 circum-oesophageal commissure の後方で互いに連絡し，平板な幕状骨の本体を形成する。

産卵後約 80 時間で，幕状骨はキチン化する。2 番目の対状陥入は，大顎側甲 mandibular apodeme の原基で，発生中の幕状骨の側方に位置しながら発達し，大顎内転筋の機能的な付着点となる。4 番目のものは絹糸腺（下唇腺）原基で，神経溝の両側で下唇付属肢原基の基部に隣接する一対のフラスコ形の陥入として形成される。この原基は，まもなく肉厚の盲管となって消化管の側方を後方に向かって伸び，腹部に達して分岐する。絹糸腺の引き続きの伸長にともなって，腺構造がよく発達し，腺細胞は大型化し，丸みを帯びる。

産卵後約 48 時間で，対状の下唇付属肢原基は正中線上で互いに結合して下唇の基本構造を形成するが，このとき，絹糸腺の前部（基部）も互いに接近・合一して共通管 common silk duct となり，その中央孔は下咽頭部で単一口として外部に開く。さらに発生が進行し，産卵後約 68 時間で，絹糸腺は第七腹節を少し越える部位にまで達する。

⑤　**気管系**（図 33–5，f，f'，g）　気管系 tracheal system は，体壁の両側に沿った一連の外胚葉性対状陥入から発達する。産卵後約 28 時間で胸部の 3 節に各一対の浅い凹みが生じ，続いて第一～八腹節に同様の陥入が出現する。これらの陥入は盲管となって成長し，その後，数時間が過ぎると，この盲管は分枝して，前方と後方へ伸び，やがて隣接する分枝端が接近，連絡して気管主管 tracheal trunk となる。このようにして，胸部から腹部の側方をは

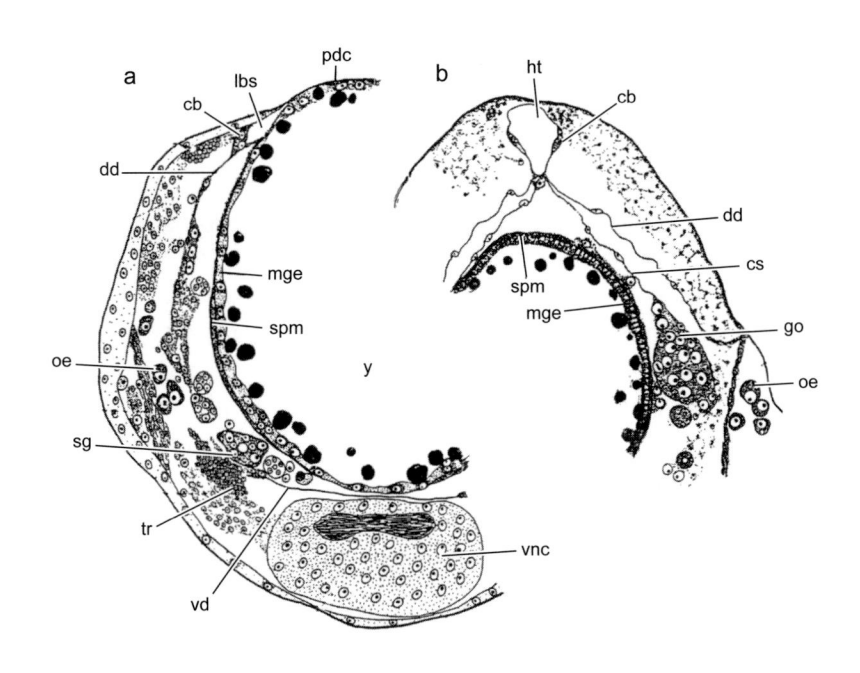

図33-8　カラシナハバチ *Athalia proxima* の胚の器官形成（II）（横断面）（Farooqi, 1963 より改変）
a.　産卵後52時間胚の腹部前部，b.　同66時間胚の腹部
cb：心臓芽細胞, cs：細胞質索, dd：背隔膜, go：生殖巣, ht：心臓, lbs：側血液洞, mge：中腸上皮, oe：扁桃細胞, pdc：一時背閉鎖, sg：絹糸腺, spm：内臓中胚葉, tr：気管, vd：腹隔膜, vnc：腹髄, y：卵黄

しる対状の縦走主気管が形成された後，各体節の主管から三つの盲管が発達する。上方へ向かうものは背部の体壁の内側に沿って成長し，細い気管枝を形成する。下方へ向かうものは腹側へ伸び，その後，他方の側から伸び出した盲管端と連絡し，腹側の各管へ気管細管を送る腹気管横連合 ventral tracheal commissure を形成する。中央部の盲管は内方へ伸び出し，消化管を覆いながら広がる。

　気門 spiracle を形成する気管原基の陥入口は，形成当時，幅広く開口するが，発生の進行とともに徐々に収縮して狭まり，やがて横長の細いスリット状となって各体節の前-側部に位置するようになる。後胸節の気門はその発生初期に閉鎖するので，十分に発達した胚の気門は胸部の二対と腹部の八対（合計十対）である。これらのうちで前胸節の気門が最も大きく，中胸節のものが最小で，腹部の気門はどれも同じくらいの大きさである。

　⑥　扁桃細胞（エノサイト）（図33-8）　産卵後46〜48時間の胚の第一〜八腹節の両側で一定数の外胚葉性細胞が肥大し，体節ごとに配列する細胞集団として分化する。これらの細胞が扁桃細胞の原基で，気管陥入部の後方体壁の内側に位置する。発生が進むにつれて扁桃細胞原基は規則的な配列を

徐々に失い，腹部の側-腹域に遊離細胞となって分散する。扁桃細胞は大型で，その細胞質は種々の色素で濃染されるため，他の細胞とは容易に区別できる。胚の横断面では体節の各側に平均5〜8個の扁桃細胞が見られ，いくつかの細胞は発達中の腹部付属肢原基の内部に侵入している。また，まれには，前腹域から移動したと思われる扁桃細胞が胸部域にも見られる。十分に発達した胚では，扁桃細胞は1〜2個の核小体を含む大きな核と大量の細胞質を備え，脂肪体と気管網の間に分散している。発生のどの段階においても，扁桃細胞の分裂像は観察されない。

　b.　中胚葉性器官
　産卵後30〜33時間で，原頭葉内の中胚葉は上唇部や触角原基付近ではよく発達し，その一部は付属肢原基内の腔所に広がる。また，触角節でよく発達した中胚葉は，口陥両側の触角原基の後方で大きな体腔嚢を形成する。原胴域内の中胚葉は，胚帯の内側（背側）を裏打ちする多層の細胞層となって，正中線に沿う中央中胚葉，その両側の副中胚葉，さらにその外側の側中胚葉（中胚葉管）を形成している。その後まもなく，副中胚葉は発達中の付属肢原基の内部深く侵入し，側中胚葉の外側（腹側）部域は体壁中胚葉 somatic mesoderm に，内側（背側）は内

臓中胚葉 splanchnic mesoderm に分化する。さらに 10 時間ほどが経過すると中胚葉細胞起源の筋肉・脂肪体・血管などの原基が識別されるようになる。

①　筋　肉　　筋肉は多核筋繊維によって構成されるが、これは伸長した中胚葉細胞がその一端に細い筋原繊維を備えた筋原細胞 myoblast となり、これらの細胞が多数一定方向に直線となって並び、互いに合体することによって形成される。頭顎部の主要な筋肉は、原頭葉と顎部体節の両側に沿って比較的不規則に配列する中胚葉細胞から形成される。上唇の筋肉は発達が悪く、小顎と触角の筋肉の発達もあまりよくないが、大顎の外転筋と内転筋は非常によく発達し、それらの腱はそれぞれの大顎側甲に挿入される。胸・腹部の主要な筋肉のうち、腹側の縦走筋は副中胚葉節の細胞から分化・発達するもので、小型の細胞群が胚の背閉鎖前に多核筋繊維へと分化することにより形成される。また、背側の縦走筋は中胚葉管に由来する体壁中胚葉から生じ、心臓原基の両側と背部隔膜 dorsal diaphragm の上部で発達するが、この筋肉の多核筋繊維は胸・腹部の背閉鎖完了後に発達する。口陥と肛門陥の筋肉は、これらの陥入壁を囲む中胚葉細胞から形成され、縦走筋繊維と輪走筋繊維の分化は産卵後約 70 時間で起こる。中腸の筋肉層は、胚の両側から中央方向に伸展した内臓中胚葉が胚の背側と腹側で合し、中腸上皮を包み込みながら発達したものである。

②　脂肪体　　脂肪体は内臓脂肪体 visceral fat body と背側脂肪体 dorsal fat body の二つに分けられるが、前者は体腔の大きな部分を占める脂肪細胞塊で、副中胚葉節に由来する。また、後者は心臓の両側で背部隔膜の上部に横たわり、中胚葉管から生じた体壁中胚葉のうち、背側縦走筋の形成に参加しない細胞塊から生ずる。脂肪細胞は空胞の多い大型細胞で、筋原細胞と同じ時期に分化し、その後、集合して網目状となり、胚発生の後期には血液腔 haemocoel 内の広範囲に伸展する。

③　循環系（体腔、背脈管、隔膜）（図 33-6, c；33-8）　　体腔 body cavity は胚帯の背側で卵黄が退行し、胚帯と卵黄との間に生ずる腔所（神経上洞）として形成される。神経上洞は最初、神経溝の背側で正中線に沿って、次いで胚帯の両側に沿って形成され、これらが合して、連続する神経上洞となる。しかし、部位によっては（とくに胸部では）、中央部の神経上洞よりも側部のもののほうが早く出

現する。発生が進行し、産卵後 40 時間を経過すると、中腸管背側域の部分的な崩壊が起こり、中腸管内の腔所と神経上洞とが連絡する。その後、内臓中胚葉層の消失にともなって、前者と後者は生殖隆起 genital ridge が形成される体節を除いて完全に合体し、大きな体腔を形成する。

背脈管は、胸・腹部の心臓と、その前方に続く頭部の大動脈から構成される。心臓は胚背側で、心臓の原基（心臓芽細胞）が左右から接近・結合することにより形成される。心臓芽細胞 cardioblast は産卵後約 40 時間で、中胚葉管の背-側壁に沿って大きめの細胞集団として出現する。これらの心臓芽細胞集団は下唇節から第十腹節にかけて形成され、胚帯の片側を通る横断面では平均 6 〜 7 個の心臓芽細胞が数えられる。心臓芽細胞集団の出現後 1 〜 2 時間で、これらの細胞は 2 列の帯状に配列するが、このあいだに細胞数が相当減少し、横断面あたり 2 〜 3 個となる。背閉鎖のため体側壁が胚の背側へ向かって伸長するにつれて、心臓芽細胞も背側に運ばれ、その後しばらくのあいだは互いに接近して並んだ状態を保持しながら、内臓中胚葉との結合を強化する。

産卵後 55 〜 56 時間には心臓芽細胞は三日月状となり、最終的な背閉鎖の完了とともに左右から接近・合体し、中央に腔所をもつ管状の心臓を形成する。このようにして形成された心臓は、その後しばらくのあいだは上皮組織との結合を保つが、やがてこの結合も失われ、背隔膜の上方で正中線に沿って定着する。心臓の腔所は、胚の両側の背部から接近する血液洞 blood sinus の結合によって形成される。胚の背面が一時的に閉鎖されるとき、中腸上皮原基が羊膜の内側表面に沿って背側へ成長する。このとき、胚の背部に外胚葉（上皮原基）、中腸上皮原基、中胚葉層の先端部分（心臓原基）の三つの組織によって囲まれた腔所、すなわち血液洞が明瞭になる。体側壁が胚の両側から背面正中線へ接近するにつれて、両側の血液洞は背部へ運ばれ、背閉鎖にともなって互いに接近する。背閉鎖後、上皮組織がその内側の他の組織から離れるにつれて、二つの血液洞は合体し、単一の大きな中央背血液洞 mid-dorsal blood sinus を形成する。さらに発生が進行し、心臓芽細胞が左右から接近・合体するとき、この血液洞は狭められ、最終的には心臓内の腔所（心臓室 heart chamber）を形成する。心臓室はおそらく八つの体節に形成されると思われるが、産卵後約 72 時間で、

これらの体節に対状の側心門 lateral ostium が明瞭になる。頭部の大動脈 aorta は，心臓芽細胞から形成される心臓の場合とは違って，触角体腔嚢の中央壁（内壁）に由来する。

　産卵後約30時間で，脳と口陥との間で互いに離れて形成された一対の体腔嚢は，発生が進むにつれて後方に伸展し，頭部の相当広い部分を占めるようになる。卵黄が頭部から完全に退行するとき，口陥の上部（背側）に位置する体腔嚢の背部は正中線に向かって互いに接近し，その中央面が接着する。その後，体腔嚢の側壁（外壁）は徐々に薄くなって消失し，中央壁（内壁）だけがそのまま残って大動脈壁となる。このようにして形成された大動脈は，それ自身から伸び出した糸状帯によって頭蓋からつり下げられる。このとき，大動脈の前方部では，その下部（腹側）は頭部腔に大きく開口するが，背方に向かう側縁は幕状骨の前腕と連絡し，口陥の背側の上部でアーチを形成している。大動脈の中央部では，口陥の腹壁に沿って広がる中胚葉性の薄い細胞層が大動脈の腹側を閉ざしているため，この部分は管状構造となり，口陥・咽頭神経節・アラタ体を完全に包み込んでいる。心臓の前端と連絡する大動脈の後端では，体腔嚢（大動脈壁）から伸び出した膜が口陥を取り囲み，その腹側で結合する。このとき，口陥壁とその膜との間には腔所が形成されるが，この腔所は心臓とは連絡しない。

　背隔膜 dorsal diaphragm は体壁中胚葉に，腹横隔膜 ventral diaphragm は副中胚葉節にそれぞれ由来する。中胚葉管が崩壊するとき（産卵後約40時間），体壁中胚葉を構成する一部の細胞が一層の細胞層の膜構造を形成しながら，心臓芽細胞の下部縁から発達中の斜走筋に向かって伸びる。その後2～3時間以内に，胚の両側の二つの膜は背面正中線上で連絡し，連続する背隔膜を形成する。この膜は体節内では側体壁に付着し，体節と体節の境界部では隣接する脂肪体と連絡する。背隔膜が分化するころ，胚の腹側では，副中胚葉節の細胞が消化管の腹壁と神経索との間に伸展する。これらの細胞はその後，急速に扁平化し，薄膜となって胚の両側に位置する斜走筋と連絡する。

　④　血球　　胚の短縮開始後まもなく，中央中胚葉索を構成する一部の細胞が細胞間の結合を失い，それらが血球細胞 blood cell として，神経上洞内に遊離する。このようにして形成された血球細胞は，形成当初，長方形・円形・西洋梨形など，さまざまな形態を示すが，発生が進むにつれて次第に球形となり，血液洞と発達中の体腔内の各所に見られるようになる。血球細胞の有糸分裂は，まれにしか観察されない。

　⑤　生殖巣（図33-5，f′；33-8）　　産卵後34時間で，第十腹節に位置する始原生殖細胞群は左右半分ずつに分割され，肛門陥の両側に横たわる。その後，始原生殖細胞群は前方へ移動して第六腹節に達し，そこで内臓中胚葉に密着する。やがて，内臓中胚葉塊の中に埋もれ，第六腹節から第三腹節に及ぶ生殖細胞索（生殖隆起）が形成される。この索は基部では太く，徐々に先細りとなり，前方で細く尖った繊維状になって終わっている。胚がその姿勢転換によって腹方へ湾曲するころ，生殖細胞索は前後に短縮し，第五～六腹節に横たわる楕円形の生殖巣 gonad となって脂肪体内に埋もれる。このようにして形成された生殖巣では，その後の目立った変化はみられない。また，生殖巣形成の全過程をつうじて，始原生殖細胞数はほとんど変化せず，生殖巣内におけるそれらの数は，発生のきわめて早い時期に分離した極細胞の数とほぼ一致する。

　c.　消化管とマルピーギ管

　①　前腸と後腸　　産卵後22時間で胚帯の前端より少し後方に狭い外胚葉性の陥入が出現し，これが口陥（前腸原基）となる。発生が進むにつれて口陥は盲管となって後-背方へ成長し，口陥の開口部（口部）の位置は頭部形成にともなって前-背部から腹部へと移行する。産卵後約48時間が過ぎると，口陥の盲端部は少し広がり，その部分が襞状になって四つの内隆起を形成する。このように発達した口陥盲端部は，やがて口陥弁 stomodaeal valve を形成する。また，盲端部の底部を構成する細胞層は次第に薄くなり，前腸 foregut と中腸 midgut とを一時的に仕切る外胚葉性の境界膜となる。産卵後54時間では，口陥背壁の3ヶ所から細胞集団が分離し，これらが口胃神経系を形成する（前述）。

　後腸 hindgut の原基となる肛門陥は，外胚葉性の単なる陥入によって生ずるものではなく，その形成には胚帯と羊膜の両方が関係している。産卵後18～20時間で急速に伸長している胚帯の後端部は，卵の後極を通って背側に達し，そこで卵黄内に沈み込む。この段階で胚帯の後端部（尾節）の周縁と連絡している羊膜原基が折れ曲がり，胚帯の後腹部を

覆うが，このとき羊膜と胚帯の後端部とによって囲まれた内側の腔所（amnio-proctodaeal cavity）が肛門陥原基となる。その後2〜3時間のうちに，肛門陥原基に連なる羊膜は胚帯の腹側で破れ，胚帯と結合している小領域（この先端部はまもなく背方へ伸展し，一時的に胚帯の背面を閉鎖する）を残して消失する。形成当初の肛門陥では，胚帯に由来する肛門陥の腹壁は羊膜に由来する背壁よりも厚いが，やがて背壁が肥厚し，腹壁とほとんど同じ厚さになる。

　産卵後約28時間で肛門陥の盲端部に膨出部が生じ，これがマルピーギ管原基となる。産卵後約34時間で，外胚葉起源の肛門陥底を構成する細胞層が薄くなり，後腸と中腸を仕切る境界膜となる。胚の短縮と姿勢転換 revolution が進行するにつれて，腹部後端はその位置を変化させるが，これにともなって発達中の肛門陥はその方向を変化させ，胚の姿勢転換後，肛門陥は次第にその開口部（肛門部）を前方に向けて胚軸と平行になる。胚の後期には後腸と中腸の境界膜が崩壊し，両者が連絡する。

　② 中腸　中腸上皮は胚帯の前部と後部で増殖する細胞塊（中腸上皮原基）に由来し，いわゆる二極形成 bipolar formation の様式をとる。産卵後約16時間には，胚帯前端の少し後方で，不規則に配列する細胞が活発に増殖し，前部中腸上皮の原基を形成する。このあいだに内層形成が進み，まもなくして外胚葉の内面（背側）に沿って伸展した内層（中胚葉層）が中腸上皮原基と連絡する。その後2〜3時間が経過すると，前部の中腸上皮原基からの細胞が帯状に伸び出し，中胚葉細胞から容易に区別されるようになる。この時期に胚帯が急速に伸長し，前部中腸上皮原基は原頭葉とともに卵の前極付近の背側へ運ばれる。産卵後22時間ほどで，前部中腸上皮原基に隣接して口陥が出現し，これが盲管となって伸長するにつれて，中腸上皮原基も卵黄の内部へ運ばれ，やがて口陥の腹-側部で二つの細胞塊となって横たわる。

　後部中腸上皮原基は前部原基と同様の方法で形成されるが，これは前部中腸上皮の原基よりも大きな細胞塊で，腹部の後端（尾節 telson）に位置する。胚帯の伸長にともなって，後部原基は卵の背側に運ばれるが，このときその原基は胚帯の後端部で中胚葉と連絡している。さらに発生が進んだ段階では，中部中腸上皮原基は肛門陥の盲端付近に横たわる二つの細胞塊として観察される。

　産卵後約40時間で，一対の前部中腸上皮原基はリボン状になって卵黄と内臓中胚葉との間を後方へ伸長する。また，後部の原基も同様のリボンを形成しながら前方へ伸び，やがて前部と後部のリボンが連絡する。その後，中腸上皮原基の細胞は卵黄塊の腹側を覆いながら伸展する。産卵後50〜52時間を過ぎると，胚の体壁側縁が背側に向かって成長し，胚背面の閉鎖が起こる。これにともなって中腸上皮原基も卵黄塊の両側を覆いながら背部に達し，正中線上で接着する。

　このようにして，卵黄を完全に包む中腸管が形成され，その後まもなくして，その外表面は内臓中胚葉から分化した筋肉によって覆われる。産卵後70〜75時間で，中腸上皮の細胞は空胞の多い円柱状となり，細胞の内側には偽足状突起が形成される。孵化が近づくにつれて，中腸管内の卵黄は急速に消費され，やがてわずかの卵黄球が中腸上皮細胞の偽足に付着するだけとなる。*P. capreae* では，四対のマルピーギ管原基が形成される（Ivanova-Kasas, 1959）。

　③ マルピーギ管　マルピーギ管の原基は，産卵後28時間が経過した胚の肛門陥盲端部で外胚葉性の膨出部として形成される。この原基は細管となって急速に伸長し，やがて曲がりくねった状態になるが，その中央部の腔所は形成当初から肛門陥に開いている。マルピーギ管は大型の丸い核をもつ細胞から構成され，断面では4〜5個の細胞が管の腔所を取り囲んでいる。

(4) まとめ

　以上，Farooqi（1963）のカラシナハバチの胚発生，とくに器官形成を詳しく紹介した。

　P. capreae の発生を観察した Ivanova-Kasas（1959）は，このハバチと高等なハチ亜目の発生を比較し，相違点をあげているので要約しておく。1）2胚膜の分化，2）胸・腹部の対状付属肢の形成，3）胚期における中・後腸の貫通，などである。彼女は指摘していないが，胚と羊膜による特殊な後腸（肛門陥）形成もあげられる。

　しかしその反面，前部と後部の中腸原基が胚発生の早い時期に分化することは，次に説明するミツバチやハリナシミツバチの場合と同様で，注目に値しよう。ハバチ亜目は6上科を含んでいるが，ハバチ科はこの亜目のなかで最も高等と考えられる一群で

あるから，亜目中の原始的なナギナタハバチ科 Xyelidae やキバチ科 Siricidae の胚発生を調べる必要がある。

33-5-2　ハチ亜目 Apocrita

A. ヒメバチ

ヒメバチ類の胚発生については，Bronskill によるシロワヒラタヒメバチ（ヒラタヒメバチ亜科 Pimplinae）（1959）と *Mesoleius tenthredinis*（マルヒメバチ亜科 Ctenopelmatinae）（1960, 1964），Ivanova-Kasas（1960, 1961）による *Angitia vestigialis*（= *Lathrostizus lugens*），チビアメバチ亜科 Campopleginae のものなどの研究があるが，Bronskill の研究をもとに概略を説明しよう。

(1) 卵と卵期

Bronskill によると，両種ともに雄性産生単為生殖を行い，前種は欧州マツにつくヒメハマキガ科 Olethreutidae のハマキガ *Rhyacionia buoliana* 蛹に，後種はカラマツにつくカラマツアカハラハバチ *Pristiphora erichsonii* 幼虫に産卵し，卵は寄主体内で単胚発生をする。

シロワヒラタヒメバチの卵は長径 1.6 mm，短径 0.26 mm ほどで，前極は比較的太く，後極は尖っており，卵は背方に湾曲している。卵期は約 23℃，湿度約 76％で約 30 時間と短い。*M. tenthredinis* の卵は 0.8 × 0.3 mm であり，卵期は，23 ± 0.5℃，湿度 72 ± 2％で約 120 時間（野外の自然状態では 70 ～ 80 時間という）である。両種とも卵殻は透明で薄く，シロワヒラタヒメバチには卵の前端に半月形の明瞭な卵門域があるが，*M. tenthredinis* では発見できないという。また，両種とも卵後極にオーソームがあり，後にこの部分に顕著な極細胞塊が形成される。

(2) 胚発生の概要

シロワヒラタヒメバチの卵に胚盤葉が完成するとまもなく，腹面と両側面が胚域となり，背面の背裸域 dorsal strip（胚外域）は漿膜 serosa になる。羊膜 amnion は未発達で，羊膜褶 amniotic fold はできるものの，すぐ退化してしまう。これに反して漿膜のほうは両種ともに 1 令幼虫の孵化まで保持されている。シロワヒラタヒメバチでは胚帯の分節化で最初に現れるのは小顎節で，さらに分節化が進むと端節 acron（口前葉 prostomium），間挿節，3 顎節も明らかになる。上唇原基は単一の原基として生じ，一対の触角原基は，形成時にははっきりした存在であるが，発生が進むと退化縮小してしまう。胸，腹部には一時的に未発達の付属肢原基が形成される（図 33-9）。

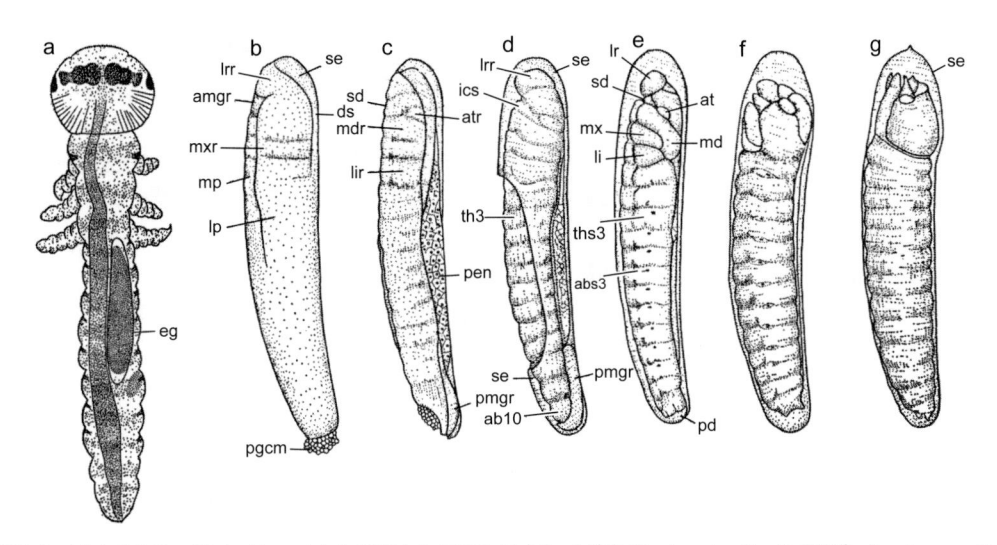

図 33-9　アメバチの一種 *Angitia vestigialis* の卵とシロワヒラタヒメバチ *Pimpla turionellae* の胚発生（a. Ivanova-Kasas, 1961；b ～ g. Bronskill, 1959）

　a. ハバチの一種 *Pontania capreae* の 1 令幼虫に産み込まれた *A. vestigialis* の卵，b. シロワヒラタヒメバチの産卵後 7 時間目の胚，c. 同 10 時間，d. 同 11 時間，e. 同 15 時間，f. 同 22 時間，g. 同 29 時間

ab10：第十腹節，abs3：第三腹節気門，amgr：前部中腸原基，at(r)：触角（原基），ds：背裸域，eg：卵，ics：間挿節，li(r)：下唇（原基），lp：側板，lr(r)：上唇（原基），md(r)：大顎（原基），mp：中板，mx(r)：小顎（原基），pd：肛門陥，pen：一次内胚葉，pgcm：始原生殖細胞，pmgr：後部中腸原基，sd：口陥，se：漿膜，th3：後胸節，ths3：後胸節気門

Bronskill は上記2種の胚発生が類似していること，中胚葉の分化，中腸形成，未発達な付属肢原基の一時的出現は，むしろセイヨウミツバチ（Nelson, 1915）に似ており，上記2種が原始的な内部寄生群であることを指摘している。シロワヒラタヒメバチは実験発生の材料としても用いられ，Krause 一派による多くの研究がある（Achtelig & Krause, 1971；Wolf & Krause, 1971；Bruhns, 1974；Nuss, 1974, 1975；Went & Krause, 1974；Went, 1975）。

B．セイヨウミツバチ

セイヨウミツバチ（ミツバチ科 Apidae）の胚発生については，古くは生卵の発生を観察した Butschli（1870）の報告などがあるが，その後，Nelson（1915），Schnetter（1934），Sauer（1954），Reinhardt（1960），Du Praw（1965，1967），Maul（1967，1970）の研究が，さらに Fleig & Sander（1985，1986，1988），Binner & Sander（1997）の研究がだされ，多くの知見を得ている。近縁のハリナシミツバチの胚発生に関しては Beig（1971）による報告がある。

ここではおもに Nelson（1915）に基づいて，セイヨウミツバチの胚発生について述べよう。

(1) 卵と卵期

採卵については Schnetter（1934），Fleig & Sander（1985）に詳しく述べられているので，参考にされたい。セイヨウミツバチの卵は大きさに差異があるが，長径 1.7 mm × 短径 0.35 mm ほどのソーセージ形で，発生が進むにつれて少し短縮する。産卵直後の卵を切片で観察すると，卵の周縁細胞質 periplasm は前極で厚く（約 60 μm），後極に向かうにつれて次第に薄く（約 30 μm）なる。前極の極細胞質 polar plasm 中には極体 polar body が見られる。胚発生は 35℃で 70〜75 時間かかるが，おそらく働きバチ worker が幼虫の世話をするということと関連して，胚発生は比較的未熟な状態で終結し，1 令幼虫の孵化に至るのであろう。これはまた，胚盤葉形成 blastoderm formation に約 33 時間もかかり，胚発生の全過程に占める割合が著しく長いという，ミツバチの胚発生の特徴とも関係していよう。

(2) 胚発生の概要

次の胚発生の記述の理解を助けるために，図 33-10，33-11，33-12 にセイヨウミツバチ卵の胚発生の様子を示した。図 33-13 は胚発生の段階図である。

a. 卵割（図 33-10）

受精卵では雌雄両前核の合一によって生じた接合子 zygote は，卵の前端近くで核分裂（卵割）cleavage を開始する。卵割核はさまざまな方向に分裂を繰り返しながら増殖し，その大部分は卵の周縁に向かって移動する。このあいだに移動中の卵割核は周囲の細胞質を増加させるため，進行方向と反対側に伸びる彗星状の尾を引いている。卵割の進行，胚盤葉の形成など早期発生については，Schnetter（1934），Maul（1967）の詳細な報告がある。

b. 胚盤葉形成

胚発生開始から約 7 時間で 10 回の核分裂が起こると，移動してきた卵割核は最初に卵の前極付近の腹側で周縁細胞質内に入り，その後，移動してきた核は，次第に卵の後部の周縁細胞質に侵入する。この際，それぞれの核のある部分の周縁細胞質が盛り上がる。さらに，卵の前端から卵表の 1/4 付近にある分化中心（DC：differentiation center）とよばれる部位から始まって，卵の前後端へ波状となって進む 4 回の核分裂を行った後，細胞化を開始し，10 時間で初期胚盤葉となる。最後の 14 回目の核分裂は，それまでの核分裂とは異なり，分裂の軸が卵表面に垂直になる。その結果，核は表層，亜表層に 2 列に並ぶことになる。細胞膜が形成され始めても，各胚盤葉細胞の基部は卵黄質 deutoplasm との連絡を保ったままである。この段階で一部の胚盤葉細胞は遊離して卵黄内に入り，二次卵黄核 secondary yolk nucleus となる。このころの胚盤葉の厚さは全体が一様ではなく，卵の前極付近で最も厚く，腹側でやや薄くなり，背側部ではさらに薄くなっている。発生開始後 18 時間までには，胚盤葉の二層構造は失われ，一層の細胞からなる胚盤葉となる。24 時間で，胚盤葉を構成する細胞は腹側へ移動を開始し，背側で前極から後部へ伸びる背裸出域 dorsal strip-area が出現する（図 33-12，b）。その結果，胚盤葉の腹部と側部（胚域）の各細胞は高さを増して円柱状となり，前極付近と背方に残るわずかの細胞は扁平になる。まもなく胚盤葉の内側には薄い層状の構造が形成されるが，これは一時的に存在するもので，やがては胚盤葉に取り込まれ，消失してしまう。発生開始後 30 時間で胚盤葉細胞と卵黄質との連絡は失われ，細胞化が完了する。その後，胚盤葉の背

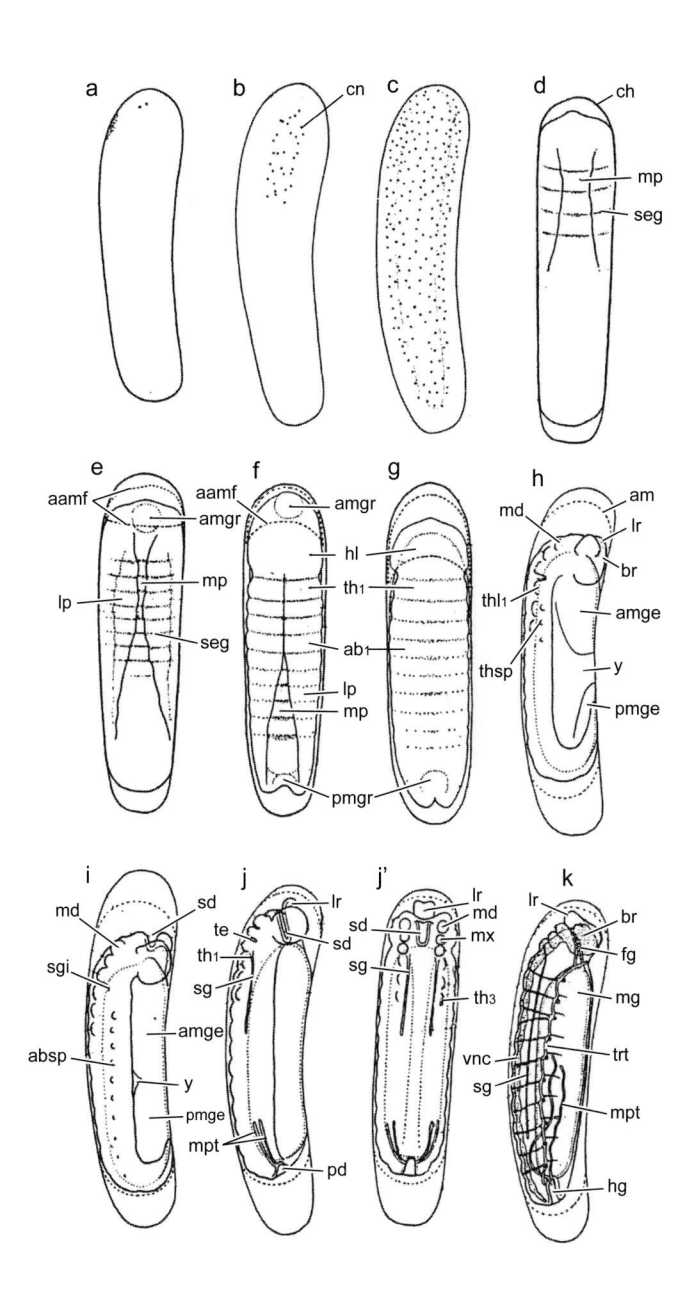

図 33-10　セイヨウミツバチ *Apis mellifera* の胚発生（I）（Schnetter, 1934）

a. 2核期（側面），b. 32核期（同），c. 512核期（同），d. 卵の前部1/3で中板の陥入が始まり，体節形成も開始（腹面，産卵後34時間），e. 前部中腸原基（内胚葉）が出現。前部羊膜褶形成（同36時間），f. 側板は前部1/3で接着。後部中腸原基出現（同39時間），g. 側板は接着。後部羊膜褶形成（同42時間），h. 体節付属肢形成（側面，同44時間），i. 口陥，肛門陥形成（同48時間），j. 中胚葉器官形成（側面，同52時間），j'. 腹面（同52時間），k. 背閉鎖進行（側面，同56時間），31 ± 1℃で，胚盤葉形成は産卵後12時間，孵化は72時間である。

aamf：前部羊膜褶，ab₁：第一腹節，absp：腹部気門，am：羊膜，amge：前部中腸上皮，amgr：前部中腸原基，br：脳，ch：卵殻，cn：卵割核，fg：前腸，hg：後腸，hl：頭葉，lp：側板，lr：上唇，md：大顎，mg：中腸，mp：中板，mpt：マルピーギ管，mx：小顎，pd：肛門陥，pmge：後部中腸上皮，pmgr：後部中腸原基，sd：口陥，seg：体節，sg：唾液腺，sgi：唾液腺陥入，te：幕状骨，th₁, ₃：前，後胸節，thsp：胸部気門，trt：気門主幹，vnc：腹髄，y：卵黄

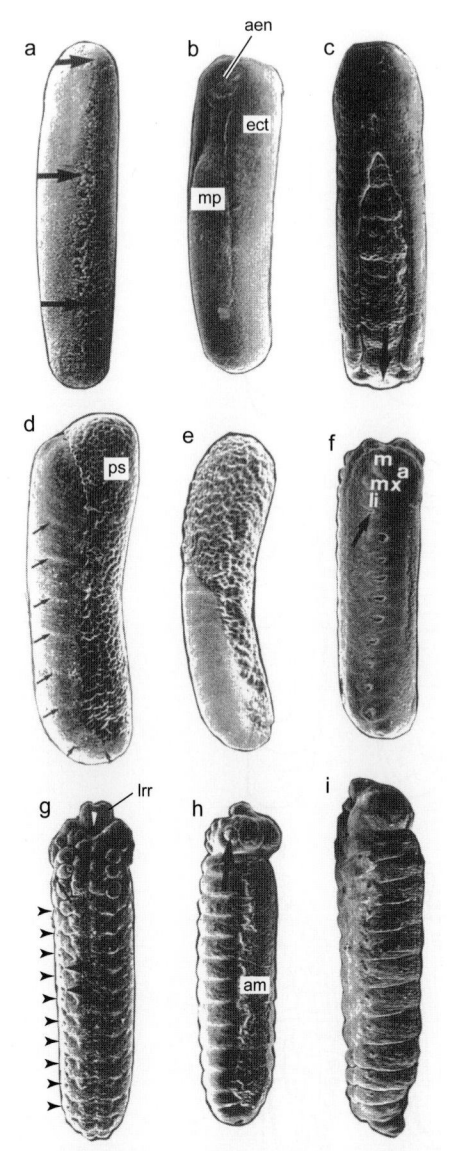

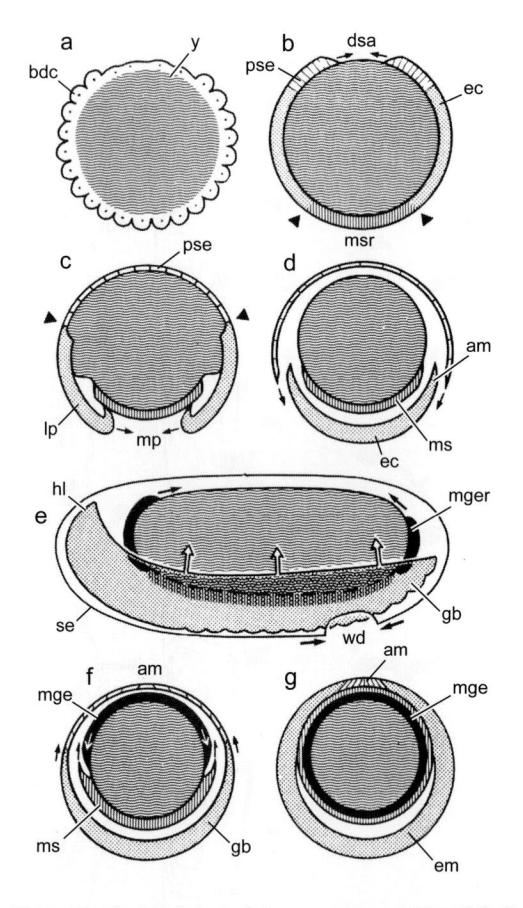

図 33-11　セイヨウミツバチ *Apis mellifera* の胚発生（II）
（走査型電子顕微鏡写真）(Fleig & Sander, 1986 より改変)
　a. 後期胚盤葉。矢印は背裸出域を示す。産卵後 29 時間（背面）、b. 嚢胚形成。同 33 時間（側面）、c. 嚢胚形成後期。矢印は後部内胚葉原基を示す。同 35 時間（腹面）、d. 胚帯期。2 体節ごとに深い溝が見られる（矢印）。同 41 時間（側面）、e. 前端から後方へ次第に胚を覆いつつある漿膜。同 42 時間（同）、f. 中期胚（以下は漿膜を除去）。矢印は唾液腺陥入。同 45 時間、g. 後期胚（腹面）。白矢尻は口胃神経系陥入。顎部の黒矢印は幕状骨陥入。腹部の黒矢印は扁桃細胞形成に関連すると考えられる七つの陥入のうちの最初の二つ。黒矢尻は気管陥入。同 51 時間（腹面）、h. 背閉鎖中ほどの胚。矢印は視葉が内側へ沈みつつあるところを示す。同 58 時間（背側）、i. 孵化直前の初令幼虫。同 66 時間（側面）。
　a：触角、aen：前部内胚葉原基、am：羊膜、ect：将来の外胚葉、li：下唇原基、lrr：上唇原基、m：大顎原基、mp：中板（将来の中胚葉）、mx：小顎原基、ps：原漿膜

図 33-12　セイヨウミツバチ *Apis mellifera* の胚の形態形成運動 (Fleig & Sander, 1988 より改変)
　a. 胚盤葉の細胞化開始（横断面）、b. 胚盤葉に背裸出域が出現（横断面）。原漿膜が背裸出域を覆う（矢印）。矢尻は中胚葉と外胚葉の境界、c. 内層形成（中板、側板の分化。側板が中板を覆う。矢印）（横断面）。矢尻は原漿膜と胚帯外胚葉の境界、d. 原漿膜が胚帯を包み始める。矢印（同）、e. 漿膜が胚帯を包む（白抜き矢印）（側面）、f. 背閉鎖開始（矢印は胚帯の、白抜き矢印は中腸上皮の伸展方向）（横断面）、g. 孵化直前の胚（羊膜の痕跡は胚に覆われる）（同）。
　am：羊膜、bdc：胚盤葉細胞、dsa：背裸出域、ec：外胚葉、em：胚、gb：胚帯、hl：頭葉、ip：側板、mge(r)：中腸上皮（原基）、mp：中板、ms(r)：中胚葉（原基）、pse：原漿膜、se：漿膜、wd：漿膜が胚を包み終わる直前の開口部、y：卵黄

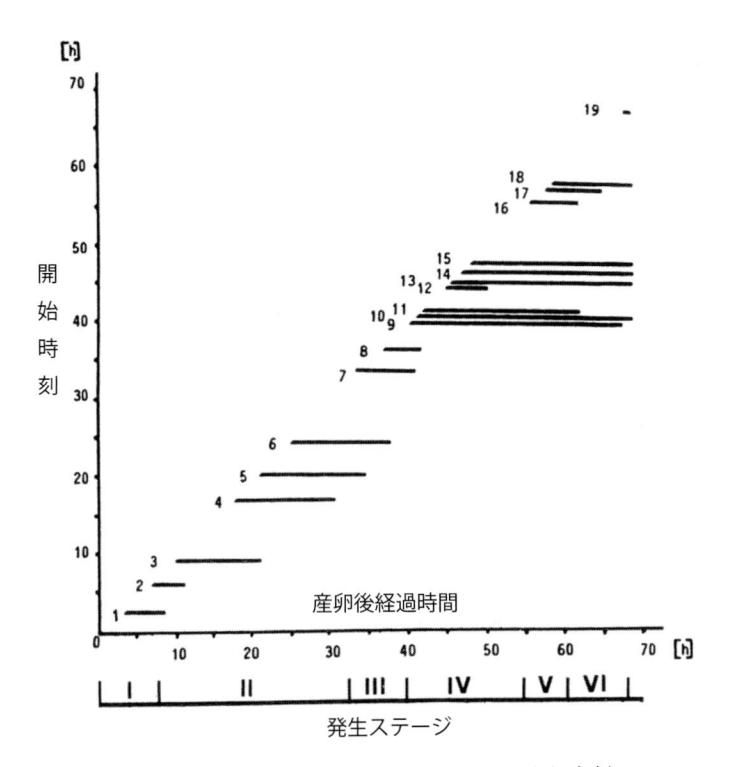

図 33-13　セイヨウミツバチ *Apis mellifera* の胚発生表（Fleig & Sander, 1986 より改変）
1. 卵割核の移動，2. 胚盤葉形成，3. 早期胚盤葉，4. 二次周縁細胞質出現，5. 後期胚盤葉，6. 背裸出域出現，7. 嚢胚形成，8. 前漿膜出現，9. 漿膜形成，10. 中腸形成，11. 羊膜形成，12. 腹髄形成，13. 頭部付属器形成，14. 唾液腺・気管形成，15. 後腸・マルピーギ管形成，16. 背閉鎖（外胚葉），17. 背閉鎖（中胚葉），18. 下唇原基合一，19. 孵化運動開始，I. 卵割期，II. 胚盤葉期，III. 嚢胚期，IV. 胚帯期，V. 背閉鎖期，VI. 孵化前期

裸出域の細胞が高さを増すため，一時的にこの部分も他の胚盤葉の部分とほぼ同じ厚さになるが，まもなくふたたび高さを減じ，薄い細胞層となる。なお，Fleig & Sander（1985）は本種の働きバチになる卵（受精卵）の胚盤葉形成（産卵後 20 時間まで）を走査型電子顕微鏡で観察し，卵表の微細構造の変化を詳しく報告している。最初に指摘したように，セイヨウミツバチでは胚盤葉の時期が長く，胚発生全体に要する時間の約 40% に相当している点が，他の昆虫の場合と大きく異なる特徴である。

c．胚葉形成（図 33-12）

発生開始から 33 時間で卵は胚葉形成期 germ layer formation stage（period）に入る。まず，胚域 embryonic area の分化中心の両側に縦に一対の襞 lateral fold ができ，これが後方へ伸びてゆく。一対の襞の両側が側板 lateral plate で，側板に挟まれた部分が中板 median plate である。中板はまもなく内側に沈み，内層 inner layer（中胚葉）となる。同時に胚域の前端と後端にそれぞれ一つ窪みができ，これらは内胚葉となる。側面の細胞は背側寄りの細胞（将来の漿膜 serosa）と腹側寄りの細胞（将来の外胚葉）とからなり，背側の細胞は背部方向へ移動して扁平化し，正中線で接着して前漿膜 pre-serosa を形成する（図 33-12, c, d）。腹側寄りの側板の細胞は，沈みつつある中板から分離し，腹側へ移動して中板を覆い，まず正中線の分化中心で接着する。その後，側板の接着面は次第に前後に伸び，前端と後端の内胚葉を覆う。このようにして一層の細胞層からなる外胚葉が形成される。それにつれて，前漿膜に覆われた背面の背裸出域の部分は次第に広くなる。こうして，発生開始後 40 時間で嚢胚形成 gastrulation が完了する。

d．胚帯形成（図 33-10；33-11）

33 時間で嚢胚形成が始まるとまもなく，胚の分節化が明らかになる。まず，中板を覆いながら正中線に向かって伸びる側板の分化中心付近で，胚の長軸と直角に溝が生じ，背面に伸びていく。これは将来の顎部と胸部との境になり，前部からは原頭葉と顎部，後部からは胸部と腹部がそれぞれ形成される。同様な溝は次々に胚の後方の中胚葉，外胚葉にも

生じ，胸部および腹部を分節化する。間挿節 inter-calary segment（前大顎節 premandibular segment），顎部は3節，胸部は3節，腹部は11節と尾節 telson の12節よりなる胚帯 germ band が形成される。36時間で卵の前背部に一次背器 primary dorsal organ に似た多核の肥厚部（cephalo-dorsal body）が出現する。これは次第に成長し，最大の大きさに達した後，発生開始後40時間で細かく分割され，その後も卵黄内に残留し，50時間の胚でも中腸背壁の内側にその痕跡を残す。

e.　中・後期の胚発生（図33-10；33-11；33-12）

発生開始後40時間で外胚葉の前端部は前漿膜から分離し，その下をくぐりながら卵の前端をまわって背側に向かって伸び，頭函 head capsule の原基を形成する。外胚葉と前漿膜の境界部が切れ，前漿膜は分離した外胚葉の外側を覆いながら伸展し，まず腹側前端で，続いて中央部および後端で癒合し，胚全体を包む漿膜 serosa を完成する（図33-12，e）。一方，前漿膜から分離した外胚葉の辺縁部の細胞は，扁平化しながら漿膜の内側を背面に向かって伸展し，発生開始後50時間ほどで背面正中線上で癒合して，羊膜 amnion を形成する（同図，f）。このようにして，セイヨウミツバチの羊膜は最初から胚の背面を覆って一次背閉鎖 primary dorsal closure の役を果たすことになり，羊膜がまず胚の腹面を覆う他の多くの昆虫の場合とは大きく異なっている。前述の漿膜を Nelson（1915）は羊膜とし，Du Praw（1967）は羊漿膜 amnion-serosa，Fleig & Sander（1986）は漿膜としているが，胚膜の起源，形成，相同性はみすごせない問題で，検討する必要がある。

原頭葉が発達するにつれて，内部の前部内胚葉の細胞は円柱状から球状に変わり，将来，口陥 stomodeum（前腸原基）になる部分を除いた残りの内胚葉は，外胚葉によって覆われる。このようにして形成された前部内胚葉（前部中腸上皮原基 anterior midgut epithelium-rudiment）は細胞分裂によって増殖しながら，卵黄の背面を覆って後方へ伸びる。これに対して，胚の後端に形成された後部内胚葉（後部中腸上皮原基 posterior midgut epithelium-rudiment）も同様に背面を前方へ伸びる。このとき，原頭葉 protocephalic lobe の中央部では口陥が陥入し始める。

約44時間で，胚の腹面の外胚葉の正中線に沿う部分は，窪んで神経溝 neural groove を形成し，その後まもなくして，触角および顎部付属肢の原基が現れる。原頭葉上には一対の触角原基と単一の上唇原基，顎部の各体節には一対の付属肢原基が出現する。その後，間挿節を除く他の節の付属肢原基はある程度まで成長するが，ごく未熟な状態にとどまり，孵化時においてさえも単なる隆起として認められるのみである。肢原基は胸部と腹部の各体節に対状のわずかな突起としていったん現れるが，数時間で退化，消失し，幼虫にはまったく認められなくなる。前部と後部の中腸上皮の原基は卵黄の背側で連絡し，その後，原基の両側部は腹側に向かって伸展する。この頭・胸・腹部付属肢原基が未発達だったり，消失することも，セイヨウミツバチを含めたハチ亜目の胚の特徴である。

発生開始後55時間で，胚の側面の羊膜細胞が背面正中線に向かって移動を始める。この際，隣接する体壁の細胞（外胚葉）は羊膜細胞と連絡したまま背方へ移動し，最終的には羊膜細胞の崩壊にともなって背面正中線で癒合し，背閉鎖 dorsal closure を完了する（図33-12，c～g）。このころになると，卵黄の背面を覆っていた中腸原基が腹面へ広がり，正中線に達して合着し，中腸管 midgut tube が完成する（同図，g）。中腸上皮の内面を覆うクチクラは60時間以上が経過した胚で観察されるようになる。これは初めなめらかであるが，次第にしわ（皺）状を呈し，胚の孵化後，ふたたびなめらかになる。

(3)　器官形成

次に，セイヨウミツバチの器官形成 organogenesis について説明する。

a.　外胚葉性器官

外胚葉からは神経系，皮膚とその付属物，内骨格と各種の腺，気管，扁桃細胞，前腸，後腸，マルピーギ管など，多くの器官が形成される。

① 中枢神経系 central nervous system（図33-14）
中枢神経系は脳，腹髄，口胃神経系から構成され，各部の外胚葉中に分化した神経芽細胞 neuroblast の分裂増殖により形成される。神経芽細胞は胚発生中には退化することなく，孵化時においてさえもまだ分裂を続ける。囊胚形成が完了し，漿膜形成が始まるころ（発生開始後約44時間），外胚葉の腹面正中線が窪んで神経溝となることは先に述べた。神経溝の両側の隆起部は神経組織を含み，胚の前方で二つに分かれて口陥を囲み，原頭葉に至るが，その前

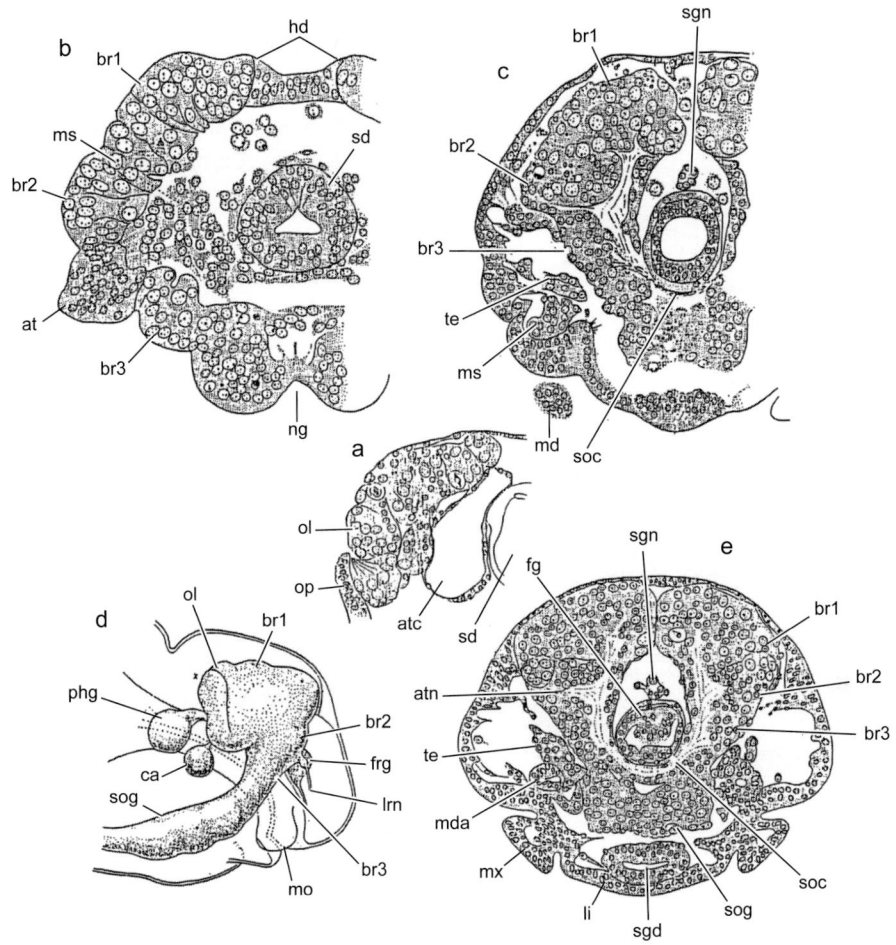

図 33–14　セイヨウミツバチ *Apis mellifera* の中枢神経系の形成 （Nelson, 1915）
　　a.　産卵後約 43 時間胚頭部 （横断面）, b.　同, 約 49 時間 （同）, c.　同, 約 70 時間 （同）, d.　1 令幼虫頭顎部の神
　経系模式図 （縦断面）, e.　1 令幼虫頭顎部 （横断面）
　　at：触角, atc：触角体腔, atn：触角神経, br1,2,3：前, 中, 後大脳, ca：アラタ体, fg：前腸, frg：前額神経節,
　hd：真皮, li：下唇, lrn：上唇神経, md：大顎, mda：大顎側甲, mo：口, ms：中胚葉, mx：小顎, ng：神経
　溝, ol：視葉, op：視板, phg：咽頭神経節, sd：口陥, sgd：唾液腺管, sgn：口胃神経, soc：囲食道神経横連合,
　sog：食道下神経節, te：幕状骨

部では脳が, それより後の部分からは腹髄が形成さ
れる。
　② 脳 brain　　脳を形成する神経細胞は神経
芽細胞の不等分裂によるもので, 原頭葉の広い範囲
に分化した神経芽細胞からは前大脳 protocerebrum
の神経組織が, 口陥の両側部に出現した神経芽細胞
群からは中大脳 deutocerebrum の神経組織が, 間
挿節の比較的小さな神経芽細胞群からは後大脳 tri-
tocerebrum の神経組織が発達し （図 33–14, a, b）,
これらが頭部の形態形成運動にともなって合体, 癒
合して脳となる。約 43 時間では, 前大脳の外側部
で神経芽細胞の関与なしに視葉 optic lobe が分化し
（同図, a）, ニューロパイル neuropile の形成が進

むにつれて, 脳は頭部上皮 （体壁） から分離する。
　③　腹髄 ventral nerve cord （図 33–15）　　大
顎節から第十一腹節に分化した神経芽細胞は不等
分裂を繰り返し, その背面に神経母細胞 ganglion
mother cell の列をつくり出す。その後さらに各神
経母細胞が等分裂を行い, 神経節細胞 ganglion cell
が形成される。このようにして顎部に三対, 胸部に
三対, 腹部に十一対の神経節原基ができる。発生開
始後約 55 時間では, 神経節細胞自身に由来すると
思われる神経被膜 neurilemma （neural lamella）
が形成され, 神経縦連合 neural connective と神経
横連合 neural commissure で連絡された神経節原
基が上皮組織から分離し, 神経溝は消失する。頭部

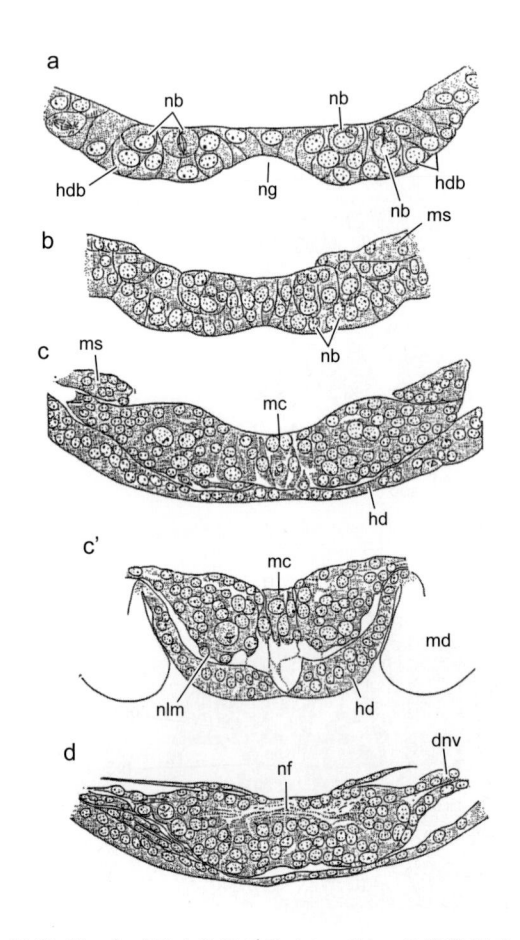

図 33-15　セイヨウミツバチ Apis mellifera の腹髄形成
(Nelson, 1915)
　a.　産卵後約45時間胚の中胸節（横断面），b.　同，約
50時間（同），c.　同，約57時間（同），c′.　同，大顎
節（同），d.　同，約70時間（同）
dnv：派出神経，hd：真皮，hdb：真皮芽細胞，mc：
神経中索，md：大顎，ms：中胚葉，nb：神経芽細胞，
nf：神経繊維，ng：神経溝，nlm：神経被膜

形成 cephalization にともなう顎部の短縮が進むに
つれて，顎部の三対の神経節原基が合一し，食道下
神経節 suboesophageal ganglion が形成される。
その後，後腹節の第九，十，十一神経節原基も合一し
て第九腹節の大きな神経節になる。このようにして，
脳および腹髄の基本形態が完成するが，これは前節
のハバチや他の昆虫類で一般的にみられる形成過程
と同様である。

　④　口胃神経系 stomatogastric nervous system
（図33-16）　口胃神経系は，口陥背壁の正中線に
沿って生ずる細胞塊に由来する。発生開始後約50
時間で，口陥背壁に三つの陥入が生じ，それらの底
部がそれぞれの神経節の原基となる（同図，a）。上

唇付属肢の近くに生じる最前部のものは小さく，将
来，上唇神経に加わる神経細胞をつくり出した後，
急速に退化してしまう。2番目のものはやや大きく，
前額神経節 frontal ganglion を形成する。この原基
の後端に隣接する3番目のものは，2番目のものよ
りもさらに大きい。これは咽頭神経節 pharyngeal
ganglion を形成するもので，その一部はおそらく回
帰神経 recurrent nerve の原基である。

　⑤　外胚葉性陥入 ectodermal invagination（図
33-14；33-16）　幕状骨 tentorium，大顎側甲
mandibular apodeme と絹糸腺 silk gland，アラタ
体 corpus allatum などの腺は，頭顎部付属肢原基
周辺に生ずる対状の外胚葉性陥入に由来する。発生
開始後約45時間で，頭顎部の付属肢原基が形成さ
れると，下唇付属肢原基のすぐ後方に一対の陥入が
生じる。これが絹糸腺の原基で，細い盲管となって
後方へ伸び，55時間ではその先端が第六腹節にまで
達する。65時間では原基の盲端は腹部後端に達し，
左右の下唇原基の合体にともなって二つの絹糸腺陥
入口も合一し，単一の開口部として下唇原基の先端
に開く。なお，絹糸腺の発生については，Ochiai
（1960）によるニホンミツバチ Apis indica japon-
ica，キボシアシナガバチ Polistes mandarinus，ク
ロスズメバチ Vespula lewis，スズメバチ Vespa
mandarina の比較研究があり，ミツバチからスズメ
バチへと段階的に発達段階が複雑化するという。絹
糸腺原基の陥入より相当遅れて（発生開始後約52
時間），別にさらに三対の外胚葉性陥入が生じ，盲管
となって伸長する。触角原基と密接する大顎付属肢
原基の基部前縁の陥入は幕状骨前腕 anterior tento-
rial arm の原基として後方へ伸び，小顎付属肢原基
と下唇付属肢原基との間の陥入は幕状骨後腕 poste-
rior tentorial arm の原基として前-中央方向へ伸長
する。約60時間で，前腕と後腕の両原基盲端が合
着し，幕状骨の中央板（幕状骨橋 tentorial bridge）
が形成されると，幕状骨としての基本形が完成する。
大顎付属肢原基と小顎付属肢原基との間に生ずる陥
入は大顎側甲の原基で，後-背方へ伸び，後に大顎屈
筋 mandibular flexor の付着点となる。

　発生開始後約55時間で，発達中の大顎側甲原基
の盲端から伸び出した細胞塊は，アラタ体原基とし
て認められるようになる（図33-16，c, d）。この
原基は側甲原基の成長とともに背方へ運ばれ，65
時間頃には触角中胚葉節の腹側に達し，大顎側甲か

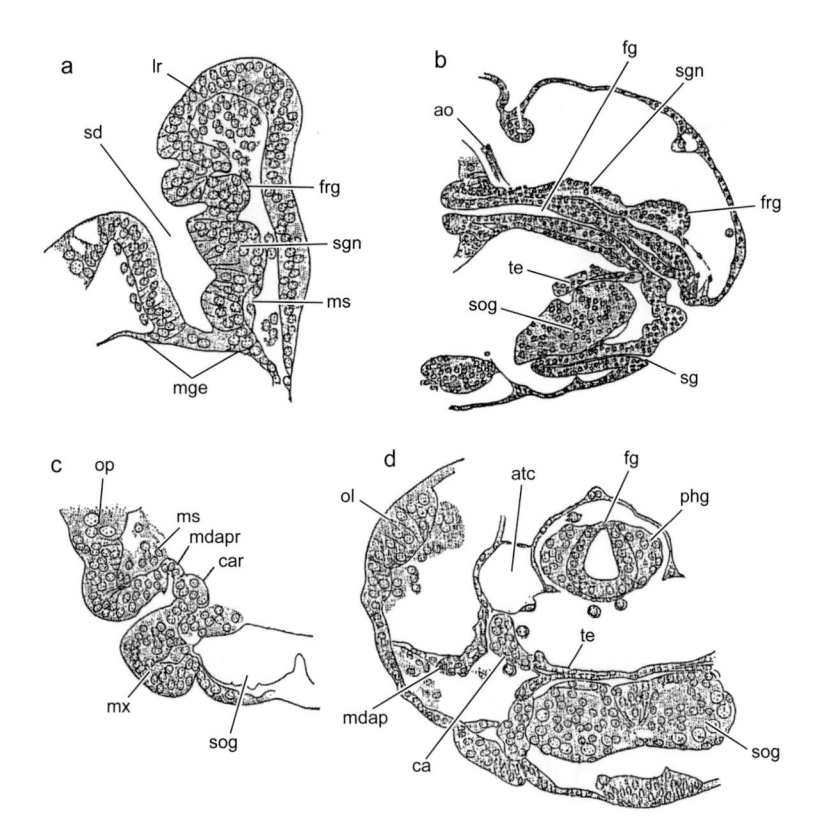

図 33-16　セイヨウミツバチ *Apis mellifera* の口胃神経系（a, b）とアラタ体（c, d）の形成（Nelson, 1915）
　a. 産卵後約 52 時間胚の口陥部の正中縦断面，b. 孵化直後の初令幼虫の頭顎部（正中縦断面），c. 小顎節付近の横断面（産卵後約 55 時間），d. 頭部の横断面（同，約 70 時間）
ao：動脈，atc：触角体腔，ca(r)：アラタ体（原基），fg：前腸，frg：前額神経節，lr：上唇，mdap(r)：大顎側甲（原基），mge：中腸上皮，ms：中胚葉，mx：小顎，ol：視葉，op：視板，phg：咽頭神経節，sd：口陥，sg：唾液腺，sgn：口胃神経，sog：食道下神経節，te：幕状骨，tr：気管

ら分離する。

　⑥　気管系 tracheal system（図 33-17）　気管系の原基は，顎部，胸部，腹部の両体側で対状の外胚葉性陥入として形成される。発生開始後約 45 時間で，下唇付属肢原基の上部に一対，中胸節と後胸節に各一対，第一〜八腹節にそれぞれ一対，合計十一対の陥入が生じる。下唇節の陥入口は数時間後に閉鎖するが，他の十対の陥入口は気門 spiracle（stigma）として残り，内部の盲端部は気管 trachea として発達する。Nelson はミツバチ胚で下唇節に気管陥入を認めているが，Fleig & Sander（1986）によると，気管形成よりも幕状骨形成に貢献するという。

　陥入開始から約 5 時間で，各陥入部（気管原基）は平たいくさび状の袋となり，まもなくその盲端は分岐する。下唇節の陥入部盲端からは四つの気管分枝が生じ，後方と背方へ各 1 本，前方へ 2 本が伸び

る。後胸節から第七腹節までの気管原基の盲端には，前後-背腹の 4 方向に伸びる分枝が生じる。さらに 2, 3 時間が過ぎると，前後に伸びた気管分岐は互いに連絡し，下唇節の陥入に由来する後方枝が，中胸節の気管原基と連絡することで，縦走する一対の主気管 tracheal trunk が形成される。腹方向に伸びる左右の気管分岐は腹面で連絡して横走気管 transverse trachea をつくり，背方に向かう気管分岐は背面でさらに細かく分岐する。中胸節の陥入に由来する左右の分枝は中腸の上を通って背面で連絡し，最後端の後方に伸びるものは後腸の下で連絡する。気管原基の最前部（下唇節の陥入に由来する主気管部分）から前方（頭部）へ向かう 2 本のうち，1 本は口陥の上方へ，他の 1 本は下方へ伸びる。背方へ向かうものは背面正中線上で連絡し，気管ループ anterior tracheal loop をつくる。

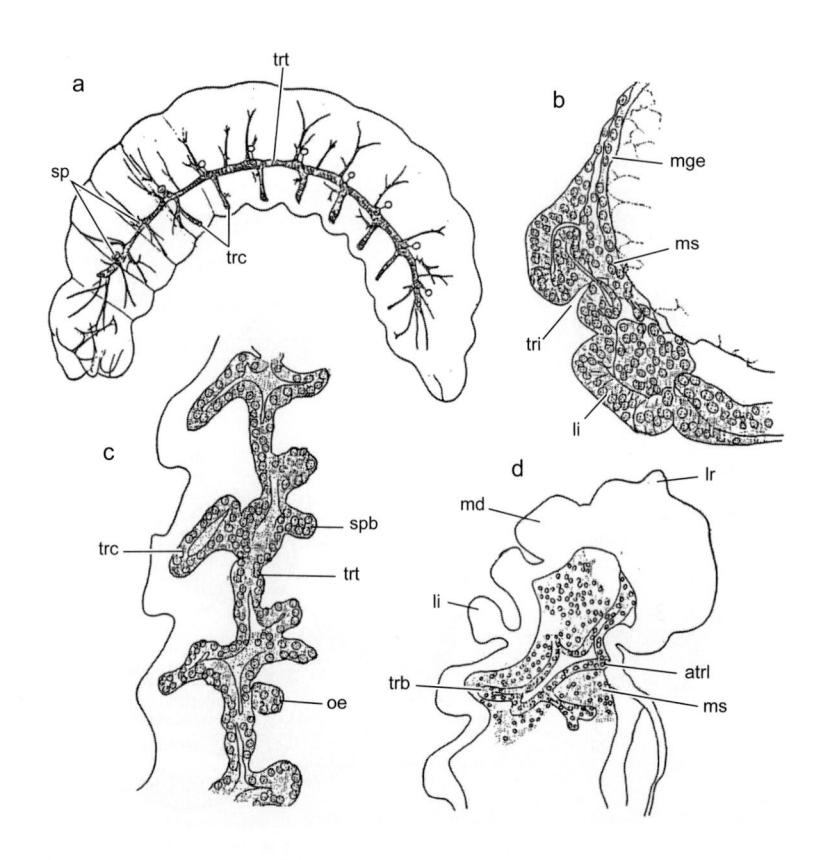

図33-17　セイヨウミツバチ *Apis mellifera* の気管系形成（Nelson, 1915）
　　a. 孵化後2.5日の幼虫の気管系（模式図），b. 下唇節前半部の横断面（産卵後約52時間），c. 気管主幹原基の縦断面（同，約55時間），d. 顎部-前胸節の気管原基の縦断面（同，約58時間）
atrl：前部気管ループ，li：下唇，lr：上唇，md：大顎，mge：中腸上皮，ms：中胚葉，oe：扁桃細胞，sp：気門，spb：気門気管分枝，trb：気管分枝，trc：気管横連合，tri：気管陥入，trt：気管主幹

⑦　扁桃細胞（エノサイト）　扁桃細胞は，腹部両側に分化した対状の外胚葉細胞塊に由来する。発生開始から約50時間で後胸節と第一〜八腹節の後部体壁に小さな陥入が生じ，その底部の細胞集団が扁桃細胞の原基として体壁の上皮細胞から識別されるようになる（図33-18, a）。これらの原基は気門の後部に位置し，第一腹節のものは最も大きく，後の節のものほど小さい。55時間頃から胚表面の窪みが消失するが，このとき扁桃細胞原基の細胞は次第に上皮から離れて体腔内へ移動し（図33-17, c），成長，発達する。十分に発達した扁桃細胞は大きな核をもつ特徴的な細胞集団として第一〜八腹節の各節に分布するが，細胞の大きさや体節的な配列はその後も変化することなく，孵化まで維持される。

　以上の説明でわかるように，ミツバチ胚では頭顎，胸腹部の付属肢の発達はきわめて微弱であるが，外胚葉性陥入の発達はハバチ胚と大差ないのである。

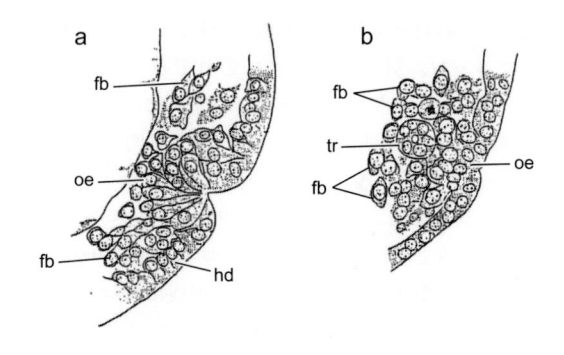

図33-18　セイヨウミツバチ *Apis mellifera* の扁桃細胞形成（Nelson, 1915）
　　a. 第一腹節側部の横断面（産卵後約52時間），b. 後胸節の横断面（同，約58時間）
　　fb：脂肪体，hd：真皮，oe：扁桃細胞，tr：気管

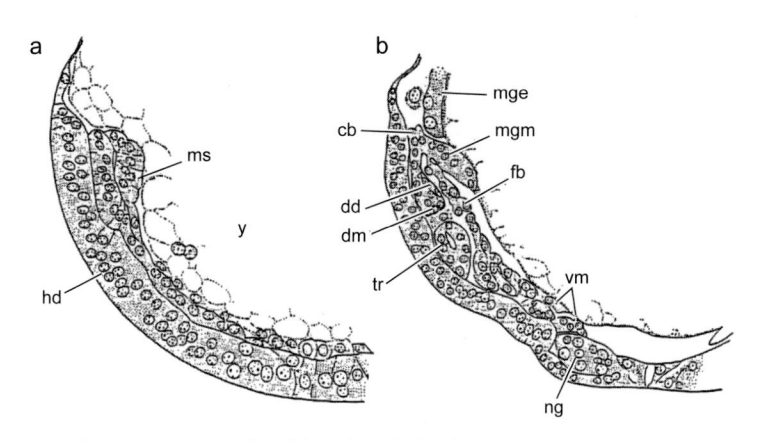

図 33–19　セイヨウミツバチ *Apis mellifera* の中胚葉節と中胚葉性器官の形成（Nelson，1915）
　a.　前腹部の横断面（産卵後約 48 時間），b.　後胸節の横断面（同，約 52 時間）
　cb：心臓芽細胞，dd：背隔膜，dm：背側筋肉，fb：脂肪体，hd：真皮（外胚葉），mge：中腸上皮，mgm：中腸筋，
　ms：中胚葉，ng：神経節，tr：気管，vm：腹側筋，y：卵黄

b.　中胚葉性器官（図 33–19）

　中胚葉に由来する組織・器官は筋肉，生殖巣，背脈管，血球，脂肪体などで，嚢胚形成の進行にともなって，胚域の正中線に沿う中板は，両側の側板から分離して内部に沈むと，両側板が接近して接合し，外側を覆うようになる。このようにして内層が形成されると，それは中胚葉となって上層の旧側板部（外胚葉）の内側を裏打ちしながら左右に広がる。

　頭部では，触角の内側の中胚葉に一対の明瞭な体腔が発達する。一方，胸腹部では，正中線に沿う中胚葉（中央中胚葉 median mesoderm）は一層の細胞層となり，その両側の中胚葉は最外側で内外二層の細胞層（腹側の体壁中胚葉 somatic mesoderm と背側の内臓中胚葉 splanchnic mesoderm）になる。やがて下唇節から第八腹節までの体壁中胚葉と内臓中胚葉の間に腔所（体腔嚢 coelomic sac）が発達するが，これは前後に連続して長い管となり，他の昆虫でみられるような中胚葉節ごとに分離，独立する体腔嚢は形成されない。

　発生開始後から約 50 時間が経過すると，中胚葉は上述したさまざまな組織や器官の原基として発達し始める。すなわち，胸腹部の中央中胚葉からは血球細胞 blood cell が，体壁中胚葉からは縦走筋，斜走筋，囲心脂肪細胞 pericardial fat cell，背隔膜 dorsal diaphragm などの原基が，そして内臓中胚葉からは脂肪体 fat body や中腸の筋肉の原基，生殖隆起 genital ridge などが形成される。また，体壁中胚葉と内臓中胚葉との連結部では心臓芽細胞 cardioblast が，腹部後端の中胚葉からは後腸の筋肉原基が分化する。頭部では口陥周辺の中胚葉は前腸の筋肉原基となり，残りの部分からは頭部の各筋肉原基が分化する。

　次に，上述のおもな中胚葉性器官の形成過程を説明しよう。発生開始後約 50 時間の胚では，頭部に広がる中胚葉は中央部で口陥を取り囲み，その後部は二分して触角原基の内側で一層の細胞層からなる体腔嚢（触角節体腔嚢）を形成している。この体腔嚢は形成当初は小さいが，その後，急速に発達し，数時間後には将来の頭函後部の約半分を占めるほどになる。触角節体腔嚢から側方に伸びる中胚葉は触角原基に，後方に伸びるものは顎部付属肢原基に入り，筋肉となる。触角節体腔嚢の後部端は，胸部から伸びている中胚葉管と下唇節で連絡するようになる。まもなく，口陥周辺の中胚葉は食道の筋肉に分化し，残りの部分は，上唇の筋肉やその周辺の頭函内の筋肉系になる。

　また，胸腹部では 48 時間を過ぎると正中線に沿って配列している中央中胚葉の細胞は次第に丸みをおび，血球細胞へと分化する。発生開始後 50 時間ほどで，第二腹節から第七腹節の内臓中胚葉の背部で一対の生殖隆起が分化するが，この段階では始原生殖細胞 primordial germ cell を他の細胞から形態的に識別することはできない。

　卵黄の消耗によって生じた神経上（血脈）洞 epinural (blood) sinus が体腔と連絡する 52 時間頃になると，内臓中胚葉が葉裂 delamination し，中腸の筋肉原基と二つの脂肪体原基になる。体壁中胚葉は背隔壁（囲心隔壁 pericardial diaphragm）や，

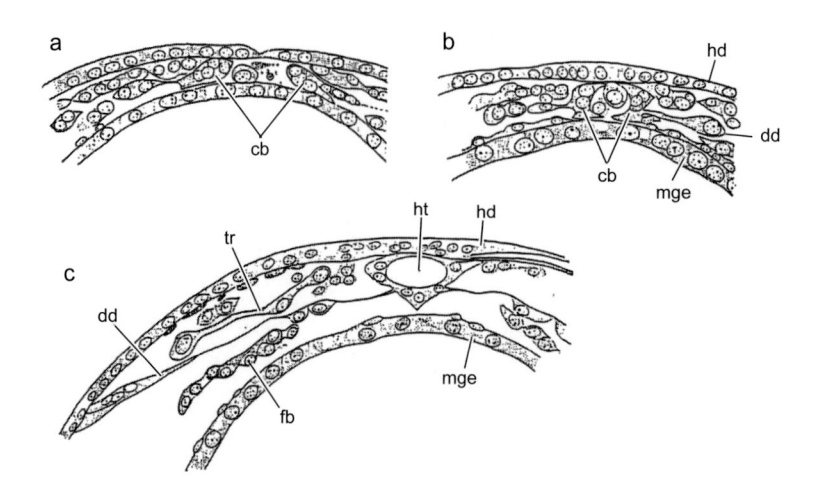

図 33-20　セイヨウミツバチ *Apis mellifera* の心臓形成（Nelson, 1915）
　a. 第一腹節背部の横断面（産卵後約 66 時間），b. 同（同，約 68 時間），c. 第二腹節と第三腹節の間の背部横断面（孵化直後の 1 令幼虫）
　cb：心臓芽細胞，dd：背隔膜，fb：脂肪体，hd：真皮，ht：心臓，mge：中腸上皮，tr：気管

背部の縦走筋の原基，囲心脂肪細胞などに分化する（図 33-19，b）。また，内臓中胚葉に隣接する体壁中胚葉の細胞は心臓芽細胞に分化し，腹側で神経節原基の側部に位置する中胚葉は腹側縦走筋の原基となる。卵黄の側部を覆って急速に発達した中腸上皮の原基は，約 60 時間で腹面に達して中腸管を形成するが（後述），これにともなって内臓中胚葉は中腸上皮原基の外側を覆いながら伸展する。このころになると，生殖隆起は心臓芽細胞や中腸管筋肉の原基から分離し，前後から短縮し始める。

　背閉鎖が完了するころになると，心臓芽細胞は胚の背部に移動し，その後，三日月形となった細胞は凹面を内側に向けながら左右から接近し，背面正中線上で合着する。このようにして内部に血球細胞を含む管状の心臓が形成される（図 33-20）。また，触角節体腔嚢の後端は心臓の背壁と連絡し，大動脈 aorta が形成される。左右の心臓芽細胞に接続する囲心隔壁の原基は側方に伸展し，やがて背側部の上皮と連絡する。他方，腹側の縦走筋原基付近に横たわる腹横隔膜 ventral diaphragm の原基は，正中線に向かって伸展し，左右から合着する。生殖隆起が短縮を続け，第四腹節から第六腹節までに限定されるようになると，その外表を取り囲む細胞が扁平化して，生殖巣を取り囲む上皮の形成が進む。その後，生殖隆起の内端が心臓の下部に付着して，生殖巣原基が完成する（図 33-21）。

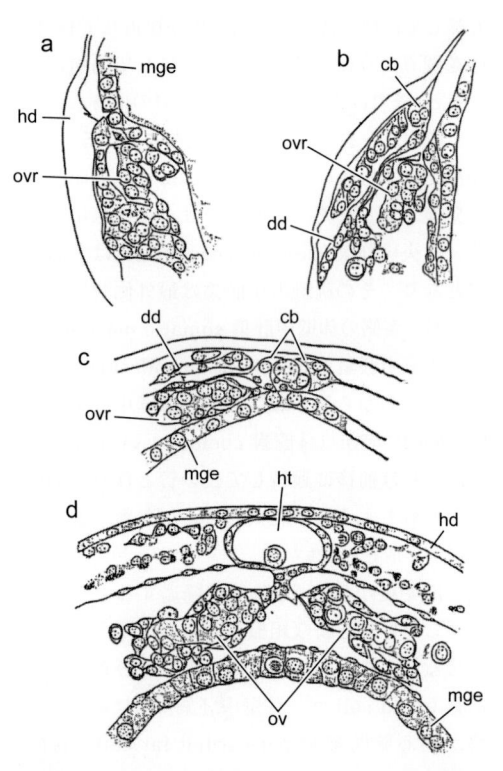

図 33-21　セイヨウミツバチ *Apis mellifera* の生殖巣形成（Nelson, 1915）
　a. 胚腹部の横断面（産卵後約 52 時間），b. 同（同，約 56 時間），c. 同（同，約 70 時間），d. 孵化直後の 1 令幼虫第八腹節後部（同）
　cb：心臓芽細胞，dd：背隔膜，hd：真皮，ht：心臓，mge：中腸上皮，ov(r)：卵巣（原基）

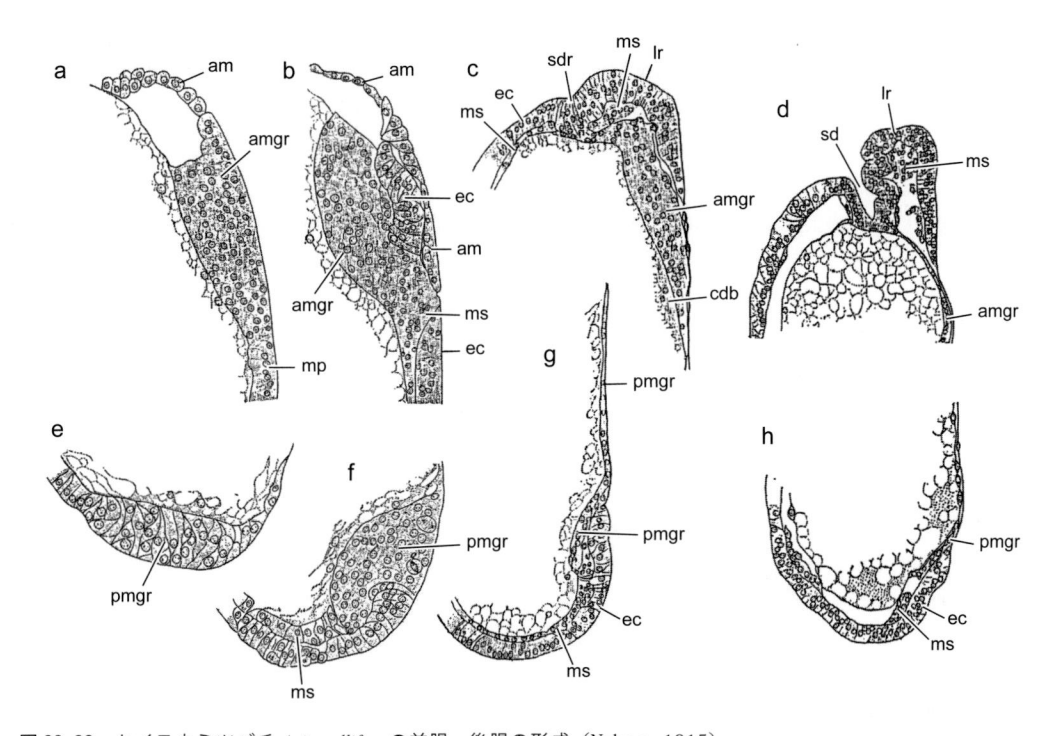

図 33-22　セイヨウミツバチ *Apis mellifera* の前腸，後腸の形成（Nelson, 1915）
a．産卵後約 35 時間胚の前部（正中縦断面），b．同，約 40 時間胚（同），c．同，約 45 時間胚（同），d．同，約 50 時間胚（同），e．産卵後約 35 時間胚の後部（正中縦断面），f．同，約 40 時間胚（同），g．同，約 45 時間胚（同），h．同，約 50 時間胚（同）
am：羊膜，amgr：前部中腸原基，cdb：頭背体，ec：外胚葉，lr：上唇原基，mp：中板，ms：中胚葉，pmgr：後部中腸原基，sd(r)：口陥（原基）

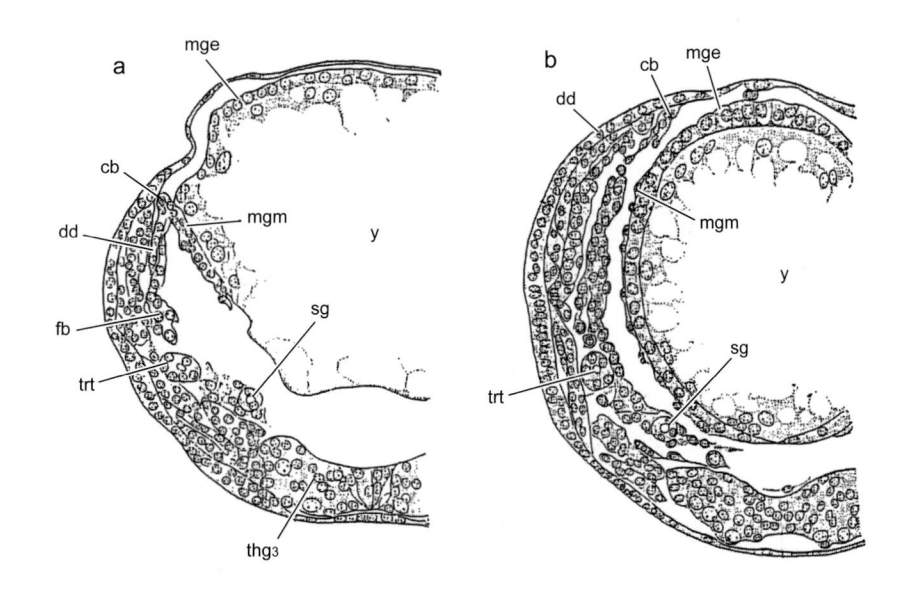

図 33-23　セイヨウミツバチ *Apis mellifera* の中腸形成（Nelson, 1915）
a．産卵後約 55 時間胚の後胸節（横断面），b．同，約 66 時間胚の後胸節（同）
cb：心臓芽細胞，dd：背隔膜，fb：脂肪体，mge：中腸上皮，mgm：中腸筋，sg：唾液腺，thg3：後胸神経節，trt：気管主幹，y：卵黄

c. 消化管（図 33-22；33-23）

　最後に，消化管（前腸，中腸，後腸，およびマルピーギ管）の形成について述べよう。発生開始後約 45 時間で，卵の前極直下にある原頭葉に口陥の陥入が出現する。これが前腸原基 foregut rudiment で，Nelson によると，この陥入壁は外胚葉に，底部（先端部，前部中腸原基）は内胚葉に由来する。発生が進行するにつれて卵黄は消費されて小さくなり徐々に後方へ退行するが，これと相まって口陥は卵の長軸と平行に伸び，一層の円柱状細胞からなる管状の前腸原基ができあがる。この原基の背面正中線に沿って前述の口胃神経系原基が分化する。なお，口陥底は中腸上皮原基の前端部によって形成されており，その背側は卵黄の側面を覆う中腸上皮原基に連続している。65 時間を過ぎると，前腸原基の末端周縁部は襞をつくって外側に膨れ出し，中央部は薄膜化して口陥底膜となる。その後まもなく前腸原基の

底部は中腸腔内に入り，噴門弁 cardiac value をつくる。このときになると口陥底膜が破れ，前腸腔と中腸腔が完全に連絡する。

　前述のように中腸上皮の原基は，胚の前端と後端付近の内胚葉細胞群に由来する。発生開始後 42 時間では，前部中腸上皮原基は卵の前腹側に位置し，この将来の口陥部を除いて外胚葉で覆われている。このころから胚は急速に伸長し始め，やがてその前端部は卵の前極を通り背面に，後端部も後極を通って背面に達するようになる。この過程で中腸上皮の前後両原基は，卵の腹側から背側に運ばれる。

　前部中腸上皮原基は一時的に帽子のようになって卵黄の前部を覆うが，その後，原基を構成する細胞の形や配列の変化により，原基は背面後方へ伸展し，45 時間頃にはスプーンのような形になる。スプーンの柄の端に相当する部分は卵の前極直下で口陥底を構成し，その反対側（スプーン形の広い部分）は卵

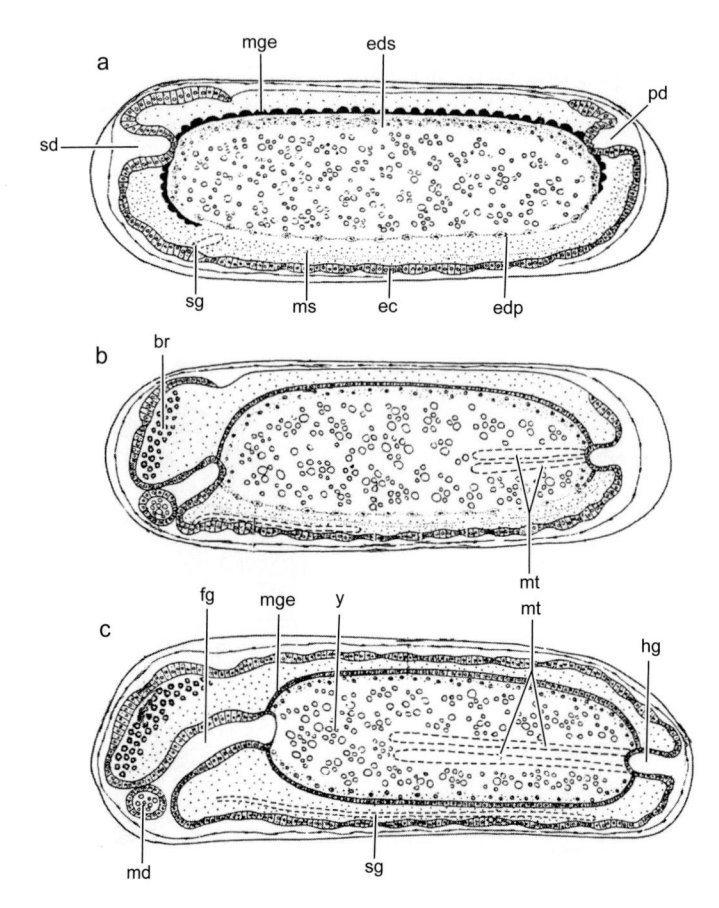

図 33-24　ハリナシミツバチの一種 *Trigona (Scaptrigona) postica* の中腸形成（正中縦断面模式図）（Beig, 1971）
a. 口陥，肛門陥が形成された胚，b. 背閉鎖の始まった胚，c. 完成した胚
br：脳，ec：外胚葉，edp：一次内胚葉，eds：二次内胚葉，fg：前腸，hg：後腸，md：大顎，mge：中腸上皮，ms：中胚葉，mt：マルピーギ管，pd：肛門陥，sd：口陥，sg：唾液腺，y：卵黄

黄の前背部を覆って後方に伸び，その先端は卵の前極から卵長のおよそ1/3の部位に達する。

　後部中腸上皮原基は，最初円盤形の細胞塊として認められるが，卵の後部で腹側から背側へ移動後，一層の細胞層からなる薄い舌状構造となって，卵黄の背面を覆いながら急速に前方に伸展し，45時間頃には，その先端が卵黄背面の中央部付近にまで達する。発生開始から50時間が経過したころ，前部と後部の中腸上皮原基の先端は，卵の前極寄り（卵の前極から卵長のおよそ1/3に相当する部位）の背面正中線上で合着し，一連の中腸上皮原基の背面が形成される。その後まもなく，中腸上皮原基の前端と後端はそれぞれ卵黄の前部と後部を覆い，中間部分の両側縁は卵黄側部を覆いながら腹側に向かって伸展する。背閉鎖が完了するころになると，中腸上皮原基は一層の細胞層となって両腹側に達し，腹面正中線に沿って左右から合着する。このようにして，内部に卵黄を満たした中腸管が形成されるのである。

　後腸原基 hindgut rudiment は胚後端の外胚葉の陥入（肛門陥）に由来し，前腸原基（口陥）や後述するマルピーギ管原基より数時間遅れて（発生開始後約50時間），卵の後背側の窪みとして出現する。胚の発生が進むにつれて，卵黄域がゆっくりと退行するが，このとき肛門陥は徐々に内部へ伸長し，その底部は中腸上皮の後端と隣接するようになる。胚発生がほぼ完了したときの後腸では，陥入口（肛門部）が外に開いた比較的短い盲管で，盲端部は第八腹節の後部に達し，中腸後部の盲端部と密着している。この状態はこの後もほとんど変化することなく維持されるため，後腸腔は中腸腔とは連絡しないでいる。

　図33-24はハリナシミツバチの消化管形成の模式図（Beig, 1971）で，ミツバチでの形成過程の理解に役立つであろう。なお，ハチ亜目のハチの多くは，中・後腸の接着部が開通するのは蛹化直前の幼虫であるという（坂上，1970）。

　マルピーギ管 Malpighian tubule の原基は，卵の後部背面に位置する胚の後端で二対の外胚葉性陥入として出現する。この原基は，約48時間胚の腹部後端付近の表面（後の肛門陥の陥入部）で，互いに等距離をおいた四つの小さな窪みとして認められ，前後の二つの陥入は浅い三日月状の溝によってつながれている（図33-25）。卵の後端に近い一対の陥

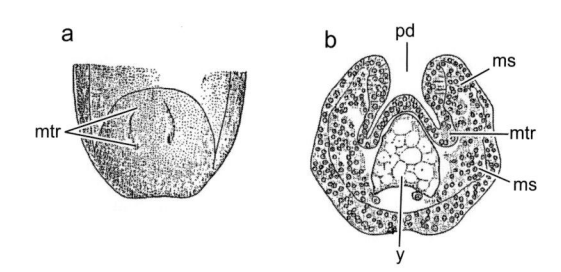

図33-25　セイヨウミツバチ *Apis mellifera* のマルピーギ管の形成（Nelson, 1915）
　a. 産卵後約48時間胚の後端背部表面，b. 同，約52時間胚の後端部横断面
　ms：中胚葉，mtr：マルピーギ管原基，pd：肛門陥，y：卵黄

入は他の一対のものよりも深く，前者が腹側のマルピーギ管原基，後者が背側のマルピーギ管原基である。発生が進行するにつれて，これらの原基は細い盲管となって前方へ急速に伸長し，第三腹節にまで達し，その後，盲管はさらに伸長し，曲がりくねったマルピーギ管が形成される。

　以上がセイヨウミツバチの胚発生であるが，前節で記述した基本型を示すと考えられるハバチ亜目のそれとははなはだしく相違し，また同じハチ亜目でありながら，前述のヒメバチあるいは次のタマゴコバチの胚発生とも大きく異なることに注目していただきたい。

C．ズイムシキイロタマゴバチ

　タマゴコバチ科 Trichogrammatidae の胚発生については，*Oophthora semblidis*（Silvestri, 1908），ヨトウタマゴバチ *Trichogramma evanescens* Westwood（Gatenby, 1917），*T. minutum*（Krishnamurti, 1938），ズイムシキイロタマゴバチ *T. chilonis*（Tanaka, 1985a, b）の卵を切片で観察した結果の報告があるが，これらの卵はいずれも単胚発生を行い，その発生過程は互いに酷似することが知られている。

　ここでは，鱗翅目昆虫の卵寄生バチであるズイムシキイロタマゴバチの胚発生を Tanaka（1985a, b）に基づいて述べる。

(1)　産卵と卵期

　ズイムシキイロタマゴバチは，アゲハチョウ科 Papilionidae のキアゲハ *Papilio machaon hippocrates*，アゲハ *P. xuthus*，クロアゲハ *P. protenor*

dermetrius や，スズメガ科 Sphingidae のオオスカ
シバ *Cephonodes hylas* などの卵を寄主（宿主）と
して産卵するが，通常，寄主卵には産卵後 1 日以内
の若い卵が選ばれる。1 回の産卵では 10 ～ 30 個の
寄生バチ卵が一つの集団として寄主卵内に注入され
るが，このとき，各寄生バチ卵はその前後軸（長軸）
を寄主卵の中心方向に向けている。寄主卵に産み込
まれる寄生バチ卵の数はさまざまな要因によって異
なるが，キアゲハ卵 1 個につき平均 19 個，オオス
カシバ卵 1 個につき平均 14 個の寄生バチ卵が確認
されている。

　通常，1 個の寄主卵には 1 回の産卵が行われ，寄
生バチ卵が産み込まれる部位は寄主卵の外周部の卵
黄内に限定されている。しかし，これらの寄生選択
性は決定的なものではなく，ときには寄主卵 1 個に
2 回の産卵，発生後期（胚の姿勢転換以後）の寄主
卵への産卵，寄主卵の胚内への産卵，さらには寄主
バチ幼虫体内への産卵もみられる。

　寄生バチの産卵時には，産卵管からなんらかの物
質が寄主卵の中へ注入されるらしく，寄生バチ卵の
周囲の卵黄顆粒や卵黄細胞が崩壊して無定形で均質
の集塊を形成したり，寄主卵の発生が停止するなど
の現象がみられる。

　タマゴバチ科の胚発生においては，胚膜 em-
bryonic membrane（漿膜と羊膜）の形成がみられ
ないこと，卵黄核 yolk nucleus が胚外へ排除され
ること，器官形成はきわめて退化的である（表皮，
消化管，脳，生殖巣が形成される程度）ことなど特
異的な点が多い。寄生バチ卵の胚発生期間（産卵時
から孵化時まで）は 表 33-3 に示すように，約 24
時間である。

(2)　受精と成熟分裂

　ズイムシキイロタマゴバチでは，産卵直後の卵の
詳しい形態や成熟分裂，雄性（精）前核 male pro-
nucleus 形成の過程については知られていないが，

表 33-3　ズイムシキイロタマゴバチ卵の発生段階
（20 ～ 25℃）（Tanaka, 1985a, b）

産卵後（時間）	発 生 段 階
0 ～ 1	受　精
1 ～ 4	卵　割
4 ～ 10	胚盤葉形成
10 ～ 15	胚葉形成
15 ～ 20	消化管形成
20 ～ 25	孵　化

Gatenby（1917）によると，近縁のヨトウタマゴ
バチでは，産卵直後の卵は前極がやや膨大した長卵
形で，内部は均質な細胞質で満たされ，その中央よ
りやや前極寄りの核細胞質域 nucleoplasmic zone
中にクロマチンの密な集塊（第一卵母細胞核 first
oocyte nucleus）が存在する。また，卵側表面付近
には多数の小顆粒で囲まれた小体（精子）が，卵の
後極付近には極顆粒 polar granule が見られる（図
33-26, a）。

　成熟分裂の過程で，第一極体 first polar body が
卵表付近に放出され，続いて起こる第二成熟分裂に
より雌性前核と第二極体 second polar body が形成
される。精子 spermatozoon は卵表から卵の内部に
移行し，雌性前核の後方に位置する（同図, b）。こ
のような雌性前核と雄性前核の形成過程はズイムシ
キイロタマゴバチでも同様に進行し，この段階まで
の発生は産卵後 30 分以内に完了するものと思われ
る。

　ズイムシキイロタマゴバチの産卵後約 30 分の卵
は，長径約 75 μm，短径約 25 μm の長卵形で，前
極部は後極部に比べて膨大し，背面でやや湾曲して
いる。卵は卵殻を欠くが，薄い卵膜（卵黄膜であろ
う）で覆われ，その内部は極顆粒が存在する後極部
を除き，均質な細胞質で満たされており，他の昆虫
卵で一般に認められる周縁細胞質や卵黄顆粒は観察
されない。卵の中間部より少し前極寄りの細胞質（卵
の前極から約 30％ の領域）の中央には雌性前核が，
卵の側表層部には退化中の極体が見られる。卵の後
極付近には大きな楕円形の極顆粒が存在するが（同
図, c），この極顆粒の位置と形状はその後も保持さ
れ，胚盤葉形成期までは変化しない。

　産卵後約 50 分が経過した未受精卵では，卵の前
極から約 30％ のところに雌性前核が位置している。
他方，この時期の受精卵では，隣接する雌雄前核が
見られるが，産卵後約 1 時間で両前核が合体・融合
して，受精 fertilization が完了する（同図, d, e）。

(3)　胚発生の概要

a.　卵　割（図 33-26, f ～ j）

　産卵後 1 時間半以内に卵は卵割期に入るが，未受
精卵と受精卵との間には時間的ギャップが存在し，
前者の卵割開始は後者のそれよりも数時間ほど遅れ
る。これ以降の発生経過時間には，受精卵における
ものを使用する。第一卵割は卵の前後軸に対して傾
いた方向に起こり，これに続く第二卵割，第三卵割

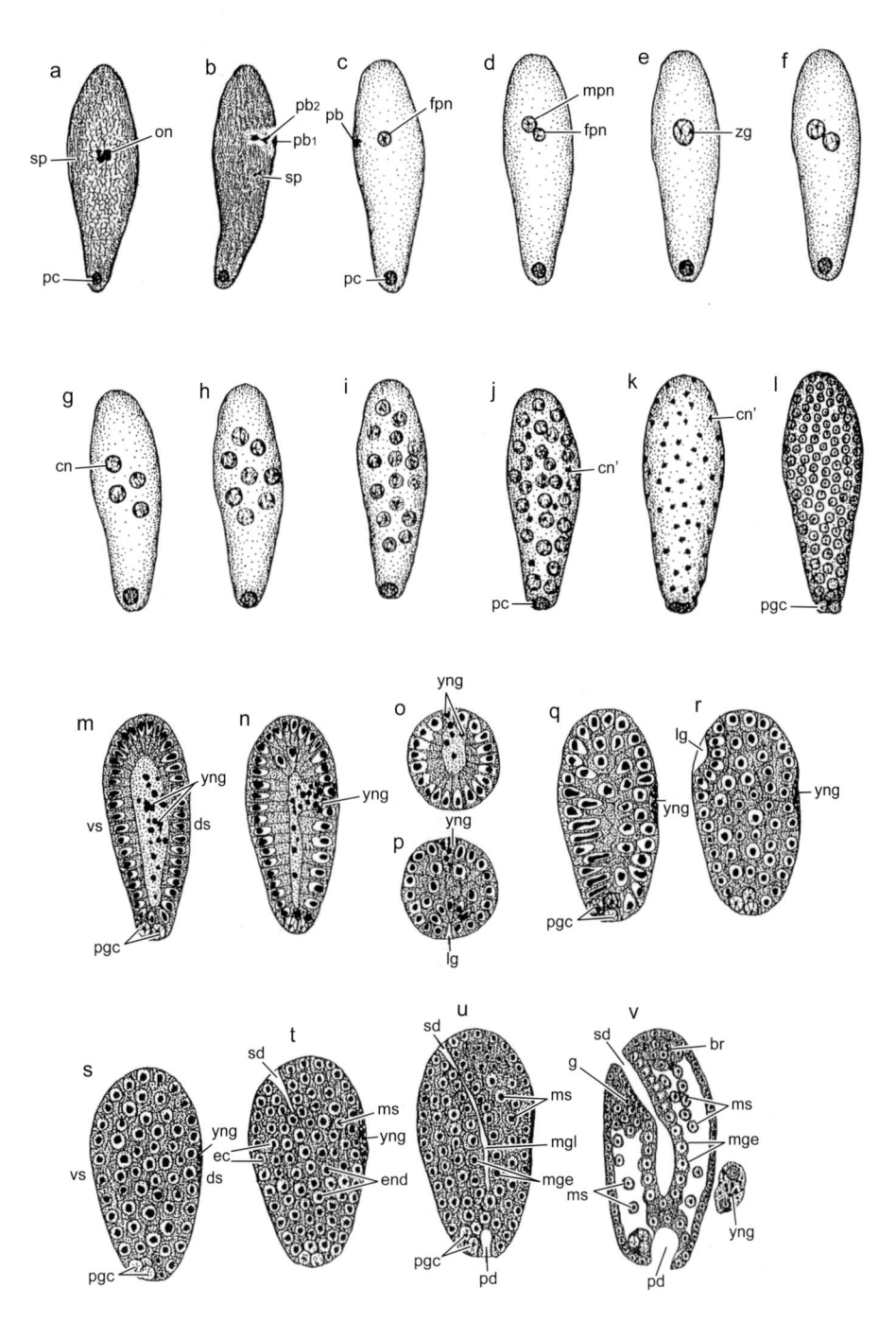

図 33-26　ヨトウタマゴバチ *Trichogramma evanescens* とズイムシキイロタマゴバチ *T. chilonis* の胚発生（a, b.　Gatenby, 1917；c～l.　Tanaka, 1985a；m～v.　Tanaka, 1985b）
　　a, b.　ヨトウタマゴバチの産卵直後の卵；a.　産卵直後，b.　第二極体形成期，c～v.　ズイムシキイロタマゴバチの胚発生；c.　産卵後約 30 分，d.　同，約 50 分，e.　同，約 1 時間（受精完了後），f～j.　同，1 時間 30 分～ 4 時間（卵割期），k.　同，約 6 時間（多核細胞性胚盤葉期），l.　同，約 8 時間（細胞性胚盤葉形成初期），m.　同，約 10 時間胚（縦断面），n.　同，約 11 時間胚（同），o.　同，約 11 時間胚（横断面），p.　同，約 12 時間胚（同），q.　同，約 13 時間胚（縦断面），r.　同，約 13 時間胚（同），s.　同，約 15 時間胚（同），t.　同，約 16 時間胚（同），u.　同，約 20 時間胚（同），v.　孵化後まもない初令幼虫の縦断面
　　br：脳，cn：卵割核，cn'：分裂期の卵割核，ds：背側，ec：外胚葉細胞，end：内胚葉細胞，fpn：雌性前核，g：神経節，lg：一時的に形成された縦溝，mge：中腸上皮，mgl：中腸内腔，mpn：雄性前核，ms：中胚葉細胞，on：第一卵母細胞核，pb：極体，pb1,2：第一，二極体，pc：極顆粒，pd：肛門陥，pgc：始原生殖細胞，sd：口陥，sp：精子，vs：腹側，yng：クロマチン塊（卵黄核），zg：接合子

は卵の前後軸と直交する方向に生じるため，8 核期
の卵割核は 3 次元的に配列する。卵割の同調性は第
四卵割まで保たれるが，第五卵割になると失われる。
この卵割期における核分裂は，すべて無糸分裂（直
接分裂）amitosis である。卵割核の分布範囲は 16
核期までは卵の中央付近に限られているが，その後
まもなく卵表に向かう卵割核の移動が始まり，産卵
後約 3 時間半で，卵割核は卵全体に分散するように
なる。

　核数が 30 近くになると，その一部は卵の側部表
面に達するが，卵の両極部では卵割核の表面への到
達が遅れる。また，2，3 の核は卵表へは移動せず，
隔膜をもたないクロマチン塊となって卵の中心部に
残留するが，これらは他の昆虫卵の一次卵黄核 first
yolk nucleus に相当するものである。

b．胚盤葉形成（図 33-26，k〜m）

　産卵後約 4 時間で，約 30 個の卵割核が卵表面に
到達し，多核細胞性胚盤葉 syncytial blastoderm
が形成される。多核細胞性胚盤葉の形成初期には，
核はほとんど一様に離れて配列するが，やがて連続
する 3 回の同調性の無糸分裂によって核数は急速に
増え，230 個ほどになる。この増殖により核の密度
が高まるにつれて，核の形は球形から楕円形へと変
化し，全体に斉一な構造の多核細胞性胚盤葉が完成
する。この過程で少数の核の分裂方向が卵表と直交
し，内側に形成された娘核はクロマチン塊として卵
の内部に移行するが，これは他の昆虫卵の二次卵黄
核 secondary yolk nucleus に相当するものである。
この多核細胞性胚盤葉形成のあいだに，卵の後極部
に位置する極顆粒は次第に扁平化し，やがては胚盤
葉の一部となって観察できなくなる。多核細胞性胚
盤葉が完成すると，卵の後極に位置する数個の核は
徐々に大きさを増して，始原生殖細胞 primordial
germ cell に分化し，他の核と明瞭に区別できるよ
うになる（図 33-26，l）。卵の中心部に散在するク
ロマチン塊（卵黄核）もゆっくり増殖し，10〜20
個が数えられるようになる。

　産卵後約 8 時間で細胞性胚盤葉 cellular blasto-
derm の形成が始まり，約 2 時間後には完成する。
細胞性胚盤葉の形成過程は，他の昆虫卵で一般的に
みられるものと同様である。すなわち，各胚盤葉核
の周囲に薄膜が発達することにより胚盤葉細胞が形
成され，卵黄の表面を覆う一層の細胞層ができあが
る。胚盤葉形成をとおして，卵の大きさは徐々に増

し，長径は 13%，短径は 40% ほど増大する。

　完成した細胞性胚盤葉は約 350 個の円柱状の胚盤
葉細胞からなり，始原生殖細胞が位置する卵の後極
を除いて，ほぼ一様の厚さである。このとき，卵の
中心部には 40〜50 個のクロマチン塊が見られる。
胚盤葉形成後まもなく，胚盤葉細胞は高さを増し，
その核は長楕円形となって細胞の外側に位置し，核
内には核小体が出現する。その後の発生で，胚盤葉
はさらに肥厚し，胚盤葉細胞核内の核小体（染色質）
が急速に増大する（図 33-26，m）。胚盤葉の肥厚
速度は卵の前極で最も大きく，後極にいくほど次第
に小さくなる。胚盤葉の肥厚が進むにつれて卵幅（短
径）は増加し，長さ（長径）はやや減少する。

c．胚葉形成（図 33-26，n〜s）

　やがて，卵の前極付近の胚盤葉細胞が無糸分裂に
よって増殖し，この部分に二層の細胞層が形成され
る（おそらく，これは内層形成を示すもので，外層
は外胚葉，内側の細胞層は中・内胚葉層に相当する
ものと思われる）。このとき，卵の中央部の細胞質は
クロマチン塊とともに胚盤葉の背部の細胞を押し分
けて外側に流出し（図 33-26，n，o），胚背面と卵
膜との間にクロマチン塊集団として横たわる。細胞
質とクロマチン塊の流出が終了し，胚背面の流出部
が閉じると，胚の後半部分の胚盤葉細胞も卵表と直
交する方向に無糸分裂を行う。この段階で胚の中央
部の細胞質領域はほとんど消失し，胚の内部は増殖
した細胞で満たされる（同図，p）。細胞の増殖が進
むにつれて，胚は多細胞層構造となり，胚の後端部
に位置していた始原生殖細胞群は腹側方向へ少し移
動する。

　産卵後約 13 時間が経過すると，胚の前部腹面正
中線に沿って狭い溝が一時的に形成され，その底部
の細胞は卵の内部へ移行し，増殖する。やがて胚は
卵形となり，その内部は腹側後端の始原生殖細胞群
と背部のクロマチン塊集団を除いて，ほぼ同形・同
大の細胞より構成されるようになる（同図，s）（胚
の外側は外胚葉性細胞層で覆われ，中心部には内胚
葉性細胞群が位置し，両者の間に存在するものが中
胚葉性細胞群と考えられる）。

(4) 器官形成

a．消化管

　産卵後 15 時間を過ぎると，胚前部の腹側に外胚
葉性の陥入が生じ（図 33-26，t），また胚の中央部
には中腸になる細長い内腔が形成される。前者が前

腸の原基の口陥で，胚の中央に向かって伸長し，やがてその先端は中腸の内腔と連絡する。このようにして産卵後20時間までには，前腸と中腸の連続した消化管が形成されるが，これは単純な細管で，その末端（中腸の後端）は盲端となっている。中腸上皮の形成に参加しなかった内胚葉細胞は，その後次第に退化していく。口陥の陥入より少し遅れて後腸の原基の肛門陥が，胚の後端部に開口部をもつ盲管状の内腔として出現する（同図，u）。この原基の盲端が中腸上皮の後端と接した部分は2細胞層構造の隔壁を形成しており，この隔壁はその後も崩壊することなく保持される。

b．生殖巣

始原生殖細胞は胚後端の腹側に7個ほどの細胞集団として存在するが，後腸原基が発達するにつれて，この細胞群はその周囲の中胚葉細胞に包まれ，生殖巣としての形態を整える。産卵後約20時間で，この生殖巣は単一の独立した構造体となり，胚後部の腹側体壁と後腸の腹側との間に定着する。

c．神経系

産卵後20時間を過ぎると，多くの中胚葉細胞と内胚葉細胞が退化・消失し，体壁と消化管の間に体腔が発達する。このとき，胚の前部には二つの特殊化した細胞塊が観察されるようになる。これらのうちの一つは胚の前端の体壁と前腸背壁との間に形成されたもので，大脳神経節に相当し，他の一つは胚の腹壁と前腸腹壁との間に位置し，食道下神経節に相当するものである。この時期の胚は全体として卵形で，体節構造は見られず，頭・胸・腹部の境界もはっきりしない。発達した体腔内には，中胚葉細胞が散在するが，上記の生殖巣，神経節以外の他の組織や器官の形成は認められない。内層形成時に胚外へ排出されたクロマチン塊を含む細胞質は，膜状の構造物となって胚の背外側を覆っている。

(5)　孵化

産卵後約25時間で，胚（1令幼虫）は卵膜を脱ぎ，孵化する。このとき，胚の背面を覆っていたクロマチン塊（核）を含む細胞質は胚から離れ，寄主卵の卵黄内に遊離する一つの集塊となる（図33-26，v）。

33-6　多胚発生ハチ目

哺乳類のアルマジロ armadillo（貧歯目 Edentata）が多胚発生（生殖）polyembryony を行うことは広く知られているが，無脊椎動物のなかの吸虫綱 Trematoda（扁形動物 Platyhelmintes），苔虫綱 Bryozoa（触手動物 Tentaculata）の円口目 Cyclostomata，節足動物昆虫綱のハチ目，ネジレバネ目でもこの生殖法が発見されている。このハチ目，ネジレバネ目の両目で多胚発生を行うものがあることは上巻の第1部総論4章でふれたが，ここでは，ハチ目ハチ亜目でみられる多胚発生について述べる。

ハチ亜目のハチのなかに寄生性のものがあるが，このグループのなかに他の昆虫の卵に自身の卵を産みつける微小な卵寄生蜂の一群があり，それらのトビコバチ科 Encyrtidae，ハラビロクロバチ科 Platygasteridae，コマユバチ科 Braconidae に多胚発生をする種があることが知られている。表33-4は，Ivanova-Kasas（1972）が前記3科にカマバチ科 Dryinidae を加え多胚発生の種と寄主（宿主）の関係を一覧表にしたもので，彼女の1961年の大著のなかに示したものに補足したものである。

鱗翅目のスガ科 Yponomeutidae の一種 Lithocolletis 卵寄生蜂のトビコバチ，Encytus（Ageniaspis）fusciollis が多胚発生をすることを初めて報告したのは Marchal で，彼はさらにキンモンホソバトビコバチ Ageniaspis（Holcothrrax）testaceipes，Polygnotus minutus，Phytophaga destructor，P. avenae にも研究を広げ，この発生様式に"germinogonie"，または，それまで種子植物の発生で用いられていた"polyembryonie"の語を当てた（1904，1906）。同じころ Silvestri（1906）は，ガマキンウワバ Autographa gamma の卵寄生蜂 Litomastix truncatellus で多胚発生が行われ，このハチが産卵したウワバの卵から孵った成熟幼虫から1,800匹にも及ぶハチが出現したこと，そしてこのハチの幼虫に有性幼虫 sexual larva と無性幼虫 asexual larva が存在することを報告している。これらの興味深い発見は多くの研究者の注意をひき，今日みるような昆虫多胚発生に関する多くの知見を蓄積することになった[1]。

次に，多胚発生をする寄生蜂の発生について述べるが，これらのハチの卵に共通する特徴は，卵黄を欠き，非常に薄い卵殻に包まれた微小な卵であること，胚発生中に極体核は退化せず，栄養膜となっ

---

[1]　これらについての総説は Leiby（1929），Johannsen & Butt（1941），Ivanova-Kasas（1961，1972）などがあるが，Ivanova-Kasas の1972年のものがよくまとまっているので参考になろう。

表 33-4　多胚発生ハチ目（Ivanova–Kasas，1972 より改変）

科　　寄生バチ	寄　　主	著　　者
コマユバチ科 Braconidae		
1. *Macrocentrus gifuensis* Ashm.	メイガの一種 *Pyrausta nubilalis* Hübn.	Parker, 1931
2. *M. ancylivorus* Rohwer	ナシヒメシンクイ *Grapholita molesta* Busck.	Daniel, 1932
3. *M. homonae*	ハマキガの一種 *Homona coffearia*	Gadd, 1946; Berland, 1951
4. *Amicroplus collaris* Spin.	ヤガの一種 *Euxoa segetum* Schiff.	Paillot, 1940
トビコバチ科 Encyrtidae		
5. *Ageniaspis fuscicollis* (Dalm.)	リンゴスガ *Yponomeuta malinellus* (Zell.)	Marchal, 1898, 1904, 1906; Martin, 1914; Kościelska, 1962, 1963, 1977; Kościelski *et al.*, 1978
6. *A. fuscicollis* var. *praysincola* Silv.	スガの一種 *Prays oleelus* F.	Silvestri, 1908
7. *A. testaceipes* Ratz.	スガの一種 *Lithocolletis cramerella* F.	Marchal, 1904
8. *A. atricollis* Dalm.	メムシガの一種 *Argyresthia pruniella* L.	Jancke,1932; Clausen, 1940
9. *Copidosoma gelechiae* How.	キバガ類 *Gnorimoschema* spp.	Patterson, 1915, 1927
10. *C. buyssoni* Mayr	ツツミノガの一種 *Coleophora stefannii* Joan.	Silvestri, 1910
11. *C. tortricis* Wat.	ハマキガの一種 *Trotrix loeflingiana* L.	Silvestri, 1924
12. *Copidosoma* sp.	*Olethreutes variegana* Hübn.	Sarra, 1918
13. *C. nanellae* Silv.	*Recurvaria nanella* Hübn.	Clausen, 1940
14. *C. thompsoni* Mercet	*Nothrix senticetella* Staud.	Parker & Thompson, 1928
15. *C. boucheanum* Ratz.	キバガの一種 *Gelechia pinguinella* Triets.	Parker & Thompson, 1928
16. *C. koehleri* Blanch.	キバガの一種 *Gnorimoschema operculalla* Zeller	Doutt, 1947
17. *C. floridanum*	*Trichoplusia ni*	Baehrecke & Strand, 1990
18. *Copidosompsis tanytmemus*	*Anagasta kuehniela* (Zeller)	Cruz, 1986
19. *Litomastix truncatellus* Dalm.	ガマキンウワバ *Plusia gamma* L., *Phytometra brassicae* Riley	Silvestri, 1907; Leiby, 1929
20. *L.* (*Paracopidosomopsis*) *floridanus* Ashm.	ヤガの一種 *Phytometra brassicae* Riley	Patterson, 1917, 1921, 1927
21. *L. kriechbaumery* Mayr	*Depressaria alpiginella* Frey	Ferriére, 1926
22. *L. delattrei*	〃	Berland, 1951
23. *Encyrtus variicornis* Nees	キバガの一種 *Anarsia lineatella* Zeller	Sarra, 1915
24. *Berecyntus bakeri*	ヤガの一種 *Euxoa auxiliaris* Grote	Snow, 1925
ハラビロクロバチ科 Platygasteridae		
25. *Platygaster zosinae* Walk. (*Polygnotus minutus* Lind.)	*Phytophaga destructor* Say	Marchal, 1904
26. *P. felti* Fouts.	*Walshomyia texana, Rhopalomyia sabina*	Patterson, 1921, 1927
27. *P. vernalis* Myers	*Phytophaga destructor* Say	Leiby & Hill, 1924
28. *P. variabilis* Fouts	*Rhopalomyia destructor* Say	Leiby, 1926, 1929
29. *Polygnotus* (*Platygaster*) *hiemalis* Forb.	*Phytophaga destructor* Say	Leiby & Hill, 1923
カマバチ科 Dryinidae		
30. *Aphelopus theliae* Gahan	*Thelia bimaculata* Fabr.	Kornhauser, 1919

て胚に養分を供給すること，さらに昆虫一般にみられる表割 superficial cleavage でなく全割 total cleavage を行い，しかも卵割細胞がある程度の数になった時点で分離して，独立の胚，すなわち polygerm として発生することである。

(1)　**Litomastix**（図 33-27）

　トビコバチ科のキンウワバトビコバチの一種 *Litomastix*（*Paracopidosomopsis*）*floridanus* の発生を Patterson（1921）の研究に基づき紹介しよう。このトビコバチの雌は，ガの仲間のキンウワバ科 Plusiidae の一種 *Autographa*（*Phytometra*）*brassicae* の卵中に 1，2 個の卵を産下する。そして受精，未受精を問わず卵は発生し，両者の発生の間には相違はみられないという。ハチ目で一般に知られるように，処女雌の卵からは雄のみが生じる。卵は西洋梨形で，長さは 155 μm，薄いがしっかりした膜で包まれ，まったく卵黄を含まない（図 33-27, a）。成熟分裂は卵の前部の狭まった部分で行われ，第一分裂で染色体は 16 から 8 に減数し，前後 2 回の分裂で 3 個の極体核が形成される。雌性

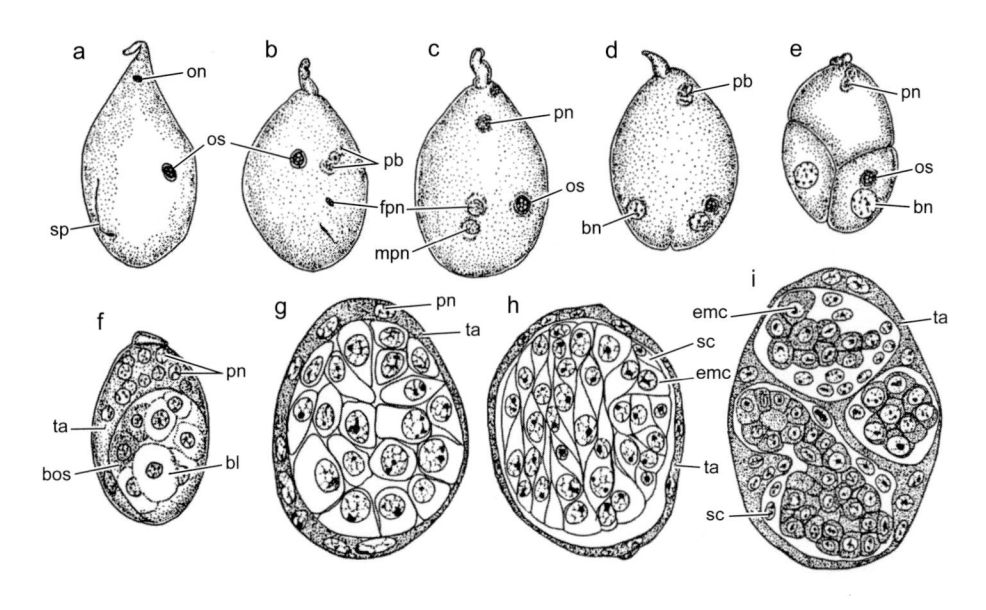

図 33-27　キンウワバトビコバチの一種 *Litomastix floridanus* の多胚発生（Patterson，1921）
　a. 産卵直後の卵，b. 成熟分裂終了，c. 受精開始，d. 第一卵割開始，e. 同，終了，f, g. 極細胞の栄養羊膜形成，
　h. 多胚化開始，i. 若い多胚
　bl：割球，bn：割球核，bos：極顆粒を含んだ割球，emc：胚細胞，fpn：雌性前核，mpn：雄性前核，on：卵核，
　os：極顆粒，pb：極体，pn：側核，sc：紡錘細胞，sp：精子，ta：栄養羊膜

前核はまもなく顕著な極顆粒 oosome の存在する卵の中央部に移動し受精する。このケースでは，そこで雄性前核と合一する（同図，b，c）。このハチの卵では，常に単一の精子が発見され，精子は卵の後部の表面のどこからでも進入し，尾部を失って雄性前核に変わる。卵割は上記のとおり昆虫類としては異例で，全割である。第一卵割で卵は二つの割球と側核 paranucleus（極体核が癒合したもの）を含んだ大型の極細胞[*2]の三つの部分に分かれる（同図，d，e）。

　この極細胞は，この後の多胚発生で重要な役割をはたす栄養羊膜 trophamnion になるもので，分裂することはない。上記の極顆粒は，2 割球のうちの一つに入り，第三卵割のときには微細な顆粒となって二つの娘割球に入る（同図，f）。さらに第四卵割では四つの娘割球で，分散した極顆粒が認められる。これら極顆粒を含む割球の分裂が通常の割球の分裂より遅れるため，卵割は不斉一になり，28 割球期になると極顆粒は消失し，観察できなくなる。

　一方，卵の前部を占める極細胞は，卵割の進行に

*2　これを Patterson は pole cell とよんでいるが，ハエ目などの始原生殖細胞も通常は pole cell（極細胞）とよばれているので，混同のおそれがあり，好ましくない。

表 33-5　キンウワバトビコバチの一種 *Litomastix floridanus* の胚発生，後胚発生段階表（Patterson，1921）

経 過 時 間	発 生 段 階
25 〜 30 m	第一成熟分裂
60 〜 65 m	第二成熟分裂
1 h 30 m	多 核 期
1 h 50 m	受 精
2 h 30 m	第一卵割
3 h 00 m	2 割球期
3 h 30 m	第二卵割
4 〜 5 h	4 割球期
7 h	8 割球期
8 h	16 割球期
9 h	28 割球期
19 h	50 〜 60 割球期
26 h	70 割球期
40 h	135 細胞期
45 〜 50 h	220 〜 225 細胞期
70 〜 72 h	若い多胚期
75 〜 80 h	多胚が完成する
77 h	一次多胚塊の分裂
4 〜 7 d	二次多胚塊の分裂
7 〜 10 d	三次多胚塊の分裂
14 〜 15 d	有性胚の形成
22 〜 27 d	自由幼虫期
28 d	蛹 化
47 d	成虫の出現

（m：分，h：時間，d：日）

つれて大きくなり，卵の後方へと覆いかぶさるように伸び，全割球を包み込み，栄養羊膜へと分化を始める（図33-27，f，g）。この過程で側核は有糸分裂を繰り返して多くの小核となり，一様の厚さになった栄養羊膜の中にほぼ均一に分布するようになる。

ところで，L. floridanus の発生で多胚化 polyembryonization の兆候が現れるのは，割球数が220〜225に達したときである。それは，いままで同形であった割球のなかに，紡錘形をした細胞が分化し（図33-27，h），この細胞が割球をいくつものグループに分ける現象である。すなわち，これまで単一であった胚が多くの胚に分かれたのである。こうして，各胚の間の隔壁となった紡錘細胞は，互いに合一して，シンシチウムになった内膜 inner membrane になり，新しくできた胚の周囲を包むようになる。前述の栄養羊膜は，さらにそれらの外側を覆い，一次多胚 primary polygerm ができあがる（同図，i）。このときの多胚の数は15〜20ぐらい，各多胚を構成する細胞数は4，5個から50個ぐらいで，一定しないという。この多胚は同様な方法で分裂して二次多胚になり，さらに三次多胚になると1,000にも及ぶ胚ができあがる。このようにして多胚が形成され，胚自身の発生も進行し，発生の終期をむかえるころになると，栄養羊膜に包まれていた多胚はバラバラになり，すでに成熟幼虫となっている寄主の体腔内に広がり，そこで幼虫となり，後胚子発生を続ける。以上が L. floridanus の多胚発生のあらましである。表33-5は本種の発生段階で，Pattersonによると10〜11月における研究室内での記録である。

Baehrecke & Strand（1990）はこのハチ（Copidosoma floridanum に改められている）の胚発生を研究し，Patterson（1921）が気づかなかった重要な発見をしている。C. floridanum はこの場合，キンウワバ科のイラクサギンウワバ Trichoplusia ni の卵に1卵または2卵を産み込むのであるが，イラクサギンウワバの卵と幼虫の発生段階と寄生卵の多胚発生のあいだにきわめて密接な関係があったということである。その状況を示したのが表33-6で，

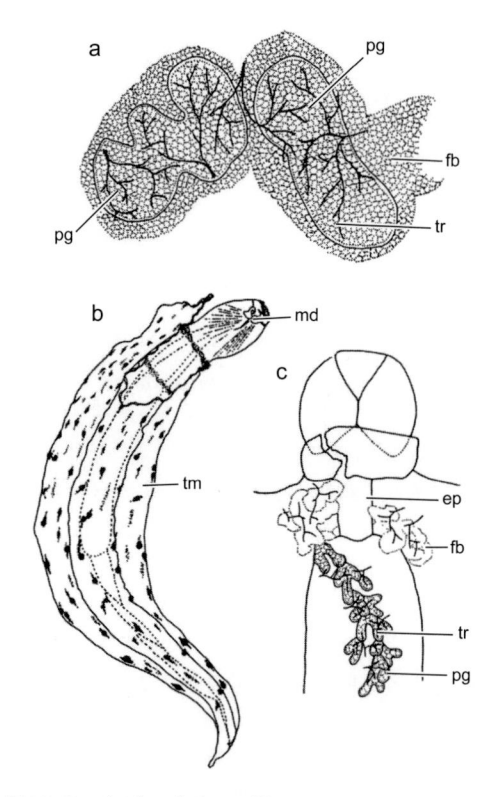

図33-28　トビコバチの一種 Copidosompsis tanytmemus の多胚と早熟幼生（Cruz，1986）
a. 脂肪体に包まれた多胚体，b. 早熟幼虫，c. 脂肪体と気管に集中した多胚
ep：食道，fb：脂肪体，md：大顎，pg：多胚，tm：栄養膜，tr：気管

表33-6　トビコバチの一種 Copidosoma floridanum の胚発生と寄主のイラクサギンウワバの後胚発生との関係（Baehrecke & Strand，1990）

寄生種ステージ	経過時間（h）	寄主ステージ	胚 発 生 の 状 況
成熟分裂	0〜2	卵	
卵　割	2〜15	卵	全割-割球形成，極核形成，極核による包膜形成，
一次桑実胚	16	卵	卵殻の消失
二次桑実胚	17〜191	1〜4令幼虫（1日目）	二次桑実胚の増殖
多桑実胚の完成	192	4令幼虫（4日目）	二次桑実胚の増殖が止まり，胚サイズの同一化が起こる
形態形成早期	216	5令幼虫（1日目）	腹褶形成，体節形成早期
孵化前幼虫	240	5令幼虫（2日目）	体節形成完了，頭函形成
幼虫孵化	264	5令幼虫（3日目）	1令幼虫孵化，体長2倍になる

大変興味深いことといえる。また，この表でみるように，増殖期の桑実胚 morula のあいだには大きさにはなはだしい違いがみられるが，多桑実胚期になると増殖が止まり，各胚の大きさは同一になる。その後，胚はめざましく大きさを増し，形態形成期に入る。この形態形成の開始は，胚に ventral fold が出現するので知ることができるという。胚を構成する細胞の大きさは，発生の全過程を通じて同大であるが，細胞数はこの期間に累乗的に増加する。

産下された1卵からは，多胚発生の結果，約2,000の胚が生じ，そのほとんどが生殖幼虫 reproductive (sexual) larva に，残りの数％が形態のまったく異なる早熟幼虫 precocious (asexual) larva になるのである（図33-28，b）。この早熟幼虫は脱皮して成長することなく，生殖幼虫により体内を蚕食された寄生体の中で死滅してしまう。ここで注意しなく

てはならないのは，両幼虫とも，最初の共通の1卵から生じたことである。

なお，多桑実胚が寄生幼虫の組織と特異性をもつらしく，これらの胚が最も多く見いだされるのは，幼虫の前胸部の神経節やアラタ体で，腹部では神経節と脂肪体であり，ほとんどの場合，寄主の気管の分布が見られる（図33-28，a，c）。以上のことに関しては，近縁の *Copidosompsis tanytmemus* についての Cruz（1986）の研究も参考になろう。

ところで Baehrecke & Strand の論文でもう一点重要なことは，Patterson や Leiby らの古典的な研究のなかで使用された術語が，一般の単胚発生についてのものを援用したため，多胚発生の記述には不適切なものがあるとした点である。たとえば，彼ら先学が述べている「栄養羊膜」は，実際には極体に由来するもので，羊膜とは起源を異にしており，

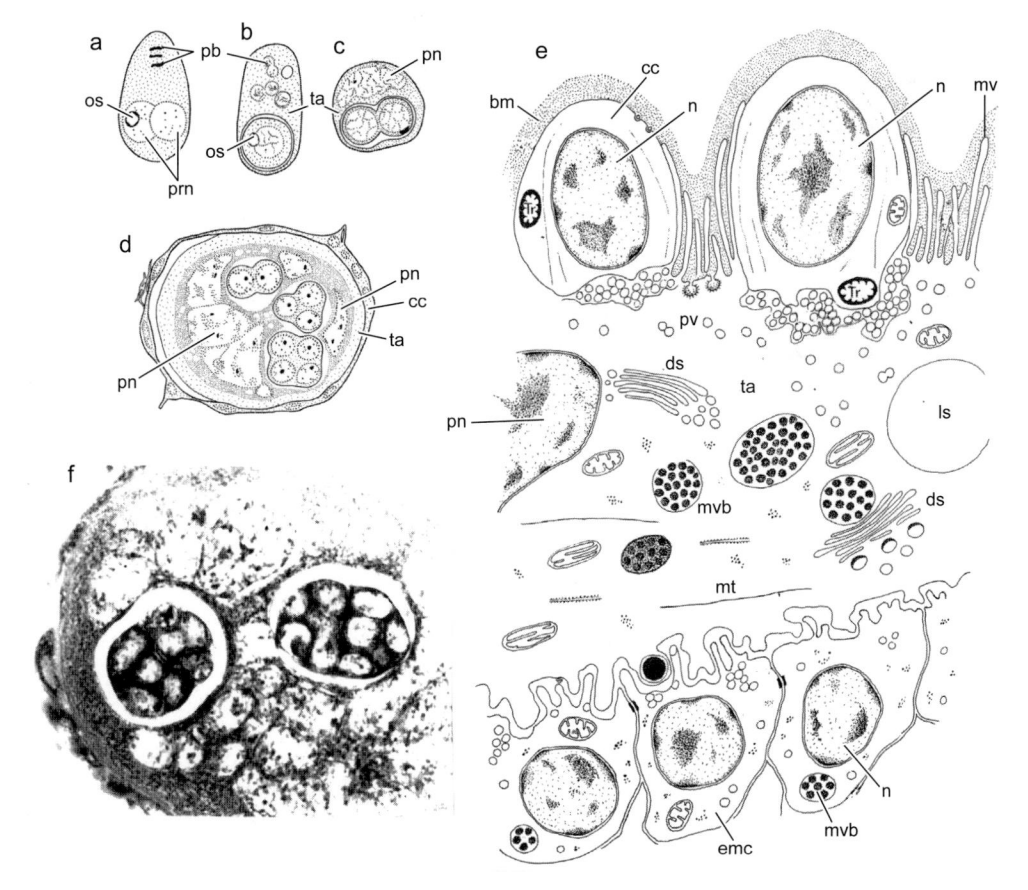

図 33-29　トビコバチの一種 *Ageniaspis fuscicollis* の初期胚発生（a～d. 模式図. Martin, 1914；e. 模式図. Kościelski *et al.*, 1978 より改変；f. Kościelska, 1963 より改変）
　　a. 雌雄性前核合一直前の卵，b. 栄養羊膜の発達，c. 卵割開始，d. 多胚化開始，e. シスト細胞，栄養羊膜，胚細胞境界面の微細構造，f. 桑実胚の分裂による多胚化
　　bm：基底膜，cc：シスト細胞，ds：ディクチオソーム，emc：胚細胞，ls：脂肪小球，mt：微小管，mv：微繊毛，mvb：多胞体，n：核，os：極顆粒，pb：極体，pn：側核，prn：前核，pv：微飲作用小胞，ta：栄養羊膜

Baehrecke & Strand は包膜 enveloping membrane（Cruz は栄養膜 trophic membrane）と別称しているのである。

（2）　*Ageniaspis*（図33-29；33-30）

次に、同じトビコバチ科の一種 *Ageniaspis fuscicollis* の胚発生の概略を Kościelska（1962, 1963, 1977）、Kościelski *et al.*（1978）、Kościelski（1981）、Kościelski & Kościelska（1985）、に基づいて述べよう。

本種の雌は、8月に鱗翅目のリンゴスガ *Yponomeuta malinella*（*Hyponomeuta minellus*）の卵に、長さ25 μm の微小卵を産み付ける。受精卵であれば、まもなく雌雄の前核、極体核が認められる（図33-29, a）。もちろん未受精卵も発生し、両者の発生に相違はない。卵には極顆粒（オーソーム）が存在し、両前核の合一に続いて細胞質分裂が起こる。極体は癒合し、明らかに倍数化して側核 paranucleus を形成するが、後には無糸分裂をして細胞中に分散するようになる（図33-29, b, c, d）。この細胞は栄養羊膜とよばれ、受精核を含む細胞から生じて

くる胚に栄養を供給する。一方の胚細胞は分裂し、割球を生じる。8～10の割球が生じるまでに、栄養羊膜のまわりに寄主由来の細胞が集まり、一層の細胞群からなるシストを形成する（同図, d）。このシスト形成は一見、寄主による異物排除に似るが、じつは逆であって、寄主の多数の枝分れした気管がシスト細胞に入り、栄養羊膜に酸素を送り、*C. floridanum* の場合と同様、寄生卵の発育を助けるのである。栄養羊膜はシスト細胞を囲む基底膜に向かって微絨毛を伸ばし、また、微飲作用によって寄主の体液から養分を取り込む。栄養羊膜と胚細胞との間では、互いに入り組んだ細胞膜の折れ曲がりを生じ、養分の授受が行われる（Kościelski *et al.*, 1978）（同図, e）。

寄主のリンゴスガの幼虫は9月末に孵化し、リンゴの木の枝に隠れ家を作って冬を過ごし、4月にはリンゴの葉を食害して育ち始め、寄主が育ち始めるとともに寄生卵の発生も急速に進み始める。上述の割球は分裂を続け、それぞれ7～8個の割球からなる桑実胚を生じる。桑実胚は、構成する割球の分裂

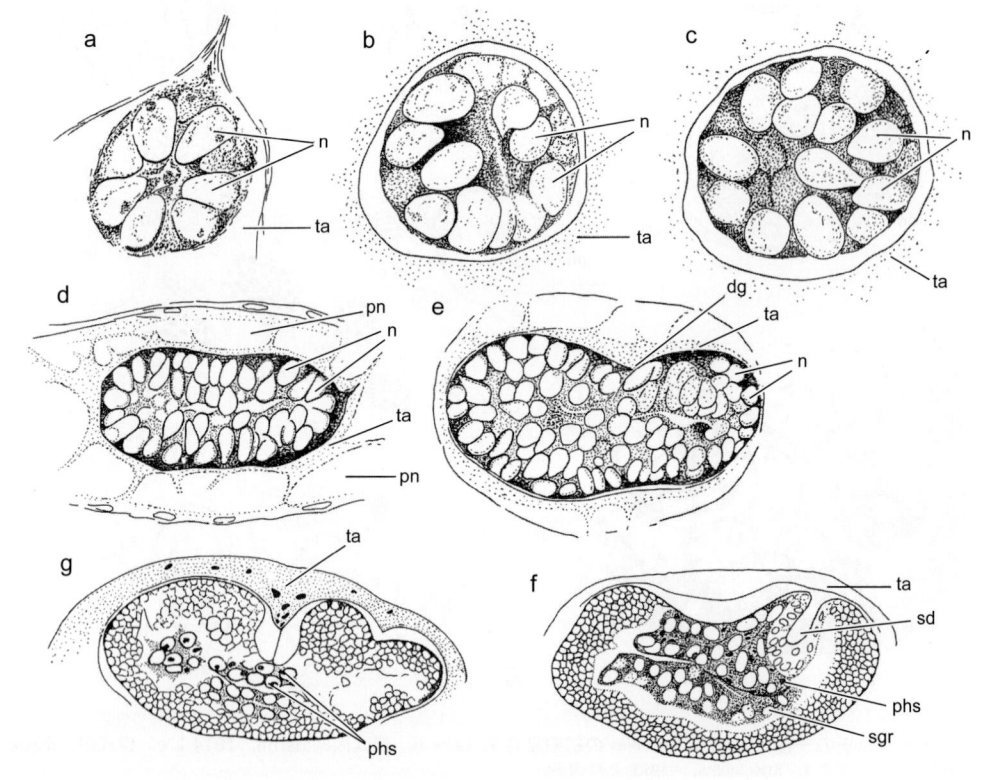

図33-30　トビコバチの一種 *Ageniaspis fuscicollis* の胚発生（Kościelska, 1977 より改変）
a. 胞胚, b, c. 嚢胚形成, d. 伸長した胚における内層細胞形成, e. 背溝形成, f. 内層における将来の中腸細胞の分化, g. 中腸原基, 唾液腺原基, 口陥の形成
dg：背溝, n：核, phs：リン脂質粒, pn：側核, sd：口陥, sgr：唾液腺原基, ta：栄養羊膜

により球形から楕円体になるが，その内部には常に一つの割球があって，その割球の分裂にともない桑実胚は二つに分離する（図33-29，f）。これが繰り返され，桑実胚の数は最終的には180にも達し，寄生体は分岐した直径0.5～2.0mm，分岐を除いた長さ50mmにも達する管状の"string"とよばれる構造にまで発達する。

桑実胚は一層の細胞に包まれた構造（内部に細胞がない）になり，胞胚 blastula となる（図33-30，a）。細胞は分裂を重ね，胚は楕円体になり，一部の細胞が内部に落ち込み始める（同図，b，c，d）。表面の細胞はまもなく多層になり，移動して背面に細胞のない溝が形成されるが，この背溝 dorsal groove は鱗翅目の胚で知られている頭葉と尾端の間に形成さ

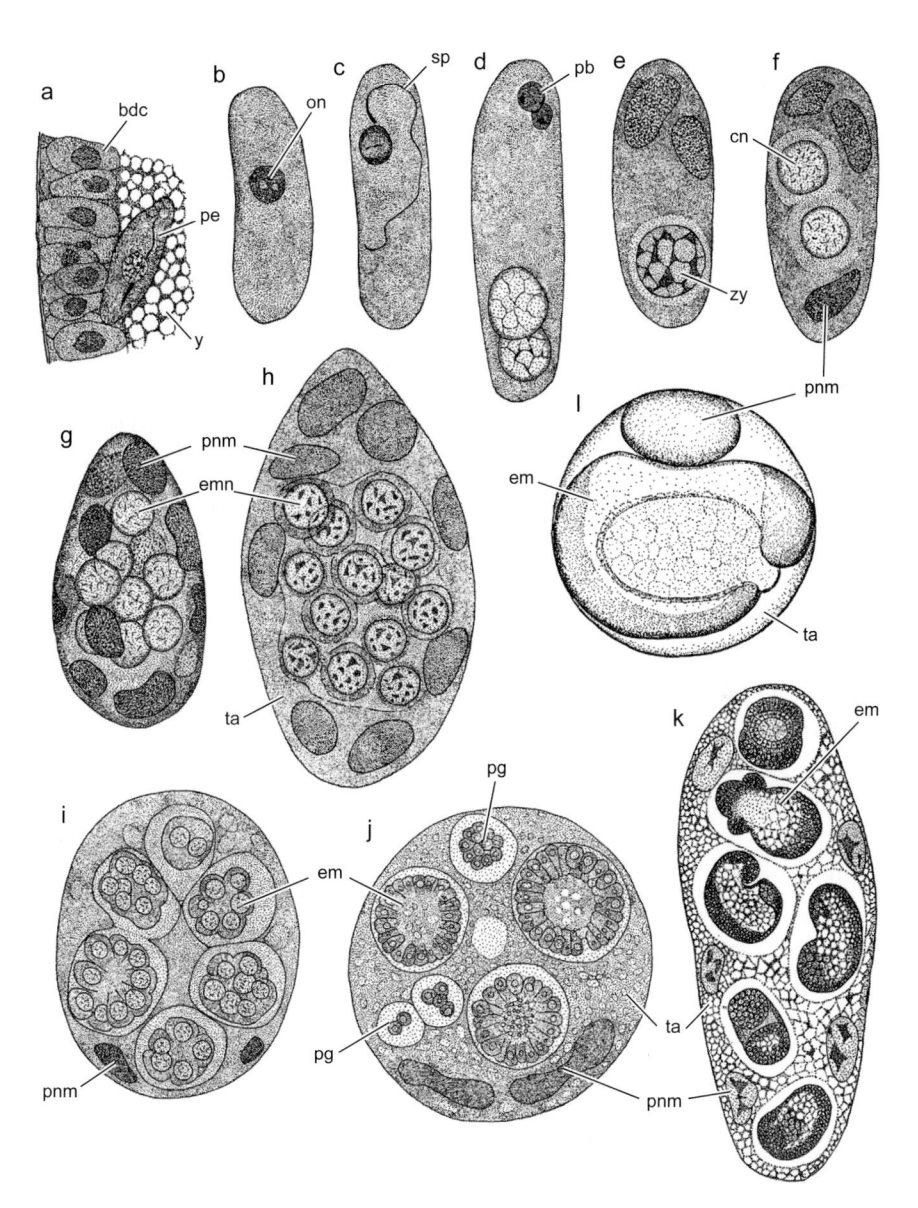

図33-31　ハラビロクロバチ科の一種 *Platygaster hiemalis* の卵と *P. vernalis* の多胚発生（Leiby & Hill，1923，1924）
a. Hessian-fly の卵（胚盤葉期）へ産卵されたばかりの *P. hiemalis* の卵，b. *P. vernalis* の未受精卵，c～e. 同，受精卵（d は産卵後12～24時間，e は1～2日），f. 同，卵割（2～3日），g. 同，8胚核期（4日），h. 同，16胚核期（約7日，切断面），i. 同，多胚期（約13日，同），j. 同（約20日，同），k. 同（約26日，縦断面），l. 同，栄養羊膜に包まれたU字形の胚。上部に側核塊がある。
bdc：胚盤葉細胞，cn：卵割核，em：胚，emn：胚核，on：卵核，pb：極体，pe：*P. hiemalis* の卵，pg：偽胚，pnm：側核塊，sp：精子，ta：栄養羊膜，y：卵黄，zg：接合子（受精核）

れるものと相同と思われる（同図, e）。内部に落ち込んだ細胞は背溝で直接, 栄養羊膜に接するようになり（同図, e, f）, 一部の細胞にはリン脂質顆粒が集積し, 明らかに一般昆虫の場合の卵黄細胞の役割をはたすことになる。これらの細胞は内胚葉と考えられ, 中胚原基を形成する。また, リン脂質顆粒をもたない細胞は, 唾液腺の分泌細胞となるのであるが, 唾液腺の導管は外胚葉起源であるというから, 一般にみられる昆虫胚の唾液腺形成からすると異例である。やがて口陥, 肛門陥ができ, 消化管が形成される（同図, g）。腹面にも溝が形成され, 中胚葉を生じ, また表面には分節化が始まる。胚は頭部と13の体節からなり, 小さな大顎と, よく発達した唾液腺, 気管系をもつ長さ1mmの100匹に及ぶ幼虫が6月に現れる。幼虫はまず栄養羊膜を食べ, 続いて宿主の組織を食べて成長するのである。

（3）*Platygaster*（図33-31）

　前述2種とは別科のハラビロクロバチ科 Platygastridae の *Platygaster hiemalis* および *P. vernalis* では, 単胚, 双胚および多胚発生を行うことが知られている。ここでは Leiby & Hill（1923, 1924）による研究の概要を紹介しよう。

　P. hiemalis はムギの害虫の Hessian-fly *Mayetiola*（*Cecidomyla*）*destructor*（ハエ目, タマバエ科 Cecidomyiidae）に寄生する。親バチは晩夏に寄主の蛹殻 puparium から羽化し, 雌バチは寄主の卵に一度に4～8卵を産卵するが, 秋には寄主の若令幼虫にも産卵する。秋のあいだに寄生卵は早期発生を終わり, 寄主の老熟した幼虫の中で冬を越し, 翌春, 寄主の体内で発生を完了し, 初令幼虫になるという。卵は楕円形で, 固定したものは生卵より縮小して15×6μm ほどで, 寄主卵の胚盤葉細胞よりやや大きい（図33-31, a）。卵核は卵のほぼ中央にあり, 受精卵では鞭状の精子が見られる。本種の卵では, *Litomastix* 卵には存在した極顆粒を欠いている。成熟分裂で二つの極体が形成されるが, 合一して一つの極核 polar nucleus になり, 卵の前域に位置するようになる。産卵後約16時間に雌性, 雄性前核が融合した受精核（胚核）は卵後域に位置し, 先ほどの極核は大きくなって側核塊 paranuclear mass になる。この側核塊は卵割開始の前に二分して二つの塊になる。このため, 卵内に受精核を含む卵後部の胚域と胚自身の発生には関与しない側核塊を含む卵前部の二つの部分が生じる（同図, b～e）。

　胚核は産卵後, 約2日目の第一卵割で2核に, 4～5日目の第二卵割で4核になる。一方の2側核塊が一つずつセットになった二組のセットができる。このセットが胚原基で, 第一卵割後の胚核, 側核塊と同じ構造をしている。この胚原基は, これから始まる胚発生で胞胚 blastula へと進み（同図, f～h）, さらに中・後期発生をへて初令幼虫になるのである（同図, i～l）。ここで重要なことは, 第二卵割で2セット, すなわち二つの胚原基が出現したことで, 双胚発生が開始されたのである。そして単胚発生の場合は第一卵割のセットが, そのまま発生をするのである。

　P. vernalis の成虫は春に羽化すると, ただちに Hessian-fly の卵に産卵する。6月になると発生の進んだ胚は, すでに老熟幼生となっている宿主体内で幼虫になり, 6～7月のあいだに宿主体を食べつくして蛹化, 羽化するという。本種では最初の1卵から多胚発生により, 約8個体の幼虫を生じるが, これは最初の胚核が第三, 第四卵割も行い, 4, 8, 16の胚原基をつくるからである。

　なお, 卵寄生バチにみられる「多胚発生の起源」について種々な仮説があるが, それらに関しては Ivanova-Kasas（1972）を参照されたい。また, 寄生バチ卵が寄主体内で生き延びるための戦略については, Strand（1986；タマゴコバチ *Trichogramma*）, Kitano（1986；コマユバチ *Apantales*）などの研究がある。

33-7　おわりに

　ハバチ亜目のカラシナハバチ, ハチ亜目のヒメバチ類, セイヨウミツバチ, 寄生バチの仲間のズイムシキイロタマバチ, キンウワバコバチ, ハラビロクロバチなどの胚発生を詳細に説明した。ハチ目には完全変態類の基本的パターンを示すハバチ類, これが改変されたミツバチ類, 寄生により胚発生が簡略化されたと考えられるコバチ類, さらに多胚発生を行う寄生バチ類と, 他の目ではみられない多様な胚発生が存在している。これはハチ亜目でとくに発達している社会性, 寄生性などの生活型と密接に関連したものと考えられ, 胚発生から系統関係を考察する際に, この点がとくに重要であろう。

■ 33章の引用文献

Achtelig, M. & G. Krause, 1971：Experimente am ungefurchten Ei von *Pimpla turionellae* L. (Hymenoptera) zur Funktionsanalyse des Oosombereichs. *W. Roux' Archiv Entw.-mech. Org.*, **167**, 164–182.

Adams, J., E. D. Rothman, W. E. Kerr & Z. L. Paulino, 1977：Estimation of the number of sex alleles and queen matings from diploid male frequencies in a population of *Apis mellifera*. *Genetics*, **86**, 583–596.

Adams, T. S., P. A. Filipi & T. J. Kelly, 1989：Effect of 20-hydroxy-ecdysone and a juvenile hormone analogue on vitellogenin production in male houseflies, *Musca domestica. J. Insect Physiol.*, **35**, 765–773.

Amy, R. L., 1961：The embryology of *Habrobracon juglandis* (Ashmead). *J. Morphol.*, **109**, 199–217.

Ando, H. & M. Okada, 1958：Embryology of the butterbur-stem sawfly, *Aglaostigma occipitosa* (Malaise) as studied by external observation (Tenthredinidae, Hymenoptera). *Acta Hymenopterol.*, **1**, 55–62.

Baehrecke, E. H. & M. R. Strand, 1990：Embryonic morphology and growth of the polyembryonic parasitoid *Copidosoma floridanum* (Ashmead) (Hymenoptera：Encyrtidae). *Int. J. Insect Morphol. Embryol.*, **19**, 165–175.

Baerends, G. P. & J. N. Baerends-van Roon, 1949：Embryological and ecological investigations on the development of the egg of *Ammophila campestris. J. Tijdschr. Entomol.*, **92**, 53–112.

Beig, D., 1971：Desenvolvimento embrionaro de abelhas operarias de *Trigona (Scaptrigona) postica* Laterille (Hymenoptera, Meliponinae). *Arq. Zool., São Paulo*, **21**, 179–234.

Berland, L., 1951：Order des Hyménoptères, reproduction. In：*Traité de Zoologie* (Grassé, P. P., ed.), Vol. X, pp. 771–975. Masson, Paris.

Beukeboom, L. W., 1995：Sex determination in Hymenoptera：A need for genetic and molecular studies. *BioEssays*, **17**, 813–817.

——, J. Ellers & J. J. M. van Alphen, 2000：Absence of single locus complementary sex determination in the braconid wasps *Asobara tabida* and *Alysia manducator. Heredity*, **84**, 29–36.

Beye, M., M. Hasselmann, M. K. Fondrk, R. E. J. Page & S. W. Omholt, 2003：The gene *csd* is the primary signal for sexual development in the honeybee and encodes an SR-type protein. *Cell*, **114**, 419–429.

Binner, P. & K. Sander, 1997：Pair-rule patterning in the honeybee, *Apis mellifera*：Expression of even-skipped combines traits known from beetles and fruitfly. *Dev. Genes Evol.*, **206**, 447–454.

Bowen, W. R. & V. M. Stern, 1966：Effect of temperature on the production of males and sexual mosaics in a uniparental race of *Trichogramma semifumatum* (Hymenoptera：Trichogrammatidae). *Ann. Entomol. Soc. Am.*, **59**, 823–834.

Bronskill, J. F., 1959：Embryology of *Pimpla turionellae* (L.) (Hymenoptera：Ichneumonidae). *Can. J. Zool.*, **37**, 655–688.

——, 1960：The capsule and its relation to the embryogenesis of the ichneumonid parasitoid *Mesoleius tenthredinis* Morl. in the larch sawfly,

Pristiphora erichsonii (Htg.) (Hymenoptera：Tenthredinidae). *Ibid.*, **38**, 769–775.

——, 1964：Embryologenesis of *Mesoleius tenthredinis* Morl. (Hymenoptera：Ichneumonidae). *Ibid.*, **42**, 439–453.

Bruhns, E., 1974：Analyse der Ooplasmaströmungen und ihrer struktarellen Grundlagen während der Furchung der *Pimpla turionellae* L. (Hymenoptera). I. Lichtmickroscopisch-anatomische Veränderungen in der Eiarchitektur koinzident mit Zeitrafferfilmbefunden. *W. Roux' Archiv Entw.-mech. Org.*, **174**, 55–89.

Butschli, O., 1870：Zur Entwicklungsgeschichte der Biene. *Z. Wiss. Zool.*, **20**, 519–564.

Clausen, C., 1940：*Entomophagous Insects*. McGraw-Hill, New York, London.

Cook, J. M., 1993：Sex determination in the Hymenoptera：A review of models and evidence. *Heredity*, **71**, 421–435.

——& R. H. Crozier, 1995：Sex determination and population biology in the Hymenoptera. *Trends Ecol. Evol.*, **10**, 281–286.

Crozier, R. H., 1975：*Hymenoptera (Animal Cytogenetics 3, Insecta 7)*. Gebruder Borntraeger, Berlin.

Cruz, Y. P., 1986：Development of the polyembryonic parasite *Copidosomopsis tanytmemus* (Hymenoptera：Encyrtidae). *Ann. Entomol. Soc. Am.*, **79**, 121–127.

Daniel, D. M., 1932：*Macrocentrus anylivorus* Rohwer, a polyembryonic braconid parasite of the oriental fruit moth. *New York St. Agr. Exp. Stat. Tech. Bull.*, **187**, 1–101.

Doncaster, L., 1906：On the maturation of the unfertilised egg, and the fate of the polar bodies, in the Tenthredinidae (sawflies). *Q. J. Microsc. Sci.*, **49**, 561–589.

Donnell, D. M., 2004：Vitellogenin of the parasitoid wasp, *Encarsia formosa* (Hymenoptera：Aphelinidae)：Gene organization and differential use by members of the genus. *Insect Biochem. Mol. Biol.*, **34**, 951–961.

Doutt, R. L., 1947：Polyembryony in *Copidosoma koehleri* Blanchard. *Am. Nat.*, **81**, 435–453.

Duchateau, M. J., H. Hoshiba & H. H. W. Velthuis, 1994：Diploid males in the bumble bee *Bombus terrestris. Entomol. Exp. Appl.*, **71**, 263–269.

Du Praw, E. J., 1965：The organization of honey bee embryonic cells. I. Microtubules and amoeboid activity. *Dev. Biol.*, **12**, 53–71.

——, 1967：The honeybee embryo. In：*Methods in Developmental Biology* (Wilt, F. H. & N. K. Wessels, eds.), pp. 183–217. Thomas Y. Crowell, New York.

Engelmann, F., 1979：Insect vitellogenin：identification, biosynthesis, and role in vitellogenesis. *Adv. Insect Physiol.*, **14**, 49–108.

Farooqi, M. M., 1963：The embryology of the mustard sawfly *Athalia proxima* Klug. (Tenthredinidae, Hymenoptera). In：*On Indian Insect Types* (Mirza, M. B., ed.), pp. 1–68. Aligarh Muslim University Publications, Zoological Series VI.

Ferrière, Ch., 1926：Note sur un chalcidien à dévéloppement polyembryonique. *Rev. Suisse Zool. Geneve*, **33**, 585–596.

Fleig, R. & K. Sander, 1985：Blastoderm development

in honeybee embryogenesis as seen in the scanning electron microscope. *Int. J. Invert. Rep. Dev.,* **8**, 279-286.

——&——, 1986：Embryogenesis of the honeybee, *Apis mellifera* L. (Hymenoptera：Apidae)：An SEM study. *Int. J. Insect Morphol. Embryol.,* **15**, 449-462.

——&——, 1988：Honeybee morphogenesis：embryonic cell movements that shape the larval body. *Development,* **103**, 525-534.

Fujiwara, Y., K. Akita, W. Okumura, T. Kodaka, K. Tomioka & T. Naito, 2004：Estimation of allele numbers at the sex-determining locus in a field population of the turnip sawfly (*Athalia rosae*). *J. Hered.,* **95**, 81-84.

Gadd, C. H., 1946：*Macrocentrus homonae,* a polyembryonic parasite of the tea tortrix (*Homona coffearia*). *Ceylon J. Sci. (B),* **23**, 67-80.

Gatenby, J. B., 1917：The embryonic development of *Trichogramma evanescens* Westw., monoembryonic egg parasite of *Donacia simplex. Q. J. Microsc. Sci.,* **62**, 149-187.

Graber, V., 1890：Vergleichende Studien am Keimstreifen der Insekten. *Denkschr. Kaiserl. Akad. Wiss. Wien Math.-Naturwiss. Kl.,* **58**, 621-734.

Greb, R. J., 1933：Effect of temperature on production of mosaics in *Habrobracon. Biol. Bull.,* **65**, 179-186.

Harnish, F. G. & B. N. White, 1982：Insect vitellins：Identification, purification, and characterization from eight orders. *J. Exp. Zool.,* **220**, 1-10.

Hasselmann, M. & M. Beye, 2004：Signitures of selection among sex-determining alleles of the honey bee. *Proc. Natl. Acad. Sci. USA.,* **101**, 4888-4893.

Hatakeyama, M. & K. Oishi, 1990：Induction of vitellogenin synthesis and maturation of transplanted previtellogenic eggs by juvenile hormone III in males of the sawfly, *Athalia rosae. J. Insect Physiol.,* **36**, 791-797.

——, M. Sawa & K. Oishi, 1990a：Ovarian development and vitellogenesis in the sawfly, *Athalia rosae ruficornis* Jakovlev (Hymenoptera, Tenthredinidae). *Invert. Reprod. Dev.,* **17**, 237-245.

——, T. Nakamura, K. B. Kim, M. Sawa, T. Naito & K. Oishi, 1990b：Experiments inducing prospective polar body nuclei to participate in embryogenesis of the sawfly, *Athalia rosae* (Hymenoptera). *Roux' Archiv Dev. Biol.,* **198**, 389-394.

——, M. Sawa & K. Oishi, 1994a：Fertilization by micro-injection of cryopreserved sperm in the sawfly, *Athalia rosae* (Hymenoptera). *J. Insect Physiol.,* **40**, 909-912.

——,——&——, 1994b：Production of haploid-haploid chimeras by sperm injection in the sawfly, *Athalia rosae* (Hymenoptera). *Roux' Archiv Dev. Biol.,* **203**, 450-453.

——, Y. Kageyama, T. Kinoshita & K. Oishi, 1995：Completion of development in *Athalia rosae* (Hymenoptera) eggs matured with heterospecific *Athalia infumata* yolk protein. *J. Insect Physiol.,* **41**, 351-355.

——, Y. Nishimori & K. Oishi, 2000：Participation of testicular spermatids in development upon intracytoplasmic injection into eggs of the sawfly, *Athalia rosae* (Insecta, Hymenoptera). *J. Exp. Zool.,* **286**, 181-192.

Ivanova-Kasas, O. M., 1959：Die embryonale Entwicklung der Blattwespe *Pontania capreae* L. (Hymenoptera, Tenthredinidae). *Zool. Jb. Anat. Ontog.,* **77**, 193-228.

——, 1960：Embryologische Entwicklung von *Angitia vestigialis* Ratz. (Hymenoptera, Ichneumonidae) des Endoparasiten von *Pontania capreae* L. (Hymenoptera, Tenthredinidae). *Entomol. Obozrenie,* **39**, 284-295.

——, 1961：*Essays on the Comparative Embryology of Hymenoptera.* Leningrad University Publishing, Leningrad.（ロシア語）

——, 1972：Polyembryony in insects. In：*Developmental Systems：Insects* (Counce, S. J. & C. H. Waddington, eds.), Vol. 1, pp. 243-271. Academic Press, London, New York.

Iwata, K., 1955：The comparative anatomy of the ovary in Hymenoptera. Part I. Aculeata. *Mushi (Fukuoka),* **29(4)**, 17-34.

——, 1958：The comparative anatomy of the ovary in Hymenoptera. Part II. Symphyta. *Ibid.,* **31(5)**, 47-60.

——, 1959a：The comparative anatomy of the ovary in Hymenoptera. Part IV. Proctotrupoidea and Agriotypidae (Ichneumonoidea) with descriptions of ovarian eggs. *Kontyû,* **27**, 18-20.

——, 1959b：The comparative anatomy of the ovary in Hymenoptera. Part III. Braconidae (including Aphidiidae) with descriptions of ovarian eggs. *Ibid.,* **27**, 231-238.

——, 1960：The comparative anatomy of the ovary in Hymenoptera. Part V. Ichneumonidae. *Acta Hymenopterol.,* **1**, 115-169.

——, 1966：The comparative anatomy of the ovary in Hymenoptera. Supplement on Ichneumonidae. *Coccygomimus luctuosa* Smith, *C. parnarae* Viereck and *C. pluto* Ashmead. *Ibid.,* **2**, 133-135.

岩田久二雄，1971：本能の進化―蜂の比較習性学的研究．真野書店．

Jamieson, B. G. M., 1987：*The Ultrastructure and Phylogeny of Insect Spermatozoa.* Cambridge University Press, London.

Jancke, O., 1932：Die Kirschblütenmotte (*Argyresthia prinella*) und ihr Parasit (*Ageniaspis atricollis* Dalm.). *Gartenbauwissenschaft,* **6**, 303-386.

Johannsen, O. A. & F. H. Butt, 1941：*Embryology of Insects and Myriapods.* McGraw-Hill, New York, London.

Kageyama, Y., T. Kinoshita, Y. Umesono, M. Hatakeyama & K. Oishi, 1994：Cloning of cDNA for vitellogenin of *Athalia rosae* (Hymenoptera) and characterization of the vitellogenin gene expression. *Insect Biochem. Mol. Biol.,* **24**, 599-605.

Kitano, H., 1986：The role of *Apanteles glomeratus* venom in the defensive response of its host, *Pieris rapae crucivora. J. Insect Physiol.,* **32**, 369-375.

Kornhauser, S. J., 1919：The sexual characteristics of the membracid *Thelia bimaculata* (Fabr.). I. External changes induced by *Aphelopus theliae* (Gahan). *J. Morphol.,* **32**, 531-636.

Kościelska, M. K., 1962：Investigation upon trophamnion *Ageniaspis fuscicollis* Dalm. (Chalcidoidea, Hymenoptera). *Stud. Soc. Sci. Torunensis, Sec. E,* **6**, 1-9.

—, 1963：Investigations on polyembryony in *Ageniaspis fuscicollis* Dalm. (Chalcidoidea, Hymenoptera). *Zool. Pol.*, **13**, 255-276.

—, 1977：Gastrulation and differentiation of endoderm in *Ageniaspis fuscicollis* Dalm. (Chalcidoidea). *Ibid.*, **26**, 271-284.

—, 1981：Early developmental stages of *Monodontomerus dentipes* (Dalman) (Hymenoptera, Chalcidoidea). *Ibid.*, **28**, 469-483.

—, 1985：Early developmental stages and germ layer differentiation in *Dahlbominus fuscipennis* Zett. (Chalcidoidea, Hymenoptera). *Ibid.*, **32**, 63-71.

—& B. Kościelski, 1987：Early embryonic development of *Tritneptis diprionis* (Chalcidoidea, Hymenoptera). In：*Recent Advances in Insect Embryology in Japan and Poland* (Ando, H. & Cz. Jura, eds.), pp. 207-214. Arthropodan Embryological Society of Japan, ISEBU, Tsukuba.

Kościelski, B., 1981：Early development of *Ageniaspis fuscicollis* Dalm. (Chalcidoidea, Hymenoptera). *Zool. Pol.*, **28**, 315-320.

—& M. K. Kościelska, 1985：Ultrastructural studies on the polyembryony in *Ageniaspis fuscicollis* (Chalcidonidea, Hymenoptera). *Ibid.*, **33**, 203-210.

—&—, 1987：Fine structure of endoderm of embryo of *Ageniaspis fuscicollis* (Chalcidoidea, Hymenoptera). In：*Recent Advances in Insect Embryology in Japan and Poland* (Ando, H. & Cz. Jura, eds.), pp. 273-279. Arthropodan Embryological Society of Japan, ISEBU, Tsukuba.

—,—& J. Szroeder, 1978：Ultrastructure of the polygerm of *Ageniaspis fuscicollis* Dalm. (Chalcidoidea, Hymenoptera). *Zoomorphologie*, **89**, 279-288.

Krishnamurti, B., 1938：A microscopical study of the development of *Trichogramma minutum* Riley (the egg-parasite of the sugarcane borers in Mysore) and its parasitisation of the eggs of *Corcyra cephalonica* Staint (the flour-moth employed in the mass production of *Trichogramma*). *Proc. Indian Acad. Sci. (B)*, **7**, 36-40.

Lamy, M., 1984：Vitellogenesis, vitellogenin and vitellin in the males of insects：A review. *Int. J. Invert. Rep. Dev.*, **7**, 311-321.

Lee, J. M., M. Hatakeyama & K. Oishi, 2000：A simple and rapid method for cloning insect vitellogenin cDNAs. *Insect Biochem. Mol. Biol.*, **30**, 189-194.

Leiby, R. W., 1922：The polyembryonic development of *Copidosoma gelechiae*, with notes on its biology. *J. Morphol.*, **37**, 195-285.

—, 1926：The origin of mixed broods in polyembryonic Hymenoptera. *Ann. Entomol. Soc. Am.*, **19**, 290-299.

—, 1929：Polyembryony in insects. *IV Int. Congr. Entomol.*, **2**, 873-887.

—& C. C. Hill, 1923：The twinning and monoembryonic development of *Platygaster hiemalis*, a parasite of the Hessian-fly. *J. Agric. Res.*, **25**, 337-349.

—&—, 1924：The polyembryonic development of *Platygaster vernalis*. *Ibid.*, **28**, 829-839.

Malyshev, S. I., 1968：*Genesis of the Hymenoptera and the Phases of Their Evolution*. Methuen, London

Marchal, P., 1898：A new method of asexual reproduction in hyménoptèrous insects. *Nat. Sci.*, **12**. 316-318.

—, 1904：Recherches sur les biologie et le développment des hymenoptères parasites. I. La polyembryonie specifique ou germinogonie. *Arch. Zool. Exp. Gén.*, **2**, 257-335.

—, 1906：Recherches sur les biologie et le développment des hymenoptères parasites. II. Les platygasters. *Ibid.*, **4**, 485-640.

Martin, F., 1914：Zur Entwicklungsgeschichte des polyembryonalen Chalcidiers *Ageniaspis* (*Encyrtus*) *fuscicollis* Dalm. *Z. Wiss. Zool.*, **110**, 419-479.

Mason, W. R. M., 1967：Specialization in the egg structure of *Exenterus* (Hymenoptera：Ichneumonidae) in relation to distribution and abundance. *Can. Entomol.*, **99**, 375-384.

Maul, V., 1967：Dynamik und Erbverhalten plasmatischer Eibereicke der Honigbiene. *Zool. Jb. Anat. Ontog.*, **84**, 63-166.

—, 1970：Inter-strain differences in the development of the pattern of periplasm distribution during cleavage of honeybee eggs. *J. Morphol.*, **130**, 247-256.

Naito, T., 1982：Chromosome number differentiation in sawflies and its systematic implication (Hymenoptera, Tenthredinidae). *Kontyû*, **50**, 569-587.

—& H. Suzuki, 1991：Sex determination in the sawfly, *Athalia rosae ruficornis* (Hymenoptera)：Occurrence of triploid males. *J. Hered.*, **82**, 101-104.

Nelson, J. A., 1915：*The Embryology of the Honey Bee*. Princeton University Press, Princeton.

西森義克・澤　正実, 1998：カブラハバチの受精における雄副精巣の役割. *Proc. Arthropod. Embryol. Soc. Jpn.*, **33,** 37-38.

Niyibigira, E. I., W. A. Overholt & R. Stouthamer, 2004a：*Cotesia flavipes* Cameron and *Cotesia sesamiae* (Cameron) (Hymenoptera：Braconidae) do not exhibit complementary sex detemination：Evidence from field populations. *Appl. Entomol. Zool.*, **39**, 705-715.

—,—&—, 2004b：*Cotesia flavipes* Cameron (Hymenoptera：Braconidae) does not exhibit complementary sex detemination (ii) Evidence from loboratory experiments. *Ibid.*, **39**, 717-725.

Nose, Y., J. M. Lee, T. Ueno, M. Hatakeyama & K. Oishi, 1997：Cloning of cDNA for vitellogenin of the parasitoid wasp, *Pimpla nipponica* (Hymenoptera：Apocrita：Ichneumonidae)：Vitellogenin primary structure and evolutionary considerations. *Insect Biochem. Mol. Biol.*, **27**, 1047-1056.

Nuss, E., 1974：Analyse der Oopläsmaströmungen und ihrer strukturellen Grundlagen während der Furchung bei *Pimpla turionellae* L. (Hymenoptera). II. Belastung der Eiarchitektur mit verschiedenen Beschleunigungsfällen. *W. Roux' Archiv Entw.-mech. Org.*, **175**, 273-305.

—, 1975：Analyse der Oopläsmaströmungen und ihrer strukturellen Grundlagen während der Furchung bei *Pimpla turionellae* L. (Hymenoptera). III. Zeitrafferfilmanalysen der Entwicklung zentrifugierter Eier. *Ibid.*, **177**, 205-233.

Ochiai, S., 1960：Comparative studies on embryology of the bees—*Apis*, *Polistes*, *Verpula* and *Vespa*, with special reference to the development of the silk gland. *Bull. Fac. Agric. Tamagawa Univ.*, **1**,

13-45.

Oishi, K., M. Sawa, M. Hatakeyama & Y. Kageyama, 1993：Genetics and biology of the sawfly, *Athalia rosae* (Hymenoptera). *Genetica*, **88**, 119-127.

——,——& M. Hatakeyama, 1995：Developmental biology of the sawfly, *Athalia rosae* (Hymenoptera). *Proc. Arthropod. Embryol. Soc. Jpn.*, **30**, 1-8.

——, M. Hatakeyama & M. Sawa, 1998：Egg maturation and events leading to embryonic development in the sawfly, *Athalia rosae* (Hymenoptera). In：*Genome Analysis in Eukaryotes：Developmental and Evolutionary Aspects* (Chatterjee, R. N. & L. Sanchez, eds.), pp. 51-64. Narosa Publishing House, New Delhi.

Oka, K., N. Yoshiyama, K. Tojo, R. Machida & M. Hatakeyama, 2010：Characterization of abdominal appendages in the sawfly, *Athalia rosae* (Hymenoptera), by morphological and gene expression analyses. *Dev. Genes Evol.*, **220**, 53-59.

Paillot, A., 1940：Contributions à l'étude du développement polyembryonnaire d'*Amicroplus collaris* Spin., braconide parasite d'*Euxoa segetum* Schiff. *Ann. Epiphytes*, **6**, 67-102.

Parker, H. L., 1931：*Macrocentrus gifuensis* Aschmead, a polyembryonic braconid parasite in the European corn borer. *Univ. St. Dep. Agr., Tech. Bull.*, **230**, 1-62.

——& W. R. Thompson, 1928：Contribution à la biologie des *Chalcidiens entomophages*. *Ann. Soc. Entomol. Fr.*, **97**, 425-465.

Patterson, J. T., 1915：Observation on the development of *Copidosoma gelechiae*. *Biol. Bull.*, **29**, 333-372.

——, 1917：Studies on the biology of *Paracopidosomopsis*. I. Data on the sexes. *Ibid.*, **32**, 291-305.

——, 1921：The development of *Paracopidosomopsis*. *J. Morphol.*, **36**, 1-69.

——, 1927：Polyembryony in animals. *Q. Rev. Biol.*, **2**, 399-426.

Pflugfelder, O., 1934：Bau und Entwicklung der Spinndrüse der Blattwespen. *Z. Wiss. Zool.*, **145**, 261-283.

Piulachs, M. D., K. R. Guidugli, A. R. Barchuk, J. Cruz, Z. L. P. Simoes & X. Belles, 2003：The vitellogenin of the honey bee, *Apis mellifera*：Structural analysis of the cDNA and expression studies. *Insect Biochem. Mol. Biol.*, **33**, 459-465.

Reinhardt, E., 1960：Kernverhältnisse, Eisystem und Entwicklungsweise von Drohnen- und Arbeiterinnen der Honigbiene (*Apis mellifera*). *Zool. Jb. Anat. Ontog.*, **78**, 167-234.

Ross, K. G., E. L. Vargo, L. Keller & J. C. Trager, 1993：Effect of a founder event on variation in the genetic sex-determining system of the fire ant *Solenopsis invicta*. *Genetics*, **135**, 843-854.

Ryan, R. B., 1963：Contribution to the embryology of *Coeloides brunneri* (Hymenoptera：Braconidae). *Ann. Entomol. Soc. Am.*, **56**, 639-648.

坂上昭一，1970：ミツバチのたどったみち. 思索社.

Sander, K., 1985：Fertilization and egg cell activation in insects. In：*Biology of Fertilization* (Metz, C. H. & A. Monroy, eds.), Vol. 2, pp. 409-430. Academic Press, Orland.

——, 1990：The insect oocyte：fertilization, activation and cytoplasmic dynamics. In：*Mechanisms of Fertilization* (Dale, B., ed.), pp. 605-624. Springer-Verlag, Berlin.

Sappington, T. W., K. Oishi & A. S. Raikhel, 2002：Structural characteristics of insect vitellogenins. In：*Progress in Vitellogenesis* (Raikhel, A. S. & T. W. Sappington, eds.), pp. 69-101. Series of Reproductive Biology of Invertebrates (Adiyodi, K. G. & R. G. Adiyodi, eds.), Vol. XII, Part A. Science Publishers, Enfield, New Hampshire.

Sarra, R., 1915：Osservazioni biologiche sull' *Anarsia lineatella* Z., dannosa al frutto del mandorlo. *Bol. Lab. Zool. Gen. Agr. R. Scuola Super. Agr. Portici*, **10**, 51-65.

——, 1918：La variegana ed i suoi parassiti. *Ibid.*, **12**, 175-187.

Sauer, E., 1954：Keimblätterbildung und Differenzierungsleistungen in isoleten Eiteilen der Honigbiene. *W. Roux' Archiv Entw.-mech. Org.*, **147**, 302-354.

Sawa, M., 1991：Fertilization of hetero-specific insect eggs by sperm injection. *Jpn. J. Genet.*, **66**, 297-303.

——& K. Oishi, 1989a：Studies on the sawfly, *Athalia rosae* (Insecta, Hymenoptera, Tenthredinidae). II. Experimental activation of mature unfertilized eggs. *Zool. Sci.*, **6**, 549-556.

——&——, 1989b：Studies on the sawfly, *Athalia rosae* (Insecta, Hymenoptera, Tenthredinidae). III. Fertilization by sperm injection. *Ibid.*, **6**, 557-563.

——&——, 1989c：Delayed sperm injection and fertilization in parthenogenetically activated insect egg (*Athalia rosae*, Hymenoptera). *Roux' Archiv Dev. Biol.*, **198**, 242-244.

——, A. Fukunaga, T. Naito & K. Oishi, 1989：Studies on the sawfly, *Athalia rosae* (Insecta, Hymenoptera, Tenthredinidae). I. General biology. *Zool. Sci.*, **6**, 541-547.

Schnetter, M., 1934：Morphologische Untersuchungen über das Differenzierungszentrum in der Embryonalentwicklung der Honigbiene. *Z. Morphol. Ökol. Tiere*, **29**, 114-195.

Schulmeister, S., 2003：Review of morphological evidence on the phylogeny of basal Hymenoptera (insecta), with a discussion on the ordering of characters. *Biol. J. Linn. Soc.*, **79**, 209-243.

Shafiq, S. A., 1954：A study of the embryonic development of the gooseberry sawfly, *Pteronidea ribesii*. *Q. J. Microsc. Sci.*, **95**, 93-114.

Silvestri, F., 1906：Contribuzioni alla conoscenza biologica degli *Imenotteri parassiti*. I. Biologia de *Litomastix truncatellus* (Dalm.). *Ann. R. Scuola Super. Agr. Portici*, **6**, 3-51.

——, 1907：Contribuzioni alla conoscenza biologica degli *Imenotteri parassiti*. I. Biologia del *Litomastix truncatellus* (Dalm.). *Boll. Lab. Zool. Gen. Agr. R. Scuola Super. Agr. Portici*, **1**, 17-64.

——, 1908：Contribuzioni alla conoscenza biologica degli *Imenotteri parassiti*. Sviluppo dell' *Ageniaspis fuscicollis* (Dalm.) e note biografiche. Sviluppo dell' *Encyrtus aphidivorus* Mayr., Sviluppo dell' *Oophthora semblidis* Aur. *Ibid.*, **3**, 29-85.

——, 1910：Notizie preliminari sullo sviluppo del *Copidosoma buyssoni*. *Monitore Zool. Ital.*, **21**, 296-298.

——, 1924：Contribuzioni alla conoscenza dei *Tortricidi delle* Querce. *Boll. Lab. Zool. Gen. Agr. R. Scuola Super. Agr. Portici*, **17**, 41–107.

Snow, S. J., 1925：Observations on the cutworm *Euxoa auxiliaris* Grote, and its principal parasites. *J. Econ. Entomol.*, **18**, 602–609.

Stouthamer, R. & D. J. Kazmer, 1994：Cytogenetics of microbe-associated parthenogenesis and its consequences for gene flow in *Trichogramma* wasps. *Heredity*, **73**, 317–327.

Strand, M. R., 1986：The physiological interactions of parasitoids with their hosts and their influence on reproductive strategies. In：*Insect Parasitoids*. (Waag, J. & D. Greathead, eds.), pp. 97–136. Academic Press, London.

孫　少軒, 1959：麦叶蜂胚胎発育. 昆虫学報, **9**, 29–44.

Sumitani, M., D. S. Yamamoto, J. M. Lee & M. Hatakeyama, 2005：Isolation of *white* gene orthologue of the sawfly, *Athalia rosae* (Hymenoptera) and its functional analysis using RNA interference. *Insect Biochem. Mol. Biol.*, **35**, 231–240.

Suomalainen, E., A. Saura & J. Lokki, 1987：*Cytology and Evolution in Parthenogenesis*. CRC Press, Boca Raton, Florida.

Takadera, K., M. Yamashita, M. Hatakeyama & K. Oishi, 1996：Similarities in vitellin antigenicity and vitellogenin mRNA nucleotide sequence among sawflies (Hymenoptera：Symphyta：Tenthredinoidea). *J. Insect Physiol.*, **42**, 417–422.

Tanaka, M., 1985a：Early embryonic development of the parasitic wasp, *Trichogramma chilonis* (Hymenoptera, Trichogrammatidae). In：*Recent Advances in Insect Embryology in Japan* (Ando, H. & K. Miya, eds.), pp. 171–179. Arthropodan Embryological Society of Japan, ISEBU, Tsukuba.

——, 1985b：Embryonic and early post-embryonic development of the parasitic wasp, *Trichogramma chilonis* (Hymenoptera, Trichogrammatidae). *Ibid.*, pp. 181–189.

Telfer, W. H., 1975：Development and physiology of the oocyte–nurse cell syncytium. *Adv. Insect Physiol.*, **11**, 223–319.

——, 2002：Insect yolk proteins：A progress report. In：*Progress in Vitellogenesis* (Raikhel, A. S. & T. W. Sappington, eds.), pp. 29–67. Series of Reproductive Biology of Invertebrates (Adiyodi, K. G. & R. G. Adiyodi, eds.), Vol. XII, Part A. Science Publishers, Enfield, New Hampshire.

Tian, H., S. B. Vinson & C. J. Coates, 2004：Differential gene expression between alate and dealate queens in the red imported fire ant, *Solenopsis invicta* Buren (Hymenoptera：Formicidae). *Insect Biochem. Mol. Biol.*, **34**, 937–949.

Tremblay, E. & L. E. Caltagirone, 1973：Fate of polar bodies in insects. *Annu. Rev. Entomol.*, **18**, 421–444.

Trenczek, T. & W. Engels, 1986：Occurrence of vitellogenin in drone honeybees (*Apis mellifera*). *Int. J. Invert. Rep. Dev.*, **10**, 307–311.

——, A. Zillikens & W. Engels, 1989：Developmental patterns of vitellogenin haemolymph titre and rate of synthesis in adult drone honey bees (*Apis mellifera*). *J. Insect Physiol.*, **35**, 475–481.

van Wilgenburg, E., G. Driessen & L. W. Beukeboom, 2006：Single locus complementary sex determination in Hymenoptera：An "unintelligent" design? *Front. Zool.*, **3**, 1. (http://www.frontiersinzoology.com/content/3/1/1)

Vinson, S. B. & H.-S. Jang, 1987：Activation of *Campoletis sonorensis* (Hymenoptera：Ichneumonidae) eggs by artificial means. *Ann. Entomol. Soc. Am.*, **80**, 486–489.

Went, D. F., 1975：Blastoderm formation in artificially activated eggs of *Pimpla turionellae* (Hym.). *Dev. Biol.*, **45**, 183–186.

——, 1982：Egg activation and paethenogenetic reproduction in insects. *Biol. Rev.*, **57**, 319–344.

——& G. W. Krause, 1974：Alteration of egg architecture and egg activation in an endoparasitic hymenopteran as a result of natural or imitated oviposition. *W. Roux' Archiv Entw.-mech. Org.*, **175**, 173–184

Wheeler, D., J. Liebig & B. Holldobler, 1999：Atypical vitellins in ponerine ants (Formicidae：Hymenoptera). *J. Insect Physiol.*, **45**, 287–293.

White, M. J. D., 1973：*Animal Cytology and Evolution*. Cambridge University Press, London.

Whiting, A. R., 1961：Genetics of *Habrobracon. Adv. Genet.*, **10**, 333–406.

Wolf, R. & G. Krause, 1971：Die Ooplasmabewegung während der Furchung von *Pimpla turionellae* L. (Hymenoptera), eine Zeitrafferfilmanalyse. *W. Roux' Archiv Entw.-mech. Org.*, **167**, 266–287.

Wu, Z., K. R. Hopper, P. J. Ode, R. W. Fuester, M. Tuda & G. E. Heimpel, 2005：Single-locus complementary sex determination absent in *Heterospilus prosopidis* (Hymenoptera：Braconidae). *Heredity*, **95**, 228–234.

Yamamoto, D. S., M. Sumitani, K. Tojo, J. M. Lee & M. Hatakeyama, 2004：Cloning of a *decapentaplegic* orthologue from the sawfly, *Athalia rosae* (Hymenoptera), and its expression in the embryonic appendages. *Dev. Genes Evol.*, **214**, 128–133.

安松京三, 1972：膜翅類. "動物系統分類学（内田　亨 編）, 7（下C）節足動物 IIIc, 昆虫類（下）", pp. 267–365. 中山書店, 東京.

34章

カマアシムシ目（補遺）
Protura

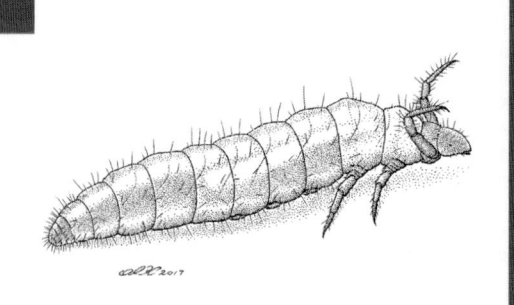

34-1　はじめに

　カマアシムシ目は六脚類の内顎類に属する微小な土壌昆虫である。節状尾節，増節変態 anamorphosis など節足動物のなかでも祖先的と考えられる多くの特徴をもつことから，六脚類の最も原始的な系統群の一つであると考えられ，Silvestri（1907）による本目の発見以来，約1世紀ものあいだ，本目の発生学的研究は熱望されてきた（Richards & Davies, 1977）。しかし，飼育の困難さなどから，なされた多く試みはいずれも失敗に終わっていた（上巻の第2部各論2章「カマアシムシ目」参照）。

　六脚類の高次系統に関しては，Hennig（1969）の「内顎類–外顎類システム」が広く受け入れられている。しかしながら，近年の古生物学，機能形態学，比較発生学的研究（Kukalová-Peck, 1987；Koch, 1997；Ikeda & Machida, 1998；Machida et al., 2002；Machida, 2006；Tomizuka & Machida, 2015），また，大規模トランスクリプトーム解析（Misof et al., 2014）は，コムシ目と外顎類の姉妹群関係を示唆するなど，内顎類の単系統性を再検討しようとの動きがでてきている。また，分子系統学，全証拠解析は「欠尾類 Ellipura」（＝カマアシムシ目＋トビムシ目）を棄却して，カマアシムシ目とコムシ目からなる「無眼類 Nonoculata」という新たな系統群を提出している（Luan et al., 2003, 2005；Girbet et al., 2004）。さらに，カマアシムシ目を他の六脚類の姉妹群とする最近の分子系統解析もある（Sasaki et al., 2013）。このような状況のなかで，昆虫類の高次系統，グラウンドプランの理解は急務で，昆虫類の最原始系統群の一つであるカマアシム

シ目の発生学的研究はいままでにもまして重要なものとなっている。

　上巻の第2部各論2章「カマアシムシ目」では，日本がカマアシムシ目の発生学に先鞭をつけることを期待して終わっている。そして，それ以降の試みにより，ようやく日本の研究グループがサイコクカマアシムシ Baculentulus densus（図34-1, a）を材料に，カマアシムシ目の発生学的研究に成功した（Machida & Takahashi, 2003, 2004；Machida, 2006；Fukui & Machida, 2006, 2009；Fukui, 2010）。本章では Fukui & Machida（2006, 2009）および Fukui（2010）を中心にして，カマアシムシ目の胚発生を概説する。これまでのカマアシムシ目についての生殖学的研究，卵についての報告に関しては上巻の各論2章を参照されたい[*1]。

34-2　飼育，採卵法

　Machida & Takahashi（2004）は，図34-1, b に断面を示す飼育容器を作成し，サイコクカマアシムシの飼育に成功した。ミニチュアの素焼きの植木鉢（同図，「crp」）に落葉小片（同図，「li」）を入れ，磨き上げたレンガ片（同図，「br」）を蓋とする。このように作成した内容器をプラスチック製の外容器（同図，「pc」）に入れる。外容器と内容器の間には

----

* 1　上巻の各論第2部2章「カマアシムシ目」において，本目の卵に関する Larink & Biliński（1989）の重要な文献が落ちていた。彼らの論文は，Bernard が野外から採集し彼らに提供された *Eosentomon* 卵に関するもので，サイコクカマアシムシ卵と同様，表面には多数の突起があり，また，卵殻は二層からなると記載している。

図 34-1　カマアシムシ目の飼育法（a, c, d. 福井 原図；b. Machida & Takahashi, 2004 より改変）
a. サイコクカマアシムシ *Baculentulus densus*。大きな個体が成虫，b. 飼育容器（断面），c. 菌糸束より摂食中のサイコクカマアシムシ，d. 生卵。卵表の突起が大きい写真左側が卵前極。
br：レンガ片, crp：ミニチュアの植木鉢, li：落葉小片, mb：菌糸束, pc：プラスチック製容器, wp：湿らせたティッシュペーパー

湿らせたティッシュペーパー（同図，「wp」）を挿入するが，これにより内容器内は飽和湿度の安定した状態が保たれる。このように作成した容器にツルグレン・ファンネルで土壌より抽出したサイコクカマアシムシを入れて，生息地の地温に連動させた温度設定しているインキュベーター内で飼育する。

飼育容器内の落葉小片には自然に土壌菌が繁殖するが，サイコクカマアシムシはこの菌糸や菌糸束に口吻を突き立てて原形質を摂食する（図 34-1, c）。このような状態で長期飼育が可能で，世代をまわすことも可能である。雌は容器内の落葉小片上に 1 個ずつ産卵するので，定期的に落葉小片を点検する。この飼育容器は土壌性の他の小動物の飼育にも大変適している。

34-3　胚発生の概略

サイコクカマアシムシの卵は白色，球形に近い回転楕円体で，長径は 100 〜 140 µm（平均約 120 µm）で，卵殻表面には多数の突起がある（図 34-1, d；34-2, a）。Bernard（1976, 1979），

Larink & Biliński（1989）による *Eosentomon* の卵の特徴と基本的に一致する。卵表の一領域に大型の突起が局在するが，この領域には将来，胚の頭部が位置するので，これを前極とする。卵期は室温で 2 週間前後である。

図 34-2, b は，サイコクカマアシムシの 4 細胞期卵である。二つの卵割核と割球の境界（矢印）が観察される。カマアシムシの初期卵割は全割型である。その後，卵割核は分裂を繰り返して数を増しながら表層へ移動し，一層の胚盤葉を形成する（同図，c）。胚盤葉はすぐに胚盤葉クチクラを分泌する（図 34-6, b 参照）。やがて胚盤葉に分化が起こり，ほぼすべての卵表を占める広大な胚域と狭い胚外域，すなわち漿膜に分化する（同図，d）。やがて胚域のほぼ全域に内層が形成される非極在型の中胚葉形成が起こる。できあがった初期胚はすぐに分節を開始する。同図，e, e′ に示す胚では，大顎，小顎，下唇節，胸節と前方の腹節が分化している。このステージでは，胚外域である漿膜（同図，e,「se」）と背板（同図，e,「t」）は連続的に移行し，境界は不明瞭である。

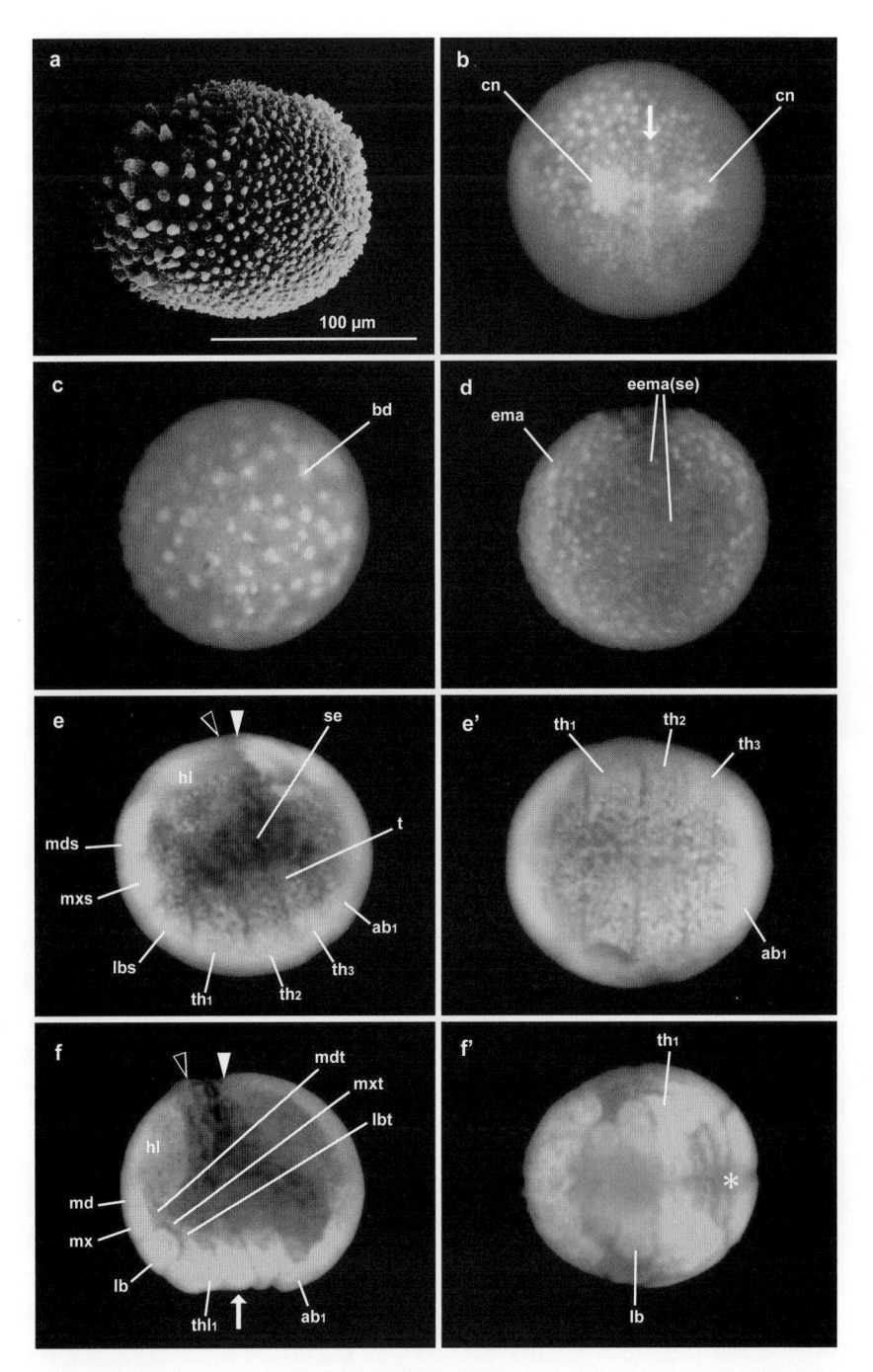

図 34-2　サイコクカマアシムシ *Baculentulus densus* の胚発生の概略（I）（a ～ d．Fukui & Machida, 2006 より改変；e, e', f, f'．Fukui, 2010 より改変）

a．卵（走査型電子顕微鏡像）。卵表には多数の突起がある。大型の突起が局在している写真左側に胚の頭部が位置するので，こちら側が前極，b ～ f．一連の発生ステージ（DAPI 染色，UV 励起蛍光顕微鏡像）（b → f），b．全割型の卵割が開始。4 細胞期卵。二つの卵割核とその間に細胞膜の境界が観察される（矢印），c．胚盤葉の形成，d．胚域と胚外域（漿膜）が分化，e．体節の形成が開始。大顎節から第一腹節までが確認される。胚外域すなわち漿膜は背板へ連続的に移行，e'．図 e と同一卵の胸部腹面。胚の幅が非常に広い，f．胸節には付属肢が分化し，胚運動（姿勢転換）が開始。矢印は胚の屈曲位置。卵表で伸張した胚の頭端と腹端は接している，f'．図 f と同一卵の顎部腹面。

ab1：第一腹節，bd：胚盤葉，cn：卵割核，eema：胚外域，ema：胚域，hl：頭葉，lb：下唇，lbs：小顎節，lbt：下唇背板，md：大顎，mds：大顎節，mdt：大顎背板，mx：小顎，mxs：小顎節，mxt：小顎背板，se：漿膜，t：背板，th1~3：第一～三胸節，thl1：第一胸肢，黒矢尻：胚前端，白矢尻：胚後端，＊：屈曲部

また腹面図（同図，e′）でわかるように，胚が特徴的に幅広い。

　胚は卵表で成長を続け，頭部と腹部の先端が接触するまで反り返った形で伸張し，前方から付属肢の分化が開始する（図 34-2，f，f′）。やがて，胚運動（姿勢転換）が起こる。まず，胚は胸部と腹部の境界でわずかに屈曲し始める（同図，f，「矢印」）。同図，f′ は胚を顎部腹面から見たもので，＊で示した領域で屈曲が起こっているのがわかる。屈曲が進行し胚は徐々に折れ曲がることになるが，この折れ曲がりに腹部の前方への移動も巻き込まれるので，腹部先端（白矢尻）は位置を変えない頭端（黒矢尻）から

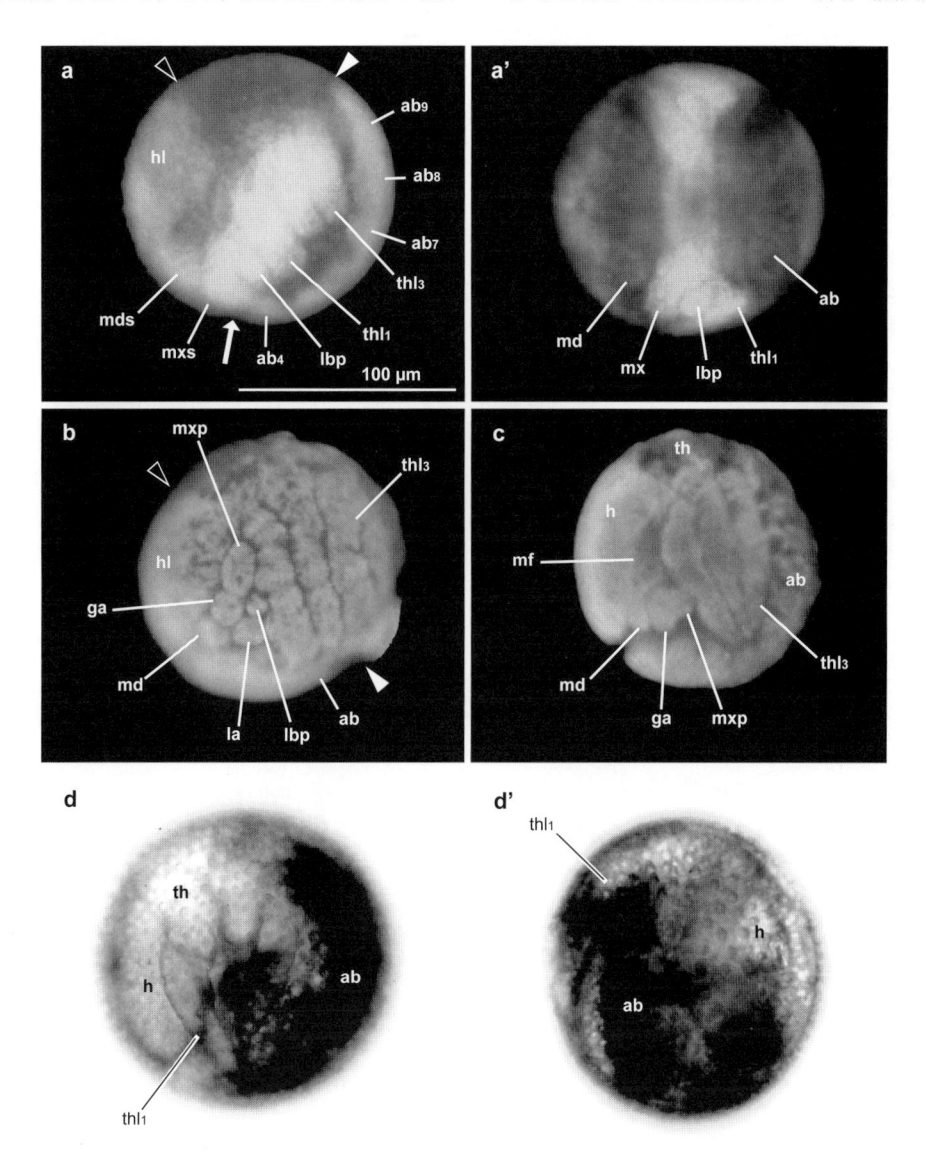

図 34-3　サイコクカマアシムシ *Baculentulus densus* の胚発生の概略（II）（a, a′, d, d′. Fukui & Machida, 2006 より改変；b, c. Fukui, 2010 より改変）
　a〜d. 図 34-2 に続く一連の発生ステージ（a〜c は DAPI 染色，UV 励起蛍光顕微鏡像，d は生卵の生物顕微鏡像）（a → d），a. 胚運動が進行。顎部，腹部も屈曲に巻き込まれ，腹端はそれまで接していた頭端から離れる。顎部をはじめとして付属肢が発達，a′. 図 a と同一卵の屈曲部腹面。屈曲部が深くなることにより，屈曲部は DAPI で強く発色。屈曲に顎部が巻き込まれていることがわかる，b. 胚の屈曲はさらに進み，大顎節まで巻き込まれる。付属肢の形成もさらに進む，c. 顎部と腹部が完全に対面し胚運動は完了。口褶形成も明瞭，d. 孵化直前の卵側面，d′. 図 d と同一卵の前面，胚は腹部を抱え込んでねじれた姿勢で卵内に収まっている。
ab：腹部，ab4, 7〜9：第四，七〜九腹節，ga：小顎外葉，h：頭部，hl：頭葉，la：小顎内葉，lbp：下唇鬚，md：大顎，mds：大顎節，mf：口褶，mx：小顎，mxp：小顎鬚，mxs：小顎節，th：胸部，thl1, 3：第一，三胸肢，黒矢尻：胚前端，白矢尻：胚後端

少しずつ離れることになる（図34-3, a；34-6, a）。図34-3, a に示す胚では、屈曲が腹部の前方の節と小顎節、下唇節まで及んでおり、また、腹部の体節化も進み全9腹節が認められる（カマアシムシ類は9腹節で孵化し、後胚発生で12節まで増節する）。同図, a′ は胚を腹面から見たものであるが、胚が深く折れ曲がった屈曲部は DAPI（核特異的蛍光色素4′,6-diamidino-2-phenylindole dihydrochloride）で強く発色している。また、このステージでは下唇鬚が分化しているなど顎部付属肢の発達がよくわかる。この後、付属肢がさらに発達し、顎部節と腹節の折れ曲がりも深くなり（同図, b）、最終的に顎節と腹部の腹面が対面して胚運動が完了する（同図, c）。カマアシムシ目の胚運動は、このように単純な姿勢転換である。

　内顎口 entognathy を形成する口褶は、間挿、大顎、小顎、下唇節の背板が融合することにより形成され、口褶は腹方へ襞となって伸長することにより、顎部の基部側面を被覆する（図34-2, f；34-3, c；34-4）。この口褶のうち、下唇節背板にあたる部分が下唇後方へまわり込み、さらに腹側正中で互い

に融合することにより下唇後方が被覆され、内顎口が完成する（図34-4, b～d, b′～d′）。また、内顎口形成期には小顎、下唇節背板の境界、すなわち環頸縫合線 postoccipital suture に顕著な外胚葉性陥入が観察される（同図, b～d）。この陥入は、外顎類の同じく環頸縫合線に生じる後幕状骨陥入 posterior tentorial pit と関連づけられるかもしれない。

　胚運動完了後、内顎口の形成と並行して、背閉鎖が進行する。背閉鎖は、後方の体節から前方へと進行する。このとき、漿膜においてはいっさいの退化像がみられないことから、漿膜細胞は体壁細胞とともに背板の形成に参加すると考えられる。この後、胚はさらに成長し卵内でねじれた体勢をとる（図34-3, d, d′）。

　やがて前幼虫が孵化する（図34-5）。腹面からは完成した内顎口が見える（同図, a）。前幼虫の腹部は9節からなり、中腸は卵黄で満たされている（同図, b）。なお、Fukui（未発表）によれば、中腸上皮は卵黄細胞により形成されるという。前幼虫は孵化後しばらくのあいだは活発な運動性を示すが、1令幼虫への脱皮場所を決めると静止して動かなくなる。

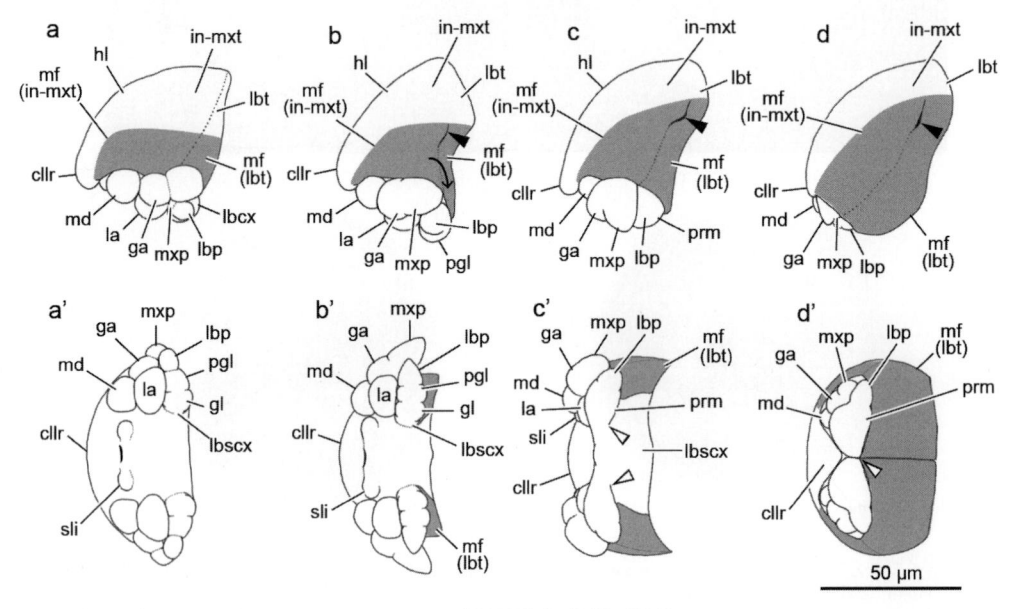

図34-4　サイコクカマアシムシ Baculentulus densus の内顎口形成（福井 原図）
　a～d. 胚運動完了後の胚頭部側面模式図（a→d）、a は図34-3, b と同一ステージ、c は同図, c と同一ステージ。a′～d′. 図 a～d の腹面。a. 口褶は間挿、大顎、小顎、下唇節背板の融合により形成され、胚運動完了後、襞を形成し、腹方へ伸長を開始。b. 口褶のうち、下唇背板に由来する部分が下唇の後方腹側にまわり込むように伸長を開始。小顎節と下唇節の背板間に外胚葉性陥入が出現。c. 口褶はさらに腹方および下唇後方へ伸長し、顎基部を被覆。d. 顎部の側方および後方が口褶に被覆された内顎口が完成。
cllr：頭楯上唇、ga：小顎外葉、gl：中舌、hl：頭葉、in-mxt：間挿～小顎背板、la：小顎内葉、lbcx：下唇基節、lbp：下唇鬚、lbscx：下唇亜基節、lbt：下唇背板、md：大顎、mf：口褶、mxp：小顎鬚、pgl：側舌、prm：前基板、sli：副舌、黒矢尻：環頸縫合線の外胚葉性陥入、白矢尻：唾液腺陥入、網掛け部：口褶

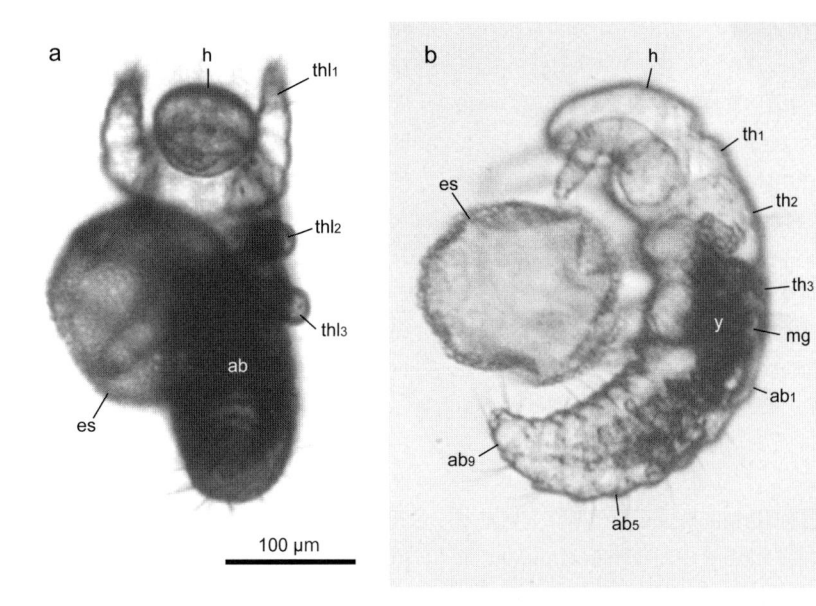

図 34-5　サイコクカマアシムシ *Baculentulus densus* の孵化直後の前幼虫（Fukui & Machida, 2006 より改変）
a. 卵殻を抱える前幼虫。完成した内顎口が見える，b. 同一個体の側面。腹部は 9 節からなり，中腸は卵黄で満たされている。
ab：腹部，ab1, 5, 9：第一，五，九腹節，es：卵殻，h：頭部，mg：中腸，th1～3：第一～三胸節，thl1～3：第一～三胸肢，y：卵黄

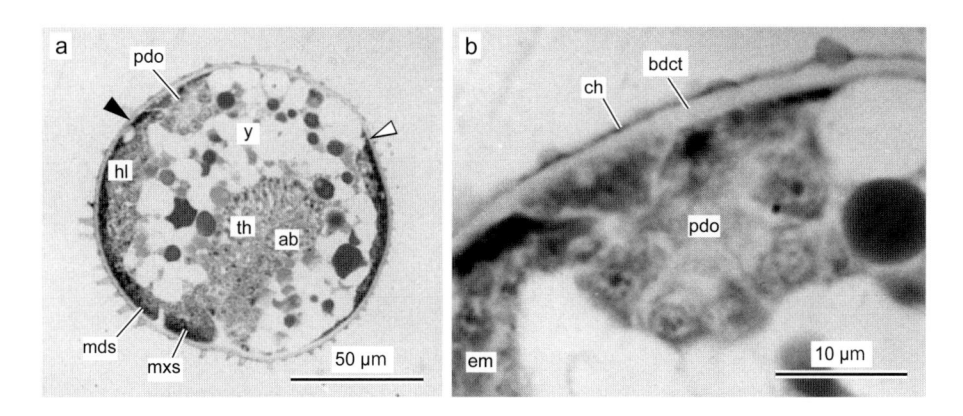

図 34-6　サイコクカマアシムシ *Baculentulus densus* の一次背器（Fukui & Machida, 2006 より改変）
a. 図 34-3, a と同一卵の縦断切片。頭部に接して一次背器が発達している，b. 一次背器の拡大。30 個前後の細胞が放射状に並んでいる。
ab：腹部，bdct：胚盤葉クチクラ，ch：卵殻，em：胚，hl：頭葉，mds：大顎節，mxs：小顎節，pdo：一次背器，th：胸部，y：卵黄，黒矢尻：胚前端，白矢尻：胚後端

　図 34-6, a は，図 34-3, a と同一ステージ卵の切片である。胚の背側，頭端に接するようにして，30 個ほどの放射状に配列した細胞からなる一次背器 primary dorsal organ が発達している（同図，b）。一次背器が DAPI による外部形態観察において見いだされるのは分節期頃（図 34-2, e）からであり，左右の頭葉の間にあるリング状の核配列として観察されるが，トビムシ目やコムシ目の一次背器がかな

り初期に形成されることから，カマアシムシ目でも胚帯形成期には形成されていると考えられる。一次背器は胚発生の後期において，背閉鎖にともない卵黄内に沈み込む形で退化する。一次背器の機能に関して詳細は明らかになっていないが，胚発生を通じて一次背器が存在する胚頭端の位置が変化しないことから，胚を胚盤葉クチクラに固定するアンカーのような役割のあることが推察される。

34-4　胚発生の特徴

(1)　卵　割

　カマアシムシ目の卵割は，後の胚盤葉形成の際に表割に移行する，全割型である。コムシ目（Uzel, 1898；Ikeda, 2001）と有翅昆虫類を含む双関節丘類の卵割は表割だが（Johannsen & Butt, 1941を参照），トビムシ目（Jura, 1972），イシノミ目（Machida et al., 1990）では，カマアシムシ目と同様に，表割へ移行する全割型であることが知られている。全割型の卵割は，Machida et al.（1990）が考察するように，六脚類における祖先形質状態である。

(2)　胚帯型

　カマアシムシ目の初期胚帯は卵表のほぼ全域を占めるほど長大なものである。この胚帯は，そのまま長さを変えることなく頭部，胸部，腹部の3部分に分化し，胚帯型は長胚型である。カマアシムシ胚は同じく長胚型であるトビムシ目（Jura, 1972），コムシ目ナガコムシ亜目（Uzel, 1898；Ikeda & Machida, 1998）の胚と類似しているが，著しく幅広である点で特徴的である。Ikeda & Machida（1998）が示唆するように，原始的な六脚類であるカマアシムシ目，トビムシ目，コムシ目にみられる長胚型は祖先的な形質状態と考えられる。

(3)　胚　膜

　カマアシムシ目の胚膜系は，トビムシ目と同様，漿膜のみからなる。この点で，二次的な胚膜が分化するコムシ目，外顎類とは大きく異なる。Machida & Ando（1998），Machida et al.（2002），Machida（2006）は，昆虫類における胚膜の進化を議論し，胚膜（漿膜）の体形成能と卵クチクラ産生能に関して，胚と胚膜の間に機能分化の進化的変遷があることを明らかにした（第3部1章1-4節「無翅昆虫類の系統関係」）。トビムシ目と同様，カマアシムシ目の胚膜（漿膜）は体形成能を保持しており，また，胚膜は胚と協同して卵クチクラを産生する。すなわち，胚と胚膜間の機能分化の程度が低く，両目は六脚類で最も初原的な状態を示すと理解され，まさにこの状態は，より祖先的な大顎類である多足類や甲殻類にみられるものである。

(4)　胚運動

　カマアシムシ目の胚運動は，胚の単純な屈曲による姿勢転換である。外顎類でみられるような胚軸の劇的な変化，胚膜褶の形成および解消をともなう胚運動とはまったく異質である。このような姿勢転換はトビムシ目，コムシ目のそれと大変似ており，Ikeda & Machida（1998）が示唆するように，六脚類の祖先的な胚運動様式と考えられる。

(5)　一　次　背　器

　一次背器は，カマアシムシ目と他の内顎類（トビムシ目：Tiegs, 1942a；Jura, 1972；コムシ目：Tiegs, 1942b；Ikeda & Machida, 2001；Seki-ya & Machida, 2009），多足類（結合綱：Tiegs, 1940；少脚綱：Tiegs, 1947），一部の甲殻類（Anderson, 1973），すなわち大顎類に広くみられることから，大顎類のグラウンドプランと考えるのが妥当である。したがって，六脚類においては祖先形質状態と考えられる。

(6)　内顎口形成

　冒頭に述べたように，六脚類の基部分岐の理解において内顎類の妥当性の検証は最重要である。この点で内顎類各目の内顎口のグラウンドプランの再検討が強く望まれていたが，最近，内顎類3目の内顎口の理解がかなり進んできた。

　カマアシムシ目の内顎口形成はトビムシ目（富塚・町田, 2012）のそれによく似ており，1）間挿，大顎，小顎，下唇節の背板に由来する口褶，2）口褶（厳密には，口褶の下唇節背板に由来する領域）に由来する内顎口後方領域により特徴づけられ，これは「欠尾類型内顎口」としてカマアシムシ目とトビムシ目の共有派生形質と理解できるものである。

　一方，コムシ目の内顎口は，1）口褶形成への下唇基節の参加，2）後基板（下唇亜基節）に由来する内顎口後方領域，3）下唇の回転をともなう内顎口形成過程，4）側基板 admentum の分化という「欠尾類型内顎口」にはみられない特徴をもち（Sekiya & Machida, 2011），これは「双尾類型内顎口」としてコムシ目の固有派生形質として理解できるものである。

　このように，内顎口のグラウンドプランから，カマアシムシ目とトビムシ目の類縁，両者からなる欠尾類の単系統性は強く支持されるものの，欠尾類とコムシ目（双尾類）の類縁，すなわち，「内顎類」の単系統性は必ずしも支持されない。詳しくは，第2部各論35章「コムシ目（補遺）」および第3部1章1-4節「無翅昆虫類の系統関係」を参照されたい。

34-5　おわりに

カマアシムシ目の発見から約1世紀が過ぎ，ようやくこの目の胚発生の一端が明らかになってきた。カマアシムシ目は，多くの発生学的特徴において，昆虫類の祖先的状態をとどめていることがわかった。さらにカマアシムシ目の漿膜は，トビムシ目と同様に，胚分化能を保持しているという，大変原始的な状態をとどめていることがわかった。カマアシムシ目がコムシ目と姉妹群関係にあるという最近の分子系統学もある一方で，カマアシムシ目，そしてトビムシ目がきわめて初原的な発生学的特徴をもつことが明らかとなってきたのである。また，内顎類内で相同と思われてきた内顎口の形成プランに関しても，カマアシムシ目はトビムシ目と共通する特徴を示す一方，コムシ目とはまったく異なるということも明らかとなってきた。いずれにせよ，後胚発生も含めたカマアシムシ目の発生学の全貌が明らかにされることは急務である。そして，それをもとにした昆虫類の起源，高次系統，グラウンドプランの再構築が待たれるのである。カマアシムシ目の胚発生の系統学的理解に関しては，第3部1章1–4節「無翅昆虫類の系統関係」も参照されたい。

■ 34章の引用文献

Anderson, D. T., 1973：*Embryology and Phylogeny in Annelids and Arthropods*. Pergamon Press, Oxford.

Bernard, E. C., 1976：Observations on the eggs of *Eosentomon australicum* (Protura：Eosentomidae). *Trans. Am. Microsc. Sci.*, **95**, 129–130.

——, 1979：Egg types and hatching of *Eosentomon* Berlese (Protura：Eosentomidae). *Ibid.*, **98**, 123–126.

Fukui, M., 2010：*Embryological Studies on* Baculentulus densus *(Imadaté) (Hexapoda：Protura, Acerentomidae)*. Doctoral thesis, University of Tsukuba, Tsukuba.

——& R. Machida, 2006：Embryonic development of *Baculentulus densus* (Imadaté)：Its outline (Hexapoda：Protura, Acerentomidae). *Proc. Arthropod. Embryol. Soc. Jpn.*, **41**, 21–28.

——&——, 2009：Formation of the entognathy in *Baculentulus densus* (Imadaté) (Hexapoda：Protura, Acerentomidae). *Ibid.*, **44**, 25–27.

Giribet, G., G. D. Edgecombe, J. M. Carpenter, C. A. D'Haese & W. C. Wheeler, 2004：Is Ellipura monophyletic? A combined analysis of basal hexapod relationships with emphasis on the origin of insects. *Org. Divers. Evol.*, **4**, 319–340.

Hennig, W., 1969：*Die Stammesgeschichte der Insekten*. Kramer, Frankfurt am Main.

Ikeda, Y., 2001：*The Embryology of* Lepidocampa weberi Oudemans *(Hexapode：Diplura)*. Doctoral thesis, University of Tsukuba, Tsukuba.

——& R. Machida, 1998：Embryogenesis of the dipluran *Lepidocampa weberi* Oudemans (Hexapoda, Diplura, Campodeidae)：External morphology. *J. Morphol.*, **237**, 101–115.

——&——, 2001：Embryogenesis of the dipluran *Lepidocampa* weberi Oudemans (Hexapoda, Diplura, Campodeidae)：Formation of dorsal organ and related phenomena. *Ibid.*, **249**, 242–251.

Johannsen, O. A. & F. H. Butt, 1941：*Embryology of Insects and Myriapods*. McGraw-Hill, New York, London.

Jura, Cz., 1972：Development of apterygote insects. In：*Developmental Systems：Insects* (Counce, S. J. & C. H. Waddington, eds.), Vol. 1, pp. 49–94. Academic Press, London, New York.

Koch, M., 1997：Monophyly and phylogenetic position of the Diplura. *Pedobiologia*, **41**, 9–12.

Kukalová-Peck, J., 1987：New Carboniferous Diplura, Monura, and Thysanura, the hexapod ground plan, and the role of thoracic side lobes in the origin of wings (Insecta). *Can. J. Zool.*, **65**, 2327–2345.

Larink, O. & Sz. Biliński, 1989：Fine structure of the egg envelopes of one proturan and two collembolan genera. *Int. J. Insect Morphol. Embryol.*, **18**, 39–45.

Luan, Y., Y. Zhang, Q. Yue, J. Pang, R. Xie & W. Yin, 2003：Ribosomal DNA gene and phylogenetic relationships of Diplura and lower hexapods. *Sci. China, Ser. C.*, **46**, 67–76.

——, J. M. Mallatt, R. Xie, Y. Yang & W. Yin, 2005：The phylonenetic position of three basal-hexapod groups (Protura, Diplura and Collembola) based on ribosomal RNA gene sequences. *Mol. Biol. Evol.*, **22**, 1579–1592.

Machida, R., 2006：Evidence from embryology for reconstruction of hexapod basal clades. *Arthropod Syst. Phylog.*, **64**, 95–104.

——& H. Ando, 1998：Evolutionary changes in developmental potentials of the embryo proper and embryonic membranes along with the derivative structure in Atelocerata, with special reference to Hexapoda (Arthropoda). *Proc. Arthropod. Embryo. Soc. Jpn.*, **33**, 1–13.

——& I. Takahashi, 2003：Embryonic development of a proturan *Baculentulus densus* (Imadaté)：Reference to some developmental stages (Hexapoda：Protura, Acerentomidae). *Ibid.*, **38**, 13–17.

——&——, 2004：Rearing technique for proturans (Hexapoda：Protura). *Pedobiologia*, **48**, 227–229.

——, T. Nagashima & H. Ando, 1990：The early embryonic development of the jumping bristletail *Pedetontus unimaculatus* Machida (Hexapoda：Microcortphia, Machilidae). *J. Morphol.*, **206**, 181–195.

——, Y. Ikeda & K. Tojo, 2002：Evolutionary changes in developmental potentials of the embryo proper and embryonic membranes in Hexapoda：A synthesis revised. *Proc. Arthropod. Embryol. Soc. Jpn.*, **37**, 1–11.

Misof, B., 他100名, 2014：Phylogenomics resolves the timing and pattern of insect evolution. *Science*, **346**, 763–767.

Richards, O. W. & R. G. Davies, 1977：*Imms' General Textbook of Entomology*. Chapman & Hall, London.

Sasaki, G., K. Ishiwata, R. Machida, T. Miyata & Zh.

-H. Su, 2013：Molecular phylogenetic analyses support the monophyly of Hexapoda and suggest the paraphyly of Entognatha. *BMC Evol. Biol.*, **13**, 2-36.

Sekiya, K. & R. Machida, 2009：Embryonic development of *Occasjapyx japonicus* (Enderlein)：notable features (Hexapoda：Diplura, Dicellurata). *Proc. Arthropod. Embryol. Soc. Jpn.*, **43**, 74-82.

——&——, 2011：Formation of the entognathy of Dicellurata, *Occasjapyx japonicus* (Enderlein, 1907) (Hexapoda：Diplura, Dicelllurata). *Soil Org.*, **83**, 399-404.

Silvestri, F., 1907：Descrizione di un nuovo genere di insetti Apterigoti, rappresentante di un nuovo ordine. *Boll. Lab. Zool. Gen. Agr. R. Scuola Super. Agr. Portici*, **1**, 296-311.

Tiegs, O. W., 1940：The embryology and affinities of Symphyla, based on a study of *Hanseniella agilis*. *Q. J. Microsc. Sci.*, **82**, 1-225.

——, 1942a：The 'dorsal organ' of collembolan embryos. *Ibid.*, **83**, 153-169.

——, 1942b：The 'dorsal organ' of *Campodea. Ibid.*, **84**, 35-47.

——, 1947：The embryology and affinities of Pauropoda, based on a study of *Pauropus silvaticus. Ibid.*, **88**, 165-267.

富塚茂和・町田龍一郎，2012：トビムシ目の内顎口形成. *Proc. Arthropod. Embryol. Soc. Jpn.*, **47**，29-31.

Tomizuka, S. & R. Machida, 2015：Embryonic development of a collembolan, *Tomocerus cuspidatus* Börner, 1909, with special reference to the development and developmental potential of serosa (Hexapoda：Collembola, Tomoceridae). *Arthropod Struct. Dev.*, **44**, 157-172.

Uzel, H., 1898：*Studien über die Entwicklung der Apterygoten Insecten.* Friedländer & Sohn, Berlin.

35章

コムシ目（補遺）
Diplura

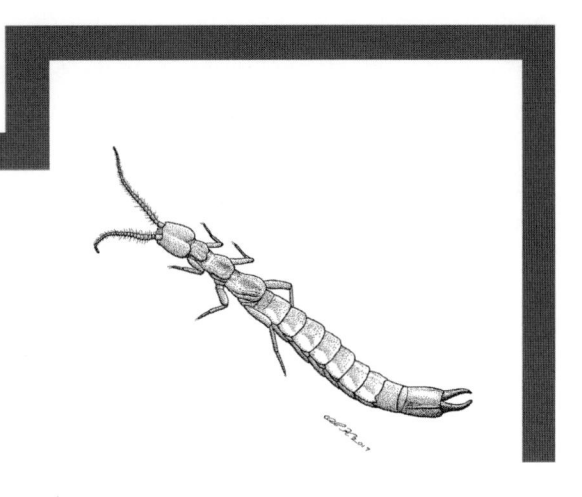

35-1 はじめに

コムシ目は，尾部に糸状の尾毛をもつナガコムシ亜目 Rhabdura（Campodeina）と，尾毛がハサミ状になったハサミコムシ亜目 Dicellurata（Japygina）の2亜目からなる。両者には卵形成過程や精子構造に大きな相違があり（Jamieson, 1987；Biliński, 1993；Büning, 1998），コムシ目の単系統性を疑問視する意見があった。しかし，近年，Dallai *et al.*（2011）は，ハサミコムシ亜目の特殊な精子構造は二次的な修飾によるものであることを明らかにし，両亜目の精子構造の違いは本質的なものではないとし，コムシ目の単系統性を支持した。また，分子系統解析からもコムシ目の単系統性は強く支持されている（Sasaki *et al.*, 2013；Misof *et al.*, 2014）。

従来，コムシ目は，先端を除いて顎の大部分が頭蓋の中に収納される「内顎口」とよばれる口器をもつことから，カマアシムシ目，トビムシ目とともに内顎類としてまとめられてきた。しかし，近年，頭部の比較形態学（Koch, 1997），頭部形成，胚膜の特徴などに関する比較発生学的検討（第3部1章を参照；Machida *et al.*, 2002；Machida, 2006），および分子系統解析（Sasaki *et al.*, 2013；Misof *et al.*, 2014）はコムシ目と外顎類の姉妹群関係を示唆している。

コムシ目の胚発生は，ナガコムシ亜目については Uzel（1897, 1898），Heymons（1897），Tiegs（1942），浅羽（1977），池田・町田（1996），ハサミコムシ亜目については Grassi（1885），Silvestri（1933），Tiegs（1942）の研究をもとに，す

でに上巻の第2部各論3章で解説されている。これらの研究は，いずれも光学顕微鏡による外部形態観察や一部の発生段階における断片的な組織学的観察である。近年になり，ナガコムシ亜目については Ikeda & Machida（1998, 2001），池田・町田（1998），Ikeda（2001）によって，ハサミコムシ亜目については Sekiya & Machida（2009, 2011），Sekiya（2012）によって，詳細な光学顕微鏡観察，走査型電子顕微鏡，透過型電子顕微鏡レベルの研究が行われ，コムシ目の胚発生に関する知見は一新した。ここでは，これらの新たな知見を中心にコムシ目の胚発生を解説する。

35-2 採集，採卵，卵

上巻（第2部各論3章）で，ナガコムシ亜目ウロコナガコムシ *Lepidocampa weberi* を例に採集，採卵，産卵が解説されているので，ここではもう一つの亜目であるハサミコムシ亜目のヤマトハサミコムシ *Occasjapyx japonicus* を例に，その採卵と卵について説明する。

ハサミコムシ類では，一つの飼育ケースに複数個体を入れると，互いに尾端の鋏を用いて攻撃しあい，弱った個体が他の個体に捕食されてしまうことがある。採卵のためには，産卵を間近に控えた雌を野外から採集してくる方法が効率的である。産卵前の雌は腹部背側に白く丸い卵を大量にもっており，外からでもルーペや実体顕微鏡で確認することができる。

Sekiya & Machida（2009, 2011）では，採集してきた雌を，10 × 10 × 3 cm 程度の大きさのプ

ラスチックケースに土を敷き詰め，土の上に 5 cm × 5 cm × 5 mm 程度の大きさのガラス板を載せた容器で飼育している。こうしておくと，ガラス板が雌の隠れ家や産卵場所となる。ガラス板であれば卵や母虫の様子が観察でき，具合がよい。

ハサミコムシ類の雌は 6 月から 8 月にかけて，土の中に巣を作り，巣の壁面に卵塊を産み付ける。卵塊には長さ約 300 µm，太さ約 140 µm の柄がついており，この柄で石や土のような基物に付着している。一つの卵塊は 20 から 50 個の卵からなり，雌は約 2 時間をかけて産卵する。卵は直径が約 500 µm の球形であり表面は平滑である。卵塊の柄の周辺にある 2〜3 個の卵は直径約 200 µm と小さく，これらは発生しない。産卵直後の卵は白色で柔らかいが，数時間で卵殻は橙色になる。卵門は観察されない（Sekiya, 2012）。

産卵後の母虫は卵とともに巣内にとどまり，時折卵を舐め，巣に外敵が侵入すればこれを鋏で攻撃するなどの保育行動をみせる。ハサミコムシ類の保育行動については，Pagés（1967）に詳しい。保育行動は，孵化した幼虫が巣を離れるまで続く。

35-3　卵割，胚盤葉形成，初期胚

Ikeda（2001）によれば，ウロコナガコムシでは，4 核期から 32 核期頃まで卵中央での核分裂が進行し，64 核期では核はおおよそ卵表面に到達するという。また，透過型電子顕微鏡を用いた観察により，32 核期の卵内には全割を示すような証拠はみられないことから，コムシ目の卵割は，Uzel（1898）がナガコムシ科の *Campodea staphylinus* で述べたように，表割 superficial cleavage であると結論づけている。

Uzel（1898），浅羽（1977）によれば，64 核期に卵表層に達した核はその後も分裂を繰り返して数を増やし，胚盤葉 blastoderm が形成される。その後，胚盤葉の細胞は卵表を移動し，卵の半分から 1/3 程度の部分に集中して細胞塊を形成する。同様の細胞の動きはハサミコムシ亜目でも確認されてい

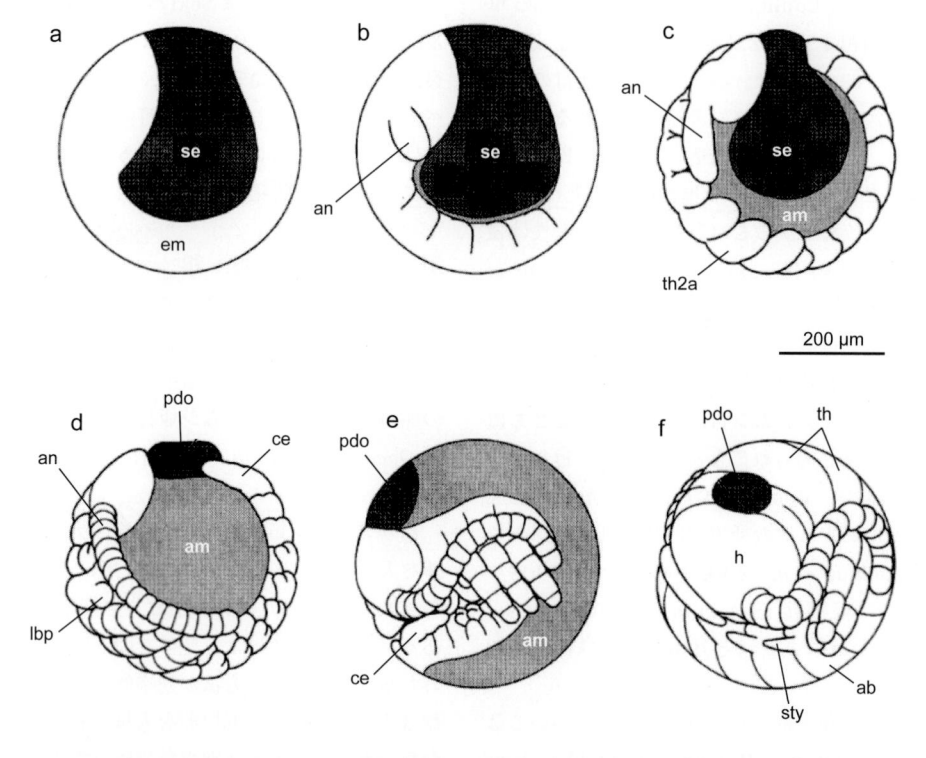

図 35-1　ウロコナガコムシ *Lepidocampa weberi* の胚外部形態の変化（側面図）（Ikeda & Machida, 1998）
a. 胚域と胚外域が分化した胚，b. 体節の分節が開始した胚，c. 頭部・胸部・腹部の分節が完了した胚，d. 付属肢の分節が完了した胚，e. 姿勢転換が完了した胚，f. 背閉鎖が完了した胚．
ab：腹部，am：羊膜，an：触角，ce：尾毛，em：胚域，h：頭部，lbp：下唇鬚，pdo：一次背器，se：漿膜，sty：腹刺，th：胸部，th2a：第二胸肢

る（Sekiya, 2012）。ヤマトハサミコムシでは，産卵後 12 〜 18 時間に直径 150 〜 200 μm の円盤状の細胞塊が卵表に形成される。この時期，卵黄内や卵背側では核は観察されない。細胞塊の細胞は分裂増殖し，一層に並ぶ外胚葉と，その内側の丸くてやや大きい中胚葉細胞が分化する。この後，外胚葉の細胞は分裂を繰り返しながら卵表面全体に一層の細胞の層として広がる。外胚葉が卵表面全体を覆うと，外胚葉と中胚葉の二層からなる領域，すなわち胚域 embryonic area と，一層の外胚葉のみからなる胚外域 extra-embryonic area が区別できるようになる。胚外域は薄く扁平な細胞からなる一層の細胞層，すなわち漿膜 serosa である。

　図 35-1 は Ikeda & Machida（2001）によるウロコナガコムシ，図 35-2 は Sekiya（2012）によるヤマトハサミコムシの胚発生の概略を示したものである。上巻（第2部各論3章）でも述べられているように，ナガコムシ亜目の胚域は長大で，その長さは卵周に達する（図 35-1, a）。これに対して，ハサミコムシ亜目の胚域は卵周のおよそ 1/3 の長さ，縦約 700 μm，幅約 300 μm の中ほどがくびれたダンベル型で，原頭域とほぼ同じ大きさの短い原胴域からなる（図 35-2, a）。ハサミコムシ亜目では，体節形成は胚の伸長をともないながら前方から順に進行するが（図 35-2, a 〜 d），ナガコムシ亜目においては，胚の伸長はともなわない（図 35-1, a 〜 d）。このような初期胚の大きさの違い，胚の伸長の有無は，両亜目の発生過程にみられる数少ない差異である。

35-4　外部形態形成

　両亜目の初期胚の大きさとそれにともなう胚の伸長の有無を除くと，両亜目の胚発生過程には本質的な差異は認められず，コムシ目の胚発生はおおよそ次のようにまとめられる。

　体節形成が前方から順に進行し，頭部・胸部・腹部の分節が完了するころになると，頭端と尾端の間に漿膜の集中によって一次背器 primary dorsal organ が形成される（図 35-1, a 〜 d；35-2, a 〜 d）。これにともない，胚の縁からは二次的な胚膜，すなわち羊膜 amnion が産生され，漿膜の退行した領域に広がって一時背閉鎖の役割を担う。各体節の付属肢が発達し，背板の発達によって胚の幅が広がり始めるころ，それまで卵表面に反るようにして発生を

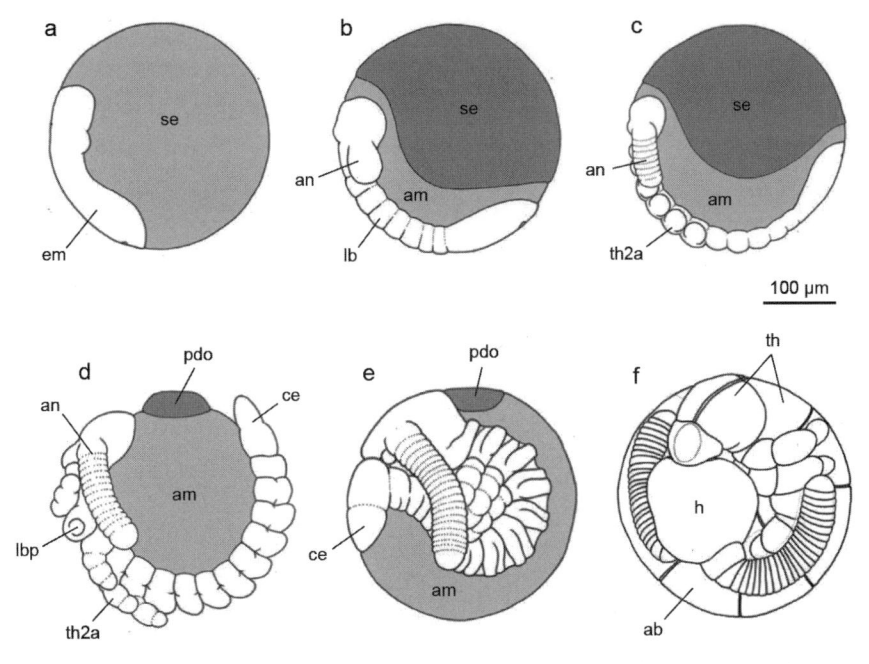

図 35-2　ヤマトハサミコムシ *Occasjapyx japonicus* の胚外部形態の変化（側面図）（Sekiya, 2012）
　a. 胚域と胚外域が分化した胚，b. 体節の分節が開始した胚，c. 腹部の分節が進行中の胚，d. 体節，付属肢の分節が完了した胚，e. 姿勢転換が完了した胚，f. 背閉鎖が完了した胚
　ab：腹部，am：羊膜，an：触角，ce：尾毛，em：胚域，h：頭部，lb：下唇節，lbp：下唇髭，pdo：一次背器，se：漿膜，th：胸部，th2a：第二胸肢

続けていた胚は，胸部と腹部前方の体節から腹側へ屈曲を始め，頭部と尾部が向き合う形に姿勢を転換する（図 35-1，e；35-2，e）。頭端と尾端の間に位置していた一次背器は，頭部後方に位置するようになる。姿勢の転換後も胚は伸長を続け，卵内で螺旋を描くような姿勢をとる（図 35-1，f；35-2，f）。このころ，背板による最終的背閉鎖が胚の後方から進行し，羊膜，一次背器は体内に取り込まれてやがて退化する。背閉鎖が完了すると，胚クチクラが分泌される。胚クチクラの下に剛毛をともなった幼虫クチクラが分泌されると，やがて胚は孵化に至る。幼虫は孵化に際し，胚クチクラを卵殻内に残す（上巻の第 2 部各論 3 章の図 3-10 参照）。

後述するが，ナガコムシ亜目とハサミコムシ亜目は多くの発生学的特徴を共有しているので，ここではコムシ目の外部形態の変化について，ヤマトハサミコムシの研究例（Sekiya & Machida, 2009, 2011；Sekiya, 2012）をもとにもう少し詳しく解説しよう。

(1)　胸　部

胸部の体節化が完了すると，各節に一対の付属肢原基が分化する。姿勢転換の前までに，亜基節，基節，転節，腿節，脛節，跗節，前跗節が分節する。付属肢基部の腹側には，腹板側甲が陥入し，付属肢背側では気門が陥入する。

背板は本来 1 枚の板であるが，ヤマトハサミコムシにおいては，背板の前半分と後半分が各々隆起し，背板は二つの節片 sclerite に分かれる。このうち，前方の節片は後に楯板 scutum に，後方の節片は後背板 postnotum に分化する。

(2)　頭部および内顎口形成

ヤマトハサミコムシの胚発生においては，胚の分節にともない，前方の体節から順に付属肢原基が形成される。図 35-3，a，a′ に示すように，口陥の両脇には一対の触角原基が発達し，顎部の三対の付属肢原基も分化する。このころ，口陥の前方には頭楯

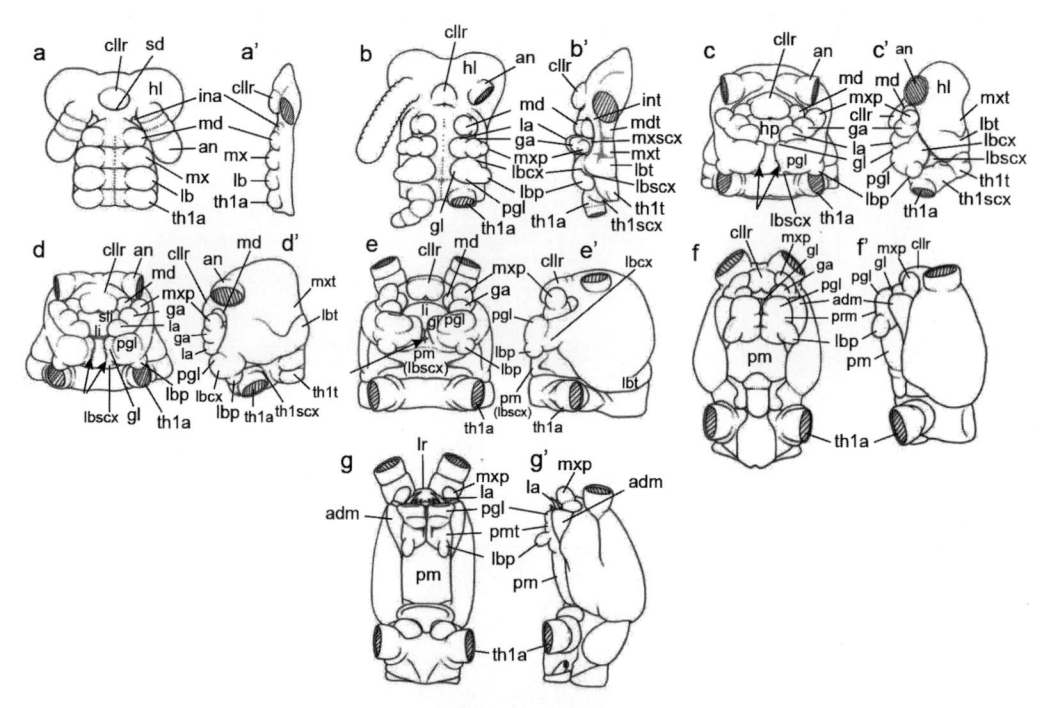

図 35-3　ヤマトハサミコムシ *Occasjapyx japonicus* の頭部形成（Sekiya, 2012）
　a ～ g. 腹面，a′～ g′. 側面。a, a′. 腹部の分節が進行するころの胚，b, b′. 体節形成が完了するころの胚，c, c′. 姿勢転換直前の胚，d, d′. 姿勢転換直後の胚，e, e′. 背閉鎖が進行するころの胚，f, f′. 胚クチクラが分泌された胚，g, g′. 2 令幼虫
　adm：側基盤，an：触角，cllr：頭楯上唇，ga：小顎外葉，gl：中舌，hl：頭葉，hp：下咽頭，ina：間挿節付属肢，int：間挿節背板，la：小顎内葉，lb：下唇，lbcx：下唇基節，lbp：下唇鬚，lbscx：下唇亜基節，lbt：下唇背板，li：中央体，lr：上唇，md：大顎，mdt：大顎背板，mx：小顎，mxp：小顎鬚，mxscx：小顎亜基節，mxt：小顎背板，pgl：副舌，pm：後基板，pmt：前基板，sd：口陥，sli：側舌，th1a：第一胸肢，th1scx：第一胸節亜基節，th1t：第一胸節背板，矢印：唾液腺陥入

上唇が単一の隆起として形成される。大顎節の前方には小さな一対の隆起として間挿節付属肢が分化するが，発達することなく退化する。

　腹部の分節が完了するころになると，図 35-3, b, b′ に示すように，触角の基部は正中前方へと移動し，頭楯上唇は口陥の上に張り出し始める。小顎と下唇の付属肢は底節と端肢節に分かれる。底節の正中側には二つの底節内葉が膨らみとして生じる。大顎は小顎，下唇付属肢の半分ほどの短さのままで，二つに分節する。間挿節，大顎節，小顎節，下唇節の背板は融合して一つになり，腹側に伸張を開始し，口褶の原基となる（同図, b′）。大顎節，小顎節の腹板は隆起し，下咽頭を形成する。胚の姿勢転換が行われるころになると，図 35-3, c のように，下唇付属肢では，外側を向いていた下唇髭が胚の後方を向くように回転する。同時に，下唇の基節は頭部前方へと拡張し口褶の一部をなす下唇背板と境目なく融合し，口褶の形成に参加する（同図, c′〜e′）。下唇節の付属肢内側の基部には一対の外胚葉性陥入が形成される。連続相同性の観点から，これは胸部の腹板側甲と相同である。腹板側甲は腹板と付属肢の間に陥入する外胚葉性陥入であることから，下唇においても下唇亜基節と腹板の境界がこの一対の陥入によって同定される。胚の姿勢転換が完了するころになると，左右一対であった下唇付属肢基部の陥入は下唇亜基節とともに正中へと移動する。陥入は融合して単一の唾液腺開口部となり，下唇亜基節は正中線で融合することで後基板を形成する（同図, c〜e）。下唇付属肢の回転により副舌，中舌は正中線にさらに近づき，副舌は左右が接する。胚が卵内で螺旋状の姿勢をとるようになると，それまで腹方向きであった口器は前方を向くように発達し，前口式の口器となる（同図, f, f′）。胚クチクラが分泌されると，頭部の側方ではコムシ目にのみ知られる特徴的な構造，側基板 admentum が形成される。側基板は下唇基節の前半部の節片由来である。同図 g, g′ には，ヤマトハサミコムシ 2 令幼虫の頭部を示す。

(3)　腹　部

　腹部の体節形成も前方から順に進行し，10 節からなる腹部が完成する。発生を通じて腹節数が 10 節を超えることはない。腹部の分節が開始するころ，胚後方では肛門陥の陥入が始まる。付属肢原基は第一〜八腹節まで形成されるが，第九腹節では腹部付属肢は分化しない。尾毛は第十腹節の分化に先立っ

て，その体節の付属肢として形成される。

　第一〜七腹節の付属肢では底節と端肢節が分化し，端肢節は後に腹刺 stylus に分化する。腹刺のすぐ内側には小さな膨らみが形成され，これは後の腹胞 ventral sac となる。第八腹節の付属肢原基は発達することなく消失する。腹部第一〜八腹節では，胸部と同様に付属肢背側に気門が形成される。第一腹節の端肢節は第二〜七腹節のものよりもやや大きく，第二〜七腹節までの腹刺原基の並びよりも外側に位置しているが，これも発達すると腹刺になる。第一腹節での腹部付属肢の特殊化は，腹刺原基より内側の隆起が発達することに関連すると思われる。この隆起は成虫の coxopodal organ とよばれる器官に分化する。なお，ナガコムシ亜目においては，第一腹節には円筒状の短い付属肢が形成される。Ikeda & Machida（1998）はウロコナガコムシの発生の記載のなかで，第二〜七腹節の腹刺と腹胞の形成過程の比較に基づき，第一腹節の付属肢は連続相同性の観点から腹胞と相同とみなしている。

　姿勢転換前後，腹部（第一〜八腹節）の背板も胸部同様に二つの節片に分割される。背閉鎖後期のステージに第九腹節腹面に一対の隆起が現れる。この隆起はさらに大きくなるが，孵化までにはまた平坦になり消失する。内部生殖器形成と関係があるのではないかと考えられる。

(4)　胚膜と一次背器

　Ikeda & Machida（2001）は，ウロコナガコムシにおいて，発生の過程で胚の縁から二次的に産生される二次胚膜があることを確認し，これが外顎類にみられる羊膜と相同であると述べている。ヤマトハサミコムシにおいても，Sekiya & Machida（2009），Sekiya（2012）によって同様の特徴が確認されている。すなわち，ヤマトハサミコムシにおいて腹部の体節化が始まるころ，それまで胚外域を覆っていた漿膜は卵背側への集中を開始する。やがて漿膜は頭部と腹部末端との間に集中し，円盤状の一次背器を形成する。コムシ目の一次背器は円錐状の細胞が集まった構造をしており，中央から無数のフィラメントが伸びている（図 35-4, b）。漿膜が退いた領域には，胚縁から産生された二次的な胚膜，すなわち羊膜が広がり（同図, a），一時背閉鎖として機能する。

　ウロコナガコムシでは初期胚と漿膜が分化した後に，その双方から胚盤葉クチクラ blastoderm cuti-

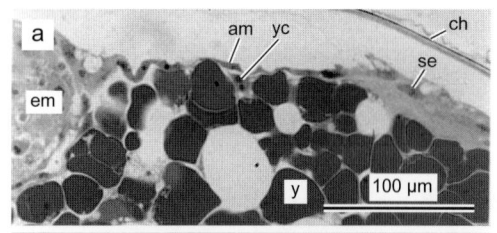

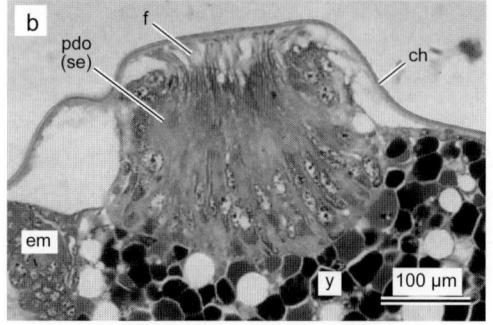

図 35-4　ヤマトハサミコムシ Occasjapyx japonicus の一次
背器形成（Sekiya & Machida, 2009）
　　a. 羊膜の産生，b. 完成した一次背器
am：羊膜，ch：卵殻，em：胚，f：フィラメント，
pdo：一次背器，se：漿膜，y：卵黄，yc：卵黄細胞

cle が分泌される（Ikeda & Machida, 2001）。そ
の後，羊膜の産生が開始してから付属肢の分節が完
了するころまでのあいだに，胚と羊膜の領域から三
層の薄いクチクラ層が分泌される。一次背器から伸
びるフィラメントは，この胚盤葉クチクラと最も外
側の薄いクチクラとの間に向かって伸長する。一次
背器はアンカーとして機能することで，胚の姿勢転
換が起こると考えられる。

　　Tiegs（1942）は，Japyx leae と Heterojapyx
gallardi の 2 種類のハサミコムシ類の観察で一次背
器が見いだせなかったことから，ハサミコムシ亜目
において一次背器は形成されないとした。しかし，
ヤマトハサミコムシでよく発達した一次背器が形成
されることから，Tiegs の見解は，限られたサンプ
ルのみの観察による誤りと考えられる。

35-5　おわりに

　　以上述べてきたように，ナガコムシ亜目・ハサミ
コムシ亜目の発生学的研究では，1996 年（上巻刊
行時）以降，新たな知見が加わっている。両亜目は
多くの発生学的特徴を共有している。すなわち，1）
卵表層での細胞塊の形成と外胚葉の移動をともなう
胚帯形成，2）10 節からなる腹部体節制，3）羊膜

の産生，4）漿膜の集中による一次背器形成，そして，
5）下唇の回転，間挿節，大顎節，小顎節，下唇節
背板および下唇基節由来の口褶，下唇亜基節由来の
後基板，下唇基節由来の側基板などによって構成さ
れる内顎口である。このうち，1），2），4），5）の特
徴については，コムシ目のみにみられる特徴であり，
コムシ目の単系統性は疑う余地がないように思われ
る。一方で，コムシ目両亜目では初期胚の大きさ等
に違いもみられる。尾毛が太く分泌腺をもつミナミ
コムシ類 Projapygoidea や，体長が 5 mm に満た
ないヒメハサミコムシ科 Parajapyjidae の発生がど
のような特徴をもつのか，興味深いところである。

■ 35 章の引用文献

浅羽　宏, 1977：ウロコナガコムシ Lepidocampa we-
　　beri の胚子発生学的研究. 東京教育大学修士論文.
Biliński, Sz., 1993：Structure of ovaries and oogenesis
　　in entognathans (Apterygota). Int. J. Insect Mor-
　　phol. Embryol., 22, 255-269.
Büning, J., 1998：The ovariole：structure, type, and
　　phylogeny. In：Microscopic Anatomy of Inver-
　　tebrates, Vol. 11C：Insecta (Harrison, F. W. & M.
　　Locke, eds.), pp. 897-932. Wiley-Liss, New York.
Dallai, R., D. Mercati, A. Carapelli, F. Nardi, R. Machida,
　　K. Sekiya & F. Frati, 2011：Sperm accessory mi-
　　crotubules suggest the placement of Diplura as the
　　sister-group of Insecta s.s. Arthropod Struct. Dev.,
　　40, 77-92.
Grassi, B., 1885：I progenitori degri insetti e dei mi-
　　riapodi. L'Japyx e la Campodea. Atti Accad. Gioe-
　　nia Sci. Nat. Catania, Ser. 3, 19, 1-83.
Heymons, R., 1897：Über die Bildung und den Bau des
　　Darmkanals bei niederen Insekten. S.b. Ges. Naturf.
　　Freund, Berlin, 1897, 111-119.
Ikeda, Y., 2001：The Embryology of Lepidocampa
　　weberi Oudemans (Hexapoda：Diplura). Doctoral
　　thesis, University of Tsukuba, Tsukuba.
池田八基穂・町田龍一郎, 1996：ウロコナガコムシ Le-
　　pidocampa weberi Oudemans 胚の外部形態（六脚
　　類・コムシ目）―特に頭部形成について―. Proc.
　　Arthropod. Embryol. Soc. Jpn., 31, 23-25.
──・──, 1998：ウロコナガコムシ Lepidocampa we-
　　beri Oudemans の前胚帯形成（六脚類・コムシ目）.
　　Ibid., 33, 29-30.
Ikeda, Y & R. Machida, 1998：Embryogenesis of the
　　dipluran Lepidocampa weberi Oudemans (Hexapo-
　　da, Diplura, Campodeidae)：External morphology. J.
　　Morphol., 237, 101-115.
──&──, 2001：Embryogenesis of the dipluran Lep-
　　idocampa weberi Oudemans (Hexapoda：Diplura,
　　Campodeidae)：Formation of dorsal organ and re-
　　lated phenomena. Ibid., 249, 242-251.
Jamieson, B. G. M., 1987：The Ultrastructure and
　　Phylogeny of Insect Spermatozoa. Cambridge Uni-
　　versity Press, Cambridge.
Koch, M., 1997：Monophyly and phylogenetic posi-
　　tion of the Diplura (Hexapoda). Pedobiologia, 41,
　　9-12.

Machida, R., 2006：Evidence from embryology for reconstruction of hexapod basal clades. *Arthropod Syst. Phylog.*, **64**, 95–104.

——, Y. Ikeda & K. Tojo, 2002：Evolutionary changes of embryonic membrane and functional specialization in the embryo and embryonic membrane in Hexapoda：A synthesis revised. *Proc. Arthropod. Embryol. Soc. Jpn.*, **37**, 1–11.

Misof, B., 他 100 名, 2014：Phylogenomics resolves the timing and pattern of insect evolution. *Science*, **346**, 763–767.

Pagés, J., 1967：Données sur la biologie de *Diplojapyx humberti* (Grassi). *Rev. Ecol. Biol. Sol*, **4**, 187–281.

Sasaki, G., K. Ishiwata, R. Machida, T. Miyata & Zh.-H. Su, 2013：Molecular phylogenetic analyses support the monophyly of Hexapoda and suggest the paraphyly of Entognatha. *BMC Evol. Biol.*, **13**, 2–36.

Sekiya, K., 2012：*Embryological Studies on* Occasjapyx japonicus *(Enderlein) (Hexapoda：Diplura, Dicellurata)*. Doctoral thesis, University of Tsukuba, Tsukuba.

——& R. Machida, 2009：Embryonic development of *Occasjapyx japonicus* (Enderlein)：notable features (Hexapoda：Diplura, Dicellurata). *Proc. Arthropod. Embryol. Soc. Jpn.*, **44**, 13–18.

——&——, 2011：Formation of the entognathy of Dicellurata, *Occasjapyx japonicus* (Enderlein, 1907) (Hexapoda：Diplura, Dicellurata). *Soil Org.*, **83**, 399–404.

Silvestri, F., 1933：Sulle appendici del capo degli "Japygidae" (Thysanura Entotropha) e rispettivo confronto con quelle dei Chilopodi, dei Diplopodi e dei Crostacei. *Compt. Rend. V. Congr. Int. Entomol.*, 329–343.

Tiegs, O. W., 1942：The 'dorsal organ' of the embryo of *Campodea. Q. J. Microsc. Sci.*, **84**, 35–47.

Uzel, H., 1897：Vorläufige Mittheilung über die Entwicklung der Thysanuren. *Zool. Anz.*, **20**, 125–132.

——, 1898：*Studien über die Entwicklung der Apterygoten Insecten*. Friedläder & Sohn, Berlin.

第 3 部

胚発生と系統・昆虫発生学略史・研究法

1章

胚発生と昆虫の系統

1–1　はじめに

　動物が胚発生中に示す形質のなかに，その動物の系統関係を考究するうえで大変重要と考えられるものがあることは，Haeckel の生物発生基本原則 bio-genetisches Grundgesetz を引き合いにだすまでもなく，過去の多くの研究に鑑みて明らかであろう。

　このことは当然，昆虫綱にもあてはまるはずではあるが，他の動物群で発見されたような，目覚ましい成果には乏しいように思われる。これは節足動物昆虫綱が動物界の大半を占める大動物群ではありながら，無翅昆虫類の一部を除き，動物群として本質的によくまとまっていることに由来しているのであろう。とはいいながら，比較発生学的研究が昆虫綱のなかの目や亜目のような，高位タクサ higher taxa の系統関係を検討するにあたり，最も重要なデータの一つを提供できるはずであろうことには変わりがない。

　19世紀後半から 20世紀初頭にかけて，Graber や Heymons らが多様な昆虫群について，広汎な，しかも精力的な比較発生学的研究を行っているが，やがて昆虫の個々の種についてのきめ細かい胚発生の研究が大勢を占めるようになり，昆虫発生学の進展には大きな貢献をしたものの，昆虫の系統関係を比較発生学的に解明しようとする立場からは，遠ざかってしまっていた。しかし，20世紀後半に入り，胚発生からみた昆虫の系統関係の検討を明確なテーマとした研究がふたたび行われるようになり，わが国の研究者が中心となって，着々とその成果をあげている（ゾウムシ：Krzysztofowicz, 1960；トンボ：Ando, 1962；ハムシ：Zakhvatkin, 1968；異

翅類：Cobben, 1968；キリギリス：Warne, 1972；トビケラ：Miyakawa, 1973 ～ 1975, Kobayashi & Ando, 1990；コバネガ：Ando & Kobayashi, 1978；Kobayashi & Ando, 1981 ～ 1984；コウモリガ：Ando & Tanaka, 1976, 1980；イシノミ：Machida, 1981；Machida & Ando, 1981；トビケラ：Akaike et al., 1982；ハチ：Ivanova–Kasas, 1961；シリアゲムシ：Suzuki, 1990；チャタテムシ：Goss, 1952, 1953；中腸上皮：Mori, 1983 など）。

　今日まで昆虫の胚発生から昆虫の系統を扱った総説は，安藤（1981）以外に海外でもみあたらないようであるから，この分野の研究成果について 1–2 節「一般的な問題」，1–3 節「目，亜目，科レベルの系統関係」，1–4 節「無翅昆虫類の系統関係」の 3 節に分けて述べる。とくに 1–4 節は，無翅昆虫類の発生形質の評価による系統関係を最近の研究成果により述べたものである。

1–2　一般的な問題

(1)　胚発生でみられる形質・現象

　昆虫類の胚発生過程に，さまざまな形質や現象が現れてくるが，それらのなかで昆虫の高位タクサの類縁関係を検討するうえに役立つと思われるものを，発生の時期により列挙してみよう。

　早期発生：　卵細胞質量と卵黄量，卵割様式，胚盤葉，胚原基，一次背器

　中期発生：　胚帯と卵黄の位置関係，胚膜形成様式，胚運動，内層形成様式

　後期発生：　中腸上皮形成様式

　ここでとくに注意を払わなければならないこと

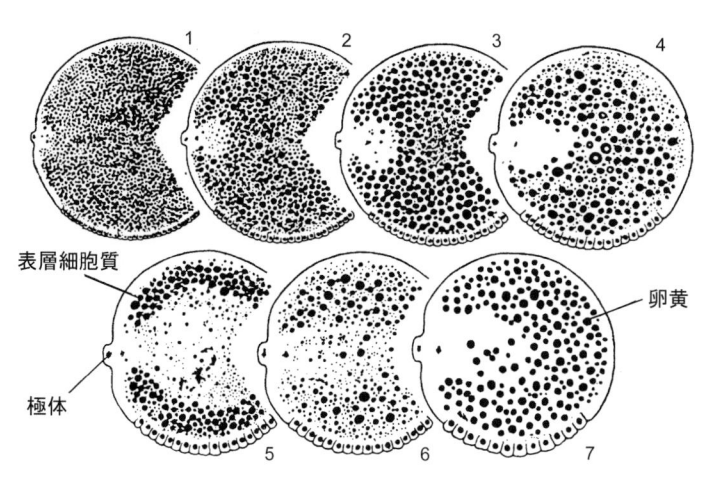

図 1-1　ハムシ科卵における卵黄（黒点）量，卵細胞質（白地）量，胚盤葉細胞数の比較（Zakhvatkin, 1968 より改変）
1 から 7 へ向けて卵黄の減少と卵細胞質の増加がみられる。
1. *Timarcha*，2. コロラドハムシ *Leptinotarsa*，3. *Phyllodecta*，4. クビボソハムシ *Lema*，5. ハンノキハムシ *Agerastica*，6. ハシバミハムシ *Galerucella*，7. *Chalcoides*

は，これらの胚発生のあいだに現れる形質は，発生過程につれて走馬燈のように現れては消えていくので，幼虫や成虫でみられるような安定した永続する形質とは，根本的に相違していることである。このことは上述の諸形質や現象が，たいていの場合，発生のほんの短い期間だけに出現するので，よほど慎重に，かつ注意深く観察しなければ，正確な事象の把握ができないことを意味している。それに，もう一つの重要なことは，これらの諸形質や現象は多くの場合，単独なものとして現れるのではなく，二つあるいは三つ，ときにはそれ以上のものが連携して出現するのである。もし，この連携した形質群に乱れがあるときは，それが系統の親疎を検討する目安になる場合があることを忘れてはならない。

(2) 卵割様式

有翅昆虫卵は表割を行うのが一般的であるが，無翅昆虫卵のなかに全割をするものがある。それはトビムシ類，カマアシムシ類，およびイシノミ類の卵で，卵黄は特別少ないわけではないが，明瞭な全割をした後に表割へと変わる（Jura, 1965；Machida *et al.*, 1990；Fukui & Machida, 2006）。これは昆虫卵としては大変特異的なことで，多胚生殖をする寄生バチ卵で知られたような，二次的に全割を行うものとは根本的に異なるのである。昆虫類に近縁と考えられる結合類（コムカデ綱 Symphyla）では全割であるから，これらの無翅昆虫類が一時的にせよ全割をすることは，系統学的にきわめて重要な形質なのである。同じ無翅昆虫のコムシ類では，卵

はトビムシ同様に丸いが，最初から表割を行う点で，これもはなはだ重要な特徴といえる。また，同じ無翅昆虫のシミ類は有翅昆虫類と同じく表割を行うので，無翅昆虫類には二つのタイプの卵割が存在している。

無翅昆虫類の卵割様式，胚膜，一次背器については，1-4 節「無翅昆虫類の系統関係」で詳述する。

(3) 卵細胞質と卵黄，胚盤葉，胚原基

一部の例外を除いて，昆虫卵が他の節足動物卵と同じ心黄卵 centrolecithal egg であることはよく知られている。このタイプの卵では，卵黄が卵内の大部分を占め，卵細胞質は卵の表層を包む表層細胞質と，これに連なり卵黄球の間に網目状に広がる網状細胞質が存在している。この卵黄と卵細胞質の相対的な量の違いは，卵巣小管が無栄養室型 panoistic type か，有栄養室型 meroistic type かに由来するものといえる。一般に無栄養室型卵巣小管の卵では卵黄が多く，細胞質が少ないのに対し，有栄養室型卵巣小管の卵ではその逆で，細胞質が多く，卵黄は比較的少ない。卵細胞質がとくに少ない下等な不完全変態類の卵では，完成した胚盤葉は薄膜状で，続いて分化してくる胚原基（腹板，胚盤）[*1] も薄く小さい。これに反して卵細胞質が豊富で，卵黄が比較的少ない卵ではよく発達した胚盤葉がつくられ，胚原

---

*1　胚原基 germ rudiment，腹板 ventral plate，胚盤 germ disc は同じようなニュアンスで使われているが，腹板は表成型にみられる卵腹面に大きく形成された胚原基を，胚盤は陥入型胚でみられる卵後部に形成された小さな胚原基をさす場合が多い。

基も厚く大きい。

　この細胞質量，卵黄量，胚盤葉細胞数の相対的な関係は，時によってはその規準が主観的ともとれることがあるが，Zakhvatkin（1968）はハムシ科で実際に比較観察（図1-1）して，そのおそれが少ないことを示している。

　ここで大切なことは，産下時の卵が保有している形質が，それに続く早・中期の発生のあいだに現れる形質群と深い関係をもっていることである。

(4)　胚帯と卵黄の位置関係，胚膜形成様式，胚
　　　運動

① 発生が中期に入ったころの胚は薄い帯状のもので，卵内に充満している卵黄に比べるとはるかに小さい。胚が発生中に卵黄と密接な関係をもつのは当然であるが，卵黄との位置関係によって次の二つに分けることができる。すなわち，1）胚が終始卵黄の表面で発生するもの，2）胚が卵黄中に沈み，卵黄の中で発生するものである（図1-2）。これには，

胚の一部が卵黄に沈むなど，程度の差が存在するものの，大別すると上の2型となる（上巻の第1部総論4章4-7節「胚帯のタイプ」を参照のこと）。

　一般に，卵の腹面に大きな胚原基が形成されるものでは1）がみられ，卵の腹面後半に小さな胚原基が形成されるものでは2）がみられる。そして1）を表成型胚帯とよび完全変態類に，2）は程度の差により陥入型または沈入型胚帯（胚が完全に卵黄中に沈むもの）とよばれ不完全変態類に広くみられるが，完全変態類にも例外的に見いだされる。

　この胚帯が卵黄の表面，または卵黄の中で成長するという形質は，先に述べた諸形質，すなわち卵細胞質と卵黄の相対量，胚盤葉の発達程度，胚原基の大小と密接な関連があり，これから述べる胚膜の形成様式，顕著な胚運動をともなうか否かとも連携しているのである。

② 次に胚膜形成について説明しよう。一般に，有翅昆虫卵には2種の胚膜がつくられる。その一つは

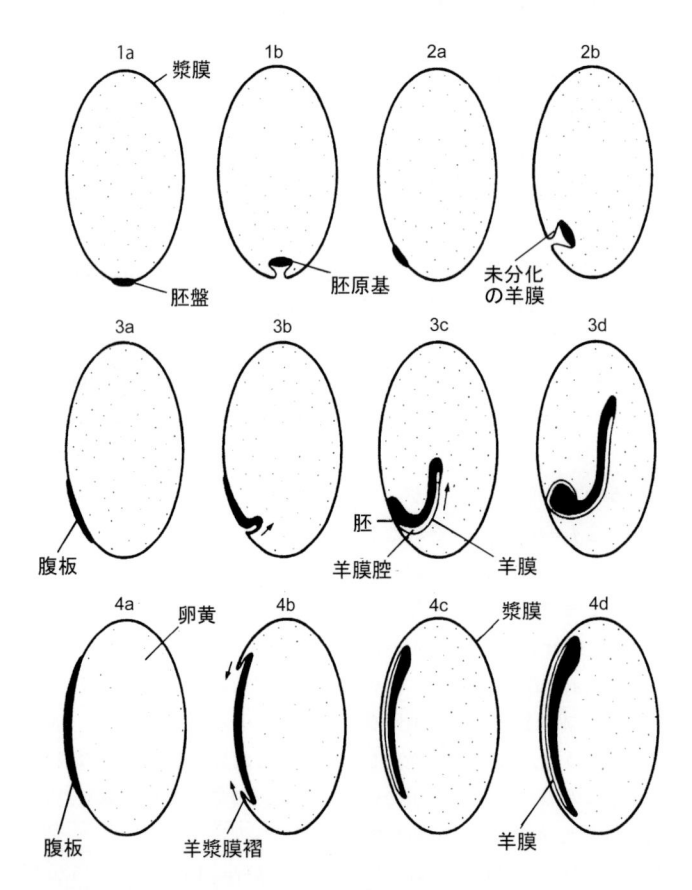

図1-2　昆虫卵でみられる胚帯の型式と胚膜形成の様式（安藤，1981）
　1a, b. イシノミ類，2a, b. シミ類，3a〜d. 多くの不完全変態類（陥入型），4a〜d. 多くの完全変態類（表成型），上が卵の前端，側面図。

卵殻と卵黄膜の下に広がり，卵内容全部を包む保護膜の漿膜で，胚の腹面を覆うもう一つの保護膜が羊膜である。哺乳類や鳥類にみられるような，発達した胚膜に似たものが昆虫卵にも出現することは，無脊椎動物としては希有のことである。無翅昆虫類に例外があるとはいえ，このように分化した胚膜が昆虫卵のみに現れることも，節足動物中でいかに昆虫類が特化しているかを物語るものであろう。

　この有翅昆虫類の胚膜形成は，表成型胚と陥入型胚のあいだで大きく相違している。図1–2のように，前者では卵表にある胚原基の全縁に褶（ひだ）ができ，この褶が胚原基の腹面を覆いながら伸び，ついには褶の先端は胚原基の中央部で癒合し，最終的には2枚の膜が胚の腹面を包むようになる。この外側が漿膜 serosa，内側が羊膜 amnion である。前述のように漿膜は，この部分のみではなく胚外域の胚盤葉が分化した漿膜域につながっているので，卵内容全体を包むのに反し，羊膜は漿膜の下で胚の腹面のみを覆っている。この羊膜の内側の腔所が羊膜腔 amniotic cavity である。上に述べた褶が羊漿膜褶 amnio-serosal fold（羊膜褶）で，表成型の場合，この褶により胚膜がつくられるのが特徴である。

　これに対して陥入型または沈入型では，卵表にできた胚原基の後端部にまず陥入ができ，ここから原基の後部が盲管になって卵黄中に沈んでいく。この時期の盲管状の若い胚は一層の一様な細胞からできているが，管の背側にあたる部分からは将来胚自身が，腹側にあたる部分からは羊膜が分化してくる。すなわち，陥入型では管状の胚の一部が羊膜となるのが特徴で，表成型の羊膜褶によるものとはまったく違った形成様式を示している。陥入型，部分陥入型の場合，卵表にとどまっている原頭葉あるいは原胴域の前部の胚膜形成は，表成型と同様，羊膜褶によるものである。

　陥入・部分陥入型胚の場合は，上述のように二つの形成法を併有するので，胚膜形成様式は胚のタイプに付随した形質といえるものの，イシノミ・シミ類で観察されるような胚膜形成の初期の段階から進化したものが，陥入型（沈入型）タイプであることは疑う余地がない。

　Sharov（1966）は，昆虫の胚膜形成をシミ型，多新翅群・貧新翅群型（上述の表成型タイプ）と，旧翅群・準新翅群型（陥入型タイプ）の3型に分け，この3型の胚膜形成がそれぞれ独自に発達したもの

で，昆虫類の系統を論ずる際の重要な決め手と考えているが，前述のように胚膜形成様式は胚帯のタイプに連携した形質と考えるのが妥当であろう

③　最後に胚運動について述べる。厳密な意味の胚運動は，胚が発生のあいだに示すすべての転位運動が含まれているが，ここでは，いわゆる胚反転 katatrepsis をさしている。この反転運動（卵軸に対して回転運動をともなう場合も多い）は，胚が卵黄中で成長する陥入型のみでみられる。これらでは発生の中ごろになると，それまで卵の後端に頭部を向けていた胚が，胚膜の破裂をきっかけに反転しながら卵黄の外に出てくるのである。トンボ卵では，この反転運動を阻止すると裏返しの胚ができてしまうので（Ando, 1955），この陥入型胚が正常な体制を備えるための最も重要なプロセスなのである。

　これに対して表成型胚では，陥入型の反転運動に相当するものとして，発生が後期に入ったころに，胚が反り返った姿勢からうつむいた姿勢へ姿勢転換 revolution を行う。この現象も，これ以降の発生を完成するのに必須の過程なのである。そしてこれらの現象も，胚帯の型に連携して現れる。

(5)　内層形成様式

　胚の内層形成にも2型が知られている。一つは若い胚帯の正中線沿いの外胚葉細胞が増殖して，胚の背側に新しい細胞群，すなわち内層（中胚葉）をつくる増殖型で，原溝（原条）は現れても微弱であったり，ほとんど観察されない場合もある。もう一つの型は，原溝が明瞭な溝として現れ，溝の部分が後に胚の背側にくびり出されて，内層を形成する陥入型である。

　この第一のタイプは，無翅昆虫類のイシノミ・シミ類やカゲロウ・トンボなどの下等な有翅昆虫類には広くみられるので，第二のタイプより基本的な内層形成法であろうと考えられる。

(6)　中腸上皮形成様式

　昆虫類の中腸形成は，近縁の節足動物に知られるものとははなはだしく相違している。一般に，器官形成は胚発生の後期に行われることもあり，系統を反映するような形質はみられないのであるが，昆虫類ではむしろ例外的に中腸上皮形成に重要な特徴が発見されている（安藤，1981；Mori, 1983；上巻の第1部総論4章4–14節「消化管の形成」を参照）。

　有翅昆虫類中，旧翅群を除いた新翅群では，わずかな例外は別として，中腸上皮は胚の口陥と肛門

陥の底に，新しく分化した中腸上皮原基の細胞群の増殖によって形成される。この際，内層の一部が中腸上皮形成に参加する例があるが，いずれにしても両陥入の底から原基が分化してくる二極形成である（図1-3）。

ところが大顎類Mandibulataのなかで昆虫に近縁の結合類Symphylaの *Hanseniella*（Tiegs, 1940）や無翅昆虫類のトビムシ（Jura, 1966），イシノミ（Machida & Ando, 1981），シミ類（Sharov, 1966）と旧翅類のトンボなどでは，中腸上皮は卵黄細胞によって形成されるのである（図1-3）。もっともトンボ（Tschuproff, 1903；Ando, 1962）では，中腸上皮の前・後部は口陥，肛門陥の中腸上皮原基から形成されるので，二極形成と卵黄細胞による形成の中間段階を示している。このような中腸上皮が卵黄細胞により形成される例は，結合類以外の少脚類Pauropoda（Tiegs, 1947）にも存在するので，当然，卵黄細胞による中腸上皮形成が，二極形成の前段階を示すものと考えてよく，また二極形成は昆

虫類のみで知られ，昆虫という動物群で特化した形質ということができよう。

以上，胚発生中にみられる形質や現象について概略を説明したが，実際に胚発生から系統関係を考察する際には，上記の形質や現象のなかで卵細胞質量と卵黄量，胚と卵黄の位置関係が検討の対象として重要な場合が多いことを強調しておきたい。

1-3　目，亜目，科レベルの系統関係

(1) トビケラ目と鱗翅目の関係

トビケラ目と鱗翅目がきわめて近縁であることは，今日までの研究で疑問の余地がない。しかし残念なことに，近年まで両者のあいだの緊密な系統関係を実証するような発生学的裏付けに欠けていた。

従来，鱗翅目は発生学の好材料で，わが国でも絹糸虫のカイコ *Bombyx mori*，サクサン *Antheraea pernyi*，稲作害虫のニカメイガ *Chilo suppressalis* などについての胚発生は，よく研究されている。また，欧米でも，とくにチョウとガについての研究は

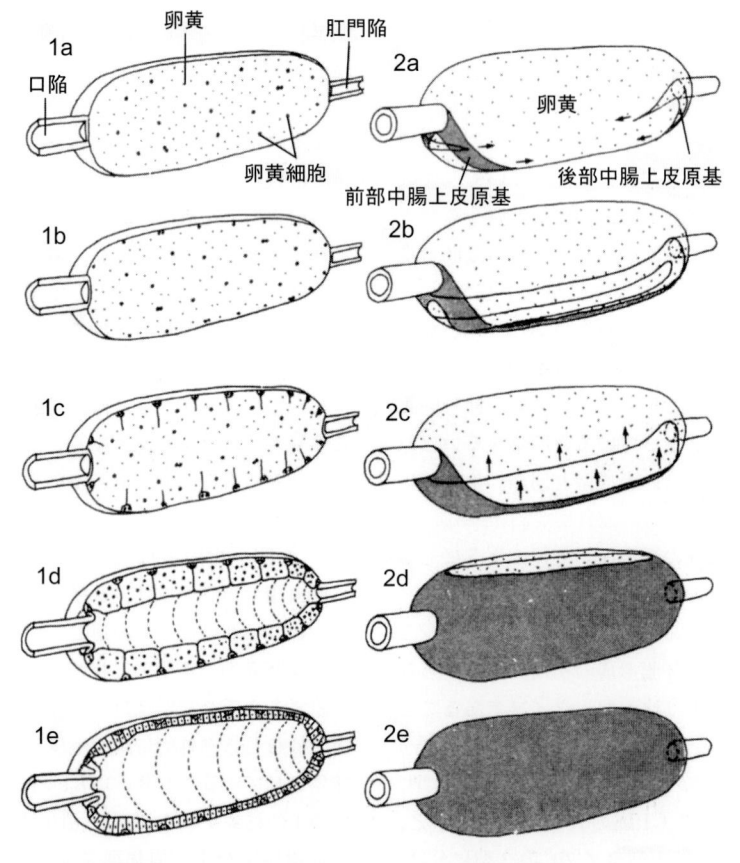

図1-3　昆虫胚でみられる中腸上皮形成の様式（安藤，1981）
1a〜e. 卵黄細胞による形式，縦断面，2a〜e. 二極形成，外面図

多く，昆虫類全体としてみても，鱗翅目は胚発生の過程がよくわかっている目の一つである。ところが，これらの研究対象はすべて高等な二門類 Ditrysia であり，実際には，鱗翅目二門類の発生学が集中的に研究されてきたのである。

鱗翅目は，成虫に大顎のある原始的なコバネガ亜目 Zeugloptera，それに近いカウリコバネガ亜目 Aglossata，モグリコバネガ亜目 Heterobathmiina と，大顎が退化し代わりにぜんまい状に巻く口吻（小顎の一部）をもつ有吻亜目 Glossata に分けられる。有吻亜目はさらに前翅と後翅の翅脈がほぼ同じ同脈類 Homoneura と，異なる異脈類 Heteroneura に分けられ，二門類は後者のなかで最も高等なグループである。種類数からは，前3亜目と同脈類は二門類に比較すると問題にならないほど少なく，そのうえ同脈類のコウモリガ科を除くと，どれも小型の目立たない存在である。だが，鱗翅目内の系統関係を知るうえで，またトビケラ目との関係を明らかにするうえで，非常に重要なグループなのである。上巻の第2部各論12章「鱗翅目」で述べたように，近年，コバネガ，スイコバネガ（同脈類），コウモリガ（同脈類）などの二門類以外の発生が明らかになり，これとの比較がようやく可能になった。

この鱗翅目に対してトビケラ目の発生学的研究は大変遅れ，1970年代に入るまでは，1884年に Patten が観察したアメリカのトビケラ *Neophalax concinnus*（エグリトビケラ科 Limnephilidae）についてのものが唯一であるといってよく，発生学的知見のきわめて乏しい目の一つであった。しかし，幸いなことに Miyakawa（1973, 1974a, b, c, 1975）のヒゲナガカワトビケラ *Stenopsyche griseipennis*（ヒゲナガカワトビケラ科 Stenopsychidae）の胚発生に関する詳細な研究に続き，Akaike *et al.*（1982）のエグリトビケラ *Glyphotaelius*（= *Nemotalius*）*admorsus*，オオカクツツトビケラ *Neoseverinia crassicornis*（カクツツトビケラ科 Lepidostomatidae），さらに Kobayashi & Ando（1990）によるエグリトビケラの研究が行われ，トビケラ目の発生学上の知見は飛躍的に充実した。

トビケラ目は小顎鬚の状態から長いあいだ，環鬚亜目 Annulipalpia と完鬚亜目 Integripalpia の二つの亜目に分けられ（Ross, 1967），ヒゲナガカワトビケラは原始的なほうの前者に，*N. concinnus*，エグリトビケラ，オオカクツツトビケラは進化したほ

うの後者に所属している。しかし，1980年代に，それまで完鬚亜目 Integripalpia に入れられていたナガレトビケラ科 Rhyacophilidae，ヤマトビケラ科 Glossosomatidae，ヒメトビケラ科 Hydroptilidae および Hydrobiosidae をこの亜目から分離し，別に設けた亜目 Spicipalpia に含めるという分類体系が提唱されている（Weaver, 1984；Wiggins & Wichard, 1989）。これらの科は完鬚亜目よりも原始的なトビケラとされ環鬚亜目よりも原始的か否かについてははっきりしないが，Spicipalpia に属するトビケラの胚発生はまったく知られていない。

これらの環鬚・完鬚・コバネガ・各亜目および同脈類，二門類の卵では，胚盤葉形成の時期まではこれといった特色はみられない。しかし，次の胚盤の分化，胚原基，胚膜の形成過程になると，両目の各グループ間に系統関係を示すと考えられる一連の形質が存在しているのである。これらの胚はこの時期を過ぎると特色を失ってしまうので，これ以降の発生段階になると，各亜目間の類縁関係を発生学的につかむことは困難になる。

この両目の胚発生については，上巻の第2部各論11章「トビケラ目」，12章「鱗翅目」に詳しく述べられており，重複も多いが，上記の問題について説明をしよう。

トビケラ目：　Miyakawa（1973）によると，ヒゲナガカワトビケラの卵は楕円体で，卵の腹側の中央に長円盤状の胚盤が分化する。この胚盤の正中線沿いに唇状の陥入口ができ，胚盤は2枚の板を重ねたようになって卵黄中に陥入する。時間の経過とともに，この部分は深さを増し，底部は背側に達するほどになる。このころには陥入口は閉じ，卵表の漿膜原基から分離した胚原基は完全に卵黄中に沈む。続いて胚原基の内腔が広がるので，胚は球状になる。この卵表に向いた部分からは羊膜が，卵内に向いた部分からは胚自体が分化し，内腔は羊膜腔となる。このヒゲナガカワトビケラ科のただ一種の発生が知られているのみであるが，これによりこの亜目の発生の様子を知ることができる。

トビケラ目の完鬚亜目については，Patten（1884）によるエグリトビケラ科の *N. concinnus*，Akaike *et al.*（1982），Kobayashi & Ando（1990）によるエグリトビケラおよびオオカクツツトビケラについての観察があり，上記のヒゲナガカワトビケラに相当する時期の発生の模様が判明している。それによ

ると，この亜目では胚原基，胚膜形成にはやや異なる2型が存在している。一つのタイプは *N. concinnus* とオオカクツツトビケラの卵で観察されるもので，球形の卵の卵表に形成された円盤状の胚盤は，胚膜形成が始まると全周に羊漿膜褶が分化し，これが巾着の口を締めるように胚盤の腹面を中央に向かって伸展し，ついに合着・癒合し，内外二層の胚膜ができあがる。それゆえこの2種では，胚盤がそのまま胚原基に発生し，陥入現象はみられない。この様式は鱗翅目同脈類のスイコバネでみられるものと基本的に類似しているのである。もう一つのタイプはエグリトビケラの卵で観察されるもので，この種類も球形の卵に前2種のような円盤状の胚盤が分化するまでは同様であるが，この胚盤の前縁を除く

全周に羊漿膜褶が形成され，これが胚盤の腹面を覆うように伸びて，羊膜と漿膜が完成する。このように，完鬚亜目の胚原基と胚膜の形成にはやや異なる2型が存在するが，胚原基が最初から卵表に形成される点で，ヒゲナガカワトビケラの陥入型の様式と大きく異なる。

　前述のように，Spicipalpia 亜目の発生はまったく知られていないが，この亜目の胚原基の形成様式の解明は，この亜目が上記の二亜目のいずれに近いのかを判断するうえで良いデータとなるであろう。

　鱗翅目：　この目を構成する4亜目のうち，カウリコバネガ類とモグリコバネガ類に関しては現在もなお研究されていないので，他の2亜目について説明しよう。コバネガ亜目では，ニッポンヒロコ

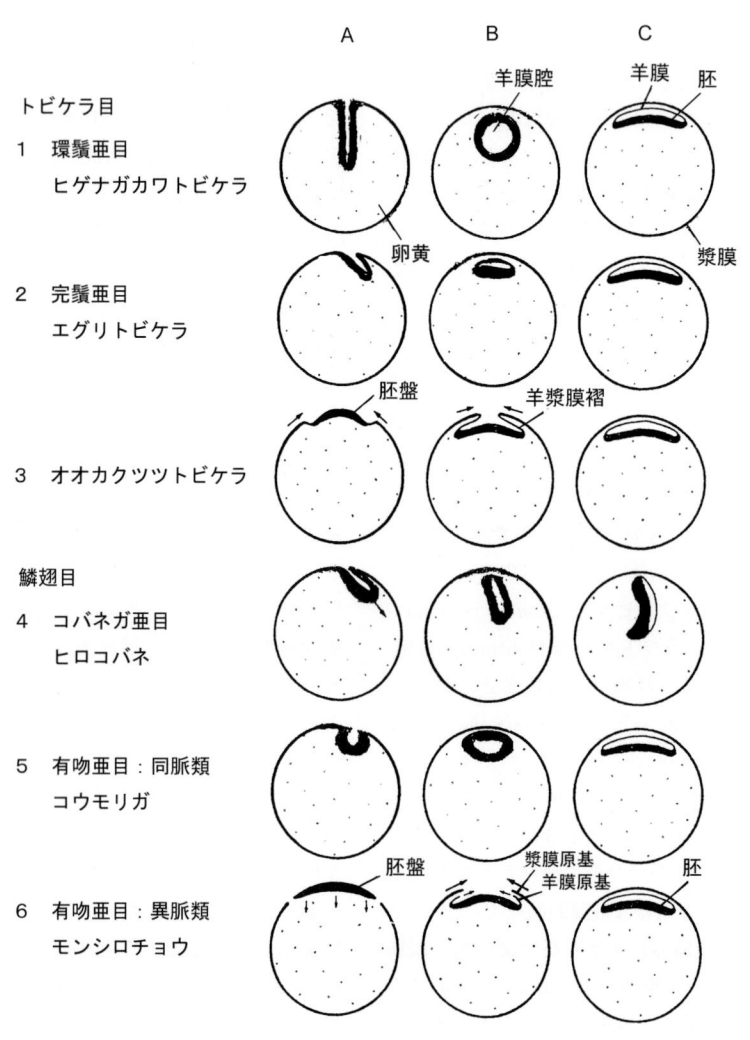

図1-4　トビケラ目と鱗翅目の胚原基，胚膜形成（安藤，1981 より改変）
　A. 胚盤期，B. 胚原基形成期，C. 形成された早期の胚
　1, 2, 4, 5 は胚盤が卵黄中に陥入する。3, 6 では胚盤はほぼその位置で発生する。

バネ *Neomicropteryx nipponensis* についての Kobayashi & Ando（1981，1982，1983，1984）などの研究がある。この種の卵も球状で円盤状の胚盤ができてくること，そして胚盤に陥入が現れること，形成された内腔をもつ胚原基が細長い管状で卵黄に深く沈む点では，ヒゲナガカワトビケラに似ているといえる。

　同脈類では，コウモリガ科のコウモリガ *Endoclita excrescens* とキマダラコウモリ *E. signifer* の発生が Ando & Tanaka（1976，1980），田中（1981）により観察されている。これらの種では胚盤は卵後方，腹側に分化し，ここからニッポンヒロコバネでみられたような陥入が生じ，卵表から遊離した球状の胚原基が卵黄中にできあがる。この胚原基形成の過程はニッポンヒロコバネのものに類似しているが，トビケラ目のヒゲナガカワトビケラにより強い近似性を示すことは興味深い。

　次に，発生のよく知られている二門類の胚原基形成を説明しよう。二門類の卵では卵の腹側に座布団状の大きな胚盤（腹板）が分化する。まもなく胚盤は全周で，周囲の胚外域（漿膜原基）とのつながりが切れ，わずかに卵黄中に沈むのである。そして，この胚盤の全縁から羊膜原基が分化し，これが胚盤の腹側を包みながら伸展して接着し，まず1枚の羊膜が形成される。その後に上に述べた胚盤との境で切れた部分から生じた漿膜原基が，羊膜の上を伸展し，接着・癒合して漿膜ができあがる。これでわかるように，二門類では胚盤がそのまま発生して胚原基になると考えてよい。後にこれと基本的に同じ胚原基と胚膜の形成法は，異脈類で二門類とは別のグループに属するヒゲナガガ科 Adelidae のクロハネシロヒゲナガ *Nemophora albiantennella* とモグリチビガ科 Nepticulidae のシイモグリチビガ *Stigmella castanopsiella* でも発見されたため（Kobayashi，1996，1998），この様式は異脈類に固有のものと考えられる。また，この胚原基形成法は，すでに述べた *N. concinnus* とオオカクトビケラのそれと比較し，羊漿膜褶が分化する部分での胚盤と胚外域の分離という現象を除いては，同一のパターンである。ところがじつは奇妙なことに，コウモリガとは別の同脈類のスイコバネ科 Eriocraniidae に属するハンノキスイコバネ *Eriocrania sakhalinella* では，胚盤と胚外域の境界部は切れずに羊漿膜褶が形成されることが観察されている（Kobayashi & Ando，1987）。

　このように，鱗翅目とトビケラ目では胚原基と胚膜の形成様式がグループごとに異なるが，これまでの説明を簡略な模式図にして示したのが図1-4である。この図でも明らかなように，両目ともスイコバネを除く下等な亜目やグループでは胚盤が卵黄中に沈み，内腔をもった胚原基がつくられるのに対して，高等なグループでは胚盤がそのまま胚原基に発生する。また，前者の陥入の度合いは原始的なものでは深く，中間的なものでは浅く，高等なものでは後者のタイプとなり，明らかに一連の変化がみられる。

　二門類の一部に，羊漿膜褶から胚膜が形成されるとの報告もあるが，一般的には両胚膜が別個に，しかも時間的にずれて形成されるので，昆虫全体としてみても特異的なものとされてきた。しかし，上述のとおり，二門類を含む異脈類が同脈類のスイコバネやトビケラ目の完翅亜目の一部のものと基本的には同一で，後者のようなタイプのものから進化したと考えれば，この特異的な胚膜形成の説明ができそうである。

(2)　シリアゲムシ目内の系統関係

　産卵直後の卵および早期発生の特徴から，シリアゲムシ目の邦産4科，すなわちシリアゲムシ科 Panorpidae，シリアゲモドキ科 Panorpodidae，ガガンボモドキ科 Bittacidae，ユキシリアゲムシ科 Boreidae の系統を考察した Suzuki（1990）の研究を以下に紹介しよう。なお，以下に示した発生上の特徴は，上巻の第2部各論10章「シリアゲムシ目」でも精述されているので，参照されたい。

　内層（中胚葉）形成：　前述のように，一般的に原始的な不完全変態昆虫の内層形成は増殖型であるが，シリアゲムシ目においては，ガガンボモドキ科がこの増殖型であるのに対して，残りの3科ではいずれも完全変態昆虫類でよくみられる陥入型である。それゆえ，内層形成様式においては，ガガンボモドキ科が原始的な形質を保っているといえる。

　卵細胞質：　一般的に不完全変態昆虫の卵は卵黄が豊富で卵細胞質が少なく，対照的に完全変態昆虫においては卵細胞質の多い卵となるが，シリアゲムシ目ではガガンボモドキ科の卵で卵黄が多く，卵細胞質の乏しい卵であることから，他の3科より原始的な形質をもつと考えられる。

　卵黄核集合体：　シリアゲムシ科とシリアゲモドキ科において，胚盤葉期に卵中央に卵黄核集合体

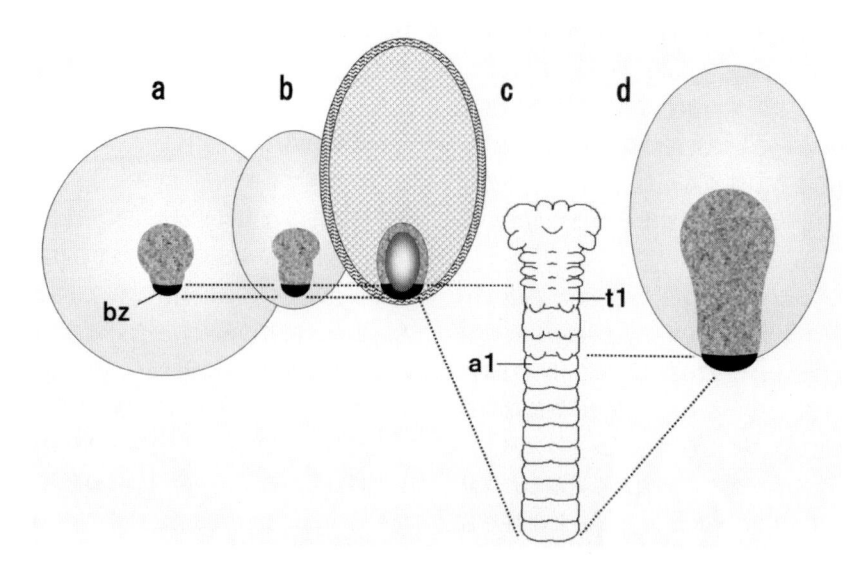

図 1–5　シリアゲモドキ目 4 科の胚帯のタイプ（安藤・鈴木　原図）
　a.　ガガンボモドキ科，b.　ユキシリアゲムシ科，c.　シリアゲモドキ科（卵の縦断面），d.　シリアゲムシ科
　a1：第一腹節，bz：増殖域，t1：第一胸節

yolk cell（nucleus）aggregation がみられるが，
これはこの 2 科の派生形質（子孫形質）apomorphy
と考えられる。

　極顆粒：　シリアゲムシ目においては，シリアゲ
ムシ科の卵のみに極顆粒 polar granule が存在する。
この極顆粒の存在は，シリアゲムシ科の派生形質と
考えられる。

　胚帯のタイプ：　胚帯のタイプからみると，シリ
アゲムシ科が半長胚タイプなのに対して，他の 3 科
が短胚タイプであることから（図 1–5），シリアゲム
シ科が派生的と考えられる。

　胚帯と卵黄の位置関係：　シリアゲムシ科，ユキ
シリアゲムシ科，ガガンボモドキ科では，胚盤が卵
表面に形成され，発生中に胚帯が卵黄中に陥入する
ことのない表成型胚帯である。しかし，シリアゲモ
ドキ科では，卵後極に分化した胚盤が卵黄中に完全
に陥入して，内腔のある胚原基ができる陥入型胚帯
となる。これはシリアゲモドキ科の派生形質と考え
られる。

　以上の特徴をもとに描かれたシリアゲムシ目各科
の系統樹が図 1–6 である。

(3)　半翅目異翅亜目内の類縁関係

　半翅目の異翅亜目 Heteroptera については，Cob-
ben（1968）の広汎で精力的な研究がある。彼はこ
の亜目の 6 群，56 科，約 400 種の卵と胚発生を比
較観察している。ここでとくに注目に値することは，

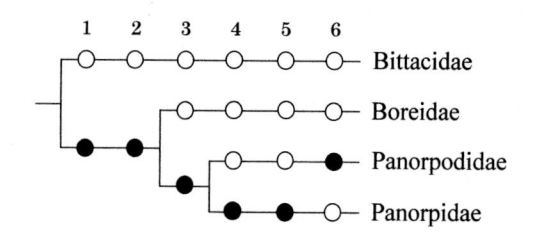

図 1–6　比較発生学からみたシリアゲムシ目 4 科の系統
樹（Suzuki，1990 より改変，本文参照）
　1：中胚葉形成，2：卵細胞質，3：卵黄核集合体，4：
極顆粒，5：胚帯のタイプ，6：胚帯と卵黄の位置関係，
　○：祖先形質，●：派生形質

胚発生研究の常法である切片観察は行わず，おもに
生卵で胚発生を詳細に観察していることである。彼
は，産卵様式，卵殻の構造，胚帯の型，胚の転位運
動などから胚発生と各群間の系統関係について多く
の結果を得ている。

　この Cobben の記述の多くについては，24 章「半
翅目」で紹介されているので参照されたい。彼によ
ると，各上科は異なったタイプの胚発生を行い，そ
れぞれ識別でき，陸生カメムシ群 Geocorisae と水
生カメムシ群 Hydrocorisae は，両生カメムシ群
Amphibicorisae の絶えた祖型から放射状に生じた
ものであると結論している。

(4)　キリギリス科内の類縁関係

　Warne（1972）は，キリギリス科 Tettigonidae
20 亜科のうち 10 亜科 56 種の胚発生を外部から比

表1-1　キリギリス科4種の早・中期発生の比較（Warne, 1972）

亜科，種	卵　形	胚原基の位置と形	胚反転前の胚帯の転位と大きさ
ササキリ亜科 Conocephalinae *Homorocoryhus nitidulus vicinus*	細長くシリンダー状，前端とがり，後端丸い	卵腹側中央	胚帯は卵腹側から卵黄の中を通り，背側へ転位，胚と卵の前後軸は逆になる。胚の大きさは2倍になり，卵長の1/2
キリギリス亜科 Decticinae *Pholidoptera griseoaptera*	ほぼシリンダー状，前種より太い	卵後端，西洋梨形	胚帯は卵黄上で発生，わずかに後方へ転位，胚軸と卵軸は同方向，胚は卵長の1/2，卵の後半部を占める
ツユムシ亜科 Phaneopterinae *Leptophyes punctatissima*	楕円形で，扁平	卵後端，西洋梨形後に背側，側面に転位	前種と同様であるが，胚帯は卵の正中線の左か右で発生
ヒメツユムシ亜科 Meconeminae *Meconema thalassinum*	*P. griseoaptera* と同形，ずっと小さい	卵後端，西洋梨形	胚帯は卵黄中で発生，胚は非常に細長い，卵内に充満，胚軸と卵軸は逆方向

較観察し，亜科間の類縁関係を検討している。彼は胚陥入 anatrepsis と胚反転 katatrepsis とのあいだの時期にそれぞれのグループの特徴ある発生形質が現れるのを知り，この時期に mesentrepsis の名を与えている（この時期に，胚帯腹部体節の完成，付属肢原基の分節化，胚の幅の増大などが生じるという）。

　Warne は，これらの56種は卵内での胚原基の位置と胚反転以前の発生のあいだにみられる胚の転位運動が示す特徴により，表1-1に示したような四つの基本的なグループにまとめられることを発見している。彼はこの結果を Zeuner（1936）によるキリギリス科の分類体系と比べ，キリギリス，ヒラタツユムシ，ツユムシ，ササキリなどの亜科では，彼の発生学的分類結果と同様であるが，ヒメツユムシ亜科は従来のキリギリス科からはかなり離れたカマドウマ科 Rhaphidophoridae やコオロギ科 Gryllidae との類縁関係が考えられると結論している。

1-4　無翅昆虫類の系統関係

　無翅昆虫類 Apterygota は，カマアシムシ目 Protura，トビムシ目 Collembola，コムシ目 Diplura，イシノミ目 Archaeognatha（＝Microcoryphia），シミ目 Zygentoma（＝Thysanura s. str.）の5目の総称で，上巻の第1部総論1章「昆虫の分類」で述べられているように，「翅を未だ獲得していない」という祖先形質でまとめられた多系統群 polyphyletic group（本章では多系統 polyphyly を広義に用い，側系統 paraphyly と区別しない），つまり人為分類

群である。しかし，「翅を未だ獲得しない」という原始性をよく表現している総称であり，現在でもよく用いられている。種数では昆虫類の1%ほどの小さなグループであるが，「有翅昆虫類」とともに，各目は昆虫類（広義）Insecta s. lato（＝六脚類 Hexapoda）の基部分岐を代表する系統群である。昆虫類の基部分岐に関して広く受入れられてきたのは Hennig が比較形態に基づき分岐分類の立場から提出した「内顎類 Entognatha–外顎類 Ectognatha システム」であるが（Hennig, 1969）（図1-13, a 参照），近年，いろいろなアプローチから本システムと異なる系統仮説が提出されている（同図，b～g 参照）。

　節足動物内の高次系統に関しては多くの議論があったが，現在では，伝統的な鋏角類 Chelicerata と大顎類 Mandibulata の単系統性がほぼ認められている（Rota-Stabelli et al., 2011）。大顎類の3群の関係に関しては，昆虫類と多足類 Myriapoda を姉妹群とし，両群からなる欠第二触角類 Atelocerata（＝触角類 Antennata，気管類 Tracheata）の単系統性が支持されてきたが，近年になり，昆虫類と甲殻類の姉妹群関係が分子系統学などから強く示唆され，両群からなる汎甲殻類 Pancrustacea が確からしくなってきた（Schultz & Reiger, 2000；Rota-Stabelli et al., 2011；Trautwein et al., 2012）。本章での系統学的議論では，祖先形質状態の推定のために甲殻類，多足類との，また，派生形質状態の推測のために有翅昆虫類 Pterygota との比較を行う。系統学的議論のなかには，純粋に形態学的と思われる形質（たとえば，内顎口や腹部体節数）も含

まれるが，それらは，形態の理解，形質の評価において発生学的検討が不可欠であったものである。また，多数の発生形質が比較可能であるが，系統学的議論に用いうるものは，かなりの確度をもって形質評価ができるものに限られる。したがって，系統学的議論に供しうる発生形質は，発生学的知見が不十分なうえに祖先形質状態を多くもつことで特徴づけられる「無翅昆虫類」においては，あまり多くない。

　ここでは，形質ごと比較発生学的に検討，議論し，現段階で最も妥当と考えられる解釈を「評価」として示す。そして，この「評価」をもとに昆虫類の基部分岐の系統関係を論じ，その他の系統仮説を比較発生学の立場から批判する。なお，昆虫類各群の発生に関しては，上巻の第 2 部各論・下巻の第 2 部各論を参照されたい。

(1)　発生形質の評価

a.　卵割様式

　Machida *et al.* (1990) は，節足動物は基本的に全割型の卵割を行い，各群に散見して現れる表割型は派生形質 apomorphy と判断している。カマアシムシ目，トビムシ目とイシノミ目にみられる表割へ移行する全割型の卵割は，類似の様式が多足類や甲殻類，さらには鋏角類などの節足動物にも普通であることも考えあわせ (Machida *et al.*, 1990)，祖先型であり，有翅昆虫類の表割型の卵割様式は，派生形質と理解される。シミ目は表割型の卵割を行うとされ，表割型の卵割様式は，さらにシミ目と有翅昆虫類（双関節丘類 Dicondylia）の共有派生形質 synapomorphy とすることができる。Larink (1997) は，シミ目がイシノミ目と類似した全割型の卵割を行う可能性を示唆している。その後の検討はなされていないが，もしこのデータが正しいのならば，表割型の卵割様式は有翅昆虫類の固有派生形質 autapomorphy となる。

　Uzel (1898) は，コムシ目の卵割様式は表割型であると報告した。これに関しては再検討が必要であるといわれてきたが (Jura, 1972；Machida *et al.*, 1990)，Ikeda (2001) は，ナガコムシ亜目 Rhabdura のウロコナガコムシ *Lepidocampa weberi* の卵割過程を電子顕微鏡観察も含めて検討したところ，卵割期に全割を示唆するような細胞質分裂は起こらないことを確認した。したがって，コムシ目の卵割様式は Uzel の見解のように，表割型と理解すべきである。したがって，コムシ目の卵割様式

（表割型）はシミ−有翅昆虫類との共有派生形質とすることもできるかもしれない。しかし，以下に検討していく他の形質分布からも，むしろ，コムシ目と双関節丘類それぞれの固有派生形質と考えるべきである。

　評価：　カマアシムシ目，トビムシ目，イシノミ目にみられる全割型の卵割は祖先形質 plesiomorphy であり，表割型の卵割様式は，コムシ目および双関節丘類それぞれの固有派生形質，シミ目と有翅昆虫類にとっては共有派生形質である。

b.　胚帯型

　外顎類［＝単関節丘類 Monocondylia（イシノミ目）＋双関節丘類］においては，短胚型を祖先型とする長胚型への移行が知られている (Krause, 1939；Sander, 1984)。近年，イシノミ類で分節遺伝子の一つであるエングレイルド *engrailed* の発現パターンが解析され，イシノミ類の最初期の円盤状胚原基において，体節の分化が一切みられないことが明らかになった (Nakagaki *et al.*, 2015)。イシノミ類で確認されたこのような状態を最も初原的なものとして，胚の分化時に少数の体節がすでに分化している状態のものがあり，さらに多くの体節が分化しているもの，最終的には，ショウジョウバエなどにみられる，ほぼすべての体節が胚の分化時にそろっている長胚型に至る，一連の胚帯型の変遷が見いだされるのである。短胚型はイシノミ目，シミ目，下等有翅昆虫類に観察されるもので，これらは外顎類の派生形質であり，有翅昆虫類において，各群で派生的に長胚型への移行が起こったと考えることができる。

　「無翅昆虫類」である内顎類（カマアシムシ目，トビムシ目，コムシ目）の初期胚も長大であり，胚分化時に多くの体節が分化しているので，定義的には長胚型である。しかしながら，この内顎類の長胚型と高等な有翅昆虫類にみられる長胚型とを関連づけるべきでなく，多足類や他の節足動物（以下の付記参照）にしばしば観察される長胚を引き継いだものとすべきで，この点から，内顎類の長胚型は祖先形質共有である。

　評価：　内顎類の長胚型は祖先形質状態で，イシノミ目，シミ目，下等有翅昆虫類の短胚型はこれら外顎類の固有派生形質，より進んだ有翅昆虫類においては長胚型への派生的な移行がみられる。

　付記：　原始的な甲殻類，たとえば鰓脚類などの

小卵の場合，卵割の結果，卵は割球に分割され，運命が決定された各割球がそのまま胚の各領域の形成にあずかり（Anderson, 1973），長胚型胚帯のようにみえる。一方，高等な甲殻類，たとえば軟甲類などの大卵の場合，胚盤葉の一部に小さな胚域が分化し，この胚域の一部の細胞が端細胞として増殖，胚帯を形成する（Anderson, 1973）。これは明らかに短胚型胚帯の特徴と理解される。このように，甲殻類においても昆虫類におけるように長胚型から短胚型への変遷が見いだせる。

c. 胚　膜

昆虫類の重要な発生学的特徴の一つとして「羊漿膜褶-羊膜腔システム amnioserosal fold-amniotic cavity system」があげられる。胚を外環境の変化から保護する本システムが昆虫類の繁栄におおいに貢献したことに関しては疑いがないものの，甲殻類や多足類の漿膜のみからなる胚膜系から昆虫類のこのように進んだシステムはどのように獲得されてきたのであろうか。これは昆虫比較発生学において興味深いテーマであるだけでなく，昆虫類のグラウンドプランの理解において重要である。そして，「甲殻類や多足類の初原的な胚膜系」から「昆虫類の高度な胚膜系」への進化的変遷の理解は，昆虫類の高次系統の議論に貢献することになる。

Heymons（1901），Heymons & Heymons（1905）は多足類と昆虫類の胚膜を比較し，胚膜（漿膜）が体形成能を失っている昆虫類は「胚と胚膜の機能分化」という点で多足類より進んでいると述べた。Machida *et al.*（1994），Machida & Ando（1998）は，「体形成」「卵クチクラ形成」（本章では，胚盤葉クチクラ blastoderm cuticle，漿膜クチクラ serosal cuticle を総称として，「卵クチクラ cuticular egg envelope」とよぶ）という機能に注目して，Heymons らの「胚と胚膜の機能分化」との見方を発展させると，胚・胚膜間の機能分化に向上進化的な変遷が認められ，この視点から羊漿膜褶-羊膜腔システムなどの胚膜構造の獲得の背景も理解できることを示した。新たな比較発生学的知見も加えつつ（たとえば，Ikeda & Machida, 2001；Machida *et al.*, 2002；Masumoto & Machida, 2006；Fukui

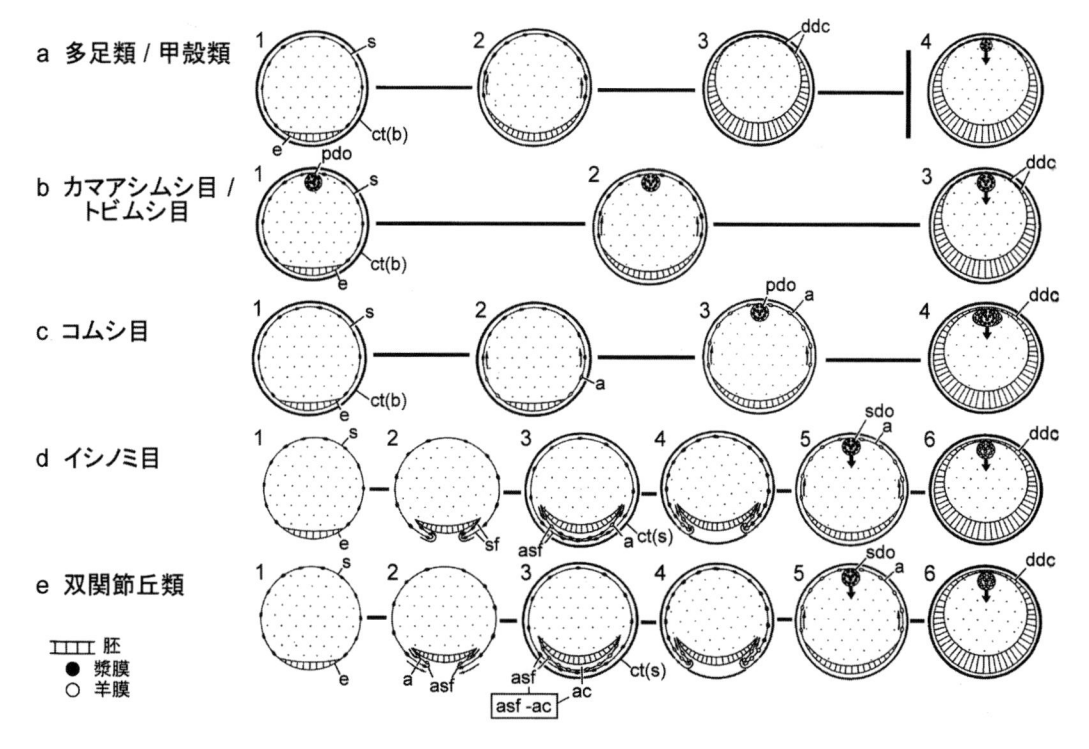

図 1-7　昆虫類および大顎類における胚膜および胚と胚膜間の機能分化の進化的変遷（Machida, 2006 より改変）
a：羊膜，ac：羊膜腔，asf：羊漿膜褶，asf-ac：羊漿膜褶-羊膜腔システム，ct：卵クチクラ，ct(b)：胚盤葉クチクラ，ct(s)：漿膜クチクラ，ddc：最終的背閉鎖，e：胚，pdo：一次背器，s：漿膜，sdo：二次背器，sf：漿膜褶

& Machida, 2006；Machida, 2006；Tomizuka & Machida, 2015），昆虫類の胚膜の進化，胚・胚膜間の機能分化の進化的変遷を解説しよう。

　多足類ならびに甲殻類の胚膜は胚盤葉由来の漿膜のみである（図 1–7，a）。そして，胚膜は最終的背閉鎖 definitive dorsal closure に参加，すなわち，漿膜は胚膜に分化しても体形成能力を保持している（同図，a，2 〜 3；同図，a，4 に示す漿膜の退化に関しては「e. 二次背器」を参照）。一方，胚（胚域）も卵クチクラ（この場合，卵クチクラは胚外域だけでなく胚域からも産生されるので，「胚盤葉クチクラ」）の分泌能力を有しており（同図，a，1），胚と胚膜の機能分化の程度は低い。このような状況はカマアシムシ目（Fukui & Machida, 2006）とトビムシ目（Tomizuka & Machida, 2015）にみられる（同図，b）。トビムシ目に関しては，漿膜は最終的背閉鎖にともない退化すると Philiptschenko (1912) は述べていたが，Tomizuka & Machida (2015) は，詳細な検討により，トビムシ目の漿膜は退化することなく，最終的閉鎖に参加することを明らかにした（図 1–8，a，b）。なお，胚盤葉すなわち漿膜に由来した一次背器は，最終的に卵黄中に落ち込み退化する（図 1–7，b，3）。

　コムシ目の胚膜は，カマアシムシ目，トビムシ目のそれと次の二点で大きく異なる（Ikeda & Machida, 2001）。まず，卵クチクラ産生を終了した漿膜はすべて背方に集中して一次背器を形成する（図 1–7，c，2 〜 3）（「d. 一次背器」参照）。そして，この全漿膜に由来した一次背器は最終的閉鎖に参加することなく退化する（同図，c，4）。すなわち，コムシ目の漿膜は体形成能力を放棄している。この点で，コムシ目では胚と胚膜の機能分化が上記の動物群より一歩進んでいる。さらにこの目では，漿膜が退いた領域には，それに代わる一時背閉鎖 provisional dorsal closure として羊膜が産生され，羊膜の分化により一時背閉鎖に関して時間的分業が起こっている。コムシ目での羊膜産生は胚膜褶の形成には無関係で，羊膜獲得は，外顎類あるいは双関節丘類の羊漿膜褶獲得への前適応と理解される。最終的背閉鎖により，漿膜由来の一次背器と羊膜は退化する（同図，c，4）。

　外顎類になり，胚は卵クチクラの産生能力を失う。同時に，胚膜褶（漿膜褶あるいは羊漿膜褶）が出現，胚下に漿膜が潜り込むことにより（図 1–7，d，2），卵全表を覆う卵膜クチクラ（漿膜クチクラ）の分泌が維持される。反転後，最終的背閉鎖にともない，漿膜は胚の背部に二次背器を形成し退化する。単関節丘類であるイシノミ目に，外顎類の胚膜褶の最も初原的状況が認められる（上巻の第 2 部各論 4 章「イシノミ目」も参照）。すなわち，胚膜褶（漿膜褶あるいは羊漿膜褶）は胚下の漿膜クチクラ産生に機能する構造として存在し（同図，d，3），この機能を完

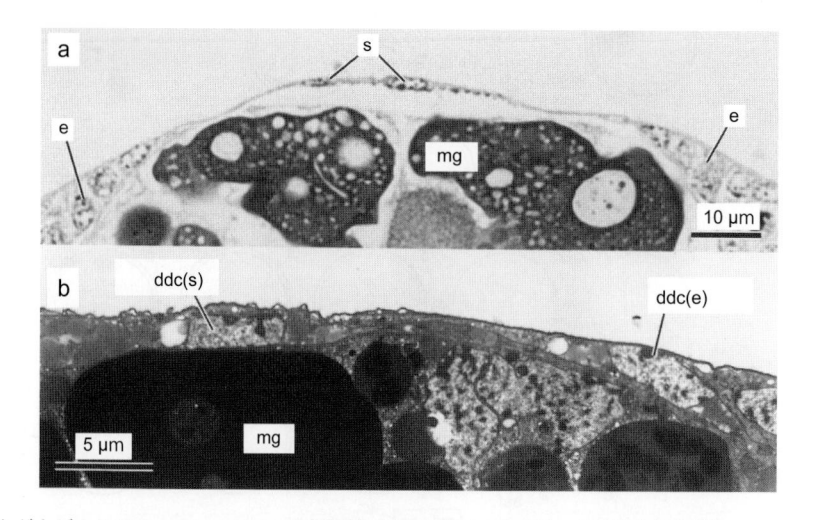

図 1–8　デカトゲトビムシ *Tomocerus cuspidatus* の背閉鎖（Tomizuka & Machida, 2015 より改変）
　a. 背閉鎖進行中の腹部横断面。左右の胚体壁（e）の間の背部には漿膜（s）が見られる。b. 最終的背閉鎖が完了した背部の透過型電子顕微鏡像。漿膜由来（ddc(s)）と胚由来（ddc(e)）の両者の細胞が最終的背閉鎖に関与しているのがわかる。
　ddc(e)：胚由来の最終的背閉鎖，ddc(s)：漿膜由来の最終的背閉鎖，e：胚の体壁，mg：形成途上の中腸，s：漿膜

了した段階で即座に解消される（同図，d，4）。胚膜褶は多くの場合，漿膜褶への羊膜の二次的な付加により形成される羊漿膜褶であるが（同図，d，3），ときに漿膜褶のまま解消されることもある。したがって，イシノミ目においては羊膜の存在は胚膜褶形成に必須ではない。すなわち，まだイシノミ段階の外顎類では，羊膜はやはりコムシ目におけるように，単なる漿膜に代わる一時背閉鎖である。この意味で，羊膜の初原的な機能は，コムシ目，イシノミ目にみられるように，単なる一時背閉鎖であると考えるべきである。漿膜クチクラ産生後，胚膜褶は解消され最終的背閉鎖にともない漿膜由来の二次背器と羊膜は退化する（同図，d，4～6）。

イシノミ目の胚膜褶形成には羊膜の参加は必須ではなく，また，胚膜褶自体が胚下の漿膜クチクラ産生に関連して獲得された構造であり，漿膜クチクラ産生後，ただちに解消される。しかし，双関節丘類になると，胚膜褶形成と羊膜産生が同時に起こることで羊漿膜褶が形成され（図1-7，e，2～3），羊漿膜褶は重要なプランとして胚発生に組み込まれ胚発生の一定の期間存続するようになり，その期間，胚は腹面を羊漿膜褶とそれにより包まれる羊膜腔で手厚く保護される。このように，胚の保護などの重要な役割を担う羊漿膜褶-羊膜腔システムが獲得されるのである（同図，e，3）。胚発生の一定期間，本システムで保護され発生した胚はふたたび卵表に現れ（同図，e，4），最終的背閉鎖にともなって漿膜由来の二次背器と胚由来の羊膜は退化する（同図，e，5～6）。かつて羊漿膜褶と混同されたイシノミ目の羊膜のみに由来する卵黄褶は，イシノミ目に固有のものである（上巻の第2部各論4章「イシノミ目」を参照）。

双関節丘類の羊漿膜褶の初原状態はシミ目に見いだされる。すなわち，羊漿膜褶-羊膜腔システムは存在するが，有翅昆虫類と異なり，羊漿膜褶は，イシノミ目におけるのと同様，まず形成される漿膜褶に羊膜が後に付加することで形成される（Masumoto & Machida, 2006）（図1-7，e，2は有翅昆虫類の状態を示している）。有翅昆虫類になり羊漿膜褶産生様式が定式化し，胚膜褶形成と羊膜形成が厳密にリンクし，胚膜褶は初めから羊漿膜褶として形成されるようになる（同図，e，2～3）。

以上，昆虫類における胚膜の進化について述べた。これでわかるように，昆虫類には，胚と胚膜間

の機能分化，胚膜間の時間的分業，新たな胚膜構造の獲得などを巻き込んだ，明瞭な向上進化的変遷が認められるのである（Machida & Ando, 1998；Machida et al., 2002；Masumoto & Machida, 2006；Machida, 2006；Tomizuka & Machida, 2015）。これを系統樹として表したのが図1-9，aである。図を参考にして，「評価」を参照されたい。「内顎類」は支持されず，また，「欠尾類 Ellipura」と有尾類が多分岐となっている。

評価：　1）多足類，甲殻類にみられる胚と胚膜の機能分化が判然としない状況は，カマアシムシ目とトビムシ目に見いだされる祖先形質状態である。2）コムシ目および外顎類（有尾類 Cercophora）になり，i）漿膜は体形成能力を放棄，また，ii）一時背閉鎖としての羊膜が獲得される。これらは両群の共有派生形質，有尾類の固有派生形質である。3）外顎類になり，i）胚の卵クチクラ産生能力の消失，それに関連して，ii）胚膜褶が獲得される。両特徴は外顎類の固有派生形質である。4）このような固有派生形質をもつ外顎類の胚膜において，最も初原的な状況はイシノミ目（単関節丘類）にみられるが，本群における卵黄褶の獲得はその固有派生形質である。5）双関節丘類において，胚膜褶形成への羊膜産生は必須のものとなり，そして胚発生の一定の期間維持される羊漿膜褶は羊漿膜褶-羊膜腔システムに発展する。これらは本群の固有派生形質である。6）双関節丘類での最も初原的な状況はシミ目にみられる。7）有翅昆虫類になり，胚膜褶形成と羊膜産生は厳密にリンクするようになり，羊漿膜褶形成が定式化する。これは有翅昆虫類の固有派生形質である。

卵クチクラに関しては，胚盤葉クチクラは祖先形質，漿膜クチクラは外顎類の固有派生形質である。なお，背器に関しては以下の「d．一次背器」「e．二次背器」で検討する。

d．一次背器

カマアシムシ目，トビムシ目およびコムシ目においては，発生の前半期に胚外域に細胞が放射状に集合した，一次背器とよばれる特徴的な胚器官が形成される（上巻の第2部各論の「トビムシ目」「コムシ目」，本巻の第2部各論の「カマアシムシ目（補遺）」「コムシ目（補遺）」を参照）。トビムシ目，カマアシムシ目では，一次背器は胚帯形成期に胚外域（漿膜）から直接分化するのに対し，コムシ目では中胚葉分化以降の時期に，漿膜の背方への集中で形成さ

れる。これらの違いはあるものの，両者の電顕レベ
ルの特徴も含めた類似から，それらの相同性は疑う
余地がない。

　内顎類の一次背器に酷似した構造は多足類の結合類
（Tiegs，1940），少脚綱（Tiegs，1947）にも形成さ
れ，また，甲殻類などの他の節足動物にも類似の構

造が知られていることから（Fioroni，1980），これ
らの内顎類の一次背器は祖先的な由来によると考え
てよいであろう。なお，一次背器の機能に関しては
推測の域をでないが，本構造の中心から多数のフィ
ラメントが放射状に広がり卵クチクラに付着してい
ることを考えあわせると，姿勢転換の際の胚の運動

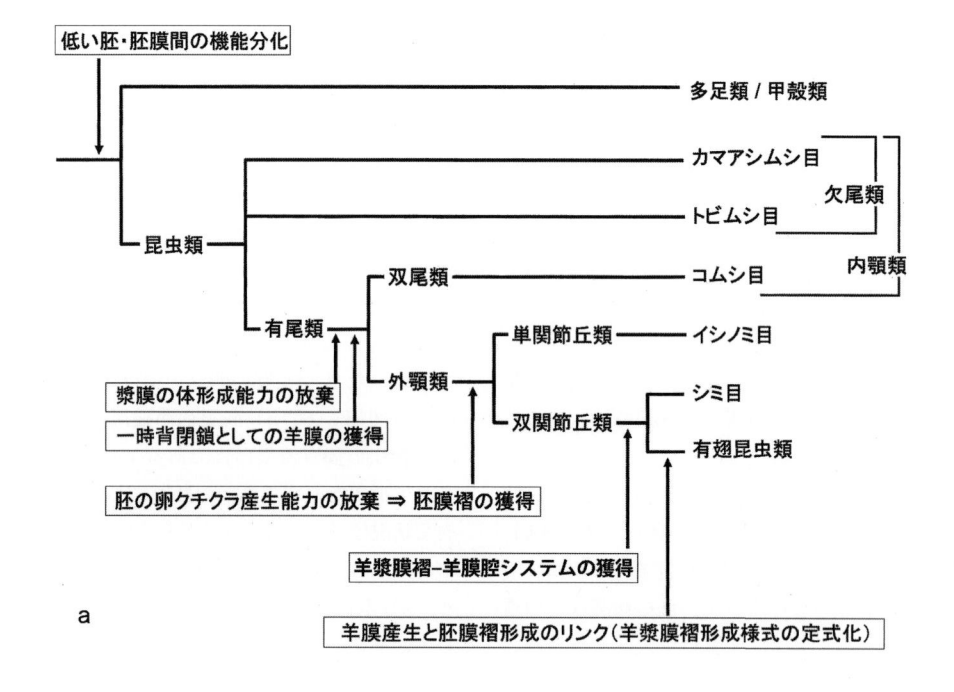

a

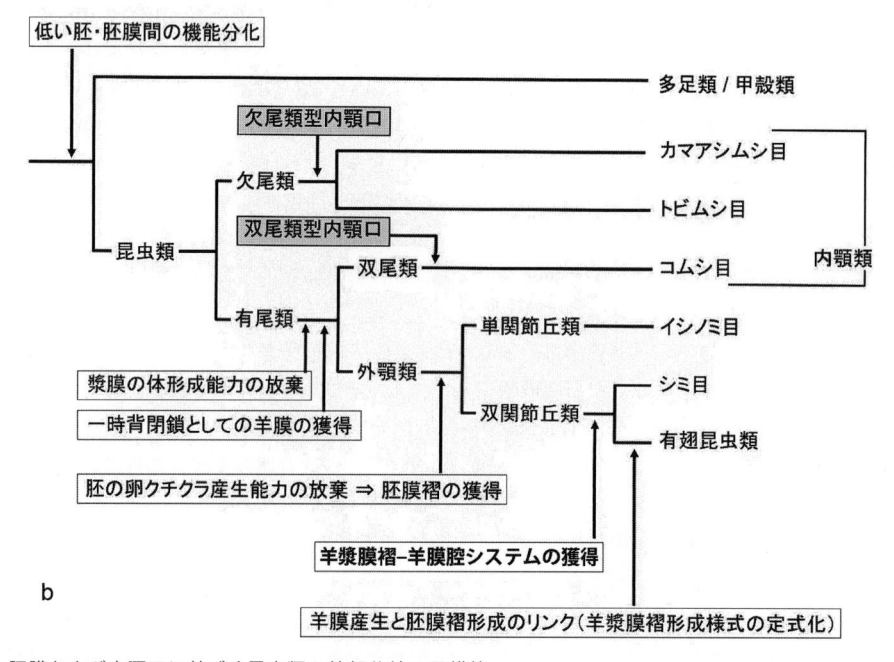

b

図1–9　胚膜および内顎口に基づく昆虫類の基部分岐の再構築
　a. 胚膜および胚と胚膜間の機能分化に基づく基部分岐，b. 内顎口の形成様式の情報を追加，本文参照。

になんらかの関係があると考えられる。

有翅昆虫類においても，二次背器の形成以前に，しばしば一次背器とよばれる構造が発達する例が知られている（一次背器，二次背器の名称は，これらの有翅昆虫類のグループにおいて初めて用いられた）(Johannsen & Butt, 1941)。しかし，これらの有翅昆虫類と無翅昆虫類の一次背器のあいだには，系統的関連はないと考えるのが妥当である。

評価：　カマアシムシ目，トビムシ目とコムシ目の一次背器は，これらの群の共有祖先形質 symplesiomorphy と考えるのが妥当である。一方，外顎類は一次背器を発達させないが，この状態は派生形質状態である。

e.　二　次　背　器

イシノミ目，シミ目，有翅昆虫類，すなわち外顎類においては，最終的背閉鎖にともない，漿膜は二次背器を形成して退化する。「c. 胚膜」で述べたように，これは漿膜の退化にともなう退化構造であり，漿膜が退化せず最終的背閉鎖に参加する多足類や甲殻類などの他の節足動物ではその発達はない（Machida & Ando, 1998；Machida *et al.*, 2002）。例外的に，大きな卵をもつオオムカデの一種 *Scolopendra cingulata* (Heymons, 1901) や軟甲亜綱の甲殻類（Anderson, 1973）では漿膜が広大であるため，最終的背閉鎖の際，余剰の漿膜が退化構造を形成することが知られている（図1–7，a，4）。

また，外顎類で漿膜が顕著な退化構造である二次背器を形成するのは，この群において胚陥入にともない漿膜が広く卵表を覆うように発達するからであろう。したがって，二次背器は外顎類の固有派生形質と考えることができる。

評価：　昆虫類内においては，二次背器は外顎類の固有派生形質である。

付記：　漿膜の集中で形成されるという点からは，コムシ目の一次背器との関連も考えられるが，一次背器がなんらかの重要な機能をもっていると考えられるほどに複雑な構造をもっているのに対して，二次背器は単なる漿膜の退化構造であるとの考えから，両者は本質的に異なる構造であると理解すべきである（Ikeda & Machida, 2001）。

f.　胚　運　動

胚運動を羊漿膜褶の形成・解消にともなった胚の卵内における運動，つまり胚陥入 anatrepsis，胚反転 katatrepsis そしてそのあいだの期間であるダ

イアポーズ diapause（＝インタートレプシス intertrepsis）からなる胚の動きとすると，胚運動は羊漿膜褶を獲得した外顎類にみられる特徴と理解される。胚運動を広義にとらえると，羊漿膜褶をもたない内顎類の胚の動きも含めることができる。カマアシムシ目，トビムシ目，コムシ目における胚運動は，それまで反り返って卵表に大きく広がっていた胚帯が胸部付近で折れ曲がる単純なもので，姿勢転換ともよぶ。同様な胚運動は多足類をはじめとする他の節足動物に普通にみられるもので（付記参照），原始的な特徴である。なお，有翅昆虫類（とくに完全変態類，あるいは長胚型胚）で姿勢転換的な胚運動を行う例がみられるが（Johannsen & Butt, 1941），これらは羊漿膜褶を獲得した胚における胚運動からの派生であり，当然のことながら内顎類や多足類の姿勢転換と比較すべきものではない。

評価：　姿勢転換は内顎類の共有祖先形質と理解され，外顎類にみられる羊漿膜褶の形成，解消をともなう胚運動は本群の固有派生形質である。

付記：　内顎類にみられるような姿勢転換は甲殻類にも見いだされるが（Weygoldt, 1958），原始的な甲殻類においては各割球がほとんど位置を変えずに，そのままノープリウス nauplius 幼生の体を形成するので，このような胚の動きはみられない（Benesch, 1969）。甲殻類と内顎類の姿勢転換の系統学的比較は今後の課題である。

g.　合　体　節　制

昆虫類は合体節制化 tagmosis により，頭部，胸部，腹部の3部分，すなわち三つの合体節 tagma からなる体制をもつ。一方，多足類，また絶滅群を含めた原始的な甲殻類は，頭部と胴部のみからなる体制を示す（椎野，1964；Schram, 1986）。この点から，多足類，甲殻類，昆虫類の共通祖先は頭部と胴部からなる体制をもっていたと考えるのが妥当であり，昆虫類の3部分からなる体制は本群の固有派生形質と考えてよい。多くの甲殻類でしばしば胴部は胸部と腹部に分化するが，合体節制化の仕方は昆虫類と細部で異なり，昆虫類と甲殻類における3部分からなる体制は，ホモプラシー homoplasy と理解される。

評価：　昆虫類の3部分からなる体制は本群の固有派生形質である。より原始的な節足動物，たとえば多足類や甲殻類のベーサル・クレード basal clade における2部分からなる，あるいは胸部と腹部の分

業が不分明な状況は祖先的である。

h.　頭部体節制

　昆虫類の頭部は口前節＋6体節からなる。この形質状態の理解は大変難しい。まず，多足類においては，倍脚類と少脚類からなる二顎類 Dignatha は口前節＋5体節，唇脚類と結合類（昆虫類とともに三顎類 Trignatha と総称される）は昆虫類と同じく口前節＋6体節である（Manton, 1977）。そして，甲殻類は昆虫類同様の口前節＋6体節である（椎野，1964）。欠第二触角類仮説 Atelocerata hypothesis「甲殻類＋欠第二触角類（＝多足類＋昆虫類）」，汎甲殻類仮説 Pancrustacea hypothesis「多足類＋汎甲殻類（＝甲殻類＋昆虫類）」のいずれにおいても，まず，「口前節＋6体節」の大顎類の固有派生形質とし，昆虫類での頭部体節制は祖先形質とするのが可能である。あるいは，ホモプラシーで獲得された昆虫類の固有派生形質，あるいは欠第二触角類仮説では昆虫類と多足類の共有派生形質（二顎類での形質転換を仮定），汎甲殻類仮説では昆虫類と甲殻類の共有派生形質となるなど，いろいろな可能性がありえる。

　評価：　昆虫類の頭部体節制に関して評価は今後の課題である。

i.　内　顎　口

　大顎類の口器は，頬部 gena の下垂はあるものの基本的に外顎型であるが，昆虫類の内顎類は顎部が口褶 mouth fold で覆われる内顎口をもち，本類はこの内顎口を固有派生形質としてまとめられる系統群である（Hennig, 1969）。広く受け入れられてきた内顎類ではあるが，3目の内顎口の相同性は再検討すべきである。Kukalová–Peck（1987）の古生代石炭紀のハサミコムシの一種 Testajapyx thomasi の報告は重要で，彼女によれば，このコムシ目の顎部は口褶で完全には覆われておらず，完成した内顎口ではないという。この意味するところは重要で，内顎口は内顎類の共通祖先で獲得されたものではなく，各系列で独自に現れたとの可能性を示唆するのである。

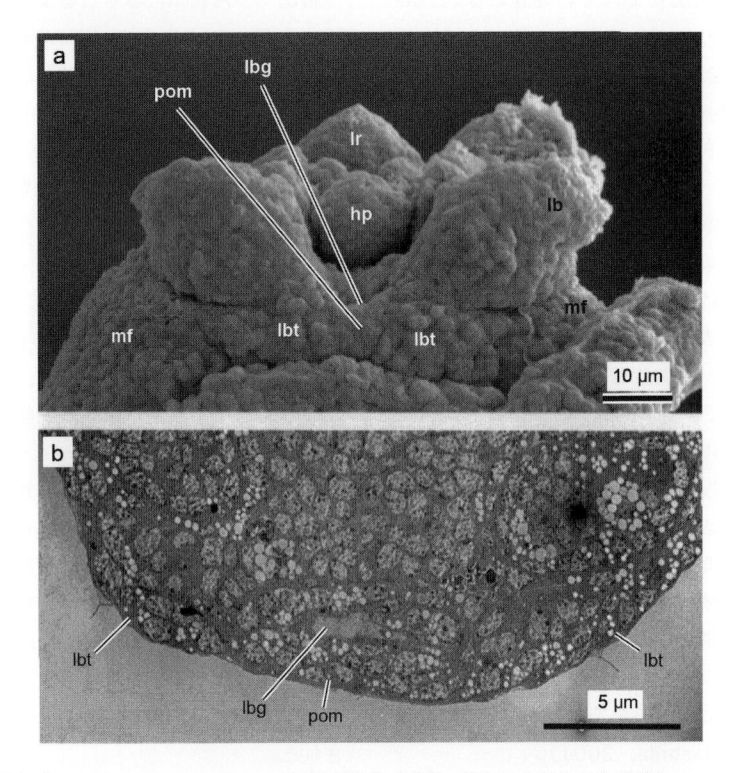

図 1–10　デカトゲトビムシ *Tomocerus cuspidatus* の内顎口形成（富塚・町田，2012 より改変）
　a．内顎口形成後期胚頭部腹面の走査型電子顕微鏡像。口褶（mf）の下唇節背板由来の領域（lbt）が左右から下唇亜基節由来の後基板（pom）上を拡張している，b．図 a と同ステージの胚頭部の透過型電子顕微鏡像。下唇節背板由来の領域（lbt）が左右から下唇亜基節由来の後基板（pom）上を拡張しているのがわかる。
hp：下咽頭，lb：下唇，lbg：下唇線の開口，lbt：口褶の下唇節背板由来の領域，lr：上唇，mf：口褶，pom：後基板

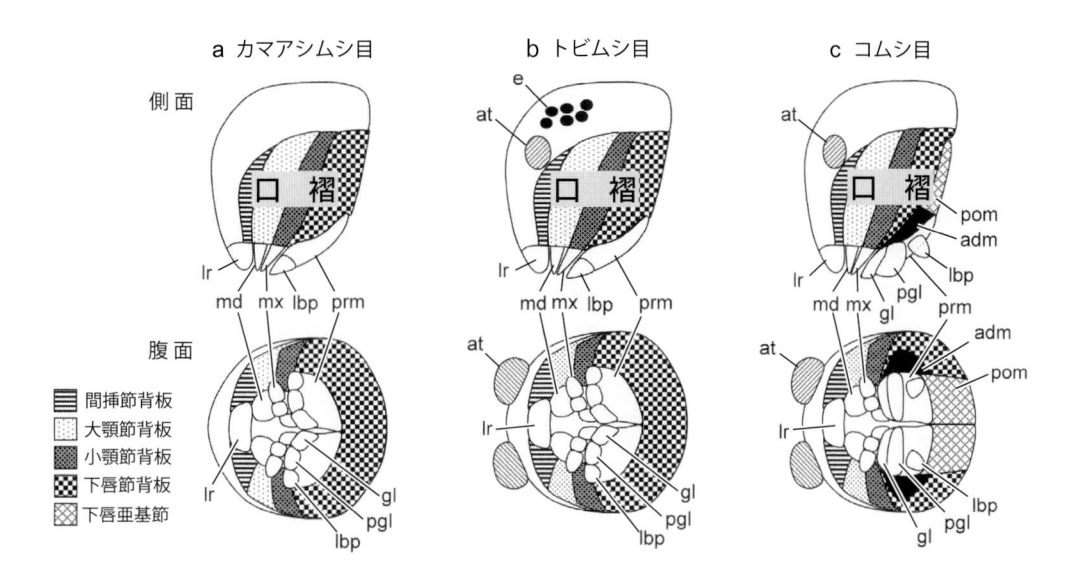

図 1-11　カマアシムシ目，トビムシ目，コムシ目の内顎口の構築（富塚・町田 原図）
本文参照。
adm：側基板, at：触角, e：眼, gl：中舌, lbp：下唇鬚, lr：上唇, md：大顎, mx：小顎, pgl：副舌, pom：後基板,
prm：前基板

　構造の相同性の検証には，形成過程を追跡できる比較発生学がきわめて有効である。近年，日本の研究グループにより，内顎類3目の内顎口の形成過程が明らかになってきた（たとえば，カマアシムシ目：Fukui & Machida（2009）；トビムシ目：富塚・町田（2012）[*2]；コムシ目：Ikeda & Machida（1998），Sekiya & Machida（2011）参照）。上巻の第2部各論3章「コムシ目」，本巻の第2部各論34章「カマアシムシ目（補遺）」，35章「コムシ目（補遺）」にも詳しいように，内顎類3目の内顎口のプランは次のように理解される。

　カマアシムシ目とトビムシ目の内顎口のプランは基本的に同一である。すなわち，間挿，大顎，小顎，下唇節背板が融合し口褶を形成，口褶は腹側へと伸長し，大顎，小顎，下唇の基部側面を覆う。下唇節背板は，左右の下唇亜基節が融合して形成された後基板を覆うように正中方向に拡張，内顎口の後方領域はこのように拡張した下唇節背板により覆われる。カマアシムシ目とトビムシ目の内顎口はこのような共通のプランに基づいて形成される。したがって，両目の内顎口の相同性は強く示唆され，カマア

シムシ目とトビムシ目からなる欠尾類の単系統性も支持されるのである。両目の内顎口形成様式，すなわち「欠尾類型内顎口」は，i）口褶の由来が間挿，大顎，小顎，下唇背板である点，ii）内顎口の後方領域は下唇背板に由来する点，で特徴づけられる（図1-11，a，b）。

　一方，コムシ目の内顎口は欠尾類と大きく異なったプランをもっている。すなわち，内顎口形成過程に約90°の下唇原基の回転が起こり，中舌，副舌，下唇鬚がこの順で縦方向に並ぶ。また，下唇基節も口褶形成に参加し，この部分は可動の側基板 admentum という構造に分化する。さらに，左右の下唇節背板は後基板を覆うことはなく，内顎口の後方領域は後基板に由来する。このように「双尾類型内顎口」は，i）間挿，大顎，小顎，下唇節背板に加えて下唇基節が口褶形成に参加，ii）内顎口の後方領域は後基板に由来，さらに，iii）内顎口形成に下唇の回転をともなう，などの「欠尾類型内顎口」にはみられない特徴をもっており，コムシ目の固有派生形質と理解できよう（図1-11，c）。

　内顎類3目の重要な共有派生形質とされてきた内顎口であるが，詳細な比較発生学的検討により，カマアシムシ目とトビムシ目の内顎口は同様のプランをもつが，コムシ目はそれらとはまったく異なるタイプの内顎口であることが明らかになった。この点

＊2　Uemiya & Ando（1987）などの多くの研究がなされてきたものの，不確かな点が少なからずあったが，富塚・町田（2012）の電子顕微鏡を用いた研究により，トビムシ目の内顎口形成の詳細が図1-10, a, b で示すようにわかってきた。

から，カマアシムシ目とトビムシ目の類縁，欠尾類の単系統性は強く示唆されるが，コムシ目も含めた内顎類の単系統性は必ずしも支持されないことになる。

図1-9，a は胚膜の進化をもとに構築された昆虫類の基部分岐である。カマアシムシ目，トビムシ目，有尾類は三分岐となっているが，ここでの内顎口に関する議論を加えることにより，この三分岐が解消される（Tomizuka & Machida, 2015）（同図，b）。

先述したように，比較生殖学の立場から，コムシ目，すなわち，ナガコムシ亜目とハサミコムシ亜目の単系統性を疑問視する意見があった（たとえば，Baccetti, 1979；Dallai, 1980；Jamieson, 1987；Štys & Biliński, 1990；Štys et al., 1993；Biliński, 1994）。しかし，ハサミコムシ亜目とナガコムシ亜目の内顎口のプランは細部にまで一致している。この内顎口のプランの一致は単にホモプラシーで生じるようなものでなく，両亜目の共有派生形質と考えるべきであり，コムシ目の単系統性を支持するものである。

評価： 外顎類にみられる外顎口は祖先形質である。カマアシムシ目とトビムシ目に共通する内顎口のプラン，「欠尾類型内顎口」は両目の共有派生形質，コムシ目のそれ，「双尾類型内顎口」は本目の固有派生形質と理解される。

j. 胸部体節制

昆虫類では3体節が胸部として，その付属肢は歩脚として分化する。これは多足類における歩脚が胴部全域にあるのに比べ，派生的である。また，原始的な甲殻類においては胸部・腹部の分化は不分明であり，また，多くの甲殻類では胸部の分化はみられるものの，昆虫類の3体節とは異なる（椎野，1964）。したがって，昆虫類の3胸節，6歩脚からなる胸部体制は，本群の固有派生形質と理解できる。胸部・腹部の分化が不分明な状態を祖先形質状態と理解する。

評価： 昆虫類における3胸節，6歩脚は昆虫類の固有派生形質である。

k. 腹部体節制

大部分の昆虫類である外顎類の腹部は「11体節＋尾節 telson」と広く理解されている。尾節は真の体節ではなく，神経節，体腔囊，付属肢をもたない。尾節は，普通，肛上板 supraanal plate，一対の肛下板 subanal plate として認められるのみであるが，

カマアシムシ目では節様に存在する。尾糸 caudal filament は，以下の「n. 尾糸」で述べるように，尾節に由来する構造である。外顎類およびカマアシムシ目の腹部体制から，昆虫類の腹部のグラウンドプランは「11体節＋尾節」と考えられるかもしれない。

コムシ目の腹部体節数は「10」，つまり腹部体制は「10体節＋尾節」である。このため，昆虫類のグラウンドプランが「11体節＋尾節」との考えから，本目の腹節数は1節が欠失した，あるいは2節が融合した結果と解釈されてきた（Matsuda, 1976）。しかし，Ikeda & Machida（1998），Sekiya & Machida（2009）は，発生過程のいかなる段階でも欠失や融合を示唆する証拠は見いだせないことから，コムシ目の腹部体節数は元来10であると結論した。

カマアシムシ目の腹節数に関しても，はたしてこれが外顎類の腹節数と相同なものであるかは慎重を要する。すなわち，カマアシムシ目は9節（8体節＋尾節）で孵化，脱皮にともない12節（11体節＋尾節）まで節数を増やす増節変態を行うからである（Tuxen, 1964；Fukui & Machida, 2006）。そして，カマアシムシ目と外顎類の腹節数の一致は系統的な裏づけのあるものではないと理解するのが節約的であろう。というのは，昆虫類の基部で「11体節＋尾節」が存在していたとすると，トビムシ目（後述）とコムシ目のそれぞれで腹節数が変更された，との仮定が必要になるからである。また，昆虫類のグラウンドプランとして有効であるかと考えるとき，昆虫類に近縁の節足動物の腹節数を参照するのは重要である。しかしながら，多足類（Dohle, 1988）や甲殻類（椎野，1964；Schram, 1986）においても，都合のよい情報は得られない。このような議論でしばしば引き合いにだされる結合綱でも，昆虫類における「15節」（3胸部体節＋11腹部体節＋尾節）に対して，胴節数は「14」（13胴部体節＋尾節）である（Matsuda, 1976）。また，通常，甲殻類では節数が15節をはるかに超える（椎野，1964）。

トビムシ目の腹部体制は6節（5体節＋尾節）と大変少ない。トビムシ目も発生のどのステージをとっても腹節数は6節のまま変化しないので，トビムシ目の5体節＋尾節は本来のものであろう。このように考えると，腹部体制「11体節＋尾節」はイシノミ目，シミ目を含めた外顎類の固有派生形質であり，昆虫類のベーサル・クレードにおいては，腹節数はいまだ定まっていないとするのが妥当と考えら

れる。

なお，先述したように，コムシ目，すなわちナガコムシ亜目とハサミコムシ亜目の単系統性を疑問視する意見もあるが，コムシ目両亜目とも「10腹部体節＋尾節」という特異な腹部体制を示すことは，コムシ目の単系統性を支持する材料である（Sekiya & Machida, 2009）。

評価：　カマアシムシ目の腹部体制「11体節＋尾節」，トビムシ目の「5腹節＋尾節」，コムシ目の「10体節＋尾節」は，それぞれの固有派生形質である。カマアシムシ目と外顎類の同数の腹節数はホモプラシーである。腹部体制「11体節＋尾節」はイシノミ目，シミ目を含めた外顎類の固有派生形質であり，昆虫類全体のものではない。

l.　腹部付属肢

腹部付属肢が孵化後あるいは成虫にまで機能的に残ることは，昆虫類の体制が異質体節制化により獲得してきたことを考えれば，明らかに祖先形質状態である。このような状況は無翅昆虫類各目にみられるが，それぞれの目で特化した腹部付属肢に由来した構造は，その群の派生形質ととらえることができる。トビムシ目では，第一腹節の付属肢は粘管，第三腹節の付属肢は保体，第四腹節の付属肢は跳躍器となり，これらはトビムシ目の固有派生形質である。カマアシムシ目では第一〜三腹節に腹脚という構造が発達するが，これも本目の固有派生形質である。コムシ目においては通常，第二〜七腹節（第一腹節にも存在するが構造的に異なる），イシノミ目では第二〜九腹節に，シミ目では通常で後方の第二,三腹節，ときに第二〜九腹節に，一対ずつの腹刺とよばれる可動性の腹部付属肢が存在する。それぞれの目の構造は互いに似ており，コムシ目と外顎類の共有派生形質と考えられよう。有翅昆虫類における腹刺の欠失は本群の固有派生形質となる。なお，多くのコムシ目，すべてのイシノミ目，一部のシミ目では，腹刺以外に，腹胞 ventral sac とよばれる水分吸収にかかわる付属肢由来構造もある。

有翅昆虫類では，しばしば第一腹節の付属肢が側脚という腺状の胚器官となることが知られている。これらは内顎類にはみられないが，イシノミ目，シミ目では発達する。したがって，側脚は外顎類の特徴といえよう。

評価：　孵化後も腹部付属肢が機能的に残存するのは祖先形質状態である。それらが分化した構造，

すなわち，トビムシ目の粘管，保体，跳躍器，カマアシムシ目の腹脚などはそれぞれの群の固有派生形質である。コムシ目，イシノミ目，シミ目にみられる腹刺はコムシ目と外顎類の共有派生形質で，有翅昆虫類における腹刺の欠失は，この群の固有派生形質である。側脚は外顎類の固有派生形質で，カマアシムシ目，トビムシ目，コムシ目での，そのような腺状器官に分化しない状況は祖先形質状態である。尾毛に関しては，以下で考察する。

m.　尾　毛

最終腹節の付属肢は，コムシ目（第十腹節）と外顎類（第十一腹節）では尾毛に分化するが（有翅昆虫類では一般に短小化し，しばしば退化する），カマアシムシ目，トビムシ目の尾節より一つ前の腹節には，尾毛が発達しないばかりか明瞭な付属肢の分化もみられない。コムシ目，外顎類での尾毛の分化は両群の共有派生形質であろう。カマアシムシ目，トビムシ目での付属肢の欠如も，付属肢の欠失の点で，派生形質状態と理解できよう。Hennig（1969）はこれをもって欠尾類を設立した。

尾毛は，初原的には，すなわちコムシ目，イシノミ目，シミ目においては長い糸状であり，この状態は旧翅類のカゲロウ目，多新翅類のカワゲラ目，ガロアムシ目に引き継がれている。しかしながら旧翅類のもう一つの目であるトンボ目，多くの多新翅類においては角状に短小化あるいは単節化し，さらに進んだ有翅昆虫類においてはしばしば退化する。このような変化は各群における派生形質であるが，とくにチャタテムシ目，ハジラミ目，シラミ目，半翅目，アザミウマ目からなる準新翅類における尾毛の退化は，本群の固有派生形質である。

多足類においては歩脚状の構造をとどめ，祖先形質状態である。甲殻類においては，原始的なグループでは尾毛状の構造であり，高等なグループでは尾扇となる。いずれにせよ，尾毛をコムシ目と外顎類の共有派生形質とすることに変わりはない。

評価：　尾毛はコムシ目と外顎類の共有派生形質である。有翅昆虫類の糸状尾毛からの短小化，単節化はそれぞれの群の派生形質である。カマアシムシ目とトビムシ目の尾節の一つ前の体節での付属肢の欠如は両群の共有派生形質である。

付記：　Kukalová-Peck（1987）は，古生代石炭紀からの化石昆虫群，単尾目 Monura において，最後部の付属肢（尾毛にあたる）が歩脚状の構造を

とどめていると報告した。さらに，この昆虫類は双関節丘型の大顎をもつという。これによると，双関節丘類の祖先では，いまだ，尾毛への完全な分化は起きていなかったことになる。これの意味するところは重大で，コムシ目，イシノミ目，シミ-有翅昆虫類の尾毛は，各群において独立に獲得されたと仮定しなければならないことになる。尾毛に関したこのような仮定が必要となるので，単尾目に関しては，さらに多くの標本からの，双関節丘類としてのそのステータスも含め，詳細な検討が望まれる。本章では，単尾目の形態学的な再検討を待つものとし，糸状尾毛はコムシ目と外顎類の共有派生形質であるとの立場をとる。

n. 尾　糸

　イシノミ目，シミ目，カゲロウ目などの原始的外顎類において，尾端に環節化した糸状の尾糸がある。カゲロウ目の発生学的研究から，Heymons（1896）はこれを第十一腹節背板の伸長と解釈し，Snodgrass（1935）や Matsuda（1976）などの多くの研究者もこの考えに従っている。しかし，Tojo & Machida（1997）は同じくカゲロウ目の研究において，尾糸が肛門陥の背壁端の伸長に由来する，第十一腹節からは独立した構造であることを突き止め，尾節由来の構造と結論づけた。節足動物では尾節は一般的に肛門を含む片節ないしは肛門板として存在するが，大きく発達する例として，カブトガニ類の尾剣，サソリ類の毒針，甲殻類の尾扇の間にある尾突起があげられる。しかし，環節化した糸状構造への分化は昆虫類においては外顎類のみにみられるものであり，本群の派生形質と考えられよう。

　有翅昆虫類では，尾糸の存在はカゲロウ目だけの例外的なものである。しかし，肛上板（尾節に由来）あるいはその近接構造が突起する例がトンボ目，カワゲラ目で知られ，とくに後者においては，それが尾糸同様の糸状突起にまで発達するものがある（Matsuda, 1976）。このことから，祖先的な有翅昆虫類では発達した尾糸が存在し，やがて，退化したのではないかとの推論ができる。

　評価：　カマアシムシ目，トビムシ目，コムシ目の尾節が尾糸を発達させない状況は祖先形質状態である。外顎類の尾糸は本群の固有派生形質で，有翅昆虫類での尾糸の欠如は各群の派生形質である。

o. 中胚葉形成（内層形成）

　Uemiya & Ando（1991）は，内顎類に知られる

胚域全面からの中胚葉分離（非局在型）は祖先的であり，一方，外顎類にみられる分化中心からの形成（局在型：限られた領域からの増殖によるもので，有翅昆虫類では原溝に由来する）は派生的であるとの考えを述べた。町田ら（1994）は，イシノミ目において，内層はおもに局在型で形成されるものの，非局在型の名残と思われる中胚葉分離も認められることから，イシノミ目は中胚葉の両形成様式の移行段階にあるとの考えを述べた。Uemiya & Ando（1991）以降，カマアシムシ目の中胚葉形成も非局在型であることが確認された（Fukui, 2010）。甲殻類をみてみると，全割型の卵割を行う原始的なグループでは中胚葉はおもに割球3A～Cに，表割型卵割を行う甲殻類では胚盤葉の一部，胚域の後端に分化した中胚葉性端細胞に由来する（Anderson, 1973）。これを単純に外顎類にみられる局在型中胚葉形成と関連づけてよいかは慎重を要する。

　評価：　カマアシムシ目，トビムシ目，コムシ目の非局在型の中胚葉形成は祖先形質状態である。局在型の中胚葉形成は外顎類の固有派生形質である。

p. 内胚葉形成（中腸上皮形成）

　多足類の内胚葉は基本的に卵黄細胞由来である（Anderson, 1973）。また，甲殻類において，全割型卵割を行う原始的なグループでは，中腸上皮は基本的に卵黄を多量に含む割球4Dに由来する細胞（卵黄細胞）で形成され，胚盤葉を形成する進んだ甲殻類では胚域の最後端に位置する細胞群に由来する（Anderson, 1973）。

　以上のことから，昆虫類においては，まず卵黄細胞由来の中腸上皮形成は祖先的と考えることができよう（Machida & Ando, 1981）。また，前腸，後腸あるいは一方に由来する外胚葉性形成は派生的である。卵黄細胞のみに由来する中腸上皮形成はカマアシムシ目，トビムシ目，コムシ目，イシノミ目で知られ，外胚葉のみに由来するのは多くの有翅昆虫類に普遍的である。原始的な双関節丘類，すなわちシミ目，旧翅類のカゲロウ目，トンボ目の中腸上皮は，中央部は卵黄細胞由来で，前・後端部は外胚葉性由来と，折衷型で形成され，単関節丘類（イシノミ目）と異なり外胚葉の関与が認められる。進んだ甲殻類における内胚葉形成は，有翅昆虫類などにみられる中腸上皮形成とホモプラシーとして比較できるであろう。

　なお，マダラシミ *Thermobia domestica* の中腸

上皮の起源に関しては，見解が分かれている。すなわち，Wellhouse（1953，1954）はセイヨウシミ *Lepisma saccharina* と同様（Sharov，1953）の折衷型，一方，Woodland（1957）は卵黄細胞のみに由来するとし，この見解は Rost *et al.*（2005）の電子顕微鏡を用いた観察で支持されている。マダラシミの中腸上皮形成は再検討の必要がある。

　評価：　原始的な昆虫類にみられる卵黄細胞による中腸上皮形成は祖先形質状態である。外胚葉の中腸上皮形成の関与は双関節丘類の固有派生形質である。

q. 幕状骨

　多足類，甲殻類においては幕状骨の発達はない（Manton，1977）。また，内顎類の舌骨 fultura は外顎類の幕状骨の起源と考えられてきたが，これらの構造の相同視は誤りで，幕状骨は外顎類独自の特徴とみることができよう（Matsuda，1965；Blanke & Machida，2016）。外顎類のなかにあって，幕状骨には向上進化的発達が認められる（Blanke & Machida，2016）。すなわち，イシノミ目では左右の前幕状骨は融合せず，腱で連結されているのみだが，シミ目になると融合が起こり，さらに有翅昆虫類になると，前幕状骨と後幕状骨も融合する。

　評価：　幕状骨は外顎類の固有派生形質である。左右の前幕状骨が独立しているイシノミ目の状況は祖先形質状態で，左右の前幕状骨の融合は双関節丘類の，そして前幕状骨と後幕状骨の融合は有翅昆虫類の固有派生形質である。

r. 卵 歯

　孵化時に用いられる 1 令幼虫の頭函正中線上にある卵歯は，シミ目と有翅昆虫類のみにみられる。カマアシムシ目，トビムシ目，コムシ目，イシノミ目では発達せず，また，多足類，甲殻類においても同様の構造は報告されていない。唇脚類において左右の第二小顎に一つずつ，結合類では頭函に二対の孵化に関連すると思われる突起が形成され（Heymons，1901；Tiegs，1940），また，イシノミ目の 1 令幼虫には小顎内葉に孵化に使われる歯状構造があるが（Sturm，2001），これらは双関節丘類の卵歯とは異なるものである。

　評価：　頭函正中線上の単一の卵歯は双関節丘類の固有派生形質で，これをもたないことを祖先形質状態とする。

s. 卵 門

　卵殻にある精子が侵入するための卵門は，有翅昆虫類では普遍的である。シミ目に関しては再検討が必要なマダラシミでの報告があったが（Woodland，1957），近年，シミ目の複数種でその存在が確認された（Masumoto，2006）。一方，カマアシムシ目，トビムシ目，コムシ目，イシノミ目では卵門の存在は確認されていない。また，多足類でも卵門に関する報告はない。甲殻類では昆虫類の卵殻に相同な二次卵膜や卵門の報告もなく，精子が先体反応で卵膜を溶解させるなどして受精が行われる。

　評価：　卵門は双関節丘類の固有派生形質で，内顎類とイシノミ目での欠如は祖先形質状態である。

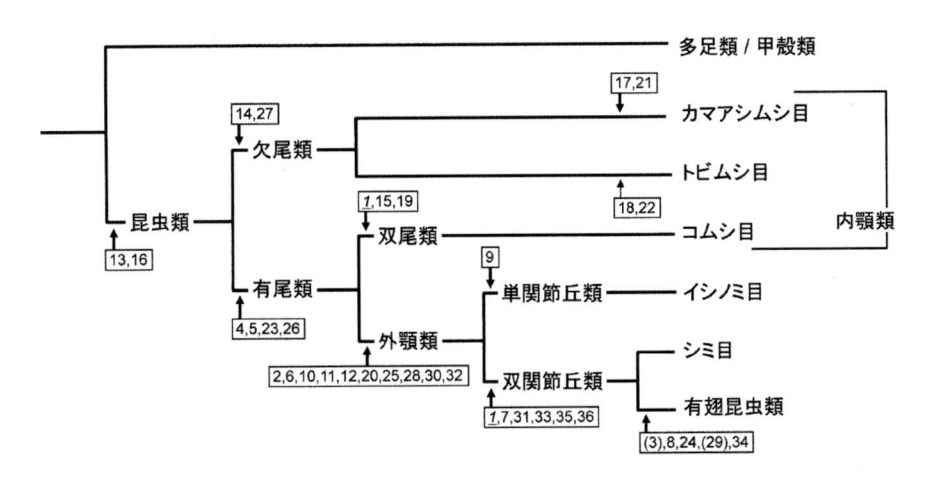

図 1-12　昆虫類の基部分岐への発生形質のマッピング
　図 1-9，b の基部分岐に本文で検討した 19 形質の評価をマッピングした。本文参照。

(2)　比較発生からの昆虫類基部分岐の再構築

　以上，(1)の「発生形質の評価」で「無翅昆虫類」の19の発生形質a～sを評価した。各形質「1～19」の派生形質状態は，以下において［　］付き番号［1］～［36］で示した。さらに，その派生形質状態［1］～［36］を，胚膜および内顎口の議論に基づいて比較発生学から導いた昆虫類の基部分岐（図1-9，b）にマッピングしたのが図1-12である。下線付きのイタリック番号の形質（形質1）はホモプラシー，（　）を付した番号はそのグループ内でいくつかの派生状態が現れることを示している。

　a. 卵割様式：　カマアシムシ目，トビムシ目，イシノミ目の全割型は祖先形質。コムシ目，シミ目，有翅昆虫類における表割型は派生形質で［1］，コムシ目と双関節丘類で独立して獲得された。

　b. 胚帯型：　カマアシムシ目，トビムシ目，コムシ目の長胚型は祖先形質。イシノミ目，シミ目，原始的有翅昆虫類の短胚型は派生形質で，外顎類の固有派生形質である［2］。有翅昆虫類においては，各群で独自の長胚型への変形がある［3］。

　c. 胚膜：　多足類と甲殻類でみられる，漿膜のみからなる胚膜，胚と胚膜の機能分化が不分明な状況，すなわち，胚膜の最終的背閉鎖への参加能（すなわち胚体形成能）および胚の卵クチクラ産生能の保持は，昆虫類にとっての祖先形質状態である。この状況はカマアシムシ目，トビムシ目でみられる。胚と胚膜の機能分化により，最初に起こる胚膜の胚体形成能の放棄は，コムシ目と外顎類，すなわち有尾類の固有派生形質である［4］。また，コムシ目と外顎類での羊膜の産生も有尾類の固有派生形質［5］，イシノミ目，シミ目，有翅昆虫類でみられる胚の卵クチクラ産生能の放棄（これに関連しての胚膜褶の形成，また漿膜クチクラ産生）は，外顎類の固有派生形質［6］である。羊漿膜褶-羊膜腔システムは双関節丘類［7］の，そして羊漿膜褶形成の際の胚膜褶形成と羊膜産生のリンクは有翅昆虫類［8］の固有派生形質である。イシノミ目の羊膜由来の卵黄褶は単関節丘類の固有派生形質である［9］。図1-9，aも参照されたい。

　d. 一次背器：　カマアシムシ目，トビムシ目，コムシ目では祖先形質としてこれを保持し，イシノミ目，シミ目，有翅昆虫類における欠失は，外顎類の固有派生形質である［10］。

　e. 二次背器：　イシノミ目，シミ目，有翅昆虫類で漿膜の退化構造として形成されるもので，外顎類の固有派生形質である［11］。

　f. 胚運動：　カマアシムシ目，トビムシ目，コムシ目における，多足類などのより原始的な節足動物にみられるような単純な胚運動である姿勢転換は祖先形質で，イシノミ目，シミ目，有翅昆虫類にみられる胚膜褶の形成，解消をともなう胚運動は，外顎類の固有派生形質である［12］。

　g. 合体節制：　昆虫類における3合体節への体制の分化は，昆虫類の固有派生形質である［13］。

　h. 頭部体節制：　姉妹群の設定により，結論は流動的で，議論できない。

　i. 内顎口：　イシノミ目，シミ目，有翅昆虫類にみられる外顎口は，これらの群の共有祖先形質である。カマアシムシ目，トビムシ目，コムシ目の内顎口は明らかに派生形質であり，カマアシムシ目とトビムシ目は「欠尾類型内顎口」［14］，コムシ目はそれと異なる「双尾類型内顎口」［15］をもつ。

　j. 胸部体節制：　3胸節，6歩脚は昆虫類の固有派生形質である［16］。

　k. 腹部体節制：　カマアシムシ目の9節（8体節＋尾節）で孵化，増節変態で12節（11体節＋尾節）に増節［17］，トビムシ目の6節（5体節＋尾節）［18］，コムシ目の11節（10体節＋尾節）［19］，イシノミ目，シミ目および有翅昆虫類，つまり外顎類の12節（11体節＋尾節）［20］は，それぞれ，カマアシムシ目，トビムシ目，コムシ目，外顎類の固有派生形質とする。

　l. 腹部付属肢：　腹部に付属肢を残存させる状況は祖先形質状態である。他の群ではみられない，カマアシムシ目の腹脚［21］，トビムシ目の粘管，保体，跳躍器［22］は両群の固有派生形質である。コムシ目，イシノミ目，シミ目にみられる腹刺は有尾類の固有派生形質で［23］，有翅昆虫類における腹刺の消失はこの群の固有派生形質である［24］。側脚はイシノミ目，シミ目，有翅昆虫類の派生形質であり，すなわち外顎類の固有派生形質である［25］。

　m. 尾毛：　尾毛は有尾類の固有派生形質である［26］。カマアシムシ目とトビムシ目の尾節の一つ前の体節での付属肢の欠如は派生形質状態で，欠尾類の固有派生形質である［27］。

　n. 尾糸：　カマアシムシ目，トビムシ目，コムシ目の尾節が尾糸を発達させない状況は祖先形質状態である。外顎類の尾糸は本群の固有派生形質で［28］，

有翅昆虫類での尾糸の欠如は各群の派生形質である[29]。

o. 中胚葉形成：　カマアシムシ目，トビムシ目，コムシ目にみられる非局在型の形成様式は祖先形質で，イシノミ目，シミ目，有翅昆虫類の局在型形成は，外顎類の固有派生形質である[30]。

p. 内胚葉形成：　卵黄細胞のみに由来する中腸上皮形成はカマアシムシ目，トビムシ目，コムシ目，イシノミ目にみられ，祖先形質状態で，シミ目，有翅昆虫類では外胚葉の参加があり，これは双関節丘類の固有派生形質である[31]。なお，新翅類においては，基本的に中腸上皮は外胚葉にのみ由来し，卵黄細胞の中腸上皮形成への関与は失われる。この関与の消失は，新翅類の固有派生形質と理解できる。

q. 幕状骨：　幕状骨は外顎類ではじめて現れる構造で，本群の固有派生形質であり[32]，これをもたないカマアシムシ目，トビムシ目，コムシ目は祖先形質状態にある。左右の前幕状骨が融合するのはシミ目，有翅昆虫類の共有派生形質，すなわち双関節丘類の固有派生形質[33]，さらに，前後の幕状骨も融合するのは有翅昆虫類の固有派生形質である[34]。

r. 卵歯：　卵歯はカマアシムシ目，トビムシ目，コムシ目，イシノミ目には存在せず祖先形質状態で，シミ目，有翅昆虫類で発達するが，これは双関節丘類の固有派生形質である[35]。

s. 卵門：　卵門はシミ目と有翅昆虫類に存在し，双関節丘類の固有派生形質[36]，それを欠くカマアシムシ目，トビムシ目，コムシ目，イシノミ目における状況は祖先形質状態。

aからsまで19の発生形質での36評価を図1-12にマッピングした。本図において，ホモプラシーを仮定したのは発生形質「a. 卵割様式」のみである。したがって，比較発生学的検討から再構築したこの昆虫類の基部分岐は，非常に信頼性の高いものといえるだろう。コムシ目と双関節丘類の「表割」のホモプラシーとの解釈については今後の議論が望まれるが，1)「表割」とは「細胞質分裂」の遅延により生じる卵割型であること，2) 全割型が基本である甲殻類において，たとえば，ザリガニにおいては第九卵割になってはじめて「全割」（細胞質分裂）を開始する（椎野，1964）ことなどを考えあわせると，「表割」は並行的に獲得される可能性が高いのかもし

れない。

比較発生学から構築された昆虫類基部分岐において注目すべきは，双関節丘類，外顎類，有尾類の単系統性が強く支持されること，内顎類は棄却されるものの，欠尾類は支持されている点である。

(3) 諸高次系統仮説の比較発生からの再検討

昆虫類の基部分岐に関して，これまで多くの系統仮説が提出されてきた。そのなかで最も広く受け入れられているのはHennig（1953, 1969）が比較形態学の立場から提出した「内顎類-外顎類システム」で，その後，Boudreaux（1979），Kristensen（1981）などが発展させたものである（図1-13, a）。それまで「無翅昆虫類」とまとめられてきた5目のなかに，内顎口という特殊化した口器をもつ一群が存在すると指摘したHennigは高く評価されなければならない。しかし，本章で述べたように，3目の「内顎口」を詳細に比較検討すると，欠尾類とコムシ目の内顎口はホモプラシーである可能性が高くなった。したがって，広く受入れられている系統仮説ではあるが，「内顎類-外顎類システム」を支持することはできない。

基本的には「内顎類-外顎類システム」であるが，比較生殖学の立場から導かれた昆虫類の高次系統を図1-13, b, c に示す。図bは卵巣構造の比較から Štys & Biliński（1990），Štys et al.（1993），Biliński（1994）らが提出したもので，コムシ目の単系統性を否定している。また，図cは精子の構造からの Baccetti（1979），Dallai（1980），Jamieson（1987）の議論を総合して描いたものであるが，やはりコムシ目の単系統性は否定される。図bと図cの違いは，欠尾類の姉妹群が前者ではナガコムシ類，後者ではハサミコムシ類である点である。いずれにしても，昆虫比較発生学の立場は，本章で述べたように，コムシ目の単系統性を強く支持しており，ここにあげた比較生殖学からの昆虫類の高次系統は支持されない。むしろ，いままで考えられてきたよりも，卵巣構造，精子構造は比較的変わりやすい形質であると考えるべきかもしれない。実際，ハサミコムシ亜目の欠尾類との類縁を示唆するとされてきた「9 + 2」の軸糸構造が，昆虫類に一般的でナガコムシ亜目ももつ「9 + 9 + 2」構造から二次的にもたらされたものであるということが，Dallai et al.（2011）により明らかにされた。

図dの系統は，Kukalová-Peck（1987）が比

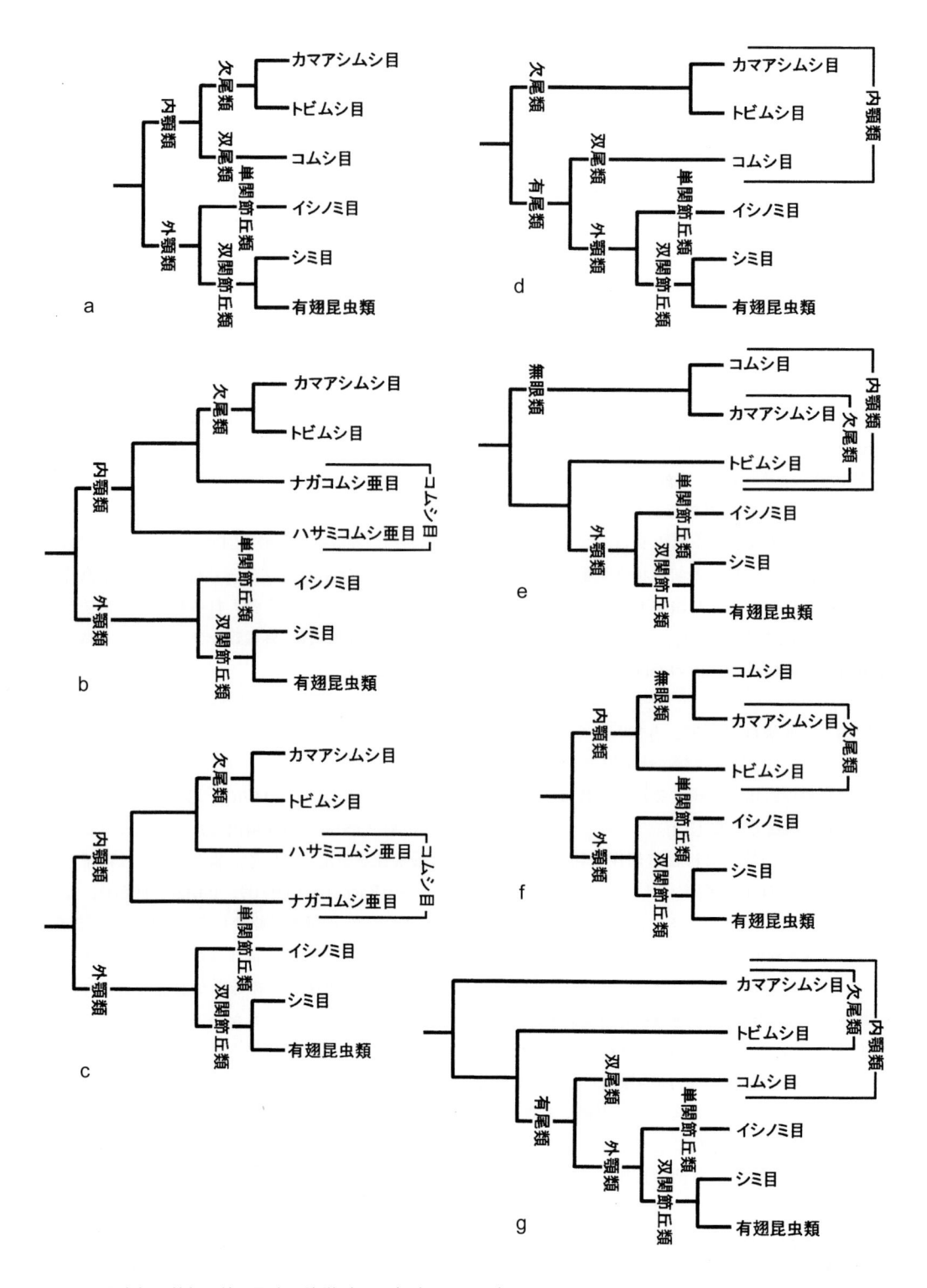

図 1-13　昆虫類の基部分岐に関する諸説（a〜g）（町田　原図）
　a. 比較形態学，b. 比較卵巣学，c. 比較精子学，d. 比較古生物学 / 比較形態学 / 比較発生学 / 分子系統学，
e. 分子系統学＋分岐分類学，f, g. 分子系統学。本文参照。

較古生物学的立場から，Koch（1997，2000），Kraus（1998）が欠第二触角類全体からみた比較形態学の立場から導き支持するものである。本章（図1-9，b；1-12）および Machida *et al.*（2002），Masumoto & Machida（2006），Machida（2006），Tomizuka & Machida（2015）の比較発生学的検討も，この系統仮説を強く支持する。この系統仮説で重要な点は，欠尾類とコムシ目の内顎口はホモプラシーであり，内顎類は多系統群であり，また，コムシ目と外顎類が姉妹群であり有尾類を構成する点である。近年の分子系統解析においても，Edgecombe *et al.*（2000）はヒストンH3などの塩基配列と形態データをもとにした解析から，また，最近，Misof *et al.*（2014）も大規模トランスクリプトーム解析から，まったく同様の基部分岐を提出している。なお，Kukalová-Peck（1987）は，カマアシムシ目とトビムシ目からなる系統を側昆虫類 Parainsecta，コムシ目の系統を内顎類 Entognatha，コムシ目（彼女の内顎類）と外顎類からなる系統を昆虫類 Insecta とよんでいる。

　図 e は，Giribet *et al.*（2004）が多種の分子データと形態を用いて，図 f は，Luan *et al.*（2003，2005）が 18S と 28S rRNA の解析をもとに導いたものである。いずれもカマアシムシ目とコムシ目からなる無眼類 Nonoculata を強く支持している。しかしながら，本章で述べたように，無眼類を認めるには重要な発生形質，たとえばコムシ目と外顎類での羊膜の獲得や，カマアシムシ目とトビムシ目での欠尾類型内顎口の獲得などでホモプラシーを仮定しなければならず，比較発生学の立場からはこれらの系統仮説は支持できない。

　図 g は，Sasaki *et al.*（2013）が 3 種の核遺伝子の系統解析から導いたものである。比較発生学などが導いた図 d に近いが，カマアシムシ目が他のすべての昆虫類の姉妹群となっている。この基部分岐を認めるには，欠尾類型内顎口という複雑な形態形成過程に関して，カマアシムシ目とトビムシ目のあいだでのホモプラシーを仮定しなければならず，比較発生学の立場からは受入れることはできない。

　「無翅昆虫類」5 目を比較発生学の立場から解説した。「無翅昆虫類」は種数では昆虫類の 1 ％ほどのグループであるが，それぞれの目は昆虫類の基部分岐を代表する系統群である。したがって，これら 5 目は，昆虫類の高次系統，昆虫類のグラウンドプランの議論において大変重要なグループである。昆虫類のより深い理解のために，「無翅昆虫類」の発生学的研究のさらなる発展が期待される。

1-5　おわりに

　かなりのページを割いて「発生と系統」について述べたが，この問題の理解に役立てば幸いである。昆虫類の分類・系統に関しては今日までに多方面から研究されてきたが，比較発生学からのアプローチは寥々たるものである。このところ分子生物学による昆虫の分類体系の再検討が行われているが，高次の分類と系統については，比較発生学的手法がきわめて重要であることも改めて強調しておきたい。

■ 1章の引用文献

Akaike, M., M. Ishii & H. Ando, 1982：The formation of germ rudiment in the caddisflies, *Glyphotaelius admorsus* MacLachlan and *Neosererina crassicornis* Ulmer (Integripalpia, Trichoptera) and its phylogenetic significance. *Proc. Jpn. Soc. Syst. Zool.*, **22**, 46-52.

Anderson, D. T., 1973：*Embryology and Phylogeny in Annelids and Arthropods*. Pergamon Press, Oxford.

Ando, H., 1955：Everted embryos of dragonflies produced by ligation. *Sci. Rep. Tokyo Kyoiku Daigaku, B*, **8**, 65-74.

──, 1962：*The Comparative Embryology of Odonata with Special Reference to a Relic Dragonfly* Epiophlebia superstes *Selys*. Jpn. Soc. Promot. Sci., Tokyo.

安藤　裕，1981：昆虫の胚発生と系統．"昆虫学最近の進歩（石井象二郎編）"，pp. 33-49．東京大学出版会，東京．

Ando, H. & Y. Kobayashi, 1978：The formation of germ rudiment in the primitive moth, *Neomicropteryx nipponensis* Issiki (Micropterygidae, Lepidoptera) and its phylogenetic significance. *Proc. Jpn. Soc. Syst. Zool.*, **15**, 47-50.

──& M. Tanaka, 1976：The formation of germ rudiment and embryonic membranes of the primitive moth, *Endoclyta excrescens* Bulter (Hepialidae, Monotrisia, Lepidoptera) and its phylogenetic significance. *Ibid.*, **12**, 52-55.

──&──, 1980：Early embryonic development of the primitive moth, *Endoclyta signifier* Walker and *E. excrescens* Bulter (Lepidoptera：Hepialidae). *Int. Insect Morphol. Embryol.*, **9**, 67-77.

Baccetti, B., 1979：Ultrastructure of sperm and its bearing on arthropod phylogeny. In：*Arthropod Phylogeny* (Gupta, A. P., ed.), pp. 609-644. Van Nostrand Reinhold, New York.

Benesch, R., 1969：Zur Ontogenie und Morphologie von *Artemia salina* L. *Zool. Jb. Anat. Ontog.*, **86**, 307-458.

Biliński, Sz., 1994：The ovary of Entognatha. In：*The Insect Ovary. Ultrastructure, Previtellogenic*

Growth and Evolution (Büning, J., ed.), pp. 7–30. Chapman & Hall, London.

Blanke, A. & R. Machida, 2016：The homology of cephalic muscles and endoskeletal elements between Diplura and Ectognatha (Insecta). *Org. Divers. Evol.*, **16**, 241–257.

Boudreaux, H. B., 1979：*Arthropod Phylogeny with Special Reference to Insects*. Wiley-Interscience, New York.

Cobben, E. H., 1968：*Evolutionary Trends in Heteroptera. Part. I. Eggs, Architecture of the Shell, Gross Embryology and Eclosion*. Centre for Agricultural Publishing & Documentation, Wageningen.

Dallai, R., 1980：Considerations on Apterygota phylogeny. *Boll. Zool.*, **47 (Suppl.)**, 35–48.

──, D. Mercati, A. Carapelli, F. Nardi, R. Machida, K. Sekiya & F. Frati, 2011：Sperm accessory microtubules suggest the placement of Diplura as the sister-group of Insecta *s.s. Arthropod Struct. Dev.*, **40**, 77–92.

Dohle, W., 1988：*Myriapoda and the Ancestry of Insects*. Manchester Polytechnic, Manchester.

Edgecombe, G. D., G. D. F. Wilson, D. J. Colgan, M. R. Gray & G. Cassis, 2000：Arthropod cladistics：Combined analysis of histone H3 and U2 snRNA sequences and morphology. *Cladistics*, **16**, 155–203.

Fioroni, P., 1980：Das Dorsalorgan der Arthropoden unter besonderer Berücksichtigung der malakostraken Krebse – eine vergleichend embryologische Übersicht. *Zool. Jb. Anat. Ontog.*, **104**, 425–465.

Fukui, M., 2010：*Embryological Studies on Baculentulus densus (Imadaté) (Hexapoda：Protura, Acerentomidae)*. Doctoral thesis, University of Tsukuba, Tsukuba.

──& R. Machida, 2006：Embryonic development of *Baculentulus densus* (Imadaté)：Its outline (Hexapoda：Protura, Acerentomidae). *Proc. Arthropod. Embryol. Soc. Jpn.*, **41**, 21–28.

──&──, 2009：Formation of the entognathy in *Baculentulus densus* (Imadaté) (Hexapoda：Protura, Acerentomidae). *Ibid.*, **44**, 25–27.

Giribet, G., G. D. Edgecombe, J. M. Carpenter, C. A. D'Haese & W. C. Wheeler, 2004：Is Ellipura monophyletic? A combined analysis of basal hexapod relationships with emphasis on the origin of insects. *Org. Divers. Evol.*, **4**, 319–340.

Goss, R. J., 1952：The early embryology of the book louse, *Liposcelis divergens* Badonnel (Psocoptera；Liposcelidae). *J. Morphol.*, **91**, 135–167.

──, 1953：The advanced embryology of the book louse, *Liposcelis divergens* Badonnel (Psocoptera；Liposcelidae). *Ibid.*, **92**, 158–205.

Hennig, W., 1953：Kritische Bemerkungen zum phylogenetischen System der Insekten. *Beitr. Entomol.*, **3**, 1–85.

──, 1969：*Die Stammesgeschichte der Insekten*. Kramer, Frankfurt am Main.

Heymons, R., 1896：Zur Morphologie des Abdominalanhänge bei den Insekten. *Morphol. Jb.*, **24**, 178–204.

──, 1901：Die Entwicklungsgeschichte der Scolopender. *Zoologica (Stuttg.)*, **33**, 1–244.

──& H. Heymons, 1905：Die Entwicklungsgeschichte

von *Machilis. Verh. Dtsch. Zool. Ges.*, **15**, 123–135.

Ikeda, Y., 2001：*The Embryology of* Lepidocampa weberi *Oudemans (Hexapoda：Diplura, Campodeidae)*. Doctoral thesis, University of Tsukuba, Tsukuba.

──& R. Machida, 1998：Embryogenesis of the dipluran *Lepidocampa weberi* Oudemans (Hexapoda, Diplura, Campodeidae)：External morphology. *J. Morphol.*, **237**, 101–115.

──&──, 2001：Embryogenesis of the dipluran *Lepidocampa weberi* Oudemans (Hexapoda：Diplura, Campodeidae)：Formation of dorsal organ and related phenomena. *Ibid.*, **249**, 242–251.

Ivanova-Kasas, O. M., 1961：*Essay on the Comparative Embryology of Hymenoptera*. Leningrad Univ. Publ., Sankt-Peterburg. (ロシア語)

Jamieson, B. G. M., 1987：*The Ultrastructure and Phylogeny of Insect Spermatozoa*. Cambridge University Press, Cambridge.

Johannsen, O. A. & F. H. Butt, 1941：*Embryology of Insects and Myriapods*. McGraw-Hill, New York, London.

Jura, Cz., 1965：Embryonic development of *Tetrodontophora bielanensis* (Waga) (Collembola) from oviposition till germ band formation stage. *Act. Biol. Cracov. Zool.*, **8**, 141–157.

──, 1966：Origin of the endoderm and embryogenesis of the alimentary system in *Tetrodontophora bielanensis* (Waga) (Collembola). *Ibid.*, **9**, 93–102.

──, 1972：Development of apterygote insects. In：*Developmental Systems：Insects* (Counce, S. J. & C. H. Waddington, eds.), Vol. 1, pp. 49–94. Academic Press, London, New York.

Kobayashi, Y., 1996：Gross embryology of a monotrysian moth, *Stigmella castanopsiella* Kuroko (Nepticulidae, Lepidoptera) and its phylogenetic significance. *Tyo to Ga*, **47**, 194–200.

──, 1998：Embryogenesis of the fairy moth, *Nemophora albiantennella* Issiki (Lepidoptera, Adelidae) with special emphasis on its phylogenetic implications. *Int. J. Insect Morphol. Embryol.*, **27**, 157–166.

──& H. Ando, 1981：The embryonic development of the primitive moth, *Neomicropteryx nipponensis* Issiki (Lepidoptera, Micropterygidae)：Morphogenesis of the embryo by external observation. *J. Morphol.*, **169**, 49–59.

──&──, 1982：The early embryonic development of the primitive moth, *Neomicropteryx nipponensis* Issiki (Lepidoptera, Micropterygidae). *Ibid.*, **172**, 259–269.

──&──, 1983：Embryonic development of the alimentary canal and ectodermal derivatives in the primitive moth, *Neomicropteryx nipponensis* Issiki (Lepidoptera, Micropterygidae). *Ibid.*, **176**, 289–314.

──&──, 1984：Mesodermal organogenesis in the embryo of the primitive moth, *Neomicropteryx nipponensis* Issiki (Lepidoptera, Micropterygidae). *Ibid.*, **181**, 29–47.

──&──, 1987：The early embryonic development and external features of developing embryos in the primitive moth, *Eriocrania* sp. (Lepidoptera, Eriocraniidae). In：*Recent Advances in Insect*

Embryology in Japan and Poland (Ando, H. & Cz. Jura, eds.), pp. 159–180. Arthropodan Embryological Society of Japan, ISEBU, Tsukuba.

——&——, 1990：Early embryonic development and external features of developing embryos of the caddisfly, *Nemotaulius admorsus* (Trichoptera, Limnephilidae). *J. Morphol.*, **203**, 69–85.

Koch, M., 1997：Monophyly and phylogenetic position of the Diplura (Hexapoda). *Pedobiologia*, **41**, 9–12.

——, 2000：The cuticular cephalic endoskeleton of primarily wingless hexapods：ancestral state and evolutionary changes. *Ibid.*, **44**, 374–385.

Kraus, O., 1998：Phylogenetic relationships between higher taxa of tracheate arthropods. In：*Arthropod Relationships* (Fortey, R. A. & R. H. Thomas, eds.), pp. 295–303. Chapman & Hall, London.

Krause, G., 1939：Die Eitypen der Insekten. *Biol. Zbl.*, **59**, 495–536.

Kristensen, N. P., 1981：Phylogeny of insect orders. *Annu. Rev. Entomol.*, **26**, 135–157.

Krzysztofowicz, A., 1960：Comparative investigations on the embryonic development of the weevils (Coleoptera, Curculionidae), and an attempt to apply them to the systematics of this group. *Zool. Pol.*, **10**, 3–27.

Kukalová-Peck, J., 1987：New Carboniferous Diplura, Monura, and Thysanura, the hexapod groundplan and the role of thoracic side lobes in the origin of wings (Insecta). *Can. J. Zool.*, **65**, 2327–2345.

Larink, O., 1997：Aspecte der speciellen Zoologie von Archaeognatha und Zygentoma. *Abh. Ber. Naturkundemus. Görlitz*, **69**, 119–134.

Luan, Y., Y. Zhang, Q. Yue, J. Pang, R. Xie & W. Yin, 2003：Ribosomal DNA gene and phylogenetic relationships of Diplura and lower hexapods. *Sci. China, Ser. C*, **46**, 67–76.

——, J. M. Mallatt, R. Xie, Y. Yang & W. Yin, 2005：The phylonenetic position of three basal-hexapod groups (Protura, Diplura and Collembola) based on ribosomal RNA gene sequences. *Mol. Biol. Evol.*, **22**, 1579–1592.

Machida, R., 1981：External features of embryonic development of a jumping bristletail, *Pedetontus unimaculatus* Machida (Insecta, Thysanura, Machilidae). *J. Morphol.*, **168**, 339–355.

——, 2006：Evidence from embryology for reconstruction of hexapod basal clades. *Arthropod Syst. Phylog.*, **64**, 95–104.

——& H. Ando, 1981：Formation of midgut epithelium in the jumping bristletail *Pedetontus unimaculatus* Machida (Archaeognatha：Machilidae). *Int. J. Insect Morphol. Embryol.*, **10**, 297–308.

——&——, 1998：Evolutionary changes in developmental potentials of the embryo proper and embryonic membranes along with the derivative structures in Atelocerata, with special reference to Hexapoda (Arthropoda). *Proc. Arthropod. Embryol. Soc. Jpn.*, **33**, 1–13.

——, T. Nagashima & H. Ando, 1990：The early embryonic development of the jumping bristletail *Pedetontus unimaculatus* Machida (Hexapoda：Microcoryphia, Machilidae). *J. Morphol.*, **206**, 181–195.

——,——&——, 1994：Embryonic development of the jumping bristletail *Pedetontus unimaculatus* Machida, with special reference to embryonic membranes (Hexapoda：Microcoryphia, Machilidae). *Ibid.*, **220**, 147–165.

町田龍一郎・長島孝行・横山　毅，1994：ヒトツモンイシノミ *Pedetontus unimaculatus* Machida の中胚葉形成（六脚類・イシノミ目）．一付：自動減圧浸透装置の紹介一．*Proc. Arthropod. Embryol. Soc. Jpn.*, **29**，23–24.

Machida, R., Y. Ikeda & K. Tojo, 2002：Evolutionary changes of embryonic membrane and functional specialization in the embryo and embryonic membrane in Hexapoda：A synthesis revised. *Ibid.*, **37**, 1–11.

Manton, S. M., 1977：*The Arthropoda. Habits, Functional Morphology, and Evolution*. Clarendon Press, Oxford.

Masumoto, M., 2006：*Studies on the Egg Membranes and Embryonic Membranes of Zygentoma (Insecta)：Innovation of the Egg Membrane and Embryonic Membrane Systems under the Invasion and Adaptation to Terrestrial Habitats in Insects*. Doctoral thesis, University of Tsukuba, Tsukuba.

——& R. Machida, 2006：Development of embryonic membranes in the silverfish *Lepisma saccharina* Linnaeus (Insecta：Zygentoma, Lepismatidae). *Tiss. Cell*, **38**, 159–169.

Matsuda, R., 1965：*Morphology and Evolution of the Insect Head*. American Entomological Institute, Michigan.

——, 1976：*Morphology and Evolution of the Insect Abdomen*. Pergamon Press, Oxford.

Misof, B., 他 100 名，2014：Phylogenomics resolves the timing and pattern of insect evolution. *Science*, **346**, 763–767.

Miyakawa, K., 1973：The embryology of the caddisfly, *Stenopsyche griseipennis* MacLaclan (Trichoptera, Stenopsychidae). I. Early stages and charges in external form embryos. *Kontyû*, **41**, 413–425.

——, 1974a：——. II. Formation of germ band, yolk cells and embryonic envelopes, and early development of inner layer. *Ibid.*, **42**, 64–73.

——, 1974b：——. III. Organogenesis：Ectodermal derivatives. *Ibid.*, **42**, 305–324.

——, 1974c：——. IV. Organogenesis：Mesodermal derivatives. *Ibid.*, **42**, 451–466.

——, 1975：——. V. Formation of alimentary canal and other structures, general consideration and conclusion. *Ibid.*, **43**, 55–74.

Mori, H., 1983：Origin, development, morphology, function and phylogeny of the embryonic midgut epithelium in insects. *Entomol. Gen.*, **8**, 135–154.

Nakagaki, Y., M. Sakuma & R. Machida, 2015：Expression of *engrailed*-family genes in the jumping bristletail and discussion on the primitive pattern of insect segmentation. *Dev. Genes Evol.*, **225**, 313–318.

Patten, W., 1884：The development of phryganids, with a preliminary note on the development of *Blatta germanica*. *Q. J. Microsc. Sci.*, **24**, 549–602.

Philiptschenko, J., 1912：Beiträge zur Kenntnis der Apterygoten. III. Die Embryonalentwicklung von *Isotoma cinerea* Nic. *Z. Wiss. Zool.*, **103**, 519–660.

Ross, H. H., 1967：The evolution and past dispersal

of the Trichoptera. *Annu. Rev. Entomol.*, **12**, 169–206.

Rost, M. M., M. Kuczera, J. Malinowska, M. Polak & B. Sidor, 2005：Midgut epithelium formation in *Thermobia domestica* (Packard) (Insecta, Zygentoma). *Tiss. Cell*, **37**, 135–143.

Rota-Stabelli, O., L. Campbell, H. Brinkmann, G. D. Edgecombe, S. J. Longhorn, K. J. Peterson, D. Pisani, H. Philippe & M. J. Telford, 2011：A congruent solution to arthropod phylogeny：phylogenomics, microRNAs and morphology support monophyletic Mandibulata. *Proc. R. Soc. Ser. B*, **278**, 298–306.

Sander, K., 1984：Extrakaryotic determinants, a link between oogenesis and embryonic pattern formation in insects. *Proc. Arthropod. Embryol. Soc. Jpn.*, **19**, 1–12.

Sasaki, G., K. Ishiwata, R. Machida, T. Miyata & Zh.-H. Su, 2013：Molecular phylogenetic analyses support the monophyly of Hexapoda and suggest the paraphyly of Entognatha. *BMC Evol. Biol.*, **13**, 2–36.

Schultz, J. W. & J. C. Reiger, 2000：Phylogenetic analysis of arthropods using two nuclear protein-encoding genes supports a crustacean ＋ hexapod clade. *Proc. R. Soc. Ser. B*, **267**, 1011–1019.

Schram, F. R., 1986：*Crustacea*. Oxford University Press, Oxford.

Sekiya, K. & R. Machida, 2009：Embryonic development of *Occasjapyx japonicus* (Enderlein)：notable features (Hexapoda：Diplura, Dicellurata). *Proc. Arthropod. Embryol. Soc. Jpn.*, **43**, 74–82.

――&――, 2011：Formation of the entognathy of Dicellurata, *Occasjapyx japonicus* (Enderlein, 1907) (Hexapoda：Diplura, Dicelllurata). *Soil Org.*, **83**, 399–404.

Sharov, A. G., 1953：Razvitje schetinokvostok (Thysanura, Apterygota) v svyzi s problemoi filogenii nasekomykh. *Trud. Inst Morphol. Shivot.*, **8**, 63–127.

――, 1966：*Basic Arthropodan Stock with Special Reference to Insects*. Pergamon Press, Oxford.

椎名季雄, 1964：甲殻類. "動物系統分類学（内田　亨編）, 7（上）節足動物 I, 甲殻類", pp. 23–312. 中山書店, 東京.

Snodgrass, R., 1935：*Principles of Insect Morphology*. McGraw-Hill Book, New York, London.

Sturm, H., 2001：Postembryonic development. In：*Archaeognatha* (Sturm, H. & R. Machida, eds.), *Handbuch der Zoologie, Band 4, Teilbant 37*, pp. 175–185. de Gruyter-Verlag, Berlin.

Štys, P. & Sz. Biliński, 1990：Ovariole types and the phylogeny of hexapods. *Biol. Rev.*, **65**, 401–429.

――, J. Zrzavy & F. Weyda, 1993：Phylogeny of the Hexapoda and ovarian metamerism. *Ibid.*, **68**, 365–379.

Suzuki, N., 1990：Embryology of the Mecoptera (Panorpidae, Panorpoidae, Bittacidae, and Boreidae). *Bull. Sugadaira Montane Res. Ctr., Univ. Tsukuba*, **11**, 1–87.

田中正弘, 1981：鱗翅目昆虫の比較発生学的研究. 東京農業大学農学集報, 創立 90 周年記念論文集, 9–21.

Tiegs, O. W., 1940：The embryology and affinities of the Symphyla, based on a study of *Hanseniella agilis*. *Q. J. Microsc. Sci.*, **82**, 1–225.

――, 1942：The 'dorsal organ' of the embryo of *Campodea. Ibid.*, **84**, 35–47.

Tojo, K. & R. Machida, 1997：Embryogenesis of the mayfly *Ephemera japonica* McLachlan (Insecta：Ephemeroptera, Ephemeridae), with special reference to abdominal formation. *J. Morphol.*, **234**, 97–107.

富塚茂和・町田龍一郎, 2012：トビムシ目の内顎口形成. *Proc. Arthropod. Embryol. Soc. Jpn.*, **47**, 29–31.

Tomizuka, S. & R. Machida, 2015：Embryonic development of a collembolan, *Tomocerus cuspidatus* Börner, 1909, with special reference to the development and developmental potential of serosa (Hexapoda：Collembola, Tomoceridae). *Arthropod Struct. Dev.*, **44**, 157–172.

Trautwein, M. D., B. M. Wiegmann, R. G. Beutel, K. M. Kjer & D. K. Yeates, 2012：Advances in insect phylogeny at the dawn of the postgenomic era. *Annu. Rev. Entomol.*, **57**, 449–468.

Tschuproff, H., 1903：Über die Entwicklung der Keimblätter bei den Libellen. *Zool. Anz.*, **27**, 29–34.

Tuxen, S. L., 1964：*The Protura*. Hermann, Paris.

Uemiya, H. & H. Ando, 1987：Embryogenesis of a springtail, *Tomocerus ishibashii* (Collembola, Tomoceridae)：external morphology. *J. Morphol.*, **191**, 37–48.

――&――, 1991：Mesoderm formation in a springtail, *Tomocerus ishibashii* Yosii (Collembola：Tomoceridae). *Int. J. Insect Morphol. Embryol.*, **20**, 283–290.

Uzel, H., 1898：*Studien über die Entwicklung der Apterygoten Insecten*. Friedländer & Sohn, Berlin.

Warne, E. H., 1972：Embryonic development and the systematics of the Tettigoniidae (Orthoptera, Saltatoria). *Int. J. Insect Morphol. Embryol.*, **1**, 267–287.

Weaver, J. S., III., 1984：Evolution and classification of Trichoptera, part I：Groundplan of Trichoptera. In：*Proceedings of the Fourth International Symposium on Trichoptera* (Morse, J. C., ed.), pp. 413–419. Dr. W. Junk Publishers, Series Entomologica 30, The Hague.

Wellhouse, W. T., 1953：*The Embryology of* Thermobia domestica *Packard*. Doctoral thesis, Iowa State College.

――, 1954：The embryology of *Thermobia domestica* Packerd. *Iowa State Coll. J. Sci.*, **28**, 416–417.

Weygoldt, P., 1958：Embryologische Untersuchungen an Ostrakoden：Die Entwicklung von *Cyprideis litoralis* (G. S. Brady) (Ostracoda, Podocopa, Cytheridae). *Zool. Jb. Anat. Ontog.*, **78**, 369–426.

Wiggins, G. B. & W. Wichard, 1989：Phylogeny of pupation in Trichoptera, with proposal on the origin and higher classification of the order. *J. North Am. Benthol. Soc.*, **8**, 260–276.

Woodland, J. T., 1957：A contribution to our knowledge of lepismatid development. *J. Morphol.*, **101**, 523–578.

Zakhvatkin, Y. A., 1968：Comparative embryology of Chrysomelidae. *Zool. J. Acad. Sci. S.S.S.R.*, **XLVII**, 1333–1342.（ロシア語）

Zeuner, F. E., 1936：The subfamilies of the Tettigoniidae (Orthoptera). *Proc. R. Entomol. Soc. Lond.. (B)*, **5**, 103–109.

2章

昆虫発生学略史

2-1 はじめに

　動物の正常（記載）発生学と実験発生学の歴史については，八杉龍一と丘 英通（1950）による優れた論説があり，よい参考になるのだが，昆虫類の発生に関しては付表の中に研究者名があげられているだけである。現在まで海外にも昆虫類についてのみの発生学史はないので，参考までに以下に略史を述べる。

　第二次世界大戦中の1941年に出版されたJohannsen & Buttの "Embryology of Insects and Myriapods"『昆虫類と多足類の発生学』は，世界最初の昆虫発生学書で，よく整理された内容と挿図の鮮明さにより，この分野にはかり知れない裨益をもたらし，今日でもスタンダードの教科書として広く用いられている。この本には900近い文献が載せられているが，わが国の研究者によるものはわずかに10編である[*1]。

　しかし，それから四分の三世紀余の今日では，正常発生学についていえば，わが国の研究レベルは目覚ましい発展を遂げている。以下，海外とわが国に分けて昆虫発生学略史を述べることにする。

　なお，本章に示した論文および成書などの多くは，上巻および本巻に引用されているので，それらを参照いただくことにし，章末の文献表には未出の文献のみを示すことにした。

2-2 海外における昆虫発生学の発展

　昆虫卵の発生学的研究の嚆矢ともいうべきものは，すでに19世紀前半に散見され，Müller（1825）のナナフシ，Hummel（1835）のゴキブリに関するものなどがあるという[*2]。しかし，今日なお重要な

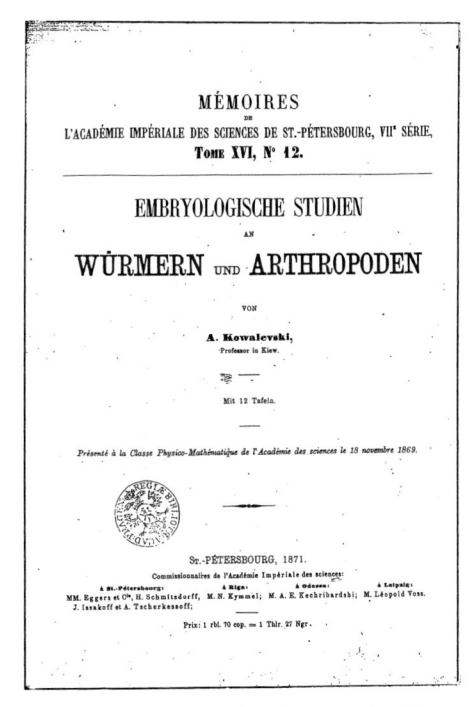

図 2-1　Kowalevski, A.（1871）のタイトル頁

---

　*1　Johannsen & Butt（1941）の3年前に，Roonwal（1939）が昆虫発生学関係の完全な文献目録を発表している。それには850編ほどがあげられているが，わが国の研究は8編のみである。

　*2　Herold（1815）のオオモンシロチョウの研究が，胚発生の研究として紹介されたもの（Johannsen & Butt, 1941）があるが，後胚発生についての研究で，誤りである。また，Agassiz（1850）の「胚発生学的データからの昆虫類の分類」も発生学的な研究ではない。

図 2-2　a. Metschnikoff, E.,　b. Kowalevski, A.,　c. Brandt, A.,　d. Heymons, R.,　e. Wheeler, W. M., f. Tiegs, O. W.（安藤 原図）

研究として参考にされているのは，19 世紀の半ばを過ぎてからのものである。

　そのころは生きた卵の発生を卵殻を通して観察するか，熱湯や薬品で固定した卵から胚を取り出し，それを染色するなどして，発生中の胚の外部形態の変化を観察していた。ところが Kowalevski が，それまで組織学の研究に用いられていたパラフィン切片法を昆虫胚に試み，胚の外部形態のみでなく，内部構造の形成をも観察し，その成果を 1871 年[*3]に発表した（図 2-1）。この Kowalevski による当時としては画期的な研究法の導入により，昆虫発生学は飛躍的に発展し，Darwin の進化論の強い影響のもとに，19 世紀後半から 20 世紀初頭にかけ

て，Graber，Heymons，Wheeler[*4] などの精力的な，しかも，卓抜した研究が相次いで現れることになった（図 2-2；2-3）。この時代に，トンボ，ゴキブリ，コオロギ，ハサミムシ，甲虫，双翅類など（Weismann，1863；Metschnikoff，1866；Brandt，1869），われわれの日常生活でよく見かける昆虫の胚発生が知られるようになった（図 2-4）。なかでも Heymons の一連の研究はとりわけ優れており（Heymons，1895，1897 など），彼はセイヨウシミの中腸上皮が卵黄細胞に由来することを初めて観察しているが，これは，ほぼ同じ時期にオオト

[*3]　研究は二部よりなり，第 2 部「節足動物の胚発生」で節足動物となっているが，ミツバチ，ガムシ（甲虫）と，カレハガ，スズメガなど 3 種のガの発生を記述している。

[*4]　Graber は 1878 〜 90 年の間に 12 編 400 数十ページ，Heymons は 1891 〜 1905 年の間にムカデの大著を含む 24 編 850 ページ余，Wheeler は 1889 〜 98 年の間に 20 編 250 ページ近くの報文を発表している。とくに Graber は，彼の著書『昆虫 I, II』（1877）のなかで胚発生（pp. 371-448）を細かく記述している。

ラフトンボの中腸上皮が，やはり卵黄細胞に由来することを報告した Tschuproff（1903）[*5]の研究とともに，比較発生学的にみて重要な発見であった。しかし，後に Eastham（1930）が彼の総説のなかで，これらの観察結果を稚拙なテクニックと不正確な観察に起因するものとして否定してしまったため，Heymons や Tschuproff の観察の正しさが実証されたのは，20世紀の後半に入ってからであった。

　第一次および第二次世界大戦のあった20世紀の前半には，Hirschler（1909，ネクイハムシ），Philipschenko（1912，トビムシ），Strindberg（1913，シロアリ），Nelson（1915，ミツバチ），Leuzinger *et al.*（1926，ナナフシ），Eastham（1927，1930，モンシロチョウ），Roonwal（1936，1937，トノサマバッタ），Schölzel（1937，シラミ，ハジラミ），Tiegs & Murray（1939，ココクゾウムシ），Kessel（1939，ノミ），Miller（1939，1940，カワゲラ），Christensen（1942，ドクガ）などの記載発生学的な研究があり，研究対象となった昆虫の種類も Heymons の時代より広範囲にわたっている。そして研究内容も消化管，神経系，内分泌系などの器官系の発生についての詳細な記載が

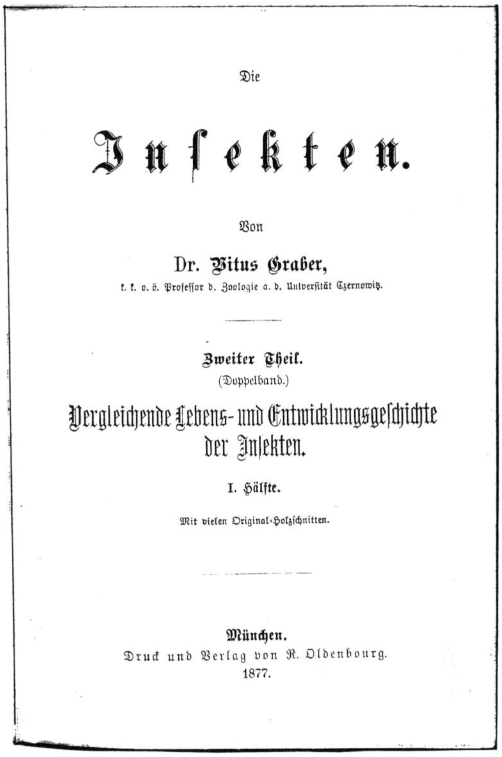

Die

Infekten.

Von

Dr. Vitus Graber,

t. t. o. ö. Professor d. Zoologie a. d. Universität Czernowitz.

Zweiter Theil.

(Doppelband.)

Vergleichende Lebens- und Entwicklungsgeschichte der Insekten.

I. Hälfte.

Mit vielen Original-Holzschnitten.

München.

Druck und Verlag von R. Oldenbourg.

1877.

図 2-3　Graber, V. の "Die Insekten"（1877）第 2 巻の扉

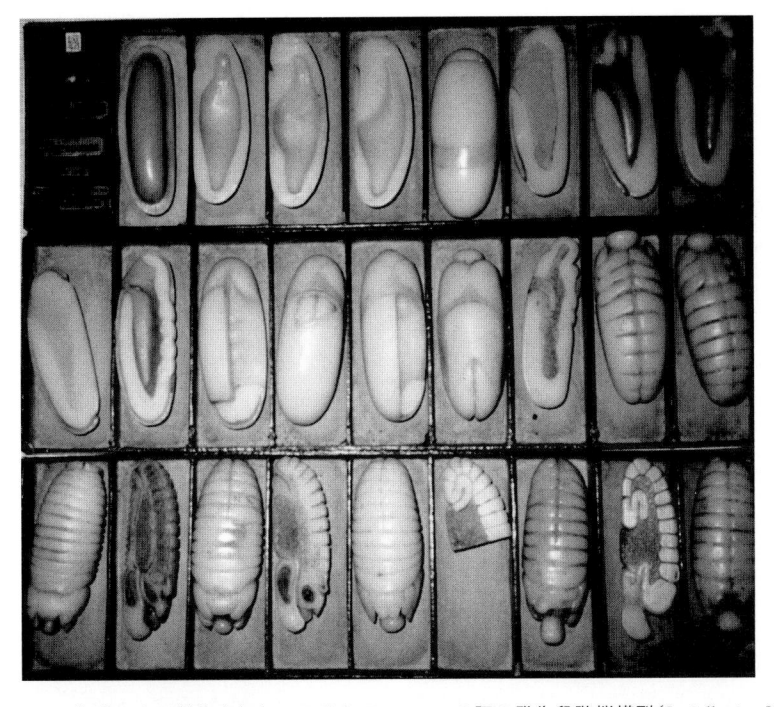

図 2-4　Weismann, A. の指導により製作されたユスリカ *Chironomus* の胚の発生段階蝋模型（Jagiellonian Univ., 安藤　原図）

＊5　Tschuproff, H. は後に Heymons, R. と結婚した。

みられるようになった。また，この時代は Seidel
（1926 〜 1935，グンバイトンボ），Bock（1939，
1941，クサカゲロウ），Krause（1934 〜 1938，
クラズミウマ）などの実験発生学的研究や，Slifer
（1937，1938，バッタ）による卵の吸水や孵化酵
素を扱った発生生理学的研究も現れ，名実ともに昆
虫発生学の基礎が固まった時代といえる。そして，
この半世紀の後半に，それらの研究成果をまとめた
Hirschler の "Embryogenese der Insekten"『昆虫
の胚発生』（1928）と，前述の Johannsen & Butt
の名著『昆虫類と多足類の発生学』（1941）が刊行
されている（図 2-5）。

　　第二次世界大戦後しばらくは，戦後の混乱期で
発表された研究も少なかったが，平和の回復につれ
てこの分野の研究は急速に進展し，戦後の四半世
紀余りのあいだに Sonnenblick（1950），Poulson
（1950），Fullilove（1978）らによるショウジョウ
バエ，Goss（1952，1953）のチャタテムシ，Jura
や Krzysztofowicz ら（1965 〜）のトビムシ，Iva-
nova-Kasas（1965）のハチ目，Anderson（1962
〜 1964）のミバエ，Ullmann（1964，1967）の
ゴミムシダマシ，Rempel *et al.*（1965 〜 1977）
のツチハンミョウ，Malzacher（1968）および
Scholl（1969）のナナフシ，Cobben（1968）の

異翅類 Heteroptera などの記載発生学的研究が相次
いで現れ，昆虫発生学はまちがいなく盛期をむかえ
ている。これらの研究のなかでひときわ異彩を放っ
ているのは，ポーランドの Jura らによるトビムシの
発生に関するものである。昆虫類のなかでトビムシ
類だけが初期の卵割で全割を行うことは，すでに 19
世紀の末頃には断片的にわかっていたが，Jura らは
トビムシとしてはきわめて大型のトビムシモドキの
一種 *Tetrodontophora* の卵を材料にして，そのプロ
セスなどの詳細を明らかにしている。また，Rempel
らの一連の研究は，ツチハンミョウの一種 *Lytta* に
ついての胚発生を，その受精から器官形成に至るま
で余すところなく記載した完璧に近いもので，最初
の報文がでてから完結するまでに 10 年余の歳月を
費やしている。ある 1 種類の昆虫の発生過程を記
載することが，いかに根気のいる研究であるかを理
解できると思う。さらに現在も隆盛をきわめている
ショウジョウバエの発生遺伝学的研究の基礎となる
研究も，上述のようにこの時期に行われている。

　　このような多くの研究成果に呼応するように，
この時期から現在にかけて，昆虫の発生に関す
る多くの書物が出版されている。それらを年代
順に列挙すると，Hagan の "Embryology of the
Viviparous Insects"『胎生昆虫の発生学』（1951），

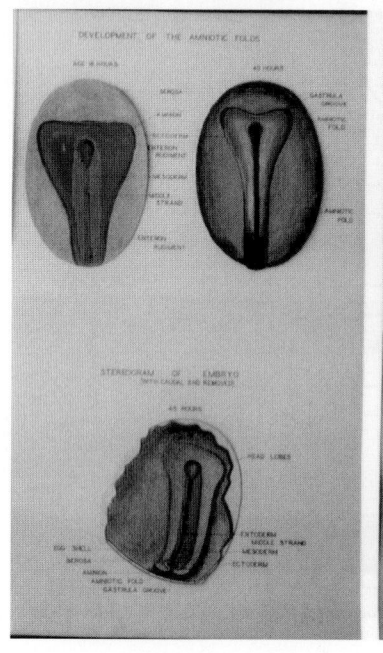
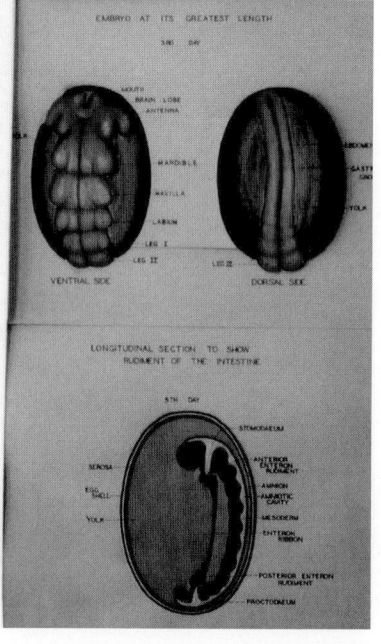

図 2-5　Butt, F. H. の描いた昆虫の胚発生チャート（Montana State Univ., 安藤 原図）

Pflugfelder の "Entwicklungsphysiologie der Insekten"『昆虫発生生理学』(1958), Campbell の "Physiology of Insect Development"『昆虫の発生の生理学』(1959), Bodenstein の "Milestones in Developmental Physiology of Insects"『昆虫発生生理学の里程標』(1971), Counce & Waddington による編集の "Developmental Systems：Insects. Volumes 1, 2"『発生システム：昆虫, I, II』(1972, 1973), Anderson の "Embryology and Phylogeny in Annelids and Arthropods"『環形動物と節足動物の発生学と系統学』(1973), Zachbatkin の "Insect Embryology"『昆虫発生学』(1975), Lawrence による編集の "Insect Development"『昆虫の発生』(1976), Haget の "L'Embryologie des Insectes"『昆虫発生学』(1977), Sander らの "Insect Embryogenesis"『昆虫の発生』(1985), Ando & Jura 編著の "Recent Advances in Insect Embryology in Japan and Poland"『日本とポーランドにおける昆虫発生学最近の進歩』(1987), Schwalm の "Insect Morphogenesis"『昆虫の形態形成』(1988), Heming の "Insect Development and Evolution"『昆虫の発生と進化』(2003) がある。ショウジョウバエに限定すれば, この昆虫の記載および実験発生学の長年月にわたる集中的な研究の成果が, Campos-Ortera & Hartenstein の "The Embryonic Development of *Drosophila melanogaster*"『ショウジョウバエの胚発生』(1985) および Bate & Arias 編集の大著 "Development of *Drosophila melanogaster*"『ショウジョウバエの発生』(1993) に集約されている。また, 昆虫形態学・発生学の専門誌としては『International Journal of Insect Morphology & Embryology』(編集主任 Gupta, A. P.) が 1972 年に創刊され, この両分野におおいに貢献してきた (現誌名, Arthropod Structure & Development)。

　このように多くの成書の出現は, 20 世紀後半に蓄積された昆虫発生学上の知見の豊富さを示すものである。また, 研究法に関しても, 従来の光学顕微鏡に電子顕微鏡が加わり, さらに映像による形態形成過程の分析なども行われ, 記載発生学の分野の知見の精度を一段と高めている。さらに, 最近では, HRP (horseradish peroxidase) や蛍光色素の細胞内注入法により, とくに, バッタ類の神経系の発生過程の解明に著しい進歩がみられている。

2-3　わが国における昆虫発生学の発展

　わが国は近世, 近代を通じて蚕業 sericulture が重要な伝統産業であり, 絹は大切な輸出品であった。そのため, カイコ *Bombyx mori* の飼育や優良品種の創出など, 蚕業に関連した研究, それにともなう知識は膨大な量に達している。それらには卵の胚発生についてのものがあり, わが国の昆虫発生学はカイコの胚発生の研究が淵源になっている。

　最初の発生学的論説は佐々木忠次郎による「蠶児の發達及孵化」(1889) のようで, これに続いて遺伝学者 外山龜太郎 (Toyama, K.) による「蠶卵の發達に就きて」(1896) がある[*6] (図 2-6, a ; 2-7)。

　外山は 1902 年にカイコの研究の一環として "On the embryology of the silk-worm" の論文を発表している。この研究は海外で高い評価を得たもの

図 2-6　外山龜太郎と丘 英通
　a. 外山龜太郎 (1867-1918) (日本蚕糸学雑誌, 36, 1967), b. 丘 英通 (1902-1982)

---

　*6　外山は同じような内容の論説数編を農學會報, 日本農業新報, 蠶業新報に載せている。

大日本蠶絲會報第四拾八號

論説

○蠶卵の發達に就きて 第五回大集會演説 農學士 外山龜太郎

私のは蠶卵の發達に就てと云ふ題でございますが、卵の出來る仕方を云ふのではございませぬで、卵の中にある子供の大きくなる事柄を申すのでございます、夫で此卵の中にある蠶の子供が卵が生れてから後にどう云ふ經過をして、四月から五月頃になつて孵化するものであるかと云ふことは、今まで十分に分つて居らぬ、故に蠶卵を取扱ひまするのに、色ゝ不便なこともございまするし、又問題も起りますのでございまするから、夫に就て昨年以來少し研究したことがございます、依つて其大躰の事柄を御話を致します、御話を致しまするには、實は標本を今日持つて參りまして一ゝ實物を御覽に入れて、斯う云ふ時に斯うなると云ふことを遣る積りでございましたが、個樣に多人數では顯微鏡で御覽に入れると云ふことも出來ませぬから、可笑な繪でございまするが之れを以て御話し申します

卵の中のことを研究したのは誰であるかと云ふと、日本でも外國でも餘りありませぬ、最も名高いのは露西亞の莫斯科大學の敎授チホミロー氏の研究であります、もう一つは佛蘭西の人でちよいと名前

第四拾八號 論説 一

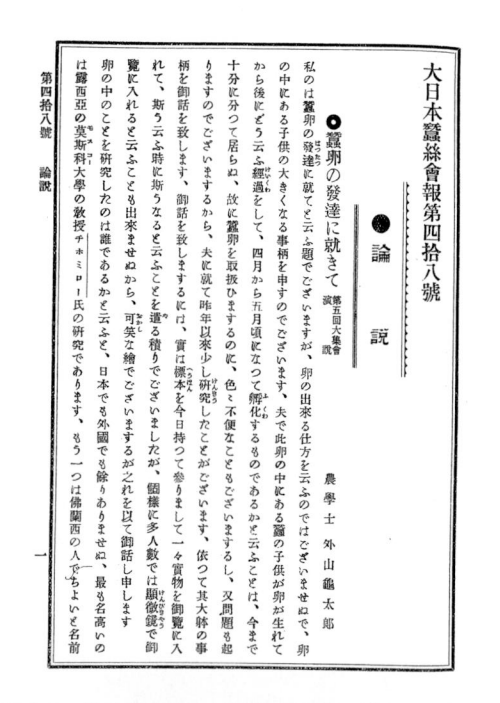

図 2–7 外山龜太郎の「蠶卵の發達に就きて」（1896）第1頁

で，彼がこのなかで前胸腺 prothoracic gland（外山は気門下腺 hypostigmal gland とよんでいる）をカイコ胚で初めて発見したことは有名である。またカイコの胚発生全般について，外山は自著『蠶種論』（1909）の第3章「生殖細胞ノ生成及胚子ノ發達」（pp.129–257）で，池田栄太郎は彼の大著『実験蠶體解剖生理論』（1913）の第33章「胚子發達論」（pp. 1227–1337）で，彼ら自身の研究をもとに詳細に記述している。また，高橋清七（1925，1927）と柳田頼母（1927）[*7] は，カイコ胚の発生を，当時としては斬新な写真を用いて解説しているのが注目される。これらも含め，これ以降のカイコの発生学の発展については，高見丈夫（Takami, T.）の『蚕種総論』（1969）と玉沢 亨の『カイコの配偶子形成と受精』（1982），および宮 慶一郎（Miya, K.）の『カイコ胚の形成』（1982）を参照されるとよい。一方，カイコ以外の昆虫の研究を拾ってみると，進士織平（Shinji, O. G.）のカイガラムシ（1912，1924），齋藤三郎（Saito, S.）のクスサン（1934，1937）の胚発生についてのものがあり，丘 英通（Oka, H.）（図 2–6, b）はコオロギ卵を用いて Seidel 流の実験発生学的研究（1935）を行っていた。このころからわが国の戦時色が濃くなり，純学問的な研究は衰退していくが，高見は第二次世界大戦末期にもカイコの実験発生学的研究（1942 ～ 1944）を続けていた。

戦後は高見に続き宮（1947 ～）がいち早く，カイコの生殖系の発生の研究を始めている。1953 年に安藤 裕（Ando, H.）はトンボの側脚についての報文を発表しているが，このときから絹糸虫カイコ以外の昆虫を広く対象とした比較発生学的研究が展開されることになった。安藤は最初，トンボの比較発生学の研究を行っているが，後にシリアゲムシ，ガロアムシ，センブリ等の胚発生へと研究（Ando, 1955 ～）を広げている。さらに 1960 年には，岡田益吉（Okada, M.）によるメイガの胚発生と，矢島英雄（Yajima, H.）によるユスリカの実験発生についての研究が出され，さらに森 元（Mori, H., 1963）によるアメンボ，田中正弘（Tanaka, M., 1968）によるモンシロチョウの胚発生と，松崎守夫（Matsuzaki, M., 1964）による電子顕微鏡を用いたテントウムシの卵形成についての研究が現れた。とくに松崎と田中は，この後，多くの種を対象とした研究へと発展させていくことになる。1970 年代には宮川幸三（Miyakawa, K., 1973 ～ 1975）によるトビケラの胚発生と芳賀和夫（Haga, K., 1974）によるアザミウマの胚発生の研究が発表され，トビケラ・アザミウマ両目の発生が明らかになった。1980 年代に入ると，小林幸正（Kobayashi, Y., 1981 ～）によるコバネガ，町田龍一郎（Machida, R., 1981 ～）によるイシノミ，鈴木信夫（Suzuki, N., 1985 ～）によるシリアゲムシ，神谷晃正（Kamiya, A., 1985 ～）によるツノトンボ，岸本 亨（Kishimoto, T., 1986 ～）によるカワゲラ，上宮英之（Uemiya, H., 1987 ～）によるトビムシの胚発生などの研究がおおいに進展した。ここで特筆すべきことは，大石陸生（Oishi, K.），澤 正実（Sawa, M.），畠山正統（Hatakeyama, M.）によるハバチ *Athalia* の生殖生物学的研究（1989 ～）では，雄半数体のこの材料で多くの研究成果をあげた。ハバチをショウジョウバエに匹敵しうる研究材料にした大石らの功績はきわめて大きい。

1990 年以降には東城幸治（Tojo, K., 1997 ～）のカゲロウ，池田八果穂（Ikeda, Y., 1998 ～）のナガコムシについての胚発生，1999 年に Tanaka は鱗翅目の卵形成，胚発生，発生生理の総説（英文）を，

＊7 長野県蚕業試験場が蚕業の実務者用として出版したもので，充実した内容である。

表 2-1　胚発生の研究材料と研究者一覧

研　究　材　料	研　究　者
コムシ目　ウロコナガコムシ	浅羽 宏
ヤマトハサミコムシ	関谷 薫
カマアシムシ目　サイコクカマアシムシ	町田龍一郎，福井眞生子
トビムシ目　デカトゲトビムシ	富塚茂和
シミ目　シミ類	増本三香
カゲロウ目　モンカゲロウ	川奈豊子
カワゲラ目　カワゲラ類	武藤将道
ゴキブリ目　サツマゴキブリ	安藤 裕
ルリゴキブリ	藤田麻里
カマキリ目　ケンランカマキリ	福井眞生子
シロアリモドキ目　コケシロアリモドキ	神通芳江
ハサミムシ目　ハサミムシ	布施洋子
ハサミムシ類	清水将太
ガロアムシ目　ヒメガロアムシ	内舩俊樹
カカトアルキ目　ビドーカカトアルキ	町田龍一郎，塘 忠顕
ジュズヒゲムシ目　コーデルジュズヒゲムシ	真下雄太
ラクダムシ目　ラクダムシ	塘 研
半翅目　コオイムシ	田中正弘
トビケラ目　エグリトビケラ	赤池 学，小林幸正
オオカクツットビケラ	石井 周
甲虫目　ゲンジボタル	小林比佐雄
アキマドボタル	渡辺 友，鈴木浩文，小林幸正
イリオモテボタル	小林幸正，鈴木浩文
ジョウカイボン	藤原尚樹
ガムシ	佐藤俊一，小林幸正
オオイチモンジシマゲンゴロウ	新倉和宏，小林幸正
オキナワオオミズスマシ	小松慎太郎，小林幸正
アオオサムシ	新倉和宏，大澤勇樹，小林幸正

また，宮（Miya, K., 2003）はカイコの初期発生の超微形態の研究結果（英文）を著している。

　以上，おもなものについて説明したが，上記以外にも多くの研究があるので，それらの研究者と研究材料を表 2-1 に示す。

　上述の宮は，1959 年に電子顕微鏡によるカイコの胚発生についての報文を発表し，その後，カイコなどの発生に関する多くの知見を発表している（上巻の第 1 部総論 5 章参照）。一方，実験発生学の分野では，遠心分離による矢島のユスリカ奇形胚の形成と卵のパターンフォーメーションの研究（1960 〜），マイクロインジェクションを用いた岡田のショウジョウバエ極細胞の研究（1974 〜）がある。岡田はこの研究に端を発し，極顆粒の分子生物学的研究を展開し，門下生には小林 悟（Kobayashi, S.）がいる。さらに比較発生学分野では，小林幸正が鱗翅類と甲殻類について，町田らは無翅昆虫類などを対象にして精力的な研究を展開している。

　わが国で出版された昆虫の発生一般についての参考書は，桑名寿一と高見（1957），安藤（1970，1978，1988，1991），岡田（1988），および本書

上巻（1996）がある。桑名と高見のものは，カイコの発生を中心にした発生生理学的色彩の濃いものであり，安藤の 1970 年と 1988 年のものは，昆虫各目の正常発生の概略を述べ，1978 年のものは数種の昆虫の発生につき，やや詳しく述べたものである。また，1991 年の『昆虫発生学入門』は昆虫の発生全般をわかりやすく解説したもので，岡田の『昆虫の発生生物学』（1988）はショウジョウバエの発生を中心に，最近の発生生物学の進歩を解説している。なお，論文集としては『Recent Advances in Insect Embryology in Japan』（Ando, H. & K. Miya, eds., 1985）と前掲の『Recent Advances in Insect Embryology in Japan and Poland』（Ando, H. & Cz. Jura, eds., 1987）がある。専門の学会としては日本節足動物発生学会（1982 〜）[*8] があり，学会誌の『Proceedings of the Arthropodan Embryological Society of Japan』が年 1 回刊行されている。

　さて，上巻の第 1 部総論 1 章「昆虫の分類」で掲げた昆虫類約 30 目のうち，従来，発生学的研究が

＊8　1963 年に『昆虫発生学談話会』として発足した。

よく行われているのは，トンボ・直翅・半翅・鱗翅・ハエ・甲虫・ハチの各目くらいなもので，これらを除くと，一つの目に対してわずかの研究しかないものが多い。これについて Ullmann（1964）は，「多くの昆虫の胚発生のさまざまな面について膨大な文献があるけれども，発生過程のすべてにわたって，まんべんなく記載されている種の数は，50万種以上ある昆虫のなかの1ダースにも満たない。」と述べているが，まったく同感である。たとえば，日本を代表する実用昆虫のカイコの発生に関しても，よく研究されてはいるが，我々の手で Nelson の『ミツバチの胚発生学』のようなカイコの全発生過程を網羅した『カイコの胚発生学』を完成したいものである。今後の日本の記載発生学の課題として，今日なお発生過程や発生上の特色が不明な昆虫群の胚発生を十分に解明することが使命である。

2-4　おわりに

　以上，とくに記載的な昆虫発生学の進展と現状について述べたが，最後に昆虫の記載発生学の目的と意義について簡単にふれたい。記載発生学の目的はいうまでもなく，ある昆虫の胚発生過程を十分に記載し，体の構造，器官などの発生的由来を明らかにすることにある。同時にこのことは，発生遺伝学，分子生物学などに基礎データを提供する，という大きな意義をもっており，これは前述のショウジョウバエなどにおける近年の研究の展開をみれば歴然としている。しかし，この他に比較発生学の立場から昆虫各目の体の構造，器官などの歴史的ないし進化的由来に対する洞察を与えることが，記載発生学のさらに重要な目的と考えられる。そしてこれに基づき，一般の分類学では困難と思われる昆虫類の高位の系統関係の解明に重要な手がかりを提供することにあるといえる。

　最初にふれたが，わが国の昆虫発生学が本格的に始まったのは第二次世界大戦後で，欧米の研究に遅れること1世紀であった。しかし，今日ではわが国におけるこの分野のレベルは国際的にトップにあるといえる。この隆盛をむかええたのは各研究者の絶えまざる努力の賜物であるが，その陰に実験発生学者の丘 英通による適切な指導と励ましがあったことを忘れてはならない。

■ 2章の引用文献（＊：間接引用）

Agassiz, L., 1850：The classification of insects from embryological data. *Smith. Cont. Knowledge*, II, 3–28, 1 pl.

安藤 裕・宮川幸三，1996：ハグロトンボ．"動物発生段階図譜（石原勝敏編）"，pp. 114–121．共立出版，東京．

Вляхер, Л. Я., 1959：История Эмврии ологии в России, xix-xx, Академ ии Наук, СССР, Москва.

Heming, B. S., 2003：*Insect Development and Evolution*. Cornell University Press, New York, London.

Herold, J. M. D., 1815：*Entwicklungsgeschichte der Schmetterlinge, Anatomisch und Physiologisch Bearbeitet*. Cassel, Marburg.

*Hummel, C. D., 1835：Entwicklungsgeschichte der *Blatta germanica*. In: *Isis von Oken* (Oken, L. ed), pp. 898–908. Leipzig.

市川和夫，1996：カイコガ．"動物発生段階図譜（石原勝敏編）"，pp. 122–129．共立出版，東京．

池田榮太郎，1913：胚子發達論．"實驗蠶體解剖生理論"，pp. 1227–1337．明文堂，東京．

Kowalevski, A., 1871：Embryologische Studien an Würmen und Arthropoden. *Mém. Acad. Imp. Sci. St. Petersburg. 7th Ser*, 16, 31–71.

Mecznikow (Metschnikoff), E., 1866：Embryologische Studien an Insekten. *Z. Wiss. Zool.*, 16, 389–500.

宮 慶一郎，1982：カイコ胚の形成．「蚕糸学研究史に関する調査研究」，昭和56年科研費（総合B）研究成果報告．

Müller, J. P., 1825：Über die Entwicklung der Eier im Eierstock bei den Gespersheuschreicken. *Nova Acta Phys.–Med. Acad. Leop. Carol.*, 12, 553–672.

Oka, H., 1935：Experimental studies on the embryonic development of a cricket. *Annot. Zool. Jpn.*, 14, 373–376.

丘 英通，1950：実験発生学史．"現代の生物学　第2集　発生（岡田 要・木原 均編）"，pp. 37–65．共立出版，東京．

Roonwal, M. L., 1939：Some recent advances in insect embryology, with a complete bibliography of the subject. *J. R. Asiatic Soc. Bengal*, 4, 17–105.

佐々木忠次郎，1889：蠶兒ノ發達及孵化．東洋學藝雑誌，89, 74–77.

高橋清七，1925：實驗蠶卵胚子寫眞及解説．蠶絲雑誌社，上田（長野）．

――, 1927：實驗蠶卵胚子解剖圖説．蠶絲雑誌社，上田（長野）．

高見丈夫，1969：蚕種総論．全国蚕種協会，東京．

玉沢 享，1982：カイコ配偶子形成と受精．蚕糸学研究史に関する調査研究，昭和56年科研費（総合B）研究成果報告．

外山龜太郎，1896：蠶卵の發達に就きて．大日本蠶絲會報，(48), 1–12.

――, 1909：蠶種論．丸山舎，東京．

内田 一・千葉滋男，1960：ヒメトゲトビムシ *Tomocerus minutus* Tullberg の発生，Ⅲ．胚子発生．動物学雑誌，69, 16.

矢島英雄，1996：ヒシモンユスリカ．"動物発生段階図譜（石原勝敏編）"，pp. 130–137．共立出版，東京．

柳田頼母，1927：蠶卵胚子發育圖説．明文堂，東京．

八杉龍一，1950：ルーまでの発生学史．"現代の生物学　第2集　発生（岡田 要・木原 均編）"，pp. 1–35．共立出版，東京．

3章

研究法

3-1 はじめに

本章では，昆虫発生学の研究法を光学的観察を中心に述べ，電子顕微鏡による研究法もあわせて紹介する。研究の第一歩は目的とする昆虫の採卵であるが，このためには，材料となる昆虫のバイオロジーをよく知ることが大事である。Schwalm（1988）は各群にわたった60余種の昆虫の飼育・採卵法をまとめているので，参考になろう。昆虫発生学の研究法に関しては，安藤（1978, 1991）も参考になる。組織学的な詳細に関しては，組織学研究法の成書（たとえば，Gatenby & Beams, 1950；田中，1961；佐野，1976；串田，1978；Humason, 1979。これらの後も，多数の参考書，マニュアル書が刊行されている）を参照願いたい。

3-2 卵の前処理

卵の表面には粘液層があったり，卵塊として産卵されるものは卵をひとまとめにする物質が多量に卵を覆っており，しばしばゴミなども付着しているので，卵塊の場合は卵を1個ずつにする必要がある。また，粘液層が厚いもの，粘着性が強いものの場合，後の処理の障害となる。さらに，ゴミは卵内部の観察の支障となり，切片作製の場合，刃を痛めるのみでなく，切片が傷だらけとなることもある。これらの障害・支障となるものはピンセットや針で取り除けばよいが，それが難しい場合は，界面活性剤や次亜塩素酸ナトリウム水溶液に卵あるいは卵塊を入れ，振盪することで取り除ける場合が多い。界面活性剤は市販の洗剤で十分である。次亜塩素酸は数％水溶液がアンチホルミンantiforminの商品名で市販

されているので，これを適宜希釈して使用するとよい。また，ある程度の強靭さをもつ卵なら両面テープの使用も有効である。両面テープ（住友3Mスコッチ社製666が最適）をスライドグラスなどに貼り，その上で卵を転がすと，粘液層やゴミなどは容易に除くことができる。水生の卵も，短時間ならば空気中におけるので，この方法も応用できる。

卵殻やクチクラが，卵膜をとおしての胚の観察，薄切のためのオリエンテーション（前後背腹方向の決定）などの障害となる場合は，上述の次亜塩素酸ナトリウム水溶液処理が有効である。この際，処理時間はかなり厳密で，材料によって決めなければならない。薬液が卵内に侵入する前に処理を止め，水洗しなければならない。また，卵を両面テープの上で転がすことで，卵殻を除去できる場合もある。しかし，たとえば漿膜クチクラ形成期以降のイシノミ卵の場合，両面テープで卵殻を取り除くことができるが，その下に黒色の漿膜クチクラの最外層がある。この層はアンチフォルミン原液中で5分ほど振盪すれば取り除ける。

3-3 生卵の観察

水中や植物組織内に産下される卵（たとえば，トンボ類，カゲロウ類，カワゲラ類，トビケラ類，ハエ目の仲間，ハバチ類）など，透明で内部が透けて観察できる卵殻をもつ場合，生卵を観察して，発生過程の概略を知ることができる。卵期があまり長くなく，また，表成型の発生を行う場合は，とくに生卵の観察は有効である。水生昆虫卵の場合は，そのまま水に入れた状態で観察すればよいが，水生で

ない昆虫卵でも，空気中では空気と卵膜との屈折率の関係で，内部観察が困難なことがあるから，やはり，卵を水没させて観察する。水の代わりに流動パラフィンを用いても好結果が得られることがある。ホールスライドグラスに水（あるいは生理食塩水）を入れて観察するのであるが，この際，卵が動いたり水が蒸発することを防ぐためには，カバーグラスなどで覆う必要がある。

　こうして顕微鏡下で生卵を発生させながら観察し，継時的にスケッチ，写真撮影を行い，発生過程を詳細に記録する。照明は透過，暗視野あるいは落斜照明との併用など，その卵に適した照明を工夫する。ここでしばしば起こる問題は，対物レンズの作業距離である。この際は，（超）長作業距離レンズ（たとえば ULWD，LWD，ELWD などの記号を冠したレンズ）が有効で，余裕をもって焦点を合わせることができ，また，落斜照明も容易になる。なお，カバーグラスをかけることによる酸素不足で発生は一般に遅延するが，著しく遅れたり，発生が停止してしまうこともある。この際は，カバーグラスをはずし，水を多くする。レンズが水の蒸発で曇る場合は，対物レンズの先玉にメガネ用の曇止めを塗布するとよい。また，水を多くすれば風などの影響で卵が動くことは少なくなるが，ピントが合いにくくなるので，水浸系レンズを用いる。あるいは，一般のレンズ，または超長作業距離レンズを工夫して利用することもできる。まず，レンズに合う太さのプラスチック容器を用意し，底に穴を開け，その大きさに切ったカバーグラスをエポキシ系接着剤で貼り，それをレンズにはめて水没させて観察するのである（池田，未発表）。なお，倒立顕微鏡を用いれば，卵をガラス容器の底面から観察することができ，容器の水も多くすることができるので，この種の問題は回避される。再現性の観点からは恒温状態で観察するのがよいが，これが不可能ならば室温の記録をとっておく。

　生卵の微速度観察はきわめて多くの情報を提供してくれ，発生のダイナミックな一面を目の当たりにできる。卵細胞質の流れ，胚帯形成にかかわる細胞の移動，胚運動，場合によっては受精や卵割における核の挙動など，微速度観察を用いなければ理解しがたい発生現象も多い（たとえば Tojo & Machida，1998）。以前は映画撮影しかなかったが，今日では高画素の CCD カメラが活用でき，画像記録装置との併用で容易に微速度撮影が行えるようになった。

撮影期間をとおして照明し続けることになるので，照明による温度上昇には注意が必要である。冷光照明装置，LED 照明装置の活用，また，コンピュータ制御で撮影時のみ照明するなどもできよう。

　いずれにせよ，生卵の観察は重要であるとはいえ，それが不可能な卵も多い。たとえば，卵が大型で表成型でない卵では，透過光でも落斜光でも観察は不可能である。卵膜が不透明な場合も同様であるが，次亜塩素酸ナトリウム水溶液などの薬品処理で発生に悪影響がでないのなら，生卵の観察に供することができる。

3-4　固　定

　形態学的観察や組織学的研究のためには，卵を固定する必要がある。全発生過程の網羅を目的に固定する場合は，まず，その卵期，卵休眠の有無，期間を知り，生卵での観察や同様の卵期をもつ近縁群の発生過程を参考に，固定のインターバルを設定する。初期発生過程は変化が速いので，とくに卵期の短い種類では，分単位のインターバルでの固定が必要になる。

　昆虫卵は強靭な卵膜をもつため，固定が困難な動物試料の一つである。卵膜の針などによる穿孔が不可欠な場合が多い。穿孔においても，まえもって生理食塩水や蒸留水中で穿孔後，固定液に移すのがよい場合もある。また，固定瓶の振盪は浸透時間を格段に短縮させるので，より良好な固定結果をもたらす。場合によっては，浸透の加速を目的にした，加温，減圧処理（後述），電子レンジ（後述）での電子線照射が有効なこともある。より確実に固定するためには，前固定後に大きな窓を卵膜に開けてから，再度固定するなどの方法もある。固定の良否がその後の研究の成否に大きく影響するため，材料，研究の目的にあった固定液，固定法，固定時間をみつけださなければならない。種々の固定液の用法や固定に関する諸注意は組織学の成書を参照願うことにして，以下に昆虫発生学に用いられている代表的な固定液をあげる。

a.　ブアン Bouin 液

　最も使いやすく，一般的に使える優秀な固定液である。下記の容量を使用前に混合して作製する。

ピクリン酸飽和水溶液	15
ホルマリン	5
酢酸（氷酢酸）	1

固定時間は室温で1時間ないし1昼夜。固定卵は70%エチルアルコール（以下，アルコールと略記）で保存。ピクリン酸による黄色は，アルコールを数回交換することで洗い落とす。なお，アルコールに数滴の炭酸リチウム飽和水溶液を滴下しておくと脱ピクリン酸が促進される。卵に過剰のピクリン酸が残っていると，後の染色結果がよくない。また，セロイジン包埋の場合，ピクレートカリウムが生じてセロイジンの浸透を著しく阻害する。

b. アルコール・ブアン液

ブアン液のピクリン酸をアルコール溶液としたもので，浸透力が強い，優秀な固定液である。ピクリン酸を解かすアルコール濃度や薬品の混合比で異なる作製法があるが，その一つは次のようである。使用前に混合する。

ピクリン酸飽和純アルコール溶液	15
ホルマリン	5
酢酸（氷酢酸）	1

使用法等，ブアン液に準ずる。固定卵は70%アルコールで保存。

c. F.A.A.液

F.E.A.液ともいう。ホルマリン，アルコール，酢酸の混合液で，対象となる生物・組織で混合比が異なる。一般に昆虫卵では次のような組成（カール Carl 液）で良好な結果が得られるが，材料にあった濃度に蒸留水で希釈するのもよい。使用前に混合する。

純アルコール	15
ホルマリン	6
酢酸（氷酢酸）	2
蒸留水	30

固定時間は室温で1時間ないし1昼夜。固定卵は70%アルコールで保存。

d. カルノア Carnoy 液

きわめて浸透力の強い固定液である。次のように混合し作製する。

純アルコール	6
クロロホルム	3
酢酸（氷酢酸）	1

固定卵は95%アルコールで洗う。本固定液は組織を著しく硬化させるので，固定時間は1時間以内，長くても3時間程度を限度とする。浸透がきわめて速く，内部が透けて見える卵の場合，固定液が浸透して卵黄が透徹されていく様子が刻々と観察される

ほどである。卵膜の穿孔も不要なことが多い。卵，組織の変形などがないなら，活用できる固定液である。

e. パラホルムアルデヒド水溶液

昆虫卵の固定では4%を普通用いる。ホルマリンはパラホルムアルデヒドの35〜40%水溶液であり，これを10倍ほどに希釈したものを固定液とする。さらに濃度を正確にしたり，pHや浸透圧の調整をしたい場合は，自ら水溶液とする。蒸留水ないしは緩衝液（pH7.2〜7.4くらい）に溶かすが，混ぜただけでは白濁するだけで溶解しないから，次のカルノフスキー液での説明のように，湯煎，アルカリ処理が必要である。

浸透力は高くないので，卵膜の穿孔が必要なことが多い。単独に用いても大変良好な固定結果をもたらす。また，これを他の固定液の前固定として用いることも多い。とくに電子顕微鏡試料の場合は，四酸化オスミウム水溶液の前固定として汎用される。

f. カルノフスキー Karnovsky 液

パラホルムアルデヒド水溶液にグルタルアルデヒドを混合したもので，固定力，浸透力の向上をめざした固定液である。パラホルムアルデヒド2gを蒸留水25 mlに湯煎で溶かし，1N水酸化ナトリウムを滴下しつつ，液が無色透明になるまで撹拌する。冷却後，この液に50%グルタルアルデヒド5 mlを加え，容量が50 mlになるまで緩衝液（たとえば0.2 Mカコジル酸ナトリウム–塩酸緩衝液）を加え，最後に塩化カルシウム25 mgを溶かす。これを保存液とし，使用時に倍量の緩衝液を加え，2%パラフォルムアルデヒド–2.5%グルタルアルデヒド水溶液として使用する。

本固定液は，パラホルムアルデヒド水溶液に準じて使用する。ただし，グルタルアルデヒドがフォイルゲン反応や核特異的蛍光色素などに対して偽陽性 false positive をもたらす可能性があることを，本固定液の使用においては留意する。

g. 四酸化オスミウム水溶液

現在使用されている固定液のなかで，試料を最も生体状態に近い状態で固定することができる薬品で，電子顕微鏡観察試料の後固定として欠くことができない固定液である。また，脂質を完璧な状態で保存できる唯一の固定液でもある。ただし，毒性が強く，また有機物の混入でたやすく還元されてしまうので，本固定液の使用，調整，扱いには細心の注意が必要である。固定液の調整などの詳細は3–8節

「透過型電子顕微鏡による検討」を参照されたい。

　優秀さの反面，本固定液の欠点は，浸透がきわめて遅く，組織を脆くさせることである。したがって，卵の表面あるいは穿孔部位は十分に固定されていても，卵の内部はいまだ固定されず，内部まで固定された状態では，表面はボロボロの状態になってしまうおそれがある。一般的に，固定時間は3時間を限度とするので，より短時間で固定できる方法をみつけなければならない。イシノミ卵（1.3 × 0.7 mmくらい）の場合，パラホルムアルデヒドで前固定した卵に大きな窓を卵膜に開けるか，卵を半切するか卵膜を取り除いた後に固定している。卵膜を取り除いた卵の場合，2時間では卵内部は固定されていないが，4時間だと卵表層はボロボロになり，3時間が適当であった。このように固定時間はかなりクリティカルである。

　また，本固定液は組織を黒変させ光学顕微鏡用の一般染色は事実上，不可能である。漂白剤で漂白しても，染色性の目立った改善はみられない。この点から，光学顕微鏡用試料への本固定液の応用は制限されるのであるが，オスミウムにより「異調染色」的に組織を検鏡することもできるし，また，トルイジンブルー，アズルールB，ファストグリーンなどでの染色は可能であり，とくに厳密な構造学的検討や脂質の保存が重要な場合は，ぜひ用いなければならない固定液である。

3-5　卵の観察

　卵の形態は種群の差が明瞭に現れることもあり，重要な観察事項である。そのためには一般的な光学顕微鏡観察や走査型電子顕微鏡の活用などで観察を行う。卵膜の内部構造や卵門などに関しては切片作製により，透過型電子顕微鏡も含めた，さらに詳細な観察が必要となる。卵塊をなしたり，卵が粘液層などで覆われる場合は，これらをバラバラにし，あるいは粘液層を取り除いたりして卵の形態の把握に努めるわけだが，この方法は前述したとおりである（3-2節「卵の前処理」）。

3-6　胚発生の外部観察

(1)　卵の全体観察

　胚の成長，胚運動にともなう胚の卵内での移動や定位，胚発生のアウトラインは，生卵の観察，切片からの再構築で知ることもできる。しかし，卵内の

胚の染め分けが可能ならば，固定した卵の外部観察がおおいに有効である。表成型の胚では観察にほとんど問題はないが，陥入型の胚の場合は胚を特異的に染色し，それを透徹標本にする必要がある。しかし，卵黄を染めずに胚のみを染める色素や条件の選択，卵膜の穿孔など，材料とする昆虫卵ごとに工夫が必要である。

　このような目的で使用される色素には，チオニン，ガロシアニン，シッフ試薬（フォイルゲン反応）などがある。表成型の発生をする胚では，特異的に染色しなくとも観察は可能で，さらに，ヘマトキシリン，カーミン，フクシンなども用いられる。ヘマトキシリンの場合，強希釈を行うと卵黄の過染があまり進まず，胚がわかりやすくなることがある。

　チオニンの使用法を紹介しよう。1%フェノール・チオニン（石炭酸を5%加えた蒸留水に1%量のチオニンを溶解，濾過）を作製，これを原液とする。これと80%アルコールを1:1（場合によってはさらに希釈）の混合液とし，1時間～1昼夜染色する。検鏡し胚が良好に染色されていたなら，これを脱水し，透徹後，セダー油で封入し観察する（チオニンはアルコール，水で脱色される）。カゲロウ卵の例では，カルノア液固定卵を穿孔，染色液に3時間染色すると，透明な卵黄に濃青色の胚が浮き上がる標本を作製することができる（Tojo & Machida, 2003）。核特異性はそれほど高くないが，硼砂カーミンも鮮やかに胚が染色されるので，とくに表面に胚がある卵においては好ましい染色液である。原液ないしは70%アルコールで適宜希釈したもので，2時間～数日染色する。0.5%塩酸アルコールで弁色が可能で，より検鏡しやすい程度まで，色素を落としたり，分別する。

　しかし，このような色素での胚の染め分けが困難であったり，大変薄い長胚型の初期胚帯などでは，染色されても見分けにくかったりすることもある。このような場合，核（酸）特異的蛍光色素による染色は大変効果的である。たとえば，UV励起色素のDAPI（4′,6-diamidino-2-phenylindole dihydro-chloride），Hoechst 33342やブルー励起のPico-Greenなどである。これらは核酸構造があってはじめて蛍光を発するので，核あるいは胚を特異的に認識することができる。特異性が非常に高いので，染まるまで染色液に漬浸し続けることもできる。それでも卵内の油分で芳しい染色結果が得られない場合

は、いったん、卵をアルコール系列で脱水、有機溶媒で「油抜き」の後、ふたたび、アルコール系列をへて染色液に戻すとよい。核特異的蛍光色素の短所としては、蛍光は数時間で減衰してしまうこと、薬品が比較的高価であること、蛍光生物顕微鏡や蛍光実体顕微鏡が必要である点などあるが、これらの短所を勘案しても、この方法はあまりある結果をもたらしてくれる。

(2) 胚の外部形態観察

単に発生学的目的だけでなく、形態学的な視点からも、胚の外部形態の観察はきわめて重要であり、発生学的な検討によって新たな形質の評価がもたらされた例はきわめて多い。胚の外部形態の観察をおろそかにできない由縁である。

光学顕微鏡観察を行い、さらに詳細な映像として記録すべき場合は、走査型電子顕微鏡が活用される。ここで強調したいのは、その高分解能のゆえに走査型電子顕微鏡を汎用し、光学顕微鏡をおろそかにすべきではなく、まず、光学顕微鏡レベルで徹底的に観察するべきということである。理由は、電子顕微鏡観察では多くの試料を処理できず、また、種々の方向からの観察も光学顕微鏡ほど自由でないからである。多くの試料をいろいろな角度から観察することは、形態学的理解において大変重要である。そして、さらに重大なのは、電子顕微鏡観察はどうしても微視的になりやすいということである。たとえば、電子顕微鏡観察では、幾多の細胞間の境なども観察されるので、縫合線、環節線などの形態学的、解剖学的に重要な構造の情報が浮き上がってこないのである。また、連続相同性 serial homology に則って記載が進められることが「体節制動物」たる昆虫類においても重要であるが、これは文字どおり巨視的な視野が肝要なのである。さらに、光学顕微鏡には、照明を種々工夫することにより、神経節などの内部構造との対応も同時に理解できる利点もある。走査型電子顕微鏡での観察により初めて検出できたという、昆虫発生学上の構造はそれほど多くはない。

a. 観察試料の準備

胚を卵から取り出す必要があり、卵膜が透明でない場合は、次亜塩素酸ナトリウム水溶液などで透明化しておくと作業がしやすくなる。通常は、固定卵から胚を取り出すことになるが、卵によっては固定により沈着物が胚に付着し、観察の妨げとなり、卵から胚を取り出しても詳細な形態学的検討が不可能

になる。このような場合は、沈着物が生じない固定液を選ぶ必要がある。胚の取り出しは、微細なピンセットや針、必要に応じて鋭利なカミソリ（ジレット社製テクマテックが最適）などを用いて行う。後期胚で胚クチクラが産生されると、光学顕微鏡ではこれが光ってしまい、また、走査型電子顕微鏡観察ではコーティングされた胚クチクラ表面のみを観察することになり、詳細な形態学的検討が困難になる場合も多い。また、ダイアポーズ期の胚では、胚膜が観察の障害となることもある。後述のように、無蒸着試料が観察できる低真空走査型電子顕微鏡やナノスーツ法の活用で、問題を解決したい。しかし、胚クチクラや胚膜を手作業、必要に応じてはマイクロマニピュレータなども用いて取り除ければ、それに越したことはない。

固定卵から取り出した胚には、多少なりとも汚れはついているものである。汚れのない胚を必要とするときは、生卵からの胚の取出しが有効である。生理食塩水［ショウジョウバエ用のエフルッシ–ビードル Ephrussi–Beadle 液（1,000 ml の蒸留水に、塩化ナトリウム 7.5 g、塩化カリウム 0.35 g を溶解後、塩化カルシウム 0.21 g を溶解）が汎用できる］や緩衝液（たとえば pH7.4 リン酸緩衝液）中で生卵から胚をピンセット、針などで解剖して取り出し、生理食塩水あるいは緩衝液を数回替えることで胚を洗い、そこに固定液を徐々に滴下し、最終的には固定液と置換することで固定を行う。こうすれば、汚れのほとんどない固定胚が得られる。固定液までいけば胚は粘着性を失い問題は起きないが（アルデヒド単体の固定液の場合、固定後でも粘着性が多少残るので、ブアン液が適している）、それまでの過程で胚は器具の壁面に粘着あるいは界面にトラップされ、胚の変形や傷みが起こる。これを防ぐ方法がいくつかある。1) 使用する生理食塩水や固定液に界面活性剤を混ぜる。界面活性剤としては家庭用中性洗剤でもよいし、あるいは、たとえば Triton-X 100 を用いるなら 0.1% 溶液に混合する。2) 合成樹脂の器具は胚の粘着が少なく、また、ガラス器具でもシリコナイズを行うとよい（デシケーターに器具とシリコナイズ液を入れ、真空を引き、シリコンを器具に蒸着させる）。3) このような方法を用いつつ、摘出した胚の入っているホールスライドグラスなどを、胚が界面にトラップされないよう気をつけながら、固定液に置換するまで揺らし続け、胚が容器に

付着するのを防ぐ。

b.　光学顕微鏡観察

摘出した固定胚は淡色であり，詳細な観察を行うには染色を施さなければならない。種々の色素で染色を行えばよいが，扱いやすさ，染色の良好さ，保存性からヘマトキシリンがよい。染色液の希釈度，染色時間を調節して，目的にあったように染色を行い，胚を水中に沈めて検鏡する。ヘマトキシリンで濃染し強い光で観察したり，希釈したヘマトキシリンで薄く染色し溝などの構造を際立たせるなど，各自で工夫することになる。検鏡にあたっては，（超）長作業距離レンズがとくに有効で，これを用いると対物レンズが曇ることも免れるし，落斜照明も容易になる。

（1）の「卵の全体観察」で紹介した核特異的蛍光色素は，胚の外部形態観察においてもきわめて有効である。クリアな観察像をもたらしてくれるので汎用しがちになるが，「核」だけを観察していることを忘れてはならない。本法のみに頼ると，「細胞質」にかかわる重要な情報を見落とすことになる。たとえば，一般染色による外部観察でようやく見いだせるような低い隆起構造や浅い窪み構造，細胞質が勝った細胞塊は本法で見落とされがちになる。一般染色による詳細な外部観察もおろそかにしてはならない。

c.　走査型電子顕微鏡観察

まず，変形を極力抑えて試料を乾燥させる必要がある。一般的な方法として，臨界点乾燥や第三ブチルアルコール凍結乾燥がある。臨界点乾燥では，胚を通常のアルコールシリーズで脱水し，無水アルコールあるいはアセトンに置換し，臨界点乾燥器で乾燥させることになる。この際，チェンバーへの二酸化炭素の導入・排出により，胚は激しく漂動し壊れることが多いので，この動きを最小限にするよう，カプセルやカゴのなかに脱脂綿を詰めるなどの工夫や二酸化炭素の導入・排出をできるだけ緩やかにする必要がある。試料をカプセルに入れる場合，液体がスムーズに置換されるよう，カプセルに多数の孔を開ける，あるいは，カプセルの両端をメッシュにするとよい。次のようにすると，両端をメッシュにしたゼラチンカプセルが作製できる。

1）ゼラチンカプセルの両端をハサミで切り取る。
2）ナイロン製のメッシュ（プランクトンネットなどに用いるミューラーガーゼや捕虫網のナ

イロン網など）の小片を水でぬらし，切り取られたゼラチンカプセルの端部に60℃ほどのホットプレート上で圧着させる（熱と水分でゼラチンカプセルが溶けるので，メッシュがゼラチンカプセルに接着する）。
3）両端の余分なメッシュをハサミで切り取る。

第三ブチルアルコール凍結乾燥の場合は，通常のアルコールシリーズで90％ないし95％アルコールまで脱水し，それを第三ブチルアルコール（凝固点が25〜26℃なので暑い季節を除いてオーブンが必要）に移し，液を更新，1〜2時間ほど漬浸する。その後に，凍結乾燥器（0〜5℃で減圧）に移し，凍結した第三ブチルアルコールが完全に昇華するのを待つ。マニュアルに沿って進めるのだが，容器内の第三ブチルアルコールが昇華したようにみえても，組織の細部に液が残っている可能性があるので，さらに同じくらいの時間，待ったほうがよい。臨界点乾燥に比べ試料のダメージの可能性は少ないが，試料の表面に汚れがつきやすい傾向がある。

このように完全に乾燥した試料を蒸着し，いよいよ観察することになる。しかし，試料の蒸着は，とくに後期胚の観察において大きな問題となる。それは，後期胚で形成される胚クチクラが，前処理の過程で，胚表面にシワ状に密着したり，胚から離れて膨らんだりし，胚を観察するつもりが，シワになったり袋状に膨らんだクチクラ表面を観察することになるからである。このような場合は，蒸着試料を高真空で観察するのに比べ解像度は劣るものの，無蒸着試料を観察できる低真空走査型電子顕微鏡が有効である（Machida, 2000a, b）。一般の走査型電子顕微鏡の場合と同様に作製した試料を蒸着せずに検鏡するわけだが，薄い構造である胚クチクラなどは，電子線が透過し，胚表面を観察できるのである。真空度が高いほど分解能は上がるが，チャージしやすくなるので，試料にもよるが，13 Pa 程度が適している。

また，最近開発された「ナノスーツ nano-suit 法」も，脆弱なクチクラで覆われている後期胚や若令幼虫の走査型電子顕微鏡観察にきわめて有効である。本法は，試料表面に水分の蒸発も防げる強靭な薄膜を形成させ，含水試料を高真空走査型電子顕微鏡で観察するという，Takaku *et al.*（2013）が開発した方法である。界面活性剤である Tween 20（ポリオキシエチレン（20）ソルビタンモノラウレート）が

電子線照射により重合して強靭な薄膜を形成すると
いう性質に着目した方法で，ゴキブリ胚への応用例
（Fujita *et al.*, 2016）を簡単に紹介する。

1）生理食塩水中で，ルリゴキブリ *Eucorydia yasumatsui* の胚クチクラで包まれた後期胚を生卵から取り出す。

2）胚を1%Tween 20 水溶液に1時間漬浸する。

3）余剰な漬浸液を濾紙で吸い取った後，胚を試料台に載せる。

4）常法により，胚を高真空走査型電子顕微鏡で観察する。電子線が照射されることで「ナノスーツ」が形成される。高い加速電圧，長時間の観察はナノスーツを傷めるので，加速電圧は5 kV 以下，観察時間は1時間以内がよい。

固定，脱水，乾燥を行っていないので，試料の収縮はなく，胚クチクラのシワなどのない高解像度の観察が可能である。本法の優れたところはこれだけでなく，走査型電子顕微鏡観察を行った同一試料を，別の方法で検討できる点である。生理食塩水を試料台に滴下することで，試料台から胚を容易に外すことができ，それを固定し，たとえば，光学顕微鏡による胚の外部観察，さらには組織切片にすることもできるのである。

3–7　切片作製法

初期発生，胚葉形成，器官形成などの検討には，切片を作製しての組織学的検討が必要である。昆虫卵に限らず卵黄は構造的に脆弱であり，しかも昆虫類の卵は，他の節足動物卵と同様，強靭な卵膜をもつので，その薄切は，動物組織のなかで水晶体などとともに，最も困難なものの一つとされている。このため，昆虫卵の切片作製には，さまざまな工夫が必要となる。

まず，薬品の浸透が難しいため，卵膜の穿孔が不可欠な場合が多い。それでも不足の場合は，鋭利なピンセットなどで固定した卵に大きな窓を開ける必要があり，減圧浸透（後述）が必要なこともある。また，振盪は薬品の置換，浸透の促進に大きな効果があるので，可能なステップは回転振盪器などで行うとよい。振盪器の速度は試料がやっと漂動するくらいが適当である。したがって，粘度の低い薬品では多少速くても問題はないが，樹脂などの高粘度のものでは5 rpm 程度以下の低速が必要である。

ここでは，パラフィン包埋法，セロイジン–パラフィン二重包埋法，樹脂包埋法による昆虫卵の切片作製法を述べる。一般的な解説は，組織学関連の成書を参照されたい。

（1）　パラフィン包埋法による切片作製

本法は処理時間が短く，多くの試料に対応できること，連続切片をたやすく得られることなどから，最も一般的でルーティンに最適な方法である。熱により脆くなる卵黄を薄切するのに困難を感じることもあるが，適切な条件を見いだせれば，美しい切片を得ることができる。

a.　脱水・透徹・パラフィン浸透

①　キシレン法　本法の長所は短時間で処理できることである。トルエン，ベンゼン，クロロホルムも同様に扱える。この順で透徹力は弱まるが，逆に組織の硬化は少なくなる。クロロホルムは光で分解するので，褐色瓶に保存し光を避ける。

常法によりアルコール系列で脱水する。プロセスの一例を示そう。90%，95%，100%アルコールはそれぞれ30分程度とし，高濃度，とくに100%アルコールは組織を硬化させるので，漬浸は短くする。キシレン・クレオソート（1:1）を仲介させ，キシレンに移し，これを2回更新する。各ステップは30分程度。キシレン・パラフィン（1:1）を通して，パラフィンを2〜4回交換し，包埋する。各ステップは15〜30分程度。最後のパラフィンで減圧浸透を行うと効果的である。

キシレン・パラフィンを高い温度にさらすと，キシレンが急激に組織内で気化し，組織に乾燥部位が現れる。このようになった部位にはパラフィンはもう浸透しないので，キシレン・パラフィンの過程は37℃で必ず行うようにする。パラフィン浸透に入る時点での脱アルコールが不十分だと，アルコールとパラフィンは混合しないので，パラフィンの浸透が著しく妨げられる。このため，脱アルコールが良好であることも，本法での成否のカギとなる。

②　安息香酸メチル・ベンゼン法　安息香酸メチルは80%アルコールにも混ざり，また，長く入れておいても影響が少ない。そこで，前法のアルコール系列とベンゼンのあいだに安息香酸メチルを仲介させることで，高濃度のアルコールを避け，また，脱アルコールを完全に行えることになる。前法でパラフィン浸透がうまくいかないときに有効な方法である。

常法にそって90%アルコールまで脱水し，それを

安息香酸メチルに移し，数時間から 1 日以上おき，脱アルコールを行う。しかる後，ベンゼンに移し透徹，さらにパラフィン浸透を行う。

③　正ブチルアルコール法　ブチルアルコールはアルコールにもパラフィンにも混ざるので，前法とともに優秀なパラフィン包埋法である。下記は脱水系列の例である。

ブチルアルコール・アルコール・蒸留水（2：5：3）　　　1 晩
ブチルアルコール・アルコール・蒸留水（35：50：15）1 時間
ブチルアルコール・アルコール・蒸留水（55：40：5）1 時間
ブチルアルコール・アルコール（75：25）　　　　　　1 時間
ブチルアルコール　　　　　　　　　　　　　　　　　数時間

この後，ブチルアルコールを 1 ないし 2 回更新し，そこに 1 晩かそれ以上漬浸する。長くおくとパラフィン浸透がさらに良好になる。ブチルアルコール・パラフィンを通して，常法のパラフィン浸透・包埋に移る。ブチルアルコール・パラフィンへの試料の漬浸は次のように行う。まず，恒温器からパラフィンの入った容器を取り出し冷却すると，中央が窪んだ形にパラフィンが固まる。このようになったらすぐに，この窪みにブチルアルコールを満たし，そこに試料を落とす。恒温器に戻してパラフィンが溶け試料が容器の底に達したら，純パラフィンに移す。

b.　薄切・プレパラート作製

①　薄切　回転式ミクロトームにより，連続切片を作製する。数 μm 以下から 10 μm 以上の切片が可能である。検鏡でとくに注目したい構造の大きさを勘案して，切片の厚さを考えるべきである。ナイフはよく研いであるパラフィン用ミクロトーム刀（b 刀）か替刃式ナイフがよい。

処理によって卵黄部は硬化し脆弱となり，この結果，卵黄部が薄切時に抜け落ちたり，静電気により飛び散ったり，刃に付着したり，ひどいときには，切片がバラバラになり連続切片とならないことがある。このようなときは，温かい息をブロックに吹きかけるとか，加湿器をつける，また，切片を 1 枚ずつ切るときにブロック面に筆などで水分を与えるなどのことにより，事態は改善される。しかし，これでもうまくいかないときは日を改め，条件のよいときに再度挑戦するほうがよい。

切片がよく切れないブロックは，その断面を見ると，卵の内部があめ色に透徹されず，粉っぽく白濁している場合が多い。これは不十分な脱アルコール，オーブン内での透徹剤の気化による乾燥などによ

り，パラフィンの浸透が妨げられたことによる。再包埋を試みてもよいが，次回はこのようなことが起こらないよう工夫したほうがよい。

②　染色前処理　脱パラフィンは十分に行い，2 ないし 3 回のキシレン漬浸を合わせて 30 分は行う。その後アルコール系列をとおし，染色，脱水をへて封入することになる。

これらの過程で，あまり状況のよくない切片では，卵黄部などのスライドグラスからの脱落がしばしば起こる。このような場合は，セロイジンの被膜を切片に施すのがよい。脱パラフィンの後 100 ％アルコールに移し，ここでよく洗う。その後，切片を貼ってあるスライドグラスの表面に 0.1 ％程度のセロイジンをかけ，すぐスライドグラスを立てて余分な溶液を捨て，乾かないうちに 80 ％アルコールに漬浸する。こうすることで切片の表面にセロイジン被膜が形成され，切片の剥落を防いでくれるのである。セロイジン溶液は 100 ％アルコール・100 ％ジエチルエーテル（1：1）にセロイジンを溶かしてつくり，滴瓶などに入れておく。

また，切片の脱落は，スライドグラスの洗浄が不十分だったり，卵白グリセリンが過剰な場合（不十分な乾燥により，貼付が不完全となる）にも起きやすい。

③　染色・封入　さまざまな染色を施す（詳しくは組織学の成書を参照されたい）。一般的なヘマトキシリン・エオシン二重染色においては，デラフィールド・ヘマトキシリンの強希釈液（1/1,000 ～ 1/3,000）での 1 晩の漬浸が失敗の少ない，美しい仕上がりをみせてくれる。進行性染色となり過染が少ないので弁色は不要で，また，色出しもほとんど必要がない。マイヤー酸性ヘマトキシリンの染色も良好で，しかも迅速である。染色が完了したら，脱水後，バルサムに封入する。

(2)　セロイジン・パラフィン二重包埋法による切片作製

パラフィン包埋法だと卵黄が脱落，これによる組織の傷みが起きて切片作製が良好にできない場合，樹脂切片法が大変有効であるが，基本的に連続切片はとれない。連続切片が作製できる方法として，セロイジン・パラフィン二重包埋法がある。処理時間はかかるが，きわめて良好な昆虫卵の連続切片が作製できる方法であるので，汎用されるべきものである。

a.　セロイジン浸透・硬化

　100％アルコール・100％ジエチルエーテル（1：1）を溶媒として，2％，4％，8％セロイジン（溶液がコロジオンの名で販売されている）を二重のセロイジン瓶に調整しておく（セロイジンは空気中の水分を吸収し徐々に硬化するので，さらにセロイジン瓶をデシケーターに入れるなどの注意が必要）。常法により脱水した卵を，100％アルコール・100％ジエチルエーテル（1：1）に1晩漬けた後，2％，4％，8％セロイジンにそれぞれ3〜5日程度（あるいはそれ以上）漬浸させ，セロイジン浸透を行う。それで十分であるなら，2％のみ，あるいは4％で止めてもよい。セロイジンは極少量の水分でも硬化するので，脱水は十分に行わなければならない。脱水にともなう組織の硬化，それによる組織の薄切時の崩壊が問題になりそうであるが，セロイジンがしっかりと組織を保持してくれるので心配はない。

　セロイジンの硬化（包埋）については種々の方法があるので，成書を参照されたい。昆虫卵をセロイジン・パラフィン二重包埋法で切片にする場合，卵の周囲のセロイジンがシワとなり，切片がきれいに伸展しないことがしばしばある。このため，Pfuhl（1940）の方法を改変した，卵の周囲にセロイジンの層を極力少なくできる次のような硬化法を紹介しよう（Machida *et al.*, 1990）。まず，最終濃度まで達した卵を，数秒から10秒ほど100％アルコール・100％ジエチルエーテル（1：1）に漬けて，卵の周囲のセロイジンをごく薄い層になるまで洗う。その後，卵をスポイトでクロロホルムに落とし，1時間位かけてセロイジンを硬化させるのである。クロロホルム中で卵は浮くので，空気にふれないように，卵の上に小さくちぎったティッシュペーパーなどを載せておくとよい。

b.　パラフィン浸透

　クロロホルムを何回か更新し，脱アルコール・エーテルをしっかり行う。すでに卵は完全に脱水されているはずだから，キシレン（キシレン法）あるいはブチルアルコール（正ブチルアルコール法）からシリーズを始めればよい。安息香酸メチルはセロイジンを溶解させるので，パラフィン浸透での仲介剤として用いてはならない。

c.　薄切・プレパラート作製

　パラフィン切片と同様に薄切すればよい。しかし，パラフィン切片に比べ，静電気が起きやすく，切片が連続しにくいことがあり，切片の伸展もやや難しい。薄切にはパラフィン用ミクロトーム刀（b刀）が替刃式ナイフよりも良好なようである（替刃式はよく切れる反面，連続しにくい傾向がある）。

　切片の伸展，貼付は次のように行うとよい。まず，卵白グリセリンを塗ったスライドグラスに，載剤として20％アセトン水溶液を山盛りにする。これを伸展器に載せ温めてから（加温時にたくさん生じるアセトンの気泡が切片の下面に入り切片を傷めるのを防ぐ目的で，あらかじめ載剤を温めて気泡を出させる），この上に切片を載せる。液が減ってきたら蒸留水を継ぎ足し，蒸留水を山盛りにする。ゆっくり十分に伸展させるのには，早く液が蒸発しては困るので，スライドグラスより大きめのプラスチック性の容器などをかぶせて覆いをし，「蒸す」ようにするとよい。このようなやり方で，切片は綺麗に伸びるはずである。

d.　染色・封入

　パラフィン切片と同様に行えばよいが，脱パラフィン系列，後の染色系列で，セロイジン・パラフィン切片は脱落しやすい傾向がある。このような場合は，切片にセロイジン被膜（前述）を施せばよい。しかし，脱パラフィンの際に，早々に切片の脱落が起こる場合は，脱パラフィンの前に上述と同様の要領で，セロイジンの被膜を施すことになる。ただし，このまま脱パラフィン・染色系列を進めると，100％アルコールでセロイジン被膜が緩んでしまうので，この代わりに100％正ブチルアルコールを用いる（Machida *et al.*, 1990）。染色・封入はパラフィン切片に準ずる。

(3)　樹脂包埋法による切片作製

　樹脂包埋法による切片作製は，より薄い薄切ができる点，アーティファクトが少ない点で大変優れた方法であるが，基本的に連続切片はできず，1枚ずつ切片を貼らなければならず（製品のなかには連続切片ができると宣伝しているものもあるが，かなり難しい），数μm以上の厚い切片はとれないなどの短所もある。パラフィン包埋法，セロイジン・パラフィン包埋法とともに，それぞれの長所を活かしつつ活用すべきである。

　ここではメタクリル系およびエポキシ系樹脂による切片作製を紹介する。メタクリル系樹脂は一般染色がパラフィン切片とほぼ変わらずにできるが，1μm以下の薄切は難しく，また，四酸化オスミウ

ム固定の試料では重合阻害が起きやすいなどの短所がある。エポキシ系樹脂では 1 µm 以下の薄切も容易で，四酸化オスミウム固定の試料を処理でき，そのまま，切片を透過型電子顕微鏡の試料作製にまわせる利点がある一方で，光学顕微鏡用の切片として汎用される厚さの切片には不向きであり，一般染色にも限界があるなどの短所がある。両者の利点を活かしつつ，使い分けるのがよい。樹脂包埋にあたっては，組織学の成書とともに各製品のマニュアルを参照されたい。なお，薄切については，容易なドライカッティングについて解説する。

a. メタクリル系樹脂

正ブチルメタクリル酸などのメタクリル系樹脂，スチレンなどを混合して用いる。キットとしていくつかの商品が販売されているので，それを利用するのが簡便である。たとえば，テクノビット Technovit 7100（クルツァー Külzer 社製），ケトール Quetol 523M キット（日新 EM 社製），JB–4（ポリサイエンス社）など。メタクリル系樹脂は重合の際，酸素阻害が起こりやすいので，ポリエチレンでなく，ゼラチンカプセルが推奨される。しかし，テクノビット 7100 はポリエチレンカプセルが活用でき（その他の樹脂でポリエチレンカプセルを用いるときは，重合を食品用の脱酸素剤を入れた密閉容器内で行うとよい），重合，薄切，染色がきわめて良好なので，ここではこの樹脂を例に紹介する。なお，ポリエチレンカプセル（ビームカプセルなど）が用いられる利点は，いろいろな形の先端が活用できることで，そのためトリミングが必要ないからである。最も使いやすいのは，エポキシ系樹脂でも同様であるが，円錐あるいは四角錐の先端である。四角錐のものは切片を並べるのに好適であり，円錐のものは切片が円形になるので均等に伸展しやすい。

テクノビット 7100 は主剤がヒドロキシエチルメタクリレートであり親水性に富むので，樹脂浸透，染色などが良好である反面，水に載せる際のハンドリングが多少やっかいである。このためスチレンを加えると扱いやすくなり，薄切も容易になる（Machida et al., 1994）。

① 脱水・浸透・包埋・重合　常法によりアルコール系列で脱水した後，アセトンに移し，1 回更新する。アセトンは計 2 ～ 3 時間でよい。樹脂は硬化剤 1 で触媒したテクノビット 7100 に過酸化ベンゾイルで触媒したスチレンを全量の 20 ％の比率で混ぜた樹脂を準備する。アセトンにある試料をアセトン–樹脂（1：1）に移した後，樹脂に入れる。樹脂を 2 ないし 3 回更新する。樹脂の漬浸時間は計 1 晩から 1 昼夜。樹脂などの置換，浸透には回転振盪器を活用する。樹脂は粘度が高いので 1/3 rpm 位の低速が必要である。また，更新した樹脂において減圧処理（後述）をすると，さらに浸透がよくなる（最初の樹脂は減圧処理をしてはならない。理由は揮発性の高いアセトンが組織内に残留しているので，これが揮発し組織を壊すからである）。樹脂浸透が完了したら，1/15 容の硬化剤 2 を加えた樹脂をポリエチレンカプセルに分注し，そこに試料をスポイトで落として包埋する。しっかり蓋をして，4℃で2 ～ 3 日をかけて重合させる。

樹脂が硬化したら爪が立たないくらいに硬くなるが，もしゴム状であったならば重合不良である。こうなったものは薄切には適さず，廃棄せざるをえない。このような失敗は酸素による重合阻害の可能性が最も高いので，ポリエチレンカプセルの蓋をさらにしっかり閉める，重合は脱酸素剤を入れた密閉容器で行う，あるいは，ゼラチンカプセルを用いるなどにより，改善されるだろう。

② 薄切・スライドグラスへの貼付　メタクリル系樹脂は 1 µm 以上の準薄切片を作製するのに適しており，この目的ではタングステン・カーバイトナイフ（たとえば，盟和商事社製スーパーハードナイフ）が最適である（替刃式のナイフは，樹脂が硬いことにより薄切時のブレがしばしば起こるので，推奨できない。1 µm 以下を望むのであれば，ガラスナイフやダイヤモンドナイフなどが適するが，むしろ，樹脂もエポキシ系とすべきであろう）。ガラスナイフも適しており，切れは確かによいものの，連続切片を望む場合はとくにその耐久性が問題になり，1 個の卵を薄切するのにナイフを数回交換することも稀ではない。

ミクロトームは，薄切後，いったん，ブロックが後退し，試料が次のストロークでせり上がる際にブロックがナイフに触れないように設計された，リトラクション機構があるものがよい。樹脂切片の場合，毎ストロークでナイフにブロックが当たっていると，切片の厚さが一定でなくなったり，卵と樹脂の間に隙間が生じて，ブロックからの卵の脱落がしばしば起こる。準薄ミクロトームの名称で販売されている機種は，このリトラクション機構を装備してい

るはずである。

テクノビット7100の場合，薄切は2〜5 μmでの薄切が容易で，1 μmの薄切も困難ではない。切片を連続して並べるには工夫が必要である（Machida et al., 1994）。すなわち，スライドグラスに線状，あるいは直線的に並べた水滴の上に切片を載せていくわけであるが，しばしば，スライドグラスが水をはじいて水を線状に載せられなかったり，水が広がってしまったりする。このような場合は，次のような処理をスライドグラスに施すとよい。まず，卵白グリセリンをスライドグラスに塗り，それをほとんど拭き取った後，高温（たとえば90℃）のホットプレートで完全に乾燥させる。このように処理したスライドグラスには，注射針で思いどおりに水の線や水滴をつくることができる。

こうしてつくった水の線や水滴の上に，連続切片として薄切片を並べる。切片の整列，シワ延ばし，折れを直したりするには，金属性の針などは親水性の高い樹脂では不向きである。それは切片が針にまとわり付いてしまうからで，割り箸の先にナイロン歯ブラシの毛を挟み込んだものを，何本か準備して用いるとよい。

このように切片を1列に並べ終わったら，高温のホットプレート（たとえば90℃）で乾燥させ，切片をスライドグラスに貼付させる。しかる後，次の列の薄切に移ることになる。

③ 染色・封入　乾燥した切片はそのまま染色できる。基本的に一般的な組織学的な染色が可能であるが，パラフィン切片に比べて染まりが遅い傾向がある。また，切片自体が薄いため，染まりが弱く感じることがあるので，よく検鏡して，染まりの感じを覚えるとよい。染色が終了したら，蒸留水を通した後，高温の伸展器で切片の貼付を再度行うとよい。よく貼付された切片でも，染色中に貼り付きが緩むことがあり，それを脱水すると，浮いた形で硬化し，封入しても見にくく，あるいは泡が入った切片となってしまうことがあるので注意する。

染色し，乾燥した切片は，そのままキシレンをとおしてバルサムで封入すればよい。なお，キシレンと樹脂のなじみが悪い（樹脂とキシレンの間に空気が残る）場合は，染色シリーズを80％アルコールあたりからすばやく進め，クレオソート・キシレン，キシレンを介して封入する。

b. エポキシ系樹脂

エポキシ系樹脂として種々なものが市販されているが，卵殻があるなどの理由で薬品の浸透，置換が一般組織に比べて困難な昆虫卵では，低粘度で親水性の高い樹脂を選択したい。このような樹脂で，国内で使いやすいものにケトールQuetol 651（日新EM社製）がある。これを例に述べていこう。

① 脱水・浸透・包埋・重合　常法によりアルコール系列で脱水した後，仲介剤として正ブチルグリシジルエーテル（n-BGE, QY-1）あるいはメチルグリシジルエーテル（MGE, QY-2）を通し，樹脂浸透に移る。100％アルコールと仲介剤，仲介剤と樹脂の1：1の混合液を経由する。樹脂は1，2回更新し，樹脂の漬浸時間は計1晩から1昼夜。回転振盪器（1/3 rpm程度）を活用するとともに，更新した樹脂において減圧処理をするとさらに浸透がよくなる（有機溶媒が混じている最初の樹脂は，減圧処理をしてはならない）。樹脂浸透が完了したら，減圧で脱気した樹脂をポリエチレンカプセルに分注し，そこに試料をスポイトで落として包埋する。55〜60℃で24時間をかけて重合させる。エポキシ系樹脂は水分により重合阻害が起こり，とくに親水性の高いケトール651では，樹脂が吸水することを注意しなければならない。湿度の高い時期はとくに注意すべきである。もし吸水してしまうと，ブロックはいつまでたってもゴム状であり，これは薄切には適さず，また救いようもない。なお，同じくエポキシ系の樹脂であるスパーSpurrは，ケトールと同様に扱えると同時に，このような水の影響をあまり受けない点で優れた樹脂である。

樹脂の混合，調整の仕方は好む硬さや目的で変わってくる。樹脂の扱いや樹脂の調整についてはマニュアルを参照されたいが，一例を述べておこう。A液（ケトール651：ノネニルこはく酸無水物（NSA）＝ 33：67の混合液を1.5〜2％の2,4,6トリジメチルアミノメチルフェノール（DMP-30）で触媒）とB液（ケトール651：メチル-5-ノルボルネン-2,3-ジカルボン酸無水物（MNA）＝ 44：56の混合液を1.5〜2％のDMP-30で触媒）を準備し，両液の混合比を変えて目的の硬さを得ることができる。A：Bを10：0〜8：2で混合するが，A液が多いほうが柔らかい。たとえば9：1の場合，十分に1〜2 μm程度の薄切が可能な一方，超薄切片の作製も可能である。3-8節「透過型電子顕微鏡による検討」も参照されたい。

② 薄切・スライドグラスへの貼付　薄切はメタクリル系樹脂の場合に準じるが，ガラスナイフやダイヤモンドナイフなどが適する（スチールナイフだとナイフマークが目立つ切片となる）。これを準薄ミクロトームによりドライカッティングで薄切し，普通 2 µm 以下の切片とする。切片のスライドグラスへの貼付もメタクリル系樹脂で述べたとおりである。

エポキシ系樹脂の超薄切片は，きわめて薄いうえに，ウェットカッティングであるため，伸展に苦労しないが（3-8 節「透過型電子顕微鏡による検討」を参照），ドライカッティングによる厚い光学顕微鏡用切片の場合は，高温のホットプレートでの切片の伸展が必要である。

③ 染色・封入　ケトール 651 は親水性が高いため，他のエポキシ系樹脂に比べ染色しやすいものの，それでも染色はかなり制限される。トルイジンブルーなどのタール系色素はかなり自在に短時間で染色されるが，ヘマトキシリン・エオシン二重染色などの一般染色の場合でも，かなりの困難を覚えることがある。

切片をヘマトキシリン・エオシン二重染色あるいはその他の一般染色する際，Pool（1969）によるHPSA 処理をしておくと効果的である。HPSA は蒸留水 30 ml に 30% 過酸化水素水を 15 ml 加えた後，0.1 N 硫酸（およそ 0.18 ml）で pH2.9 〜 3.2 として作製する。この液に切片を 1 〜 2 分漬浸し，蒸留水でかるく濯いだ後，染色にうつる。染色が終わったら，蒸留水をとおして，高温の伸展器で切片の貼付を再度行う。メタクリル系切片に比べエポキシ系切片は，剥がれやすい傾向がある。封入などもメタクリル系樹脂切片に準ずる。

なお，脱樹脂をするとパラフィン切片並みの染色結果が得られる。切片を 28% ナトリウムメチラートメタノール溶液（市販）に数分〜 30 分漬浸した後アルコールで洗い，アルコール系列により水に戻って一般染色を施す。より迅速，効果的な方法としては Maxwell（1978）による方法がある。脱樹脂した切片は脱パラフィンしたパラフィン切片と同様で，決して乾かしてはならない。

3-8　透過型電子顕微鏡による検討

胚形成過程の超薄切片による透過型電子顕微鏡的研究は，光学顕微鏡レベルで得られたデータを補完する重要な情報を提供する。すなわち，未受精卵における構成要素の分布と受精にともなうその変動，胚細胞内の小器官の種類と配置や胚細胞の分化に関連したその変化などを確認することができる。しかし，その装置や試料作製過程の煩雑さから，特定の種の胚形成の全過程を解明するのには，相当の時間と労力が必要である。

この分野の装置や試料作製過程も，逐次，改良進歩していて，今後，研究の簡易化による情報蓄積の増加が期待される。ここでは，現時点で，昆虫卵の研究に用いられてきた方法を中心に解説する。

(1)　固　定

a.　四酸化オスミウム水溶液

前述のように，電子顕微鏡観察試料の固定液としては最適であるが，毒性が強く，その取扱いには，細心の注意が必要である。また，細胞内小器官の保存状態が最良である反面，浸透力がきわめて低いために，卵の種類，発生の時期，目的とする細胞組織などにより，前処理を工夫する必要がある。

四酸化オスミウムの結晶は，褐色のアンプルに封入されて市販されている。水溶液を作製するには，ヤスリなどでよく洗浄したアンプルに全周にわたって傷をつけ，その部分に赤熱したガラス棒を当てて，完全に亀裂をいれる。それを，洗浄した二重蓋付きの着色瓶（オスミウム瓶）に落とし，軽く瓶を振ってアンプルを割る。これに 2 〜 4% となるように蒸留水を加えて密栓し，1 晩放置すれば完全に溶解した水溶液が得られる。なお，四酸化オスミウムは，水溶液としても市販されている。

この水溶液にリン酸緩衝液やベロナール緩衝液などを加えて，pH7.2 〜 7.4 に調整した 1% の固定液をつくり，氷で冷却して 1 〜 2 時間固定する。しかし，固定液の浸透が悪く，卵黄の多い卵では，液に接して固定された卵黄が障壁となって固定液の内部への浸透が阻害されるため，卵膜の穿孔，脱卵膜，卵の切断などの前処理が必要である。しかし，四酸化オスミウムガスの毒性のため，これらの前処理は緩衝液中か，後述するグルタルアルデヒドなどの前固定液中で行ったほうがよい。また，切断の場合には，目的とする卵域が最良の固定状態となるように，切断の角度と大きさを調整する必要がある。

b.　アルデヒド系水溶液

グルタルアルデヒド，パラホルムアルデヒド，アクロレインの水溶液は単独でも電子顕微鏡用の試料

の固定液としても使用されるが，四酸化オスミウム固定の前固定やこれとの混合液として利用されることが多い。

　緩衝液は，リン酸，カコジル酸ナトリウム，s-コリジン緩衝液の使用は可能であるが，ベロナールや酢酸緩衝液は使用できない。

　①　グルタルアルデヒド水溶液　　緩衝液で希釈して，2～4%（pH7.2～7.4）の固定液とし，氷で冷却して1～3時間固定する。四酸化オスミウムの前固定として利用する場合には，緩衝液で数回洗浄し，後固定に移行する。

　②　パラホルムアルデヒド水溶液　　通常，リン酸緩衝液などで希釈して，4%水溶液として使用する。四酸化オスミウムの前固定としても利用できる。水溶液の調整については，3-4節「固定」を参照されたい。また，最初から四酸化オスミウムとの混合液として，固定液として利用することも可能である。この場合の四酸化オスミウムの濃度は1%，パラホルムアルデヒドの濃度は2%（pH7.2～7.4），氷冷で1.5時間固定する。

　同様に，上記の固定液に，さらにグルタルアルデヒドを2%の濃度になるように加え，必要に応じて，ショ糖を加えた等張緩衝液を用いる場合もある。

　③　アクロレイン水溶液　　グルタルアルデヒドよりも組織浸透性が高く，電子顕微鏡酵素細胞化学の分野での利用価値が大きい。

(2)　包　埋

　電子顕微鏡観察試料の包埋剤としては，メタクリル系樹脂，スチレン系樹脂，ポリエステル系樹脂，エポキシ系樹脂が用いられている。このなかで，エポキシ系樹脂が最も広く利用されており，昆虫発生の研究にも汎用されているので，エポキシ系樹脂による包埋操作について述べる。

　包埋の操作は，固定された試料の洗浄，脱水剤による脱水，置換剤による樹脂の浸透，加熱による樹脂の重合硬化の一連の過程からなる。以下にその過程を例で示す。

a.　ケトール812の場合

　脱水はアルコール系列，置換剤としてはプロピレノキサイド（PO）または正ブチルグリシジルエーテル（n-BGE，QY-1），硬化剤としてはドデシニルサクシニックアンヒドライド（DDSA）およびメチルナデックアンヒドライド（MNA），加速剤として2,4,6トリジメチルアミノメチルフェノール（DMP-30）

が用いられる。硬化したブロックの硬さはDDSA：MNAにより，後者が多いほど硬い。脱水した試料を，次のような過程により，樹脂浸透，包埋する。

PO（QY-1）（2回）	30分
PO／ケトール812混合液	1時間
ケトール812混合液（2回）	各1～2時間
ゼラチンカプセル内で熱重合（55℃）	24時間

試料のオリエンテーションのためには，先端がピラミッド型のポリエチレンカプセルやシリコンゴム製平板包埋板を利用すると便利である。

b.　ケトール651の場合

　ケトール651は低粘度で，取扱いや試料への浸透が容易である。脱水はアルコール系列，硬化剤としてはノネニールアンヒドライド（NSA）とMNA，加速剤としてDMP-30が用いられる。硬さはNSA：MNAの混合比により調節し，後者が多いほど硬い。脱水した試料を，次のような過程により，樹脂浸透，包埋する。

無水アルコール／QY-1（1：1）	15～30分
QY-1／ケトール651混合液	1時間
ケトール651混合液（2回）	各1～2時間
ゼラチンカプセル内で熱重合（60℃）	24時間

なお，3-7節「切片作製法」に，おもに光学顕微鏡レベルの観察を目的としたケトール651の解説をした。

(3)　薄　切

　包埋された試料の入ったブロックは切削の範囲を決めたトリミングを行い，超薄ミクロトームにセットして，ガラスナイフやダイヤモンドナイフで薄切する。この際，ナイフに付置されたボートに蒸留水を満たして，切片を浮かべる。エポキシ系樹脂包埋の場合には，切片の伸展は必要ではない。

　切片の厚さは，その干渉色によって概略を知ることが可能で，灰-銀-金-銅の系列で変化する。一般には，金-銀（60～150 nm），さらに薄い切片の場合には銀-灰（90 nm以下）のものを用いる。

　検鏡の際には，あらかじめコロジオンやフォルムバールの支持膜を張っておいた，シートメッシュに切片を載せて観察する。

(4)　電　子　染　色

　エポキシ系樹脂に包埋された切片はコントラストが低いために，電子染色が必要である。これにはウラニルと鉛の二重染色が常用されている。ウラニルとしては酢酸ウラニル，硝酸ウラニル，鉛としては

酢酸鉛，硝酸鉛，クエン酸鉛が用いられる。次に染色液の調整例を示す。

a. 染色液の調整と保存

① 酢酸ウラニル染色液　普通2%酢酸ウラニル液を使用する。水，アルコールなどに比較的溶解しにくいので，使用前日に調整しておく。

② 鉛染色液

第一液　硝酸鉛　　　　　　　　1.0 g
　　　　酢酸鉛　　　　　　　　1.0 g
　　　　クエン酸鉛　　　　　　1.0 g
　　　　クエン酸ナトリウム　　1.0 g

蒸留水 82 ml を加え，よく振盪すると液は白濁する。

第二液　4%水酸化ナトリウム水溶液　　18 ml

第一液に，第二液を二，三回に分けて浸透しながら加えると，白濁は消失し，透明になる。

b. 電子染色の方法

切片を載せたシートメッシュの表面を蒸留水で洗い，2%酢酸ウラニル水溶液で3〜5分染色する。蒸留水で十分水洗した後，鉛染色液で20〜30分染色する。水洗乾燥後，カーボンの真空蒸着により切片を補強して，検鏡する。

(5) 光学顕微鏡像と電子顕微鏡像の対応

透過型電子顕微鏡による観察の結果得られた情報は，この項の最初に述べたように，卵を構成している小器官の分布と発育にともなうその変動や胚細胞の分化に関連した変化などについて，重要な示唆を与えてくれる。しかし，この情報は，発生過程の一瞬間を示すものであり，その解釈には慎重な検討が必要である。たとえば，同一の胚組織の中に異なる超微形態を示す2型の細胞が共存した場合，異種の細胞なのか，機能の時期的な相違の反映なのかを即断することは困難である。各種の研究法を用いて得られた胚形成の流れの全体像から，解釈する必要がある。

また，電子顕微鏡用の試料でも，一部，厚切の切片（1 μm 程度）を作製して，チオニンやトルイジンブルーなどで染色，光学顕微鏡観察し，それに続いて，超薄した切片の電子顕微鏡像と対比すれば，その意義がより明瞭となる場合が多い。

以上，昆虫の胚形成に常用されている，透過型電子顕微鏡の研究法について概説した。この分野では今後の発展が期待されるので，それぞれの目的に適した研究法を採用して，胚発生過程解明の一助とし

てほしい。

3–9　補　足

(1) 解剖用針の作製

卵膜に穴を開けたり，卵を解剖して胚を取り出したりする目的には，神経生理学で電極に用いられるタングステン線や矯正歯科用のエルジロイ線が最適である。これらの金属線を自身で電解研磨して作るのであるが，電解の仕方で好みの先端の針を揃えることができ，また，硬いうえに腰が強い針である。

タングステン針の場合の電解液は，亜硝酸ナトリウム 15 g，水酸化ナトリウム 5 g を蒸留水 90 ml に溶かして作製する。エルジロイ針は 50% 硫酸（希釈したものを購入するのが安全で便利）を電解液とする。電源は顕微鏡照明装置などのトランスを利用すればよい。10 V 程度で，両電極に金属線（好みの長さに切断。太さは 0.5 〜 0.8 mm 径程度が使いやすい）を取り付け，それを電解液に漬ければよい。漬ける深さ，出し入れを行うことで，好みの針の形状が得られる。細かな作業には細い針が望まれようし，一方，力が必要な作業や，卵を深く傷つけずに大きな穴を開けたい場合は，鈍角に尖った針が好都合であろう。

(2) 減圧浸透の応用

昆虫卵のような，薬品の置換，浸透が容易でない試料の場合には，減圧浸透は有効な方法である。パラフィン，樹脂などの揮発性の低い薬品のみで用いられるべきで，揮発性のあるものが混入していると，その気化により組織が破壊される可能性がある。減圧状態から常圧にもどる際に薬品の浸透が促進されるので，これを繰り返せばより効果的である。150 〜 250 mmHg 程度の減圧でよい。

パラフィンの場合，パラフィン溶融器自体が真空を引けるようになっている製品が販売されているから，これを利用して最後のパラフィンを減圧処理する。樹脂の場合は，デシケーターを利用する。真空ポンプは 50 〜 100 Torr 程度のもので十分である。

回数を繰り返したい場合は，手動で行ってもよいし，タイマー，電磁弁を組み合わせてコントローラーを作製してもよい（町田ら，1994）。ただし，樹脂の場合，回数を繰り返すと，メタクリル系樹脂の重合阻害を引き起こす酸素，エポキシ系樹脂の重合阻害を引き起こす水分も，樹脂に溶け込ます結果となる。このため，システムを閉鎖系とし，そのなかに

脱水剤，脱酸素剤を入れるチェンバーを設けるなどの工夫が必要である。

減圧処理は包埋剤の浸透だけでなく，固定液の浸透にも効果的である。ただし，アルコールなどの揮発性の高い薬品を成分とする固定液には用いることはできない。

(3) 電子レンジによる電子線照射の利用

電子線照射により分子運動を活発にさせ，薬品の浸透，置換，反応を促進させる目的で，電子レンジが利用できる。ただし，揮発性の高い薬品では用いるべきでない。このような目的で開発された電子レンジ（H2500　バイオラド社製）では，温度設定，照射の強さ，インターバルなども調節できるが，家庭用の電子レンジでも，出力が可変なものでごく弱い照射ができるものがあれば，これも利用できよう。

さらに，固定にもよい結果が得られるとの報告がある（Boon & Kok, 1987）。また，染色にも効果的で，染色時間が 1/5 ～ 1/3 に短縮される。

(4) 試料のオリエンテーション

オリエンテーションが不正確だったり，明らかでないと，できあがった切片の観察は大変苦労する。したがって，試料のオリエンテーションをしっかりする必要がある。パラフィン切片では，方向を明らかにして包埋，トリミングし，薄切すればよい。セロイジン・パラフィン二重包埋法でもパラフィン切片と同様である。しかし，いずれの場合でも，ごく小さな試料の場合にはかなりの困難を感じるものである。また，樹脂切片においては，さらにやっかいである。シリコンゴム平板包埋板を失敗なく用いることができれば，包埋時にオリエンテーションをしっかりすればよいのであるが，平板包埋板は重合不良が起こったり，包埋剤の蒸発が起こったりすることが少なからずある。また，平板包埋板を避けて，ゼラチンカプセル，ポリエチレンカプセルを用いる場合は，試料のオリエンテーションはきわめて困難となる。包埋剤を分注したカプセルに試料を落とすと，検鏡しながら試料の方向を変えるのは至難の技である。

そこで，試料を包埋皿やカプセルに入れたとき，自ずとふさわしい方向に落ちるようにする工夫が必要となる。このためには，試料をカンテン包埋しておくのである。まず，試料を蒸留水にもどしておく。そして，シャーレに溶けた 4％カンテン（カンテンを精製したアガロースは透明度が高く使いやすい）

を薄く張り，このカンテンの層に試料を落とす。これが固まった後，試料を含んだ円盤ないしは正方形の平たいカンテンを切り出すわけだが，試料を包埋皿やカプセルに落としたとき，この平たいカンテンの方向が切断面となることを考えて，カンテンが固まらないうちに，試料の向きを針などで定めておくのである。

上記の方法は，比較的小さな卵や解剖して取り出した胚などには好適であるが，1 mm 程度よりも大きな試料では，シャーレの代わりに，シリコンゴム製のダイヤブロック包埋板を用いるとよい。この包埋板で小さな逆ピラミッド型のカンテンブロックができるが，まず，このピラミッド型の頂点に試料を向きも定めて包埋する。そして包埋の際には，円錐型の先端をもつポリエチレンカプセルに，カンテンブロックを押し込み包埋することでオリエンテーションが完了する。

カンテンに包埋された試料は，カンテンごと型どおりに脱水，浸透をへて包埋すればよい。とくにダイヤブロックを用いた場合，カンテン部分が大きいので，新たな薬品に入っても前の薬剤が多く残ることになるので，脱水・浸透の系列を進めるにあたり，ワンステップ，たとえば，樹脂をもう 1 回更新するなどの手順をふむとよいだろう。とりたてて時間を長くする必要はない。

(5) 卵，胚断面の走査型電子顕微鏡観察

卵や胚の外部形態を断面像とともに観察できれば，新たな構造の理解が生まれる。このためには，切片作製途中の試料を走査型電子顕微鏡試料とし観察するのである（たとえば，Tsutsumi & Machida, 2004）。方法はいたって簡単で，パラフィン，樹脂切片を常法により作製，見たい断面が現れたらそのブロックをミクロトームからはずし，ブロックのパラフィンあるいは樹脂を溶解して試料を取り出し，それを走査型電子顕微鏡試料とするのである。まず，包埋剤は極力カミソリなどで削り取る。パラフィン試料の場合は，キシレンでパラフィンを溶解させる。メタクリル樹脂の場合，先に紹介したテクノビット7100 では樹脂の溶解は困難なので，その代わりにスチレン包埋法で試料を作製する。1％過酸化ベンゾイルで触媒したスチレン・正ブチルメタクリレート（3 ～ 6：7 ～ 4，スチレンが多いほど樹脂は硬くなる）を樹脂として用い，型どおり包埋する（3-7節「切片作製法」参照）。この樹脂は酸素による重合

阻害が起きやすいので，ゼラチンカプセルを用いるか，ポリエチレンカプセルに包埋するときは脱酸素剤を入れた容器で重合させる。エポキシ樹脂の場合は28％ナトリウムメチラートメタノール溶液かマクスウェル液（Maxwell，1978）で樹脂は容易に溶解する。

（6）　切片の検鏡，形態の理解にあたって

いきなり切片の観察を始めても，発生過程を理解するのは難しい。したがって，まず，卵や胚の全体観察を行って，胚の形態の概略を把握しておかなければならない。しかる後に，縦断・横断・水平断面の切片を繰り返していねいに観察することにより，自然と胚の立体構造がわかってくる。

検鏡は発生の順に従って行っていくのがよい。しかし，とくに器官形成など，原基の発生を見失うことも多いので，まず，孵化直前の胚や1令幼虫の，完成した器官や体構造を把握し，そのうえで，逆にステージを遡るように観察するのも大事である。

切片に限らず，「形態」を把握するためにはスケッチを行うことがきわめて重要である。われわれは顕微鏡を覗いたことで形態を「観た」と感じるが，それだけの「観察」では「形態」を十分に観たことにはならない。描画のない「観察」は皮相的であり，その構造の「本質」には迫りえていないことが多いのである。スケッチは観察者の思考過程があって初めてなされるものであり，その「思考」こそが「形態学」である。日々の観察において自らの「形態学」の発展を楽しんでいくべきである。

スケッチとは写真撮影で互換されるべきものではない。撮影した情報はもちろん重要であるが，それはあくまでも記録である。デジタル画像システムの普及により，描画するという習慣は薄れ，顕微鏡システムからも描画システムが消え去ろうとしている。形態学の死活にかかわる問題であることを肝に銘じておこう。

■ 3章の引用文献

安藤　裕，1978：昆虫の胚子発生. New Entomol., 27, 1-54.

──，1991：昆虫発生学入門. 東京大学出版会，東京.

Boon, M. E. & L. P. Kok, 1987：*Microwave Cookbook of Pathology：The Art of Microscopic Visualization.* Coulomb Press, Leyden.

Fujita, M., A. Blanke, S. Nomura & R. Machida, 2016：Simple, artifact-free SEM observations of insect embryos：application of the nano-suit method to insect embryology. *Proc. Arthropod. Embryol. Soc.*

Jpn., **50**, 7-10.

Gatenby, J. B. & H. W. Beams, 1950：*The Microtomist's Vade-mecum (Bolles Lee),* 11th ed. J. & A. Churchill, London.

Humason, G. L., 1979：*Animal Tissue Techniques,* 4th ed. W. H. Freeman & Co., San Francisco.

串田　弘，1978：電子顕微鏡の試料作製法. 増補. ニュー・サイエンス社，東京.

Machida, R., 2000a：Serial homology of the mandible and maxilla in the jumping bristletail *Pedetontus unimaculatus* Machida, based on external embryology (Hexapoda：Archaeognatha, Machilidae). *J. Morphol.*, **245**, 19-28.

──, 2000b：Usefulness of low-vacuum scanning electron microscopy in descriptive insect embrylogy. *Proc. Arthropod. Embryol. Soc. Jpn.*, **35**, 17-19.

──, T. Nagashima & H. Ando, 1990：The early embryonic development of the jumping bristletail *Pedetontus unimaculatus* Machida (Hexapoda：Microcoryphia, Machilidae). *J. Morphol.*, **206**, 181-195.

──,──&──, 1994：Embryonic development of the jumping bristletail *Pedetontus unimaculatus* Machida, with special reference to embryonic membranes (Hexapoda：Microcoryphia, Machilidae). *Ibid.*, **220**, 147-165.

町田龍一郎・長島孝行・横山　毅，1994：ヒトツモンイシノミ *Pedetontus unimaculatus* Machida の中胚葉形成（六脚類・イシノミ目）. 一付：自動減圧浸透装置の紹介一. *Proc. Arthropod. Embryol. Soc. Jpn.*, **29**, 23-24.

Maxwell, M. H., 1978：Two rapid and simple methods used for the removal of resins from 1.0 mm thick epoxy sections. *J. Microsc.*, **112**, 253-255.

Pfuhl, W., 1940：Die Aufraumung zugrunde gegangener Fettzellen durch Histocyten im Trypanblauentzündungsherd. *Z. Anat. Entw.-gesch.*, **110**, 533-567.

Pool, C. R., 1969：Hematoxylin-eosin staining of OsO_4-fixed epon-embedded tissue; prestaining oxidation by acidified H_2O_2. *Stain Technol.*, **44**, 75-79.

佐野　豊，1976：組織学研究法，第5版. 南山堂，東京.

Schwalm, F. E., 1988：*Insect Morphogenesis.* Karger, Basel.

Takaku, Y., H. Suzuki, I. Ohta, D. Ishii, Y. Muranaka, M. Shimomura & T. Hariyama, 2013：A thin polymer membrane, nano-suit, enhancing survival across the continuum between air and high vacuum. *Proc. Natl. Acad. Sci. USA.*, **110**, 7631-7635.

田中克己，1961：顕微鏡標本の作り方，第2版. 裳華房，東京.

Tojo, K. & R. Machida, 1998：Early embryonic development of the mayfly *Ephemera japonica* McLachlan (Insecta：Ephemeroptera, Ephemeridae). *J. Morphol.*, **238**, 327-335.

──&──, 2003：Techniques in embryological studies of mayflies (Insecta：Ephemeroptera). In：*Research Update on Ephemeroptera & Plecoptera* (Gaino, E., ed.), pp. 205-209. University of Perugia, Perugia.

Tsutsumi, K. & R. Machida, 2004：A new tecknique for elucidating the fine morphological structures of animals, applied to the analysis of the micropylar canal passage in a snakefly, *Inocellia japonica* Okamoto (Insecta：Neuroptera, Raphidiodea). *Proc. Arthropod. Embryol. Soc. Jpn.*, **39**, 45-46.

事 項 索 引

動物名索引

監修者略歴

安 藤　裕
あん　どう　ひろし

1923 年	東京に生まれる
1956 年	東京文理科大学大学院(動物学専攻)修了
1961 年	理学博士
1974 年	東京教育大学理学部教授
1977 年	筑波大学生物科学系教授
1982 年	日本節足動物発生学会会長
1987 年	筑波大学名誉教授
2010 年	死去

主要著書

「動物系統分類学」(共著, 中山書店)
「無脊椎動物の発生(上・下)」(共編, 培風館)
「昆虫発生学入門」(東京大学出版会)
「昆虫発生学(上)」(共同監修, 培風館)

小 林 幸 正
こ　ばやし　ゆき　まさ

1947 年	東京に生まれる
1971 年	東京教育大学理学部生物学科卒業
1984 年	理学博士
同　年	埼玉医科大学医学部講師
1994 年	東京都立大学理学部助教授
2002 年	同大学同学部教授
2006 年	日本節足動物発生学会会長
2012 年	東京都立大学名誉教授

主要著書

「昆虫発生学(上)」(共同監修, 培風館)
「Handbook of Zoology, Vol. IV, Part 36, Lepidoptera, Moths and Butterflies, Vol. 2.」(分担執筆, Walter de Gruyter)

町 田 龍 一 郎
まち　だ　りゅういち　ろう

1953 年	埼玉に生まれる
1982 年	筑波大学生物科学研究科博士課程修了, 理学博士
1987 年	筑波大学生物科学系講師
1997 年	同大学同系助教授
2010 年	同大学生命環境科学研究科教授
2019 年	同大学生命環境系特命教授
現　在	筑波大学生命環境系客員研究員, 日本節足動物発生学会会長, Arthropod Structure & Development 編集委員

主要著書

「昆虫発生学(上)」(分担執筆, 培風館)
「Handbook of Zoology, Vol. IV, Part 37, Archaeognatha」(共編, Walter de Gruyter)
「日本昆虫目録 第一巻 無翅昆虫各目」(編集, 日本昆虫学会)

Ⓒ 日本節足動物発生学会　2024

2024 年 10 月 15 日　初 版 発 行

昆 虫 発 生 学 下

日本節足動物発生学会編

監修者　安 藤　　裕
　　　　小 林 幸 正
　　　　町 田 龍 一 郎

発行者　山 本　格

発 行 所　株式会社 培 風 館
東京都千代田区九段南 4-3-12・郵便番号 102-8260
電 話(03)3262-5256(代表)・振 替 00140-7-44725

平文社印刷・牧 製本

PRINTED IN JAPAN

ISBN 978-4-563-07736-5　C3045